최신 자동차공학

Automotive Engineering

이승호·김인태·김창용 저

GoldenBell

www.gbbook.co.kr

머리말

밀레니엄 '자동차공학'을 발행하면서

일선에서 자동차 교육을 하다 보면 시스템 발달이 정말 급변하는 것을 절감하고 있습니다.

하이브리드 자동차가 얼마 전인 듯한데, 이젠 친환경 전기자동차부터 연료전지수소자동차, 심지어 드론 로봇 시대 플라잉 카 등 눈 깜빡할 사이에 획기적이고 눈부신 기술 발전을 거듭하고 있습니다.

여러분들이 자동차를 공부하면서 첨단 기술을 섭렵하기에는 버겁다는 생각이 듭니다.

전기자동차를 넘어 무인자율주행자동차 시대가 목전에 와 있기 때문입니다.

이 교재는 자동차 공부를 처음 시작하는 정비사부터 대학에서 자동차공학과 자동차설계를 공부하는 학생, 자동차 관리 업무에 종사하는 전문가들이 꼭 알아야 할 핵심적이고 전반적인 내용을 총망라하였습니다.

자동차의 태동에서부터 자동차 역사, 자동차 구조와 원리를 알기 쉽게 체계적으로 구성하여 공학도들에게 반드시 필요한 교재가 되도록 편성하였습니다.

이 교재는 기존의 내연기관을 기반으로 한 자동차정비 기술과 친환경자동차 기술, 자율주행자동차 기술을 소개하는 데 역점을 두었습니다.

현장에서 자동차를 정비하거나 자동차를 연구 개발하는 이들에게 기본적 소양을 갖출 수 있도록 배려하였습니다.

부족한 부분이나 신기술 관련 자료를 수렴하는데 독자 여러분들의 요구와 조언을 듣고, 더욱 좋은 교재가 되도록 지속적으로 수정 보완 작업을 하겠습니다.

국가기술자격시험을 준비하는 수검자나 자동차과 대학생, 자동차 관련 연구소에서 근무하는 모든 자동차 전문가들에게 반드시 유익한 도서가 되었으면 하는 바람입니다.

이 교재를 통하여 어려운 현시대를 헤쳐나갈 수 있는 훌륭한 자동차 전문가가 되기를 기원합니다.

2021. 7

저자 일동

CONTENTS

PART 01 친환경 자동차

CHAPTER 05 친환경 에너지

CHAPTER 06 자율주행 자동차

PART 02 자동차 기관

CHAPTER 01 기관 일반

CHAPTER 02 동력 발생 장치

CHAPTER 03 기관의 구성

CONTENTS

CONTENTS

CHAPTER 03 주행성능 및 동력성능

CHAPTER 04 현가 장치

CONTENTS

CHAPTER 08 구동력 제어 장치

CHAPTER 09 차체 자세 제어 장치

PART 04 자동차 전기

CHAPTER 01 전기 일반

CHAPTER 02 반도체

CONTENTS

CHAPTER 05 점화 장치

CHAPTER 06 충전 장치

CHAPTER 07 냉 · 난방 장치

CHAPTER 08 등화 장치

CONTENTS

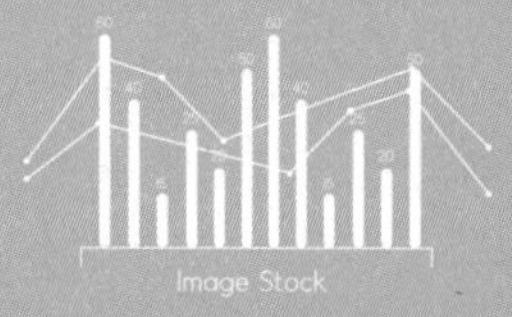

PART 01
친환경자동차

CHAPTER 01

자동차 일반

자동차는 차체(body)와 섀시(chassis)로 구성되어 편리함을 추구하는 운송수단으로서 활용되었으나 미래에는 운송수단에 각종 생활공간으로서의 서비스를 누릴 수 있는 모빌리티 디바이스로 기능을 담당할 것이다. 모빌리티(mobility)는 가고자 하는 목적지까지 빠르게, 편리하게, 안전하게 이동하는 것이 핵심이며, 전기차, 자율주행차(self-driving car) 등 다양한 운송수단과 카셰어링(car sharing), 승차 공유, 스마트 물류 등 폭넓은 서비스 등이 모빌리티에 속한다고 할 수 있다.

1 자동차의 역사

1. 해외 자동차

① **1765년** 영국인 제임스 와트(James Watt)가 증기기관을 제작하여 산업혁명의 원동력이 되었다. **1765년** 프랑스의 포병장교 니콜라스 조셉 퀴노(Nicolas Joseph Cugnot)가 증기기관을 이용하여 포차를 시속 약 6km의 속도로 움직이게 하였고,

퀴노의 증기포차 (1765)

② **1769년 세계 최초의 증기기관을 이용한 3바퀴 자동차를 발명**(NJ.퀴노)한 이래 약 1세기 동안 여러 가지 증기자동차가 개발되었으며 증기자동차의 전성기를 이루었다.

③ **1830년**에 완성된 리차드 트레비식(Richard Trebisik)의 증기자동차는 감속기어를 이용하는 등 기관의 소형・경량화를 하여 시운전에 성공하였다. 같은 시기에 월터 핸콕(Walter Hancok)과 윌리엄 처치(William Chuch)에 의해 승합버스 증기자동차를 개발하였다.

핸콕의 증기자동차 (1830)

④ **1839년** 영국인 듀갈드 클러크(Dugald Clerk)가 2행정 사이클 기관을 발명하여 소형 자동차나 소형 동력기 등에 이용하게 되었다.

⑤ **1883년** 독일인 다임러(Daimler)는 소형 고효율인 가스기관을 완성하여 특허를 획득하였는데 이는 가스를 실린더 안에 압축한 뒤 핫 튜브(hot tube)로 착화시키는 방법이었다.이러한 가솔린기관을 1885년에 2륜차에 탑재하여 12km/h로 시험주행에 성공하였다.

다임러 2륜 자동차 (1885)

⑥ **1886년**에는 1.1마력의 기관을 탑재한 4륜차를 제작하였다. 독일인 카를 벤츠(Karl Benz)는 1886년에 고압 전기장치와 표면기화기가 부착된 전기 점화법에 의한 4행정 기관을 탑재한 3륜차를 제작하였다.

벤츠의 3륜 자동차 (1886)

⑦ **1886년** 다임러(Gottlieb Daimler)가 **최초의 가솔린기관 탑재 자동차의 시작에 성공**하여 시속 약 18km의 주행속도를 내었다.

⑧ **1898년** 독일의 루돌프 디젤(Rudolf Diesel)은 압축 착화기관을 개발하여 경유나 중유 같은 저급연료를 사용하는 현재의 트럭이나 버스와 같은 상용 자동차에 사용하게 되었다.

⑨ **1893년** 미국인 헨리포드(Henry Ford)가 포드 제1호 자동차를 제작하였고,

헨리포드의 시작 제1호 자동차 (1893)

⑩ **1903년**에 A형 포드, 1908년 T형 포드를 개발하여 자동차의 대량생산 시대를 맞이하게 되었다. 이는 곧 수요급증으로 연계되어 다른 업체에도 점차 확산되어 자동차 산업 구조가 대폭 개편되고 자동차 대중화가 촉발되기에 이르렀다.

미국 국민차 '포드 모델 T' (1908)

⑪ **1920년**경부터 미국 자동차 시장은 대중화 보급과정을 넘어 대체 수요를 창출하기 시작하였다. 수요자들은 보다 우수한 성능, 세련되고 멋있는 스타일과 외장, 안락함 등을 원했다. 이와 같은 시장구조 변화로 다양화 모델경쟁이 전개되어,

⑫ **1950~1960년대**에는 화려한 디자인의 가솔린기관을 설치한 고급형 승용차 시대를 열게 되었다.

⑬ 유럽의 자동차산업은 **제1차 세계대전**의 영향으로 새로운 전기를 맞게 된다. 자동차의 군사적 가치와 무기생산에 사용했던 양산기술과 부품의 호환성 공법, 헨리 포드의 대량생산 방식을 도입하여 자동차산업을 확산시키게 되었다.

⑭ **1968년** 독일 Mercedes Benz회사에서는 가솔린 분사식 기관인 K-Jetronic을 시작으로 연차적으로 D-Jetronic, L-Jetronic을 개발하여 시판하였고,

⑮ **1990년** 이태리 Fiat회사에서는 전기자동차를 생산하여 판매하기 시작하였다.

⑯ 한편 아시아에서는 일본이 **1907년** 다이하쓰 자동차회사를 설립한 후 1916년 일본 기술에 의한 "애로우" 모델을 생산하여 판매하기 시작하였으며,

⑰ **1963년** 혼다에서 스포츠카 "S500"을 생산하였다. 그리고 도요타에서 "카롤라"를 세계 최대 생산 차량으로 등극시켰으며,

⑱ **1995년** Mitsubishi회사에서는 린번기관을 개발하였고, 1997년 도요타에서 세계 최초의 하이브리드카 "프리우스"를 양산하여 시판하고 있다.

⑲ **2004**년부터 일본의 도요타와 미국의 GM에서는 연료전지 자동차를 개발 중에 있다.

2. 국내 자동차

① **1903년** 고종 황제 즉위 40주년에 미국 공관을 통해 포드 승용차 1대를 의전용 어차(御車)로 들여왔다.

고종 어차 "포드A형" (1903)

순종 어차 "다임러" (1910)

② **1911년** 일본인 에가와가포드 8인승 무개차 1대 도입하여 공장에서 원시적인 수리를 하여 "한국 자동차공업"의 시초가 되었다.

③ **1953년** 전후 폐차 군수용품인 트럭, 짚(Jeep)을 미군으로부터 불하받아 망치로 드럼통을 판금 작업하여 버스나 트럭으로 개조 사용하였다.

④ **1955년** 신진공업은 미군 지프의 기관과 변속기, 차축 등을 이용하여 드럼통으로 승용차 "시발(始發)"택시 생산하여 판매하였다.

한국 최초 자동차 "시발"(1955)

⑤ **1962년**에 하동환 자동차 (현, 쌍용), 기아산업(현, 기아자동차)를 설립하였다.

⑥ **1962년**에 현재 한국GM의 전신인 "새나라 자동차"를 경기도 부평에 재설립하여 한국 최초 근대적 생산라인 자동차를 제조하였다.

새나라 자동차 (1962)

⑦ **1965년** 7월 아시아자동차가 설립 되었다. (아시아는 기아와 합병)

⑧ **1967년** 현대자동차를 설립한 후 **1975년** 한국 최초의 고유모델 "포니" 를 생산하여 판매하기 시작하였다.

현대 자동차 "포니" (1975)

⑨ **1976년** 신진 자동차 회사 설립한 후 1983년에 대우 자동차에서 인수되었고, 그 후 2002년에는 미국 GM회사로 매각되었다.

⑩ **1995년** 삼성 자동차 설립 이후 2000년 프랑스 르노(Renault)에 매각되었다.

⑪ **1991년**에는 현대자동차는 독자 기관 및 트랜스미션을 개발하였으며, 1996년 V6 델타 기관을 개발하였다.

2 자동차의 개요

1. 자동차의 분류

1.1. 승용차

① 세단(sedan) : 일반적인 승용차로 전·후 2열 좌석으로 박스형 4~6인승, 영국에서는 Saloon, 독일은 Limousine, 프랑스 Berline으로 명칭

② 리무진(limousine) : 전후 2열 좌석 사이에 칸막이 뒷좌석을 중시하는 박스형

③ 쿠페(coupe) : 2도어 세단보다 높이가 낮고 1열 좌석 2~3인승 박스형

④ 컨버티블(convertible) : 지붕개폐 가능한 세단이나 쿠페를말 함

⑤ 스테이션 웨곤(station wagon) : 세단을 변형하여 트렁크를 없애고 후부를 화물을 적재

⑥ 하드 탑(hard top) : 지붕을 임의적으로 탈 부착, 중심 기둥이 없는 세단을 말함

세단 리무진 쿠페

컨버터블 스테이션 웨곤 하드 탑

1.2. SUV (sport utility vehicle)

① SUV란 미국에서 시작된 자동차 분류 중 하나이다.

② 미군에서 수송용으로 사용되던 지프와 랜드로버를 민간에 출시하면서 탄생한 차량이다.

③ Sport는 사냥, 여행, 캠핑 등의 야외 레저 활동을 의미하며, Utility Vehicle은 농사나 군사, 공장 등의 용도로 사용되는 트럭을 의미한다.

④ SUV란 오프로드를 어느 정도 달릴 수 있는 단단한 바퀴와 서스펜션, 픽업트럭 처럼 높은 차고와 지상고, 왜건처럼 긴 차량 길이에, 5도어 해치백 구조의 차량을 의미한다.

지프

SUV

1.3. RV (Recreational vehicle)

① 본래 레저용 차량으로 미국에서 볼 수 있는 버스 형태의 이동 가옥으로 스포츠나 게임 등 야외에서 오락을 위해 주로 사용하는 자동차를 말한다.

② 오프로드(off road)를 주행하기 위한 4WD(4륜 구동) 자동차와 간단한 숙식 취사를 할 수 있도록 설비를 갖춘 것도 있다.

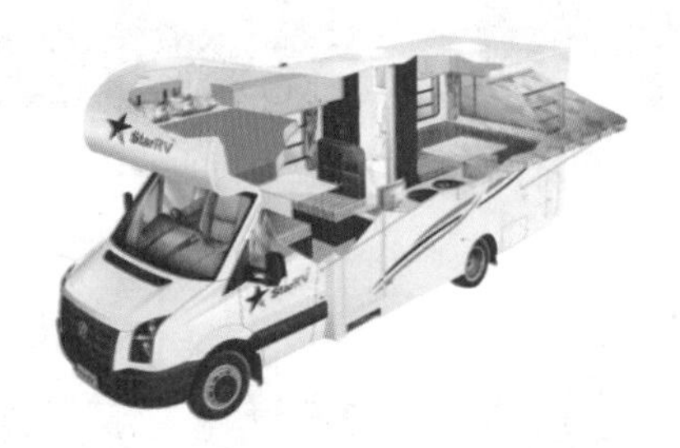

1.4. 상용차

① 보닛 형(bonnet) : 기관이 운전실 앞쪽에 나와 있는 형

② 캡 오버 형(cap over) : 기관이 운전석 아래에 있는 버스나 트럭

③ 픽업(pick up) : 화물칸의지붕이 없으며 소형 트럭으로 높이가낮아 물건상,하차 편리

④ 패널 밴(panel van) : 운전실과 화물칸이 일체 상자형 트럭

⑤ 라이트밴(light van) : 패널 밴을 축소한 승용차 밴, 즉 미니버스 형

보닛 형

캡 오버 형

픽업

패널 밴

라이트 밴

1.5. 특장차

① 덤프트럭(dump truck) : 공사용 토사와 모래 자갈 운반용 (덤핑 장치가 설치)

② 콘크리트 믹서(concrete mixer) : 공사용콘크리트 운반용 (회전 드럼 설치)

③ 탱크로리(tank lorry) : 공사용또는 식수용 물 운반 차량 (물 펌프가 설치)

④ 이동식 기중기(crane) : 무거운 화물을 인양하는 작업용 (윈치드럼 설치)
⑤ 굴삭기(excavator) : 공사용 토사 굴착 상차 작업용 (붐과 버킷설치 유압식)
⑥ 로드 롤러(roller) : 다짐공사에 사용 (드럼에 물, 모래 채움으로 중량 증가)

덤프트럭 콘크리트 믹서 탱크로리
기중기 굴삭기 로드 롤러

2. 자동차의 제원 specification

자동차의 제원(specification)이란 자동차의 구조 및 장치가 안전운행에 적합하도록 갖추어야 할 조건으로, 즉 안전기준이나 제원을 법규로 규정하고 있다. 자동차의 제원 표시에는 치수(dimension), 질량(masses), 하중(weight) 및 성능(performance) 등이 명시된다.

2.1. 제원표 specifications table

① 치수 제원 : 전장 /전폭 /전고, 축간 거리, 차륜거리, 최저 지상고, 실내치수, 오버행(over hang), 최소 회전반경
② 질량·하중 제원 : 공차중량, 최대 적재량, 차량 총중량, 축하중, 승차정원
③ 성능 제원 : 자동차 성능곡선, 공기저항, 동력 전달효율, 구동력, 저항력, 등판능력, 가속능력, 연료 소비율, 변속비, 압축비, 배기량, 최대출력, 토크 등

2.2. 치수 제원 dimension

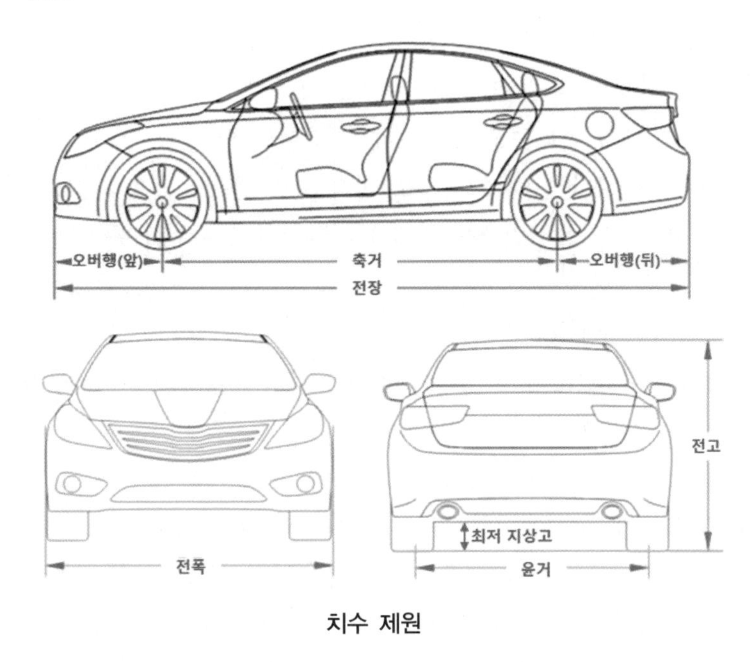

치수 제원

① 길이 (overall length), **"전장"** : 차의 중심선을 기준으로 가장 앞으로 튀어나온 부분과 가장 뒤로 튀어나온 부분의 길이

② 너비 (overall width), **"전폭"** : 차 중심선에서 차량의 전·후면 좌우의 가장 바깥쪽으로 튀어나온 부분 사이의 길이, 제원표에 쓰는 너비는 사이드미러를 제외한 차체의 가장 바깥쪽 부분을 기준, 즉 펜더에서 가장 튀어나온 부분 사이의 거리를 지칭

③ 높이 (overall height) **"전고"** : 차의 중심선에서 위아래 수직 방향으로 타이어의 접지면과 지붕의 가장 높은 부분의 거리

④ 휠베이스 (wheelbase) **"축거"** : 바퀴를 정진행 방향으로 똑바로 정렬하고 차체 옆면에서 봤을 때 앞바퀴의 중심과 뒷바퀴의 중심 사이의 거리

⑤ 트레드/트랙 (tread, track) **"윤거"** : 트레드는 휠베이스와 마찬가지로 앞바퀴를 정진행 방향으로 고르게 정렬하고 차의 정면에서 보았을 때 좌우 바퀴 중심 사이의 거리

⑥ **최저 지상고** (ground clearance, road clearance) : 타이어의 접지면과 차체 바닥에서 가장 아래로 튀어나온 부분 사이의 거리

⑦ **오버행** (overhang) : 차체에서 앞으로 튀어나온 부분과 앞바퀴 중심 사이의 거리 "앞 오버행", 차체에서 뒤로 튀어나온 끝부분과 뒷바퀴 중심 사이의 거리 "뒤 오버행"

⑧ **최소 회전반경** (minium turning radius) : 자동차의 핸들을 최대로 회전시킨 상태에서 선회할 때 외측 바퀴의 접지면 중심이 그리는 원의 반지름

2.3. 질량·하중 제원 masses·weight

① 차량 중량 (공차 중량, unloaded or empty vehicle weight)

빈차 상태에서의 차량 무게 (빈 차 무게)를 말하며, 공차 중량이라고도 한다. 자동차에 사 람이 승차하지 아니하고 물품 (예비 부분품 및 공구 기타 휴대 물품을 포함한다.)을 적재하지 아니한 상태로서 연료·냉각수 및 윤활유를 만재하고 예비 타이어 (예비 타이어를 장착한 자동차만 해당한다.)를 설치하여 운행할 수 있는 상태에서의 중량을 말한다.

② 최대 적재량 (max payload)

자동차에 적재할 수 있도록 허용된 물품의 최대중량을 말한다. 자동차 후면에 반드시 표시하도록 의무화되어 있다.

③ 차량 총중량 (gross vehicle weight)

자동차의 최대 적재 상태에서의 중량을 말한다. 최대 적재 상태란 빈 차 상태 (공차 상태)에서 승차 정원 및 최대 적재량의 화물을 균등하게 적재한 상태를 말한다. 국내 안전기준에서 자동차의 차량 총중량은 20톤 (승합 자동차의 경우에는 30톤, 화물자동차 및 특수자동차의 경우에는 40톤), 축중은 10톤, 윤중은 5톤을 초과해서는 안 된다.

④ 승차 정원 (riding capacity)

자동차에 승차할 수 있도록 허용된 최대 인원(운전자를 포함한다)이다.

⑤ 최대 접지 압력 (maximum ground contact pressure)

최대 적재 상태에서 접지 부분에 걸리는 단위 면적에 대한 무게이다. 타이어 접지 부분의 너비 1㎠에 대한 무게 (kgf/㎠)로 나타낸다.

2.4. 성능 제원 performance

① 최고 속도 (maximum speed)

최대 적재 상태에서 자동차가 평단 도로를 주행할 수 있는 최고의 속도

② 최대 출력 (maximum power)

기관에서 발행될 수 있는 최대동력으로 최대마력이라고도 하며, 1분당 기관 회전수 (rpm)가 몇 회전을 하면 몇 **마력 (PS)**의 최고출력을 얻을 수 있는가를 나타낸다. 즉, 단위 시간당 기관이 행할 수 있는 최대 일의 능률 (일률 : 일의 양)을 말한다.

③ 토크 (torque)

토크는 한 중심축에 대해 한 물체를 회전시키는 힘의 물리량으로 회진 모멘트, 비틀림 모멘트라고도 부르며, 힘의 크기와 힘이 걸리는 점에서 회전 중심점까지의 곱 (kgf·m)으

로 나타낸다. 자동차에서는 기관에 발생하는 **토크(축 토크)**를 가리키는 것이 보통이며, 기관의 토크가 크면 가속이 좋고, 운전하기가 쉽다. 이렇듯 토크는 자동차의 성능 가운데 견인력, 등판력, 경제성을 좌우하는 요소가 된다.

마력 (horse power)	토크 (torque)
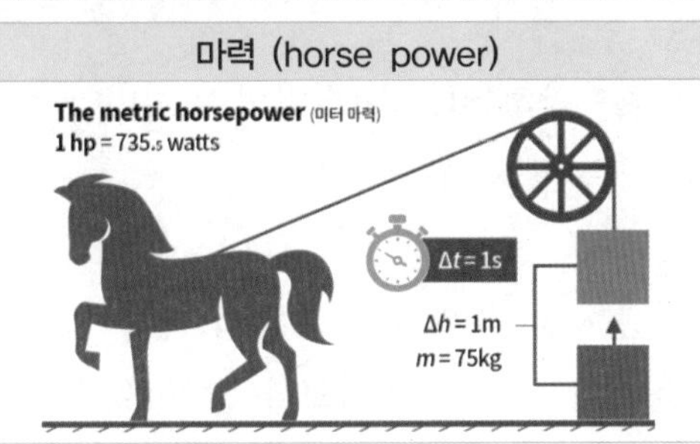	Torque Moment arm Force Pivot r : 1m 1kg
• 말과 증기기관을 비교하기 위하여 만들어진 것으로 한국은 PS를 단위로 사용한다. • 1미터마력(PS)은 말이 75kg의 물체를 1초 동안에 1m 옮기는 힘을 의미한다. • 마력은 토크에 지속성이 더해진 것을 말한다. • 동일한 토크를 기준으로 마력이 높은 차량은 최고 속도가 빠르고 그 속도를 유지하는 능력이 있기 때문에 고속도로 주행에 유리하다. • 차를 평가할 때 "최고속도가 빠르다"는 표현은 마력이 높다는 것이다.	• 자동차의 크랭크축이 "회전하는 힘"을 말하는 것으로 단위는 kgf.m이다. • 토크 1kgf·m는 1m 길이의 막대기를 1kgf의 힘으로 회전시키는 힘을 의미한다. • 토크는 바퀴를 돌리는 힘. 즉 순간적인 힘을 말한다. • 동일한 마력을 기준으로 토크가 높을수록 가속력(출발력)이 좋고 순간적으로 낼 수 있는 힘이 좋기 때문에 경사로나 험한 도로주행에 유리하다. • 차를 평가할 때 "힘이 좋다"는 표현은 토크가 높다는 것이다.
마력 주어진 '시간' 안에 할 수 있는 일의 총량	

④ 구동력 (driving force)

어떤 속도로 기계를 움직이거나 배·자동차 등을 주행시킬 때 그 운동 저항을 이기기 위한 힘, 또는 구동륜 접지점에서 자동차의 구동에 이용할 수 있는 기관으로부터 전달되는 힘이다. 즉, 구동 바퀴가 자동차를 미는 힘 또는 당기는 힘이라 할 수 있다.

⑤ 등판 능력 (hill climbing ability)

자동차가 최대 적재 상태에서 변속 1단으로 언덕을 올라갈 수 있는 능력을 말하여, 등판 할 수 있는 최대 경사각도로 표시한다. 일반적으로 각 ($\sin\theta$, $\tan\theta$), 퍼센트(%)로 나타낸다.

⑥ 변속비 (transmission gear ratio)

변속기에서 입력축 (기관 회전수)과 출력축(추진축 또는 변속기 주축)의 회전수의 비율이며, 주행 상태에 따라 선택할 수 있고 변속 위치에 따라 변속비(또는 기어비)가 다르다. 즉, 변속기나 종감속 기어에 의하여 회전수를 얼마나 변하게 할 수 있는가를 나타내 보이는 것이다. 회전력은 작으나 구동력이 큰 저속에서는 변속비가 크고, 회전력은 크고 구동력이 작은 고속에서는 변속비가 작아진다.

⑦ 총 감속비 (total reduction gear ratio)
기관의 회전속도와 구동바퀴의 회전속도의 비를 말하는데, 변속기의 변속비와 종감속기의 감속비를 곱하여 구한다 (총감속비 = 변속비 × 종감속비).

⑧ 정지거리 (stopping distance)
운전자가 제동조작을 한 순간부터 자동차가 정지할 때까지의 주행한 거리이며, 공주거리 (주행 중 운전자가 전방의 위험 상황을 발견하고 브레이크를 밟아 실제 제동이 걸리기 시작할 때까지 자동차가 진행한 거리)에 제동거리(주행 중인 자동차가 브레이크가 작동하기 시작할 때부터 완전히 정지할 때까지 진행한 거리)를 합한 것이다.

⑨ 연료 소비량 (fuel consumption)
자동차가 일정한 거리를 주행하는 동안, 또는 일정한 시간 동안에 소비하는 연료의 양이다. 결과적으로 이 값이 작은 자동차가 연료 소비량이 적은 차이며, 동상 단위는 kgrf/h을 사용한다.

⑩ 연료 소비율 (rate of fuel consumption)
㉮ 기관이 단위 출력을 발생하기 위해서 단위 시간당 소비하는 연료의 양 (g/PS·h 또는 g / kW·h)
㉯ 자동차가 단위 주행 거리 또는 단위 시간당 소비하는 연료의 양, 또는 단위 용량의 연료로 주행할 수 있는 거리

알고갑시다 **연료소비율 측정 방법**

① 시험 차량은 연비 시험 전에 6400km이상 주행한 차량으로 한다.
② 실내 온도 25±5℃의 Room에서 12~36시간 주차 후 안정화 시킨다.
③ 안정화 후 차대 동력계(롤러회전)위에서 공차 상태로 운전자만 탑승한다. (에어컨 /전기 사용 안 함 / 연료 기본주입 / 바람 영향 없음)
④ 주행거리 17.84km, 평균속도 34.1km/h, 최고속도 91.2km/h, 정지횟수 23회, 주행시간 42분(공회전시간 18%) 조건으로 주행한다.
⑤ 주행한 거리를 소모한 연료소비량(L)으로 나눈 값을 연비로 한다(km/L). 즉, 연비는 1L의 연료로 자동차가 달릴 수 있는 거리를 계산하는 것으로 “연비가 좋다”는 의미는 “연료소비율이 좋다”는 의미와 동일하다.

CHAPTER 02

하이브리드 자동차

1 하이브리드 자동차의 개요

하이브리드 자동차(HEV ; hybrid electric vehicle)란 2종류의 동력원을 함께 사용하는 자동차로서 일반적으로 전기로 구동을 하는 전기모터와 연료를 사용하는 기관과 조합하여 설치하는 형식을 말한다. 통상 하이브리드 자동차는 출발 및 저속으로 주행할 때는 모터를 사용하고 높은 출력이 필요할 때는 기관을 가동하는 방식이 많다.

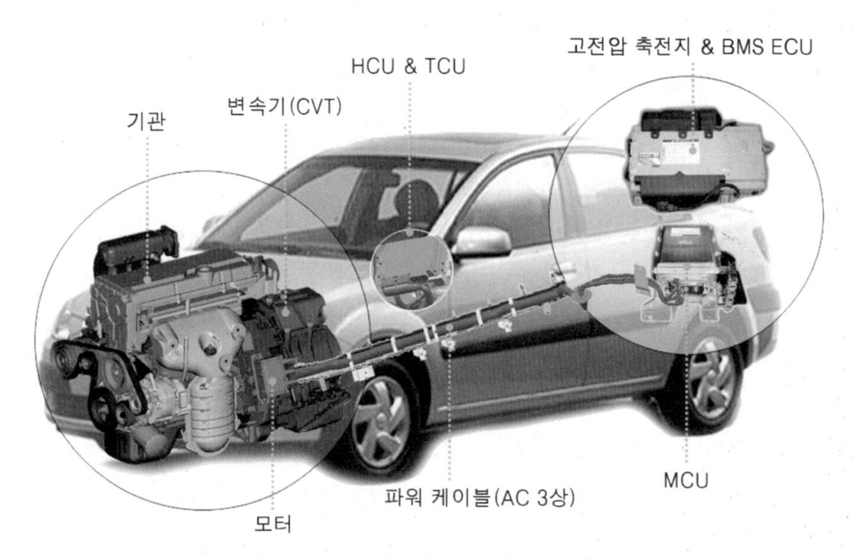

하이브리드 자동차의 구성부품의 위치도

2 하이브리드 자동차의 형식

1. 기관·모터의 결합방식에 따른 분류

하이브리드 자동차는 바퀴를 구동하기 위한 모터, 모터의 회전력을 바퀴에 전달하는 변속기, 모터에 전기를 공급하는 축전지, 그리고 전기 또는 동력을 발생시키는 기관으로 구성된다. 이들 중 기관과 모터의 연결방식에 따라 직렬형, 병렬형, 직·병렬형으로 구분된다.

1.1. 직렬형 하이브리드 자동차(SHEV ; series hybrid electronic vehicle)

직렬형에서 사용하는 기관은 바퀴를 구동하기 위한 것이 아니라 축전지를 충전하기 위한 것이다. 따라서 기관에는 발전기가 연결되며, 이 발전기에서 발생되는 전기에너지가 축전지에 충전된다. 동력계통은 기관 → 발전기 → 축전지 → 모터 → 변속기 → 구동바퀴의 직렬적 구성을 지닌다. 직렬형의 특징은 다음과 같다.

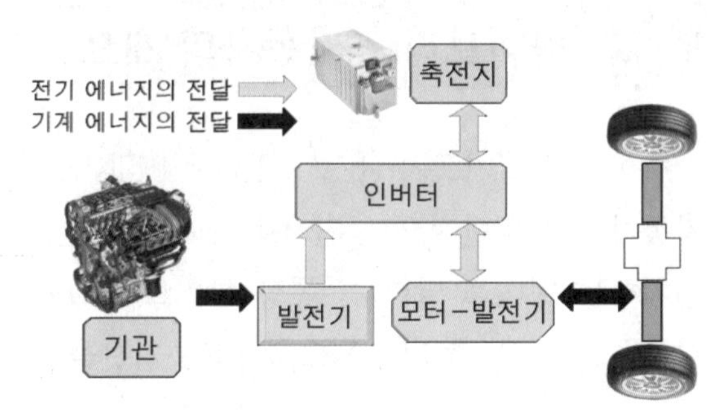

직렬형 하이브리드 자동차

① 기관과 구동바퀴 사이에 동력전달 계통을 생략할 수 있으므로 기관의 배치가 용이하다.
② 기관은 바퀴의 구동에 관여하지 않아 항상 최적의 상태로 기관을 구동할 수 있다.
③ 기관은 충전 이외의 작동 비중이 줄어 배기가스 저감에 유리하다.
④ 내연기관 자동차와는 달리 공회전이 필요 없고 기관, 모터를 별도로 제어할 수 있으므로 제어논리가 간단하다.
⑤ 전체 장치의 에너지효율이 병렬형에 비해 낮고, , 동력전달 장치의 구조가 크게 바뀌므로 기존 자동차에 적용하기는 어렵다.
⑥ 바퀴의 구동을 전적으로 모터에 의존하므로 주행성능을 모두 만족시킬 수 있는 고성능의 모터가 필요하다.

1.2. 병렬형 하이브리드 자동차(PHEV ; parallel hybrid electronic vehicle)

기관의 구동력과 축전지에서 공급되는 전원을 이용하는 모터의 구동력을 병렬로 바퀴를 구동한다. 주행상태에 따라 기관과 모터의 특성을 잘 이용하여 최적의 조건에 알맞도록 조합시켜 유해 배출가스의 감소를 실현한다.
동력계통은 축전지 → 모터 → 변속기 → 바퀴로 이어지는 전기적 구성과 기관 → 변속기 → 바퀴의 구성이 변속기를 중심으로 병렬로 연결된다. 병렬형 특징은 다음과 같다.

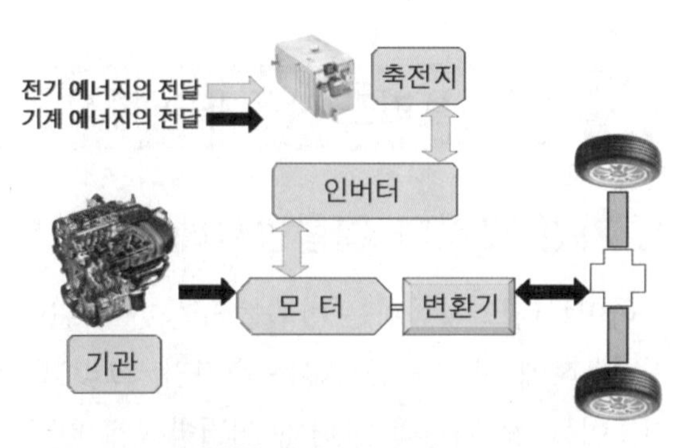

병렬형 하이브리드 자동차

① 주행상황에 따라 최적의 성능과 효율을 발휘하도록 동력을 기관과 모터

에 분배하여 얻을 수 있다.

② 기관의 여유 동력으로 모터를 구동시켜 축전지를 충전한다.
③ 기관과 모터의 구동력을 합한 큰 동력성능이 필요할 때는 모터를 가동한다.
④ 기존 자동차의 구조를 개조할 수 있으므로 제조비용면에서 직렬형에 비해 유리하다.
⑤ 동력전달 장치의 구조 및 제어가 복잡하다.

1.3. 직 · 병렬형 하이브리드 자동차(series parallel hybrid electronic vehicle)

직렬형과 병렬형의 양쪽 장치를 설치하고 운전조건에 따라 최적의 운전모드를 선택하여 구동하는 형식으로 공회전이나 저속부하 영역에서는 기관의 열효율이 높기 때문에 모터로는 운행을 하고, 기관은 발전기 구동에 사용된다. 한편 고속부하 영역에서는 병렬형이 기관의 열효율이 높기 때문에 직렬형에서 병렬형으로 변환시켜 모든 운전영역에서 높은 열효율과 유해 배출가스를 감소시킬 수 있다.

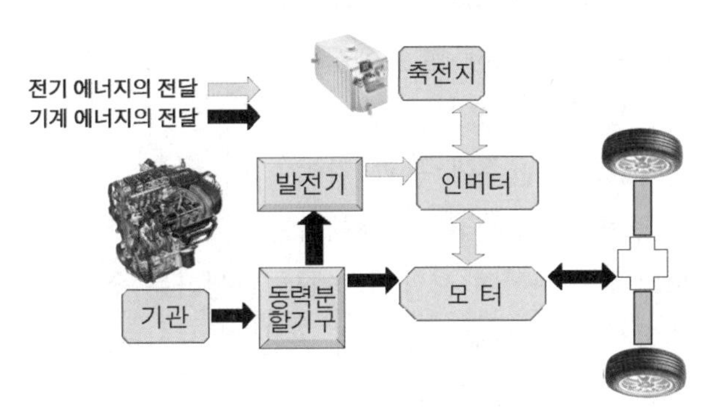

직 · 병렬형 하이브리드 자동차

2. 기관·모터의 구동방식에 따른 분류

2.1. 소프트형 하이브리드 자동차

소프트 형식(soft type)은 모터가 기관의 동력보조 역할을 하기 위하여 기관과 변속기 사이에 배치한 형식으로 모터가 플라이휠에 설치되어 있어 FMED(flywheel mounted electric device)라 한다. 출발할 때에는 기관과 모터를 동시에 구동하여 주행을 하고, 부하가 적은 평탄한 도로에서는 기관의 동력만을 이용하여 주행하고, 감속할 때에는 모터를 이용하여 브레이크에서 발생하는 열에너지를 전기적 에너지로 변환하여 축전지를 충전시킨다. 신호대기 등에 의한 정차 상태에서는 기관의 가동을 정지시키는 오토스톱(auto stop)으로 연료소비를 감소시킨다.

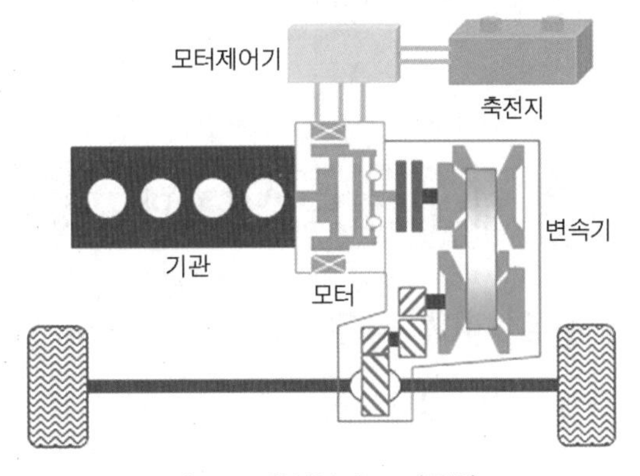

소프트 하이브리드 자동차

2.2. 하드형 하이브리드 자동차

하드 형식(hard type)은 모터가 변속기에 설치된 TMED(transmission mounted electric device)이며, 기관과 모터사이에 전자클러치를 설치하여 제어한다. 출발 및 저속주행에서는 모터만을 사용하고, 부하가 적은 평탄한 도로에서는 기관을 동력만을 이용한다. 또 가속 및 등판주행 등과 같이 큰 출력이 요구되는 주행에서는 기관과 모터를 동시에 이용하여 주행한다. 감속할 때에는 모터를 이용하여 브레이크에서 발생하는 열에너지를 전기적 에너지로 변환하여 축전지를 충전시키며, 신호대기 등에 의한 정차 상태에서는 기관의 가동을 정지시키는 오토스톱으로 연료소비를 감소시킨다.

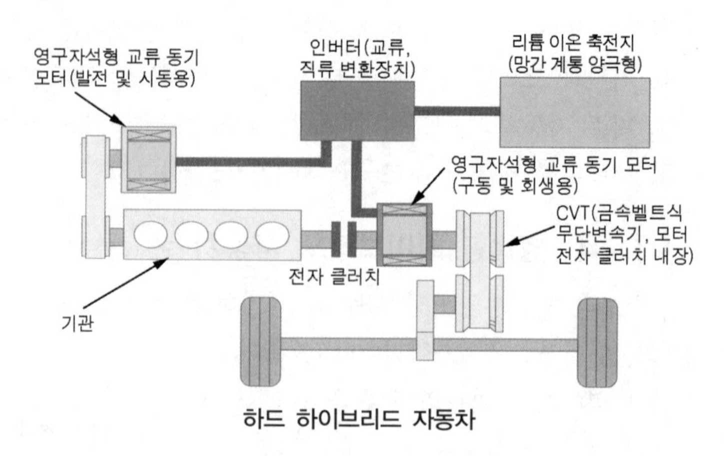

하드 하이브리드 자동차

2.3. 플러그 인 하이브리드 자동차

플러그 인(plug in)형식의 구조는 하드 형식과 같거나 소프트 형식을 사용할 수 있으며, 가정용 전기 등 외부전원을 이용하여 축전지를 충전시킬 수 있어 하이브리드 자동차 대비 전기자동차의 주행능력을 확대하는 목적으로 이용된다. 하이브리드 자동차와 전기자동차의 중간단계라 할 수 있다.

3 하이브리드 자동차의 구성부품

1. 동력제어 기구 PCU, power control unit

1.1. 인버터 inverter

자동차 구동용 모터는 자유로운 주파수와 전압을 변화시킬 수 있고 회전속도와 회전력을 자유롭게 제어하기 위하여 직류(DC)를 교류(AC)로 변환하는 VVVF(variable voltage variable frequency)인버터가 필요하다.

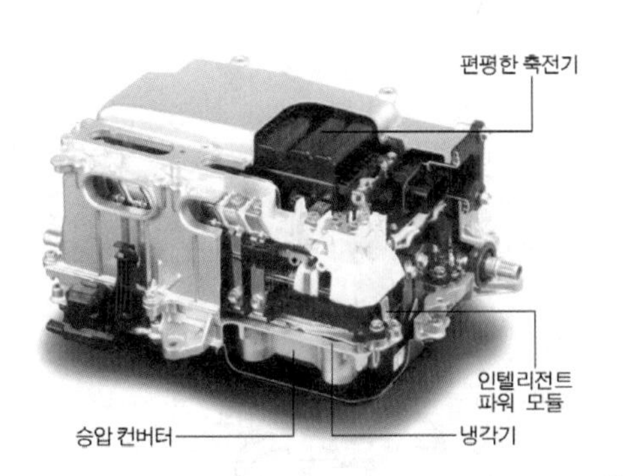

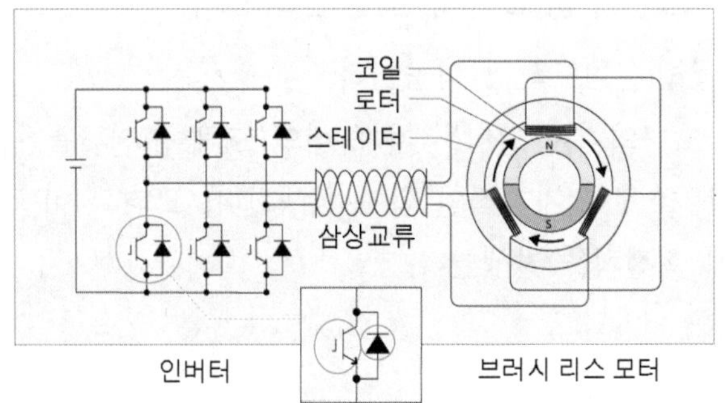

인버터의 구조

1.2. 컨버터 converter

에너지를 회생하는 장치를 사용하는 자동차의 경우 감속할 때 모터가 발전기로 변환되어 발전을 할 때 교류를 직류로 변환시키는 정류기가 필요하다.

1.3. 모터 제어

모터제어는 VVVF 제어에 의해 인버터가 자유롭게 만들어내는 파형의 전류에 의해 이루어지고 있으나 실제는 직류로 제어하여 전류를 미세하게 ON과 OFF 시킨다. ON과 OFF가 1/2씩 이면 전압도 1/2이 되기 때문에 ON 시간과 OFF 시간을 바꾸어 평균전압을 자유롭게 변환할 수 있다. 이것을 PWM(plus width modulation, 펄스폭 변조)제어라 한다.

2. 하이브리드용 구동모터

2.1. 하이브리드용 구동모터의 주요 기능

구동모터는 출발할 때 주(main) 동력원으로 또는 주행할 때 기관의 동력을 보조(assist)하는 작용을 한다.

① **동력보조** : 가속할 때 전기에너지를 이용하여 구동모터를 구동시켜 자동차의 구동력을 증대시킨다.

② **충전모드** : 감속할 때 구동모터를 발전기로 작동시켜 운동에너지를 전기에너지로 변환시켜 고전압 축전지를 충전한다.

③ **공회전 정지**(idle stop) : 정차 상태일 때 기관의 가동을 정지시켜 불필요한 연료소비를 방지하고, 기관을 시동할 때 기동전동기 대신 구동모터로 기관을 시동한다.

2.2. 구동모터의 작동원리

(1) 구동모터의 작동원리

모터의 작동원리는 자계 내의 도체에 전류를 공급하면 도체와 자계 모두에 대해 직각인 방향으로 전자기적인 힘이 발생한다. 모터는 이 전자력을 이용하여 자계 내의 도체(회전자)에 회전력을 발생한다.

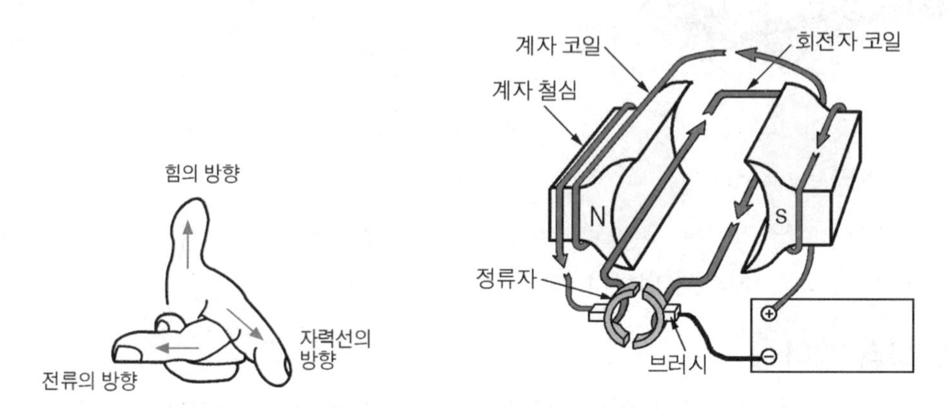

모터의 작동원리 (플레밍의 왼손법칙)

(2) 3상 교류 모터의 작동

3개의 코일을 각각 120° 간격을 두고 배치하여 1회전에 3개의 상(phase)을 동시에 형성하는 방법으로 모터의 크기를 작게 할 수 있고, 효율이 높아 하이브리드용 구동모터로 많이 사용한다.

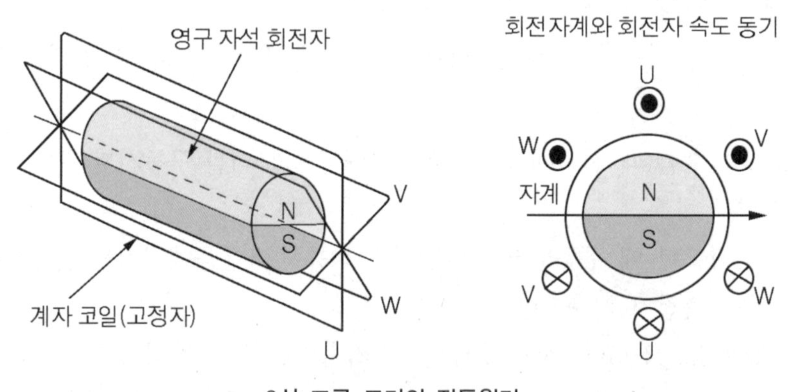

3상 교류 모터의 작동원리

2.3. 온도센서 temperature sensor

모터가 과열되면 영구자석 및 고정자 코일 등의 변형 및 성능저하가 일어나는 것을 방지하기 위하여 모터 내부에 온도센서를 설치하고 모터의 온도에 따른 제어를 한다.

2.4. 레졸버(회전자 센서)

구동모터를 가장 큰 회전력으로 제어하기 위해 회전자와 고정자의 위치를 정확하게 검출하여야 한다. 즉 회전자의 위치 및 회전속도 정보로 모터 제어기구가 가장 회전력으로 모터를 제어하기 위하여 레졸버를 설치한다.

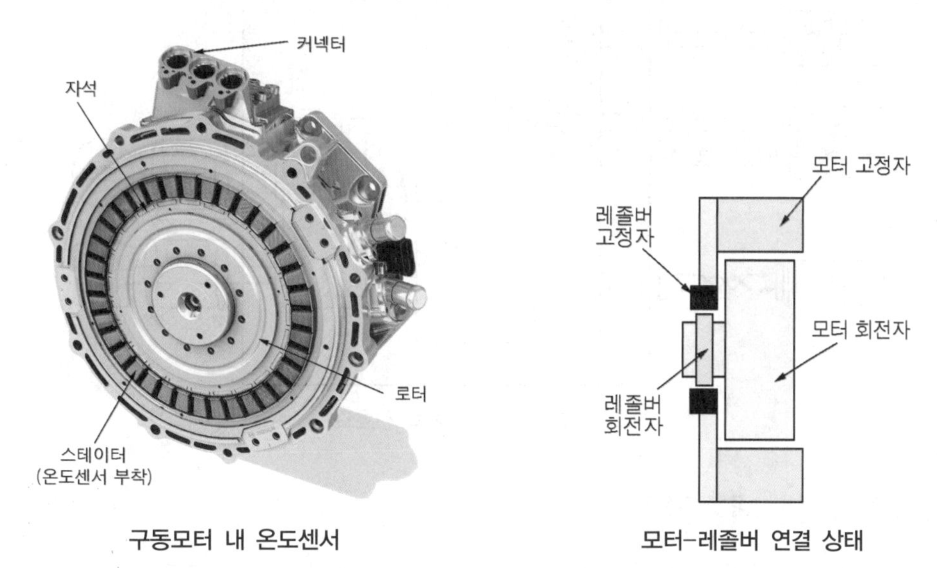

구동모터 내 온도센서 모터-레졸버 연결 상태

2.5. 모터 제어기 (MCU ; motor control unit)

모터제어기는 통합 패키지 모듈(IPM, integrated package module) 내에 설치되어 고전압 축전지(180V)의 직류전원을 모터의 작동에 필요한 3상 교류 전원으로 변화시켜 하이브리드 컴퓨터 (HCU, hybrid control unit)의 신호를 받아 모터의 구동전류 제어와 감속 및 제동할 때 모터를 발전기 역할로 변경하여 축전지 충전을 위한 에너지 회수 기능(3상 교류를 직류로 변경)을 한다. 모터제어 기구를 인버터(inverter)라고도 부른다.

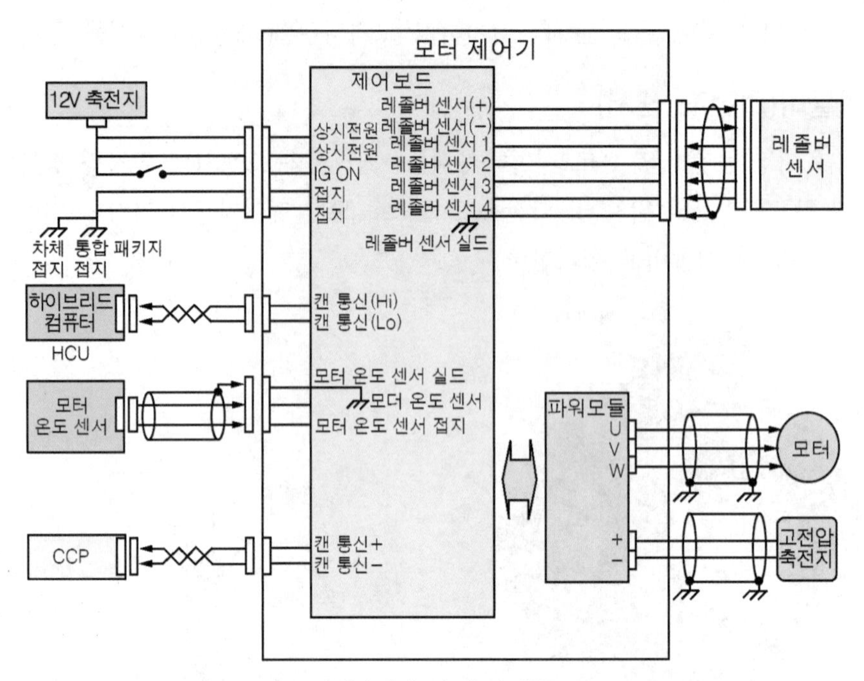

모터제어기의 입·출력 신호도

3. 에너지 회생 제동장치

에너지 회생 제동장치는 주행상태에서 발생하는 감속에너지를 모터로 회수하는 형식과 모터를 적극적으로 제동기능에 포함시키는 형식이 있다. 브레이크 페달을 밟았을 때 발생하는 마스터 실린더의 유압이 압력센서에 의해 검출되어 이 압력을 기준으로 요구되는 제동력을 브레이크 컴퓨터가 산출한다. 요구된 제동력의 일부가 컴퓨터로 보내지면 모터를 통하여 마이너스 회전력의 신호를 보내어 회생제동이 실행된다.

알고갑시다 회생제동

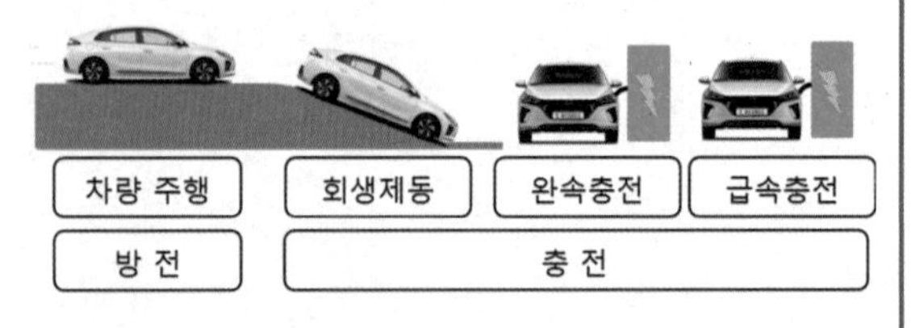

① 전기 자동차에서 에너지 소비를 절약해주는 데 있어 매우 중요한 역할을 하는 것이 회생 브레이크다.
② 전기 자동차 모터는 발전기와 구조가 같아 전류를 흘리면 회전하고, 반대로 외부에서 회전을 가하면 발전기 기능으로 전환된다.
③ 이렇게, 자동차를 감속시키거나 제동을 할 때 여유 동력으로 모터를 회전, 전기를 발전시켜 축전지로 보내는 장치를 만들면 전기소모량을 많이 줄일 수 있다.

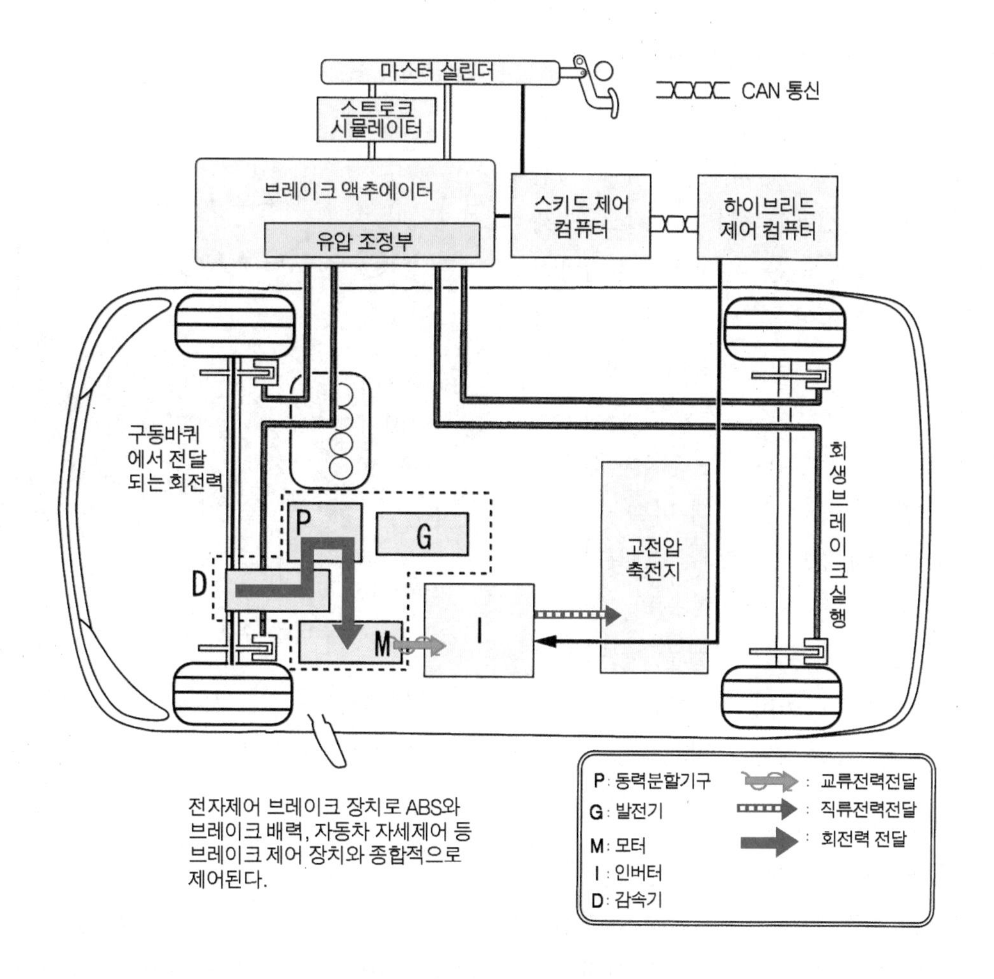

에너지 회생 제동장치

4. 고전압 축전지 제어 시스템 (BMS ; battery management system)

BMS ECU(battery management system electronic control unit)와 파워 릴레이 어셈블리(PRA ; power relay assembly)로 되어 있으며, 고전압 축전지의 SOC(state of charge), 출력, 고장진단, 축전지의 균형(balancing)과 냉각, 전원공급 및 차단을 제어한다.

5. 고전압 축전지

5.1. 고전압 축전지의 개요

하이브리드 전기 자동차의 동력원이 되려면 높은 전압 및 전력이 필요하므로 셀(cell)을 수십 개 모듈(module)화 할 수 있는 니켈-수소(Ni-mh) 또는 리튬이온(Li-ion) 축전지 등이 사용된다.

5.2. 고전압 축전지의 종류

(1) 니켈-수소(Ni-mh) 축전지

전해액 내에 양(+)극과 음(-)극을 지닌 기본적인 구조는 납산축전지와 같으나 제작비용이 비싸고, 높은 온도에서 자기방전이 크며, 충전특성이 불량한 결점이 있지만 에너지 밀도가 높고 방전용량이 크며, 안정된 전압(셀 당 1.2V)을 장시간 유지하는 장점이 있다. 에너지 밀도는 납산축전지와 같은 체적으로 비교하였을 때 니켈-카드뮴 축전지는 1.3배 정도, 니켈-수소 축전지는 1.7배 정도의 성능을 지니고 있다. 전극의 양극 쪽에는 옥시수산화니켈을, 음극에는 수소흡장 합금을 사용하며, 전해액은 알칼리성의 수산화칼륨을 주로 사용한다. 수소흡장 합금의 수소이온 방출상태가 방전특성을 촉진시켜 전자의 흐름이 활성화되어 높은 성능을 발휘한다.

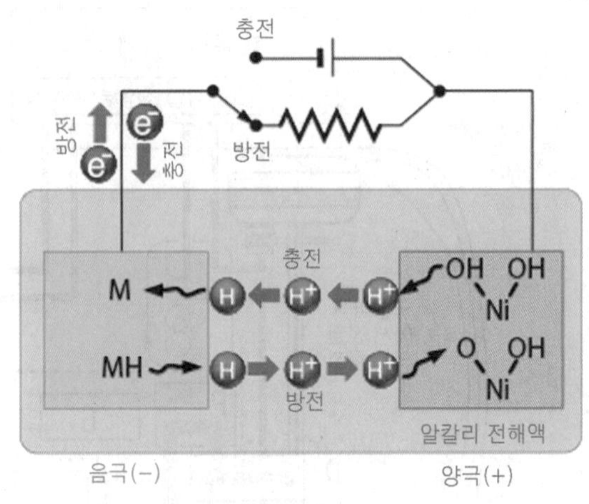

니켈-수소 축전지

(2) 리튬이온(Li-ion) 축전지

리튬이온 축전지는 양극은 리튬 금속산화물을 음극은 탄소질 재료, 전해액은 리튬염을 용해시킨 재료를 사용하며, 충전 및 방전에 따라 리튬이온이 양극과 음극사이를 이동한다. 발생전압은 3.6~3.8V 정도이고, 에너지 밀도는 니켈-수소 축전지의 2배 정도, 납산 축전지의 3배 이상이다. 같은 성능에서 체적을 1/3로 소형화하는 것이 가능하지만 제작비용이 높은 결점이 있다. 또 메모리 효과가 발생하지 않기 때문에 수시로 충전할 수 있으며, 자기방전이 적고, 작동온도 범위도 -20 ~60℃로 넓다.

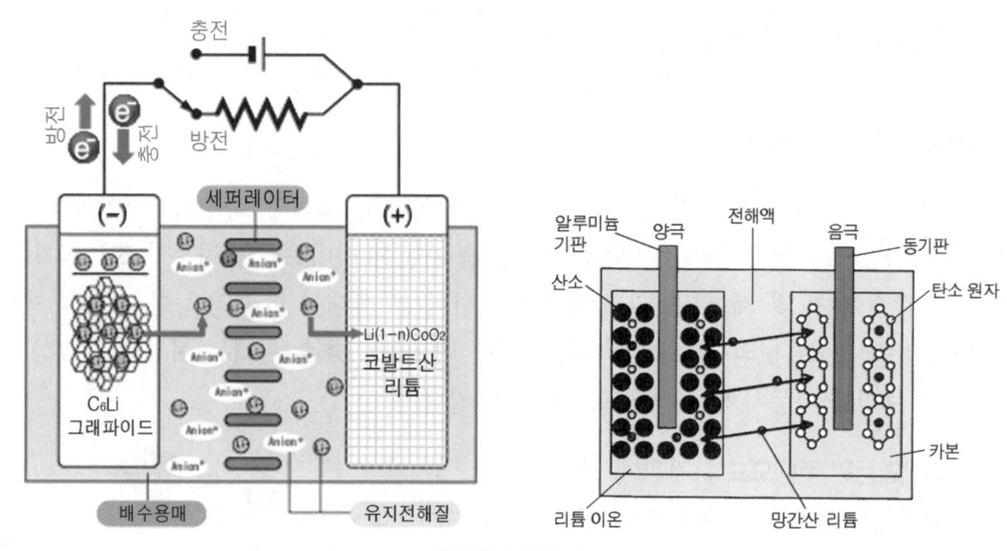

리튬이온 축전지

(3) 고체 고분자 연료전지 (PEFC ; polymer electrolyte fuel cell)

고분자 전해질(polymer electrolyte)을 사용하기 때문에 고체 고분자형 연료전지는 고체 고분자 전해질에 순수한 불소를 통과시킬 때 공기 중의 산소와 화학반응을 하여 백금전극에 전류가 발생한다. 발전할 때는 열을 발생하지만 물만 배출시킨다. 출력밀도가 높기 때문에 소형·경량화가 가능하며, 작동온도가 상온에서 80℃까지이고, 기동·정지시간이 매우 짧아 자동차 등의 이동용 전원이나 비상용 전원으로 주목받고 있다. 또 낮은 온도에서 작동하므로 전지구성의 재료 면에서 제약이 적고 튼튼하여 진동에 강하다.

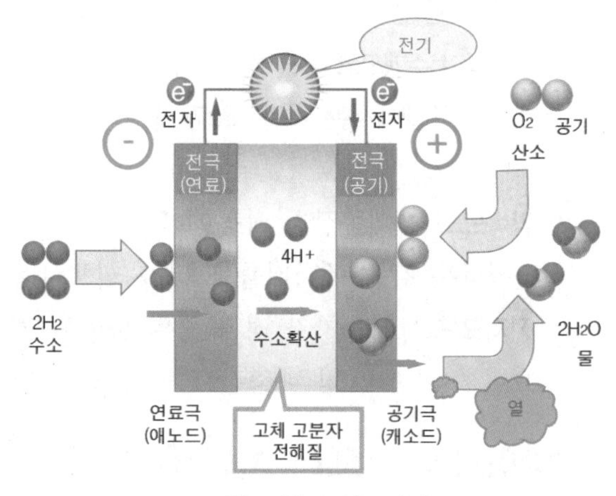

고체 고분자 연료전지

4 하이브리드 자동차의 제어

1. 하이브리드 제어

하이브리드 제어는 4개의 제어유닛[기관 컴퓨터(ECU), 고전압 축전지 관리장치(BMS), 모터 제어 컴퓨터(MCU), 변속기 컴퓨터(TCU)]을 포함한 하이브리드 자동차 전체장치를 제어하므로 각종 장치 및 제어유닛의 상태를 파악하여 그 상태에 따라 가능한 최적의 제어를 실행하고 각종 제어유닛의 정보를 이용하여 기능 여부와 신호수용 기능 여부를 적절히 판단한다. 하이브리드 자동차의 주행모드는 다음과 같다.

① **가속 및 등판 주행모드** : 기관에 큰 부하가 걸리는 가속 또는 등판 주행을 할 때 하이브리드 모터에서 동력을 보조하기 위하여 기관과 모터가 함께 구동한다.

② **일반적인 주행모드** : 출발 및 가속을 제외한 주행에서는 기관으로만 구동된다.

③ **감속모드** : 제동장치 작동에 의해 발생하는 감속 에너지를 모터가 회생시켜 축전지를 충전한다.

④ **정지모드** : 자동차가 정차 중일 때에는 기관의 가동을 자동적으로 오토스톱시켜 불필요한 연료소비 및 배출감소를 감소시킨다.

하이브리드 제어

2. 하이브리드 모터 시동제어

초기 시동 또는 오토스톱(auto stop) 이후 시동을 할 때에는 하이브리드 모터로 기관을 시동하며, 모터의 시동금지 조건에서는 기관에 설치된 기동모터에 의해 기관을 시동한다. 하이브리드 모터로 시동할 때 기관의 공회전 속도는 기관제어 모듈(ECM, Engine Control Unit)에 설정된 회전속도보다 높으며, 장시간 오토스톱 후 시동을 할 때에는 변속기의 유압 발생을 위하여 공회전 속도가 높아진다.

3. 저전압 직류변환 장치 (LDC ; low DC-DC converter)

하이브리드 자동차는 보조(12V) 축전지를 충전하기 위하여 기존의 교류발전기 대신 저전압 직류변환 장치가 설치되어 있으며, 저전압 직류변환 장치를 통하여 고전압 축전지 전원(180V)을 저전압(12V)로 변환하여 보조 축전지를 충전한다. 오토스톱 모드에서도 축전지 충전이 가능하며, 교류발전기보다 효율이 높고, 기관의 동력손실을 감소시킬 수 있어 연료소비율이 향상된다. 하이브리드 컴퓨터(HCU)는 저전압 직류변환 장치의 ON, OFF 제어, 발전제어, 출력전압 제어를 수행한다.

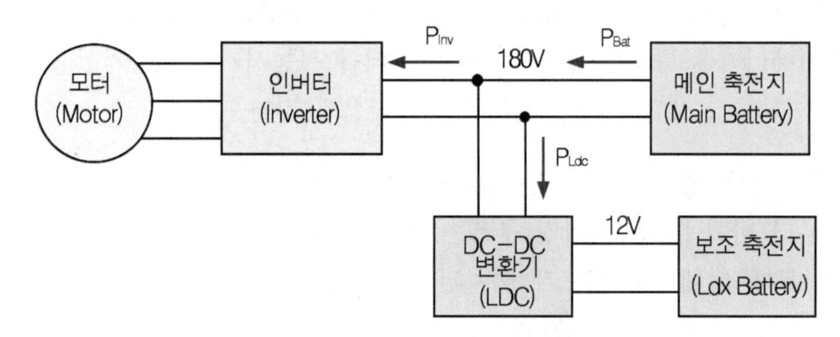

저전압 직류변환 장치의 제어

CHAPTER 03

연료전지 자동차

1 연료전지 자동차의 개요

연료전지 자동차(fuel cell electric vehicle)는 순수수소와 순수산소의 화학반응으로 만들어진 전기에너지를 동력원으로 사용하여 모터를 구동시키는 자동차를 의미하며, 수소전기차라고도 한다. 연료전지 자동차의 특징은 다음과 같다.

① 연료전지 자동차는 연료전지로부터 생산된 전기로 구동되는 일종의 전기자동차로서 모터부터 바퀴에 이르기까지 구조는 기존의 전기자동차와 거의 유사하다.

② 단위 무게당 에너지 밀도가 이차전지와 비교해 우수하며 연료(수소)의 이용효율이 36~50%로 내연기관의 20%에 비하여 매우 높고 석유계열 이외의 연료를 사용할 수 있다.

③ 기존의 전기자동차와는 달리 저장된 전기를 사용하는 것이 아니라, 연료를 외부에서 연속적으로 공급하여 전기를 생성시키면서 모터를 구동하는 장치이므로 연료를 공급하는 한 별도의 충전을 할 필요가 없다.

전기 자동차와 연료전지 자동차의 비교

구분	전기자동차	연료전지 자동차
구동방법	전동기	전동기
동원력	발전소 공급전력	순수수소 또는 개질수소에 의한 자체 전원
환경오염 문제	화력발전소의 유해가스 및 다량의 축전지 사용	개질과정에서 극소량 발생
공해정도	가솔린 차량보다 심각	진정한 무공해 차

2 연료전지의 기본원리 및 구조

1. 기본원리 및 구조

연료전지의 기본원리는 물에 통전을 하면 수소와 산소로 분해되는 물의 전기분해의 역 원리로서, 수소와 산소를 전기화학적으로 반응시키면 물을 생성함과 동시에 전기를 발생한다. 수소와 산소를 계속 공급하면 연속해서 발전할 수 있으므로 발전 장치로써 이용할 수 있다.

연료전지 내 전기 발생 과정은 연료전지의 음극 (anode)을 통하여 수소가 공급되고 양극 (cathode)을 통하여 산소가 공급되면 음극을 통해서 들어온 수소 분자는 촉매 (catalyst)에 의해 양자 (H+)와 전자 (e)로 나누어진다. 나누어진 양자와 전자는 서로 다른 경로를 통해 양극에 도달하게 되는데, 양자는 연료전지의 중심에 있는 전해질 (electrolyte)을 통해 흘러가고 전자는 외부 회로를 통해 이동하면서 전류를 흐르게 하며 양극에서는 다시 산소와 결합하여 물 (H2O)이 된다. 전체적인 전기화학적인 반응식은 다음과 같다.

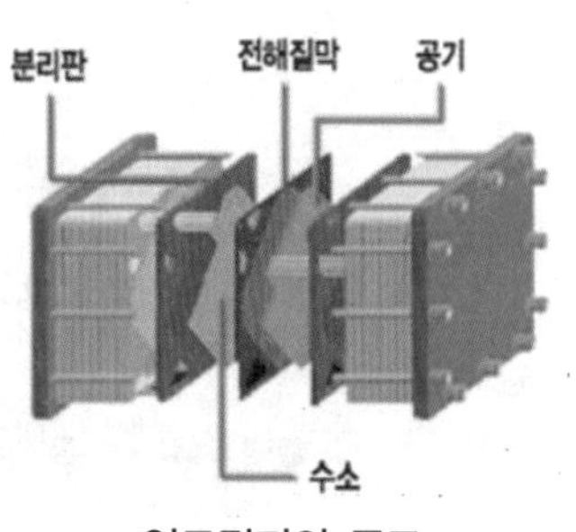

연료전지의 구조

$$\text{연료극}\,(anode)\text{반응}: H_2 \rightarrow 2H^+ + 2e^-$$

$$\text{공기극}\,(cathode)\text{반응}: \frac{1}{2}O_2 + 2H^+ + 2e^- \rightarrow H_2O$$

$$\text{전체 반응}: H_2 + \frac{1}{2}O_2 \rightarrow H_2O + \text{전류} + \text{열}$$

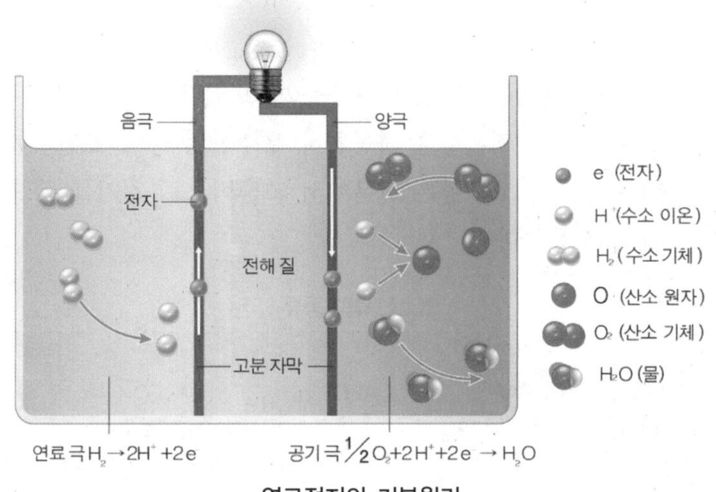

연료전지의 기본원리

2. 연료전지 자동차의 작동경로

① 연료 탱크에 저장되어있는 수소를 연료 전지 스택에 공급
② 유입되는 공기를 연료 전지 스택에 공급
③ 연료전지 스택에서 공기와 수소가 반응하여 전기와 물을 생성
④ 생산된 전기가 모터와 축전지에 공급
⑤ 마지막 순수한 물(H_2O) 성분 배출

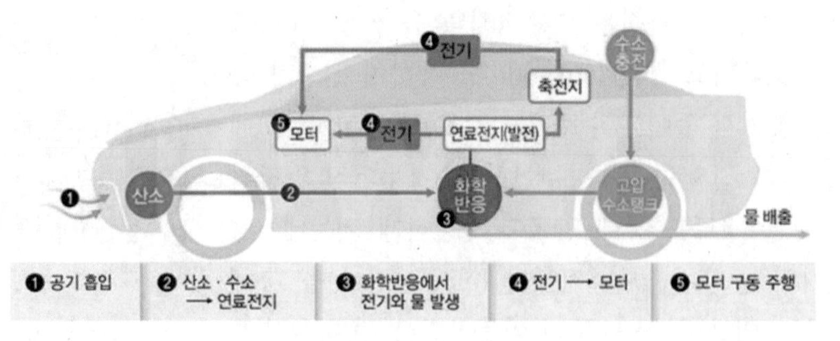

연료전지 자동차의 작동경로 〈출처 : KB금융주 경영연구소〉

3. 연료전지의 종류

연료전지 자동차는 연료전지 종류, 사용하는 연료, 연료 개질방법, 연료 저장방법, 보조 동력원의 종류 등에 따라 여러 가지 형태로 개발되고 있다. 연료전지로는 저온형인 고분자 전해질 연료전지(PEMFC : polymer electrolyte membrane fuel cell, proton exchange membrane fuel cell), 인산형 연료전지(PAFC : phosphoric acid fuel cell), 알칼리형 연료전지(AFC : alkaline fuel cell)와 고온형인 용융 탄산염 연료전지(MCFC : molten carbonate fuel cell), 고체 산화물 연료전지(SOFC : solid oxide fuel cell) 등이 있지만 고분자전해질 연료전지가 출력밀도, 상온작동성, 내충격성, 수명 등이 다른 연료전지에 비해 우수하기 때문에 현재 가장 많은 주목을 받고 있다. 연료전지는 작동온도에 따라 고온형과 저온형으로 분류되며, 저온형은 자동차나 우주산업 등 연료전지를 이동하면서 사용하는 경우에 적용한다. 반면, 고온형은 고온에서 고출력으로 전기를 생산하기 위하여 플랜트 등의 산업현장에서 사용한다.

연료전지의 종류

종류	저온형			고온형	
	PEMFC	PAFC	AFC	MCFC	SOFC
연료 (charge carrier)	**수소, 메탄올, 천연가스**	수소, 메탄올, 천연가스	수소	천연가스, 메탄올, 나프타, 석탄가스화가스	천연가스, 메탄올, 나프타, 석탄가스화가스
작동온도	**80℃**	200℃	60~220℃	650℃	600~1000℃
전해질	**수소이온 교환막**	고농도인산	고농도 수산화 칼륨	리튬·칼륨탄산염	지르코니아계 세라믹
촉매 (Catalyst)	**백금**	백금	백금	니켈	페로브스카이트
셀 구성	**탄소(carbon) 기반**	탄소 기반	탄소 기반	스테인리스 기반	세라믹 기반
특징	**고출력 밀도, 이동식 동력원**	배열을 급탕, 냉난방에 사용	우주산업	고효율, 연료의 내부개질 가능, 배열을 복합발전 시스템에 사용	고효율, 연료의 내부개질 가능, 배열을 복합발전 시스템에 사용

3 연료전지 자동차의 구성 및 동력전달

1. 구성부품

연료전지 자동차는를 구성하는 요소 기술은 운전 장치, 전장 장치, 수소저장 장치 및 스택(연료전지) 등의 주요 부품군으로 구성된다.

연료 전지 자동차의 주요 부품군별 요소기술

1.1. 스택(연료전지)

수소와 산소를 반응시켜 전기를 발생시키는 장치로서 다수의 단위전지를 적층하여 차량 구동에 적합한 수준의 전기를 발전시키기 위하여 막전극접합체, 기체확산층, 분리판, 가스켓 등의 부품으로 구성된다.

1.2. 운전 장치

스택에 공기(산소)와 수소를 공급하는 수소공급장치(에어필터, 소음기, 에어블로워, 가습기, 압력조절 밸브 등으로 구성. 수소전기차의 공기청정기 기능에 해당하는 부품), 공기공급장치로 구성, 스택에서 발생하는 열을 방출하는 열관리장치와 이를 활용하는 공조장치까지 포함한다.

1.3. 전장 장치

생성된 전기를 구동에 맞게 변환하는 장치로서 차량주행을 위한 구동모터, 감속기, 주행과 각종 전자기기 구동에 적합한 전력의 변환을 위한 전력변환시스템을 포함하며, 윤활장치, 냉각장치, 진동저감장치 등까지 포함한다. 내연기관차, 전기차(BEV)와 유사하며, 공유(공용화)가 가능한 부품이 있다.

1.4. 수소저장 장치

스택에 공급할 수소를 저장하는 장치로 내연기관차의 연료공급장치와 같다. 수소저장용 고압용기와 이를 스택에 공급하기 위한 고압밸브, 배관류로 구성되며, 고온, 고압에서 수소 방출 및 용기파손 방지를 위한 안전장치와 수소 충전장치가 구비되어 있다.

2. 동력전달

연료전지 자동차의 동력전달은 기존의 기관 대신 전기모터를 사용하고, 연료는 수소가스를 이용하며, 동력원으로는 연료전지에서 생성된 전기를 이용하게 된다. 또 여기서 배출되는 배기는 무공해인 수증기이다.

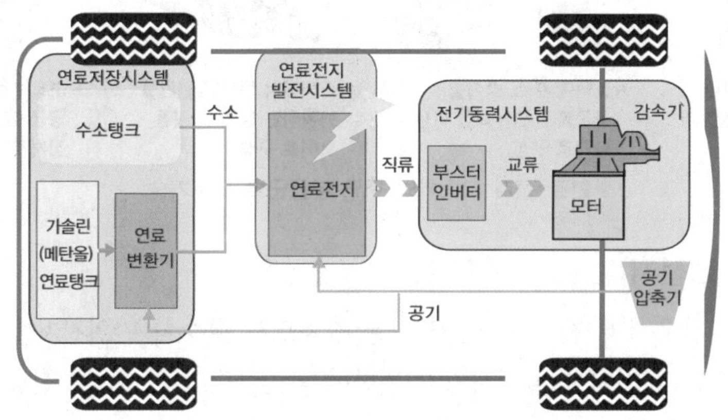

연료전지 자동차의 작동 개념도

4 연료전지 자동차의 장·단점

1. 연료전지 자동차의 장점

① 주행 거리가 날씨의 영향을 받지 않는다.

연료전지 자동차의 주행거리에서는 외부 기온에 영향을 받지 않으므로 혹한의 날씨에도 주행거리가 줄어들지 않는다.

② 에너지 효율이 높다.

연료전지 자동차는 100% 전력으로 구동하므로 전기 자동차와 같이 전기 모터가 저회전 영역에서 최대 토크를 발생시키기 때문에 출발할 때부터 자연스럽게 가속할 수 있고 운전이 정숙하다.

③ 연료 사용 제한이 없다.

연료전지 자동차는 공기 중에 떠돌아다니는 수소를 이용해서 만든 기관이므로 연료전지를 이용 한 뒤 남는 배출물도 수증기 (H2O)이며, 수증기를 다시 전기 분해하면 수소가 되기 때문에 연료의 제한이 없다.

④ 배기가스 공해가 없다.

순수한 수소를 고압수소 봄배에 충전하여 사용하므로 연료전지 자동차는 인체에 해로운 배기가스가 없다(배기 가스는 수증기 뿐).

⑤ 고압수소 충전 시간이 짧다.

충전 스테이션 및 축전지 용량에 따라 다르나 완전 전기 자동차 대비 완충하는데 시간이 짧다. (전기자동차는 약 30분~2시간, 연료전지 자동차는 수소탱크 충전 약 5분)

⑥ 주행가능 거리가 길다.

연료전지 자동차의 주행가능 거리는 전기 자동차보다 길다. 수소 탱크가 완충된 상태로 약 480km를 주행할 수 있다. 전기 자동차는 더 큰 축전지를 탑재함으로써 주행가능 거리를 연장할 수 있지만 그만큼 차량의 무게가 늘어나고 충전 시간이 오래 걸린다.

2. 연료전지 자동차의 단점

① 차량 가격이 비싸다.

수소충전 인프라와 연료전지 자동차 보급 부족으로 차량 가격이 상대적으로 비싸다. 또한 원가의 핵심 요소로서 막전극접합체 기술 개선 등을 통해 원가 절감을 하는 것이 필요하다. 스택은 수소전기차 원가의 40% 가량을 차지하며 주된 가격 요소는 백금 등 희귀 금속류이다.

② 폭발의 위험성이 있어 취급비용이 비교적 많이 든다.
수소는 공기보다 가벼운 기체이며, 끓는점이 영하 260° 로 제어할 수 없는 상태로 수소와 산소가 반응하면 위험하여 액화시켜 보관하는 데 막대한 비용이 든다.

③ 수소탱크 적재로 공간 활용성이 떨어진다.
연료전지 자동차에서 수소는 연료이므로 필요한 주행 거리를 달릴 수 있을 만큼 충분한 수소를 싣는 것이 중요하나 고압 수소 저장 봄베의 무게와 부피 때문에 저장의 한계가 있다.

④ 수소를 주입할 인프라가 부족하다.
수소충전소가 충분하지 않아 수소 연료전지 자동차는 소비자로부터 수요를 얻기 쉽지 안항 연료전지 자동차의 보급 확대가 어렵다.

⑤ 부가장치를 구동하는 내연기관이 없다.
연료전지 자동차는 전기모터, 연료전지, 동력제어장치, 스택, 수소저장 봄베 등으로 구성되어 있어 진공 브레이크와 에어컨 컴프레서 등 전기 에너지를 이용해 별도의 장치를 추가해야 한다.

3. 연료전지 자동차의 전망

현재 수소연료전지차 개발에 가장 선두를 달리고 있는 기업에는 도요타, 현대자동차가 있다. 현대자동차의 경우 지속적인 기술개발로 인해 현재는 1회 충전 주행거리가 600km가 되었고, 도요타도 그 뒤를 따르고 있다.

전기 자동차

1 전기 자동차의 개요

전기 자동차(EV, electric vehicles)는 화석연료를 사용하지 않는 대신 충전되는 배터리를 에너지원으로 하는 현재 수소연료전지 자동차와 더불어 대표적인 친환경 자동차로 불린다.

전기자동차 발전사

구분	1세대(2010~2015)	2세대(2016~2020)	3세대(2021~)
모델 예시			
주요 모델	BMW 'i3', Nissan 'Leaf', GM 'Spark EV', Telsa 'Model S'	Tesla 'Model 3', GM 'Bolt'	VW 'I.D.' Audi 'Aicon', BMW 'iVision Dynamics'
주행거리	150~200km	200~300km	500km 이상
에너지효율	3~5km/kWh	5~10km/kWh	10km/kWh 이상
에너지밀도	250~350Wh/ℓ	450~550Wh/ℓ	650~750Wh/ℓ
비고	-상품성 부족	-연비규제와 보조금에 의한 시장 형성	-전용 플랫폼 -대중화를 향한 첫걸음

출처: 현대자동차(재가공)

전기 자동차는 내연기관 자동차와는 달리 전기 자동차 전용 플랫폼을 적용하여 배터리팩, 전동기 등의 주요 부품을 표준화하고 양산이 쉬운 특징을 가진다. 현재 VW, BMW, 포드, 닛산, 미쓰비시, 오펠, 테슬라 등이 각자 개발한 전기자동차 전용 플랫폼을 확보하고 있다.

VW 전기자동차 전용 플랫폼

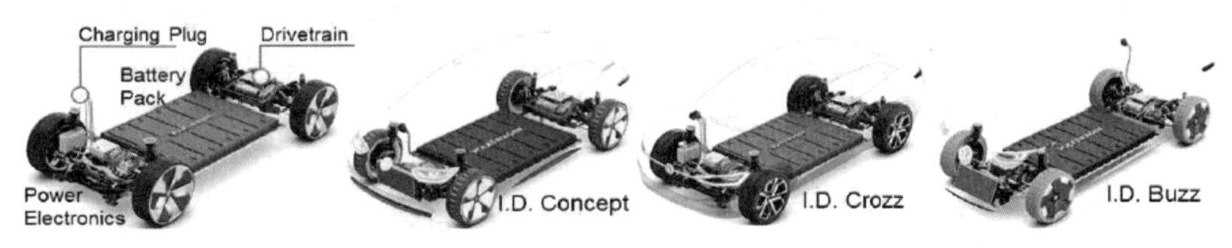

VW 전기 자동차 전용 플랫폼 〈출처 : MSD, (http://www.msdkr.com)〉

1. 전기 자동차의 분류 EV ; electric vehicle

전기자동차는 전기모터를 사용해 전기에너지로 구동하는 자동차를 의미하며, 광범위하게 전기모터나 내연기관을 동시에 사용하는 하이브리드 전기자동차(HEV ; hybrid EV), 동력원으로는 전지에 저장한 전기만을 사용하고 필요에 따라 충전을 하는 기관을 가진 플러그인 하이브리드(PHEV ; plug-in hybrid EV), 축전지(battery)로만 구동하는 전기자동차(BEV ; battery electric vehicle) 및 연료전지 자동차(FCEV : fuel cell electric vehicle) 등으로 나누어진다.

	전기자동차 (EV)	하이브리드 자동차(HEV)	플러그인 하이브리드 자동차(PHEV)	수소연료전지 자동차 (FCEV)
동력발생 장치	모터	엔진 + 모터	모터, 엔진(방전시)	모터
에너지 (연료)	전기	화석연료, 전기	전기, 화석연료(방전시)	전기 (수소로 생성)
구동형태	(엔진 미장착) 모터 발전기, 배터리, plug	모터 발전기, 엔진, 배터리, 연료탱크	모터 발전기, 엔진, 배터리, 연료탱크, plug	(엔진 미장착) 모터 발전기, 연료 전지, 보조 배터리, 수소탱크
특징	무공해 차량	내연기관/모터를 적절히 작동시켜 연비 향상	단거리는 전기, 장거리는 엔진사용	무공해 차량
주요차량	Leaf(닛산) i-miev(미쓰비시) 모델S(테슬라) ZOE(르노)	프리우스(도요타) 시빅(혼다)	Volt(GM), F3DM(BYD) Karma(Fisker)	투싼(현대) Equinox(GM) B-class(다임러) FCHV-adv(도요타)

전기 자동차의 분류

2. 전기 자동차의 장·단점

2.1. 장점

전기 자동차는 축전지를 주 에너지원으로 모터를 작동해 움직이기 때문에 내연기관을 에너지원으로 하는 일반자동차보다는 소음이 적고, 배기가스 등이 배출되지 않아 공해 없는 자동차로도 불린다. 이에 따른 장점은 다음과 같다.

① 주행시 화석연료를 사용하지 않아 CO2나 NOx를 배출하지 않음

② 기관소음과 진동이 적어 내구성이 좋음
③ 전기모터로만 구동할 때 운행 비용이 저렴함
④ 심야전기를 이용하면 비용을 더 낮출 수 있어 경제적임
⑤ 시동이 외부 온도의 영향을 받지 않음
⑥ 기어를 변속할 필요가 없어 운전 조작이 간편함
⑦ 에너지 효율이 높아 에너지 절약이 가능
⑧ 사고 시 폭발의 위험성이 적음

2.2. 단점

일반 자동차와 비교해 전기 자동차는 축전지를 충전해야 하는 데 있어서 한 번의 주유와 한 번의 충전 기준으로 주행 총거리가 아직은 떨어지고 있다. 또한 충전하는 데 걸리는 시간이 내연기관 자동차에 주유하는 데 걸리는 시간에 비해 월등히 떨어진다. 이에 따른 단점은 다음과 같다.

① 축전지 중량이 커 내연기관 자동차보다 출발시 구름 저항이 다소 크게 나타남
② 축전지의 화재가 발생하면 진화가 어려움
③ 가속 성능, 등판 능력, 최고 속도 등 주행 성능이 나쁨
④ 1회 충전 시 주행거리가 내연기관에 비하여 짧음
⑤ 축전지 에너지 밀도가 낮아 장거리 주행을 위해서는 축전지 무게를 증가시켜야 함
⑥ 법령 및 인프라 등의 전기 자동차 사용 여건이 미비하여 가격이 고가임

2 전기(EV) 자동차의 구조 및 구성부품

1. 기본 구조

전기자동차는 주로 축전지의 전원을 이용하여 전기 모터로부터 동력을 얻어 차량을 구동시키고, 감속할 때는 모터를 발전기(회생제동기능)로 사용하여 운동에너지를 전기에너지로 변환시켜 축전지를 충전한다. 전기자동차의 주요 부품은 축전지, 축전지관리시스템(BMS ; battery mangement system), 전기모터, 인버터 및 컨버터, 회생제동장치 등으로 구성된다. 축전지는 재충전이 가능한 2차전지가 이용되며 전기자동차 품질에 가장 큰 영향을 미치며, 모터는 축전지를 통해 구동력을 발생시키며 인버터 및 컨버터는 직류와 교류를 변환시키는 역할을 한다. BMS는 축전지의 충전, 방전을 제어하고 보호하는 역할을 한다.

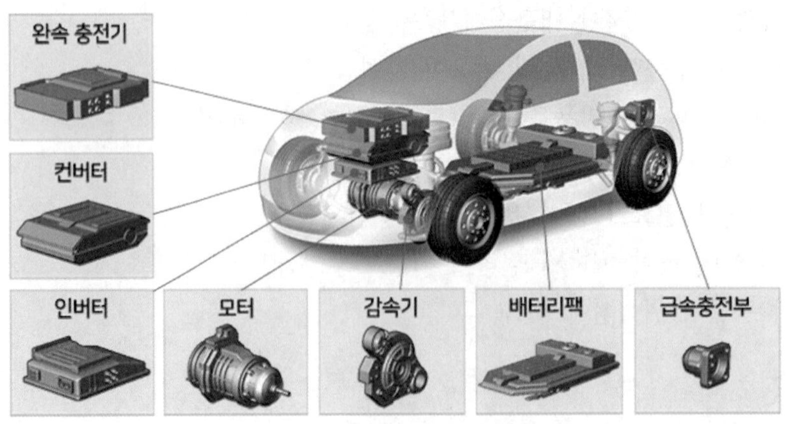

전기 자동차의 기본 구조

전기자동차 주요 구성부품 비교

부품명	하이브리드 자동차 (HEV)	연료전지 자동차(FCEV)	전기 자동차(EV)
전기모터	√	√	√
축전지	√	√	√
BMS	√	√	√
인버터/컨버터	√	√	√
차량 제어기	√	√	√
기관	√		
변속기	√		
수소저장탱크		√	
연료전지		√	

2. 핵심 구성부품

2.1. 축전지

그림의 ① 축전지는 내연기관에 사용하는 기관 없이 충전된 축전지에서 공급되는 전기 에너지만을 동력원으로 전기 모터를 구동한다. 회생제동 기능을 이용하여 운행 중에 축전지 충전으로 제동 횟수가 많은 도심에서 에너지 효율을 향상할 수 있는 이 2차 전지로 정의되는 축전지는 전기를 저장했다가 필요할 때 동력원으로 사용하는 일종의 전기 저장소로 전기 자동차에서 가장 중요한 핵심 부품이다. 전기 자동차용 축전지 종류는 다음과 같다.

① 납 축전지 : 납 전극을 사용함에 따라 무게가 무겁고 에너지 밀도는 낮은 수준
② 니켈-카드뮴 (Ni-Cd) : 에너지 밀도는 최근의 고성능 전기 자동차용 납축전지보다 약간 떨어지나 출력밀도 성능이 우수함. 저온에서의 성능 저하가 크지 않은 장점이 있으나 에너지 밀도에서 납 축전지와 동일한 점과 높은 가격이 단점

③ 아연-에어 (Zn-Air) : 비교적 유망한 축전지 시스템으로 무한한 공기(산소)를 양극 활물질로 활용하고 음극 활물질로는 저렴한 아연을 이용하는 방식

④ 리튬계 축전지 : 현재 리튬계 축전지는 파우치형과 캔형이 상용화되어 자동차에 적용되어 사용 중 (현재, 전기자동차용으로 리튬 폴리머 축전지가 상용화되어 가장 많이 사용 중이며, 코나 EV 나 니로 EV에는 에너지 용량 64KWh의 리튬 폴리머 배터리가 장착되는데 리튬 폴리머 축전지 98개(3.6V X 98셀 = 352.8V) 정도를 묶어 축전지 케이스에 넣어 장착한다.)

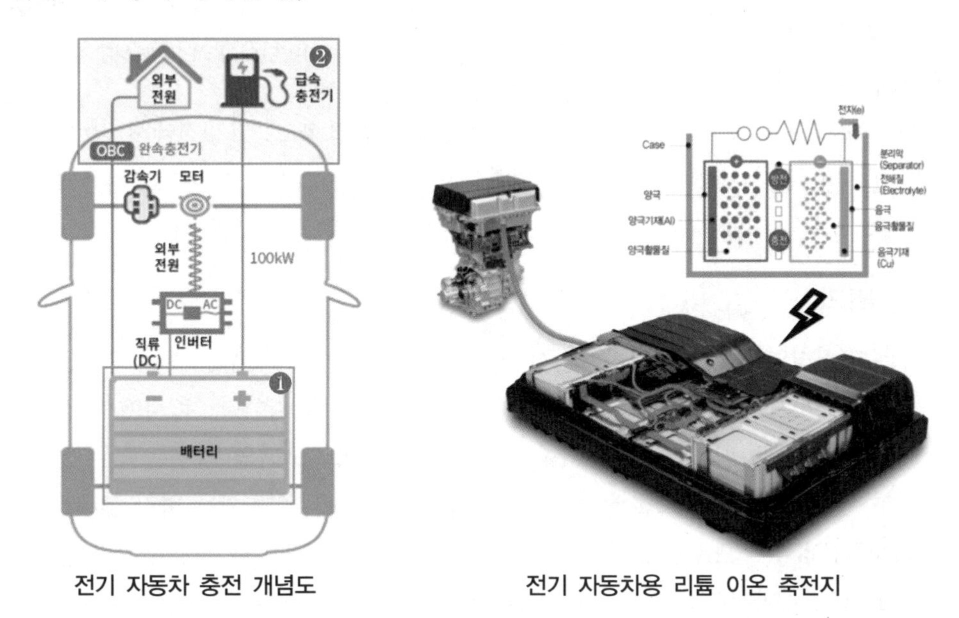

전기 자동차 충전 개념도　　　　전기 자동차용 리튬 이온 축전지

2.2. 급속 충전기 battery charger

그림의 ② 급속 충전기는 전기자동차 축전지에 전기를 충전하는 장치로 정류기에 의한 직류 전압을 사용하여 축전지에 전압을 가하여 급속 충전한다. 50KW 급으로 완전 방전상태에서 80% 충전까지 30분이 소요되며, 완속 충전기는 약 6~7KW 급으로 완전 방전에서 완전 충전까지 약 4~5시간 소요된다.

2.3. 축전지관리시스템 (BMS ; battery management system)

축전지관리시스템은 전기자동차의 핵심 기술 중 하나로, 축전지의 성능을 조절하여 전류·전압 모니터링, 셀 밸런싱, 전하 상태 파악 및 팩 안전성 보장 등의 기능을 수행한다.

2.4. 구동 모터

자동차용 구동 모터 (전동기)는 전기를 이용하여 회전 운동의 힘을 얻는 기계로, 모터축에 감속기를 연결하여 적절한 회전력을 바퀴에 전달하여 자동차를 움직이게 하는 용도로 사

용된다. 모터에는 직류모터와 교류모터가 있다. 교류모터는 브러시가 필요 없으나 교류의 타이밍을 모터로 얻고 싶은 토크나 회전수에 맞춰 조정하는 것이 어려워 효율이 낮다. 요즘에는 회전자와 고정자의 위치관계를 정확히 알아서 교류전류를 흘리는 방식이 개발돼 마치 브러시가 없는 직류모터와 같은 성능을 낼 수 있다. 모터에 걸리는 전압은 회전수와 전류 양쪽에 관계된다. 전기자동차로 평지를 달리며 속도를 높이려면 전압을 올리면 되고 고갯길에서 같은 속도로 달리고 싶으면 전압을 올리고 회전수를 유지한 채 전류를 증가시키면 된다. 최근에는 브러시리스 DC모터라고 불리는 유도식 교류모터가 개발돼 각광을 받고 있다.

인휠모터아우터로터식구조

2.5. 인버터

인버터는 컨버터와 같은 작용을 하면서 직류 전원을 자동차 주행을 위한 모터를 가동하기 위해 교류 전원으로 변환시켜주는 역할을 하는 전력 변환 장치이다. 축지에서 얻은 직류전압을 조정하는 장치로 컨버터(converter)라고 부른다. 교류모터의 경우는 직류전압을 교류전압으로 바꿔주며 전압을 조절해야 하므로 인버터(inverter)가 필요하다. 버터의 원리는 전력용 반도체(Diode, Thyristor, Transistor, IGBT, GTO 등)를 사용하여 상용 교류전원을 직류전원으로 변환시킨 후, 다시 임의의 주파수와 전압의 교류로 변환시켜 유도전동기의 회전속도를 제어하는 것이다.

2.6. 모터 제어기

액셀 페달 조작량 및 속도를 검출해서 의도한 구동토크 변화를 가져올 수 있도록 차속이나 부하 등의 조건에 따라 모터의 토크 및 회전속도를 제어한다. 운전자의 가속 의지에 따라 모터의 토크와 회전속도를 제어한다. 직류모터라면 전류의 크기를 제어하고, 교류모터라면 진폭이나 주파수 또는 위상을 바꾸어서 자동차의 주행을 제어한다.

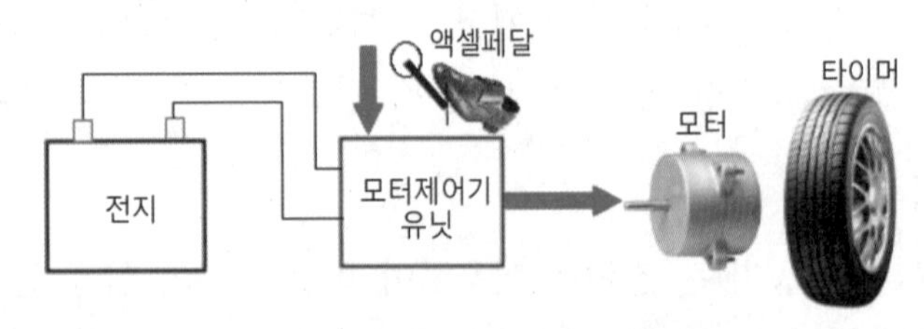

모터 제어기의 동력전달 과정

3 배선 wired

1. 전기 배선

전기 자동차의 에너지저장소인 구동용 리튬이온 축전지로부터 전기는 인버터를 통해 모터로 전달된다. 가정 등에서 전기 자동차에 충전할 때도 충전기와 인버터 역시 배선으로 연결되어있어 충전용 커넥터로부터 충전기로의 배선도 필요하다. 한편, 급속 충전의 경우는 외부시설의 급속 충전기로부터 직접 구동용 리튬이온 축전지로 충전되므로 탑재된 충전기는 사용하지 않는다. 별도 경로의 배선이 있기 때문이다. 자동차의 전장품, 예를 들면 라이트 관련이나 와이퍼 등은 내연기관 자동차와 마찬가지로 12V의 전압으로 작동하므로 12V의 납축전지도 전기 자동차에 탑재되어있다. 내연기관 자동차라면 발전기로 12V 축전지를 충전하지만 전기 자동차에서는 구동용 리튬이온 축전지의 전압 330V에서 12V로 강압시켜 납축전지에 충전용의 전기를 공급하고 있다.

2. 통신 네트워크

전기 자동차에서는 전기의 취급을 항상 컴퓨터로 감시하며 관리하고 있다. 가령 리튬이온 축전지에서는 셀 각각의 충전과 방전 정보를 확실하게 파악하지 않으면 충전의 편차가 발생하여 주행거리에 영향을 준다. 또한, 운전자의 액셀러레이터 페달 조작에 대해서도 어느 정도의 전기를 모터로 공급할 것인지 인버터에서 조절하지만, 축전지의 충전 상황이나 에어컨의 사용 상황 등에 따라서 모터로 흐르는 전기의 양을 가감하여야 할 경우도 있다. 그래서 축전지와 모터, 에어컨과 운전자의 운전조건 정보 등을 서로 연결하는 통신이 필요한 것이며, 고속 통신이 가능한 CAN(controller area network)을 사용한다.

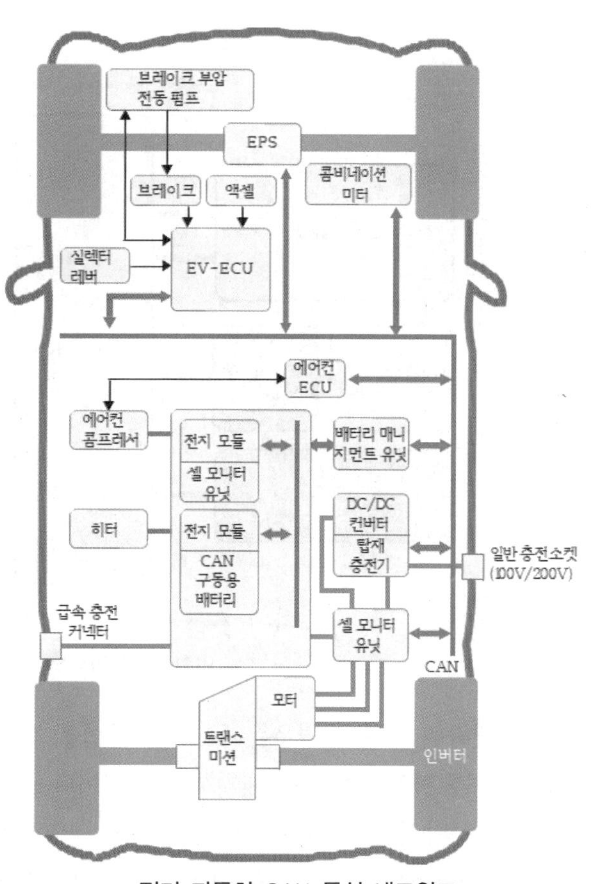

전기 자동차 CAN 통신 네트워크

4 구동 장치

1. 간단한 구동장치

전기 자동차의 구동 장치는 클러치와 변속기가 없으므로 매우 간단하고 알기 쉽게 되어 있다. 가장 간단한 것이 모터의 회전을 그대로 전달하는 방법으로 인휠 모터 방식이라고 한다. 전기 자동차만의 특징을 가장 잘 살린 구동 장치라고 할 수 있다.

한편 현재의 전기 자동차 대부분에서 적용하고 있는 것이 내연기관 자동차와 같은 구동 장치의 배치이다. 모터로부터의 회전을 종감속 기어와 차동 장치로 전달하고 그곳에서 좌우의 구동 바퀴 전달하는 방법이다. 내연기관 자동차와 마찬가지로 앞바퀴 구동 자동차라면 모터는 차체의 앞부분에 배치되어 그대로 구동 장치가 구성되며, 내연기관 자동차에서는 이것을 전륜구동(FF, front engine front drive) 방식이라고 한다.

2. 구동방식의 차이

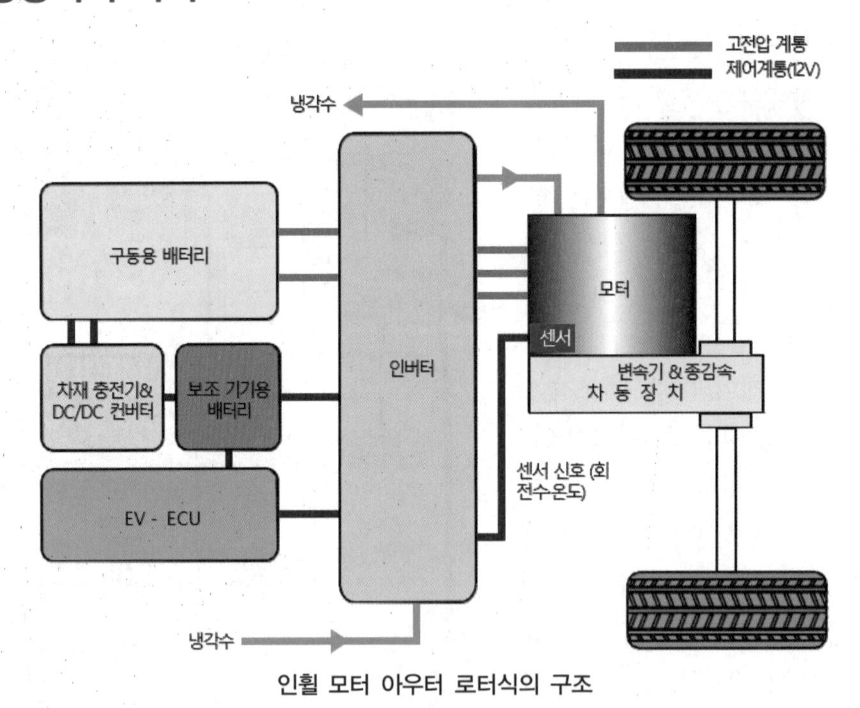

인휠 모터 아우터 로터식의 구조

한편 뒷바퀴 구동의 경우는 두 가지 방법을 생각할 수 있다. 하나는 모터와 구동 장치의 부품 모두를 자동차의 뒤에 배치하는 방법이다. 내연기관 자동차로 말하면 RR(rear engine rear drive)방식이다. 다른 하나는 이것도 내연기관 자동차에서 말하는 후륜구동(FR, front engine rear drive) 방식이다. 이 FR 방식의 경우에 모터를 차체의 앞부분에 배치하고 그 회전력을 뒷바퀴에 전달하는데 추진축(propellar shaft)이라는 부품을 하나 더 추가하면 내연기관의 FR 방식을 컨버티드 전기자동차(converted EV)로 개조할 수 있다.

5 전기 자동차의 미래

1. 개발 현황

1.1. 300km 전기자동차 시대 개막

자동차 제조사들의 전기 자동차 개발에 속도가 붙으면서 새롭게 출시되는 전기 자동차는 대부분 300Km의 주행거리를 넘어섰다.

1.2. 주행거리 500km 도전

현시점에서 주행거리가 가장 긴 전기자동차는 테슬라의 모델 S로 1회 충전에 507km을 갈 수 있다. 90KWh의 축전지팩 대신 에너지 밀도를 높인 100KWh 축전지를 장착하며 주행거리를 늘렸다. 가속 능력도 스포츠카 못지않다. 96Km까지 도달하는데 2.5초 걸린다. 일론 머스크 테슬라 CEO는 지금까지 생산된 전기자동차 가운데 가장 빠른 차라고 강조했다. 다만 이 차의 가격은 최소 1.5억원 정도로 대중적인 전기자동차로 보기엔 무리가 있다.

1.3. 600km 장벽

글로벌 자동차 제조사들은 전기자동차 주행거리 연장을 목표로 청사진을 제시하고 있다. 그중 폭스바겐은 전기자동차 개발에 가장 적극적이다. 폭스바겐 그룹은 2025년까지 총 30종 이상의 전기자동차를 개발, 연간 100만대의 전기자동차를 판매하겠다는 계획을 발표했다.

2. 시장 현황 및 전망

세계적으로 전기 자동차 누적 판매 대수는 100만대를 넘었다. 중국은 전기 자동차 판매 대수에서 미국을 처음으로 꺾고 세계 1위로 부상했다. 경제협력개발기구(OECD)와 국제에너지기구(IEA)가 최근 내놓은 “글로벌 전기 자동차 전망” 보고서에 따르면 글로벌 전기자동차(EV) 누적 판매량은 100만대를 훨씬 넘는 것으로 집계됐다. 보고서는 100만대 돌파에 대해 상징적인 성과라고 평가했다. 이는 순수 전기 자동차(BEV)와 플러그인 하이브리드 자동차(PHEV)를 합친 것이다.

PHEV는 충전 후 일정 거리를 순수 전기자동차처럼 달리다 전력을 다 쓰면 하이브리드 자동차처럼 기관과 모터를 이용해 주행한다. 또한 자동차와 정보기술(IT)의 경계는 없어지고 자동차는 움직이는 IT 기기로 변신하고 있다. 자율주행 기술에 대한 사회적 기대와 요구가 점점 커짐에 따라 전기자동차를 생산하던 완성업체는 자연스럽게 자율주행 기능이 탑재된 전기자동차의 연구개발에 주력하고 있으며, 앞으로 몇 년 내에 자율주행 전기자동차가 시장에 등장할 것으로 기대된다.

CHAPTER 05

친환경 에너지

1 바이오 디젤 biodiesel

바이오디젤(BD100)의 원료인 바이오매스(biomass)는 동·식물성 유지(대두유, 유채유, 폐식용유 등)를 알코올 및 촉매와 반응시켜 만든 지방산 메틸에스테르(FAME)로서 순도가 96.5% 이상인 기름이다. 경유와 물성이 유사하여 경유에 대체 또는 혼합하여 디젤기관의 연료로 사용되고 있다. 바이오디젤은 에너지원의 다원화와 아울러 PM, HC, CO 등 디젤기관의 유해 배출가스를 줄일 수 있고, 탄소중립인 연료이므로 차량에서 배출되는 이산화탄소는 기후변화협약에서 온실가스 배출량 통계에 포함되지 않기 때문에 세계적으로 보급이 확대되고 있다. 그러나 우리나라의 경우 바이오매스가 부족해 국내 이용량의 약 40%를 수입에 의존하고 있다. 이에 정부는 목재, 폐식용유 등을 이용해 국산 바이오매스를 확보하기 위한 기술개발에 전념하고 있다. 해양수산부에서도 해양 미세조류를 이용한 바이오디젤 생산기술 개발을 본격적으로 추진하고 있다.

1. 바이오 디젤의 필요성

① 대체 에너지로서의 효과
- 에너지 자원의 고갈 문제가 없고, 폐식용유 등의 폐자원(약 20만톤)을 활용 가능

② 환경적인 효과
- 석유계 경유에 포함되어있는 발암성 방향족 벤젠계 고분자가 거의 포함되지 않음
- 자연계에서 28일 경과 시 90% 이상 생분해
- 분자 내 다량의 산소를 포함(분진, 매연, 일산화탄소 등 각종 공해 물질 급감)

③ 기후변화 협약의 대응
- 기후변화협약에 따라 선진국 등 이행국가는 1990년도 수준으로 이산화탄소 감축 의무
- 바이오디젤 1톤당 2.2톤의 이산화탄소 감축

④ 농가소득 증대 및 농촌경제 향상
- 유채 등 유지 작물 재배를 통해 보리 대체 작물로서 농가소득 향상

⑤ 에너지 안보
- 화석연료 위주의 해외 자원 의존도 감소
- 폐식용유 등의 폐자원의 에너지화

2. 바이오 디젤의 장점

① 에너지 자원의 고갈 문제가 없고, 폐식용유 등의 폐자원 활용 가능
② 바이오디젤 사용 시 발생된 CO2는 식물의 광합성작용으로 회수
③ 산성비의 주범인 황산화물이 전혀 배출되지 않음
④ 함산소 연료이므로 발암물질인 입자상 물질 및 CO, HC 등 유해 배출가스 저감
⑤ 세탄가가 경유보다 높아서 압축착화 기관에 그대로 적용 가능
⑥ 기관 개조가 거의 불필요하고 기존의 연료 인프라 활용
⑦ 경유의 윤활성 저하 대책으로 사용 가능(경유에 1% 혼합하면 40% 향상)
⑧ 생분해도가 높아서 유출시 환경오염이 적음(3주 이내 90% 이상 분해)
⑨ 미국 산업안전보건청(OSHA)은 비가연성 액체로 분류(차량사고 시 경유에 비해 안전)

3. 바이오매스

바이오매스는 태양에너지를 받은 식물과 미생물의 광합성에 의해 생성되는 식물체, 균체와 이를 먹고 살아가는 동물체를 포함하는 생물유기체를 뜻한다. 원료에 따른 바이오연료 구분은 다음과 같다.

① 1세대 : 식량 또는 식용 작물(대두, 옥수수와 같은 당분, 전분, 유지 등)
② 2세대 : 셀룰로오스(목재, 작물 부산물), 자트로파 등 비식용 작물
③ 3세대 : 해수나 담수에 분포하는 해조류, 미세조류 등

동·식물성유지를 이용하여 제조한 연료(바이오디젤) 및 이를 기존석유 제품과 혼합한 연료를 사용하는 방식에 따라 BD20과 BD5로 구분한다.

① BD20 : 기존 경유 80%와 바이오디젤(BD) 원액 20% 혼합한 것
② BD5 : 기존 경유 95%와 바이오디젤(BD) 원액 5% 혼합한 것

4. BD20 유해 배출가스 효과

대두를 이용한 BD20을 사용하는 경우 유해 배출가스 변화는 PM, HC, CO는 감소하는 반면 NOx는 반대로 +2.0% 증가하였다.

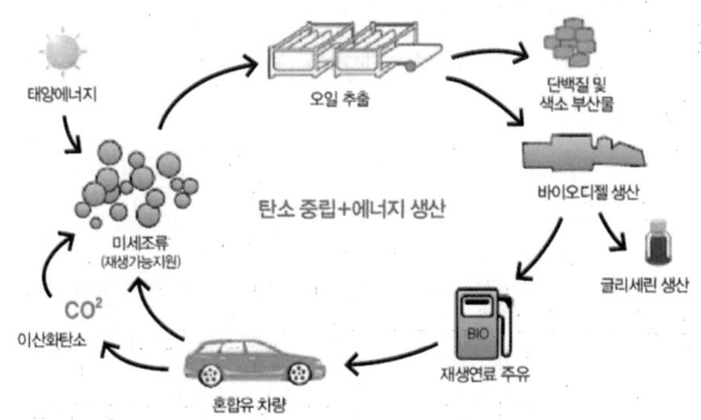

해양 미세조류 바이오디젤 생산 및 활용 메커니즘

	Percent Change In Emissions
NOx	+2.0%
PM	−10.1%
HC	−21.1%
CO	−11.0%

대두기반 BD20의 유해 배출가스 효과

2 신재생 에너지 및 석탄액화가스

1. 신재생 에너지의 정의

'신에너지 및 재생에너지 개발·이용·보급촉진법' 제2조에 의하면 기존의 화석연료를 변환시켜 이용하거나 햇빛·물·지열·강수·생물유기체 등을 포함하여 재생 가능한 에너지를 변환시켜 이용하는 에너지를 말한다.

① 신에너지 : 연료전지, 수소, 석탄액화·가스화 및 석탄(중질잔사유) 가스화
② 재생에너지 : 태양광, 태양열, 바이오, 풍력, 수력, 해양, 폐기물, 지열

1.1. 신재생 에너지의 특징

신재생에너지의 특징

구분	특징
공공미래에너지	시장창출 및 경제성 확보를 위한 장기적인 개발보급 정책 필요
환경친화형 청정에너지	화석연료 사용에 의한 CO_2 발생이 거의 없음
비고갈성에너지	태양, 바람 등을 활용하여 무한 재생이 가능한 에너지
기술에너지	연구개발에 의해 에너지 자원 확보가 가능

1.2. 신재생 에너지의 중요성

① 화석연료의 고갈로 인한 자원확보 경쟁 및 고유가의 지속 등으로 에너지 공급방식의 다양화 필요

② 기후변화협약 등 환경규제에 대응하기 위한 청정에너지 비중 확대의 중요성 증대
③ 신재생에너지산업은 IT, BT, NT 산업과 더불어 차세대 산업으로 시장규모가 급격히 팽창하고 있는 미래 산업

2. 석탄(중질잔사유) 가스화·액화

가스화 복합발전기술(integrated gasification combined cycle)은 석탄, 중질잔사유 등 저급원료를 고온·고압의 가스화기에서 수증기와 함께 한정된 산소로 불완전연소 및 가스화 시켜 일산화탄소와 수소가 주성분인 합성가스를 만들어 정제공정을 거친 후 가스터빈 및 증기터빈 등을 구동하여 발전하는 신기술이다.

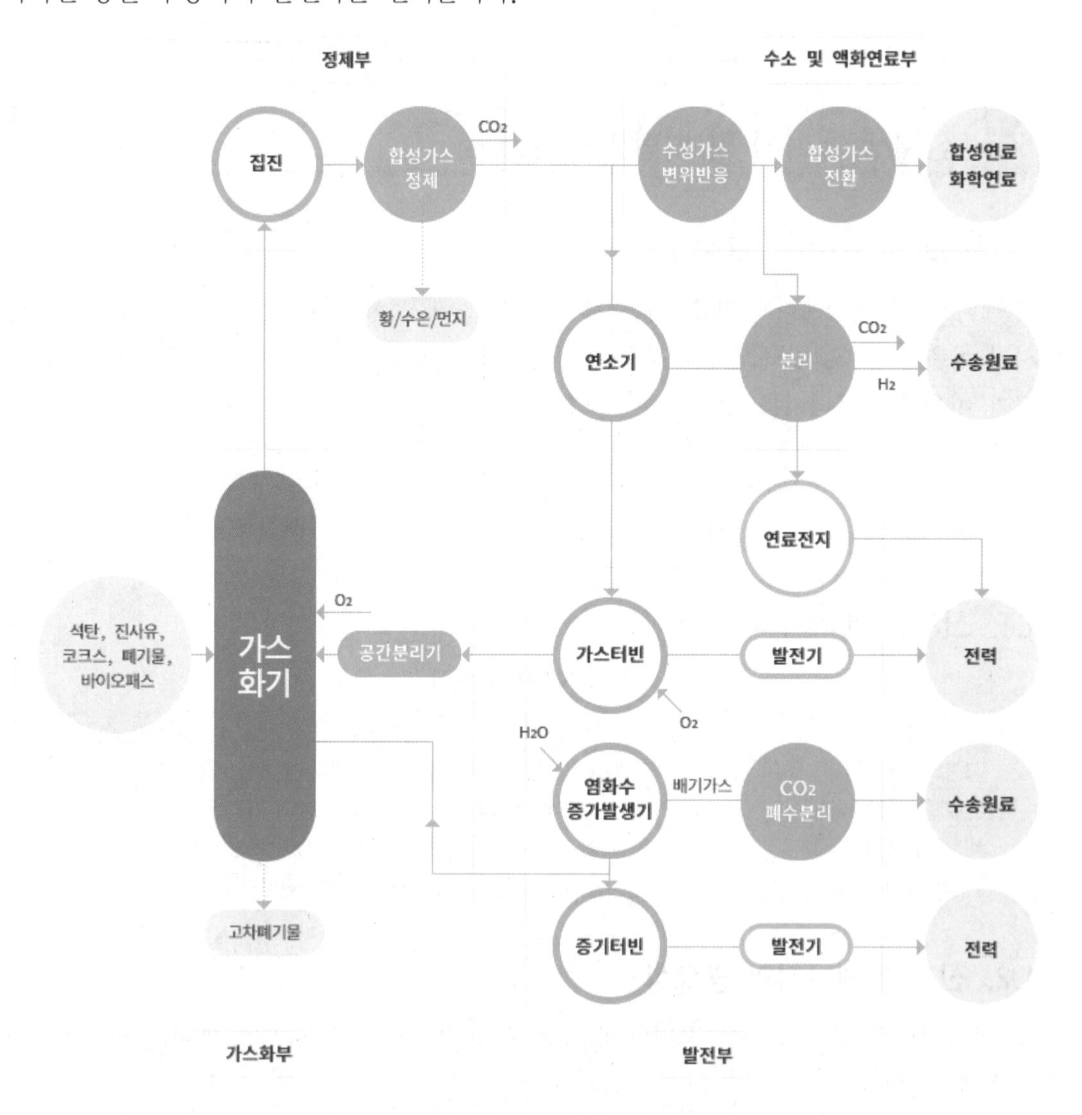

석탄(중질잔사유)가스화·액화 구성도

3 지열에너지 geothermal energy

지열에너지는 물, 지하수 및 지하의 열 등의 온도차를 이용하여 냉·난방에 활용하는 기술로 태양열의 약 47%가 지표면을 통해 지하에 저장되며, 이렇게 태양열을 흡수한 땅 속의 온도는 지형에 따라 다르지만, 지표면 가까운 땅 속의 온도는 대략 10~20℃ 정도, 심부(지중 1~2km)는 80℃를 유지하므로 이를 활용하여 냉·난방시스템에 이용하거나 발전을 한다.

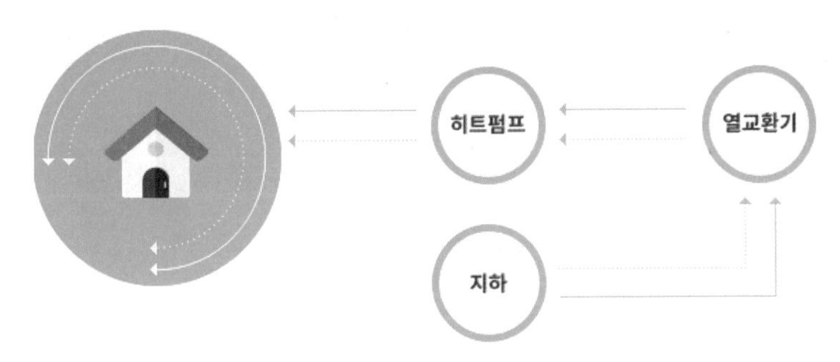

지열에너지 구성도

4 태양 에너지

1. 태양광 photovoltaic 발전

태양광 발전은 태양의 빛 에너지를 변환시켜 전기를 생산하는 발전기술로 햇빛을 받으면 광전효과에 의해 전기를 발생하는 태양전지를 이용한다. 태양광 발전시스템은 태양전지(Solar cell)로 구성된 모듈(Module) 고축전지 및 전력변환장치로 구성되어 있다.

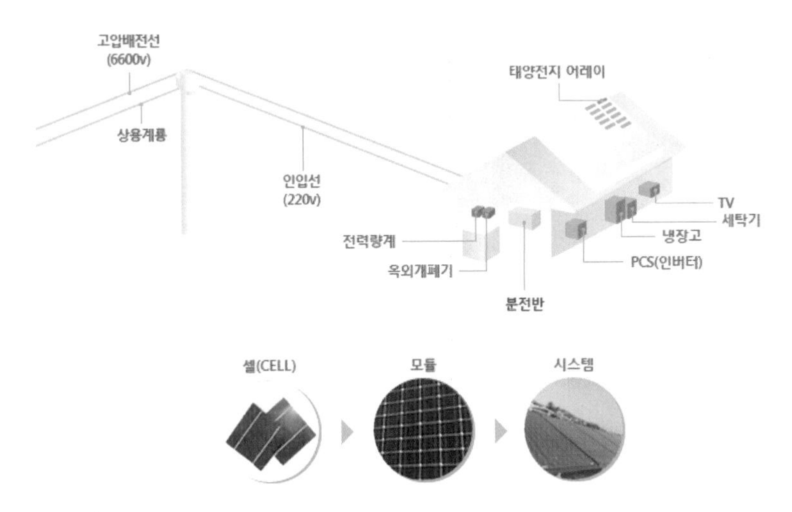

2. 태양열 solar thermal

태양으로부터 오는 복사광선을 흡수해서 열에너지로 변환(필요 시 저장)시켜 건물의 냉난방 및 급탕, 산업공정열, 발전 등에 활용하는 기술로 집열부, 축열부, 이용부, 제어장치 등으로 구성되어 있다.

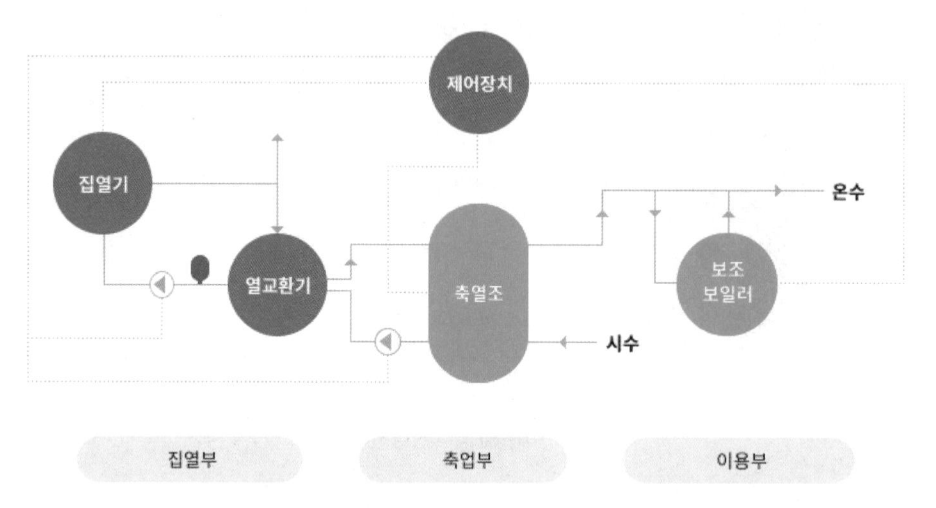

〈출처 : KEPCO 홈피, https://home.kepco.co.kr/kepco/SM/htmlView/SMCCHP00102.do〉

CHAPTER 06

자율주행 자동차

1 자율주행 자동차의 개요

자율주행 자동차는 운전자 또는 승객의 조작 없이 자동차 스스로 운행이 가능한 자동차로서, 자동차 스스로 사람의 인지, 판단, 제어기능을 대체하여 주행하는 기능을 한다. 또한 자율주행 자동차는 운전자의 과실로 발생하는 교통사고를 줄여 운전자와 보행자의 안전을 높이고, 교통 약자들의 이동장벽을 제거하며, 교통 정체를 완화시키는 역할 등을 수행한다.

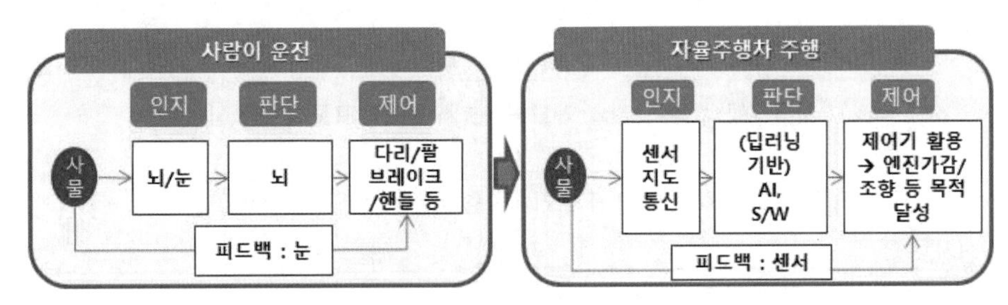

운전자 차량과 자율차 운행방식 비교 〈출처 : 산업은행 재구성〉

1. 자율주행 자동차 기술

자동주행 기능이 탑재된 차량은 인프라 및 통신 기술 등과 유기적으로 결합되어 운전자의 개입 없이 스스로 운행하는 개념으로 센서 등으로부터 획득한 다양한 정보를 활용하여 차량의 정밀한 위치와 주변 환경을 인지하고 이를 기반으로 충돌 없이 안전한 운행이 가능한 고도화 기술이 적용된다.

자율주행 자동차 실현을 위한 주요 구성기술은 환경인식, 위치인식 및 맵핑, 판단, 제어, 인터렉션(HCI, human computer interaction) 기술로 구성되며, 자동차가 스스로 주변 환경을 인지·판단하여 자동으로 운전하기 위해 인공지능, 빅데이터, 고성능 처리 SW 및 HW 플랫폼, 센서 등 첨단 기술이 필요하다.

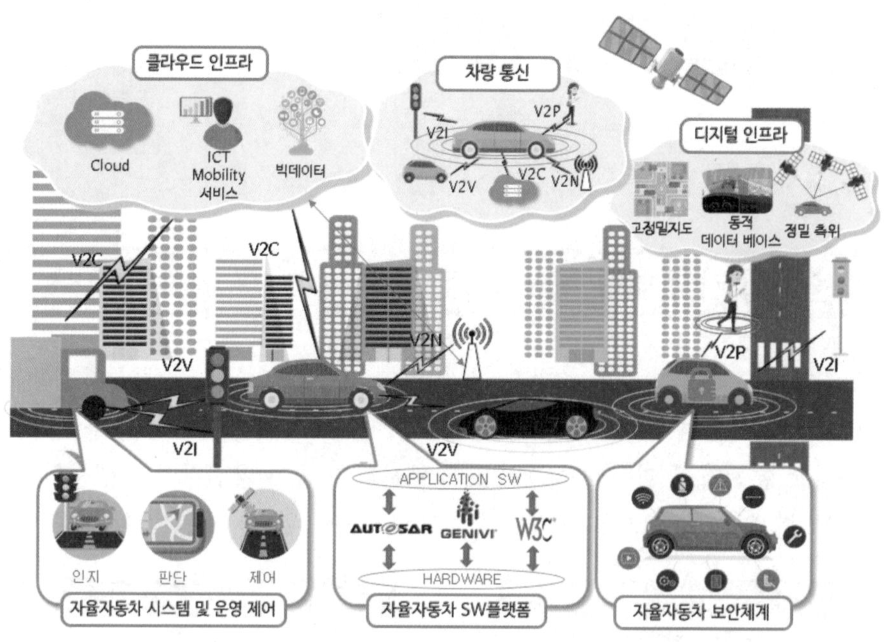

자율주행 자동차 기술 개요도 〈출처 : ICT 표준화 전략맵〉

자율주행 자동차의 주요 구성기술 〈출처 : 융합연구정책센터, 2017〉

구성기술	내용
환경인식	• 레이다, 카메라 등의 센서 사용 • 정적장애물(가로등, 전봇대 등), 동적장애물(차량, 보행자 등), 도로표식(차로, 정지선, 횡단보도 등), 신호 등을 인식
위치인식 및 맵핑	• GPS/INS/Encoder, 기타 맵핑을 위한 센서 사용 • 자동차의 절대·상대 위치 추정
판단	• 목적지까지의 경로 및 장애물 회피 경로 계획 • 차로유지, 차로변경, 좌·우회전, 추월, 유턴, 급정지, 주정차 등 주행 상황별 행동 판단
제어	• 운전자가 지정한 경로대로 주행하기 위해 조향, 속도변경, 기어 등 액추에이터 제어
인터렉션(HCI)	• 인간자동차인터페이스(HVI, human vehicle interface)를 통해 운전자에게 경고 및 정보 제공, 운전자의 명령 입력 • V2X(vehicle to everything) 통신을 통하여 인프라 및 주변차량과 주행정보 교환

자율주행 기술은 미국 도로교통안전국(NHTSA, national highway traffic safety administration)에서 구분한 자율주행 기술 5단계(0~4단계)와 미국 자동차기술학회(SAE, society of automotive engineers)에서 구분한 5단계를 참조하고 있다.

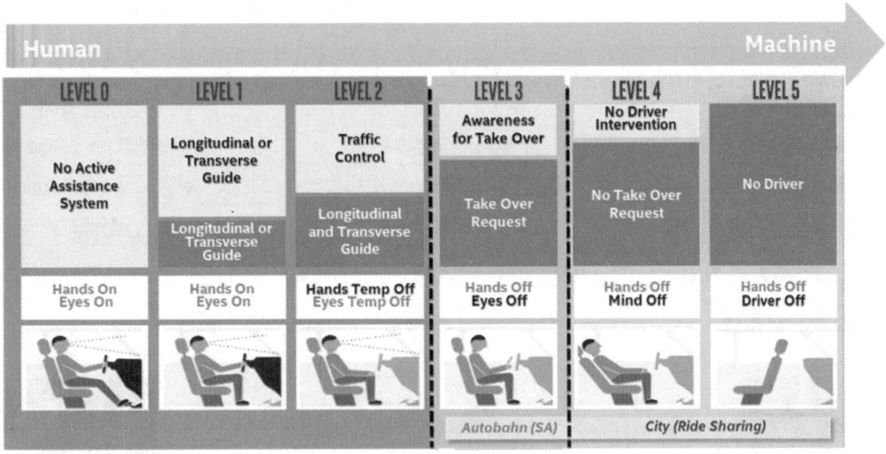

자율주행의 Level 정의 〈출처 : BMW〉

SAE **기준에 따른 자율주행 자동차의 기술 5단계** 〈출처 : 자율주행 기술의 현재 그리고 미래, 이형민, 2018〉

단계	정의	주요내용
Level 0	비자동화 (no automation)	운전자가 전적으로 모든 조작을 제어하고, 모든 동적 주행을 조장하는 단계
Level 1	운전자보조 (driver assistance)	자동차가 조향 지원시스템 또는 가속/감속 지원시스템에 의해 실행되지만 사람이 자동차의 동적 주행에 대한 모든 기능을 수행하는 단계
Level 2	부분자동화 (partial automation)	자동차가 조향 지원시스템 또는 가속/감속 지원시스템에 의해 실행되지만, 주행환경의 모니터링은 사람이 하며 안전운전 책임도 운전자가 부담
Level 3	조건부자동화 (conditional automation)	시스템이 운전 조작의 모든 측면을 제어하지만, 시스템이 운전자의 개입을 요청하면 운전자가 적절하게 자동차를 제어해야 하며, 그에 따른 책임도 운전자가 부담
Level 4	고도자동화 (hight automation)	주행에 대한 핵심제어, 주행환경 모니터링 및 비상시의 대처 등을 모두 시스템이 수행하지만, 시스템이 전적으로 항상 제어하는 것은 아님
Level 5	완전자동화 (full automation)	모든 도로조건과 환경에서 시스템이 항상 주행 담당

2. 자율주행 자동차의 구성

일반적으로 자율주행 구분은 미국 고속도로안전국(NHTSA)이 제시한 첨단 운전자 지원 시스템(ADAS, advanced drive assistance system)의 레벨 단계를 따르며, 운전자를 지원해 주는 이 ADAS는 자율주행 자동차를 구성하기 위하여 선행되는 핵심기술이다. 향후 완벽한 자율주행 자동차가 출시될 때까지 이러한 기술이 점진적으로 발전해 나갈 것으로 예상된다. 자율주행 자동차의 구조는 각종 센서, 프로세서, 알고리즘, 액추에이터(actuators)로 구성된다. 또한 자율주행 자동차의 핵심기술은 운전자 판단 능력을 대체할 수 있는 인공지능기술인 알고리즘 기술이다.

ADAS와 자율주행 기술의 주요 차이점 〈출처 : 교통과학연구원〉

구분	ADAS	자율주행
차-운전자와의 관계	운전자를 지원	운전자를 대체
NHTSA 제시 자동화 단계	레벨0 → 레벨3	레벨3 → 레벨4
기술개발 접근 방식	점진적(evolutionary)	혁명적(revolutionary)
운전자 필요 여부	반드시 필요	불필요

3. ADAS의 개요

시스템 구성도

ADAS는 자전거, 오토바이, 사람 등과 같은 객체 감지 및 차량의 상황을 모두 감지할 수 있는 장점이 있다. ADAS는 안정적으로 교통 상황을 예측할 수 있으며 자율주행을 위한 기본 기능이며 자율주행의 수준을 미국 자동차 공학회(SAE, society automotive engineers)에서는 1~5단계로, 미국 도로 교통 안전국(NHTSA, national highway traffic safety administration)에서는 1~4단계로 정의하고 있다. 대표적인 ADAS 기능으로는 어드밴스드 스마트 크루즈 컨트롤(**ASCC**, advanced smart cruise control), 차로이탈 경보장치(**LDWS**, lane departure warning system), 차로유지기능(**LKAS**, lane keeping assist system), 자동 긴급 제동장치(**AEB**, autonomous emergency braking), 고속도로 주행보조 시스템(**HDA**, highway driving assist) 등이 있다. 그리고 국내에서는 전방차량추돌방지기능, 차로이탈경보기능, 급차로변경경고기능 및 안전거리미확보경고기능 등에 대한 표준제정 및 인증심의 등을 국가에서 주관하고 있다. 이외, 교통 표지판 인식(TSR, traffic sign recognition) 기능으로 도로상의 표지판, 특히 제한속도 표지판을 인식하여 운전자에게 알려주는 기술과 교통 신호등 인식(TLR, traffic light recognition) 기능으로 도로상의 신호등을 인식하여 현재 도로에서 주행해야 하는지, 멈춰야 하는지를 알려주는 기술 등이 점점 고도화되면서 완전 자율주행 자동차 시대로 빠르게 진행되고 있다.

3.1. 어드벤스드 스마트 크루즈 컨트롤 (ASCC, advanced smart cruise control)

ADAS의 핵심기술인 스마트 크루즈 컨트롤(SCC, smart cruise control)은 교통 상황에 따라 자동차의 속도를 조절하는 기능으로 운전자가 미리 설정한 속도에 맞춰 주행하다가 차량 앞쪽에 있는 레이다 시스템이 선행 차량을 인식하면 차간거리를 유지하는 능동적인 정속 주행 장치이다. 자동차가 서행하는 상황에서도 운전자가 지정한 속도 유지가 가능하고 선행 차량이 감속하면 레이다 시스템을 이용하여 앞차의 속도에 맞춰 간격을 유지하다 설정 속도 이하까지 속도가 떨어지면 기능은 해제된다. ASCC(advanced smart cruise control)는 속도 조절과 간격 조절의 구현 방법은 SCC와 동일하지만, 자동으로 멈추고 재출발까지 가능한 것이 ASCC의 특징이다. 운전자가 계기판 클러스터에 원하는 속도를 설정하면 가속페달과 브레이크페달을 조작하지 않아도 가·감속되는 선행 차량을 따라 차간 거리를 유지함은 물론, 선행 차가 멈추거나 다시 출발하면 이를 따라 스스로 정차하고 재출발할 수 있다. 고속·감속 시 뿐만 아니라 정체 시에도 유용하게 사용할 수 있으며, 진행 경로에 차가 없는 것을 감지하면, ASCC 시스템은 미리 설정된 속도로 자동차를 주행한다.

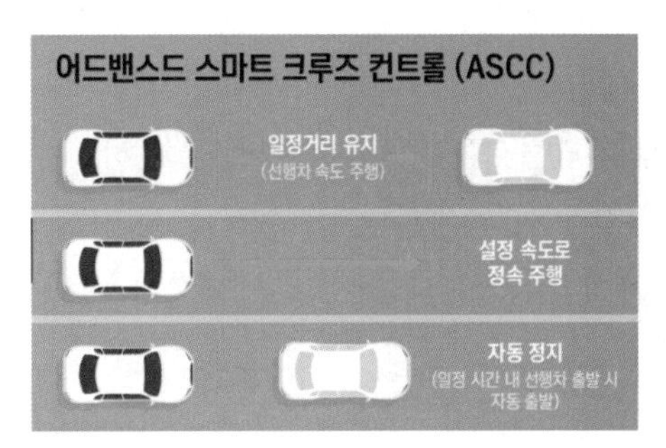

어드밴스드 스마트 크루즈 컨트롤 (ASCC) 기능

(1) 구성 부품 및 기능

① 입력장치 : ASCC 스위치, 전방 레이다, 전방 카메라, 차속센서

② 출력장치 : 클러스터, 제동액츄에이터, 제동램프, 제동장치

(2) ASCC 시스템 구성도

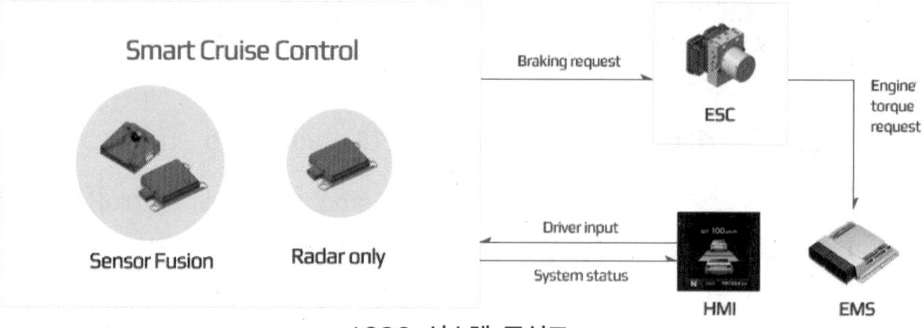

ASCC 시스템 구성도

3.2. 차로이탈 경보 장치 (LDWS, lane departure warning system)

차로이탈 경보시스템장치(LDWS)는 차량 전방에 장착된 카메라 신호로 주행 중인 차로의 차로를 인식하여 운전자의 차로 변경 의지(방향지시등 작동여부) 없이 차로를 이탈하였을 때 운전자에게 경고하는 장치이다.

(1) 구성 부품

① 입력장치 : LDWS 스위치, 카메라, 방향지시등, 차속센서

② 출력장치 : 클러스터, 표시기(indicator), 스피커, 시트 햅틱(haptic)

(2) 차로 인식의 원리

도로에는 교통표지판과 이정표와 같은 다양한 표시와 흰색, 황색, 청색의 차로가 존재하기 때문에 차로를 잘 구분하여 인식해야 한다. 차로는 자동차의 라이트를 통하여 비치기 때문에 야간, 터널, 빗길에서도 인식할 수 있어야 한다. 차로는 직선이고 평행하며 일정한 크기와 폭을 가지고 있어 하나의 소실점에서 만나게 된다는 기하학적 모델링을 기반으로 한다.

(3) 차로 이탈의 조건

직선 도로에서는 소실점의 위치가 차량의 중심점과 일치할 때는 정상 주행으로 판단하고 소실점과 차량의 중심이 일치하지 않으면 차로이탈을 경고하게 된다. 차로이탈 경고의 조건은 다음과 같고 이 조건이 만족할 때 차로를 이탈하면 LDWS는 경고음, 차량 시트의 진동, 계기판(indicator) 등을 통해 운전자에게 차로 이탈을 경고한다.

① LDWS 스위치가 ON일 때

② 차량의 속도가 60km/h 이상일 때

③ 와이퍼 작동 단수가 저단일 때

④ 방향지시등이 작동하지 않을 때

그러나 커브길을 만날 때는 소실점이 한쪽으로 쏠리게 되는데 이때 조향휠을 커브 방향으로 조향하면 경보가 울리지 않으나 조향휠이 직진을 향하거나 소실점의 방향과 다른 방향으로 되어 있다면 경보가 울리게 된다.

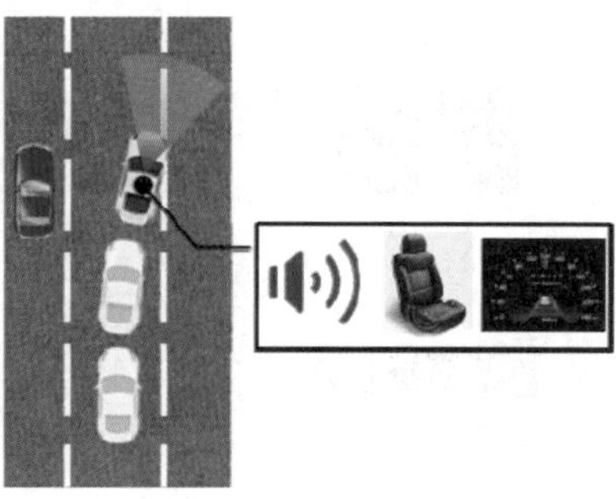

LDWS의 원리

3.3. 차로유지 보조시스템 (LKAS, lane keeping assist system)

주행조향 보조시스템이라고 하는 LDWS보다 한 단계 진화된 LKAS는 경고 신호를 보낼 뿐만 아니라 자동차가 주행에 개입하는 차로유지 보조시스템이다. 차량이 차로에 근접하면 전동식 파워스티어링을 이용하여 차로를 유지하도록 운전자의 조향을 보조하는 역할을 한다.

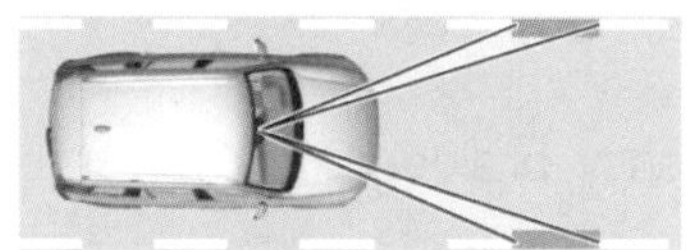

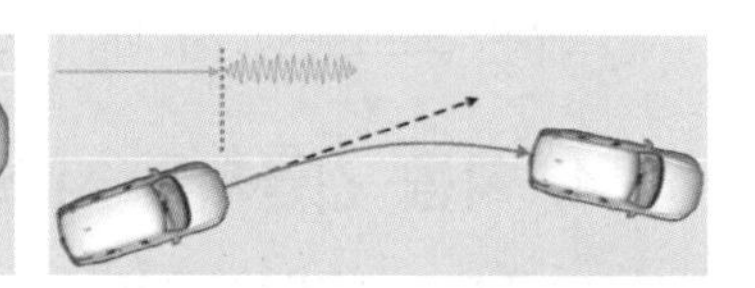

① 카메라가 차로 인식　② 차로 접근 시 보조 조향　③ 차로 접근 시 경고음 울림

(1) 구성 부품 및 구성도

① 전방인식 카메라 : 차로이탈감지, 보행자인식, 선행 차량 인식, 도로표지판, 전방 대향 차량의 광원 등을 인식한다.

② 보조기능 :

㉮ HBA(high beam assist)는 상향등 제어기능으로 야간에 전방에 대향차량의 광원을 감지하여 자동으로 상향등을 제어해 준다.

㉯ FCW(forward collision warning)는 전방 추돌 경보기능으로 전방 대향차량 및 차로를 감지하고 전방 대향차량이 현재 차로에 있는지를 판단하고 충돌이 예상되는 위험 상황에 대해서 알람을 통하여 운전자에게 경고한다.

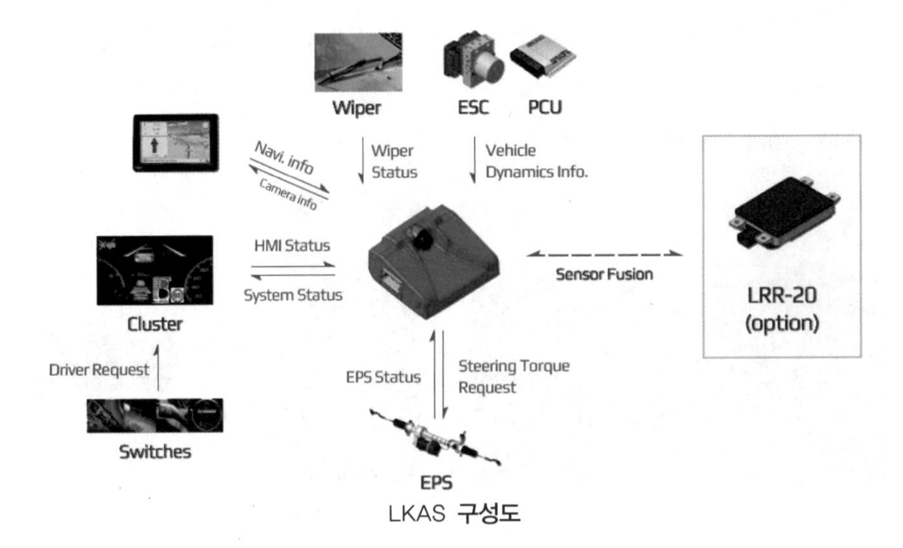

LKAS 구성도

(2) LKAS 비작동 조건

① 방향지시등을 사용 시

② 비상등 사용 시

③ 차속이 60~200km/h 이하인 경우

④ 양쪽 차로가 모두 인식되지 않는 경우

⑤ 좁은 도로주행 시 대기모드로 진입 후 넓은 도로 주행 시 정상 작동

3.4. 자동 긴급제동 시스템 (AEB, autonomous emergency braking)

AEB시스템 전방의 충돌 위험 물체를 감지하고 운전자의 주의산만과 같은 요인으로 제동 시점이 늦어지거나 제동력이 충분히 확보되지 않아 발생할 수 있는 차량과 보행자의 추돌이 예상되는 상황에서 자동제동을 통해 사고를 회피하는 시스템이다. 최초의 위험 상황이 감지 되었을 때는 운전자가 대응하도록 운전자에게 경고 및 긴급제동을 수행하여 전방 차량과 충돌을 방지하거나 충돌 속도를 낮추는 기능을 수행한다.

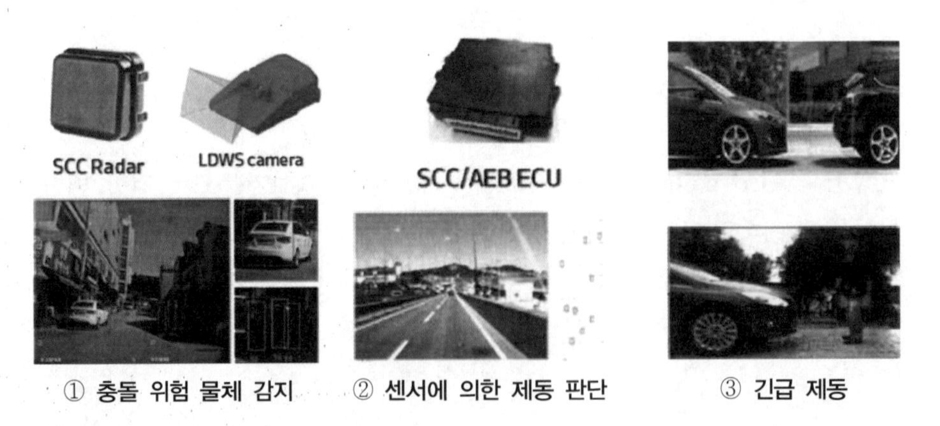

① 충돌 위험 물체 감지　② 센서에 의한 제동 판단　③ 긴급 제동

(1) 구성 부품 및 구성도

AEB시스템의 구성부품은 전방의 잠재적 장애물을 식별할 수 있는 감지장치(레이다, 카메라), 도로의 상황을 감지하는 퓨전 센서, 운전자 경고 및 설정변경을 위한 HMI(human machine interface)장치, 제동력을 발생하기 위한 제동장치 등으로 구성된다.

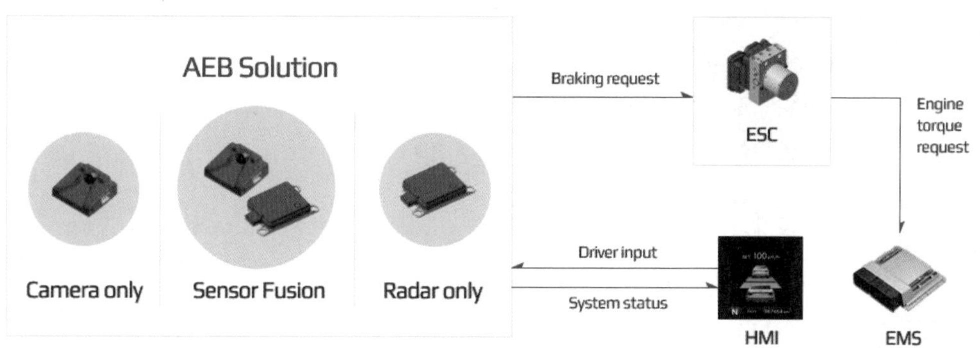

AEB의 구성도

전방에 차량 또는 사람에 의해 AEB가 작동해야 한다면 레이더는 VDC(ESC)에게 차량제어 요구를 보낸다. VDC(ESC)는 이 정보에 따라 기관의 토크제어 및 제동제어를 실시하며, 동시에 브레이크 램프 점등 및 계기판에 경고 메시지와 부저를 통해 운전자에게 AEB 작동을 알려준다. 레이다와 카케라 신호를 동시에 입력하는 이유는 도로의 상황을 파악하고 위험 요소 판단 시 차량 및 보행자를 감지(detection)하기위하여 카메라 영상처리와 레이더 신호를 입력하여 기존의 레이더 방식의 약점인 커브 진입 시 선행차량 오 인식 및 정지 차량에 대한 인식성능을 향상시키기 위함이다.

(2) AEB의 작동조건

AEB의 작동 조건

구분		작동사양	
		차량 AEB	보행자 AEB
작동 속도		• 동작 범위 : 0~180km/h High G 제어범위 : 0~80km/h • Full Brake 제어 : 0~75km/h (80km/h 이상시 0.35g까지 제어)	• 동작 범위 : 0~65km/h High G 제어범위 : 0~65km/h • Full Brake 제어 : 0~65km/h (65km/h 이상 시 모든 경고제어 금지)
제어 진입 속도		8km/h 이상 (스위치는 Default ON)	
HMI	경보시점	3단계(빠름-보통-늦음) 경고 시점 선택 가능 : 계기판 USM	
	경보형태	경고음과 계기판의 경고 메시지 • 전방주의 → 추돌주의 → 긴급제동	
	시스템 OFF	시스템 OFF 선택 시 고장 시와 동일한 경고등 점등	

(3) AEB 비작동 조건

① 운전자의 정상적 해제

㉮ AEB OFF 선택시

㉯ VDC(ESC) OFF 선택시 (2Step Only)

② 운전자의 동작 해제

㉮ 최대 작동속도 초과

㉯ 급격한 선회 시 (180deg/s 이상)

㉰ 기어위치 P, R, N

㉱ 가속페달 30~60%(차종 상이) 이상 시

③ 시스템 이상 해제

㉮ 레이더, 카메라, ECU 고장 시

㉯ 연관된 타 모듈 및 CAN 통신 고장 시

3.5. 고속도로 주행보조 시스템 (HDA, highway driving assist)

고속도로에서 150km/h 이하로 주행하는 경우 **고속도로 본선 판단, 차간거리 유지, 차로 유지** 등 주행 시 운전자 피로도를 경감시키기 위한 차간거리와 차로유지 통합제어 시스템이다. 이는 주행 중인 차량에 설치된 내비게이션을 통해 현재 주행하고 있는 고속도로의 정보를 확인하여 이 기능을 활성화한다.

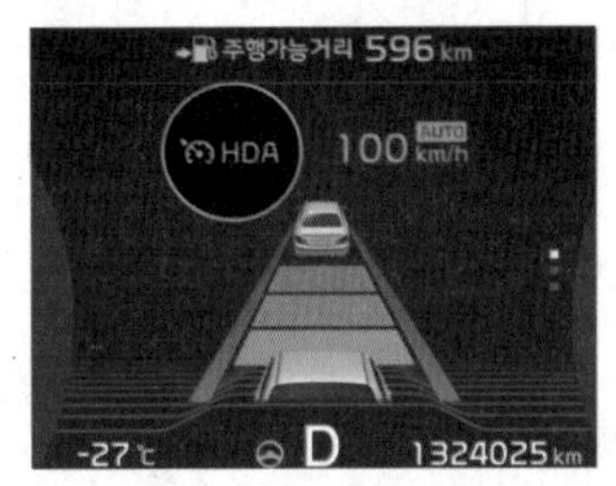

클러스터 상의 HDA 활성화 화면과 주행개념

(1) HDA 주요 기능

① 고속도로 본선 판단 (시스템 활성화/해제)

고속도로 제한속도가 100km/h인 구간에서 설정 속도를 100km/h로 맞추면, 이후 각 구간별 제한속도에 맞춰 주행한다. 이후 100km/h로 달리다가 고속도로 제한 속도가 110km/h인 구간에 진입하게 되면 변경된 고속도로 제한속도에 맞춰 자동으로 주행속도를 110km/h로 재설정하여 주행한다. 현재는 아래와 같은 조건에서 시스템이 구동된다.

㉮ 고속도로 본선 진입 시 : 시스템 활성화

㉯ 개방형 톨게이트 접근 시 : 시스템 자동해제(톨게이트 전・후 500m)

㉰ IC, JC, 휴게소 주행 시 : 시스템 미 작동

② 차간거리 유지

SCC(smart cruise control) 시스템을 발전시켜 스톱엔고(stop and go)가 가능한 ASCC(advanced smart cruise control) 기능으로 HDA 시스템을 실현하였고, 이는 전속도 구간(0~150km/h) 내에서 내비게이션 정보에 따라 자동으로 설정된 제한속도 내에서 차간거리를 유지한다.

③ 차로 유지

차로유지 보조시스템(LKAS, lane keeping assist system)의 기능을 이용하여 HDA 시스템을 완성하였고, 이는 전속도 구간(0~150km/h) 내에서 카메라를 이용한 차로 중앙 추종제어 기법으로 차로를 유지한다.

(2) 구성 부품 및 구성도

① 전방 레이다 : 77GHz 레이다, 전방·주변차량 정보 인식

② 전방 카메라 : 차로, 전방차량 인식

③ 내비게이션 : 고속도로 본선, IC, JC, TG 여부 제한속도 등 공유

④ R-EPS(rack type electric steering system) : 모터 구동형 전자제어 배력조향

⑤ ESC(electronic stability control) : 차량의 안정성 향상, 미끄러짐 제어

⑥ 클러스터 HMI(human machine interface) : 운전자용 표시장치

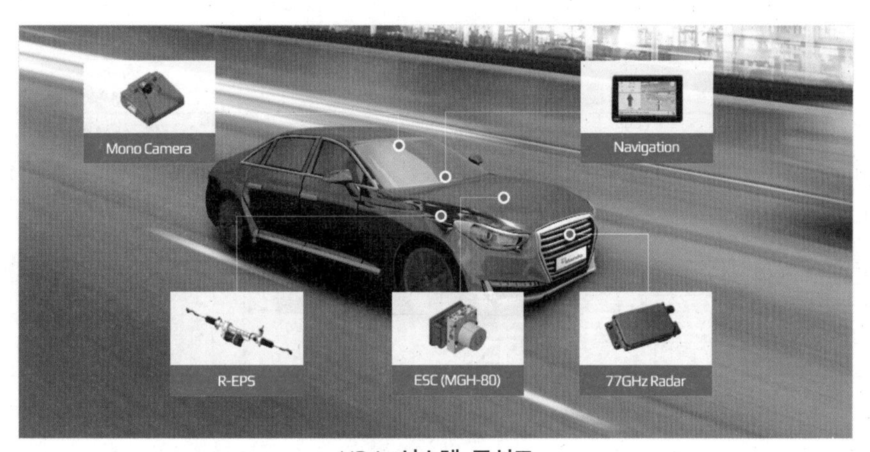

HDA 시스템 구성도

4. 자율주행 자동차용 핵심센서

차량이 안전한 자율주행을 위하여 고성능 센서와 각 센서의 기능을 융합하는 퓨전 센서를 어떻게 잘 활용하여 성능이 좋은 소프트웨어 알고리즘으로 기능의 완성도를 높이는가가 앞으로의 미래 자율주행 자동차의 핵심 이슈이다. 차량의 주변 상황 인식을 위해 필요한 중요

한 센서는 **레이다(radar)**, **라이다(LiDAR)**, 카메라(camera), 나이트비전(night vision) 등이 있으며, 소프트웨어 플랫폼은 이러한 신호들을 입력받아 신호처리 알고리즘을 동작시켜 운전자에게 장애물을 경고하고, 차로이탈, 차간거리 유지 및 스마트 폰을 통한 내비게이션 지원 등을 제공한다.

4.1. 레이다 (radar)

(1) 래이다의 작동 원리

ADAS의 중요 기술 중 하나인 BSD는 운전자의 사각지역에 위치한 자동차에 대한 정보를 레이다로 획득하여 제공하는 장치로서, 짧은 거리를 커버하는 24㎓ 레이다 센서가 주로 쓰인다. 특히 적응형 순항 제어(ACC, adaptive cruise control)는 차량 전방에 장착된 레이다를 사용하여 앞차와의 간격을 적절하게 자동으로 유지하는 시스템으로 액셀 페달과 브레이크 페달을 사용하지 않는다. ACC를 장착한 차량은 운행 경로에 다른 차량이 없는 걸 감지하면 설정된 속도까지만 차를 가속한다. ACC에서도 레이다는 핵심이다. BSD보다 긴 77㎓ 레이다 센서가 쓰인다. ACC를 구현하는 레이다 모듈은 하나의 ECU(electronic control unit)로 구성되어 있다. 세부적으로 보자면 RF 프론트엔드(front-end), 신호 처리 부분, AAC 로직을 처리하는 MCU가 들어간다. RF 프론트엔드는 77㎓ FMCW 레이다를 쏘고 받으면서 특정 대상의 거리, 속도, 각도를 추출하고 목표를 타겟팅한다. 신호 처리 부분에서는 이를 토대로 가속과 감속 여부를 판단하고 CAN(controller area network)을 통해 스로틀 액추에이터와 브레이크 엑추에이터로 지시를 내린다.

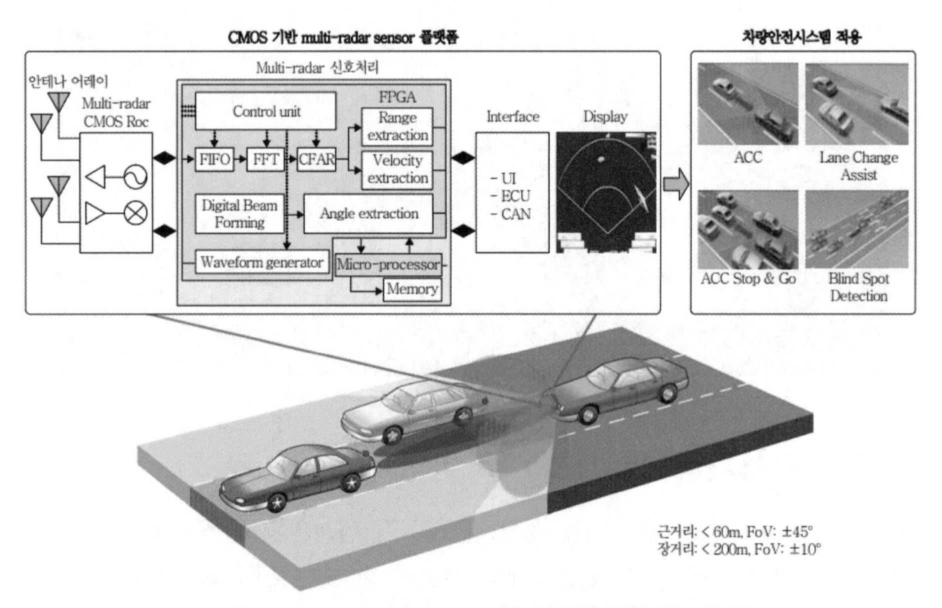

CMOS Multi-Radar Sensor 기반 차량안전시스템 개념도

(2) ASCC에 77GHz를 사용하는 이유

이는 안테나 사이즈에 관련이 있다. 77GHz 전파의 파장 길이는 3.9㎜로, 모듈의 크기를 작게 만들기 유리하기 때문이다. 이에 우리나라는 2001년 4월에 전파법 제9조에 의거해 차량용 레이다 주파수로 76~77GHz의 1GHz 대역폭을 분배했다. 77GHz 레이다 대역은 밀리미터파(mmWave)에 속한다. mmWave란 파장이 1~10㎜이고, 주파수가 30~300 GHz인 전파다. mmWave는 안테나 및 송수신 장치의 소형화, 경량화가 가능하다. 또한 지향성이 좋고, 기본적으로 전력을 사용하기 때문에 인체에 미치는 영향도 작다. 카메라만으로는 악천후 시 시각적 정보를 수집하기 쉽지 않기 때문에 77GHz의 레이다는 여러 기상 조건에서도 비교적 오류가 적다는 것이다. 가장 많은 정보를 얻을 수 있지만, 눈과 비, 안개 등의 기상 조건에 취약한 카메라와 가장 대조되는 특징이다.

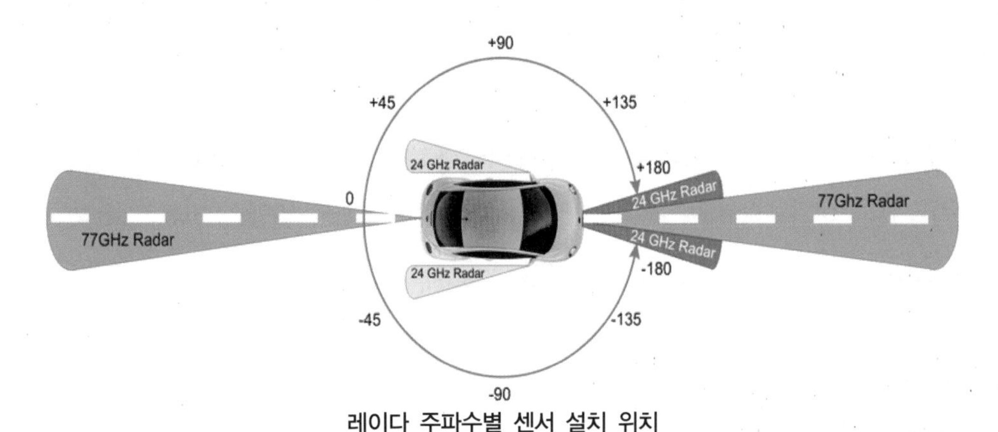

레이다 주파수별 센서 설치 위치

(3) 차량용 레이다의 응용

차량용 레이다는 운전자의 차량에서 전파 신호를 송신하고, 타 물체로부터 반사된 전파를 수신해 두 신호간의 시간차와 도플러 주파수 변화량을 이용해 레이다와 상대 물체와의 거리와 상대속도를 추정한다.

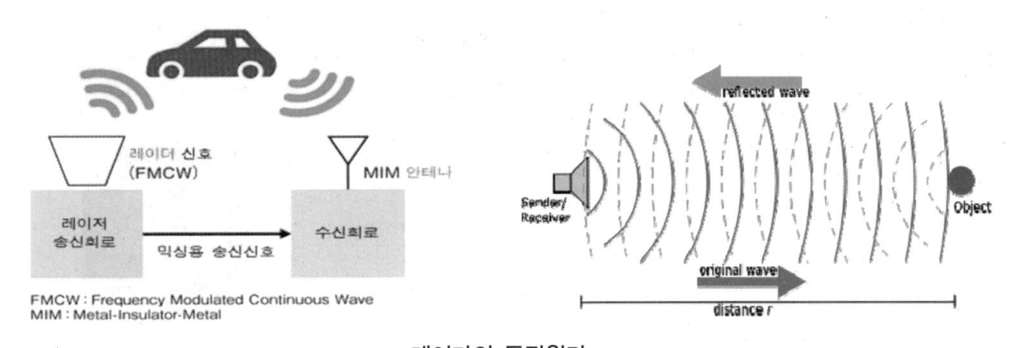

레이다의 동작원리

주파수 변조 연속파(FMCW, frequency modulated continuous wave) 레이다는 전파를 연속파로 내보내되 전파의 주파수가 시간에 따라 계속 변하는 레이다이다. mmWave의 특성상 저전력으로도 운용할 수 있으며, 다른 레이다 시스템보다 물체에 대한 거리 분해능이 우수하다. FMCW 레이다 송신 신호는 전압제어 발진기(VCO, voltage controlled oscillator)를 이용해 선형적인 레이다 송신 신호를 중심 주파수에 맞는 신호로 발생시킨 후, 송신 안테나를 지난 신호는 목표물로 향해 송신하게 된다. 레이다와 목표물의 거리에 따라 시간적으로 지연된 반사 신호가 수신 안테나를 통해서 수신되며, 신호는 디처핑(dechirping)을 통해 비트 주파수 성분의 사인파를 발생한다. 비트 주파수 신호는 대략 60~70dB의 이득의 다단증폭기와 수십 ㎒ 대역의 저대역 주파수 통과 필터를 통과하고 아날로그-디지털 컨버터(ADC, analog-to-digital converter;)를 통해서 샘플링되어 디지털 수신 신호로 변환된다. 변환된 디지털 신호는 스펙트럼 분석 알고리즘을 통해 주파수 성분이 추출되고, 추출된 주파수를 통해서 반사된 신호와 레이다간의 상대거리를 알 수 있다. 그리고 각 수신 신호간의 위상 차이를 통해 목표물의 속도, 각도도 추출할 수 있다. 주파수 변조 연속파 레이다의 특성상 펄스 도플러 레이다와 달리 주파수 대역폭만큼 샘플링을 하지 않고 비트 신호 대역폭만큼만 샘플링하게 돼, 하드웨어적인 측면에서 비용이 절감된다.

4.2. 라이다 (LIDAR, light detection and ranging)

(1) 라이다의 개요

LIDAR는 빛(light)과 레이다(radar)의 합성어로 레이저 펄스를 지표면과 대상물에 송신모듈을 이용하여 방출한 후 반사되어 돌아오는 레이저 펄스를 수신모듈이 수신하여 주변의 지형지물에 대한 정보를 얻는 센서다. 초기, 빛의 산란정보 및 반사시간을 측정하여 기상정보를 수집하던 라이다 기술이 자율주행 자동차 및 스마트카를 중심으로 차량과 보행자의 안전을 위하여 차량 주변 환경에 대한 3차원 좌표를 고속으로 획득하는 라이다 기술이 급속도로 발전하고 있다.

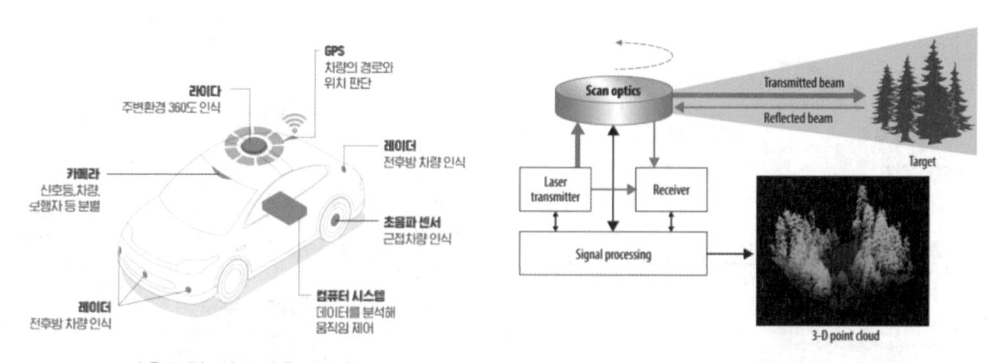

자율주행 자동차용 센서류　　　라이다 센서로 주변 스캐닝

자동차용 라이다는 주행 중인 차량이 앞 차와의 추돌을 회피하거나 사고 시 충격을 최소화할 수 있도록 차간거리를 실시간으로 측정하여 경고 또는 차량 자동제어를 할 수 있도록 하는 장치로 자율주행 자동차의 주요부품인 레이다, 카메라, 컴퓨터 통신, GPS와 함께 가장 필수적인 부품이다.

(2) 라이다의 작동 원리

라이다 시스템은 마이크로웨이브(microwave)기기에 비해 측정 가능거리 및 공간분석(spacial resolution) 능력이 매우 높은 편으로 실시간 관측으로 2차원 및 3차원 공간 분포 측정이 가능한 장점이 있다. 라이다 시스템은 레이저 송수신 모듈 및 신호처리 모듈로 구성되며, 레이저 신호의 변조 방법에 따라 ToF(time of flight)방식, PS(phase shift)방식 및 주파수 변조(FMCW, frequency modulated continuous wave)방식으로 구분된다. ToF 방식은 레이저 펄스신호를 송신모듈로 방출하여 측정범위 내에 있는 물체들로부터의 반사 펄스 신호들이 수신기에 도착하는 시간을 측정함으로써 거리를 측정하여 우수한 성능을 보여주지만 시스템의 크기가 크고 고비용이 요구된다. 따라서 저가의 거리 측정 시스템에는 주로 PS 또는 FMCW 방식을 사용한다. PS 방식은 특정 주파수를 가지고 연속적으로 변조되는 레이저 빔을 방출하고 측정 범위 내에 있는 물체로부터 반사되어 되돌아오는 신호의 위상 변화량을 측정하여 시간과 거리를 계산하는 방식이다. 그러나 PS 또는 FMCW 방식은 신호의 흔들림이나 간섭(crosstalk)에 의해 시스템의 성능이 제한되는 단점이 있다.

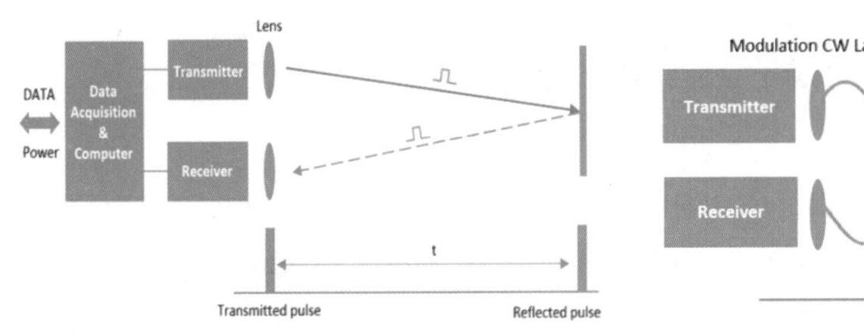

ToF 방식의 라이다 송수신

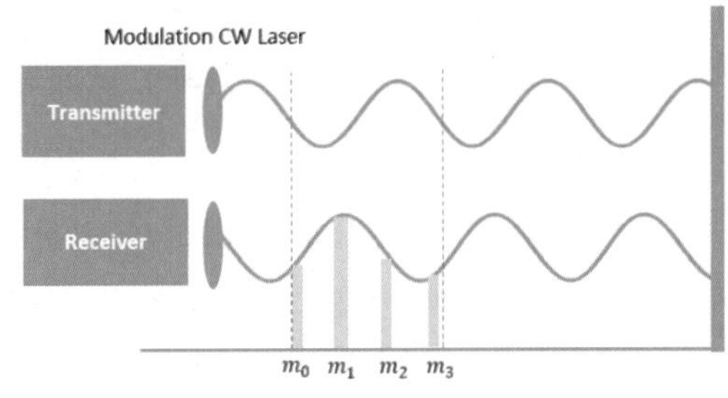

PS 방식의 라이다 송수신

(3) 라이다가 사용하는 빛의 파장

아래와 같이 빛의 스팩트럼 파장에 따라 사용되는 응용분야가 다르다.

① 250nm의 자외선(Ultraviolet)은 기상관련 분야에 사용
② 500~600nm의 가시광선(Visible) 영역은 수심 측량에 사용
③ 1040~1060nm의 근적외선(near-infrared) 영역은 지형 맵핑에 사용
④ 1500~2000nm의 적외선(infrared) 영역은 기상 측정 분야에 사용(Doppler LIDAR에 사용)

⑤ 1550nm 파장 대역은 시각 안전(eye safety) 파장으로 차량용으로 사용

(4) 자율주행 자동차 및 스마트카를 위한 라이다기술

실제 도로에서 자율주행 자동차 기술의 성공은 인공지능, 기계학습(machine learning) 그리고 컴퓨터가 빅데이타(bigdata)를 이용해 인공 신경망(ANN, artificial neural network)을 기반으로 구축한 기계 학습기술인 딥러닝(deep learning)과 관련된 소프트웨어 설계 능력이 요구된다. 하지만, 소프트웨어의 구동에 필수적이면서도 우수한 성능을 확보하는데 핵심적인 데이터는 어떠한 환경에서도 영상센서에 의하여 고품질의 3차원 영상이 획득되어야한다. 따라서 첨단운전보조시스템(ADAS, advanced driver assistance systems)의 기능 중 특히 고속도로에서 자동차선 변경 등의 기능과 같은 기능을 구현함에 있어서 카메라, 레이다, 라이다 센서는 각각의 특성이 다르므로 서로 융합해서 사용해야 한다.

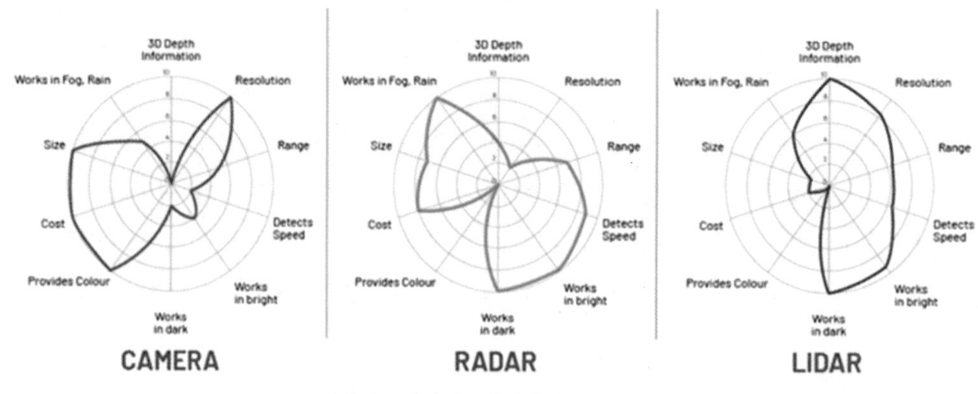

카메라, 레이다, 라이다의 특성 차이

(5) 라이다 제품 형태

라이다 기술의 구성 요소에 따라서 회전하는 구조체를 가진 **회전형 라이다**, 광 검출기를 어레이로 구성하여 반사된 파형의 시간 차이를 어레이로 인식하는 **어레이형 라이다**, 그리고 마지막으로 두 가지 방식의 단점을 보완한 스터드(STUD, static unitary detector) 라이다로 나누어진다. 특히 스터드 라이다는 한국전자통신연구원에서 독자적인 기법으로 세계 최초로 제안하였다.

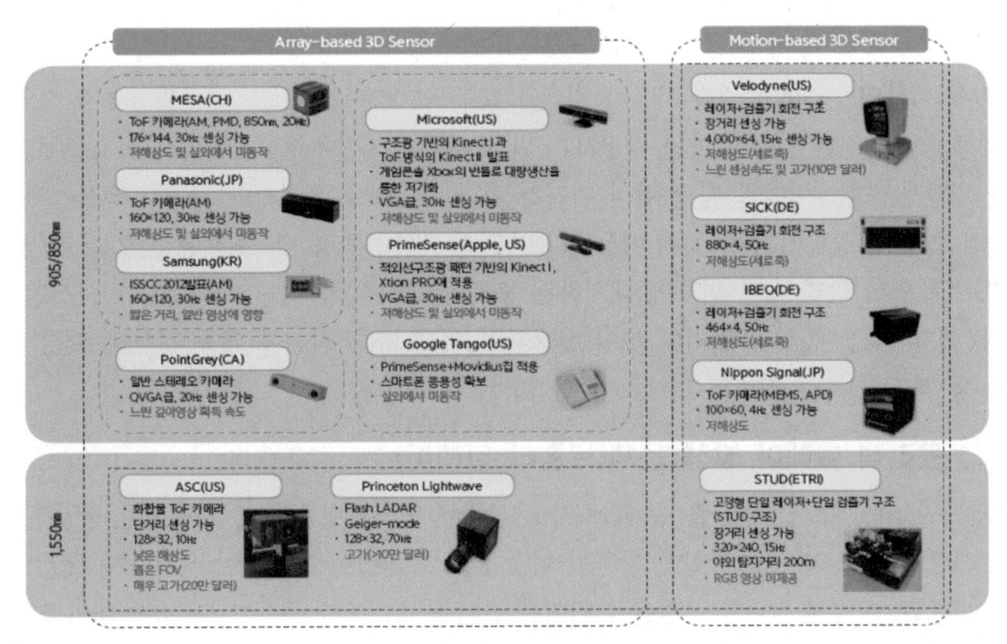

라이다 형태 및 파장에 따른 특징

2 자율주행 자동차 안전 및 보안기술

1. 자율주행 자동차 주요이슈

NHTSA의 분류에 의한 자율주행 자동차 레벨 4단계까지는 특정 상황에서 운전자의 개입이 필요한 제한적인 단계이며, 마지막 5단계는 운전자의 개입이 필요 없는 완전한 자율주행이 가능하다. 완전자율주행에 따른 운용상 발생할 수 있는 이슈는 기술적인 해결 방법도출과 사회·문화적인 합의도출이 필요하다.

자율주행 안전·보안기술 〈출처 : 산업은행〉

안전, 보안 이슈	대처 기술
센서, V2X통신오류, S/W오류 등으로 인한 돌발상황 발생	기계결함, 사고원인 분석을 위한 데이터 저장장치 의무장착, 중복시스템설계, 시스템안전 모니터링, 운전 제어권 양도 관리
차량내부시스템, 불법접근, 위장 ECU 등	AUTOSAR* 보안규격 강화, 시스템 부팅 또는 업데이트 실행 시 실행되는 S/W가 제조사가 허가한 S/W인지 확인
차량 내부 네트워크 증가로 인한 통신 보안위험	차량 통신규격인 CAN, Ethernet 진화에 맞춰 네트워크 모니터링, 사이버 공격 대응 통신 보안기술 개발
차량외부, 통신방해, 오작동 유발 등 V2X 통신 위험	국제표준을 준용하여 통신을 위한 암호, 서명 등 규격 통신보안표준 제정, ITS단말의 신뢰보증 등급 기준 제정

* AUTOSAR(autoomotive open system architecture) : 자동차 분야의 세계적 개발 파트너쉽으로 차량 전자제어의 개방형 표준 소프트웨어 구조 개발에 목적을 두고 있음

1.1. 사고발생의 주체(시스템 오류)

4단계 이상의 완전자율주행 자동차 시대가 도래하면 자동차 사고가 발생하였을 경우 사고의 주체가 운전한 사람이 아닌 자동차가 되기 때문에 자율주행 AI로 인한 사고를 보험사에서 어떻게 포함해야 하는지 논란의 여지가 있다. 이 경우 운전자와 자동차 생산업체, 보험사의 소송 및 공방이 생길 것이 예상된다. 현재는 센서, 차량 내·외부 통신 오류, S/W 오류 등으로 인한 돌발 상황 발생에 대처하는 중복 안전시스템, 사전 시스템진단 시스템, 사고 후 대처 기술, 통신 보안기술 등이 필요하여 이에 따른 지능형 교통 시스템 관련 법규 제정 등 제도 인프라 정비도 병행하여 진행하는 정도이다.

1.2. 윤리적 딜레마 발생 문제(트롤리 딜레마)

자동차가 피할 수 없이 어쩔 수 없는 사고 상황에 맞닥뜨렸을 때를 가정하여 전방에는 5명의 사람이 있고, 차량의 방향을 바꾸면 벼랑 끝으로 차량이 전복하여 운전자가 사망이 예상되는 경우, 이렇게 긴급한 상황에서 어떠한 판단을 내리도록 프로그램을 만들어야 할지에 대하여 윤리적, 사회적, 문화적, 경제적 측면에서 기계적인 인공지능이 내리는 선택에 대한 합의가 필요하다.

보행자 다수와 한 명, 어디로 부딪혀야 하는가?

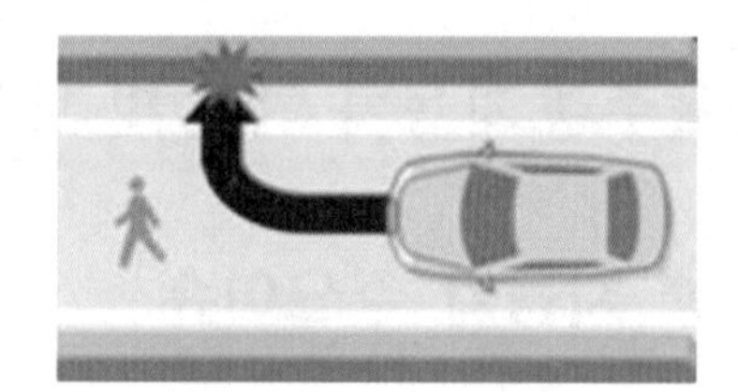

보행자를 피해 벽에 부딪히면 운전자가 사망하는데?

1.3. 시스템 해킹

자율주행 자동차의 시스템을 해킹해서 고의로 사고를 일으킬 가능성도 존재한다. 이 때문에 자율주행 자동차 해킹에 대해서는 업계가 풀어야 할 숙제다. 미국의 경우 차량을 의도적으로 해킹하는 범죄는 최고 종신형에 처한다고 한다. 하지만 국가를 전복할 목적으로 적대적인 행위를 할 경우 어떻게 방어를 해야 할지도 고민해야 한다.

1.4. 산업의 대전환

자율주행 자동차로 인하여 기존 자동차 산업이 서비스 산업으로 확대·전환되므로 자동차가 운전하는 공간에서 생산적이고 효율적으로 활용되는 공간으로 바뀌며, 자동차를 소유에서 이용하는 개념으로 전환 되어 기존 자동차 제조사의 영향력은 감소하는 반면 고객과의 접점을 가지고 있는 서비스 플랫폼의 영향력은 확대될 것으로 전망된다.

PART 02
자동차 기관

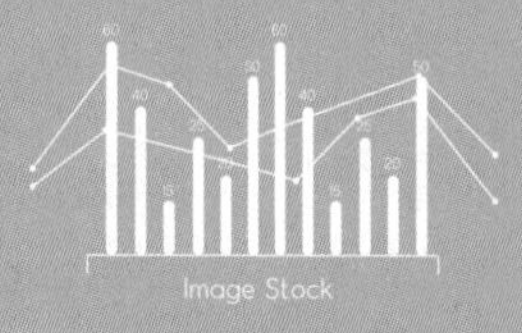

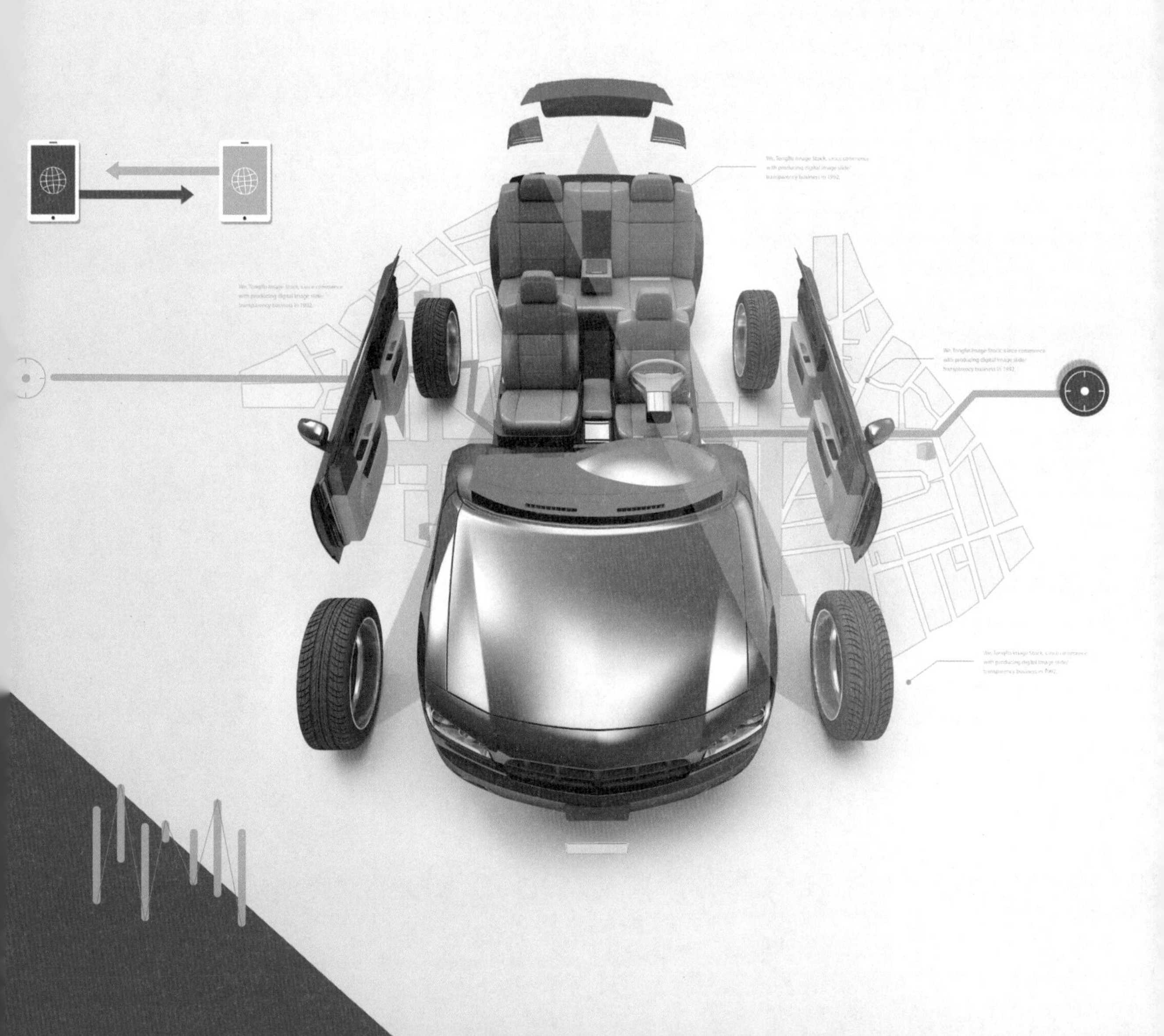

CHAPTER 01

기관 일반

1 자동차의 구성

자동차의 구성요소는 아래와 같이 차체(body)와 섀시(chassis)로 구분된다.

자동차의 구성요소

차 체 (body)	섀 시 (chassis)					
	동력발생장치	동력전달장치	조향장치	현가장치	제동장치	휠·타이어 / 프레임
객실 적재함	기관 윤활장치 냉각장치 흡기·배기장치 시동·점화장치 충전장치 배기·정화장치 연료장치	클러치 변속기 추진축 종감속장치 차동기어장치 차축	조향기어 조향축 조향링크 조향핸들	쇽업소버 판스프링 코일스프링	핸드브레이크 풋브레이크 디스크·드럼브 레이크	

1. 차체의 구성

차체는 사람이 승차할 수 있는 객실과 화물을 적재할 수 있는 적재함으로 구성되며, 차체를 지지해주는 섀시의 구성요소 중 하나인 프레임(frame) 위에 설치된다.

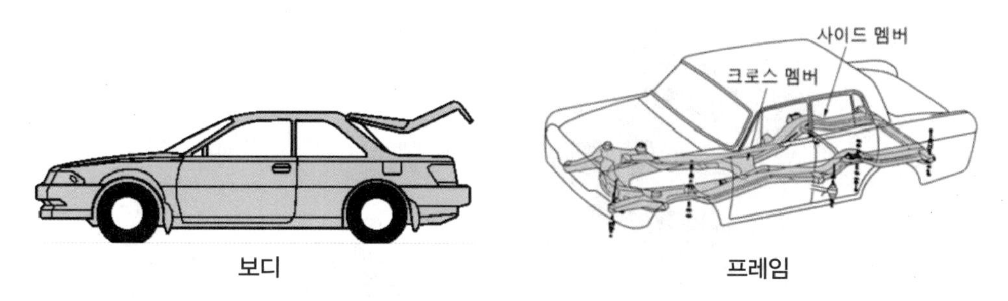

보디 프레임

2. 섀시의 구성

섀시란 자동차 구성요소에서 차체를 제외한 나머지 부분을 말하며, 프레임을 포함한 섀시의 구성은 다음과 같다.

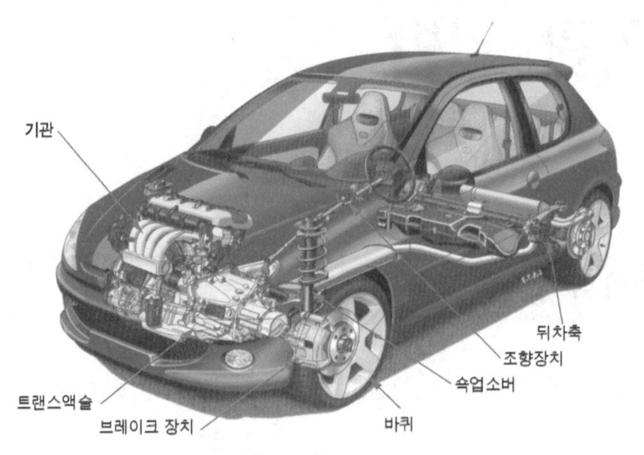

자동차 섀시의 구조

2.1. 프레임

기관 및 섀시 부품을 장착할 수 있는 뼈대를 말하며, 충격, 휨, 비틀림에 견딜 수 있는 강도가 있고 가벼워야 한다.

2.2. 동력 발생 장치 engine

흔히 기관(engine)이라고 하는 동력발생장치는 자동차가 주행하는데 필요한 동력을 생성하는 장치로서 기관 본체와 부속장치로 구성되어 있다. 자동차용으로 사용되는 기관 본체에는 가솔린기관(gasoline engine), 디젤기관(diesel engine), 가스기관(LPG, LNG, CNG 등), 로터리기관(rotary engine) 등이 있으며, 승용차에는 가솔린기관과 트럭과 버스 등의 상용차는 디젤기관을 주로 사용하고 있다.

또한 기관에 관련된 부속장치로는 연료장치, 냉각장치, 윤활장치, 흡・배기장치, 시동 및 점화장치, 배기정화장치 등이 있다.

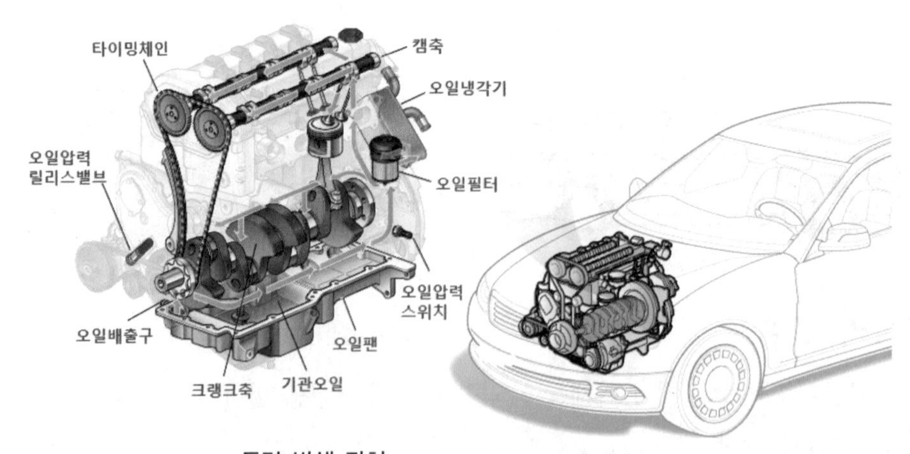

동력 발생 장치 〈출처 : repairpal.com 인용 및 수정〉

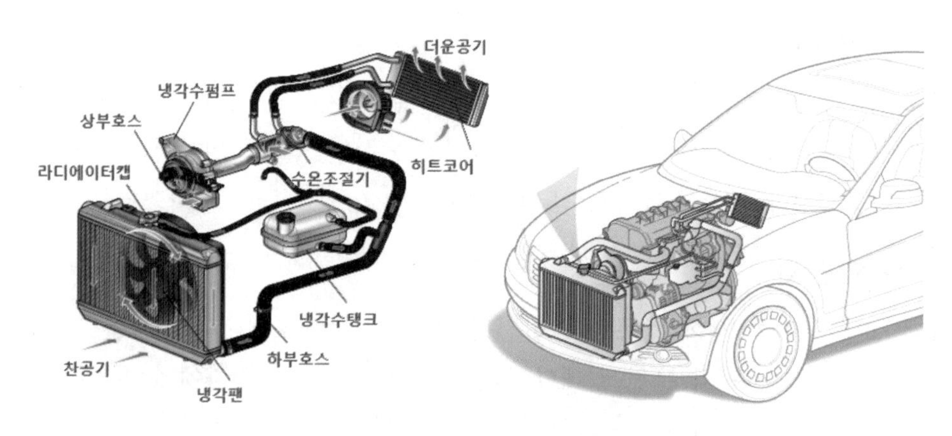

기관 냉각장치 〈출처 : repairpal.com 인용 및 수정〉

2.3. 동력 전달 장치

동력전달장치는 기관에서 발생한 동력을 요구 부하조건에 맞게 구동바퀴까지 전달하는 일련의 장치를 말하며 클러치(clutch), 변속기(transmission), 종감속 및 차동기어 장치(final reduction & differential gear), 추진축(drive shaft), 차축(axle), 타이어와 휠(wheel) 등으로 구성되어 있다.

2.4. 조향 장치

조향장치는 자동차의 진행방향을 운전자의 의지에 따라 임의로 방향을 바꾸어 주는 장치로 조향핸들(steering wheel)에 가한 힘은 조향축(steering shaft), 조향기어(steering gear), 조향링크(steering linkage)를 거쳐서 바퀴로 전달된다.

2.5. 현가 장치

현가장치는 자동차가 주행 중 바퀴를 통하여 노면으로부터 전달되는 진동이나 충격을 흡수하기 위하여 차체(또는 프레임)와 차축 사이에 완충 기구를 설치한 장치로서 쇽업소버(shock absorber), 코일스프링(coil spring), 판스프링(leaf spring) 등으로 구성되어 있다. 자동차의 승차감의 양・부는 현가장치의 성능에 따라 크게 좌우되며 충격에 의한 자동차 각 부분의 변형이나 손상을 방지할 수 있다.

2.6. 제동 장치

제동장치는 주행 중인 자동차를 감속 또는 정지시키거나 정지된 상태를 계속 유지하기 위한 장치로서 자동차의 운동에너지를 마찰력을 이용하여 열에너지로 변환시켜 공기 중으로 발산시킴으로써 제동 작용을 하는 마찰 방식의 브레이크를 주로 사용한다.

2.7. 휠 및 타이어

휠과 타이어는 자동차가 진행하기 위한 구름 운동을 유지하고, 구동력과 제동력을 전달하며, 노면으로부터 발행되는 충격을 흡수하는 역할을 한다. 또한, 자동차의 하중을 부담하며, 양호한 조향성과 안정성을 유지하도록 한다.

2.8. 보조 장치

앞에서 설명한 장치 외에 자동차의 안전 운행을 위하여 조명이나 신호를 위한 등화장치(lamp system), 기관의 운전 상태나 차량의 주행속도를 운전자에게 알려주는 계기판(instrument panel), 경음기, 윈드 실드 와이퍼, 편의시스템 등이 있다.

동력 발생 장치

동력발생장치는 기관(engine)을 말하며, 연료를 연소시켜 발생한 열에너지를 기계적 에너지인 크랭크축의 회전력(torque)이나 작동 유체가 분출하는 힘으로 변환시켜 동력을 얻는 장치이다. 즉, 열에너지(연료의 연소)를 기계적 에너지로 변환시키는 장치를 열기관이라 하며, 열기관에는 **내연기관**과 **외연기관**이 있다.

1 내연 기관

내연 기관은 연료를 실린더 내에서 연소·폭발시켜 동력을 얻는 방식으로 다음과 같이 분류한다.

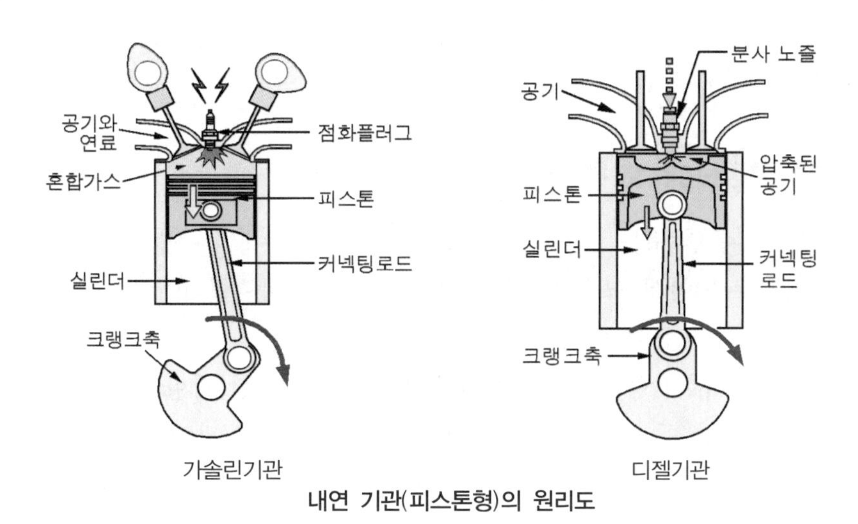

내연 기관(피스톤형)의 원리도

1. 피스톤형(왕복형 또는 용적형)

피스톤형은 작동 유체의 폭발압력을 피스톤의 직선 왕복 운동으로 받아서 크랭크축에 회전력을 발생시키는 형식이다. 가솔린 기관, 디젤 기관, LPG 기관 등이 여기에 속한다.

2. 회전 운동형(유동형)

회전 운동형은 작동 유체의 폭발압력을 임펠러에서 받아 축으로 전달하는 방식이다. 로터리 기관, 가스 터빈 등이 여기에 속한다.

3. 분사 추진형

분사 추진형은 작동 유체의 폭발압력을 일정한 방향으로 기관의 외부로 분출시켜 그 반동력을 동력으로 이용하는 형식이다. 제트 기관, 로케트 기관 등이 여기에 속한다.

2 외연 기관

외연 기관은 실린더 외부에 설치된 연소장치에서 연료를 연소시켜 얻은 열에너지(증기)를 실린더 내부로 유입시켜 피스톤에 압력을 가하여 기계적 에너지를 얻는 형식이다. 여기에는 왕복 운동형인 증기 기관과 회전 운동형인 증기터빈이 있다.

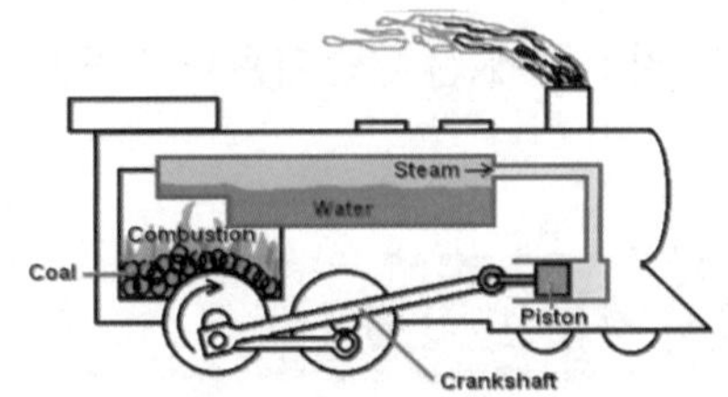

외연 기관(왕복 운동형)의 원리도
〈출처 : happycampus.com〉

3 내연 기관의 분류

1. 기계적 작동방식에 의한 분류

① 피스톤형(왕복운동형 또는 용적형) : 피스톤형은 작동유체의 폭발압력을 피스톤의 직선 왕복운동으로 받아서 크랭크축에 회전력을 발생시키는 형식이며, 가솔린 기관, 디젤 기관, LPG 기관 등이 여기에 속한다.

② 분사운동형 : 분사추진형은 작동유체의 폭발압력을 일정한 방향으로 기관 외부로 분출시켜 그 반동력을 동력으로 하는 형식이며, 제트기관, 로켓기관이 여기에 속한다.

③ 회전운동형(유동형) : 회전운동형은 작동유체의 폭발압력을 임펠러(impeller)로 받아서 축으로 전달하는 형식이며, 로터리 기관, 가스터빈 등이 여기에 속한다.

2. 사용 연료에 의한 분류

① 가솔린 기관 : 혼합가스를 실린더에 흡입하여 연소실에 압축한 다음 점화플러그에서 발생하는 높은 전압의 전기 불꽃으로 연소시켜 동력을 얻는 기관으로 고속, 경쾌하여 승용차에 많이 사용된다.

② 디젤 기관 : 순수한 공기만을 흡입하여 압축할 때 발생한 500~550℃의 열에 연료를 분사 노즐을 통하여 안개 모양으로 분사시켜 자기 착화하는 기관으로 출력이 크다.

③ LPG 기관 : LPG는 가솔린을 정제할 때 부산물로 얻어지는 가스이며, 가솔린 기관과 구조가 거의 같으나 연료 공급계통이 다르다.

④ CNG 기관 : 천연 가스를 실린더에 흡입하여 압축한 다음 점화 플러그에서 발생되는 전기적인 불꽃으로 연소시키는 기관이다.

⑤ 소구 기관 : 세미 디젤 기관 또는(semi diesel engine) 표면 점화 기관이라고도 하며, 경유보다 조금 무거운 저급 연료를 사용하는 기관이다.

3. 점화방식에 의한 분류

① 전기점화 기관 : 압축된 혼합가스에 점화플러그에서 높은 전압의 전기 불꽃을 방전시켜 점화·연소시키는 방식이며, 가솔린 기관, LPG 기관에서 사용된다.

② 압축착화 기관(자기착화 기관) : 공기만을 흡입하고 피스톤으로 높은 온도와 높은 압력으로 압축한 후 고압 연료펌프에서 보내준 높은 압력의 연료(경유)를 인젝터에서 미세한 안개 모양으로 분사시켜 자기착화시키는 방식이며, 디젤기관에서 사용된다.

③ 핫 벌브점화 기관 : 실린더 헤드내에 핫 벌브를 설치하여 핫 벌브에 연료를 분사하여 연소시키는 기관으로 소구 기관에 사용된다.

4. 실린더 배열에 의한 분류

① 직렬형 : 모든 실린더를 일렬 수직으로 설치한 형식이다.

② V형 : 직렬형 실린더 2조를 V형으로 배열시킨 형식이다.

③ 수평 대향형 : V형 기관을 펴서 양쪽 실린더 블록이 수평면상에 있는 형식이다.

④ 성형(또는 방사형) : 실린더가 공통의 중심선에서 방사선 모양으로 배열된 형식이다.

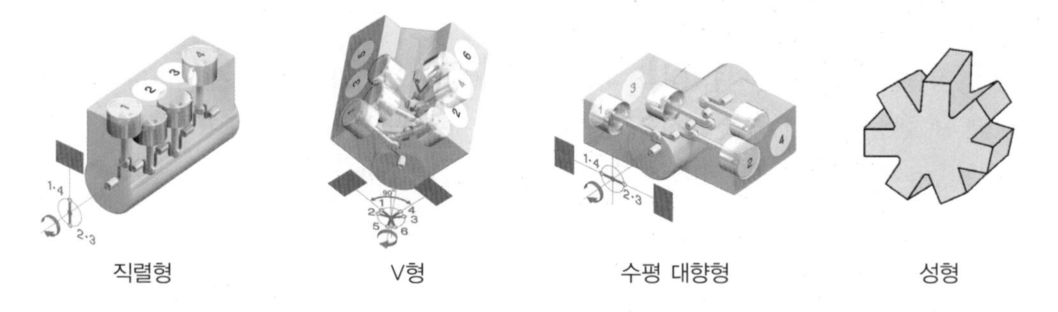

직렬형 V형 수평 대향형 성형

5. 밸브 배열에 의한 분류

① I-헤드형 : 실린더 헤드에 흡·배기밸브를 모두 설치한 형식이다. 최근에는 캠축(cam shaft)을 실린더 헤드에 설치하고, 흡입밸브와 배기밸브를 캠이 직접 개폐하는 OHC (Over Head Cam Shaft)을 가솔린 기관에서 주로 사용한다.

② L-헤드형 : 실린더 블록에 흡입밸브와 배기 밸브를 일렬로 나란히 설치한 형식이다.
③ F-헤드형 : 실린더 헤드에 흡입 밸브를, 실린더 블록에 배기 밸브를 설치한 형식이다.
④ T-헤드형 : 실린더 블록에 실린더를 중심으로 양쪽에 흡·배기 밸브가 설치한 형식이다.

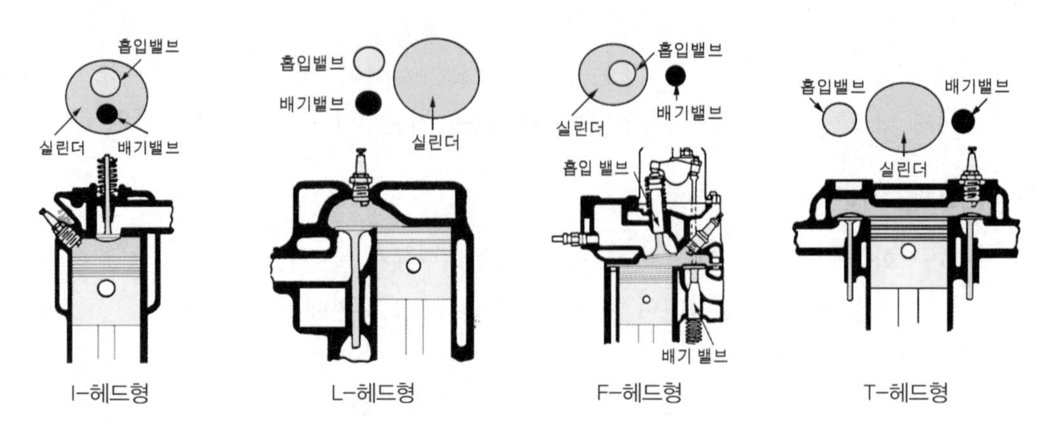

6. 실린더 안지름과 행정비율에 의한 분류

(1) 장 행정 기관 under square engine

장 행정 기관은 실린더 안지름(D) 보다 피스톤 행정(L)이 큰 형식이며, 다음과 같은 특징이 있다.

① 흡입 공기량이 많아 폭발력이 크다.
② 회전속도 비교적 낮으나 큰 회전력을 얻을 수 있다.
③ 피스톤 측압을 감소시킬 수 있다.
④ 크랭크축이 길어 기관의 높이가 높아진다.

(2) 정방형 기관 square engine

정방형 기관은 실린더 안지름(D)과 피스톤 행정(L)의 크기가 똑같은 형식이다. 단 행정 기관과 단 행정 기관의 중간 특성을 가지며, 회전력은 작으나 회전속도가 빠른 특징이 있어 소형승용차에 많이 사용된다.

(3) 단 행정 기관 over square engine

단 행정기관은 실린더 안지름(D)이 피스톤 행정(L)보다 큰 형식이며, 다음과 같은 특징이 있다.

① 피스톤 평균속도를 올리지 않고도 회전속도를 높일 수 있다.
② 단위 실린더 체적 당 출력을 크게 할 수 있다.
③ 흡·배기 밸브의 지름을 크게 할 수 있어 체적효율을 높일 수 있다.

④ 직렬형에서는 기관의 높이가 낮아지고, V형에서는 기관의 폭이 좁아진다.
⑤ 폭발압력이 커 기관이 과열되기 쉽고, 베어링의 폭이 넓어야 한다.
⑥ 회전속도가 증가하면 관성력의 불평형으로 회전부분의 진동이 커진다.
⑦ 실린더 안지름이 커 기관의 길이가 길어진다.

7. 열역학적 사이클에 의한 분류

7.1. 오토 사이클(정적 사이클)

오토 사이클(Otto cycle)은 불꽃 점화기관(spark ignition engine)의 기본이 되는 이론 사이클이다. 2개의 단열과정과 2개의 정적과정으로 이루어지며, 가솔린 기관 및 가스기관의 기본 사이클이다. 작동유체에 대한 열공급 및 배출은 일정한 체적하에 이루어지므로 정적 사이클(constant volume cycle)이라고도 한다.

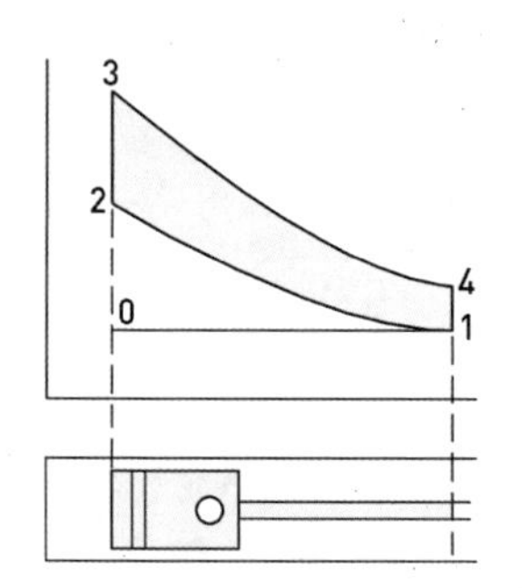

- 0 → 1 : 흡입과정(혼합가스 = 공기 + 연료)
- 1 → 2 : 단열압축(혼합가스)
- 2 → 3 : 정적가열(폭발연소)
- 3 → 4 : 단열팽창(연소가스)
- 4 → 1 : 정적방열(연소가스)
- 1 → 0 : 배기과정(연소가스)

오토 사이클의 지압선도

7.2. 디젤 사이클(정압 사이클)

디젤 사이클(Diesel cycle)은 2개의 단열과정과 1개의 정압과정, 1개의 정적과정으로 이루어진 사이클이며, 저속중속 디젤기관의 기본 사이클이다. 디젤기관은 가솔린 기관과는 다르게 처음에 공기만을 실린더 속에 흡입하여 이것을 높은 압축비로 단열 압축한다. 이 압축된 공기에 연료를 분사하면 압축된 공기는 온도가 높기 때문에 자연 발화하여 연소한다.

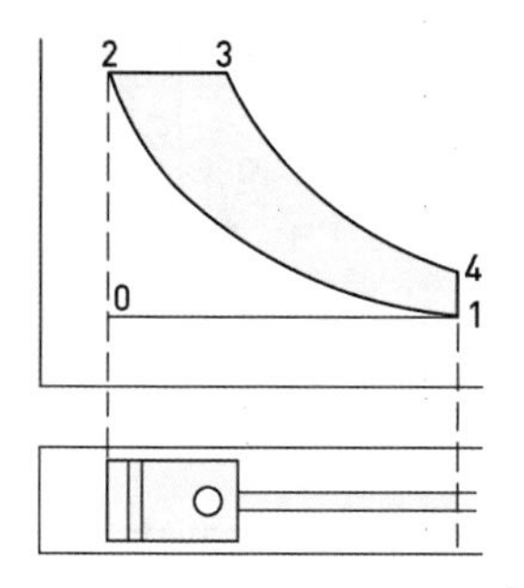

- 0 → 1 : 흡입과정(공기)
- 1 → 2 : 단열압축(공기)
- 2 → 3 : 정압가열(연료분사 · 연소)
- 3 → 4 : 단열팽창(연소가스)
- 4 → 1 : 정적방열(연소가스)
- 1 → 0 : 배기과정(연소가스)

디젤 사이클의 지압선도

7.3. 사바테 사이클(혼합·합성·복합사이클)

사바테 사이클은 고속 디젤기관의 기본 사이클이며, 연소 즉 열공급이 정적 및 정압의 두 부분에서 이루어지므로 정적–정압 사이클 또는 복합 사이클(combined cycle)이라 한다. 고속 디젤기관에서는 짧은 시간 내에 연료를 연소시킬 필요가 있으므로 압축행정이 끝나기 전에 연료분사를 시작하여 압축행정 말기에 착화하도록 하면 그 동안에 공급된 연료는 대부분 정적 아래에서 연소, 즉 폭발하고, 그 후에 분사된 연료는 정압 아래에서 연소한다.

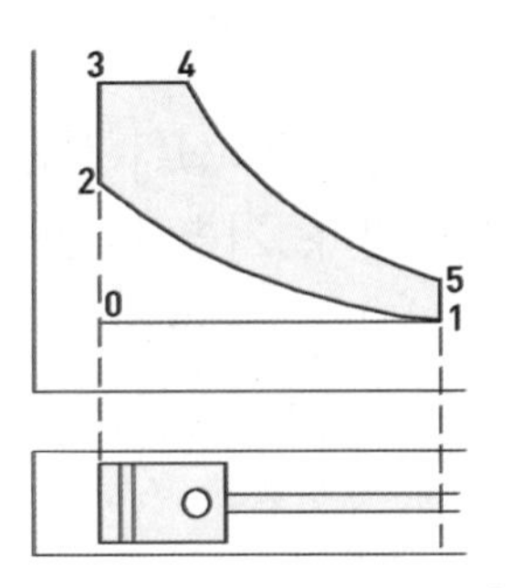

- 0 → 1 : 흡입과정(공기)
- 1 → 2 : 단열압축(공기)
- 2 → 3 : 정적가열(연료분사연소)
- 3 → 4 : 정압가열(연료분사연소)
- 4 → 5 : 단열팽창(연소가스)
- 5 → 1 : 정적방열(연소가스)
- 1 → 0 : 배기과정(연소가스)

사바테 사이클의 지압선도

8. 기계학적 사이클에 의한 분류

8.1. 4행정 사이클 기관의 작동

4행정 사이클 기관은 크랭크축이 2회전하고, 피스톤은 흡입, 압축, 동력, 배기의 4행정을 하여 1사이클을 완성하는 기관이다. 즉, 4행정 사이클 기관이 1사이클을 완료하면 크랭크축은 2회전하며, 캠축은 1회전하고, 각 실린더의 흡·배기 밸브는 각각 1회씩 개폐한다.

알고갑시다 용어정리

① 행정(行程 ; stroke) : 피스톤이 상사점에서 하사점으로 또는 하사점에서 상사점으로 이동한 거리를 말하며, 크랭크축의 회전 각도로는 180°이다.

② 사이클(cycle) : 혼합가스가 실린더 내에 흡입된 후 배기가스가 되어 실린더 밖으로 나갈 때까지 실린더 내에서의 가스의 주기적인 변화를 말한다.

③ 상사점(上死點 ; top dead center) : 피스톤 운동의 상한점, 즉 피스톤이 최대한 상승한 후 내려오려고 하는 지점을 말한다.

④ 하사점(下死點 ; bottom dead center) : 피스톤 운동의 하한점, 즉 피스톤이 최대로 하강한 후 올라가려고 하는 지점을 말한다.

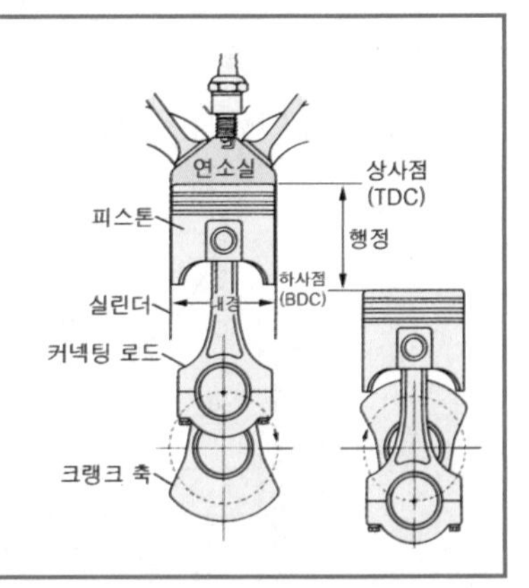

8.2. 4행정 사이클 기관의 작동 순서

(1) 흡입 행정 intake stroke

흡입 행정은 사이클의 맨 처음 행정으로 흡입 밸브는 열리고 배기 밸브는 닫혀 있으며, 피스톤은 상사점(TDC)에서 하사점(BDC)으로 내려간다. 흡입 밸브는 상사점 전(BTDC) 5~20° 정도에서 열리고, 하사점 후(ABDC)40~50° 정도에서 닫힌다. 가솔린 기관의 혼합가스(공기와 가솔린), 디젤 기관의 공기는 피스톤이 하강함에 따라 실린더 내에는 부압(부분 진공)이 생겨 흡입되며, 이때의 크랭크축은 180° 회전 한다.

(2) 압축 행정 compression stroke

압축 행정은 피스톤이 하사점에서 상사점으로 올라가며, 흡입과 배기 밸브는 모두 닫혀 있다. 이에 따라 가솔린 기관은 혼합가스를 디젤 기관은 공기를 압축하며, 크랭크축은 360° 회전한다. 압축비는 가솔린 기관이 8~12 : 1, 디젤 기관은 15~22 : 1, 압축압력은 가솔린 기관이 7~11kgf/cm², 디젤 기관이 30~45kgf/cm², 압축온도는 가솔린 기관이 120~140℃, 디젤 기관은 500~650℃ 정도이다. 압축을 하는 목적은 혼합가스나 공기의 온도를 상승시켜 연소를 쉽게 하고 폭발압력을 증대시키기 위함이다. 그리고 디젤 기관의 압축비가 높은 이유는 압축착화(또는 자기착화) 방식이기 때문이며, 기관의 회전속도가 빨라질수록 압축압력은 상승한다.

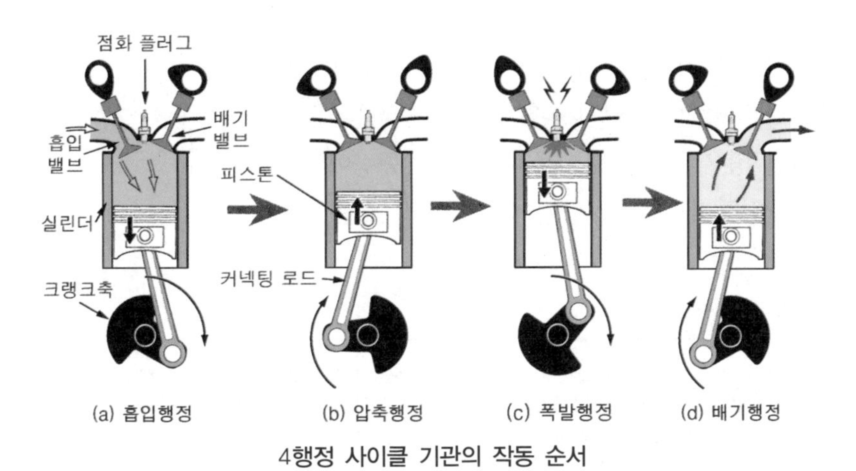

4행정 사이클 기관의 작동 순서

(3) 동력(폭발) 행정 power stroke

가솔린 기관은 압축된 혼합가스에 점화 플러그에서 전기 불꽃을 방전시켜 점화하고, 디젤 기관은 압축된 공기에 분사 노즐에서 연료(경유)를 분사시켜 자기 착화시킴으로서 실린더 내의 압력을 상승시켜 피스톤에 내려 미는 힘을 가하여 커넥팅 로드를 거쳐 크랭크축을 회전시키므로 동력을 얻는다. 피스톤은 상사점에서 하사점으로 내려가고 흡입과 배기 밸브는 모두 닫혀 있으며, 크랭크축은 540° 회전한다. 폭발압력은 가솔린 기관이 35~45kgf/cm²이며, 디젤 기관은 55~65kgf/cm² 정도이다.

(4) 배기 행정 exhaust stroke

배기 행정은 배기 밸브가 열리면서 동력 행정에서 일을 한 연소가스를 실린더 밖으로 배출시키는 행정이다. 이때 피스톤은 하사점에서 상사점으로 올라가며, 크랭크축은 720° 회전하여 1사이클을 완료한다. 배기 밸브는 하사점 전(BBDC) 40~50°에서 열리기 시작하여 상사점 후(ATDC) 5~20° 정도에서 닫힌다.

8.3. 4행정 사이클 기관의 장점 및 단점

(1) 4행정 사이클 기관의 장점

① 각 행정의 작동이 완전히 구분되어 있다.
② 저속에서 고속으로의 넓은 범위의 회전속도 변화가 가능하다.
③ 흡입을 위한 시간이 충분히 주어지므로 체적효율이 높다.
④ 기관의 시동과 저속 운전이 원활하다.
⑤ 실화의 발생이 적어 연료소비율이 좋다.
⑥ 흡입 행정 중 냉각 효과가 커 열부하가 적다.

(2) 4행정 사이클 기관의 단점

① 밸브 개폐기구가 기계적으로 복잡하고 부품 수가 많다.
② 폭발 횟수가 적으므로 실린더 수가 적으면 작동이 원활하지 못하다.
③ 동일 출력일 경우 2행정 사이클 기관보다 중량이 무겁다.
④ 회전력이 균일하지 못하여 충격이나 기계적 소음이 많다.

알고갑시다 용어정리

① 배기량(piston displacement) : 피스톤이 실린더 내의 하사점(B.D.C ; bottom dead center)에서 상사점(T.D.C ; top dead center)으로 왕복운동(행정)을 하면서 배출되는 가스의 체적으로, 각 실린더의 배기량과 전체 실린더의 총배기량으로 나타내며, 총배기량은 기관의 성능을 표시할 때 이용된다. 즉, 행정체적과 피스톤 배기량은 같은 의미로 구하는 공식은 다음과 같다.

- 실린더 배기량(행정체적) : $V = \frac{\pi}{4} \times D^2 \times L\,[cm^3]$
- 총배기량 : $V = \frac{\pi}{4} \times D^2 \times L \times N\,[cm^3]$
- 분당배기량 : $V = \frac{\pi}{4} \times D^2 \times L \times N \times R\,[cm^3]$

여기서,
D : 실린더 내경 [cm]
L : 피스톤 행정 [cm]
N : 실린더 수
R : 크랭크축 분당 회전수 [rpm]

② 압축비 : 피스톤이 하사점(B.D.C)에 있을 때 윗부분의 행정체적과 상사점(T.D.C)에 있을 때 윗부분 연소실체적의 비, 즉 연소실체적과 실린더총체적의 비를 말한다. 또한 **실린더총체적 = 행정체적 + 연소실체적**이다

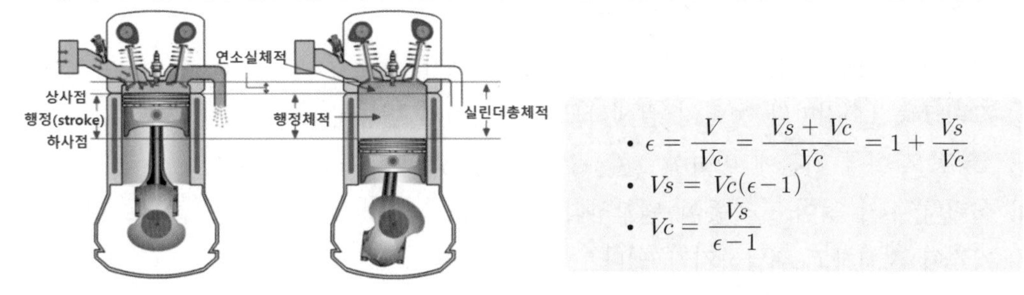

$$\epsilon = \frac{V}{Vc} = \frac{Vs + Vc}{Vc} = 1 + \frac{Vs}{Vc}$$

$$Vs = Vc(\epsilon - 1)$$

$$Vc = \frac{Vs}{\epsilon - 1}$$

여기서, ε : 압축비, V: 실린더총체적, Vs(stroke volume): 행정체적, Vc(clearance volume): 연소실체적

③ 체적 효율(흡입 효율) : 실린더 내에 넣을 수 있는 공기의 무게와 운전상태에서 실제로 흡입할 수 있는 공기 무게의 비율을 말한다.

④ 실화(miss fire) : 어떤 원인에 의하여 실린더 내에서 폭발이 일어나지 못하는 상태를 말한다.

8.4. 2행정 사이클 기관의 작동

2행정 사이클 기관은 크랭크축이 1회전(피스톤은 상승과 하강의 2행정뿐임)으로 1사이클을 완료하는 형식이다. 이 기관은 피스톤이 하사점에서 상사점으로 상승함에 따라 먼저 소기 구멍을 막고, 배기구멍을 막음에 따라 혼합 가스나 공기를 압축한다. 이때 흡입구 멍을 통하여 혼합 가스나 공기가 크랭크 케이스(crank case)로 유입된다. 피스톤이 상사점에 도달하면 가솔린 기관에서는 점화플러그에서 불꽃 방전으로 점화 · 연소 하며, 디젤기관은 분사노즐에서 연료가 분사되어 자기착화 하여 높은 온도와 압력 의 폭발을 일으켜 피스톤에 내려 미는 힘을 가한다. 피스톤이 폭발압력으로 하강하면서 배기구멍(또는 배기밸브)을 열어 연소가스를 배출시키고, 소기구멍이 열리면서 혼합가스나 공기가 실린더 내로 들어가며 다시 피스톤이 상승하면서 소기구멍을 닫아 압축 · 폭발행정으로 이어진다.

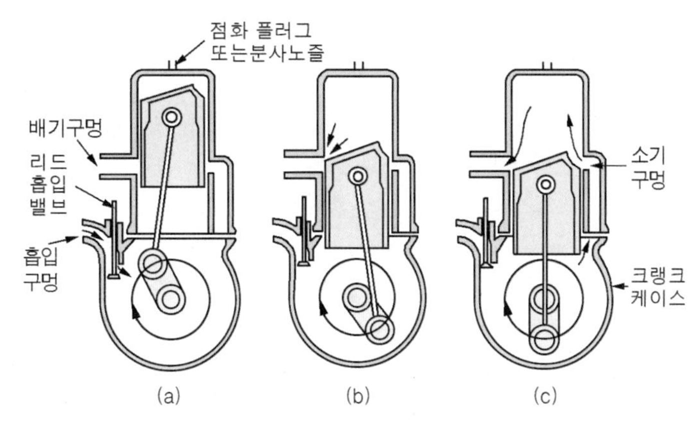

2행정 사이클 기관의 작동 순서

8.5. 2행정 사이클 기관의 장점 및 단점

(1) 2행정 사이클 기관의 장점

① 밸브 개폐기구가 없거나 간단하여 마력당 무게가 적다.
② 크랭크축 1회전마다 동력이 발생하므로 회전력의 변동이 작다.
③ 4행정 사이클 기관에 비하여 1.6~1.7배의 출력이 있다.
④ 실린더 수가 적어도 작동이 원활하다.
⑤ 가격이 저렴하고 취급하기가 쉽다.

(2) 2행정 사이클 기관의 단점

① 배기 행정이 불안정하고 유효 행정이 짧다.
② 피스톤 및 피스톤 링의 손상이 심하다.
③ 저속이 어렵고, 역화 현상이 일어난다.
④ 평균 유효압력과 효율을 높이기 어렵다.
⑤ 연료 소비율이 높다.

알고갑시다 용어정리

① 역화(back fire) : 기관의 흡입 계통으로 불꽃이 나오는 현상을 말한다.
② 평균 유효압력 : 1사이클 중 수행된 일을 행정 체적(배기량)으로 나눈 값이며, 평균 유효압력을 증가시키기 위해서는 압축비 상승, 흡입 공기량을 증가시켜야 한다.

CHAPTER 03

기관의 구성

기관을 크게 나누면 주요 부분과 부속장치로 구분된다. 기관 주요 부분이란 동력을 발생하는 부분으로 실린더 헤드, 실린더 블록, 실린더, 피스톤 및 커넥팅 로드 어셈블리, 크랭크축과 베어링, 플라이 휠, 밸브와 밸브 개폐 기구 등으로 구성되어 있다. 한편 부속장치에는 연료장치, 윤활장치, 냉각장치, 기동장치, 충전장치 등이 포함된다.

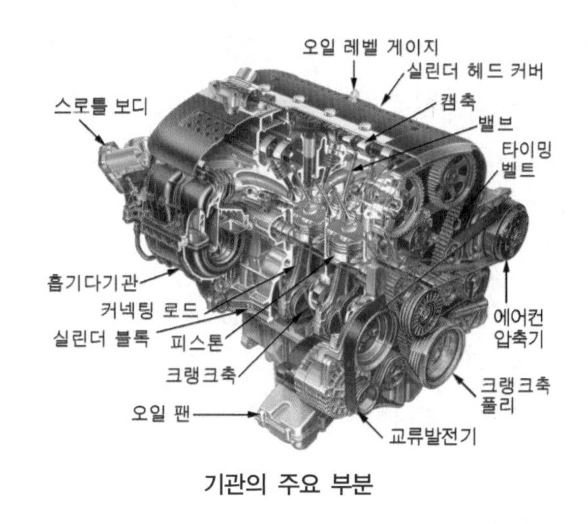

기관의 주요 부분

1 실린더 헤드 cylinder head

실린더 헤드의 구조 〈출처 : WHEELLIFE〉

실린더 헤드는 헤드 개스킷을 사이에 두고 실린더 블록에 볼트로 설치되며, 피스톤, 실린더와 함께 연소실을 형성한다. 수냉식(water cooling type) 기관의 실린더 헤드는 전체 실린더 또는 몇 개의 실린더로 나누어 일체 주조하며, 냉각용 물 재킷이 마련되어 있다. 실린더 헤드 아래쪽에는 연소실과 밸브 시트가 있고, 위쪽에는 가솔린기관의 경우 점화플러그, 디젤기관의 경우 예열플러그 및 인젝터 설치구멍과 밸브 개폐 기구의 설치 부분이 있다. 실린더 헤드의 재질은 주철이나 알루미늄 합금이다. 알루미늄 합금 실린더 헤드는 열전도성이 크고 가벼운 장점이 있으나 열팽창률이 크고, 내식성 및 내구성이 비교적 적은 결점이 있다. 최근에는 이 결점을 보완할 수 있는 설계가 되어있어 많이 사용되고 있다.

1. 연소실 combustion chamber

연소실은 실린더 헤드, 실린더 및 피스톤에 의해 형성되고 혼합가스를 연소하여 동력을 발생하는 곳으로 밸브 및 점화 플러그가 설치되어 있으며, 혼합 가스를 연소시킬 때 높은 효율을 얻을 수 있는 형상으로 설계되어야 하며, 주의할 사항은 다음과 같다.

① 밸브 면적을 크게 하여 흡 · 배기작용이 원활하게 되도록 할 것
② 화염 전파 시간이 짧을 것
③ 연소실 내의 표면적을 최소화할 것
④ 가열되기 쉬운 돌출 부분이 없을 것
⑤ 압축행정 시 강한 와류가 일어나게 할 것
⑥ 출력 및 열효율이 높을 것
⑦ 노킹을 일으키지 않는 형상일 것
⑧ 배기가스에 유해성분이 적을 것

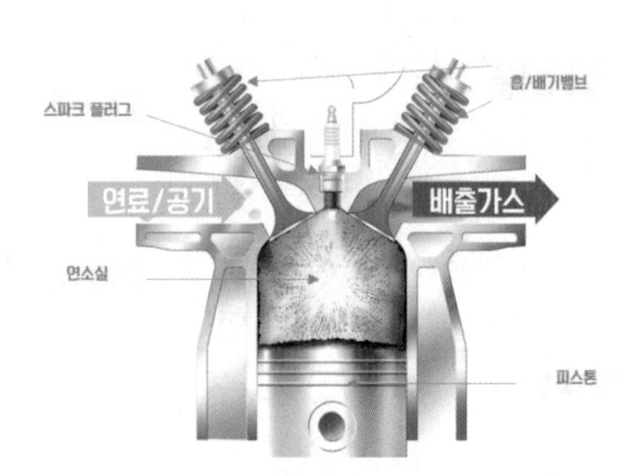

연소실 구조 〈출처 : KERETA〉

2. 연소실의 종류

이상적인 연소실은 밸브의 면적을 크게할 수 있어 열효율 및 체적효율을 높일 수 있으며, 압축비를 높일 수 있고 기관의 출력을 향상 시킬 수 있는 형상이어야 한다. I헤드형(over head valve type) 기관의 연소실에는 욕조형(bath tub type), 쐐기형(wedge type), 반구형(hemispherical type), 다구형(multi spherical type), 지붕형(pent roof type) 등이 있다.

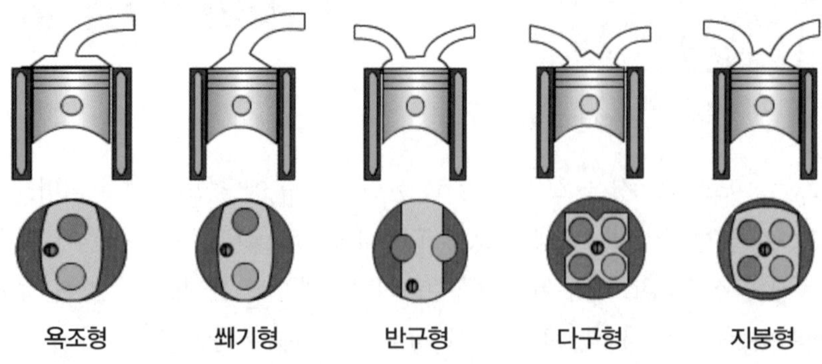

〈출처 : 강주원 자동차〉

(1) 욕조형(bath tub type) 연소실

욕조형 연소실은 스퀴시 부[1])를 설치할 수 있어 혼합가스의 압축와류를 얻기 쉽고, 밸브 기구가 간단하고 지름이 큰 밸브를 설치할 수 있다. 점화플러그의 배치가 쉽지만, 체적효율이 높지 않다.

(2) 쐐기형(wedge type) 연소실

연소실의 체적이 작아 고압축비를 얻을 수 있으며, 옥탄가가 낮은 연료사용이 가능하다. 스퀴시 부에 의하여 와류작용이 양호하여 혼합가스가 완전연소되며, 혼합가스가 스퀴시 부에 의해서 냉각되기 때문에 노킹의 발생이 적다. 연소실 중앙부에 점화 플러그가 설치되어 화염전파거리가 짧으며, 혼합 가스의 연소속도가 낮아 압력의 상승이 완만하여 작동이 유연하며, 밸브의 경사가 20° 전후이므로 흡 · 배기 포트의 굴곡이 적다.

(3) 반구형(semi spherical type) 연소실

반구형은 연소실이 간단하여 체적 당 표면적이 작아 열 손실이 적기 때문에 열효율이 높으며, 점화 플러그의 설치 위치가 알맞아 화염전파 거리가 짧지만 스퀴시 부를 둘 수 없어 압축 행정에서 와류가 발생되지 않으므로 높은 옥탄가의 연료가 필요하다. 지름이 큰 밸브의 설치가 용이하여 체적 효율을 높일 수 있으므로 고속 안정성이 좋은 DOHC나 SOHC 밸브 기구에 적합하다. 또한 흡기 포트를 오프셋시켜 혼합 가스의 와류를 촉진시켜 체적당 출력을 높일 수 있다.

(4) 다구형(multi spherical type) 연소실

연소실이 간단하여 체적 당 표면적이 작아 열 손실이 적기 때문에 열효율이 높으며, 점화 플러그의 설치 위치가 알맞아 화염전파 거리가 짧고 압축 행정에서 와류가 얻어진다. 지름이 큰 밸브의 설치가 용이하여 체적 효율을 높일 수 있으므로 고속 안정성이 좋은 DOHC나 SOHC 밸브 기구에 적합하다. 또한 흡기 포트를 오프셋시켜 혼합 가스의 와류를 촉진시켜 체적당 출력을 높일 수 있다.

(5) 지붕형(pent roof type) 연소실

지붕형 연소실은 반구형 연소실과 동일한 특징을 갖는다. 크랭크축 방향으로 밸브가 설치되므로 밸브 기구가 간단하다. 흡입 밸브 2개 및 배기 밸브 2개의 4밸브로 설치하는 것이 가능하며, 압축비를 높이기 위해 돔(dome)형 피스톤을 사용하기 때문에 열부하가 크다.

---

1) 피스톤 헤드의 일부와 실린더 헤드 사이에 만들어지는 작은 간극을 말하며, 혼합가스가 여기서 주 연소실로 밀려나게 되므로 와류를 촉진시키는데 유효하다.

알고갑시다 용어정리

① **열효율** : 기관의 출력과 그 출력을 발생하기 위하여 실린더 내에서 연소된 연료 속의 에너지와의 비율을 말한다. 열효율에는 이론 열효율, 지시 열효율, 정미 열효율 등이 있으며, 가솔린 기관은 25~32%, 디젤 기관은 32~38%(또는 35~40%)정도이며, 일정한 연료 소비로서 큰 출력을 내는 상태를 열효율이 높다고 한다.

② **조기 점화** (pre-ignition) : 조기 점화는 가솔린 기관에서 압축된 혼합기가 점화 플러그에서 스파크가 발생되기 전에 열점에 의해 연소되는 현상으로서 밸브, 점화 플러그, 카본 등에 연소열이 누적되었을 때 발생한다. 연소실 내에 과열된 부분이 있으면 저온 산화를 촉진하므로 발화 지연 시간이 단축되어 자연 발화가 쉽게 발생된다. 특히 과열부의 온도가 높거나 가솔린의 발화성이 높을 때에는 점화 플러그의 점화 전에 자연발화가 일어난다.

③ **노크(knock)** : 기관 작동 중 화염파가 연소실 벽을 때리는 것을 노크 또는 노킹이라 한다. 기관의 작동 중 연소실 내에서 정상의 연소파가 진행됨에 따라 미연소 가스는 압축되고 온도가 상승하여 연소실 벽이 가열된다. 이 때 미연소 가스가 자기 착화 온도에 도달하면 전체 미연소 가스도 동시에 격렬한 연소를 일으켜 연소실 벽을 작은 해머로 두드리는 것과 같이 화염 파가 연소실 벽을 때리게 된다.

④ **화염 전파 기간(flames spread period)** : 화염 전파 기간은 연료가 착화되어 폭발적으로 연소하기까지의 시간으로서 폭발 연소 기관이라고도 한다. 분사된 모든 연료가 동시에 연소하여 실린더 내의 온도와 압력이 상승하며, 실린더 내에서의 연료의 성질, 혼합 상태 및 공기의 와류에 의해 연소 속도가 변화하고 압력 상승에도 영향을 끼친다.

⑤ **화염 전파 속도(flame velocity)** : 기관의 연소실 내에서 화염 면이 실제로 퍼져 가는 속도로서 연소 속도에 혼합기가 흐르는 속도와 연료가스의 팽창 속도를 더한 것이다.

⑥ **와류(swirl)** : 연소실 내의 공기, 혼합기 및 연소가스 등의 소용돌이를 말한다. 모든 기관에서의 와류(渦流)는 중요한 역할을 하지만 특히 디젤 기관에서는 압축된 공기 중에 연료를 분사하고 자연 발화에 의하여 혼합가스를 완전연소 시키는데는 공기와 연료가 잘 혼합될 필요가 있다. 흡입, 압축 행정을 통해서 연소실 내에 어떻게 하면 강한 와류를 발생시킬 수 있는가의 기술적인 문제는 기관을 설계하는데 중요한 포인트로 되어 있다. 또 일부의 가솔린 기관에서는 연료 소비율을 향상시키기 위하여 농후한 혼합기와 희박한 혼합기를 연소 실에 보내어 농후한 혼합기에 먼저 착화시킨 다음 와류를 이용하여 희박한 혼합기와 섞어 완전연소가 이루어지도록 연구하여 실용되고 있다.

3. 실린더 헤드 개스킷 head gasket

실린더 헤드 개스킷은 실린더 헤드와 블록의 접합면 사이에 끼워져 양쪽 면을 밀착시켜서 압축가스, 냉각수 및 기관오일이 누출되는 것을 방지하기 위하여 사용하는 석면 계열의 물질이다.

종류에는 구리판이나 강철판으로 석면을 감싸서 제작한 보통 개스킷, 강철판의 양쪽 면에 흑연을 혼합한 석면을 압착하고 표면에 다시 흑연을 발라서 제작하며 높은 열 및 높은 부하, 높은 압축에 잘 견디는 스틸 베스토 개스킷(steel besto gasket) 그리고 강철판으로만 얇게 제작한 스틸 개스킷(steel gasket) 등이 사용되고 있다. 실린더 헤드 개스킷이 갖추어야 할 조건은 다음과 같다.

① 내열성과 내압성이 클 것
② 적당한 강도가 있을 것
③ 기밀 유지성이 클 것
④ 기관오일 및 냉각수가 누출되지 않을 것

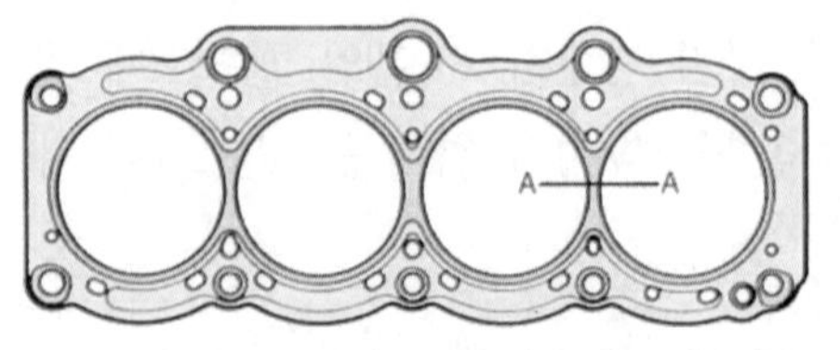

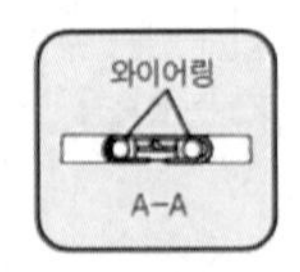

실린더 헤드 개스킷의 구조

2 실린더 블록 cylinder block

실린더 블록은 기관의 기초 구조물이며, 위쪽에는 실린더 헤드가 설치되어 있고, 아래 중앙부에는 평면 베어링을 사이에 두고 크랭크축이 설치된다. 실린더 블록 내부에는 피스톤이 왕복운동을 하는 실린더가 있으며, 실린더 냉각을 위한 물재킷이 둘러싸고 있다. 또 주위에는 밸브기구의 설치 부분과 실린더 아래쪽에는 개스킷을 사이에 두고 아래 크랭크 케이스(오일 팬)가 설치되어 기관오일이 담겨있다. 실린더 블록의 재질은 특수주철이나 알루미늄 합금을 사용한다.

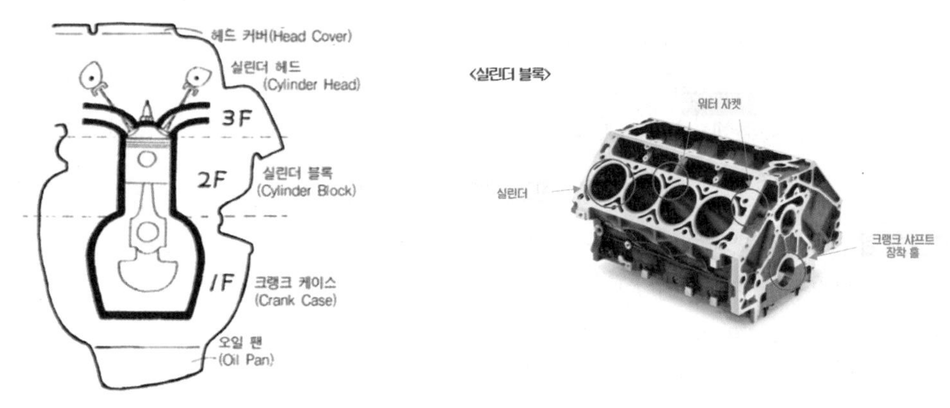

실린더 블록의 구조 〈출처 : WHEELLIFE〉

1. 실린더 cylinder

실린더는 피스톤이 기밀을 유지하면서 왕복운동을 하여 열에너지를 기계적 에너지로 변환하여 동력을 발생시키는 부분이다. 실린더는 진원통형으로 그 길이는 피스톤 행정의 약 2배 정도이다. 실린더 벽은 피스톤의 미끄럼 운동에 의한 마모와 마찰이 적도록 정밀하게 연마 다듬질되어 있으며, 실린더 벽의 마멸을 감소시키기 위해 크롬(Cr)으로 도금을 하기도 한다. 크롬을 도금할 때에는 두께가 0.1mm 정도이며, 크롬으로 도금한 실린더에는 크롬으로 도금된 피스톤 링을 사용해서는 안 된다. 그리고 실린더는 기관이 작동할 때 평균 1,500℃ 정도의 연소가스에 노출된다. 이 높은 온도로 인하여 기능이 떨어지므로 냉각하여 일정 온도 이상 되지 않도록 하여야 하며, 이를 위해 수냉식 기관에서는 실린더 주위에 물 재킷(water jacket)을 두고 있으며, 공냉식 기관에서는 실린더 블록 바깥둘레에 냉각핀(cool fin)을 두고 있다. 실린더 블록에는 블록과 동일한 재질로 만든 일체형 실린더와 실린더 블록과 별도의 재질로 만든 후 끼우는 라이너방식 실린더가 있다.

1.1. 일체형 실린더

일체형 실린더는 실린더 블록과 같은 재질로 실린더를 일체로 제작한 형식이며, 실린더의 강성 및 강도가 크고 냉각수 누출 우려가 적으며, 부품수가 적고 무게가 가볍다. 실린더벽이 마모되면 보링(boring)을 하여야 한다. 일체형 실린더의 특징은 다음과 같다.

① 부품수가 적어 무게가 가볍다.
② 냉각수 누출의 염려가 없어 밀폐 강도가 크다.
③ 기관 제작 시 실린더 간격을 좁게 할 수 있어 소형화가 가능하다.
④ 라이너방식 실린더보다 내마멸성과 정비성능이 떨어진다.

1.2. 라이너방식 실린더

라이너방식 실린더는 실린더 블록과 실린더를 별도로 제작한 후 실린더 블록에 끼우는 형식으로, 일반적으로 보통주철의 실린더 블록에 특수주철의 라이너를 끼우는 경우와 알루미늄 합금 실린더 블록에 주철로 만든 라이너를 끼우는 형식이 있다. 라이너방식의 종류에는 습식과 건식이 있으며, 장점은 다음과 같다.

① 원심주조 방법으로 제작할 수 있다.
② 실린더 벽에 도금하기 쉽다.
③ 실린더가 마모되면 라이너만 교환하므로 정비성이 좋다.

(1) 습식 라이너 wet type

습식은 라이너 바깥둘레가 물재킷의 일부분으로 되어 냉각수와 직접 접촉하는 형식이며, 다음과 같은 특징이 있다.

① 냉각효과가 커 열로 인한 실린더 변형이 적다.
② 실린더 벽의 두께가 5~8mm 정도이고, 내마모성이 크다.
③ 물재킷 부분의 세척이 쉬워 정비성이 좋다.
④ 습식 라이너를 끼울 때는 라이너 바깥둘레에 비눗물을 바른다.
⑤ 실링(seal ring)이 파손되거나 변형되면 크랭크 케이스로 냉각수가 유입될 수 있다.
⑥ 실린더 블록의 강성이 떨어진다.

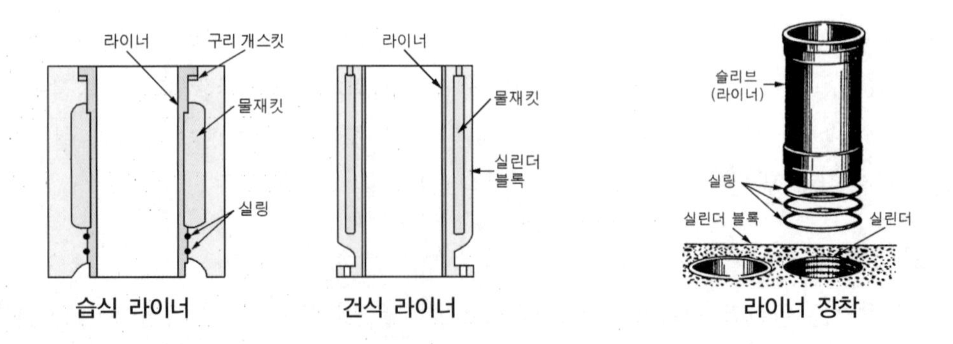

습식 라이너　　건식 라이너　　라이너 장착

(2) 건식 라이너 dry type

건식은 라이너가 냉각수와 직접 접촉하지 않고 실린더 블록을 통하여 냉각되는 형식이며, 실린더 벽을 여러 번 보링(boring)을 하여 실린더 벽의 두께가 너무 얇아져 더 이상 보링을 할 수 없는 경우에 실린더 재생용으로 사용되었다. 그러나 최근에는 제작할 때부터 건식 라이너를 사용하는 형식도 있다. 압입압력이 2～3ton 필요하며, 라이너를 끼운 후에는 호닝(horning)을 하여야 한다. 건식 라이너의 특징은 다음과 같다.

① 실린더 블록의 강도와 강성이 습식 라이너보다 크다.
② 크랭크 케이스로 냉각수가 누출될 염려가 없다.
③ 냉각효과가 습식 라이너에 비하여 떨어진다.
④ 두께가 2～4mm 정도이므로 라이너 수명이 짧다.
⑤ 구조가 복잡하여 정비성능이 떨어진다.

알고갑시다 **기관 해체 정비시기 기준**

① 실린더의 압축압력이 규정값의 70% 이하인 경우
② 연료 소비율이 표준 소비율의 60% 이상인 경우
③ 윤활유 소비율이 표준 소비율의 50% 이상인 경우
④ 기관의 작동 시간 또는 일정 주행 거리
⑤ 기관의 내부적인 결함이 발생된 경우

3 피스톤 piston

1. 피스톤의 기능 및 구비조건

피스톤은 실린더 내를 직선왕복 운동을 하여 폭발행정에서의 높은 온도와 압력의 가스로부터 받은 동력을 커넥팅로드를 통하여 크랭크축에 회전력(torque)을 발생시키고 흡입・압축 및 배기행정에서는 크랭크축으로부터 힘을 받아서 각각 작용 한다. 피스톤의 구비조건은 다음과 같다.

① 무게가 가벼울 것
② 피스톤 상호간의 무게 차이가 적을 것
③ 마찰로 인한 기계적 손실이 없을 것
④ 열전도성이 좋을 것

⑤ 열에 의한 팽창이 없을 것
⑥ 블로바이(blow by)가 없을 것
⑦ 고온 · 고압 가스에 충분히 견딜 수 있을 것

알고갑시다 용어정리

블로바이 : 혼합가스가 실린더와 피스톤 사이에서 미연소 또는 연소가스로 크랭크 케이스로 누출되는 현상을 말한다. 피스톤의 무게 차이는 2%(7g) 이내라야 한다.

2. 피스톤의 구조

피스톤은 헤드, 링 지대, 스커트 부분, 보스 부분으로 구성되어 있다. 피스톤의 형상은 보스부분은 짧은지름으로 하고, 스커트부분은 긴지름으로 하는데 그 이유는 피스톤 핀의 마찰로 인한 보스부분의 열팽창을 고려하여 기관이 냉각되었을 때의 지름 차이를 두기 위함이다. 또, 피스톤 헤드부분과 스커트부분의 지름 차이도 연소열에 의한 열팽창을 고려하여 헤드 부분의 지름을 작게 하고 있다. 따라서 피스톤의 지름은 스커트부분의 지름으로 표시한다.

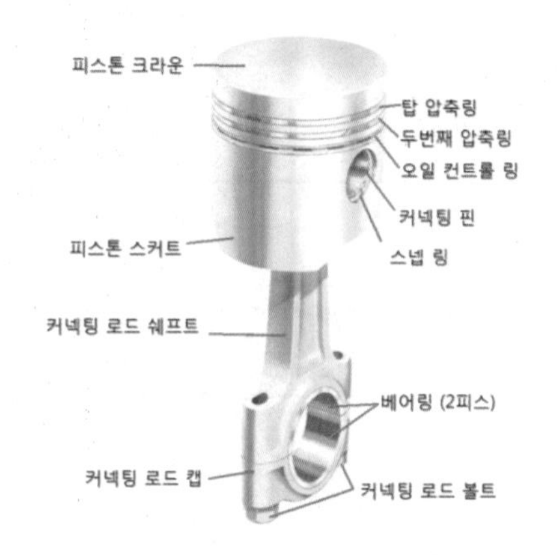

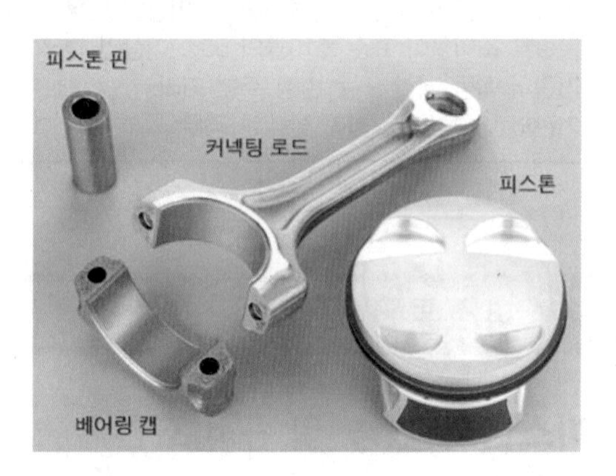

피스톤의 구조 〈출처 : 블로그, frostnoboo 〉

2.1. 피스톤 헤드 piston head

피스톤 헤드는 연소실의 일부를 형성하는 곳으로 혼합가스가 연소될 때 고온 · 고압가스에 노출되므로 안쪽면에 리브(rib)를 설치하여 피스톤을 보강한다. 피스톤 헤드는 압축 행정에서 혼합가스의 와류발생에도 관계되므로 연소실과 알맞게 조합되는 모양으로 되어있다.

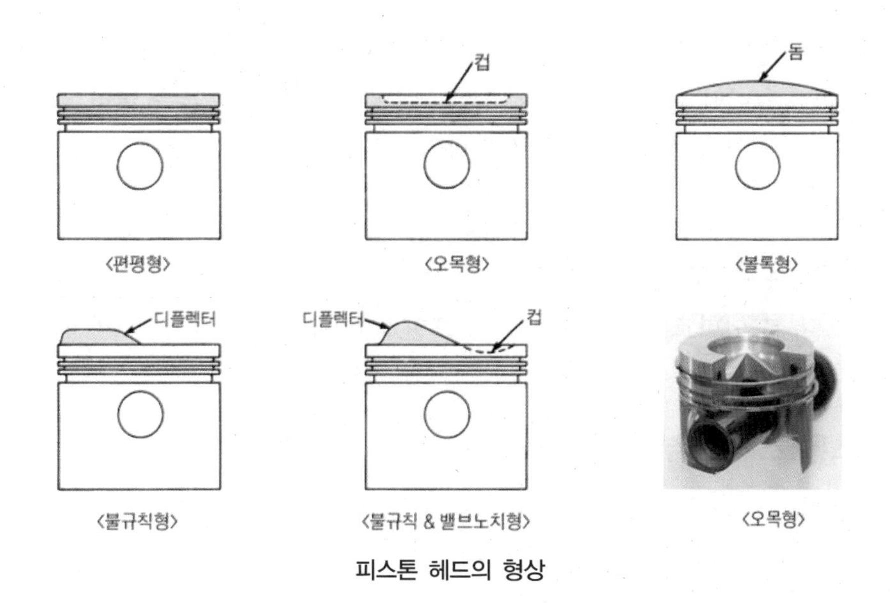

피스톤 헤드의 형상

(1) 볼록형 convex type or dome type

이 형식은 반구형이나 다구형 연소실에서 주로 사용하며, 압축비를 높일 수 있지만, 피스톤의 무게가 무겁고 가공이 어려운 단점이 있다.

(2) 밸브 노치형 notched for valve

이 형식은 높은 압축비 기관에서 흡·배기밸브와 피스톤 헤드의 접촉을 피하고, 밸브의 양정(lift)을 충분히 확보하기 위해 사용한다.

(3) 오목형 concave type

이 형식은 피스톤 헤드가 오목하게 들어간 형상이며, 오목하게 들어간 형상이며, 움푹 파인 부분이 연소실의 일부를 형성하므로 연소실의 높이를 낮출 수 있으나 피스톤 헤드가 열을 받는 면적이 커 열부하가 커지는 결점이 있다.

(4) 편평형 plate type

이 형식은 피스톤 헤드의 제작이 쉬워 많이 사용되며, 열을 받는 면적이 가장 작다.

(5) 불규칙형 irregular type

이 형식은 2행정 사이클 기관에서 연소가스의 배출, 미연소 가스의 와류를 돕기 위하여 피스톤 헤드에 디플렉터(deflector)를 둔 것이다.

2.2. 피스톤 링 지대 ring belt

링 지대는 피스톤 링을 끼우기 위한 링 홈과 홈 사이인 랜드(land)가 있다. 그리고 오일

링이 끼워지는 링 홈에는 링이 긁어내린 기관오일을 피스톤 안쪽으로 보내기 위한 오일구멍이 뚫려져 있다. 또 어떤 형식의 피스톤에서는 제1번 랜드에 좁은 홈을 여러 개 파서 피스톤 헤드부분의 높은 열이 스커트부분으로 전달되는 것을 차단해주는 히트 댐(heat dam)을 두기도 한다.

2.3. 피스톤 보스 부 boss

피스톤 보스 부분은 비교적 두껍게 되어 있으며, 여기에는 피스톤 핀이 끼워지는 구멍이 마련되어 있다.

2.4. 피스톤 스커트 부 skirt section

피스톤 스커트 부분은 피스톤이 왕복운동을 할 때 측압(thrust)을 받는 부분이며, 피스톤 지름은 이 스커트 부분의 지름으로 나타낸다.

알고갑시다 용어정리

측압(thrust) : 피스톤의 상하 왕복운동이 커넥팅 로드를 거쳐 크랭크축을 회전시킬 때 피스톤 헤드에 작용하는 힘과 크랭크축이 회전할 때의 저항력 때문에 실린더 벽에 피스톤이 압력을 가하는 현상이다. 압축 행정을 할 때의 부측압과 동력 행정을 할 때 주측압은 서로 반대쪽에서 작용하며, 측압은 동력 행정에서 가장 크다. 그리고 측압은 커넥팅 로드의 길이와 행정에 관계된다.

3. 피스톤의 재질

피스톤의 재질은 특수주철과 알루미늄 합금이 있으며, 현재는 대부분 알루미늄 합금을 사용한다. 주철은 강도가 크고 열팽창률이 적어 피스톤 간극을 적게 할 수 있어 블로바이나 피스톤 슬랩(piston slap)을 감소시킬 수 있으나 무게가 무거워 운전 중 관성이 커지므로 고속용 기관의 피스톤으로는 부적합하다. 그러나 알루미늄 합금은 무게가 가볍고 열전도성이 커 피스톤 헤드의 온도가 낮아져 고속·높은 압축비 기관에 적합하다. 그리고 피스톤용 알루미늄 합금에는 구리계열의 Y합금과 규소계열의 로 엑스(LO-EX)가 있다. Y합금의 표준조직은 구리 (Cu) 4%, 니켈(Ni) 2%, 마그네슘(Mg) 1.5% 나머지가 알루미늄이며, 특징은 열전도성이 크고 내열성이 큰 장점이 있으나 비중과 팽창계수가 큰 결점이 있다. 로 엑스의 표준조직은 구리(Cu) 1%, 니켈(Ni) 1.0~2.5%, 규소(Si) 12~25%, 마그네슘(Mg) 1%, 철(Fe) 0.7% 나머지가 알루미늄이며, 특징은 낮은 팽창, 경량, 내열 및 내압성, 내마멸성, 내부식성 등이 우수하나 내열성이 Y합금보다 약간 떨어진다.

4. 피스톤 간극

피스톤 간극은 실린더 내경과 피스톤 최대 외경(스커트 부분의 지름)과의 차이를 말하며, 기관의 작동 중 열팽창을 고려하여 최소의 간극을 유지하여야 한다. 따라서 피스톤 간극은 스커트 부분에서 측정하며, 피스톤 간극은 피스톤의 재질, 피스톤의 형상, 실린더의 냉각 상태 등에 따라 정해진다. 피스톤 간극은 냉간 상태에서 열팽창을 고려하여 알루미늄 합금 피스톤의 경우 실린더 내경의 0.05% 정도를 피스톤 간극으로 설정한다.

4.1. 피스톤 간극이 작으면

피스톤 간극이 작으면 기관 작동 중 열팽창으로 인하여 실린더와 피스톤 사이에서 마찰과 마모가 증대하며, 심하면 고착(소결)이 발생한다.

4.2. 피스톤 간극이 크면

피스톤 간극이 크면 다음과 같은 현상이 발생한다.

① 압축압력의 저하
② 피스톤 슬랩 발생
③ 기관의 출력 저하
④ 연소실에 기관 오일의 유입
⑤ 기관오일이 연료에 희석
⑥ 블로바이 발생
⑦ 백색 배기가스 발생

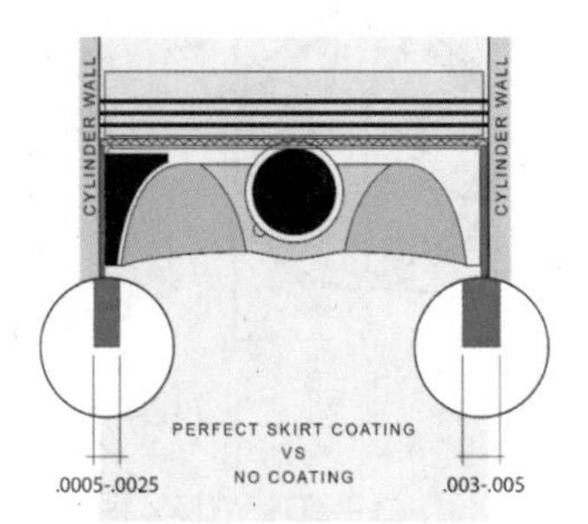

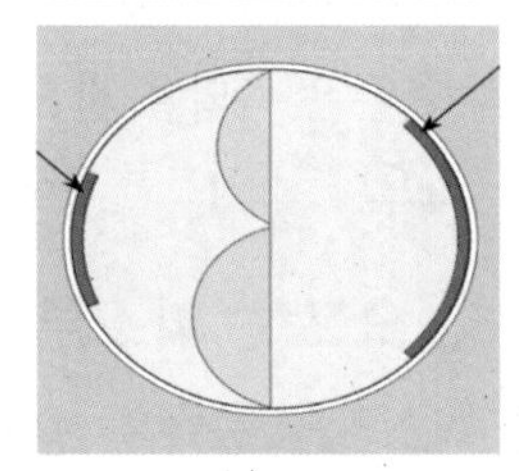

피스톤 간극
〈출처 : https://www.jepistons.com/〉

알고갑시다 용어정리

피스톤 슬랩(piston slap) : 피스톤 간극이 너무 크면 피스톤이 상사점과 하사점에서 운동방향을 바꿀 때 실린더 벽에 충격을 주는 현상이다. 저온에서 현저하게 발생하며, 오프셋 피스톤을 사용하여 방지한다.

5. 알루미늄 합금 피스톤의 종류

5.1. 캠 연마 피스톤 cam ground piston

이 피스톤은 상온에서 피스톤 보스 부분을 짧은지름(단경), 스커트 부분을 긴지름(장경)으로 하는 타원형으로 하고, 온도 상승에 따라 보스 부분의 지름이 증대되어 기관의 정상 온도에서 진원에 가깝게 되어 전체 면이 접촉하게 되는 피스톤으로 알루미늄 합금 피스톤의 대표적이다.

5.2. 스플릿 피스톤 split piston

이 피스톤은 측압이 적은 부분의 스커트 윗부분에 세로로 홈을 두어 스커트 부로 열이 전달되는 것을 제한하는 피스톤이다.

5.3. 인바 스트럿 피스톤 invar strut piston

이 피스톤은 열팽창률이 매우 적은 인바제 스트럿(strut)이나 링(ring)을 스커트 부에 넣고 일체 주조한 피스톤이다. 기관 작동 중 일정한 피스톤 간극을 유지할 수 있다.

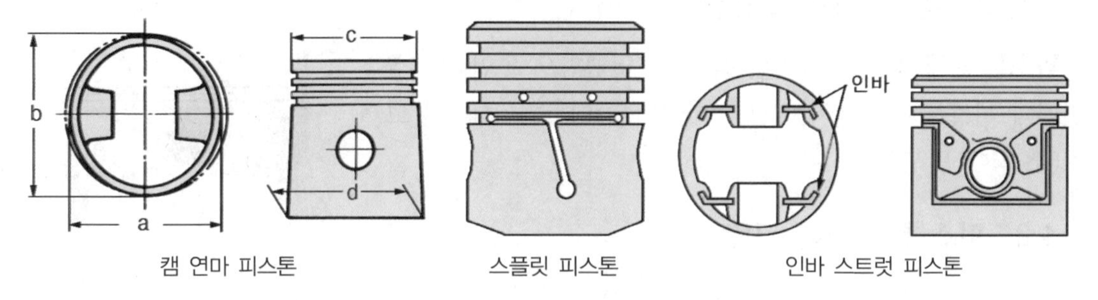

캠 연마 피스톤 스플릿 피스톤 인바 스트럿 피스톤

5.4. 슬리퍼 피스톤 slipper piston

이 피스톤은 측압을 받지 않는 스커트부분을 잘라 낸 피스톤이다. 무게와 피스톤 슬랩을 감소시킬 수 있으나 스커트를 잘라 낸 부분에 기관오일이 고이기 쉽다.

5.5. 오프셋 피스톤 off-set piston

이 피스톤은 슬랩을 방지하기 위하여 피스톤 핀의 위치를 중심으로부터 1.5mm 정도 편심(off-set)시켜 상사점에서 경사변환 시기를 늦어지게 한 형식이다.

5.6. 솔리드 피스톤 solid piston

이 피스톤은 스커트 부분에 홈(slot)이 없고, 통형(solid)으로 된 형식이며, 기계적 강도가 높아 가혹한 운전조건의 디젤기관에서 주로 사용한다.

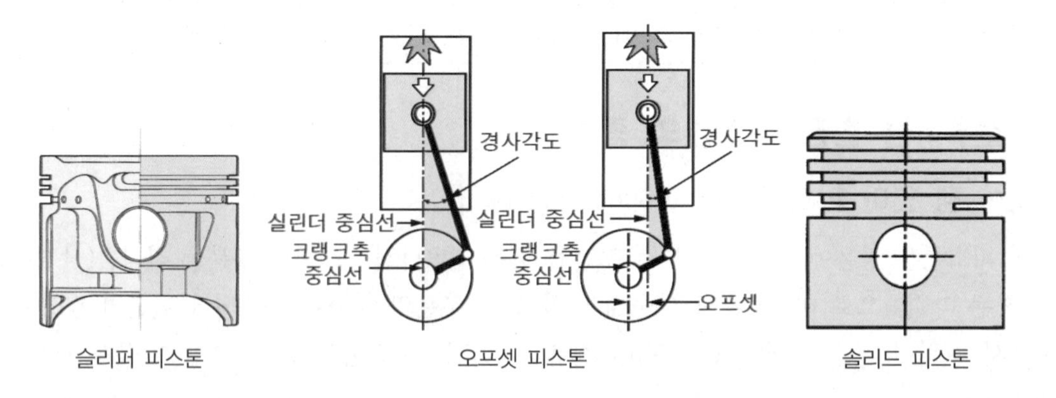

슬리퍼 피스톤 오프셋 피스톤 솔리드 피스톤

알고갑시다 | 용어정리

① 인바란 니켈 35%, 탄소 0.1~0.3%, 망간 0.4% 함유한 니켈강이다.
② 기관에서 피스톤을 탈착하고자 할 때는 실린더 헤드 → 오일 팬 → 리지 리머 작업(만약 턱이 있으면) 순서로 작업한다.
③ 피스톤은 주석(Sn)으로 도금을 하여 손상을 방지하기도 한다.

4 피스톤 링 piston ring

1. 피스톤 링의 기능

금속제 링의 일부를 잘라서 탄성을 유지하도록 하여, 3 ~ 5개의 압축 링과 오일 링이 피스톤 링 홈에 설치된다. 피스톤 링은 기밀작용, 오일 제어 작용, 열전도 작용(냉각 작용) 등 3대 작용을 한다. 압축 링은 압축가스 및 연소 가스가 크랭크 케이스로 누출되는 것을 방지하는 기밀작용과 피스톤 헤드에 받은 연소열을 실린더 벽에 전달하여 피스톤의 냉각 작용을 하며, 오일 링은 실린더 벽에 비산되는 오일을 긁어 내려 연소실로 유입되는 것을 방지하는 오일 제어 작용을 한다.

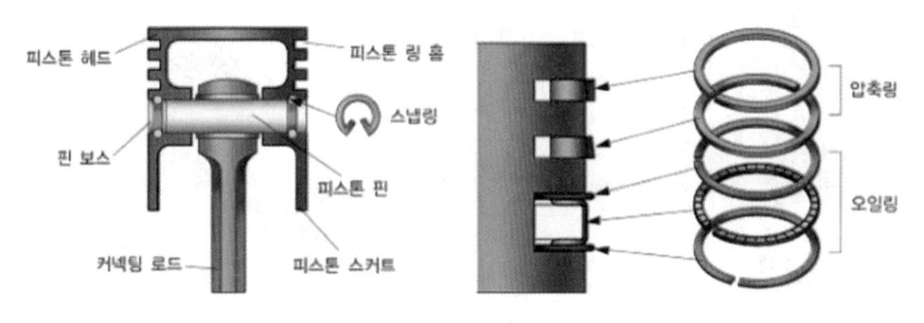

〈출처 : https://heyhyojung.tistory.com〉

2. 피스톤 링의 구비조건

피스톤 링은 고온 · 고압 하에서 실린더 벽과 빈번하게 접촉되고 피스톤 링 홈의 위, 아래 면과도 접촉하기 때문에 다음과 같은 구비조건이 만족 되어야 한다.

① 실린더 벽과 빈번하게 접촉하기 때문에 내마멸성일 것
② 고온 · 고압에서 작용하기 때문에 내열성일 것
③ 실린더 벽에 가하는 압력이 일정할 것
④ 제작이 용이하고 적절한 장력이 있을 것
⑤ 열전도가 양호하고 고온에서 장력의 변화가 적을 것

3. 피스톤 링의 작용

3.1. 압축 링의 작용

압축 링은 실린더와 피스톤 사이에서 압축 행정을 할 때 혼합가스 누출 방지 및 폭발 행정에서 연소가스의 누출을 방지하며, 피스톤 헤드에 가까운 링 홈에 2~3개가 설치된다. 압축 링은 호흡작용은 다음과 같다.

① 흡입 : 피스톤의 홈과 링의 윗면에 접촉하여 홈에 있는 소량의 기관오일의 침입을 방지한다.
② 압축 : 피스톤이 상승하면 링은 아래로 밀리게 되어 위로부터의 혼합가스가 아래로 새지 않도록 한다.
③ 폭발 : 폭발가스가 링을 강하게 가압하고, 링의 아래 면으로부터 가스가 새는 것을 방지한다.
④ 배기 : 피스톤이 상승하면 링은 아래로 밀리게 되어 위로부터의 연소가스가 아래로 새지 않도록 한다.

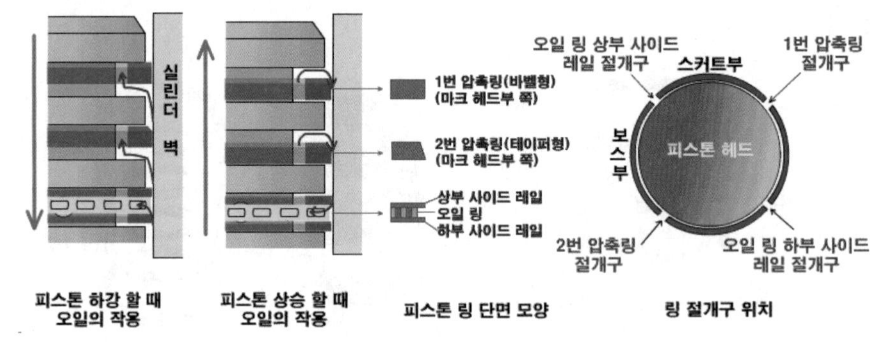

〈출처 : 강주원 자동차 홈〉

3.2. 오일 링의 작용

오일 링은 실린더 벽을 윤활하고 남은 과잉의 기관오일을 긁어내려 실린더 벽의 오일 막을 조절한다. 그리고 기관의 회전속도 증가로 오일제어 작용이 어렵게 되므로 링의 장력을 높이고 유연성을 향상시키는 익스펜더 링(expander ring)을 넣기도 하며, 고속용 기관에서는 U-플렉스(U-flex) 링을 사용하기도 한다. U-플렉스 링은 많은 구멍이 있어 많은 양의 기관오일을 긁어내릴 수 있다.

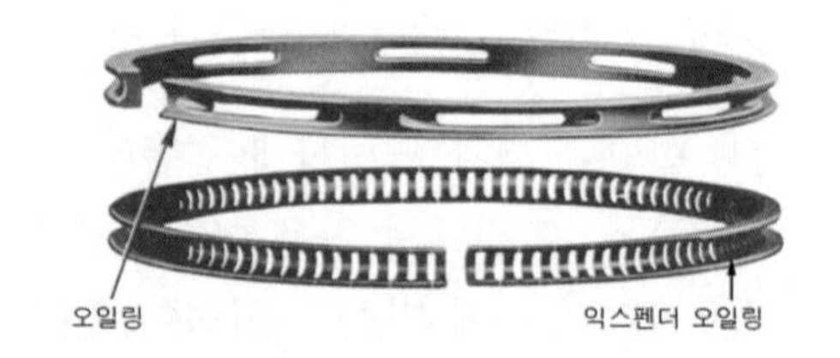

오일링

5 피스톤 핀 piston pin

1. 피스톤 핀의 기능 및 구비조건

피스톤 핀은 피스톤 보스 부분에 끼워져 피스톤과 커넥팅 로드 소단부를 연결해주는 핀이며, 피스톤이 받은 폭발력을 커넥팅 로드로 전달한다. 피스톤 핀의 구비조건은 다음과 같다.

① 고속으로 왕복운동을 하므로 관성이 증대되는 것을 방지하기 위하여 무게가 가벼울 것
② 연소가스의 폭발력과 피스톤의 관성력에 따라 압축력과 인장력을 받기 때문에 강도가 클 것
③ 핀의 표면은 피스톤과 커넥팅 로드 소단부에서 미끄럼 운동을 하므로 내마멸성이 클 것

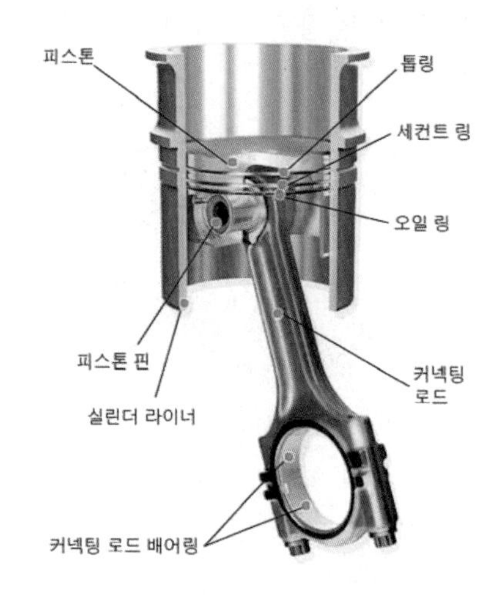

피스톤과 커넥팅로드

2. 피스톤 핀의 재질과 가공

피스톤 핀의 재질은 저탄소 침탄강, 니켈-크롬강이며, 내마멸성을 높이기 위하여 표면은 경화시키고 내부는 그대로 두어 인성을 유지하고 있다. 피스톤 핀은 무게를 가볍게 하고 오일 통로로 사용하기 위해 중공으로 제작하고 있다.

3. 피스톤 핀의 고정방식

피스톤 핀을 피스톤과 커넥팅 로드 소단부에 설치하는 방법으로는 고정식, 반부동식, 전부동식으로 분류된다.

(1) 고정식

고정식은 피스톤 핀을 피스톤 보스 부에 볼트로 고정하는 방법이며, 커넥팅 로드 소단부에 구리합금의 부싱(bushing)이 들어간다.

(2) 반부동식(요동식)

반부동식은 피스톤 핀을 커넥팅 로드 소단부에 클램프 볼트로 고정시키는 방법이며, 피스톤 핀의 중앙에 볼트가 통과할 수 있도록 약간의 홈이 만들어져 있다.

(2) 전부동식

전부동식은 피스톤 핀을 피스톤 보스부, 커넥팅 로드 소단부 등 어느 부분에도 고정시키지 않는 방법으로 핀의 양끝에 스냅 링이나 엔드 와셔를 두어 핀이 밖으로 이탈되는 것을 방지한다.

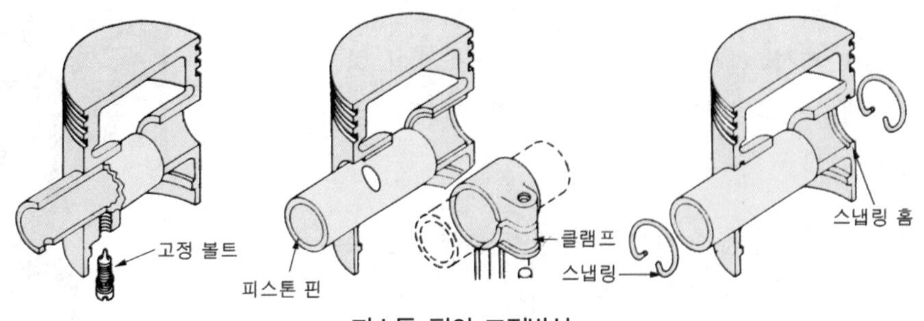

피스톤 핀의 고정방식

6 케넥팅 로드 connecting rod

1. 커넥팅 로드의 개요

커넥팅 로드는 피스톤 핀과 크랭크축을 연결하는 막대이며, 피스톤의 왕복운동을 크랭크축으로 전달하는 일을 한다. 소단부(small end)는 피스톤 핀에 연결되고, 대단부(big end)는 평면 베어링을 통하여 크랭크 핀에 결합되어 있다. 형상은 무게를 가볍게 하고 충분한 기계적 강도를 얻기 위해 그 단면을 I형으로 주로 만든다. 또 실린더 벽을 윤활하기 위하여 부측압 쪽에 오일 구멍이 뚫어져 있어 피스톤이 상사점 부근에 이르렀을 때 오일이 실린더 벽에 분출된다.

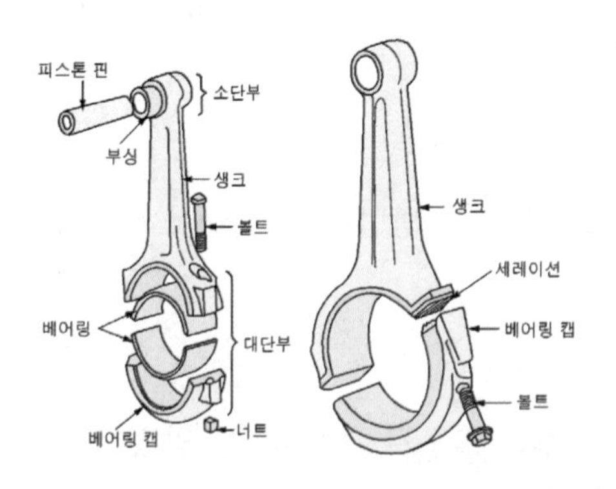

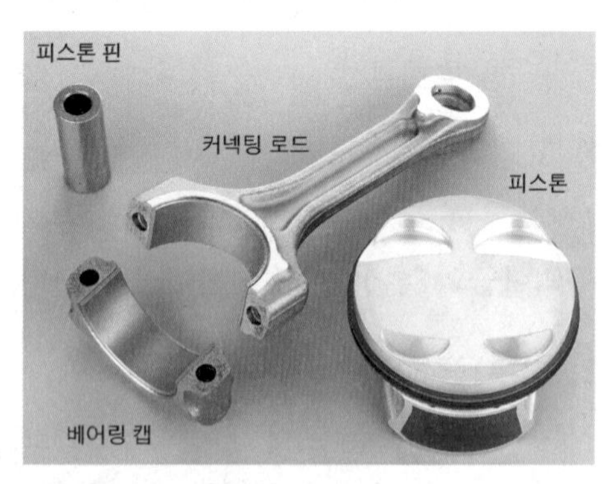

커넥팅 로드의 구조 〈출처 : 블로그, frostnoboo〉

커넥팅 로드의 재료는 경도가 큰 니켈-크롬(Ni-Cr)강, 크롬-몰리브덴(Cr-Mo)강 등의 특수강을 단조(forging)하여 제작한다.

2. 커넥팅 로드의 길이

커넥팅 로드의 길이는 소단부 중심선과 대단부 중심선 사이의 길이로 표시하며, 피스톤 행정의 1.5 ~ 2.3배 또는 크랭크축 회전 반지름의 3.0 ~ 4.5배가 적당하다. 커넥팅 로드의 길이가 길면 실린더 벽에 가해지는 측압이 적기 때문에 실린더의 마멸이 감소 되고 정숙하게 작동되는 장점이 있지만, 기관의 높이가 높아지고 중량이 무거워지며 강성이 작아진다. 커넥팅 로드의 길이가 짧으면 강성이 증대되고 중량이 가벼우며, 기관의 높이가 낮으므로 고속용 기관에 적합하지만, 실린더 벽에 가해지는 측압이 크고 실린더의 마멸이 증대되는 단점이 있다.

7 크랭크축 crank shaft

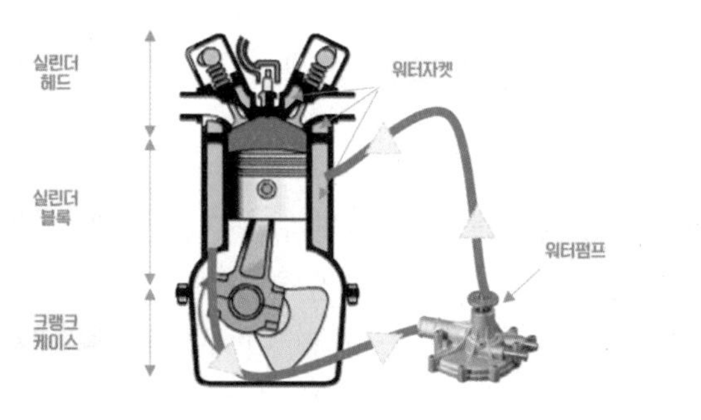

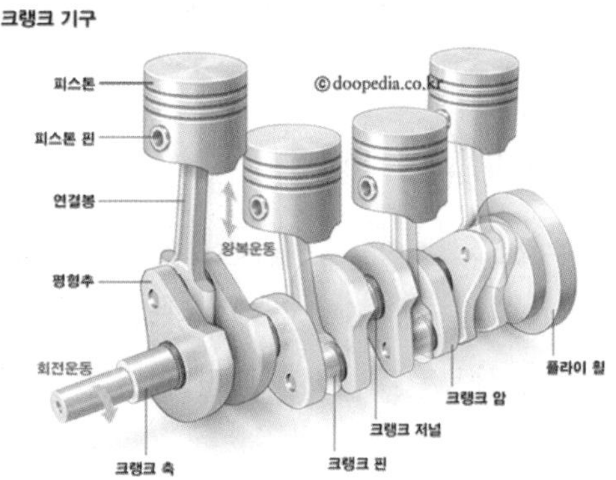

기관의 주요 구분 〈출처 : WHEELLIFE, 현대자동차〉

1. 크랭크축의 기능

커넥크랭크은 실린더 블록의 아래쪽 반원 부분에 메인 저널 베어링의 상반부가 설치되고 하반부는 실린더 블록에 볼트로 설치되는 베어링 캡으로 지지된다. 크랭크축은 폭발행정에서 얻은 피스톤의 동력을 회전운동으로 바꾸어 기관의 출력을 외부로 전달하고 흡입, 압축, 배기 행정에서는 피스톤에 운동을 전달하는 회전축이다. 크랭크축의 구비조건은 다음과 같다.

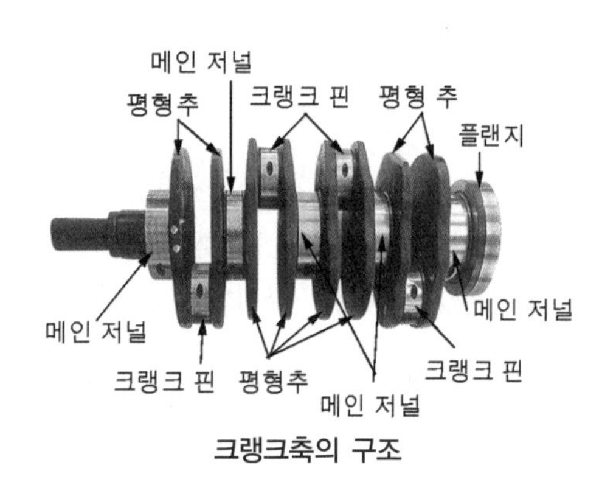

크랭크축의 구조

① 고속 회전 시 진동이 없어야 한다.
② 정적 및 동적 평형을 유지하여야 한다.
③ 충격 하중에 충분히 견뎌야 한다.
④ 회전부에 내마멸성이 커야 한다.

2. 크랭크축의 구조

크랭크축의 회전 중심을 형성하는 축 부분을 메인 저널(main journal), 커넥팅 로드 대단부와 결합되는 부분을 크랭크 핀(crank pin), 메인 저널과 크랭크 핀을 연결하는 부분을 크랭크 암(crank arm). 그리고 회전 평형을 유지하기 위해 크랭크 암에 둔 평형추(balance weight) 등의 주요부로 구성되어 있다. 또 크랭크축 앞 끝에는 캠축 구동용의 타이밍 기어 또는 타이밍 벨트 구동용 스프로킷과 물 펌프 및 발전기 구동을 위한 크랭크축 풀리가 설치되며, 뒤쪽에는 플라이휠 설치를 위한 플랜지(flange)와 변속기 입력축 지지용 파일럿 베어링(pilot bearing)을 끼우는 구멍이 있다. 내부에는 커넥팅로드 베어링으로 기관오일을 공급하기 위한 오일구멍 및 오일통로가 있고, 크랭크 케이스의 오일누출을 방지하기 위한 오일 실(oil seal)을 두고 있다.

3. 크랭크축의 재질

크랭크축의 재질은 고탄소강(S45C~S55C), 크롬-몰리브덴강(Cr-Mo), 니켈-크롬강(Ni-Cr) 등으로 단조하여 제작한다. 주조제의 크랭크축은 미하나이트 주철, 구상 흑연 주철제 등이 사용된다. 크랭크 핀 저널 및 메인 저널은 강성과 강도 및 내마멸성을 증대시키기 위하여 표면 경화한다.

4. 크랭크축의 형식과 점화순서

크랭크축의 형식은 실린더 수, 실린더 배열, 메인저널 수, 점화순서 등에 따라 달라지며, 점화순서를 정할 때는 다음 사항을 고려하여야 한다.

① 폭발은 같은 간격으로 일어나게 한다.
② 크랭크축에 비틀림 진동이 일어나지 않게 한다.
③ 인접한 실린더에 연이어서 폭발이 이루어지지 않도록 한다.
④ 혼합가스가 각 실린더에 동일하게 분배되도록 한다.

4.1. 직렬 4 실린더형의 점화순서

직렬 4 실린더 기관의 크랭크축은 제1번과 제4번, 제2번과 제3번 크랭크 핀이 동일 평면

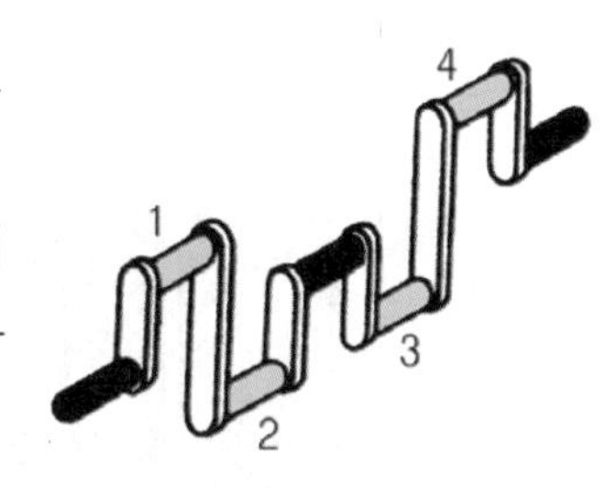

위에 있으며, 또 각각의 크랭크 핀은 180°의 위상차(폭발이 일어나는 각도)가 되므로 크랭크축이 180° 회전 할 때마다 1회의 폭발을 하기 때문에 크랭크축이 2회전하면 4회의 폭발을 하게 된다. 4행정 실린더 기관은 피스톤이 하강할 때는 흡입 행정과 폭발 행정이 동시에 이루어지며, 상승할 때는 압축 행정과 배기 행정을 동시에 한다. 점화순서는 1-3-4-2와 1-2-4-3 두 가지가 있다. 직렬 4실린더 기관은 제1번 피스톤이 하강행정을 하면 제4번 피스톤도 하강행정하며, 제2번과 제3번 피스톤은 상승행정을 한다. 따라서 제1번 피스톤이 흡입행정을 하면 제4번 피스톤은 폭발행정을 한다. 이때 제2번 피스톤이 압축행정을 하게 되면 제3번 피스톤은 배기행정을 한다. 이에 따라 4개 실린더가 크랭크축 720°(1행정은 180°이므로 180° × 4 = 720°) 회전하여 1사이클을 완성한다.

① **점화순서 1-2-4-3의 경우**

크랭크축 회전각도 / 실린더번호	1회전		2회전	
	0~180°	180~360°	360~540°	540~720°
1	폭 발	배 기	흡 입	압 축
2	압 축	폭 발	배 기	흡 입
3	배 기	흡 입	압 축	폭 발
4	흡 입	압 축	폭 발	배 기

② **점화순서 1-3-4-2의 경우**

크랭크축 회전각도 / 실린더번호	1회전		2회전	
	0~180°	180~360°	360~540°	540~720°
1	폭 발	배 기	흡 입	압 축
2	배 기	흡 입	압 축	폭 발
3	압 축	폭 발	배 기	흡 입
4	흡 입	압 축	폭 발	배 기

(1) 직렬 4실린더형 기관의 실린더별 행정 관계

크랭크 축 위상각(crank shaft phase angle)에 따른 점화순서가 1-3-4-2인 경우, 실린더간 행정관계를 나타내는 그림이며, 크랭크 축 위상각은 다기통 기관의 크랭크 축에서 크랭크 핀의 설치 각도를 말하는데 4실린더 기관의 경우 위상각은 180°, 6실린더 기관의 위상각은 직렬형 또는 V형에 관계없이 120°, 8실린더 기관의 위상각은 직렬형 또는 V형에 관계없이 90°이다. 우측 방향으로 흡입, 압축, 폭발, 배가 순의 행정순서를 나타내고, 좌측 방향으로 1-3-4-2의 점화순서를 연관하면 하나의 행정을 알면 나머지 다른 행정이 어떤 행정을 하는지 파악할 수 있다.

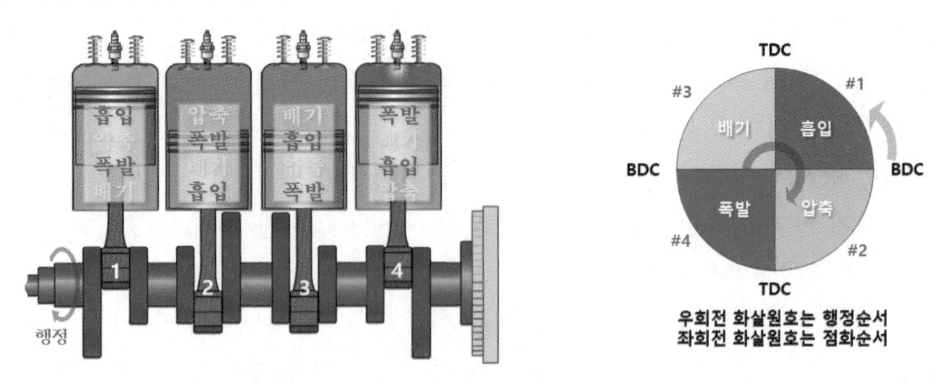

TDC (top dead center, **상사점**), BDC (bottom dead center, **하사점**)

4.2. 직렬 6 실린더형의 점화순서

직렬 6실린더 기관의 크랭크축은 제1-6번, 제2-5번, 제3-4번의 각 크랭크 핀이 동일평면 위에 있으며, 각각은 120°의 위상차를 지니고 있다.

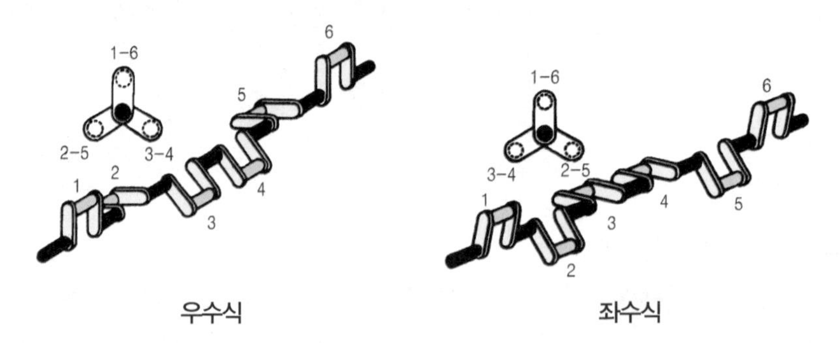

우수식 **좌수식**

크랭크축을 마주 보고 제1번과 제6번 크랭크 핀을 상사점으로 하였을 때 제3번과 제4번 크랭크 핀이 오른쪽에 있는 우수식(점화순서 1-5-3-6-2-4)과 제3번과 제4번 크랭크 핀이 왼쪽에 있는 좌수식(점화순서 1-4-2-6-3-5)이 있다.

(1) 점화순서 1-5-3-6-2-4의 경우

<table>
<tr><th rowspan="3">크랭크축 회전 각도 / 실린더 번호</th><th colspan="6">1회전</th><th colspan="6">2회전</th></tr>
<tr><th colspan="3">0~180°</th><th colspan="3">180~360°</th><th colspan="3">360~540°</th><th colspan="3">540~720°</th></tr>
<tr><th colspan="3">60° 120°</th><th colspan="3">240° 300°</th><th colspan="3">420° 480°</th><th colspan="3">600° 660°</th></tr>
<tr><td>1</td><td colspan="3">폭발</td><td colspan="3">배기</td><td colspan="3">흡입</td><td colspan="3">압축</td></tr>
<tr><td>2</td><td colspan="2">배기</td><td colspan="3">흡입</td><td colspan="3">압축</td><td colspan="3">폭발</td><td>배기</td></tr>
<tr><td>3</td><td>흡입</td><td colspan="3">압축</td><td colspan="3">폭발</td><td colspan="3">배기</td><td colspan="2">흡입</td></tr>
<tr><td>4</td><td>폭발</td><td colspan="3">배기</td><td colspan="3">흡입</td><td colspan="3">압축</td><td colspan="2">폭발</td></tr>
<tr><td>5</td><td colspan="2">압축</td><td colspan="3">폭발</td><td colspan="3">배기</td><td colspan="3">흡입</td><td>압축</td></tr>
<tr><td>6</td><td colspan="3">흡입</td><td colspan="3">압축</td><td colspan="3">폭발</td><td colspan="3">배기</td></tr>
</table>

우수식 6실린더 기관의 점화순서와 작동행정과의 관계

(2) 점화순서 1-4-2-6-3-5의 경우

<table>
<tr><th rowspan="3">크랭크축 회전 각도 / 실린더 번호</th><th colspan="6">1회전</th><th colspan="6">2회전</th></tr>
<tr><th colspan="3">0~180°</th><th colspan="3">180~360°</th><th colspan="3">360~540°</th><th colspan="3">540~720°</th></tr>
<tr><th colspan="3">60° 120°</th><th colspan="3">240° 300°</th><th colspan="3">420° 480°</th><th colspan="3">600° 660°</th></tr>
<tr><td>1</td><td colspan="3">폭발</td><td colspan="3">배기</td><td colspan="3">흡입</td><td colspan="3">압축</td></tr>
<tr><td>2</td><td>흡입</td><td colspan="3">압축</td><td colspan="3">폭발</td><td colspan="3">배기</td><td colspan="2">흡입</td></tr>
<tr><td>3</td><td colspan="2">배기</td><td colspan="3">흡입</td><td colspan="3">압축</td><td colspan="3">폭발</td><td>배기</td></tr>
<tr><td>4</td><td colspan="2">압축</td><td colspan="3">폭발</td><td colspan="3">배기</td><td colspan="3">흡입</td><td>압축</td></tr>
<tr><td>5</td><td>폭발</td><td colspan="3">배기</td><td colspan="3">흡입</td><td colspan="3">압축</td><td colspan="2">폭발</td></tr>
<tr><td>6</td><td colspan="3">흡입</td><td colspan="3">압축</td><td colspan="3">폭발</td><td colspan="3">배기</td></tr>
</table>

좌수식 6실린더 기관의 점화순서와 작동행정과의 관계

(3) 직렬 6실린더형 기관의 실린더별 행정 관계

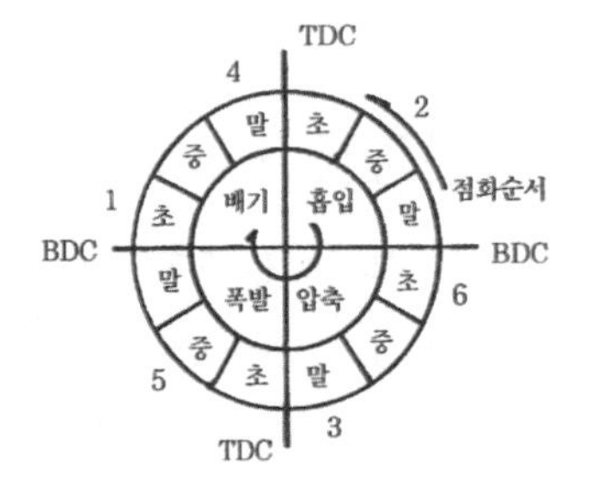

직렬 6실린더형 기관의 실린더별 행정 관계에 있어서 만약 6기통 우수식일 때 4번 실린더가 배기말 행정을 수행하고 있을 때 나머지 각 실린더는 어떤 행정을 수행 하는지를 살펴보면, **우수식일 때 점화순서가** 1-5-3-6-2-4의 순서이므로 나머지 실린더의 행정은 1번 실린더는 배기초, 2번 실린더는 흡입중, 3번 실린더는 압축말, 5번 실린더는 폭발중, 6번 실린더는 압축초 행정을 수행하고 있다. 또한 이 때 크랭크축 방향으로 180°를 더 회전하였을 경우에 각 실린더는 어떤 행정을 하는가에 있어서 1번 실린더는 흡입초, 2번 실린더는 압축중, 3번 실린더는 폭발말, 4번 실린더는 흡입말, 5번 실린더는 배기중, 6번 실린더는 폭발초 행정을 수행하고 있을 것이다.

8 플라이휠 fly wheel

플라이휠은 폭발행정 중의 회전력을 저장하였다가 크랭크축의 회전속도를 원활히 하기 위하여 크랭크축 뒤끝에 볼트로 설치된다. 즉 맥동적인 출력을 원활히 하는 일을 한다. 플라이휠은 운전 중 관성이 크고, 자체 무게는 가벼워야 하므로 중앙부는 두께가 얇고 주위는 두껍게 한 원판(disc)으로 되어있다. 재질은 주철이나 강철이며, 뒷면은 클러치의 마찰 면으로 사용된다. 바깥둘레에는 기관을 기동할 때 기동전동기의 피니언과 물려 회전력을 받는 링 기어(ring gear)가 열 박음(가열 끼워 맞춤)으로 고정되어 있다. 플라이휠의 무게는 회전속도와 실린더 수에 관계한다.

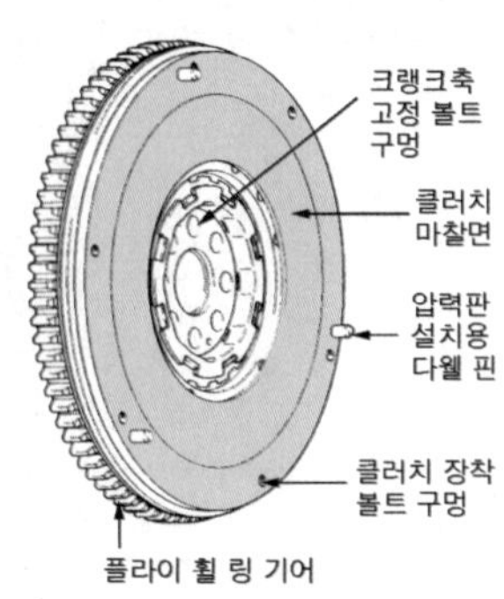

플라이휠의 구조

9 크랭크축 풀리와 진동 댐퍼

1. 크랭크축 풀리 crank shaft pully

크랭크축 풀리는 구동 벨트를 통하여 물 펌프, 발전기, 동력 조향장치의 오일펌프, 에어컨 압축기 및 공기압축기 등을 구동하는 풀리이며, 가솔린 기관에서는 점화시기 표지가 있다.

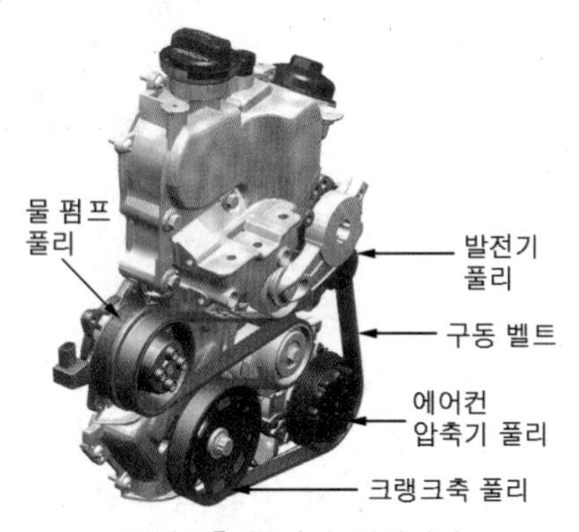

크랭크축 풀리의 설치위치

2. 진동댐퍼 torsional vibration damper

진동댐퍼는 크랭크축 앞 끝에 크랭크축 풀리와 일체로 설치된다. 작동은 크랭크축이 일정한 회전속도로 회전할 때에는 댐퍼 플라이휠이 크랭크축과 일체로 회전하지만, 크랭크축에 비틀림 진동이 발생하면 댐퍼 플라이휠이 계속해서 일정한 속도로 회전하려고 하기 때문에 크랭크축 풀리와 댐퍼 플라이 휠 사이에 미끄럼이 생겨 비틀림 진동을 억제한다. 이때 진동은 마찰열로 바뀌어 대기 중으로 방출된다. 그리고 비틀림 진동은 크랭크축의 회전력이

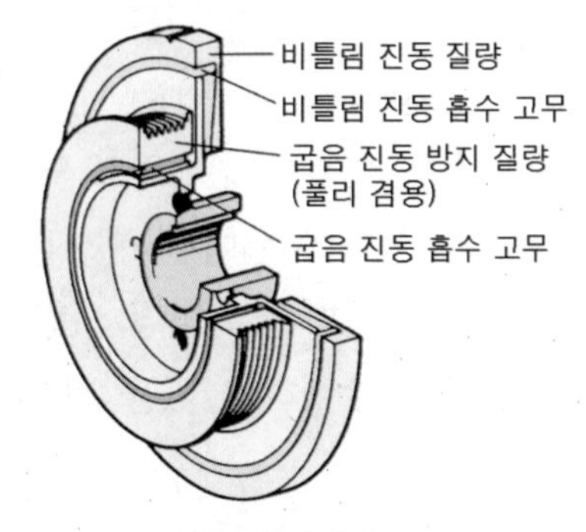

진동 댐퍼의 구조

클때, 크랭크축의 길이가 길 때, 크랭크축의 강성이 작을수록 크다.

10 크랭크축 베어링 crank shaft bearing

베어링이란 회전운동을 하는 축을 지지하는 부품으로 하중이 가해지는 방향에 따라 축의 직각 방향에 가해지는 하중을 지지하는 레이디얼 베어링과 축 방향의 하중을 지지하는 스러스트 베어링으로 분류되며, 마찰 및 마멸을 방지하여 출력의 손실을 적게 하는 역할을 한다. 또한, 기관에서 사용되는 베어링은 평면 베어링으로서 크랭크축 하중을 지지하는 메인 저널과 커넥팅 로드와 연결되어 폭발행정에서 가해지는 하중을 받는 크랭크 핀 저널에는 마찰 및 마멸을 감소시켜 기관에서 발생되는 출력의 손실을 적게 하여야 한다. 크랭크축에서 사용하는 베어링은 평면 베어링(plain bearing)이다. 평면 베어링에는 분할형과 부싱(bushing)이 있다. 크랭크축 베어링의 구비조건은 다음과 같다.

(a) 분할형

(b) 스러스트형

(c) 부싱형

크랭크축 베어링의 종류

① 작동 온도에도 하중부담 능력이 있을 것
② 반복 하중에 견딜 수 있는 내피로성이 있을 것
③ 산화에 대해 저항할 수 있는 내식성이 있을 것
④ 고온에서 강도가 저하되지 않는 내마멸성이 있을 것
⑤ 이물질을 자체에 흡수하는 매입성이 있을 것
⑥ 축의 모양대로 마모되는 추종 유동성이 있을 것
⑦ 회전축을 보호하기 위하여 축보다 먼저 마모되는 길들임성이 있을 것

1. 크랭크축 베어링의 윤활

크랭크축 베어링은 윤활장치에서 공급되는 기관오일에 의하여 윤활 된다. 베어링의 오일 구멍은 실린더 블록의 오일 구멍과 일치되어 있어 이 구멍을 통해 공급된 오일이 베어링 바깥둘레 방향에 파져 있는 홈을 따라서 베어링 모서리 부분으로 흐르면서 메인저널과 크랭크 핀과 베어링 면 사이를 윤활을 한다. 베어링 모서리에서 밖으로 나온 오일은 오일 팬에 떨어져 다시 모인다. 오일은 오일의 막이나 오일 층으로 금속과 금속의 직접적인 접촉을 방지

하고 윤활부에서 발생한 열을 흡수하여 베어링의 냉각 작용도 한다. 또 커넥팅 로드 베어링에서 밖으로 나오는 오일은 실린더 벽, 피스톤 링, 피스톤 핀 등에 공급된다. 베어링이 그 기능을 발휘하려면 베어링 주위에 오일이 흘러야 하므로 이를 위해 축 저널의 지름을 베어링 지름보다 조금 작게 하며, 이를 오일 간극이라 한다. 오일 간극이 커지면 오일의 유출량이 많아지고, 윤활장치의 유압 저하, 실린더 벽에 과잉의 오일이 뿌려져 연소실에 유입되어 연소된다. 반대로 오일 간극이 너무 작으면 저널과 베어링 사이에 오일의 막이 불충분하여 금속 사이의 직접적인 접촉이 일어나기 쉽고, 실린더 벽에 충분한 윤활을 하지 못한다.

2. 크랭크축 베어링의 재료

베어링의 재료에는 구리(Cu), 납(Pb), 아연(Zn), 은(Ag), 카드뮴(Cd), 알루미늄(Al) 등의 합금인 배빗 메탈, 켈밋 합금, 알루미늄 합금 등이 있으며, 어느 것이나 저널의 재질 보다 융점이 낮고 연하므로 한계 윤활상태가 되면 자체가 소모되어 저널의 마멸을 방지한다.

(1) 배빗 메탈 babbit metal

배빗 메탈은 주석(Sn) 80~90%, 안티몬(Sb) 3~12%, 구리(Cu) 3~7%가 표준 조성이다. 특성은 취급이 쉽고 매입성능, 길들임성, 내부식성 등은 크나, 고온 강도가 낮고 피로 강도, 열전도성이 좋지 못하다. 현재는 주로 켈밋합금이나 트리메탈의 코팅용(coating)으로 사용되고 있다.

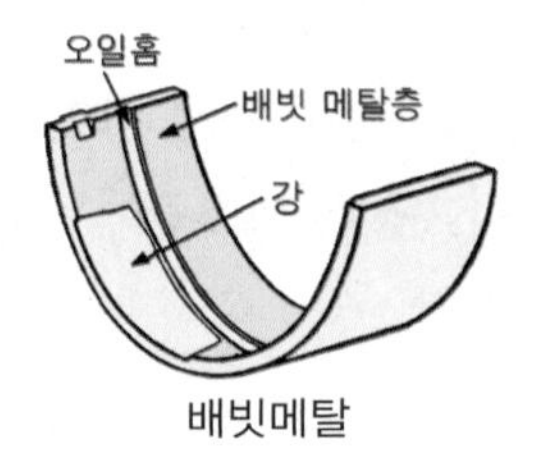

배빗메탈

(2) 켈밋 합금 kelmet alloy

켈밋 합금은 구리(Cu) 60~70%, 납(Pb) 30~40%가 표준 조성이다. 특징은 열전도성이 양호하고, 녹아 붙지 않아 고속, 고온 및 고하중에 잘 견디나 경도가 커 매입성능, 길들임성, 내부식성 등이 낮다.

켈밋합금

(3) 알루미늄 합금 aluminium alloy

알루미늄과 주석의 합금이며, 배빗메탈과 켈밋합금이 지니는 각각의 장점을 구비한 베어링이다. 그러나 길들임성과 매입성능은 배빗 메탈로 표면층을 만들어서 개선하고 있다.

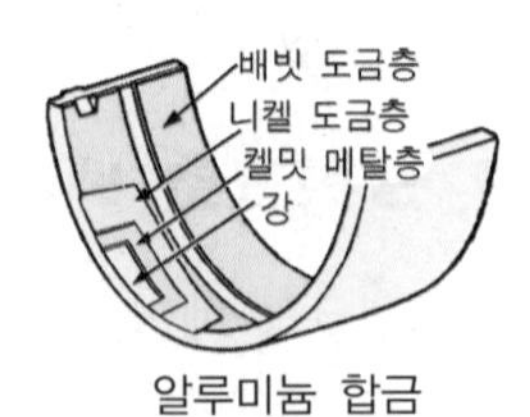

알루미늄 합금

3. 크랭크축 베어링의 구조

기관 베어링은 동합금 또는 강의 셀에 배빗 메탈의 경우는 0.1~0.3mm, 켈밋 합금은 0.2~0.5mm의 두께로 베어링 합금을 융착시켜 전체의 두께가 1~3mm의 치수로 만든다.

(1) 베어링 돌기 bearing lug

베어링 돌기는 셀의 뒷면 한쪽 모서리 부분을 돌출 시켜 하우징에 만들어진 홈에 고정시키기 위한 것으로 크랭크축이 회전할 때 하우징에서 베어링이 축 방향이나 회전 방향으로 움직이지 않도록 한다.

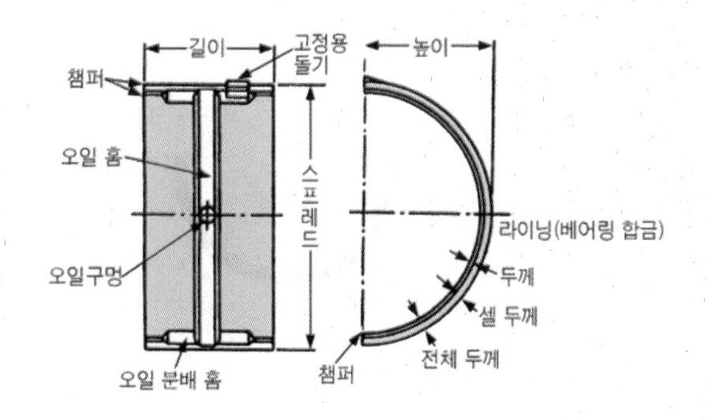

(2) 오일 홈과 오일 구멍

베어링과 저널 사이에는 마찰 및 마멸을 방지하기 위해서는 오일이 순환되어야 한다. 따라서 오일 구멍은 실린더 블록의 크랭크 케이스에 설치된 오일 통로와 하중을 가장 적게 받는 베어링의 중앙 부분에 설치된 구멍과 일치되어 베어링에 오일을 공급받는 역할을 하며, 오일 홈은 베어링의 둘레 방향으로 설치되어 오일 구멍을 통하여 공급된 오일이 베어링 면에 순환되도록 한다.

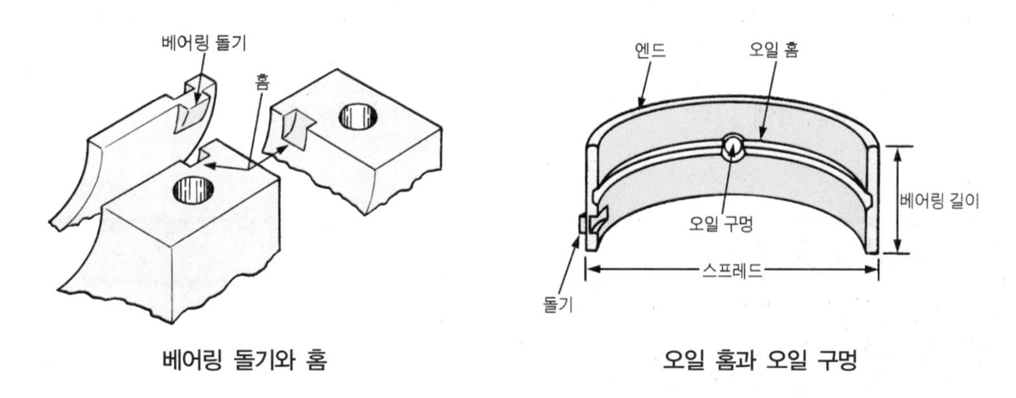

베어링 돌기와 홈　　　　오일 홈과 오일 구멍

(3) 베어링 크러시 bearing crush

베어링 크러시는 베어링의 바깥둘레와 하우징 둘레와의 차이를 말하며 두는 이유는 다음과 같다.

① 베어링 바깥둘레를 하우징의 안둘레보다 조금 크게 하여 볼트로 죄었을 때 압착시켜 베어링 면의 열전도율을 높이기 위함이다.

② 크러시가 너무 크면 안쪽 면으로 찌그러져 저널에 긁힘을 일으키고, 작으면 기관 작동에 따른 온도 변화로 인하여 베어링이 저널을 따라 움직이게 된다. 이를 방지하기 위함이다. 따라서 신품 베어링으로 교환할 때 베어링 캡이나 베어링을 연삭해서는 안 된다.

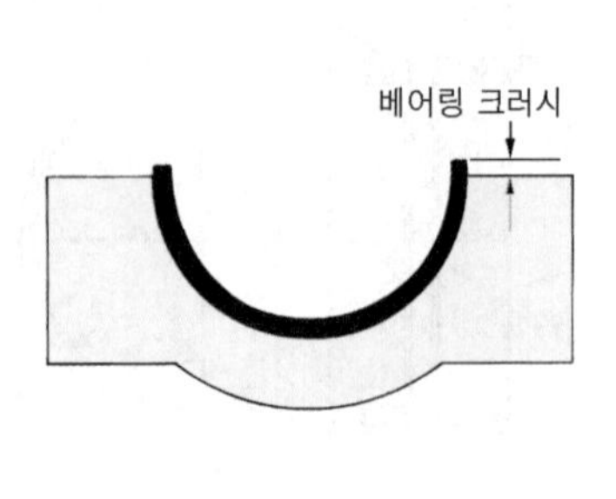

크러시

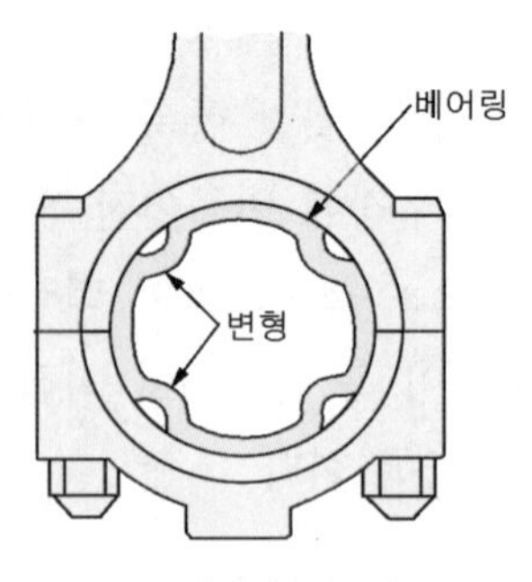

크러시가 클 때

(4) 베어링 스프레드 bearing spread

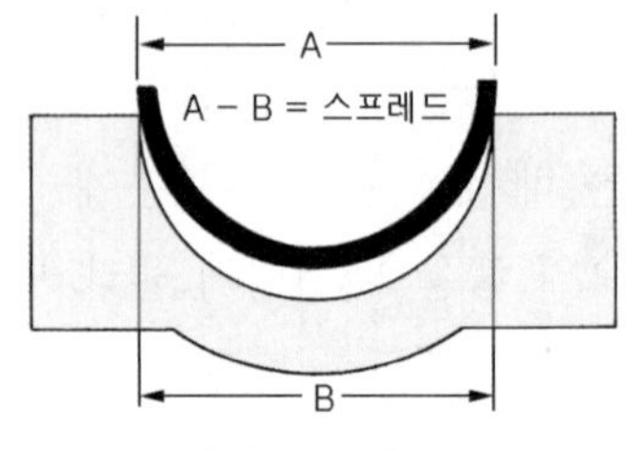

베어링 스프레드

스프레드는 베어링 하우징의 지름과 베어링을 끼우지 않았을 때 베어링 바깥쪽 지름과의 차이를 말한다. 스프레드를 두는 이유는 다음과 같다.

① 조립할 때 베어링이 제자리에 밀착되게 하기 위함이다.
② 조립할 때 베어링 캡에 베어링이 끼워져 있어 작업이 편리하다.
③ 크러시가 압축됨에 따라 안쪽으로 찌그러지는 것을 방지한다.

11 밸브기구 valve train

1. 밸브기구의 개요

밸브기구는 캠축, 밸브 리프터(태핏), 푸시로드, 로커암 축 어셈블리, 밸브 등으로 구성되며, OHV (over head valve, I−헤드)형 밸브기구와 OHC(over head cam shaft)형 밸브기구가 있다.

1.1. OHV형 밸브기구

OHV형은 캠축, 밸브 리프터, 푸시로드, 로커암 축 어셈블리, 밸브로 구성되어 있으며, 작동은 캠축이 회전운동을 하면 푸시로드가 밸브 리프터에 의하여 상하운동을 하며, 로커 암이 그 설치 축을 중심으로 하여 요동(搖動)을 한다. 이에 따라 로커 암의 밸브 쪽 끝이 밸브 스템

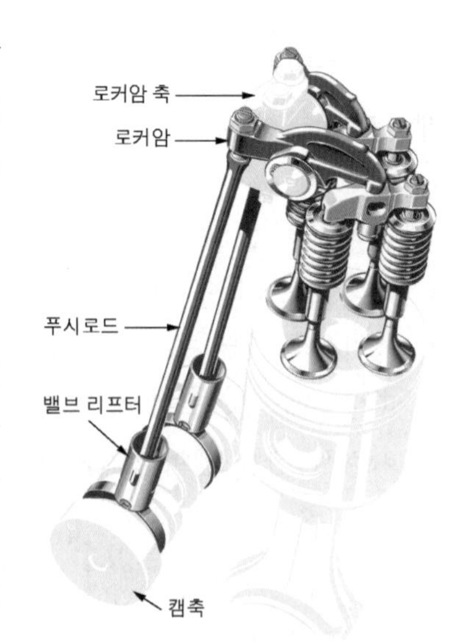

OHV형 밸브기구

엔드를 눌러 열리게 하고 또 밸브 스프링의 장력으로 닫힌다. 이 형식은 흡입 및 배기가스의 흐름저항이 적고, 밸브헤드의 지름과 양정을 크게 할 수 있다. 또 연소실 형상도 간단해 높은 압축비를 얻을 수 있고 노킹 발생도 비교적 적으나 밸브기구가 복잡하고 소음과 관성력이 커진다.

1.2. OHC형 밸브기구

OHC형은 캠축을 실린더 헤드위에 설치하고 캠이 직접 로커 암을 구동하는 형식이다. 최근의 가솔린 기관에서는 DOHC형을 주로 사용한다. 이 형식은 2개의 캠축 (흡입밸브용 1개와 배기밸브용 1개)에 의해 각각의 실린더마다 흡입밸브 2개, 배기밸브 2개를 두고 흡입효율을 더욱 향상한 형식이다.

2. 밸브기구의 구성부품과 그 기능

2.1. 캠축과 캠 cam shaft & cam

캠축은 기관의 밸브 수와 같은 수의 캠이 배열된 축으로 OHV 기관에서는 크랭크축과 평행하게 설치되어 있고, OHC 기관에서는 실린더 헤드에 설치되어 있다. 캠축의 구동장치는 주로 기관의 앞쪽에 설치되며, 4행정 사이클 기관에서 캠축은 크랭크축 회전속도의 1/2로 회전하면서 크랭크축 회전에 대해 흡배기밸브의 개폐시기를 바르게 유지하여야 한다. 캠축의 구동방식에는 기거구동방식, 체인구동방식, 벨트구동방식 등 3가지가 있다.

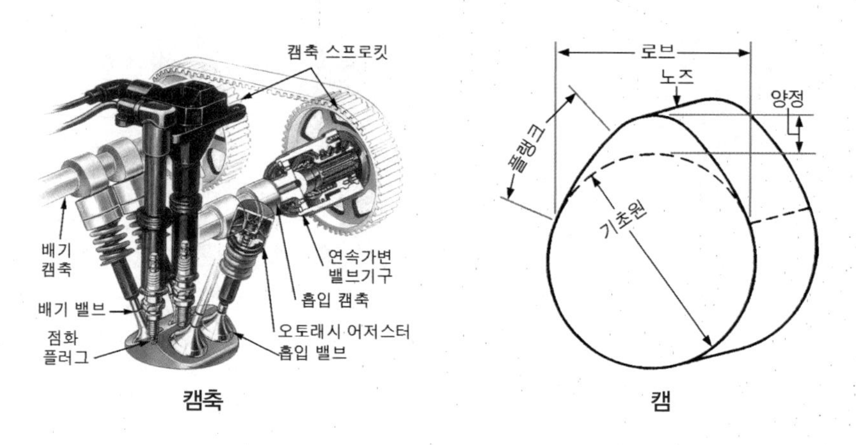

캠축 캠

(1) 기어구동 방식 gear drive type

크랭크축 기어와 캠축 기어의 물림에 의한 것이며, 4행정 사이클 기관에서는 크랭크축 2회전에 캠축 1회전하는 구조로 되어 있다. 크랭크축 기어의 재질은 저탄소 침탄강, 크롬강으로 표면을 경화하며 캠축 기어의 재질은 베이클라이트로 제작하여 소음감소 및 크랭크축 기어의 마멸을 감소시키고 있다.

① 회전비가 균일하여 밸브 개폐 시기가 정확하다.
② 측압이 적으며, 동력전달이 확실하고 효율이 높다.
③ 이중 재질의 기어를 사용하여 충격을 흡수하므로 진동 · 소음이 적다.

(2) 체인구동 방식 chain drive type

크랭크축과 캠축 앞 끝에 스프로킷을 설치하고 그 사이를 타이밍 기어 대신에 체인을 사용하여 캠축을 구동하는 방식으로 캠축과 크랭크축의 축간 거리가 긴 OHC 기관에 사용된다. 스프로킷의 재질은 강 또는 주철이 사용되고 스프로킷의 잇수비는 타이밍 기어와 같이 2:1이며, 롤러 체인이나 사일런트 체인이 사용된다. 사용 중에 체인의 마멸 때문에 늘어나 헐거워지면 밸브의 개폐 시기가 달라지기 때문에 체인의 장력을 자동으로 조절하는 텐셔너가 설치되어 있고 체인이 스프로킷에서 이탈될 때 발생하는 진동을 흡수하기 위하여 합성고무의 댐퍼가 설치되어 있으므로 체인의 이완과 진동을 흡수한다. 체인구동 방식의 특징은 다음과 같다.

① 소음이 적으며, 캠축의 위치를 임의로 정할 수 있다.
② 미끄럼 없이 일정한 속도비를 유지할 수 있으며, 충격을 흡수할 수 있다.
③ 큰 동력을 전달할 수 있어 전달 효율이 높다.
④ 내열, 내유, 내습성이 크며 유지보수가 쉽다.

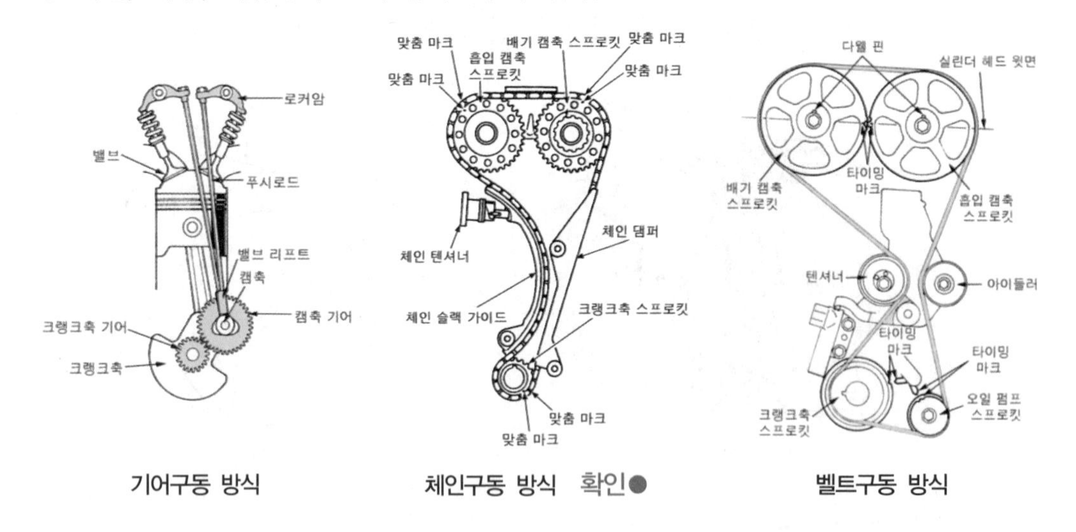

기어구동 방식　　체인구동 방식 확인●　　벨트구동 방식

(3) 벨트구동 방식 belt drive type

크랭크축과 캠축 앞 끝에 스프로킷을 설치하고 그사이를 타이밍 기어 대신에 벨트를 사용하여 캠축을 구동하는 방식으로 캠축과 크랭크축의 축간 거리가 긴 OHC 기관에 사용된다. 스프로킷의 재질은 강 또는 주철이 사용되고 스프로킷의 잇수비는 타이밍 기어와 같이 2:1

이며, 합성 고무제의 벨트에는 기어 이 모양의 돌기가 있어 구동될 때 스프로킷 홈에 벨트의 돌기가 맞물려 회전한다. 또한, 벨트의 장력을 조절하는 텐셔너와 아이들러가 설치되어 밸브 개폐시기가 틀어지지 않도록 한다. 벨트구동 방식을 체인구동 방식과 달리 소음이 발생되지 않고 윤활이 필요 없으며, 벨트를 빼거나 끼울 때는 손으로 작업해야 한다.

알고갑시다 용어정리

크랭크축 기어와 캠축 기어는 피스톤의 상하운동에 맞추어 밸브 개폐시기와 점화시기를 바르게 유지시키므로 타이밍 기어라 한다. 이 타이밍 기어의 백래시가 커지면(기어가 마멸되면) 밸브의 개폐시기가 틀려진다. 그리고 백래시란 한 쌍의 기어가 물렸을 때 기어 이 뒷면에 생기는 간극을 말한다.

2.2. 밸브 리프터 또는 밸브 태핏 valve lifter or valve tappet

밸브리프터는 캠축의 회전운동을 상하운동으로 변환시키는 기능을하며, 기계식과 유압식이 있다.

(1) 기계식 밸브 리프터

기계식 밸브 리프터는 OHV형 기관에 사용되며, 그 내부에는 푸시로드가 접촉되는 오목면이 있다. 리프터 밑면의 편마멸을 방지하기 위해 리프터 중심과 캠의 중심을 오프셋 시키고 있으며, 기계식 리프터를 사용하는 기관에서는 열팽창을 고려하여 밸브간극을 두기 때문에 정기적으로 점검이 필요하다.

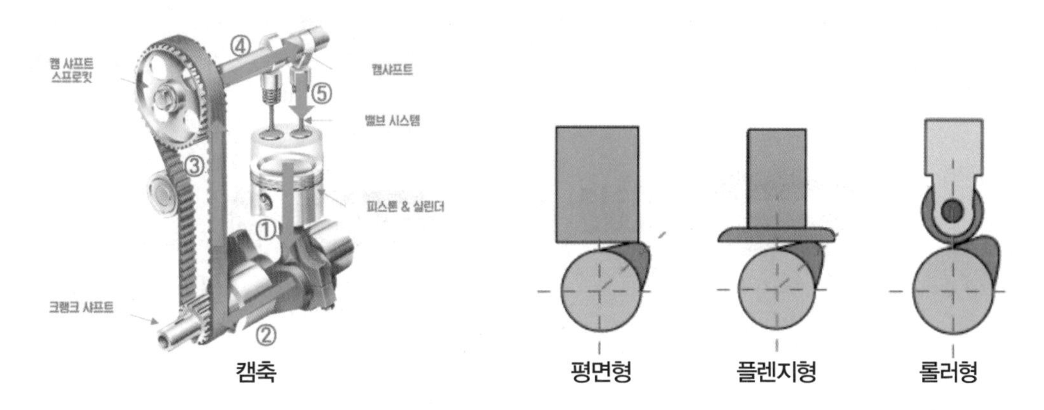

캠축 평면형 플렌지형 롤러형

(2) 유압식 밸브 리프터

유압식 밸브 리프터는 오일의 비압축성과 윤활장치의 순환 압력을 이용하여 작용하도록 한 것이며, 기관의 작동 온도 변화와 관계없이 밸브 간극을 항상 0으로 유지하도록 한 방식이다. 유압식 밸브 리프터는 기관의 성능 향상, 연료 소비율의 감소, 경량화와 더불어 진동 및 소음의 감소, 기관의 무정비를 목적으로 제작된 것이다. 유압식 밸브 리프터의 특징은 다음과 같다.

① 밸브간극을 점검·조정하지 않아도 된다.
② 밸브개폐 시기가 정확하고 작동이 조용하다.
③ 오일이 완충작용을 하므로 밸브기구의 내구성이 향상된다.
④ 밸브기구의 구조가 복잡해진다.
⑤ 윤활장치가 고장이 나면 기관 작동이 정지된다.

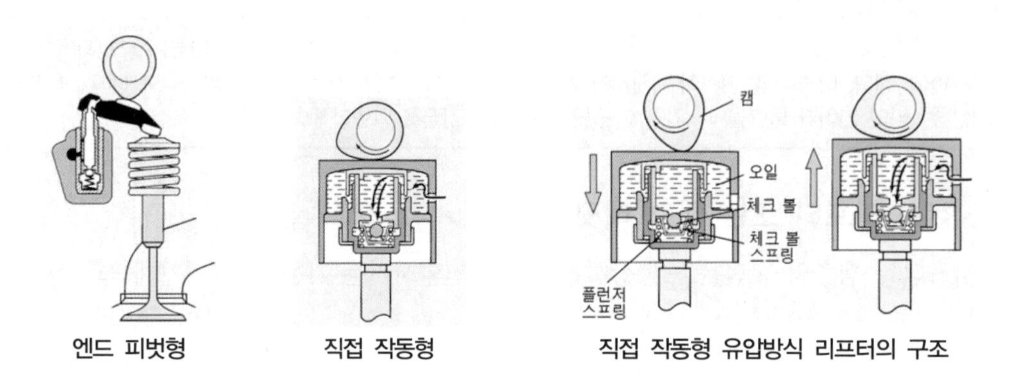

엔드 피벗형 직접 작동형 직접 작동형 유압방식 리프터의 구조

(3) 유압방식 리프터의 작동

OHC형 가솔린 기관에서 사용하는 오토래시 어저스터(auto lash adjuster)는 HLA(hydraulic lash adjuster)라고도 부른다. 오토래시 어저스터의 종류에는 엔드 피벗형(end pivot type)과 직접작동형이 있다. 엔드 피벗형은 피벗이 바깥쪽에 있으면 실린더 헤드의 폭이 커지며, 안쪽에 있으면 캠축 사이의 거리가 좁아져 캠축 스프로킷의 지름을 작게 하여야 하는 결점이 있다. 직접작동형은 DOHC 기관에 적합하기 때문에 최근에 많이 사용하고 있으며, 실린더 헤드의 폭을 대폭 줄일 수 있는 장점이 있다.

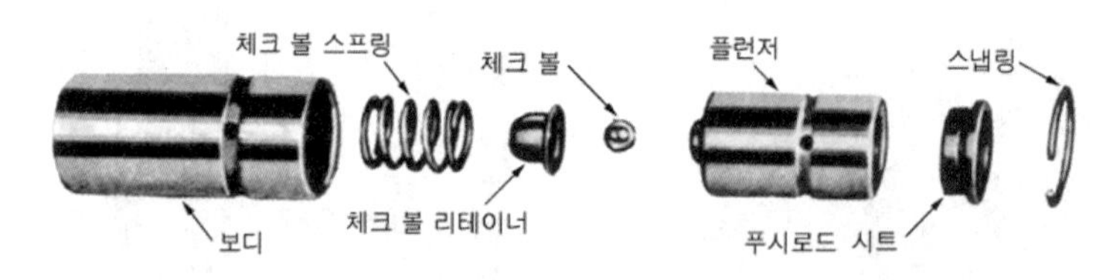

유압식 벨브리프터의 구성

2.3. 푸시로드 push rod

푸시로드는 OHV형 밸브 기구에서 밸브 리프터와 로커 암을 연결하는 강철제의 막대이다. 작용은 밸브 리프터의 상하 운동을 로커 암에 전달하고, 재질은 크롬강을 연마 다듬질한 후 표면 경화하고 있다.

2.4. 로커 암 축 어셈블리 rocker arm shaft assembly

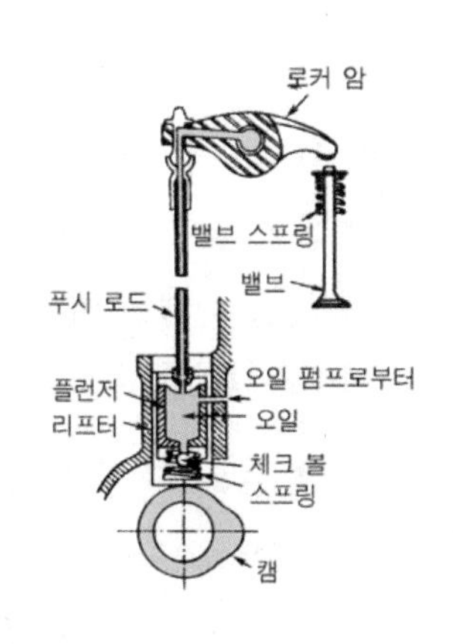

로커 암 축 어셈블리는 밸브 스탬 엔드를 눌러 밸브를 개폐시키는 로커 암, 로커 암이 작동중에 원호 운동을 하는 동안 축방향으로 이동하는 것을 방지하는 로커 암 스프링, 내부는 중공으로 되어 오일 통로의 역할과 로커 암을 지지하는 로커 암 축, 로커 암축을 실린더 헤드에 지지하는 서포트 등으로 구성되어 있다. 로커 암의 작동은 한쪽 끝이 캠축에(OHV는 푸시로드) 의하여 밀어 올려 지면 다른 한쪽 끝은 밸브 스템 엔드를 눌러 밸브를 연다. 또 밸브와 접촉하는 부분에는(OHV의 경우는 푸시로드 쪽) 밸브간극 조정용 나사가 설치되어 있다. 최근의 가솔린 기관에서는 직접작동형 유압방식 리프터를 사용하므로 로커 암 축 어셈블리를 사용하지 않는 경우가 많다.

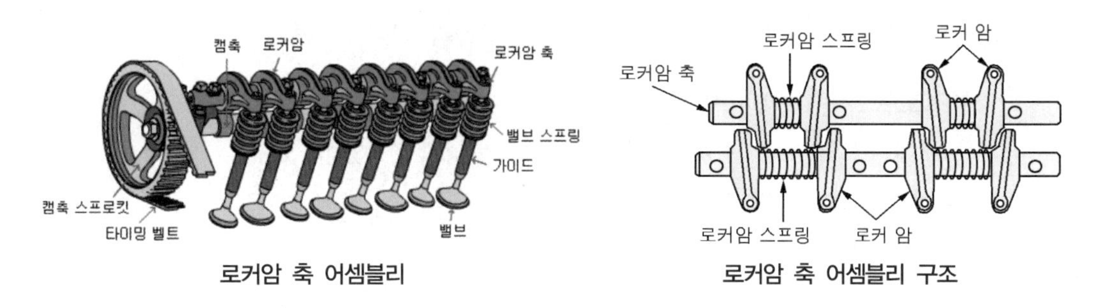

로커암 축 어셈블리 로커암 축 어셈블리 구조

2.5. 흡입 및 배기 밸브

흡입 밸브 및 배기 밸브는 연소실에 설치된 흡·배기 구멍을 각각 개폐하고 혼합가스(또는 공기)를 흡입하고, 연소가스를 내보내는 일을 한다. 압축과 폭발행정에서는 밸브시트에 밀착되어 연소실 내의 가스가 누출되지 않도록 한다.

(1) 밸브의 구비조건

기관 작동 중 흡입 밸브의 온도는 최고 450~500℃, 배기 밸브의 온도는 700~800℃ 정도가 된다.

① 고온에서 견딜 것
② 밸브 헤드 부분의 열전도율이 클 것
③ 고온에서의 장력과 충격에 대한 저항력이 클 것
④ 고온 가스에 부식되지 않을 것
⑤ 가열이 반복되어도 물리적 성질 변화가 없을 것
⑥ 관성력이 크지 않게 무게가 가볍고 내구성이 클 것
⑦ 흡 · 배기가스 통과에 대한 저항이 적은 통로를 만들 것

(2) 밸브의 재질

밸브는 페라이트 계열 또는 오스테나이트 계열의 내열강을 사용하며, 제작 방법은 금속 조직의 흐름이 끊어지지 않도록 업셋(up-set) 단조를 사용한다. 최근에는 밸브 헤드는 오스테나이트 계열을, 스템은 페라이트 계열을 사용하여 전기 용접하고 밸브 스템 엔드 부분은 스텔라이트(stellite, 코발트(Co)-크롬(Cr)-텅스텐(W)-탄소(C)의 합금)를 녹여 붙이기도 한다.

(3) 밸브의 구성과 기능

① 밸브 헤드 valve head

밸브 헤드는 고온·고압의 가스에 노출되므로 특히 배기 밸브에서는 열부하가 매우 크며, 흡입 효율을 증대시키기 위해 흡입 밸브 헤드의 지름을 크게 한다. 헤드의 형상에는 플랫형(flat type), 튤립형(tulip type), 반 튤립형(semi-tulip type), 버섯형(mushroom type) 등이 있다. 밸브 헤드의 구비조건은 다음과 같다.

㉮ 열전도율이 큰 단면이어야 하며, 내구성이 클 것
㉯ 흡·배기가스의 유동 저항이 적은 통로를 형성할 수 있을 것
㉰ 큰 하중에 견디고 변형 발생이 없을 것
㉱ 무게가 가벼울 것

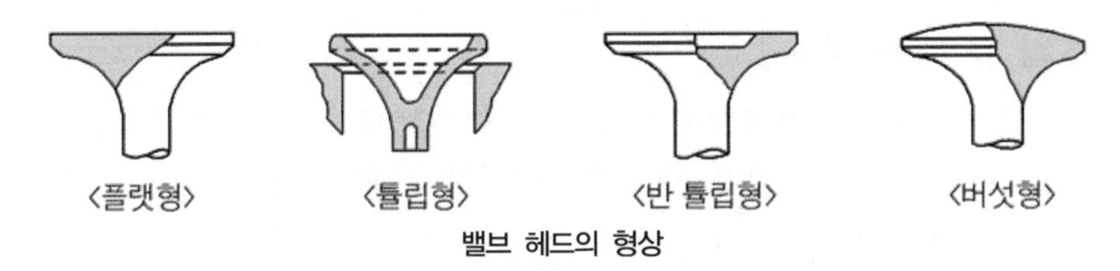

밸브 헤드의 형상

② 밸브 마진 valve margin

마진의 두께가 얇으면 고온에서 밸브가 작동될 때의 충격으로 밸브 시트와 접촉할 때 둘레에 걸쳐 위로 벌어져 충분한 기밀의 유지가 되지 못한다. 일반적으로 마진의 두께가 0.8mm이하인 경우에는 재사용하지 못한다.

③ 밸브 면 valve face

밸브 면은 시트에 밀착되어 연소실 내의 기밀을 유지하는 작용을 한다. 이에 따라 밸브 면의 양부는 실린더 내의 압축압력과 밀접한 관계가 있으며, 기관의 출력에 큰 영향을 미친다. 밸브 면은 기관 작동 중 고온·고압하에서 시트와 충격적으로 접촉하고 이 접촉에서 밸브 헤드의 열을 시트로 전달한다. 따라서 마멸이 쉬우며, 밀착 불량으로 손상되기 쉬워 밸브 면은 표면 경화하고 있다. 밸브 면과 수평선이 이루는 각을 밸브 면 각도라

하며 60°, 45°, 30°의 것이 있으며, 주로 45°를 가장 많이 사용한다.

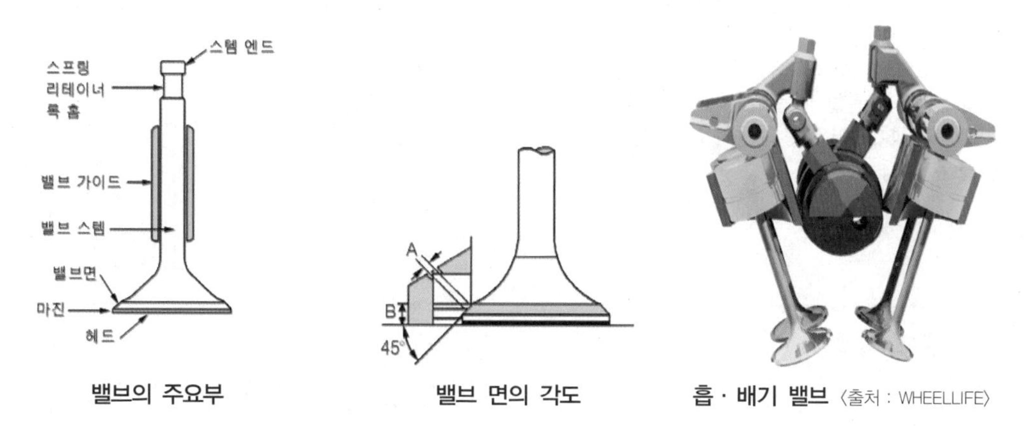

밸브의 주요부 밸브 면의 각도 흡·배기 밸브 〈출처 : WHEELLIFE〉

④ 밸브 스템 valve stem

밸브 스템은 그 일부가 밸브 가이드에 끼워져 밸브 운동을 바르게 유지하고 밸브 헤드의 열을 가이드를 통하여 실린더 헤드로 전달한다.

⑤ 밸브 스프링 리테이너 록 홈과 리테이너 록

밸브 스프링 리테이너 록 홈은 스프링 리테이너를 밸브 스템에 고정시키기 위한 록(키)을 끼우기 위한 홈이며, 밸브 스프링은 실린더 헤드와 리테이너 사이에 끼워지고 리테이너 록에 의하여 밸브 스템에 고정된다. 록은 원뿔형이 가장 많이 사용되며, 밸브 스템에 마련된 홈에 끼워진다. 록을 뺄 때는 반드시 밸브 스프링 압축기로 압축한 후 빼낸다.

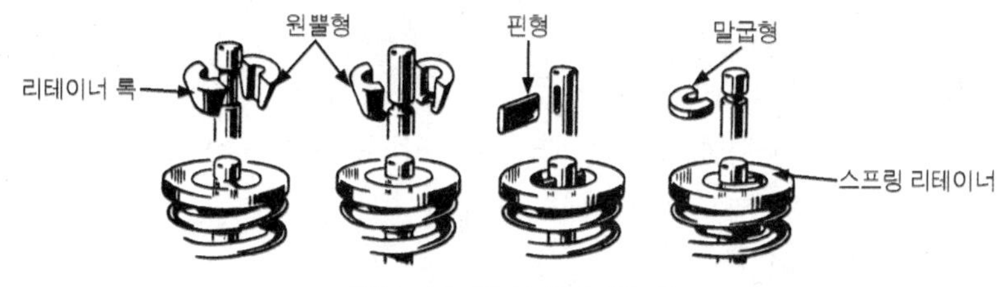

밸브 스프링 리테이너와 록

⑥ 밸브 스템 엔드 valve stem end

스템 엔드는 밸브에 캠의 운동을 전달하는 로커암과 충격적으로 접촉하는 부분이며, 스템 엔드와 로커암 사이에 열팽창을 고려한 밸브 간극이 설정된다. 그리고 밸브 스템 엔드는 평면으로 다듬질되어 있다. 또 밸브 스템 엔드는 밸브 간극(또는 밸브 태핏 간극)이 클 때 찌그러지는 원인이 된다.

알고갑시다 **나트륨 밸브**

밸브 헤드의 냉각을 돕기 위하여 밸브 스템을 중공으로 하고, 그 속에 열전도의 성능이 좋은 금속 나트륨을 넣은 나트륨(Na) 냉각 밸브도 있다. 이 밸브는 기관 운전 중에 나트륨이 액화되어 밸브 운동에 따라 유동하면서 밸브 헤드의 열을 약 100℃정도 낮출 수 있다.

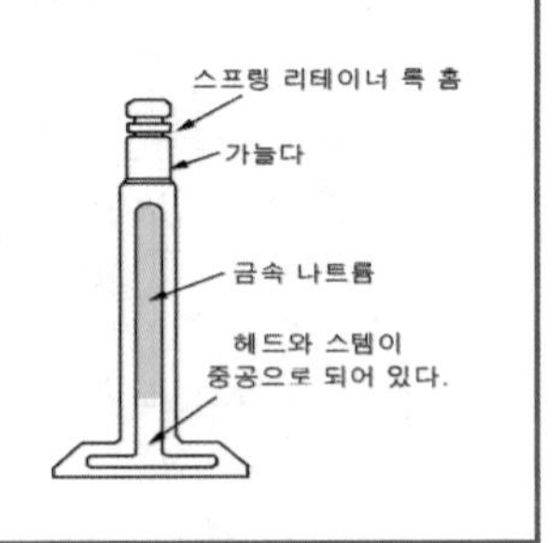

(4) 밸브 시트 valve seat

밸브 시트는 밸브 면과 밀착되어 연소실의 기밀을 유지하는 작용과 밸브 헤드의 냉각 작용을 한다. 시트는 밸브 면과 연속적인 충격접촉을 하므로 이에 손상되지 않을 정도의 경도가 있어야 한다. 시트의 각도는 60°, 45°, 30°가 있고 시트의 폭은 1.5~2.0mm이며, 폭이 넓으면 밸브의 냉각 효과는 크지만, 압력이 분산되어 기밀 유지가 불량하다. 폭이 좁으면 밀착압력이 커 기밀 유지는 잘되나 냉각 효과가 감소한다.

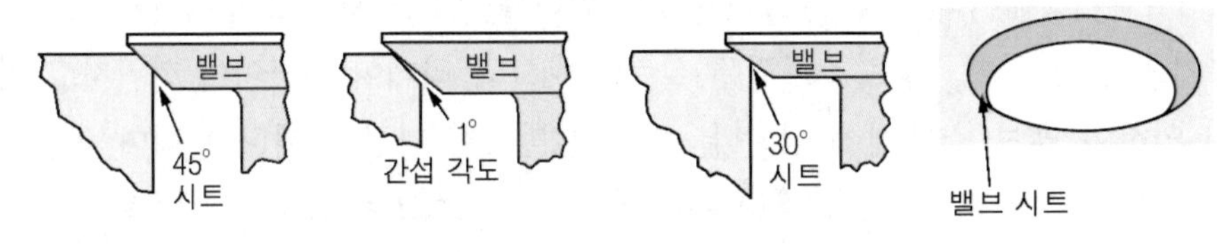

밸브시트

(5) 밸브 가이드 valve guide

밸브 가이드는 밸브의 상하운동 및 시트와 밀착을 바르게 유지하도록 밸브 스템을 안내해 주는 부분이다. 또 밸브 가이드는 밸브 헤드의 변형, 가이드의 휨, 밸브 스프링 설치 불량 등으로 인하여 편 마멸을 일으킨다.

(6) 밸브 스프링 valve spring

밸브 스프링은 압축과 폭발행정에서 밸브 면과 시트를 밀착시켜 기밀을 유지시키고 흡입과 배기행정에서는 캠의 형상에 따라서 밸브가 열리도록 작동시킨다. 밸브 스프링의 재질은 탄성이 큰 니켈강이나 규소-크롬강을 사용한다. 밸브 스프링은 흡입밸브의 경우에는 대기 압력의 저항을 받으면서 밸브를 닫는 힘이 필요하고, 열릴 때에는 밸브의 관성력을 이겨낼 수 있어야 한다. 그리고 배기밸브는 배기다기관 내에서 실린더로 미는 배압(back pressure)을 받으면서 닫힌다. 또 밸브 스프링의 장력이 너무 크면 밸브가 열릴 때 큰 힘이 필요하므로 관의 출력이 손실되고, 닫힐 때 시트가 손상되기 쉽다. 반대로 스프링 장력이 작으면 밀착

불량으로 출력감소, 가스 블로바이 발생, 밸브 스프링 서징현상이 발생한다.

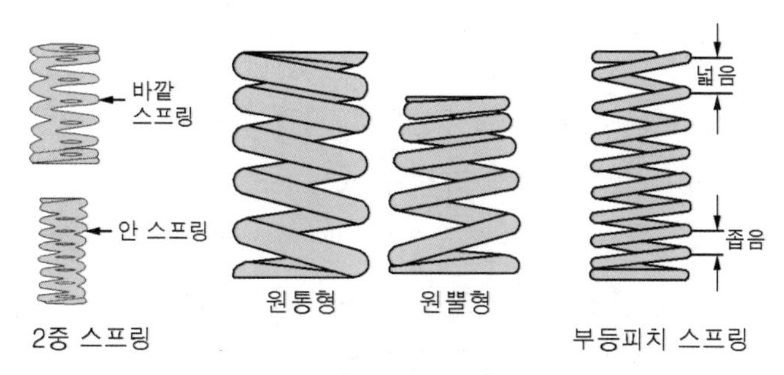

밸브 스프링의 종류

알고갑시다 밸브 스프링 서징 및 스프링 점검사항

① 밸브 스프링 서징(valve spring surging) 현상 : 고속으로 운전될 때 밸브 스프링의 신축이 심하여 밸브 스프링의 고유 진동수와 캠 회전속도와의 공명으로 인하여 밸브 스프링이 공진하는 현상이다. 서징 현상이 발생하면 밸브 개폐가 불량하여 흡배기 작용이 불충분해진다. 서징 현상의 방지법은 다음과 같다.
  ㉮ 밸브스프링 고유 진동수를 높게 한다.
  ㉯ 부등 피치 스프링이나 원추형 스프링을 사용한다.
  ㉰ 피치가 서로 다른 이중 스프링을 사용한다.

② 밸브 스프링 점검 사항
  ㉮ 장력 : 장력의 감소가 규정값의 15% 이내일 것
  ㉯ 직각도 : 자유 높이 100mm당 3mm 이내일 것
  ㉰ 자유 높이 : 높이의 감소가 규정값의 3% 이내일 것
  ㉱ 스프링의 접촉면은 2/3 이상 수평일 것

(8) 밸브 회전기구의 필요성

① 밸브 면과 시트 사이, 스템과 가이드 사이에 쌓이는 카본을 제거한다.
② 밸브 면과 시트, 스템과 가이드의 편마멸을 방지한다.
③ 밸브 헤드 부분의 온도를 균일하게 할 수 있다.

(9) 밸브 간극 valve clearance

밸브 간극은 기관이 작동 중 열팽창을 고려하여 I헤드형과 OHC형은 로커암과 밸브 스템 엔드 사이에 두고 있으며, 일반적으로 동일 기관에서도 배기 밸브 쪽의 간극을 더 크게 두고 있다. 이것은 배기 밸브쪽 온도가 높아 열팽창이 크기 때문이다. 밸브 간극은 대략 흡입 밸브가 0.2~0.35mm, 배기 밸브가 0.3~0.4mm정도이다. 또 기관이 냉간된 상태와 온간 상태의 간극이 다르다.

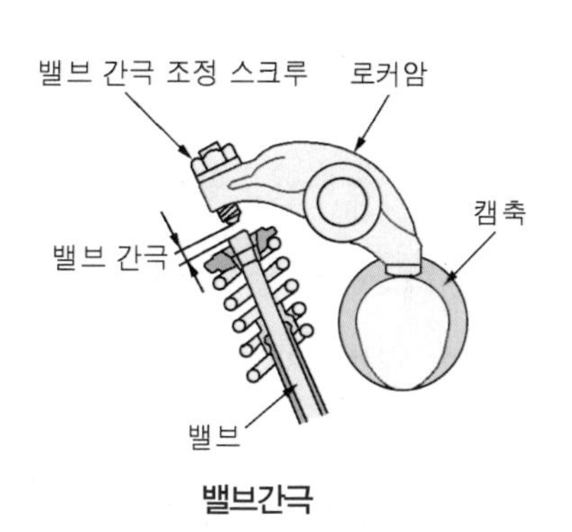

밸브간극

① 밸브간극이 너무 크면
　㉮ 정상운전 온도에서 밸브가 완전하게 열리지 못한다. (늦게 열리고 일찍 닫힌다.)
　㉯ 흡입밸브 간극이 크면 흡입량 부족을 초래한다.
　㉰ 배기밸브 간극이 크면 배기 불충분으로 기관이 과열된다.
　㉱ 심한 소음이 나고 밸브기구에 충격을 준다.

② 밸브간극이 작으면
　㉮ 일찍 열리고 늦게 닫혀 밸브 열림 기관이 길어진다.
　㉯ 블로바이로 인해 기관 출력이 감소한다.
　㉰ 흡입밸브 간극이 작으면 역화(back fire) 및 실화(miss fire)가 발생한다.
　㉱ 배기밸브 간극이 작으면 후화(after fire)가 일어나기 쉽다.

3. 4행정 사이클 기관의 밸브개폐 시기

혼합가스나 공기 흐름의 관성을 유효하게 이용하기 위하여 흡 · 배기 밸브는 정확하게 피스톤의 상사점 및 하사점에서 개폐되지 못한다. 따라서 흡입 밸브는 상사점 전에서 열려 하사점 후에 닫히고, 배기 밸브는 하사점 전에서 열려 상사점 후에 닫힌다. 그리고 상사점 부근에서는 흡입 밸브는 열리고, 배기 밸브는 닫히려는 순간 흡입과 배기 밸브가 동시에 열려 있는 상태가 되는데 이를 밸브 오버랩이라 한다. 밸브 오버랩을 두는 이유는 흡입 행정에서는 흡입 효율을 높이고, 배기 행정에서는 잔류 배기가스를 원활히 배출시키기 위함이다.

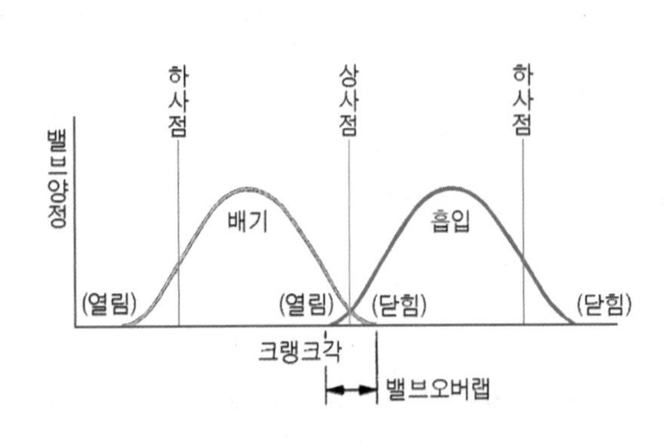

밸브개폐 시기선도

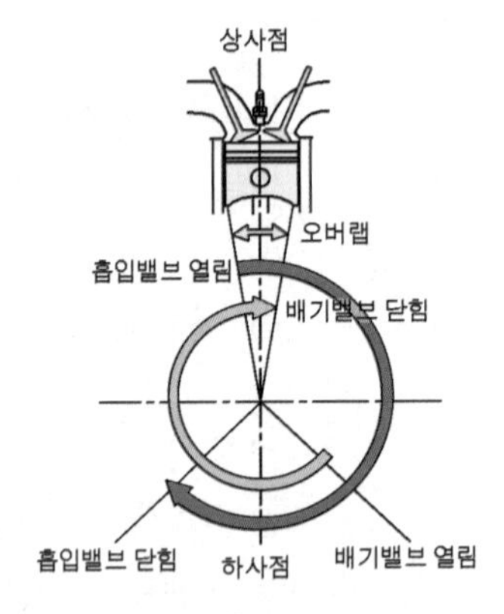

크랭크축 회전

4. 가변 밸브 타이밍 시스템 variable valve timing system

4.1. 가변 밸브 타이밍 시스템의 개요

일반적인 기관에서 흡입밸브는 상사점 전에 열리고 하사점 후에 닫히며, 배기밸브는 하사점 전에 열려서 상사점 후에 닫힌다. 그리고 흡입밸브는 밸브가 열려 있는 시간을 길게 하기 위하여 상사점 전 5~20° 에서 열리도록 하는데 이 기관을 길게 하면 밸브 오버랩(valve lap)이 커져 저속 운전영역에서는 잔류배기 가스의 양이 많아져 체적효율이 감소하지만 고속 운전영역에서는 동적효과에 의해 체적효율이 증가한다.

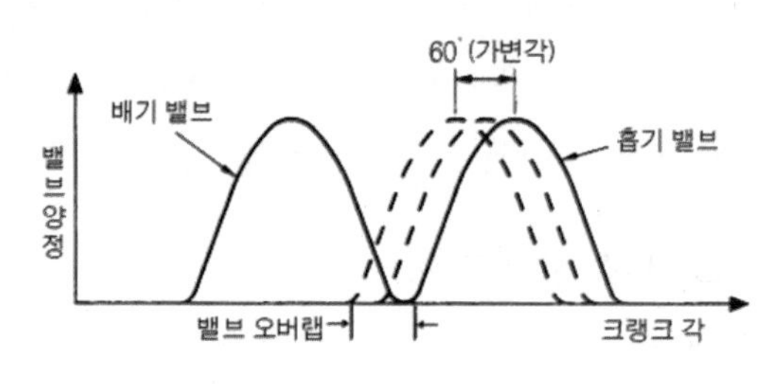

가변 밸브 타이밍의 효과

흡입밸브의 닫힘 시기는 하사점 후 30~50° 에서 설정되며, 흡입공기의 관성을 최대한 이용하도록 하여 체적효율을 향상시키고자 한다. 즉 흡입공기 관성의 영향으로 흡입밸브의 닫힘 시기의 최적 값은 기관 회전속도에 따라 변화한다. 저속 운전영역에서는 작고, 고속 운전영역에서는 커진다. 배기밸브의 열림 시기는 체적효율에 미치는 영향은 비교적 적으나 팽창 일을 크게 하고 배기가스의 밀어내기 손실을 줄이기 위하여 하사점 전 50° 정도의 값으로 설정된다. 또 배기밸브의 닫힘 시기는 잔류배기 가스의 양을 줄이고 체적효율을 향상시키기 위하여 상사점 후 5~20° 의 값으로 설정한다. 배기밸브의 닫힘 시기가 빠르면 배기가 충분하지 못하여 잔류배기 가스의 양이 증가하여 체적효율이 감소하고, 닫힘 시기가 너무 늦으면 배기가스가 배기 구멍으로부터 실린더 안으로 역류하여 잔류배기 가스의 양이 증가한다. 그리고 밸브 오버랩 기관이 길면 고속 운전영역에서 흡입공기의 관성으로 배기가스를 밀어내기 때문에 흡입효율을 높일 수 있으나, 저속 운전영역 특히 공전운전에서는 배기가스가 흡입 쪽으로 역류하는 현상이 일어나 잔류 배기가스의 양이 증가한다.

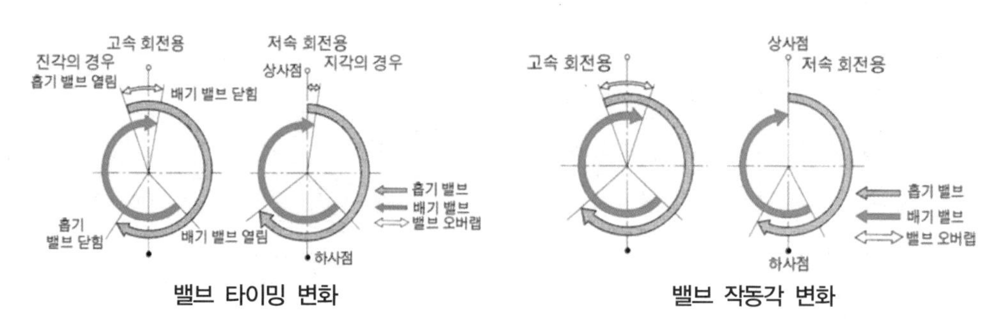

밸브 타이밍 변화 밸브 작동각 변화

일반적으로 저속 운전영역의 회전력 등 낮은 회전속도에서의 성능을 중요시하는 기관에서는 밸브양정과 열림 각도를 작게 하여 혼합가스의 흐름속도를 높여 연소효율을 향상시킨다. 높은 출력의 기관에서는 흡입되는 혼합가스의 양을 증가시키기 위하여 밸브양정과 열림 각도를 크게 하며, 고속 운전영역에서 배기가스의 관성효과를 이용하여 흡입효율을 향상시키기 위하여 밸브 오버랩을 크게 한다. 그러나 밸브양정이나 열림 각도는 캠의 향상에 따라 고정되기 때문에 저속 운전 영역과 중속 운전영역을 중요시하는 경우 고속 운전영역에서 손실이 일어나고, 고속 운전영역을 중요시하는 경우 저속 운전영역에서 회전력이나 안정성이 떨어진다. 따라서 넓은 범위의 회전속도에서 흡입 및 배기효율을 높여 출력을 향상시키고자 개발된 것이 가변 밸브개폐 장치(VVTS, variable valve timing system)이다.

4.2. 가변 밸브개폐 장치의 사용목적

① 유해배출 가스를 감소시킬 수 있다.
중부하 운전영역에서는 밸브오버랩을 크게 하여, 연소실 내의 배기가스 재순환 양을 높인다. 이에 따라 질소산화물의 발생을 억제하고, 탄화수소의 배출도 감소시킬 수 있다.

② 연료소비율을 향상시킬 수 있다.
중부하 운전영역에서는 밸브오버랩을 크게 하여 흡기다기관 부압을 낮추어 펌핑 손실을 줄일 수 있어 연료소비율이 향상된다.

③ 기관의 성능을 향상시킬 수 있다.
높은 부하 및 저속 · 중속 운전영역에서는 흡입밸브를 빨리 열어 체적효율을 향상시키므로 밸브오버랩을 최대로 하는 효과를 얻을 수 있다.

④ 공전운전을 안정시킬 수 있다.
공전 운전영역, 기관을 시동할 때 등에서는 밸브오버랩을 최소로 하여 역류를 방지하여 연소상태의 안정을 이룬다. 또 흡입공기량의 감소로 연료소비율과 시동성능을 향상시킨다.

4.3. 가변 밸브개폐 장치의 종류

가변 밸브개폐 장치의 종류에는 헬리컬 기어방식과 로터 베인 방식이 있다. 헬리컬 기어방식은 기어를 유압으로 앞뒤 방향으로 움직여 위상변화를 주는 방식이며, 로터 베인 방식은 캠축 스프로킷 쪽 하우징과 캠축의 로터 베인 사이에 2개의 유압실(oil pressure chamber)을 설치하고 유압을 제어하여 캠축과 스프로킷의 위상 변화를 주는 방식이다. 그리고 가변 밸브개폐 장치의 입력요소로는 흡입공기량, 기관 회전속도, 상사점센서 신호, 냉각수 온도, 기관오일 온도 및 축전지 전압이며, 출력요소는 오일제어밸브, 연료분사량, ISA(idle speed control actuator) 및 점화시

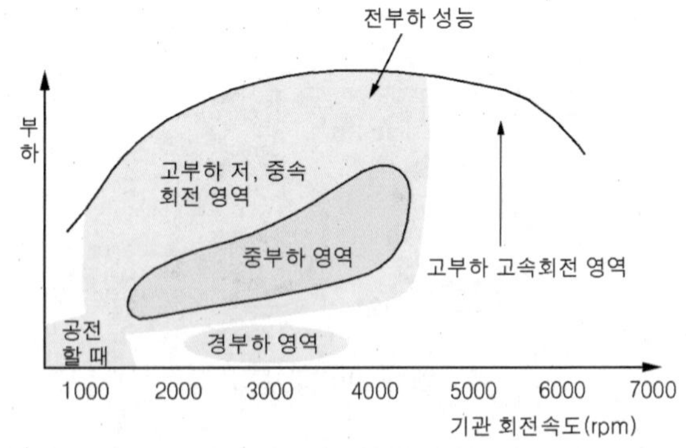

기관 회전속도와 부하영역의 관계

기이다. 오일제어 밸브(OCV, oil control valve)는 기관 컴퓨터에 의하여 작동되며, 가변 밸브개폐 장치로 공급되는 오일통로의 방향을 변경시켜 밸브개폐 시기를 조절한다.

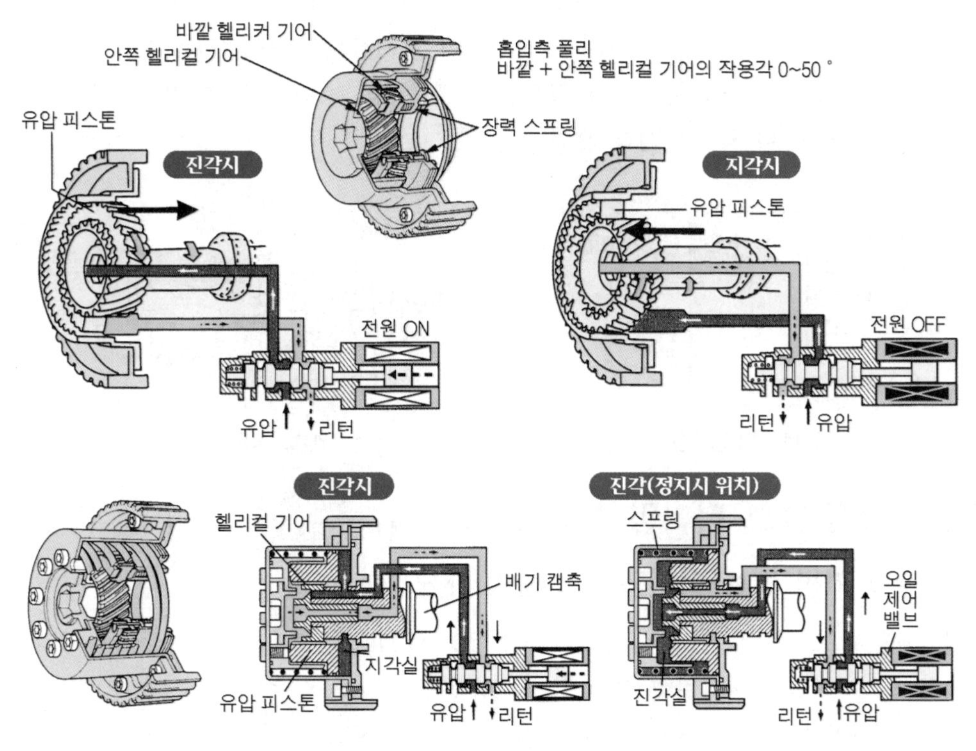

헬리컬 기어 방식 (위: 흡입쪽, 아래: 배기쪽)

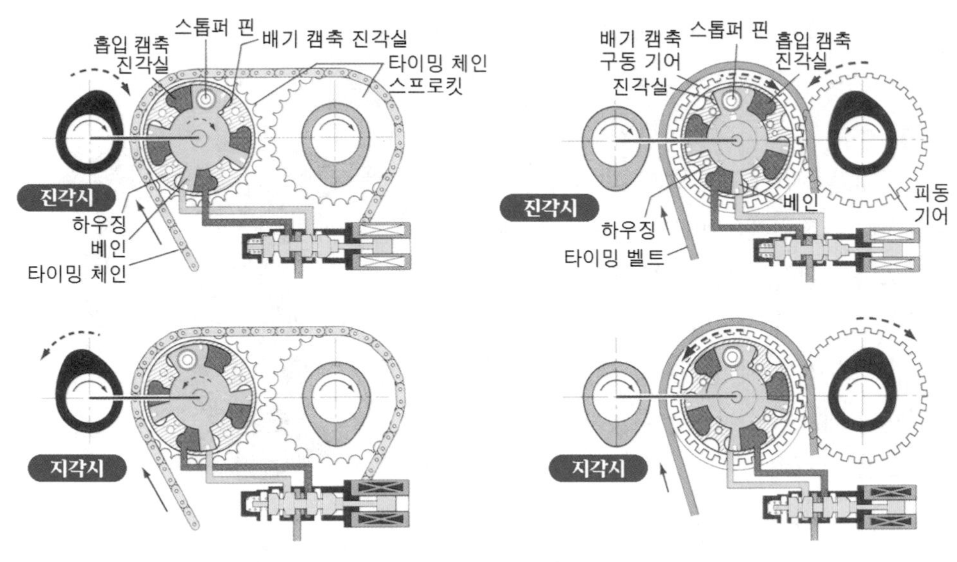

로터 베인 방식

오일제어 밸브의 작동원리는 다음과 같다.

① 오일제어 밸브에 영구자석이 설치되어 있어 커넥터로 전원이 공급되면 코일에 의해 자력이 형성되어 플런저를 밀어낸다. 이때 플런저와 함께 설치된 스풀(spool)이 이동하면서 슬리브(sleeve)와 상태위치가 변화하여 오일통로를 형성한다.

② 오일제어 밸브로 공급된 오일이 형성된 오일통로를 따라 캠축을 거쳐 가변 밸브개폐 장치의 진각실 또는 지각실로 유입된다.

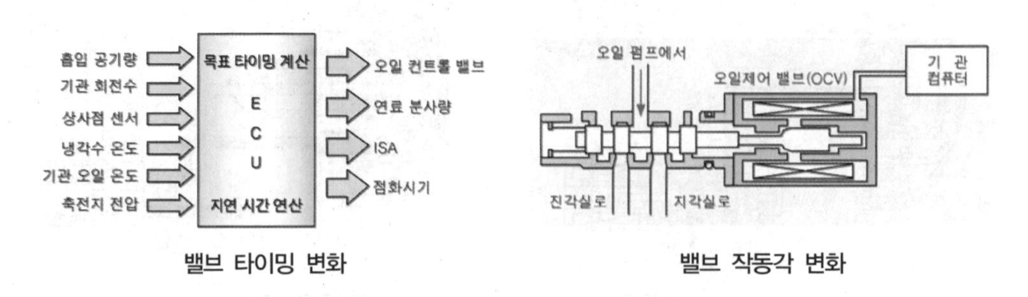

밸브 타이밍 변화 　　　　 밸브 작동각 변화

5. 듀얼 가변 밸브 타이밍 시스템 dual variable valve timing system

5.1. 듀얼 가변 밸브 타이밍 시스템의 개요

듀얼 가변 밸브 타이밍 시스템(dual VVT-i ; variable valve timing-intelligent)은 캠축의 위상과 양정(lift)을 변화시켜 기관의 성능을 향상 시킬 수 있도록 한 것이다. 이 장치는 흡입 및 배기 캠축에 오일제어 밸브(OCV ; oil control valve)와 듀얼 가변 밸브 타이밍 시스템 풀리를 설치한 것이다.

(1) 듀얼 가변밸브 타이밍 시스템의 구조와 작동

이 장치의 캠축 구동계통은 기존의 기관과 마찬가지로 크랭크축 스프로킷 → 타이밍 벨트(또는 체인) → 흡입 및 배기 가변밸브 개폐시기 장치 풀리(pulley) → 오일제어 밸브 → 흡입 및 배기 캠축 순서로 구동된다. 헬리컬 기어(helical gear)를 가변밸브 개폐시기 장치의 풀리로 사용하는 형식에서는 풀리와 캠축 사이에 유압 피스톤을 설치하고 오일제어 밸브에서 보내준 유압으로 유압 피스톤에 압력을 가하여 헬리컬 기어의 비틀어짐으로 위상 차이를 형성한다. 즉 헬리컬 기어의 비틀림 회전으로 캠축의 위치를 변화시키고 밸브개폐

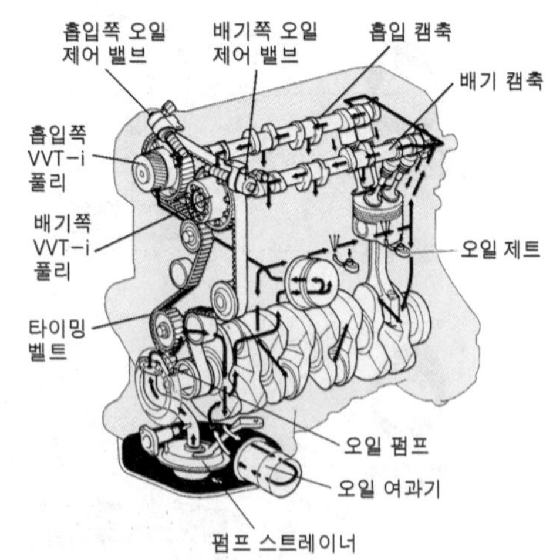

듀얼 가변밸브 개폐시기 장치의 구성

시기를 제어하며, 흡입과 배기 쪽 풀리의 구조는 동일하다. 풀리는 크게 유압부분(유압 피스톤과 오일제어 밸브)과 기계부분 헬리컬 기어)로 되어 있다. 그리고 풀리 내부에는 안쪽 헬리컬 기어(inner helical gear), 바깥 헬리컬 기어(outer helical gear), 유압 피스톤(hydraulic piston), 장력 스프링(tension spring, 백래시 조정용), 리턴 스프링 (return spring) 등으로 구성되어 있다.

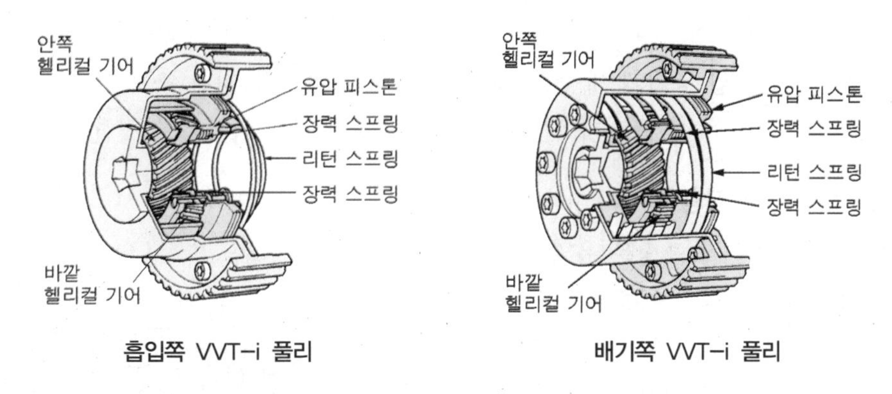

흡입쪽 VVT-i 풀리 배기쪽 VVT-i 풀리

흡입 쪽 풀리의 바깥 헬리컬 기어는 안쪽 헬리컬 기어와 함께 작동하여 크랭크축 회전각도로 최대 50°의 위상 차이를 형성한다. (즉 크랭크축의 회전각도 50°는 캠축 작용 각도로 25°이다.) 그러나 배기 쪽 풀리의 바깥 기어는 헬리컬 기어가 아니므로 안쪽 헬리컬 기어만으로 크랭크축 회전 각도를 최대 30°의 위상 차이를 형성한다. (캠축 회전 각도로는 15°)

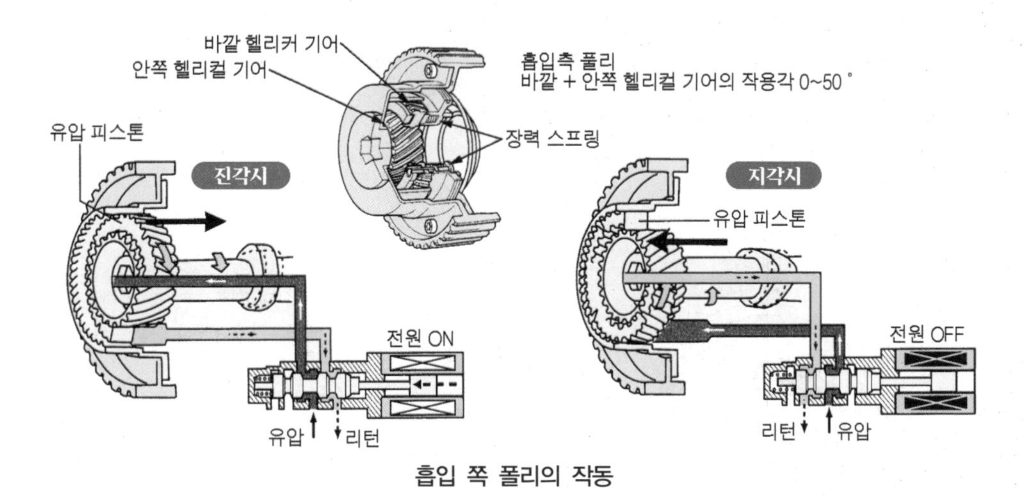

흡입 쪽 풀리의 작동

또 풀리 내부의 리턴 스프링은 흡입 캠축 쪽은 지각 방향으로, 배기 캠축 쪽은 진각 쪽으로 유압 피스톤을 누른다. 기관을 시동할 때에는 리턴 스프링을 작동시켜 배기 쪽 풀리를 최대 진각(배기 쪽 30°)쪽에 고정한다. 따라서 풀리의 스플라인 각도를 0°와 30°로 설정하고 있다. 반대로 기관의 가동을 정지시킬 때에는 흡입 쪽 풀리는 최대지각 상태로, 배기 쪽 풀리는 최대진각 상태로 설정하여 최소의 밸브오버랩을 유지한다. 그 이유는 기관의 시동성능 향상과 저속운전 영역에서 흡입 쪽으로 공기가 역류하는 것을 방지하기 위함이다.

(2) 오일제어 밸브(OCV)의 구조와 작용

오일제어 밸브는 스풀밸브(spool valve), 플런저(plunger), 코일(coil), 슬리브(sleeve) 및 스프링(spring) 등으로 되어 있으며, 코일(솔레노이드)의 듀티 제어(duty control)로 플런저를 작동시킴과 동시에 플런저와 일체로 된 스풀밸브를 미끄럼 운동시켜 슬리브 내의 오일통로를 개폐하여 유압 공급과 배출을 제어한다. 이때 유압과 리턴 스프링의 장력으로 플런저의 이동량을 결정하며, 플런저의 이동량으로 스풀밸브의 위치를 결정한다.

(3) 리턴 스프링의 작용

흡입 쪽 풀리의 리턴 스프링은 유압이 작용하지 않을 때에는 최대지각 쪽으로 유압 피스톤을 눌러준다. 한편 배기 쪽 풀리의 리턴 스프링은 유압이 작용하지 않을 때 최대 진각 쪽으로 유압 피스톤을 눌러준다.

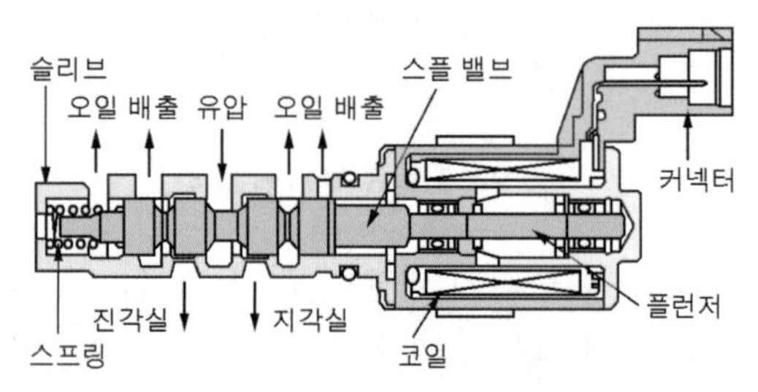

오일제어 밸브의 구조(배기쪽)

(4) 듀얼 가변밸브 개폐시기 장치의 제어

① 밸브개폐 시기 선도

흡입밸브의 열림은 최대진각 상태에서 상사점 전 48°, 최대지각은 상사점 후 2° 이므로 흡입 쪽의 진각 폭은 50° 가 된다. 한편 배기밸브의 닫힘은 최대진각 상태에서 상사점 후 11°, 최대지각 상태에서 상사점 후 41° 이므로 진각폭은 30° 가 된다. 이 각도는 크랭크축 회전 각도이므로 캠축의 회전각도는 각각 25° 와 15° 가 된다.

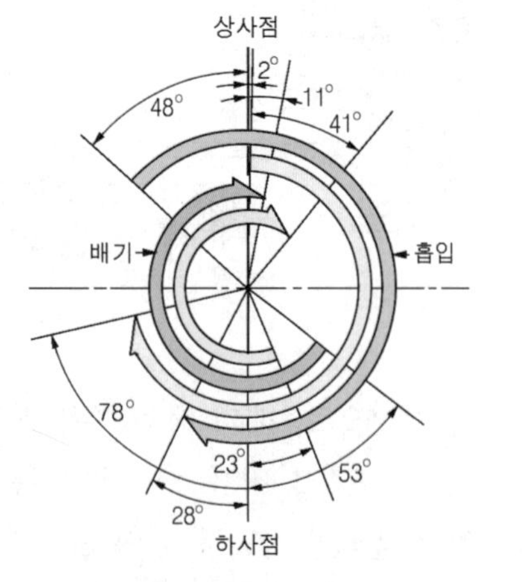

밸브개폐 시기 선도

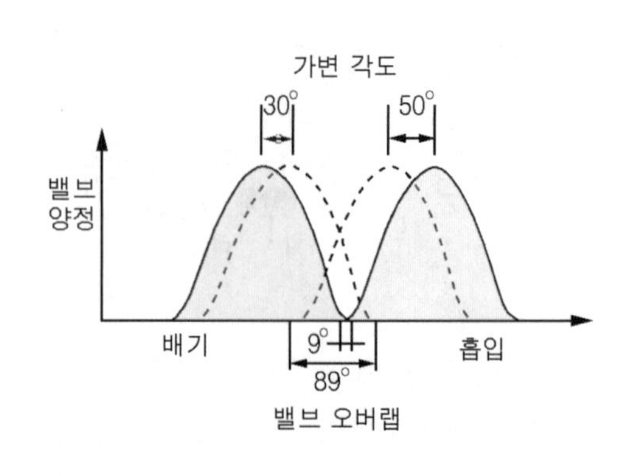

2중 가변밸브 개폐시기 장치의 진각 폭

그리고 듀얼 가변밸브 개폐시기 장치의 밸브오버랩에는 최대와 최소 2종류가 있다. 최대 밸브오버랩은 흡입밸브가 가장 빨리 열리는 최대 진각 상태에서와 배기밸브가 가장 늦게 닫히는 최대 지각 상태일 때 발생한다. 흡입밸브 열림 최대진각은 상사점 전 48°이며, 배기밸브 닫힘으로 최대지각이 상사점 후 41°이므로 최대 밸브오버랩은 89°가 된다. 최소 밸브오버랩은 흡입밸브가 가장 늦게 열리는 최대 지각 상태에서와 배기밸브가 가장 빨리 닫히는 최대 진각 상태에서 발생한다. 흡입밸브 최대지각은 상사점 후 2°, 배기밸브 최대진각은 상사점 후 11°이므로 최소 밸브오버랩은 9°이다.

② 밸브개폐 시기 제어

운전 상태에 따라 가장 적절한 밸브개폐 시기로 제어하기 위하여 운전상태를 정밀하게 분류하여야 한다.

㉮ 기관 가동정지 · 시동 · 낮은 온도 및 공전운전 영역 (최소 밸브오버랩)

흡입밸브 열림 최대 지각, 배기밸브 닫힘 최대 진각 상태에서 최소 밸브오버랩은 9° 상태에 설정된다.

㉯ 경부하 운전영역 (밸브오버랩 작음)

밸브오버랩은 약간시키지만 오버랩 각도를 작게 하여 기관으로의 흡입역류를 적게 하고 기관 회전속도를 안정시킨다. 이에 따라 적절한 혼합비율로 설정된다.

㉰ 중부하 운전영역 (밸브오버랩 중간정도)

밸브오버랩을 약간 크게 하여 배기가스 재순환(EGR)비율을 높여 펌프손실을 경감시킨다. 따라서 질소산화물(NOx)이나 탄화수소(HC)를 감소시키고 연료소비율을 향상시킨다.

㉱ 고부하 중·저속 운전영역(최대 밸브오버랩)

흡입밸브 닫힘 시기를 빠르게 하고, 동시에 배기밸브 닫힘시기를 늦춰 중·저속 운전영역에서 체적효율을 향상시켜 회전력이 증대되는 효과를 얻는다. 이때 밸브오버랩은 최대가 된다. 또 가속 등으로 큰 회전력을 신속히 얻을 수 있기 때문에 밸브오버랩을 통하여 배기가스를 배출하고, 새로운 혼합가스를 신속히 흡입하여 체적효율을 높인다.

㉲ 고부하 고속운전 영역(밸브오버랩 중간~큼)

고속운전 영역에서 체적효율을 높이기 위하여 흡입밸브의 닫힘 시기를 기관 회전속도에 알맞게 늦춘다.(흡입밸브 열림을 지각시킴) 즉 흡입밸브 열림의 진각을 중간 ↔ 약간 큰 폭으로 제어하여(진각과 지각을 반복함) 체적효율(충전효율)을 높인다. 그리고 배기밸브 닫힘 시기는 약간 큰 중간지각 정도로 유지하고, 밸브오버랩을 중간 ↔ 약간 큰 폭으로 제어한다.

㉳ 고부하 각 운전영역

같은 고부하라도 저속운전 영역과 중속운전 영역에서는 조금 다른 밸브개폐 시기가 되므로 흡입・배기밸브의 닫힘 또는 열림을 미세하게 제어한다. 고부하 저속운전 영역에서는 흡입밸브 열림을 지각시키고 동시에 배기밸브 닫힘을 빠르게 하여 중부하 운전영역으로 진행시킨다. 즉 고부하 저속운전 영역은 중부하 운전영역의 밸브개폐 시기와 비슷한 상태가 된다. 그리고 고부하 중속 운전영역이 되면 흡입밸브 닫힘 시기를 빠르게 하고(진각시킴) 동시에 배기밸브 닫힘 시기를 늦추어최대 밸브오버랩에 가까운 상태를 형성한다. 그러나 고부하 고속운전 영역으로 진입하면 흡입밸브 닫힘을 빠르게 하여 밸브오버랩을 작게 한다.

5.2. 베인형 풀리를 사용하는 가변밸브 개폐 시기 장치

(1) 가변밸브 개폐 장치

가변밸브 개폐 장치에는 가변밸브 개폐시기 장치와 가변밸브 장치가 있으며, 이 장치 들은 기관의 캠축을 고속운전 영역형과 저속운전 영역형으로 변환시킨다. 즉 캠축의 캠 형상을 모든 밸브개폐 시기와 양정(lift)을 동시에 변환시키는 방식이다. 또 이 장치를 가변밸브 개폐시기 및 양정장치라고도 부르며 고·저속 운전영역 캠의 변환뿐만 아니라 흡입밸브 1개의 작동을 멈추게 하는 방식과 밸브기구의 작동을 정지시켜 가변 배기량 기구로 사용하는 방식도 있다. 가변밸브 개폐시기 장치는 캠축의 위상을 크게 변화시키는 정밀도가 높으며, 가변밸브 기구는 흡입 공기량을 증가시켜 체적효율을 높이는데 효과적이다. 또 밸브개폐 시기의 폭은 가변밸브 개폐시기 장치가 우수하고, 밸브 양정은 가변밸브 장치가 유리하다. 작동원리는 풀리의 베인에 유압을 공급하여 회전운동(진각 및 지각) 시킨다.

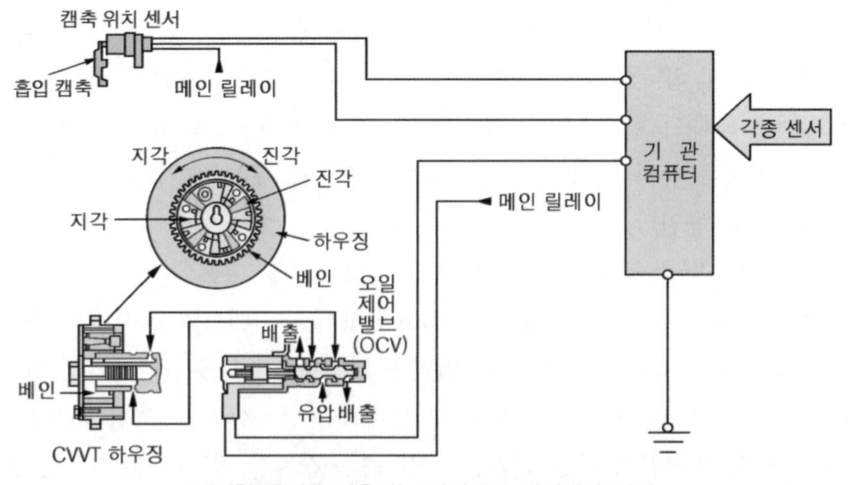

베인형 풀리를 사용하는 가변밸브 개폐시기 장치

(2) 베인형 풀리의 구조와 작동

풀리란 가변밸브 개폐 액추에이터(actuator)를 부르는 말이며, 풀리 내부에 유압이 들어갈 진각실과 지각실이 마련되어 있으며, 캠축을 회전시키는 액추에이터가 설치되어 있다. 풀리에는 톱니가 부착된 활차 쪽과 하우징(housing) 및 캠축과 일체구조로 된 베인(로터)이 설치되어 있다. 이 베인의 좌우 양쪽에는 진각실과 지각실의 유압실이 있다.

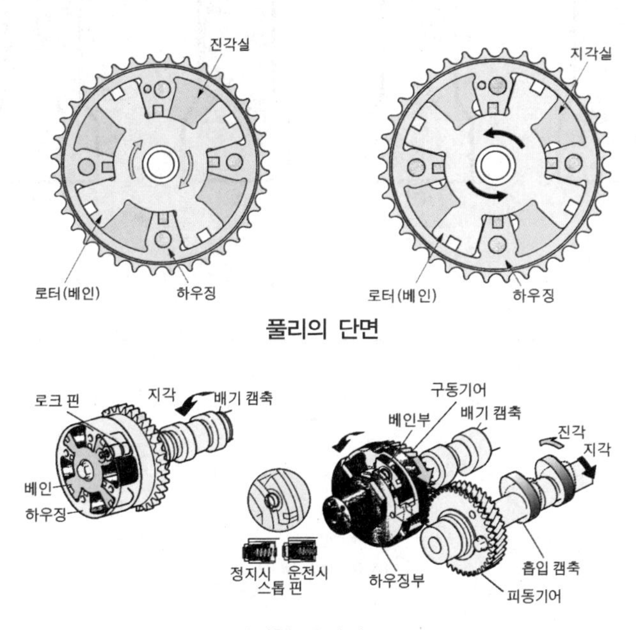

풀리의 단면

베인형 풀리의 구조

6. 연속 가변 밸브 듀레이션 (CVVD, continuous variable valve duration)

6.1. CVVD의 개요

기관에서 CVVD는 밸브가 열려 있는 시간을 차량의 운행 상태에 따라 가변하는 기술이다. 여기서 듀레이션(duration)은 밸브가 열려있는 동안의 시간(기간)을 의미하며, 그림의 VVT 그래프는 밸브가 열려있는 구간은 일정하면서 그 밸브를 여는 시기(timing)를 제어하는 기능을 한다. VVT에서는 밸브가 일찍 열리면 닫히는 시점도 빨라지고, 밸브가 늦게 열리면 닫히는 시점 역시 늦춰진다. 또 그림의 VVL 그래프는 밸브가 열리는 양(lift)을 제

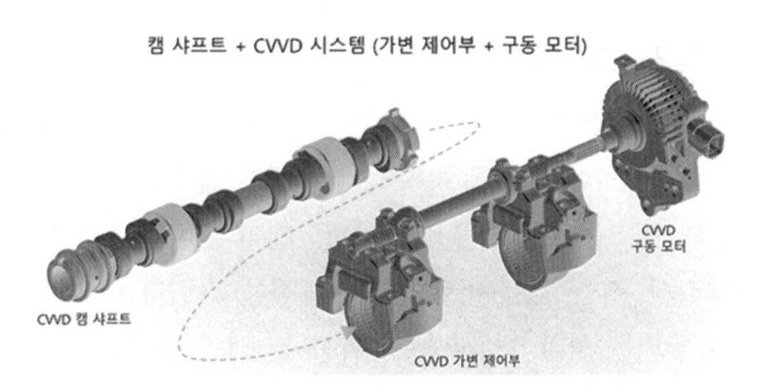

VVD 형상

어하는 기능을 한다. 이와 달리 VVD는 기관의 밸브를 열고 싶을 때 열고, 닫고 싶을 때 닫을 수 있어서 운전 조건에 맞게 밸브를 제어할 수 있다.

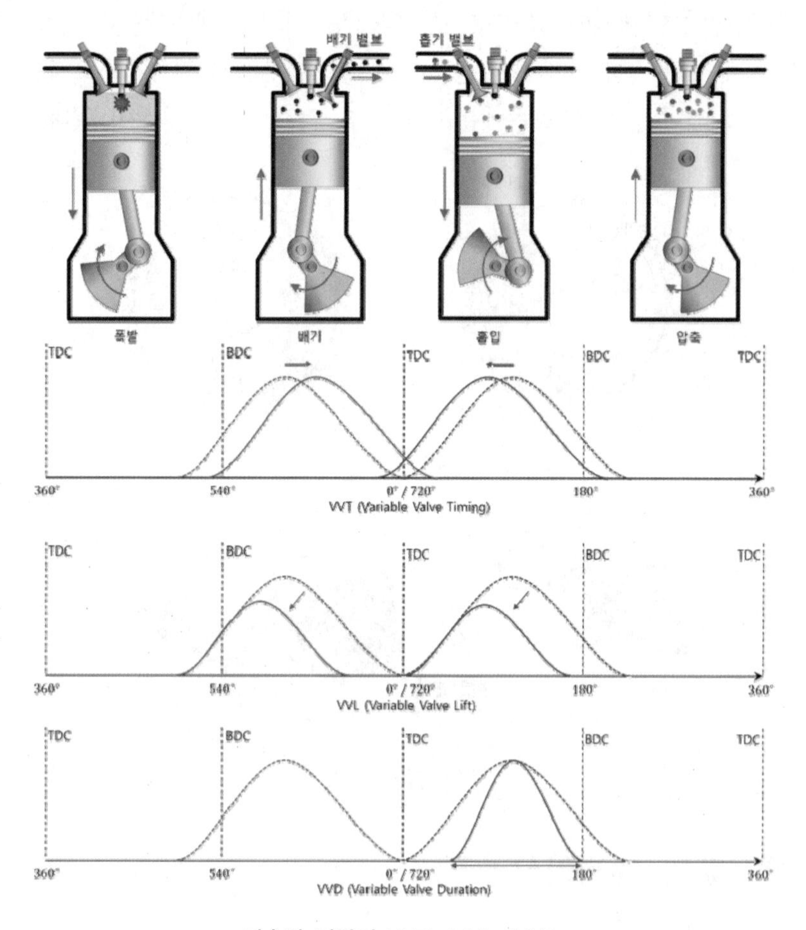

가솔린 기관의 VVT, VVL, VVD

6.2. CVVD의 원리

원의 중심에서 내측과 외측이 같은 각속도로 돌 때 외측은 내측보다 빨리 돌아야 하는 원리를적용하여 밸브를 동작시키는 캠이 그림과 같이 왼쪽으로 치우쳐 있을 때는 캠이 바깥쪽 원의 궤적을 그리게 된다. 반면, 캠이 오른쪽으로 치우쳐 있을 때는 원의 안쪽으로 궤적을 그리게 된다. 캠이 바깥쪽으로 궤적을 그린다는 의미는 빠르게 캠이 지나가는 것이고, 밸브가 열리는 시간이 짧다는 의미이다. 캠이 안쪽으로 궤적을 그린다는 의미는 천천히 캠이 지나가는 것이고, 밸브가 열리는 시간이 길어진다는 것이다.

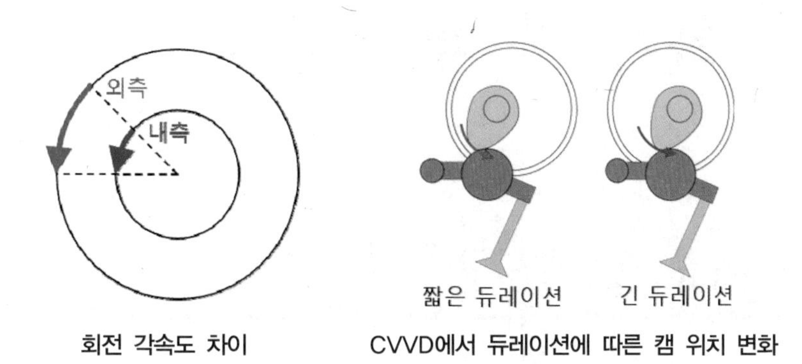

회전 각속도 차이　　CVVD에서 듀레이션에 따른 캠 위치 변화

6.3. CVVD의 장점

CVVD가 더 다양하고 복잡한 조건에서의 세밀한 기관 밸브 제어를 수행하면서 다음과 같이 성능과 연비, 배출가스 저감까지 개선할 수 있는 장점이 있다.

① 차량의 성능을 위한 CVVD의 밸브 제어는 흡기 밸브를 빨리 닫아 혼합기가 흡기 쪽으로 역류하는 것을 막고, 이로 인해 체적 효율을 향상시킬 수 있다.

② 밸브가 열리고 닫히는 시점을 독립적으로 제어할 수 있어서 운전 상태에 따라 밸브 제어를 최적화할 수 있다.

③ 흡기 밸브를 늦게 닫아 압축 행정의 힘을 덜어주고, 밸브 오버랩에 의한 내부 EGR 효과가 나타난 내부 EGR을 통해 연소온도를 저하 시키고, NOX를 저감시킬 수 있다.

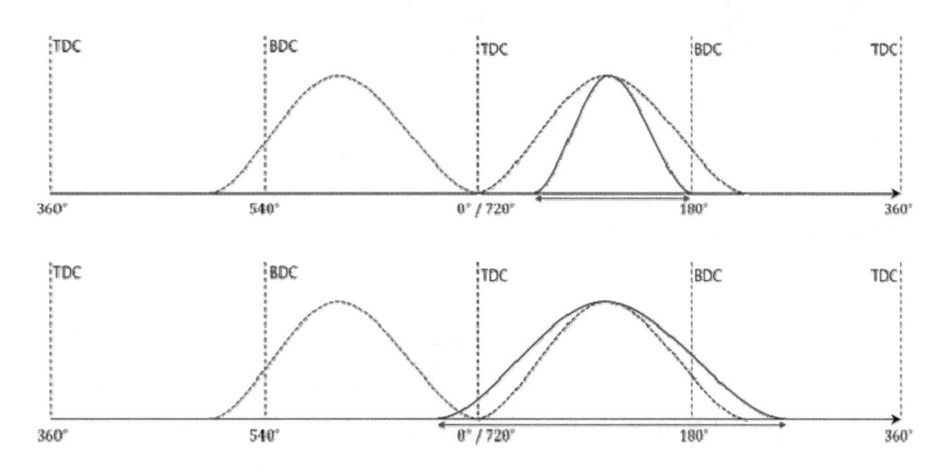

운전 상태에 따른 CVVD에서 듀레이션 변화 (상 : 성능 초점, 하 : 연비 초점)

CHAPTER 04

흡기 및 배기 장치

1 공기청정기 air cleaner

실린더 내로 흡입되는 공기와 함께 들어오는 먼지 등은 실린더 벽, 피스톤 링, 피스톤 및 흡입과 배기 밸브 등에 마멸을 촉진시키며, 또한 기관오일에 유입되어 각 윤활 부분의 마멸을 촉진시킨다. 공기청정기는 흡입공기의 먼지 등을 여과하는 작용 이외에 흡입되는 공기의 소음을 감소시 키며, 역화가 발생할 때 불길을 저지하는 기능도 있다. 공기 청정기의 종류에는 건식과 습식이 있으며, 건식 공기청정기는 케이스와 여과 엘리먼트로 구성되고, 습식 공기청정기는 엘리먼트가 스틸 울(steel wool)이나 천(gauze)이며, 기관오일이 케이스 속에 들어 있다.

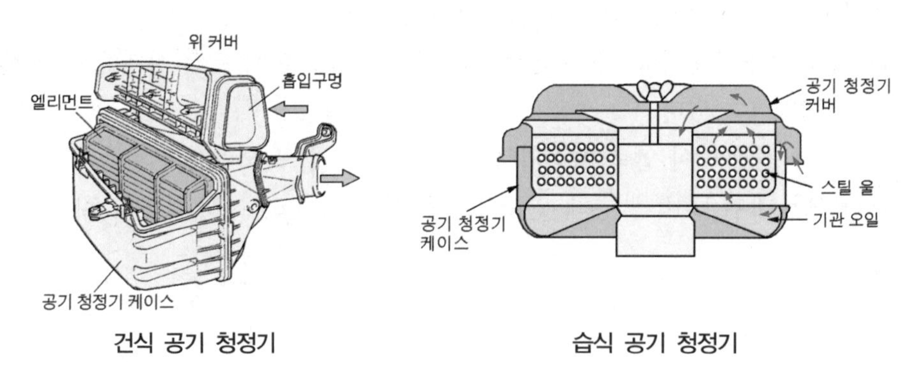

건식 공기 청정기 습식 공기 청정기

2 흡기다기관 intake manifold

흡기다기관은 혼합가스를 실린더 내로 안내하는 통로이며, 실린더 헤드 측면에 설치되어 있다. 흡기다기관은 각 실린더에 혼합가스가 균일하게 분배되도록 하여야 하며, 공기 충돌을 방지하여 흡입효율이 떨어지지 않도록 굴곡이 있어서는 안되며 연소가 촉진되도록 혼합가스에 와류를 일으키도록 해야 한다. 기관 작동 중 흡기다기관은 실린더에서 흡입작용으로 항상 진공상태에 있으며 공전 상태에서 45~50CmHg의 진공을 유지하여 브레이크 배력장치 및 크랭크케이스 환기장치 등을 작동시킨다. 흡기다기관의 지름은 클수록 흡입효율이 좋으나 혼합가스의 흐름속도가 느려 연료의 입자가 다기관 벽에 부착되어 혼합가스가 희박해지므로 실린더 지름의 25~35%가 적당하다.

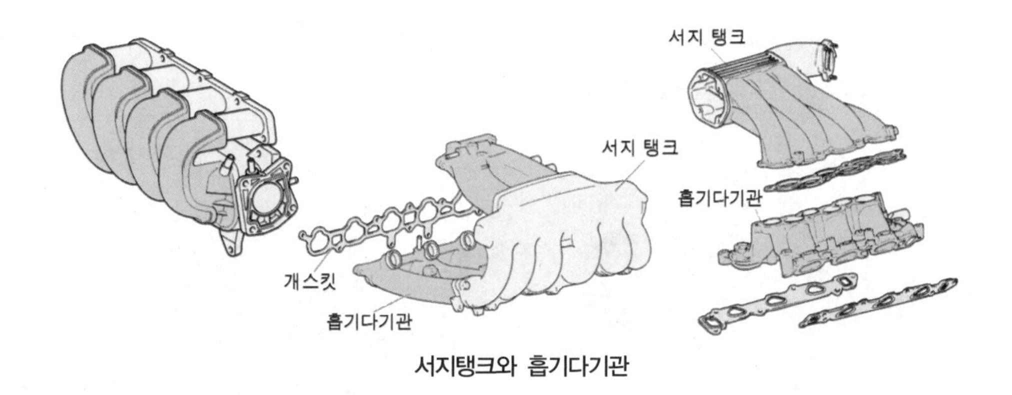

서지탱크와 흡기다기관

3 가변 흡입 장치 variable induction system

1. 가변 흡입 장치의 개요

가변 흡입 시스템은 기관 회전 수에 따라 흡입 다기관의 수, 길이, 지름 등을 바꾸어 주로 흡입 맥동 효과를 이용하여 흡입 효율을 향상시키는 장치로서 일반적으로 고속 회전에서 높은 출력을 얻기 위해서 굵고 짧은 흡입관을 저속 영역에서 큰 토크를 얻기 위해서는 좁고 긴 흡입관이 좋다.

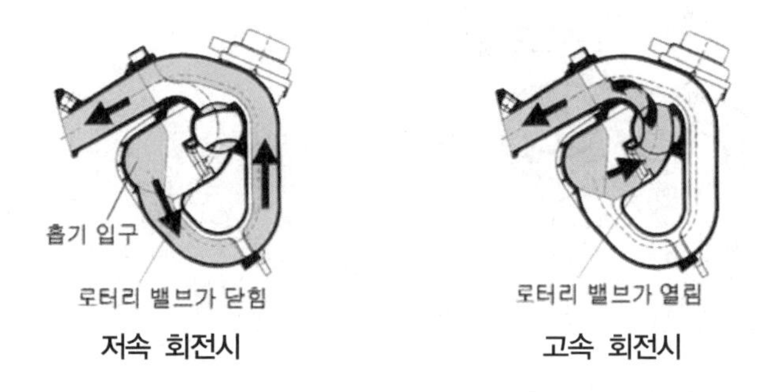

저속 회전시　　고속 회전시

고속 회전시에는 밸브의 개폐 시간이 짧고 강한 흡인력에 의해 순간적으로 공기를 실린더 내에 유입되도록 하기 위해서 흡입 저항이 적은 굵은 흡입관이 좋고 흡입 밸브를 통과한 공기가 이동하기 시작할 때 밸브가 닫히므로 짧아서 좋다. 저속 회전에서는 흡인력은 약하지만, 밸브가 열려 있는 시간이 길어서 흡입관을 가늘게 하여 공기의 유입 속도를 빠르게 함으로써 밸브를 통과한 공기까지 흡입한다. 이 때문에 가늘고 긴 흡입관이 필요하다.

2. 흡입관 길이 변화에 의한 흡입 효율

기관의 토크는 흡입하는 공기의 양에 비례한다. 이 때문에 흡입관을 고속 회전에 설정하면 저속에서 토크가 작아지고, 저속 회전에 설정하면 고속 회전에서 토크를 얻을 수 없다.

따라서 흡입관의 길이를 조정할 수 있도록 하여 고속 회전 영역과 중 · 저속 회전 영역에서 각각의 필요한 토크를 얻으려는 것이다.

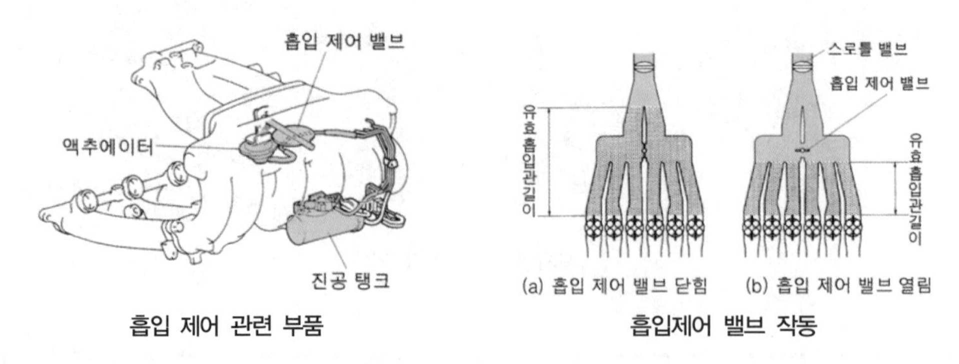

흡입 제어 관련 부품　　　　　흡입제어 밸브 작동

흡입관 내의 공기 유속은 일정하지 않은 맥동류가 된다. 이 맥동류에는 압력이 높고 낮음이 있으며, 흡입밸브가 닫히기 직전에 밸브 부근의 압력이 높으면 대량의 공기를 흡입 할 수 있으므로 토크를 높일 수 있다. 이것을 공기의 관성효과라고 한다. 이 관성효과를 적극적으로 활용하기 위해 기관의 회전수에 의해 변화하는 맥동류에 맞추어 실제 흡입관의 길이를 2단계로 나눈다. 작동은 흡입 제어 밸브의 개폐가 기관의 회전수 및 스로틀 밸브의 개도에 따라 이루어진다.

3. 가변 흡입 장치의 구조

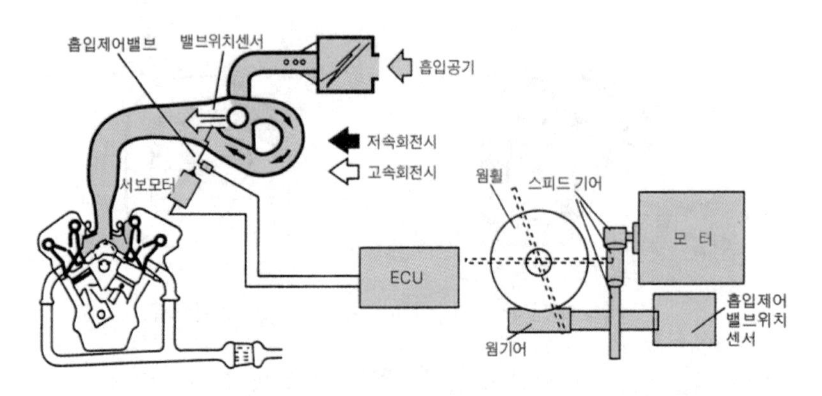

가변 흡입 장치의 구성도

기관 회전속도에 따라서 최대 회전력이 발생 되도록 흡입 공기 흐름의 회로를 자동으로 조정하는 것이며, 저속에서는 램 파이프 (ram pipe)의 길이를 길게 하고 고속에서는 짧게 한다. 밸브의 구동은 서보 모터 (servo motor : 직류 전동기)로 하며, 이 모터는 컴퓨터 제어로 작동한다.

주로 기관의 회전속도에 따라 매니폴드 스로틀 밸브의 목표 위치를 미리 설정해 두고 목표 값과 실제 값 사이의 차이가 발생하면 이 차이를 흡입 밸브 위치 센서에서 감지하여 서보 모터 (흡입 제어 밸브 구동 모터)를 작동하여 목표 값과 실제 값이 일치하도록 제어한다.

4. 가변 흡입 장치의 작동

기관이 저속으로 작동할 때는 흡입 제어 밸브를 닫아 흡입 다기관의 길이를 길게 하여 흡입 관성의 효과를 이용함으로써 흡입 효율을 향상시켜 저속에서 회전력을 증대시킨다. 저속에서는 흡입 공기의 흐름 속도가 느리므로 압축 행정의 압축 압력이 흡입 관성을 이겨내 흡입 밸브가 닫히기 전까지 흡입 공기를 밀어준다. 즉, 저속에서 흡입 제어 밸브를 완전히 닫으면 같은 흡입 공기의 흐름이라 할지라도 흡입 다기관의 길이가 길게 되어 있으므로 흡입 관성이 강하게 되므로 압축 행정에서의 압축 압력을 이기게 되어 흡입 효율이 상승한다.

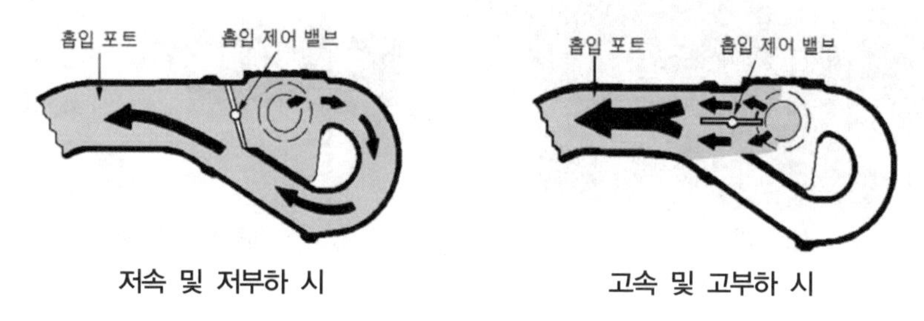

저속 및 저부하 시　　고속 및 고부하 시

그리고 고속 회전에서 흡입 제어 밸브를 열면 흡입 다기관의 길이가 짧아지며, 이때 흡입 공기의 흐름 속도가 빨라져 흡입 관성이 강한 압축 행정에 도달하도록 흡입 밸브가 닫힐 때까지 충분한 공기를 유입시킨다. 이와 같이 저속에서는 긴 흡입 다기관을 이용하여 저속 회전력을 향상 시키고 고속에서는 짧은 흡입 다기관을 이용하여 고속 회전력을 향상 시킨다.

4 배기다기관 exhaust manifold

배기 다기관은 고온 · 고압 가스가 끊임없이 통과하므로 내열성이 큰 주철 등을 사용하며, 연소 가스는 각 실린더에서 배출되므로 실린더 수만큼 배기 포트가 있다. 도중에 1개 또는 2개로 집합시켜 배기 파이프와 연결한다. 배기관의 내부는 흡입 다기관의 경우와 같은 모양으로 유속의 저항 때문에 출력이 손실되지 않도록 매끄럽게 처리되어있다.

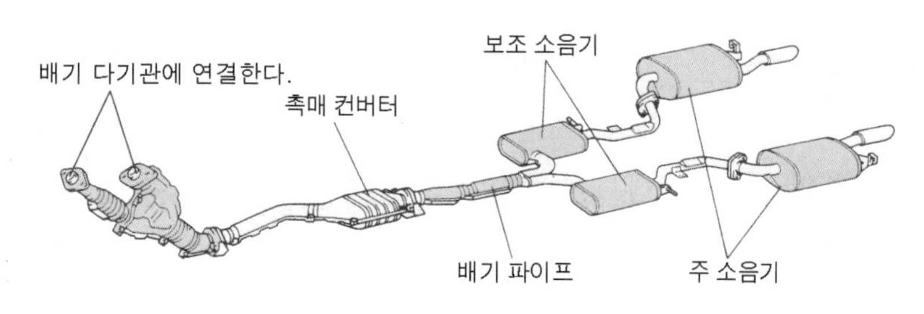

배기장치의 구성

멀티 실린더의 배기관을 집합시키면 각 실린더의 배기 타이밍이 다르므로 다른 실린더와 서로 간섭하여 역류하거나 흐름이 나빠지는 현상이 발생한다. 이렇게 되면 배기 밸브의 외측으로부터 압력(배압)이 가해져 밸브가 열려도 자연스럽게 배출되지 않아 혼합기의 흡입 효율이 낮게 되어 기관의 출력이 저하된다. 이러한 배압을 방지하기 위해 실린더마다 길게 하거나 구부림을 완만하게 하여 1개소에 집합시키는 불간섭형이나 4실린더의 경우 2개 실린더 씩 2개, 6실린더의 경우 3개 실린더 씩 2개로 하여 1개소에 집합시키는 듀얼형이 있다.

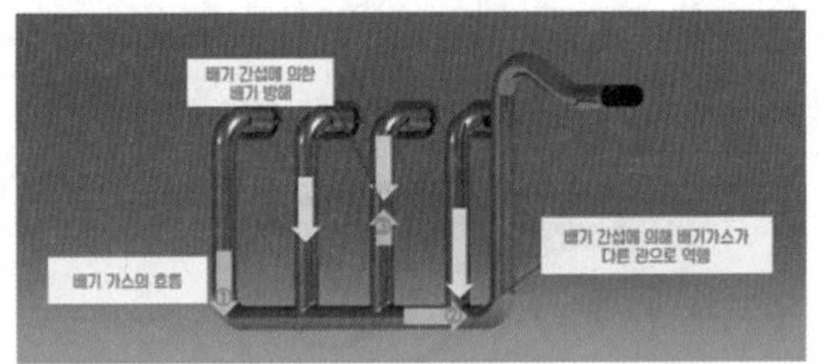

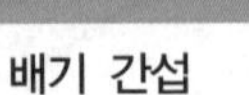
배기 간섭

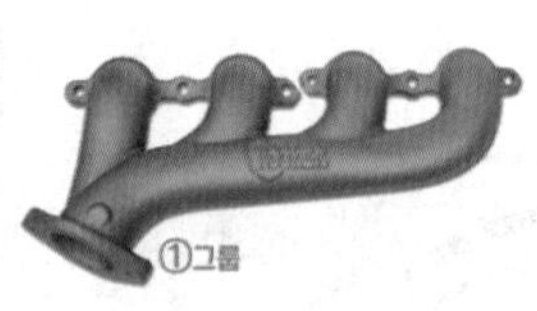

<배기관 그룹 : 1개>

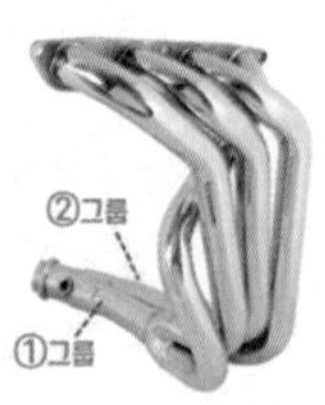

<배기관 그룹 : 2개>

배기관 쌍(group)

5 소음기 muffler ; 머플러

배기가스는 매우 고온(600～900℃)이고, 흐름 속도가 거의 음속(340m/sec)에 달하므로 이것을 그대로 대기 중에 방출시키면 급격히 팽창하여 격렬한 폭음을 낸다. 이 폭음을 막아주는 장치가 소음기이며, 음압과 음파를 억제시키는 구조로 되어 있다. 내부 구조는 몇 개의 방으로 구분되어 있고 배기가스가 이 방들을 지나갈 때마다 음파의 간섭, 압력 변화의 감소, 배기 온도 등을 점차로 낮추어 소음을 감소시킨다. 소음 감소 효과를 높이기 위해 소음기의 저항을 크게 하면 기관의 폭음은 감소하나 배기가스의 압력(배압 ; back pressure)이 커져 출력이 감소한다. 소음기의 소음 저감 방법에는 흡음재를 사용하는 방법, 음파를 간섭시키는 방법, 튜브 단면적을 어느 길이만큼 크게 하는 방법, 공명에 의한 방법, 배기가스를 냉각시키는 방법 등이 있다.

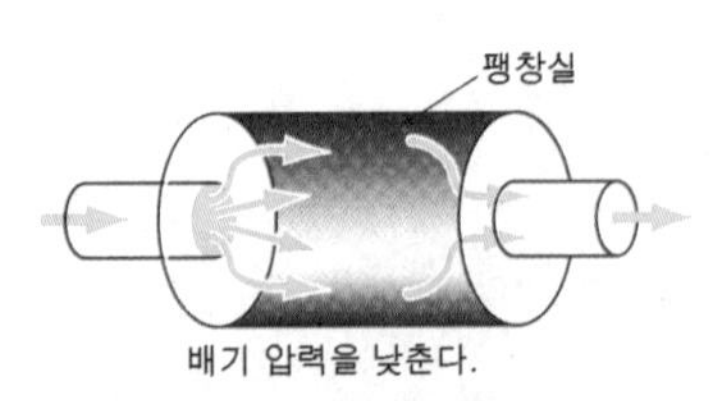

단순 확장형

공명 확장형

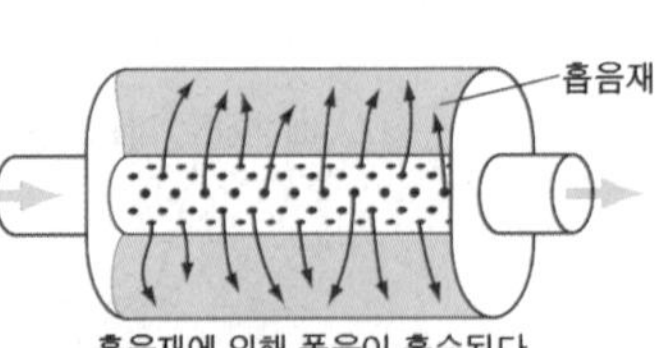

흡음형

CHAPTER 05

냉각 장치

1 냉각장치의 필요성

작동 중인 기관의 폭발 행정에서 발생되는 열(1,500~2,000℃)을 냉각시켜 기관의 온도를 알맞게 유지시키는 장치이다. 기관의 정상적인 작동 온도는 75~85℃이며, 실린더 헤드 물 재킷 내에서 나오는 냉각수의 온도이다.

알고갑시다 용어정리

① 기관이 과열되었을 때의 영향
㉮ 냉각수 순환이 불량해지고 금속의 산화가 촉진된다.
㉯ 작동 부분의 고착 및 변형이 발생한다.
㉰ 윤활의 불충분으로 각 부품이 손상된다.
㉱ 조기점화 또는 노크가 발생한다.
② 기관이 과냉되었을 때의 영향
㉮ 연료의 응결로 연소가 불량해진다.
㉯ 연료가 쉽게 기화하지 못한다.
㉰ 연료 소비율이 증가한다.
㉱ 기관 오일의 점도가 높아져 기관을 시동할 때 회전저항이 커진다.

2 기관의 냉각방법

기관을 냉각시키는 방법에는 공기로 기관의 외부를 냉각시키는 공냉식과 냉각수를 사용하여 기관의 내부를 냉각시키는 수냉식이 있다.

1. 공냉식 air cooling type

공냉식은 기관을 대기와 직접 접촉시켜서 냉각시키는 방법으로 냉각수의 보충, 누출, 동결 등의 염려가 없고 구조가 간단하여 취급이 쉬운 장점이 있으나 기후, 운전상태 등에 따라 기관의 온도가 변

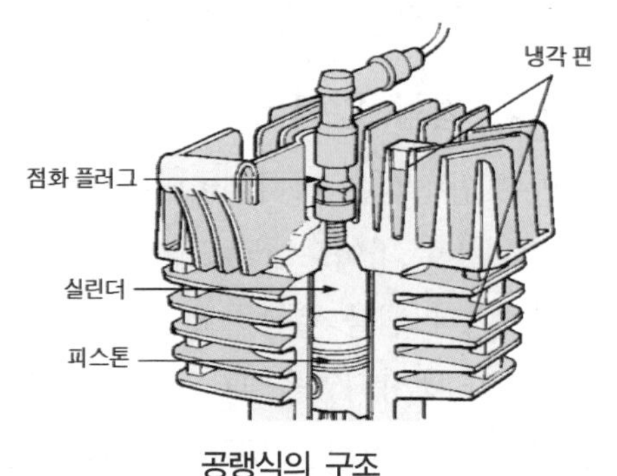

공랭식의 구조

화하기 쉽고 냉각이 균일하지 못한 단점이 있다. 공냉식에는 자동차가 주행할 때 받는 공기로 냉각시키는 방식으로 실린더 헤드와 실린더 블록과 같이 과열되기 쉬운 부분에 냉각핀(cooling fin)이 설치되어 냉각하는 자연 통풍식과 냉각 팬(cooling fan)을 사용하여 강제로 많은 양의 공기를 기관으로 보내어 냉각시키는 강제통풍식이 있다.

2. 수냉식 water cooling type

수냉식은 냉각수를 사용하여 기관을 냉각시키는 방식으로 냉각수는 연수를 사용하여야 한다. 수냉식은 냉각수를 순환시키는 방식에 따라 자연 순환식, 강제 순환식, 압력 순환식, 밀봉 압력식 등이 있다.

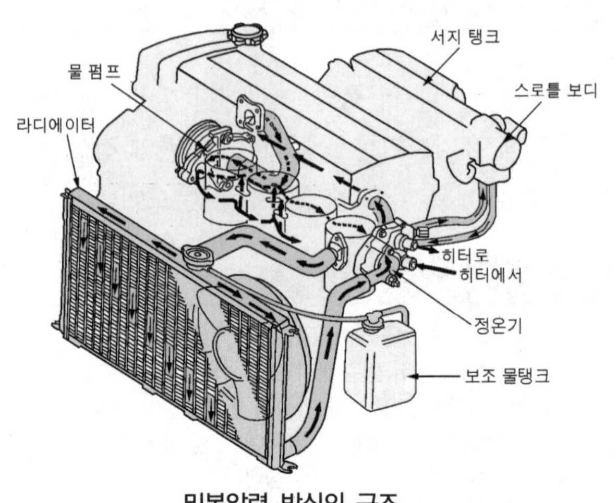

밀봉압력 방식의 구조

2.1. 자연 순환식

자연 순환식은 냉각수를 대류에 의해 순환시키는 방식이며, 현재의 고성능 기관에는 부적합하다.

2.2. 강제 순환식

강제 순환식은 물 펌프로 실린더 헤드와 실린더 블록에 설치된 물재킷 내에 냉각수를 순환시켜 냉각시키는 것이다.

2.3. 압력 순환식

압력 순환식은 냉각계통을 밀폐시키고, 냉각수가 가열되어 팽창할 때의 압력을 냉각수에 가하여 냉각수의 비등점을 높여 비등에 의한 손실을 감소시킬 수 있는 방식이다. 압력 조절은 라디에이터 캡의 압력 밸브에 의해 이루어지며, 특징은 라디에이터 크기를 작게 제작할 수 있고 냉각수 보충 횟수를 줄일 수 있으며, 기관의 열효율도 높일 수 있다.

2.4. 밀봉 압력식

밀봉 압력식은 라디에이터의 캡에 의해서 압력이 조절되지만 냉각수가 가열 팽창하였을 때 오버플로 파이프(over flow pipe)로 팽창된 냉각수가 배출된다. 이러한 단점을 보완하여 라디에이터 캡을 밀봉하고 냉각수의 팽창과 평형이 되는 크기의 보조 물 탱크를 설치하여 냉각수가 팽창되었을 때 외부로 배출되지 않도록 한 방식이다. 특징은 냉각수 유출에 의한 손실이 적어 장시간 냉각수 량을 점검 및 보충하지 않아도 된다.

3 수냉식의 주요 구조와 기능

수냉식 냉각장치의 구성은 실린더 헤드와 실린더 블록에 냉각수가 순환하는 **물 재킷**, 물 재킷 내로 냉각수를 순환시키는 **물 펌프**, 라디에이터의 통풍을 보조하여 냉각수를 냉각시키는 **냉각 팬**, 물 펌프를 구동하는 **구동 벨트**, 냉각수를 냉각시키는 **라디에이터**, 냉각수 온도를 조절하는 **수온 조절기**, 냉각수의 온도를 나타내는 **온도계** 등으로 구성되어 있다.

1. 물 재킷 water jacket

물 재킷은 실린더 헤드 및 실린더 블록에 일체 구조로 된 냉각수가 순환하는 물 통로이다. 이 물 재킷을 순환하는 냉각수가 실린더 벽, 밸브 시트, 밸브 가이드 및 연소실 등의 열을 냉각시킨다.

2. 물 펌프 water pump

물 펌프는 구동 벨트를 통하여 크랭크축에 의해 구동되며, 실린더 헤드 및 실린더 블록의 물 재킷 내로 냉각수를 순환시키는 원심력 펌프이다. 물 펌프의 능력은 송수량으로 표시하며, 펌프의 효율은 냉각수 온도에는 반비례하고 압력에는 비례한다. 따라서 냉각수에 압력을 가하면 물 펌프의 효율이 증대된다.

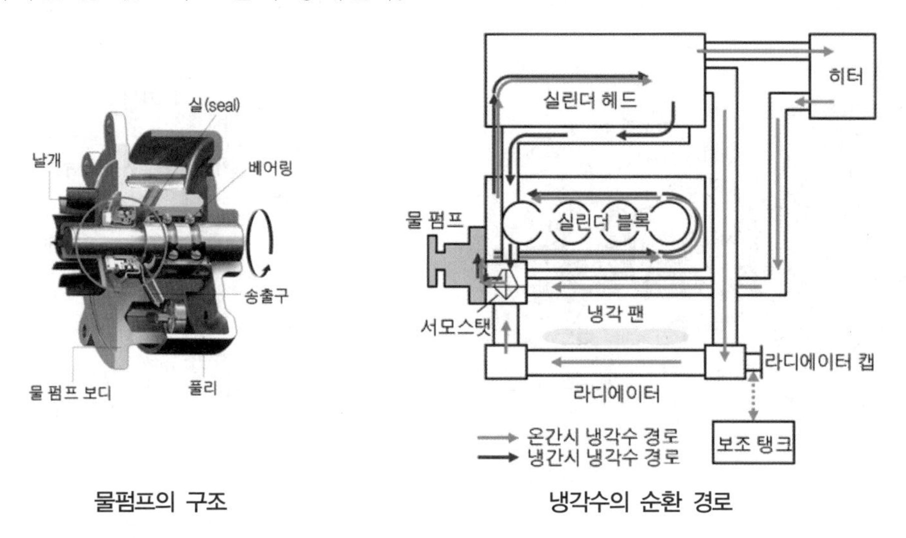

물펌프의 구조　　냉각수의 순환 경로

알고갑시다 원심력 펌프

원심력 펌프(centrifugal pump)란 밀폐된 용기 내에 냉각수를 가득 채우고 그 안에서 날개(impeller)를 회전시키면 용기 주위의 압력은 높아지고, 중앙의 압력은 낮아진다. 이러한 용기의 중앙에 파이프를 설치하면 냉각수가 흡입되어 주위의 파이프로 냉각수를 배출시킬 수 있다.

3. 냉각 팬 cooling fan

냉각 팬은 물 펌프 축과 일체로 회전하며 라디에이터를 통하여 공기를 기관 쪽으로 흡입하여 라디에이터의 통풍을 도와준다. 냉각 팬은 플라스틱으로 만든 4~6개의 날개로 되어있고, 라디에이터 뒤쪽에 약간의 거리를 두고 설치되어 있다. 최근에는 냉각 팬의 회전을 자동적으로 조절하여 냉각 팬의 구동으로 소비되는 기관의 출력을 최대한으로 감소시키고, 기관의 과다한 냉각이나 냉각 팬의 소음을 감소시키기 위해 팬 클러치식이나 전동기식이 사용된다.

3.1. 팬 클러치 방식 fan clutch type

팬클러치 방식은 반자동 팬이라고도 하며, 냉각 팬의 회전을 기관의 온도에 의해 자동으로 회전을 조절하여 냉각 팬의 구동 손실을 가능한 감소시키고 기관의 과다한 냉각이나 소음을 줄이기 위해 사용된다. 팬 클러치식에는 유체 커플링식과 바이메탈식이 있다.

(1) 유체 커플링식 fluid coupling type

물 펌프와 냉각 팬 사이에 실리콘 오일을 봉입한 유체 커플링을 설치한 것으로 동력전달은 실리콘 오일의 유체 저항을 이용한다. 유체 커플링은 기관이 저속으로 회전할 때는 냉각 팬이 물 펌프와 같은 속도로 회전을 하지만, 고속으로 회전할 때는 냉각 팬의 회전 저항이 증가하고 유체 커플링에 미끄럼이 발생하여 냉각 팬의 회전속도는 물 펌프의 회전속도보다 낮아져 냉각 팬의 소음이나 구동 손실을 감소시킬 수 있다.

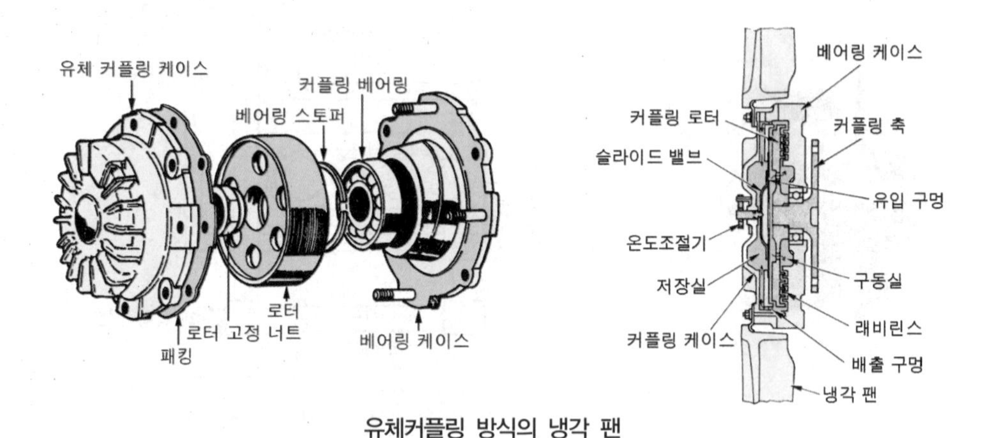

유체커플링 방식의 냉각 팬

(2) 바이메탈식 bimetal type

물 펌프와 냉각 팬 사이에 바이메탈에 의한 온도조절기가 설치되며, 냉각 팬의 회전속도는 라디에이터를 통과하는 공기온도에 의해 결정된다. 그리고 냉각 팬의 작동은 분배판 조절구멍으로 유동하는 실리콘 오일의 양에 비례하는 회전력으로 결정되며, 오일의 양이 많아지면 회전력이 증가하여 냉각 팬의 회전속도가 빨라진다. 작동은 다음과 같다.

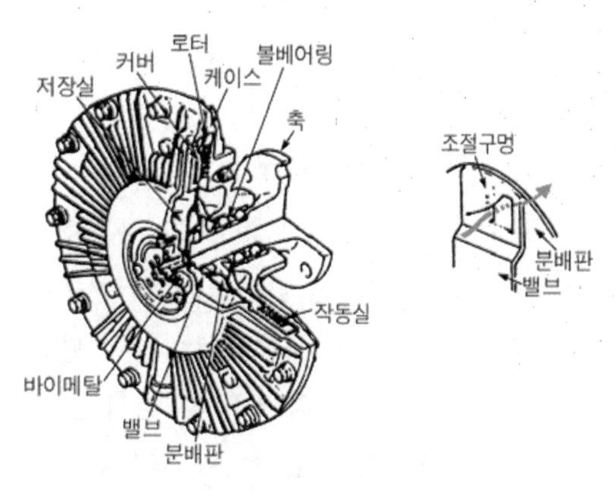

바이메탈식의 구조

① 라디에이터를 통과하는 공기의 온도가 낮을 때 : 바이메탈이 수축하여 밸브는 분배판의 조절구멍을 막는다. 이때 작동실의 실리콘 오일은 원심력에 의해 오일 출구를 통해 저장실로 되돌아가므로 냉각 팬은 저속으로 회전한다.

② 라디에이터를 통과하는 공기의 온도가 높을 때 : 바이메탈이 팽창되어 밸브는 분배 판의 조절 구멍을 천천히 열어 오일 저장실의 실리콘 오일이 작동실로 흐르므로 실리콘 오일의 접촉 범위에 따라 로터의 회전이 증가하며, 그 회전력이 냉각 팬으로 전달되므로 팬의 회전속도가 점차 빨라진다.

③ 라디에이터를 통과하는 공기의 온도가 매우 높을 때 : 밸브가 분배판의 조절구멍을 완전히 열어 많은 양의 실리콘 오일이 작동실로 들어오므로 냉각 팬의 회전속도가 최대로 된다.

3.2. 전동기 방식 motor type

이 방식은 전동기로 냉각 팬을 구동시키는 것이며, 축전지 전원으로 작동한다. 작동은 수온센서로 냉각수 온도를 검출하여 규정온도(85℃) 이상이 되면 전동기가 구동되어 냉각 팬이 회전하고, 규정온도(85℃) 이하가 되면 냉각 팬의 회전이 정지된다. 이 방식의 장점은 라디에이터 설치위치가 자유롭고, 난방이 빨라지며, 일정한 바람의 양을 확보할 수 있어 기관이 공전하거나 복잡한 시내를 주행할 때에도 충분한 냉각효과를 얻을 수 있다. 그러나 값이 비싸고 냉각 팬을 구동하는 소비전력과 소음이 큰 단점이 있다.

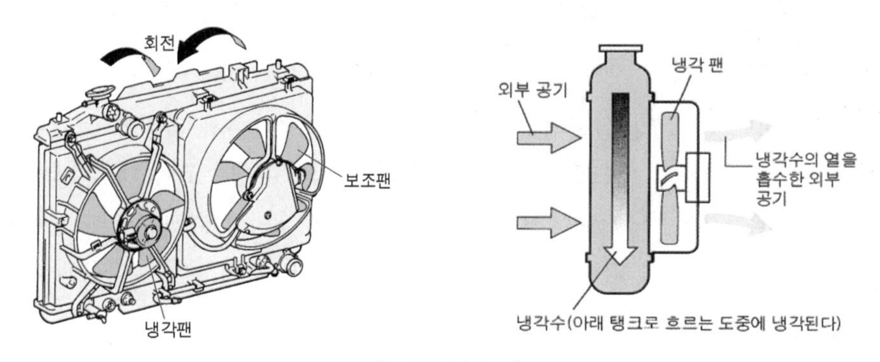

전동기식 냉각 팬

4. 구동 벨트 drive belt or fan belt

4.1. 구동 벨트의 구조

구동 벨트는 이음새가 없는 고무제 벨트를 사용하며, 크랭크축 풀리, 발전기 풀리, 물 펌프 풀리 등을 연결 구동한다. 구동 벨트를 V-벨트로 사용하는 경우에는 각 풀리의 양쪽 경사진 부분에 접촉되어야 하며, 풀리 밑바닥에 닿으면 미끄러지며 접촉면의 각도는 40° 이다. 최근에는 V-벨트 대신 안쪽에 돌기를 둔 벨트와 풀리를 사용하고 있다. 구동 벨트는 반드시 기관의 작동이 정지된 상태에서 탈부착을 해야 한다.

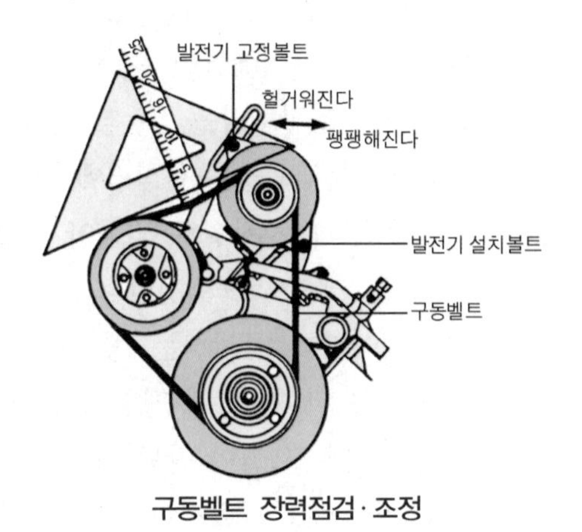

구동벨트 장력점검·조정

4.2. 구동 벨트의 장력 점검 및 조정 방법

구동 벨트의 장력 점검은 발전기 풀리와 물 펌프 풀리 사이에서 점검하며, 10kgf의 힘으로 눌렀을 때 6~10㎜(예전에는 13~20mm임)의 헐거움이면 양호하다. 그리고 장력 조정은 발전기 브래킷의 고정 볼트를 풀고 발전기를 이동시키면 된다.

알고갑시다 구동 벨트의 장력이 너무 크거나 작을 때 영향

① 구동 벨트 장력이 너무 크면(팽팽하면-유격이 작음)
　㉮ 발전기의 베어링 마멸이 촉진된다.　㉯ 물 펌프의 베어링 마멸이 촉진된다.
② 구동 벨트 장력이 너무 작으면(헐거우면-유격이 큼)
　㉮ 물 펌프 회전속도가 느려 기관이 과열되기 쉽다.　㉯ 발전기의 출력이 저하된다.
　㉰ 소음이 발생하며, 구동 벨트의 손상이 촉진된다.

5. 라디에이터 radiator ; 방열기

5.1. 라디에이터의 기능

라디에이터는 실린더 헤드 및 실린더 블록에서 뜨거워진 냉각수가 라디에이터 위 탱크로 유입되면 튜브를 통하여 아래 탱크로 흐르는 동안 자동차의 주행속도와 냉각 팬에 의하여 유입되는 대기와의 열 교환이 냉각핀에서 이루어져 냉각된다. 냉각 효과는 라디에이터와 함께 냉각 팬, 물 펌프의 성능에 따라 좌우된다. 라디에이터의 구비조건은 다음과 같다.

① 단위 면적당 방열량이 클 것
② 작고 가벼우며 강도가 클 것

③ 냉각수의 흐름저항이 적을 것
④ 공기의 흐름저항이 적을 것

5.2. 라디에이터의 구조

라디에이터에는 위쪽에 위 탱크, 라디에이터 캡, 오버플로 파이프, 입구 파이프 등이 있고 중간에는 코어(튜브와 냉각 핀)가 있으며, 아래쪽에는 출구 파이프와 냉각수 배출용 드레인 플러그가 설치되어 있다.

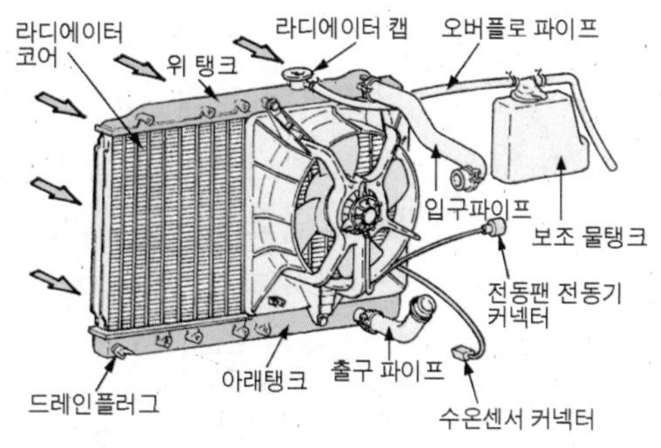

라디에이터의 구조

(1) 라디에이터 코어의 재질 및 구조

코어는 냉각수가 흐르는 튜브와 냉각 핀으로 구성되어 있으며, 재질은 열전도성이 큰 얇은 판재의 구리나 황동이다. 최근에는 알루미늄 합금이 사용되며, 냉각 핀의 종류에는 평면판을 일정한 간격으로 설치한 플레이트 핀(plate fin), 핀이 파도 모양으로 된 코루게이트 핀(corrugate fin), 그리고 튜브가 벌집 모양으로 된 리본 셀룰러 핀(ribbon cellular fin) 등이 있다.

(2) 라디에이터 캡 radiator cap

① 라디에이터 캡의 개요

라디에이터 캡은 냉각수 주입구 뚜껑이며, 내부의 온도와 압력을 조정하여 냉각의 범위를 넓게 하고 냉각장치 내의 비등점(비점)을 높이기 위하여 압력 캡을 사용한다. 압력식 캡의 압력은 게이지 압력으로 0.2~0.9kgf/㎠ 정도이며, 이때의 냉각수 비등점은 112℃ 정도이다.

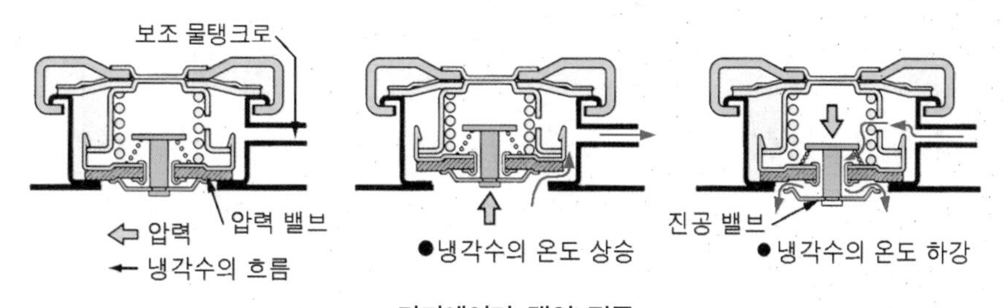

라디에이터 캡의 작동

② 라디에이터 캡의 작용

라디에이터 캡에는 압력 밸브와 진공 밸브가 설치되어 있으며, 이들 밸브의 작용은 다음과 같다.

㉮ 압력이 낮을 때 : 압력이 낮을 때(냉각수가 냉각된 상태)는 압력 밸브와 진공(부압)밸브는 밸브 스프링의 장력으로 각각 시트에 밀착되어 냉각장치의 기밀을 유지한다.

㉯ 압력 밸브의 작동 : 냉각장치 내의 압력이 규정값 이상이 되면 압력 밸브가 스프링 장력을 이기고 통로를 연다. 이에 따라 냉각장치 내의 과잉 압력의 수증기가 오버플로 파이프를 거쳐 배출된다. 압력 밸브의 주작용은 냉각수의 비등점을 상승시키는 것이므로 압력 밸브 스프링이 파손되거나 장력이 약해지면 비등점이 낮아진다.

㉰ 진공 밸브의 작동 : 냉각수가 냉각되면 냉각장치 내의 부압에 의해 진공 밸브가 그 스프링을 누르고 열려 압력 순환식의 경우는 라디에이터 내로 대기가 유입되고, 밀봉 압력식의 경우에는 보조 물탱크 내의 냉각수가 유입되어 라디에이터 튜브의 파손을 방지한다.

6. 수온 조절기 thermostat ; 정온기

수온조절기 실린더 헤드 물재킷 출구부분에 설치되어 냉각수 온도에 따라 냉각수 통로를 개폐하여 기관의 온도를 알맞게 유지하는 기구이다. 작동은 냉각수의 온도가 차가울 때는 수온조절기가 닫혀서 라디에이터 쪽으로 냉각수가 흐르지 못하게 하고, 냉각수가 가열되면 점차 열리기 시작하여 정상운전 온도가 되면 완전히 열려서 냉각수가 라디에이터로 순환한다. 정온기의 종류에는 바이메탈형, 벨로즈형, 펠릿형 등이 있으며, 현재는 펠릿형 이외에는 사용하지 않는다. 펠릿형은 왁스 케이스 내에 왁스와 합성고무를 봉입하고 냉각수 온도가 상승하면 왁스가 합성 고무를 압축하여 왁스 케이스가 스프링을 누르고 내려가므로 밸브가 열려 냉각수 통로를 열어준다. 내구성이 우수하며 75℃에서 열리기 시작하여 102℃에서 완전히 열린다.

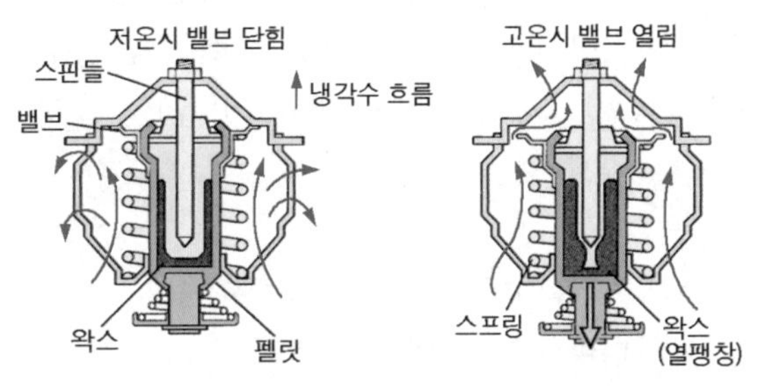

펠릿형 정온기

6.1. 냉각수 온도조절 장치

냉각수 온도를 조절하는 정온기의 제어방식에는 입구제어 방식과 출구제어 방식이 있다.

(1) 입구제어 방식

입구제어 방식은 냉각수 온도가 상승하여 수온 조절기가 열리면 라디에이터에서 냉각된 냉각수가 실린더 블록으로 유입되며, 수온 조절기의 열림은 유입되는 냉각수에 의해 결정되기 때문에 냉각수가 조금씩 유입되면서 수온 조절기의 열림이 조절된다.

냉각수 온도가 수온 조절기의 열림 온도에 도달하면 수온 조절기는 바이패스 통로를 교축함과 동시에 라디에이터의 통로를 열어 물 펌프의 냉수와 온수를 혼합하여 흡입한다. 따라서 냉각수의 온도 조절을 정밀하게 할 수 있으며, 워밍업 시간이 단축되는 장점이 있으나 냉각수의 주입 및 공기빼기 작업이 어려운 단점이 있다.

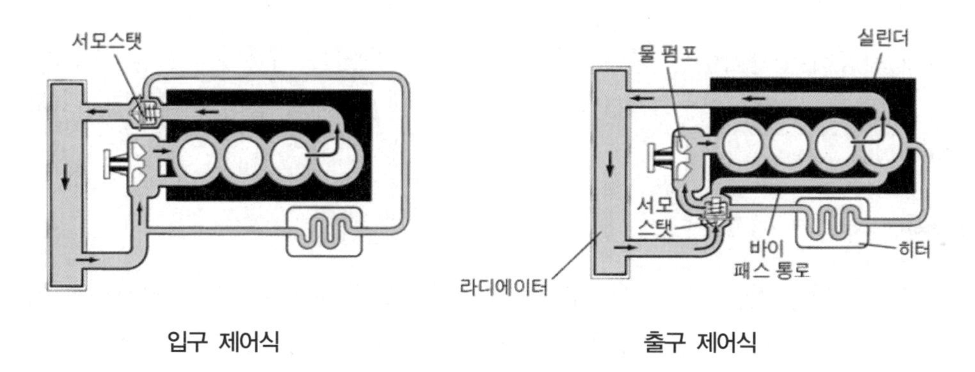

입구 제어식　　　　출구 제어식

(2) 출구제어 방식

출구제어 방식은 냉각수의 온도가 상승하여 수온 조절기가 열리면 냉각수가 라디에이터로 유입되어 냉각되며, 냉각된 냉각수가 물 펌프를 통해 실린더 블록으로 유입되어 실린더 헤드를 거쳐 수온 조절기에 도달하면 수온 조절기가 닫힌다. 수온 조절기가 열려있는 시간이 길기 때문에 냉각수의 유량이 많아 냉각수 온도분포가 급격히 저하된다. 냉각수 온도분포가 불균일하고 연료분사량 보정이 부정확하며, 유해배기 가스 저감 대책에도 취약하다.

7. 온도계 thermistor ; 서미스터

온도계는 실린더 헤드 물 재킷 내의 냉각수 온도를 표시하는 것이며, 종류에는 여러 가지가 있으나 여기서는 현재 가장 많이 사용하고 있는 밸런싱 코일방식에 대해서만 설명하도록 한다. 밸런싱 코일방식(balancing coil type)은 계기부분과 기관 유닛부분으로 구성되어 있으며, 기관의 유닛부분에는 서미스터(thermistor)를 두고있다. 서미스터는 전기저항이 낮은 온도에서는 크고, 온도가 상승함에 따라 감소하는 성질이 있다. 작동은 냉각수 온도가 낮을 때에는 코일 L_2의 흡입력이 약하다. 이에 따라 온도계의 지침이 C(cool)쪽에 머문다. 냉각수의 온도가 상승하면 코일 L_1의 흡입력이 커지므로 지침이 H(high)쪽으로움직여 머물게 된다.

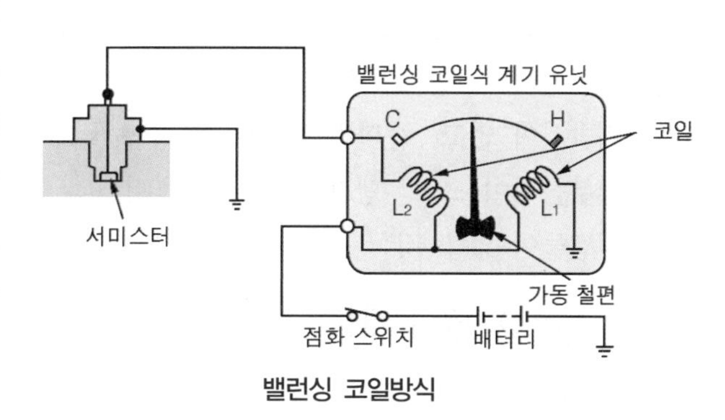

밸런싱 코일방식

4 냉각수와 부동액

1. 냉각수

기관에서 사용하는 냉각수는 연수(증류수, 수돗물, 빗물)를 사용하며 물은 구하기 쉽고, 열을 잘 흡수하는 장점이 있으나 100℃에서 비등하고, 0℃에서 얼며 스케일(scale)이 생기는 단점이 있다.

2. 부동액

냉각수가 동결되는 것을 방지하기 위하여 냉각수와 혼합하여 사용하는 액체로서 그 종류에는 에틸렌글리콜, 메탄올, 글리세린 등이 있으며, 현재는 에틸렌글리콜이 주로 사용된다. 부동액의 특징은 다음과 같다.

① 비등점이 197.2℃, 응고점이 최고 −50℃이다.
② 도료(페인트)를 침식하지 않는다.
③ 냄새가 없고 휘발하지 않으며, 불연성이다.
④ 기관 내부에 누출되면 교질 상태의 침전물이 생긴다.
⑤ 금속 부식성이 있으며, 팽창계수가 크다.

2.1. 부동액의 구비조건

① 비등점이 물보다 높을 것
② 빙점(응고점)이 물보다 낮을 것
③ 물과 혼합이 잘 될 것
④ 휘발성이 없고, 순환이 잘 될 것
⑤ 내부식성이 크고, 팽창계수가 적을 것
⑥ 침전물이 없을 것

2.2. 부동액 혼합 비율

부동액의 혼합 비율은 그 지방 최저 온도보다 5~10℃ 더 낮은 기준으로 사용하며, 부동액의 세기(농도)는 비중계로 측정한다.

2.3. 부동액 교환 방법

① 부동액의 원액과 연수를 혼합한다.
② 냉각계통의 냉각수를 완전히 배출시키고 세척제로 냉각장치를 세척한다.

③ 라디에이터 호스, 호스 클램프, 물 펌프, 헤드 개스킷, 드레인 플러그 등에서 누출 여부를 점검한다.

④ 부동액의 주입은 냉각수 용량의 80% 정도 넣고 기관을 시동하여 정상 운전 온도로 한 다음 수온 조절기가 열린 후 나머지를 규정 위치까지 채운다.

⑤ 보충은 영구 부동액일 경우는 물만 보충해 주고 반영구 부동액은 최초에 주입한 농도의 부동액을 주입한다.

⑥ 부동액이 녹 등으로 변색이 된 경우는 다시 한번 더 냉각계통을 세척하고 새 부동액을 주입한다.

알고갑시다 **수냉식 기관의 과열 원인**

① 구동 벨트의 장력이 적거나 파손되었다.
② 냉각 팬이 파손되었다.
③ 라디에이터 코어가 20% 이상 막혔다.
④ 라디에이터 코어가 파손되었거나 오손 되었다.
⑤ 물 펌프의 작동이 불량하거나 라디에이터 호스가 파손되었다.
⑥ 수온 조절기가 닫힌 채 고장이 났다.
⑦ 수온 조절기가 열리는 온도가 너무 높다.
⑧ 물 재킷 내에 스케일이 많이 쌓여 있다.

CHAPTER 06

윤활 장치

윤활장치는 기관 내부의 각 미끄럼 운동 부분에 오일을 공급하여 마찰열로 인한 베어링의 고착 등을 방지하기 위해 미끄럼 운동 면 사이에 오일 막(oil film)을 형성하여, 마찰력이 매우 큰 고체마찰을 마찰력이 작은 액체마찰로 바꾸어 주는 작용을 말한다. 여기에서 사용되는 오일을 **기관오일**(또는 윤활유)이라 부르며, 오일 막을 유지하기 위해 지속해서 오일을 공급해주는 장치를 **윤활장치**라 한다.

알고갑시다 용어정리

마찰이란 미끄럼 운동을 하는 두 물체 사이에 작용하는 저항력을 말하며, 고체 마찰, 경계 마찰, 액체 마찰 등이 있다.

① 고체 마찰 : 상대 운동을 하는 고체 사이의 마찰저항이며, 이때 열이 발생한다.
② 경계 마찰 : 매우 얇은 오일 막으로 씌워진 두 물체 사이의 마찰이며, 시동 초기와 실린더 벽의 마찰은 경계 마찰이다.
③ 유체 마찰 : 상대 운동을 하는 2개의 고체 사이에 충분한 양의 오일이 존재하는 때 오일 층 사이의 점성에 기인하는 마찰이다. 작동 중 크랭크축과 기관 베어링 사이의 마찰은 유체 마찰이다.

1 기관 오일의 작용과 구비조건

1. 기관 오일의 작용

① 마찰감소 및 마멸방지 작용
기관 오일 본래의 기능이며, 미끄럼 운동 부분에 유막을 형성하여 마찰 부분 및 베어링에 윤활함으로써 마찰을 감소시켜 마멸을 방지하는 작용을 한다.

② 실린더 내의 가스누출 방지(밀봉, 기밀유지) 작용
실린더와 피스톤 사이에 유막을 형성하여 블로바이 가스가 발생하지 않도록 기밀을 유지 시키는 작용을 한다.

③ 열전도 작용
미끄러운 부분에서 마찰로 인하여 발생된 열을 오일 팬이나 오일 냉각기를 통하여 냉각시키는 작용을 한다.

④ 세척(청정) 작용

기관의 각 부분을 순환하는 오일에 의하여 먼지, 카본 및 금속 분말 등의 불순물을 흡수하여 오일 팬으로 운반한다. 오일 팬에서 다시 윤활 부분으로 공급될 때 펌프 스트레이너, 오일 여과기를 거쳐 공급되므로 깨끗한 오일이 공급된다.

⑤ 완충(응력분산) 작용

폭발행정 또는 노크 등으로 인하여 순간적으로 큰 충격이 가해질 때 유막이 파손되어 고착을 일으키게 된다. 오일은 액체의 성질로서 부분적인 압력을 액체 전체에 분산시켜 평균화시키는 작용을 한다.

⑥ 부식방지(방청) 작용

유막을 형성하여 외부의 공기나 수분의 침투를 막아 금속이 부식되는 것을 방지하는 작용을 한다.

⑦ 소음완화 작용

기관이 작동될 때 각 부분에서 발생하는 충격 및 오일간극에서 발생하는 소음을 흡수하는 작용을 한다.

2. 기관 오일의 구비조건

① 점도가 적당하여야 한다.

점도는 오일 성질 중에서 가장 중요한 것이며, 오일은 어느 경우에서나 윤활상태를 유지하려면 온도와 압력에 알맞은 한계 점도를 유지하여야 한다. 한계 점도에는 두 종류가 있는데 그 하나는 실린더의 최고온도에서 필요한 최저 점도이며, 또 다른 하나는 한랭한 상태에서 오일펌프 작동이 가능한 최고 점도이다.

② 점도지수가 커 온도와 점도와의 관계가 적당하여야 한다.

오일은 온도가 상승하면 점도가 낮아지고, 온도가 낮아지면 점도가 높아지는 성질이 있는데 이 변화 정도를 표시하는 것을 점도지수라 한다. 점도지수가 높은 오일일수록 점도변화가 작다.

③ 인화점 및 발화점이 높아야 한다.

오일은 기관의 작동 중 열을 받으며 또 마찰열이 발생하기 때문에 증발손실이 커지므로 인화점 및 발화점이 낮으면 오일소비량이 증가하는 원인이 된다.

④ 강인한 유막을 형성하여야 한다.

오일은 유막을 형성하는 힘이 커야만 금속 상호간의 직접 접촉을 방지하고, 오일 막에 의하여 운동 부분을 지지하여 원활한 작용을 할 수 있다. 오일 막이 파괴되면 금속 상호간에 고체마찰이 발생하여 마멸이 증가하며 고착이 일어나기 쉽다.

⑤ 응고점이 낮아야 한다.

오일의 응고점이란 오일을 냉각시킬 때 응고하여 유동성을 잃기 시작할 때의 온도를 말하며, 이것보다 2.5℃ 높은 온도를 유점이라 한다. 점도가 높은 오일은 응고점이 높으며, 같은 점도의 경우에서도 원유의 종류에 따라서 다르나 응고점이 낮으면 유동점도 낮기 때문에 저온에서 유동성이 좋아진다.

⑥ 비중이 적당하여야 한다.

오일의 비중은 정제한 오일의 종류 · 증류 온도에 따라서 다르나 일반적으로 0.86~0.91 정도이다.

⑦ 기포발생 및 카본생성에 대한 저항력이 커야 한다

오일은 실린더 내에서 연소하여 카본을 생성한다. 카본생성은 실린더 내 또는 윤활계통의 슬러지를 만드는 주요 원인이 되며, 이 카본이 피스톤 링 홈에 들어가면 링의 고착을 일으킨다. 또 블로바이가스, 압축압력 저하, 오일의 과다한 소비, 실린더 벽 등의 손상을 일으킨다. 카본은 점화플러그를 오손시키고, 연소실에 퇴적되어 조기점화나 노크의 원인이 되며 기관의 과열을 초래하므로 출력을 저하시킨다.

⑧ 열과 산에 대하여 안정성이 있어야 한다.

오일은 높은 온도에서 사용되므로 가열되며, 또 많은 양의 공기와 접촉하기 때문에 공기 중의 산소와 결합하여 산화하는 경향과 그 밖의 산성 물질에 의하여 산화되어 슬러지 등을 형성하는 일이 없어야 한다. 오일의 산화 및 연소에 의하여 발생한 산화 생성물은 베어링을 침식하여 부식시키고 또 오일의 원활한 순환을 방해하므로 열과 산에 대해 충분한 안정성이 있어야 한다.

알고갑시다 용어정리

① 점도(viscosity) : 액체를 유동시킬 때 발생하는 액체의 내부저항 또는 마찰을 말하며, 오일의 가장 중요한 성질이다.
② 점도지수 : 오일의 점도는 온도가 상승하면 점도가 낮아지고, 온도가 낮아지면 점도가 높아지는 성질이 있는데 이 변화의 정도를 수치로 표시하는 것이며, 점도지수가 높은 오일일수록 점도 변화가 작다. 기관 오일은 점도지수는 120~140 정도이다.
③ 유성(oil ness) : 오일이 금속 마찰 면에 오일 막을 형성하는 성질을 말한다.

2 기관 오일의 분류

기관 오일의 분류에는 점도에 따라 분류하는 SAE 분류, 기관의 사용조건 및 온도에 따라 분류하는 API 분류와 SAE 신분류가 있다.

1. SAE 분류

SAE 분류는 SAE(society of automotive engineers ; 미국자동차기술협회)에서 기관 오일을 점도에 따라 분류한 기관 오일이다. SAE 번호로 그 점도를 표시하며, SAE 번호가 클수록 점도가 높은 오일이다. SAE 분류는 다음과 같다.

(1) 겨울철용 기관 오일

겨울철에는 기온이 낮아서 오일의 유동성이 떨어지기 때문에 낮은 점도의 오일이 필요하다. 만약, 점도가 너무 높은 오일을 사용하면 기온에 의해 오일의 점도가 높아지기 때문에 크랭크축의 회전 저항이 커져 시동이 어렵다. 겨울철에는 SEA # 5W, 10W, 20W, 10, 20 등을 사용한다. 여기서 문자 W는 겨울철(winter)용을 의미하며, 점도 측정을 −17.78℃에서 한 것이며, 문자 W가 없는 경우는 100℃에서 점도를 측정한다.

(2) 봄·가을철용 기관 오일

봄 · 가을철용은 겨울철용보다 점도가 높고, 여름철용보다 점도가 낮은 기관 오일이며, SAE # 30을 주로 사용한다.

(3) 여름철용 기관 오일

여름철용 기관 오일은 기온이 높기 때문에 오일의 점도가 높아야 하므로 SAE # 40, 50을 주로 사용한다.

(4) 범용(multi grade) 기관 오일

저온에서 기관의 시동이 쉽게 될 수 있도록 점도가 낮고, 고온에서도 오일의 기능을 발휘할 수 있는 오일이다. 전계절용 또는 다급 기관 오일이라고도 부르며, SAE 5W−20, 10W−30, 20W−40 등이 있다.

2. API 분류

API(American petroleum institute ; 미국석유협회)에서 제정한, 사용될 기관의 운전 조건에 따라 분류한 기관 오일이며, 가솔린 기관용(ML, MM, MS)과 디젤 기관용(DG, DM, DS)으로 구분되어 있다.

(1) 가솔린 기관용

① ML (motor light) : 가장 좋은 조건(경 부하용)에서 사용하는 기관 오일이다.
② MM (motor moderate) : ML과 MS 사이에 해당하는 중 부하용 기관 오일이다.
③ MS (motor severe) : 고온 · 고 부하로 인하여 오일의 온도가 높고, 산화가 격렬하게 일어나는 가혹한 조건에서 가솔린에 의해 희석이 많은 기관에서 사용한다.

(2) 디젤 기관용

① DG (diesel general) : 황(S)분이 적은 경유를 사용하고, 알맞은 온도와 부하에서 사용되며, 마멸이나 침전물에 문제가 없는 디젤기관에서 사용한다.
② DM (diesel moderate) : 침전물이나 마멸이 발생할 경향이 비교적 큰, 시판용 경유를 사용하고 중간 부하 운전조건에서 사용된다.
③ DS (diesel severe) : 고온 · 고 부하 및 출발, 정지, 장시간 연속 운전 등의 가혹한 조건이며, 황(S)분이 많은 저질 경유를 사용하거나 과급기가 부착된 디젤기관에서 사용한다.

3. SAE 신분류

SAE 신분류는 SAE, ASTM(American society of testing materials ; 미국재료시험협회), API 등이 협력하여 새로 제정한 기관 오일이며, 가솔린 기관용은 S (service), 디젤 기관용은 C (commercial)로 분류하고 다시 등급을 A, B, C, D… 알파벳 순서로 정하고 있다.

3 기관오일 공급방식

기관 오일을 각 윤활 부분에 공급하는 방법에는 비산식, 압송식, 비산 압송식 등이 있다.

1. 비산식 (뿌림 방식)

비산식은 오일 펌프가 없으며, 커넥팅 로드 대단부에 부착한 주걱(oil dipper)으로 오일 팬 내의 오일을 크랭크축이 회전할 때 원심력으로 퍼 올려서 뿌려주는 방식이다. 구조는 간단하나 오일의 공급이 고르지 못하여 실린더 수가 많은 기관에서는 부적합하다.

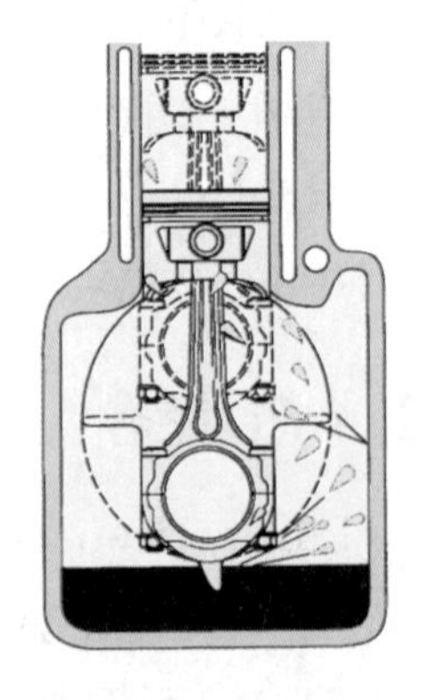
비산식

2. 압송식 (압력식)

이 방식은 크랭크축 또는 캠축으로 구동되는 오일펌프로 오일을 흡입 · 가압하여 각 윤활부분으로 보내는 방식이다. 오일공급은 오일펌프에 의해 흡입된 오일이 실린더 블록에 마련된 주 오일통로로 들어가 크랭크축, 캠축 베어링 및 밸브기구에 공급되고, 크랭크축에는 메인저널과 크랭크 핀의 오일구멍을 통하여 공급된다. 순환하는 유압은 2~3kgf/㎠ 정도이며 다음과 같은 특징이 있다.

① 베어링 면의 유압이 높아 항상 완전한 급유가 가능하다.
② 오일 팬(아래 크랭크케이스) 내의 오일량이 적어도 된다.
③ 각 주유부분의 급유를 골고루 할 수 있다.
④ 오일여과기나 배유 관이 막히면 급유가 불가능해진다.

3. 비산 압송식

비산 압송식은 비산식과 압송식을 조합한 방식이며, 크랭크축과 캠축 베어링, 밸브 개폐기구 등에는 압송식으로 공급하고, 실린더 벽, 피스톤 링과 핀 등에는 커넥팅 로드 대단부에서 뿌려지는 오일이나 오일제트로 윤활하는 방식이다. 현재 가장 많이 사용되고 있다.

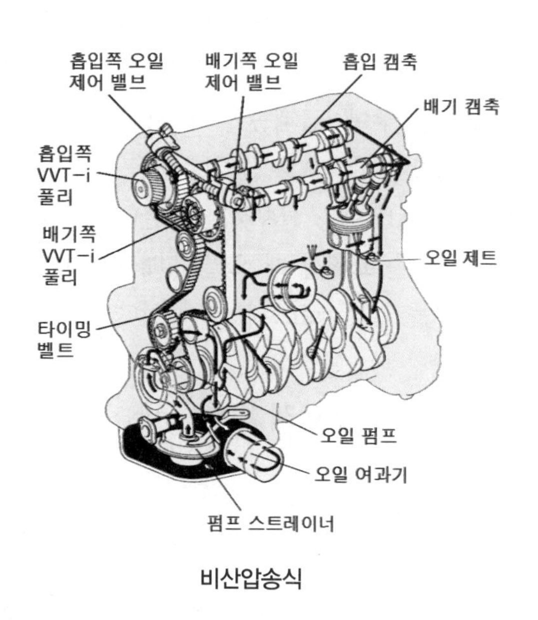

비산압송식

4 기관오일 공급장치

1. 기관 오일 공급장치의 구성요소

① 오일 팬(아래 크랭크케이스)
② 펌프 스트레이너
③ 오일펌프
④ 오일여과기
⑤ 유압조절 밸브

⑥ 유면표시기
⑦ 유압계와 유압 경고등
⑧ 오일 냉각기

2. 기관 오일 공급 장치의 구조와 기능

2.1. 오일 팬 oil pan

오일 팬은 오일이 담겨지는 용기이며, 오일의 냉각작용도 한다. 재질은 강철판을 주로 사용하며, 실린더 아래쪽에 개스킷을 사이에 두고 볼트로 고정된다. 오일 팬에는 자동차가 기울어졌을 때도 오일이 충분히 고여 있도록 하는 섬프(sump)를 두며, 급제동할 때 오일의 유동으로 인해 오일이 한쪽으로 쏠리는 것을 방지하는 칸막이 판(baffle)을 설치하기도 한다. 또 아래쪽에는 오일을 교환할 때 오일을 배출시키기 위한 드레인 플러그(drain plug)가 있다.

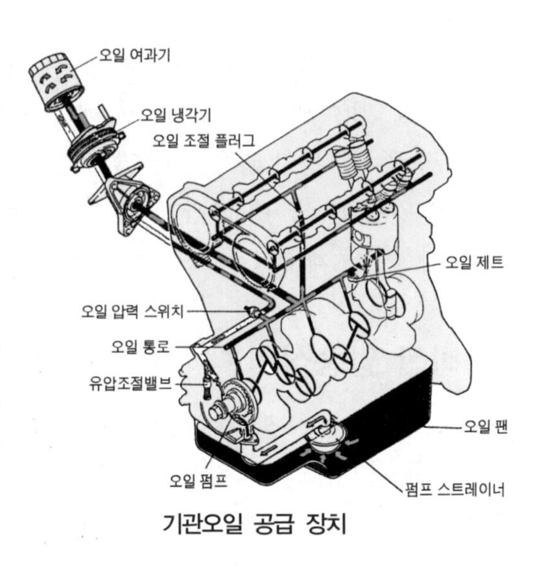

기관오일 공급 장치

2.2. 펌프 스트레이너 pump strainer

펌프 스트레이너는 오일 팬 섬프 내의 오일을 펌프로 유도해 주는 것이며, 오일 속에 포함된 비교적 큰 불순물을 여과하는 스크린이 설치되어 있다.

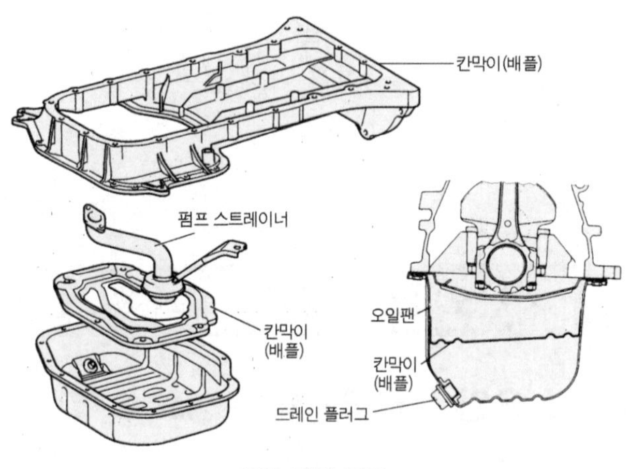

오일 팬의 구조

2.3. 오일 펌프 oil pump

오일 펌프는 스트레이너를 거쳐 오일을 흡입한 후 압력을 가하여 각 윤활 부분으로 압송하는 기구이며, 크랭크축이나 캠축에 의해 구동된다. 오일 펌프의 능력은 송유량과 송유압력으로 표시하며 그 종류에는 기어 펌프, 로터리 펌프, 플런저 펌프, 베인 펌프 등이 있다.

(1) 기어 펌프 gear pump

기어 펌프는 펌프 보디에 구동 기어와 피동 기어가 조립되어 있다. 작동은 구동 기어가 회전하면 피동 기어는 역방향으로 회전하여 펌프 실 내에 진공이 발생한다. 이에 따라 오일이 흡입되고 기어 이 사이에 끼어 출구 쪽으로 운반되어 배출된다. 기어 펌프에는 외접 기어형과 내접 기어형이 있다.

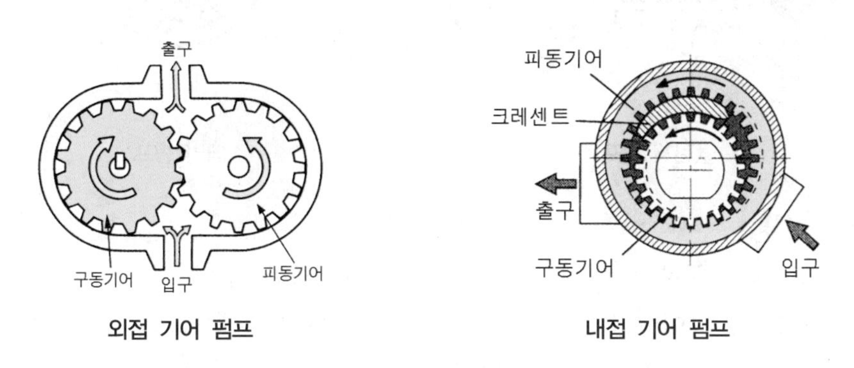

외접 기어 펌프 내접 기어 펌프

(2) 로터리 펌프 rotary pump

로터리 펌프는 펌프 보디 안에 조립된 아웃터 로터(피동 로터)와 인너 로터(구동 로터)로 구성되어 있다. 작동은 인너 로터가 회전하면 인너 로터 중심이 편심되어 있어, 인너 로터의 볼록 부분과 아웃터 로터의 오목 부분이 차례로 물리면서 아웃터 로터를 회전시킨다. 아웃터 로터는 인너 로터의 4 : 5의 속도로 회전한다. 펌프의 작용은 회전 중 양쪽 로터의 물리는 부분의 체적 변화로 이루어진다. 즉, 공간 체적이 커지는 부분에서 오일이 흡입되고 반대쪽의 공간 체적이 작아지는 곳에서는 배출된다.

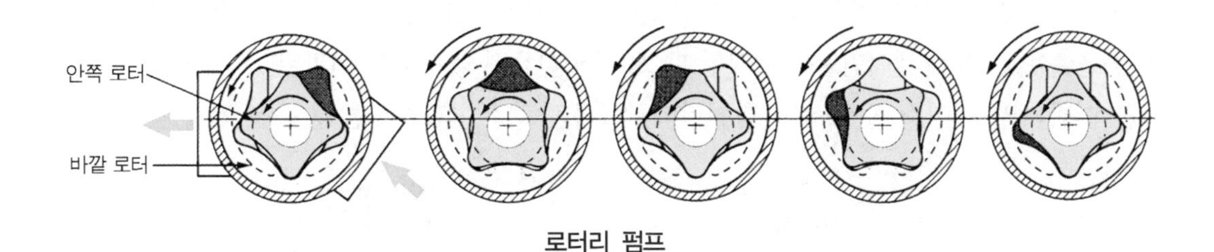

로터리 펌프

(3) 플런저 펌프 plunger pump

플런저 펌프는 펌프 보디 속에 플런저를 비롯하여 스프링, 입·출구 체크 볼(inlet & outlet check ball) 등으로 구성되어 있으며, 플런저는 캠축과 스프링에 의해 왕복운동을 한다. 작동은 스프링이 플런저를 상승시키면 펌프실 내의 체적이 증가하여 진공이 발생한다. 이때 오일이 입구 체크 볼을 거쳐서 유입되고(흡입), 반대로 캠축이 플런저를 누르면 체적이 감소하면서 압력이 상승하여 출구 체크 볼을 열고 윤활 부분으로 공급된다.

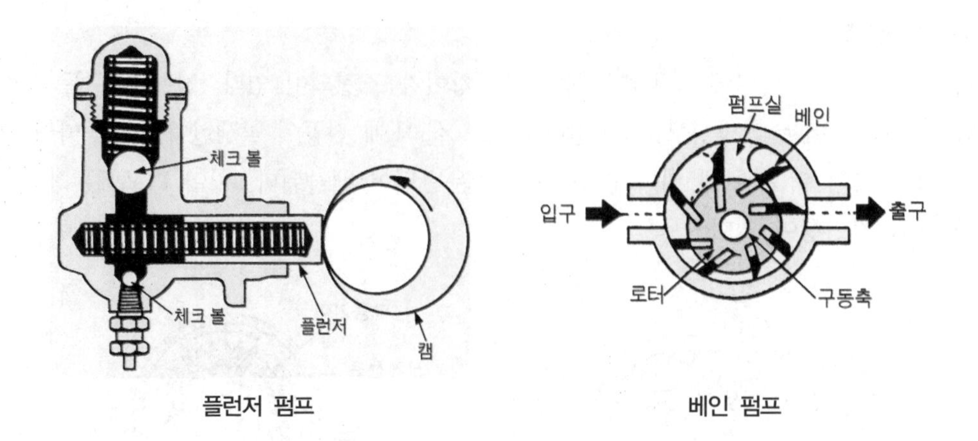

플런저 펌프 베인 펌프

(4) 베인 펌프 vane pump

베인 펌프는 둥근 하우징(housing)과 그 속에 편심으로 설치된 로터(rotor)로 구성되어 있으며, 로터에는 2개 이상의 베인(vane, 날개)이 로터의 홈에 스프링을 사이에 두고 끼워져 있다. 작동은 펌프 축이 회전하면 날개는 펌프실 안쪽 면과 접촉을 유지하면서 로터와 같이 회전한다. 이에 따라 오일이 입구를 거쳐 펌프실로 유입되고 다음에 오는 날개에 의하여 출구 쪽으로 운반되어 배출되며, 오일이 출구 쪽으로 운반될 때 압력이 가해진다.

2.4. 오일 여과기 oil filter

(1) 오일 여과기의 기능

윤활장치 내를 순환하는 기관 오일은 점차로 수분, 카본, 금속분말, 오일 슬러지 등을 함유하여 오일의 기능이 떨어지므로 오일통로에 여과기를 두고 이들 불순물을 제거하는 세정 작용을 한다. 여과 작용은 여과기로 공급되는 오일이 엘리먼트(element)를 거쳐 중앙으로 들어간 후 출구로 배출되며, 엘리먼트를 통과할 때 오일에 함유된 불순물이 여과된다. 제거된 불순물은 오일 여과기의 케이스 밑바닥에 침전된다. 엘리먼트는 여과지, 면사 등을 사용한다.

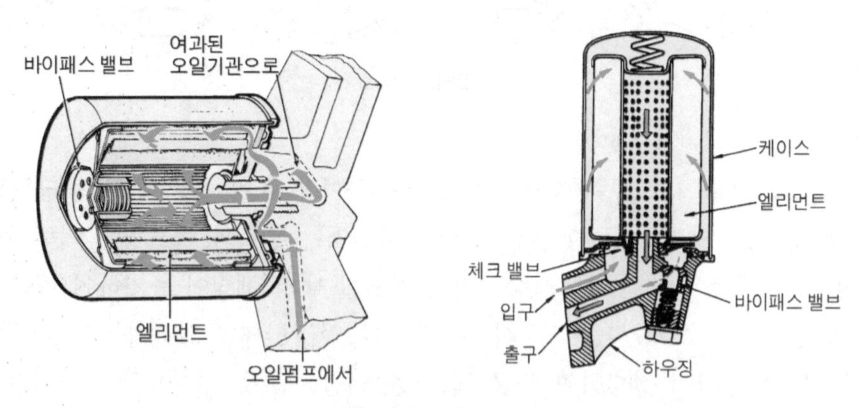

오일 여과기의 구조

(2) 오일 여과 방식

기관 오일의 여과하는 방법에는 전류식, 분류식, 샨트식 등이 있다.

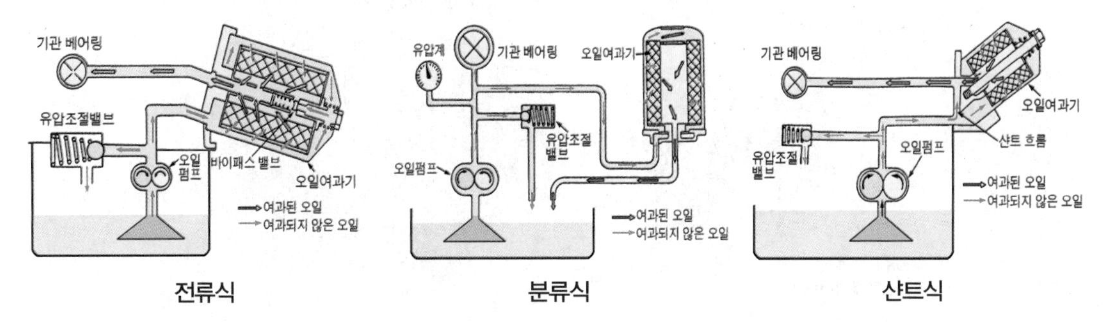

전류식 분류식 샨트식

① 전류식 오일 여과기 full-flow filter

오일펌프에서 나온 오일의 모두가 여과기를 거쳐서 여과된 후 윤활 부분으로 공급되는 방식이다. 특징은 항상 여과된 오일을 윤활 부분으로 공급할 수 있는 장점이 있으나 여과 엘리먼트 등이 막히면 급유가 부족 되기 쉽다. 이러한 경우를 대비하여 여과기에 바이패스 밸브(bypass valve)가 설치되어 있다.

② 분류식 오일 여과기 by-pass filter

오일펌프에 나온 오일의 일부만을 여과하여 오일 팬으로 보내고 나머지는 여과되지 않은 상태로 윤활 부분으로 공급하는 방식이다. 이 방식은 여과기를 거치지 않은 오일이 윤활 부분으로 공급되므로 베어링이 손상될 염려가 있다.

③ 샨트식 오일 여과기 shunt flow filter

오일펌프에서 나온 오일의 일부만 여과하게 하는 방식이다. 그러나 이 방식은 여과된 오일이 오일 팬으로 되돌아가지 않고 나머지 여과되지 않은 오일과 합쳐져서 윤활 부분에 공급된다.

2.5. 유압 조절 밸브 oil pressure relief valve

유압 조절 밸브는 윤활 회로 내를 순환하는 유압이 과도하게 상승하는 것을 방지하여 유압이 일정하게 유지되도록 한다. 작동은 스프링의 장력을 받고 있는 유압조절 밸브에 유압이 스프링의 장력보다 커지면 유압조절 밸브가 열려 과잉 압력의 오일을 오일 팬으로 되돌아가게 해 준다. 즉, 유압이 규정 값 이상일 경우에는 유압조절 밸브가 열리고, 규정 값 이하로 유압이 내려가면 다시 닫히도록 되어 있다. 유압조정은 조정 스크루를 조이면 유압이 상승한다.

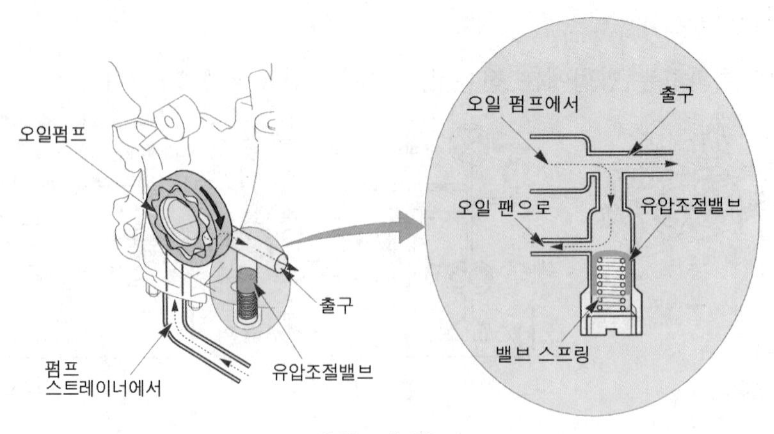

유압조절 밸브

알고갑시다 윤활장치의 유압이 높아지는 원인 및 낮아지는 원인

① 유압이 높아지는 원인
㉮ 기관의 온도가 낮아 오일의 점도가 높다.
㉯ 윤활 회로의 일부가 막혔다.
㉰ 유압 조절 밸브 스프링의 장력이 과다하다.
㉱ 오일 여과기가 막혔다.

② 유압이 낮아지는 원인
㉮ 크랭크축, 캠축 베어링의 과다 마멸로 오일 간극이 커졌다.
㉯ 오일 펌프의 마멸 또는 윤활 회로에서 오일이 누출된다.
㉰ 오일 팬의 오일량이 부족하다.
㉱ 유압 조절 밸브 스프링 장력이 약하거나 파손되었다.
㉲ 기관 오일이 연료 등으로 현저하게 희석되었다.
㉳ 기관 오일의 점도가 낮다.

2.6. 유면 표시기 oil level gauge

오일 팬에 저장되어있는 오일의 양과 오염의 정도를 점검할 때 사용하는 금속 막대이며, 아래쪽에 F(Full or MAX)와 L(Low or MIN)의 눈금이 표시되어 있다. 오일 양은 항상 "F" 선 가까이 있어야 하며, "F" 선보다 너무 높으면 많은 양의 오일이 실린더 벽에 뿌려져 오일이 연소하고, "L" 선보다 너무 낮으면 오일의 공급량 부족으로 윤활이 불완전하게 된다. 기관 오일량 점검은 다음의 순서로 한다.

① 자동차를 평탄한 지면에 주차시킨다.
② 기관을 시동하여 정상 운전 온도가 되도록 워밍업시킨 후 기관을 정지한다.
③ 유면 표시기를 빼어 묻은 오일을 깨끗이 닦은 후 다시 끼운다.
④ 다시 유면 표시기를 빼어 오일이 묻은 부분이 "F"선의 가까이 있으면 된다.
⑤ 오일 양을 점검할 때 점도도 함께 점검한다.

2.7. 유압 경고등 oil pressure warning lamp

유압경고등은 기관이 작동되는 도중 유압이 규정 값 이하로 떨어지면 실린더 블록에 설치된 오일압력 스위치가 작동하여 경고등이 점등되는 방식이다. 오일압력 스위치의 작동은 유압이 규정 값에 도달하였을 때에는 유압이 다이어프램(diaphragm)을 밀어 올려 접점을 열어서 경고등이 소등되고, 유압이 규정 값 이하가 되면 스프링의 장력으로 접점이 닫혀 경고등이 점등된다.

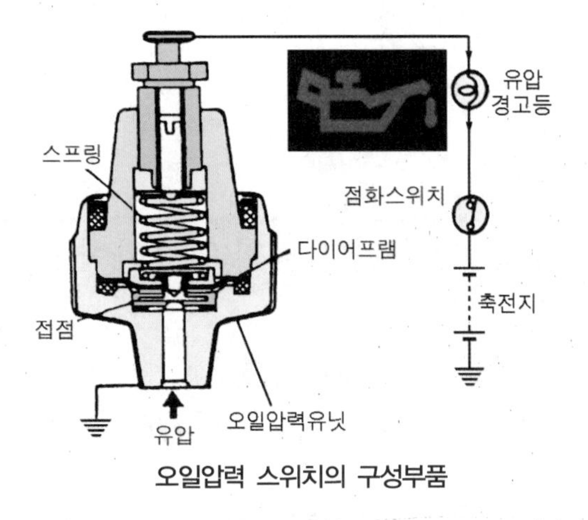

오일압력 스위치의 구성부품

5 크랭크케이스 환기장치 및 오일냉각기

1. 크랭크케이스 환기장치

기관이 작동할 때 크랭크케이스 내에는 어느 정도의 연소 가스나 미 연소가스가 블로바이에 의하여 누설되며, 이로 인하여 기관 오일이 희석되거나 변질되어 오일 슬러지가 생성되어 크랭크케이스 내에는 압력이 상승하기 때문에 이를 방지하기 위하여 환기장치를 두고 있다.

2. 오일 냉각기 oil cooler

기관 오일은 온도가 상승하면 점도가 낮아져 윤활 성능이 떨어지고 또 저온에서는 점도가 높아져 윤활 부분에 충분한 양의 오일이 공급되지 못한다. 이를 방지하기 위하여 오일을 항상 알맞은 온도로 일정하게 유지시켜 주는 장치가 필요하다. 오일 냉각기는 주로 라디에이터 아래쪽이나 오일 여과기 앞쪽에 설치되며, 기관 오일이 냉각기를 거쳐 흐를 때 기관 냉각수로 냉각이 되거나 가열되어 윤활 부분으로 공급된다.

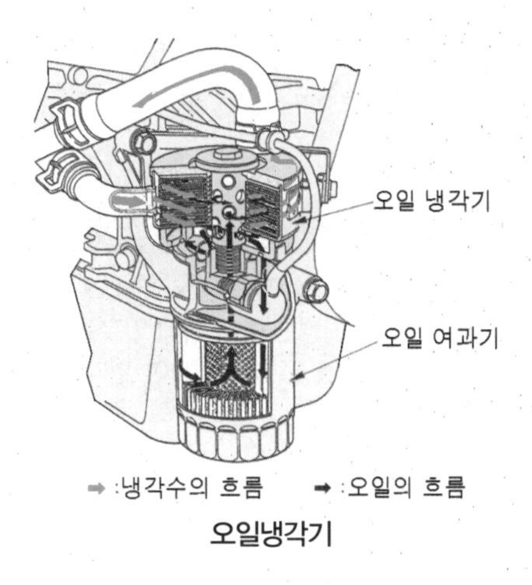

오일냉각기

가솔린 기관의 연료 장치

1 가솔린 기관의 연료와 연소

1. 가솔린 기관의 연료

가솔린은 석유계 원유에서 정제한 탄소(C)와 수소(H)의 유기화합물의 혼합체이다.

1.1. 가솔린의 물리적 성질

① 비중 : 0.74~0.76
② 저위 발열량 : 11,000Kcal/kgf
③ 옥탄가 : 90~95
④ 인화점 : −10 ~ −15℃
⑤ 자연 발화점 : 대기압력 하에서 300 ~ 500℃

1.2. 가솔린의 구비조건

① 체적 및 무게가 적고 발열량이 클 것
② 연소 후 유해 화합물을 남기지 말 것
③ 옥탄가가 높을 것
④ 온도에 관계없이 유동성이 좋을 것
⑤ 연소 속도가 빠를 것

알고갑시다 용어정리

① 비중 : 단위 체적의 연료 무게와 4℃인 같은 체적의 물의 무게와의 비율을 말한다.
② 인화점 : 일정한 용기 속에 연료를 넣고 가열하면 증기가 발생하여 공기와 혼합되며, 이때 혼합 가스가 가열 한계 이내면 불꽃에 의하여 쉽게 인화되는 최저의 온도이다.
③ 착화점(발화점) : 연료는 그 온도가 상승하면 외부에서 불꽃을 가까이 하지 않아도 자연히 발화하는 최저의 온도이다.
④ 발열량 : 단위 질량의 연료가 완전히 연소되었을 때 발생하는 열량이며, 열량계 속에서 단위 질량의 연료를 연소시켰을 때 발생하는 열량을 고위 발열량이라고 하고 연소에 의해 발생한 수분의 증발열을 뺀 열량을 저위 발열량이라고 한다. 일반적으로 기체나 액체의 발열량은 저위 발열량으로 나타낸다.

2. 가솔린 기관의 연소

2.1. 가솔린 기관의 연소과정

가솔린 기관은 실린더 내에서 연료의 연소가 매우 짧은 시간에 이루어지나 그 과정은 점화 → 화염전파 → 후연소의 3단계로 나누어진다. 연소기간에 영향을 주는 요인들은 아래와 같으며, 이러한 요인들의 연관 관계를 고려하여 적합한 설계를 한다.

2.2. 정상연소와 이상연소

정상연소는 과도한 압력상승에 의해 기관의 운전 장애가 발생하지 않는 범위 내에서 기관의 성능이 최대로 될 때의 연소를 말하며, 이상연소란 급격한 압력파장에 의해 충격적으로 연소가 이루어져 운전 장애와 출력저하를 발생하는 연소를 말한다. 열효율 측면에서는 연소속도가 빠를수록 유리하나 노크 때문에 제한을 받는다.

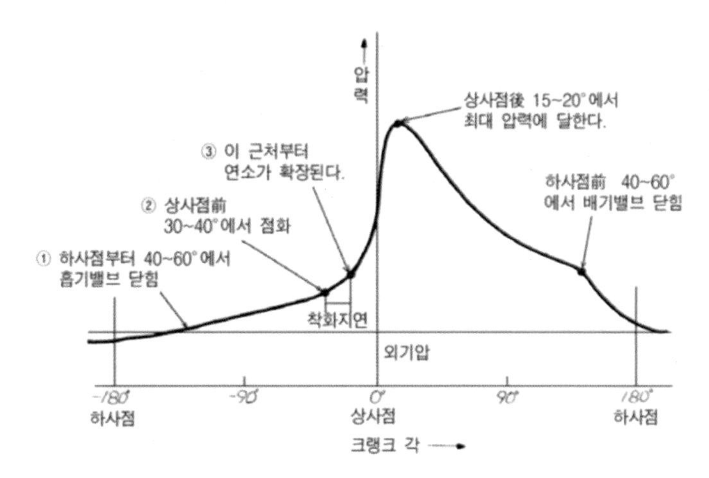

가솔린 기관의 정상연소 과정 (압축 → 점화 → 팽창행정에서의 실린더 내 압력변화)

2.3. 연소실 압력변동

기관의 최대효율을 얻기 위해서는 점화플러그에서 발생된 불꽃이 혼합가스의 분자에 부닿혀 매우 작은 화염 핵을 만들고 그 화염 핵이 혼합 가스의 분자를 활성화시켜 성장함에 따라 점차 화염이 확대되어 최대 폭발압력(peak power)에 이르며, 이 최대 폭발압력의 위치가 상사점을 지난 후 크랭크 축 회전 각도로 10~20° 부근일 때 최대효율을 얻을 수 있다. 따라서 출력 시점(power timing)보다 점화 시기가 빠르면 조기 점화에 의한 노크가 일어나 출력이 떨어진다. 또 점화 시기가 너무 늦어도 최대 폭발 압력이 낮아져 기관의 출력이 떨어지는 원인이 된다.

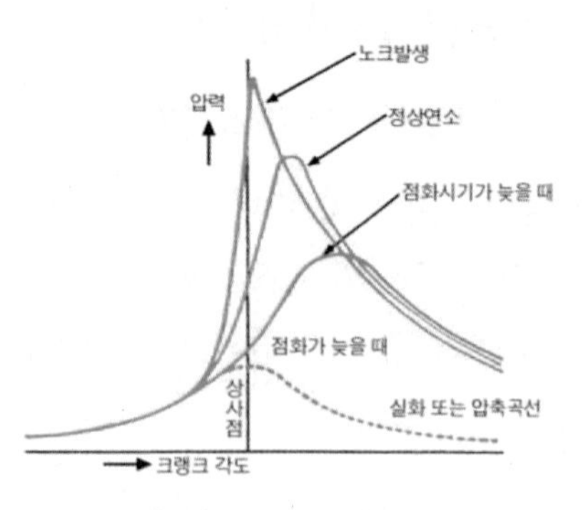

점화 시기와 연소실의 압력

그리고 노크제어에는 노크센서를 사용하며 실린더 블록에 부착하여 노크 진동에 의한 피에조 압전 효과를 이용한 센서에 의해 전기 신호로 변환한다.

2.4. 노크 제어 knocking control

화염 면이 정상에 도달하기 이전에 말단가스(end gas)가 부분적으로 자기착화에 의하여 급격히 연소가 진행되는 경우 비정상적인 연소에 의해 발생하는 급격한 압력상승으로 실린더 내의 가스가 진동하여 충격적인 타격소음이 발생하는데 이를 노크(knock) 또는 노킹(knocking)이라 한다. 노크 상태가 지속되면 기관에 기계적 부하와 열 부하를 가중시키기 때문에 점화플러그 전극, 피스톤과 피스톤 링, 실린더 벽, 헤드 개스킷에 손상이 발생하며, 심하면 기관의 파손을 초래한다. 따라서 노크는 기관에서는 방지하여야 하는 해로운 요소 중의 하나이다. 노크는 점화시기와 밀접한 관계가 있어 점화시기를 빠르게 하면 노크가 발생할 소지가 커진다.

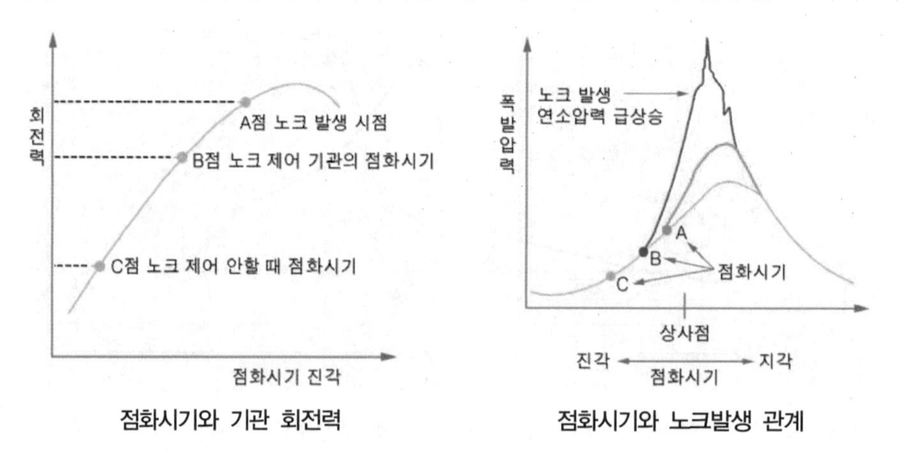

점화시기와 기관 회전력　　　점화시기와 노크발생 관계

기관에서 최대 회전력을 얻는 점화 시기는 노크가 발생하기 시작하는 시점(노크 한계)의 앞뒤에 근접되어 있으므로 점화시기를 설정할 때에는 노크 한계로부터의 여유를 두어야 한다. 노크제어 장치가 없는 경우에는 이 여유를 확보하기 위해 최대 회전력이 발생하는 점화시기로부터 늦춘 위치로 맞추기 때문에 그 만큼 회전력이 낮아진다. 노크한계를 노크센서로 검출할 수 있다면 노크영역에 가까이 점화시기를 설정할 수 있어 기관의 출력을 증대시킬 수 있다. 특히 과급기를 부착한 기관인 경우는 과급기에 의해 단열 압축된 공기를 연소에 사용하므로 노크가 발생할 가능성이 크므로 노크제어 장치를 사용하는 경우가 많다.

2.5. 가솔린의 노크 방지 성능

(1) 옥탄가 octane number

옥탄가란 가솔린의 앤티 노크성(anti knocking property)을 표시하는 수치이다. 즉, 이소옥탄을 옥탄가 100으로 하고 노멀헵탄을 옥탄가 0으로 하여 이소옥탄의 함량 비율에 따라 결정된다. 예를 들어 옥탄가 80의 가솔린이란 이소옥탄 80%, 노멀헵탄 20%로 이루어진 앤티 노크성(내폭성)을 지닌 것이란 뜻이다. 또 가솔린의 옥탄가는 CFR 기관으로 측정한다. 옥탄가는 다음의 공식으로 산출한다.

$$\text{옥탄가} = \frac{\text{이소옥탄}}{\text{이소옥탄} + \text{노멀헵탄}} \times 100$$

(2) 노크 발생의 원인

① 기관에 과부하가 걸렸을 때
② 기관이 과열되었거나 적열된 열원이 있을 때
③ 점화시기가 너무 빠를 때
④ 혼합비가 희박할 때
⑤ 저옥탄가의 가솔린을 사용하였을 때
⑥ 기관의 회전속도가 낮아 화염 전파속도가 느릴 때
⑦ 제동 평균 유효압력이 높을 때
⑧ 흡기 온도 및 압력이 높을 때

(3) 노크가 기관에 미치는 영향

① 기관의 과열 및 출력이 저하된다.
② 실린더와 피스톤의 손상 및 고착이 발생한다.
③ 흡 · 배기 밸브 및 점화플러그의 손상을 입힌다.
④ 연소실 내의 온도는 상승하고 배기가스의 온도는 낮아진다.
⑤ 최고 압력은 상승하고 평균 유효압력은 낮아진다.
⑥ 타격 음이 발생하며, 기관 각부의 응력이 증가한다.
⑦ 노크 발생 시 배기가스의 색이 황색 또는 흑색으로 변한다.

(4) 노크 방지 방법

① 고옥탄가의 가솔린(내폭성이 큰 가솔린)을 사용한다.
② 압축비, 혼합 가스 및 냉각수 온도를 낮춘다.
③ 화염 전파 속도를 빠르게 한다.
④ 화염전파거리를 짧게 한다.
⑤ 혼합 가스에 와류를 증대시킨다.
⑥ 점화시기를 늦추어 준다.
⑦ 혼합비를 농후하게 한다.
⑧ 연소실 내에 퇴적된 카본을 제거한다.

2 전자제어 연료분사 장치

전자제어 연료분사 장치란 각종 센서(sensor)를 부착하고 이 센서에 보내준 정보를 받아서 기관의 운전상태에 따라 연료의 공급량을 기관 컴퓨터(ECU, electronic control unit)로 제어하여 인젝터(injector, 분사기구)를 통하여 흡기다기관에 분사하는 방식이다. 이 방식의 기관은 다음과 같은 특징이 있다.

① 연료소비율이 향상된다.
② 유해배출 가스의 배출이 감소된다.
③ 기관의 응답성능이 향상된다.
④ 냉간 시동성능이 향상된다.
⑤ 기관의 출력성능이 향상된다.

3. 전자제어 연료분사 장치의 분류

3.1. 제어 방식에 의한 분류

제어 방식에 의한 분류에는 K-Jetronic(기계제어 방식), D-Jetronic(흡기압력 검출 방식), L-Jetronic(흡입 공기량 검출 방식) 등이 있다.

(1) 기계제어 방식 mechanical control injection

연료 분사량을 흡입 계통에 설치된 센서 플레이트(senser plate)에 의해 연료 분배기(fuel distributor) 내의 제어 플런저(control plunger)를 움직여 인젝터로 통하는 통로의 면적을 변화시켜 제어하는 것이며, 기계적으로 연속 분사하는 방식이다. 보쉬(Bosch)사의 K-Jetronic이 여기에 속한다.

(2) 전자제어 방식 electronic control injection

각 사이클마다 흡입되는 공기량을 기관 컴퓨터(ECU)가 센서를 이용하여 분석한 후 분사량을 제어하는 방식이며, D-Jetronic, L-Jetronic 등이 여기에 속한다.

알고갑시다 용어정리

① K-Jetronic의 K는 Kontinuierlich의 약어이며, 기계식 연속분사 장치한 의미이다.
② D-Jetronic의 D는 Druck의 약어이며, 흡입 공기압력 검출 방식이란 의미이다.
③ L-Jetronic의 L은 Luft의 약어이며, 흡입 공기량 검출 방식이란 의미이다.
④ Jetronic(제트로닉)은 영어의 인젝션(Injection ; 분사)과 일렉트로닉(Electronic ; 전자)의 합성어이며 독일 보쉬(Robert Bosch)사가 개발한 상품명으로 "분사 한다"는 뜻이다.

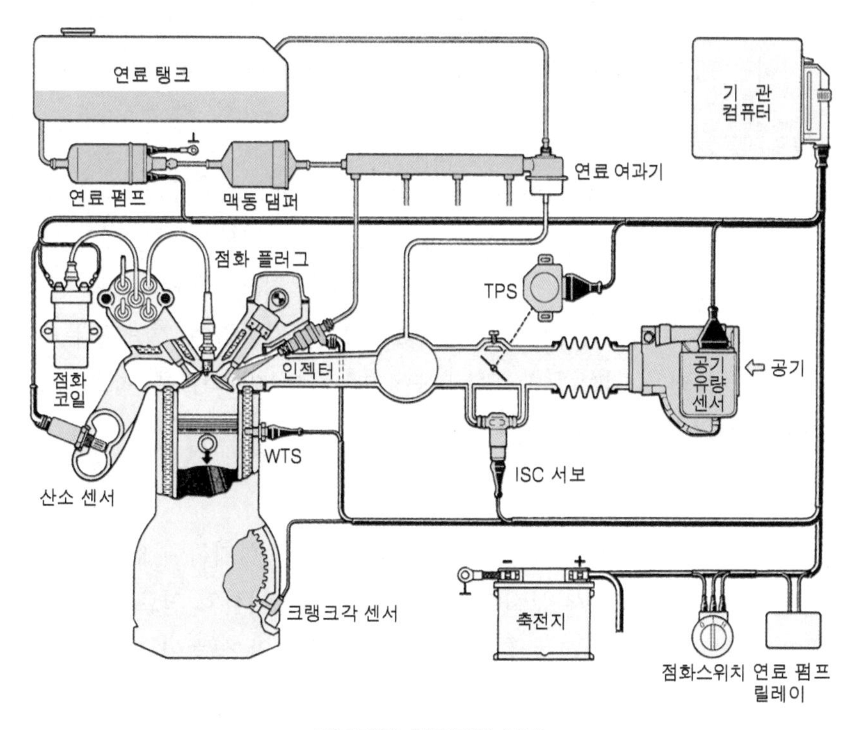

전자제어 연료분사 장치

3.2. 분사 방식에 의한 분류

연료 분사의 종류에는 흡기다기관 내 분사식과 흡입포트 분사식, 그리고 실린더 내 가솔린 직접분사 방식 등이 있다. 또 흡기다기관 내 분사방식에는 기계적으로 연속 분사하는 방식(K-Jetronic)과 SPI 방식이 있으며, 흡입포트 분사식에는 MPI방식이 있다. 현재 우리나라 자동차용 전자제어 분사식은 GDI를 주로 사용하고 있다.

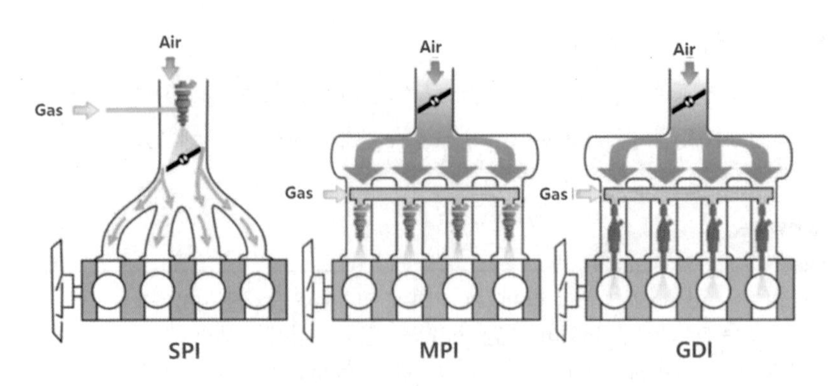

〈출처 : www.inyechopen.com〉

(1) 기계적으로 연속 분사하는 방식

기계-유압식으로 작동되는 연료분사 장치로서 기관이 가동되는 동안 계속하여 연속적으로 연료를 분사하는 방식이다. 보쉬(Bosch)사의 K-Jetronic이 여기에 속한다.

(2) SPI single point injection 방식

SPI 방식은 TBI(throttle body injection) 라고도 부르며, 스로틀 밸브 위의 한 중심점에 위치한 인젝터(1~2개 설치)를 통하여 간헐적으로 연료를 분사하므로 흡기 다기관을 통하여 실린더로 유입된다. SPI에서 제어기능을 수행하는 데 필요로 하는 주요 센서는 배기 다기관에 부착된 산소센서이며, 배기가스 중에 산소농도를 검출하여 기관 컴퓨터에 입력시키면 기관 컴퓨터는 인젝터를 제어하여 혼합비율이 14.7 : 1이 되도록 연료분사량을 조절하며, 연료는 크랭크축 1회전에 2회 분사시킨다.

(3) MPI multi point injection 방식

MPI 방식은 흡기 다기관에 인젝터를 각 실린더에 1개씩 설치하여 연료를 분사하는 것이다. 연료는 흡입 밸브 바로 앞에서 분사되므로 흡기 다기관에서의 연료 응축(wall wetting)에 전혀 문제가 없으며, 기관의 작동온도에 관계없이 최적의 성능이 보장된다. 연료분사는 배기행정 끝 무렵에 분사되며, 이미 분사된 연료는 흡입 포트 부근에서 흡입 밸브가 열릴 때까지 기다리는 동안 기화되며, 흡입 밸브가 열리면 실린더로 공기와 함께 들어간다. 그리고 설계할 때 최적의 체적효율을 증대시킬 수 있는 흡기다기관 설계가 자유롭고 저속 및 고속에서 회전력 영역의 변화가 가능하다.

(4) GDI gasoline direct injection 방식

GDI(가솔린직접분사) 방식은 디젤 기관과 같이 실린더 내에 가솔린을 직접 분사하는 것으로 약 35~40 : 1의 초 희박 공연비로도 연소가 가능하다. 연료 공급 압력은 일반적인 전자제어 연료분사 방식의 경우 약 3~6kgf/cm²인데 비하여 약 50~100kgf/cm²로 매우 높으며, 실린더 내의 유동을 제어하는 직립형 흡입 포트, 연소를 제어하는 바울형 피스톤(bowl type piston), 고압 연료 펌프, 스월 인젝터(swirl injector)등이 사용된다.

3.3. 분사량 제어 방식에 의한 분류

(1) AFC 방식 air flow controlled injection type

스로틀 밸브의 열림 정도에 따라 공기 청정기로 유입되는 흡입 공기량을 공기 유량 센서로 검출하며, 이 신호를 기준으로 컴퓨터가 기본 분사량을 결정하여 분사시킨다. L-Jetronic이 여기에 속한다.

(2) MPC 방식 manifold pressure controlled injection type

실린더로 유입되는 흡입 공기량을 에어 퓨널(air funnel)에 가해지는 대기 압력에 의하여 센서 플레이트가 이동하고 이 이동에 의하여 연료 분배기의 제어 플런저의 행정을 변화시켜 분사량을 제어하는 것이며, K-Jetronic이 여기에 속한다.

(3) MAP 센서 방식 manifold absolute pressure sensor type

MAP (흡기다기관 절대압력 검출) 방식은 스로틀 밸브 열림 정도의 변화가 흡기다기관 내의 진공도(부압)를 변화시키므로 흡입 공기량을 흡기다기관 내 진공 압력의 변화를 이용하여 검출하며, 이 압력의 변화에 상당하는 출력 전압을 컴퓨터로 보내면 컴퓨터는 이 신호를 기초로 기본 분사량을 결정하여 분사시키는 것이며, D-Jetronic이 여기에 속한다.

3.4. 연료분사 방식에 의한 분류

(1) 연속 분사 방식 continuous injection type

기관이 시동되면서부터 가동이 정지될 때까지 지속적으로 연료를 분사시키는 것이며, K-Jetronic, KE-Jetronic 등이 여기에 속한다.

(2) 간헐 분사 방식 pulse timed injection type

일정한 시간 간격으로 연료를 분사하는 것이며, L-Jetronic, D-Jetronic 등이 여기에 속한다.

3.5. 흡입 공기량 계측 방식에 의한 분류

(1) 매스플로 방식 mass flow type – 질량유량 방식

공기 유량 센서가 직접 흡입 공기량을 계측하고 이것을 전기적 신호로 변화시켜 컴퓨터로 보내 분사량을 결정하는 방식이다. 공기 유량 센서의 종류에는 베인식(vane or measuring plate type), 칼만 와류식(karman vortex type), 열선식(hot wire type), 열막식(hot film type)등이 사용된다.

(2) 스피드 덴시티 방식 speed density type – 속도밀도 방식

흡기다기관 내의 절대 압력(대기 압력 + 진공 압력), 스로틀 밸브의 열림 정도, 기관의 회전속도로부터 흡입 공기량을 간접 계측하는 것이며, D-Jetronic이 여기에 속한다. 흡기다기관 내 압력의 측정은 초기에는 아네로이드(aneroid, 기압계)를 사용하였으나 현재는 피에조(piezo) 반도체 소자를 이용한 MAP 센서를 사용한다.

4. 전자제어 연료분사 장치의 구조와 기능

전자제어 연료분사 장치는 일정한 압력으로 형성된 연료를 흡기다기관 내에 분사하는 방식이며, 연료분사량의 조절은 인젝터를 흡입공기량에 맞추어 일정시간 동안 열어주는 방법을 사용한다. 전자제어 연료분사 장치는 흡입계통, 연료계통, 제어계통의 3주요부분으로 구성되어 있다.

① 흡입 계통 : 공기청정기, **공기유량 센서**, **스로틀 보디**, 서지탱크, 흡기다기관 등으로 구성되어 있다.

② 연료 계통 : 연료탱크, **연료펌프**, 연료여과기, **분배파이프**, **연료압력 조절기**, **인젝터** 등으로 구성되어 있다.

③ 제어 계통 : **제어 릴레이**, **기관 컴퓨터**(공기유량센서, 흡기온도센서, 수온센서, 스로틀포지션센서, 공전스위치, 1번실린더TDC센서, 크랭크각센서, 산소센서, 차속센서, 모터포지션센서 등), 노크 센서, **전자제어스로틀밸브** 등으로 구성되어 있다.

알고갑시다 | 흡입계통

전자제어 연료분사 장치의 흡입계통은 공기청정기로 유입된 공기가 공기유량 센서(AFS ; air flow sensor)로 들어와 흡입공기량이 결정되면, 스로틀 보디의 스로틀밸브 열림 정도에 따라 서지탱크(surge tank)로 유입된다. 서지탱크로 유입된 공기는 각 실린더의 흡기다기관으로 분배되어 인젝터에서 분사된 연료와 혼합되어 실린더로 들어간다.

4.1. 공기유량 센서 air flow sensor

공기 유량 센서는 기관으로 유입되는 공기량을 검출하여 기관 컴퓨터로 전달하는 역할을 한다. 기관 컴퓨터는 이 센서에서 보내준 신호를 분석하여 연료 분사량을 결정하고, 분사 신호를 인젝터로 보내어 연료를 분사시킨다. 공기 유량 센서의 종류에는 흡입공기량 계측 방식인 베인식, 칼만 와류식, 열선식 (또는 열막식) 등과 흡기 압력 검출 방식인 MAP 센서가 있다.

(1) 베인 방식 vane or measuring plate type - 에어플로 미터 방식

L-Jetronic 방식에서 흡입공기량을 계측하여 이것을 기관 컴퓨터로 보내는 방식이다. 작동은 베인(measuring plate)의 열림 정도를 포텐쇼미터(potentio meter)에 의하여 전압비율로 검출한다. 기관의 작동이 정지된 경우에는 베인이 리턴 스프링의 장력에 의해 닫혀 있으며, 기관이 가동되면 흡입공기에 의해 베인이 열린다. 이에 따라 베인 축에 설치된 슬라이더(slider)는 저항과 접촉하며, 이때 흡입 공기량이 많으면 베인의 열림 정도가 커지며, 슬라이더 접촉부분의 저항 값이 감소하여 전압비율이 증가한다. 반대로 베인의 열림 정도가 작으면 전압비율이 낮아진다. 베인의 열림 정도는 흡입공기량에 비례하여 포텐쇼미터의 전압비율로 바꾸어 전기적 신호로 기관 컴퓨터로 보낸다. 베인 방식에는 댐핑 체임버, 연료펌프 스위치, 흡기온도 센서 등이 부착되어 있다.

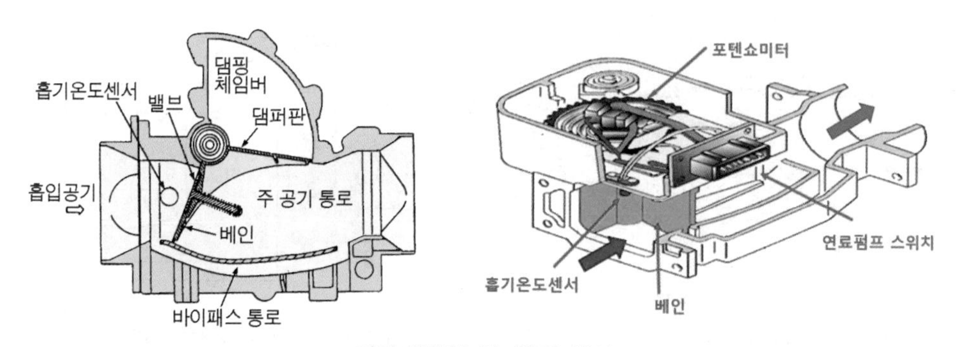

베인 방식의 공기유량 센서

① 댐핑 체임버 damping chamber

댐핑 체임버는 베인과 공기유량 센서 보디로 구성된 공간이며, 흡기다기관 내의 맥동(진공도 변화)에 대해 베인의 움직임을 공기저항을 통하여 완충 작용하여 어떤 조건 아래에서도 베인의 작동을 안정되게 한다. 즉 베인이 공기의 압축에 의하여 평형을 이루면서 작용하므로 정확하고 안정된 흡입공기량을 측정할 수 있도록 한다.

② 연료펌프 스위치 fuel pump switch

이 스위치는 기관의 가동이 정지되어 있을 때에는 베인이 닫혀 있게 되므로 슬라이더가 연료펌프 스위치를 밀어 열기 때문에 연료펌프로 들어가는 전원을 차단한다. 기관이 가동되면 베인이 흡입공기에 의해 열리므로 슬라이더가 밀고 있던 연료펌프 스위치를 닫아(ON) 연료펌프로 전원을 공급한다.

③ 흡기온도 센서 air temperature sensor

흡기온도 센서는 공기유량 센서 내에 설치되어 있으며, 흡입공기의 온도가 20℃이하일 경우에는 저항이 증가하여 연료분사량이 증가하지만 20℃이상일 경우에는 저항이 감소하여 연료분사량을 감소시키도록 기관 컴퓨터에 신호를 보내는 부특성 서미스터이다.

(2) 칼만 와류방식 karman vortex type

이 센서의 측정 원리는 균일하게 흐르는 유동 부분의 중간에 와류를 일으키는 기둥을 설치하면 기둥 뒷부분에 공기의 소용돌이(와류)가 발생하는 현상을 이용하는 것으로서 작동은 컨트롤 릴레이에서 전류를 공급받아 증폭된 일정 간격의 초음파를 발신기에서 수신기로 전달할 때 흡입공기에서 발생한 칼만 와류 속을 통과하므로 불규칙한 칼만 와류 수 만큼 초음파가 밀집되거나 분산된 후 수신기로 전달된다. 수신기는 이 신호를 하이브리드(hybrid) 회로로 보내며, 하이브리드 회로에 의하여 디지털 신호로 검출하여 기관 컴퓨터로 보내면 기관 컴퓨터는 공기량의 신호와 기관 회전속도 신호를 이용하여 기본 연료 분사량을 계측하여 인젝터를 제어한다. 칼만 와류방식에는 대기압력 센서와 흡기온도 센서가 설치되어 있다.

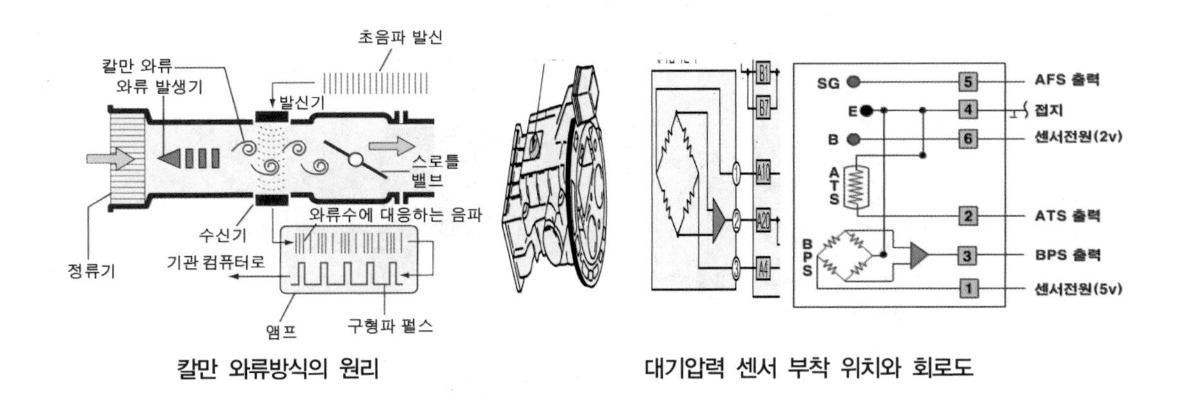

칼만 와류방식의 원리

대기압력 센서 부착 위치와 회로도

① 대기압력 센서 barometric pressure sensor ; BPS

이 센서는 대기 압력을 검출하여 전압으로 변환한 신호를 기관 컴퓨터로 보내면 컴퓨터는 이 신호를 이용하여 자동차의 고도(高度)를 계측하여 현재상태의 공기와 연료의 혼합비율이 적정하게 되도록 연료분사량을 조정하며, 동시에 점화시기도 조정한다. 대기압력 센서는 스트레인 게이지(strain gauge)의 저항값이 압력에 비례하여 변화하는 것을 이용하여 전압으로 변환시키는 반도체 피에조(piezo)저항 센서이며, 스트레인 게이지에 흡입공기의 압력이 작용하면 저항 값이 감소하여 대기압력 센서의 출력전압이 높아지게 되는데 이 출력 전압을 기관 컴퓨터로 보낸다.

(3) 열선 및 열막방식 hot wire & hot film type

열선 및 열막방식은 공기 중에 발열체를 놓으면 공기에 의하여 열을 빼앗기므로 발열체의 온도가 변화하며, 이 온도의 변화는 공기의 흐름 속도에 비례한다. 이러한 발열체와 공기와의 열전달 현상을 이용한 것이 열선 또는 열막 방식이다.

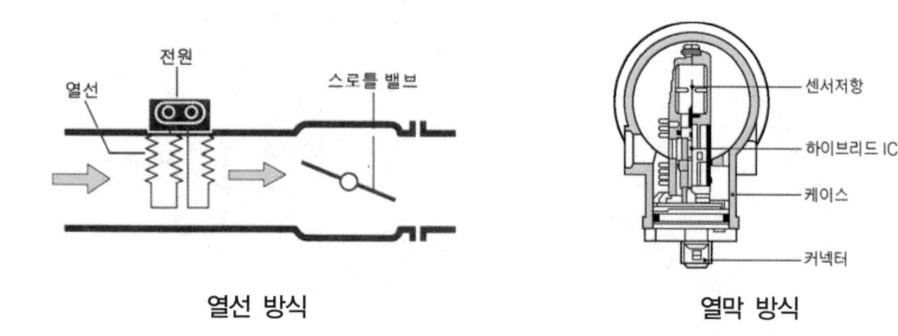

열선 방식 열막 방식

열선 또는 열막식은 흡입 공기 온도와 열선(약 0.07mm의 백금선) 또는 열막(약 0.2mm 두께의 얇은 세라믹 기판에 백금선, 온도 센서, 정밀 저항기를 층 저항으로 집적시킨 막)과의 온도 차이를 일정하게 유지하도록 하이브리드 회로가 제어한다. 따라서 흡입 공기량의 출력은 공기의 밀도 변화에도 상응될 수 있으므로 온도나 압력에 의한 컴퓨터 보정이 필요 없다. 작동은 다음과 같다. 열선 또는 열막을 통과하는 공기 유량이 증가하면 열선 또는 열막이 냉각되어 저항값이 감소하므로 제어회로에서는 즉시 전류량을 증가시키며, 이 전류의 증가는 열선 또는 열막의 온도가 원래의 설정 온도(약 100℃)가 될 때까지 계속된다. 따라서 컴퓨터는 이 전류의 증감을 감지하여 흡입 공기량을 계측한다. 그리고 질량 유량에 대응하는 출력을 직접 얻을 수 있기 때문에 보정 등의 뒤처리가 필요 없다. 열선식은 기관이 흡입하는 공기 질량을 직접 계측하므로 공기 밀도의 변화와는 관계없이 정확한 계측을 할 수 있으며, 다음과 같은 장점이 있다.

① 공기의 질량을 정확하게 계측할 수 있다.
② 공기의 질량 감지 부분의 응답성이 빠르다.
③ 대기 압력의 변화에 따른 오차가 없다.
④ 맥동 오차가 없다.
⑤ 흡입 공기의 온도가 변화하여도 측정상의 오차가 없다.

알고갑시다 용어정리

① 크린 버닝(Cleaning Burning) : 열선의 표면이 오염되면 센서의 출력 신호가 변화하므로 기관의 가동이 정지할 때마다 2.5초 후에 1.6초 동안 다시 전류를 공급하여 열선 주위에 붙어 있는 이물질을 제거하는 것을 말한다. 크린 버닝의 조건은 기관의 회전속도가 1,000rpm, 냉각수 온도가 30℃ 이상에서 기관의 가동이 정지 된 경우이다.

(4) MAP 센서 manifold absolute pressure sensor ; 흡기다기관 절대압력 센서

각 실린더에서 흡입밸브가 열리고 피스톤이 상사점으로부터 하사점으로 내려갈 때 공기를 흡입하면 흡기다기관 내의 압력은 감소한다. 이러한 흡기다기관의 절대압력 특성을 이용한 것이 MAP 센서이다.

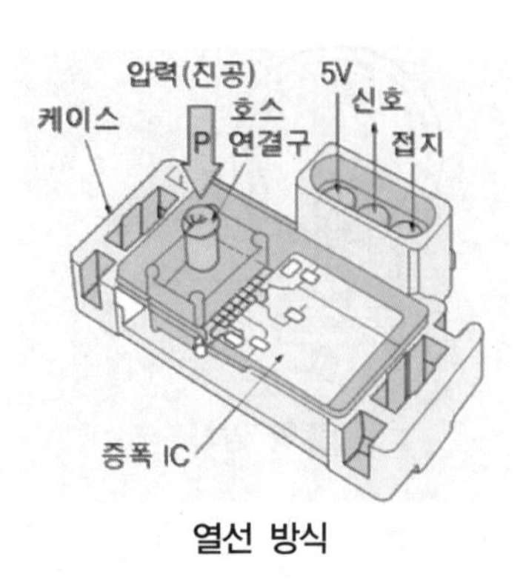

열선 방식

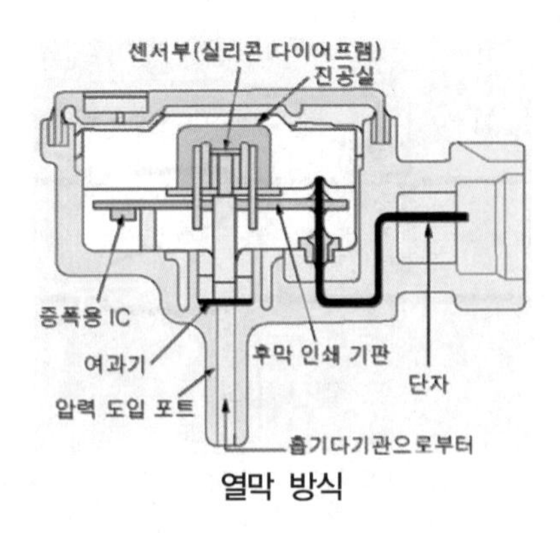

열막 방식

이 센서는 D-Jetronic에서 사용하며, 기관의 부하 및 회전속도의 변화에 따라 형성되는 흡기다기관의 압력 변화를 측정하여 전압으로 센서의 출력을 내보내는 기능을 이용한 것이다. 기관이 공전할 때 즉, 스로틀 밸브가 닫혀 있을 때는 MAP센서의 출력값이 낮게 지시되고, 스로틀 밸브가 열렸을 때는 흡기다기관의 압력은 대기 압력과 거의 같아지므로 MAP 센서의 출력이 높게 지시된다. 또한, MAP센서는 대기 압력을 측정하는데에도 사용되며, 기관 컴퓨터로 하여금 자동적으로 고도에 따른 기능 제어를 할 수도 있다. MAP 센서의 구조는 기관 컴퓨터와 연결되는 3개의 배선과 흡기 다기관과 연결되는 진공 포트로 구성되며, 센서 하우징 내에는 실리콘 칩과 피에조 저항이 내장되어 있다. 기관이 공전할 때는 흡기다기관 내의 진공도가 높아 낮은 전압 0.9~1.7V로 출력하고, 스로틀 밸브가 완전히 열린 상태에서는 높은 전압 4~5V로 출력한다.

4.2. 스로틀 보디 throttle body

스로틀 보디는 공기유량 센서와 서지 탱크 사이에 설치되어 흡입 공기 통로를 형성하며, 스로틀 밸브와 스로틀 위치 센서가 있다. 그리고 형식에 따라 기관을 감속할 때 스로틀 밸브가 급격히 닫힘으로 인한 실화 발생을 방지하기 위하여 기관 내의 흡입되는 공기량을 순간적으로 늘렸다 줄여주는 대시포트(dash-port)를 설치한 형식과 ISC-서보(servo) 기구를 설치한 형식이 있다.

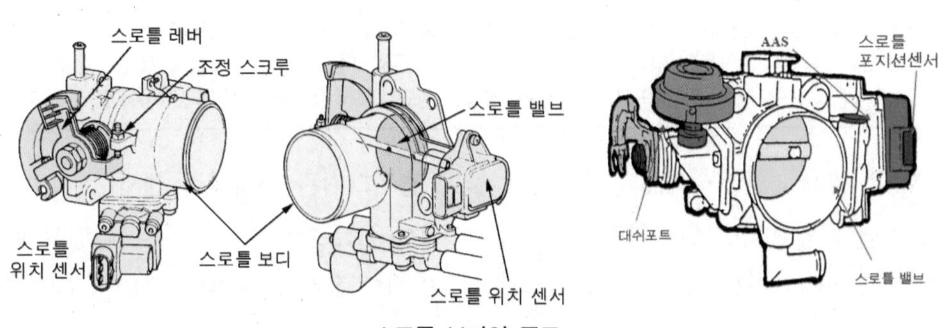

스로틀 보디의 구조

(1) 스로틀 위치 센서 throttle position sensor

스로틀 위치 센서는 운전자가 가속페달을 밟는 정도에 따라 개폐되는 스로틀 밸브의 열림 양을 계측하여 기관 컴퓨터로 입력시키는 것이며, 접점방식과 선형방식이 있다.

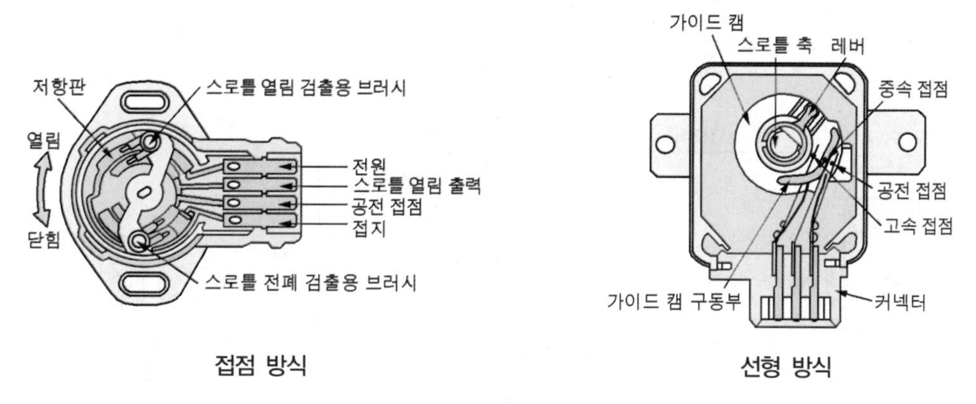

접점 방식　　　　선형 방식

① **접점 방식** : 가속페달의 조작에 따라 스로틀 밸브 축과 연결된 가이드 캠에 의하여 작동하며, 공전, 중속 및 고속 상태로 나누어진다.

② **선형 방식** : 스로틀 밸브 축과 같이 회전하는 가변 저항기로 스로틀 밸브의 회전에 따라 출력 전압이 변화하는 것으로서 기관 컴퓨터는 스로틀 밸브의 열림 정도를 검출하고, 기관 컴퓨터는 스로틀 위치 센서의 출력 전압과 기관 회전속도 등 다른 입력 신호를 조합하여 기관 운전상태를 판단하여 연료 분사량을 조절한다.

(2) 공전속도 조절기 idle speed controller

공전속도 조절기는 기관이 공전 상태일 때 부하에 따라 안정된 공전 속도를 유지하게 하는 장치이며, 그 종류에는 ISC-서보 방식, 스텝모터 방식, 공전 액추에이터 방식 등이 있다.

① ISC-서보 방식 idle speed control servo type

이 방식은 공전속도 조절 모터, 웜기어(worm gear), 웜휠(worm wheel), 모터 포지션 센서(MPS), 공전 스위치 등으로 구성되어 있다. 작동은 공전속도 조절 모터 축에 설치되어 있는 공전속도 조절 모터가 기관 컴퓨터의 신호에 의해서 회전하면 모터의 회전방향에 따라 웜휠이 회전하여 플런저를 상하직선 운동으로 바꾸어 ISC 레버를 작동시켜 스로틀 밸브의 열림 정도를 조절하여 공전 속도를 조절한다.

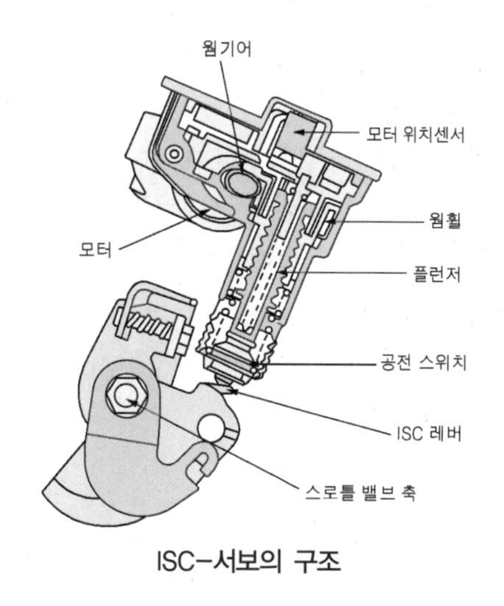

ISC-서보의 구조

② 스텝 모터 방식 step motor type

스텝 모터 방식은 스로틀 밸브를 바이 패스하는 흡입 통로에 스탭모터를 설치하여 흡입 공기량을 조절하면서 공전 속도를 제어한다. 즉, 기관이 공전하는 상태에서 부하에 의한 기관의 부조 현상을 방지하기 위해 흡입되는 공기량을 컴퓨터의 제어 신호에 의해 단계적으로 스텝 모터가 작동되어 기관을 최적의 상태로 유지한다.

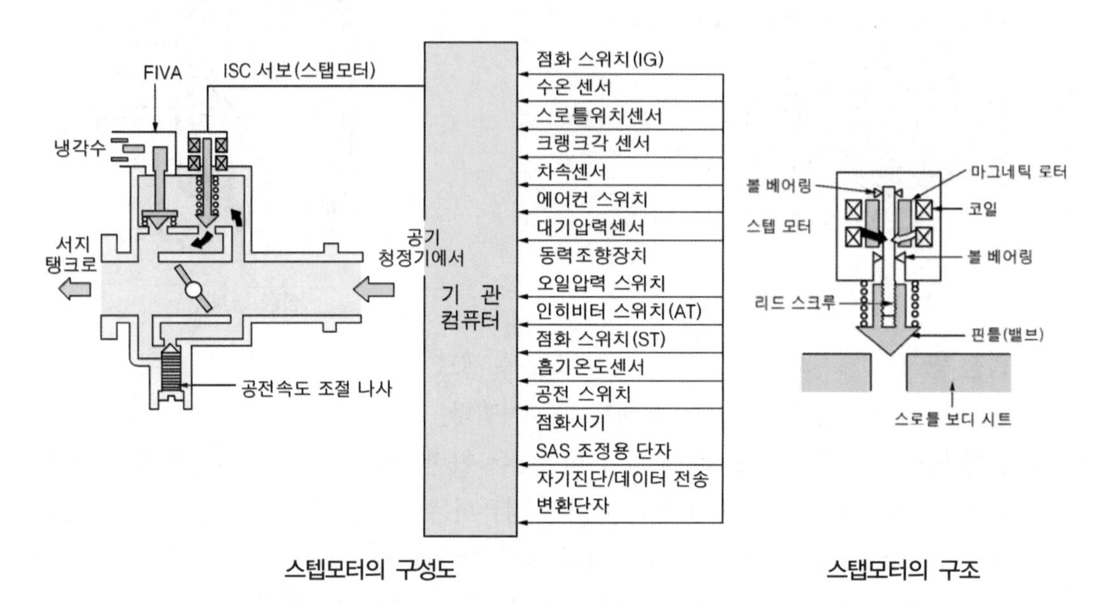

스텝모터의 구성도　　　스탭모터의 구조

패스트 아이들 에어 밸브(FIAV ; fast idle air valve)는 기관의 냉각수 온도에 따라 추가로 공기를 공급하는 장치이며, 서모 왁스의 신축 작용에 따라 작동한다. 기관의 냉각수 온도가 낮을 때는 패스트 아이들 에어 밸브의 서모 왁스가 수축하여 에어 밸브를 통과하는 공기량이 증가하고, 냉각수 온도가 상승하여 약 50℃에 도달하면 에어 밸브는 완전히 닫히게 되어 패스트 아이들 에어 밸브에 의한 추가 공기의 공급이 중단된다.

③ 공전 액추에이터 방식 idle speed actuator type ; ISA

기관에 부하가 가해지면 기관 컴퓨터는 안정성을 확보하기 위해 아이들 스피드 액추에이터의 솔레노이드 코일에 흐르는 전류를 듀티 제어하여 밸브 내의 솔레노이드 밸브에 발생하는 전자력과 스프링 장력이 서로 평형을 이루는 위치까지 밸브를 이동시켜 공기 통로의 단면적을 제어하는 전자 밸브이다.

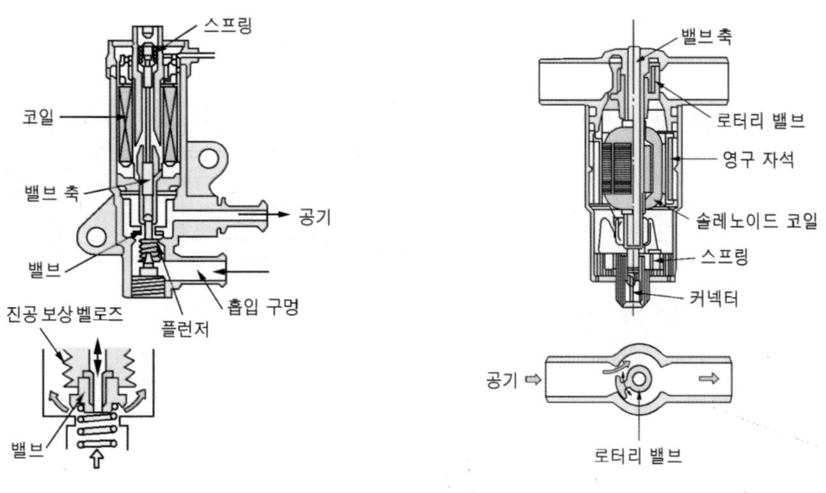

리니어 솔레노이드 방식　　　　로터리 솔레노이드 방식

알고갑시다 연료계통

연료장치는 기관의 모든 작동조건에서 요구되는 연료를 공급시켜 주기에 충분한 기능과 규정압력을 유지시켜 준다. 연료탱크 내의 연료는 전동기에 의해 구동되는 연료펌프에 의해 2~3kgf/cm²의 압력으로 연료여과기를 거쳐 분배 파이프(delivery pipe)로 들어온다. 분배 파이프에서 연료는 인젝터와 연료압력 조절기로 공급된다. 연료압력 조절기는 흡기다기관의 진공도(부압)에 따라 연료의 공급압력을 조절하여 공급하고 남은 과잉의 연료를 연료탱크로 복귀시킨다. 인젝터에서는 기관 컴퓨터의 신호에 따라 솔레노이드 코일이 여자 되면 인젝터 내부의 니들밸브가 완전히 열려 각 실린더의 점화순서 순으로 흡기다기관 내에 연료를 분사한다.

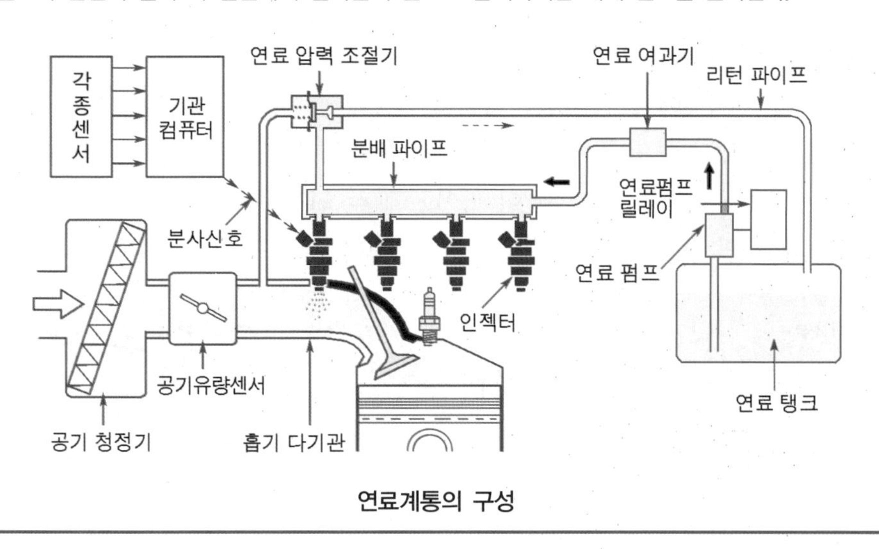

연료계통의 구성

4.3. 연료 펌프 fuel pump

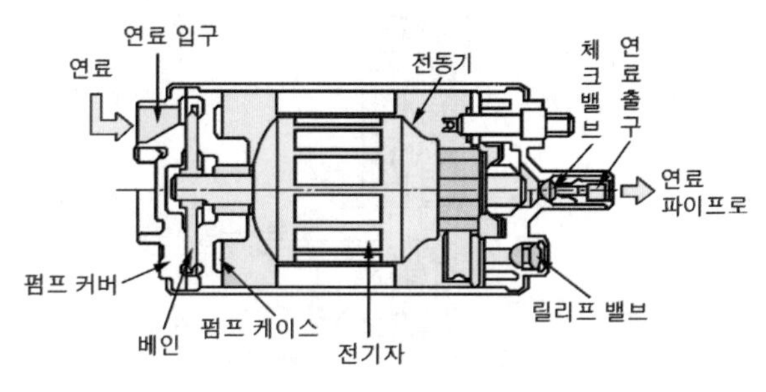

연료펌프의 구조

연료펌프는 전자력으로 구동되는 전동기를 사용하며, 연료탱크 내에 들어있다. 연료의 공급량은 기관이 최대로 요구하는 연료량보다 더 많은 양을 계속 공급해 주어 연료계통 내의 압력을 일정한 수준으로 유지시켜 줌으로써 어떤 운전조건 아래에서도 연료의 공급부족 현상이 일어나지 않도록 한다. 그리고 연료펌프 내에는 압력이 높을 때 작동하여 압력상승에 따른 연료의 누출 및 파손을 방지해주는 릴리프 밸브(relief valve)와 연료펌프에서 연료의 압송이 정지되었을 때 연료계통 내의 잔압을 유지시켜 높은 온도에서 베이퍼록(vapor lock)을 방지하고 재 시동성능을 높여주는 체크밸브(check valve)를 두고 있다.

알고갑시다 용어정리

연료 펌프는 점화 스위치가 ON에 있더라도 기관의 가동이 정지된 상태(흡입 공기량이 감지되지 않는 상태)에서는 작동되지 않는다. - 연료펌프 스위치 신호를 모니터링 한다.

4.4. 분배 파이프 delivery pipe

이 파이프는 각 인젝터에 동일한 분사압력이 되도록 하며, 연료의 저장 기능을 지니고 있다. 분배 파이프의 체적은 인젝터에서 분사되는 연료량에 비례하므로 분사에 따른 파이프 내부 압력변동이 없도록 한다. 그리고 이 파이프에 각 인젝터들이 연결되어 있어 각각의 인젝터에 동일한 분사압력이 되게 할 수 있으며 인젝터 설치도 쉽게 해준다.

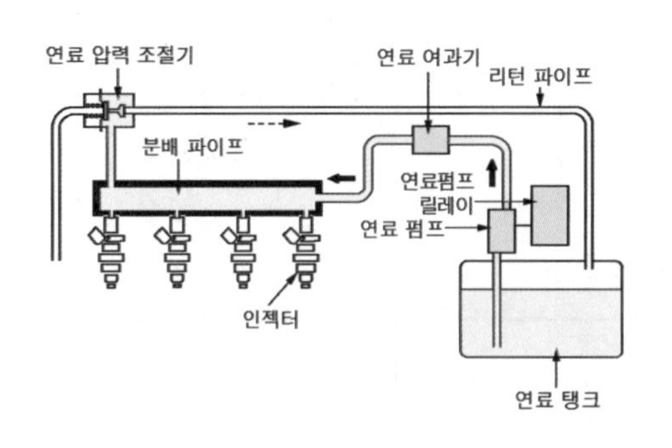

분배 파이프

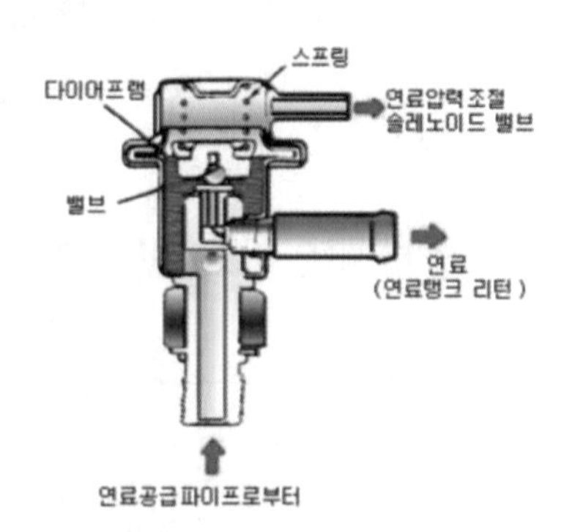

연료 압력 조절기의 구조

4.5. 연료 압력 조절기 fuel pressure regulator

연료압력 조절기는 연료계통 내의 압력을 조절해주는 장치로서 분배 파이프 앞 끝에 설치되어 있으며, 연료계통 내의 압력을 2~3kgf/cm^{2}로 유지시켜 주는 다이어프램 조절의 오버플로(over flow)형식이다. 내부는 두 부분으로 나누어지며, 한쪽은 미리 압축된 스프링이 들어 있으며 흡기다기관 진공이 작동하도록 되어 있고, 다른 한쪽은 연료가 채워져 있다. 작동은 연료계통 내의 압력이 규정 값 이상 되면 다이어프램에 의해 조절되는 밸브가 열려 연료 출구 구멍을 연다. 이에 따라 규정압력 이상의 연료는 밸브를 통하여 연료탱크로 되돌아간다. 다이어프램에는 흡기다기관의 진공이 작용하므로 흡기다기관의 진공이 높으면 다이어프램을 당기는 힘이 강해져 연료탱크로 되돌아가는 연료량이 많아지기 때문에 공급압력이 낮아진다. 이 작용으로 연료계통 내의 연료압력은 조절되며 인젝터에서 분사되는 압력을 항상 일정하게 해 준다.

4.6. 인젝터 injector

인젝터는 각 실린더의 흡입밸브 앞쪽에 1개씩 설치되어 각 실린더에 연료를 분사시켜 주는 솔레노이드 밸브장치이다. 인젝터는 기관 컴퓨터로부터의 전기적 신호에 의해 작동하며, 그 구조는 밸브 보디와 플런저(plunger)가 설치된 니들밸브로 되어 있다. 솔레노이드 코일에 전류가 흐르지 않을 경우 니들밸브는 스프링의 장력에 의해 밸브시트에 밀착되어 연료분사를 차단하고, 솔레노이드 코일에 전류가 흐르면 솔레노이드 코일이 니들밸브를 들어 올려 연료가 원통형의 분사구멍에서 분사된다.

(1) 전압제어 방식의 인젝터

전압제어 방식은 인젝터에 직렬로 저항을 넣어 전압을 낮추어 제어한다. 점화 스위치를 ON으로 하면 저항 → 인젝터 → 기관 컴퓨터로 통전된다. 기관 컴퓨터의 연료 분사 신호는 파워 트랜지스터의 베이스로 전류가 공급되어 트랜지스터가 ON되면 인젝터가 접지 회로를 구성하므로 인젝터에 전류가 흘러 연료가 분사된다.

(2) 전류제어 방식의 인젝터

전류 제어 방식은 저항을 사용하지 않고 인젝터에 직접 축전지 전압을 가해 인젝터의 응답성을 향상시키는 것으로 통전 시간은 전압 제어식과 마찬가지로 컴퓨터에서 제어한다. 인젝터 전류 제어는 플런저가 흡인될 때 큰 전류가 공급되어 흡인을 향상 시키며, 분사의 응답성을 높여 무효 분사 시간을 단축시킨다. 그리고 플런저의 유지 상태에서는 작은 전류로 만들어 인젝터 솔레노이드 코일의 발열을 방지함과 동시에 전류 소비를 적게 한다.

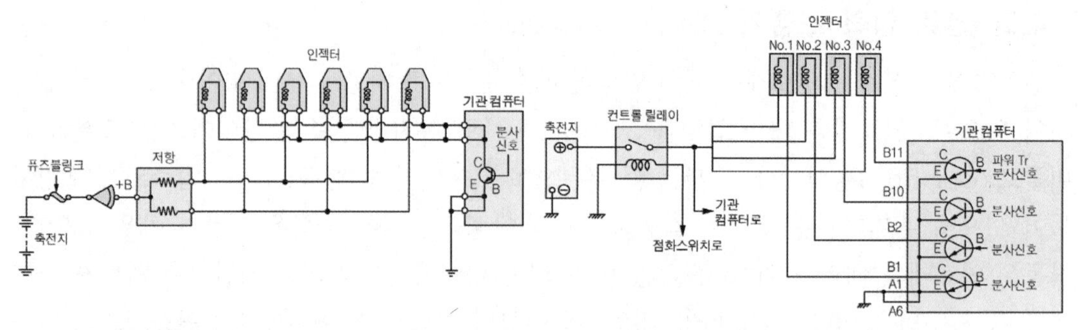

전압제어 방식 인젝터의 전기회로　　　전류제어 방식의 인젝터의 전기회로

5. 제어계통

5.1. 제어 릴레이 control relay

제어 릴레이는 기관 컴퓨터를 비롯하여 연료펌프, 인젝터, 공기유량 센서(칼만와류 방식의 경우) 등에 축전지 전원을 공급하는 전자제어 연료분사 장치 기관의 주 전원 공급 장치이다.

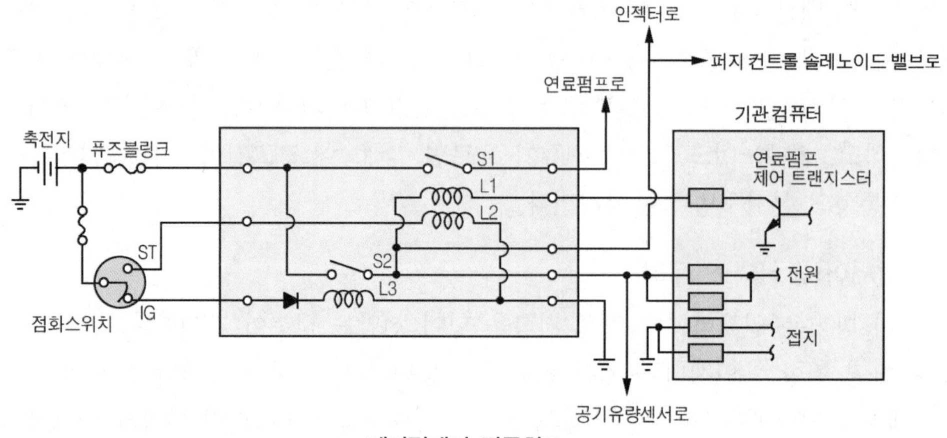

제어릴레이 작동회로

(1) 점화스위치를 ON으로 하였을 때

점화스위치(IG)를 ON으로 하면 축전지 전류가 코일 L3을 통하여 흐르면 전자력에 의해 스위치 S2가 ON이 되므로 공기유량 센서 및 기관 컴퓨터에 전원이 공급되며, 인젝터와 연료펌프 제어 트랜지스터에도 전원이 공급되지만 기관 컴퓨터에서는 크랭크 각 센서가 회전속도를 검출하지 못하기 때문에 연료펌프 제어 트랜지스터 베이스에 전류가 흐르지 못하므로 연료펌프는 구동되지 않는다.

(2) 기관을 시동 할 때

축전지 전류가 점화스위치 ST 단자를 통하여 코일 L2로 흐르면 스위치 S1이 전자력에 의해 ON이 되므로 연료펌프에 전류가 공급되어 구동되며, 코일 L3에도 전류가 공급되어 스위치 S2도 스위치 S1과 동시에 전자력에 의해 ON이 되므로 기관 컴퓨터 및 공기유량 센서에 전류가 공급되어 작동한다. 또한 기관은 기동전동기에 의해 크랭킹이 되므로 크랭크각 센서가 회전속도를 검출하며, 이 때 연료펌프 제어 트랜지스터의 베이스로 전류가 공급되므로 연료펌프가 구동된다.

(3) 기관이 가동될 때

점화스위치 ST 단자의 전원이 차단되어도(코일 L2 OFF) 점화스위치 IG 단자에서 코일 L3에 전류가 흐르는 상태이므로 스위치 S2가 ON 되어 기관 컴퓨터 및 인젝터에 전원이 공급되는 상태이므로 코일 L1이 작동하여 스위치 S1이 전자력에 의해 ON이 되어있으므로 연료펌프가 계속 작동한다.

5.2. 기관 컴퓨터 electronic control unit ; ECU

기관 컴퓨터는 각종센서의 신호를 기초로 하여 기관 가동 상태에 따른 연료분사량을 결정하고, 이 분사량에 따라 인젝터 분사시간을 조절한다. 먼저 기관의 흡입 공기량과 회전속도로부터 기본 분사시간을 계측하고, 이것을 각종 센서로부터의 신호에 의한 보정을 하여 총 분사시간과 연료분사량을 결정한다. 기관 컴퓨터의 구체적인 역할은 다음과 같다.

① 이론공연비를 14.7 : 1로 정확히 유지시킨다.
② 유해배출 가스의 배출을 제어한다.
③ 주행성능을 신속히 해준다.
④ 연료소비율 감소 및 기관의 출력을 향상시킨다.

(1) 기관 컴퓨터의 구조

기관 컴퓨터는 디지털 제어(digital control)와 아날로그 제어(analog control)가 있으며 중앙처리 장치(CPU), 기억장치(memory), 입 · 출력 장치(I/O) 등으로 구성되어 있으며, 아날로그 제어에는 A/D 컨버터(아날로그를 디지털로 변환함)가 더 포함되어 있다.

(2) 기관 컴퓨터의 작동

제어 신호들은 신호 및 중간 값의 기능으로 연료소비율, 배기가스 수준, 기관 작동 등이 최적화 되도록 결정한다.

(3) 기관 컴퓨터의 페일 세이프(fail safe) 작동

페일 세이프 작동의 목적은 모든 조건 아래에서 자동차를 안전하고 신뢰성 있는 작동으로 보장하기 위하여 결함이 발생하였을 때 기관 가동에 필요한 케이블을 연결 하거나 또는 정보 값을 바이패스 시켜 대체 값에 의한 기관 가동이 이루어지도록 한다. 예를 들면 수온센서에 결함이 있으면 기관 컴퓨터는 센서의 신호와 관계없이 대체 값 80℃로 받아들인다.

(4) 센서의 입력신호 종류

아날로그 신호는 시간에 대하여 연속적으로 변화하는 신호이며, 디지털 신호는 시간에 대하여 간헐적으로 변화하는 신호이다. 디지털 회로에서는 일반적으로 두 가지 값의 디지털 신호를 취급한다. 즉 전압을 높고 낮음으로 나누어 이것을 디지털 변수 1과 0(또는 HIGH와 LOW)으로 대응시키며 신호가 다소 변동되어도 1과 0밖에는 구별하지 않으므로 잡음에 강한 회로가 된다. 반면에 아날로그 입력 신호는 ㅇ녀속적인 신호이므로 이 신호를 그대로는 기관 컴퓨터에서 처리할 수 없으므로 A/D 컨버터에서 아날로그 신호를 디지털 신호로 바꾸어 기관 컴퓨터로 보낸다.

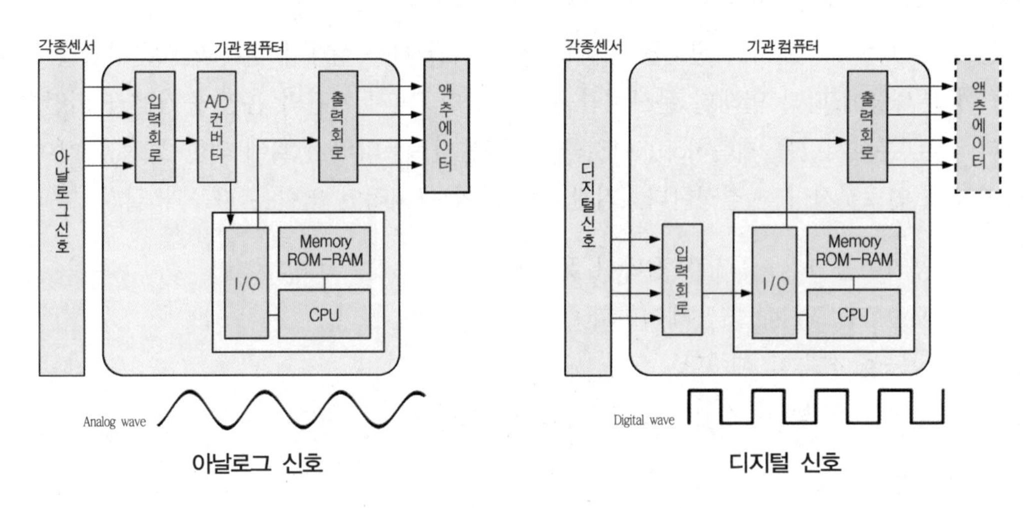

아날로그 신호　　디지털 신호

(5) 자기 진단 기능

기관 컴퓨터는 기관의 여러 부분에 입 · 출력신호를 보내게 되는데 비정상적인 신호가 처음 보내질 때부터 특정 시간 이상이 지나면 기관 컴퓨터는 비정상이 발생한 것으로 판단하고 고장코드를 기억한 후 신호를 자기진단 출력단자와 계기판의 기관 점검등으로 보낸다. 점화스위치를 ON으로 한 후 15초가 경과하면 기관 컴퓨터에 기억된 내용이 계기판에 기관 점검등으로 출력되며, 정상이면 점화스위치를 ON으로 한 후 5초 후에 점검등이 소등된다. 이때 비정상(고장)항목이 있으면 점화스위치를 한 후 15초 동안 점등되어 있다가 3초 동안 소등된 후 고장코드가 순차적으로 출력된다.

5.3. 전자제어 스로틀 밸브장치 electronic throttle valve system ; ETS

전자제어 스로틀 밸브장치는 기존의 가속페달과 스로틀 밸브를 케이블에 의해 기계적으로 연결한 방법과는 다르게 스로틀밸브를 전동기(motor)로 개폐하는 장치이다. 이 장치는 기관의 공전제어, 구동력(TCS) 제어 등의 기능을 하나의 전동기로 제어하기 위하여 기관 컴퓨터, ETS 컴퓨터, 가속페달 위치센서, 스로틀 위치센서, 점화스위치, 시리얼 통신라인을 통한 입력신호와 스로틀 밸브 구동 전동기와 페일 세이프(fail safe) 전동기 등으로 구성되어 있다. 즉 운전자의 가속 의지 및 운전조건 등에 따라 컴퓨터가 스로틀 밸브의 전동기를 구동시켜 흡입공기량을 정밀하게 제어하여 유해배출 가스를 줄이고, 각종 액추에이터 및 배선, 연결 커넥터 등을 간소화하여 장치의 신뢰성을 높였다.

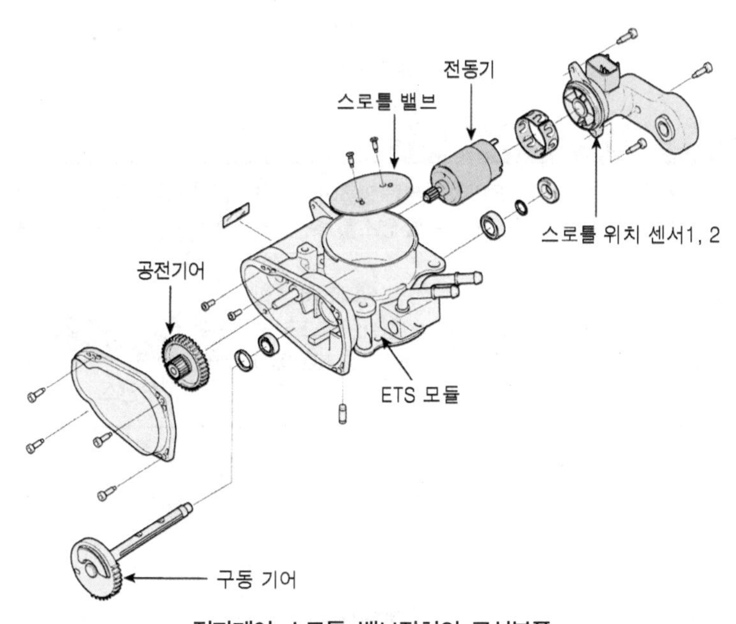

전자제어 스로틀 밸브장치의 구성부품

3 가솔린 직접분사 장치 GDI

1. 가솔린 직접분사 장치의 개요

일반적인 가솔린 기관은 연료를 분사하는 인젝터가 흡기 포트 전 또는 흡기 다기관 내에 설치되어 혼합기가 연소실에 들어가기 전에 생성되는 반면, GDI 기관은 흡입밸브를 통해 공기를 실린더로 보내고 가솔린을 흡입 또는 압축행정 후기에 분사하여 혼합기를 생성하기 때문에 직접분사 디젤 기관과 비슷하다. GDI(gasoline direct injection)는 부분 부하 상태에서는 압축행정 말기에 연료를 분사하여 점화플러그 주위의 공연비를 농후하게 하는 성층 연소로 매우 희박한 공연비(25~40 : 1)에서도 쉽게 점화가 가능하도록 하며, 높은 부하 상태에서는 흡입행정 초기에 연료를 이론 공연비로 분사하여 연료에 의한 흡입공기 냉각으로 충전효율을 향상시킨다.

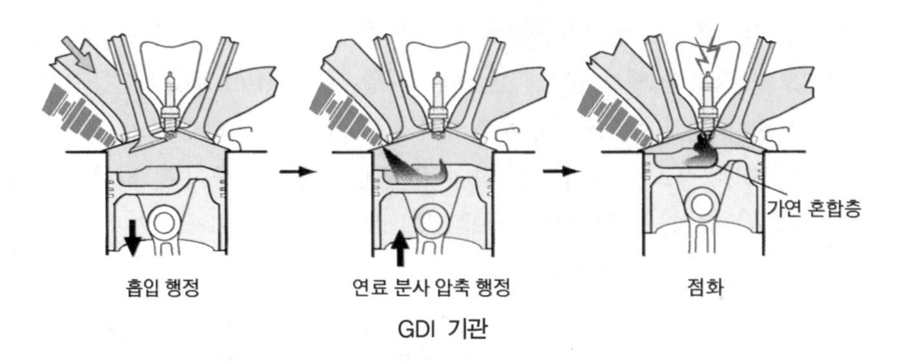

GDI 기관

알고갑시다 | 성층 연소(成層 燃燒)

① 연소실 내에 혼합 가스의 농후한 부분과 희박한 부분을 만들어 착화하기 쉬운 농후한 부분에 점화하여 화염이 전파되도록 연소를 확산시키는 방법
② 혼합기는 공기와 연료의 비율이 이론공연비(14.7:1)인 상태에서 혼합연소는 실린더 내부가 고루 혼합되며, 성층연소는 점화플러그 부근만 상대적으로 농후하게 나타나며 그 주위로는 희박한 혼합기로 채워져 있다.

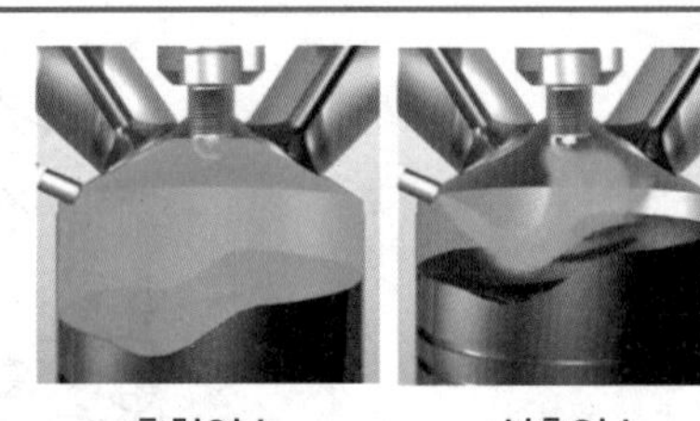

2. GDI의 전자제어 GDI electronic control

2.1. 전자제어 계통의 개요

초희박 연소를 실현하기 위하여 와류 인젝터(swirl injector), 고압 연료 펌프, 고압 연료 압력 제어기 및 연료 압력 센서 등을 설치하여 압축된 실린더에 고압의 연료를 짧은 시간 내에 분사한다. 고압 분사를 위하여 컴퓨터는 고압 연료 라인의 압력 및 각종 입력 센서들로부터 신호를 받아 인젝터의 분사시간을 연산하여 인젝터 구동 장치(injector driver)로 신호를 보낸다. 인젝터 구동장치는 기관 컴퓨터로부터 인젝터 분사신호를 입력받아 각 인젝터를 구동하고 또한 인젝터의 고장 유무를 검출하여 기관 컴퓨터로 입력시킨다.

① 질소산화물의 배출량을 감소시키기 위하여 대용량의 EGR 모터를 설치하고 구동 방식은 스텝 모터와 같으며, 기관의 컴퓨터가 정확한 배기가스 재순환량을 제어한다. 또한, 촉매 컨버터의 최적 활성화를 위하여 뒤(rear) 산소 센서를 설치하여 촉매 컨버터 뒤의 산소량을 계측하여 연료 분사량을 보정계수로 기관 컴퓨터에 입력된다.

② 점화 코일은 각 실린더마다 설치되며, 파워 트랜지스터가 내장되어 기관 컴퓨터의 구동 신호(베이스 신호)에 따라 1차 점화 전압을 제어한다.

③ 전자제어 스로틀 밸브(ETS ; electronic throttle valve)는 가속 페달의 열림량을 입력 받아 기관의 컴퓨터가 스로틀 밸브의 목표 열림량을 연산하여 기관 컴퓨터로 신호를 보내면 기관 컴퓨터는 스로틀 모터를 구동하여 스로틀 밸브를 제어한다.

④ 냉각 팬 제어는 에어컨 스위치, 차속 센서, 수온 센서의 신호를 입력을 받아 기관 컴퓨터가 냉각 팬의 작동 속도를 결정하여 라디에이터 팬 제어 기구로 듀티 신호를 보내면 냉각 팬 제어 기구가 라디에이터 팬과 응축기(콘덴서) 팬을 구동한다.

⑤ AC 발전기의 발전 전류제어는 전기 부하 상태일 때 기관의 부조를 방지하기 위해 기관 컴퓨터는 기관의 회전속도 및 발전기 충전 전류를 입력받아 최적의 발전 전류를 제어한다.

〈입·출력 관계〉

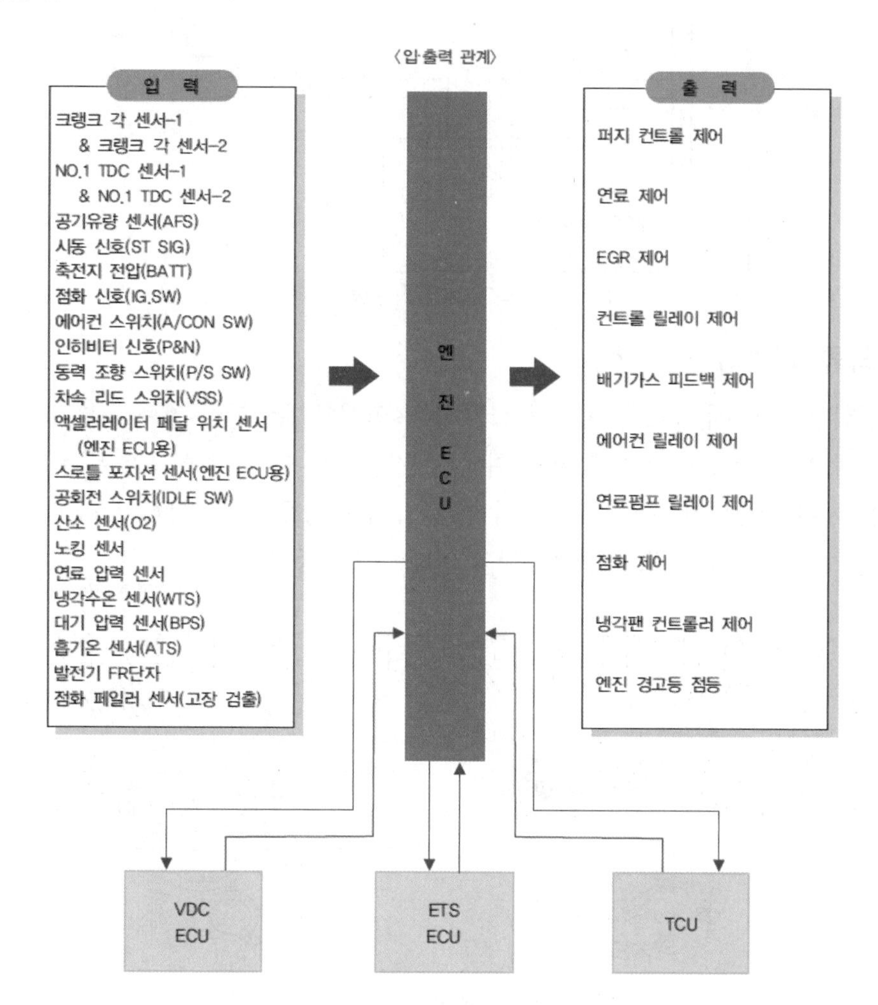

3. GDI의 연료제어 GDI fuel control

가솔린 직접분사 기관의 연료계통은 **와류 인젝터, 인젝터 드라이버, 연료 압력 센서, 연료 펌프 릴레이, 연료 펌프 저항기, 고압 연료 펌프, 고압 연료 압력 조절기** 등으로 구성되어 있다.

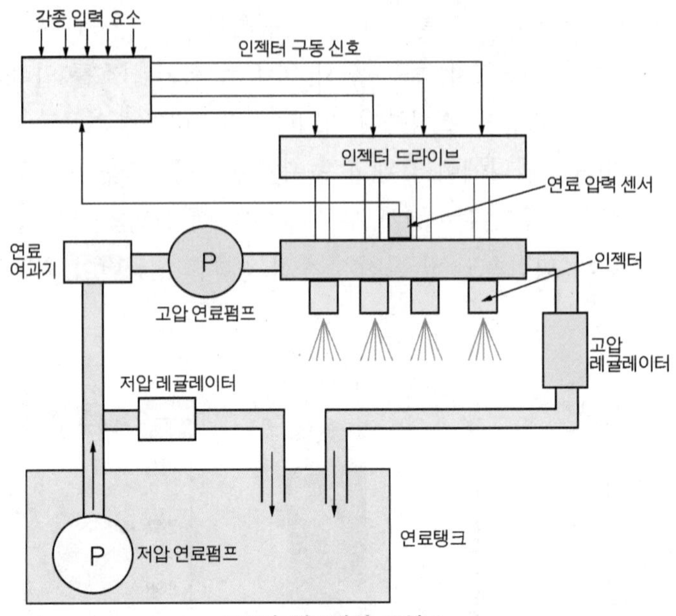

GDI의 연료장치 구성도

3.1. 와류 인젝터 swirl injector

와류 인젝터는 2분사(spray) 방식이며, 기존의 인젝터와는 달리 연료가 분사되면서 주위의 공기와 쉽게 혼합될 수 있도록 하기 위해 소용돌이를 이루면서 연료가 분사된다. 인젝터의 구동은 기관 컴퓨터가 직접 하는 것이 아니라 기관 컴퓨터가 인젝터 드라이버에 연료분사 신호를 보내면 인젝터 드라이버는 해당 인젝터를 구동한다.

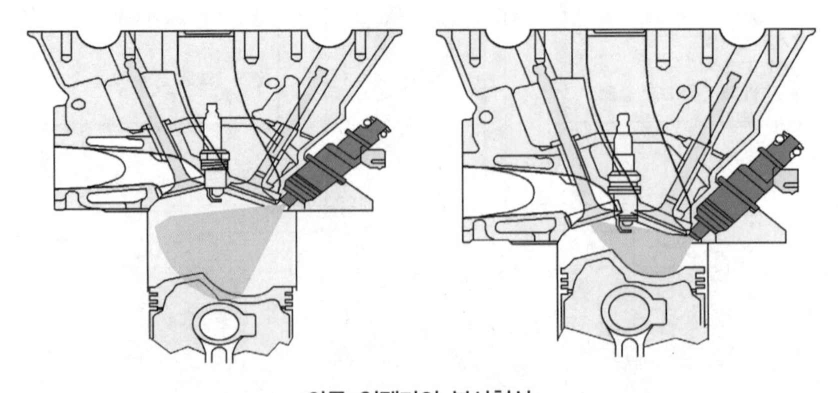

와류 인젝터의 분사형상

3.2. 인젝터 드라이버 injector driver

인젝터 드라이버는 릴레이로부터 전원을 공급받아서 각 인젝터에 전원을 공급함과 동시에 인젝터 회로의 단선 및 단락을 검출하여 기관 컴퓨터로 고장유무 신호를 입력시킨다. 인젝터의 구동은 기관 컴퓨터로부터 연료 분사시간 신호를 입력받아 인젝터를 구동시킨다. 인젝터드라이버의 전원공급은 점화스위치(IG.S/W)를 ON으로 하면 기관 컴퓨터가 A07 단자를 접지시키면 인젝터 드라이브 A의 A12번 단자와 A21번 단자로 전원이 공급된다. 만약 기관 컴퓨터 07번 단자에서 접지가 되지 않으면 인젝터 드라이버쪽으로 전원이 공급되지 못한다.

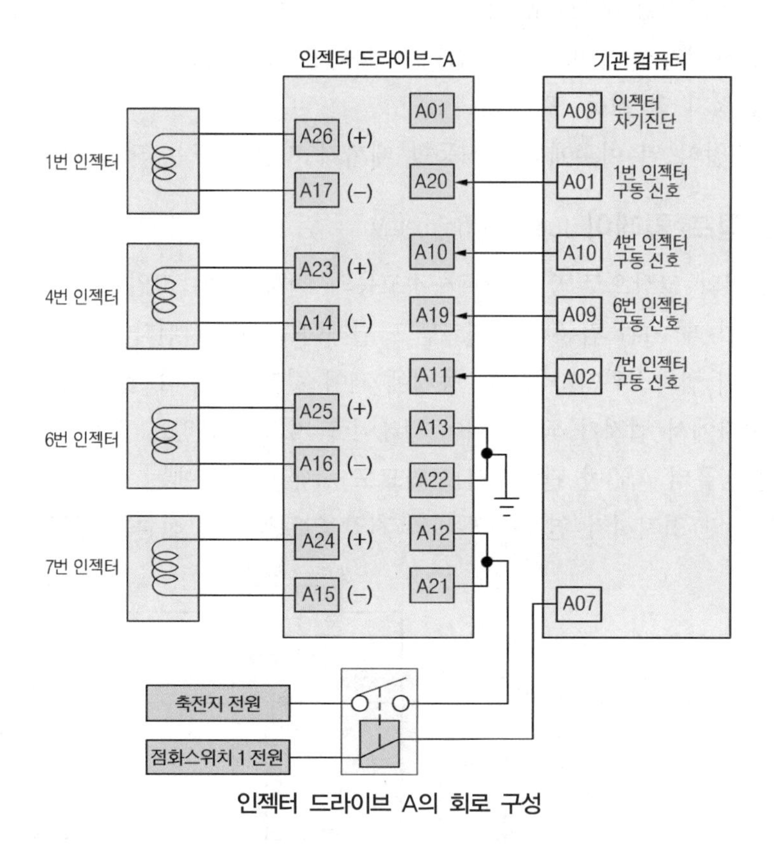

인젝터 드라이브 A의 회로 구성

기관 컴퓨터에서는 #1, #4, #6, #7 인젝터를 구동하기 위하여 인젝터 드라이브 A의 A20, A10, A19, A11번 단자로 신호를 주면 인젝터 드라이브 A는 A17, A14, A16, A15번 단자를 접지시켜 인젝터를 구동한다. 각 인젝터의 전원은 인젝터 드라이브에서 공급한다. 인젝터의 단선 및 단락이 발생하였을 때에는 인젝터 드라이브 A의 A01번 단자에서 기관 컴퓨터로 고장 신호를 출력한다.

3.3. 연료 압력 센서 fuel pressure sensor

연료압력 센서는 연료공급 계통에 설치되며, 검출된 압력을 전압신호로 기관 컴퓨터에 입력시켜 인젝터의 연료분사량 보정신호로 사용한다. 이 센서의 출력 특성은 연료압력 증가에 따라 일정하게 증가하며, 고압 레귤레이터에 의해서 50kgf/cm² 이상으로는 증가하지 않으나 비정상적으로 압력이 증감될 경우에는 기관 컴퓨터에서 연료압력에 따른 인젝터의 구동시간을 보정한다. 이에 따라 기관 컴퓨터는 고압모드와 저압모드를 연료압력 센서에 따라 판정하며, 고압모드가 되는 경우는 다음의 3가지 조건을 만족하여야 한다.

① 기관 회전속도가 1,000rpm 이상
② 연료압력 센서가 정상이고, 연료압력이 40kgf/cm² 이상
③ 기관 작동정지 및 시동 후 이외

다만, 한번 고압이 된 이후에는 재시동할 때까지 저압 모드는 되지 않는다.

3.4. 연료 펌프 릴레이 fuel pump relay

연료압력 센서의 고장으로 인한 기관 경고등의 점등 또는 고압모드에서 연료의압력이 70kgf/㎠ 이상일 때 기관 컴퓨터는 연료펌프 릴레이를 OFF시킨다. 연료펌프 릴레이의 작동은 그림과 같이 점화스위치가 ON과 동시에 제어 릴레이로부터 전원이 공급되면 기관 컴퓨터 D04번 단자에서 접지가 되며, 제어 릴레이를 거쳐 연료펌프 릴레이로 전원이 공급된다. 이때 기관 컴퓨터 A33번 단자에서 고압모드 상태일 경우에는 접지시키지 아니하고 저압모드 상태에서만 접지시켜 연료탱크 내의 저압 연료펌프로 전원을 공급한다.

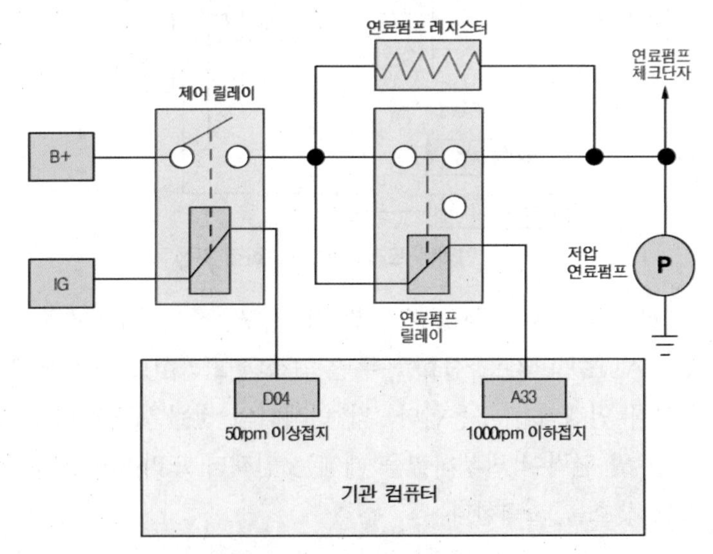

연료펌프 릴레이 구성회로

3.5. 연료 펌프 저항기 fuel pump resister

고압 연료펌프의 유량특성은 기관을 크랭킹할 때에는 회전속도가 낮기 때문에 토출량이 적으며, 이 상태에서 저압 연료펌프가 작동하면 연료펌프의 전류소모가 커지게 된다. 고압 연료펌프 이전까지의 저압계통에는 저압 레귤레이터 바이패스 압력까지 상승하여 토출 부하가 걸리게 되어 저압 연료펌프의 손상이 염려된다. 이를 방지하기 위해 저압 연료펌프의 배선에 레지스터(저항)를 두어 연료펌프가 천천히 구동되도록 기관 컴퓨터에서 연료펌프 릴레이를 제어한다.

3.6. 고압 연료 펌프 high pressure fuel pump

좌우 실린더 헤드에 각각 설치된 고압 연료펌프는 기관의 흡입 캠축의 캠으로 구동된다. 압축된 연소실로 연료를 직접 분사하기 위해서는 연료탱크 내에 설치된 저압 연료펌프만으로는 분사압력(약 3kgf/cm²)이 매우 낮으므로 저압 연료펌프에서 공급된 연료를 고압 연료펌프에서 약 50kgf/cm² 정도의 압력으로 상승시켜 인젝터에 공급한다.

3.7. 고압 연료 압력 조절기 high pressure regulator

기관 회전속도가 상승하면 고압 연료펌프의 작동이 빨라져 연료압력이 계속 상승한다. 만약 연료압력이 계속 상승한다면 연료분사량 등이 바뀔 수 있기 때문에 연료파이프에 고압 레귤레이터를 설치하여 연료압력이 약 50kgf/㎠이상을 초과하면 바이패스 시킨다. 또 고압 레귤레이터 내에는 체크밸브(check valve)가 설치되어 있으나 기관의 작동을 정지시킨 경우에는 압력이 저하되므로 기관을 다시 시동하였을 때에는 연료압력이 정상으로 되기까지는 다소 시간이 걸린다.

CHAPTER 08

가스 기관의 연료 장치

1 LPG 연료 장치의 개요

LPG는 액화석유가스(liquefied petroleum gas)의 머리글자를 딴 약칭이다. LPG는 유전(油田)이나 원유를 정제하는 도중에 나오는 부산물의 하나로 프로판, 부탄을 주성분으로 하여 프로필렌, 부틸렌 등을 다소 포함하는 혼합물이다. LPG는 냉각이나 가압에 의하여 쉽게 액화하고, 반대로 가열이나 감압에 의하여 기화하는 특성이 있다. 기체화된 LPG는 공기의 약 1.5~2.0배 정도 무거우며, 일반적으로 LPG는 가압(액화)된 상태로 고압용기에 저장되어 있다. LPG의 기관의 잠점은 다음과 같다.

① 연소실에 카본 부착이 없어 점화 플러그 수명이 길어진다.
② 기관오일의 소모가 적으므로 교환주기가 길어진다.
③ 가솔린 기관보다 분해 · 정비 시기가 길어진다.
④ 가솔린에 비해 쉽게 기화하므로 연소가 균일하여 작동소음이 적다.
⑤ 옥탄가가 높아(90~120) 노크 발생이 일어나지 않는다.
⑥ 배기상태에서 냄새가 없으며 일산화탄소(CO) 함유량이 적어 매연이 없다.
⑦ 황(S) 성분이 적어 연소 후 배기가스에 의한 금속의 부식 및 배기 계통의 손상이 적다.
⑧ 가솔린보다 가격이 저렴하여 경제적이다.

1. LPG 연료의 특성

1.1. LPG의 색깔과 냄새

순수한 LPG는 무색, 무미, 무취, 무독성이지만 많은 양을 흡입 할 경우에는 마취성이 있다. 그러나 일반적으로 유기화합물, 질소화합물, 산소화합물 등의 매우 작은 양의 불순물에 의하여 특유의 냄새가 나도록 하는데 LPG의 누출량은 LPG의 밀도가 체적의 1/200을 초과하였을 때 냄새에 의하여 감지될 수 있어야 한다. 또 LPG 봄베 표면에 적색 글씨로 LPG라 표시되어 있다.

LPG의 물리적·화학적 성질

항목	기체 비중 공기 = 1 (0℃대기압)	액체 비중 물 = 1 (15℃)	액체 1ℓ 에서의 기화량(ℓ)	비등점 (℃ 1기압)	융융점 (℃ 1기압)	기화 잠열(kcal/kgf)	증기 입력 (kgf/cm2, 20℃)
메탄	0.55			-161.5	-182.5		
프로판	1.52	0.51	270	-42.1	-187.7	107.1	8
노말부탄	2.01	0.58	240	-0.5	-135	87.5	2
가솔린		0.74			75		
경유		0.84					

1.2. LPG의 비중

(1) 액체와 기체에서의 비중

LPG의 비중은 액체와 기체의 2가지가 있다. 먼저 액체의 비중은 4℃의 물의 밀도를 1로 보았을 때 물과 비슷한 물질의 밀도의 비를 숫자로 나타낸 것이다. 그리고 기체의 비중은 0℃ 1기압의 공기를 1로 보았을 때 밀도의 비를 숫자로 나타낸다. 밀도와 밀도의 비율이기 때문에 비중에는 단위가 없다. 액체 프로판의 비중은 0.51, 기체 프로판의 비중은 1.52이며 액체 노멀부탄은 0.58, 기체 노멀부탄은 2.01이다. 따라서 액체 LPG는 물보다 가벼우나 기체 LPG는 공기보다 1.5~2.0배 무겁다. 이에 비해 도시가스(LNG)와 메탄가스는 공기보다 가벼워 이것이 누출될 때에는 대기 중으로 분산되지만, LPG는 공기보다 무거우므로 바닥에 깔리게 되어 예기치 못한 폭발이 일어날 경우 매우 위험하게 된다.

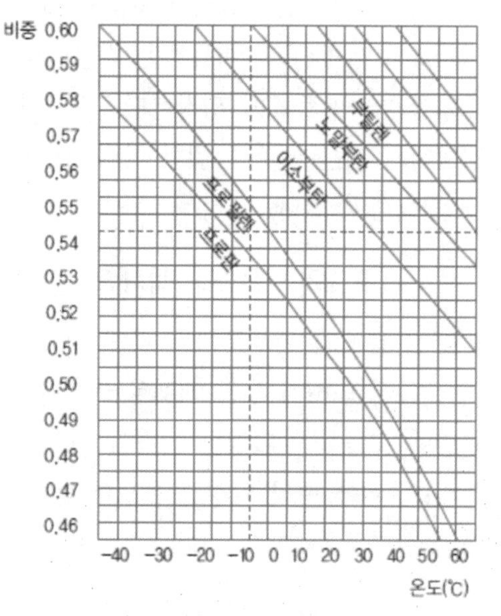

온도와 액 비중과의 관계

(2) 비중과 온도

온도에 의존하는 비중은 온도가 상승하면 팽창계수가 증가로 인하여 낮아진다. 따라서 봄베(bombe ; LPG 용기) 등에 충전되는 LPG의 체적은 법령에 의해 명확하게 규정되어 있는데(최고 충전량은 봄베 체적의 85%) 이것은 다른 액체와는 달리 LPG는 비중과 체적이 온도 변화에 따라 크게 변화하기 때문이다. 예를 들면 15℃액체 LPG 1ℓ 는 50℃에서 약 1.15ℓ 로 팽창된다. 따라서 이러한 성질을 반드시 인식하여 여분의 LPG를 봄베에 충전하는 일은 피해야 한다.

(3) 비중과 체적

액체의 비중을 알면 액체의 체적으로부터 중량을, 중량으로부터 체적을 구할 수 있다. 즉, 액체의 중량 = 비중 × 체적이다. 예를 들면 액체 프로판의 비중이 0.5ℓ 이고 노멀부탄이 0.58ℓ 이면 LPG 1ℓ 는 0.5kgf (1kgf = 약 2ℓ)이 되며, 노멀부탄 1ℓ 는 0.6kgf (1kgf = 약 1.7ℓ)이 된다.

1.3. LPG의 비등점

LPG의 비등점(끓는점)은 760mmHg의 대기 압력에서 액체로부터 기체로 상태(phase)가 변화하는 온도를 말하며, 이 온도 이상이 되면 증기압력이 760mmHg를 초과하게 되어 이 압력에 견디는 봄베(bombe)가 필요하게 된다. 프로판과 노멀부탄의 비등점은 -42.1℃와 -0.5℃로서 LPG의 비등점은 가솔린의 비등점(35~232℃)보다 훨씬 더 낮다. 액체 LPG는 기화할 때 약 240배 팽창한다. 따라서 적은 양의 LPG가 누출되더라도 큰 체적의 가스로 팽창하기 때문에 매우 위험 하다. 이에 따라 봄베 등에 충전하는 경우 일정한 공간을 남겨 둘 필요성이 있다.

1.4. LPG의 기체와 액체의 평형

LPG 봄베의 윗부분에는 기체 LPG가 아랫부분에는 액체 LPG가 있어 각 분자들은 이들의 운동에 의해 일부는 액체로 일부는 기체로 되기도 한다. 이러한 분자들의 움직임은 봄베 벽면에 충돌하여 일정한 압력을 형성한다. 따라서 일정한 온도에 의해서 일정한 압력을 형성하며, 이에 따라 일정한 온도에 대해 평형을 유지한다. 평형을 유지하는 압력을 증기압력이라 한다.

1.5. LPG의 증기압력

LPG의 증기압력은 온도와 구성성분(LPG의 여러 가스 체적)에 의하여 결정된다. 증기압력은 연료를 압송하는 중요한 역할을 하므로 기존의 베이퍼라이저를 사용하는 LPG 기관에서는 연료펌프가 필요 없게 된다. 또 온도와 증기압력의 관계는 다음과 같다.

① 온도가 상승하면 압력도 상승한다.
② 프로판의 성분이 많으면 압력이 상승한다.
③ 액체량의 크기는 압력에 영향을 주지 않는다.

또 LPG의 증기압력은 프로판과 부탄의 혼합 비율 및 온도에 따라 변화한다. 증기압력이 연료펌프의 역할을 할 수 있는 것은 증기압력에 의해서 LPG가 봄베 내에서 밀려 나와 액면이 낮아지면 공간이 커지게 되어 증기압력이 낮아지게 되고 증기는 또다시 포화증기로 되어

LPG를 밀어낸다. 이 현상이 끊임없이 반복되면서 LPG는 자체 증기압력에 의해서 LPG를 자동으로 압송한다.

1.6. LPG의 잠열

알코올이나 가솔린을 손으로 만지면 열을 빼앗기기 때문에 시원하게 느껴지는데 이처럼 모든 액체가 기화하기 위해서는 열이 필요하게 되는데, 이 열을 잠열 또는 기화열이라고 한다. 프로판의 잠열은 107.7Kcal/kgf이고, 노멀부탄은 91.5Kcal/kgf이며 LPG가 기화하기 위해서는 액체 온도에 해당하는 기화열을 빼앗기게 되므로 액체 온도와 증기압력이 낮아진다. 그러므로 LPG가 많은 양으로 기화되는 베이퍼라이저에서는 이 증발 잠열에 의해 주위로부터 열을 빼앗아 동결할 염려가 있으므로 기관의 냉각수를 베이퍼라이저로 순환시키고 있다.

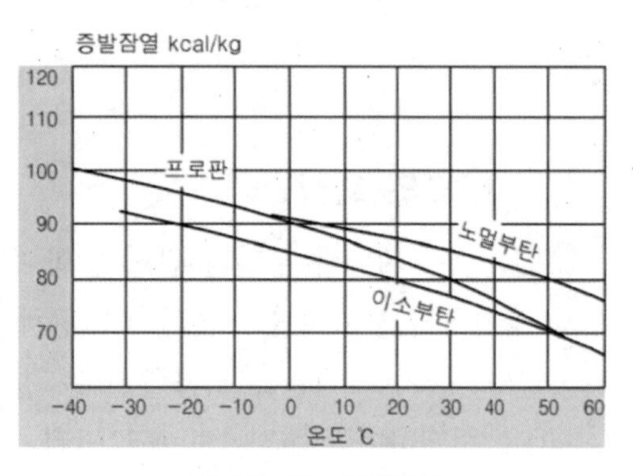

온도에 따른 증발잠열

1.7. LPG의 액화

프로판 또는 부탄을 액화시키기 위해서는 상온에서 가스의 압력을 증기압력 이상으로 상승시키거나, 온도를 비등점 이하로 낮추어야 한다. 증기압력 이상으로 상승시키는 경우를 가압 액화(加壓 液化)라 하며, 일반적으로 가정에서 사용하는 용기, 저장탱크, 탱크로리 등에 저장된 가스는 대부분 가압 액화한 LPG이다. 또 온도를 비등점 이하로 낮추는 경우를 냉각 액화(冷却 液化)라 하는데 선박의 대형 수송용 탱크에 저장된 가스는 냉각 액화된 LPG인 경우가 많다. 프로판 또는 부탄을 액화하면 그 부피는 1/250로 줄어든다. 따라서 액체 상태로 저장하거나 운반하면 작은 용기에 대량의 가스를 저장할 수 있어 취급상 편리하게 된다.

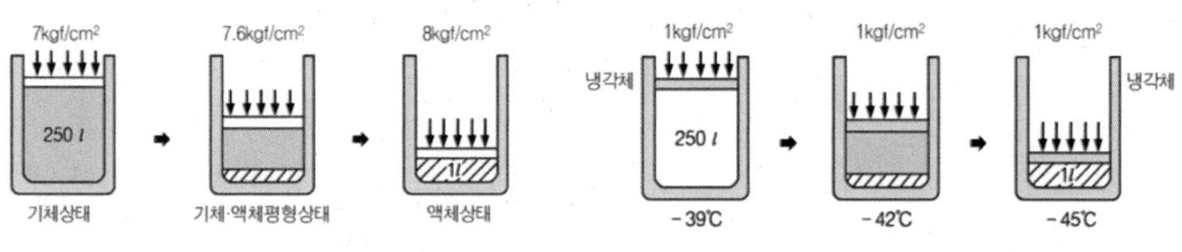

15℃에서 가압 액화 (프로판) 1kgf/㎠에서 냉각 액화 (프로판)

1.8. LPG의 옥탄가

옥탄가란 연소실 내의 연소에서 노킹 방지성능을 표시하는 수치를 말하며, LPG는 가솔린보다 약 10%정도 옥탄가가 높다. 옥탄가가 높다는 것은 노킹을 일으키지 않고 높은 압축비의 기관을 작동시킬 수 있다는 의미이며, 즉 기관의 열효율을 높여서 출력을 증가시킬 수 있다.

1.9. LPG의 화학반응

LPG는 프로판이나 부탄과 같이 포화 탄화수소의 화합물이므로 화학반응이 거의 없는 매우 안정된 화합물이지만 가솔린처럼 용해성이 있다. 특히 천연고무나 페인트를 용해시키므로 기구의 설치나 배관을 시공할 때는 반드시 LPG에 침식되지 않는 재료의 LPG 전용 실(seal)을 선택하여야 한다. 또 프로필렌, 부틸렌은 산소나 그 밖의 화합물과 결합하기 쉽고 타르나 고무와 같은 물질을 생성하여 고장의 원인이 될 뿐만 아니라 침식성이 강하다.

1.10. LPG의 안전성

LPG는 다른 가연성 가스에 비해 독성이 없으며, 옥탄가가 높아 완전연소가 가능하므로 대기오염의 공해 문제를 해결할 수 있다. 그러나 LPG는 1/250로 압축된 고압가스이므로 사용 중 누출될 뿐만 아니라 만약 누출되면 약 250배의 가스로 팽창하며, 공기보다 무거워 낮은 지면에 고이게 되므로 위험성을 초래한다. 따라서 현재 사용하고 있는 LPG 봄베를 비롯한 각종 기구의 품질이나 안전장치가 고압가스 안전 관리법에 의해 엄격히 규제되어 있으므로 안전장치가 고압가스 취급 여하에 따라 가스 누출을 충분히 방지할 수 있어 가솔린 보다 안전성이 높다고 할 수 있다.

1.11. 자동차용 연료로서의 LPG

일반적으로 자동차에서 사용하는 연료로서 LPG를 선택할 경우의 기준은 다음과 같다.

① 적정의 증기압력(1~10kgf/㎠)을 유지할 것
② 불포화(오리핀 계열)탄화수소를 함유하지 않을 것
③ 불순물을 포함하지 않을 것

여기에 적당한 증기압력은 기관이 작동하는데 요구되는 기화성능과 관계가 있다. 즉 LPG 기관은 자체 압력에 의해 LPG가 공급되므로 연료펌프를 사용하지 않아 겨울철에는 시동이 불가능할 정도의 낮은 증기 압력이 되므로 연료공급이 원활하지 못하게 된다. 이에 따라 계절에 따라 프로판과 부탄의 혼합비율을 변경하여 필요한 증기압력을 확보하여야 한다.

2. LPG 연료공급 장치

LPG 기관의 연료 공급계통은 **봄베**(bombe)에서 액체 LPG로 나와 여과기에서 여과된 후 **솔레노이브밸브**(solenoid valve)를 거쳐 **베이퍼라이저**(vaporizer)로 들어간다. 여기서 감압된 후 기체 LPG로 되어 **믹서**(mixer)에서 공기와 혼합되어 실린더 내로 들어간다.

알고갑시다

LPG 기관을 시동하여 냉각수 온도가 낮은 상태에서 무부하 고속회전을 하면
① 베이퍼라이저의 동결 현상이 발생한다.
② 가스의 유동정지 현상이 발생한다.
③ 베이퍼라이저의 성능저하로 가속이 불량할 수 있다.
④ 정상온도에서 보다 출력이 낮을 수 있다.
⑤ 희박한 혼합기로 인해 기관의 시동이 정지될 수 있다.

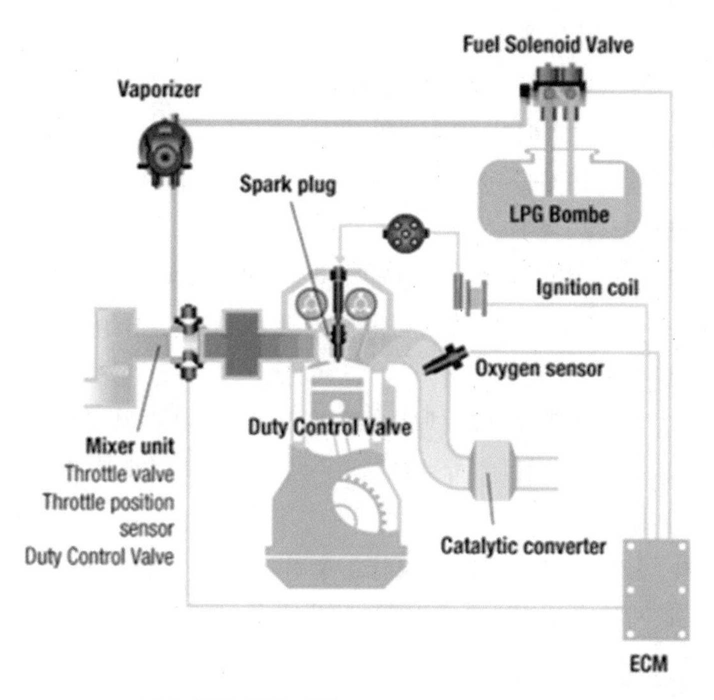

LPG 연료 공급 계통 〈출처 : www.eroomkorea.com〉

2.1. 봄베 bombe

봄베(연료탱크)는 LPG를 저장하는 용기이며, 연료펌프를 내장하고 있다. 액상 송출 밸브(적색), 기상 송출 밸브(황색), 충전 밸브(녹색) 등 3가지 기본 밸브와 체적 표시계, 액면 표시계, 용적 표시계 등의 지시장치가 부착되어 있다. 또한 과충전 방지 밸브와 긴급차단 밸브 등을 갖추고 있다.

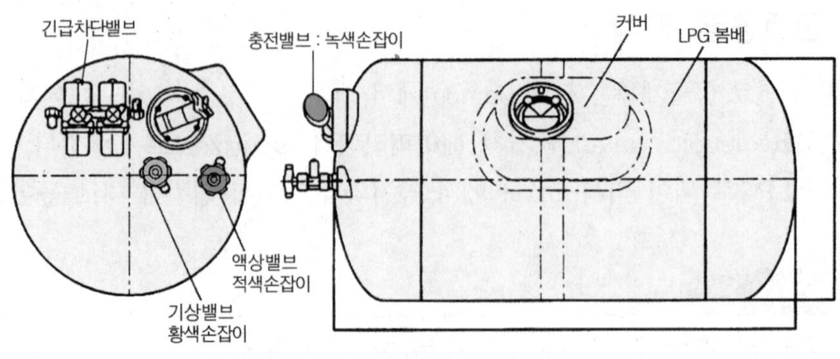

LPG 봄베의 구조

① **액상 송출 밸브** : 봄베의 액체 LPG 배출 쪽에 설치되어 있는 적색 핸들의 밸브이다.
② **기상 송출 밸브** : 봄베의 기체 LPG 배출 쪽에 설치되어 있는 황색 핸들의 밸브이며, 베이퍼라이저의 냉각수 온도가 14℃ 이하에서만 송출이 가능하다. 기관을 시동할 때 시동 성능을 향상시키기 위한 것이다.
③ **충전 밸브** : 봄베의 기체상태 부분에 설치되어 있는 녹색 핸들의 밸브이며, 충전 밸브 아래쪽에 안전밸브가 설치되어 봄베 내의 압력이 규정 이상으로 상승되는 것을 방지한다.
④ **용적 표시계** : 봄베에 LPG를 충전할 때 충전율을 나타내는 계기이며, LPG는 봄베 용적의 85% 까지만 충전하여야 한다.
⑤ **안전 밸브** : 충전 밸브와 일체로 조립되어 봄베 내의 압력을 항상 일정하게 유지하는 작용을 하며, 봄베 내의 압력이 상승하여 규정값 이상이 되면 밸브가 열려 대기 중으로 LPG가 방출된다.
⑥ **과류방지 밸브** : 기상 **송출** 밸브와 액상 **송출** 밸브의 안쪽에 설치되어 사고로 인하여 기관에 공급되는 배관이 파손되었을 때 봄베 내의 LPG가 급격하게 방출되어 발생할 수 있는 위험을 방지한다.
⑦ **액면 표시 장치** : LPG의 과충전을 방지하고 충전량을 알기 위한 장치로서 종류에는 투시창 방식, 튜브 게이지 방식, 뜨개 게이지 방식 등이 있다.

2.2. 솔레노이드 밸브 solenoid valve

솔레노이드 밸브는 LPG의 차단 및 송출을 운전석에서 조작하는 밸브이며, 기체 솔레노이드 밸브와 액체 솔레노이드 밸브로 구성되어 있다. 즉, 기관을 시동할 때는 기체 LPG를 공급하고, 시동 후에는 양호한 주행 성능을 얻기 위해 액체 LPG를 공급해준다. 솔레노이드 아래쪽에는 필터(여과기)가 설치되어 있다. 냉각수 온도가 14℃ 이하일 경우에는 기체 솔레노이드 밸브를 작동시키고, 냉각수 온도가 15℃ 이상일 경우에는 액체 솔레노이드 밸브를 작동시킨다.

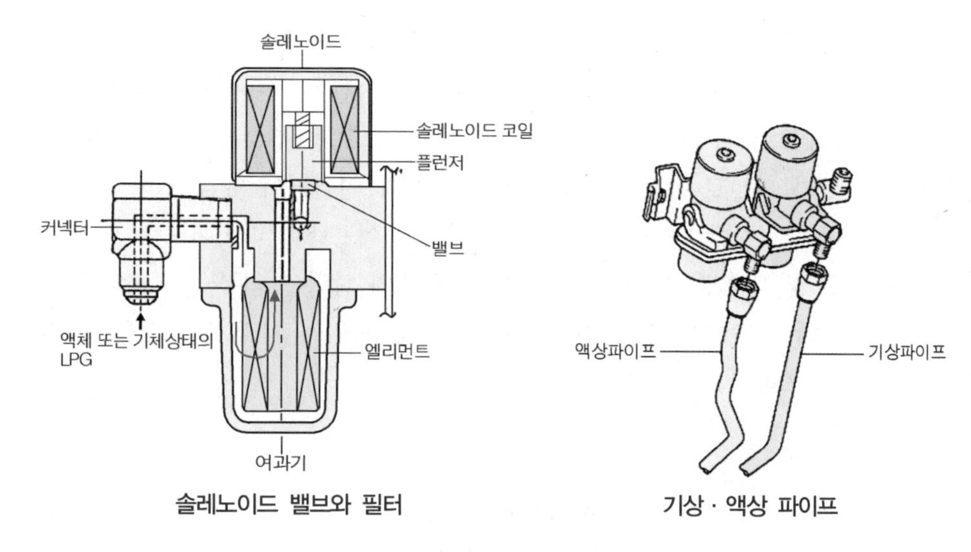

솔레노이드 밸브와 필터 기상 · 액상 파이프

2.3. 베이퍼라이저 vaporizer - 감압기화장치 또는 증발기

봄베로부터 압송된 액체 LPG의 압력을 낮추어 기체 LPG로 기화시켜 기관으로 공급하는 장치이다. 베이퍼라이저 내의 LPG는 액체 상태에서 기체로 변환될 때 주위에서 증발잠열을 빼앗아 온도가 낮아져 베이퍼라이저 내의 밸브를 동결시키므로 이를 방지하기 위하여 냉각수 통로를 설치하여 냉각수를 순환시켜 기화에 필요한 열을 공급한다.

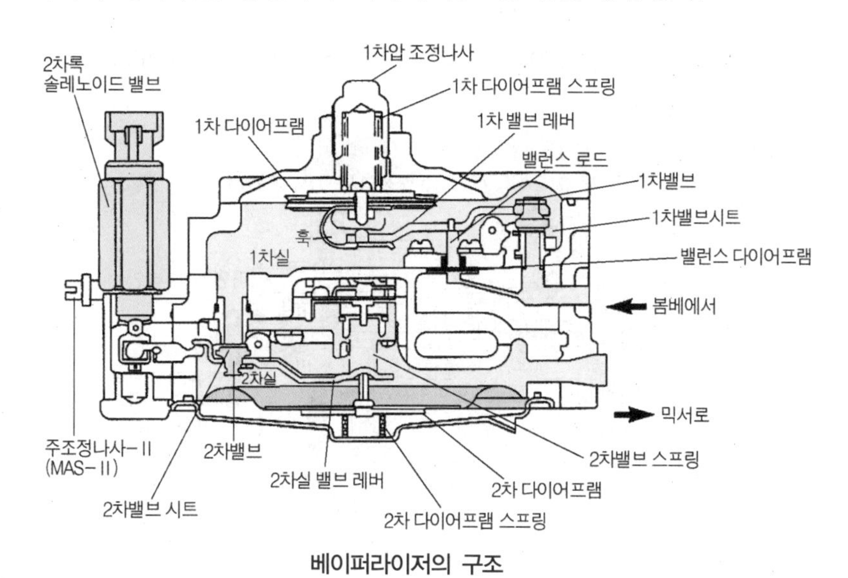

베이퍼라이저의 구조

봄베에서 나온 LPG는 솔레노이드 및 필터를 통해 베이퍼라이저 입구까지 봄베에서 송출된 압력으로 유입되며, 일단 베이퍼라이저로 들어온 LPG (압력 2.3kgf/㎠)는 1차 밸브시트 사이에서 1차실로 유입되어 압력이 낮아진다. LPG의 유입이 계속되고 1차 압력이 약 0.3kgf/㎠보다 높아지면 1차 다이어프램에 고정되어있는 훅 (hook)이 1차 밸브를 닫아

LPG 유입을 차단한다. LPG가 소비되어 1차실의 압력이 0.3kgf /㎠ 이하가 되면 1차 밸브를 끌어 올려 1차 밸브를 열고 LPG를 유입시킨다. 이와 같은 작동이 반복되어 1차실 압력은 항상 0.3kgf/㎠로 유지된다. 또한 1차 다이어프램 스프링 부분은 1차 다이어프램이 파손되었을 때 LPG가 외부로 유출되지 않도록 2차 실과 연결되어 있다.

봄베 내의 압력이 일정할 때 1차실 압력은 1차 다이어프램과 다이어프램 스프링에 의해 약 0.3kgf/㎠으로 일정하게 유지시켜 주지만 봄베 내의 압력은 외부 온도 나 LPG의 조성에 따라 변화할 경우 1차실 압력에 영향을 줄 수 있다. 따라서 이와 같은 영향을 피하기 위해서 밸런스다이어프램을 두고 있다.

2.4. 믹서 mixer

LPG 공급 라인은 메인 라인과 저속 라인으로 구성하고 있으며, 베이퍼라이저에서 감압 기화된 LPG를 공기와 혼합(LPG와 공기의 비율 15 : 3)하여 각 연소실에 공급하는 역할을 한다. 기본 LPG량(2차실의 LPG)은 주 조정 나사를, 공연비 조정은 메인 듀티(피드백) 솔레노이드 밸브를 통하여 이루어진다. 주 조정 나사-Ⅰ(MAS-Ⅰ ; main adjust screw-Ⅰ)을 임의로 조정하면 정확한 공연비가 제어되지 않으며, LPG의 과다한 소모 및 기관의 출력 저하 원인이 되므로 조정해서는 안된다. 또한 기관이 공회전을 할 때에는 공기 조정 나사(AAS)를 통하여 스로틀 밸브를 바이패스 하여 흐르는 공기(혼합 가스)량을 조정하여 공전 상태를 유지한다. 공회전할 때 공연비 조정은 공기 조정 나사와 베이퍼라이저의 주 조정 나사-Ⅱ로 이루어진다.

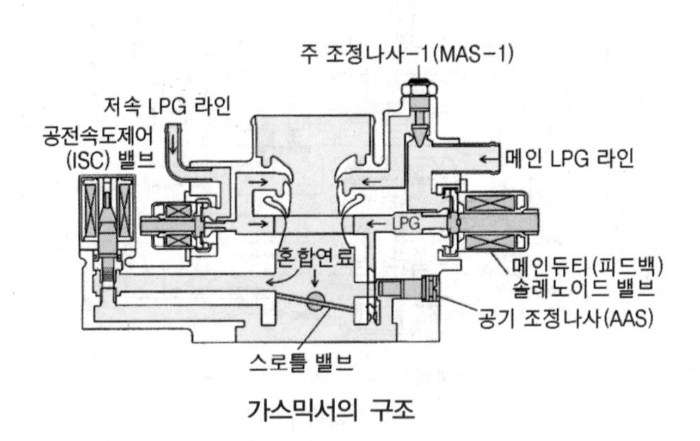

가스믹서의 구조

3. LPG 전자제어 장치

기관 컴퓨터(ECU)는 각종 센서로부터 받은 정보를 기초로 하여 여러 가지 작동 조건의 이상적인 조건을 산출하여 액추에이터를 구동하여 LPG와 공기의 혼합비율, 점화시기, 공전 속도 및 액 · 기상 솔레노이드 밸브 등을 제어한다.

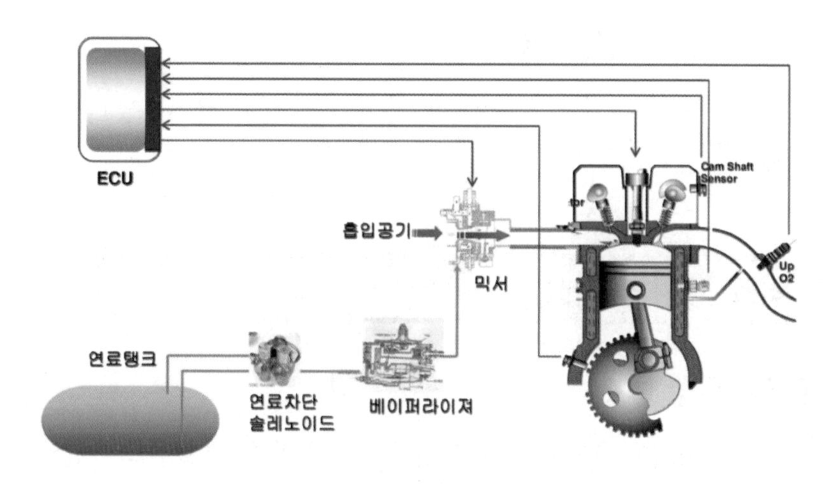

LPG 기관의 전자제어 장치

3.1. 액상·기상 솔레노이드 밸브 제어

컴퓨터는 직접 냉각수 온도에 따라 액상·기상 솔레노이드 밸브 제어를 제어한다. 액상 솔레노이드 밸브는 냉각수 온도에 관계없이 다음 조건이 만족할 때 OFF된다.

① 기관 오버런(over run)으로 연료 공급 차단 조건일 때
② 화재 방지 연료 공급 차단 조건이 만족될 때

냉각수 온도와 액상 · 기상 솔레노이드 밸브 작동

냉각수 온도	기상 솔레노이드 밸브	액상 솔레노이드 밸브
14℃ 이하	ON	OFF
14~35℃	ON	ON
35℃ 이상	OFF	ON

3.2. 슬로 컷 솔레노이드 밸브 및 2차 솔레노이드 밸브 제어

(1) 슬로우 컷 솔레노이드 밸브 (Slow Cut Solenoid Valve) 제어

슬로 컷 솔레노이드 밸브는 기관 가동 중 컴퓨터로 제어되며, 베이퍼라이저의 1차실의 LPG를 저속 LPG 라인을 통해 믹서로 공급한다.

(2) 2차 솔레노이드 밸브 제어

2차 솔레노이드 밸브는 베이퍼라이저의 2차실에서 2차 밸브의 개폐를 제어하며, 시동 성능 향상 및 차량이 충돌하였을 때 LPG의 누출을 방지한다. 또한 크랭킹할 때 기관 회전속도가 64rpm이상이거나 기관 작동 중에 작동하며 베이퍼라이저의 1차실에서 2차실로 LPG가 공급된다.

3.3. 기상(氣狀) 램프 점등 제어

컴퓨터는 기상 솔레노이드를 작동시킬 때 및 액상 솔레노이드를 OFF시킬 때는 계기판의 기상 램프를 점등시킨다.

2 LPI 연료 장치의 개요

1. LPI 연료의 특성

LPI(liquid petroleum injection) 연료 분사 시스템은 LPG 연료를 5~15bar 고압의 액체 상태로 유지하면서 컴퓨터의 제어에 의해 각각의 실린더에 해당되는 흡기 매니폴드에 설치되어 있는 인젝터를 통하여 연료를 분사시키는 시스템으로 믹서 형식의 LPG 기관에 비해 기관의 성능, 연비, 저온 시동성, 역화, 타르의 발생 등이 개선되고 유해 배기가스의 배출이 적다. LPI 장치의 장점은 다음과 같다.

① 겨울철의 냉간 시동성이 우수하다.
② 정밀한 LPG 공급량의 제어에 의해 유해 배기가스의 배출이 적다.
③ 고압 액체상태 분사로 인해 타르 생성의 문제점을 개선할 수 있다.
④ 타르의 발생 및 역화가 적으며, 타르의 배출이 필요 없다.
⑤ 가솔린 기관과 같은 수준의 동력 성능을 발휘한다.

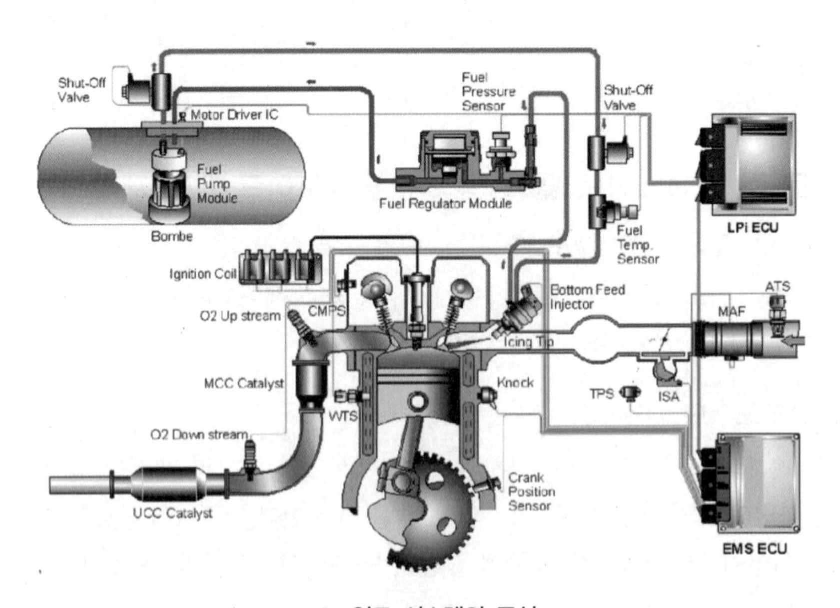

LPI 연료 시스템의 구성

1.1. LPI 시스템의 연료 흐름도

LPI 시스템은 봄베 내장형 연료펌프, 특수 재질의 연료 공급 파이프, 고압 인젝터, 연료 압력을 조절하는 압력 조절기, LPI 전용 컴퓨터 등으로 구성되어 있으며, 믹서 형식의 LPG 기관의 구성품인 베이퍼라이저나 믹서 등의 부품이 필요 없다.

① **펌프 모듈** : 멀티 밸브와 펌프로 구성되어 있으며, 연료 봄베 내의 LPG를 펌프에 의해 액체 상태로 송출하는 역할을 한다.
② **압력 조절기 유닛** : 차압을 유지하는 역할 외에 각종 센서가 설치된 유닛 구성품이다.
③ **흡기 매니폴드 유닛** : 흡기 매니폴드, 인젝터와 연료 라인으로 구성된 모듈 구성품이다.
④ **펌프 드라이버** : 펌프에 설치되어 모터를 5단계 제어하는 역할을 한다.

연료 봄베 내의 압력은 1~10bar이고 연료 배관의 압력은 연료 봄베의 압력에 의해 결정되지만, 일반적으로 5~15bar를 유지하며, 압력-온도(T-P 선도) 선도의 압력과 온도 특성을 기준으로 압력 조절기에 설치된 온도 센서와 압력 센서의 특성을 이용하여 LPG 액상 분사장치 연료 배관 내의 연료 성질을 분석한 값이 LPI 컴퓨터에 입력되면 컴퓨터는 자료를 분석하여 인젝터의 연료 분사량을 결정하여 인젝터에서 최적의 조건으로 연료를 분사하도록 제어한다.

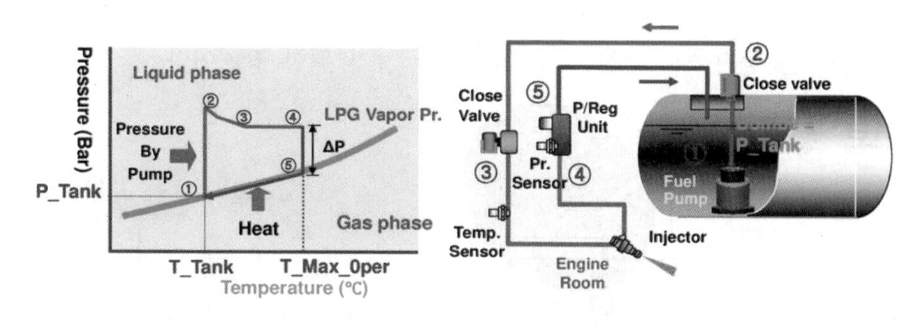

LPI 연료 흐름도 〈출처 : 현대기아모터스〉

1.2. 연료의 조성

LPG는 프로판과 부탄의 조성은 온도에 따라 압력이 변화되고 비점은 프로판은 -45℃, 부탄은 -5℃이기 때문에 액체 상태로 연료를 분사량을 결정하기 어렵기 때문에 봄베 내에 설치된 연료 펌프를 구동시키고 압력 조절기 유닛에 내장된 온도 센서와 압력 센서를 이용하여 LPG 연료의 상태를 예측하여 액체 상태의 연료를 분사가 가능하도록 시스템이 구성되어 있다.

2. LPI 연료 공급장치

2.1. 봄베 bombe

봄베는 LPG를 충전하기 위한 고압 용기이며, 충전 밸브, 연료 펌프 어셈블리, 연료 펌프

드라이버, 연료 송출밸브, 수동 밸브, 연료 차단 솔레노이드 밸브, 과류 방지 밸브, 유량계 등이 부착되어 있다.

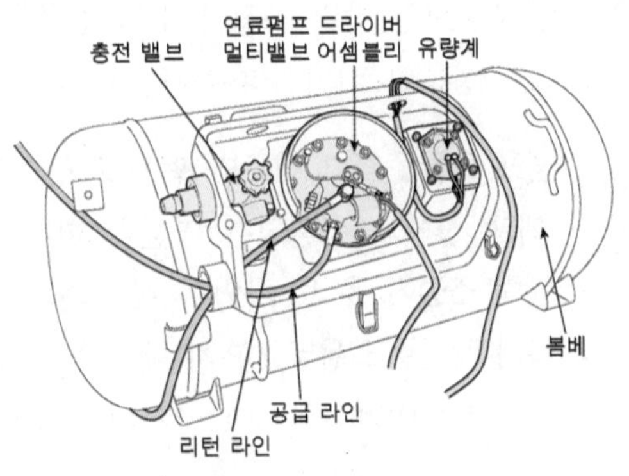

봄베의 구성요소

(1) 봄베 보디 bombe body

연료 압력을 발생시키는 펌프가 내장되어 있으며, 안전을 위하여 최고 충전량은 봄베 체적의 85%정도를 충전하도록 하고 있다.

(2) 연료 펌프 구동용 드라이버

인터페이스 박스(IFB)에서 신호를 받아 펌프를 구동하기 위한 모듈이다.

(3) 멀티 밸브 어셈블리

연료 송출 밸브, 매뉴얼 밸브, 컷 오프(연료 차단) 밸브, 과류 방지 밸브 등으로 구성되어 있다.

(4) 충진 밸브

충진 밸브는 기체 상태의 부분에 설치되어 있으며, LPG를 충진하기 위한 밸브이다.

(5) 유량계

LPG의 과충진을 방지하고 충진량 및 연료량을 알기 위한 장치이다.

2.2. 연료 펌프 fuel pump

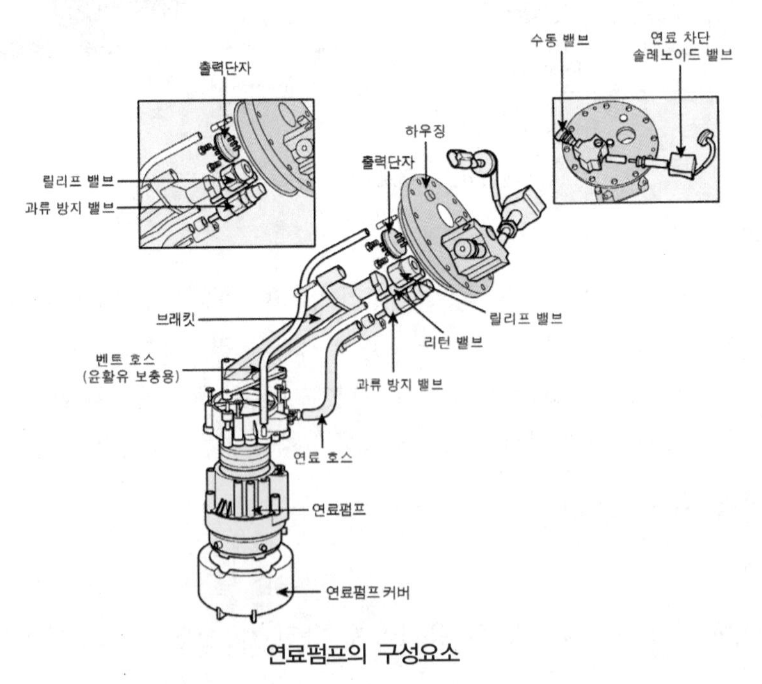

연료펌프의 구성요소

연료 펌프는 봄베 내에 설치되어 있으며, 액체 상태의 LPG를 인젝터에 압송하는 역할을 한다. 연료 펌프는 필터(여과기), BLDC 모터 및 양정형 펌프로 구성된 연료펌프 유닛과 과류 방지 밸브, 리턴 밸브, 릴리프 밸브, 수동 밸브, 연료 차단 솔레노이드 밸브가 설치된 멀티 밸브 유닛으로 구성되어 있다. 연료펌프는 BLDC (brushless direct current) 모터 부분과 양정형 펌프 부분으로 구성되어 있으며, 봄베 내의 연료에 잠겨 있기 때문에 작동 소음 및 베이퍼 로크 방지 기능이 있다. 연료 펌프에는 체크 밸브, 릴리프 밸브 및 필터가 설치되어 있다.

(1) 연료 차단 솔레노이드 밸브 cut-off solenoid valve

연료 차단 솔레노이드 밸브는 멀티 밸브 어셈블리에 설치되어 있으며, 기관 시동을 ON · OFF 시 작동하는 ON · OFF 방식으로 기관을 OFF시키면 봄베와 인젝터 사이의 연료 라인을 차단하는 역할을 한다. 연료 차단 솔레노이드 밸브는 연료 압력 조절기 유닛과 멀티 밸브 어셈블리에 각각 1개씩 설치되어 동일한 조건으로 동일하게 작동하여 2중으로 연료를 차단한다.

연료 차단 솔레노이드 밸브 설치 위치

(2) 과류 방지 밸브 excess flow check valve

과류 방지 밸브는 차량의 사고 등으로 배관 및 연결부의 파손으로 봄베로부터 연료의 송출을 차단하여 LPG의 방출로 인한 위험을 방지하는 역할을 한다. 체크 플레이트의 작동 후에도 LPG의 흐름이 완전히 정지되는 것은 아니며, 체크 플레이트에는 균압 노즐이 설치되어 있어 노즐을 통하여 LPG가 서서히 흘러 나가게 되고 체크 플레이트 내측과 외측의 압력이 동일하면 스프링의 장력에 의하여 원위치 되기 때문에 평상 상태로 돌아온다. 폐지 유량은 2~6ℓ /min이며, 차압은 0.5kgf/㎠ 이하이다.

(3) 수동 밸브 manual valve

수동 밸브는 장기관 동안 차량을 운행하지 않는 경우 봄베에서 연료가 송출되지 않도록 수동으로 연료 라인을 차단하는 밸브로서 18.6kgf/cm^2의 공기 압력을 5분간 가했을 때 누설이 없는 기밀성과 30kgf/cm²의 유압을 가할 때 파손되지 않는 내압성이 있어야 한다.

(4) 릴리프 밸브 및 리턴 밸브 relief valve & return valve

릴리프 밸브는 연료 공급 라인의 LPG 압력을 일정하게(액체 상태로 유지) 유지시켜 열간 재시동성 지연을 개선시키는 역할을 하며, 개구부에 연결된 플레이트와 스프링의 장력에 의해 연료의 압력이 20±2kgf/cm²에 도달하면 연료를 봄베로 리턴시킨다. 릴리프 밸브는 18kgf/cm² 이상의 공기 압력을 1분간 가했을 때 누설이 없는 기밀성이 있어야 한다.

리턴 밸브는 연료 라인의 LPG 압력이 규정값 이상이 되면 열려 과잉의 LPG를 봄베로 리턴시키는 역할을 한다.

2.3. 연료 압력 조절기 유닛 fuel pressure regulator unit

연료 압력 조절기는 연료 봄베에서 송출된 고압의 LPG를 다이어프램과 스프링 장력의 균형을 이용하여 연료 라인 내의 압력을 항상 펌프의 압력보다 약 5kgf/cm² 정도 높게 유지시키는 역할을 한다. 또한 연료 압력 조절기 외에 연료 분사량을 보상하기 위한 가스 압력 센서, 가스 온도 센서 및 연료 차단 솔레노이드 밸브가 내장되어 있기 때문에 연료 라인에 연료를 공급 또는 차단을 제어하는 역할도 한다.

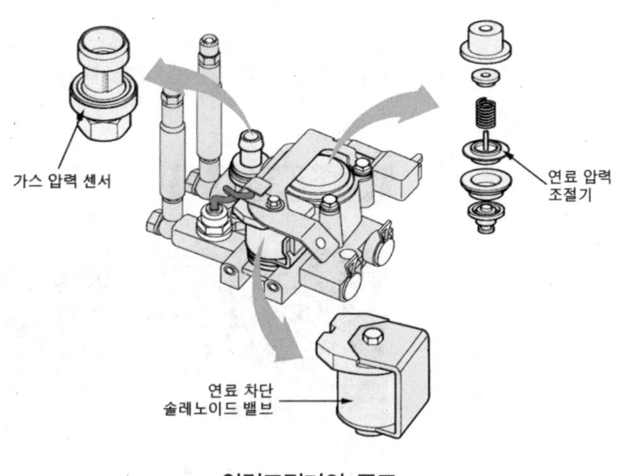

압력조절기의 구조

2.4. 인젝터 injector

인젝터는 액체 상태의 LPG 연료를 인젝터와 LPG 분사 후 기화 잠열에 의한 수분의 빙결 현상을 방지하기위한 아이싱 팁(icing tip)으로 구성되어 있으며, 연료는 연료 입구측의 필터를 통한 LPG가 인젝터 내의 아이싱 팁을 통하여 흡기관에 분사된다. 연료 라인은 LPG의 연료 특성을 감안하여 연료 봄베에서부터 연료 압력 조절기 유닛을 경유하여 흡기 매니폴드 어셈블리에 이르는 연료 공급 라인으로 이용한다.

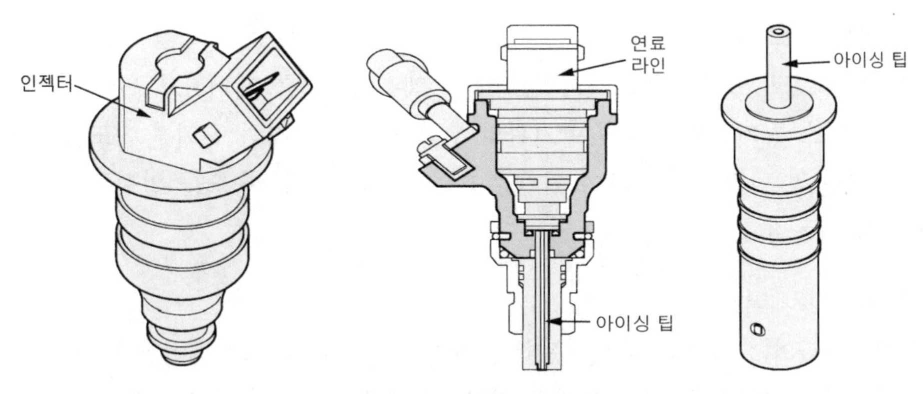

LPG용 인젝터 및 아이싱 팁

(1) 인젝터

컴퓨터의 제어 신호에 의해 인젝터의 니들 밸브가 열리면 연료 압력 조절기를 통해 공급된 고압의 연료는 연료 배관의 압력에 의해 분사된다. 이때 연료 분사량 인젝터의 분공의 면적이 일정하기 때문에 인젝터의 통전 시간을 제어하여 조절되며, 연료 압력을 감지한 인터페이스 박스에 의해 통전 시간이 제어된다.

(2) 아이싱 팁

LPG 연료를 분사한 후에 발생하는 기화 잠열에 의해 주위의 수분이 빙결되는 현상이 발생되기 때문에 이로 인하여 기관의 성능이 저하되는 것을 방지하기 위하여 아이싱 팁을 사용한다. 아이싱 팁은 재질의 차이를 이용하여 아이싱 결속력을 저감시킴으로서 빙결의 생성을 방지하는 역할을 한다.

3. LPI 전자제어 장치

LPI 시스템은 기관의 상태를 감지하는 센서, 센서의 입력신호로부터 시스템을 제어하는 컴퓨터, 컴퓨터의 제어하에서 작동되는 액추에이터로 구성되며, 컴퓨터는 연료 분사 제어, 공회전 속도 제어, 점화시기 제어 등을 한다.

3.1. LPI 전자제어 요소

(1) 연료 분사 제어

연료 펌프에서 송출되는 연료는 연료 압력 조절기에 의해 연료 봄베에 있는 연료를 각 실린더의 흡기 포트에 설치된 인젝터까지 일정 압력으로 연료를 공급하는 역할을 하며, 인젝터는 각 실린더의 흡기 포트에 설치되어 있으며, 연속적으로 변화되는 기관의 작동 상태에 따라 최적의 공연비를 실현할 수 있도록 컴퓨터는 인젝터의 작동시기와 분사시기를 제어한다.

(2) 공회전 속도 제어

컴퓨터는 공회전 조건과 공회전시 공전속도 액추에이터를 제어함으로써 스로틀 밸브를 지나는 바이패스 공기량을 조절하여 기관의 부하에 따른 최적의 공회전 속도를 유지하도록 한다. 즉, 기관의 냉각수 온도와 에어컨 부하에 때해 공회전 속도를 일정하게 유지하도록 ISC 모터를 구동한다.

(3) 점화시기 제어

컴퓨터는 기관의 회전속도, 흡입 공기량, 기관의 냉각수 온도와 대기압 등에 따라 점화시기를 결정하여 기관의 작동 조건에 따른 최적의 점화시기를 제공하기 위하여 점화 1차 회로에 위치한 파워 트랜지스터를 제어하여 점화 코일에 유입되는 1차 전류를 ON, OFF시킨다.

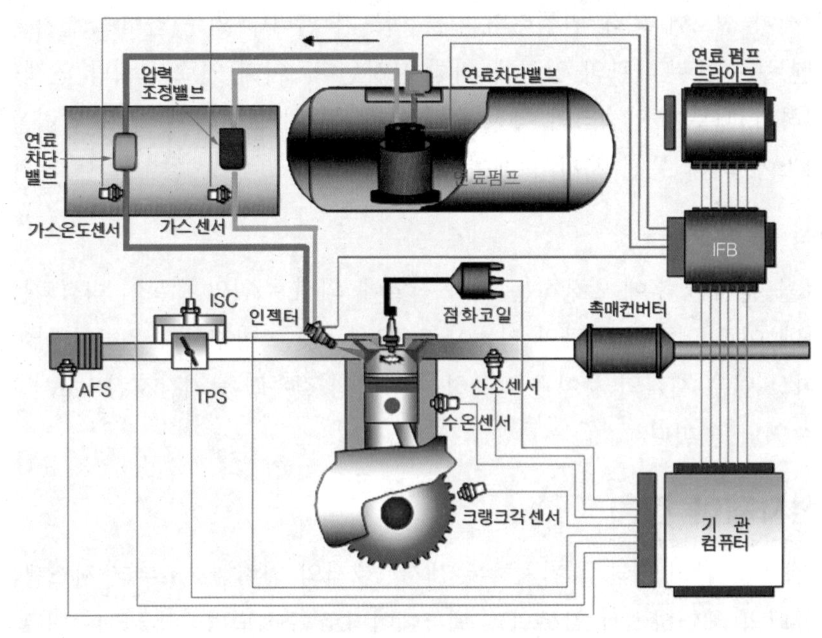

LPI 시스템의 전자제어 입출력도

3.2. 전자제어 입력 요소

(1) 가스 압력 센서 gas pressure sensor ; GPS

가스 압력 센서는 황동 재질로 연료 압력 조절기 유닛에 체결되어 있으며, 캐패시티브 센싱 엘리먼트가 내장되어 있다. 액체 상태의 LPG 연료의 압력을 검출하여 해당 압력에 대한 출력 전압을 인터페이스 박스에 전달하는 역할을 하며, 인터페이스 박스는 이 신호를 컴퓨터에 전달하여 연료의 압력에 따른 연료 분사량을 연산하도록 한다.

(2) 가스 온도 센서 gas temperature sensor ; GTS

가스 온도 센서도 연료 압력 조절기 유닛에 체결되어 있으며, NTC 소자를 이용하여 연료의 온도를 검출하여 컴퓨터에 입력시키는 역할을 한다. 컴퓨터는 이 신호를 이용하여 시스템 내의 LPG 연료의 특성을 파악하여 분사시기를 결정하는데 이용된다.

3.3. 전자제어 출력 요소

(1) 연료 펌프 드라이버 fuel pump driver

펌프 드라이버는 연료 펌프 내에 장착된 BLDC(brushless direct current) 모터의 구동을 제어하는 컨트롤러로서 펌프를 기관의 운전조건에 따라 5단계로 제어하는 역할을 한다.

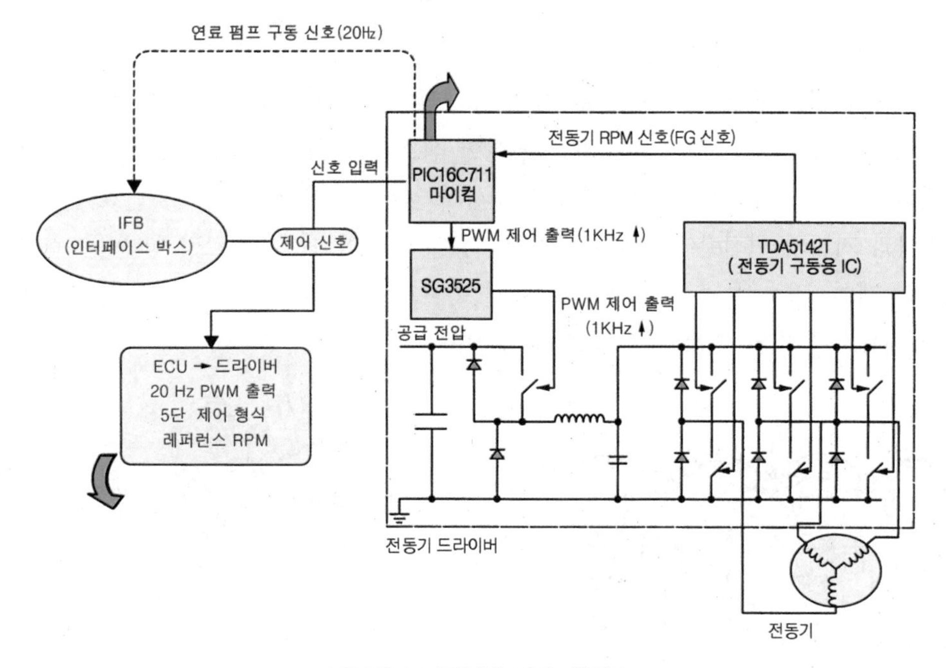

연료펌프 드라이버 작동 원리도

(2) 연료 차단 솔레노이드 밸브 cut-off solenoid valve

연료 차단 솔레노이드 밸브는 점화 스위치 ON, OFF시 작동되는 전자석 밸브로서 연료 압력 조절기 유닛에 설치되어 있다. 연료 차단 솔레노이드 밸브는 점화 스위치를 OFF시킬 때 연료 봄베와 인젝터 사이의 연료 라인을 차단하여 봄베로부터 연료가 송출되지 않도록 하여 안전을 유지시키는 역할을 한다. 연료 차단 솔레노이드 밸브는 연료 압력 조절 유닛과 멀티 밸브에 각각 한 개씩 설치되어 있으며, 동일한 조건으로 동일 하게 작동되어 연료를 이중으로 차단하는 역할을 한다.

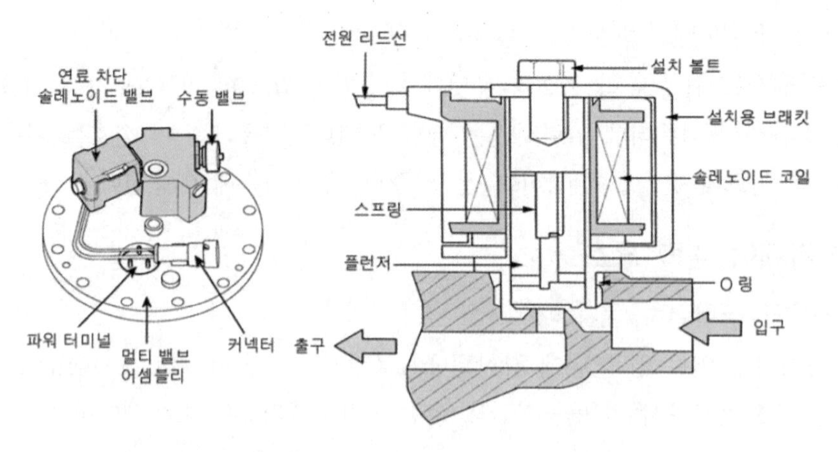

연료 차단 솔레노이드 밸브의 위치 및 구조

(3) 인젝터

인젝터는 각 실린더에 해당하는 흡기관에 장착되어 있으며, 컴퓨터 및 인터페이스 박스에서 기관의 조건에 적합한 연료 분사량을 연산한 신호를 전류 구동 방식의 인젝터에 펄스 신호로 전달하여 각 흡입 밸브 전에 연료를 분사시키는 역할을 한다. 기본 연료 분사량은 흡입 공기량과 기관의 회전수에 의해 산출되며, 공연비 제어 신호, 연료량 학습값, 웜업 제어, 촉매 히팅 제어, 감속시 연료량 제어, 공회전 속도 제어, 전부하시 연료 증량, 가속시 연료 증량, 재시동시에 따라 연료 분사량을 보정한다.

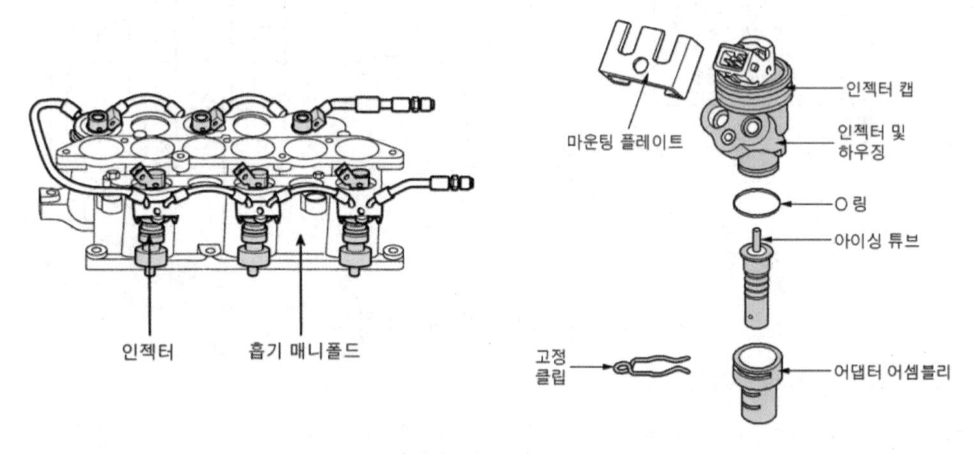

인젝터 위치 및 구조

3 CNG 연료 장치의 개요 compressed natural gas

1. NG 연료의 특성

1.1. 천연가스

천연가스는 인공적인 과정을 거치는 석유(휘발유, 경유 등)와는 다르게 천연상태에서 직접 채취한 상태에서 곧바로 사용할 수 있는 가스 에너지이며, 땅속에 퇴적한 유기물이 변화되어 발생한 화학연료라는 점에서는 석유와 같다. 석유는 매장량이 중동, 북미 등 일부 지역에 집중되어 있으나 천연가스는 5대양 6대주에서 모두 생산되는 이점이 있다. 그리고 천연가스는 생산지역에 따라 조금씩의 차이는 있으나 메탄(Methane ; CH_4)이 80~90%를 차지하고 있으며, 나머지는 에탄(Ethane ; C_2H_6), 프로판(Propane ; C_3H_8)등의 불활성 기체를 포함하고 있다. 액화온도를 -162℃ 이하로 냉각시켜 액체 상태인 것을 LNG(liquefied natural gas ; 액화 천연 가스)라 하며, 상온에서 기체 상태로 압력을 가하여 저장된 상태를 CNG(compressed natural gas ; 압축천연 가스)라 한다. 액화 할 경우 체적이 기체 상태의 1/600로 줄어들기 때문에 LNG는 생산지로부터 수송·운반 및 저장이 용이하다. 그러나 상온에서는 항상 기체상태를 유지하기 때문에 일반적으로 200기압 정도로 압력을 가하여 고압 용기에 저장한다. 또 천연가스의 물리적 특성은 가스의 화학성분에 따라 발열량, 밀도, 인화범위 등이 많이 달라지며, 메탄의 성분비율이 높아질수록 메탄의 특성에 가까워진다. 상온, 대기압력 상태에서는 공기보다 밀도가 낮다.

1.2. 천연가스의 물리적 특성

천연가스는 화염전파 속도가 느린 반면 자기착화 온도가 다른 연료보다 높기 때문에 압축착화 방식의 디젤기관보다는 전기 점화방식 오토 사이클(Otto cycle)인 가솔린 기관에 훨씬 적합한 연료이다. 옥탄가는 130정도로 어느 연료보다 높은 편이며, 가솔린 보다 앤티노크(anti knock)가 우수함을 나타낸다.

이에 따라 기관의 압축비를 12~15 : 1 정도로 높일 수 있으므로 열효율 개선을 기대할 수 있다. 또한 에너지 밀도 측면에서 보면 단위 중량당 에너지는 경유, 가솔린과 비슷하지만 단위용적 당으로 비교할 때에는 대기압력 상태에서는 석유의 1/1000로 매우 낮다. 따라서 천연 가스를 200기압으로 압력을 가하여 사용할 경우 석유와 동일한 에너지를 갖기 위해서는 약 5배의 체적이 필요하며, 액화시켜 LNG 상태로 저장하면 약 1.5배의 체적이 필요하다.

1.3. 천연가스 자동차 NGV ; natural gas vehicle

자동차에 연료를 저장하는 방법에 따라 압축천연가스(CNG) 자동차, 액화천연가스(LNG) 자동차, 흡착천연가스(ANG)자동차 등으로 분류된다. 또 기관 내부의 연소형태에 따라 천연가스만을 사용하는 천연가스 전소 방식과 천연가스와 가솔린을 겸용하여 사용하는 바이퓨얼(Bi-Fuel)방식 및 천연가스와 경유를 혼합 연소시켜 사용하는 혼합 연소(Duel-Fuel)방식으로 분류된다. 천연가스 자동차의 장점은 다음과 같다.

① 디젤기관과 비교하여 매연이 100% 감소된다.
② 가솔린기관과 비교하여 이산화탄소 20~30%, 일산화탄소가 30~50% 감소한다.
③ 낮은 온도에서의 시동성능이 좋으며, 옥탄가가 130으로 가솔린의 100보다 높다.
④ 질소산화물 등 오존영향 물질을 70%이상 감소시킬 수 있다.
⑤ 기관 작동 소음을 낮출 수 있다.

1.4. 천연가스와 약화석유가스의 비교 CNG & LPG

주성분 비교

구 분	천연가스(CNG, LNG)	액화석유 가스(LPG)
주성분	메탄	프로판, 부탄
비 중	0.6	1.5
액 화	어렵다. (-162℃)	쉽다. (부탄 ; -4℃, 프로판 ; -23℃)
매장 상태	기체상태로 천연적으로 매장됨	석유정제 과정에서 발생함

자동차 연료로서의 비교

구 분	천연가스(CNG, LNG)	액화석유 가스(LPG)
저장 방법	LNG 수입 / 도시가스 배관망 공급 압축고압 기체로 저장	액화 상태로 저장 (부탄이 주성분)
기관으로의 공급	기체 상태로 공급	기체 상태로 공급 (베이퍼라이저 거침)
연료 상태	항상 안정적	불안정 (기체~액체)
열효율	높다(연료소비율이 우수함)	낮다.
이산화탄소 배출량	적다.	많다.
적용 기관	모든 기관에 적합	소형 기관에 적용

안정성 비교

구 분	천연가스(CNG, LNG)	액화석유 가스(LPG)
유해성	인체에 무해함	많은 양을 흡입하면 마취성이 있음
누출되었을 때	대기로 급속히 확산되므로 충전소에서의 위험성이 적다.	낮은 압력으로 방출되어 낮은 쪽에 고인다.
대기 확산	매우 빠르다.	매우 느리다.
연소 범위	좁다. (5~15 Vol %)	넓다. (인화 위험성이 크다).
착화 온도	428℃	
자연 발화 온도	536℃	405℃
안전 규제	충돌, 화재에 대한 각종 규제	용기와 밸브만 규제
사고 사례 (자동차, 충전소)	거의 없음	사고 많음

2. CNG 연료공급 장치

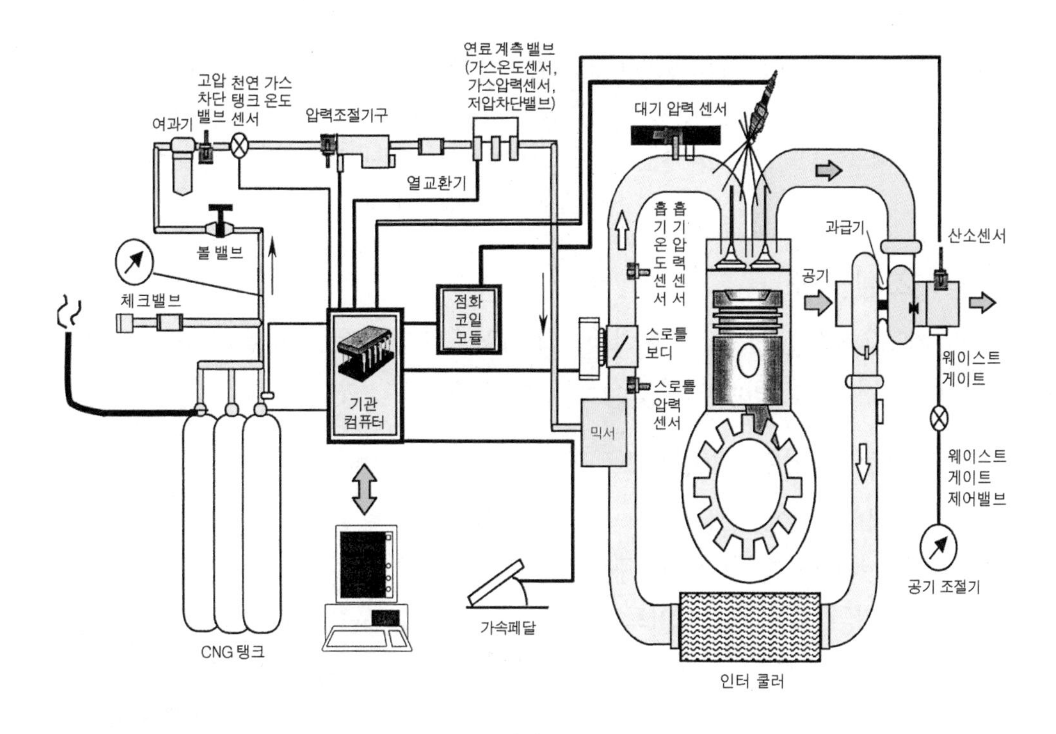

CNG 기관의 구성도

2.1. 연료계측 밸브

연료계측 밸브(FMV ; fuel metering valve)는 8개의 작은 인젝터로 구성되어 있으며, 기관 컴퓨터로부터 구동신호를 받아 기관에서 요구하는 연료량을 정확하게 흡기다기관에 분사한다.

2.2. 고압차단 밸브

고압차단 밸브(high pressure lock-off valve)는 CNG 탱크와 압력조절 기구 사이에 설치되어 있으며, 기관의 가동을 정지시켰을 때 고압 연료라인을 차단한다.

2.3. 열 교환기구

열 교환 기구(heat exchanger)는 압력 조절기구와 연료계측 밸브 사이에 설치되며, 감압할 때 냉각된 가스를 기관의 냉각수로 난기 시킨다.

2.4. 연료온도 조절기구

연료온도 조절기구(fuel thermostat)는 열 교환기구와 연료 계측밸브 사이에 설치되며 가스의 난기온도를 조절하기 위해 냉각수 흐름을 ON, OFF시킨다.

2.5. 압력조절 기구

압력조절 기구(pressure regulator)는 고압 차단밸브와 열 교환기구 사이에 설치되며, CNG탱크 내의 200bar의 높은 압력의 천연가스를 기관에 필요한 8bar로 감압 조절한다. 압력 조절기 내에는 높은 압력의 가스가 낮은 압력으로 팽창되면서 가스 온도가 내려가므로 이를 난기 시키기 위해 기관의 냉각수가 순환하게 되어 있다.

2.6. 공기조절 기구

공기조절 기구(air regulator)는 공기탱크와 웨이스트 게이트 제어 솔레노이드 밸브 사이에 설치되며, 공기압력을 9bar에서 2bar로 감압시킨다.

2.7. 웨이스트 게이트 제어밸브

웨이스트 게이트 제어밸브(waist gate control valve)는 과급 압력 제어기구라고도 하는데, 과급기의 웨이스트 게이트와 공기 조절기구 사이에 설치되며, 웨이스트 게이트 액추에이터의 공기압력을 제어한다. 부압제어 회로는 압력을 웨이스트 게이트 다이어프램으로 향하는 압력을 제어하기 위해 솔레노이드를 사용한다, 압력원은 과급기와 스로틀 밸브 사이에서 임펠러의 출구압력이다. 솔레노이드는 다이어프램 또는 벤트(vent)

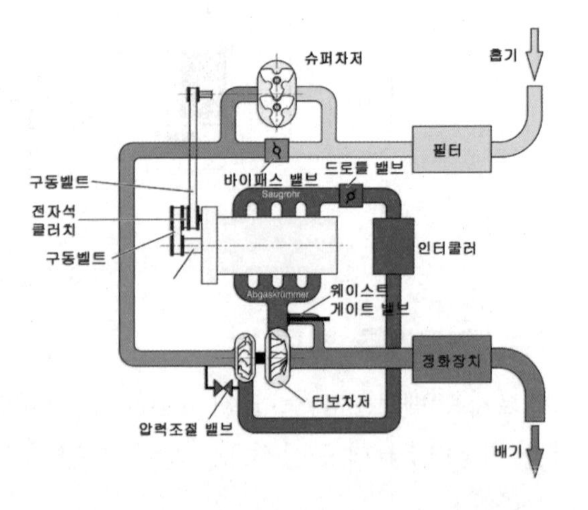

웨이스트 게이트 제어밸브 위치 〈출처 : 블로그〉

로 향하는 압력 방향을 지정할 수 있으며, 압력이 완전히 제거되면 스프링은 웨이스트 게이트가 과급기에 최대 부압이 작용하도록 한다. 또 압력이 웨이스트 게이트로 공급되면 부압은 최소화된다. 솔레노이드는 전원을 공급할 때 압력을 배출하며 기관 컴퓨터의 펄스폭은 실제 부압의 양을 제어하기 위해 솔레노이드를 조정한다.

2.8. 점화제어 모듈

점화제어 모듈(ICM ; ignition control module)은 기관 컴퓨터에 의해 제어되며, 점화코일의 1차 전류를 단속한다.

2.9. 점화플러그

백금 전극플러그를 사용하며 플러그의 간극은 0.4mm이다.

2.10. 점화코일

점화코일(ignition coil)은 점화제어 모듈에 의해 제어되며, 높은 전압을 발생시켜 점화플러그로 보낸다.

3. CNG 전자제어 장치

3.1. 기관 컴퓨터

기관 컴퓨터(ECM : electronic control module)는 기관에 설치된 흡기압력 센서, 흡기온도 센서 등으로부터 흡입공기량을 산출하고, 자동차에 설치된 가속페달 센서로부터 기관부하를 검출하여 기관 회전속도와 부하에 알맞게 연료량을 계산하여 연료계측 밸브, 스로틀밸브를 제어하여 계산된 연료를 분사하도록 한다.

3.2. 캠축 위치센서

캠축 위치센서(cam shaft position sensor)는 기관의 회전속도(rpm)를 측정하고 어느 실린더를 작동시킬 것인지를 결정한다. 센서 선단에는 원 둘레 방향으로 톱니 모양으로 된 센서 휠이 회전하며, 캠축 위치센서는 센서 휠이 회전하면서 발생하는 자기장 변화율에 따라 전압을 발생시킨다. 발생된 전압은 기관 회전 속도가 증가하면서 진폭과 주기가 커진다.

3.3. 스로틀 보디 및 스로틀 위치센서 TPS

스로틀 보디는 가스와 공기가 혼합된 혼합가스를 기관의 부하에 따라 실린더로 공급하며, 작동은 기관 컴퓨터에 의해 실행된다. 또 내부에는 스로틀위치센서가 설치되어 있으며, 스로틀 위치센서는 가변 저항기를 이용하여 스로틀 밸브의 위치를 기준으로 신호 전압을 결정한다. 스로틀 밸브의 열림이 작으면 전압이 낮고, 열림이 크면 전압이 높아진다. 스로틀 위치센서의 값은 기관 컴퓨터가 스로틀 밸브가 지시한 대로 개폐되고 있는지를 확인하는 데 사용된다.

3.4. 스로틀 압력센서

스로틀 압력센서(PTP ; pre-throttle pressure sensor)는 압력 변환기구이며, 인터쿨러(inter cooler)와 스로틀 보디 사이의 배관에 연결되어 있으며, 과급기 직전의 배기다기관 내의 압력을 측정한다. 측정한 압력은 그 밖의 다른 데이터들과 함께 기관으로 흡입되는 공기 흐름을 산출할 수 있고, 또 웨이스트 게이트 제어를 수행한다.

3.5. 가속페달 센서 및 공전스위치

가속페달 센서(FPP ; foot pedal position sensor)는 가변 저항 기구를 사용하여 페달 위치에 따른 신호 전압을 확인한다. 페달을 조금 밟은 상태에서는 상대적으로 낮은 전압이며, 많이 밟으면 높은 전압이 발생한다.

3.6. 흡기온도 센서와 흡기 압력센서 MAT & MAP

흡입공기의 밀도는 그 온도와 압력에 따라서 다르므로 흡기압력 센서와 흡기온도 센서를 흡기 다기관에 설치한다. 흡기압력 센서는 압전소자 방식을, 흡기온도센서는 가변저항기 방식으로 되어 있다. 흡기압력 센서와 흡기온도 센서의 출력전압을 기관 컴퓨터로 입력시키면 컴퓨터는 이 신호를 기초로 하여 흡입 공기의 압력과 온도에 알맞은 연료 분사량을 조정한다.

3.7. 수온센서

수온센서(ECT ; engine coolant temperature sensor)는 부특성 서미스터를 이용하여 기관으로 유입되는 냉각수 흐름을 산출할 수 있으며, 기관 컴퓨터는 전압분배 회로를 참조하여 냉각수가 차가울 때는 이 신호의 높은 전압을 읽도록 하고, 따뜻할 때는 낮은 전압을 읽도록 한다.

3.8. 대기압력 센서

대기압력 센서(BPS ; barometric pressure sensor)는 압력 변환계이며, 직접 공기의 압력을 측정한다. 대기압력 밸브를 사용하여 자동차의 운전 안정성능, 과급기의 과속 방지, 가스배출 압력 등을 측정한다.

3.9. 산소센서

산소센서(oxygen sensor)는 배출가스 중의 산소농도를 검출한다. 기관 컴퓨터는 산소센서로부터 공연비를 얻어 기관이 요구하는 공연비가 되도록 연료량을 가감한다.

3.10. 천연가스 압력센서

천연가스 압력 센서(NGPS ; natural gas pressure sensor)는 압력 변환기구이며, 연료계측밸브에 설치되어 있어 분사 직전의 조정된 가스 압력을 검출한다. 이 센서에 다른 센서의 정보를 함께 사용하여 인젝터에서의 연료 밀도를 산출할 수 있다. 연료 밀도는 기관 컴퓨터의 연료제어 알고리즘(algorithm)에 의하여 계산되어 산출된다.

3.11. 천연가스 온도센서

천연가스 온도센서(NGTS ; natural gas temperature Sensor)는 부특성 서미스터로 연료계측 밸브 내에 위치한다. 이 센서는 분사 직전의 천연가스 온도를 측정하며, 이 온도와 천연가스 온도센서의 압력을 함께 사용하여 인젝터의 연료 농도를 계산한다. 연료 농도는 기관 컴퓨터의 연료제어 알고리즘에 의하여 계산된다.

3.12. CNG탱크 압력센서

CNG탱크 압력센서(NGPTS ; natural gas tank pressure sensor)는 조정 전에 가스압력을 측정하는 압력조절 기구에 설치된 압력변환기구이다. 이 센서는 CNG탱크에 있는 연료밀도를 산출하기 위해 CNG탱크 온도센서와 함께 사용된다. 밀도정보는 계기판 위에 설치된 연료계(fuel meter)를 구동하기 위해 사용된다.

3.13. CNG탱크 온도센서

CNG탱크 온도센서(NGTTS ; natural gas tank temperature sensor)는 탱크 속의 연료 온도를 측정하기 위해 사용하는 부특성 서미스터이며, 탱크 위에 설치되어 있다. 연료 온도는 연료를 구동하기 위해 탱크 내의 압력센서와 함께 사용된다.

CHAPTER 09

디젤 기관의 연료 장치

1 디젤 기관의 개요

공기를 실린더 내에 흡입하여 압축하면 500 ~ 550℃의 압축열이 발생된다. 이때 분사노즐을 통하여 압축공기에 연료를 분사시키면 압축열에 의하여 연료가 자기착화(자연점화) 연소되어 발생된 열에너지가 기계적 에너지로 변환되는 기관을 디젤 기관이라 한다.

1. 디젤 기관의 장·단점

1.1. 장점

① 열효율이 높고, 연료소비율이 적다.
② 인화점이 높은 경유를 연료로 사용하므로 취급위험이 적다.
③ 대형기관 제작이 가능하다.
④ 경부하 운전영역에서 효율이 나쁘지 않다.
⑤ 배기가스가 가솔린 기관의 것보다 덜 유독하다.
⑥ 점화장치가 없어 이에 따른 고장이 적다.

1.2. 단점

① 연소 압력이 크기 때문에 기관 각 부분을 튼튼하게 하여야 한다.
② 기관의 출력 당 무게와 형체가 크다.
③ 운전 중 진동과 소음이 크다.
④ 연료 분사장치가 매우 정밀하고 복잡하며, 제작비가 비싸다.
⑤ 압축비가 높아 큰 출력의 기동 전동기가 필요하다.

2. 디젤 기관의 연료와 연소

2.1. 경유의 구비조건

① 자연 발화점이 낮을 것 (착화성이 좋을 것)
② 황(S)의 함유량이 적을 것

③ 세탄가가 높고, 발열량이 클 것
④ 적당한 점도를 지니며, 온도 변화에 따른 점도 변화가 적을 것
⑤ 고형미립물이나 유해성분을 함유하지 않을 것

2.2. 디젤기관 연료의 착화성

착화성은 연소실 내에 분사된 경유가 착화할 때까지의 시간으로 표시되며, 이 시간이 짧을수록 착화성이 좋다고 한다. 이 착화성을 정량적으로 표시하는 것으로는 세탄가, 디젤지수, 임계 압축비 등이 있다.

(1) 세탄가 cetane number

세탄가는 디젤 기관 연료의 착화성을 표시하는 수치이며, 착화성이 우수한 세탄($C_{16}H_{34}$)과 착화성이 불량한 α −메틸나프탈린(α −methyl naphthalene, $C_{10}H_7-\alpha-CH_3$)을 적당한 비율로 혼합한 것이다. 예를 들어 세탄가 60의 경유란 세탄이 60%, α −메틸나프탈린이 40%로 이루어진 혼합액과 같은 착화성을 가지는 것을 의미한다.

$$세탄가 = \frac{세탄}{세탄 + \alpha - 메틸나프탈린} \times 100$$

(2) 디젤 지수 diesel index

디젤 지수는 경유 중에 포함된 파라핀 계열의 탄화수소의 양을 알아보는 방법으로 착화성을 표시하는 것이다.

(3) 임계 압축비 critical compression ratio

디젤 기관은 압축비를 낮추면 노크를 일으키는 성질을 이용한 것으로 CFR기관(Cooperative Fuel Research engine, 미국연료연구 단체)에서 시험조건을 일정하게 하고 각종 경유에 대하여 노크를 일으키기 시작할 때의 최저 압축비를 구한 것이다.

2.3. 기계제어 디젤 기관의 연소과정

디젤 기관의 연소 과정은 착화 지연기간(연소 준비기간) → 화염 전파기간(폭발 연소기간) → 직접 연소기간(제어 연소기간) → 후 연소기간 순의 4단계로 연소한다.

(1) 착화 지연기간 (A → B 기간)

이 기간은 경유가 연소실 내에 분사된 후 착화될 때까지의 기간으로 약 1/1,000~4/1,000초 정도가 소요된다. 착화 지연기관이 길어지면 디젤 기관에서 노크가 발생하며, 착화 지연의 요소는 연료 자체의 착화성, 실린더의 온도와 압력, 연료의 미립도, 연료의 분

산상태, 공기의 와류 등에 의해 좌우된다.

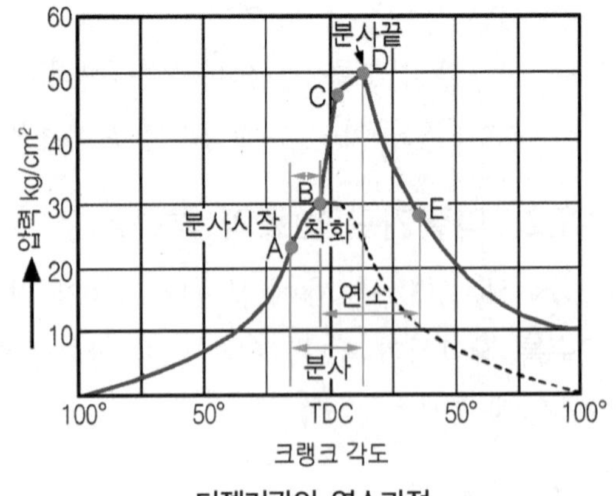

디젤기관의 연소과정

(2) 화염 전파기간 (B → C 기간)

이 기간은 분사된 연료에 화염이 전파되어 동시에 연소되는 기간이며, 폭발적으로 연소하기 때문에 실린더 내의 압력과 온도가 급격히 상승한다. 분사된 연료는 착화 지연 기간을 지나 B점에 이르면 착화되며, 그림의 점선으로 표시되는 부분은 연료가 분사되지 않을 때 즉 무분사일 때를 표시한 것이다. 화염 전파 기간은 실린더 내에서의 혼합 상태, 공기의 와류, 사용 연료의 성질 등에 따라 좌우되며, 이 조건 이 좋으면 화염 전파는 그만큼 빨라지고 압력 상승도 빠르게 된다.

(3) 직접 연소기간 (C → D 기간)

직접 연소 기간은 분사된 연료가 분사와 거의 동시에 연소되는 기간으로 연료는 C점을 지나서도 계속 분사되며, 화염 전파 기간에 생긴 화염 때문에 연료가 분사와 동시에 연소된다. 이때의 연소 압력은 가장 높으며, 직접 연소 기간에서의 압력 변화는 연료의 분사량을 조정하여 어느 정도 조정할 수 있다.

(4) 후 연소기간 (D → E 기간)

후기 연소 기간은 직접 연소 기간에 연소하지 못한 연료가 연소, 팽창하는 기간으로 연소열을 유효하게 이용하지 못한다. 분사된 연료는 D점에서 연소가 완료되어 연소가스가 팽창되는 것이지만 D점까지에서도 완전히 연소되지 못한 것은 후기 연소 기간에 연소된다. 후기 연소 기간이 길어지면 배압(背壓)이 상승하여 기관의 열효율이 저하되고 배기의 온도가 상승한다.

2.4. 디젤 기관의 노크

디젤기관에서 노크(knock or knocking)란 착화지연 기간 중에 분사된 많은 양의 연료가 화염전파 기간 중에 일시적으로 연소되어 실린더 내의 압력이 급격히 상승하므로 실린더 벽에 피스톤이 충격을 가하여 소음이 발생하는 현상이다.

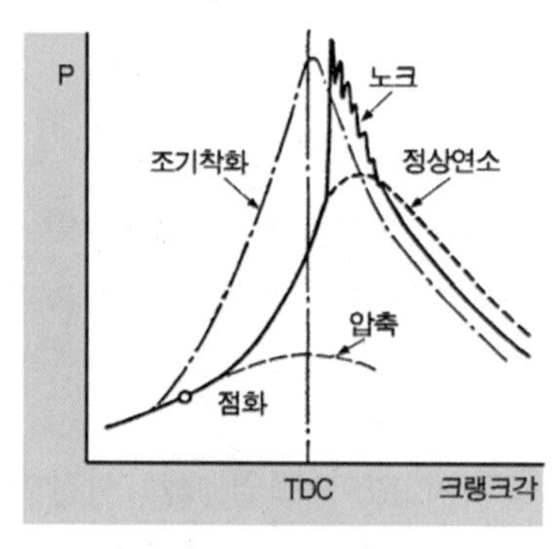

가솔린 기관의 노크

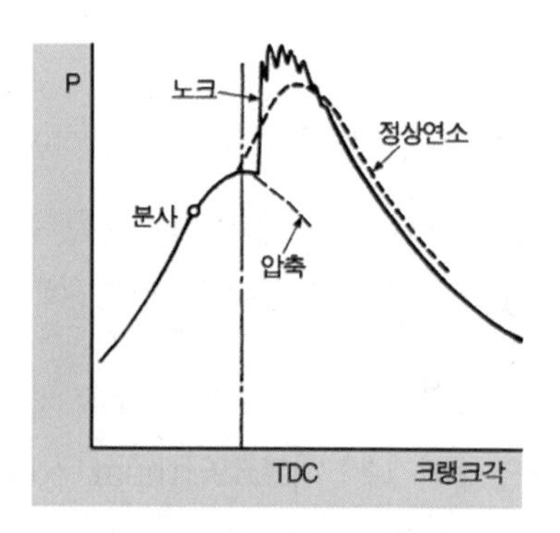

디젤 기관의 노크

(1) 디젤 기관의 노크 발생원인

① 기관에 과부하가 걸렸을 때
② 기관이 과냉되었을 때
③ 분사시기가 너무 빠를 때
④ 세탄가가 낮은 연료를 사용하였을 때

(2) 디젤 기관의 노크 방지방법

① 세탄가가 높은 연료를 사용한다.
② 압축비, 압축압력 및 압축온도를 높인다.
③ 기관의 온도와 회전속도를 높인다.
④ 분사 개시 때 분사량을 감소시켜 착화 지연을 짧게 한다.
⑤ 분사시기를 알맞게 조정한다.
⑥ 흡입 공기에 와류가 일어나도록 한다.

(2) 노크가 기관에 미치는 영향

① 기관 회전속도(rpm)가 낮아진다.
② 기관의 출력이 저하된다.
③ 연소실 온도가 상승하므로 기관이 과열된다.
④ 흡입효율이 저하된다.
⑤ 기관에 손상이 발생할 수 있다.

3. 예열 장치 glow system

디젤기관은 압축착화 방식이므로 한랭한 경우에는 경유가 원활하게 착화하지 못해 시동이 어렵다. 따라서 예열장치는 흡기다기관이나 연소실 내의 공기를 미리 가열하여 시동을 쉽게 하는 장치이다.

3.1. 예열플러그 방식 glow plug type

예열 플러그 방식은 연소실 내의 압축 공기를 직접 예열하는 형식으로 예열 플러그, 예열 플러그 파일럿 등으로 구성되며, 주로 예연소실식과 와류실식 연소실에서 사용한다.

(1) 코일형 예열 플러그 coil type glow plug

코일형 예열플러그는 히트코일(heat coil)이 노출되어 있어 적열(赤熱)시간이 짧고, 저항값이 작아 직렬로 결선되며, 예열플러그 저항기를 두어야 한다. 그리고 히트코일이 연소가스에 노출되므로 기계적 강도 및 내부식성이 적다.

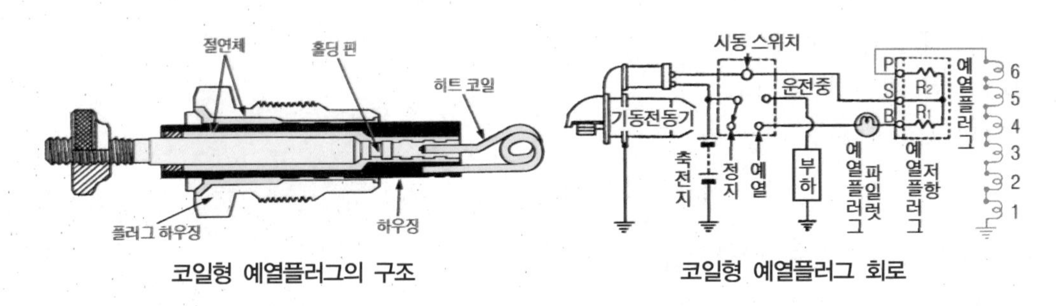

코일형 예열플러그의 구조 　 코일형 예열플러그 회로

(2) 실드형 예열 플러그 shield type glow plug

실드형 예열플러그는 히트코일을 보호금속 튜브 속에 넣은 형식으로 병렬로 결선되며, 전류가 흐르면 보호금속 튜브 전체가 가열된다. 가열까지의 시간이 코일형에 비해 조금 길지만 1개당의 발열량과 열용량이 크다. 히트코일이 연소열의 영향을 적게 받으며, 병렬결선이므로 어느 1개가 단선 되어도 나머지는 계속 작동한다.

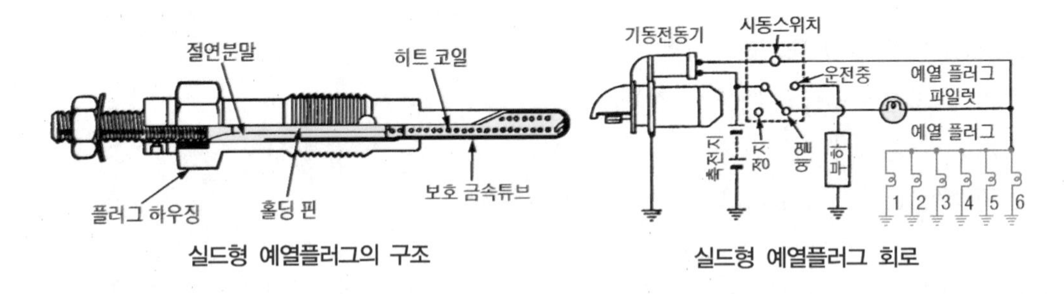

실드형 예열플러그의 구조 　 실드형 예열플러그 회로

(3) 예열플러그 파일럿 램프 glow plug pilot lamp

예열플러그의 적열상태를 운전석에서 점검할 수 있도록 하는 지시장치이다. 계기판에 설치되어 있으며 예열플러그의 가열이 완료됨과 동시에 소등된다.

예열 지시등

3.2. 예열장치의 작동

시동스위치를 ON으로 하면 제어타이머(control timer)가 작동되어 예열플러그 릴레이가 ON 되고 예열플러그 및 예열파일럿램프에 전류가 흐른다. 예열시간은 냉각수 온도에 따라 제어타이머가 조절하며, 예열이 완료되면 예열파일럿램프가 소등되어 시동하라는 표시를 해준다. 예열파일럿램프가 소등된 후 시동스위치를 시동(ST)위치로 하면 기관이 시동이 된다.

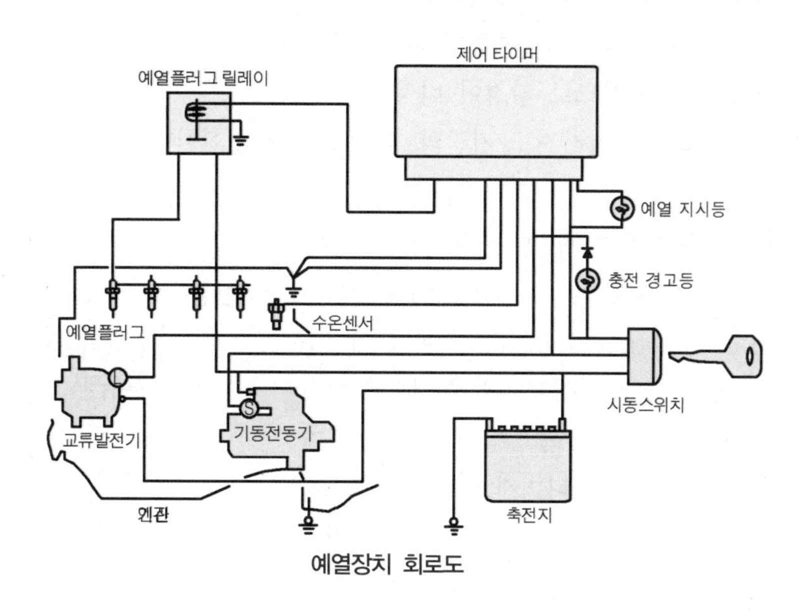

예열장치 회로도

4. 디젤기관의 연소실

디젤기관은 압축착화 방식이기 때문에 가솔린 기관의 연소실과 다른 형상을 하는데 단실식인 **직접분사실식**과 복실식인 **예연소실식**, **와류실식**, **공기실식** 등으로 나누어진다.

4.1. 직접분사실식 direct injection type

직접 분사실식은 연소실이 실린더 헤드와 피스톤 헤드의 요철(凹凸)에 의하여 형성되고, 여기에 직접 연료를 분사하는 방식이다. 압축비는 13 ~ 16 : 1, 분사 압력은 200 ~ 300 kgf/cm^2, 폭발 압력은 $80kgf/cm^2$, 분사 노즐은 다공형을 사용한다. 직접 분사실식의 장·단점은 다음과 같다.

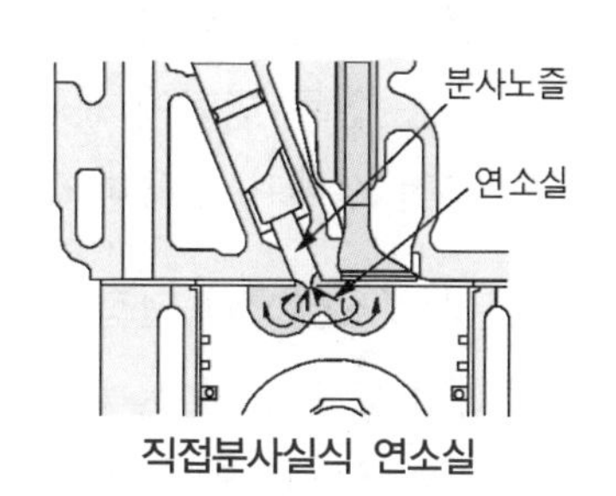

직접분사실식 연소실

(1) 직접 분사실식 연소실의 장점

① 실린더 헤드의 구조가 간단하여 열효율이 높고, 연료 소비율이 적다.

② 연소실 체적에 대한 표면적의 비율이 낮아 냉각 손실이 적다.

③ 기관의 시동이 쉽다.

④ 실린더 헤드의 구조가 간단하여 열 변형이 적다.

(2) 직접 분사실식 연소실의 단점

① 분사 압력이 가장 높으므로 분사 펌프와 노즐의 수명이 짧다.
② 사용 연료의 변화에 매우 민감하다.
③ 노크의 발생이 쉽고 NOx가 많아 진다.
④ 기관의 회전속도 및 부하의 변화에 민감하다.
⑤ 다공형 노즐을 사용하므로 가격이 비싸다.
⑥ 분사 상태가 조금만 달라져도 기관의 성능이 크게 변화한다.

4.2. 예연소실식 precombustion chamber type

예연소실식은 실린더 헤드와 피스톤 사이에 형성되는 주연소실(main combustion chamber) 위쪽에 예연소실(precombustion chamber)을 배치한 형식으로 먼저 분사된 연료가 예연소실에서 착화하여 고온, 고압의 가스를 발생시키며, 이것에 의해 나머지 연료가 주연소실에 분출되어 공기와 잘 혼합하여 완전 연소가 이루어지게 하는 방식이다. 예연소실의 체적은 전체 압축 체적의 30∼40%이며, 예연소실에서 주연소실의 분출 구멍의 면적은 피스톤 면적의 0.3∼0.6%이다. 압축비는 15∼20:1, 분사압력은 100∼120kgf/cm², 폭발 압력은 50∼60kgf/cm², 분사 노즐은 스로틀형을 주로 사용한다. 예연소실식의 장 · 단점은 다음과 같다.

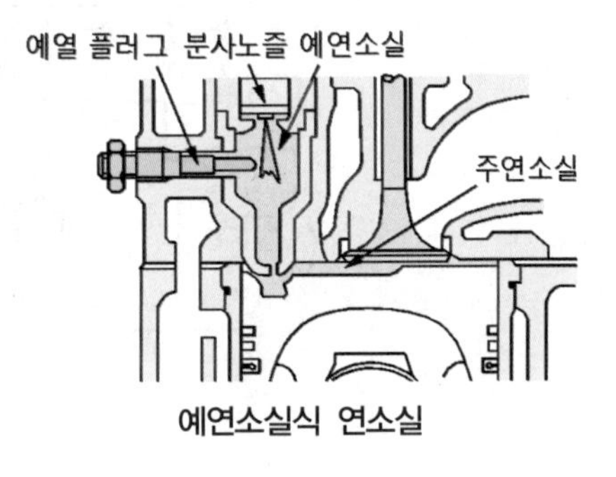

예연소실식 연소실

(1) 예연소실식의 장점

① 분사 압력이 낮아 연료장치의 고장이 적고, 수명이 길다.
② 사용 연료 변화에 둔감하여 연료의 선택 범위가 넓다.
③ 운전 상태가 조용하고, 노크의 발생이 적다.

(2) 예열소실식의 단점

① 연소실 표면적에 대한 체적비가 크므로 냉각 손실이 크다.
② 실린더 헤드의 구조가 복잡하다.
③ 시동 보조 장치인 예열 플러그가 필요하다.
④ 압축비가 높아 큰 출력의 기동 전동기가 필요하다.
⑤ 연료 소비량이 직접분사실식보다 크다.

4.3. 와류실식 연소실 swirl chamber type

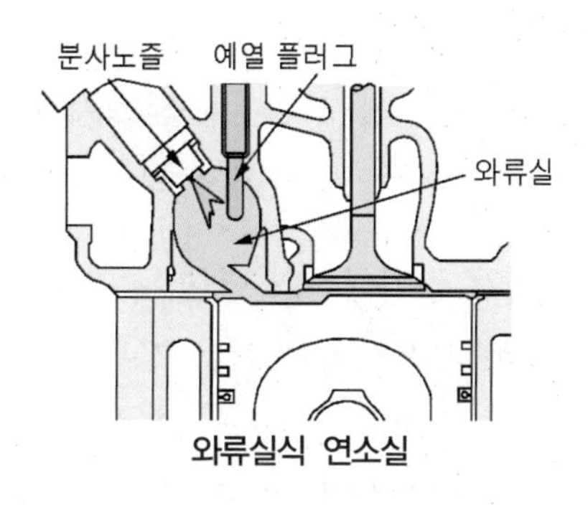

와류실식 연소실

와류실식은 실린더 또는 실린더 헤드에 와류실(swirl chamber)을 배치하고 압축 행정 중에 와류실에서 강한 와류가 발생하도록 한 형식으로 연료를 와류실에 분사한다. 와류실에 분사된 연료는 강한 선회(旋回)운동을 하고 있는 공기와 만나 빨리 혼합되어 착화 연소하면서 주연소실로 분출되어 다시 여기서 미연소의 연료는 새 공기와 혼합되면서 연소하는 형식이다. 와류실의 체적은 전체 압축 체적의 50~70% 정도이고 분출 구멍의 면적은 피스톤 면적의 1~3.5%이다. 압축비는 15~17:1, 분사 압력은 100~140kgf/cm²이다. 와류실식의 장·단점은 다음과 같다.

(1) 와류실식의 장점

① 압축행정에서 발생하는 강한 와류를 이용하므로 회전속도 및 평균유효 압력이 높다.
② 분사압력이 낮아도 된다.
③ 기관 회전속도 범위가 넓고, 고속운전이 원활하다.
④ 연료소비율이 비교적 적다.

(2) 와류실식의 단점

① 실린더 헤드의 구조가 복잡하다.
② 분출구멍의 조임 작용, 연소실 표면적에 대한 체적비율이 커 열효율이 낮다.
③ 저속에서 노크 발생이 크다.
④ 기관을 시동할 때 예열플러그가 필요하다.

4.4. 공기실식 연소실 air chamber type

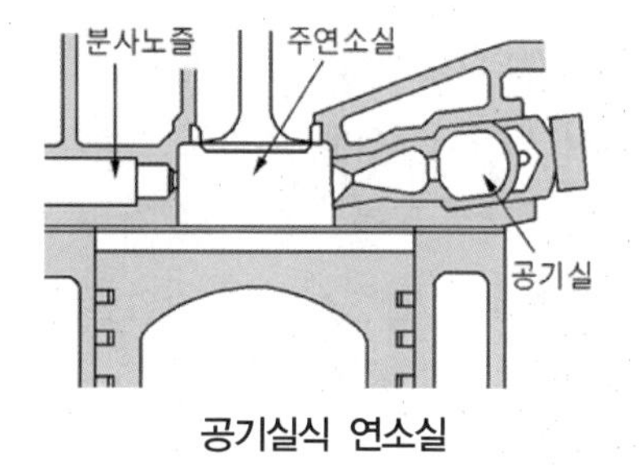

공기실식 연소실

공기실식은 주연소실과 연결된 공기실(air chamber)을 실린더 헤드와 피스톤 헤드 사이에 배치하고 연료를 주연소실에 직접 분사하는 방식이다. 압축행정의 끝 부분에서 공기실에 강한 와류가 발생하며, 이때 연료가 공기실을 향하여 분사되면 주연소실에서 착화가 일어나고, 또 일부의 연료는 공기실 내로 들어가 착화하여 공기실 내의 압력을 높인다. 다음 피스톤이 하강함에 따라 공기실 내의 공기가 주연소실 내로 분출되어 주연소실 내의 연소를 도와준다. 공기실 체적은 전체 압축체적의 6.5~20%이고, 압축비는 13~17 : 1, 분사압력은 100~140kgf/cm²이다. 공기실식의 장·단점은 다음과 같다.

(1) 공기실식의 장점

① 연소진행이 완만하여 압력상승이 낮고, 작동이 조용하다.
② 연료가 주연소실로 분사되므로 시동이 쉽다.
③ 폭발압력이 가장 낮다.

(2) 공기실식의 단점

① 분사시기가 기관 작동에 영향을 준다.
② 후적(after drop)연소 발생이 쉬워 배기가스 온도가 높다.
③ 연료소비율이 비교적 크다.
④ 기관의 회전속도 및 부하 변화에 대한 적응성이 낮다.

알고갑시다 용어정리

후적(after drop) : 후적이란 분사가 완료된 후 분사 노즐 팁(tip)에 연료 방울이 맺혔다가 연소실에 떨어지는 현상으로 후적이 발생하면 후 연소기관이 길어지고 기관이 과열하며, 출력 저하의 원인이 된다.

5. 디젤기관의 연료장치 (기계제어 연료분사펌프 방식)

디젤 기관의 연료 공급은 공급 펌프에서 연료 탱크 내의 연료를 흡입 · 가압하고 여과기에서 여과시킨 후, **연료 분사 펌프**로 공급한다. 연료 분사 펌프는 기관의 크랭크축에 의하여 기계적으로 구동되며, 연료를 고압으로 만들어 분사 파이프를 거쳐 알맞은 시기에 실린더 헤드에 설치된 분사 노즐에서 소정의 압력으로 분사한다. 그리고 연료 분사 펌프 한쪽에 설치된 조속기는 기관의 최고 회전속도를 제어하고 저속 운전에서의 회전속도를 안정시키는 역할을 한다. 또 타이머는 기관을 시동할 경우나 운전 중 필요에 따라 연료 분사시기를 제어하는 작용을 한다.

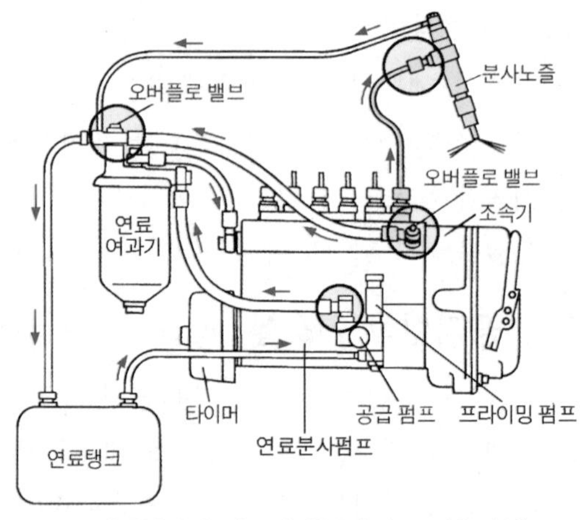

디젤기관의 연료장치(분사펌프 사용방식)

알고갑시다 디젤 기관의 연료 공급 과정

기계식 디젤 기관의 연료 공급 과정은 "연료 탱크→**연료 공급 펌프**→**연료 여과기**→**연료 분사 펌프**→**분사(고압) 파이프**→**분사 노즐**→연소실" 순서이다.

5.1. 연료 공급 펌프 fuel feed pump

공급 펌프는 연료 탱크 내의 연료를 일정한 압력(2~3kgf/cm^2)으로 가압하여 분사 펌프로 공급하는 장치로서 분사 펌프 옆에 설치되어 분사 펌프 캠축에 의하여 구동된다. 공급 펌프에는 연료 공급 계통의 공기 빼기 작업 및 공급 펌프를 수동으로 작동시켜 연료 탱크 내의 연료를 분사 펌프까지 공급하는 프라이밍 펌프(priming pump)를 두고 있다.

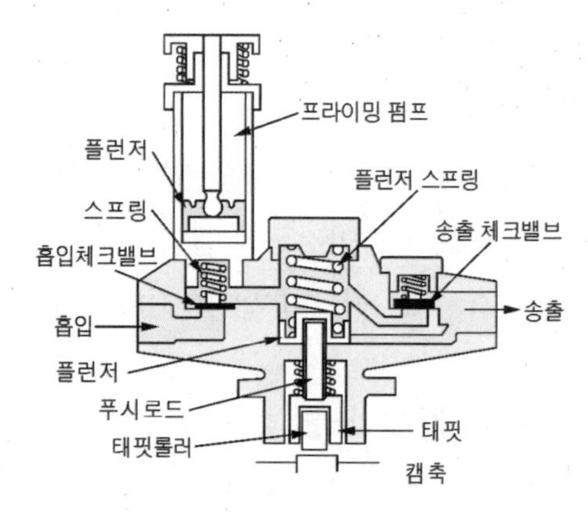

연료 공급펌프의 구조

5.2. 연료 여과기 fuel filter

연료 여과기는 연료 속에 들어 있는 먼지와 수분을 제거 분리하며, 디젤 기관용 연료(경유)는 분사 펌프 플런저 배럴과 플런저 및 분사 노즐의 윤활도 겸하기 때문에 여과 성능이 높아야 한다. 구조는 보디, 엘리먼트, 중심 파이프, 케이스, 오버플로 밸브, 드레인 플러그 등으로 구성되어 있으며, 엘리먼트는 여과지 방식(paper type)을 주로 사용한다. 여과 작용은 공급 펌프에서 보내진 연료가 입구를 거쳐 여과기 보디와 엘리먼트 사이로 들어가고, 다시 엘리먼트를 거쳐 중심 파이프에 이르며, 이때 연료 속의 먼지나 수분을 분리한다. 디젤 기관에는 연료 탱크 주입구, 공급 펌프 입구쪽, 연료 여과기(1~2개), 노즐 홀더 입구 커넥터 등 4개소에 여과 장치가 마련되어 있다.

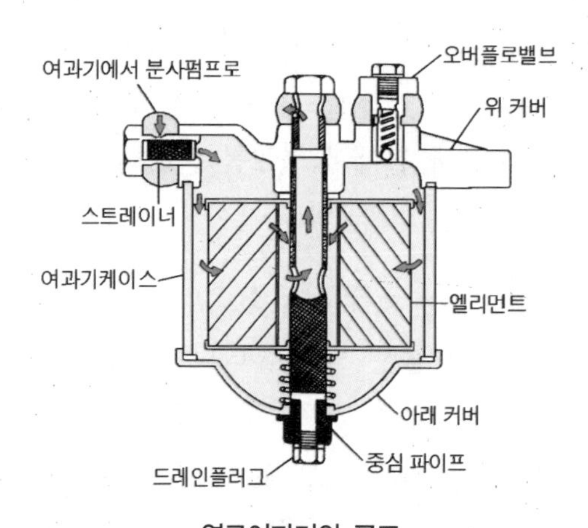

연료여과기의 구조

5.3. 연료 분사 펌프 fuel injection pump

연료 분사 펌프는 공급 펌프에서 보내 준 연료를 분사펌프의 캠축으로 구동되는 플런저가 분사순서에 맞추어 고압으로 펌프작동을 하여 분사노즐로 압송시켜 주는 장치이다. 여기에는 분사량을 조절하는 조속기와 분사시기를 조절하는 타이머가 부착되어 있다.

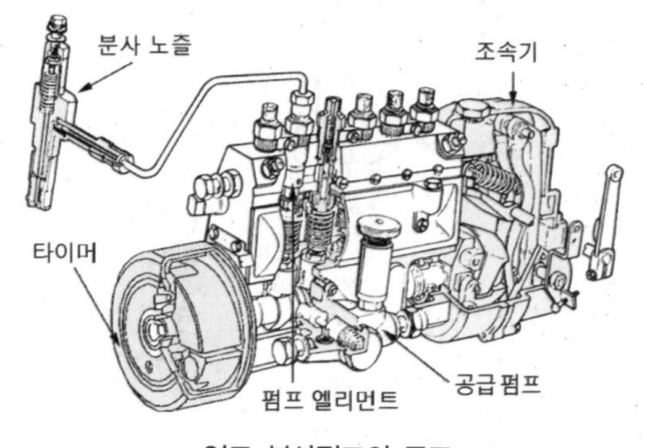

연료 분사펌프의 구조

5.4. 분사 파이프 fuel injection pipe, 고압 파이프

분사 파이프는 분사 펌프의 각 펌프 출구와 분사 노즐을 연결하는 고압 파이프로서 그 길이는 연료의 분사 지연을 줄이기 위하여 가능한 한 짧은 것이 바람직하며, 모든 실린더의 분사 지연이 같아지도록 길이가 같다. 분사 파이프의 양 끝에는 고압의 연료가 누출되지 않도록 유니언 피팅(union fitting)으로 확실하게 결합한다.

5.5. 분사 노즐 injection nozzle

분사 노즐은 분사 펌프에서 보내온 고압의 연료를 미세한 안개 모양으로 연소실 내에 분사하는 일을 하는 장치이며, 다음과 같은 구비조건을 갖추어야 한다.

① 연료를 쉽게 착화 가능하도록 미세한 안개 모양으로 분사하게 할 것
② 분무 시 연소실 구석 끝까지 도달하게 할 것
③ 분사 끝에서 연료를 완전히 차단하여 후적이 없도록 할 것
④ 고온 · 고압의 가혹한 조건에서 장시간 사용할 수 있을 것

(1) 분사 노즐의 구조

분사 노즐은 노즐 홀더 보디(nozzle holder body)를 중심으로 옆쪽에는 분사 펌프에서 보내준 고압의 연료가 들어오는 입구 커넥터가 설치되고, 위쪽으로는 분사압력 조정용 나사, 니들 밸브가 열릴 때 스프링을 밀어 올려 주는 푸시로드, 그리고 니들 밸브(needle valve)를 시트에 밀착시키는 스프링이 있다. 아래쪽에는 고압의 연료에 의해 정해진 시간 내에 열리는 니들 밸브와 이 밸브를 지지하는 노즐 보디, 노즐 보디를 노즐 홀더 보디에 고정하는 너트 등으로 구성되어 있다.

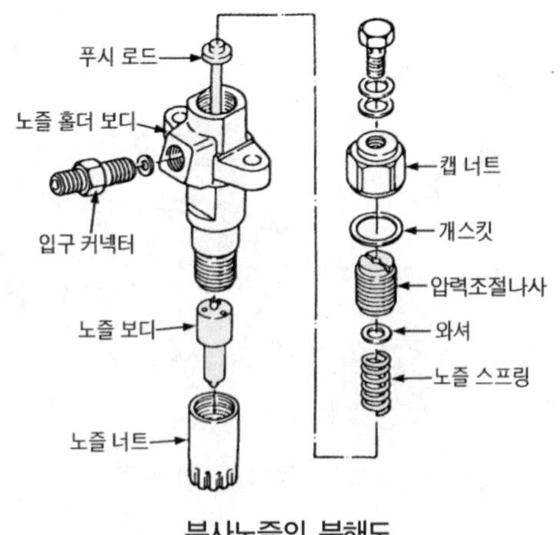

분사노즐의 분해도

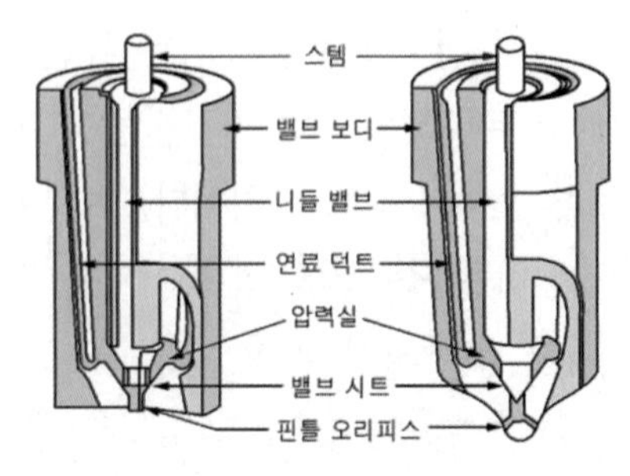

밀폐형 노즐

(2) 분사 노즐의 작동

분사 노즐의 작동은 분사 펌프에서 고압의 연료가 입구 커넥터를 거쳐 노즐 홀더 보디 내로 들어오면 스프링에 의해 시트에 밀착되어 있던 니들 밸브가 상승하여 연료가 연소실에 분사된다. 분사되는 동안 고압 연료의 일부는 니들 밸브와 노즐 보디 사이에서 니들 밸브와 노즐 보디를 윤활하고, 푸시로드와 노즐 홀더 보디 사이를 거쳐 연료 탱크로 복귀한다.

(3) 연료 분무의 3대 요건

① 무화(안개 모양)가 좋아야 한다.
② 관통력이 커야 한다.
③ 분포(분산)가 골고루 이루어져야 한다.

(4) 분사량 불균율

실린더 수가 많은 기관에서 각 실린더마다 분사량의 차이가 생기면 폭발 압력의 차이가 발생하여 진동을 일으킨다. 즉 연료 분사량이 일정하지 않고 차이가 크면 연소 폭발음의 차이가 있으며 기관은 부조를 일으킨다. 불균율 허용 범위는 전부하 운전에서는 ±3%, 무부하 운전에서는 10～15%이다. 분사량의 불균율은 다음의 공식으로 산출한다.

$$(+)\text{불균율} = \frac{\text{최대 분사량} - \text{평균 분사량}}{\text{평균 분사량}} \times 100$$

$$(-)\text{불균율} = \frac{\text{평균 분사량} - \text{최소 분사량}}{\text{평균 분사량}} \times 100$$

2 전자제어 커먼레일 디젤 기관

1. 커먼레일 방식의 개요 CRDI

디젤기관의 소음감소와 함께 연료경제성 및 유독성 배기가스의 감소를 위해 정밀하고 정확하게 계측되는 연료분사량과 함께 높은 압력의 분사압력을 형성하는 장치가 필요하다. 따라서 디젤기관의 전자제어 및 고압직접 분사장치가 개발되었다. 이 연료장치에는 "커먼레일(common rail)" 이라 부르는 연료 어큐뮬레이터(accumulator, 축압기)와 고압연료 펌프 및 인젝터(injector)를 사용하며, 복잡한 장치들을 정밀하게 제어하기 위해 각종 센서와 출력요소 및 기관 컴퓨터(ECU)를 두고 있다. 또 효율적으로 공기와 연료를 혼합하기 위해서는 약 1,350bar의 압력으로 연료를 연소실 내에 분사하여야 하며, 분사되는 연료량을 매우 정밀하게 제어하여야 한다. 디젤기관에서 회전속도와 부하의 제어는 흡입공기량이 아니라 연료분사량이다. 따라서 기존의 기계제어 디젤기관에서 조속기(governor)로 연료분사량을 제어하던 것을 전자제어 연료분사 장치에서는 공기와 연료의 비율을 기관 컴퓨터로 제어한다.

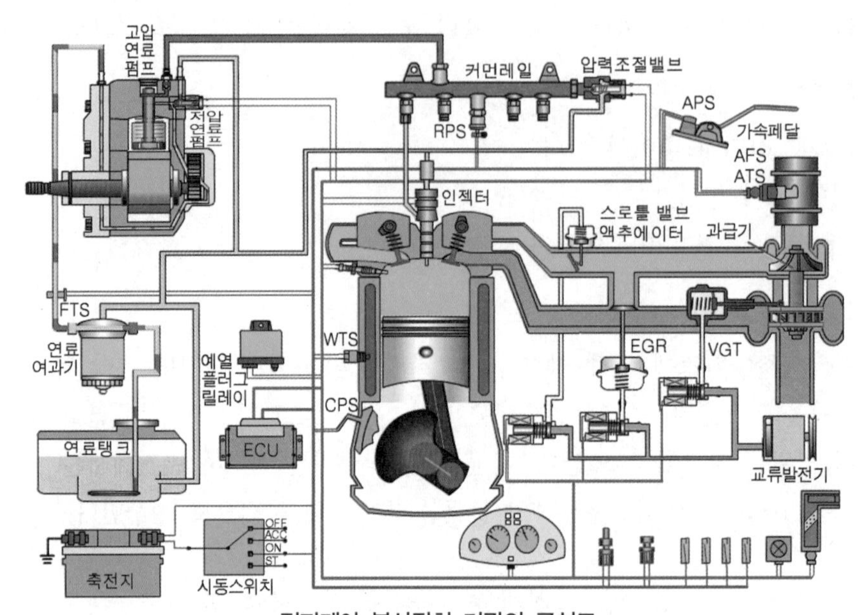

전자제어 분사장치 기관의 구성도

기존의 분사펌프를 사용하는 기계제어 디젤기관은 분사펌프에 의해 높은 압력으로 연료를 압축하여 분사노즐을 통해 연소실에 분사시킨다. 그러나 전자제어 연료분사 장치 기관에서는 고압연료 펌프를 사용하여 높은 압력으로 연료를 압축시켜 커먼레일로 공급하여 저장시킨 후 기관 컴퓨터의 분사신호에 의해 인젝터에서 연소실로 연료를 분사한다. 기계제어 디젤기관의 분사펌프에서는 주 분사만 이루어지고 분사압력에 의한 연료분사량을 정하므로 정밀한 분사량 제어하는 데에는 한계가 따른다. 이에 비해 전자제어 연료분사 장치 기관에서는 고압연료 펌프를 사용하여 각종 운전영역에서도 연료압력을 제어할 수 있어 유해배출가스 감소 및 기관의 출력을 향상시킬 수 있다.

1.1. 커먼레일 방식의 장점

전자제어 커먼레일 방식은 커먼레일에 높은 압력의 연료를 저장하였다가 연소실 내에 약 1,350bar 압력으로 분사한다. 기존의 기계력으로 분사하는 디젤기관은 매번 그리고 모든 분사 사이클(injection cycle)마다 공급 연료의 압력을 다시 발생시켜야 하는 반면, 전자제어 커먼레일 방식은 분사 순서에 관계없이 항상 일정한 압력을 유지한다. 이 압력은 연료장치에 일정하게 유지된다. 전자제어 커먼레일 방식의 장점은 다음과 같다.

① 유해배출 가스를 감소시킬 수 있다.
전자제어 연료분사 장치는 분사된 연료를 완전연소에 가깝게 연소시켜 각종 유해배출 가스를 억제할 수 있다.

② 연료소비율을 향상시킬 수 있다.
기존의 기계제어 분배형 분사펌프를 사용하는 기관에 비해 공연비(A/F)를 최대화하여 연료소비율 향상을 이룰 수 있다.

③ 기관의 성능을 향상시킬 수 있다.
분사압력은 기관 회전속도 및 부하조건과 관계없기 때문에 저속 운전영역에서 부하가 많이 걸릴 때 분사압력을 높일 수 있어 기존의 기계제어 디젤기관보다 저속운전영역에서 회전력을 향상시킬 수 있어 출력을 증가시킬 수 있다.

④ 운전성능을 향상시킬 수 있다.
기계제어 디젤기관의 단점이던 진동 · 소음을 파일럿 분사의 도입으로 획기적으로 감소시켜 운전하는데 보다 편안한 느낌을 얻을 수 있다.

⑤ 밀집된(compact) 설계 및 경량화를 이룰 수 있다.
인젝터를 밀집시켜 2밸브 및 4밸브 사용이 가능하며, 기존의 기계제어 디젤기관에 비하여 무게가 감소된다.

⑥ 모듈(module)화 장치가 가능하다.
전자제어로 각 기관의 실린더 별로 연료분사가 가능하기 때문에 장치의 모듈화가 가능하며, 기관의 큰 구조변경 없이 전자제어 장치로의 대체가 가능하다.

2. 커먼레일 방식 디젤기관의 연소

전자제어 연료분사 장치 기관의 연소과정은 파일럿 분사(Pilot Injection), 주 분사(Main Injection), 사후분사(Post Injection)의 3단계로 이루어지며, 사후분사(Post Injection)는 배기가스 규제에 따라 분사 여부를 결정한다.

2.1. 파일럿 분사 pilot injection, 착화 분사

파일럿 분사란 주 분사가 이루어지기 전에 연료를 분사하여 연소가 원활히 되도록 하기 위한 것이며, 파일럿 분사실시 여부에 따라 기관의 소음과 진동을 줄일 수 있다. 기존의 기계제어 디젤기관에서는 연료분사 후 착화지연 기간을 거쳐 자연 착화됨에 따라 연소실의

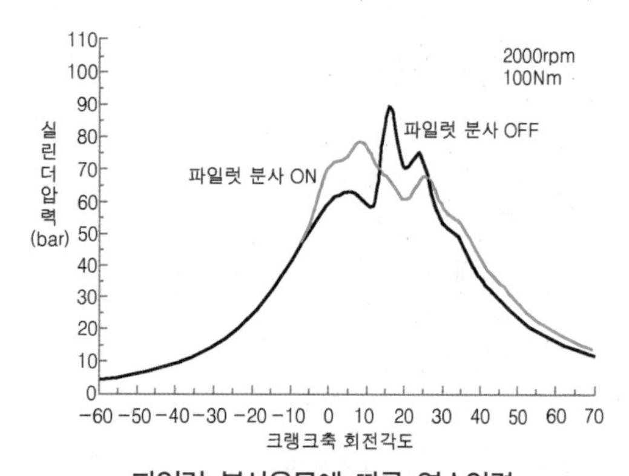

파일럿 분사유무에 따른 연소압력

압력이 급상승하므로 고유의 소음과 진동이 발생하며, 급격한 연소로 인하여 많은 양의 질소산화물이 발생한다. 또 직접연소 기간에서는 화염이 주로 농후한 공연비 영역에서 형성되기 때문에 많은 입자상물질(PM)이 발생한다. 이 부분을 개선하기 위하여 주 연소 이전에 파일럿 분사를 하여 주 연소 이전에 연소실의 압력 및 온도를 상승시켜 착화지연 기간을 감소시키므로 질소산화물의 발생과 연소실 압력의 급상승 부분이 부드럽게 이루어지도록 하여 기관의 소음과 진동을 줄인다.

2.2. 주 분사 main injection

기관의 출력에 대한 에너지는 주 분사로부터 나온다. 주 분사는 파일럿 분사가 실행되었는지 여부를 고려하여 연료분사량을 계산한다. 주 분사의 기본 값으로 사용되는 것은 기관 회전력의 양(가속 페달 센서 값), 기관 회전속도, 냉각수 온도, 흡입공기 온도, 대기압력 등이다.

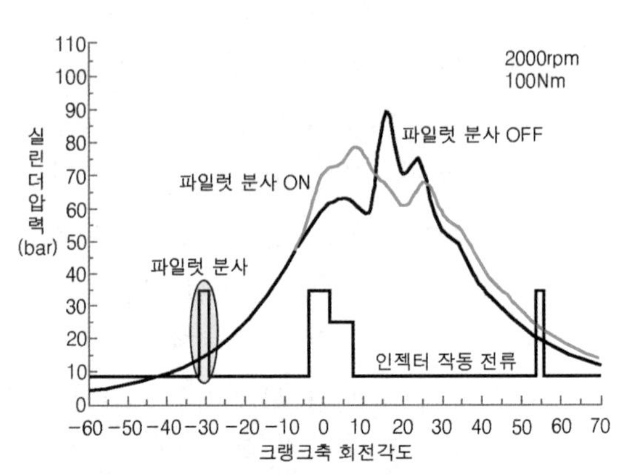

주 분사에서의 연소압력 변화

2.3. 사후 분사 poet injection

연소가 끝난 후 배기행정에서 연소실에 연료를 공급하여 배기가스를 통해 촉매변환기로 공급한다. 촉매변환기에서는 배기가스와 함께 나온 연료에 의해 연소되어 질소산화물을 감소시킨다. 사후분사는 유해배출 가스 감소를 위해 사용하는 것이므로 배출가스에 영향을 미칠 경우에는 사후분사를 하지 않으며, 기관 컴퓨터(ECU)에서 판단하여 필요할 때마다 실행시킨다. 그리고 공기유량 센서 및 배기가스 재순환(EGR)장치 관계계통에 고장이 있으면 사후분사는 중단된다.

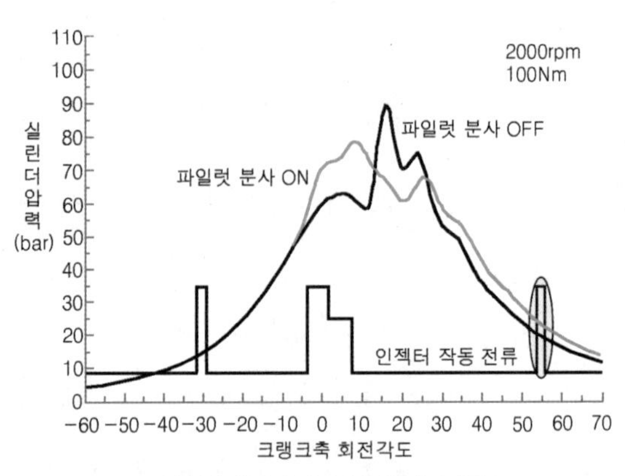

사후분사에서의 연소압력 변화

3. 커먼레일 연료 공급장치

전자제어 연료분사 장치의 기관 컴퓨터(ECU)는 각종 센서로부터의 입력신호를 기본으로 운전자의 요구(가속페달 설정)를 계산하고 기관과 자동차의 순간적인 작동성능을 총괄적으로 제어한다. 또 각종 센서로부터의 신호를 입력받아 이들 정보를 기초로 공기와 연료 혼합

비율을 효율적으로 제어한다. 기관 회전속도는 크랭크축 위치센서에 의해 검출되며, 캠축 위치센서는 연료 분사순서를 결정하고, 기관 컴퓨터는 가속페달 위치센서에서 발생한 전기적 신호를 입력받아 운전자가 가속페달을 밟은 정도를 검출한다. 특히 공기유량 센서를 설치하여 배기가스 재순환 양을 피드백(Feed Back)제어를 하여 질소산화물(NOx)의 배출을 최대한 억제하며, 또 순간적인 공기 변화량을 인지하여 스모그 리미트 제어(smog limite control, 매연 배출이 감소되도록 하는 제어)를 실시하여 유해배출 가스를 감소시킨다.

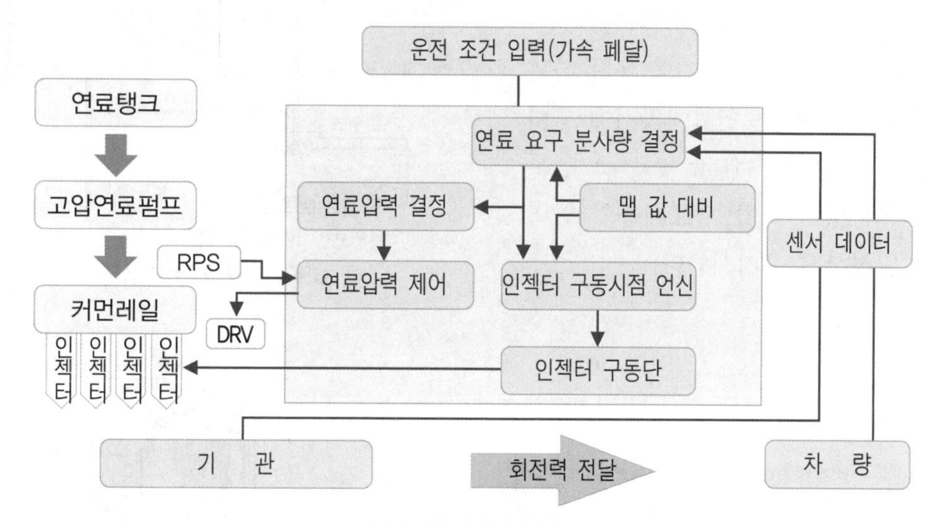

CRDI 전자제어 블록도

3.1. 연료공급 장치의 구성 및 작동

전자제어 연료분사 장치 기관의 연료공급 장치는 연료탱크에서 고압연료펌프 입구까지의 **저압 연료계통**, 고압연료 펌프부터 인젝터까지의 **고압 연료계통**과 인젝터/고압연료 펌프부터 연료탱크까지의 **복귀계통** 등 3단계로 구분을 할 수 있다.

(1) 저압 연료계통

전자제어 연료분사 장치 기관의 저압 연료계통은 연료탱크, 연료 여과기, 저압연료 펌프 등으로 구성되어 있다.

① 연료탱크 fuel tank

연료탱크의 구조는 기존의 것과 별 차이가 없으며, 일반적으로 부식되지 않는 재질을 사용하며, 허용압력의 2배(0.3bar이상)에 견디어야 한다. 또 연료탱크 내에는 스트레이너(strainer)가 설치되어 있다.

② 연료여과기 fuel filter

1차 연료여과기(스트레이너)는 연료 탱크에 내장되어 있으며, 그물망과 같은 형식으로 비교적 큰 이물질을 여과한다. 2차 연료여과기는 기관룸(engine room)에 설치되어 연료 속의 이물질과 수분을 여과한다. 저압연료 펌프를 전동기를 사용하는 방식의 경우에는 연료여과기에 오버플로 밸브(over flow valve)가 부착되어 있어 저압 연료계통의 압력을 일정하게 유지시킨다.

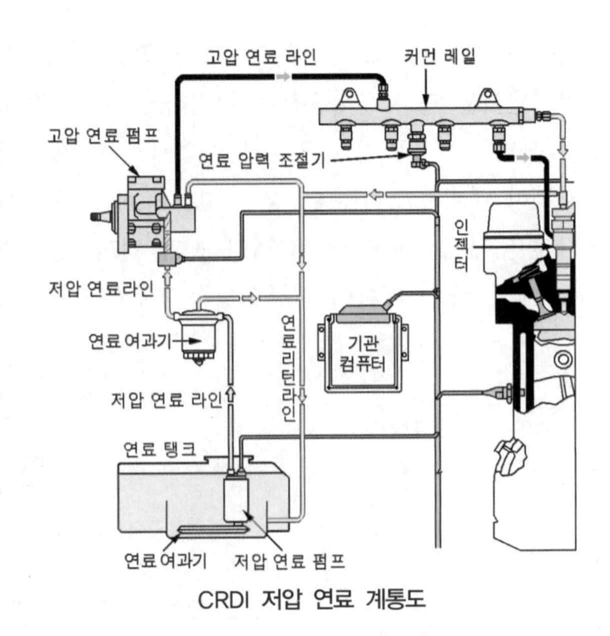

CRDI 저압 연료 계통도

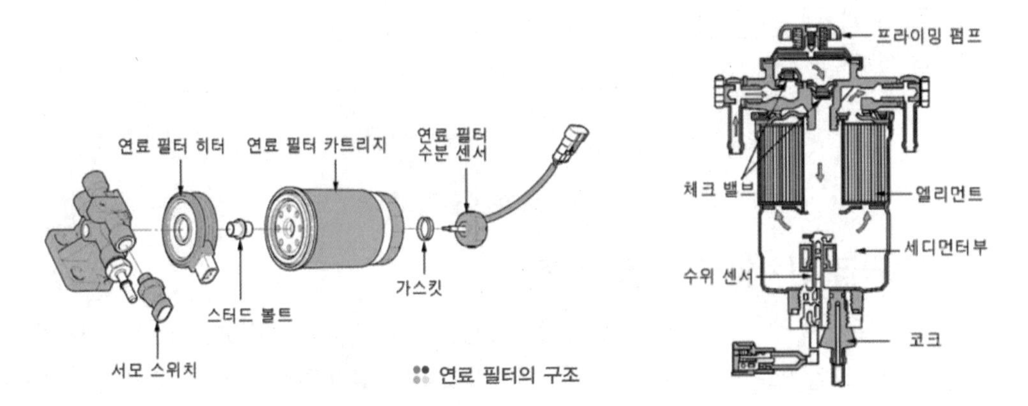

연료 필터의 구조

③ 저압연료 펌프 low pressure fuel pump

저압연료 펌프의 종류에는 **기어펌프**를 사용하는 방식과 **전동기**를 사용하는 방식이 있다.

㉮ 기어펌프를 사용하는 저압연료 펌프

기어펌프를 사용하는 저압연료 펌프는 고압연료 펌프와 일체로 구성되어 있어 기관의 가동과 동시에 작동되어 고압연료 펌프로 공급한다. 기관이 가동되면 캠축이나 타이밍 체인과 연결된 구동축에 의해 작동을 시작하며, 연료탱크의 연료를 흡입하여 고압연료 펌프로 공급한다. 이 펌프는 2개의 기어가 회전할 때 서로 맞물려 반대방향으로 회전하며, 연료는 기어와 펌프 벽 사이에 형성된 방(chamber)에 갇혔다가 출구로 이송된다.

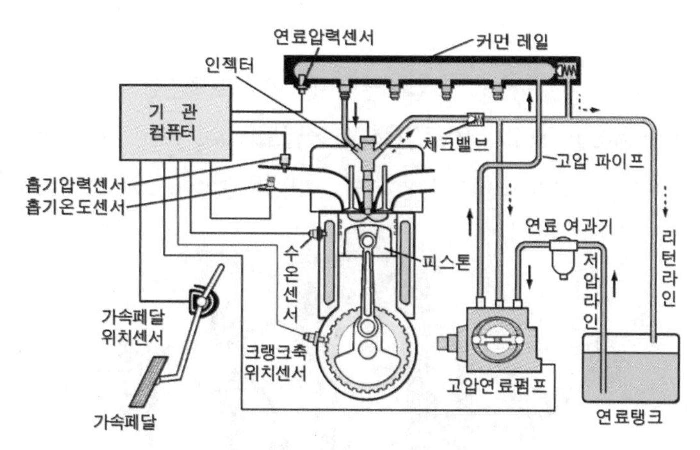

기어펌프를 이용한 연료장치

㈏ 전동기를 사용하는 저압연료 펌프

전동기를 사용하는 저압연료 펌프는 전자제어 가솔린 기관에서 사용하는 연료펌프와 거의 같은 구조이며, 연료탱크 내부에 설치하는 방식과 외부에 설치하는 방식이 있다. 이 연료펌프는 연료를 고압연료 펌프로 공급하는 역할뿐만 아니라 연료계통을 감시하는 기능이 있어 저압 연료계통에 고장이 발생하였을 때 연료공급을 차단하는 작용도 한다. 전동기를 사용하는 저압연료 펌프의 작동은 기관의 회전속도에 관계없이 연속적으로 작동하며, 이 펌프에서 공급되는 6.5~8.5bar의 연료는 연료여과기를 거쳐 고압연료 펌프로 공급되고, 과잉 공급된 연료는 오버플로 밸브를 거쳐 연료탱크로 복귀된다.

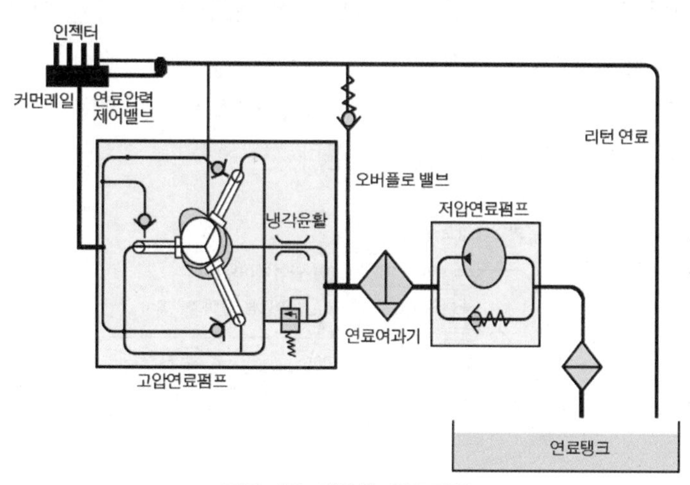

전동기를 이용한 연료장치

(2) 고압 연료계통

전자제어 연료분사 장치 기관의 고압 연료계통은 **고압연료 펌프**(high pressure fuel pump), **커먼레일**(common rail), **연료압력 제어밸브**(fuel pressure control valve), **연료압력 제한밸브**(fuel pressure limited valve), **인젝터**(injector) 등으로 구성되어 있다.

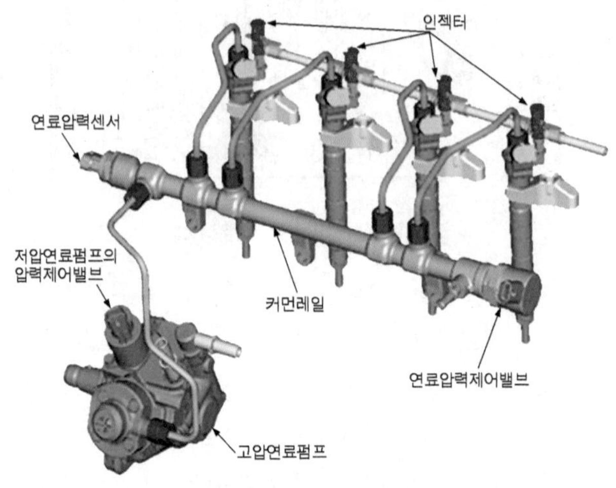

CRDI 고압 연료 계통도

① 고압연료 펌프 high pressure fuel pump

고압연료 펌프는 기관의 타이밍 체인(벨트)이나 캠축에 의해 구동되며, 저압연료 펌프에서 공급된 연료를 높은 압력으로 형성하여 커먼레일로 공급한다. 고압연료 펌프는 저압과 고압단계의 사이의 중간영역으로 볼 수 있으며, 공급된 연료압력을 연료압력 제어밸브에서 규정 값으로 유지시킨다. 작동 최고압력은 1600bar 정도이고 기관 컴퓨터 제어 최고압력은 1350bar정도이다. 고압연료 펌프는 기관 작동 중의 모든 조건에서 연료를 충분히 공급할 수 있어야 한다.

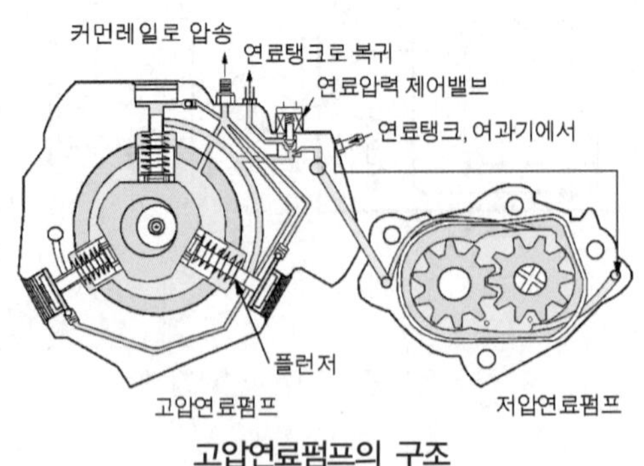

고압연료펌프의 구조

② 커먼레일 common rail (고압 어큐뮬레이터)

커먼레일은 고압연료 펌프에서 공급된 높은 압력의 연료가 저장되는 부분으로 모든 실린더에 공통적으로 연료를 공급하는데 사용된다. 고압연료 펌프의 공급과 연료의 분사 때문에 발생하는 압력변동은 커먼레일의 체적에 의해 완화되며, 연료의 많은 양이 유출되더라도 커먼레일 내의 연료압력을 일정하게 유지한다. 즉 인젝터에서 연료를 분사할 때 순간적으로 낮아지는 분사압력을 일정하게 유지시킨다. 또 고압연료 펌프에서 연료를 압송할 때 맥동이 발생하는 경우가 있는데 이러한 맥동을 완화시키는 효과도 있다.

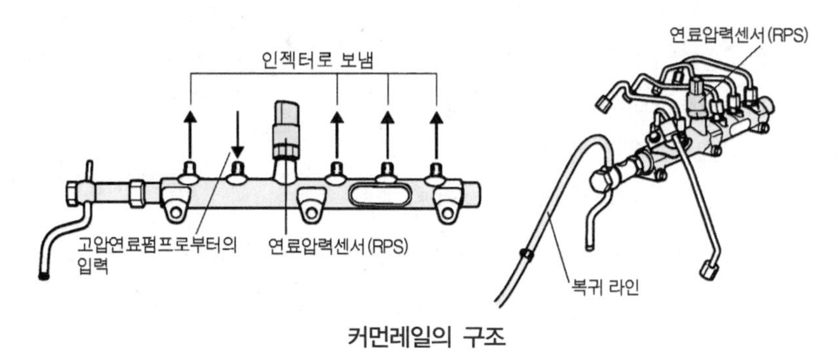

커먼레일의 구조

③ 연료압력 제어밸브 fuel pressure control valve

기어펌프를 저압연료 펌프로 사용하는 방식에서는 저압연료 펌프와 고압연료 펌프의 연료통로 사이에 연료압력 제어밸브가 설치되어 있으며, 고압연료 펌프로 공급되는 연료량을 제어한다. 전동기를 저압연료 펌프로 사용하는 경우에는 커먼레일에 연료압력 제어 밸브가 설치되어 있다. 이 밸브는 고압연료 펌프에서 높은 압력으로 된 연료를 복귀계통으로 배출하여 연료 압력을 제어한다.

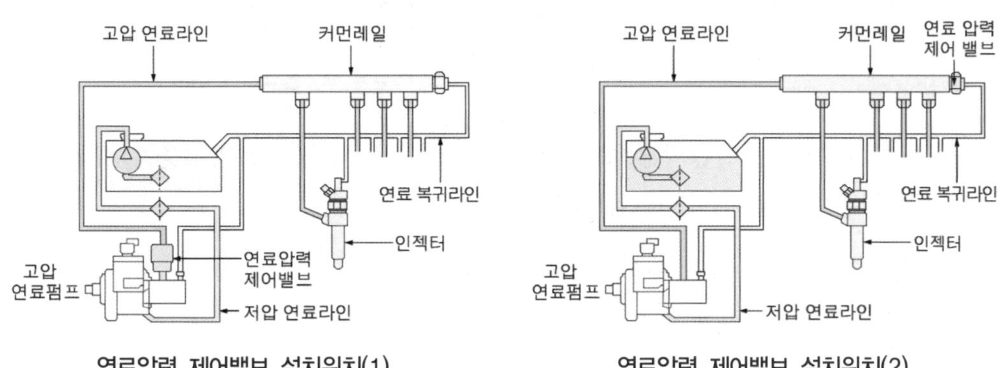

연료압력 제어밸브 설치위치(1) 연료압력 제어밸브 설치위치(2)

시동스위치(키)를 OFF로 하면 항상 닫혀있으며, 기관 컴퓨터에서 저압연료 펌프(전동기)로 전원을 공급하는 연료펌프 릴레이를 두고 있다. 연료펌프 릴레이의 작동은 시동

스위치를 ON으로 하면 릴레이 진단을 위해 약 3초 동안 릴레이가 작동을 하다 멈추며, 그 이후에는 크랭크축 위치센서(CKP)에 의한 기관 회전속도가 45rpm이상 검출되면 릴레이를 ON으로 하여 고압연료 펌프로 연료를 공급한다. 연료압력 제어밸브의 종류에는 입구제어 방식과 출구제어 방식이 있다.

㉮ 입구제어 방식

입구제어 방식은 유입계측 밸브(inlet metering valve)라고도 부르며, 저압연료 펌프와 고압연료 펌프 연료 통로 사이에 설치되어 고압연료 펌프로 공급되는 연료량을 제어하여 커먼레일 내의 연료압력을 기관 컴퓨터로 제어한다. 또 유입계측 밸브는 시동스위치를 OFF로 하면 항상 열리는 방식이며, 기관을 시동할 때 연료가 낮은 압력에서 높은 압력으로 이송되는 시간을 단축하여 시동성능에 문제가 없도록 한다.

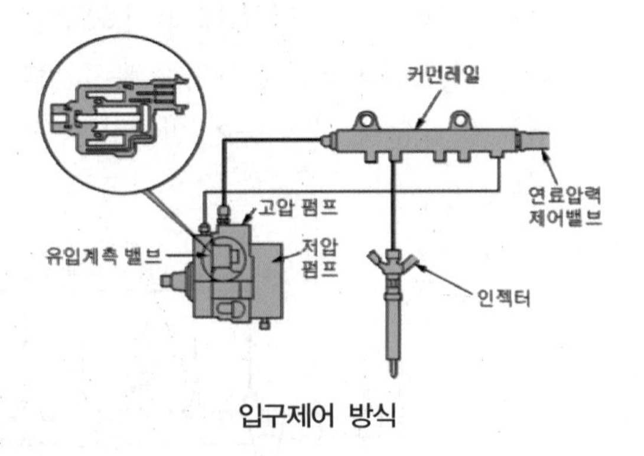

입구제어 방식

㉯ 출구제어 방식 (연료압력 제어밸브)

출구제어 방식은 고압연료 펌프에서 공급되는 연료의 압력을 커먼레일에 설치된 연료압력 제어밸브(fuel pressure control valve)의 작동에 의해 제어한다. 즉 커먼레일 내의 연료 압력을 기관 컴퓨터에서 연료압력 센서(fuel pressure sensor)를 통해 계측하고, 기관의 각종 센서들의 정보 값을 통해 연료압력을 결정하며, 이때 결정 된 연료압력은 연료압력 제어밸브로 제어한다.

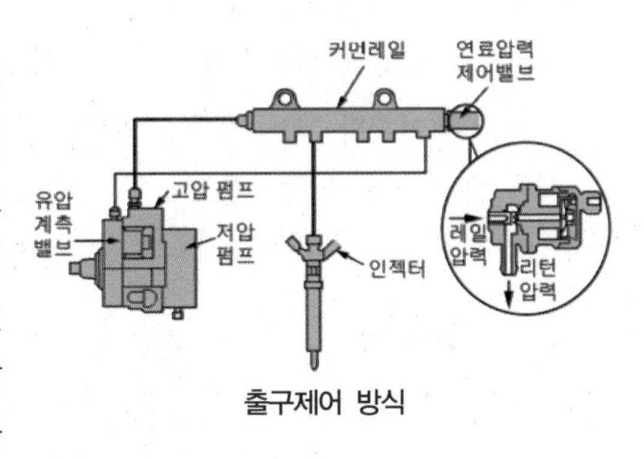

출구제어 방식

④ 연료압력 제한밸브 fuel pressure limited valve

압력제한 밸브는 입구제어 방식에서 사용하며, 안전밸브와 같은 역할을 한다. 입구 제어방식에서는 고압연료 펌프에서 압력이 제어된 연료를 커먼레일로 공급하기 때문에 커먼레일에서는 복귀계통으로 연료를 보내지 못한다. 이에 따라 연료압력 제어에 문제가 발생하여 과도한 압력의 연료가 커먼레일로 공급된다면 고압 연료계통의 파손을 초래한다. 이러한 피해를 방지하기 위하여 커먼레일 내에 과도한 연료압력이 발생될 경우 비상통로를 개방하여 커먼레일 내의 연료압력을 제한한다. 압력제한 밸브는 순간적으로 연료압력이 1,750bar를 초과할 경우 작동된다. 압력제한 밸브는 커먼레일 끝 부분에 설치되며, 하우징의 안쪽에는 밸브가 리턴 스프링에 의해 커먼레일 입구를 막고 있는 형태이다.

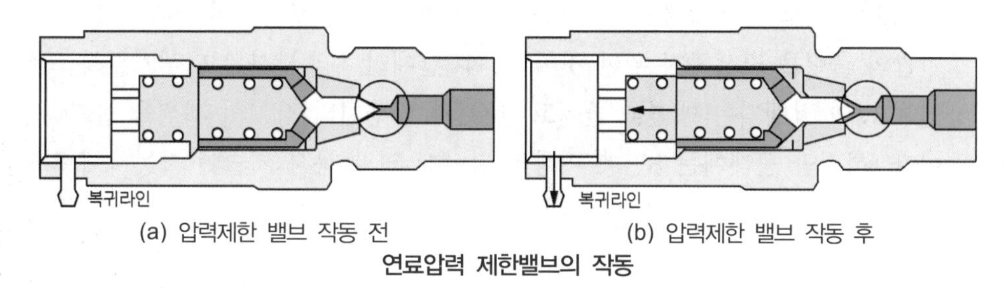

(a) 압력제한 밸브 작동 전 (b) 압력제한 밸브 작동 후

연료압력 제한밸브의 작동

⑤ 인젝터 injector

㉮ 인젝터의 개요

커먼레일 방식 기관의 인젝터는 실린더 헤드에 설치되며, 연소실 중앙에 위치한다. 고압연료 펌프로부터 보내진 연료가 커먼레일를 통해 인젝터까지 공급되고, 공급된 연료를 연소실로 분사하는 부품으로 전기신호에 의해 작동하는 구조로 되어 있으며, 연료 분사 시작점과 분사량은 기관 컴퓨터에 의해 제어된다. 기존의 기계제어 디젤기관은 분사펌프에 의해 연료분사가 약 3~4/1000초 정도 지속되고, 분사시작에서부터 착화될 때 까지인 착화지연 기간 동안에도 연료분사가 계속 이어진다. 그 사이에 연소실 내에 축적된 연료가 착화와 동시에 한 순간에 연소하게 되면 급격한 압력상승으로 연소실 내의 온도가 급상승을 하게 되며, 이로 인해 많은 양의 질소산화물이 생성된다. 이에 따라 전기신호로 연료를 분사하는 인젝터의 분사방식도 기존의 기계제어 디젤기관과는 많은 차이점이 있다. 분사펌프로 연료를 공급하는 디젤기관의 연료분사는 한 번의 분사로 연소과정이 완료되지만 전자제어 연료분사 장치 기관에서의 연료분사는 한 연소과정에서 다단계(2~5번)의 연료 분사과정을 거친다.

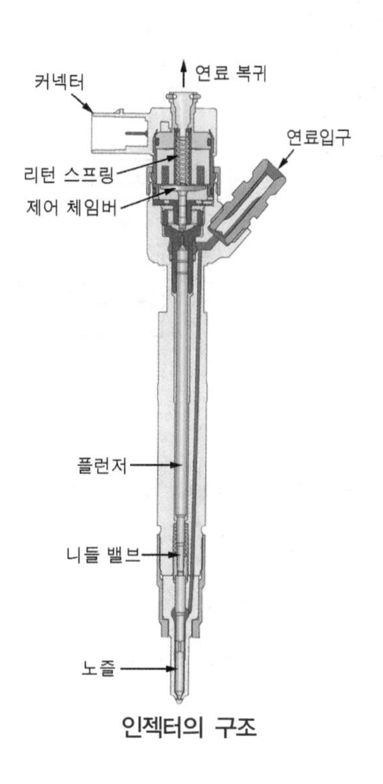

인젝터의 구조

㉯ 인젝터에서의 연료분사

커먼레일 방식 기관에서 인젝터의 분사는 일반적으로 3단계로 연료분사를 실시하는데, 이 때 제1단계가 파일럿 분사(pilot injection), 제2단계가 주 분사(main injection), 제3단계가 사후분사(post injection)이다. 이 3단계의 연료분사는 연료압력과 온도에 따라 연료분사량과 분사시기를 보정하며, 제1단계인 파일럿 분사인 경우 기관의 폭발소음과 진동을 감소시키기 위한 분사이며, 제2단계 주 분사는 기관의 출력을 발생하기 위한 것이고, 제3단계인 사후분사는 디젤기관의 특성으로 인해 많이 발생되는 매연을 줄이고, 배기가스 후처리 장치의 재생을 돕기 위한 것이다. 하지만 근래에는 3단계 이상의 다단계 연료 분사 기술이 자동차에 적용되어 연료소비율을 향상함과 동시에 배출가스를 저감하는데 기여하고 있다.

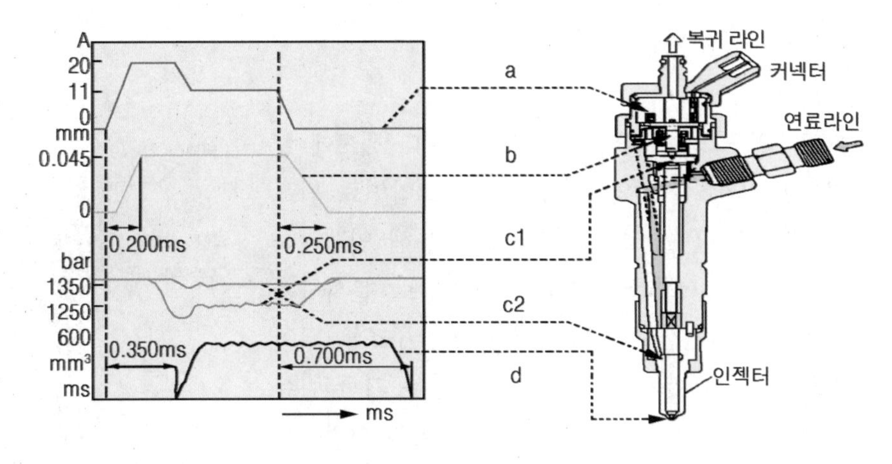

인젝터의 작동 그래프

4. 커먼레일 방식 디젤기관의 제어

전자제어 연료분사 장치 디젤기관의 제어와 가솔린 기관의 제어가 다른 점은 디젤기관의 특성에 의해 전기 점화기능과 흡입 공기제어(공전할 때 흡입 공기제어)를 하지 않는다. 따라서 전자제어 연료분사 장치 기관의 전자제어의 요점은 인젝터 제어이며, 인젝터 제어는 연료제어를 의미한다. 이는 기관 컴퓨터가 제어를 하는데 여러 가지의 입력요소를 참조하여 인젝터 및 각종 액추에이터 등을 제어하는데 여기서 기관 컴퓨터의 입력요소는 **연료압력 센서, 공기유량 센서(흡기온도 센서), 가속페달위치 센서, 연료온도 센서, 수온 센서, 크랭크축위치 센서, 캠축위치 센서** 등이다. 그리고 출력요소는 **인젝터, 연료압력 제어밸브, 배기가스 재순환 장치, 보조히터 장치** 등이다.

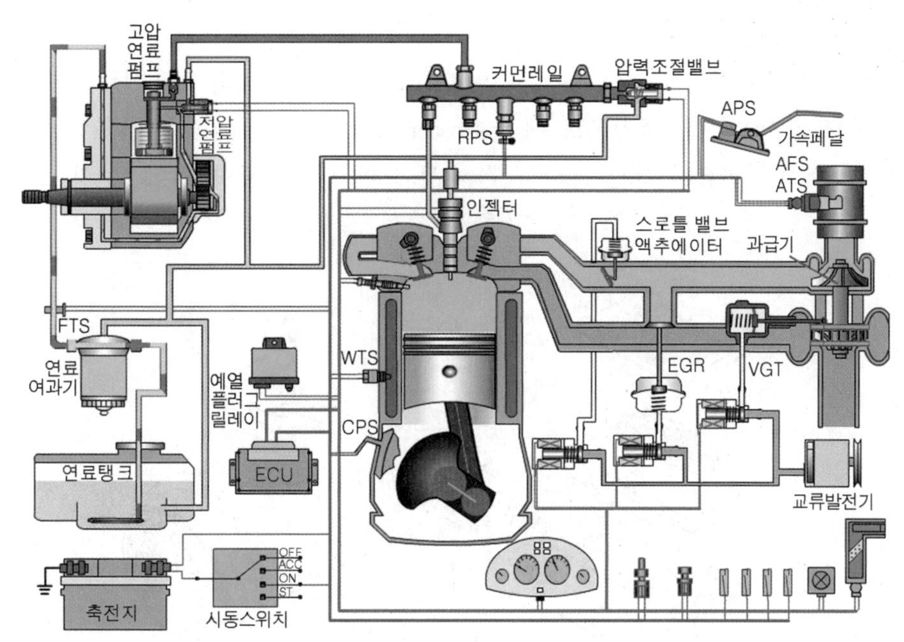

CRDI 전자제어 회로 다이어그램

4.1. 기관 컴퓨터의 입력요소

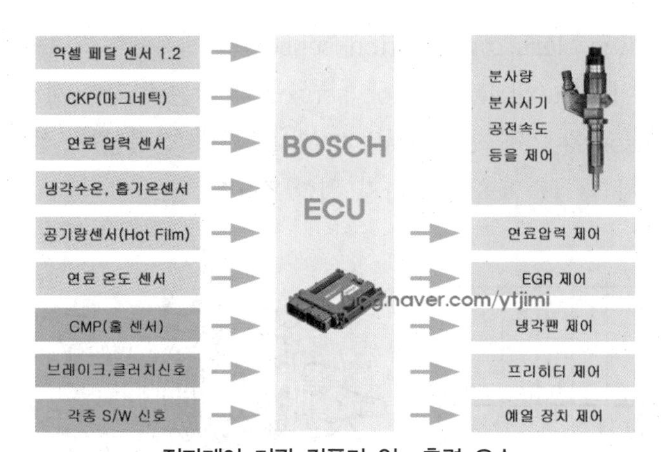

전자제어 기관 컴퓨터 입 · 출력 요소

(1) 연료압력 센서 RPS, rail pressure sensor

연료압력 센서는 커먼레일(Common Rail)내의 연료압력을 검출하여 기관 컴퓨터로 입력시킨다. 컴퓨터는 이 신호를 받아 연료분사량과 분사시기를 조정하는 신호로 사용한다. 연료압력 센서 내부는 피에조 압전소자 방식이다.

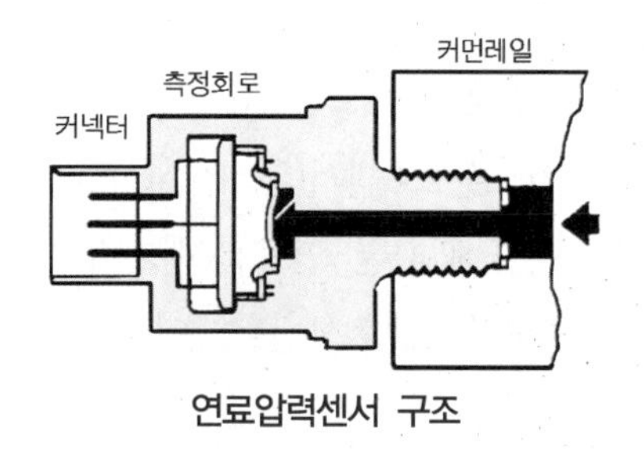

연료압력센서 구조

(2) 공기유량 센서와 흡기온도 센서 AFS & ATS

공기유량 센서(air flow sensor)는 열막(hot film)방식을 이용하며, 주요 기능은 배기가스 재순환 피드백 제어이다. 흡기온도 센서(air temperature sensor)는 부특성 서미스터를 사용하며, 각종 제어(연료분사량, 분사시기, 시동할 때 연료분사량 제어 등)의 보정신호로 사용된다.

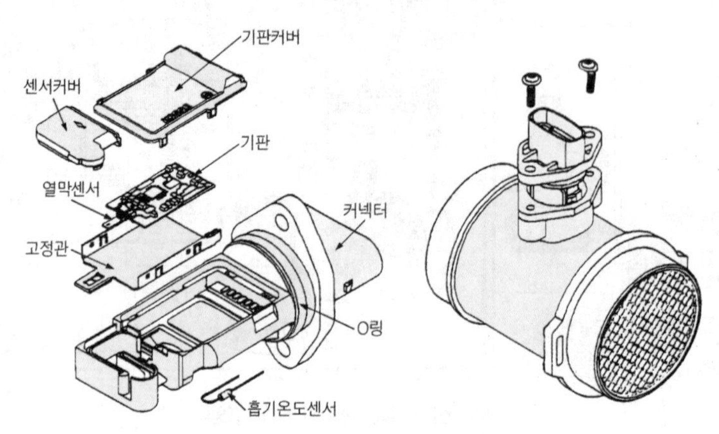

공기유량 센서와 흡기온도 센서의 구조

(3) 가속페달위치 센서 1 & 2

가속페달 위치센서(accelerating position sensor)는 전자제어 가솔린 기관에서 사용하고 있는 스로틀 위치센서(throttle position sensor)와 같은 원리를 사용하며, 가속페달 위치센서 1(main sensor)에 의해 연료분사량과 분사시기가 결정된다. 센서2는 센서 1을 감시하는 센서로 자동차의 급출발을 방지하기 위한 것이다.

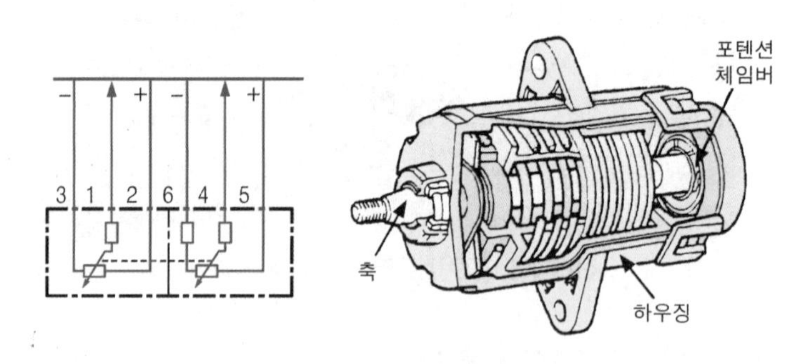

가속페달 위치센서의 내부 구조

(4) 연료온도 센서

연료온도 센서(fuel temperature sensor)는 수온센서와 같은 부특성 서미스터이며, 연료온도에 따른 연료분사량 보정신호로 사용된다. 연료온도가 높아지면 기관 컴퓨터는 연료분사량을 감소시킨다. 이 센서는 기관의 형식에 따라 사용하지 않는 경우도 있다.

(5) 수온 센서

실린더 내에 분사되는 연료의 상태가 난기 상태일 때는 연소가 잘 되나 냉간 시동에서는 연료를 안개화 상태로 분사하더라도 연료 입자 알갱이가 굵어 완전연소가 어려우므로 냉간 또는 온간시 연료 분사량을 증감할 필요가 있다. 이때 기관 컴퓨터는 수온센서의 정보를 활용한다. 수온센서는 기관의 냉각수 온도를 검출하여 냉각수 온도의 변화를 전압으로 변화시켜 기관 컴퓨터로 입력시키면 기관 컴퓨터는 이 신호에 따라 연료 분사량을 증감하는 보정신호로 사용되며, 열간 상태에서는 냉각팬 제어에 필요한 신호로 사용된다.

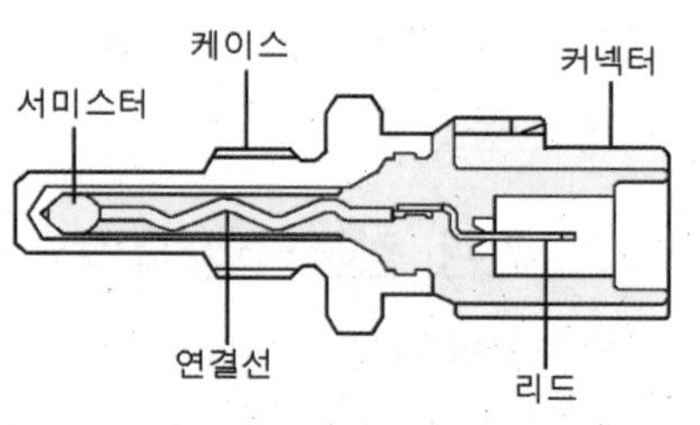

연료온도 센서의 내부 구조

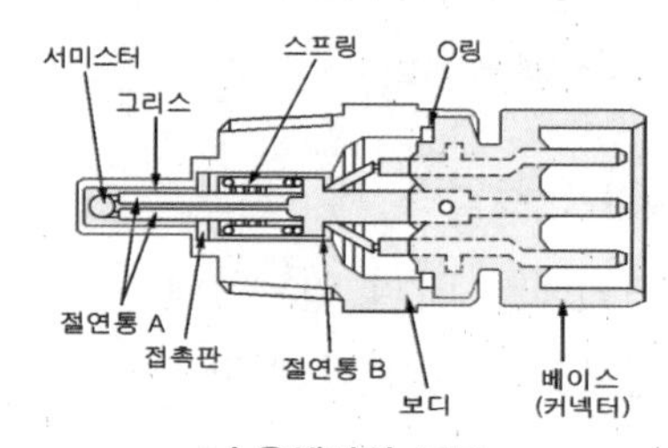

수온센서의 구조

(6) 크랭크축위치 센서 CPS, CKP

크랭크축 위치센서(crank shaft position sensor or crank shaft angle sensor)는 전자감응 방식(magnetic inductive type)이며, 실린더 블록 또는 변속기 하우징에 설치되어 크랭크축과 일체로 되어 있는 센서 휠(sensor wheel)의 돌기를 검출하여 크랭크축의 각도 및 피스톤의 위치, 기관 회전속도 등을 검출한다. 크랭크축과 연동되는 피스톤의 위치는 연료 분사시기를 결정하는데 중요한 역할을 한다. 센서 휠에는 총 60개의 돌기가 있으며, 이 중 2개의 돌기가 없는 missing teeth로 되어 있으며, missing teeth와 캠축 위치센서를 이용하여 제1번 실린더를 찾도록 되어 있다. 이 센서가 고장 나면 기관의 안전상의 이유로 가동을 정지시킨다.

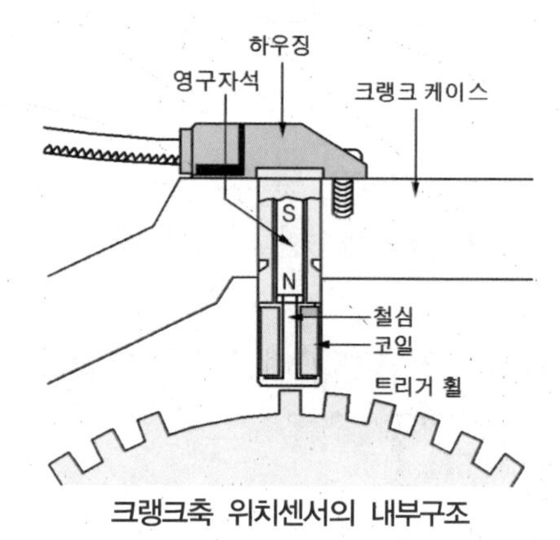

크랭크축 위치센서의 내부구조

(7) 캠축위치 센서 CMP

캠축 위치센서(cam shaft position sensor)는 상사점 센서라고도 부르며, 홀 센서방식(hall sensor type)을 사용한다. 캠축에 설치되어 캠축 1회전(크랭크축 2회전)당 1개의 펄스신호를 발생시켜 기관 컴퓨터로 입력시킨다. 기관 컴퓨터는 이 신호에 의해 제1번 실린더 압축상사점을 검출하게 되며, 연료분사의 순서를 결정한다. 기관이 시동된 후에는

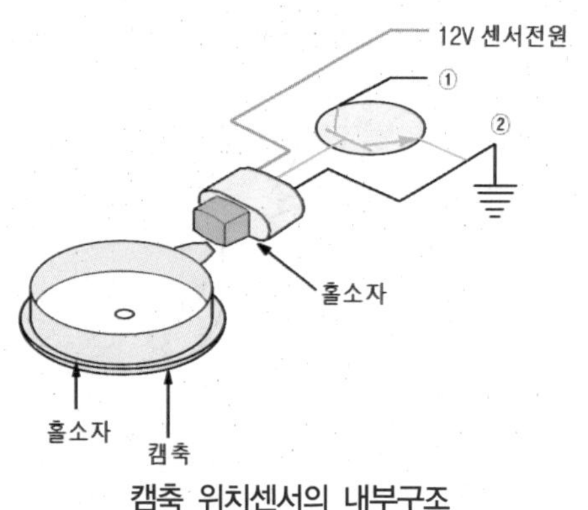

캠축 위치센서의 내부구조

크랭크축 위치센서에 의해 생성된 정보는 기관의 모든실린더를 학습한다. 그리고 자동차를 운전하는 동안에 캠축 위치센서가 고장이 나도 기관은 구동된다.

4.2. 기관 컴퓨터의 출력요소

(1) 인젝터 Injector

고압연료 펌프로부터 송출된 연료가 커먼레일을 통하여 인젝터로 공급되며, 이 연료를 연소실에 직접 분사하는 부품이다.

(2) 연료압력 제어밸브 fuel pressure control valve

커먼레일 내의 연료압력을 조정하는 밸브이며 냉각수 온도, 축전지 전압 및 흡입공기 온도에 따라 보정을 한다. 또 연료온도가 높은 경우에는 연료온도를 제어하기 위해 압력을 특정 작동지점 수준으로 낮추는 경우도 있다.

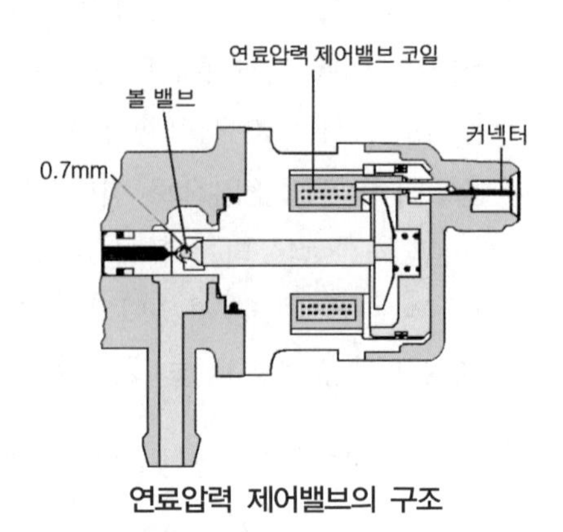

연료압력 제어밸브의 구조

(3) 배기가스 재순환 장치

배기가스 재순환 장치는 배기가스의 일부를 흡기다기관으로 유입시키는 장치이다. 배기가스에 들어 있는 가스 중에는 산소의 함량이 부족하다. 이러한 배기가스와 신선한 공기가 유입되면 연소될 때 산소의 부족으로 인해 연소온도 상승을 억제할 수 있어 질소산화물 생성을 억제할 수 있다.

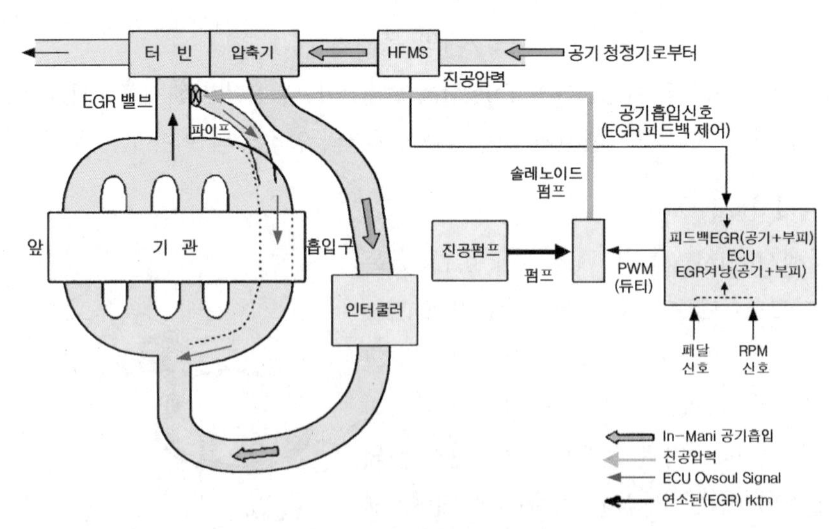

배기가스 재순환장치의 구성

(4) 보조 히터장치

전자제어 연료분사 장치 기관에서 사용하는 보조 히터장치의 종류에는 가열 플러그방식 히터, 열선을 이용하는 정특성(PTC ; positive temperature coefficient)히터, 직접 경유를 연소시켜 냉각수를 가열하는 연소방식 히터 등이 있다.

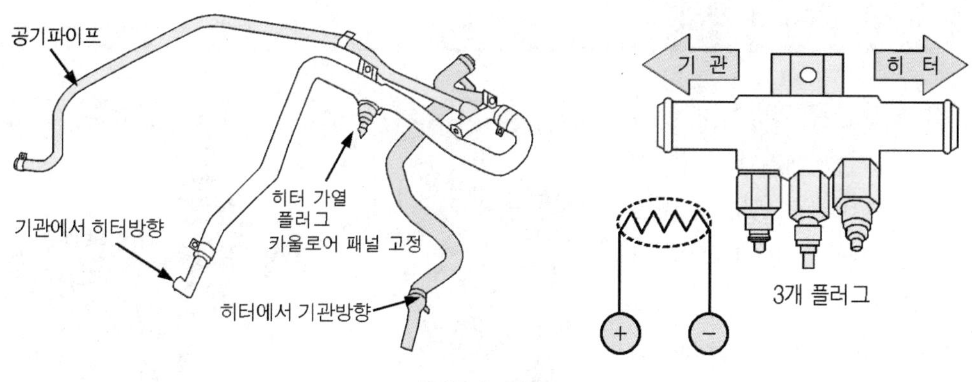

가열플러그의 구조

CHAPTER 10

과급 장치

1 과급 장치의 개요

일반적인 자연 흡입방식의 기관은 필요한 공기를 배기행정 후 배기밸브가 닫힌 후 흡입행정의 피스톤 하강 행정에서 실린더 내의 부압으로 혼합기를 흡입한다. 그러나 이 방법은 한정된 흡입 효율로 인하여 기관의 출력향상을 기대하기 어려우며 특히 고속으로 작동 중인 기관에서는 더욱 흡입 효율이 떨어진다. 기관의 출력을 향상시키기 위하여 배기량 증대, 흡입 효율의 향상, 기관의 회전속도 증가 등이 있지만 배기량을 증대시키거나 실린더 수를 증가시키면 기관의 중량이나 형상면에서 불리하며, 또한 회전속도의 증가에도 한계가 따른다. 따라서 흡기다기관에 공기 펌프를 설치하고 흡입 공기에 압력을 가하여 강제로 많은 양의 공기를 실린더에 공급하여 기관의 출력 및 회전력 증대, 연료소비율을 향상시키는 장치를 설치하게 되는데 이것을 과급 장치라 한다. 과급 장치의 종류는 배기가스의 배압을 이용하는 터보차저(turbo charger)와 기관의 출력을 이용하여 기계적으로 펌프를 구동시키는 슈퍼차저(super charger)가 있으며, 터보차저는 가솔린기관 또는 고속 디젤기관에 주로 사용하고, 슈퍼차저는 저 · 중속 디젤기관에서 사용된다.

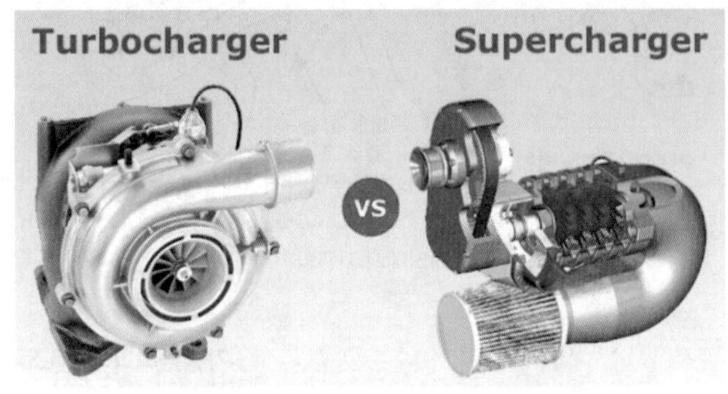

터보차저와 슈퍼차저 비교 〈출처 : 블로그〉

1. 과급 장치의 효과

흡입 공기량은 기관의 출력에 직접적인 영향을 주기 때문에 과급 장치의 적용은 동일한 배기량의 기관에서 보다 많은 공기를 밀어 넣음으로써 흡입 효율을 극대화시켜 기관의 출력을 향상시키는 것이다. 자동차용 과급 장치는 기관의 전체 회전영역에서 배출압력이 균일하고 높은 출력을 낼 수 있어야 하며, 소형이어야 한다. 또한 흡입 효율을 높이기 위해 멀티밸브 형식의 DOHC기관, 가변흡입장치, 가변밸브 타이밍 · 리프트장치, 이중모드 소음기(dual mode muffler) 등을 채택하기도 한다. 이 장치들은 배기량을 증대시키지 않고도 많은 양의 공기를 실린더 내에 넣을 수 있다.

1.1. 기관 출력 향상

과급장치 기관은 자연 흡입방식의 기관에 비하여 출력이 35~45% 정도 향상되므로 쾌적한 운전을 할 수 있으며 저속 영역을 상대적으로 많이 사용하므로 기관 수명이 길어진다.

1.2. 소음 감소

과급장치 기관은 저속 및 고속작동에서 완전연소가 가능하므로 소음 감소효과가 있으며, 자연 흡입방식의 기관에 비해 소음 감소율은 6~10% 정도이다.

1.3. 유해 배출가스 감소

과급장치 기관의 경우 충분한 공기가 흡입되므로 거의 완전 연소되어 디젤기관의 경우 매연 발생이 적고, 가솔린기관에서는 일산화탄소(CO), 탄화수소(HC) 등의 불완전 연소 생성물이 현저히 감소한다.

1.4. 고지대에서의 성능향상

과급장치 기관과 자연 흡입방식 기관의 성능차이는 높은 지대로 올라갈수록 급격한 차이를 보인다. 자연 흡입방식의 기관은 높은 지대에서 10% 이상의 출력 저하가 발생하지만 과급장치 기관은 흡입되는 공기가 충분하므로 출력에는 거의 변화가 없다.

1.5. 기관의 중량감소

동일 배기량 기관보다 과급장치 기관의 출력이 35~45% 정도 증대되는 반면 상대적으로 기관의 형상을 소형화 할 수 있으므로 중량을 감소시킬 수 있다.

2. 과급 장치의 종류

2.1. 터보차저 turbo charger

터보차저는 기관의 출력을 향상시키고 회전력을 증대시키며, 연료소비율을 향상시키기 위하여 흡기통로에 설치한 공기펌프이다. 터보차저는 달팽이 같이 생긴 용기에 1개의 축 양 끝에 각도가 서로 다른 터빈과 임펠러가 설치되어 있다. 이 중 임펠

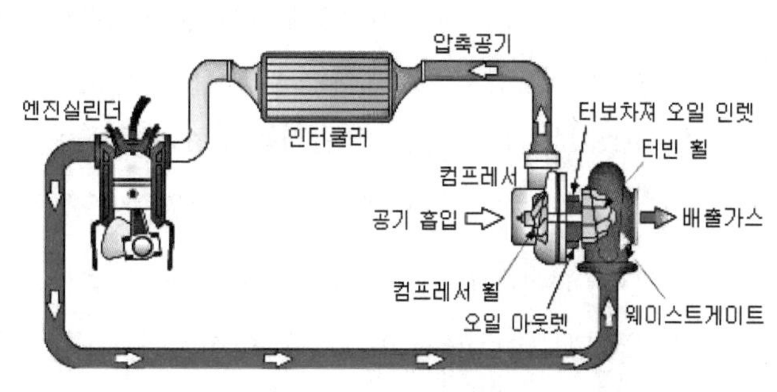

터보차저의 구성요소(가솔린 기관) 〈출처 : 블로그〉

러는 흡기 다기관에 연결하고 터빈은 배기다기관에 연결된다. 배기가스에 의해 터빈이 회전하면 임펠러도 회전함으로서 강제적으로 많은 공기량을 실린더에 공급한다. 결국 체적효율이 증대되어 기관의 출력이 향상된다. 이론상으로는 공급되는 흡입공기의 양이 많을수록 높은 출력을 낼 수 있으나 온도 및 재질 등 성능 및 내구에 문제가 되기 때문에 터보의 운전영역을 일정영역으로 제어하여 사용한다. 통상적으로 가솔린 기관의 경우 과급압은 0.8~1.2bar, 디젤 기관은 1.0~2.0bar 정도로 제어된다.

(1) 터보차저의 구성

터보차저는 배기가스의 압력에 의해서 고속으로 회전되어 공기를 가압하는 임펠러, 배기가스의 열에너지를 회전력으로 변환시키는 터빈, 터빈 축을 지지하는 플로팅 베어링, 과급압력이 규정 이상으로 상승되는 것을 방지하는 과급 압력조절기, 과급된 공기를 냉각시키는 인터쿨러장치 등으로 구성되어 있다.

① 터빈 turbine

배기쪽에 설치된 날개로서 배기가스 압력에 의해 회전한다. 배기가스는 터빈의 하우징 안에서 바깥 둘레로부터 터빈의 날개와 접촉되어 회전시키고 배기관을 통하여 배출된다. 이 때 동일 축 반대편에 설치된 임펠러도 회전하게 된다.

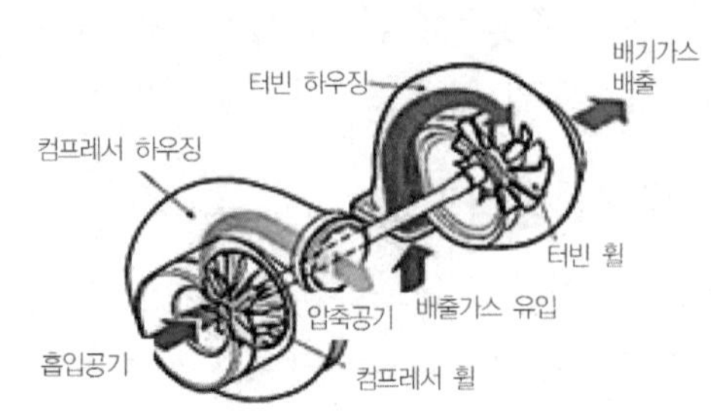

터보차저의 작동

② 임펠러 impeller

컴프레셔(compressor)라고도 하며, 흡입쪽에 설치된 날개로 공기를 실린더에 가압시키는 역할을 한다. 임펠러는 디젤기관에서는 직선으로 배열되어 고속에 유리한 레이디얼형(radial type), 가솔린기관에서는 저속회전에도 효율이 좋은 나선형(spiral)으로 배열된 백워드형(backward type impeller)이 주로 사용된다.

③ 플로팅 베어링(floating bearing)

약 250,000rpm의 고속으로 회전하는 터빈축을 지지하는 베어링으로 기관으로부터 공급되는 오일로 윤활된다. 고속주행 직후 기관을 곧바로 정지시키면 플로팅 베어링에 오일이 공급되지 않기 때문에 소결이 되는 경우가 있으므로 충분히 공회전하여 터보장치를 냉각시킨 후 기관을 정지시켜야 한다.

④ 웨이스트게이트 밸브 waste gate valve

과급압(boost pressure)이 규정값 이상으로 상승되는 것을 방지하는 역할을 한다. 과급압력을 조절하지 않으면 허용압력 이상으로 상승하여 기관이 파손될 수 있다. 웨이스트밸브는 과급압력이 일정이상 상승하면 터빈에 유입되는 배기가스의 일부를 바이패스시켜 과급압력이 규정값 이상으로 상승되지 않도록 하는 역할을 한다.

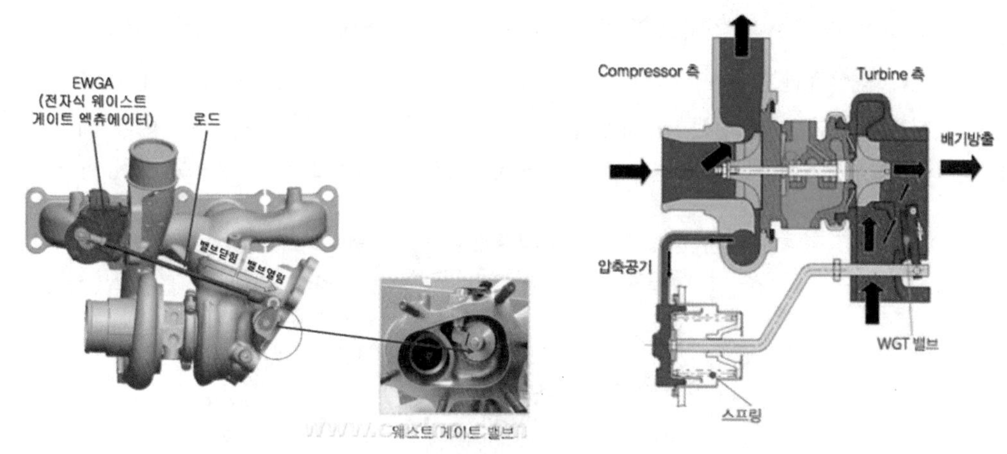

웨이스트 게이트밸브의 구성 〈출처 : 블로그〉

⑤ RCV recirculation control valve

이 밸브는 흡기관에 장착되어 과급압이 규정 이상이 되면 열려 과급공기를 대기 중으로 배출시켜 과급압력 자체를 조절하는 역할을 한다. 이 밸브는 갑자기 스로틀이 닫히게 되면 흡기관 내에 과급압력이 상승하여 상승된 압력이 흡기매니폴드로 유입되지 않고, 역방향으로 이동하면서 컴프레서 측 임펠러와의 충돌음이 발생하게 된다. 이를 보호하기 위해서 ECU는 RCV컨트롤 솔레노이드밸브를 작동하여 과급압을 배출하여 충돌음을 방지한다.

2.2. 가변용량 터보차저 VGT, variable geometry turbo charger

가변 용량 터보차저(VGT, variable geometry turbo charger)는 배기가스 유로를 효율적으로 정밀제어 할 수 있는 전자제어방식의 가변용량 제어형 터보차저로 저속 및 고속 전 구간에서 최적의 동력성능을 발휘하는 방식이다. 액추에이터를 이용해 배기가스 통로를 좁게 또는 넓게 가변적으로 제어하여 배기가스에 의한 과급효과를 최대한으로 상승시킬 수 있는 장점이 있다. e-VGT시스템은 VGT시스템의 진공식 액추에이터를 모터제어를 통해 정

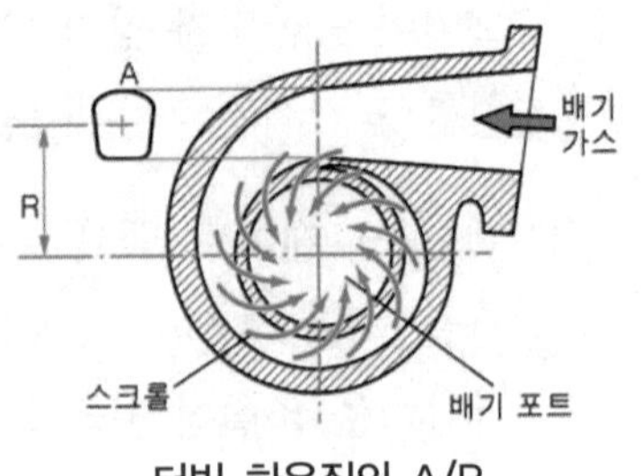

터빈 하우징의 A/R

밀도를 높인 방식을 말한다. 배기 가스는 배기 입구에서부터 점점 좁혀져 분출구에서 터빈 하우징을 향하여 뿜어 낸다. 분출구의 면적 A와 그 중심으로부터 터빈 중심까지의 거리 R의 비, A/R가 터보의 특징을 결정하는데 A/R이 크면 고속형, 작으면 저속형 터빈이 된다. 터빈 지름의 크기는 변경하기 어렵기 때문에 R보다는 문출구 면적 A의 크기가 터보의 특징을 결정하게 된다. 예를 들어 무엇인가에 입김을 불었을 때 입을 크게 벌리는 것보다 좁게 하는 경우가 세고 빠른 공기가 나온다. 같은 이유로 A가 작으면 배기가스의 유입 속도가 빨라져 터빈은 고속으로 회전을 한다. 그러나 기관이 고속 회전을 하여 배기가스가 증가되어도 A가 작기 때문에 배기가스의 양이 제한되어 터빈의 회천 속도는 빨라지지 않기 때문에 최고 출력이 억제되어 저속 회전형이 된다. 역으로 A가 크면 최고 출력이 큰 고속 회전형 터빈이 된다.

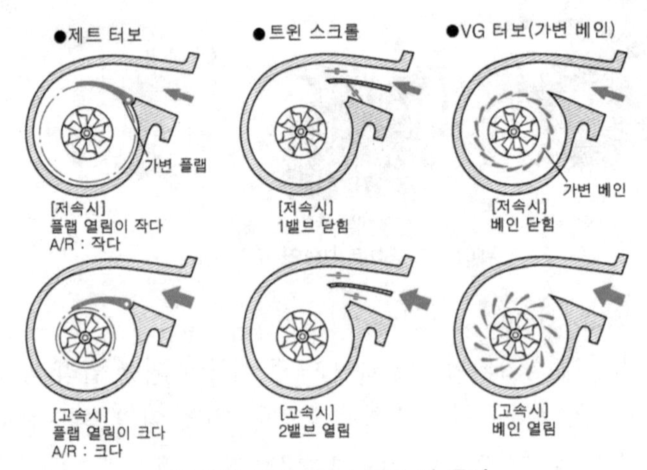

가변용량 터보차저의 종류 및 동작

터빈 하우징 A의 면적을 기관의 회전수에 맞도록 변경시키면 A/R의 비가 변경되어 저속 회전에서부터 고속 회전까지 연속하여 대응할 수 있기 때문에 여러 가지 가변 용량의 터보가 있으며, 분출구에 가변 플랩을 배치한 제트 터보, 분출구를 둘로 분할하여 저속에서는 1개, 고속에서는 양쪽을 모두 사용하는 트윈 스크롤 터보, 노즐에 다수의 쐐기형 가변 베인(작은 날개)을 사용한 VG 터보 등이 있다.

2.3. 슈퍼차저 super charger

수퍼차저는 압축기를 기관이 직접 구동하는 방식으로 연비를 중시하는 승용차에는 거의 사용되지 않는다. 수퍼차저는 기관에서 직접 압축기를 구동하기 때문에 저속에서 고속까지

전 영역에서 동작이 가능하여 터보차저에 비해 응답성이 뛰어나다. 터보랙(turbo-lag)이 없다는 장점이 있다. 단점은 기관출력을 사용하는 만큼 기계구동 효율이 떨어지고 높은 압력을 생성할 수 없어 고 회전영역에서는 충전효율의 저하로 출력이 떨어진다. 수퍼차저는 여러 형식이 사용되며 아래는 그 중 2가지 예를 나타낸 것이다.

원심식 슈퍼차저

트윈스크류식 슈퍼차저

① 원심식 슈퍼차저 centrifugal type super charger
원심식 슈퍼차저는 터보차저와 동일한 방식으로 압축을 한다. 터보차저에서 배기측의 터빈 대신 풀리를 장착한 것으로 슈퍼차저 형식 중 가장 작은 부피를 가지고 있고, 높은 회전수를 얻을 수 있는 장점이 있다. 원심식 수퍼차저는 내부에 변속기어 장치가 있어 기어비나 풀리비를 변경하면 쉽게 과급압력을 조절할 수 있다.

② 트윈스크류 슈퍼차저 twin screw super charger
트윈 스크류 슈퍼차저는 로터 블레이드를 오목형과 볼록형으로 만들어 스크루 모양으로 꼬아놓은 2개의 로터 블레이드를 사용한다. 이 방식은 복잡하고 정교한 형상의 스크루를 사용하기 때문에 다른 방식의 슈퍼차저에 비해 가격이 비싼 편이다.

3. 인터 쿨러 inter cooler

인터 쿨러는 펌프와 흡기 다기관 사이에 설치되어 과급된 공기를 냉각시키는 역할을 한다. 펌프에 의해서 과급된 공기는 온도가 상승함과 동시에 공기 밀도의 증대 비율이 감소하여 노크가 발생되거나 충전 효율이 저하된다. 따라서 이러한 현상을 방지하기 위하여 라디에이터와 비슷한 구조로 설계하여 주행 중 받는 공기로 냉각시키는 공냉식과 냉각수를 이용하여 냉각시키는 수냉식이 있다.

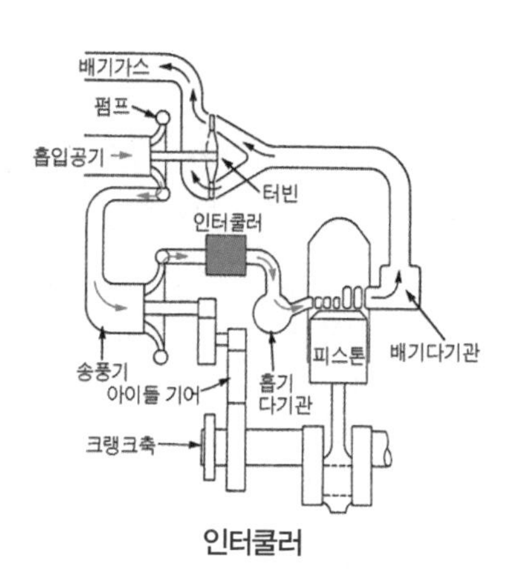

인터쿨러

3.1. 공냉식 인터 쿨러 air cooled type inter cooler

공냉식 인터 쿨러는 주행 중에 받는 공기로 과급 공기를 냉각시키는 방식으로 수냉식에 비해서 구조는 간단하지만 냉각 효율이 떨어진다. 따라서 주행 속도가 빠를수록 냉각 효율이 높기 때문에 터보 차저를 설치한 기관을 사용한 경주용 자동차에서 사용된다.

3.2. 수냉식 인터 쿨러 water cooled type inter cooler

수냉식 인터 쿨러는 기관의 냉각용 라디에이터 또는 전용의 라디에이터에 냉각수를 순환시켜 과급 공기를 냉각시키는 방식이다. 흡입 공기의 온도가 200℃ 이상인 경우에는 80 ~ 90℃ 의 냉각수로 냉각시킴과 동시에 주행 중 받는 공기를 이용하여 공랭을 겸하고 있다. 공냉식에 비교하여 구조는 복잡하지만 저속에서도 냉각 효과가 좋은 특징이 있다.

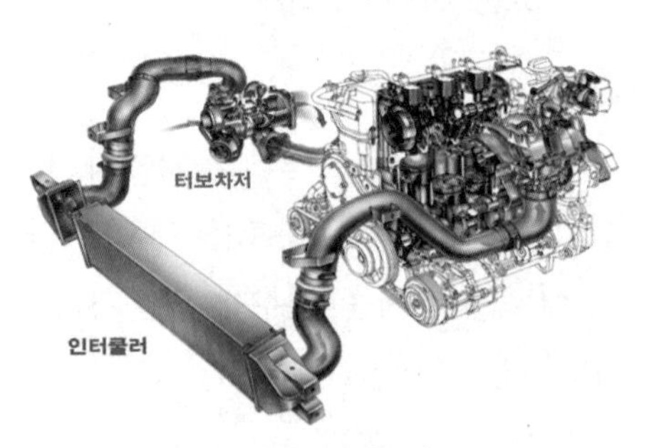

공냉식 인터쿨러

수냉식 인터쿨러

CHAPTER 11

배출가스와 대책

1 가솔린 기관의 배출가스와 대책

1. 자동차에서 배출되는 가스

자동차에서 배출되는 가스는 배기 파이프로부터의 **배기가스**, 기관 크랭크 케이스로부터의 **블로바이가스**(blow by gas) 및 연료 계통에서의 **연료 증발가스**가 있다.

1.1. 배기가스

배기가스의 주성분은 수증기(H_2O)와 이산화탄소(CO_2)이며, 이외에 **일산화탄소**(CO), **탄화수소**(HC), **질소산화물**(NOx), 납 산화물(가솔린에 알킬납이 혼입되어 있는 경우), 탄소입자(스모그) 등이 있다. 이 중에서 일산화탄소, 질소산화물, 탄화수소가 유해 물질이다.

1.2. 블로바이 가스

블로바이(blow by)가스란 실린더와 피스톤 간극에서 크랭크케이스(crank case)로 빠져나오는 가스를 말하며, 조성은 70~95% 정도가 미 연소가스인 탄화수소이고 나머지가 연소가스 및 부분 산화된 혼합가스이다. 블로바이 가스가 크랭크케이스 내에 머무르면 기관의 부식, 오일 슬러지 발생 등을 촉진한다.

1.3. 연료 증발가스

연료증발 가스는 연료탱크나 연료계통 등에서 가솔린이 증발하여 대기 중으로 방출되는 가스이며, 주성분은 탄화수소이다.

알고갑시다 | 용어정리

배기가스 : 배기가스는 인체에 해로움이 있는 성분이 포함된 불필요하게 되어 배출하는 가스를 말한다.
배출가스 : 배출가스는 연소·합성·분해될 때 발생하는 기체성 물질을 말한다.

2. 배기가스의 발생 과정

2.1. 일산화탄소 발생과정 CO

가솔린은 탄소와 수소의 화합물인 탄화수소이므로 완전연소 하였을 때 탄소는 무해성 가스인 이산화탄소로, 수소는 수증기로 변화한다.

$$C + O_2 = CO_2$$
$$2H_2 + O_2 = 2H_2O$$

그러나 실린더 내에 산소공급이 부족한 상태로 연소하면 불완전 연소를 일으켜 일산화탄소가 발생한다.

$$2C + O_2 = 2CO$$
$$2CO + O_2 = 2CO_2$$

따라서 배출되는 일산화탄소의 양은 공급되는 공연비의 비율에 좌우하므로 일산화탄소 발생을 감소시키려면 희박한 혼합가스를 공급하여야 한다. 그러나 혼합가스가 희박하면 기관의 출력저하 및 실화의 원인이 된다.

2.2. 탄화수소의 발생 과정 HC

탄화수소가 발생하는 원인은 다음과 같다.

① 연소실 내에서 혼합가스가 연소할 때 연소실 안쪽 벽은 온도가 낮으므로 이 부분은 연소 온도에 이르지 못하며, 불꽃은 안쪽 벽에 도달하기 전에 꺼지므로 이때 발생한 미연소가스가 탄화수소로 배출된다.
② 밸브 오버랩으로 인하여 혼합가스가 누출된다.
③ 기관을 감속할 때 스로틀 밸브가 닫히면 흡기다기관의 진공이 갑자기 높아져 그 결과 혼합가스가 농후해져 실린더 내의 잔류가스가 되어 실화를 일으키기 쉬워지므로 탄화수소 배출량이 증가한다.
④ 혼합가스가 희박하다.

2.3. 질소산화물의 발생 과정 NOx

질소는 잘 산화(酸化)하지 않으나 높은 온도, 높은 압력 및 전기 불꽃 등이 존재하는 곳에서는 산화하여 질소산화물을 발생시킨다. 특히 2,000℃ 이상의 높은 온도의 연소에서는 급격히 증가한다.

3. 배기가스의 배출 특성

3.1. 공연비와의 관계

① 이론공연비(14.7 : 1)보다 농후한 공연비를 공급하면 질소산화물 발생량은 감소하고, 일산화탄소와 탄화수소의 발생량이 증가한다.

② 이론공연비보다 약간 희박한 공연비를 공급하면 질소산화물 발생량은 증가하고, 일산화탄소와 탄화수소의 발생량이 감소한다.

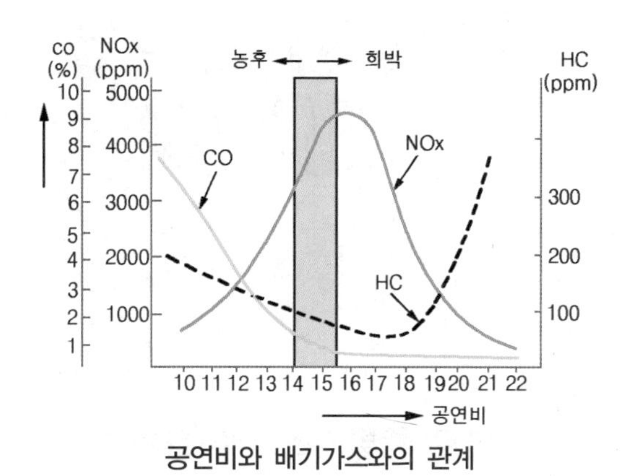

공연비와 배기가스와의 관계

③ 이론공연비보다 매우 희박한 공연비를 공급하면 질소산화물과 일산화탄소 발생량은 감소하고, 탄화수소의 발생량이 증가한다.

3.2. 기관 온도와의 관계

① 기관의 온도가 낮은 경우에는 농후한 공연비를 공급하므로 일산화탄소와 탄화수소는 증가하고, 연소온도가 낮아 질소산화물의 발생량이 감소한다.

② 기관의 온도가 높을 경우에는 질소산화물의 발생량이 증가한다.

3.3. 기관 회전수와의 관계

① 기관을 감속하였을 때 질소산화물 발생량은 감소하지만, 일산화탄소와 탄화수소 발생량은 증가한다.

② 기관을 가속할 때는 일산화탄소, 탄화수소, 질소산화물 모두 발생량이 증가한다.

4. 배출가스 제어장치

4.1. 블로바이 가스 제어장치

① 경부하 및 중부하 영역에서 블로바이 가스는 PCV(positive crank case ventilation) 밸브의 열림 정도에 따라서 유량이 조절되어 서지탱크(흡기다기관)로 들어간다.

② 급가속을 하거나 기관의 높은 부하 영역에서는 흡기다기관 진공이 감소하여 PCV 밸브의 열림 정도가 작아지므로 블로바이 가스는 블리드 호스(bleed hose)를 통하여 서지탱크(흡기다기관)로 들어간다.

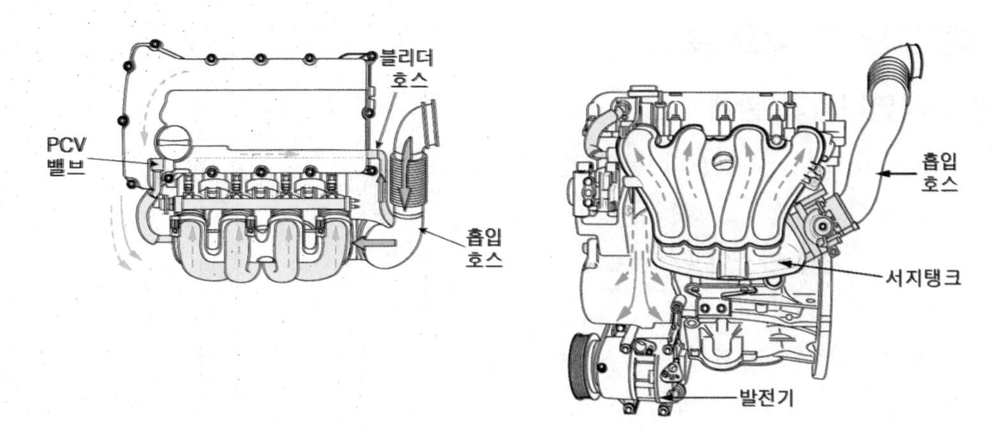

블로바이 가스제어 장치

4.2. 연료 증발가스 제어장치

연료장치에서 발생한 증발가스(주성분은 탄화수소임)를 캐니스터에 포집한 후 퍼지 컨트롤 솔레노이드 밸브의 조절에 의하여 흡기다기관을 통하여 연소실로 보내어 연소시킨다.

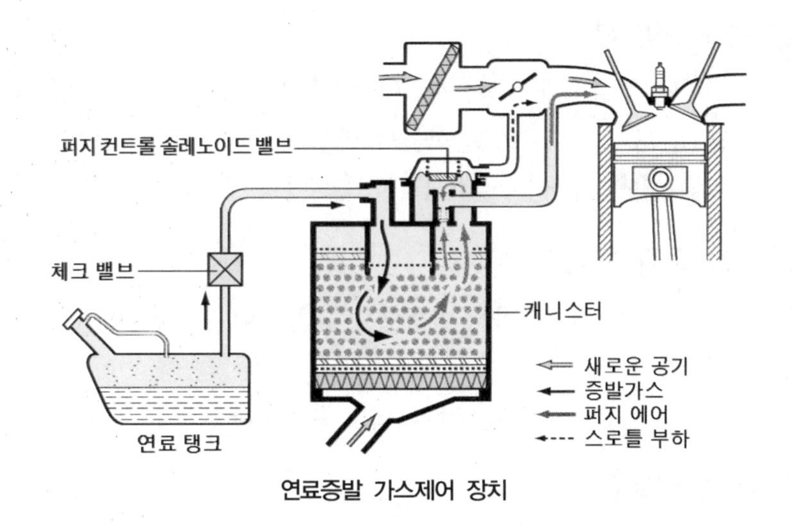

연료증발 가스제어 장치

(1) 캐니스터 canister

캐니스터는 기관이 작동하지 않을 때 연료 계통에서 발생한 연료 증발 가스를 캐니스터 내에 흡수 저장(포집)하였다가 기관이 작동되면 퍼지 컨트롤 솔레노이드 밸브를 통하여 서지탱크로 유입한다.

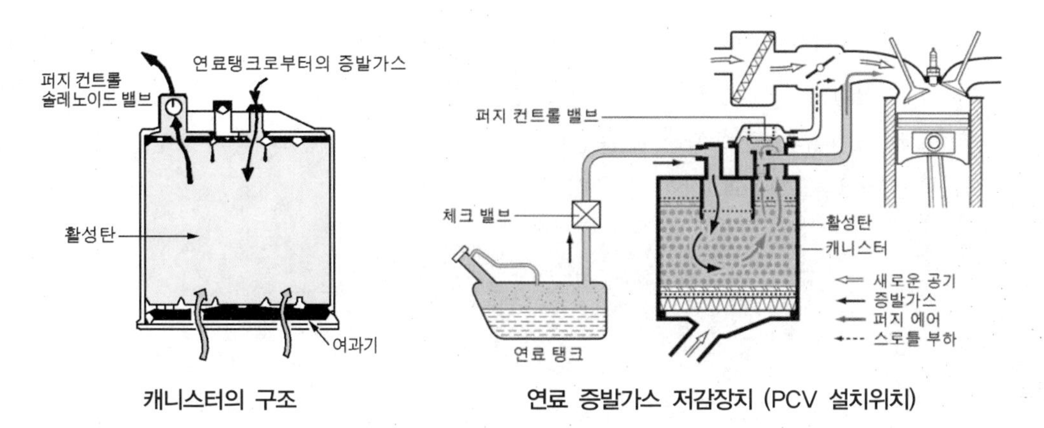

캐니스터의 구조　　　연료 증발가스 저감장치 (PCV 설치위치)

(2) 퍼지컨트롤 솔레노이드 밸브 PCSV ; purge control solenoid valve

퍼지 컨트롤 솔레노이드 밸브는 캐니스터에 포집된 연료증발 가스를 조절하는 장치이며, 기관 컴퓨터에 의하여 작동된다. 기관의 온도가 낮거나 공전할 때에는 퍼지 컨트롤 솔레노이드 밸브가 닫혀 연료증발 가스가 서지탱크로 유입되지 않으며 기관이 정상온도에 도달하면 퍼지 컨트롤 솔레노이드 밸브가 열려 저장되었던 연료 증발 가스를 서지 탱크로 보낸다.

5. 배기가스 제어장치

(1) 배기가스 재순환 장치 EGR ; exhaust gas recirculation

① 배기가스 재순환 장치의 작동

배기가스 재순환 장치는 흡기다기관의 진공에 의하여 열려 배기가스 중의 일부(혼합가스의 약 15%)를 배기다기관에서 빼내어 흡기다기관으로 순환시켜 연소실로 다시 유입시킨다. 배기가스를 재순환시키면 새로운 혼합가스의 충전 효율이 낮아진다. 그리고 다시 공급된 배기가스는 열용량이 큰 이산화탄소가 많이 함유되어 있다. 즉, 다시 공급된 배기가스는 더 이상 연소 작용을 할 수 없기 때문에 폭발행정에서 연소 온도가 낮아져 온도의 함수인 질소산화물의 발생량이 약 60% 정도 감소한다.

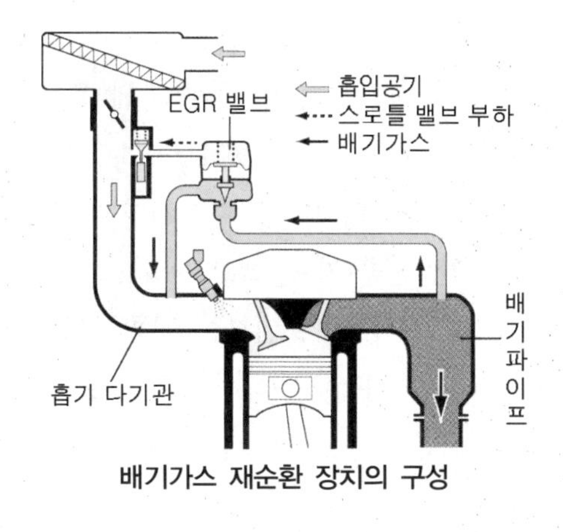

배기가스 재순환 장치의 구성

기관에서 배기가스 재순환 장치를 사용하면 질소산화물 발생률은 낮출 수 있으나 착화성 및 기관의 출력이 감소하며 일산화탄소 및 탄화수소 발생량은 증가하는 경향이 있다. 이에 따라 배기가스 재순환 장치가 작동되는 것을 기관의 특정 운전 구간(냉각수 온도가 65℃이상 이고, 중속 이상)에서 질소산화물이 많이 배출되는 운전영역에서만 작동 하도록 하고 있다. 또 공전 운전을 할 때, 난기운 전을 할 때, 전부하 운전영역, 그리고 농후한 혼합가스로 운전되어 출력을 증대시키면 작용하지 않도록 한다. 그리고 EGR율은 다음과 같이 산출한다.

$$\text{EGR율} = \frac{\text{EGR가스량}}{\text{EGR가스량} + \text{흡입공기량}}$$

② 배기가스 재순환 장치의 구성 부품

㉮ EGR 밸브

EGR 밸브는 스로틀 밸브의 열림 정도에 따른 흡기다기관의 진공에 의하여 제어되며, 이 밸브의 개폐 신호는 서모 밸브와 진공 제어 밸브에 의해 제어된다.

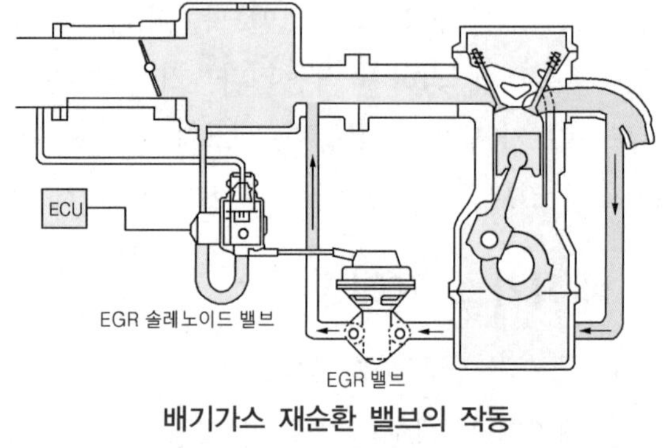

배기가스 재순환 밸브의 작동

㉯ 서모 밸브 thermo valve

배기가스 재순환 밸브의 진공 회로 중에 있는 서모밸브는 기관 냉각수 온도에 따라 작동하며 일정 온도(65℃ 이하)에서는 배기가스 재순환 밸브의 작동을 ECU에 의하여 정지시킨다.

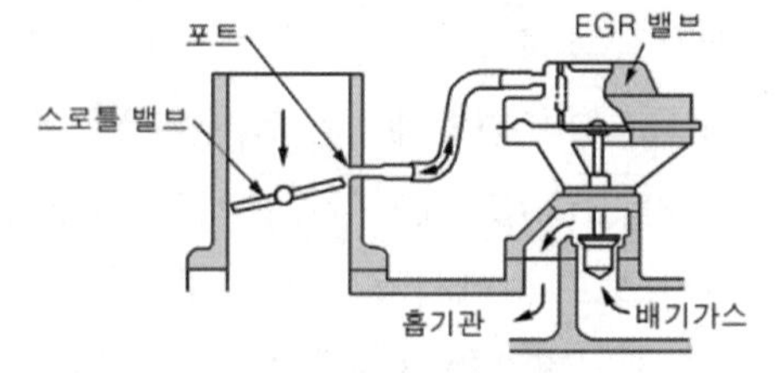

EGR 밸브의 설치 위치

㉰ 진공 제어 밸브

진공제어 밸브는 기관 작동 상태에 따라 배기가스 재순환 밸브를 조절하여 배기가스가 재순환되는 양을 제어한다.

(2) 산소 센서 oxygen sensor

촉매컨버터가 효율적으로 작동하기 위해서는 이론공연비에서 연소가 일어날 수 있도록 제어하여야 한다. 이를 공연비 제어 또는 람다 제어(λ −control)라 한다. 공연비 제어에서는 연소가 이론공연비에서 발생하였는지를 점검하는 것이 필요한데 이러한 기능을 하는 것 산소센서이다. 산소센서는 배기가스 중의 산소농도에 따라 전압을 발생하는 일종의 화학적 전압발생 장치이다. 즉 배기가스 중의 산소농도가 높아(공연비가 희박한 연소의 경우) 대기 중의 산소와 농도차이가 적으면 발생 전압도 낮고, 반대로 배기가스 중의 산소농도가 낮으면(공연비가 진한 연소의 경우) 대기 중의 산소와 농도차이가 커져 발생 전압도 높아진다. 이와 같은 변화가 이론 공연비를 중심으로 급격한 변화를 나타낼 수 있어서 공연비 제어에 사용된다. 산소 센서의 구비 조건은 다음과 같다.

- 이론 공연비에서 전압의 급격한 변화가 있을 것
- 배기가스 내의 산소변화에 따른 신속한 출력 전압이 변화할 것
- 농후・희박 사이의 큰 차이가 있을 것
- 배기가스의 온도 변화에 대하여 큰 차이가 있을 것

산소 센서는 사용하는 소자의 재료에 따라 산화 지르코니아(ZrO_2)를 사용하는 경우와 산화티탄(TiO_2)을 사용하는 경우의 2종류로 나누어진다. **산화 지르코니아 산소센서**는 산소농도의 차이에 따라 발생하는 기전력을 이용하고, **산화 티탄 산소센서**는 산소의 농도차이에 따라 저항 값이 변화하는 것을 측정하는 점이 다르다.

① 산화 지르코니아 산소센서

㉮ 측정 원리

산화 지르코니아 산소센서는 산화 지르코니아에 적은 양의 이트륨(yttrium, Y_2O_2)을 혼합하여 시험관 모양으로 소성한 소자의 양면에 백금을 도금하여 만든 것이다. 센서안쪽은 대기, 바깥쪽은 배기가스와 접촉하도록 되어 있다. 산화 지르코니아 소자는 낮은 온도에서 매우 저항이 크고, 전류가 통하지 않지만, 높은 온도에서 안쪽과 바깥쪽의 산소농도 차이가 크면 산소이온만 통과하여 기전력을 발생시키는 특성이 있다.

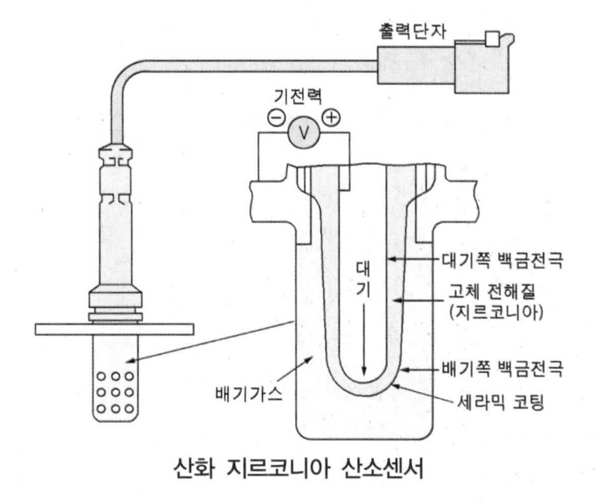

산화 지르코니아 산소센서

㉯ 출력 특성

혼합가스가 진한 경우에는 배기가스 중의 산소 농도가 적기 때문에 농도 차이가 커져 전위차이가 크고, 희박한 경우에는 배기가스 중의 산소 농도가 높으므로 농도 차이가 작아져 전위차이가 작아진다. 이러한 변화가 이론 공연비를 중심으로 나타나기 때문에 스위칭 특성이라고도 부른다. 그러나 실제의 연소과정에서는 이론 공연비를 중심으로 이러한 차이가 크지 않기 때문에 소자의 표면에 다공성의

백금을 도금하여 충분한 농도 차이가 발생하도록 한다.

② 산화 티타니아 산소센서

산화티탄 산소센서는 세라믹(ceramic) 절연체의 끝에 산화티탄(TiO_2)소자를 설치한 것이다. 또 낮은 배기가스 온도에서 산소센서의 성능을 향상시키기 위하여 백금과 로듐 촉매로 구성되어 있다. 산화티탄 산소센서는 전자 전도체인 산화티탄이 주위의 산소 분압에 대응하여 전기 저항이 변화하는 것을 이용한다. 이센서는 이론 공연비를 경계로 하여 저항 값이 급격히 변화하는 특성을 지니고 있다.

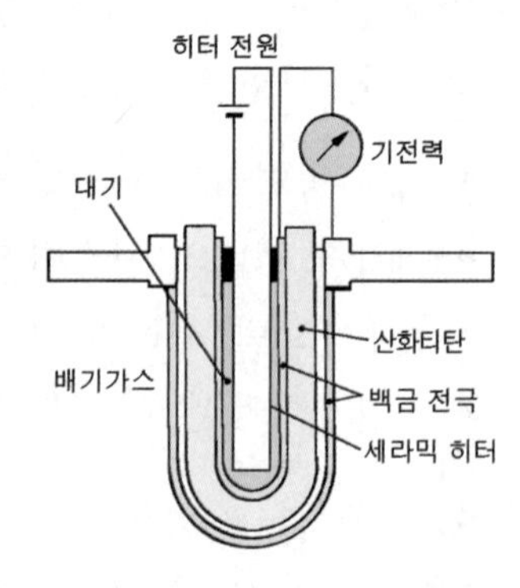

산화티탄 산소센서의 구조

③ 산소 센서 사용상 주의 사항

- 출력 전압을 측정할 때에는 반드시 디지털 멀티 테스터를 사용한다. (아날로그 멀티 테스터를 사용하면 파손되기 쉬움)
- 산소 센서의 내부 저항은 절대로 측정해서는 안 된다.
- 무연 (4에틸 납이 포함되지 않음) 가솔린을 사용할 것
- 출력 전압을 단락시켜서는 안 된다.

(3) 촉매 컨버터

① 촉매 컨버터의 기능

배기다기관 아래쪽에 설치되어 배기가스가 촉매 컨버터를 통과할 때 유해 배기가스의 성분을 낮추어 주는 장치이다.

② 촉매 컨버터의 구조

촉매 컨버터의 구조는 벌집 모양의 단면을 가진 원통형 담체(honeycomb substrate)의 표면에 백금(Pt), 팔라듐(Pd), 로듐(Rh)의 혼합물을 균일한 두께로 바른 것이다. 담체는 세라믹(Al_2O_3), 산화 실리콘(SiO_2), 산화마그네슘(MgO)을 주원료로 하여 합성한 것이며, 그 단면은 cm^2당 60개 이상의 미세한 구멍으로 되어 있다.

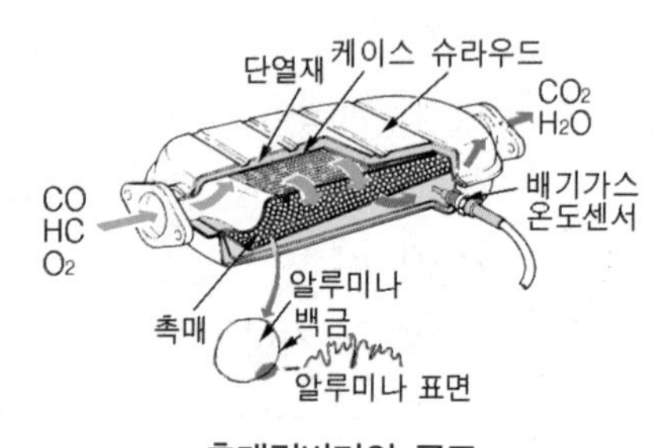

촉매컨버터의 구조

③ 촉매 컨버터의 정화율

촉매 컨버터의 정화율은 공연비와 촉매 컨버터 입구의 배기가스 온도에 관계되는데 이론

공연비 부근에서 정화율이 가장 높다. 또 배기가스 온도 320℃이상일 때 높은 정화율을 나타낸다. 공연비를 이론 공연비로 제어하기 위하여 컴퓨터가 스스로 제어할 수 있는 폐회로(closed loop)가 가장 바람직하며, 이를 실현하기 위하여 배기다기관에 산소 센서를 부착하고 있다. 그리고 촉매 컨버터는 일정 온도에 도달하여야 제 기능을 발휘하므로 기관이 정상 운전 온도가 되기 전에는 유해 배기가스를 그대로 배출시킨다.

④ 촉매 컨버터가 부착된 자동차의 사용상 주의 사항
- 반드시 무연 가솔린을 사용할 것.
- 기관의 파워 밸런스(power balance)시험은 실린더 당 10초 이내로 할 것.
- 자동차를 밀거나 끌어서 시동하지 말 것.
- 잔디, 낙엽, 카페트 등 가연성 물질 위에 주차 시키지 말 것.

2 디젤 기관의 배출가스와 대책

1. 디젤 기관의 배출가스의 성분

1.1. 탄화수소 HC

탄화수소는 혼합가스가 희박한 경우나 연소실 벽면 부근에서 연소 온도가 저하하거나 연료분사의 후적(after drop)에 의해 혼합이 불충분할 때 발생한다. 그러나 디젤 기관은 연소실 내에 연료가 분사되어 연소되므로 연소실 벽에 혼합가스의 소염층(quenching layer)이 형성되는 경우가 없으므로 불완전연소에 의해 생기는 탄화수소의 배출량은 적다.

1.2. 일산화탄소 CO

일산화탄소는 부분적인 공기 부족상태에서 연소할 때 발생하지만, 디젤 기관에서는 거의 공기가 과잉상태(공기과잉률 1.2이상)에서 연소하므로 배출량이 매우 적다.

1.3. 질소산화물 NOx

질소산화물은 높은 온도상태에서 질소와 산소가 결합하여 NO가 생성되지만, NO는 불안정하기 때문에 일부는 더욱 더 산화되어 NO_2가 된다. 이들을 총칭하여 NO_x(질소산화물)이라 한다.

1.4. 황산화물 SOx

황산화물은 연료 중의 황(S)이 산화하여 발생하는 가스이며, 주로 SO_2, SO_3가 배기가스 중에 포함된다.

1.5. 입자상물질 PM, particulate matter

입자상물질(PM)의 주성분은 연료에 기인한 흑연(그을음)이지만, 여러 가지 성분으로부터 생성되는 혼합물이다. 이 혼합물은 유기용제에 녹는지 여부에 따라서 불용분과 가용분(SOF, solvable organic fraction)으로 나눌 수 있다. 불용분은 주로 흑연과 황 화합물이며, 가용분은 연소되지 못한 연료와 연소되지 못한 기관오일 등으로 구성된다.

2. 디젤 기관 배출가스 감소대책

국제적으로 환경오염 문제를 해결하기 위하여 유해 배출 가스 규제를 단계적으로 강화·시행하고 있다. 2013년부터 디젤 기관의 배출가스 기준을 유로-6(Euro-Ⅵ)을 적용하고 있으며 질소산화물의 경우 Euro-Ⅴ 기준에서는 0.18g이었으나 Euro-Ⅵ 기준에서는 0.08g으로 강화되어 디젤 기관의 유해 배출 가스 저감을 위한 방법으로 다양한 신기술과 장치가 개발되고 있다.

Euro-Ⅵ 배출가스 규제

유로 기준	Euro-Ⅰ	Euro-Ⅱ	Euro-Ⅲ	Euro-Ⅳ	Euro-Ⅴ	Euro-Ⅵ
유럽 적용	1992	1996.10월	2000.10월	2005.10월	2008.10월	2013.1월
국내 적용			2005	2008	2011	2014
CO	2.72	1.0	0.64	0.50	0.50	0.50
NOx	-	-	0.50	0.25	0.18	0.08
PM	0.14	0.08	0.05	0.025	0.005	0.005

2.1. 기관 컴퓨터 electronic control unit

자동차에는 ECU 외에도 파워트레인 컨트롤 모듈(PCM), 변속기 컨트롤 모듈(TCM), 브레이크 컨트롤 모듈(BCM), 차체 컨트롤 모듈(VCM) 및 서스펜션 컨트롤 모듈(SCM) 등, 수많은 컨트롤 유닛이 적용되고 있다. 이렇게 유닛 단위로 종류가 확대되는 이유는 자동차의 전기·전자 시스템이 분산 아키텍처(archtecture)로 구성됐기 때문이며, 실제 요즘 자동차에 ECU가 많이 필요한 이유는 자율주행 및 첨단 운전자보조 시스템(ADAS), 텔레매틱스, 인포테인먼트 시스템 등 과거에는 볼 수 없었던 복잡 다양한 IT 기술들이 접목되는 것과 관련이 깊다.

2.2. 고압 연료펌프 high pressure fuel pump

커먼레일 방식 기관에서 고압 연료펌프의 최고압력을 1350bar에서 1600bar로 상향조정하였는데 이것은 인젝터를 통하여 연소실로 분사되는 연료의 안개화와 관통력을 향상시켜 기관 출력향상 및 유해배출 가스를 줄이기 위함이다.

2.3. 인젝터 injector

기존의 커먼레일 방식 기관에서 사용하던 그레이드(grade)화 또는 클래스(class)화 인젝터에서 IQA(injection quantity adaptation)가 적용된 인젝터를 사용한다. IQA 인젝터는 초기생산 신품의 인젝터를 전부하, 부분부하, 공전상태, 파일럿 분사구간 등 전체 운전영역에서 분사된 연료량을 측정하여 이것을 데이터베이스(date base)화 한 것이다. 이것을 생산계통에서 데이터베이스의 정보를 기관 컴퓨터에 저장하여 인젝터 별 분사시간 보정 및 실린더 사이의 연료분사량 오차를 감소시킬 수 있도록 한 것이다.

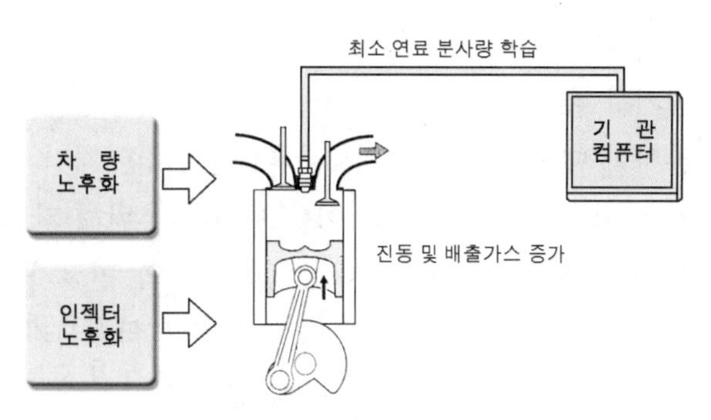

최소 연료분사량 보정기능

자동차의 노후화 또는 인젝터의 노후화로 인하여 실린더 내의 연소특성이 변화하면 기관에서 이상 진동이 발생하고 유해 배출가스의 배출량도 증가한다. 이와 같은 문제점을 해결하기 위해 최소 연료분사량 학습을 실시한다. 최소 연료분사량 보정기능은 ZFC(zero fuel quantity correction)이라 하며, ZFC는 인젝터마다 무효 분사시간을 기관 컴퓨터가 찾도록 하기 위한 것이다.

2.4. 연료압력 제어방식

기존의 전자제어 연료분사 장치에서는 커먼레일에 연료압력 제어밸브는 입구제어방식인 유입계측 밸브(inlet metering valve, 고압 연료펌프 입구에 설치)를 사용하거나 또는 출구 제어방식인 연료압력 제어밸브(커먼레일에 설치)를 장치에 따라 1개만 채택하여 사용하였으나 연료압력의 정밀한 제어를 위해 2가지를 동시에 작동시키는 입·출구 제어방식을 사용하여 기관의 운전 상태에 따라 신속하고 정밀하게 연료압력을 제어할 수 있도록 하고 있다. 2개의 밸브는 항상 함께 작용하는 것이 아니라 기관 작동상태에 따라서 다르다. 기관을 시동할 때에는 커먼레일 쪽의 연료압력 조절밸

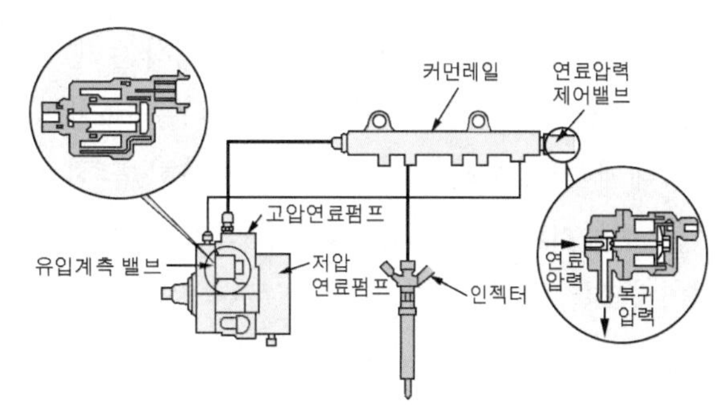

2중 연료압력 제어장치의 구조

브(출구제어)만을 제어하며, 저속·저부하 영역에서는 2개의 밸브를 모두 제어한다. 그리고 고속·고부하 영역에서는 고압 연료펌프 쪽의 유입계측 밸브(입구제어)만을 제어한다.

2.5. 가변 와류밸브

디젤기관 작동 중 낮은 부하 운전영역에서는 피스톤 작동 속도가 느려 연소실로 공급되는 공기를 흡입하는 힘이 적어 공기가 흡입 구멍을 통과하는 속도가 낮아진다. 이럴경우 연료를 분사할 때 공기와 연료의 혼합이 잘 이루어지지 않아 불완전한 연소가 일어나 유해 배출가스가 다량 발생할 수 있다. 이를 보완하기 위해 가변 와류밸브를 설치하여 연소실에서 강한 와류를 발생시켜 연료를 분사할 때 공기와 연료가 잘 혼합되도록 하여 매연 발생을 현저하게 줄이며, 배기가스 재순환(EGR) 영역을 확대시켜 질소산화물의 배출도 감소하도록 한다. 즉, 가변 와류밸브를 흡기다기관에 설치하여 기관 부하에 따라 낮은 부하 운전영역에서는 한쪽 밸브를 닫아 흡입공기의 흐름속도를 빠르게 하고, 높은 부하 운전영역에서는 밸브를 모두 열어 흡입공기량을 증가시킨다. 이로 인해 기관의 출력 향상 및 유해 배출가스를 줄일 수 있다.

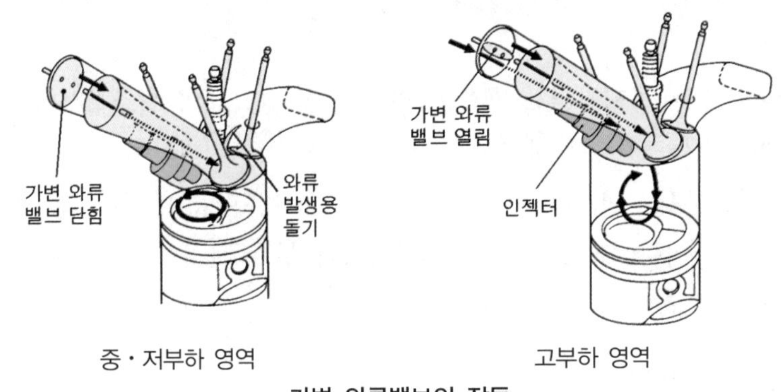

가변 와류밸브의 작동

흡기다기관에 가변 와류밸브를 개폐하는 밸브구동 전동기(가변와류 액추에이터)를 설치하고, 흡기다기관의 흡입구멍을 둘로 나누어 한쪽 통로는 완전히 개방시키고, 한쪽 통로는 운전상태에 맞게 완전히 열리거나 완전히 닫히는 구조를 만든다. 저속 운전영역에서는 밸브구동 전동기가 가변 와류밸브를 닫아 공기의 흐름 속도를 빠르게 하여 연소실에서 와류가 일어나도록 하고, 반대로 고속 운전영역에서는 흡입되는 공기의 흐름 속도가 빠르기 때문에 흡입 구멍의 통로를 넓혀 흡입 효율을 높게 하여 유해 배출가스를 줄인다.

2.6. 공기제어 밸브 air control valve

공기제어 밸브는 디젤기관에서 가동을 정지할 때 실린더로 유입되는 공기를 차단하여 디젤링(dieseling) 현상을 방지하기 위한 스로틀 플랩 기능과 정확한 배기가스 재순환 제어를 위한 것으로 배기가스가 재순환 될 때 공기제어 밸브를 작동시켜 흡입공기량을 제어한다.

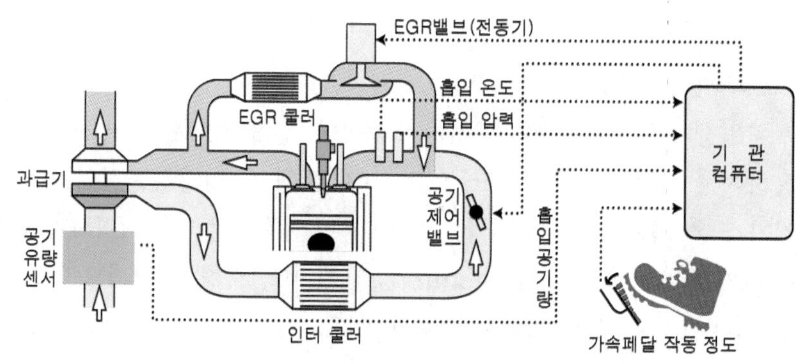

배기가스 재순환 제어를 위한 흡입공기량 제어

배기가스 재순환은 배기가스와 흡입공기의 압력 차이에 의해서 실린더로 유입되는데 만약 배기가스 쪽의 압력이 흡입공기 쪽과 같거나 낮으면 목표한 양의 배기가스가 흡기다기관으로 들어오지 못한다. 이때 기관 컴퓨터가 공기 조절밸브를 작동시켜 흡입공기량을 강제로 감소시키면 배기가스와 흡입공기의 압력차이가 발생하면서 배기가스가 흡기다기관으로 들어온다. 이러한 제어를 통해 기관 컴퓨터에서목표한 양의 배기가스를 정확하게 실린더로 다시 유입시켜 질소산화물을 억제한다.

2.7. 배기가스 재순환 정밀제어

배기가스 재순환 제어를 기존의 방식과는 다르게 공기유량 센서에 의한 피드백 제어뿐만 아니라 공기 조절밸브와 광역 산소센서를 사용하여 연료분사량 제어를 통한 정밀한 제어를 실행한다. 또 정확한 배기가스 재순환을 제어하기 위해 전자제어 배기가스 재순환 밸브와 수냉식 배기가스 재순환 밸브 냉각기를 사용하여 기관의 출력 및 배기가스 감소 효과를 극대화 한다.

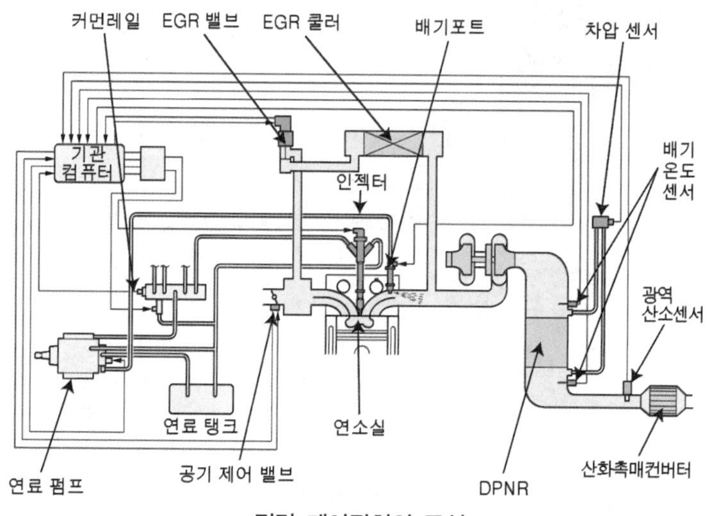

정밀 제어장치의 구성

2.8. 배기가스 후처리장치 CPF, catalyzed particulate filter

(1) 배기가스 후처리장치의 개요

배기가스 후처리장치란 디젤기관의 배기가스 중 입자상물질(PM, particulate matters)을 여과기를 이용하여 물리적으로 포집하고, 일정 거리 주행 후 입자상물질의 발화온도(550℃) 이상으로 배기가스 온도를 높여 연소시키는 장치이다. 입자상물질을 제거하기 위한 배기가스 후처리장치는 DPF(diesel particulate filter, 디젤 미립자형 여과기), CDPF(catalyzed diesel particulate filter, 디젤 미립자형 촉매 여과기), 또는 CPF(catalyzed particulate filter, 미립자형 촉매 여과기) 등으로 부르는데 디젤 배기가스 후처리장치라는 의미로 모두 CPF로 부른다.

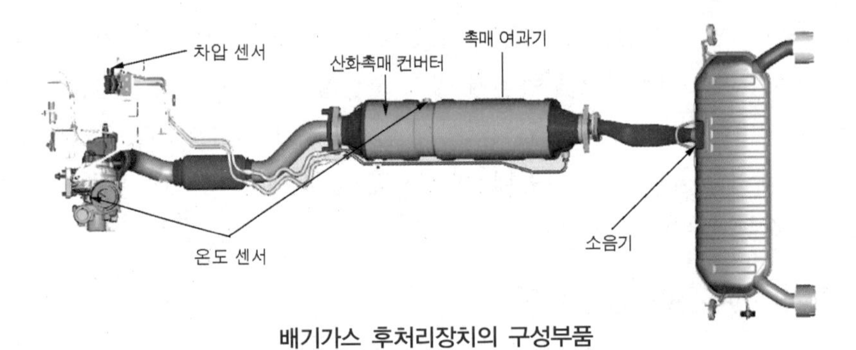

배기가스 후처리장치의 구성부품

CPF는 디젤기관에서 배출되는 입자상물질을 여과기로 포집한 후 이것을 연소(재생-여과기에 쌓여있는 입자상물질을 높은 온도의 배기가스를 이용하여 태우는 기능)시키고, 다시 포집하기를 반복한다.

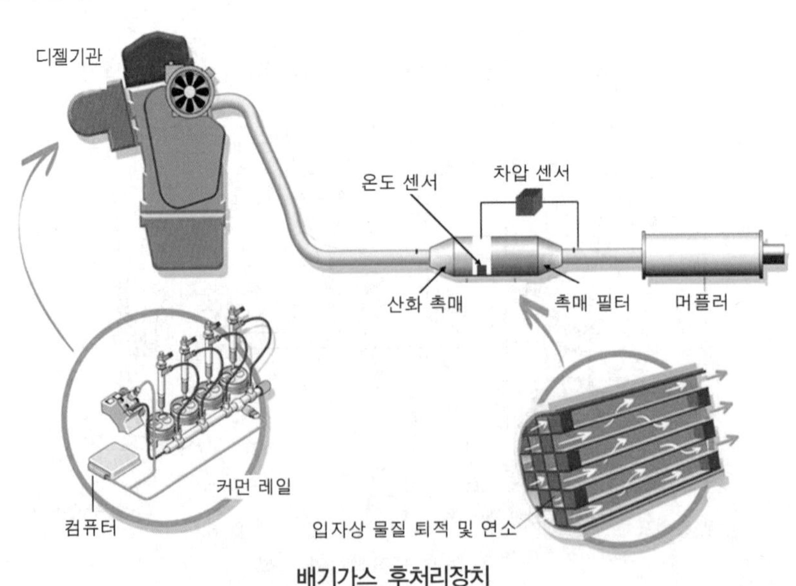

배기가스 후처리장치

배기가스 후처리장치는 매연감소 성능 면에서는 우수하지만 입자상물질이 포집됨에 따라 기관에 배압이 형성되기 때문에 출력과 연료소비율이 떨어지는 결점이 있다. 배기가스 후처리 장치는 크게 입자상물질 포집(trapping)과 재생(regeneration)으로 분류되며, 구성은 여과기, 재생장치, 제어장치 등 3부분으로 되어 있다. 현재 사용 중인 재생 방법에는 스캐너를 이용한 수동재생 방법과 일정 주행거리를 운행한 후 컴퓨터에서 실행하는 운행 거리에 따른 재생, 운행 중 연소온도가 상승하면 자동적으로 실행되는 CRT(continuous regeneration trap) 촉매재생 등의 방법이 있다. 배기가스 후처리장치의 구성은 CPF(촉매 여과기), DOC(산화촉매 컨버터), 차압센서, 온도센서 등으로 되어 있다. CPF는 입자상물질의 포집과 연소(재생)이며, DOC는 주로 탄화수소와 일산화탄소를 감소시키며, 입자상물질은 일부만 감소시킨다. 차압센서는 배기가스 후처리장치의 입구와 출구압력을 비교하여 재생 필요여부를 판단한다. 그리고 온도센서는 재생에 필요한 발열온도를 피드백(feedback) 한다.

(2) 배기가스 후처리 과정

① 입자상물질(PM) 포집단계

㉮ 입자상물질 퇴적

운행 중 배출되는 입자상물질을 여과기를 이용하여 물리적으로 포집하는 단계이며, 배기가스 성분 중 탄소입자가 여과기에서 여과되고 나머지는 통과하여 배출된다. 입자상물질은 배기가스의 온도가 500℃ 이상에서는 그을음(dry soot) 상태이며, 500℃이하에서 발생하는 물질이 입자상물질과 흡착되는데 이것은 미연소탄화수소, 산화탄화수소 등으로 구성되어 있어 이러한 요소들을 여과하기 위하여 여과기에서 포집한다.

㉯ 여과기 filter

배기가스 후처리장치는 세라믹 여과기를 사용하며, 내부에는 사각형 모양의 통로가 벌집 모양으로 배열되어 있고 채널 입구와 출구가 교대로 막혀 있다. 채널입구로 들어온 배기가스는 채널출구가 막혀 있기 때문에 구멍이 많은 벽을 통과하여 옆 채널출구로 빠져나가게 되는데, 이때 입자상물질은 채널에 남아 포집된다. 여과기는 포집효율이 높고, 높은 온도에 잘 견디며, 공간 활용성능이 좋고, 입자상물질 감소율이 85%이상으로 매우 좋은 장점이 있다. 그러나 불균일한 열응력에 의해 파손될 수 있고, 배압이 걸리기 때문에 기관 성능에 나쁜 영향을 줄 수 있다.

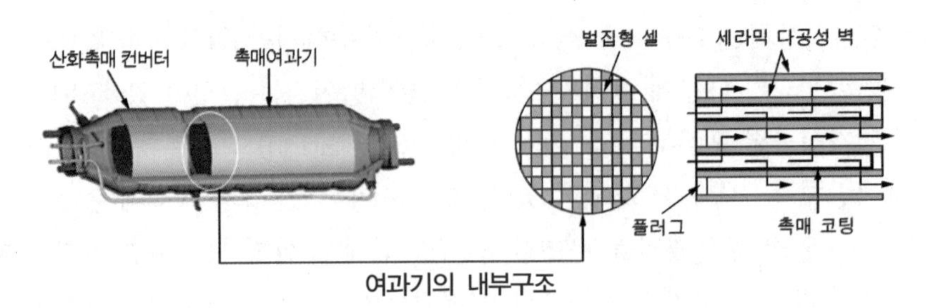

여과기의 내부구조

② 재생 시기 판단

㉮ CPF 압력 차이를 이용한 입자상물질 양 계측

여과기 내에 포집된 입자상물질의 양이 많아지면 배압이 걸려 기관 성능이 떨어진다. 따라서 일정량 이상의 입자상물질이 포집된 경우에는 이를 연소시켜야 하는데 입자상물질이 포집된 양을 직접계측하기가 어렵다. 이를 위해 차압센서(differential pressure sensor)를 여과기 앞뒤에 설치하고 여기서 발생한 압력 차이에 의해 입자상물질의 포집된 양을 검출한다. 입자상물질의 포집된 양이 많을수록 입구와 출구의 압력 차이가 커지기 때문에 컴퓨터에서는 이에 따른 재생 시기를 판단할 수 있다.

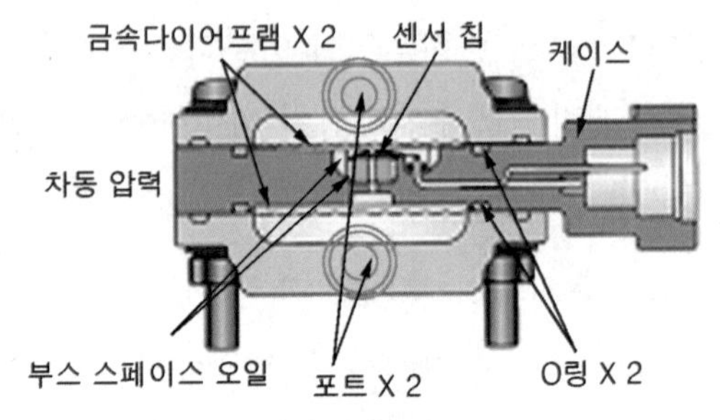

차압센서

㉯ 주행 거리에 따른 재생 시기

고속주행을 주로 하는 자동차의 경우에는 배기가스 온도가 높기 때문에 입자상물질 포집에 의한 기관 성능저하를 염려하지 않아도 된다. 그러나 짧은 거리나 저속 운행을 주로 하는 자동차의 경우에는 배기가스 온도가 충분히 상승되지 않기 때문에 일정거리를 주행한 후에도 입자상물질이 여과기 내에 쌓여있어 기관에 나쁜 영향을 줄 수 있다. 따라서 운전조건에 관계없이 일정한 주행거리를 운행한 후 재생하도록 하고 있다. 즉 차압센서의 신호에 따라 재생 시기를 판단 하고 재생을 결정하지만 만약 1,000km를 주행하여도 차압이 형성되지 않으면 주행거리 기준에 따른 재생이 이루어진다. 이것은 압력 차이를 보완하기 위한 기능이며, 재생 후에는 다시 1,000km를 산정한다.

㉰ 시뮬레이션(simulation)을 통한 입자상물질 포집량 예측

기관의 저속 운전영역에서는 입자상물질의 발생량이 많으나 고속 운전영역으로 긴 시간 운행할 경우에는 발생량이 작다. 또 연료분사량, 배기가스 온도 등에 따라서도 입자상물질의 발생량은 각각 달라진다. 이렇게 여러 가지 기관의 운전조건에

따라 발생하는 입자상물질의 양을 예측할 수 있는데 이것을 시뮬레이션 방법이라 한다. 예를들어 기관 회전속도가 800rpm이며, 공회전 상태로 1시간 정도 정차한 자동차에서 발생되는 입자상물질의 양이 10g이였다고 하면, 같은 자동차로 고속도로를 정속주행 상태에서 1시간 정도 운행하였을 때에는 배기가스의 온도가 높기 때문에 연소되는 입자상물질의 양이 많아진다. 10g을 연소하는데 걸리는 시간이 30분이라고 가정하면 입자상물질의 양은 0g이 된다. 이러한 방법을 이용하여 기관의 각 운전영역별로 발생한 입자상물질의 양과 연소되는 입자상물질의 양을 시뮬레이션 한 후 컴퓨터에 그 데이터를 입력시켜두면 컴퓨터에서는 남아있는 입자상물질이 얼마인지를 계산할 수 있다. 이 방법은 차압센서를 이용한 재생 시기 판단을 보완하기 위하여 사용한다.

③ 재생 regeneration

입자상 물질의 재생 시기를 정확하게 판단하는 것은 배기가스 후처리장치의 내구성에도 큰 비중을 차지하지만 기관의 성능에도 직접적인 영향을 주기 때문에 앞에서 설명한 방법 중 어느 한 가지라도 재생조건을 만족하면 컴퓨터는 재생모드로 진입한다.

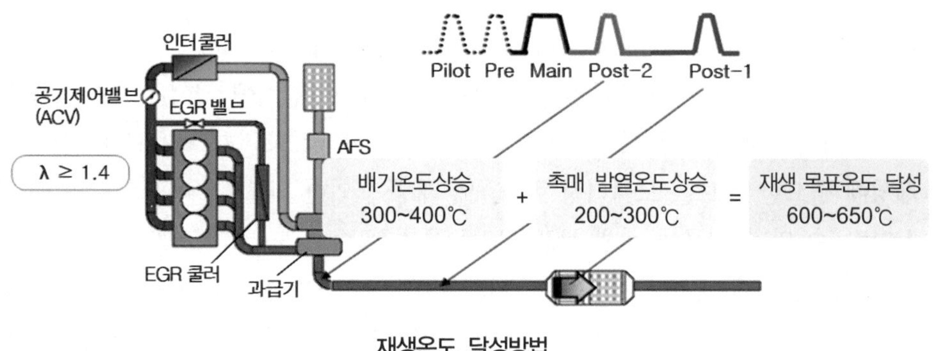

재생온도 달성방법

포집된 입자상물질은 가능한 한 빠른 시간 내에 연소시켜 여과기가 다시 입자상물질을 포집할 수 있도록 하는 재생과정을 지니며, 이때 재생에 의해 여과기가 과열되어 파손되지 않도록 하는 제어가 중요하다. 재생과정은 촉매 활성화온도(light-off), 공급되는 산소농도, 산소량, 입자상물질의 포집량에 따라 적절하게 조절되어야 한다. 재생방법은 입자상물질을 그을음 점화온도인 550~600℃까지 가열하여 연소시키는 것인데 이를 위해 기관 관련인자들을 제어하여 재생온도에 도달하도록 한다.

(3) 배기가스 후처리장치의 구성부품

① 차압센서 differential pressure sensor

차압센서는 배기가스 후처리장치의 재생 시기를 판단하기 위한 입자상물질 포집량을 예측하기 위해 여과기 앞뒤의 압력 차이를 검출한다. 여과기 앞뒤에 각각 1개씩의 센서를 설치한 것이 아니라 1개의 센서를 이용하여 2개의 파이프에서 발생하는 압력 차이를 검출하여 컴퓨터로 입력시킨다. 그리고 입구와 출구의 압력 차이가 20~30kPa(200~300bar)이상 되면 재생모드로 진입한다.

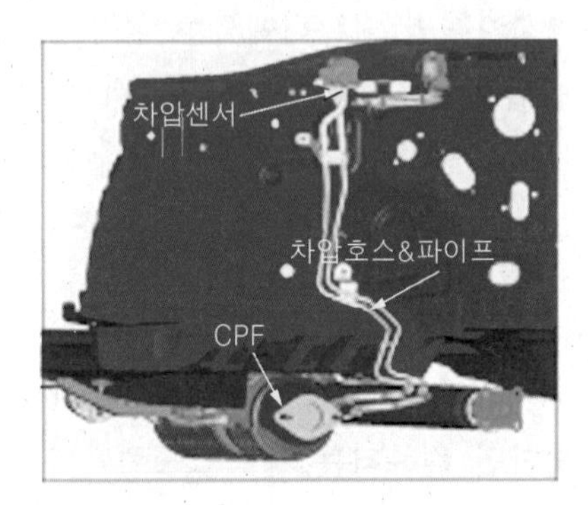

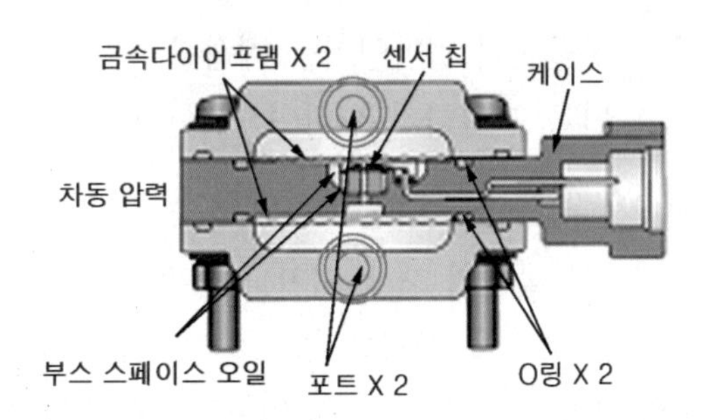

차압센서의 내부구조

② 배기가스 온도 센서 exhaust gas temperature sensor

배기가스 온도센서는 배기다기관과 배기가스 후처리장치에 각각 1개씩 설치되어 있다. 배기가스 후처리장치를 재생할 때 촉매에 설치된 배기가스 온도센서를 이용하여 재생에 필요한 온도를 모니터링 한다. 또 재생에 의한 과도한 온도상승은 여과기를 손상시킬 수 있기 때문에 재생 목표온도를 유지할 수 있도록 피드백 해 준다. 배기다기관에 설치된 온도센서는 가변용량 과급기(VGT)를 보호하기 위한 것이며, 가변용량 과급기의 내부온도가 850℃이상으로 상승하면 내구성에 문제가 발생하기 때문에 이를 제한하기 위하여 설치한다. 배기가스 후처리장치는 기관과 배기장치, 촉매 등의 온도를 상승시켜 입자상물질을 연소시키는 장치이므로 온도상승에 따른 관련부품의 손상을 방지하고 정확한 온도를 검출하기 위하여 2개를 설치한다.

③ 디젤 산화촉매 (DOC, diesel oxidation catalyst)

산화촉매는 백금(Pt), 팔라듐(Pd) 등의 촉매효과를 이용하여 배기가스 중의 산소를 이용하여 일산화탄소와 탄화수소를 산화시켜 제거하는 작용을 한다. 그러나 디젤기관에서는 일산화탄소와 탄화수소의 배출은 그다지 문제가 되지 않으나 다만, 산화촉매에 의해 입자상물질의 구성성분인 탄화수소를 감소시키면 입자상물질을 10~20% 정도 감소시킬 수 있다. 배기가스 후처리장치에서 디젤 산화촉매의 기능은 중요하다.

2.9. 질소산화물 후처리장치

(1) 선택적 환원촉매 SCR, selective catalystic reduction

선택적 촉매환원장치는 배기가스 내 질소산화물(NOx)을 저감하는 장치이며, 요소수를 배기관에 분사하여 화학반응에 의해 암모니아(NH_3)와 질소산화물(NOx)의 산화반응을 통해 환경과 인체에 무해한 질소와 물로 변환시키는 장치이다.

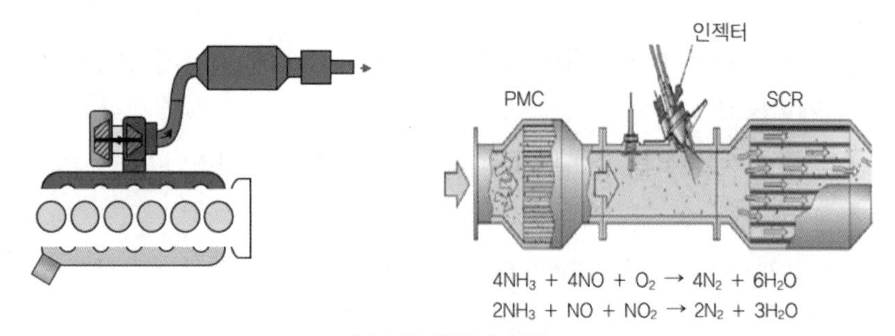

SCR의 구성과 작동

SCR의 작동은 배기가스 온도가 210℃ 이상일 때 DCU에서 도징모듈의 우래아 인젝터를 이용하여 요소 수용액을 배기관에 분사하면 촉매에 요소 수용액의 암모니아가 고온에서 질소산화물(NOx)이 반응하여 질소와 물로 변환시켜 배기로 배출한다. 그리고 우래아의 빙결을 막기 위하여 우래아 온도가 -5℃ 이하일 때에는 우래아는 분사하지 않으며 이를 막기 위해 우래아 탱크에 별도의 히팅장치를 구성하고 있다. 탱크의 온도가 -5℃ 이하로 떨어지면 히터가 작동하고 온도가 10℃ 이상이 되면 작동을 멈추도록 되어 있다.

(2) SCR의 구성

SCR은 제어장치, 저장탱크, 펌프모듈, 분사장치, 촉매장치, 표시장치로 구성되어 있다.

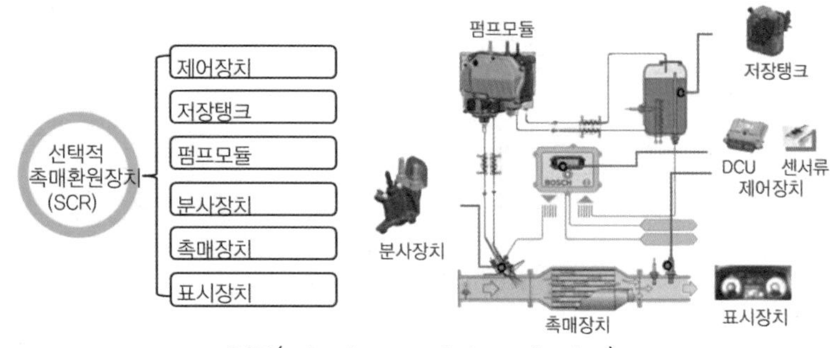

SCR(selective catalytic reduction)

① 제어장치 : 각종 센서 신호와 엔진 ECU와 CAN 통신을 통해 요소수인 우래아(urea)의 분사량 및 분사시기를 제어하는 DCU(dozing control unit)와 우래아 분사제어를 위해 촉매 전·후단 온도를 모니터링하는 온도센서, SCR의 작동 결과인 질소산화물

배출량을 모니터링하기 위해 촉매 후단에 질소산화물 배출량 센서 등 각종 센서류를 제어하도록 구성되어 있다.

② 저장탱크 : 요소수 저장탱크로의 용량으로 되어 있으며 요소수의 보충시기를 알 수 있는 레벨센서와 겨울철 요소수 빙결을 막기 위한 히터와 온도센서가 구성되어 있다.

③ 펌프모듈 : 요소수 탱크로부터 요소수를 펌핑하여 분사장치(dosing module)로 요소수를 공급한다.

④ 분사장치 : 배기관에 분무형태로 요소수를 배기관 촉매 전단에 분무형태로 분사하는 우레아 인젝터이다.

⑤ 촉매장치 : 요소수의 성분 중 암모니아를 환원 반응시켜 질소와 물로 분리하여 무해한 배출가스를 배출할 수 있도록 한다.

⑥ 표시장치 : 표시장치는 클러스터에 우레아 레벨게이지를 표시하고 우레아 잔량 부족량인 10% 이하일 때 파란색 주유기를 표시하여 운전자에게 우래아를 보충하도록 한다.

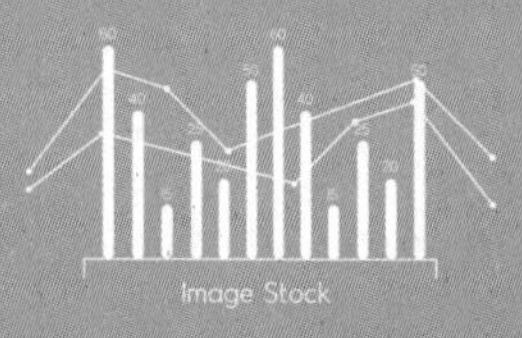

PART 03
자동차 섀시

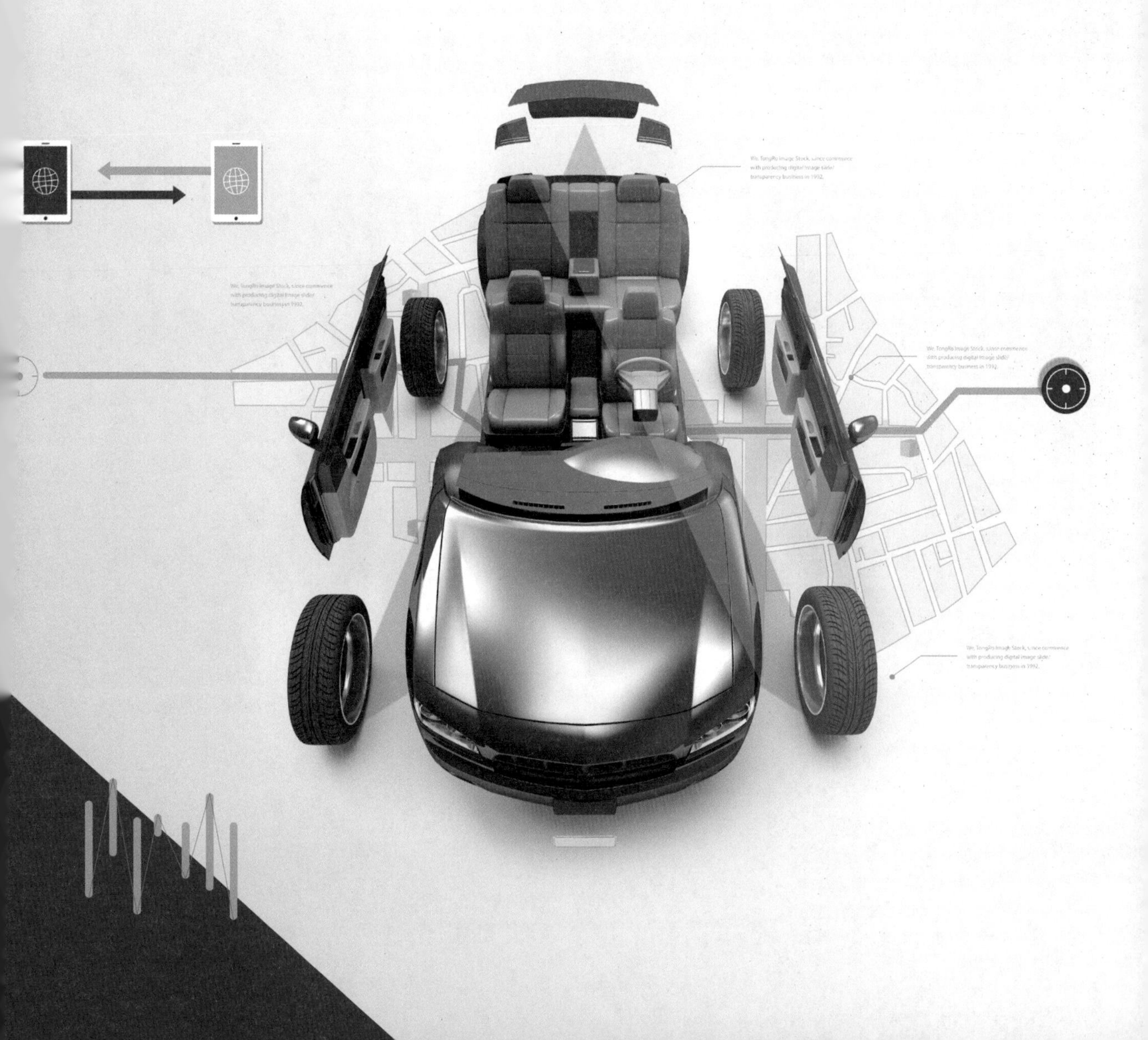

CHAPTER 01

섀시 일반

1 자동차의 구성

자동차의 구성요소는 아래와 같이 차체(body)와 섀시(chassis)로 구분된다.

자동차의 구성요소

차 체 (body)	섀 시 (chassis)					
	동력발생장치	동력전달장치	조향장치	현가장치	제동장치	휠·타이어 / 프레임
객실 적재함	기관 윤활장치 냉각장치 흡기·배기장치 시동·점화장치 충전장치 배기·정화장치 연료장치	클러치 변속기 추진축 종감속장치 차동기어장치 차축	조향기어 조향축 조향링크 조향핸들	쇽업소버 판스프링 코일스프링	핸드브레이크 풋브레이크 디스크·드럼브 레이크	

1. 차체의 구성

차체는 사람이 승차할 수 있는 객실과 화물을 적재할 수 있는 적재함으로 구성되며, 차체를 지지해주는 섀시의 구성요소 중 하나인 프레임(frame) 위에 설치된다.

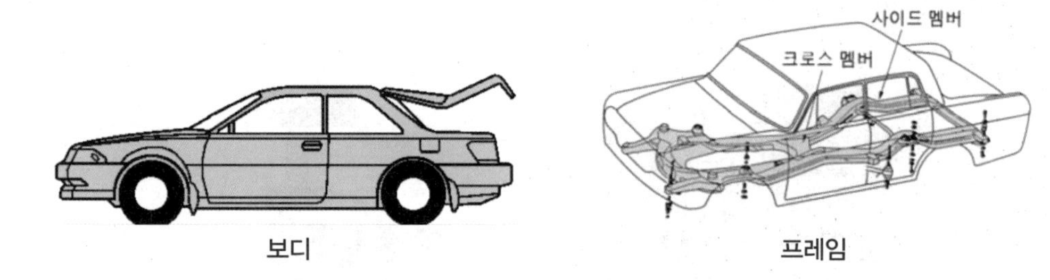

보디　　　　프레임

2 섀시의 구성

섀시란 자동차 구성요소에서 차체를 제외한 나머지 부분을 말하며, 프레임을 포함한 섀시의 구성은 다음과 같다.

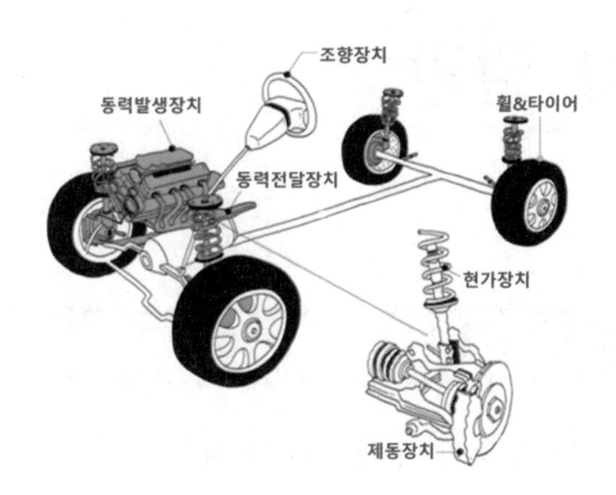

섀시 구성요소

1. 동력 발생 장치

흔히 기관(engine)이라고 하는 동력발생장치는 자동차가 주행하는데 필요한 동력을 생성시키는 장치로서 기관 본체와 부속장치로 구성되어 있다. 자동차용으로 사용되는 기관 본체에는 가솔린기관(gasoline engine), 디젤기관(diesel engine), 가스기관(LPG, LNG, CNG 등), 로터리기관(rotary engine) 등이 있으며, 승용차에는 가솔린기관을, 트럭이나 버스와 같은 상용차에는 디젤기관을 주로 사용하고 있다. 또한 기관에 관련된 부속장치로는 연료장치, 냉각장치, 윤활장치, 흡・배기장치, 시동 및 점화장치, 배기정화장치 등이 있다.

2. 동력 발생 이외의 장치

1.1. 동력 전달 장치

기관에서 발생된 동력을 요구 부하조건에 맞게 구동바퀴까지 전달하는 일련의 장치를 말하며, 기관의 설치 위치와 구동바퀴(drive wheel) 위치 선택에 따라 구성이 조금씩 다르다.

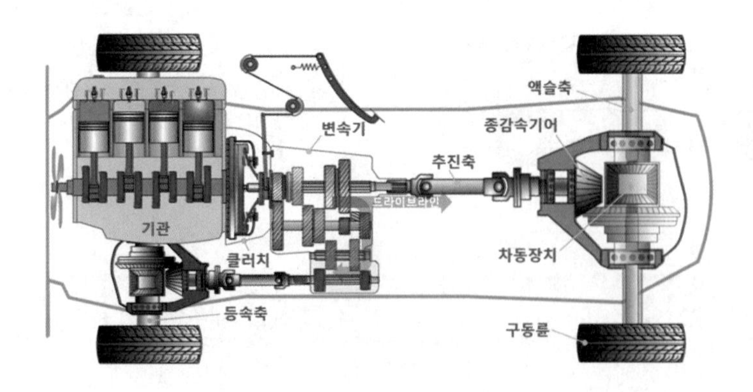

동력전달장치의 구성 (4WD 방식) 〈출처 : 강주원 그림 수정〉

(1) 클러치 clutch

기관의 동력을 변속기 쪽으로 단속하여 원활한 시동 및 변속이 이루어질 수 있도록 하는 장치이다.

(2) 변속기 transmission

클러치로부터 입력되는 동력을 자동차의 주행속도에 맞춰 변속을 시켜주는 장치이다.

(3) 드라이브라인 drive line

변속기에서 출력되는 동력을 종감속 장치(후륜구동차량의 경우)로 전달하기 위하여 길이의 변화와 각도의 변화를 흡수하는 장치이다.

(4) 종감속 기어 final reduction gear

드라이브라인(후륜구동차량의 경우) 또는 변속기 출력축(전륜구동차량의 경우)으로부터 전달받은 동력을 최종적으로 감속하여 직각 방향의 액슬축 또는 구동축으로 동력을 전달하는 장치이다.

(5) 차동기어 differential gear

자동차의 방향 선회 시 좌우 바퀴의 회전수 차이를 두어 원활한 회전이 이루어지도록 하는 장치이며, 종감속기어 내에 자리 잡고 있다.

(6) 차축 axle

종감속 장치의 동력을 구동바퀴에 전달하는 장치이다.

(7) 타이어와 휠 wheel

최종적으로 동력을 받아 자동차를 전진 또는 후진 이동하는 장치이다.

1.2. 조향 장치

조향장치는 자동차의 진행방향을 운전자의 의지에 따라 임의로 방향을 바꾸어 주는 장치로 조향핸들(steering wheel)에 가한 힘은 조향축(steering shaft), 조향기어(steering gear), 조향링크(steering linkage)를 거쳐서 바퀴로 전달된다.

1.3. 현가 장치

현가장치는 자동차가 주행 중 바퀴를 통하여 노면으로부터 전달되는 진동이나 충격을 흡수하기 위하여 차체(또는 프레임)와 차축 사이에 완충 기구를 설치한 장치로서 쇽업소버(shock absorber), 코일스프링(coil spring), 판스프링(leaf spring) 등으로 구성되어 있다. 자동차의 승차감의 양・부는 현가장치의 성능에 따라 크게 좌우되며 충격에 의한 자동차 각 부분의 변형이나 손상을 방지할 수 있다.

1.4. 제동 장치

제동장치는 주행 중인 자동차를 감속 또는 정지시키거나 정지된 상태를 계속 유지하기 위한 장치로서 자동차의 운동에너지를 마찰력을 이용하여 열에너지로 변환시켜 공기 중으로 발산시킴으로써 제동 작용을 하는 마찰 방식의 브레이크를 주로 사용한다.

1.5. 휠 및 타이어

휠과 타이어는 자동차가 진행하기 위한 구름 운동을 유지하고, 구동력과 제동력을 전달하며, 노면으로부터 발행되는 충격을 흡수하는 역할을 한다. 또한, 자동차의 하중을 부담하며, 양호한 조향성과 안정성을 유지하도록 한다.

1.6. 보조 장치

앞에서 설명한 장치 외에 자동차의 안전 운행을 위하여 조명이나 신호를 위한 등화장치(lamp system), 기관의 운전 상태나 차량의 주행속도를 운전자에게 알려주는 계기판(instrument panel), 경음기, 윈드 실드 와이퍼, 편의시스템 등이 있다.

2 자동차의 구동 방식

자동차의 동력은 기관에서 발생한 회전력을 동력전달장치를 통하여 구동 바퀴로 전달된다. 이에 따른 구동 방식에는 앞 기관 뒷바퀴 구동 방식(FR, front engine rear wheel drive type), 앞 기관 앞바퀴 구동 방식(FF, front engine front wheel drive type), 뒤 기관 뒷바퀴 구동 방식(RR, rear engine rear wheel drive type), 4륜 구동 방식(4WD, four wheel drive type) 등이 있다.

자동차 구동 방식 〈출처 : 블로그 그림 수정〉

1. 앞 엔진 앞바퀴 구동 방식 (FF)

앞 엔진 앞바퀴 구동 방식은 엔진과 동력전달 장치 일체를 앞쪽에 두고 있는 것이며, 앞바퀴가 구동바퀴와 조향바퀴로 작용한다. 변속기와 종감속 기어 및 차동장치를 복합한 트랜스 액슬(trans axle)을 두고 있다. 앞 엔진 앞바퀴 구동 방식의 특징은 다음과 같다.

① 기관과 구동바퀴가지의 동력전달 거리가 짧아 동력 손실이 적다.
② 적재 상태에서 앞·뒷바퀴의 하중분포가 비교적 균일하다.
③ 선회 및 미끄러운 도로면에서 주행 안정성이 크다.
④ 뒷차축의 구조가 간단하며, 실내 공간이 넓다.
⑤ 앞차축의 구조가 복잡하며, 앞바퀴에 가해지는 하중이 커 조향핸들 조작력이 커야 한다.
⑥ 고속에서 선회할 때 언더 스티어링(under steering)이 발생한다.

2. 앞 엔진 뒷바퀴 구동 방식 (FR)

앞 엔진 뒷바퀴 구동 방식은 자동차의 앞부분에 엔진, 클러치, 변속기 등을두고, 뒷부분에 종감속기어 및 차동장치, 차축, 구동바퀴를 두고 그 사이를 드라이브 라인으로 연결한 것이다. 앞 엔진 뒷바퀴 구동 방식의 특징은 다음과 같다.

① 앞차축의 구조가 간단하며, 적재 상태에 따른 축하중의 편차가 적다.
② 냉각수 순환경로와 난방용 공기의 경로가 짧아 난방이 빠르다.
③ 기관동력을 뒷바퀴로 전달하기 위한 추진축이 있어 실내공간이 좁아진다.
④ 비, 눈길에 취약하고 특히 빙판길에서는 공차상태에서의 등판능력이 떨어진다.

3. 뒤 엔진 뒷바퀴 구동 방식 (RR)

뒤 엔진 뒷바퀴 구동 방식은 엔진과 동력전달 장치 일체를 뒤쪽에 둔 형식이며, 뒷바퀴로 구동한다. 뒤 엔진 뒷바퀴 구동 방식의 특징은 다음과 같다.

① 실내 공간을 가장 넓게 확보할 수 있다.
② 앞차축의 구조가 간단하며, 동력전달 경로가 짧다.
③ 언덕길 및 미끄러운 도로면에서 출발이 쉽다.
④ 엔진 냉각이 불리하며, 변속제어 기구의 길이가 길어진다.
⑤ 무게의 불균형으로 인해 고속에서 선회 시 오버 스티어링(over steering)이 발생한다.

4. 4바퀴 구동 방식 (4WD)

4바퀴 구동 방식은 엔진의 회전력을 4바퀴에 모두 전달하여 구동하는 것이며, 앞·뒷바퀴로 동력을 분배하기 위한 트랜스퍼 케이스(transfer case)를 두고 있다.

① 구동력이 강하고 등판능력이 우수하다.
② 기관의 동력을 앞·뒤 모든 차축에 전달하기 위한 트랜스퍼 기구가 있다.
③ 구조적으로 동역전달 계총이 복잡하여 연료소비율이 크다.
④ 별도의 트랜스퍼 기구가 필요하므로 구조가 복잡하다.
⑤ 고장 수리가 비교적 어렵고 고가이다.

동력 전달 장치

동력 전달 장치의 구성은 클러치, 변속기, 드라이브라인, 종감속기어, 차동장치, 차축 및 구동륜 등으로 되어 있다.

1 클러치

클러치는 기관과 수동변속기 사이에 부착되어 있으며(기관 플라이휠 뒷면에 부착되어 있다), 동력전달 장치로 전달되는 기관의 동력을 연결하거나 차단하는 장치이다.

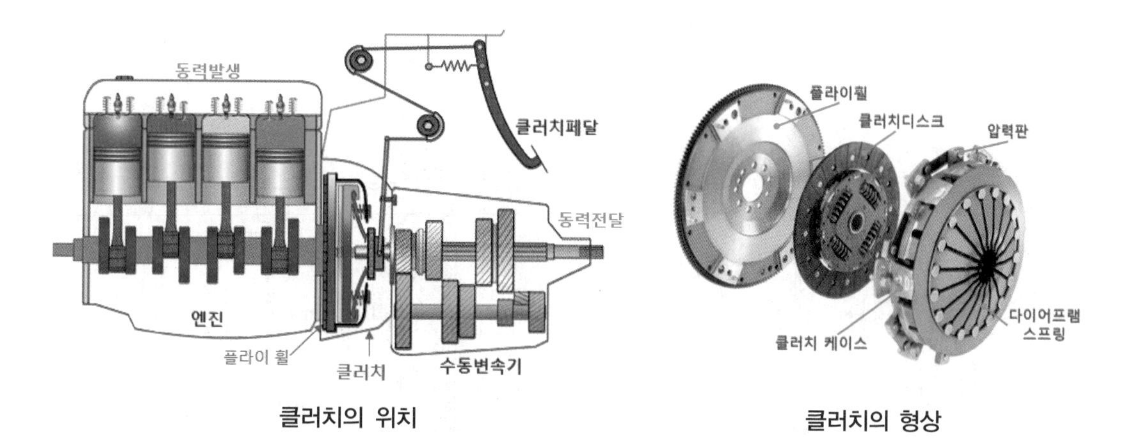

클러치의 위치 클러치의 형상

1. 클러치의 필요성과 구비조건

1.1. 클러치의 필요성

① 수동변속기 차량의 기관을 시동하기 위하여 무부하 상태로 할 때
②수동변속기의 기어를 변속하기 위하여 기관의 동력을 일시 차단할 때
③ 관성 운전을 할 때

1.2. 클러치의 구비조건

① 회전 관성이 적어야 한다.
② 회전 부분의 평형이 좋아야 한다.

③ 구조가 간단하고 고장이 적어야 한다.
④ 냉각이 잘 되어 과열되지 않아야 한다.
⑤ 단속 작용이 확실하며, 조작이 쉬워야 한다.

2. 단판 클러치의 작동 single plate clutch

2.1. 기관의 동력을 차단할 때 – 클러치 페달 밟음

클러치 페달을 밟으면 릴리스 베어링이 다이어프램 스프링(또는 릴리스 레버)을 밀게 되므로 압력판이 뒤쪽으로 이동한다. 이에 따라 압착되어 있던 클러치판이 플라이휠과 압력판에서 분리되므로 기관의 동력이 변속기로 전달되지 않는다.

2.2. 기관의 동력을 전달할 때 – 클러치 페달 놓음

기관의 동력을 변속기로 전달할 때 클러치 페달을 놓으면 다이어프램 스프링(또는 클러치 스프링)의 장력에 의하여 압력판이 클러치판을 플라이휠에 압착시켜 함께 회전하도록 한다. 클러치판은 변속기 입력축의 스플라인에 설치되어 있으므로 클러치판이 회전하면 기관의 동력이 변속기로 전달된다.

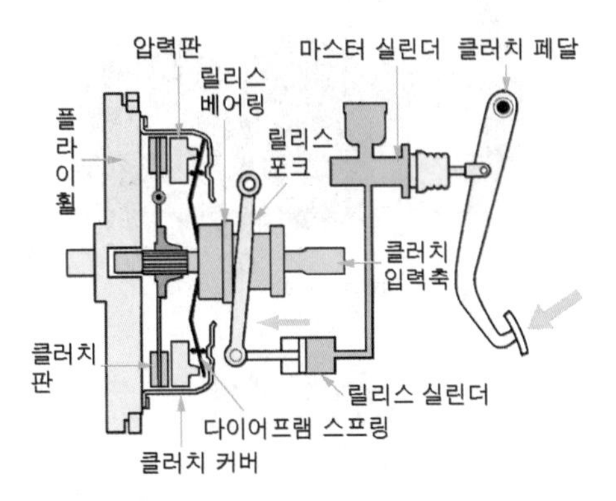

동력 차단 (클러치 페달 밟음)

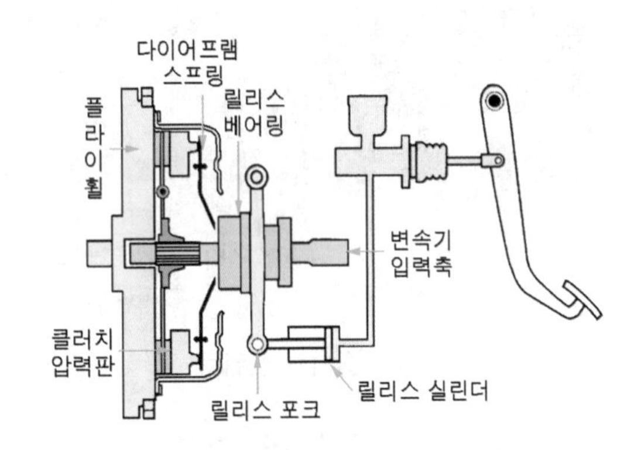

동력 전달 (클러치 패달 놓음)

3. 단판 클러치의 구조

단판 클러치는 클러치판, 압력판, 클러치 스프링, 릴리스 레버, 클러치 커버 등과 이들이 설치되는 기관 플라이휠 및 변속기 입력축 등으로 구성되어 있다.

3.1. 클러치판 clutch disc

클러치판은 플라이휠과 압력판 사이에 끼워져 있으며, 기관의 동력을 변속기 입력축을 통하여 변속기로 전달하는 마찰판이다. 구조는 원형 강철판의 가장자리에 마찰 물질로 된 라이닝(lining)이 리벳으로 설치되어 있고 중심부에는 허브(hub)가 있으며, 그 내부에 변속기 입력축을 끼우기 위한 스플라인(spline)이 파여있다. 또 허브와 클러치 강철판 사이에는 클러치 디스크가 플라이휠에 접속될 때 회전 충격을 흡수하는 비틀림 코일스프링(damper spring or torsion spring)이 설치되어 있다. 클러치 강철판은 파도 모양의 스프링으로 되어 있으므로 클러치를 급속히 접속시켰을 때 이 스프링이 변형되어 동력전달을 원활히 하는 쿠션 스프링(cushion spring)이 있다.

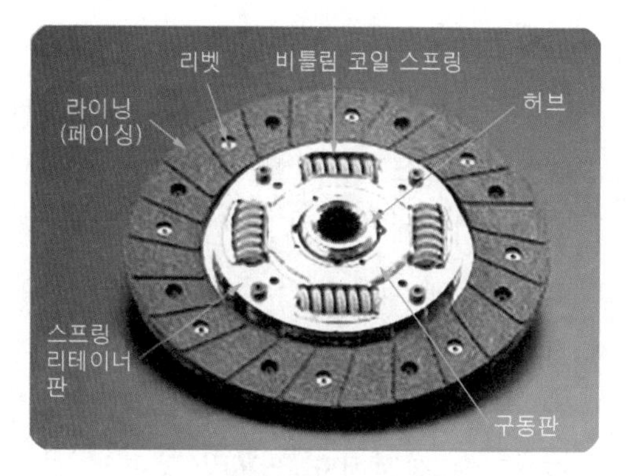

클러치판의 구조

3.2. 압력판 pressure plate

압력판은 다이어프램 스프링(또는 클러치 스프링)의 장력으로 클러치판을 플라이휠에 압착시키는 일을 한다. 클러치판의 접촉면은 정밀 다듬질되어 있고 뒷면에는 코일스프링 형식에서는 스프링 시트와 릴리스레버의 설치부분이 마련되어 있다. 또 압력판과 플라이휠은 항상 회전하므로 동적 평형이 잡혀 있어야 한다.

3.3. 클러치 스프링 clutch spring

클러치 스프링은 클러치 커버와 압력판 사이에 설치되어 있으며, 압력판에 압력을 발생시키는 작용을 한다. 사용되고 있는 스프링에 따라 분류하면 코일 스프링 형식, 다이어프램 스프링 형식 등이 있다.

(1) 코일스프링 형식 coil spring type

이 형식은 몇 개의 코일 스프링을 클러치 압력판과 클러치 커버 사이에 설치한 것이다.

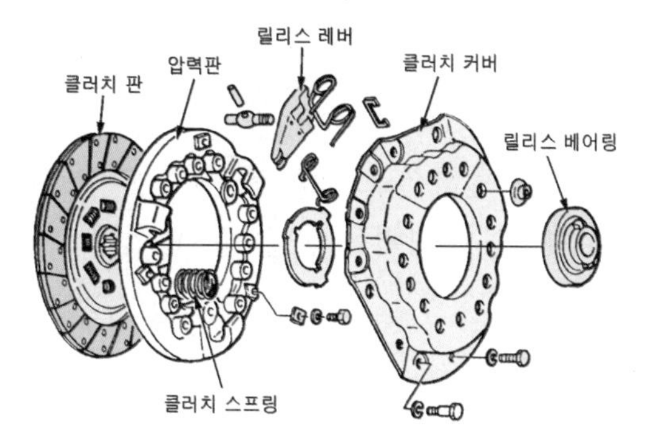

코일 스프링 형식의 구조

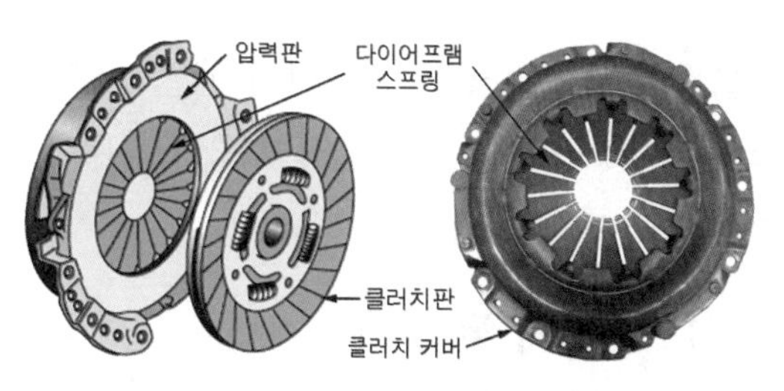

다이어프램 스프링 형식의 구조

(2) 다이어프램 스프링 형식 diaphragm spring type

이 형식은 코일스프링 형식의 릴리스레버와 코일스프링 역할을 동시에 하는 접시 모양의 다이어프램 스프링을 말한다. 다이어프램 스프링 형식의 특징은 다음과 같다.

① 압력판에 작용하는 힘이 일정하다.
② 클러치 페달 조작력이 작아도 된다.
③ 원판형으로 되어 있어 평형이 좋다.
④ 구조가 간단하여 취급이 쉽다.
⑤ 고속 회전에도 스프링 장력의 변화가 없다.
⑥ 라이닝이 마멸되도 압력판에 가해지는 압력의 변화가 없다.

3.4. 릴리스 레버 release lever

릴리스 레버는 코일 스프링 형식에서 릴리스 베어링의 힘을 받아 압력판을 움직이는 작용을 하며, 릴리스 레버의 높이가 서로 다르면 자동차가 출발할 때 진동을 일으키는 원인이 된다.

3.5. 클러치 커버 clutch cover

클러치 커버는 압력판, 다이어프램 스프링(코일 스프링 형식에서는 릴리스 레버, 클러치 스프링) 등이 조립되어 플라이휠에 함께 설치되는 부분이다. 그리고 코일 스프링 형식에서는 릴리스 레버의 높이를 조정하는 스크루가 설치되어 있다.

3.6. 변속기 입력축 (클러치 축)

변속기 입력축은 클러치판이 받은 기관의 동력을 변속기로 전달하며, 축의 스플라인 부분에 클러치판이 허브의 스플라인이 끼워져 클러치판이 길이 방향으로 미끄럼 운동을 한다. 앞 끝은 플라이휠 중앙부에 설치된 파일럿 베어링(pilot bearing)에 의해 지지되고, 뒤끝은 볼 베어링(ball bearing)에 의해 변속기 케이스에 지지된다.

4. 클러치 조작기구

클러치 조작 기구에는 클러치 페달, 페달의 조작력을 릴리스 포크로 전달하는 부분, 릴리스 포크 및 릴리스 베어링 등으로 구성되어 있고, 페달의 조작력을 전달하는 방법에는 기계식과 유압식이 있다.

4.1. 클러치 페달 clutch pedal

클러치 페달은 페달의 밟는 힘을 감소시키기 위해 지렛대 원리를 이용하며, 페달을 밟은 후부터 릴리스 베어링이 다이어프램 스프링(또는 릴리스 레버)에 닿을 때까지 페달이 이동한 거리를 자유간극 (또는 유격)이라 한다. 자유간극이 너무 적으면 클러치가 미끄러지며, 이 미끄럼으로 인하여 클러치판이 과열되어 손상된다. 반대로 자유간극이 너무 크면 클러치 차단이 불량하여 변속기의 기어를 변속할 때 소음이 발생하고 기어가 손상된다.

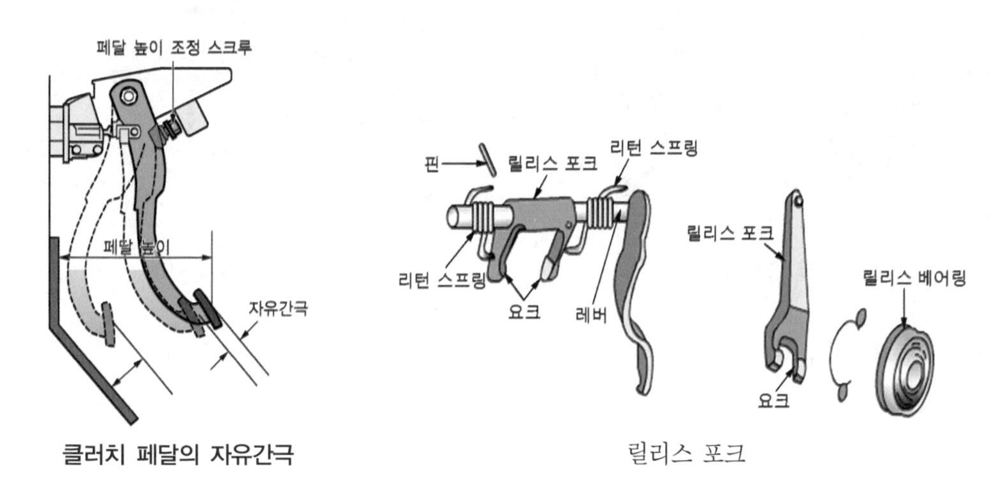

클러치 페달의 자유간극 / 릴리스 포크

4.2. 릴리스 포크 release fork

릴리스 포크는 릴리스 베어링 칼라(bearing collar)에 끼워져 릴리스 베어링에 페달의 조작력을 전달하는 작용을 한다. 구조는 요크와 핀 고정부가 있으며, 끝부분에는 리턴 스프링을 두어 페달을 놓았을 때 신속히 원위치가 되도록 한다.

4.3. 릴리스 베어링 release bearing

릴리스 베어링은 클러치 페달을 밟았을 때 릴리스 포크에 의하여 변속기 입력축의 길이 방향으로 이동하여 회전 중인 다이어프램 스프링(또는 릴리스 레버)을 눌러 기관의 동력을 차단하는 일을 한다. 릴리스 베어링은 스러스트 볼(thrust ball) 베어링이 내장되어 있는 케이스로 되어 있으며, 베어링 칼라에 압입되어 있다. 종류에는 앵귤러 접촉형, 볼 베어링형, 카본형 등이 있으며, 대개 영구 주유식(oilless bearing)이므로 솔벤트 등의 세척제 속에 넣고 세척해서는 안 된다.

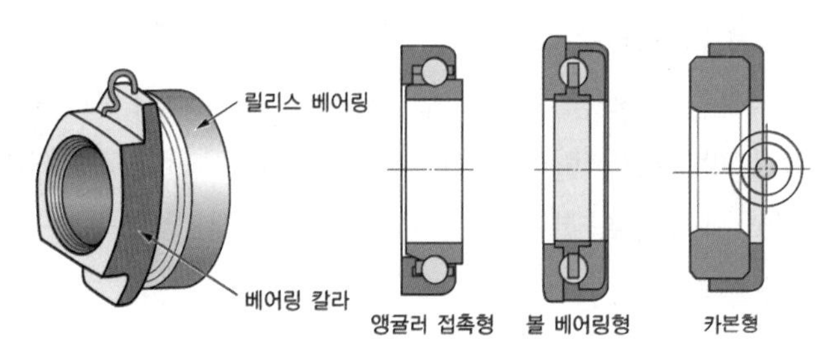

릴리스 베어링의 구조와 종류

5. 페달 조작력 전달 방식

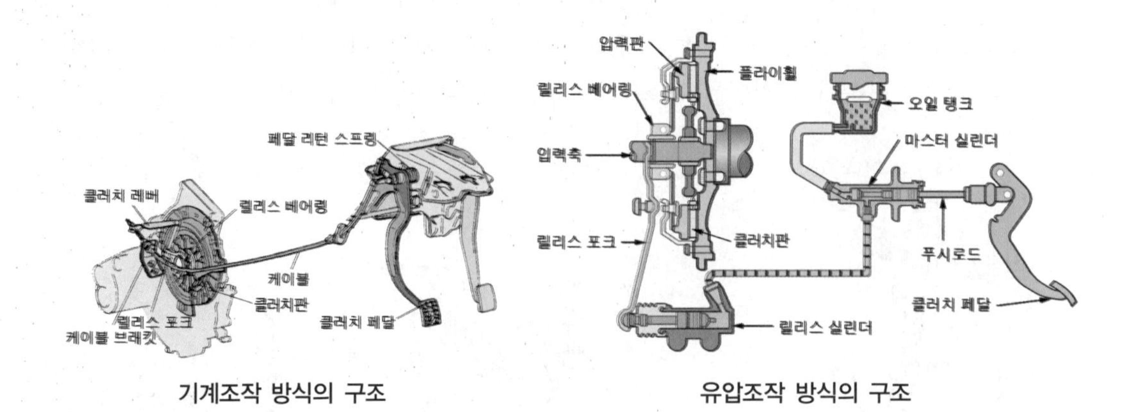

기계조작 방식의 구조 유압조작 방식의 구조

5.1. 기계조작 방식

기계조작 방식은 페달을 밟는 힘을 케이블을 거쳐 릴리스 포크로 전달하여 릴리스 베어링을 이동시키는 방식이다.

5.2. 유압조작 방식

유압조작 방식은 클러치 페달을 밟으면 유압이 발생하는 마스터 실린더, 이 유압을 받아서 릴리스 포크를 이동시키는 릴리스 실린더 등으로 구성되어 있으며, 이들 사이를 오일 파이프로 연결하고 있다.

(1) 마스터 실린더 master cylinder

실린더 보디는 알루미늄 합금이며, 위쪽에는 오일 탱크가 있고 그 내부에 피스톤, 피스톤 컵, 리턴 스프링 등이 조립되어 있다. 클러치 페달을 밟으면 푸시로드가 피스톤을 밀어 유압을 발생시켜 릴리스 실린더로 보낸다. 반대로 페달을 놓으면 피스톤은 리턴 스프링 장력으로 제자리로 복귀하고, 릴리스 실린더로 보내졌던 오일이 리턴 구멍을 거쳐 오일탱크로 복귀한다.

(2) 릴리스 실린더 release cylinder

마스터 실린더에서 보내 준 유압을 피스톤과 푸시로드에 작용하여 릴리스 포크를 미는 작용을 한다. 유압 회로 내에 침입한 공기를 배출시키기 위한 공기 블리더 스크루가 있다.

2 수동 변속기 manual transmission

기관의 회전력은 회전속도의 변화와 관계없이 항상 일정하지만, 자동차가 필요로 하는 구동력은 도로의 상태, 주행속도, 적재 하중 등에 따라 변화돼야 하므로 변속기는 이에 대응하기 위해 기관의 출력을 자동차의 주행속도에 알맞게 회전력과 속도를 바꾸어서 구동 바퀴로 전달하는 장치이다.

알고갑시다 | 구동력

구동력(tractive force)이란 구동 바퀴가 자동차를 미는 힘을 말하며, 구동 바퀴의 반지름을 R(m), 차축의 회전력을 T(kgf·m) 라고 하면 구동력 F(kgf)는 다음의 공식으로 표시된다.

$$F = \frac{T}{R}$$

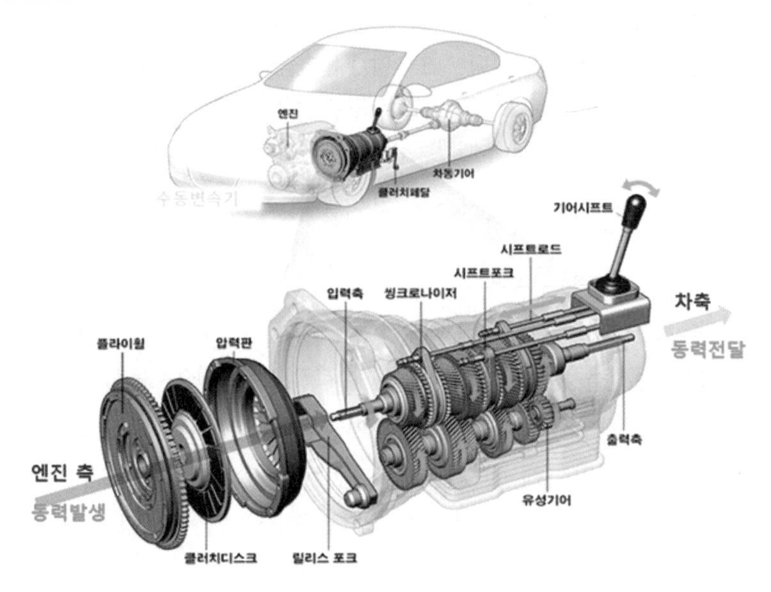

수동변속기의 위치와 구조 (FR 구동방식) 〈출처 : doobipia.com 그림 수정〉

1. 변속기의 필요성

① 시동할 때 변속 레버를 중립에 위치하여 무부하 상태로 한다.

② 자동차를 전진 또는 후진을 한다.

③ 기관의 회전력을 증대시킨다.

2. 변속기의 구비조건

① 소형 · 경량이고 고장이 적을 것

② 조작이 쉽고, 신속, 확실, 정숙하게 작동할 것
③ 단계가 없이 연속적으로 변속이 될 것
④ 전달 효율이 좋을 것

3. 수동 변속기의 분류

3.1. 점진 기어식 변속기

점진 기어식 변속기는 운전 중 제1속에서 직접 톱 기어(top gear)로 또는 톱 기어에서 제1속으로 변속이 불가능한 방식이다.

3.2. 선택 기어식 변속기

(1) 섭동 기어식 sliding gear type

섭동기어식 변속기는 주축과 부축이 평행하며, 주축에 설치된 각 기어는 스플라인에 끼워져 축 방향으로 미끄럼 운동을 할 수 있다. 변속할 때 변속 레버의 조작으로 주축에 설치된 기어 한 개를 선택하여 미끄럼 운동시켜서 부축의 기어에 물리도록 하여 동력을 전달한다. 이 형식은 구조는 간단하지만, 기어를 미끄럼 운동시켜서 직접 물림으로 변속 조작 거리가 멀고, 가속 성능이 저하되며, 기어와 주축의 회전속도 차이를 맞추기 어려워 기어가 파손되기 쉽다.

(2) 상시 물림식 constant mesh type

상시 물림식 변속기는 주축 기어와 부축 기어가 항상 물려 있는 상태로 작동하며, 주축에 설치된 모든 기어는 공전을 한다. 변속할 때 주축의 스플라인에 설치된 도그 클러치(dog clutch or clutch gear)가 변속 레버에 의해 이동되어 공전하고 있는 주축 기어 안쪽의 도그 클러치에 끼워져 주축 기어에 동력을 전달한다. 이 형식은 기어를 파손시키는 일이 적고, 도그 클러치의 물림 폭이 좁아 변속 레버의 조작 각도가 작으므로 변속 조작이 쉽고 구조도 비교적 간단하다.

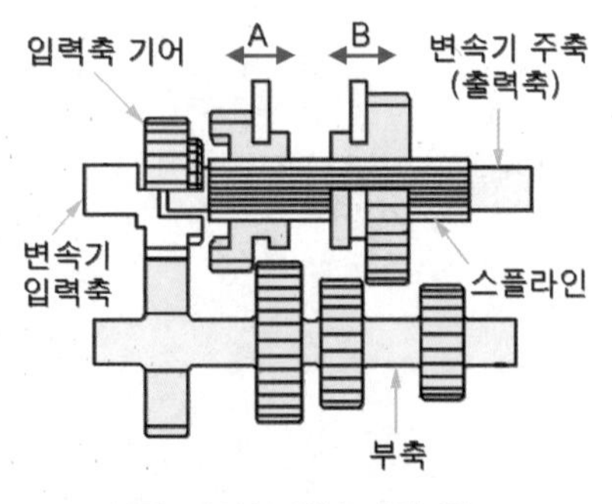

섭동 기어식 변속기의 구조

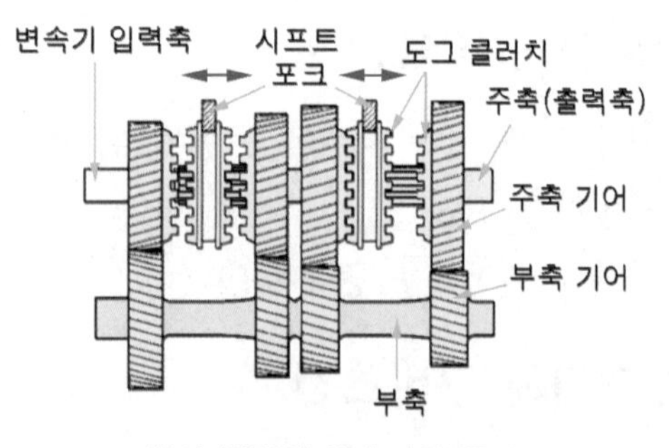

상시 물림식 변속기의 구조

(3) 동기 물림식 synchro mesh type

동기 물림식 변속기는 주축 기어와 부축 기어가 항상 물려져 있으며, 주축 위의 제1속, 제2속, 제3속 기어 및 후진기어가 공전하고 기관의 동력을 주축 기어로 원활히 전달하기 위하여 기어에 싱크로메시 기구를 두고 있다. 싱크로메시 기구는 기어를 변속할 때 기어의 원뿔 부분에서 마찰력을 일으켜 주축에서 공전하는 기어의 회전속도와 주축의 회전속도를 일치시켜 기어 물림이 원활하게 되도록 하는 작용을 한다. 싱크로메시 기구의 구성은 클러치 허브, 클러치 슬리브, 싱크로나이저 링과 키로 이루어져 있다.

① 클러치 허브 clutch hub : 클러치 허브는 안쪽에 있는 스플라인에 의해 변속기 주축의 스플라인에 고정되어 주축의 회전속도와 동일한 회전을 하며 그 바깥둘레에 싱크로나이저 키가 3개 설치되어 있다. 또 바깥둘레에는 스플라인을 통하여 클러치 슬리브가 설치되어 있다.

② 클러치 슬리브 clutch sleeve : 클러치 슬리브는 바깥둘레에는 시프트 포크(shift fork)가 끼워지는 홈이 파여있고, 안쪽의 스플라인을 통해 클러치 허브에 끼워져 변속 레버의 작동에 의해서 앞·뒤로 미끄럼 운동을 하여 싱크로나이저 키를 싱크로나이저 링쪽으로 밀어 줌으로서 주축 기어와 주축을 단속하는 작용을 한다.

③ 싱크로나이저 링 synchronizer ring : 싱크로나이저 링은 주축기어의 원뿔 부분(cone)에 끼워져 있으며, 기어를 변속할 때 시프트 포크가 클러치 슬리브를 미끄럼 운동시키면 원뿔부분과 접촉하여 클러치 작용을 한다. 클러치 작용이 유효하게 이루어지도록 안쪽면에 나사 홈이 형성되어 있다.

④ 싱크로나이저 키 synchronizer key : 싱크로나이저 키는 뒷면에 돌기가 있고, 클러치 허브에 마련된 3개의 홈에 끼워져 키 스프링의 장력으로 클러치 슬리브 안쪽에 압착되어 있다. 또 그 양끝은 일정한 간극을 두고 싱크로나이저 링에 끼워지며 클러치 슬리브를 고정시켜 기어 물림이 빠지지 않도록 하고 있다.

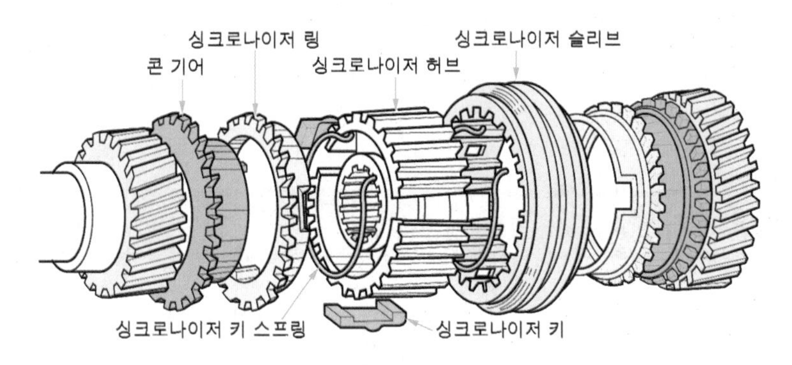

싱크로 메시 기구

4. 수동 변속기 조작기구

변속기 조작 기구에는 변속 레버를 익스텐션 하우징(extension housing) 위에 설치하고 시프트 포크의 선택으로 변속하는 직접 조작 방식과 조향 칼럼에 변속 레버를 설치하고 변속기와 변속 레버를 별도로 설치한 후, 그 사이를 링크나 와이어로 연결하여 조작하는 원격 조작 방식이 있다. 변속기 조작 기구에는 시프트 레일에 각 기어를 고정시키기 위한 홈을 두고 이 홈에는 기어가 빠지는 것을 방지하기 위해 로킹볼(locking ball)과 스프링을 두며, 또 하나의 기어가 물려 있을 때 다른 기어는 중립에서 이동하지 못하도록 하여 기어의 이중 물림을 방지하는 인터록(inter lock)가 설치되어 있다.

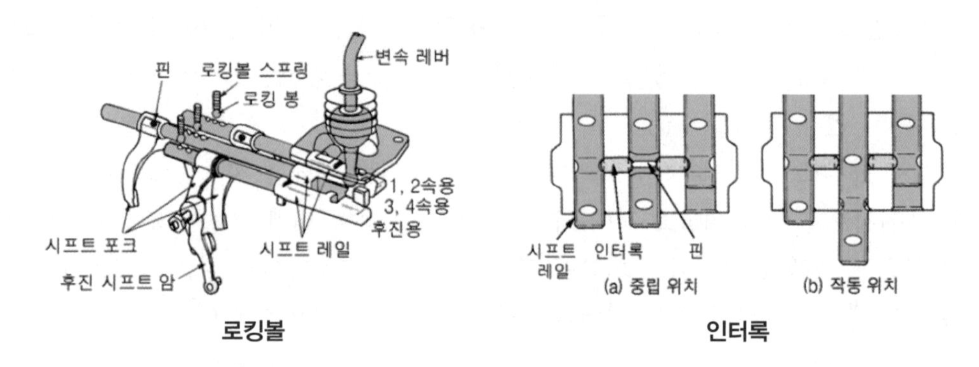

로킹볼　　　　인터록

5. 변속비

변속비(또는 감속비)란 기관의 회전속도와 변속기 주축(또는 추진축)의 회전속도와의 비율을 말한다. 그리고 변속비가 큰 것부터 차례로 제1속, 제2속, 제3속 등으로 숫자가 올라가고 직결인 경우에는 변속비가 1.0이며, 톱 기어(top gear)라고도 한다. 변속 기어를 저속으로 선택하면 변속비가 커지며, 주축의 회전력은 증가하나 구동 바퀴의 회전속도는 느려진다. 반대로 고속으로 선택하면 저속으로 선택했을 때와 반대이다.

$$\text{변속비} = \frac{\text{엔진 회전 속도}}{\text{변속기 주축 회전속도}} \text{ 또는 } = \frac{\text{부축기어의 잇수}}{\text{주축기어의 잇수}} \times \frac{\text{주축기어의 잇수}}{\text{부축기어의 잇수}}$$

3 자동변속기 automatic transmission

자동변속기는 기관에서 발생한 동력을 단속하는 클러치와 회전속도 및 회전력을 변화시키는 변속기의 작용이 자동으로 이루어지도록 만든 것이다. 그 특징은 다음과 같다.

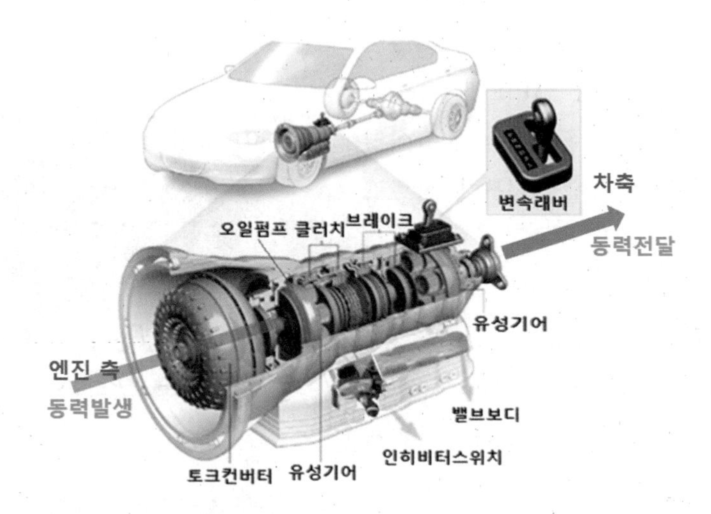

자동변속기의 위치와 구조 (FR 구동방식) 〈출처 : doobipia.com 그림 수정〉

① 기어 변속 중 기관 작동 정지(stall)가 감소하여 안전 운전이 가능하다.
② 저속에서의 구동력이 커 등판 출발이 쉽고 최대 등판능력도 크다.
③ 오일이 충격 완화 작용을 하므로 충격이 적어 기관 수명이 길어진다.
④ 변속기의 구조가 복잡하고 가격이 비싸다.
⑤ 수동 변속기에 비해 연료 소비율이 10% 정도 많다.
⑥ 자동차를 밀거나 끌어서 시동할 수 없다.

1. 토크 컨버터 torque converter

1.1. 토크컨버터의 개요

토크컨버터는 그 내부에 오일을 가득 채우고 자동차의 주행저항에 따라 자동적, 연속적으로 구동력을 변환시킬 수 있는 장치이며, 그 기능은 다음과 같다.

① 기관의 회전력을 변속기로 원활하게 전달한다.
② 회전력을 변환시킨다.
③ 회전력을 전달 때 충격 및 크랭크축의 비틀림 진동을 완화한다.

1.2. 토크 컨버터의 구조

토크컨버터는 펌프(pump) 또는 임펠러(impeller), 스테이터(stator), 터빈(turbine) 또는 러너(runner)로 구성된 비분해 방식이다. 펌프는 구동판을 통해 크랭크축에 연결되어 있으며, 스테이터는 한쪽 방향으로만 회전이 가능한 일방향 클러치(one way clutch)를 통해 토크컨버터 하우징에 지지되어 있다. 그리고 터빈은 펌프에서 전달된 구동력을 동력전달

계통으로 전달하는 변속기 입력축과 스플라인으로 결합되어 있으며, 토크 컨버터는 오일이 가득 채워진 하우징 내에 이들 3요소가 들어있다. 또 토크컨버터는 기관 플라이휠에 볼트로 설치되어 있다.

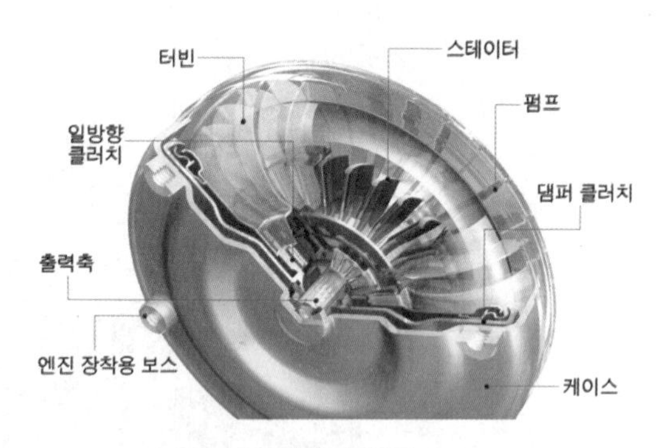

토크컨버터의 구조

1.3. 토크 컨버터의 기능

토크컨버터는 2가지 주요기능을 지니고 있다. 그 하나는 기관의 동력을 오일을 통해 변속기로 원활하게 전달하는 유체커플링(fluid coupling)의 기능이고, 또 다른 하나는 기관으로부터 회전력을 증가시켜 주는 기능이다. 펌프는 기관 플라이휠과 기계적으로 연결되어 있으며, 기관이 작동될 때 기관의 회전속도와 같은 속도로 회전한다. 따라서 기관이 작동하면 펌프도 회전을 하여 중앙 부분의 오일을 날개로 방출한다. 펌프의 날개 사이에서 배출된 오일은 터빈의 날개를 치게 되므로 터빈을 회전시킨다. 기관이 공전 상태일 때에는 펌프에서 배출되는 오일의 힘은 터빈을 회전시킬 수 있는 만큼 충분하지 못하므로 공전 상태에서 정지 상태로 있게 된다.

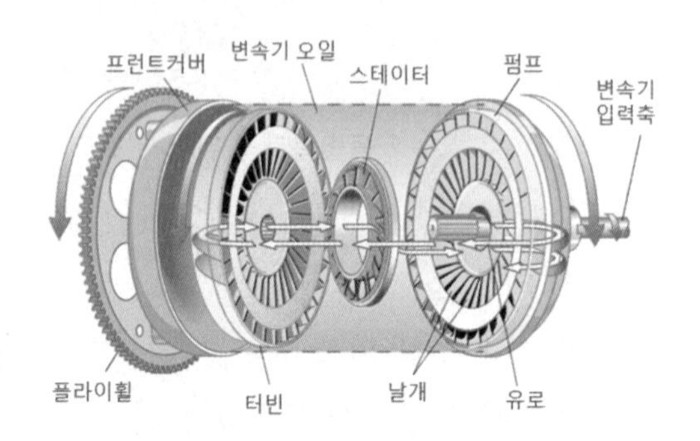

토크컨버터 오일흐름 〈출처 : 블로그 그림 수정〉

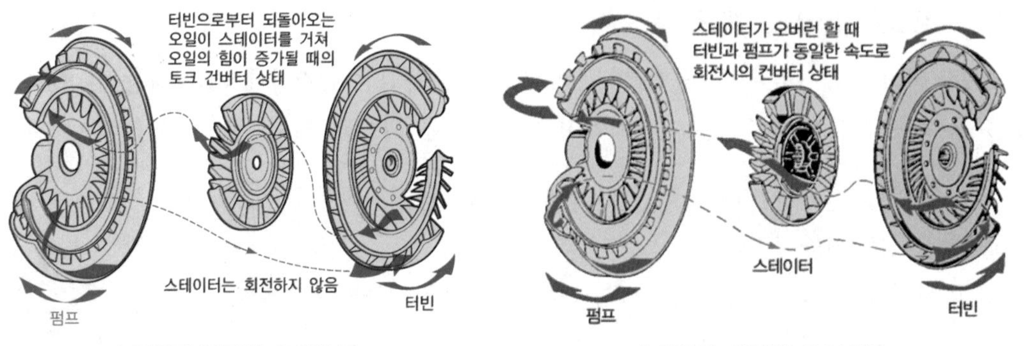

스테이터 정지시 오일흐름　　　　스테이터 회전시 오일흐름

가속페달을 밟아 기관이 가속되어 펌프의 회전속도가 증가함에 따라 오일의 힘이 증가되어 기관의 동력이 터빈과 변속기로 전달된다. 오일은 터빈에 힘을 전달한 후 하우징과 날개를 따라서 흐르며, 기관 회전방향과 반대방향으로 역류하려는 오일을 터빈이 흡수한다. 만약, 터빈에서 반시계 방향으로 회전하는 오일이 토크컨버터 펌프의 안쪽으로 계속해 들어온

다면 기관 회전방향과 반대방향으로 펌프의 날개를 치게 되어 펌프의 힘이 감소하게 된다. 이것을 방지하기 위해 펌프와 터빈 사이에 스테이터가 설치되어 있다. 스테이터에는 일방향 클러치가 설치되어 반시계 방향으로 회전하지 못하게 되어 있다.

스테이터의 역할은 터빈으로부터 되돌아오는 오일의 회전방향을 펌프의 회전방향과 같도록 바꾸어 주는 것이다. 따라서 오일의 에너지는 펌프를 회전시키는 기관의 동력을 보조해 주게 되며, 터빈을 회전시키는 오일의 힘을 증가시키게 되어 기관으로부터 나오는 동력과 회전력이 증가한다.

알고갑시다 토크 컨버터의 형식과 호칭

① 요소와 수 : 펌프, 터빈, 스테이터가 각각 1개인 것을 3요소라 한다.
② 단과 수 : 터빈이 1개인 것을 1단이라 하고, 터빈이 2개인 것을 2단이라 한다.
③ 상과 수 : 토크를 전달하는 양식의 변화 수, 토크 컨버터 기능을 하여 클러치 포인트 현상이 나타나는 것을 2상이라 하며, 그밖에 기관과 직결하는 다이렉트 클러치 등을 3상, 4상, 5상이라 한다.

2. 댐퍼 클러치 damper clutch or lock up clutch

2.1. 댐퍼클러치의 기능

댐퍼 클러치는 자동차의 주행속도가 일정값에 도달하면 토크 컨버터의 펌프와 터빈을 기계적으로 직결시켜 미끄러짐에 의한 손실을 최소화하여 정숙성을 도모하는 장치이며, 터빈과 토크컨버터 커버 사이에 설치되어있다. 동력전달 순서는 기관 → 프런트 커버 → 댐퍼클러치 → 변속기 입력축이다.

2.2. 댐퍼클러치 제어와 관련 센서들의 기능

(1) 댐퍼클러치 제어방법

자동변속기를 설치한 자동차에서 동력손실의 대부분은 토크컨버터의 미끄러짐이다. 이를 방지하기 위해 자동변속기 컴퓨터(TCU ; transmission control unit)는 댐퍼클러치가 작동하지 않는 영역의 판정과 기관 회전속도, 터빈의 회전속도, 스로틀 밸브 열림 정도 보정 등의 결과를 댐퍼클러치 제어판정 영역과 비교하여 댐퍼클러치의 작동, 비작동 및 미끄러짐 비율을 결정하여 댐퍼클러치 제어 솔레노이드 밸브(DCCSV ; damper clutch control solenoid valve)의 구동신호를 출력한다. 댐퍼클러치 제어 솔레노이드 밸브의 제어는 35Hz로 듀티 제어되며, 솔레노이드 밸브의 응답성을 높이기 위해 각각의 펄스를 시작할 때 수 ms(milli second) 동안 높은 전압(12V)을 공급한다. 댐퍼클러치 제어밸브(DCV ; damper clutch control valve)는 댐퍼클러치 제어 솔레노이드 밸브의 제어압력에 의해 전압으로 제어한다. 그리고 댐퍼클러치 작동은 다음의 조건을 만족하는 경우에 이루어진다.

① 변속패턴이 제2속, 제3속, 제4속(파워/이코노미 공통)일 때
② 터빈 회전속도와 스로틀밸브 열림 정도와의 관계가 작동영역 내에 있을 때
③ 자동변속기 오일(ATF) 온도가 70℃ 이상일 때

(2) 댐퍼클러치 비작동영역

① 제1속 또는 후진을 할 때
② 기관 브레이크가 작동할 때
③ 냉각수 온도가 50℃ 이하일 때
④ 자동변속기 오일(ATF) 온도가 60℃ 이하일 때
⑤ 기관의 회전속도가 800rpm 이하일 때
⑥ 제3속에서 제2속으로 시프트 다운(shift down, 하향 변속)될 때
⑦ 기관의 회전속도가 2,000rpm 이하에서 스로틀 밸브의 열림이 클 때

3. 자동변속기 오일

3.1. 자동변속기 오일의 구비조건

① 기포가 생기지 않을 것
② 저온 유동성이 좋을 것
③ 점도 변화가 적을 것
④ 방청성이 있을 것
⑤ 마찰계수가 클 것
⑥ 고착 방지성과 내마모성이 있을 것

4 전자제어 자동변속기

1. 전자제어 자동변속기의 개요

전자제어 자동변속기는 변속기의 쾌적성과 안정된 주행성능, 연료소비율 향상 및 기관 전자제어 장치와 다른 전자제어 장치와도 연계하여 제어할 수 있다. 변속할 때 기관의 출력을 감소시켜 변속 충격을 완화하는 작동이나 반대로 구동력 제어 장치(TCS ; traction control system)를 제어할 때에는 현재 변속단계를 고정하여 원활한 제어를 도와준다. 그밖에도 고장이 발생하였을 때 최소한의 안전을 확보하는 기능과 예상치 못할 상황에서의 위기 탈출 제어와 같이 안정된 주행을 하기 위해서는 반드시 전자제어 자동변속기가 필요하다. 전자제

어 자동변속기는 신경망 제어 및 인공지능 제어를 실행하여 운전자의 습관과 도로운행 조건에 따라 자동변속기 컴퓨터가 최적의 변속 단계를 선택하도록 되어 있다. 또 스포츠모드(sports mode)를 사용하여 자동변속기이면서 수동변속기의 경쾌함을 동시에 만족할 수 있도록 한다. 그리고 5단 자동변속기는 변속 단계를 추가시켜 넓은 변속 비율 선택이 가능 하도록 하여 출발성능, 가속성능, 앞지르기 성능 및 연료소비율 등을 향상시킨다. 자동변속기의 종류에는 변속조작 방법에 따라 여러 가지가 있으나 주로 토크컨버터와 유성기어 장치에 유압제어 장치를 사용한다. 전자제어 자동변속기의 장·단점은 다음과 같다.

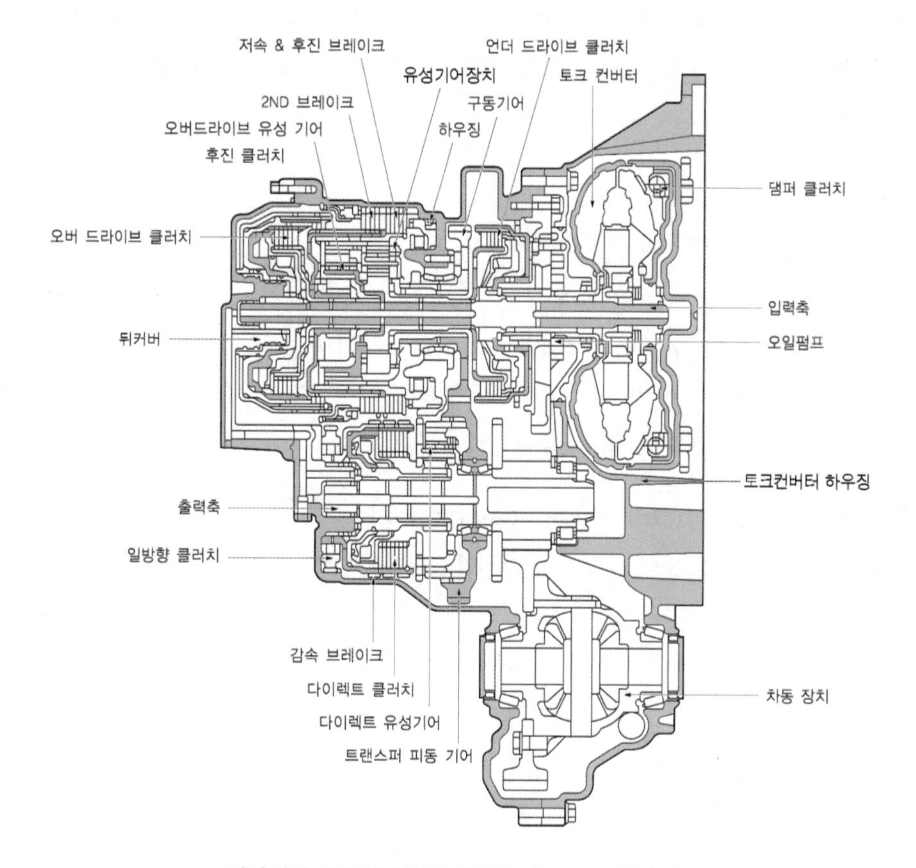

전자제어 자동변속기의 단면도 (HIVEC 시리즈)

1.1. 전자제어 자동변속기의 장점

① 도로 조건에 적합한 변속제어로 편리성이 증대된다.

② 전자제어에 의해 내구성 증대 및 연료소비율이 향상된다.

③ 변속효율과 신뢰성이 증대된다.

④ 위급한 상황일 때 안전을 확보할 수 있다.

⑤ 고장정보의 명확한 전달로 정비시간을 단축할 수 있다.

1.2. 전자제어 자동변속기의 단점

① 자동변속기의 가격이 비싸진다.

② 사후관리 비용이 증가와 정비개소 증가로 인한 정비가 어렵다.

2. 전자제어 자동변속기의 구성

전자제어 자동변속기는 토크컨버터와 기어 트레인(gear train)으로 구성되어 있다. 또 기어 트레인은 클러치, 브레이크 및 유성기어로 구성되어 있다. 클러치는 동력전달 역할을 하며 브레이크는 유성기어를 고정하는 역할을 한다. 그리고 유성기어는 변속레인지를 구분하는 역할을 한다. 따라서 클러치, 브레이크 및 유성기어장치의 적절한 조합으로 주행 중 변속이 이루어진다.

2.1. 클러치 clutch

(1) 언더드라이브 클러치 UD ; under drive clutch

이 클러치는 4단 자동변속기의 경우에는 전진 1, 2, 3속에서, 5단 자동변속기에서는 4속까지 작동하며, 입력축의 구동력을 언더 드라이브 선 기어로 전달한다. 작동유압은 피스톤과 리테이너(retainer) 사이(피스톤 유압실)에 작동하여 피스톤을 클러치판으로 밀어붙여 구동력을 리테이너로부터 허브(hub)로 전달한다.

(2) 클러치 내 원심평형(centrifugal balance) 기구

원심평형 기구는 고속회전에서 피스톤 유압실에 잔류하는 오일이 원심력을 받아 피스톤을 밀게 된다. 이때 피스톤과 리턴스프링 리테이너 사이에 들어있는 오일에서 원심력이 발생하여 양쪽의 힘이 상쇄되어 피스톤이 움직이지 않도록 하는 작용을 한다.

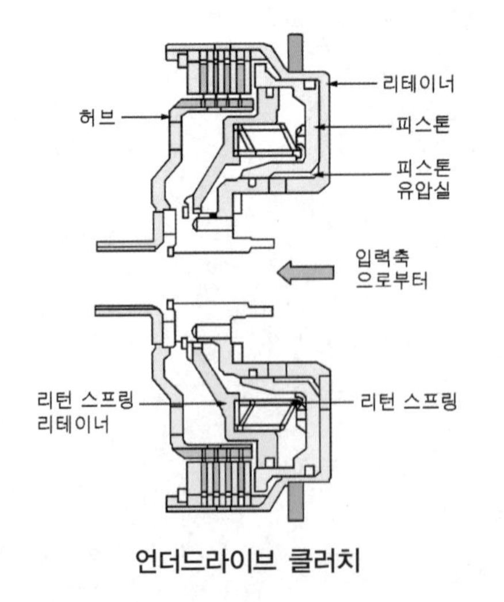

언더드라이브 클러치

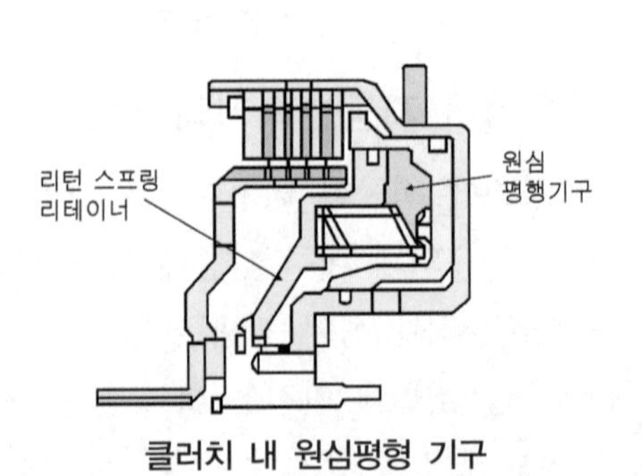

클러치 내 원심평형 기구

(3) 후진클러치와 오버드라이브 클러치 reverse clutch & over drive clutch

후진클러치는 후진할 때 작동하여 입력축의 구동력을 후진 선 기어로 전달한다. 오버 드라이브(OD) 클러치는 4단 자동변속기에서는 전진 3속과 4속에서 작동하며, 5단 자동변속기의 경우에는 5속까지 작동하여 입력축의 구동력을 오버드라이브 유성기어 캐리어 및 저속 & 후진 링 기어로 전달한다.

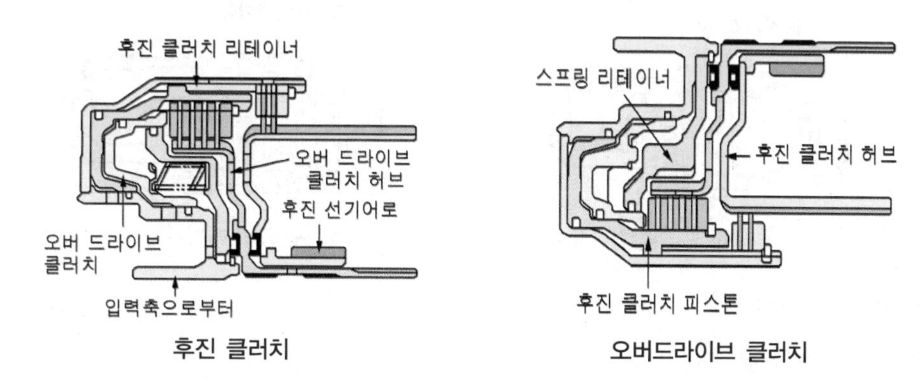

후진 클러치 오버드라이브 클러치

후진 클러치의 작동유압은 후진 클러치 리테이너와 오버드라이브 클러치 리테이너 사이에 작용하여 오버드라이브 클러치 어셈블리를 움직여 리테이너로부터 허브(hub)로 전달한다. 또 오버드라이브 클러치의 작동유압은 피스톤과 리테이너 사이에 작용하여 구동력을 리테이너로부터 허브(hub)로 전달한다. 그리고 양쪽의 클러치도 오버드라이브 클러치 피스톤 안쪽의 유압평형 기구에 의하여 원심력의 영향을 배제시킨다.

(4) 다이렉트 클러치 direct clutch 및 일방향 클러치 one way clutch

다이렉트 클러치는 4속과 5속에서 작동하여 다이렉트 유성기어 캐리어와 다이렉트 선 기어를 연결한다. 작동유압은 피스톤과 리테이너 사이에 작용하여 피스톤을 움직여 피스톤이 클러치판을 밀면 구동력을 리테이너로부터 허브로 전달한다. 또 일방향 클러치는 스프래그(sprag)형식으로, 1, 2, 3속에서 작용하며, 한쪽으로만 회전하기 때문에 다이렉트 선 기어가 시계방향으로 회전하려는 것을 저지한다.

2.2. 브레이크 brake

4단 자동변속기의 경우에는 저속 & 후진 브레이크와 2ND(second) 브레이크 2조를 사용하고, 저속 & 후진 브레이크는 1속일 때 저속 & 후진 링 기어 및 오버드라이브 유성기어 캐리어를 케이스에 고정한다. 2ND 브레이크는 2속일 때 오버 드라이브 선 기어를 케이스에 고정한다. 5단 자동변속기의 경우에는 저속 & 후진 브레이크와 2ND 브레이크 및 밴드 형식의 1조로 구성되어 있다. 그리고 감속 브레이크(reduction brake)는 1, 2, 3속, 후진, 주차 및 중립에서 작동하여, 다이렉트 선 기어를 케이스에 고정한다.

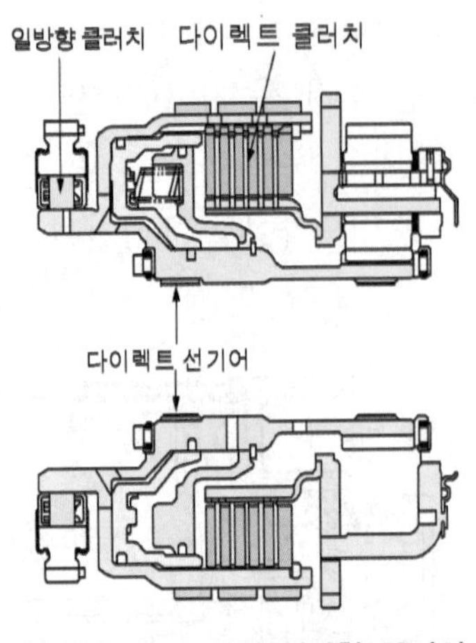

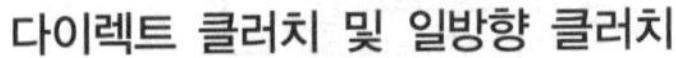
다이렉트 클러치 및 일방향 클러치

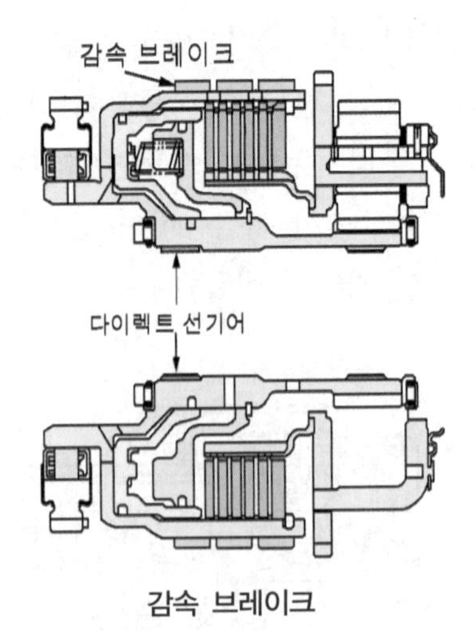

감속 브레이크

2.3. 유성기어 장치 planetary gear system

(1) 유성기어 장치의 구조

유성기어 장치는 링 기어(ring gear), 선 기어(sun gear), 유성기어(planetary gear, 유성 피니언), 유성기어 캐리어 등으로 구성되어 있다.

(2) 유성기어장치의 작동

① **유성기어 캐리어의 감속** : 선기어 A, 링기어 D, 유성기어 B, 유성기어 캐리어 C의 관계에서 링기어 D를 고정하고 선기어 A를 회전시키면 유성기어 B는 자전을 하면서 공전하고, 유성기어 캐리어 C는 감속하여 선기어 A와 같은 방향으로 회전한다. 이 때의 변속비는 $\frac{A+D}{A}$ 이다.

② **선기어의 증속** : 링기어 D를 고정하고, 유성기어 캐리어 C를 회전시키면 유성기어 B는 자전을 하면서 공전하고 선기어 A는 유성기어 캐리어 C와 같은 방향으로 증속 회전한다. 이 때의 변속비는 $\frac{A}{A+D}$ 이다.

③ **링기어 증속** : 선기어 A를 고정하고 유성기어 캐리어 C를 회전시키면 유성기어 B는 자전하면서 공전하고 링기어 D를 유성기어 캐리어 C와 같은 방향으로 증속 회전한다. 이 때의 변속비는 $\frac{A}{A+D}$ 이다.

④ **링기어의 역회전** : 유성기어 캐리어 C를 고정하고 선기어 A를 회전시키면 유성기어 B는 현재의 위치에서 자전만하고 링기어 D를 역회전시킨다. 이 때의 변속비는 $-\frac{D}{A}$ 이다.

유성기어 장치의 작동표

작동 그림	선기어 (A)	캐리어 (C)	링기어 (D)	변속비	계산 예
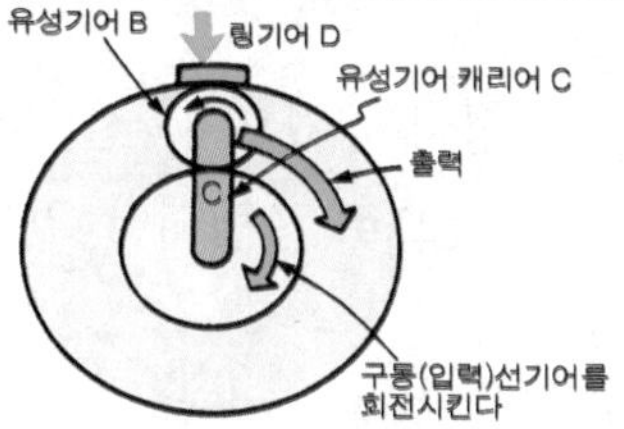 유성기어 B 링기어 D 유성기어 캐리어 C 출력 C 구동(입력)선기어를 회전시킨다	회전	감속	고정	$\frac{A+D}{A}$	$\frac{20+80}{20}=$ 5 : 1
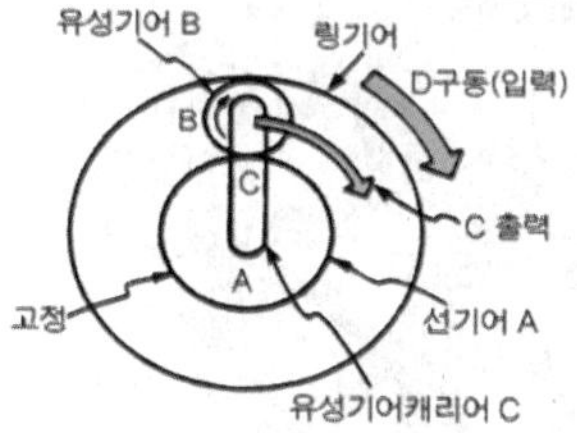 유성기어 B 링기어 D구동(입력) B C C 출력 A 고정 선기어 A 유성기어캐리어 C	고정	감속	회전	$\frac{A+D}{D}$	$\frac{20+80}{80}=$ 1.25 : 1
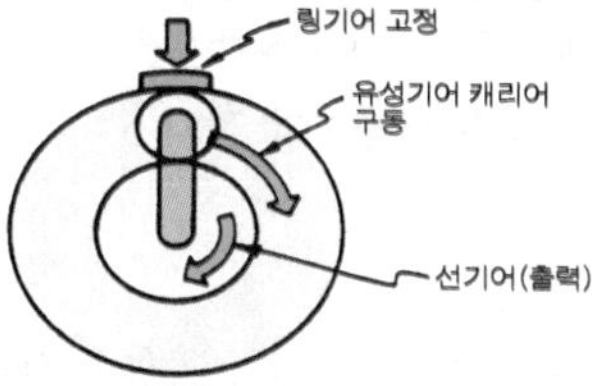 링기어 고정 유성기어 캐리어 구동 선기어(출력)	증속	회전	고정	$\frac{A}{A+D}$	$\frac{20}{20+80}=$ 0.2 : 1
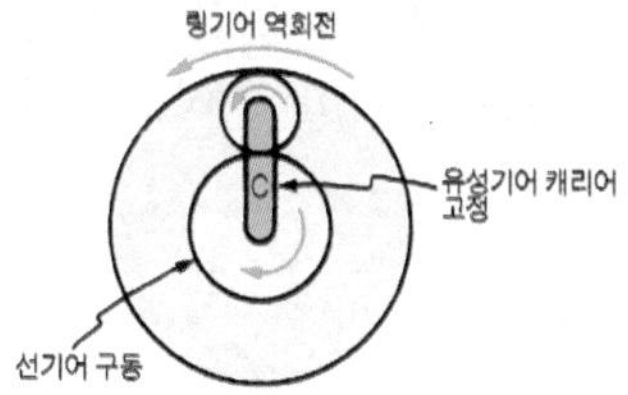 링기어 역회전 C 유성기어 캐리어 고정 선기어 구동	회전	고정	역회전 감속	$-\frac{D}{A}$	$-\frac{40}{20}=$ −2 : 1
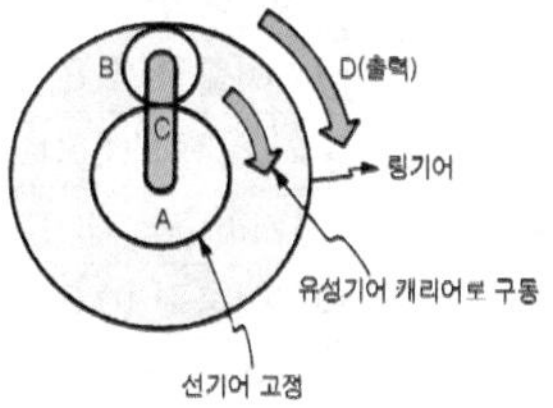 B D(출력) C 링기어 A 유성기어 캐리어로 구동 선기어 고정	고정	회전	증속	$\frac{D}{A+D}$	$\frac{80}{20+80}=$ 0.8 : 1

(3) 복합 유성기어 장치의 종류

① 라비뇨 형식(Ravigneaux type)

라비뇨 형식은 서로 다른 2개의 선기어를 1개의 유성기어장치에 조합한 것이며, 링기어와 유성기어 캐리어를 각각 1개씩만 사용한다. 1차 선기어는 숏 피니언(short pinion)과 물려있고 2차 선 기어는 롱 피니언(long pinion)과 물려 있으며 숏피니언은 1차 선기어와 롱 피니언 사이에, 링기어는 롱 피니언과 물려있다. 그리고 작은선기어(small sun gear), 큰 선기어(large sun gear), 유성기어 캐리어를 입력으로, 링기어를 출력으로 사용한다.

② 심프슨 형식(Simpson type)

심프슨 형식은 싱글 피니언(single pinion) 유성기어만으로 구성되어 있으며, 선 기어를 공용으로사용한다. 유성기어 캐리어는 같은 간격으로 3개의 피니언으로 조립되어 있으며, 비분해형이다.

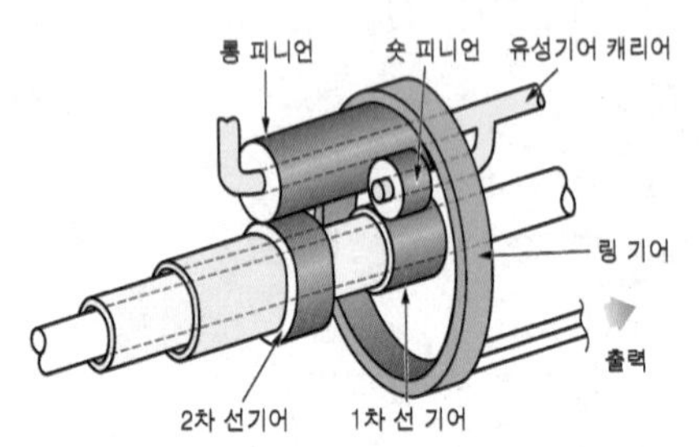

라비뇨 형식의 유성기어 장치 (KM175 시리즈)

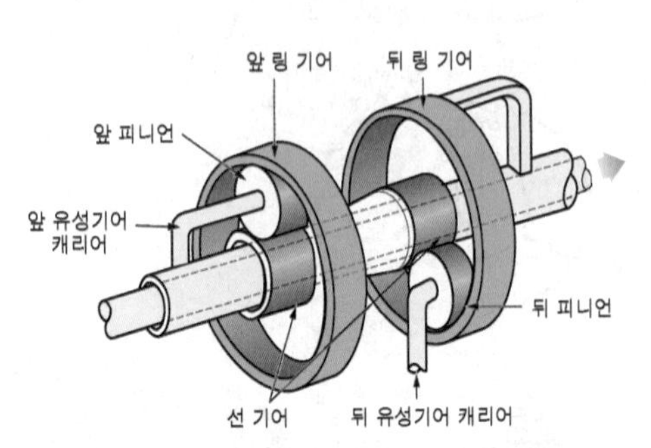

심프슨 형식의 유성기어 장치

(4) KM 시리즈 변속기의 유성기어 작동모형

KM 시리즈에 사용되는 라비뇨형식의 유성기어 장치이다. 프런트 클러치는 큰(후진)선기어를 구동하는 역할을 하고 리어클러치는 작은(전진)선기어를 구동하고 엔드클러치는 캐리어를 구동한다. 그리고 킥다운 브레이크는 큰(후진)선기어를 고정하는 역할을 하고 L&R브레이크는 캐리어를 고정하는 역할을 한다.

라비뇨 형식 유성기어장치의 변속비와 작동모형

변속	입력요소				출력요소
D1	전진(작은)선기어구동	+	캐리어고정	⇒	링기어출력 (2.8:1)
D2	전진(작은)선기어구동	+	후진(큰)선기어고정	⇒	링기어출력 (1.6:1)
D3	전진(작은)선기어구동	+	후진(큰)선기어구동	⇒	링기어출력 (1:1)
D4	후진(큰)선기어고정	+	캐리어구동	⇒	링기어출력 (0.6:1)
후진	후진(큰)선기어구동	+	캐리어고정	⇒	링기어출력 (−2:1)

3. 전자제어 자동변속기의 제어장치

전자제어 자동변속기는 제어장치는 유압제어 장치와 전자제어 장치로 구분된다.

3.1. 유압제어 장치

유압제어 장치는 유압 발생원인 오일펌프, 발생유압을 제어하는 압력제어 밸브(regulator

valve), 자동변속기 컴퓨터의 전기신호를 유압으로 변환하는 솔레노이드 밸브와 솔레노이드 밸브의 유압으로부터 각 요소에 작용하여 유압을 제어하는 압력제어 밸브 및 라인압력을 받아 오일회로의 변환을 실행하는 각종 밸브 등과 이들을 내장하는 밸브 보디로 구성되어 있다. 또 전자제어 장치에 고장이 발생하여도 스위치 밸브, 페일 세이프 밸브의 작동에 의해 제3속 및 후진주행이 가능하다.

3.2. 유압제어 장치의 구성요소

밸브보디는 복잡한 유압회로를 형성하여 솔레노이드밸브를 통해 유압을 제어하는 방법으로 해당하는 클러치와 브레이크를 작동한다.

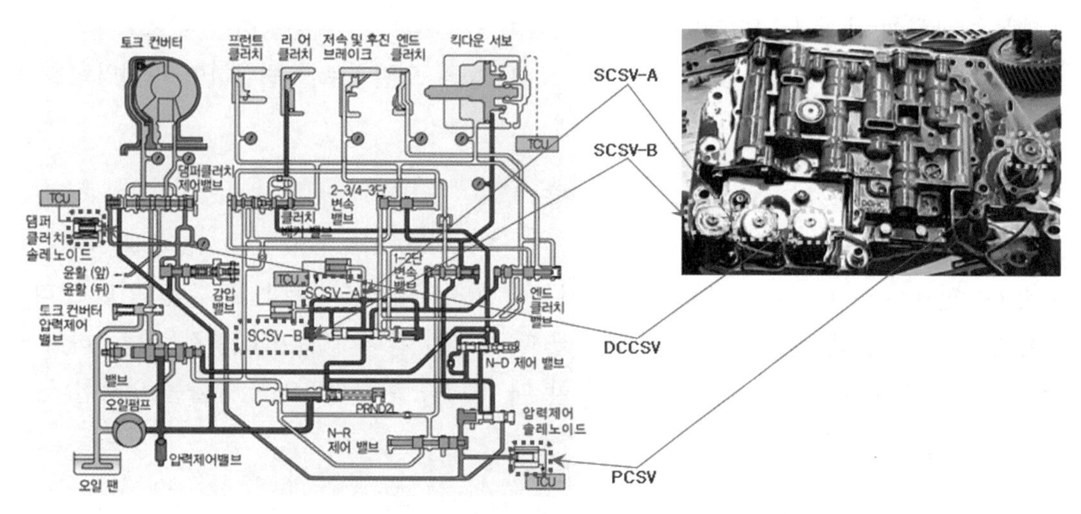

자동변속기의 유압회로와 밸브보디 관계 (KM175 **시리즈**)

(1) 오일펌프 oil pump

오일펌프는 토크컨버터와 유압제어 장치에 작동유압을 공급하며, 유성기어장치, 입력축, 각종 요소 등의 마찰부분에 유압을 공급한다.

(2) 밸브 보디 valve body

밸브 보디는 변속기 측면의 자동차의 앞쪽에 세로방향으로 설치되어 있다. 각 작동요소마다 솔레노이드 밸브와 압력제어 밸브를 설치하였으며, 라인압력 조정은 레귤레이터 밸브로 한다.

(3) 레귤레이터 밸브 regulator valve

레귤레이터 밸브는 오일펌프에서 발생한 유압을 라인압력으로 조정한다. 밸브에는 라인 압력이 작용하는 포트(port)가 3개가 설치되어 있어 유압이 스프링의 장력에 대항하여 라인 압력을 각 변속단계에 알맞은 유압으로 조정한다.

(4) 토크컨버터 압력제어 밸브 torque converter pressure control valve

토크컨버터 압력제어 밸브는 토크컨버터(댐퍼클러치가 해제될 때) 및 유압을 일정하게 제어하며, 레귤레이터 밸브에 의한 라인압력을 제어할 때 나머지 유량은 토크컨버터 압력제어 밸브로부터 토크컨버터로 공급된다.

(5) 댐퍼클러치 제어밸브 damper clutch control valve 와 솔레노이드 밸브

댐퍼클러치 제어밸브는 댐퍼클러치에 작용하는 유압을 제어하며, 댐퍼클러치 솔레노이드 밸브는 자동변속기 컴퓨터의 신호에 의하여 듀티 제어되어 전기신호를 유압신호로 변환한다.

(6) 매뉴얼 밸브 manual valve

매뉴얼 밸브는 운전자 변속레버의 조작을 받아 변속 레인지를 결정하는 밸브보디의 구성요소로서 변속레버의 움직임이 따라 P, R, N, D 등의 오일회로를 변환하여 라인압력을 공급한다.

(7) 압력제어 밸브 PCV 와 솔레노이드 밸브 PCSV

압력제어 밸브(pressure control valve)와 솔레노이드 밸브(solenoid valve)는 후진 클러치(reverse clutch)를 제외한 각 요소에 1조씩 설치되어 있다. 저속 & 후진, 언더 드라이브용 압력제어 밸브는 클러치 유압이 해제될 때 유압이 급격히 떨어지는 것을 방지하여 클러치 대 클러치(clutch to clutch)제어를 할 때 입력축 회전속도의 상승률을 억제한다.

(8) 스위치 밸브 switch valve

오버드라이브 클러치가 작동할 때 스위치 밸브를 경유한 유압이 레귤레이터 밸브로 공급된다. 이에 따라 제3속, 제4속에서는 라인압력이 감압된다. 페일 세이프일 때(자동변속기 릴레이 OFF일 때)에는 저속 & 후진 압력제어 밸브에서 저속 & 후진 브레이크의 유압공급을 차단한다.

(9) 페일세이프 밸브 fail safe valve

페일세이프 밸브 A는 페일세이프가 발생하였을 때 저속 & 후진 브레이크 유압을 해제한다. 또 해제하였을 때 저속 & 후진 브레이크의 오일회로를 변경하여 더욱 빠른 변속을 실현한다. 페일세이프 밸브 B는 페일세이프일 때 2ND 압력제어 밸브로부터 2ND 브레이크로의 유압을 차단한다. 그리고 페일세이프 밸브 C는 페일세이프일 때 스위치 밸브로부터 다이렉트 클러치로의 유압을 차 단한다.

(10) 어큐뮬레이터 accumulator

어큐뮬레이터는 자동변속기의 유압제어 장치에서 사용되는 것이며, 클러치 및 브레이크의 작동 오일회로에 설치되어 변속할 때 클러치로 공급되는 유압을 일시적으로 축적하여 클러치 및 브레이크가 급격하게 작동하는 것을 방지하여 부드러운 변속이 이루어지도록 한다.

3.3. 전자제어 장치

전자제어 자동변속기의 전자제어는 입력부분・제어부분 및 출력부분으로 구성된다. 입력부분은 각종 센서들의 신호가 입력된다. 이 센서들의 신호는 변속을 실행하기 위한 신호이며, 예를 들어 현재 변속레버의 위치가 P(parking)레인지이고, 기관 회전속도가 일정값 이상이 입력되고 운전자가 밟은 가속페달의 조작 정도는 약 50%이면 자동변속기 컴퓨터(TCU, transmission control unit)는 밸브보디의 유압을 형성하여 유압제어장치의 클러치나 브레이크로 전달되어 유성기어 장치에서 각종 기어의 회전속도 변화를 유도한다. 자동변속기 관련 센서는 다음과 같다.

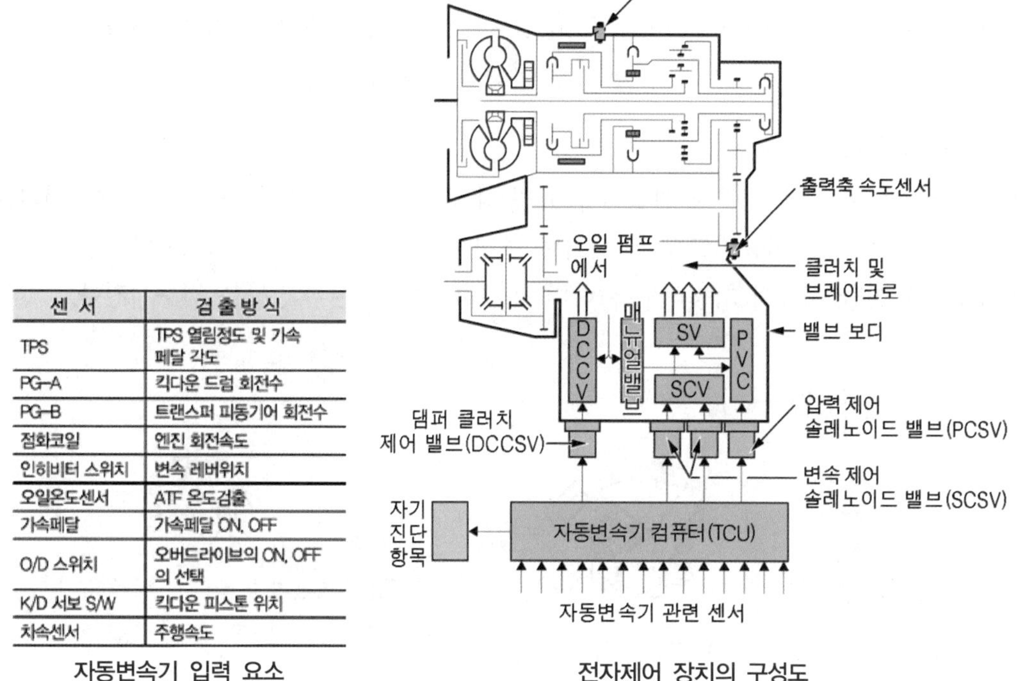

센 서	검출방식
TPS	TPS 열림정도 및 가속 페달 각도
PG-A	킥다운 드럼 회전수
PG-B	트랜스퍼 피동기어 회전수
점화코일	엔진 회전속도
인히비터 스위치	변속 레버위치
오일온도센서	ATF 온도검출
가속페달	가속페달 ON, OFF
O/D 스위치	오버드라이브의 ON, OFF 의 선택
K/D 서보 S/W	킥다운 피스톤 위치
차속센서	주행속도

자동변속기 입력 요소

전자제어 장치의 구성도

(1) 점화스위치 IG ON 전원

점화스위치 IG ON전원은 자동변속기 컴퓨터를 활성화시키는 신호이다. 즉 최초로 작동을 시작하는 시점이 IG ON전원이 입력되는 순간 스캐너의 통신기능이 가능하다.

(2) 입·출력축 속도 센서 input·output shaft speed sensor

입 · 출력축 속도 센서는 기관의 동력이 변속기로 입력되는 회전속도와 변속된 후의 회전속도를 검출하여 자동변속기 컴퓨터로 전달한다. 입 · 출력축 속도 센서의 종류에는 펄스제너레이터 방식(pulse generator type)과 홀센서 방식(hall sensor type)이 있다. 현재 생산되는 자동변속기는 대부분이 홀센서 방식을 사용하고 있으며 펄스 제너레이터 방식에 비해 외부 노이즈에 안정적으로 대응하며 신뢰성이 높은 장점이 있다.

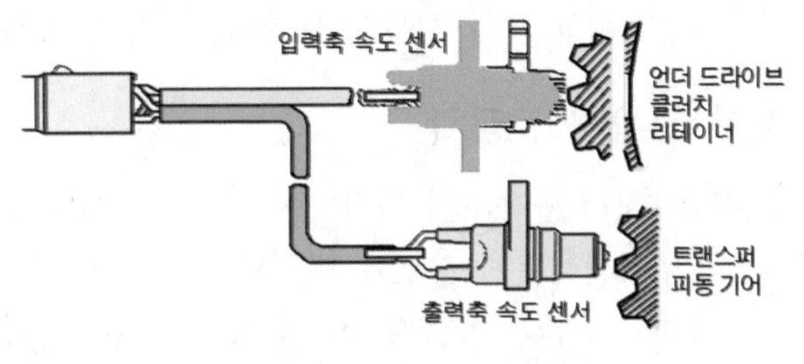

입·출력 속도센서의 구조

(3) 오일온도 센서

오일온도 센서는 부특성 서미스터를 이용해 자동변속기 내부의 오일온도를 검출하여 변속을 제어하거나 댐퍼 클러치(damper clutch)제어, 고온 방지제어, 극저온 모드제어 등 각종 제어에활용한다. 이 센서가 불량할 경우 충격이나 이상 변속을 느낄 수 있다.

(4) 인히비터 스위치 inhibiter switch

인히비터 스위치는 변속 단계 설정 · 유지 및 해제를 제어할 때 이용되며, 그밖에 댐퍼클러치를 제어할 때에도 이용되고, 페일세이프 조건에서도 중요 신호로 이용된다. 또 P와 N 레인지에서만 기관 시동이 가능하도록 하며, R 레인지에서는 후진등을 점등시킨다.

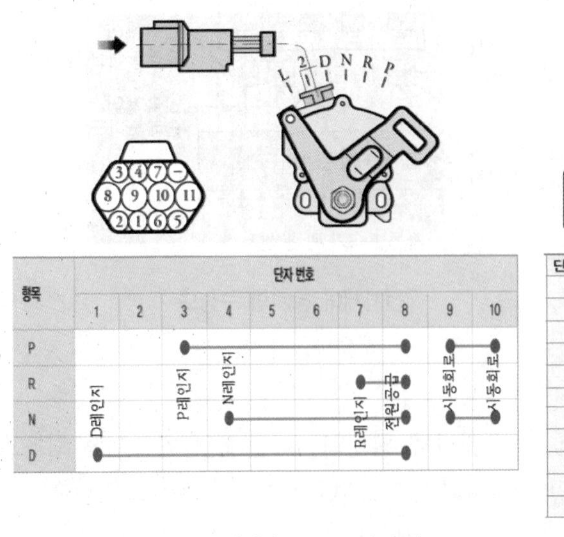

인히비터 스위치 (HIVEC 시리즈)

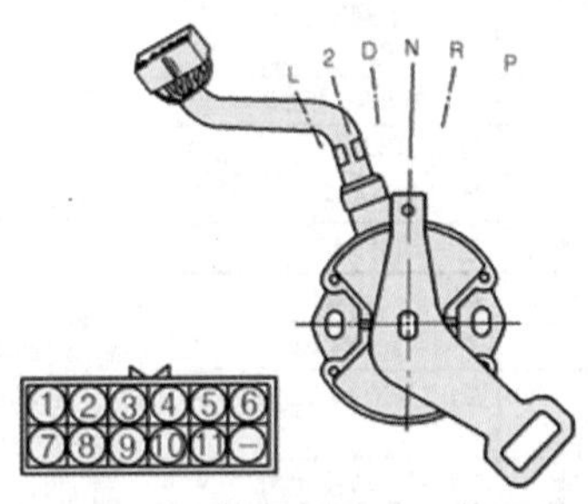

단자번호	P	R	N	D	2	L	연결단자
1					●		TCU
2			●				TCU
3	●						TCU
4	●	●	●	●	●	●	점화 스위치
5						●	TCU
6				●			TCU
7		●					TCU
8	●		●				점화 스위치
9	●		●				스타터 모터
10		●					점화 스위치
11		●					후진등

인히비터 스위치 (KM175 시리즈)

(5) 브레이크 스위치 brake switch

브레이크 스위치는 내리막길을 주행할 경우 기관 브레이크 사용을 좋아하는 운전자는 브레이크 페달을 자주 밟는다. 그러나 기관 브레이크를 별로 선호하지 않는 운전자는 브레이크 페달을 자주 밟지 않는다. 자동변속기 컴퓨터는 현재의 운전자의 성향을 파악하여 최적의 변속명령을 내리는데 브레이크 신호를 이용한다.

(6) CAN 통신 controller area network

CAN 통신은 자동변속기 컴퓨터로 입력되는 정보는 변속을 제어하는데 필요한 여러 신호들이 입력되며 자동변속기 컴퓨터로부터는 기관 컴퓨터(EGN ECU)로 출력 감소요구 신호를 보내며, 이때 자동변속기는 현재 변속단계를 유지하여 구동력 제어장치의 제어를 도와준다.

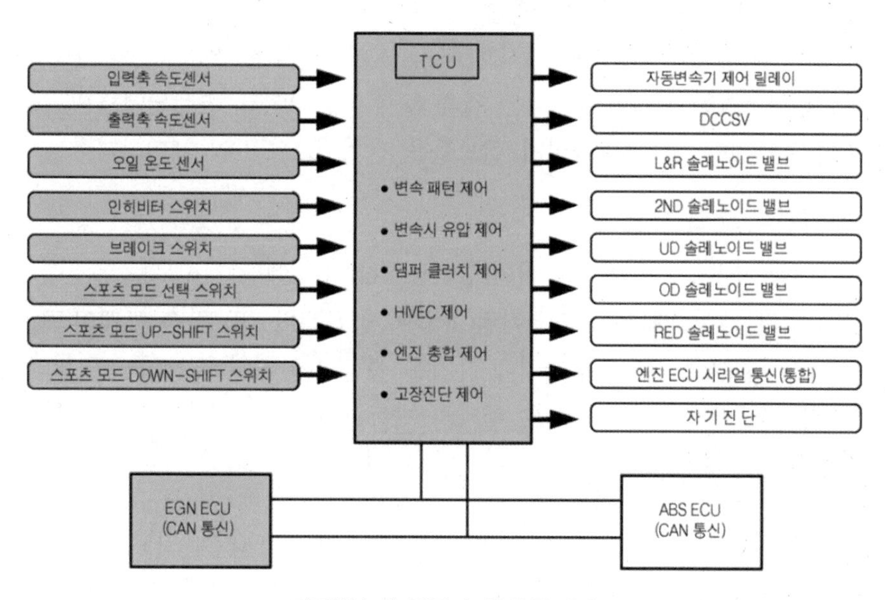

자동변속기 컴퓨터 입·출력 요소

(7) 자동변속기 릴레이의 기능

자동변속기 릴레이는 자동변속기 컴퓨터 제어에 의해 실내 정션 박스(junction box)의 전원을 유압제어 솔레노이드 밸브로 공급한다. 또 자기진단에 의해 고장이 검출되면 자동변속기 릴레이 출력을 OFF하여 페일세이프인 3속 홀드(limp home)가 진행된다. 자동변속기 컴퓨터는 최초 솔레노이드 밸브에 전원을 공급하기 위해 자동변속기 릴레이를 ON으로 하지만 만약 전자제어 장치에 문제가 발생하면 자동변속기 릴레이를 OFF하여 3속으로 유도한다.

(8) 유압제어 솔레노이드 밸브

유압제어 솔레노이드 밸브는 자동변속기 컴퓨터에 의해 듀티(duty)제어로 작동한다. 자동변속기는 유압에 의해 작동되는데 해당 클러치에 유압을 공급하고 해제하는 역할을 유압 제어 솔레노이드 밸브가 한다.

4. 전자제어 자동변속기의 유압회로

4.1. HIVEC 시리즈 유압회로

HIVEC 시리즈 전자제어 자동변속기의 변속레버를 P, R, N, D로 변속하게 되면, 표 [변속기의 오일압력 규정값 (HIVEC 시리즈)]와 같이 해당하는 솔레노이드밸브에 압력을 규정값 범위로 전달한다.

(1) 주차 & 중립레인지일 때의 유압회로

주차(parking) 및 중립(neutral)레인지에서는 유압이 저속 & 후진(low & reverse) 브레이크로만 공급된다. 자동변속기 컴퓨터는 저속 & 후진브레이크 솔레노이드 밸브와 댐퍼클러치 솔레노이드 밸브를 제외한 나머지 밸브들을 전기적으로 ON 제어한다.

(2) 후진레인지일 때의 유압회로

후진(reverse)레인지에서는 후진 클러치(reverse clutch)에 기계적으로 유압이 공급되며, 저속 & 후진(LR) 브레이크에는 듀티제어된 유압이 공급된다. 또 감속 브레이크(reduction brake, 5속을 만들기 위한 부 변속장치에 유압을 공급함)쪽에서 유압이 공급된다. P, N레인지와 다른 점은 압력제어 솔레노이드 밸브가 작동한다.

(3) D레인지 1속 유압회로

D레인지 1속 유압회로 각 클러치나 브레이크로 공급되는 유압은 언더 드라이브(UD)클러치와 저속 & 후진(LR) 브레이크로 공급된다. 또 감속 브레이크쪽도 유압이 공급된다.

(4) D레인지 2속 유압회로

2속의 유압공급은 언더 드라이브(UD)클러치와 2ND 브레이크로 공급하며, 감속 브레이크에도 지속적으로 유압이 공급된다.

(5) D레인지 3속 유압회로

3속에서는 언더 드라이브(UD 클러치와 오버드라이브(OD)클러치에 유압이 공급되어 3속의 변속비율을 얻을 수 있으며, 감속 브레이크 쪽에도 유압이 공급된다.

(6) D레인지 4속 유압회로

4속에서는 오버드라이브(OD) 클러치와 2ND 브레이크에 유압이 공급되어 4속의 변속비율을 형성한다. 감속(RED) 브레이크는 4속까지 작동하여 부변속장치를 작동시킨다. 압력제어 솔레노이드 밸브가 2, 3속 때와 동일한 제어를 한다. 4속에서는 주 변속장치에서는 오버드라이브(OD)와 2ND 브레이크가 작동하였으므로 오버드라이브 상태이다.

자동변속기의 오일압력 규정값 (HIVEC 시리즈)

측정 조건			기준 유압 kPa (kgf/cm2)					
선택레버 위치	변속단 위치	엔진 회전수 (r/min)	UD (언더드라이브 클러치)	REV (리버스 클러치)	OD (오버드라이브 클러치)	L&R (로우&리버스 브레이크)	2ND (세컨드 브레이크)	DR (토크컨버터)
P	-	2500	-	-	-	310~390 (3.2~4.0)	-	500~700 (5.1~7.1)
R	후진	2500	-	1320~1720 (13.5~17.5)	-	1320~1720 (13.5~17.5)	-	500~700 (5.1~7.1)
N	-	2500	-	-	-	310~390 (3.2~4.0)	-	500~700 (5.1~7.1)
D	1속	2500	1020~1040 (10.4~10.6)	-	-	1020~1040 (10.4~10.6)	-	500~700 (5.1~7.1)
	2속	2500	1020~1040 (10.4~10.6)	-	-	-	1020~1040 (10.4~10.6)	500~700 (5.1~7.1)
	3속	2500	590~690 (6.0~7.0)	-	590~690 (6.0~7.0)	-	-	450~650 (4.6~6.6)
	4속	2500	-	-	590~690 (6.0~7.0)	-	500~690 (6.0~7.0)	450~650 (4.6~6.6)

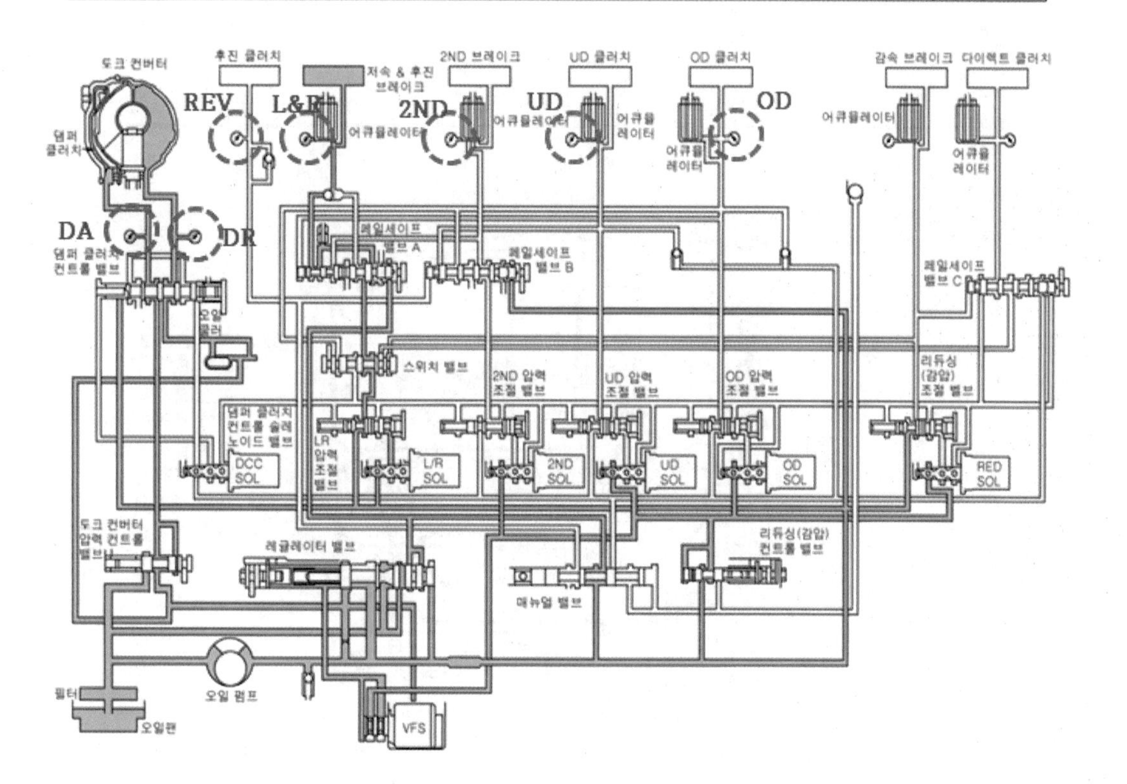

자동변속기 유압회로도 (HIVEC 시리즈)

4.2. KM 시리즈 유압회로

KM 시리즈 전자제어 자동변속기의 변속레버를 P, R, N, D로 변속하게 되면, 표 [변속기의 오일압력 규정값 (KM 시리즈)]와 같이 해당하는 솔레노이드밸브에 압력을 규정값 범위로 전달한다.

자동변속기의 오일압력 규정값 (KM 시리즈)

번호	조 건			규정 오일 압력(kgf/cm^2)							
	선택 레버 위치	엔진 속도 (rpm)	변속 위치	① 감압	② 서보 공급압	③ 리어 클러치 압력	④ 프런트 클러치 압력	⑤ 엔드 클러치 압력	⑥ 로우리버스 브레이크 압력	⑦ 토크 컨버터 압력	⑧ 댐퍼클러치 압력
1	N	공회전	중립	4.1 ~4.3	–	–	–	–	–	–	–
2	D(스위치ON)	약 2,500	4단 기어	4.1 ~4.3	8.7 ~9.1	–	–	8.5 ~8.9	–	–	6.4~7.0 (D/C작동시)
3	D	약 2,500	3단 기어	4.1 ~4.3	8.6 ~9.0	8.6 ~9.0	8.4 ~8.8	8.6 ~9.0	–	–	6.4~7.0 (D/C작동시)
4	D	약 2,500	2단 기어	4.1 ~4.3	8.7 ~9.1	8.6 ~9.0	–	–	–	–	6.4~7.0 (D/C작동시)
5	L	약 2500	1단 기어	4.1 ~4.3	–	8.6 ~9.0	–	–	3.5 ~4.3	4.3 ~4.9	2.4~2.8 (D/C작동시)
6	R	약 2,500	후진	4.5 ~4.7	–	–	18.5 ~19.5	–	18.5 ~19.5	4.4 ~5.0	2.7~3.5 (D/C작동시)

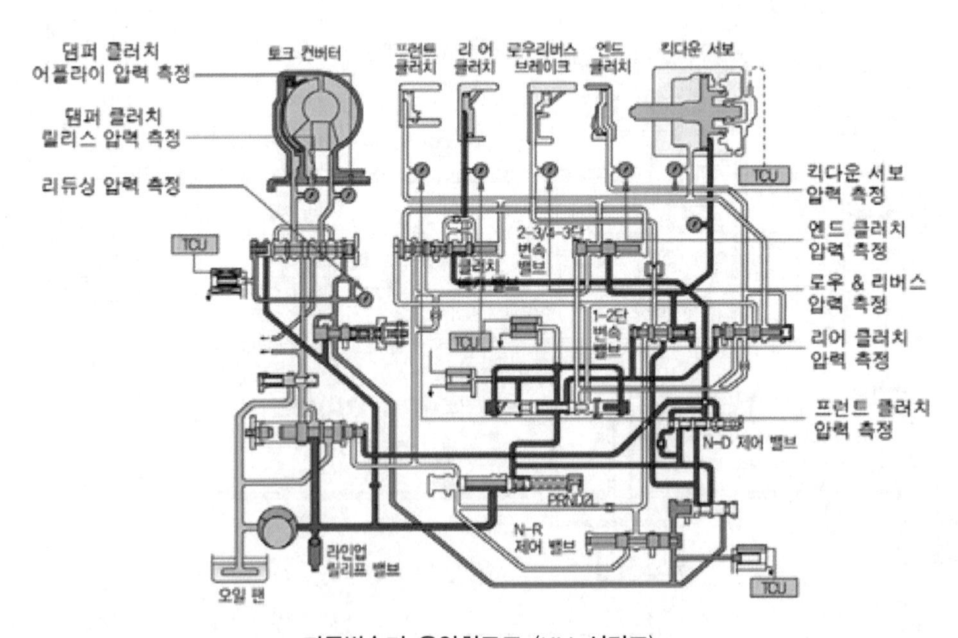

자동변속기 유압회로도 (KM 시리즈)

5. 전자제어 자동변속기의 각종 제어

5.1. 변속선도 제어 shift pattern

각종 변속선도는 자동차의 연료소비율, 가속성능 및 배기가스 배출 등에 큰 영향을 미치므로 자동차의 배기가스, 주행성능 등을 고려하여 결정한다. 5단 자동변속기의 경우에는 하이백 제어의 적용으로 도로 조건 및 운전자의 주행방법에 따라 변속시점이 변화하는 가변변속 선도를 사용하기 때문에 기존의 자동변속기에서 사용되던 파워 및 이코노미 스위치를 제거하였다. 그림의 변속선도에 있는 실선은 변속단계의 상향변속 상태를 나타내며, 점선은 변속단계의 하향변속 상태를 나타낸 것이다. 변속점이 상향과 하향시기가 다른 것은 변속시점에 근접한 속도로 운행할 때 상향과 하향을 반복해서 발생되는 히스테리시스 현상을 방지하기 위함이다.

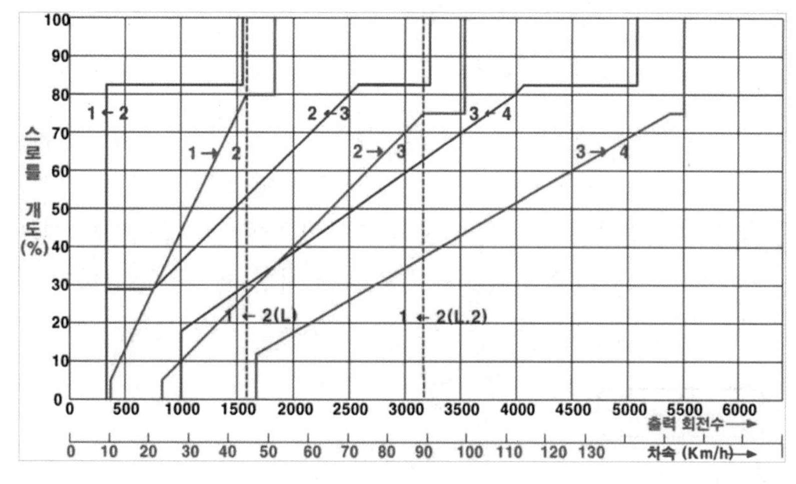

자동변속기의 변속선도

5.2. 하이백 제어 HIVEC

하이백 제어(HIVEC, hyundai intelligent vehicle electronic control)는 다양한 도로 조건을 운전할 때 운전자가 원하는 최적의 변속단계를 얻을 수 있도록 전체 운전영역의 최적 제어와 운전자의 기호와 습성에 알맞게 변속시간을 변환시켜 주는 학습제어로 구성되어 있다.

(1) 전체운전 영역의 최적제어

많은 운전자가 다양한 도로 조건에서 주행하였을 때 최적의 수동변속 조작이 미리 입력되어 있다. 이를 기준으로 하여 자동변속기 컴퓨터는 가속페달을 밟은 정도, 주행속도, 브레이크 신호를 받아 현재의 주행 조건을 판단하여 최적의 변속단계를 출력한다. 이에 따라 하이백 제어는 어떠한 도로 조건하에서 주행하여도 최적의 변속 단계를 얻을 수 있다.

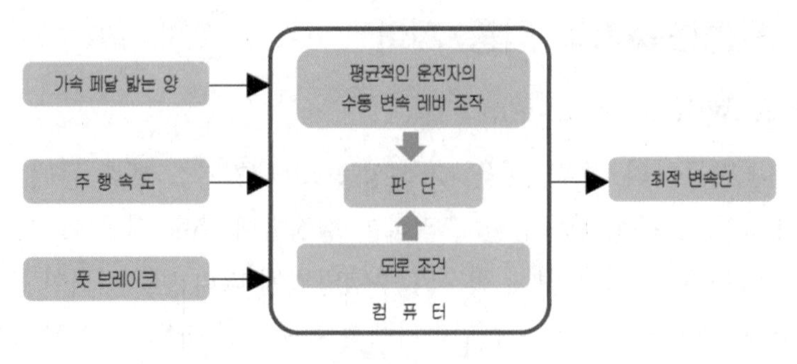

전체운전영역의 최적제어

(2) 신경망 제어 neural network

자동변속기 컴퓨터에 의해 최적의 변속단계를 출력하기 위한 연산은 매우 복잡하기 때문에 기존의 퍼지(fuzzy) 같은 논리만으로는 실현이 불가능하므로 하이백은 신경망 제어를 채용하여 최적의 변속단계를 가능하도록 하였다.

(3) 학습제어

전체운전 영역 최적제어에 의해 미리 입력된 최적의 변속조작이 실현 가능하도록 되었지만 보다 더 자신의 기호에 맞는 운전을 원하는 운전자와 운전의 숙련도, 2인의 운전자가 1대의 자동차를 교대로 운전하는 경우 운전자의 기분이 변화할 수도 있기 때문에 전자제어 자동변속기에는 센서, 브레이크 등의 신호를 받아 운전자의 특성을 판단하여 현재 운전자가 원하는 주행 상태를 갖출 수 있도록 변속선도를 수정하는 학습기능을 갖추고 있다.

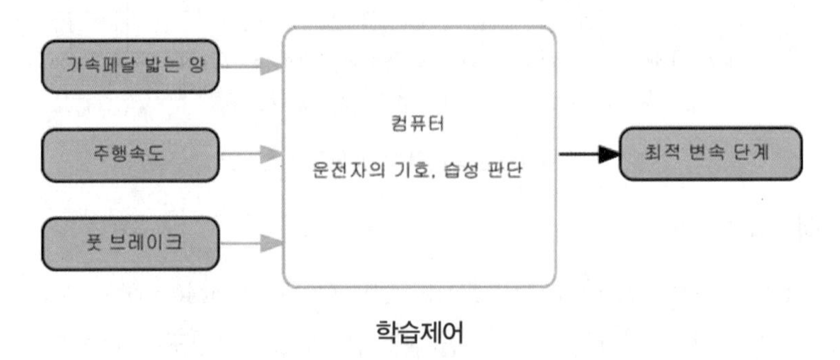

학습제어

5 무단 자동변속기

1. 무단 변속기의 개요

무단 변속기란 연속적으로 가변 시켜주는 변속기라는 의미이며, 무단 변속기는 단계가 없는 변속을 실행할 수 있어 자동변속기에서 변속할 때 발생할 수 있는 변속충격(변속감각,

shift quality) 감소 및 연료소비율과 가속성능 등을 향상시킬 수 있다.

2. 무단 변속기의 필요성 및 특징

2.1. 무단 변속기의 필요성

변속기는 효율적인 자동차 사용과 함께 기관의 출력을 자유롭게 제어할 수 있는 기능을 지니고 있으나 현재의 수동변속기나 자동변속기로는 한계가 있다. 즉 변속단수를 폭넓게 사용하는데 제약이 따른다. 무단 변속기는 변속단수를 무한대(변속비율 2.319~0.445)로 할 수 있기 때문에 운전 중 최적의 성능곡선을 지속적으로 유지시킬 수 있다. 이와 같은 특성으로 연료 1L당 주행거리를 비교하였을 때 수동변속기 보다 약 15%, 자동변속기보다는 약 50% 정도 향상시킬 수 있는 장점이 제기되고 있다.

2.2. 무단 변속기의 특징

① 가속 성능을 향상 시킬 수 있다.
② 연료소비율을 향상 시킬 수 있다.
③ 변속에 의한 충격을 감소시킬 수 있다.

무단 변속기

3. 무단 변속기의 종류

3.1. 동력전달 방식에 따른 분류

(1) 토크컨버터 방식 torque converter type

토크컨버터 방식은 기존의 자동변속기에서 사용하는 토크컨버터와 같다. 그러나 무단 변속기의 특성상 록업(lock up) 작동영역을 자동변속기에 비해 크게 할 수 있기 때문에 연료소비율 향상 및 출발성능에 큰 효과를 볼 수 있다.

(2) 전자분말 클러치 방식 electronic powder clutch type

전자분말 클러치 방식은 구동판(drive plate)에 볼트(bolt)로 고정되어 있으며, 변속기 입력축과 연결된 로터(rotor), 구동판과 연결된 클러치 하우징(clutch housing)의 요크(yoke) 및 코일(coil) 등으로 구성되어 있다. 제어기구(controller)에서 브러시(brush)로 전류를 공급하면 슬립 링(slip ring)을 통해 코일이 자화(磁化)되어 요크와 로터 사이에 있는 자석성분의 분말(powder)이 연속적으로 연결된다. 이 결합력에 의해 요크 및 변속기 입력축과 결합된 로터가 연결되어 동력을 전달한다. 이 결합력은 전류의 세기에 비례하며, 제어 기구에서 전류공급을 차단하면 분말의 연결 상태가 해제되므로 클러치가 분리되어 동력이 차단된다.

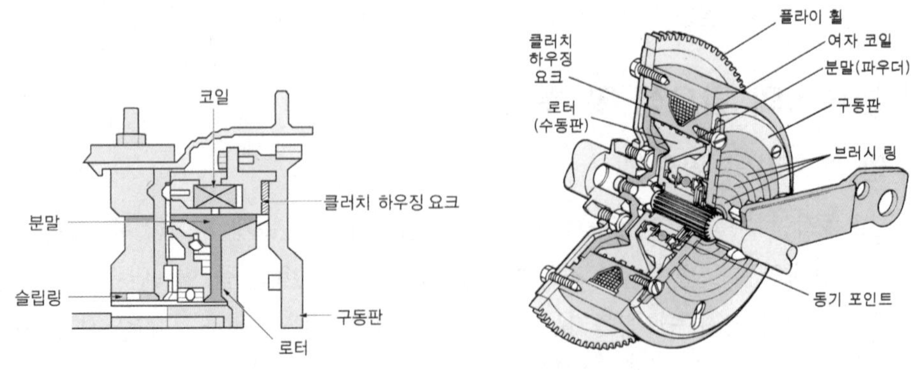

전자분말 클러치 방식의 구조

3.2. 변속방식에 의한 분류

(1) 벨트 풀리 방식 belt pulley type

벨트 풀리방식에는 고무벨트, 금속벨트, 체인방식이 있으며 변속기능은 구동 및 피동 풀리에서 벨트의 회전반지름을 연속적으로 변화시켜서 얻는다. 구동 풀리와 피동 풀리는 각각 축에 고정된 고정풀리와 축 방향으로 이동이 가능한 이동 풀리로 구성되어 있으며, 벨트 회전피치 반지름의 변화 즉, 고정 풀리와 이동 풀리 사이의 간극조정은 구동 및 피동 풀리의 이동 풀리 면에 가해지는 축의 힘에 의해 제어된다. 한편 벨트의 동력전달은 벨트와 풀리 사이의 마찰에 의하여 이루어지며, 적절한 마찰을 유지하기 위해서는 풀리에 가해지는 축의 힘을 제어하여야 한다.

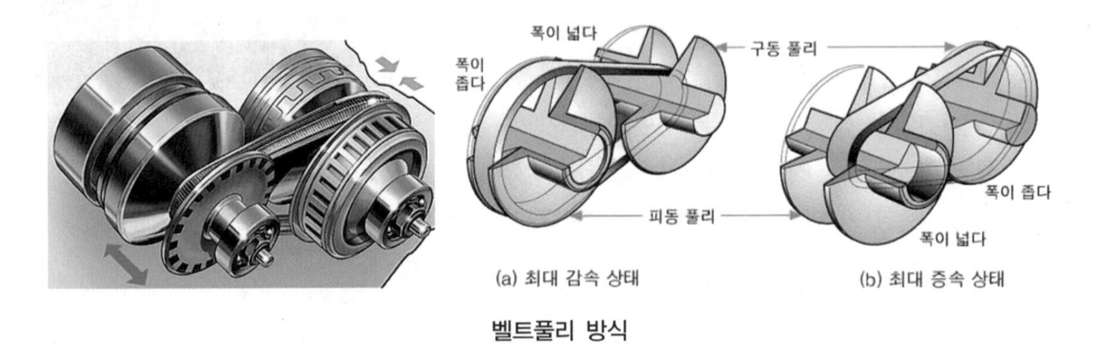

벨트풀리 방식

(2) 익스트로이드 방식 extoroid type

익스트로이드 방식의 원리는 입력축과 출력축 원판에 하중을 작용시키고 롤러가 회전함에 따라 접촉 반지름이 변화하여 이것의 반지름 비율에 의해 변속이된다. 현재의 벨트구동형 무단 변속기는 구조상 앞바퀴 구동 방식에서 주로 사용하는 데 비해 익스트로이드 방식은 구조원리상 뒷바퀴 구동 방식에서 사용할 수 있는 구조를 지녔으므로 주로 뒷바퀴 구동 방식 자동차에서 사용된다.

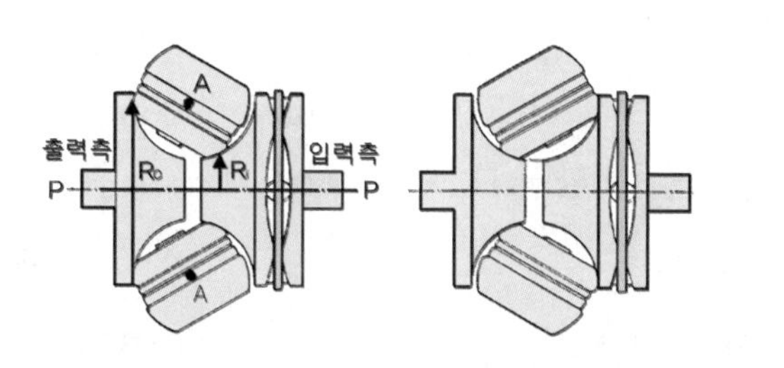

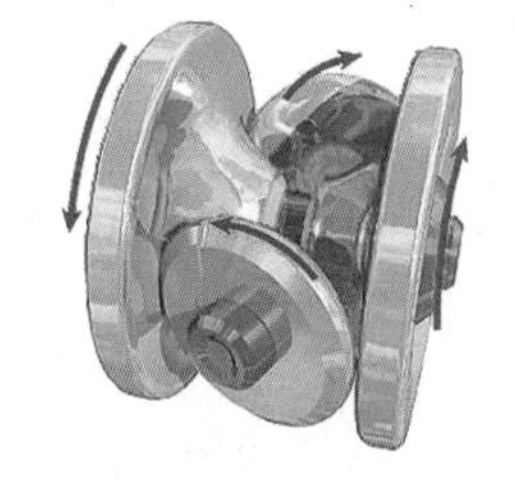

익스트로이드 방식

4. 무단 변속기의 구성요소

4.1. 토크컨버터 torque converter

토크컨버터는 기관의 동력을 변속기로 전달하는 유체 동역학적 동력전달장치이며, 현재 대부분의 자동변속기에서 이용하고 있는 매우 중요한 장치이다. 특히 무단 변속기용 토크컨버터는 일반 자동변속기의 주요 구성부품을 공용하고 있으나 록업 클러치의 강성화와 정숙성 확보, 록업 영역의 확대로 낮은 연료소비율 실현 및 출발성능을 향상시켰다.

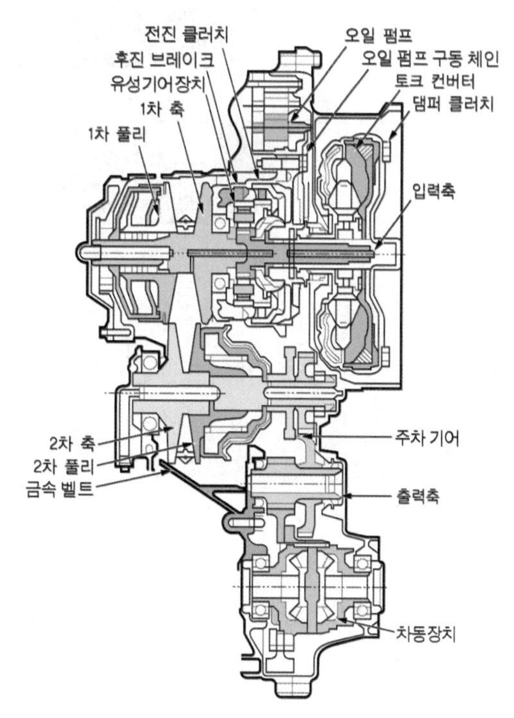

무단 변속기의 구조(토크컨버터 방식)

4.2. 오일펌프 oil pump

오일펌프는 토크컨버터 바로 뒷부분이나 변속기 케이스의 맨 뒤쪽에 설치되며, 어떤 경우에는 밸브 보디(valve body) 내에 설치하기도 한다. 오일펌프는 항상 기관에 의해 구동되는데 토크컨버터의 뒤쪽에 설치하는 경우에는 토크컨버터의 펌프커버 허브에 의해 구동되며, 변속기 뒤쪽이나 밸브 보디에 설치할 경우에는 토크컨버터 커버와 연결된 별도의 오일펌프 구동축에 의해 구동된다.

4.3. 전진 및 후진장치

무단 변속기의 변속은 가변풀리와 벨트에 의해 결정되므로 별도의 변속장치가 필요 없다. 그러나 무단 변속기 역시 후진을 하여야 하기 때문에 후진을 위한 별도의 전・후진장치가 필요하다. 전・후진장치는 유성기어를 사용하며, 유성기어의 구성은 선기어(sun gear), 링기어(ring gear), 캐리어(carrier)로 되어 있으며, 더블 피니언(double pinion)방식을 사용한다. 더블 피니언은 전진에서 후진으로 동력을 변환할 때 회전방향을 바꾸기 위한 장치이다.

(1) 전진할 때의 작동

중립상태에서는 기관의 동력이 터빈을 통해 입력축으로 전달되어 회전하며, 입력축에는 스플라인(spline)을 통해 전진클러치의 리테이너(retainer)가 조립되어 있어 회전을 하지만 유압이 작용하지 않기 때문에 허브(hub)는 회전하지 않는다.

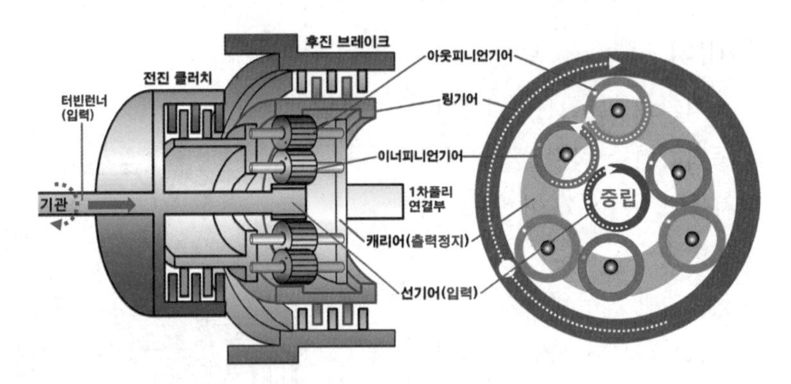

중립상태의 동력전달 경로 〈출처 : 강주원 그림 수정〉

전진할 때 동력전달 경로는 기관 → 토크컨버터 → 입력축 → 전진클러치 → 캐리어(정회전) → 1차 풀리 순서이다. 전진위치로 변속을 하면 전진클러치에 유압이 작용(점선 내)하며, 회전하고 있는 전진클러치의 리테이너 동력은 허브로 전달되고, 허브는 유성기어의 캐리어로 전달한다. 한편 캐리어는 입력요소인 동시에 출력요소로 되어 있기 때문에 1: 1의 상태 즉 직결 상태로 1차 풀리로 전달이 되어 1차 풀리가 회전한다. 이때 선 기어도 회전을 하고 있으나 캐리어와 같은 축에서 같은 속도로 회전하므로 동력전달에는 아무런 영향을 미치지 않는다.

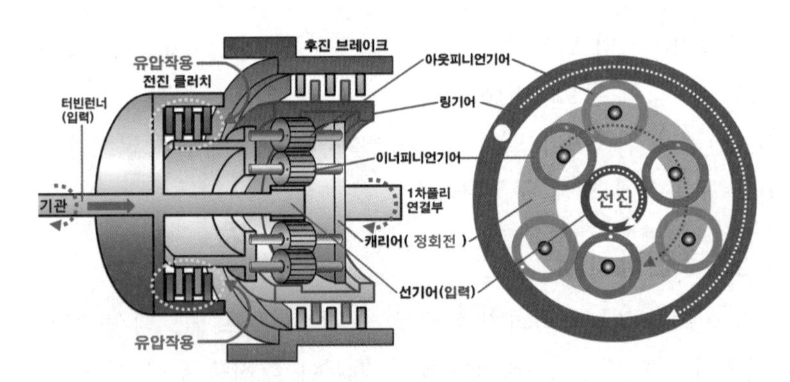

전진할 때의 동력전달 경로 〈출처 : 강주원 그림 수정〉

(2) 후진할 때의 작동

후진할 때 동력전달 경로는 기관 → 토크컨버터 → 입력축 → 선기어 → 아웃피니언(후진 브레이크에 의해 케이스에 고정) → 링기어 → 캐리어(역회전) → 1차 풀리 순서이다. 후진위치로 변속을 하면 유압이 후진 브레이크에 작용(점선 내)하게 되어 회전하고 있는 링기어를 변속기 케이스에 고정하게 되고, 선 기어로부터 들어온 동력을 역회전시켜 1차 풀리로 전달하여 후진한다. 후진에서는 선 기어가 구동기어가 되고, 링 기어가 고정요소로 되어 감속이 발생한다.

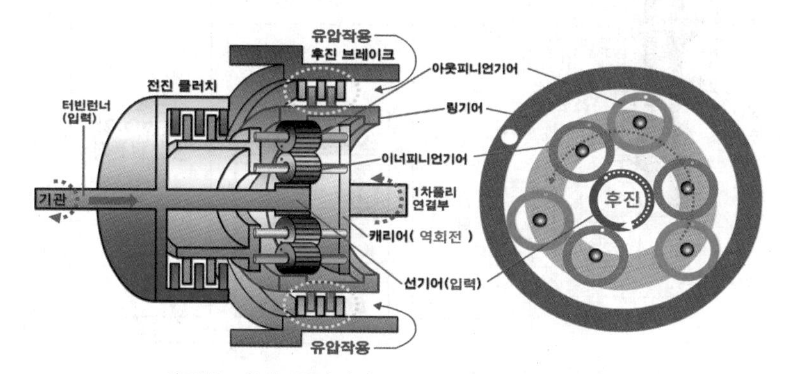

후진할 때의 동력전달 경로 〈출처 : 강주원 그림 수정〉

4.4. 가변 풀리

무단 변속기에서 변속비율이 제어되는 부분은 풀리이다. 즉, 지름이 다른 2개의 풀리가 벨트를 통해 서로 연결되어 있으며, 각 풀리에는 벨트가 설치되어 지름을 변경할 수 있게 되어 있다. 1차 풀리 피스톤과 2차 풀리 피스톤에 의해 변경할 수 있게 되어있다. 각 풀리 장치 즉 구동과 피동 풀리는 고정 및 이동 시브(sheave)로 구성되어 있다. 고정 시브와 이동 시브 사이에는 볼 스플라인(ball spline)을 사용하여 축 방향 이동은 자유로우나 회전운동을 제한을 받는다. 이동시브가 축 방향으로 이동함에 따라 벨트의 접촉 반지름이 바뀌며, 이에 따라 풀리 비율이 변화된다.

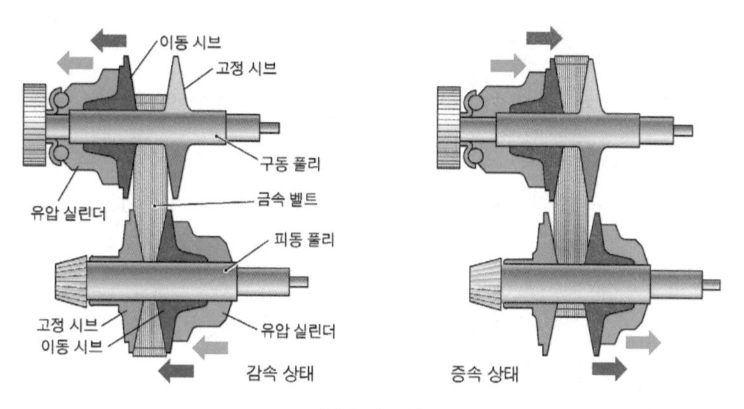

풀리의구성

5. 무단 변속기 전자제어

5.1. 센서의 구성 및 작동원리

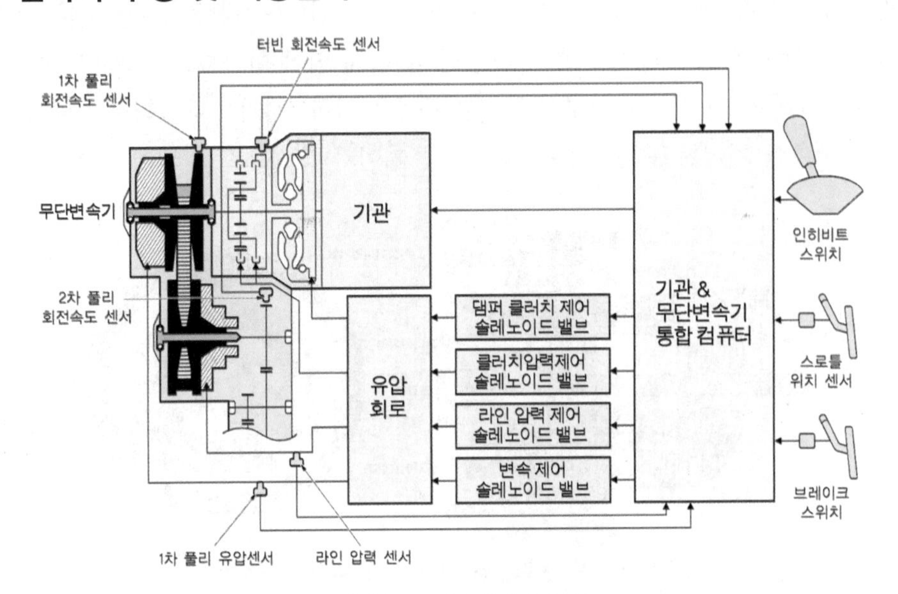

무단변속기 전자제어의 구성

(1) 듀티 솔레노이드 밸브 duty solenoid valve

무단 변속기용 솔레노이드 밸브 종류에는 댐퍼 클러치 제어 솔레노이드 밸브(DCCSV), 라인압력 제어 솔레노이드 밸브(LPCSV), 클러치 압력 제어 솔레노이드 밸브(CPCSV), 변속제어 솔레노이드 밸브(SCSV) 등이 있다.

(2) 오일온도 센서 oil temperature sensor

무단 변속기 오일온도를 부특성 서미스터로 검출하여 댐퍼 클러치 작동 및 미작동 영역을 검출하고 변속할 때 유압 제어정보로 사용한다.

(3) 유압 센서 oil pressure sensor

유압 센서는 라인압력(2차 풀리의 유압) 검출용과 1차 풀리의 유압 검출용 2개가 설치된다. 유압 센서는 물리량인 유압을 전기량인 전압 또는 전류로 변화하는 것을 이용한 것으로 무단 변속기에서 사용하는 유압 센서는 전압을 이용하는 방식이다.

(4) 회전속도 센서

회전속도 센서의 형식은 홀 센서(hall sensor)를 사용하며, 종류에는 터빈 회전속도 센서, 1차 풀리 회전속도 센서, 2차 풀리 회전속도 센서 등 3가지가 있으며, 터빈 회전속도를 제외하고 모두 공용화가 가능하다.

5.2. 유압제어 장치

(1) 라인압력 제어 line pressure control

라인압력 제어장치는 자동변속기보다 훨씬 높은 유압제어와 수시로 입력되는 회전력에 대해 라인압력을 신속·정확하게 가변제어 시킬 필요가 있다. 즉, 2차 풀리에 라인압력을 직접 작용시켜 벨트의 장력과 마찰력을 확보하는 제어를 한다.

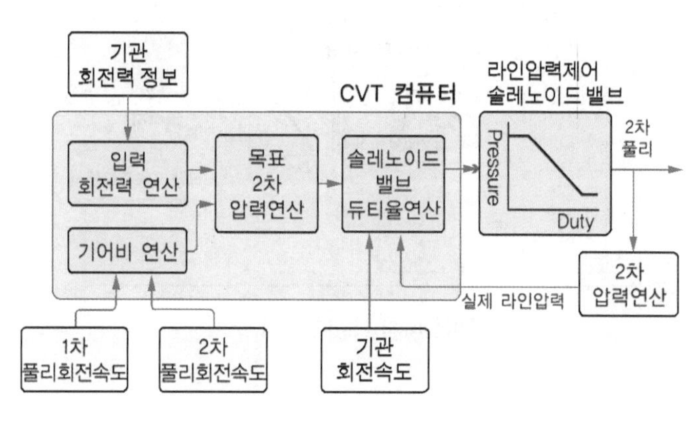

라인압력 제어장치의 구성

(2) 변속비율 제어 shift ratio control

무단 변속기는 두 풀리 사이의 지름변화에 따라 변속비율이 얻어지므로 변속을 하기 위해서는 반드시 풀리의 이동시브가 축 방향으로 이동을 하여야 한다. 풀리의 이동은 풀리에 작용하는 유량에 의해 이루어지는데 비교적 넓은 면적의 풀리 피스톤이 원하는 변속비율 위치로 신속히 이동하기 위해서는 매우 큰 순간적인 유량을 필요로 한다. 변속비율 제어는 이와 같이 1차 풀리가 신속하게 이동하기 위해 필요한 유압과 유량을 제공한다.

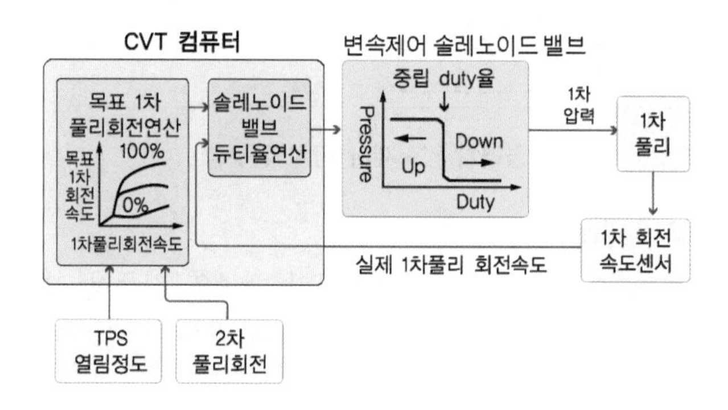

변속비율 제어장치의 구성

(3) 댐퍼(또는 록업) 클러치 제어 damper clutch or lock up clutch control

토크컨버터의 댐퍼클러치 제어는 자동변속기와 비슷하나 다만 토크컨버터 댐퍼의 속도비율 0.7 정도에서 자동변속기보다 다소 빠르게 이루어진다. 이것을 무단 변속기의 변속비율 폭이 자동변속기보다 넓기 때문에 댐퍼클러치를 일찍 작동시켜도 출발성능에는 문제가 없기 때문이며, 그리고 연료소비율을 조금이라도 향상시키기 위해서는 토크컨버터의 댐퍼클러치를 일찍 작동시키는 것이 유리하다.

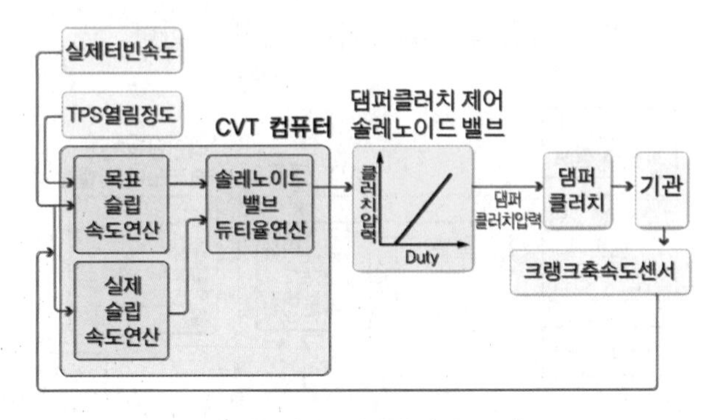

댐퍼클러치 제어장치의 구성

(4) 클러치 압력제어 clutch pressure control

변속레버를 N → D, N → R로 조작할 때 충격제어를 위해 클러치, 브레이크로의 유압을 제어한다. 이때 전진클러치 및 후진 브레이크로의 유압제어는 1개의 솔레노이드 밸브로 하며, 운전자의 변속레버 조작에 따라 전·후진이 결정된다.

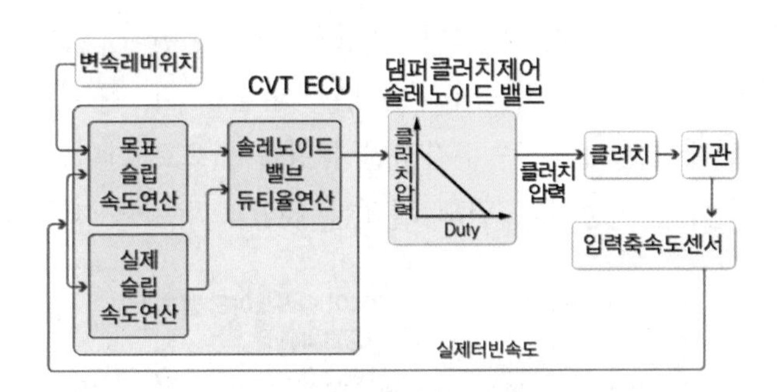

클러치 압력제어 장치의 구성

(5) 솔레노이드 밸브의 기능

① 라인압력 제어 솔레노이드 밸브 : 레귤레이터 밸브의 작동을 제어하여 2차 풀리로의 유압 및 전체라인의 압력을 제어한다.

② 변속비율 제어 솔레노이드 밸브 : 변속 제어밸브의 작동을 제어하여 1차 풀리로의 유압을 제어하여 변속비율을 제어한다.

③ 클러치 압력제어 솔레노이드 밸브 : 클러치 압력제어 밸브를 제어하여 전진 클러치 및 후진 브레이크로의 유압을 제어한다.

④ 댐퍼클러치 제어 솔레노이드 밸브 : 댐퍼클러치 제어 밸브를 제어하여 비직결, 미끄러짐 직결, 직결 상태를 제어한다.

(6) 제어밸브의 기능

① 레귤레이터 밸브 : 주행 조건에 따른 적절한 라인압력을 라인압력 제어솔레노이드 밸브의 제어에 따라 제어한다.

② 변속제어 밸브 : 변속비율 제어를 위해 1차 풀리로의 유압을 변속제어 솔레노이드 밸브의 제어에 따라 제어한다.

③ 클러치압력 제어밸브 : 전진클러치 및 후진 브레이크로의 작동압력을 클러치 압력제어 솔레노이드 밸브의 제어에 따라 제어한다.

④ 댐퍼클러치 제어밸브 : 댐퍼클러치의 작동 및 해제를 위해 댐퍼클러치 제어솔레노이드 밸브에 제어에 의해 제어된다.

5.3. INVECS 제어

INVECS는 Intelligent Vehicle Electronic Control System의 머리글자를 따서 조합한 것이다.

(1) 내리막길 제어

여러 가지 주행 조건에 의한 기관 브레이크를 얻을 수 있도록 변속비율을 제어한다. 이 제어는 현재의 주행 상태를 기초로 가속페달 또는 브레이크 페달 조작 정도에 의해 기관 브레이크의 과부족을 판정하고 학습 보정제어를 실행한다.

(2) 오르막길 제어

오르막길을 주행할 때 리프트 풋(lift foot)에 따른 불필요한 상향 변속(up shift)을 방지하고 다시 가속할 때 구동력 확보를 위해 도로 조건에 따라 1차 풀리 목표 회전속도를 증대시켜 기관 회전속도가 낮아지는 것을 방지한다.

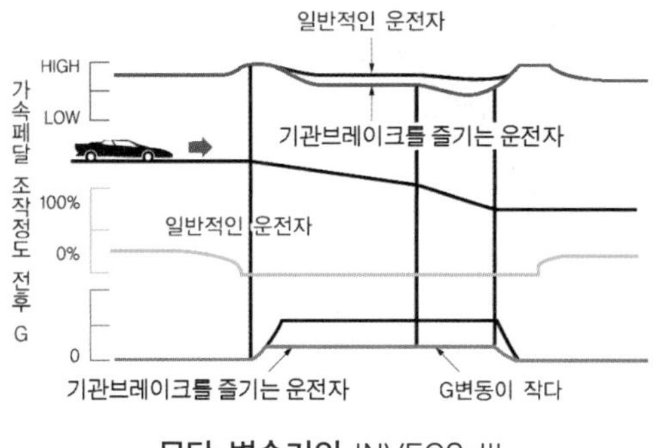

무단 변속기의 INVECS III

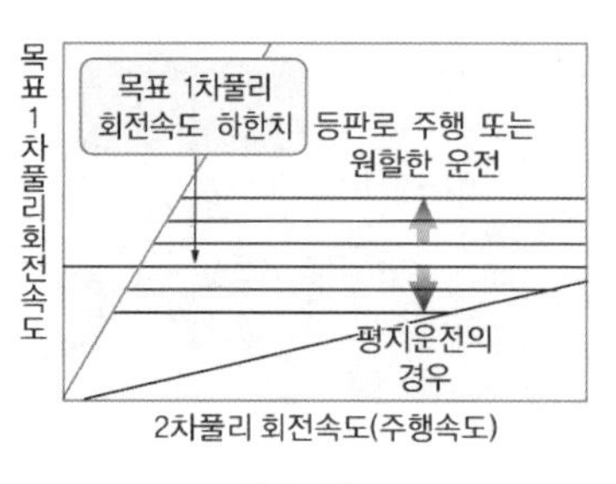

학습기능

5.4. 댐퍼 클러치 제어

(1) 오일의 저온화

낮은 온도에서 연마 특성을 확보하고, 주행 시작 후 빠른 단계로 직결을 실행하도록 한다.

(2) 작동시점의 저속화

댐퍼클러치 비직결 영역에서 토크컨버터의 미끄러짐 양이 큰 저속에서 직결하였을 경우 충격이 발생하기 때문에 기관 회전력에 응답하여 정밀하게 직결 작동압력을 제어하여 저속에서 충격 없이 직결되도록 한다.

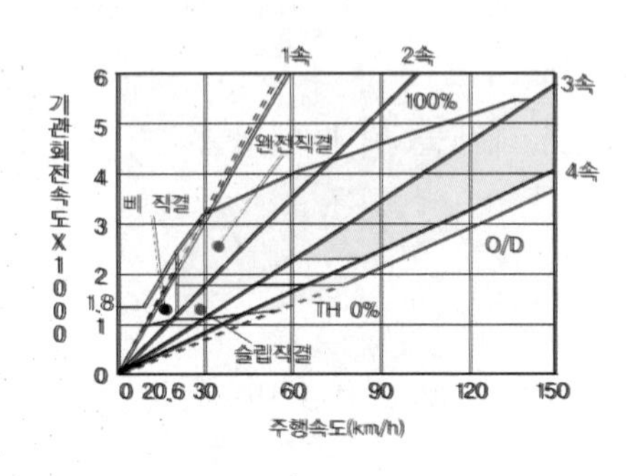

무단 변속기 직결영역

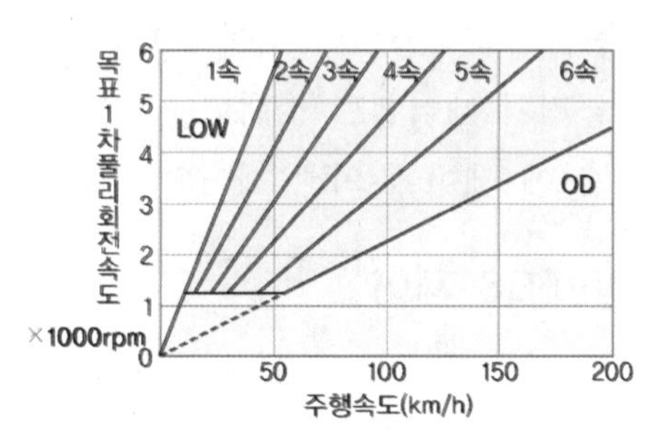

스포츠 모드 제어선도

6 드라이브 라인 drive line

드라이브 라인은 앞 기관 뒷바퀴 구동(FR) 차량에서 변속기의 출력을 종감속 기어로 전달하는 부분이며, 슬립 이음, 자재 이음, 추진축 등으로 구성되어 있다.

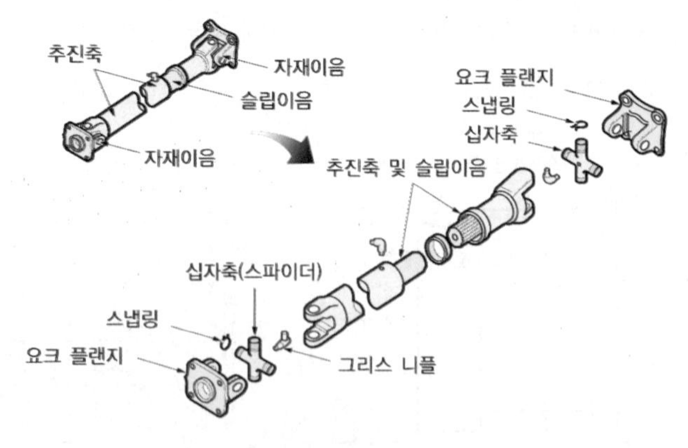

드라이브 라인의 구성

1. 슬립이음 slip joint

슬립이음은 변속기 주축 뒤끝에 스플라인을 통하여 설치되며, 뒷차축의 상하 운동에 따라 변속기와 종감속기어 사이에서 길이 변화를 수반하게 되는데 이때 추진축의 길이변화를 가능하도록 하기 위해 두고 있다.

2. 자재이음 universal joint

자재이음은 변속기와 종감속기어 사이의 구동각도 변화를 주는 장치이며, 종류에는 십자형 자재 이음, 플렉시블 이음, 볼 엔드 트러니언 자재이음, 등속도 자재이음 등이 있다.

2.1. 십자형 자재이음 (훅 조인트)

이 형식은 중심부분의 십자축과 2개의 요크(yoke)로 구성되어 있으며 십자축과 요크는 니들 롤러 베어링을 사이에 두고 연결되어 있다. 그리고 이 형식은 변속기 주축이 1회전하면 추진축도 1회전 하지만 그 요크의 각속도는 변속기 주축이 등속도 회전하여도 추진축은 90° 마다 변동하여 진동을 일으킨다. 이 진동을 감소시키려면 각도를 12~18° 이하로 하여야 하며 추진축의 앞・뒤에 자재 이음을 두어 회전속도 변화를 상쇄시켜야 한다.

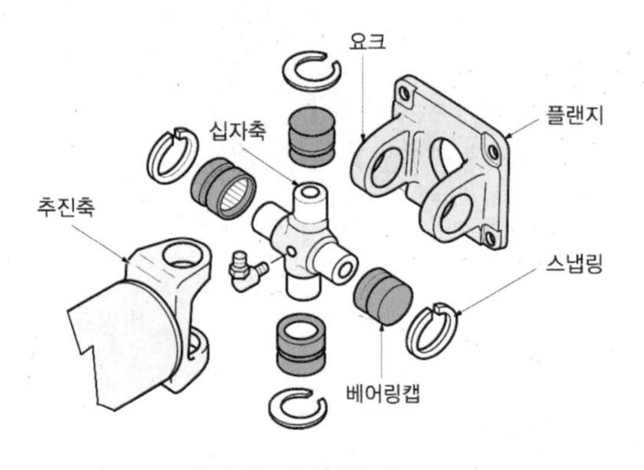

십자형 자재이음의 구조

2.2. 플렉시블 자재이음

3가닥의 가죽이나 경질고무로 만든 커플링을 끼우고 볼트로 조인 것으로 경사각도가 3~5° 이상 되면 진동을 일으키기 쉽다.

2.3. 등속도(CV) 자재이음

일반적인 자재이음에서는 동력전달 각도 때문에 추진축의 회전 각속도가 일정하지 않아 진동을 수반하는데 반해 등속도 자재이음(constant velocity universal joint)은 구동축과 피동축의 접촉점이 항상 굴절각 도의 2등분 선상에 위치하므로 등속도 회전을 할 수 있다. 등속도 자재이음은 드라이브 라인의 각도 변화가 큰 경우에 사용하며, 동력전달 효율은 높으나 구조가 복잡하다. 등속도 자재이음은 주로 앞바퀴 구동 방식(FF) 자동차의 앞차축에서 사용된다.

(1) 버필드 자재이음 birfiled joint type

버필드 자재이음은 안쪽 레이스(inner race), 바깥 레이스(outer race), 볼(steel ball) 및 볼 케이지(ball cage)로 구성되어 있고, 안쪽 레이스는 바깥쪽이 둥글게 되어 있으며, 그 위에 같은 간격으로 6개의 안내 홈을 가지고 있다. 바깥 레이스는 안쪽이 둥글게 되어 있으며, 그 위에 안쪽 레이스 홈에 대응하는 위치에 6개의 안내 홈이 있으며 이들의 홈에 6개의 볼이 들어 있다. 특히, 축방향의 전위(轉位)가 불가능한 형식은 굴절 각도가 47° 까지 가능하며, 축방향 전위가 가능한 형식에서는 축 방향의 길이 변화가 가능한 대신 굴절 각도는 20° 로 제한된다. 주로 앞바퀴 구동 방식 자동차에서 구동축의 바퀴쪽 자재이음으로 사용된다.

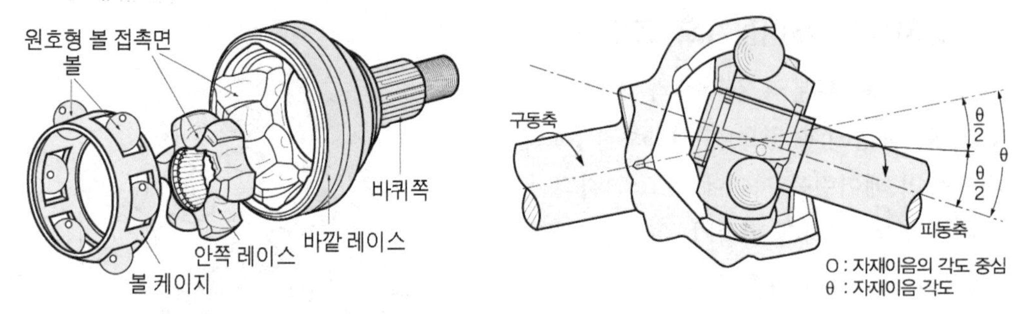

버필드형 자재이음의 구조

(2) 트리포드 자재이음 tripod joint type

트리포드 자재이음은 주로 추진축과 뒷차축의 자재이음으로 사용되며, 동력을 전달함과 동시에 축방향으로 움직이도록 되어 있다. 최근에는 앞바퀴 구동 방식 자동차에서 트랜스액슬 쪽 자재이음으로 사용된다. 트러니언 자재이음(trunion joint) 이라고도 부른다.

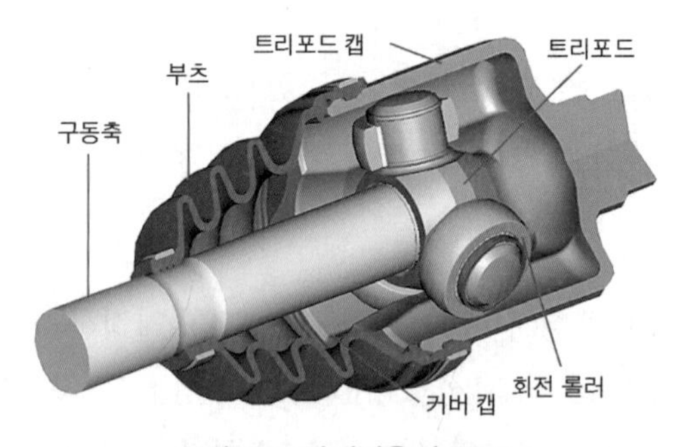

트리포트 자재이음의 구조

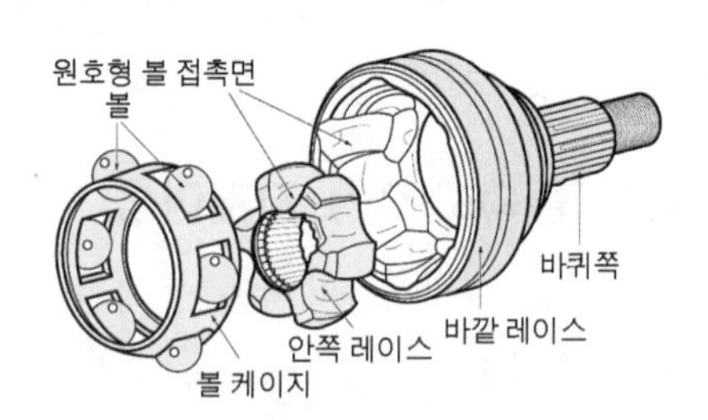

더블 오프셋 자재이음의 구조

(3) 더블 오프셋 자재이음 double off-set joint type

더블 오프셋 자재이음은 축 방향의 전위가 가능하다. 구조는 버필드 자재이음과 같으나 볼 케이지에 끼워진 볼이 바깥 레이스 안쪽면의 직선상의 안내면에서 미끄럼 운동을 할 수 있도록 되어 있다. 주로 앞바퀴 구동방식 자동차에서 구동축의 트랜스액슬 쪽 자재이음으로 사용된다.

3. 추진축 propeller shaft

추진축은 강한 비틀림을 받으면서 고속 회전하므로 이에 견딜 수 있도록 속이 빈 강관(steel pipe)을 사용한다. 회전평형을 유지하기 위해 평형추가 부착되어 있으며, 또 그 양쪽에는 자재이음의 요크가 있다. 축간거리(wheel base)가 긴 자동차에서는 추진축을 2~3개로 분할하고, 각 축의 뒷부분을 센터 베어링(center bearing)으로 프레임에 지지한다. 센터 베어링은 앞・뒤 추진축의 중심을 지지하는 것으로 앞 추진축 뒤끝의 스플라인축에 설치되어 있다.

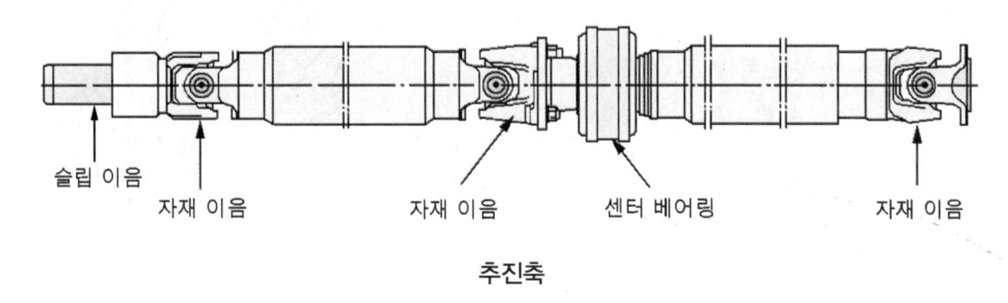

추진축

알고갑시다 | 용어정리

추진축은 끊임없이 변화하는 기관의 동력을 받으면서 고속 회전하므로 비틀림 진동을 일으키거나, 또 한 축이 구부러지면 기하학적인 중심과 질량 중심이 일치하지 않아 휠링(whirling)이라는 굽음 진동을 일으킨다.

7 종감속 기어와 차동장치

1. 종감속 기어 final reduction gear

종감속 기어는 추진축의 회전력을 직각으로 전달하며 기관의 회전력을 최종적으로 감속시켜 구동력을 증가시킨다. 구조는 구동 피니언과 링기어로 되어 있으며, 종류에는 웜과 웜기어, 베벨 기어, 하이포이드 기어가 있으며 현재는 주로 하이포이드 기어(hypoid gear)를 사용한다.

1.1. 하이포이드 기어의 장·단점

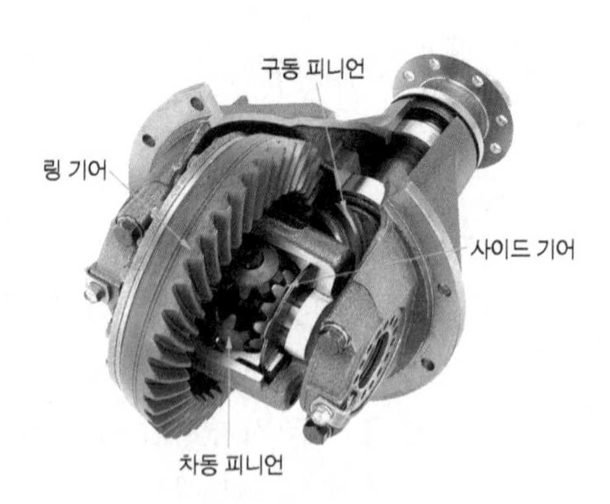

종감속 기어

(1) 장점

① 구동 피니언의 오프셋에 의해 추진축 높이를 낮출 수 있어 자동차의 중심이 낮아져 안전성이 증대된다.
② 동일 감속비, 동일 치수의 링 기어인 경우에 스파이럴 베벨 기어에 비해 구동 피니언을 크게 할 수 있어 강도가 증대된다.
③ 기어 물림비율이 커 회전이 정숙하다.

(2) 단점

① 기어 이의 폭 방향으로 미끄럼 접촉을 하므로 압력이 커 극압 윤활유를 사용하여야 한다.
② 제작이 조금 어렵다.

하이포이드 기어

1.2. 종감속비

종감속비는 링기어의 잇수와 구동 피니언의 잇수비로 나타낸다.

$$종감속비 = \frac{링기어의 잇수}{구동피니언의 잇수}$$

종감속비는 나누어서 떨어지지 않는 값으로 하는데 그 이유는 특정의 이가 항상 물리는 것을 방지하여 이의 편 마멸을 방지하기 위함이다. 또 종감속비는 기관의 출력, 자동차 중량, 가속 성능, 등판 능력 등에 따라 정해지며, 종감속비를 크게 하면 가속성능과 등판능력은 향상되나 고속성능이 저하한다. 그리고 변속비 × 종감속비를 총감속비라 한다. 이에 따라 변속 기어가 톱 기어이면 기관의 감속은 종감속기어에서만 이루어진다.

1.3. 구동 피니언과 링 기어의 접촉 상태

① 정상 접촉 : 정상 접촉은 구동 피니언과 링 기어의 접촉이 링 기어의 중심부 쪽으로 50~70%정도 물리는 상태의 접촉이다.
② 힐(heel) 접촉 : 힐 접촉은 기어 잇면의 접촉이 힐쪽(기어 이빨이 넓은 바깥쪽)으로 치우친접촉이며, 수정방법은 구동 피니언을 밖으로 이동시켜야 한다.
③ 페이스(face) 접촉 : 페이스 접촉은 기어의 물림이 잇면의 끝 부분에 접촉하는 것이

며, 수정방법은 구동 피니언을 안으로 이동시켜야 한다.

④ 토우(toe) 접촉 : 토우 접촉은 기어 잇면의 접촉이 토우 쪽(기어 이빨이 좁은 안쪽)으로 치우친 접촉이며, 수정방법은 구동 피니언을 안으로 이동시켜야 한다.

⑤ 플랭크(flank) 접촉 : 플랭크 접촉은 기어의 물림이 이뿌리 부분에 접촉하는 것이며, 수정방법은 구동 피니언을 밖으로 이동시켜야 한다.

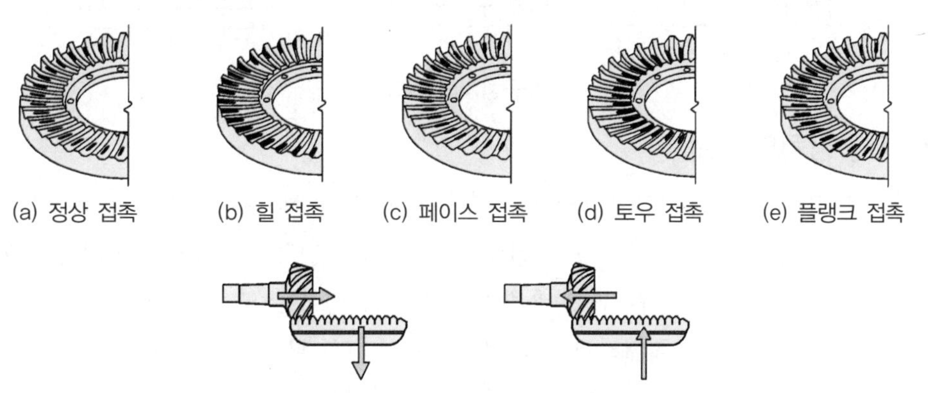

구동 피니언과 링 기어의 접촉 상태

2. 차동장치 differential gear system

2.1. 차동장치의 개요

차동장치는 자동차가 선회할 때 양쪽 바퀴가 미끄러지지 않고 원활하게 선회하려면 바깥쪽 바퀴가 안쪽 바퀴보다 더 많이 회전하여야 하며, 또 울퉁불퉁한 도로면을 주행할 때에도 양쪽 바퀴의 회전속도가 달라져야 한다. 구조는 종감속기어 안에 차동 사이드 기어, 차동 피니언, 피니언 축으로 구성되어 있다.

2.2. 차동장치의 원리

차동장치는 래크와 피니언(rack & pinion)의 원리를 응용한 것이며, 양쪽의 래크 위에 동일한 무게를 올려놓고 핸들을 들어 올리면 피니언에 걸리는 저항이 같아져 피니언이 자전을 하지 못하므로 양쪽 래크와 함께 들어 올려진다(자동차가 직진할 때). 그러나 래크 B의 무게를 가볍게 하고 피니언을 들어 올리면 래크 B를 들어 올리는 방향으로 피니언이 자전을 하며 양쪽 래크가 올라간 거리를 합하면 피니언을 들어 올린 거리의 2배가 된다(자동차가 선회할 때). 여기서 래크를 사이드 기어로 바꾸고 좌우 차축을 연결한 후 차동 피니언을 종감속 링기어로 구동시키도록 하고 있다.

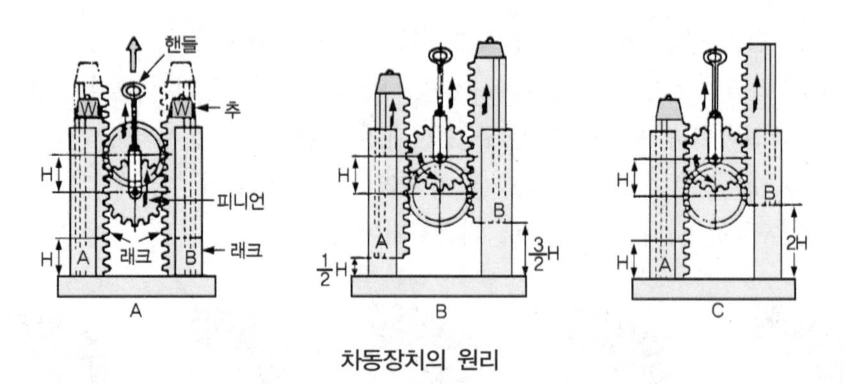

차동장치의 원리

2.3. 차동장치의 작용

자동차가 평탄한 도로를 직진할 때에는 좌우 구동바퀴의 회전 저항이 같으므로 좌우 사이드 기어는 동일한 회전속도로 차동 피니언의 공전에 따라 전체가 1개의 덩어리가 되어 회전한다. 그러나 차동 작용은 좌우 구동 바퀴의 회전저항 차이에 의해 발생하고, 바퀴를 통과하는 도로면의 길이에 따라 회전하므로 곡선도로를 선회할 때 안쪽 바퀴는 바깥쪽 바퀴보다 저항이 증대되 회전속도가 감소하며 그 분량만큼을 바깥쪽 바퀴를 가속시킨다. 그리고 한쪽 사이드 기어가 고정되면(가령, 오른쪽 바퀴가 진흙탕에 빠진 경우) 이때는 차동 피니언이 공전하려면 고정된 사이드 기어(왼쪽) 위를 굴러가지 않으면 안 되므로 자전을 시작하여 저항이 적은 오른쪽 사이드기어만을 구동시킨다.

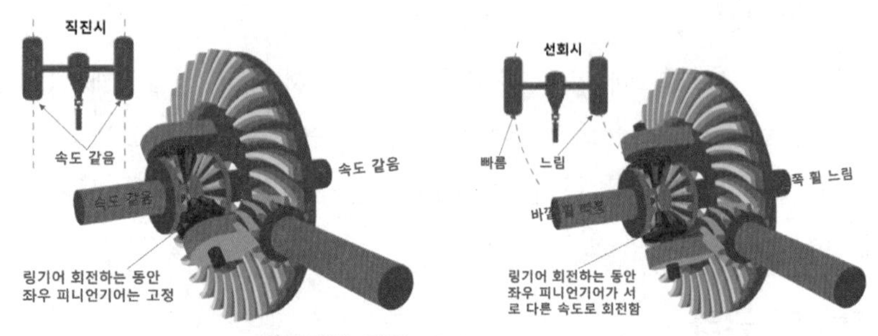

차동장치 작용 〈출처, 블로그 그림 수정〉

8 자동제한 차동장치

1. 자동제한 차동장치의 개요 LSD, limited slip differential

자동제한 차동장치는 자동차가 선회할 때 필요한 장치이나 때로는 불편한 경우도 있다. 무리하게 액셀 페달을 밟으면 특정 바퀴가 필요 이상으로 회전하여 더욱 위험한 상황으로 빠질 수 있기 때문에, 자동제한 차동장치는 스포츠 주행 또는 진흙탕 탈출에 유효한 역할을 한다. 그림에 있어서 자동제한 차동장치에 있는 다판클러치는 이 상황에 모든 동력이 특정 바퀴에 집중되지 않도록 막아주고, 바퀴의 회전수가 일정 수준 이상으로 차이가 발생하면, 회전 수가 적은 쪽으로 구동력의 일부를 전달, 동일한 동력 배분이 가능하도록 돕는다.

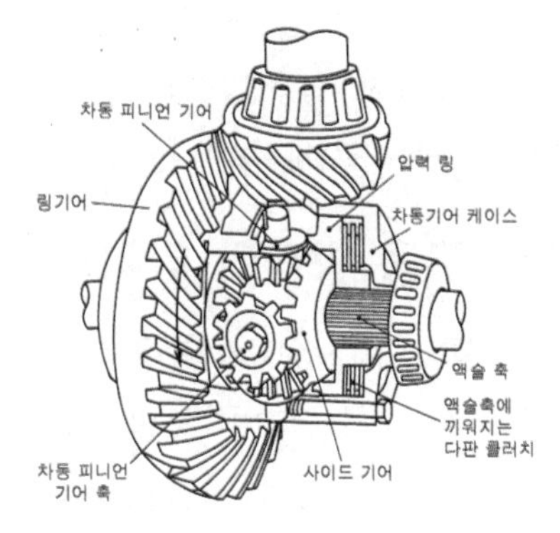

자동제한 차동장치

1.1. 자동제한 차동장치의 구비조건

① 좌우 바퀴의 회전속도 차이를 보정하여야 한다.
② 한쪽 바퀴가 미끄러지면 자동적으로 공전을 방지하여 반대쪽 바퀴에 구동력을 전달하여야 한다.
③ 차동 제한력은 진동과 소음이 적은 상태로 작용하여야 한다.
④ 차동 제한력의 발생 특성은 변화가 적어야 한다.
⑤ 구조가 간단하고, 취급이 쉽고, 고장이 적어야 한다.

1.2. 자동제한 차동장치의 특징

① 미끄러운 노면에서 출발이 쉽다.
② 요철 노면을 주행할 때 자동차의 후부 흔들림이 방지된다.
③ 가속을 하거나 선회할 때 바퀴의 공전을 방지한다.
④ 타이어의 미끄러짐을 방지하므로 수명이 연장된다.
⑤ 급속하게 직진 주행을 할 때 안전성이 좋다.

9 차축

차축(axel shaft)은 바퀴를 통하여 자동차의 중량을 지지하는 축이며, 구동차축과 유동차축이 있다. 구동차축은 종감속기어에서 전달된 동력을 바퀴로 전달하고 도로면에서 받는 힘을 지지한다. 앞바퀴 구동 방식의 앞차축, 뒷바퀴 구동 방식의 뒷차축, 4바퀴 구동 방식의 앞・뒷차축이 구동차축에 속한다. 유동차축은 자동차를 중량만 지지하므로 구조가 간단하다.

1. 앞바퀴 구동 방식의 앞차축

이 방식은 앞바퀴 구동방식 승용 자동차나 4WD 방식의 구동차축으로 사용되며, 등속도(CV) 자재이음을 설치한 구동차축과 조향너클(steering knuckle), 차축허브(axle hub), 허브 베어링(hub bearing) 등으로 구성되어 있다. 동력의 전달은 앞바퀴 구동 방식은 트랜스 액슬에서 직접 차축으로 보내지며, 4WD 방식에서는 트랜스퍼 케이스 → 앞 추진축 → 앞 종감속기어를 통하여 양끝에 등속도 자재이음이 설치된 차축과 차축허브를 거쳐 앞바퀴로 보내진다. 자동차의 하중은 바퀴에서 차축 허브를 거쳐 허브 베어링에 전달된 반발력과 조향너클과 현가 스프링을 통하여 차체에 전달되므로 지지된다.

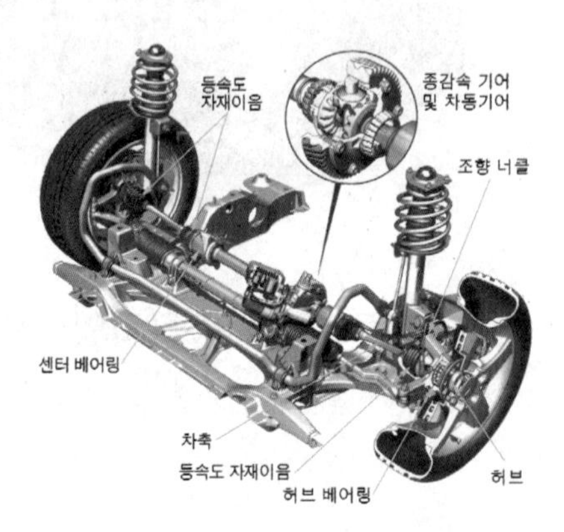

앞바퀴 구동방식의 앞차축

2. 뒷바퀴 구동 방식의 뒷차축과 차축 하우징

2.1. 차축의 종류

뒷바퀴 구동 방식은 차동장치를 거쳐 전달된 동력을 뒷바퀴로 전달하며, 차축의 끝 부분은 스플라인을 통하여 차동 사이드 기어에 끼워지고, 바깥쪽 끝에는 구동바퀴가 설치된다.

(1) 전부동 방식 full floating axle type

이 방식은 안쪽은 차동 사이드 기어와 스플라인으로 결합되고, 바깥쪽은 차축허브와 결합되어 차축허브에 브레이크 드럼과 바퀴가 설치된다. 차축허브에는 2개의 베어링이 끼워지며, 동력전달은 종감속기어 → 차동장치 → 차축 → 차축허브 → 바퀴로 전달되고, 차축은 동력만 전달한다. 이에 따라 바퀴를 빼지 않고도 차축을 빼낼 수 있다. 그리고 자동차에 가해지는 하중 및 충격과 바퀴에 작용하는 작용력 등은 차축 하우징이 받는다.

(2) 반부동 방식 semi floating axle type

이 방식은 구동바퀴가 직접 차축 바깥에 설치되며, 차축의 안쪽은 차동 사이드 기어와 스플라인으로 결합되고 바깥쪽은 리테이너(retainer)로 고정시킨 허브베어링(hub bearing)과 결합된다. 이에 따라 내부 고정장치를 풀지 않고는 차축을 빼낼 수 없다. 뒷바퀴 구동 방식 승용 자동차에서 많이 사용된다. 반부동방식은 자동차 하중의 1/2을 차축이 지지한다.

(3) 3/4 부동 방식 3/4 floating axle type

이 방식은 차축 바깥쪽 끝에 차축허브를 두며, 차축 하우징에 1개의 베어링을 두고 허브를 지지하는 방식이다. 3/4 부동방식은 차축이 자동차 하중의 1/3을 지지한다.

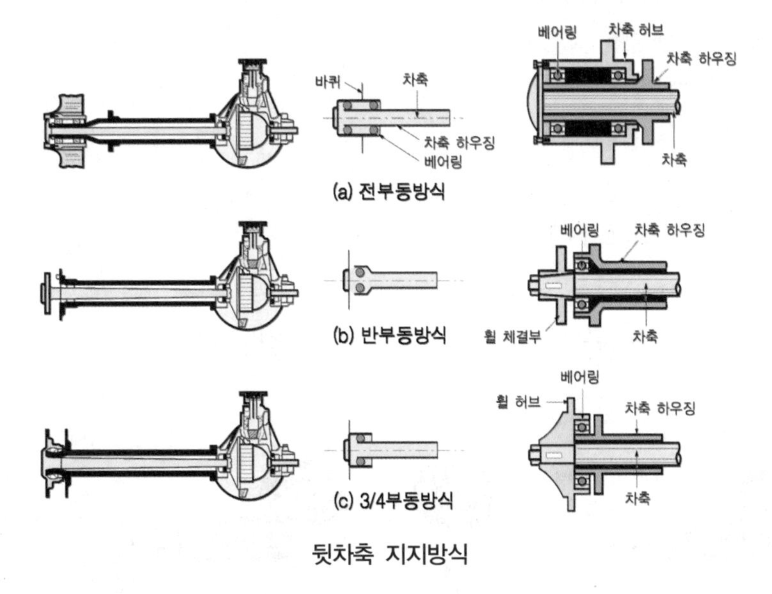

뒷차축 지지방식

2.2. 차축 하우징 axle housing

차축 하우징은 종감속기어, 차동장치 및 차축을 포함하는 튜브 모양의 고정 축이며, 중간에는 종감속기어와 차동장치의 지지를 위해 둥글게 되어 있고, 양 끝에는 플랜지 판이나 현가 스프링 지지 부분이 마련되어 있다. 차축하우징의 종류에는 벤조형, 분할형, 빌드업형 등 3가지가 있다.

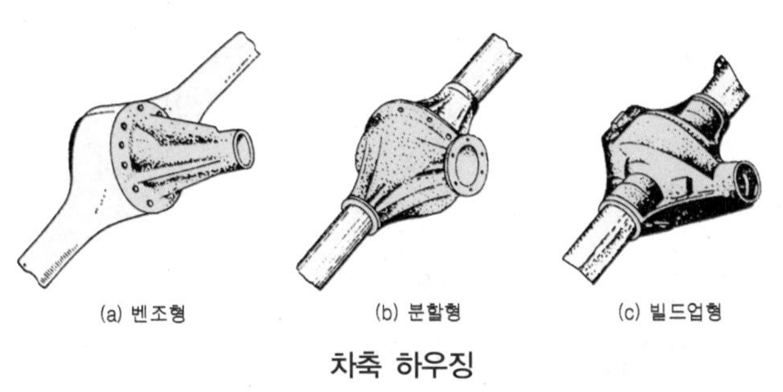

차축 하우징

10 4바퀴 구동장치

1. 4바퀴 구동장치의 개요 4WD

4바퀴 구동장치(4WD, four wheel drive system)는 앞·뒤 4바퀴로 기관의 동력을 모두 전달하는 방식이다. 2바퀴 구동 방식(2WD)에 비해 험한 도로, 경사가 가파른 도로 및 미끄러운 도로면을 주행할 때 효과적이다. 4WD의 특징은 다음과 같다.

① 등판능력 및 견인력이 향상된다.
② 조향성능과 안전성이 향상된다.
③ 제동력이 향상된다.
④ 연료소비율이 크다.

1.1. 파트타임 방식 part time type

파트타임 방식은 4WD를 운전자 조작에 의해 작동하는 방식이다. 즉 이 방식은 필요에 따라 수동으로 앞·뒷바퀴를 기계적으로 직결하는 회전력 전달기구(transfer case)를 도로 상태에 따라 변환시킨다.

1.2. 풀타임 방식 full time type

풀타임 방식은 기관의 동력을 항상 4바퀴로 전달하는 방식이며, 앞·뒷바퀴 구동력 전달장치의 차이에 따라 구동력을 앞·뒷바퀴에 항상 일정한 비율로 분배하는 고정 분배방식과 도로면 상태 및 주행 상태에 따라 구동력 분배를 가변으로 하는 가변분배 방식이 있다. 기구가 복잡하므로 가격이 비싸고, 연료소비율이 큰 단점이 있다.

2. 파트타임 전자제어 4WD

2.1. 파트타임 전자제어 4WD의 개요

파트타임 4WD는 평상시에는 2바퀴(뒷바퀴)로만 주행하다가 운전자의 필요에 따라 4WD

로 전환하는 방식이다. 그림은 유성기어 방식을 채용한 FR형 트랜스퍼 케이스 (transfer case)를 나타낸 것이다. 만약 앞차축과 뒤차축 사이에 중앙 차동장치(center differential gear system)가 없으면 4바퀴 구동력이 50:50으로만 분배해주기 때문에 선회할 때 앞바퀴와 뒷바퀴의 회전반경 차이를 보정하지 못하므로 "타이트 코너 브레이크(tight corner braking)" 현상이 발생한다.

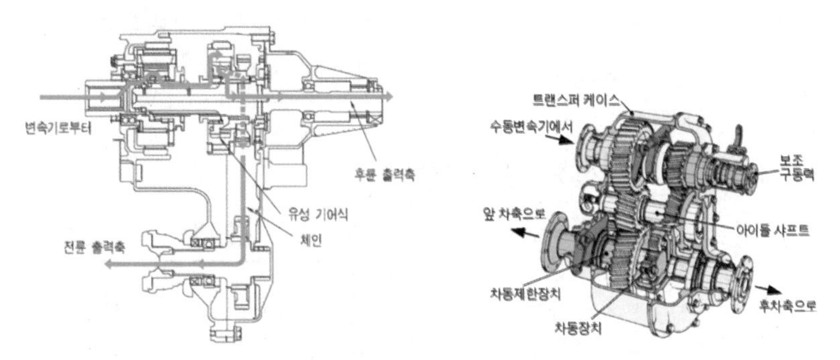

트랜스퍼케이스 및 작동흐름도 〈출처, 강주원 홈〉

알고갑시다 **타이트 코너 브레이크 현상**

건조하고 포장된 도로의 급선회에서 앞·뒷바퀴의 선회 반지름 차이가 타이어의 회전 차이 및 구동축의 회전 차이로 되어 앞바퀴는 브레이크가 걸린 느낌으로 되고, 뒷바퀴는 공전하는 느낌이 드는 현상을 말한다.

2.2. 파트타임 4WD 구성 및 작동원리

(1) 4WD 비중앙축 장치의 개요

비중앙축 장치(CADS, center axle disconnect system)는 2바퀴로 주행을 하다가 4WD로 변환할 때 마지막으로 구동력을 단속하는 장치이다. 즉 파트타임 4WD의 불완전한 구동을 방지하기 위해 차축에 비중앙축 장치를 설치하여 완전한 2바퀴 구동 주행을 가능하게 한다. 2바퀴로 주행할 때에는 자동차의 주행속도에 의해 앞차축은 무부하 상태로 회전한다. 이때 피니언 축(pinion

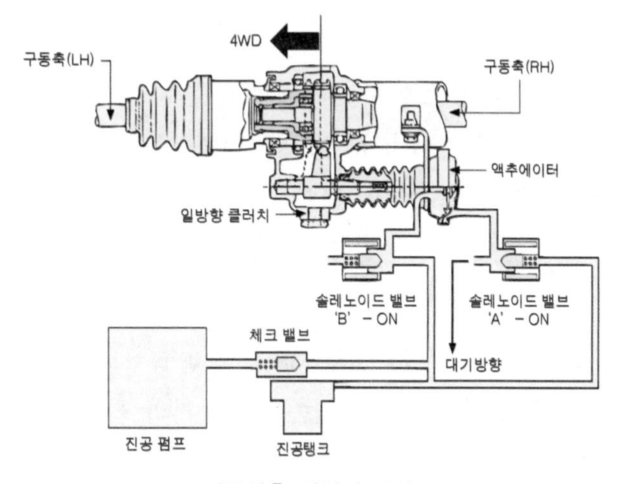

비중앙축 장치의 구성

shaft)과 링기어(ring gear)에서 발생하는 소음과 진동을 억제하여 자동차가 최적의 상태로 주행하도록 한다.

(2) 4WD 비중앙축 장치의 작동원리

4WD로 구동할 때에는 슬리브에 의해 앞차축과 뒤차축이 연결되어 구동축으로 동력을 전달한다. 그러나 2바퀴 구동모드로 전환되면 액추에이터의 스프링 장력과 솔레노이드 밸브의 압력차이로 인하여 연결되어 있던 앞차축과 뒤차축의 연결이 차단된다. 솔레노이드 밸브는 컴퓨터(TCCU, transfer case Control unit)가 제어한다.

2.3. 파트타임 4WD 전자제어 입·출력도

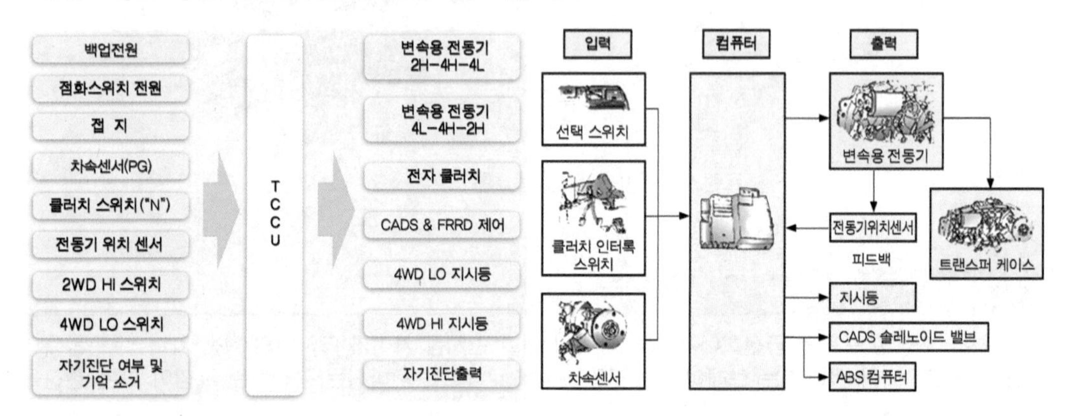

파트타임 전자제어 4WD 입·출력도　　　파트타임 4WD의 구성

(1) 컴퓨터 TCCU, transfer case control unit

컴퓨터는 운전석 시트 아래쪽에 설치되어 있으며, 운전자의 스위치 조작에 따라 주행 중에도 2바퀴 구동에서 4바퀴 고속(high) 구동으로 변환할 수 있도록 한다.

(2) 변속용 전동기 shift motor

이 전동기는 직류(DC)전동기이며, 컴퓨터에 의해 제어된다. 2H-4H-4L 모드로 변환할 때 변속용 전동기를 회전시키면 전동기와 연결된 전자축(electronic shaft)과 축의 캠(shaft cam)이 회전하여 감속 시프트 포크(reduction shift fork)와 록업 포크(lock up fork)를 제어하여 4WD로 변환시키는 역할을 한다.

(3) 전동기 위치 센서 MPS, motor position sensor or position encoder

전동기 위치 센서는 변속용 전동기의 회전방향과 위치를 인코더(encoder)를 이용하여 4개의 스위치 신호를 변속용 전동기의 작동을 컴퓨터로 전달하는 센서이다.

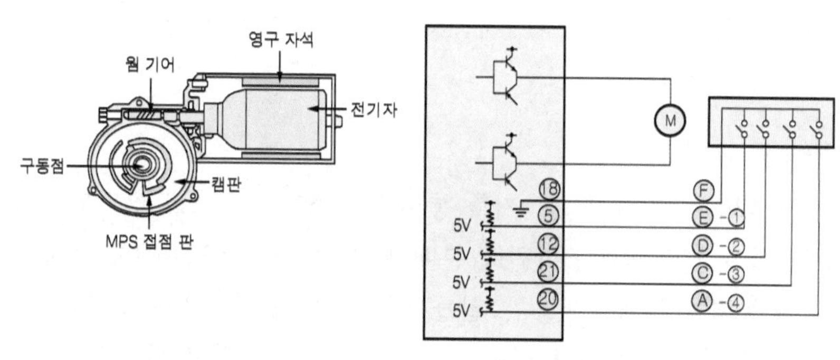

변속용 전동기　　　　전동기 및 위치센서 회로

(4) 전자클러치 EMC, electronic magnetic clutch

전자클러치는 4바퀴 구동 고속모드에서 변속용 전동기에 의해 작동된 록업 포크(lock up fork)가 록업 장치를 일정한 위치까지 이동시키면 이때부터 출력축의 구동기어와 록업 장치의 피동기어를 연결시킬 때 작동되어 기어를 물림시킨다.

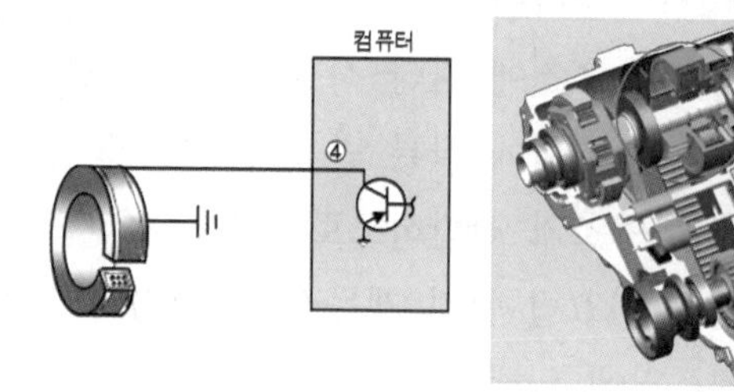

전자클러치

(5) 차속 센서 vehicle speed sensor

차속 센서는 ABS(anti lock brake system)의 휠 스피드 센서(wheel speed sensor)나 자동변속기의 펄스제너레이터(pulse generator) A & B와 같은 원리를 이용하며, 트랜스퍼 케이스 하우징에 설치되어 있다.

(6) 지시등 (4WD 고속, 저속)

지시등은 4WD 고속모드와 저속모드 지시등이 계기판에 설치되어 있으며, 운전자의 선택 스위치 선택에 따라 점등 및 소등된다.

(7) 4WD 선택스위치

이 스위치는 운전자의 의지에 따라 4바퀴 구동 고속모드(high), 저속모드(low), 2바퀴 구동 고속모드(2WD HIGH) 선택여부를 컴퓨터로 입력시킨다.

3. 풀타임 전자제어 4WD

3.1. 풀타임 전자제어 4WD의 개요

풀타임 방식은 상시 4WD를 의미하며, 뒷바퀴 구동(FR) 자동차의 TOD (torque on

demand) 방식과 앞바퀴 구동(FF) 자동차의 ITM(interactive torque management system) 방식으로 나누어진다.

(1) TOD 방식의 개요

기존의 풀타임 4WD는 기관과 변속기를 통해 트랜스퍼 케이스로 전달되는 동력을 오일과 기계장치를 이용하여 앞바퀴와 뒷바퀴로 분배하는 방식이었지만, TOD 트랜스퍼 케이스는 전자제어에 의해 동력을 분배한다. 즉, 일률적으로 앞바퀴와 뒷바퀴로 동력을 분배하는 것이 아니라, 도로 조건이나 자동차 주행 상태에 따라서 앞바퀴와 뒷바퀴로의 동력분배가 0:100 ~ 50:50까지 자동으로 수시 변경된다. TOD 방식의 장점은 다음과 같다.

① 동력이 앞바퀴와 뒷바퀴로 분배되어 4바퀴 구동 상태에서도 연료소비율이 감소한다.
② 동력이 조건에 따라 적절히 분배되므로 각 바퀴가 최적의 접지력을 발휘한다.
③ 도로면 변화에 따른 반응이 신속하다.
④ 내부 구조가 간단하므로 경량화가 가능하다.
⑤ 바퀴 미끄럼 방지 제동장치(ABS)와 연계 및 조화가 쉬워, 작동이 효과적이다.
⑥ 컴퓨터에 의해 자동 제어되므로 작동이 쉽고, 편리하다.
⑦ 비포장도로 및 포장도로에서의 직진안정성 및 주행성능이 우수하다.
⑧ 주행 중 자동차 조향핸들의 조작이 편리다.

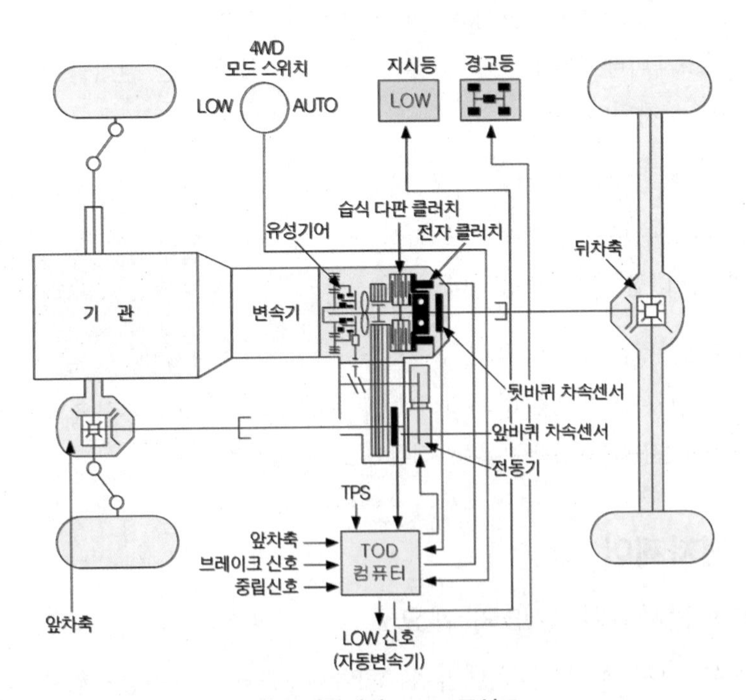

풀타임 전자제어 4WD 구성도

TOD 방식의 특징은 다음과 같다.

① 포장도로에서 저・중속으로 주행할 때에는 타이트 코너 브레이크(tight corner braking)현상이 발생하지 않고 뒷바퀴 구동 주행이 가능하다.
② 포장도로에서 고속주행을 할 때는 뒷바퀴가 주 구동바퀴가 되며(약 85%), 측면에서 부는 바람 또는 우천에서도 안전한 접지를 유지하도록 앞바퀴로도 동력(약 15%)이 분배된다.
③ 비포장도로, 눈길, 빙판길, 진흙길 등과 같은 마찰 계수가 낮은 도로에서 선회할 때 필요한 동력을 앞바퀴에도 분배한다. 앞바퀴에 동력(약 30%)이 분배되면 도로면 접지력이 상대적으로 높아지고, 자연스러운 조향이 가능하다.
④ 비포장도로, 눈길,빙판길, 진흙길 등에서 등판주행 또는 출발을 할 때에는 필요에 따라 50:50의 동력을 앞・뒷바퀴에 분배하여 최대 접지력과 구동력을 발휘할수 있다.

(2) TOD 전자제어 장치의 기능 및 작동

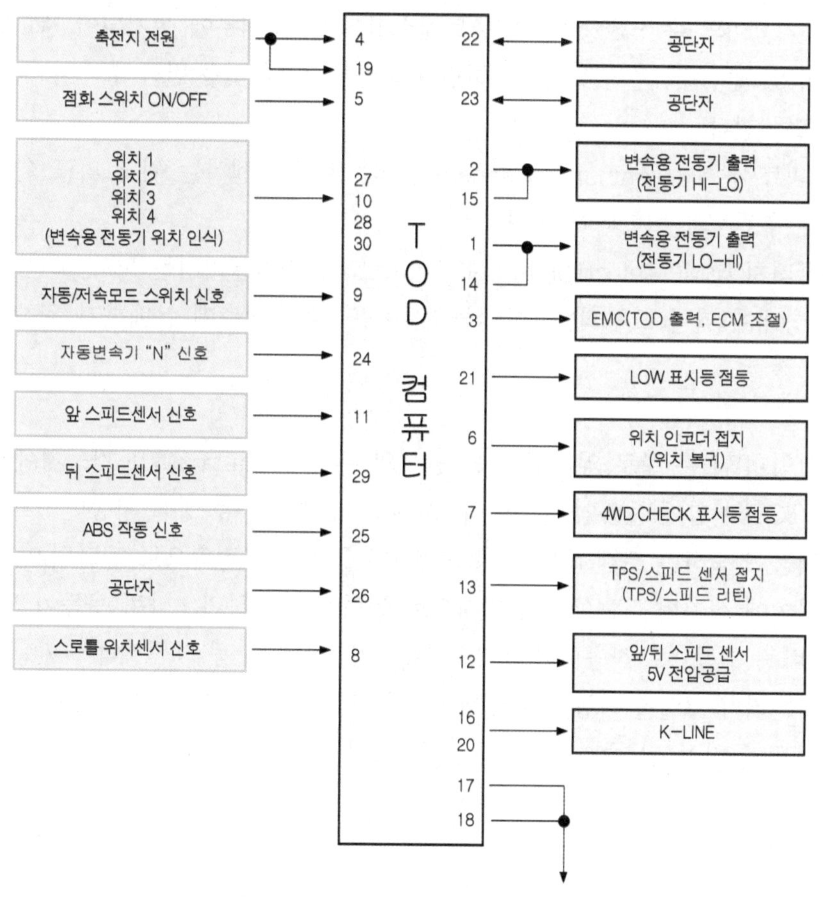

TOD 전자제어 입・출력도

① TOD 선택모드 스위치

TOD는 자동모드 (auto mode)와 저속모드 (low mode) 2가지 모드가 있다. 자동모드는 일반적으로 사용되는 모드이며, 기어비율은 1:1이다. 저속모드는 기존의 풀타임 트랜스퍼 케이스와 같고, 앞·뒷바퀴 쪽에 50:50의 동력을 분배시켜 4바퀴 구동 상태에서 최대의 구동력을 발휘하도록 한다. 이때 기어비율은2.48:1이다.

② 변속용 전동기 (shift motor) : 트랜스퍼 케이스의 변속용 전동기는 트랜스퍼 케이스 뒤쪽에 설치되어 있다. 변속용 전동기는 로터리 헬리컬 캠(rotary helical cam)을 구동한다.

③ 트랜스퍼 케이스 (transfer case) : TOD 트랜스퍼 케이스는 "자동모드", "저속모드" 스위치 조작과 변속용 전동기의 전기적 작동에 의해 변속기로부터의 동력을 뒷차축 및 앞차축으로 분배한다.

④ 뒤 스피드 센서 (rear speed sensor) : 뒤 스피드 센서는 홀 효과를 이용한 센서이며, 30개의 이(tooth)를 가진 휠의회전에 따라 0~5Vdc의 사각파형(square wave)을 발생시킨다. 이의 수가 30개인 휠은 트랜스퍼 케이스 내부에 설치되어, 뒤 추진축과 결합되어 있으며, 뒤 추진축이 회전하면 1회전 당 휠의 잇수 만큼의 스피드 센서 펄스신호가 발생한다.

⑤ 앞 스피드 센서 (front speed sensor) : 앞 스피드 센서는 뒤 스피드 센서와 동일하며, 앞 추진축과 결합되어 있다.

⑥ 전자클러치 (EMC, electromagnetic clutch) : 전자클러치는 도로 조건 및 자동차의 주행 상태에 따라 요구되는 양 만큼의동력을 앞 추진축에 분배하기 위해 사용한다.

(3) ITM 방식의 개요

ITM 방식의 4WD는 주로 앞바퀴 구동 방식의 온 로드(on road)용 자동차에서 사용하는 상시 4WD TOD와 함께 풀타임 방식이라 부른다. 앞바퀴 구동 방식 자동변속기에서 뒷바퀴 쪽으로 동력을 인출하는 트랜스퍼 케이스를 거친 동력은 추진축으로 전달되고 추진축과 종감속기어 사이에 설치된 ITM에서 전기적으로 동력을 전달하면 4바퀴 구동이 되고, 동력을 차단하면 2바퀴 구동으로 작동한다. ITM 컴퓨터가 4바퀴 구동 작동영역을 판단하면 ITM에 설치된 전자클러치 코일을 작동시켜 ITM 내의 클러치판을 압착시킨다. 이에 따라 추진축으로부터 전달된 동력이 뒤 종감속기어를 거쳐 뒷바퀴로 전달된다.

ITM 작동 개념도

(4) ITM 전자제어 장치의 기능 및 작동

ITM 전자제어 입·출력도

① 조향핸들 각속도 센서 : 조향핸들 각속도 센서는 조향핸들의 조향 정도를 파악하여 선회주행을 할때 4WD 구동력을 제어하여 안정된 선회가 가능하도록 유도한다. 또 선회할 때 발생하는 타이트 코너 브레이크 현상을 방지한다.

② 휠 스피드 센서 : 휠 스피드 센서는 각 바퀴의 회전속도를 판단하여 ITM 컴퓨터로 보내준다. 바퀴미끄럼 방지 제동장치(ABS)가 작동 때와 ITM 작동이 겹칠 수 있으므로 CAN 통신라인을 통해 바퀴 미끄럼 방지 제동장치 작동여부 신호를 입력받는다. 만약 동시 작동 조건이라면 바퀴 미끄럼 방지 제동장치 제어가 우선한다.

③ CAN 통신 데이터 : ITM 컴퓨터는 CAN 통신 라인으로부터 스로틀 위치 센서(TPS) 값과 바퀴미끄럼 방지 제동장치 작동여부 신호를 입력받는데, 먼저 스로틀 위치 센서는운전자의 가속의지를 확인하여 제어에 활용한다.

④ 4WD 고정(LOCK) 스위치 : 자동차가 습지대에 빠졌거나 그밖에 상시 4바퀴 구동이 필요할 때 이용하는 스위치이며, 이 스위치를 ON하면 상시 4WD로 동작한다. 4바퀴 구동장치 고정스위치를 ON한 상태에서 고속으로 주행하면 자동으로 고정이 해제된다.

⑤ 전자클러치 코일 출력제어 : ITM 컴퓨터는 ITM 작동 조건이 각종 센서로부터 입력되면 전자클러치 코일을 듀티 제어하여 4바퀴를 제어한다. 듀티비율이 증가하면 구동력 분배율도 커지고 듀티비율이 낮아지면 동력 분배비율도 같이 작아진다.

11 바퀴 (휠과 타이어)

바퀴는 휠(wheel)과 타이어(tire)로 구성되어 있다. 바퀴는 자동차의 하중을 지지하고, 제동 및 주행할 때의 회전력, 도로면에서의 충격, 선회할 때 원심력, 자동차가 경사졌을 때의 옆방향 작용을 지지한다. 휠은 타이어를 지지하는 림(rim)과 휠을 허브에 지지하는 디스크(disc)로 되어 있으며, 타이어는 림 베이스(rim base)에 끼워진다.

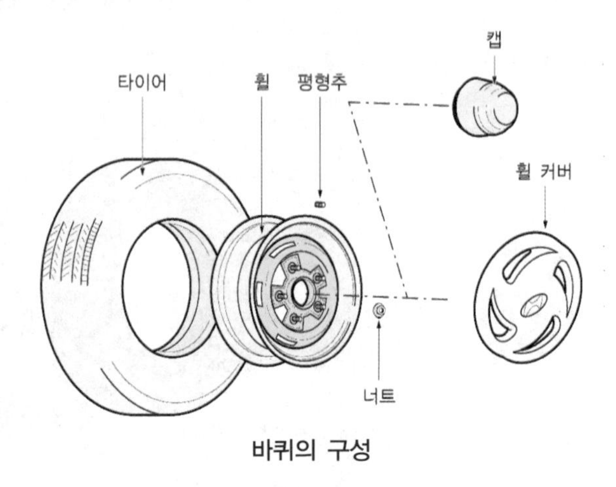

바퀴의 구성

1. 휠(wheel)의 종류와 구조

휠의 종류에는 연강판을 프레스 성형한 디스크를 림과 리벳이나 용접으로 접합한 디스크 휠(disc wheel), 림과 허브를 강철선의 스포크로 연결한 스포크 휠(spoke wheel) 및 방사선 상의 림지지대를 둔 스파이더 휠(spider wheel)이 있다.

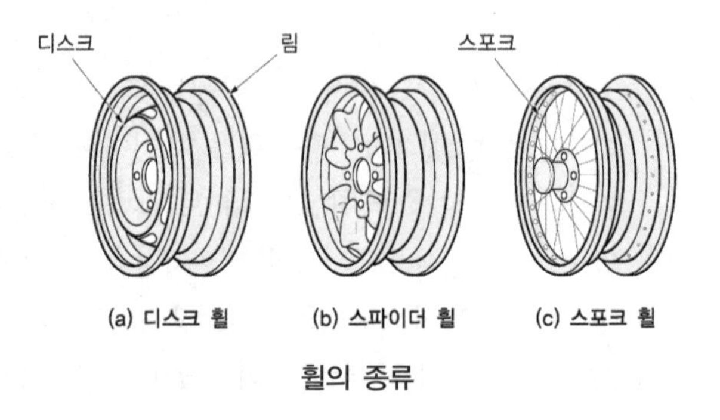

휠의 종류

2. 림(rim)의 분류

림은 타이어를 지지하는 부분으로 그 종류에는 림과 디스크를 강철판으로 좌우 동일 형상의 것을 프레스로 제작하여 3~4개의 볼트로 고정하는 2분할 림(twosplit rim), 림 중앙부분을 깊게 하여 타이어 탈·부착을 쉽게 한 드롭센터 림(dropcenter rim), 타이어 공기체적을 증가시킬 수 있도록 림의 폭을 넓게 한 광폭 베이스 드롭센터 림(wide base drop center rim), 비드시트(bead seat)를 넓게 하고 사이드 림의 형상을 변경시켜 타이어가 림에 확실히 밀착되도록 한 인터 림(inter rim), 림의 비드부분(bead section)에 안전 턱을 두어 펑크가 발생하더라도 비드부분이빠지는 것을 방지할 수 있는 안전 리지 림(safety ridge rim) 등이 있다.

3. 타이어 tire

3.1. 타이어의 분류

(1) 튜브(tub) 유무에 따른 분류

튜브 타이어와 튜브리스(tub less) 타이어가 있다. 튜브리스 타이어의 특징은 다음과 같다.

① 튜브가 없어 조금 가벼우며, 못 등이 박혀도 공기 누출이 적다.
② 펑크수리가 간단하고, 고속주행을 하여도 발열이 적다.
③ 림이 변형되어 타이어와의 밀착이 불량하면 공기가 새기 쉽다.
④ 유리조각 등에 의해 손상되면 수리가 어렵다.

(2) 타이어의 형상에 따른 분류

보통(바이어스) 타이어, 레이디얼 타이어, 스노타이어, 편평 타이어 등이 있으며 그 특징은 다음과 같다.

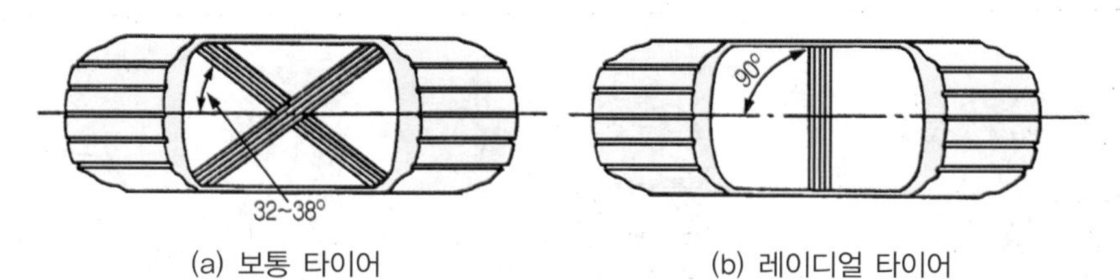

(a) 보통 타이어 (b) 레이디얼 타이어

카커스 코드의 차이

① 보통(바이어스) 타이어 : 카커스 코드(carcass cord)를 빗금(bias)방향으로 하고, 브레이커 (breaker)를 원둘레 방향으로 넣어서 만든 것이다.
② 레이디얼(radial) 타이어 : 카커스 코드를 단면방향으로 하고, 브레이커를 원둘레방향으로 넣어서 만든 것이다. 따라서 반지름 방향의 공기 압력은 카커스가 받고, 원둘레 방향의 압력은 브레이커가 지지한다. 이 타이어의 특징은 다음과 같다.
　㉮ 타이어의 편평 비율을 크게 할 수 있어 접지면적이 크다.
　㉯ 특수 배합한 고무와 발열에 따른 성장이 적은 레이온(rayon)코드로 만든강력한 브레이커를 사용하므로 타이어 수명이 길다.
　㉰ 브레이커가 튼튼해 트레드가 하중에 의한 변형이 적다.

㉣ 선회할 때 사이드슬립(side slip)이 적어 코너링 포스(cornering force)가 좋다.

㉤ 전동 저항이 적고, 로드홀딩(road holding)이 향상되며, 스탠딩웨이브(standing wave)가 잘 일어나지 않는다.

㉥ 고속으로 주행할 때 안전성이 크다.

㉦ 브레이커가 튼튼해 충격 흡수가 불량하므로 승차감각이 나쁘다.

㉧ 저속에서 조향핸들이 다소 무겁다.

③ 스노(snow) 타이어 : 눈길에서 체인을 감지 않고 주행할 수 있도록 제작한 것이며, 중앙부분의 깊은 리브 패턴(rib pattern)이 방향성능을 주고, 러그 및 블록 패턴(lug & block pattern)이 견인력을 확보해준다. 스노타이어를 사용할 때에는 다음 사항에 주의하여야 한다.

㉮ 바퀴가 고착(lock)되면 제동거리가 길어지므로 급제동을 하지 말 것

㉯ 스핀(spin)을 일으키면 견인력이 급격히 감소하므로 출발을 천천히 할 것

㉰ 트레드 부분이 50% 이상 마멸되면 체인을 병용할 것

㉱ 구동바퀴에 걸리는 하중을 크게 할 것

④ 편평 타이어 : 이 타이어는 타이어 단면의 가로, 세로비율을 적게 한 것이며, 타이어 단면을 편평하게 하면 접지면적이 증가하여 옆방향 강도가 증가한다. 또 제동, 출발 및 가속할 때 등에서 내 미끄럼 성능과 선회성능이 좋아진다.

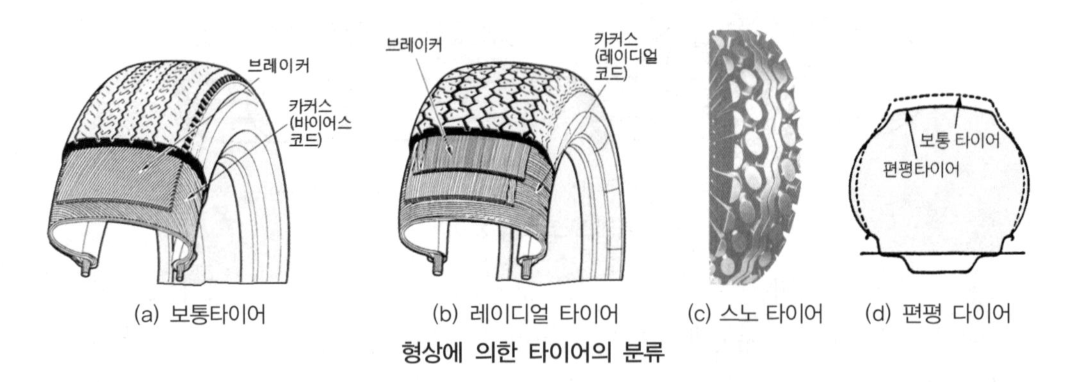

(a) 보통타이어 (b) 레이디얼 타이어 (c) 스노 타이어 (d) 편평 다이어

형상에 의한 타이어의 분류

3.2. 타이어의 구조

(1) 트레드 tread

트레드는 도로면과 직접 접촉하는 고무 부분이며, 카커스와 브레이커를 보호하는 부분이다.

(2) 브레이커 breaker

브레이커는 트레드와 카커스 사이에 있으며, 몇 겹의 코드 층을 내열성의 고무로 싼 구조로 되어 있다. 브레이커는 트레드와 카커스의 분리를 방지하고 도로면에서의 완충작용도 한다.

(3) 카커스 carcass

카커스는 타이어의 뼈대가 되는 부분이며, 공기압력을 견디어 일정한 체적을 유지하고 하중이나 충격에 따라 변형하여 완충작용을 한다. 카커스를 구성하는 코드 층의 수를 플라이 수(ply rating)라 한다.

(4) 비드 부분 bead section

비드 부분은 타이어가 림과 접촉하는 부분이며, 비드 부분이 늘어나는 것을 방지하고 타이어가 림에서 빠지는 것을 방지하기 위해 내부에 몇 줄의 피아노선이 원둘레 방향으로 들어 있다.

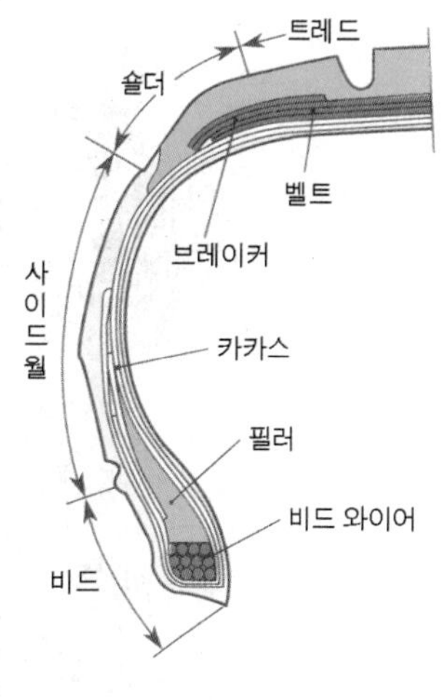

타이어의 구조

3.3. 트레드 패턴의 필요성과 종류

(1) 트레드 패턴의 필요성

① 타이어의 사이드슬립이나 전진 방향의 미끄럼을 방지한다.
② 타이어 내부에서 발생한 열을 발산한다.
③ 트레드에서 발생한 절상(切傷)의 확산을 방지한다.
④ 구동력이나 선회 성능을 향상한다.

(2) 트레드 패턴의 종류

① 리브 패턴(rib pattern) : 타이어 원둘레 방향으로 몇 개의 홈을 둔 것이며, 사이드슬립에 대한 저항이 크고, 조향성능이 양호하며 ,포장도로에서 고속주행에 알맞다.
② 러그 패턴(lug pattern) : 타이어 회전방향의 직각으로 홈을 둔 것이며, 전・후진 방향에 대해서 강력한 견인력을 발휘하며 제동성능과 구동력이 우수하다.
③ 블록 패턴(block pattern) : 눈 위나 모랫길 같은 연약한 도로면을 다지면서 주행할 수 있어 사이드슬립을 방지할 수 있다.
④ 리브-러그 패턴 : 타이어 숄더(shoulder) 부분에 러그패턴을, 트레드 중앙부분에는 지그재그(zig-zag)형의 리브패턴을 사용하여 양호한 도로나 험악한 도로면에서 모두 사용할 수 있다.
⑤ 슈퍼 트랙션 패턴(super traction pattern) : 러그패턴의 중앙부분에 연속된 부분을 없애고 진행방향에 대해 방향성을 가지게 한 것이며, 기어(gear)와 같은 모양으로 되어 연약한 흙을 확실히 잡으면서 주행할 수 있다.
⑥ 오프 더 로드 패턴(off the road pattern) : 진흙길에서도 강력한 견인력을 발휘할 수 있도록 러그 패턴의 홈을 깊게 하고 폭을 넓게 한 것이다.

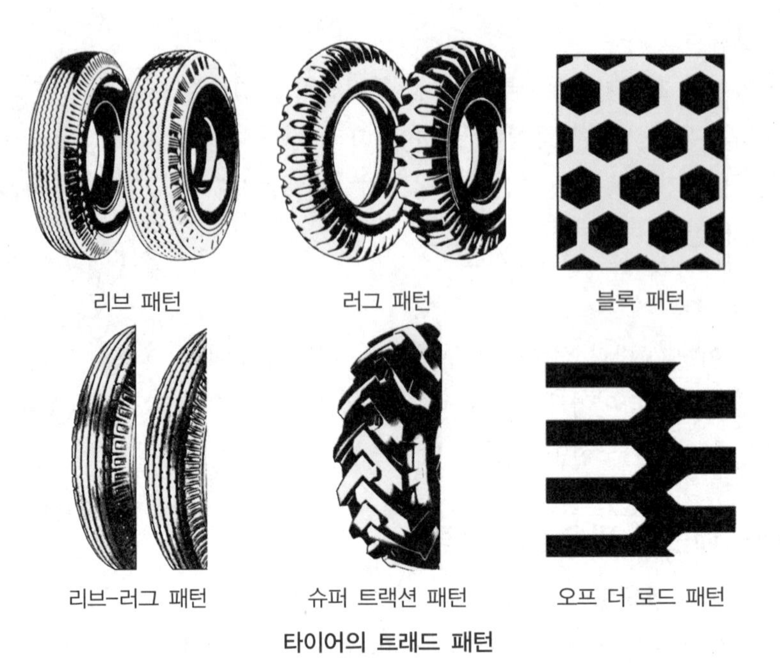

타이어의 트래드 패턴

3.4. 타이어의 호칭치수

타이어의 호칭치수는 바깥지름과 폭은 표준 공기압력과 무부하 상태에서 측정하며, 정하중 반지름은 타이어를 수직으로 하여 규정의 하중을 가하였을 때 타이어의 축 중심에서 접지 면까지의 가장 짧은 거리를 측정하며, 타이어의 호칭치수는 다음과 같이 표시한다.

타이어의 제원

① 고압타이어의 호칭치수 : 바깥지름(inch) × 폭(inch) – 플라이 수(ply rating)

② 저압타이어의 호칭치수 : 폭(inch) – 안지름(inch) – 플라이 수

③ 레이디얼 타이어 : 레이디얼 타이어는 가령 165 SR 13인 타이어는 폭이 165mm, 안지름이 13inch이며, 허용 최고 속도가 180km/h 이내에서 사용되는 타이어란 뜻이다. 여기서 S 또는 H는 허용 최고 속도 표시 기호이며 R은 레이디얼의 약자이다.

3.5. 타이어에서 발생하는 이상 현상

(1) 스탠딩 웨이브 현상 standing wave

이 현상은 타이어 접지 면에서의 찌그러짐이 생기는데 이 찌그러짐은공기압력에 의해 곧 회복이 된다. 이 회복력은 저속에서는 공기압력에 의해 지배되지만, 고속에서는 트레드가 받는 원심력으로 말미암아 큰 영향을 준다.또 타이어 내부의 높은 열로 인해 트레드 부분이 원심력을 견디지 못하고 분리되며 파손된다. 스탠딩 웨이브의 방지방법은 타이어 공기 압력을표준보다 15~20% 높여 주거나 강성이 큰 타이어를 사용하면 된다.

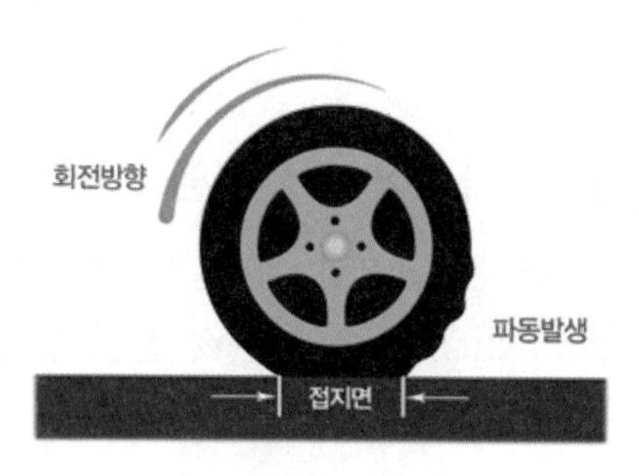

스탠딩 웨이브 현상

(2) 하이드로 플래닝 (수막현상, hydro planing)

이 현상은 물이 고인 도로를 고속으로 주행할 때 일정 속도 이상이 되면 타이어의 트레드가 도로면의 물을 완전히 밀어내지 못하고 타이어는 얇은 수막(水膜)에 의해 도로면으로부터 떨어져 제동력 및 조향조작력을 상실하는 현상이다. 이를 방지하는 방법은 다음과 같다.

① 트레드 마멸이 적은 타이어를 사용한다.
② 타이어 공기압력을 높이고, 주행속도를 낮춘다.
③ 리브패턴의 타이어를 사용한다. 러그패턴의 경우는 하이드로 플래닝을 일으키기 쉽다.
④ 트레드 패턴을 카프(calf)형으로 세이빙(shaving) 가공한 것을 사용한다.

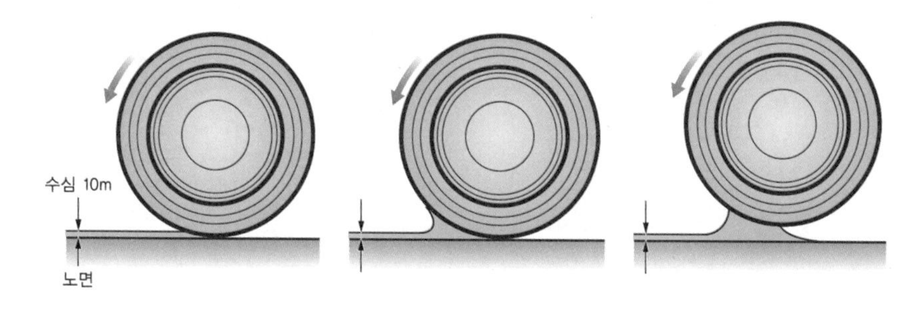

하이드로 플래닝 진행과정

3.6. 바퀴 평형 wheel balance

바퀴 평형에는 정적 평형(static balance)과 동적 평형(dynamic balance)이 있다.

① 정적 평형 : 이것은 타이어가 정지된 상태의 평형이며, 정적 불평형일 경우에는 바퀴가 상하로 진동하는 트램핑(tramping)현상을 일으킨다.

② 동적 평형 : 이것은 회전 중심축을 옆에서 보았을 때의 평형, 즉, 회전하고 있는 상태의평형이다. 동적 불평형이 있으면 바퀴가 좌우로 흔들리는 시미(shimmy)현상이 발생한다.

3.7. 타이어 위치교환 tire rotation

타이어는 설치된 위치마다 마멸이 동일하지 않으며 도로 조건, 휠 얼라인먼트 (wheel alignment), 하중의 분포, 운전 방법 등에 따라 그 마멸이 변화한다. 따라서 정기적으로 점검하고, 각각의 마멸을 보완할 수 있도록 6,000~8,000km 주행마다 그 위치를 교환하여야 한다.

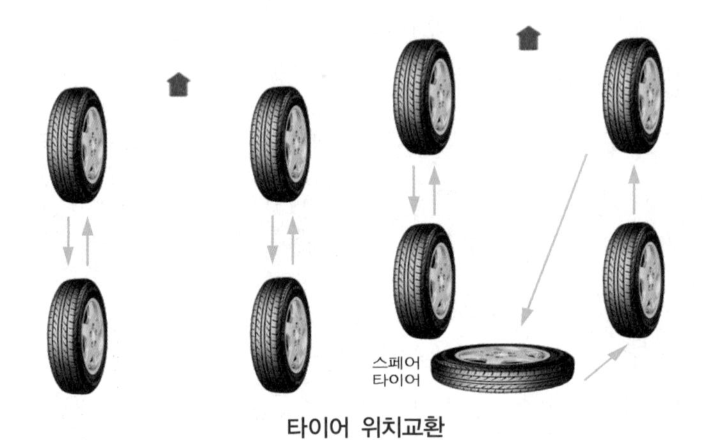

타이어 위치교환

주행성능 및 동력성능

자동차의 동력성능은 그 사용 기관 및 동력 전달 장치의 성능과 제원에 따라 결정되며 가속 성능, 등판 성능, 최고 속도 및 연료 소비율을 포함한다. 또한 자동차 주행 중에는 그 주행을 방해하는 힘의 작용을 받는다. 이를 주행저항이라 하며 주행저항의 크기는 자동차의 동력성능에 영향을 미친다.

1 자동차 주행저항과 구동력

자동차가 일정한 속도로 주행 할 때는 주행하는 자동차에는 주행저항이 작용하여 그 진행을 방해하므로 일정 속도를 유지하기 위해서는 구동 바퀴가 주행저항에 상응하는 만큼의 구동력을 발생시키지 않으면 안 된다. 따라서 일정 속도로 주행하고 있는 자동차는 그림의 주행저항 D와 구동력 F는 같은 값이 된다.

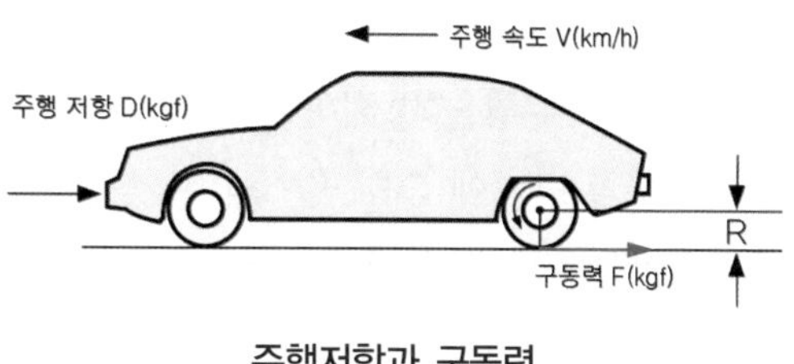

주행저항과 구동력

구동력 $F = \dfrac{T}{R}$

여기서, F : 타이어의 구동력
T : 타이어의 회전력
R : 타이어 반경

2 주행저항

1. 구름저항 rolling resistance, Rr

바퀴가 수평 노면을 굴러가는 경우 발생하는 저항으로 노면의 굴곡, 타이어 접지 부분의 변형, 타이어와 노면의 마찰 손실에서 발생하며 바퀴에 걸리는 차량 하중에 비례한다. 접지 부분에 있어서 바퀴가 노면에서 슬립하기 때문에 마찰에 의한 손실이 커지며 구름 저항 계수는 바퀴가 새것 일 때, 공기 압력이 낮을 때, 주행 속도가 증가할 때 커진다. 이 현상은 고속이 되면 급격히 증가되어 스탠딩 웨이브가 발생한다.

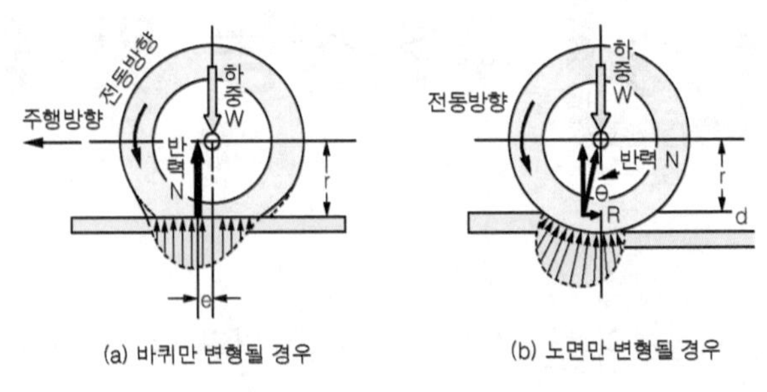

바퀴 및 도로면의 변형과 구름저항

구름저항 $Rr = \mu r \times W$ 여기서, Rr : 구름저항$[kgf]$
μr : 구름저항계수
W : 자동차총중량$[kgf]$

2. 공기저항 air resistance, Ra

자동차의 주행을 방해하는 공기의 저항이며 대부분 압력 저항이다. 차체의 형상에 따라 공기흐름의 박리에 의해 발생하는 맴돌이 형상 저항과 자동차가 양력에 의한 유도저항이다. 공기저항은 자동차의 투영 면적과 주행속도의 곱에 비례한다.

①형상저항(항력) : 차체 형상에 의해 결정되며 전 투영 면적에 적용되는 풍압에 의해 작용한다.
② 유로저항(양력) : 고속이 되면 차체를 들어 올리려는 힘이 발생한다.
③ 마찰저항 : 공기의 점성 때문에 차체 표면과 공기 사이에 발생한다.
④ 표면저항 : 차체 표면에 있는 요철이나 돌기 등에 의해 발생한다.
⑤ 내부저항 : 기관 냉각 및 차량 실내 환기를 위해 들어오는 공기 흐름에 의하여 발생한다.

공기저항 $Ra = \mu a \times A \times V^2 = Cd \times (\frac{\rho}{2}) \times A \times V^2$

여기서, Ra : 공기저항$[kgf]$ μa : 공기저항계수 A : 전면투영면적$[m^2]$
Cd : 공기저항계수 V : 주행속도$[km/h]$

3.8. 차체에 작용하는 3분력과 3모멘트

차체에 작용하는 공기의 힘은 차체의 앞뒤로 작용하는 항력(drag force), 옆으로 작용하는 횡력(side force), 위 방향으로 작용하는 양력(lift force)이 3분력이고, 각각의 롤링 모멘트(rolling moment), 피칭 모멘트(pitching moment), 요잉 모멘트(yawing moment)가 3모멘트이다.

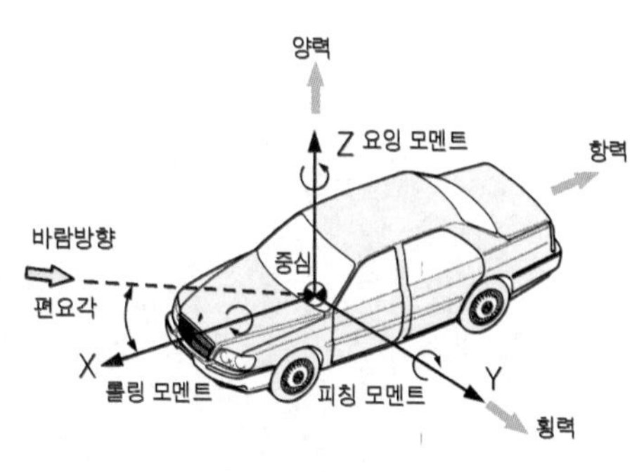

공력 3분력과 3모멘트

(1) 항력과 롤링 모멘트 drag & rolling

항력은 공기저항이라고도 하며, 평탄한 도로를 정상 주행하는 자동차에 가해지는 주행저항은 주로 바퀴와 노면 사이의 구름 저항과 공기 저항이다. 항력은 속도의 2승에 비례하므로 고속이 될수록 주행 저항이 차지하는 비율이 증가되어 공기저항을 줄일 수 있으면 고속 주행에서 연료소비율 향상 및 최고 속도를 증가시킬 수 있다.

(2) 횡력과 요잉 모멘트 side & yawing

자동차가 주행중 바람이 가로 방향에서 불 때 힘을 받으며, 이 횡력에 의해 주행 방향 안정성에 영향을 받는다.

(3) 양력과 피칭 모멘트 lift & pitching

주행 중 상하 공기 흐름의 속도 차이가 나서 양력이 발생되는 것으로 차량이 고속 주행할 때 양력이 크게 발생되며 차량이 들리는 현상으로 조정 안정성에 악 영향을 준다. 즉, 양력의 증가는 타이어 코너링 포스를 줄이기 때문에 일반적으로 안정성에 악영향을 주지만 차량의 조향 특성에 대한 영향은 앞·뒷바퀴의 양력 분담과 현가장치의 특성에 따라 바뀐다.

3. 등판저항 gradient resistance, Rg

자동차가 경사면을 올라갈 때 차량 무게에 의해 경사면에 평행하게 작용하는 분력의 성분이다. 경사각도를 경사면 구배율 %로 표시한다. 내리막길에서는 등판 저항이 반대로 되며 구름 저항이나 공기 저항 보다 등판 저항의 절대값이 크게 되면 차량 속도도 빨라지게 된다.

등판저항 $Rg = W \times \sin\theta$

여기서, Rg : 등판저항[kgf]
θ : 경사면의 경사각도[deg]
W : 자동차 총중량[kgf]

4. 가속저항 acceleration resistance, Ri

자동차의 주행속도를 변화시키는데 필요한 힘을 가속 저항이라 하며, 자동차의 관성을 이기는 힘이므로 '관성 저항' 이라고도 한다.

$$\text{가속저항}\ Ri = (\frac{a}{g}) \times (1 - \epsilon) \times W$$

여기서, Ri : 가속저항 $[kgf]$　W : 자동차총중량 $[kgf]$
α : 가속도 $[m/s^2]$　ϵ : 회전부분 상당관성 계수
g : 중력가속도 $[9.8m/s^2]$

5. 전주행저항 total running resistance, Rt

자동차의 주행저항은 주행 조건에 따라 여러 가지 상태로 나타낼 수 있으며 구분은 다음과 같이 된다.

① 평탄한 도로 등속 주행 : 전 주행저항 = 구름 저항 + 공기저항
② 경사로 등속 주행 : 전 주행저항 = 구름 저항 + 공기저항 + 등판 저항
③ 평탄한 도로 등 가속 주행 : 전 주행저항 = 구름 저항 + 공기저항 + 가속 저항
④ 경사로 등 가속 주행 : 전주행저항 = 구름 저항 + 공기저항 + 가속 저항 + 등판 저항

3 구동력과 주행속도

자동차가 주행을 계속하기 위해서는 전주행저항에 상당하는 이상의 동력을 기관에서 발생하여야 한다. 따라서 전주행저항 값을 알면 이것에 대응해서 그 자동차에 탑재하려는 기관의 용량과 제원을 결정할 수 있다.

1. 주행에 필요한 기관의 마력

주행마력은 전주행저항(R)과 주행속도(V)의 곱으로 표시된다. 어떤 자동차의 속도가 V(km/h)일 때 전주행 저항을 R(kgf)라면 주행마력(Nr)은 다음과 같다.

$$\text{주행마력}\quad Nr = \frac{R \times V}{75 \times 3.6}(PS)$$

여기서, Nr : 주행마력　R : 전주행저항 $[kgf]$　V : 주행속도 $[km/h]$

CHAPTER 04

현가 장치

현가장치는 주행 중 도로면으로부터 전달되는 충격이나 진동을 완화시켜 바퀴와 도로면의 점착성과 승차감각을 향상시키는 장치이다. 현가장치는 주로 차체(body)와 차축 사이에 설치되며, 스프링을 비롯하여 스프링의 자유진동을 흡수하여 승차감각을 향상시키는 쇽업소버(shock absorber), 좌우 진동을 방지하는 스태빌라이저(stabilizer) 등이 있다.

1 현가장치의 구성부품

1. 스프링 spring

스프링에는 판스프링, 코일 스프링, 토션 바 스프링 등의 금속스프링과 고무스프링, 공기스프링 등의 비금속 스프링 등이 있다.

1.1. 판스프링 leaf spring

판스프링은 스프링 강을 적당히 구부린 띠 모양으로 된 것을 몇 장 겹쳐서 그 중심에서 센터볼트(center bolt)로 조인 것이다. 맨 위쪽에 길이가 가장 긴 주 스프링 판(main spring plate)의 양끝에는 스프링 아이(spring eye)를 두고 섀클 핀(shackle pin)을 통하여 차체에 설치하도록 되어 있다. 스프링 아이 중심 사이의 거리를 스팬(span)이라 한다. 판스프링을 차체에 설치한 부분을 브래킷 또는 행거(bracket or hanger)라 하며, 다른 끝은 섀클(shackle)이라 한다. 섀클은 스팬의 길이변화를 위하여 설치하며, 사용되는 부싱에 따라 고무부싱 섀클, 나사섀클, 청동부싱 섀클 등이 있다. 판스프링의 특징은 다음과 같다.

① 스프링 자체의 강성에 의해 차축을 정해진 위치에 지지할 수 있어 구조가간단하다.
② 판간 마찰에 의한 진동억제 작용이 크다.
③ 내구성이 크다.
④ 판간 마찰 때문에 작은 진동흡수가 곤란하다.

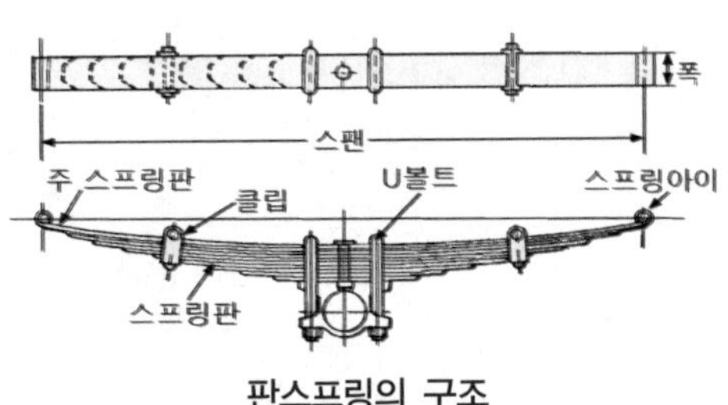

판스프링의 구조

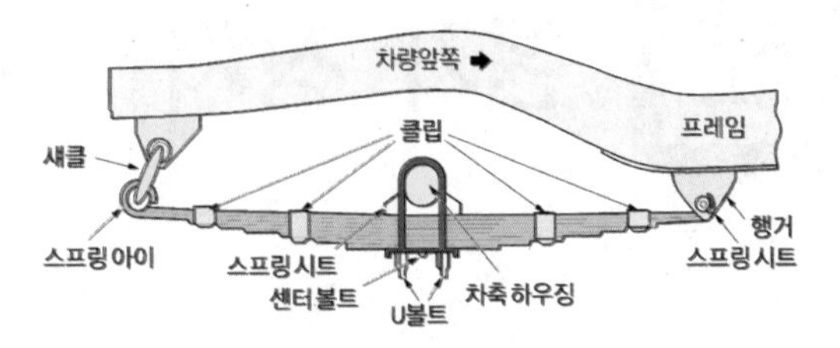

판스프링의 설치 상태

1.2. 코일 스프링 coil spring

코일 스프링은 스프링 강을 코일 모양으로 제작한 것이며, 외부로부터 힘을 받아 변형되는 경우 판스프링은 구부러지면서 응력을 받으나 코일 스프링은 코일 1개 단면마다 비틀림에 의해 응력을 받는다. 미세한 진동에도 민감하게 작용하므로 현재의 승용자동차에서는 앞·뒤차축에서 모두 사용하고 있다. 코일 스프링의 특징은 다음과 같다.

코일스프링의 상태

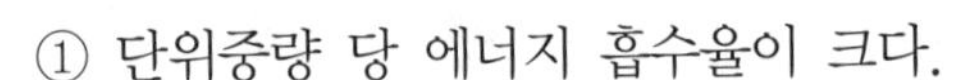

① 단위중량 당 에너지 흡수율이 크다.

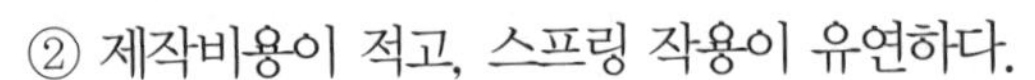

② 제작비용이 적고, 스프링 작용이 유연하다.

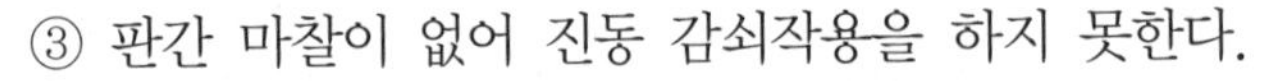

③ 판간 마찰이 없어 진동 감쇠작용을 하지 못한다.

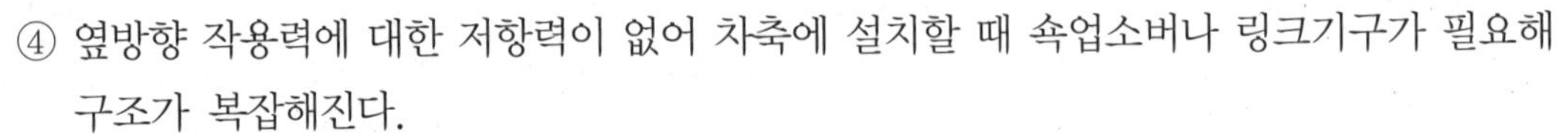

④ 옆방향 작용력에 대한 저항력이 없어 차축에 설치할 때 쇽업소버나 링크기구가 필요해 구조가 복잡해진다.

1.3. 토션바 스프링 torsion bar spring

막대를 비틀었을 때 탄성에 의해 원래의 위치로 복원하려는 성질을 이용한 스프링 강의 막대이다. 이 스프링은 단위중량 당의 에너지 흡수율이 매우 크며 가볍고 구조가 간단하다. 스프링의 힘은 막대(bar)의 길이와 단면적으로 정해지며 진동의 감쇠작용이 없어 쇽업소버를 병용하여야 하며 좌·우의 것이 구분되어 있다.

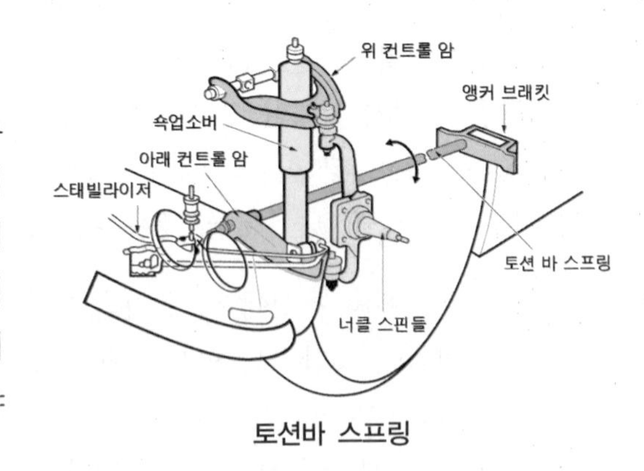

토션바 스프링

2. 쇽업소버 shock absorber

쇽업소버는 도로면에서 발생한 스프링의 진동을 신속하게 흡수하여 승차감각을 향상시키고 동시에 스프링의 피로를 감소시키기 위해 설치하는 기구이다. 또 이것에 의해 고속주행 요건의 하나인 로드홀딩(road holding)도 현저히 향상된다. 쇽업소버는 스프링이 압축될 때에는 급격히 압축되고 늘어날 때는 천천히 작용 하여 스프링의 상하 운동에너지를 열에너지로 변환시키는 일을 한다.

2.1. 텔레스코핑형 telescoping type

안내를 겸한 가늘고 긴 실린더의 조합으로 되어 있으며, 내부에는 차축과 연결되는 실린더와 차체에 연결되는 피스톤 로드가 있으며, 피스톤을 중심으로 상하 실린더에는 오일이 가득 채워져 있다. 피스톤에는 오일이 통과하는 작은 구멍(orifice)이 있고, 이 구멍에는 구멍을 개폐하는 밸브가 설치되어 있다.

2.2. 드가르봉 형식 (가스봉입 형식)

드가르봉 형식 쇽업소버도 유압방식의 일종이며, 프리피스톤(free piston)을 더 두고 있다. 프리피스톤의 위쪽에는 오일이 들어 있고, 아래쪽에는 고압(30kgf/cm^2)의 질소가스가 봉입되어 내부에 압력이 걸려 있고 1개의 실린더가 있다. 작동은 쇽업소버가 압축될 때 오일이 오일 실(oil chamber) A(피스톤 아래쪽)의 유압에 의해 피스톤에 설치된 밸브의 바깥둘레가 열려 오일 실 B로 들어온다. 이때 밸브를 통과하는 오일의 유동 저항으로 인해 피스톤이 하강함에 따라 프리피스톤도 가압된다. 쇽업소버의 작동이 정지하면 프리피스톤 아래쪽의 질소가스가 팽창하여 프리피스톤을 밀어 올려 오일 실 A의 오일을 압력을 가한다. 그리고 쇽업소버가 늘어날 때에는 피스톤의 밸브는 바깥둘레를 지점으로 하여 오일 실 B에서 A로 이동하지만 오일 실 A의 압력이 낮아지므로 프리피스톤이 상승한다. 또 늘어남이 정지하면 프리피스톤은 원위치로 복귀한다.

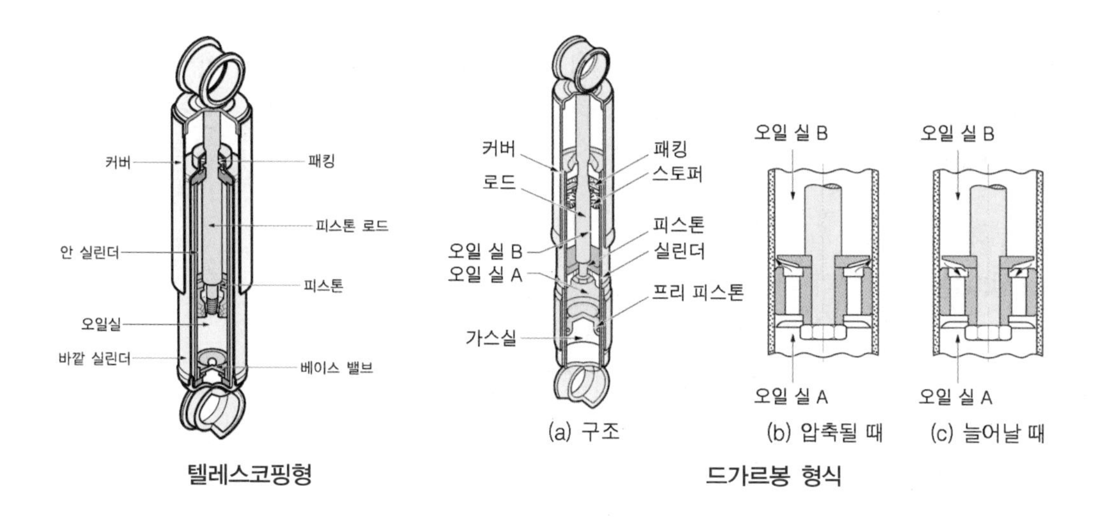

텔레스코핑형 드가르봉 형식

3. 스태빌라이저 stabilizer

스태빌라이저는 토션바 스프링의 일종으로 양끝은 좌·우의 컨트롤 암에 연결되고, 중앙 부분은 차체에 설치되어 커브 길을 선회할 때 차체가 롤링(rolling ; 좌우 진동)하는 것을 방지한다. 즉 차체의 기울기를 감소시켜 평형을 유지하는 기구이다.

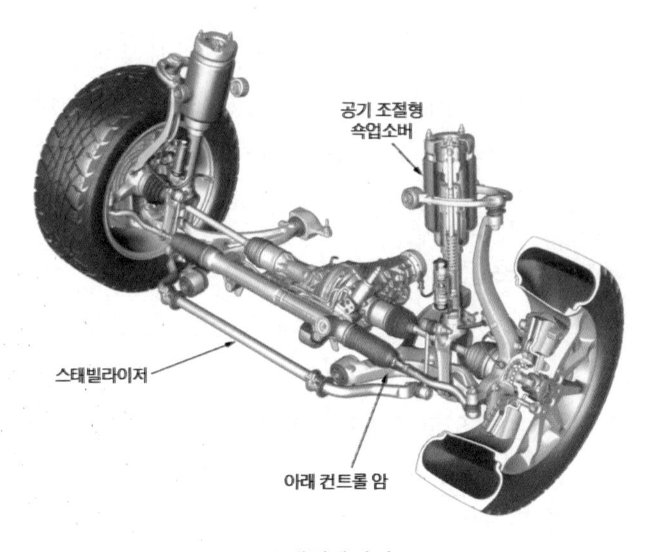

스태빌라이저

2 현가장치의 분류

1. 일체차축 현가 방식 solid axle suspension

일체로 된 차축에 좌·우 바퀴가 설치되며, 다시 이것이 스프링을 거쳐 차체에 설치된 것으로 화물자동차의 앞뒤 차축에서 사용된다. 스프링은 주로 판스프링을 사용하며, 일체차축 방식의 특징은 다음과 같다.

① 부품 수가 적어 구조가 간단하다.
② 선회할 때 차체의 기울기가 적다.
③ 스프링 밑 질량이 커 승차 감각이 불량하다.
④ 앞바퀴에 시미(shimmy)가 발생하기 쉽다.
⑤ 평행 판스프링 형식에서는 스프링 정수가 너무 적은 것은 사용하기 어렵다.

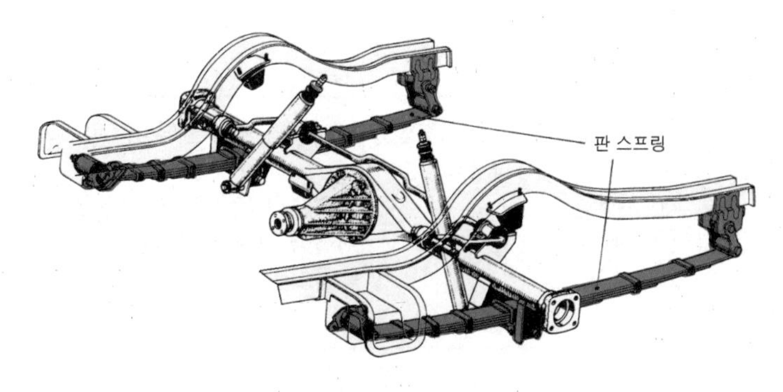

일체차축 방식

2. 독립차축 현가 방식 independent suspension

차축을 분할하여 양쪽 바퀴가 서로 관계없이 움직이도록 하여 승차감각과 안정성이 향상되도록 한 것이다. 독립현가 방식의 특징은 다음과 같다.

① 스프링 밑 질량이 작아 승차감각이 좋다.
② 바퀴의 시미(shimmy)현상이 적으며, 로드홀딩(road holding)이 우수하다.
③ 스프링 정수가 작은 것을 사용할 수 있다.
④ 구조가 복잡하므로 값이나 취급 및 정비 면에서 불리하다.
⑤ 볼 이음부분이 많아 그 마멸에 의한 휠 얼라인먼트(wheel alignment)가 틀려지기 쉽다.
⑥ 바퀴의 상하 운동에 따라 윤거(tread)나 휠 얼라인먼트가 틀려지기 쉬워 타이어 마멸이 크다.

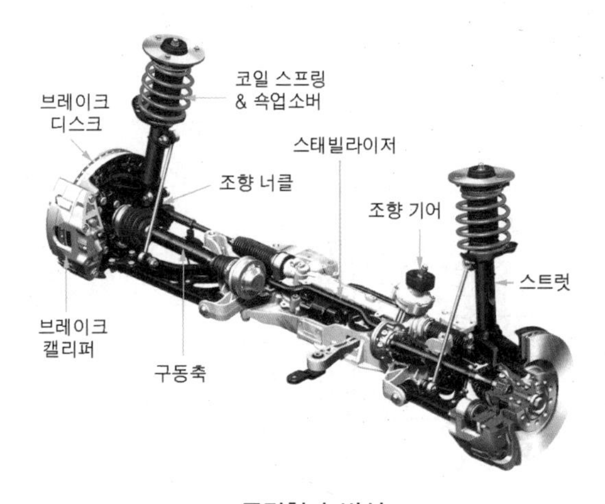

독립현가 방식

알고갑시다 시미 (shimmy)

바퀴의 좌우 진동을 말하며, 고속 시미와 저속 시미가 있다. 바퀴의 동적 불평형일 때 고속 시미가 발생하며, 저속에서 시미가 발생하는 원인은 다음과 같다.

① 스프링 정수가 적을 때
② 링키지의 연결부가 헐거울 때
③ 타이어의 공기 압력이 낮을 때
④ 캐스터(caster)가 과도할 때
⑤ 바퀴의 불평형
⑥ 쇽업소버의 작동 불량
⑦ 앞 현가 스프링의 쇠약

2.1. 위시본형 wishbone type

위시본형은 위·아래 컨트롤 암(upper & lower control arm), 조향너클(steering knuckle), 코일 스프링 등으로 구성되어 있어 바퀴가 스프링에 의해 완충되면서 상하운동을 하도록 되어 있다.

(1) 평행사변형 형식

위·아래 컨트롤 암을 연결하는 4점이 평행사변형을 이루고 있는 것이며, 바퀴가 상하운동을 하면 조향너클과 연결하는 2점이 평행이동을 하여 윤거가 변화하므로 타이어 마멸이 촉진된다. 그러나 캠버의 변화가 없으므로 선회주행에서 안전성이 증대된다.

(2) SLA 형식 short long arm type

아래 컨트롤 암이 위 컨트롤 암보다 긴 것이며, 바퀴가 상하 운동을 하면 위 컨트롤 암은 작은 원호를 그리고, 아래 컨트롤 암은 큰 원호를 그리게 되어 컨트롤 암이 움직일 때마다 캠버(camber)가 변화하는 결점이 있다.

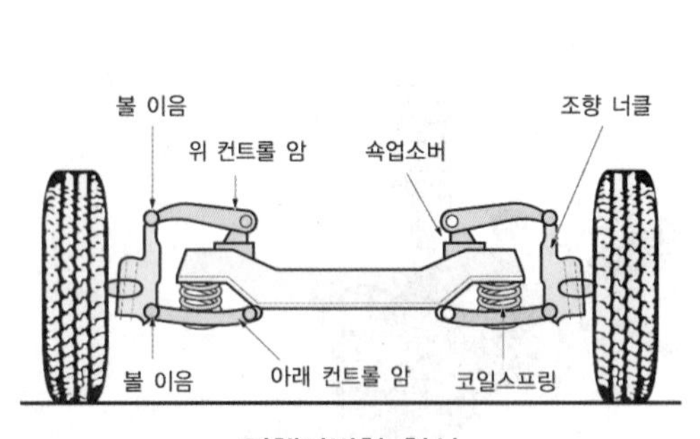

평행사변형 형식

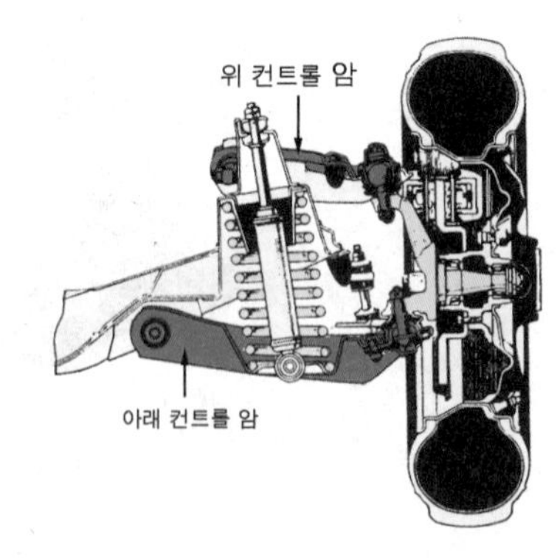

SLA 형식

(3) 더블 위시본 형식 double wishbone type

상하 한 쌍(double)의 컨트롤 암(control arm)으로 바퀴를 설치하는 형식으로 처음에는 컨트롤 암이 V형을 하고 있었으므로 새의 가슴(wish bone)모양을 닮았다고 하여 이 이름이 붙여졌다. 현재는 모양에 관계없이 상하 2개의 컨트롤 암을 지닌 형식을 이와 같이 부르며, 예전의 형식을 컨번셔널 위시본 형식, 여기에 링크를 추가한 형식을 멀티링크 형식으로 구별한다. 더블 위시본 형식은 위시본 형식의 단점을 보완한 것으로, 일반적인 구조는 위시본 형식과 비슷하나 기관 실(engine room)의 공간을 효율적으로 활용할 수 있다. 작동은 2개의 위·아래 컨트롤 암이 평행사변형 형식의 상하운동을 하는 원리이며, 맥퍼슨 형식보다는 상대적으로 강도가 크고, 바퀴가 상하운동을 하여도 캠버나캐스터 등의 변화가 작으며, 승차 감각이 부드럽고, 조향안정성 등이큰 장점이 있다. 또 컨트롤 암의 형상이나 배치에 따라 얼라인먼트 변화나 가·감속할 때 자동차의 자세를 비교적 자유롭게 제어할 수 있으며, 강성도 높기 때문에 조종성능 및 안정 성능을 중요시하는 승용자동차에서 널리 사용된다. 그러나 구조가 복잡하고 넓은 설치공간이 필요한 단점이 있다.

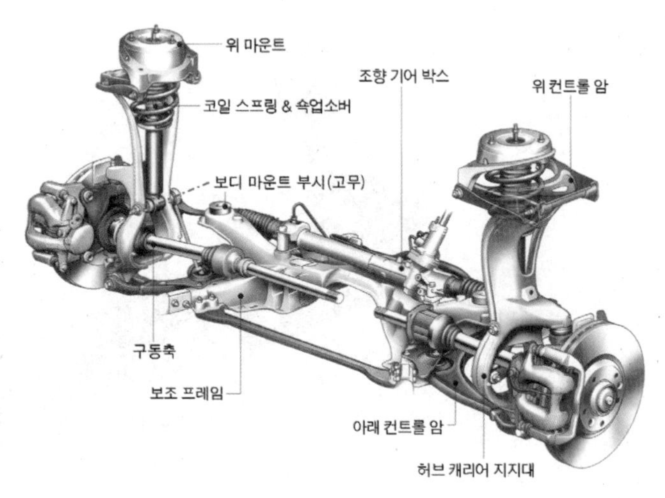

더블 위시본 형식

2.2. 맥퍼슨 형식 macpherson type

조향너클과 일체로 되어 있으며, 쇽업소버가 내부에 들어 있는 스트럿(strut;기둥) 및 볼이음, 현가 암, 스프링으로 구성되어 있다. 스트럿 위쪽에는 현가 지지를 통하여 차체에 설치되며, 현가 지지에는 스러스트 베어링(thrust bearing)이 들어 있어 스트럿이 자유롭게 회전할 수 있다. 그리고 아래쪽에는 볼 이음을 통하여 현가 암에 설치되어 있다. 코일스프링을 스트럿과 스프링시트 사이에 설치하며, 스프링시트는 현가지지의 스러스트 베어링과 접촉되어 있다. 따라서 자동차 중량은 현가지지를 통하여 차체를 지지하고 조향 할 때에는 조향너클과 함께 스트럿이 회전한다. 이 형식의 특징은 다음과 같다.

① 구조가 간단해 마멸되거나 손상되는 부분이 적으며 정비작업이 쉽다.
② 스프링 밑 질량이 작아 로드홀딩(road holding)이 우수하다.
③ 기관 실의 유효체적을 크게 할 수 있다.

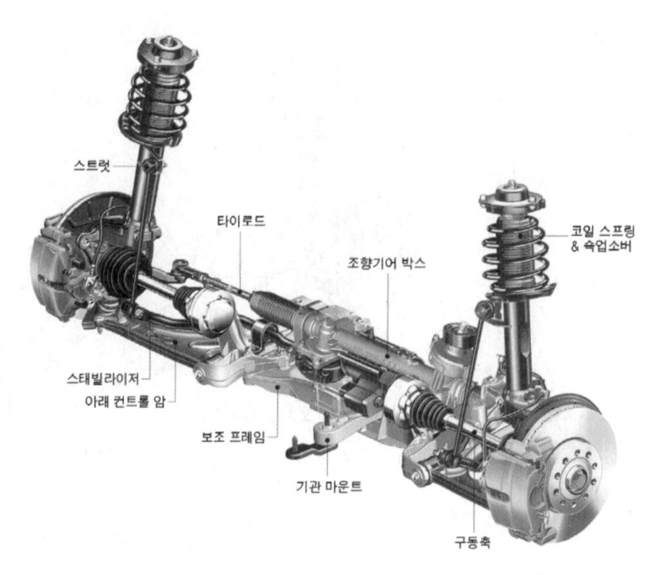

맥퍼슨 형식

3. 공기 현가장치 air suspension system

3.1. 공기 현가장치의 개요

압축 공기의 탄성을 이용한 것이며, 공기스프링, 레벨링 밸브, 공기탱크, 공기압축기로 구성되어 있다. 특징은 다음과 같다.

① 하중 증감에 관계없이 차체 높이를 항상 일정하게 유지하며 앞·뒤, 좌·우의 기울기를 방지할 수 있다.

② 스프링 정수가 자동적으로 조정되므로 하중의 증감에 관계없이 고유 진동수를 거의 일정하게 유지할 수 있다.

③ 고유 진동수를 낮출 수 있으므로 스프링 효과를 유연하게 할 수 있다.

④ 공기 스프링 자체에 감쇠성이 있으므로 작은 진동을 흡수하는 효과가 있다.

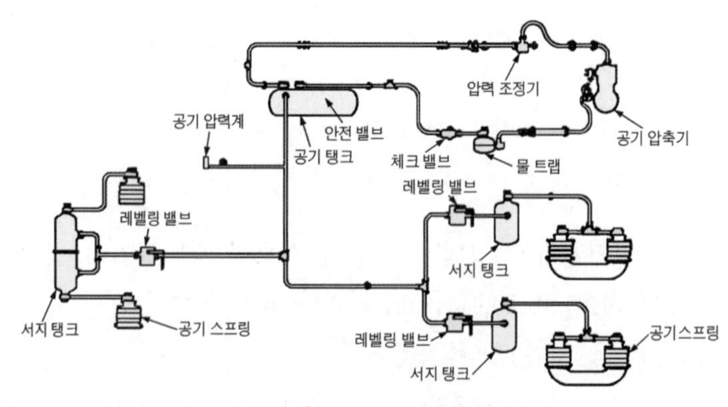

공기 현가장치의 구성도

3.2. 공기 현가장치의 구조 및 기능

(1) 공기압축기 air compressor

공기압축기는 기관의 크랭크축에 의해 벨트로 구동되며, 압축공기를 생산하여 공기탱크로 보낸다.

(2) 서지탱크 surge tank

서지탱크는 공기스프링 내부의 압력변화를 완화하여 스프링작용을 유연하게 해주는 것이며, 각 공기 스프링마다 설치되어 있다.

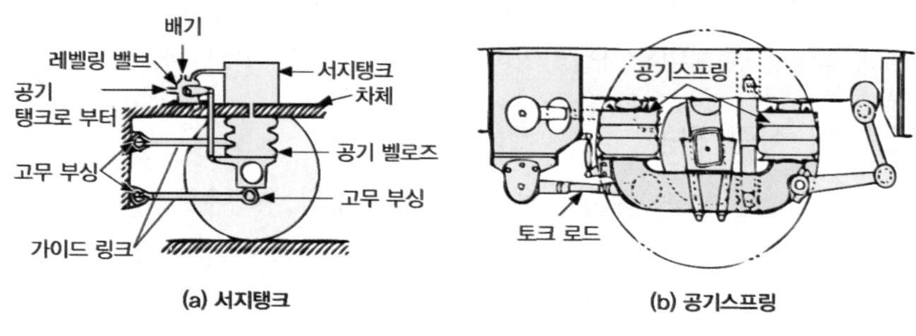

서지탱크와 공기스프링

(3) 공기스프링 air spring

공기 스프링에는 벨로즈형(bellows type)과 다이어프램형(diaphragm type)이 있으며, 공기탱크와 스프링 사이의 공기통로를 조절하여 도로 상태와 주행속도에가장 적합한 스프링 효과를 얻도록 한다.

(4) 레벨링 밸브 leveling valve

레벨링 밸브는 공기탱크와 서지탱크를 연결하는 파이프 도중에 설치된 것이며, 자동차의 높이가 변화하면 압축공기를 스프링으로 공급하거나 배출시켜 자동차높이(車高)를 일정하게 유지시킨다.

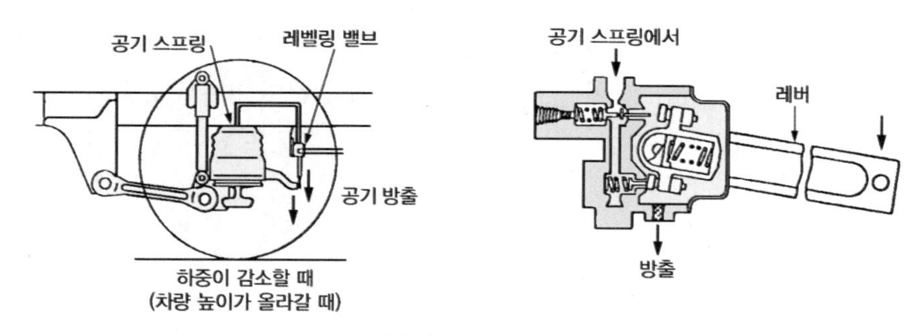

레벨링 밸브의 작동

3 자동차의 진동 및 승차감각

1. 자동차의 진동

자동차는 현가스프링에 의해 지지되는 스프링 위 질량과 타이어와 현가장치 사이에 있는 스프링 아래 질량으로 분류되며, 이 질량들은 스프링에 의하여 서로 연결되어 있으며 독립적으로 서로 다른 주파수 영역을 진동하면서도 서로 간에 반작용을 미치며 3차원적이며 복합된 형태로 나타난다.

자동차의 진동

1.1. 스프링 위 질량 진동

① 바운싱(bouncing ; 상하 진동) : 차체가 Z축 방향과 평행운동을 하는 고유진동이다.
② 피칭(pitching ; 앞뒤 진동) : 차체가 Y축을 중심으로 하여 회전운동을 하는 고유진동이다.
③ 롤링(rolling ; 좌우 진동) : 차체가 X축을 중심으로 하여 회전운동을 하는 고유진동이다.
④ 요잉(yawing ; 차체 뒷부분 진동) : 차체가 Z축을 중심으로 하여 회전운동을 하는 고유진동이다.

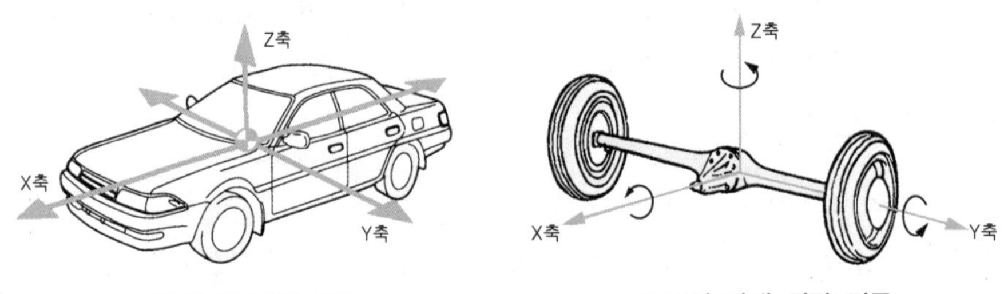

스프링 위 질량 진동 스프링 아래 질량 진동

1.2. 스프링 아래 질량 진동

① 휠 홉(wheel hop) : 차축이 Z방향의 상하평행 운동을 하는 진동이다.
② 휠 트램프(wheel tramp) : 차축이 X축을 중심으로 하여 회전운동을 하는 진동이다.
③ 와인드업(wind up) : 차축이 Y축을 중심으로 회전운동을 하는 진동이다.

2. 진동수와 승차감각

자동차에서 멀미나 피로를 느끼는 것은 자동차의 이상 진동이 사람의 뇌에 작용하여 자율신경에 영향을 주기 때문이다. 사람이 걸어갈 때 머리의 상하진동은 60~70cycle/min이고 뛰어갈 때는 120~160cycle/min이라 하며, 일반적으로 60~120cycle/min의 상하진동을 할 때 가장 좋은 승차감각을 얻을 수 있다고 한다. 진동수가 120cycle/min을 넘으면 딱딱해지고, 45cycle/min 이하에서는 멀미를 느끼게 된다.

4 전자제어 현가장치

1. 전자제어 현가장치의 개요

전자제어 현가장치는 컴퓨터(ECU, electronic control suspension system), 각종 센서, 액추에이터(actuator) 등을 설치하고 도로면의 상태, 주행 조건, 운전자의 선택 등과 같은 요소에 따라서 자동차의 높이와 현가특성(스프링 정수 및 감쇠력)이 컴퓨터에 의해 자동적으로 제어된다. 즉 비포장도로를 주행할 때 차체가 도로면에 긁히지 않도록 하기 위해서는 차체가 높아져야 하고, 포장된 도로를 주행할 때에는 안전성을 높이기 위해 차체가 낮아야 한다. 그리고 현가장치를 매순간마다 강하게(hard) 또는 부드럽게(soft) 제어하여야 하는데 이러한 작동을 컴퓨터로 제어하며 이 장치의 기능은 다음과 같다.

① 급제동할 때 노스다운(nose down)을 방지한다.
② 급선회할 때 원심력에 대한 차체의 기울어짐을 방지한다.
③ 도로면으로부터의 자동차 높이를 제어할 수 있다.
④ 도로면의 상태에 따라 승차감각을 제어할 수 있다.

2. 전자제어 현가장치의 종류

2.1. 감쇠력 가변방식 전자제어 현가장치

쇽업소버의 감쇠력(damping force)을 다단계로 변화시킬 수 있다. 쇽업소버 감쇠력만을 제어하는 감쇠력 가변방식은 구조가 간단하므로 주로 중형 승용자동차에서 사용되며, 쇽업소버의 감쇠력을 Soft, Medium, Hard 등 3단계로 제어한다.

2.2. 복합방식 전자제어 현가장치

쇽업소버의 감쇠력과 자동차의 높이 제어기능을 지닌 것이다. 쇽업소버의 감쇠력은 소프트(soft)와 하드(hard) 2단계로 제어하며, 자동차 높이는 로우(low), 노멀(normal), 하이(high) 3단계로 제어한다. 특징은 코일 스프링이 하던 역할을 공기스프링이 대신하기 때문에 하중변화에도 일정한 승차감각과 자동차의 높이를 유지할 수 있다.

2.3. 세미 액티브(semi ative tpe) 전자제어 현가장치

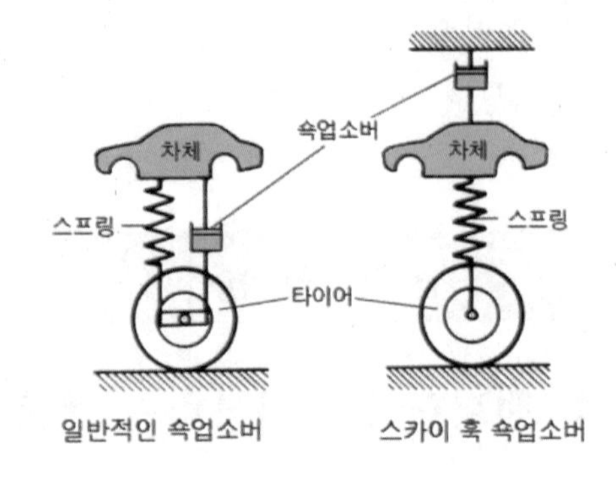

스카이훅(sky hook) 이론에 바탕을 둔 것으로 공중에 쇽업소버를 고정하여 차체를 걸고 스프링으로 지지하여 노면의 요철을 바퀴만이 상하로 움직여 차체로 전달되도록 한다는 것이다. 역방향 감쇠력 가변방식 쇽업소버를 사용하여 기존의 감쇠력 가변방식 전자제어 현가장치의 경제성과 액티브 전자제어 현가장치의 성능을 만족시킬 수 있는 장치이다. 쇽업소버의 감쇠력은 쇽업소버 외부에 설치된 감쇠력 가변 솔레노이드 밸브에 의해 연속적인 감쇠력 가변제어가 가능하고, 쇽업소버 피스톤이 팽창과 수축할 때에는 독립제어가 가능하다.

2.4. 액티브(active) 전자제어 현가장치

감쇠력 제어와 자동차 높이 제어기능을 지니고 있으며, 자동차의 자세 변화에 능동적으로 대처하기 때문에 자세 제어가 가능한 장치이다. 쇽업소버의 감쇠력 제어에는 수퍼소프트(super soft), 소프트(soft), 미디움(medium), 하드(hard) 등 4단계로 제어되며, 자동차 높이 제어는 로우(low), 노멀(normal), 하이(high), 엑스트라 하이(extra high) 등 4단계로 제어된다. 자세제어 기능에는 앤티 롤(anti-roll), 앤티 바운스(anti-bounce), 앤티 피치(anti-pitch), 앤티 다이브(anti-dive), 앤티 스쿼트(anti-squat) 제어 등을 수행한다.

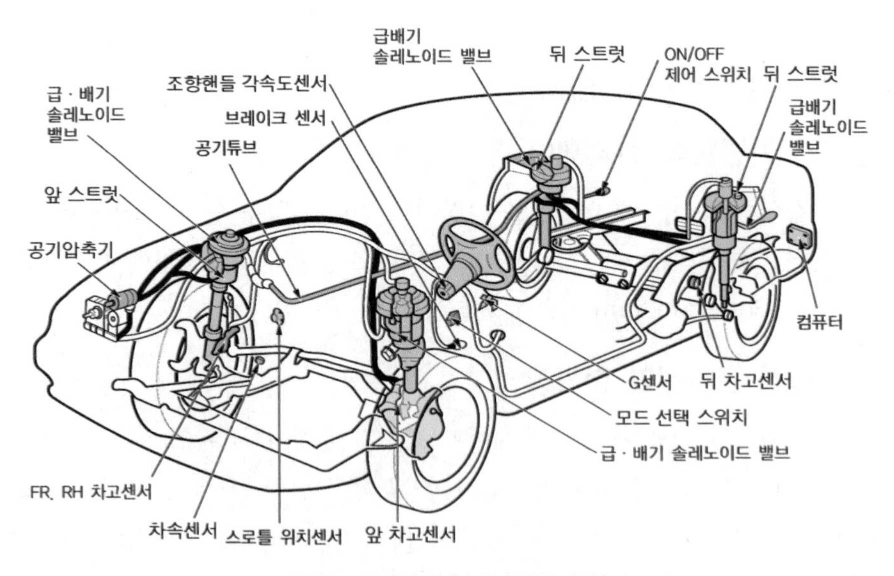

액티브 전자제어 현가장치의 구성

3. 전자제어 현가장치의 제어기능

3.1. 프리뷰 제어 preview control

자동차 앞쪽에 있는 도로 면의 돌기나 단차를 초음파로 검출하여 바퀴가 단차 또는 돌기를 넘기 직전에 쇽업소버의 감쇠력을 최적으로 제어하여 승차감각을 향상시킨다. 프리뷰 센서는 초음파에 의해 자동차 앞쪽에 있는 도로 면의 돌기나 단차를 검출하는 것으로 앞 범퍼 좌우에 2개가 설치된다.

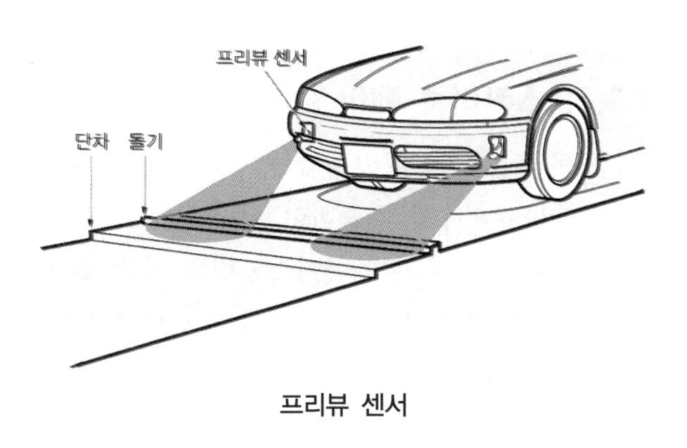

프리뷰 센서

(1) 프리뷰 센서의 돌기검출 원리

진동자(압전 세라믹)에 펄스전압을 가하여 얻어지는 초음파는 바퀴 앞쪽의 도로 면으로 향해 200KHz 정도의 주파수를 발산한다. 바퀴 앞쪽에 돌기가 있으면 초음파는 돌기에 의해 반사되어 수신기로 되돌아온다. 이때 되돌아오는 초음파의 세기로전압이 발생되는 전자회로가 구성되어 있어 이 전압의 유무에 따라 앞쪽의 돌기 여부를 검출한다.

(2) 프리뷰 센서의 단차검출 원리

바퀴 앞쪽에 단차가 있으면 센서로 되돌아오는 초음파가 두절되어 진동자에 의한 전압도 0V가 된다. 이것에 의해 앞쪽의 단차를 검출한다.

3.2. 퍼지제어 fuzzy control

(1) 도로면 대응제어

현가장치의 상하진동을 주파수로 분석하여 가볍게 뜨는 느낌과 거친 느낌의 정도를 판단하여 최적의 승차감각을 얻도록 쇽업소버의 감쇠력을 퍼지제어 하여 상하진동이 반복되는 주행 조건에서도 우수한 승차감각을 얻도록 한다.

(2) 등판 및 하강제어

등판 및 하강제어는 컴퓨터에서 도로면 경사각도 및 조향핸들의 조작횟수를 추정하여 운전상황에 따른 조향 특성을 얻기 위해 앞・뒷바퀴의 앤티 롤(anti-roll)제어시기를 조절한다. 경사진 도로에서 조향핸들 각속도가 클 때에는 앞바퀴의 앤티 롤 제어를 지연시켜 오버스티어링(over steering)의 경향으로 한다. 지연량(시간)은 도로면의 경사 정도와 주행속도를 기초로 퍼지제어를 한다. 반대로 내리막 경사진 도로에서 조향핸들 각속도가 작을 때에는 뒷바퀴의 앤티 롤 제어를 지연시켜 언더스티어링(under steering)의 경향으로 한다. 지연량(시간)은 도로 면의 내리막 경사 정도와 조향핸들 각속도 정도 및 주행속도를 기초로퍼지 제어를 한다.

3.3. 스카이훅 제어 sky hook control

스프링 위(차체)에 발생하는 상하방향의 가속도 크기와 주파수를 검출하여 상하 G(중력 가속도)의 크기에 대응하여 공기스프링의 공기 흡·배기 제어와 동시에 쇽업소버의 감쇠력을 딱딱하게(hard) 제어하여 차체가 가볍게 뜨는 것을 감소시킨다.

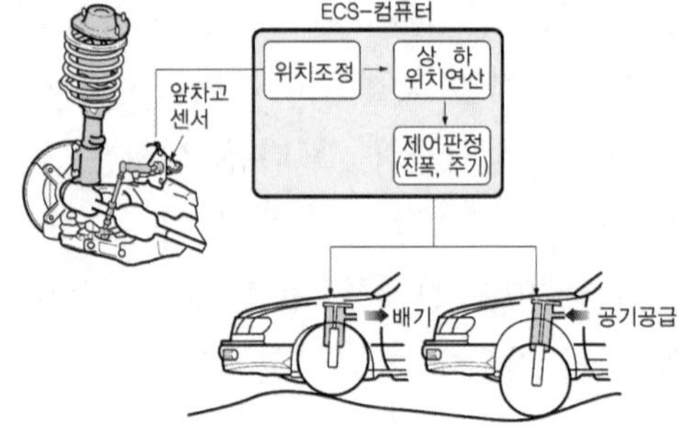

스카이훅 제어

3.4. 감쇠력 제어와 차체 자세 제어

쇽업소버의 감쇠력 제어는 앤티 롤(anti-roll), 앤티 다이브(anti-dive), 앤티 스쿼트(anti-squat) 제어 등을 수행할 때 수퍼소프트(super soft), 소프트(soft), 미디움(medium), 하드(hard) 등 4단계로 감쇠력 전환을 제어하며, 자세제어 기능에는 쇽업소버의 감쇠력과 쇽업소버 위쪽에 설치된 공기스프링의 공기를 가변하여 앤티 롤(anti-roll), 앤티 바운스(anti-bounce), 앤티 피치(anti-pitch), 앤티 다이브(anti-dive), 앤티 스쿼트(anti-squat) 제어 등을 수행하여 차체의 자세를 제어한다.

(1) 앤티 롤 제어 anti-roll control

선회할 때 자동차의 좌우 방향으로 작용하는 가로방향 가속도를 G 센서로 감지하여 제어하는 것이다. 즉, 자동차가 선회할 때는 원심력에 의하여 중심 이동이 발생하여 바깥쪽 바퀴 쪽은 목표 자동차 높이보다 낮아지고 안쪽 바퀴는 높아진다. 이에 따라 바깥쪽 바퀴의 스트럿의 압력은 높이고 안쪽 바퀴의 압력은 낮추어 원심력에 의해서 차체가 롤링하려고 하는 힘을 억제한다.

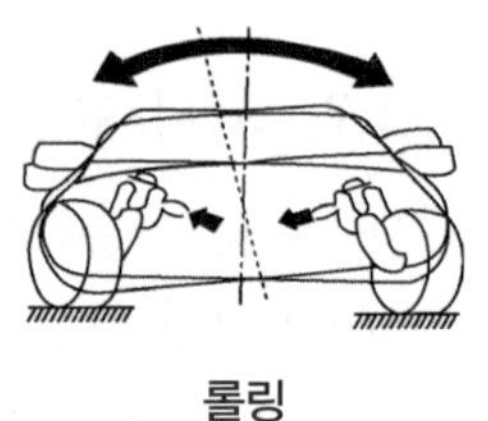
롤링

(2) 앤티 스쿼트 제어 anti-squat control

급출발 또는 급 가속할 때에 차체의 앞쪽은 들리고, 뒤쪽이 낮아지는 노스업(nose up) 현상을 제어하는 것이다. 작동은 컴퓨터가 스로틀 위치 센서의 신호와 초기의 주행속도를 검출하여 급출발 또는 급가속 여부를 판정하여 규정 주행속도 이하에서 급출발이나 급가속 상태로 판단되면 노스업(스쿼트)를 방지하기 위하여 쇽업소버의 감쇠력

스쿼드

을 증가시킨다.

(3) 앤티 다이브 제어 anti-dive control

주행 중에 급제동을 하면 차체의 앞쪽은 낮아지고, 뒤쪽이 높아지는 노스다운(nose down) 현상을 제어하는 것이다. 작동은 브레이크 오일 압력스위치로 유압을 검출하여 쇽업소버의 감쇠력을 증가시킨다.

다이브

(4) 앤티 피칭 제어 anti-pitching control

자동차가 요철 도로면을 주행할 때 자동차 높이의 변화와 주행속도를 고려하여 쇽업소버의 감쇠력을 증가시킨다.

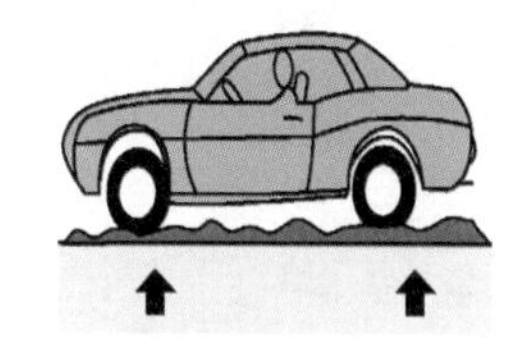
피칭/바운싱

(5) 앤티 바운싱 제어 anti--bouncing control

차체의 바운싱은 G센서가 검출하며, 바운싱이 발생하면 쇽업소버의 감쇠력은 소프트(soft)에서 미디움(medium이나 하드(hard)로 변환된다.

(6) 차속감응 제어 vehicle speed control

자동차가 고속으로 주행할 때에는 차체의 안정성이 결여되기 쉬운 상태이므로 쇽업소버의 감쇠력은 소프트(soft)에서 미디움(medium 이나 하드(hard)로 변환된다.

고속안정

(7) 앤티 셰이크 제어 anti-shake control

사람이 자동차에 승하차할 때 하중의 변화에 따라 차체가 흔들리는 것을 셰이크라고 하며, 자동차의 속도를 감속하여 규정 속도 이하가 되면 컴퓨터는 승차 및 하차에 대비하여 쇽업소버의 감쇠력을 하드(hard)로 변환시킨다. 그리고 자동차의 주행속도가 규정값 이상 되면 쇽업소버의 감쇠력은 초기 모드로 된다.

4. 전자제어 현가장치의 구성

전자제어 현가장치의 입·출력 블록도

4.1. 전자제어 현가장치 입력요소의 구조 및 작동

(1) 차고 센서 vehicle high sensor

차고 센서는 레버(lever)로 연결된 로드(rod)와 센서 보디로 구성되어 있으며, 앞쪽과 뒤쪽에 설치되어 있다. 앞 차고 센서는 로워 암(lower arm)과 차체에, 뒤 차고 센서는 뒷차축(rear axle)과 차체에 연결되어 차체의 상하 움직임에 따라 센서의 레버가 회전하며, 차고 센서는 레버가 회전하는 양으로 자동차 높이를 검출한다.

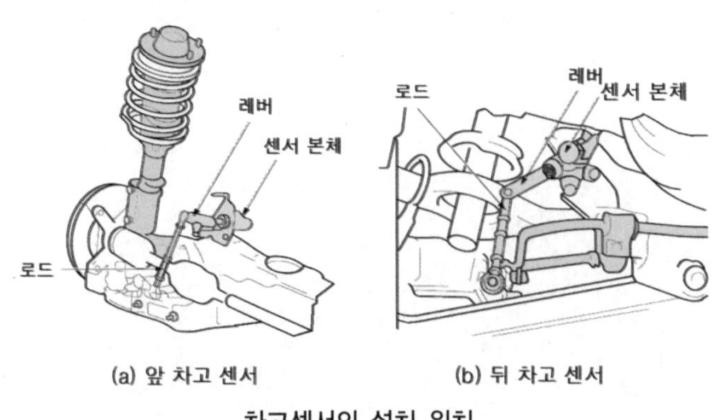

(a) 앞 차고 센서　(b) 뒤 차고 센서

차고센서의 설치 위치

레버에 설치된 원판(disc plate)이 자동차 높이 변화에 따라 발광다이오드와 포토트랜지스터 사이에서 회전하며, 원판의 홈(slot)을 통해 발광다이오드의 빛이 포토트랜지스터로 입력되어 발생한 출력에 의해 자동차 높이가 검출된다.

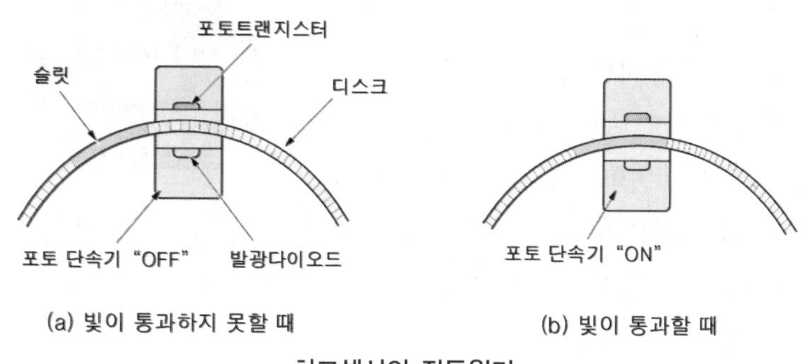

(a) 빛이 통과하지 못할 때 (b) 빛이 통과할 때

차고센서의 작동원리

(2) 조향핸들 각속도 센서 steering wheel angle speed sensor

조향핸들 각속도 센서는 조향핸들 아래쪽에 설치되어 있으며, 조향핸들의 회전속도, 회전방향 및 회전 각도를 검출하여 자동차의 선회여부를 판단하는 센서이다. 이 센서는 2개의 포토 단속기와 1개의 원판으로 구성되어 있으며, 포토 단속기는 조향 칼럼에 고정되어 있으며, 원판은 조향축에 연결되어 조향핸들을 돌리면 함께 회전한다. 이때 조향핸들을 일정하게 돌리면 컴퓨터는 롤(roll) 상태로 판단하여 앤티 롤(anti-roll)제어를 한다.

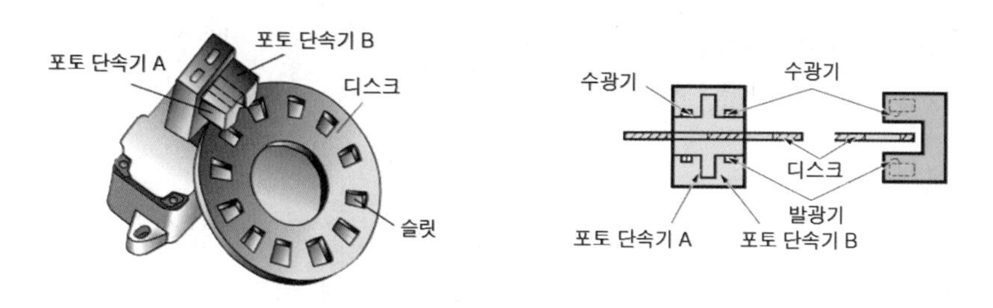

조향핸들 각속도 센서의 구조

조향핸들 각속도 센서는 포토 단속기의 발광다이오드와 포토트랜지스터 사이에 설치된 원판이 조향핸들의 회전운동에 따라 회전하며, 발광다이오드의 빛이 포토트랜지스터로 통과 여부에 따라 전기적인 신호 즉, 조향핸들의 회전속도, 회전방향 및 회전 각도를 검출한다. 그러나 조향핸들을 매우 적게 회전할 때에는 출력신호가 발생하지 않는다.

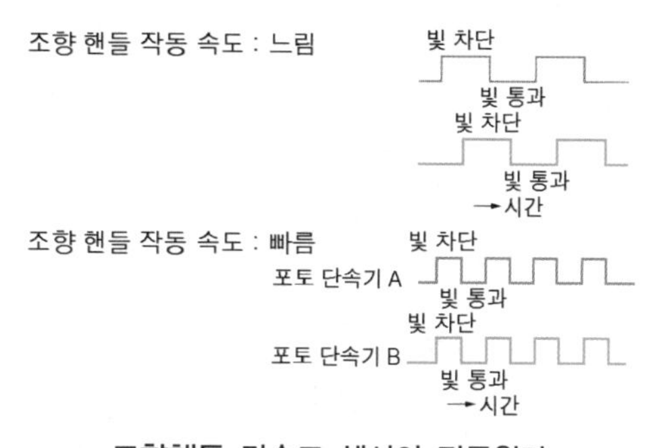

조향핸들 각속도 센서의 작동원리

(3) G센서 gravity sensor

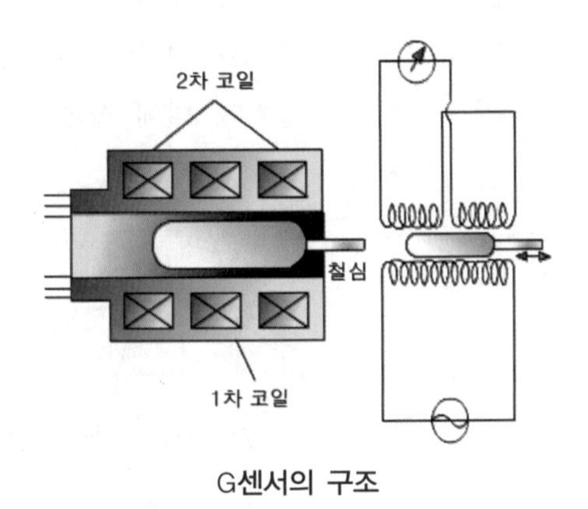

G센서의 구조

G(중력)센서는 기관룸 내의 차체에 설치되어 있고, 차체의 롤(roll)을 제어하기 위한 전용 센서이며, 자동차가 선회할 때 G센서 내부의 철심이 자동차가 기울어진 쪽으로 이동하면서 2차 코일에 유도되는 전압의 크기와 방향이 변화하게 되는데 컴퓨터는 이 유도되는 전압의 변화 정도를 검출하여 차체가 기울어진 방향과 기울어진 정도를 검출하여 앤티 롤(anti-roll)을 제어할 때 보정신호로 사용한다. 철심이 1차 코일과 2차 코일 사이에서 움직이게 되는데, 교대로 역극성의 전압을 걸어서 직렬로 연결된 철심이 가운데에 위치할 때 2차 코일에 유도되는 교류전압은 같아지고, 양 코일로부터의 전압파형은 역 위상으로 되어 출력이 0이 된다. 철심의 위치가 중앙에서 벗어나면 좌우 코일의 유기전압이 차이가 발생하므로 증폭기의 출력에 비례하는 전압이 발생한다.

(4) 인히비터 스위치 Inhibitor switch

인히비터 스위치는 자동변속기에 설치되어 있으며, 운전자가 변속레버를 P, R, N, D, 2, L 중 어느 위치로 선택 및 이동하는지를 컴퓨터로 입력하는 스위치이다. 컴퓨터는 이 신호를 기준으로 변속레버를 P 또는 N 위치에서 D 또는 R위치로 선택하였을 때 차체의 진동을 억제하기 위한 감쇠력 제어를 실행한다.

(5) 차속 센서 vehicle speed sensor

차속 센서는 홀(hall)소자 형식으로 변속기 출력축에 설치되어 있으며, 자동차의 주행속도를 컴퓨터로 입력시키는 작용을 한다. 컴퓨터는 차속 센서의 신호를 기준으로 자동차가 선회할 때 롤(roll) 정도를 예측하고, 제동할 때 차체가 앞쪽으로 기울어지는 다이브(dive) 현상을 방지하는 앤티 다이브(anti-dive)제어, 출발할때 차체의 앞쪽이 들리는 스쿼트(squat) 현상을 방지하는 앤티 스쿼트(anti-squat)제어 및 고속 안정성을 제어한다.

(6) 스로틀 위치 센서 throttle position sensor

스로틀 위치 센서는 가속페달 케이블과 연결되어 있으며, 운전자가 가속페달을 밟은 정도와 스로틀 밸브의 열림 정도를 검출하여 컴퓨터로 입력시킨다. 컴퓨터는 이 신호를 기준으로 운전자의 가·감속 의지를 판단하고 급 가속할 때 차체의앞쪽이 들리는 스쿼트(squat) 현상을 방지하는 앤티 스쿼트(anti-squat)제어의 주신호로 사용된다.

(7) 고압스위치 high pressure switch

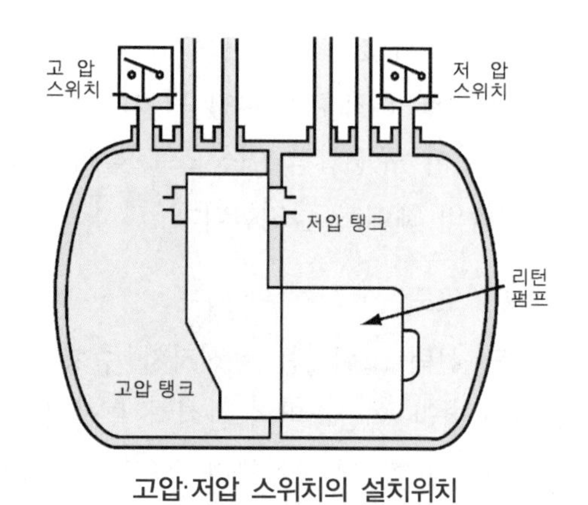

고압·저압 스위치의 설치위치

공기를 쇽업소버의 공기스프링에 공급하여 자동차의 자세를 순간적으로 제어하기 위해서는 많은 양의 압축공기를 필요로 하게 되는데, 컴퓨터에는 필요한 압축공기를 공급하기 위해 1개의 공기압축기와 2개의 공기탱크가 설치되어 있다. 2개의 공기탱크는 공기압축기에 의해 압축된 공기를 저장해 두었다가 자세를 제어할 때 신속하게 압축공기를 쇽업소버의 공기스프링으로 공급하는 역할을 한다. 공기탱크는 중간을 밀폐시켜 고압탱크와 저압탱크로 분리하며, 고압스위치를 고압탱크 쪽에 설치하여 고압탱크의 공기압력이 너무 낮을 때 자세제어에 필요한 공기의 신속한 공급이 어렵기 때문에 이를 방지하기 위하여 고압탱크 내의 공기압력이 규정값 이하로 낮아지면 공기압축기를 작동시켜 고압탱크의 압력을 일정하게 유지시킨다. 고압스위치에 의해 항상 유지되는 고압탱크 내의 공기압력은 7.6~9.5kgf/cm^2 이다.

(8) 저압스위치 low pressure switch

자동차에 앞쪽과 뒤쪽에 설치되어 있는 공기탱크는 내부가 저압탱크와 고압탱크로 나누어져 있다. 공기탱크 중간에는 리턴 펌프(return pump)라 부르는 압축기가 설치되어 있으며, 리턴펌프가 작동하면 저압탱크 쪽의 공기가 고압탱크 쪽으로 공급된다. 즉, 고압탱크 쪽은 자세를 제어할 때 필요한 공기를 공급하고 저압탱크 쪽은자세를 제어할 때 배출되는 공기를 저장하는 탱크이다. 만약, 공기탱크의 저압탱크 쪽으로 배출되어 저장되는 공기가 많아 압력이 높아지면 자세를 제어할 때 쇽업소버에서 공기배출이 불량해져 정밀한 자세제어가 어려워지기 때문에 저압탱크 쪽 압력이 규정값 이상으로 상승하면 저압스위치가 작동하여 내부의 리턴펌프를 구동한다. 리턴펌프가 구동되면 저압탱크 쪽의 공기는 고압탱크 쪽으로 공급되어 저압탱크 쪽의 압력이 낮아진다. 저압스위치는 자세를 제어할 때 쇽업소버 공기스프링의 원활한 공기배출을 위해 저압탱크 내의 압력을 0.7~1.4kgf/cm^2 로 일정하게 유지시킨다.

(9) 뒤 압력 센서 rear pressure sensor

뒤 압력 센서는 뒤 쇽업소버 공기스프링 내의 공기압력을 검출하는 역할을 한다. 뒤 쇽업소버 공기스프링 내의 공기압력은 뒷좌석 승차인원이나 트렁크(trunk) 내의 화물 적재량에 따라 많은 변화가 일어나게 되는데 컴퓨터는 뒤 압력 센서의 신호로 자동차 뒤쪽의 하중을 검출하고, 하중에 따라 뒤 쇽업소버 공기스프링의 공기공급 시간과 배출시간을 다르게 제어한다. 또 승차인원이 많거나 화물 적재량이 많아 뒤 쇽업소버 공기스프링 내의 공기압력이 규정압력 이상으로 높아지면 자세제어를 할 때 뒤쪽의 제어를 금지한다.

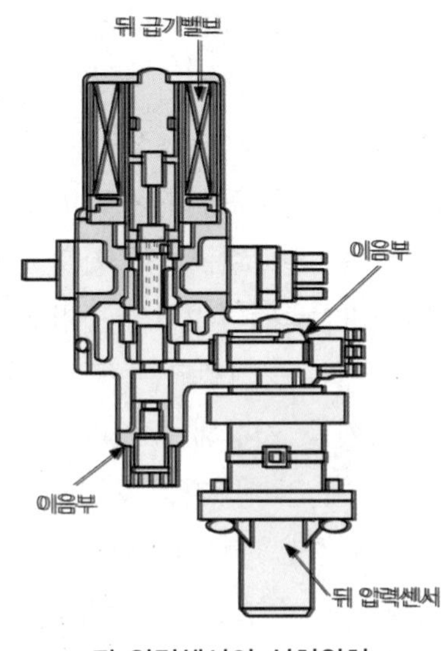

뒤 압력센서의 설치위치

(10) 모드 선택 스위치

모드 선택 스위치는 운전자가 주행 조건이나 도로면의 상태에 따라 쇽업소버의 감쇠력 특성과 자동차 높이를 변화시키고자 할 때 사용한다. 모드 선택 종류는 굴곡진 도로나 스포츠 주행을 위한 SPT(SPORT) 모드, 비포장도로에서 차량의 높이를 높이기 위한 HI(HIGH) 모드, 험한도로나 과속방지턱을 넘을 때 필요한 Extra-HIGH 모드 등이 있다.

(11) 전조등 릴레이 head light relay

전조등 릴레이는 운전자가 전조등을 점등 시켰을 때 축전지 전기를 공급하는 역할을 하며, 컴퓨터는 전조등 릴레이 신호에 의해 전조등 작동유무를 판단하여 야간에 고속으로 주행할 때 자동차 높이 제어를 다르게 한다.

(12) 도어스위치 door switch

도어스위치는 자동차의 도어가 열리고 닫히는 것을 검출하는 스위치이며, 컴퓨터는 도어스위치 신호에 의해 승객의 승·하차여부를 판단하고 승·하차할 때 차체의 흔들림을 방지하기 위해 쇽업소버의 감쇠력을 제어한다.

(13) 제동등 스위치 brake lamp switch

제동등 스위치는 운전자의 브레이크 페달 조작 여부를 검출하여 컴퓨터로 입력시키며, 컴퓨터는 제동등 스위치의 신호에 따라 운전자의 브레이크 페달 조작여부를 판단하고 제동을 할 때 차체가 앞쪽으로 기울어지는 다이브(dive) 현상을 방지하기 위해 앤티 다이브(anti-dive) 제어를 실행한다.

(14) 공전 스위치 idling switch

공전스위치는 운전자의 가속페달 조작 여부를 검출하는 스위치이며, 컴퓨터는 공전스위치 신호에 의해 가속페달 조작 여부를 판단한다. 이 신호에 의해 자동차가 출발할 때 앞쪽이 들리는 스쿼트(squat) 현상을 방지하기 위한 앤티 스쿼트(anti-squat)제어와 변속레버를 조작할 때 차체의 진동이 발생하는 것을 방지하기 위한 앤티 시프트 스쿼트(anti shift squat)제어를 실행한다.

4.2. 전자제어 현가장치 출력요소의 구조 및 작동

(1) 스텝모터 step motor, 액추에이터

스텝모터는 4개의 쇽업소버 위쪽에 설치되며, 컴퓨터의 전기적 신호에 의해 작동한다. 내부구조는 페라이트 계열 영구자석으로 된 로터(rotor, 회전자)와 스테이터(stator, 고정자), 그리고 코일 A와 B로 되어 있으며, 코일에 직류전류를 공급하면 이때 발생하는 전자력으로 로터를 끌어당겨 회전력을 발생시킨다. 컴퓨터는 자동차 운행 중 쇽업소버 감쇠력을 변환시켜야 할 조건이 되면 스텝모터를 일정한 각도로 회전시키고, 스텝모터가 회전하면 스텝모터에서 쇽업소버 내부까지 연결된 컨트롤 로드(control rod)가 회전하면서 쇽업소버 내부의 오일통로 크기가 변화되어 감쇠력이 변화된다.

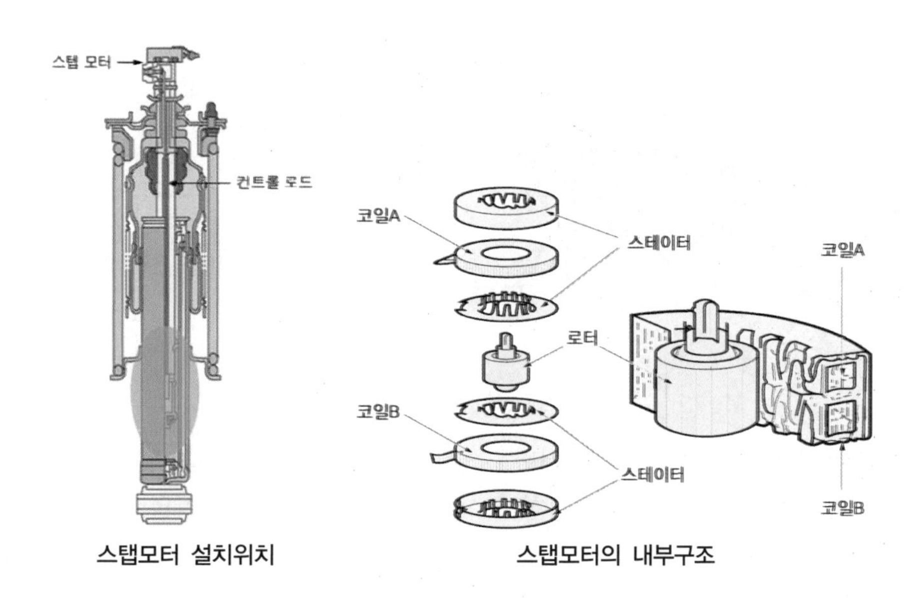

스탭모터 설치위치　　　　스탭모터의 내부구조

(2) 유량 변환밸브

유량 변환밸브는 자동차 높이를 조절할 때 또는 자세를 제어할 때 앞뒤 쇽업소버의 공기스프링에 공기를 공급하기 위해 앞뒤 공기공급 밸브에 공기를 공급하는 역할을 한다. 자동차 높이를 상승시키는 제어를 할 때에는 항상 열려있는 공기 통로로 공기가 공급되지만, 자세제어를 하거나 급속하게 자동차 높이를 제어할 때에는 컴퓨터가 솔레노이드 밸브를 작동시켜 많은 양의 공기가 쇽업소버의 공기스프링으로 공급되도록 한다.

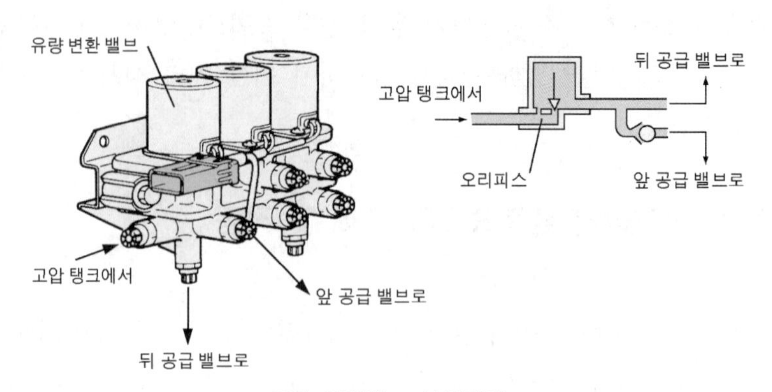

유량 변환밸브 설치위치

(3) 앞 · 뒤 공기공급 밸브

앞 공기공급 밸브는 자동차 높이를 제어하거나 자세를 제어할 때 앞쪽 좌우 스트럿(strut) 공기스프링에 공기를 공급한다. 공기를 공급할 때에는 ON으로 되며, 배출을 할 때에는 OFF로 된다. 그리고 공기의 역류를 방지하기 위한 체크밸브(check valve)가 설치되어 있다.

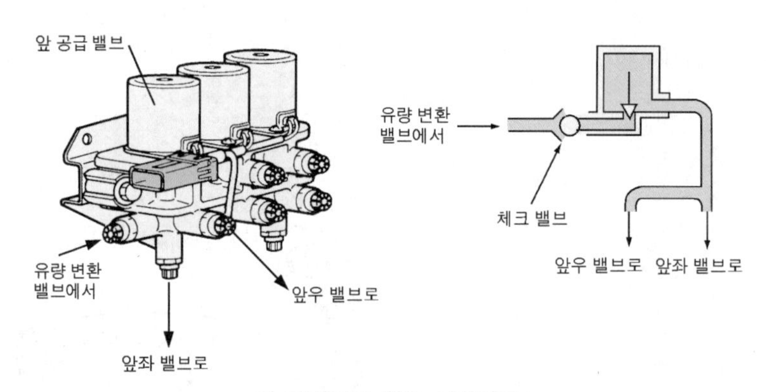

앞 공기공급 밸브 설치위치

뒤 공기공급 밸브는 자세를 제어하거나 자동차 높이를 상승으로 제어할 때에는 뒤쪽 좌우 쇽업소버의 공기스프링에 공기를 공급한다. 공기를 공급할때에는 ON으로 되며, 배출을 할 때에는 OFF 상태를 유지한다. 이 밸브에는 뒤쇽업소버의 공기스프링 내의 압력을 검출하는 뒤 압력 센서가 설치되어 있다.

(4) 앞 · 뒤 공기배출 밸브

앞 · 뒤 공기배출 밸브는 컴퓨터의 전기적 신호로 작동되며, 앞뒤 · 좌우 쇽업소버의 공기를 대기 중으로 배출할 것인지 아니면 저압탱크 쪽으로 보낼 것인지를 결정하여 공기를 배출시키는 밸브이다.

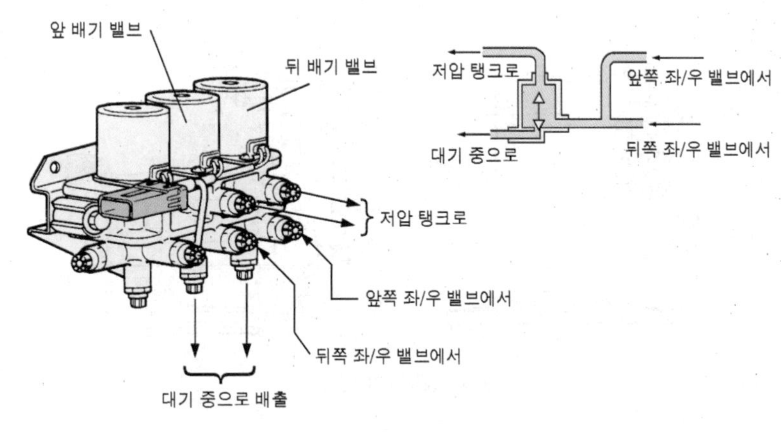

앞뒤 공기배출 밸브 설치위치

(5) 앞뒤 · 좌우 밸브

앞뒤 · 좌우 밸브는 컴퓨터의 전기적인 신호로 작동되며, 앞뒤 · 좌우 쇽업소버의 공기스프링에 공기를 공급하거나 배출시키는 역할을 한다. 컴퓨터는 자동차 높이를 제어하거나 또는 자세를 제어할 때 조건에 따라 앞뒤 · 좌우밸브를 작동하여 공기스프링의 공기공급 또는 배출시킨다.

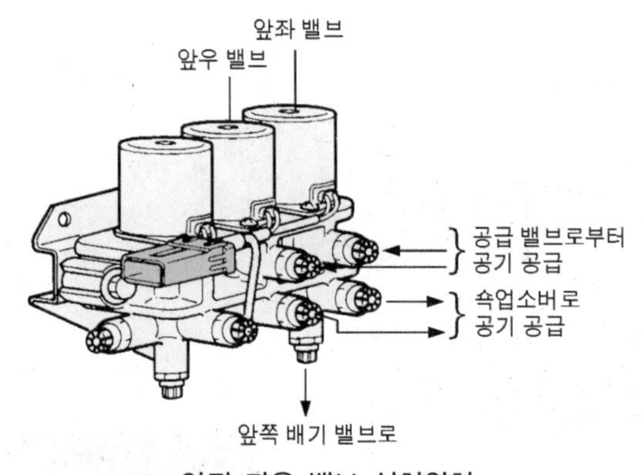

앞뒤 좌우 밸브 설치위치

(6) 공기압축기 릴레이

공기압축기 릴레이는 압축기에 축전지 전기를 공급하는 역할을 한다. 고압탱크의 공기압력이 규정값 이하로 낮아지면 고압스위치가 작동하고, 컴퓨터는 고압스위치의 작동신호를 기준으로 공기압축기 릴레이를 작동시켜 압축기를 구동한다. 압축기가 구동되면 압축공기가 고압탱크로 공급되어 고압탱크의 압력이 규정 압력으로 높아진다. 자동차 높이를 상승시킬 때에도 컴퓨터가 직접 공기압축기 릴레이를 작동시켜 압축기의 압축공기를 공기스프링에 공급한다.

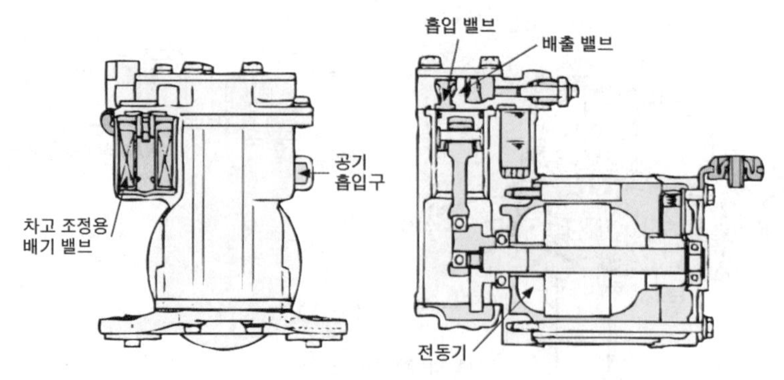

공기압축기의 구조

(7) 리턴펌프 릴레이

리턴펌프(return pump) 릴레이는 리턴펌프에 축전지 전기를 공급한다. 리턴펌프는 앞쪽 공기탱크에 설치되어 있어 저압탱크 쪽의 공기를 고압탱크 쪽으로 보내는 역할을 한다. 자세를 제어할 때 쇽업소버의 공기스프링에서 배출된 공기는 저압탱크에 저장되고, 저압탱크 쪽의 공기압력이 규정 압력보다 높아지면 저압스위치가 작동하여 컴퓨터로 신호를 보내고, 저압스위치의 작동신호를 받은 컴퓨터는 리턴펌프 릴레이를 작동시켜 리턴펌프를 구동하여 저압탱크의 공기를 고압탱크로 보낸다. 따라서 저압탱크의 공기압력은 다시 규정값 (0.7~1.4kgf/cm^2) 이하로 낮아진다.

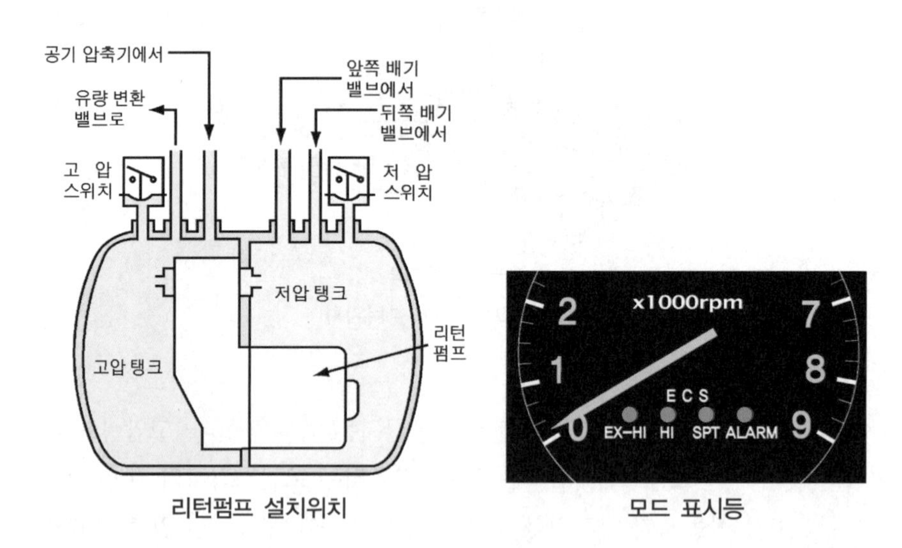

리턴펌프 설치위치

모드 표시등

(8) 모드 표시등

모드 표시등은 계기판에 설치되어 있으며, 컴퓨터는 운전자의 스위치 선택에 따른 현재의 컴퓨터의 작동모드를 표시등에 점등시켜 알려주고, 전자제어 현가장치장치에 고장이 발생하였을 때 알람(Alarm) 표시등을 점등시켜 고장을 알려준다.

CHAPTER 05

조향 장치

조향장치는 자동차의 진행 방향을 운전자가 의도하는 바에 따라서 임의로 조작할 수 있는 장치이다.

1 조향장치의 원리

1. 애커먼 장토식 Ackerman-Jantoud type

그림에서 A와 B는 킹핀(king pin), C와 D는 조향너클 암과 타이로드와의 연결부분이다. 그림 (a)와 같이 직진을 할 경우에는 A와 B의 연장선은 뒤차축의 중심 P점에서 만나며, 선회할 때에는 좌우 앞바퀴의 축 중심선의 연장과 뒤차축의 연장이 O점에서 만난다. 이때의 O점을 선회중심으로 하면 옆방향 미끄럼 없이 원활하게 방향을 바꿀 수 있는데 이를 애커먼-장토 방식이라 한다. 이때 AP와 BP의 거리가 각각 다르므로 그림(b)에서와 같이 안쪽 바퀴의 조향각도(β)가 바깥쪽 바퀴의 조향각도(α)보다 크며, 이런 상태로 선회를 하면 좌우 앞바퀴의 앞 간격은 뒤 간격보다 크게 된다. 이에 따라 앞・뒷바퀴는 어떤 선회 상태에서도 중심이 일치되는 원(동심원)을 그릴 수 있다.

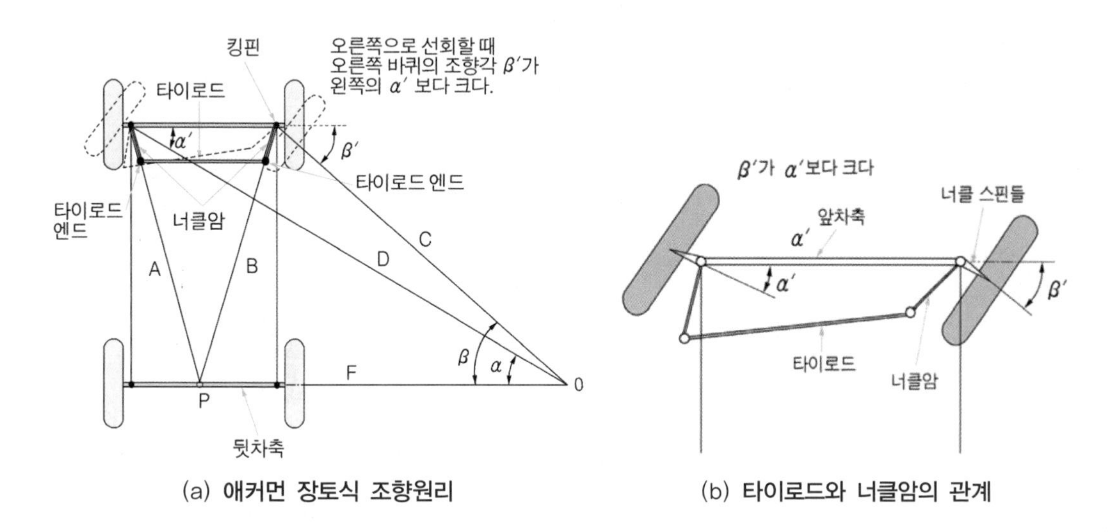

(a) 애커먼 장토식 조향원리

(b) 타이로드와 너클암의 관계

2. 최소회전 반경

조향각도를 최대로 하고 선회하였을 때 그려지는 동심원 중에서 가장 바깥쪽 바퀴가 그리는 원의 반지름을 말하며, 다음의 공식으로 산출된다.

$$R = \frac{L}{\sin\alpha} + \gamma$$

여기서, R : 최소화전 반지름 L : 축간거리(축거, *wheel* ⌂)
$\sin\alpha$: 가장 바깥쪽 앞바퀴의 조향각도 γ : 바퀴 접지면 중심과 킹핀과의 거리

3. 조향장치의 구비조건

① 조향조작이 주행 중의 충격에 영향을 받지 않을 것
② 조작이 쉽고, 방향전환이 원활하게 행해질 것
③ 회전 반지름이 작아서 좁은 곳에서도 방향전환을 할 수 있을 것
④ 진행방향을 바꿀 때 섀시 및 차체 각 부분에 무리한 힘이 작용되지 않을 것
⑤ 고속주행에서도 조향핸들이 안정 될 것
⑥ 조향핸들의 회전과 바퀴선회 차이가 크지 않을 것
⑦ 수명이 길고 다루기나 정비하기가 쉬울 것

2 조향장치의 구조와 작용

1. 일체차축 방식의 조향기구

일체차축 방식의 조향기구는 조향핸들(steering wheel), 조향축(steering shaft), 조향기어(steering gear), 피트먼 암(pitman arm), 드래그 링크(drag link), 타이로드(tie rod), 조향너클 암(steering knuckle arm) 등으로 구성되어 있다. 조

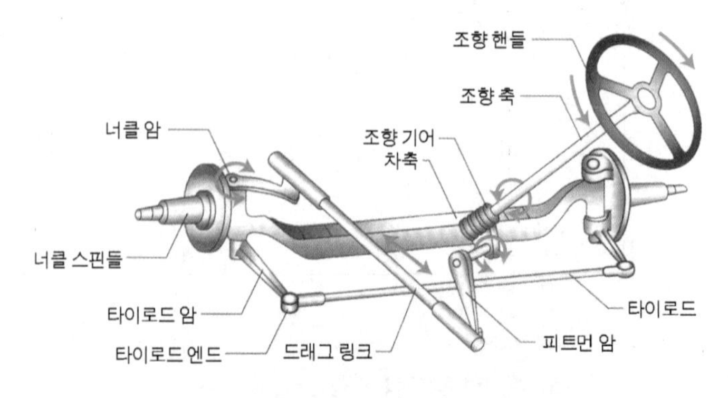

일체차축 방식의 조향기구

향핸들을 돌리면 그 조작력이 조향축을 거쳐 조향기어로 전달된다. 조향기어에서는 감속하여 섹터 축(sector shaft)을 회전시키며, 섹터 축이 회전하면 피트먼 암이 원호운동을 하여 드래그 링크를 앞·뒤 방향으로 이동시킨다. 이에 따라, 오른쪽이나 왼쪽 바퀴가 조향너클에 의해 선회하게 되고, 또 타이로드를 통해 반대쪽 바퀴를 선회시켜 진행방향을 변환시킨다.

2. 독립차축 방식의 조향기구

독립차축 방식 조향기구에는 드래그 링크가 없으며 타이로드가 둘로 나누어져 있다. 그 구성은 조향기어를 볼-너트 형식을 사용하는 자동차에서는 조향핸들, 조향축, 조향기어, 피트먼 암, 센터링크(center link), 아이들러 암(idler arm), 타이로드, 조향너클 암 등으로 되어있다. 근래에는 래크와 피니언 형식(rack & pinion type)의 조향기어를 사용하면서 센터링크와 아이들러 암을 사용하지 않는다.

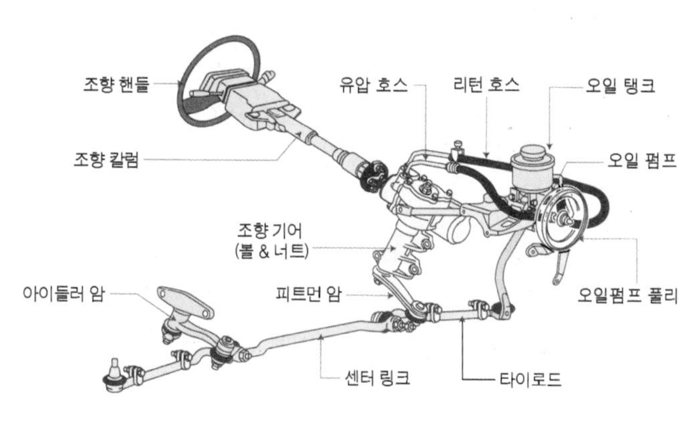

독립차축 방식의 조향기구

3. 조향기구 steering linkage

3.1. 조향핸들 steering wheel

조향핸들은 림(rim), 스포크(spoke) 및 허브(hub)로 구성되어 있으며 스포크나 림 내부에는 강철이나 알루미늄 합금 심으로 보강되고, 바깥쪽은 합성수지로 성형되어 있다. 조향핸들은 조향축에 테이퍼(taper)나 세레이션(serration) 홈에 끼우고 너트로 고정시킨다.

3.2. 조향 축 steering shaft

조향 축은 조향핸들의 회전을 조향기어의 웜(worm)으로 전달하는 축이며, 웜과 스플라인을 통하여 자재이음으로 연결되어 있다. 또 조향기어와 축을 연결할 때 오차를 완화하고, 도

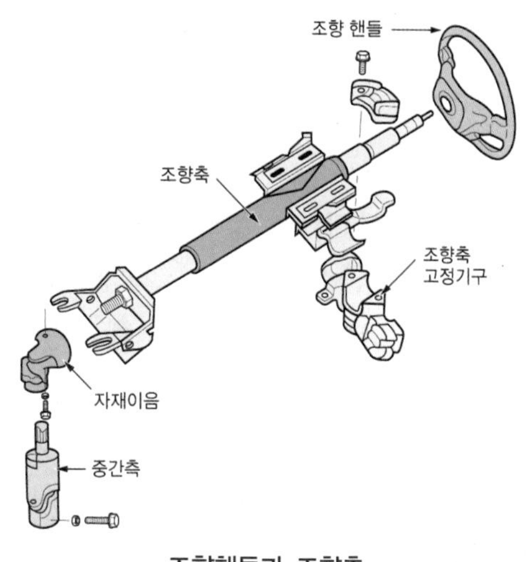

조향핸들과 조향축

로면으로부터의 충격을 흡수하여 조향핸들로 전달되지 않도록 하기 위해 조향핸들과 축 사이에 탄성체 이음으로 되어있다.

3.3. 조향기어 steering gear

조향기어는 조향조작력을 증대시켜 앞바퀴로 전달하는 장치이며, 종류에는 웜 섹터형(worm sector type), 웜 섹터 롤러형(worm sector roller type), 볼-너트형(ball & nut type), 캠 레버형(cam lever type), 래크와 피니언형(rack & pinion type), 스크루 너트형(screw nut type), 스크루 볼형(screw ball type) 등이 있으며, 현재 주로 사용되고 있는 형식은 볼-너트 형식과 래크와 피니언이다.

(1) 볼-너트 형식 ball & nut type

이 형식은 스크루(screw)와 너트(nut) 사이에 많은 볼(ball)이 들어 있어 조향핸들의 회전을 볼의 동력전달 접촉으로 너트로 전달한다. 작동은 조향핸들이 회전하면 스크루 홈을 이동하여 너트의 한 끝에서 밖으로 나와 안내 튜브를 지나서 다시 스크루 홈으로 들어간다. 볼은 2줄로 나누어 순환하며, 이 순환운동으로 너트는 직선운동을 하고 섹터는 원호운동을 한다.

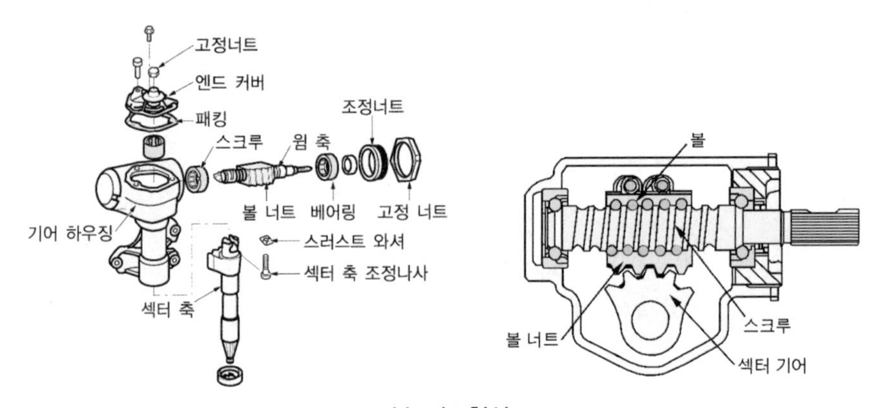

볼-너트형식

(2) 래크와 피니언 형식 rack & pinion type

이 형식은 조향핸들의 회전운동을 래크를 통해 직선운동으로 바꾸어 조향하도록 되어 있으며, 조향축 아랫부분에 피니언이 래크와 결합되어 있다. 따라서 래크는 피니언의 회전운동에 따라 조향기어 내에서 좌우로 직선운동을 하여 그 양끝의 타이로드를 거쳐 좌우의 조향너클 암을 이동시켜 조향한다.

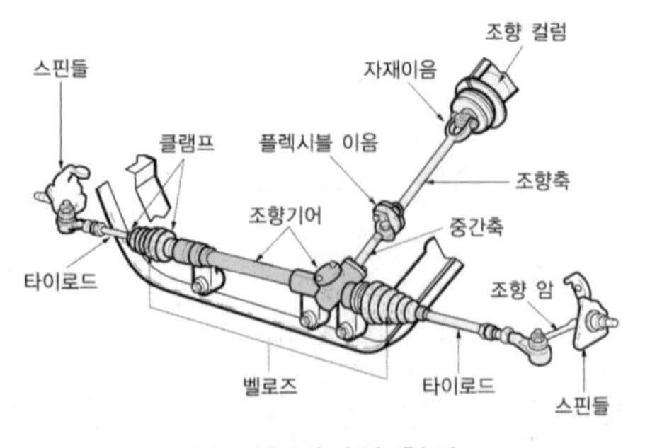

래크와 피니언 형식

알고갑시다 **조향기어 감속비율과 조향방식**

① 조향기어에는 알맞은 감속비율을 두며, 이 감속비율을 조향기어 비율이라 하며, 다음 공식으로 나타낸다.

$$\text{조향기어 비율} = \frac{\text{조향핸들이 회전한 각도}}{\text{피트먼 암이 회전한 각도}}$$

② 소형 차량에서는 가역식(조향 기어비를 작게)을 사용하며, 중량 차량일수록 비가역식(조향 기어비를 크게)으로 한다. 이것은 차량의 중량이 증가하면 앞바퀴를 회전시키는데 필요한 힘도 증가하기 때문이다. 따라서 조향 기어비를 크게(비가역식)하여야 한다. 그러나 조향 기어비를 너무 크게 하면 조향핸들의 조작력은 가벼워지나 조작이 느려지게 된다. 현재는 주로 동력 조향장치를 사용하고 있다.

3.4. 피트먼 암 pitman arm

조향핸들의 움직임을 드래그링크로 전달하는 것이며, 그 한쪽 끝에는 테이퍼의 세레이션(serration)을 통하여 섹터 축에 설치되고, 다른 한쪽 끝은 드래그 링크나 센터링크에 연결하기 위한 볼 이음으로 되어 있다.

3.5. 드래그 링크 drag link

일체차축 방식 조향기구에서 피트먼 암과 조향너클 암(제3암)을 연결하는 로드이며, 드래그 링크는 앞바퀴의 상하운동으로 피트먼 암을 중심으로 한 원호운동을 한다. 또 양끝의 볼 이음부분에는 도로면의 충격이 조향기어로 전달되지 않도록 스프링이 들어 있다.

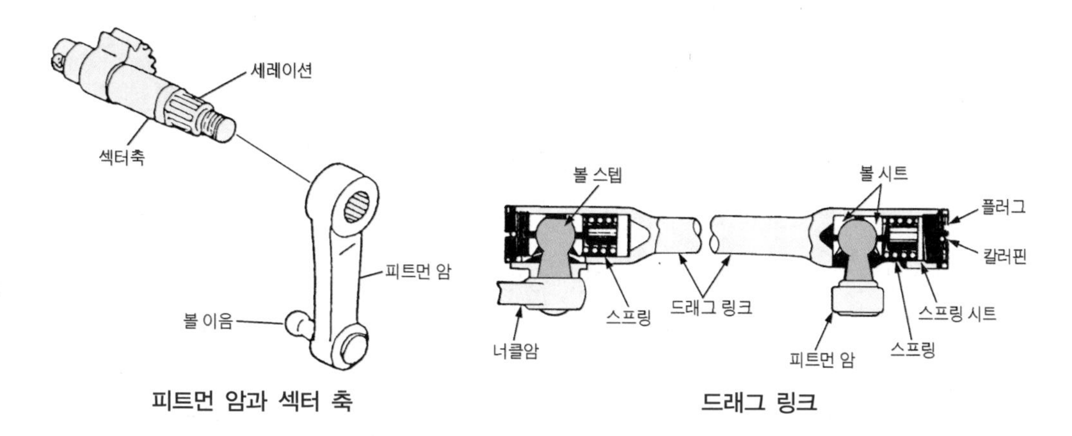

피트먼 암과 섹터 축　　　드래그 링크

3.6. 타이로드 tie-rod

볼트-너트 형식 조향기어를 사용하는 경우에는 센터링크의 운동을 양쪽 조향너클 암으로 전달하며, 2개로 나누어져 볼 이음으로 각각 연결되어 있다. 작동은 조향너클 암의 움직임을 반대쪽의 너클 암으로 전달하여 양쪽 바퀴의 관계를 바르게 유지시킨다. 또 타이로드의 길이를 조정하여 토인(toe-in)을 조정할 수 있다.

3.7. 조향너클 암 knuckle arm, 제3암

일체차축 방식 조향기구에서 드래그 링크의 운동을 조향너클로 전달하는 기구이다.

3.8. 일체차축 방식 조향기구의 앞차축과 조향너클

일체차축 방식(ridge axle)의 앞차축은 강철을 단조한 I 단면의 빔이며, 그 양쪽 끝에는 스프링시트가 용접되어 있고, 킹핀 설치부분에 킹핀을 통해 조향너클이 설치된다. 조향너클은 킹핀을 통해 앞차축과 연결되는 부분과 바퀴 허브가 설치되는 스핀들(spindle) 부분으로 되어있어 킹핀을 중심으로 회전하여 조향작용을 한다.

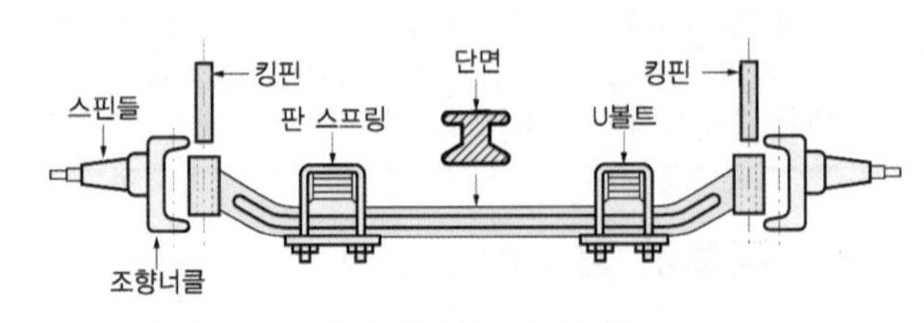

일체차축 방식의 앞차축

(1) 엘리옷형 elliot type

앞차축 양끝 부분이 요크(yoke)로 되어 있으며, 이 요크에 조향너클이 설치되고 킹핀은 조향 너클에 고정된다.

(2) 역 엘리옷형 revers elliot type

조향너클에 요크가 설치된 것이며, 킹핀은 앞차축에 고정되고 조향너클과는 부싱을 사이에 두고 설치된다.

(3) 마몬형 marmon type

앞차축 윗부분에 조향너클이 설치되며, 킹핀이 아래쪽으로 돌출되어 있다.

(4) 르모앙형 lemoine type

앞차축 아랫부분에 조향너클이 설치되며, 킹핀이 위쪽으로 돌출되어 있다.

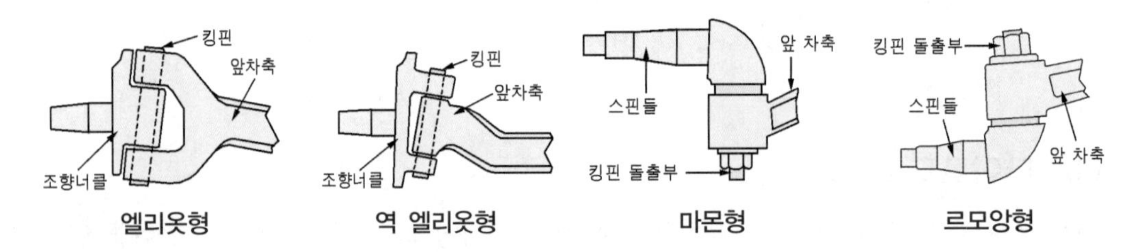

엘리옷형 역 엘리옷형 마몬형 르모앙형

3.9. 킹핀 king pin

일체차축 방식 조향기구에서 앞차축에 대해 규정의 각도(킹핀 경사각도)를 두고 설치되어 앞차축과 조향너클을 연결하며, 고정 볼트에 의해 앞차축에 고정되어 있다.

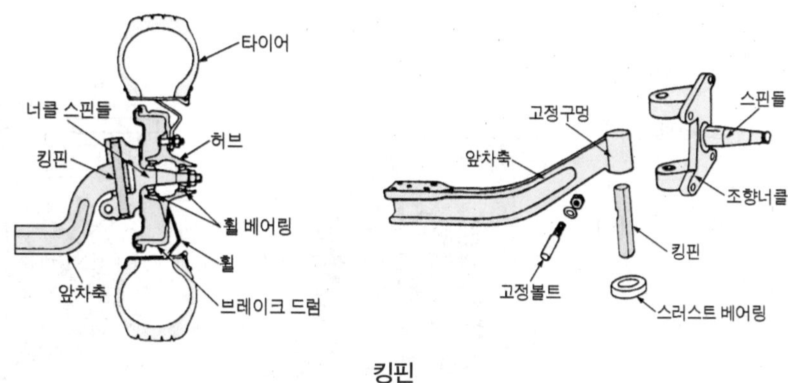

킹핀

3 동력 조향장치

1. 동력 조향장치의 개요 power steering system

자동차의 대형화 및 저압 타이어의 사용으로 앞바퀴의 접지 압력과 면적이 증가하여 신속하고 경쾌한 조향이 어렵다. 이에 따라 가볍고 원활한 조향 조작을 위해 기관의 동력으로 오일펌프를 구동하여 발생한 유압을 이용하는 동력 조향장치를 설치하여 조향 핸들의 조작력을 경감시키는 장치이다.

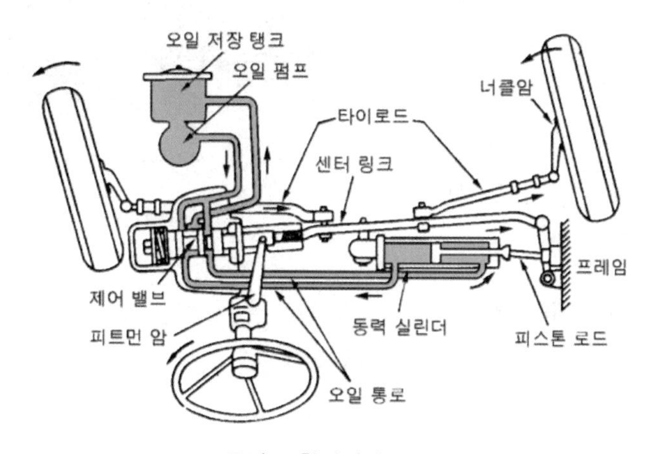

동력 조향장치의 구조

2. 동력 조향장치의 구조

동력 조향장치는 작동부, 제어부, 동력부의 세 주요부와 유량제어 밸브 및 유압제어 밸브와 안전 체크 밸브 등으로 구성되어 있다.

2.1. 오일펌프 - 동력부

오일펌프는 유압을 발생하며, 기관의 크랭크축에 의해 V벨트를 통하여 구동된다. 오일펌프의 형식은 주로베인펌프(vane pump)를 사용하며, 베인 펌프의 작동은 로터(rotor)가 회전하면 베인이 방사선상으로 미끄럼 운동을 하여 베인 사이의 공간을 증감시키게 된다. 공간이 증가할 때에는 오일이 펌프로 유입되고 감소되면 출구를 거쳐 배출된다.

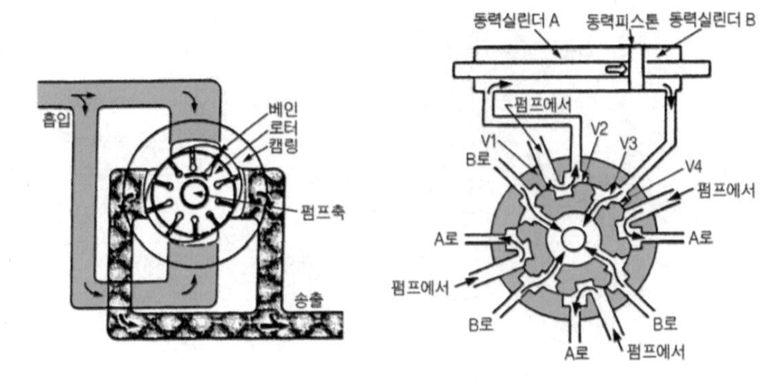

오일펌프 (베인형)

2.2. 동력 실린더 - 작동부

동력 실린더는 실린더 내에 피스톤과 피스톤 로드가 들어 있으며, 오일펌프에서 발생한 유압유를 피스톤에 작용시켜서 조향 방향 쪽으로 힘을 가해 주는 장치이다. 또 동력 실린더는 피스톤에 의해 2개의 방(chamber)으로 분리되어 있으며, 한쪽 방에 유압유가 들어오면 반대쪽 방에서는 유압유가 저장 탱크로 복귀하는 복동식 실린더이다.

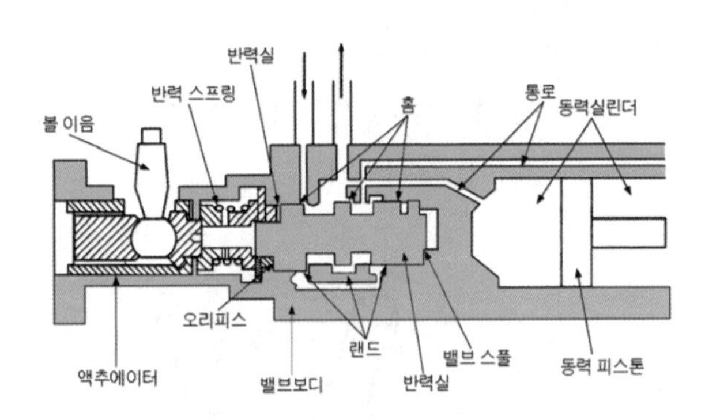

동력실린더와 제어밸브

2.3. 제어 밸브 - 제어부

제어 밸브는 조향 핸들의 조작력을 조절하는 기구이며, 조향 핸들을 회전시켜 피트먼 암에 힘을 가하면 오일펌프에서 보내 준 유압유를 조향 방향으로 동력 실린더의 피스톤이 작동하도록 유로를 변환시킨다.

2.4. 안전 체크 밸브 safety check valve

이 밸브는 제어 밸브 속에 들어 있으며 기관이 정지된 경우 또는 오일 펌프의 고장, 회로에서의 오일 누출 등의

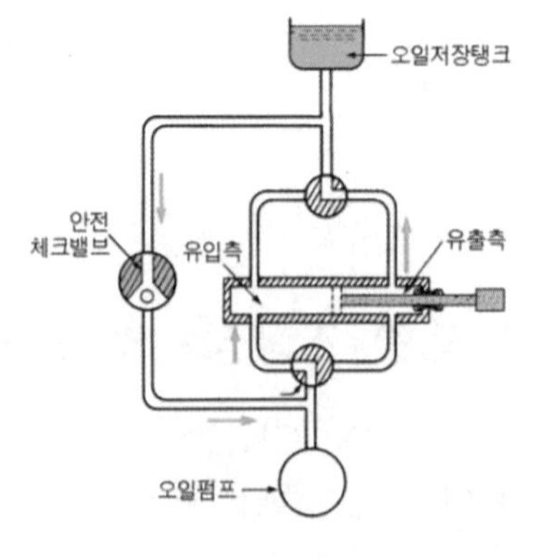

안전 체크 밸브

원인으로 유압이 발생하지 못할 때 조향핸들의 조작을 수동으로 할 수 있도록 해주는 밸브이다.

3. 동력 조향장치의 작동

여기서는 현재 승용차에서 사용되고 있는 래크와 피니언 형식의 동력 조향장치의 작동에 대하여 설명하기로 한다. 이 형식의 제어 밸브는 로터리 밸브(rotary valve) 형식을 사용하며, 유압유는 고압 호스나 파이프를 통하여 제어밸브로 유입된다. 운전자가 조향 핸들을 조작하면 유압유는 래크와 피니언형 동력 조향장치 구조의 그림 동력 실린더 A나 B로 들어가 래크를 왼쪽 또는 오른쪽으로 이동시켜 배력 작용을 얻는다.

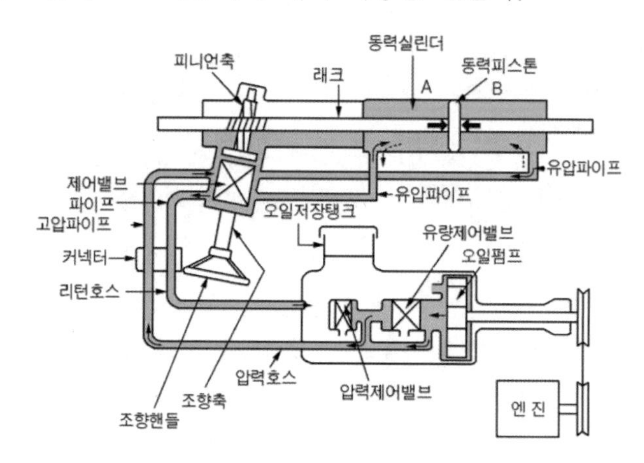

동력 조향장치의 구조(래크와 피니언형)

3.1. 제어 밸브의 구조

제어 밸브는 조향축과 일체로 회전하는 로터, 로터와 피니언을 연결하는 토션바, 피니언과 일체로 회전하는 슬리브 등으로 구성되어 있으며, 로터와 슬리브는 스플라인으로 연결되어 있다.

3.2. 제어 밸브의 작동

제어 밸브는 조향력을 감응하여 토션바가 비틀리고 로터와 슬리브 사이에서 발생하는 회전 범위에 따라 V1, V2, V3, V4의 단면적이 증감되어 유압유의 유로를 개폐하여 작동 압력을 조절한다.

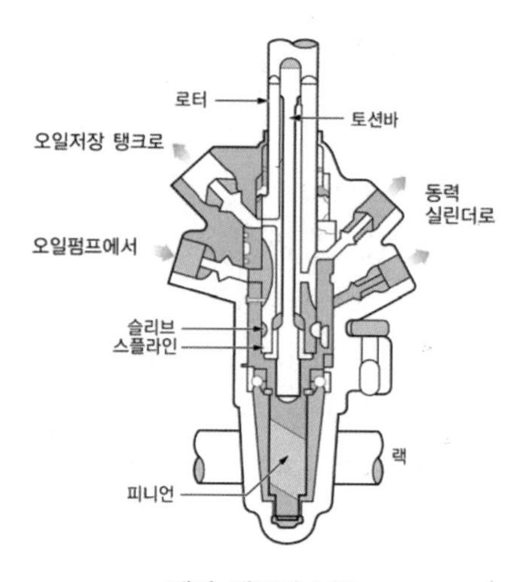

제어 밸브의 구조

(1) 직진 주행할 때

자동차가 직진으로 주행할 때는 로터와 슬리브가 중립 상태이고, 밸브 홈으로 형성된 유로는 그림에서 V1, V2, V3, V4는 균일하게 충분히 열려 있으므로 오일펌프에서 공급되는 유압유는 동력 실린더에 가해지지 않고 저장 탱크로 복귀된다.

(2) 조향 작동(우 회전할 때)

조향 핸들을 오른쪽으로 회전시키면 유로 V2, V4에 교차하는 유량에 감응하여 동력 실린더 A의 유량이 증가하여 래크를 우측으로 이동시킨다. 이때 동력 실린더 B의 유압유는 유로 V3를 거쳐 저장 탱크로 복귀한다.

직진 주행할 때 제어 밸브의 작동

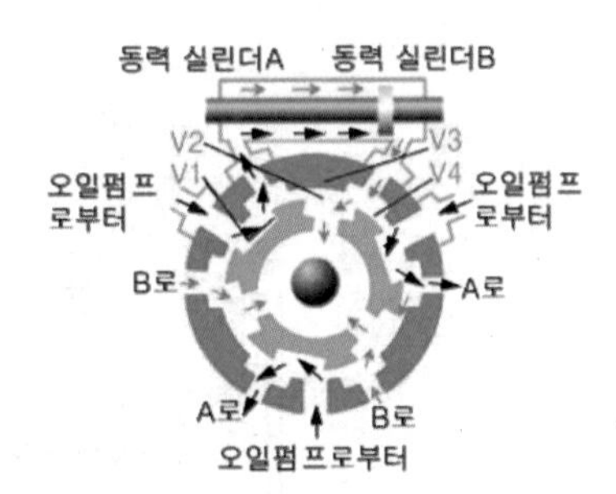

우측으로 조향할 때 제어 밸브의 작동

4 전자제어 동력조향장치

1. 전자제어 동력조향장치의 개요

자동차에서 가장 바람직한 조향 조작력은 주행 조건에 따라 최적의 조향 조작력을 확보하여 주차를 하거나 저속으로 주행할 때에는 가볍고 부드러운 조향 특성을, 중속 및 고속운전 영역에서는 안정성을 얻을 수 있도록 적당히 무거운 조향조작력이 필요하다. 이와 같이 상반되는 저·고속영역 두 조건의 요구특성을 만족시키기 위해 전자제어 동력조향장치(ECPS, electronic control power steering)가 필요하다. 전자제어 동력조향장치는 아래와 같은 기능을 수행하며, 종류에는 크게 동력원을 유압으로 사용하는 유압방식과 전기로 작동되는 전동기를 사용하는 전동방식으로 나뉜다.

전자제어 동력조향장치의 기능

번호	기능	내용
1	주행속도 감응 기능	주행속도에 따른 최적의 조향조작력을 제공한다.
2	조향각도 및 각속도 검출 기능	조향 각속도를 검출하여 중속 이상에서 급 조향할 때 발생되는 순간적 조향핸들 걸림 현상(catch up)을 방지하여 조향 불안감을 해소한다.
3	주차 및 저속영역에서 조향조작력 감소 기능	주차 또는 저속 주행에서 조향조작력을 가볍게 하여 조향을 용이하게 한다.
4	직진 안정 기능	고속으로 주행할 때 중립으로의 조향복원력을 증가시켜 직진 안정성을 부여한다.
5	롤링 억제기능	주행속도에 따라 조향조작력을 증가 하여 빠른 조향에 따른 롤링의 영향을 방지한다.
6	페일 세이프(fail safe) 기능	축전지 전압변동, 주행속도 및 조향핸들 각속도 센서의 고장과 솔레노이드 밸브 고장을 검출한다.

2. 유압방식 전자제어 동력조향장치

2.1. 유압방식 전자제어 동력조향장치의 개요

고속으로 주행할 때에는 조향 안전성이 떨어져 불안하게 되므로 자동차의 주행속도가 증가할수록 조향 조작력은 무겁고 주행속도가 낮을수록 가볍게 할 필요가 있다. 이를 실현하기 위해 유압방식 전자제어 동력조향장치(EPS, electronic power steering system)는 기관에 의해 구동되는 유압펌프의 유압을 동력원으로 사용하는 기존의 일반적인 유압방식 동력조향장치(NPS, normal power steering)에 유량제어 기구인 유량제어 솔레노이드 밸브를 추가하여, 주행속도의 변화에 대응하여 조향기어박스로 공급되는 유량을 적절하게 제어한다. 이 유량제어 솔레노이드 밸브는 주행속도 및 조향핸들 각속도 센서의 정보를 입력받은 컴퓨터(EPSCM, electronic power steering control module)에 의해 제어된다.

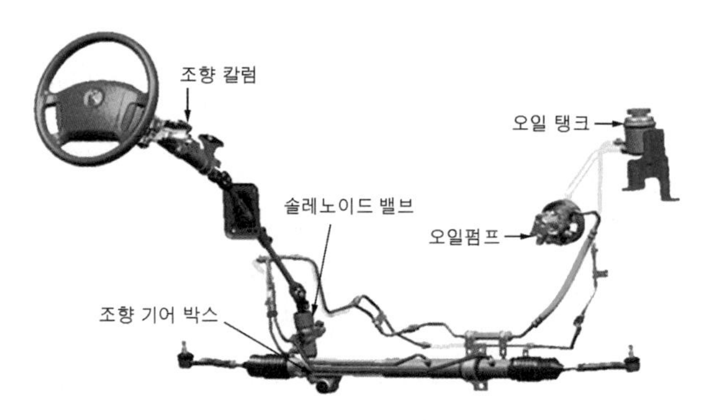

유압방식 전자제어 동력조향장치

2.2. 유압방식 동력조향장치의 기본원리

승용자동차에서 주로 사용되는 래크 & 피니언 방식(rack & pinion type)을 기준으로 설명하도록 한다. 조향기어박스는 래크 & 피니언에 의해 좌우방향으로 조향된다. 래크 & 피니언 어셈블리 좌우에는 실린더가 설치되어 있으며 운전자가 조향핸들을 조작하면 토션 스프링(torsion spring)이 오일회로의 방향을 바꿔주므로 유압펌프에서 형성된 유압이 해당 실린더로 작용하여 조향이 이루어진다.

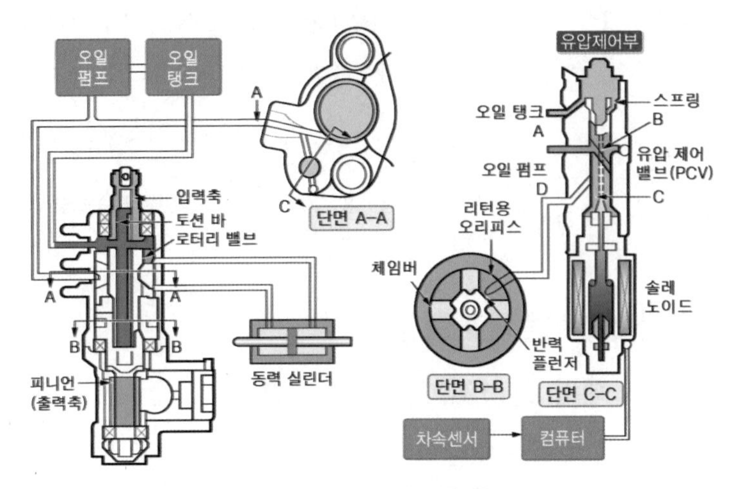

유압방식 동력조향장치 기본 원리도

(1) 정차 및 저속으로 주행할 때

정차 또는 저속으로 주행(0~60km/h)할 때에는 컴퓨터에서 솔레노이드 밸브로 약 1A의 전류가 공급되어 솔레노이드 밸브에는 가장 큰 출력이 위쪽으로 작용한다. 이로 인해 압력제어 밸브는 위쪽에 위치한 스프링을 압축하면서 상승하여 오일펌프의 유압이 작용하는 오일회로 A와 반력 플런저로 공급되는 오일회로 D를 차단하는 위치에 있게 되므로 반력 플런저에 작용하는 유압을 제어하면(이때의 유압은 0이다.) 반력 플런저가 입력 쪽을 누르는 힘이 없기 때문에 가장 경쾌한
조향조작력을 얻을 수 있다.

(2) 중속 및 · 고속으로 주행할 때

중속 및 고속으로 주행할 때에는 솔레노이드 밸브 및 압력제어 밸브의 위치는 오일회로 A에서 오일회로 D로의 통로를 연다. 이 상태에서 조향핸들을 통상적인 조향범위 내에서 조작하면 오일 펌프의 토출 압력은 저속 주행할 때와 같이 조향각도에 대해서 상승하기 때문에 조향 조작력에 비례한 출력유압이 얻어져 중 · 고속 주행에서의 적절한 조향감각을 얻을 수 있다.

(3) 고속으로 주행할 때

고속으로 주행할 때에는 솔레노이드 밸브 위쪽에 가해지는 유압이 주행속도의 증가에 따라 감소하여 압력제어 밸브가 아래쪽으로 이동하여 오일회로 B가 열리면서 오일회로 D로 오일이 공급되어 반력 플런저 뒤쪽을 밀게 되므로 플런저가 유압의 입력을 막아 토션바와 피니언이 일체가 되도록 하여 조향 조작력이 무거워진다. 따라서 험한 도로를 주행하거나 타이어가 펑크 난 경우 등 도로면에서 큰 반력이 작용하면 유압 펌프의 토출압력이 일반적인 조향의 경우보다 상승하여 반력 플런저에 작용하는 유압을 규정값 이하로 제어한다. 이에 따라 주행할 때 도로면에서 큰 힘이 작용한 경우에도 조향 조작력을 일정값 이하로 제어하여 험한 도로를 주행하더라도 조향핸들을 놓치는 일이 없다.

2.3. 유압방식 동력조향장치의 종류

(1) 유량제어 방식(속도감응 제어방식)

유량제어 방식 전자제어 동력조향장치에서는 차속 센서 및 조향핸들 각속도 센서의 입력에 대응하여 컴퓨터가 유량조절 솔레노이드 밸브의 전류를 제어하여 조향기어 박스에 유압(유량)을 조절함에 따라 주행속도에 따른 최적의 조향 조작력을 실현한다. 즉, 메인밸브에서 공급된 유량을 바이패스(by-pass)하여 공급유량을 조절하여 특성의 변화를 얻는다. 특성의 가변 폭은 밸브가 지니는 유량특성의 범위 내에서 있어 작고, 또 유량을 제어할 때 조향 응답성의 저하 때문에 현재는 일부차종에서 사용되고 있다.

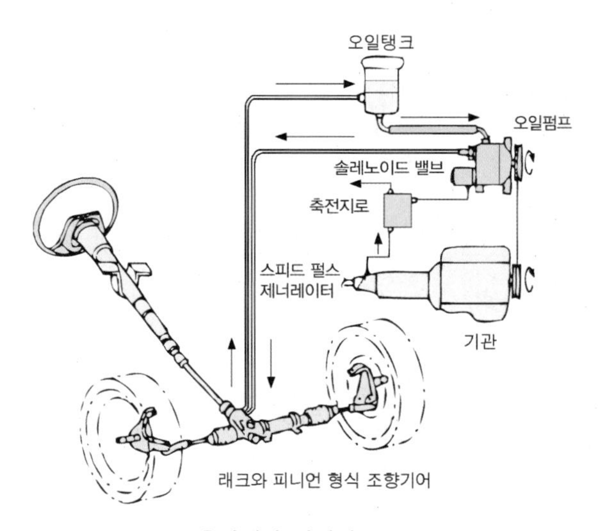

유량제어 방식의 구조

유량제어 방식의 작동원리는 다음과 같다. 주차를 할 때에는 솔레노이드 밸브에 의해 유량조절밸브 스풀(spool)은 바이패스 라인을 차단하여 저속 밸브에 의해 유압이 발생되도록 하여 가벼운 조향조작력을 제공한다. 그리고 주행을 할 때에는 솔레노이드 밸브에 의해 유량조절밸브 스풀이 유압의 바이패스 양을 주행속도에 따라 증대시켜 무거운 조향조작력을 제공한다.

(2) 실린더 바이패스 제어 방식

조향기어박스에 실린더 양쪽을 연결하는 바이패스 밸브와 통로를 두고 주행속도의 상승에 따라 바이패스 밸브의 면적을 확대하여 실린더 작용압력을 감소시켜 조향조작력을 제어하는 방식이다. 이 방식에서는 바이패스 밸브내의 흐름 방향이 조향방향에 따라 역회전하므로 좌우의 특성을 갖추기 위해 설계면과 제조면에서 배려가 이루어져 있다. 급조향할 때 응답성 지연의 제약 및 대응방법은 유량제어 방식과 마찬가지이나 조향조작력의 변화량은 유량제어 방식보다 약간 크다. 바이패스 밸브와 바이패스 통로를 조향기어박스에 설치해야 하므로 가격이 비싸다.

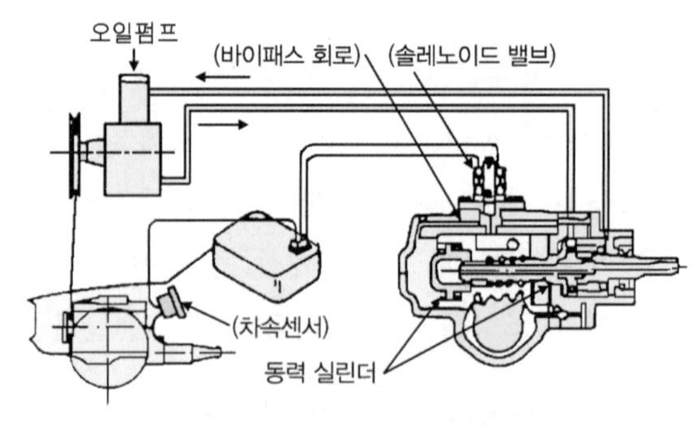

실린더 바이패스 제어 방식

(3) 유압반력 제어 방식

동력조향장치의 밸브부분에 유압반력 제어장치를 두고 유압반력 제어밸브에 의해 주행속도의 상승에 따라 유압 반력실(reaction chamber)에 도입하는 반력압력을 증가시켜 반력기구의 강성을 가변제어 하여 직접 조향조작력을 제어하는 방식이다. 조향조작력의 변화량은 반력압력의 제어에 의해 유압 반력기구의 용량 범위에서 임의의 크기가 주어지며 급조향할 때 응답지연의 문제가 없어 승용차에 바람직한 조향장치이다.

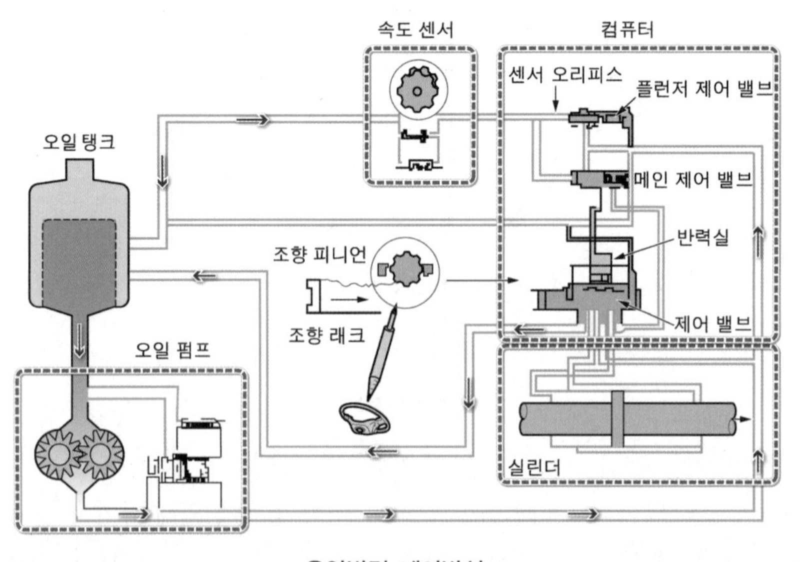

유압반력 제어방식

유압반력 제어방식의 작동원리는 다음과 같다. 주차를 할 때에는 솔레노이드 밸브에 의해 유량조절밸브 스풀은 반력라인을 차단하여 로터리밸브(rotary valve)에 의해 유압이 발생되도록 하여 가벼운 조향조작력을 제공한다. 그리고 주행을 할 때에는 솔레노이드 밸브에 의해 유량조절밸브 스풀은 반력라인에 유압이 발생 되도록 하고, 반력압력은 주행속도에 따라 증대시켜 무거운 조향조작력을 제공한다.

2.4. 유압방식 동력조향장치 구성요소

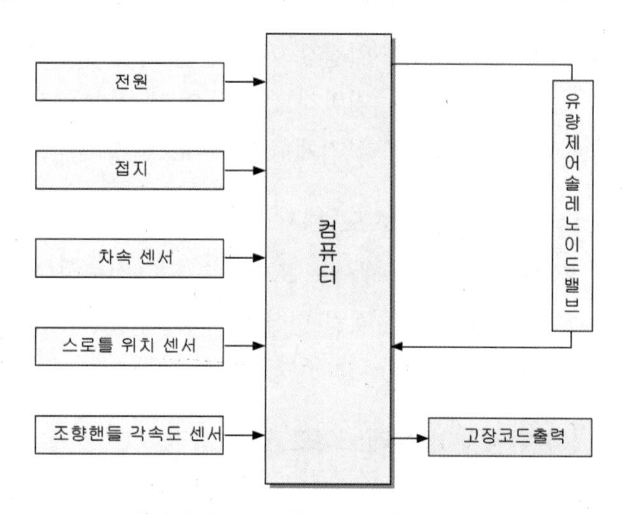

유압방식 동력조향장치 입·출력 구성도

전자제어 동력조향장치(ECPS)의 종류에는 여러 가지가 있지만 일반적인 구성은 컴퓨터, 차속 센서, 조향기어박스로 되어있다. 또 조향기어박스에는 주행속도 등에 의해 유량특성을 제어하는 유량제어 솔레노이드 밸브가 설치되어 있다. 또 필요에 따라서는 조향핸들 각속도 센서로부터 조향각속도를 검출하여, 중속 이상 조건에서 급조향할 때 발생되는 순간적 조향핸들 걸림 현상인 캐치 업(catch up)을 방지하여 조향 불안감을 해소한다. 그리고 스로틀 위치 센서로부터 스로틀 밸브 열림 정도를 검출하기도 하는데, 이것은 스로틀 밸브 열림 정도가 일정값 이상 열린 상태에서 주행속도가 입력되지 않는 경우, 차속 센서의 고장으로 판단하기 위함이다. 일반적으로 전자제어 동력조향장치에서 차속센서가 고장 났을 때에는 주행 안정성을 확보하기 위해 조향조작력을 중속(조금 무겁게) 조건으로 일정하게 유지한다.

(1) 컴퓨터

차속 센서, 스로틀 위치 센서, 조향핸들 각속도 센서로부터 정보를 입력받아 유량제어 솔레노이드 밸브의 전류를 듀티 제어한다. 즉 유량제어 솔레노이드 밸브에 저속으로 주행할 때에는 많은 전류를, 그리고 고속으로 주행할 때에는 적은 전류를 공급하여 유량제어밸브의 상승 및 하강을 제어하여 주행 조건에 따른 최적의 조향 조작력을 확보한다. 또 고장이 나면 안전모드로의 전환제어 및 고장코드를 출력하는 기능을 한다.

(2) 차속 센서

컴퓨터가 주행속도에 따른 최적의 조향조작력으로 제어할 수 있도록 주행속도를 입력한다. 또 컴퓨터는 차속 센서가 고장일 때 중속의 조향조작력으로 일정하게 유지하여 고장이 나더라도 중속 이상에서의 주행안정성을 확보한다.

(3) 스로틀 위치 센서

스로틀 위치 센서는 스로틀 보디에 설치되어 있으며, 운전자가 가속페달을 밟은 양을 검출하여 컴퓨터에 입력시켜 차속 센서의 고장을 검출하기 위해 사용된다. 컴퓨터는 스로틀 밸브의 열림 정도가 일정값 이상 열린 상태에서 주행속도가 입력되지 않는 경우, 차속 센서 고장으로 판단한다. 일반적으로 차속 센서가 고장 나면 주행 안정성을 확보하기 위해 조향 조작력을 중속(조금 무겁게) 조건으로 일정하게 유지한다.

(4) 조향핸들 각속도 센서

조향핸들 각속도 센서는 조향각속도를 검출하여, 중속 이상 조건에서 급조향할 때 발생되는 순간적 조향핸들 걸림 현상인 캐치 업(catch up)을 방지하여 조향 불안감을 해소하는 역할을 한다.

(5) 유량제어 솔레노이드 밸브

유량제어 솔레노이드 밸브는 주행속도와 조향각도 신호를 기초로 하여 최적 상태의 유량을 제어한다. 컴퓨터는 공회전 또는 저속으로 주행할 때 유량제어 솔레노이드 밸브에 큰 전류를 공급하여 스풀밸브가 상승하도록 하고, 고속으로 주행할 때에는 적은 전류를 공급하여 스풀밸브가 하강하도록 하여 입력 및 바이패스(by-pass) 통로의 개폐를 조절한다. 이와 같이 유량제어 솔레노이드 밸브에서 유량을 제어하기 때문에 저속으로 주행할 때에는 가벼운 조향조작력을, 고속으로 주행할 때에는 무거운 조향조작력이 되도록 변화시키는 기능을 한다.

3. 전동방식 전자제어 동력조향장치

3.1. 전동방식 동력조향장치의 개요

전동방식 동력조향장치는 자동차의 주행속도에 따라 조향핸들의 조향 조작력을 전자제어로 전동기를 구동시켜 주차 또는 저속으로 주행할 때에는 조향 조작력을 가볍게 해주고, 고속으로 주행할 때에는 조향 조작력을 무겁게 하여 고속주행 안정성을 운전자에게 제공한다.

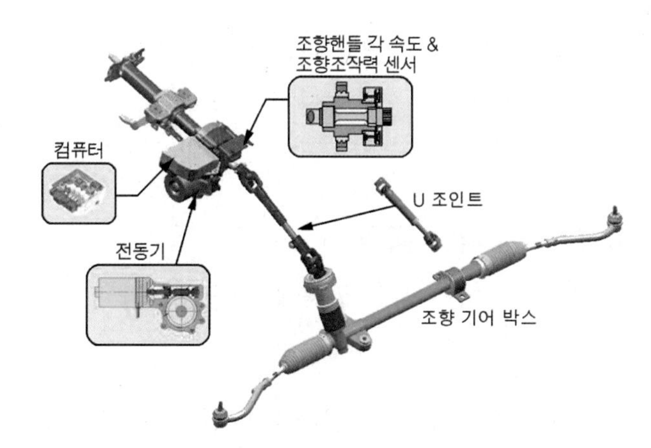

전동방식 동력 조향장치의 구성도

(1) 전동방식 동력조향장치의 장점

① 연료소비율이 향상된다.
② 에너지 소비가 적으며 구조가 간단하다.
③ 기관의 가동이 정지된 때에도 조향 조작력 증대가 가능하다.
④ 조향특성 튜닝(tuning)이 쉽다.
⑤ 기관룸 레이아웃(ray-out) 설정 및 모듈화가 쉽다.
⑥ 유압제어 장치가 없어 환경친화적이다.

(2) 전동방식 동력조향장치의 단점

① 전동기의 작동소음이 크고, 설치 자유도가 적다.
② 유압방식에 비하여 조향핸들의 복원력 낮다.
③ 조향조작력의 한계 때문에 중·대형자동차에는 사용이 불가능하다.
④ 조향성능을 향상시키고 관성력이 낮은 전동기의 개발이 필요하다.

(3) 전동방식 동력조향장치의 특징

전동방식 동력조향장치의 특징을 유압방식과 비교하면 다음과 같다.

① 전동기 방식은 유압방식에 필요한 오일을 사용하지 않으므로 환경 친화적이다.
② 유압발생 장치나 유압파이프 등이 없어 부품수가 감소하여 조립성능 향상 및 경량화(약 2.5Kg)를 꾀할 수 있다.
③ 경량화로 인한 연료소비율을 향상(약 3~5%) 시킬 수 있다.
④ 전동기를 운전 조건에 맞추어 제어하여 자동차 주행 속도별 정확한 조향 조작력 제어가 가능하고 고속 주행안전성이 향상되어 조향성능이 향상된다.

이러한 장점에 비해 유압방식보다 가격이 비싼 결점이 있다. 전동방식 동력조향 장치는 현재 경형자동차 및 소형자동차 위주로 사용되고 있으며, 향후 점점 더 사용 비중이 늘어날 전망이다.

3.2. 전동방식 동력조향장치의 종류

전동방식 동력조향장치는 전동기의 설치 위치에 따라 다음과 같이 분류한다.

(1) 칼럼 구동 방식 column drive type

컴퓨터가 차속 센서, 조향조작력 센서 등을 통하여 운전상황을 검출하여 조향칼럼 축에 설치된 전동기의 구동력을 제어함으로써 적절한 조향조작력 증대를 수행한다.

(2) 피니언 구동 방식 pinion drive type

컴퓨터가 차속 센서, 조향조작력 센서 등을 통하여 운전상황을 검출하여 조향기어의 피니언 축에 설치된 전동기의 구동력을 제어함으로써 적절한 조향조작력 증대를 수행한다.

(3) 래크 구동 방식 rack drive type

컴퓨터가 차속 센서, 위치 센서, 조향조작력 센서 등을 통하여 운전상황을 검출하여 조향기어의 래크 축에 설치된 전동기의 구동력을 제어하며, 복원력 및 댐핑 제어로 킥백, 시미 등의 감소 및 최적 조향조작력 증대를 수행한다.

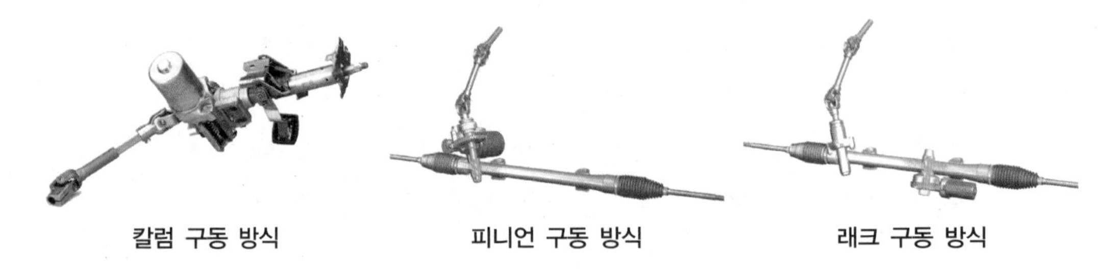

칼럼 구동 방식 | 피니언 구동 방식 | 래크 구동 방식

3.3. 전동방식 동력조향장치의 구성 및 기능

전동방식 동력조향장치에는 여러 종류가 있지만 그 제어방식이 비슷하므로 여기서는 칼럼 구동 방식 조향장치를 위주로 설명하도록 한다. 칼럼 구동 방식은 입력부분, 제어부분, 출력부분으로 되어 있다. 입력부분은 입력 센서 신호로부터 운전상황을 판단하는 역할을 하며, 제어부분은 입력 센서의 정보를 바탕으로 컴퓨터에 설정된 제어논리에 따라 출력부분을 제어한다. 출력부분은 컴퓨터(EPSCM)의 신호를 받아 전동기를 구동하며 경고등 제어, 아이들 업 제어(idle up control), 자기진단 기능을 수행한다.

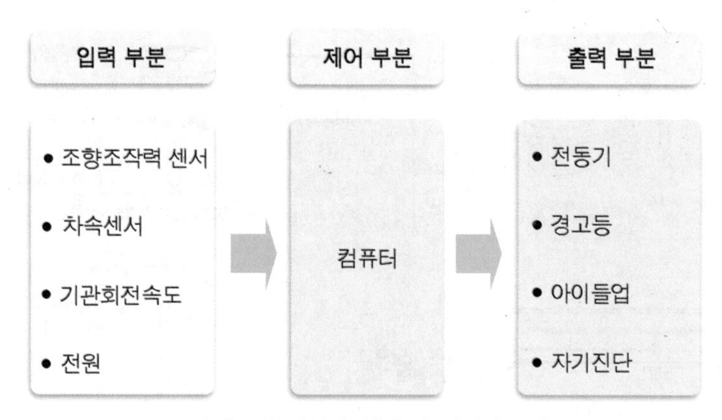

칼럼 구동방식의 입·출력 다이어그램

3.4. 칼럼 구동 방식의 입력부분

(1) 차속 센서

차속 센서는 변속기 출력축에 설치되어 있으며 홀 센서 방식이다. 주행속도에 따라 최적의 조향조작력(고속으로 주행할 때에는 무겁고, 저속으로 주행할 때에는 가볍게 제어)을 실현하기 위한 기준신호로 사용된다.

(2) 기관 회전속도

기관 회전속도는 전동기가 작동할 때 기관 부하(발전기 부하)가 발생되므로 이를 보상하기 위한 신호로 사용된다.

(3) 조향조작력 센서(토크 센서)

조향조작력 센서는 조향 칼럼과 일체로 되어있으며, 운전자가 조향핸들을 돌려 조향 컬럼을 통해 래크와 피니언 그리고 바퀴를 돌릴 때 발생하는 조작력을 측정한다. 컴퓨터는 조향조작력 센서의 정보를 기본으로 조향조작력의 크기를 연산한다. 조향조작력 센서에는 여러 가지 형식이 있지만 여기서는 비접촉 광학방식 조향조작력 센서를 설명한다.

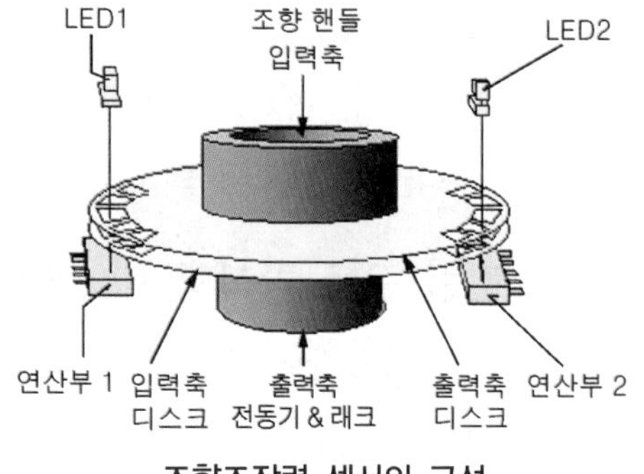

조향조작력 센서의 구성

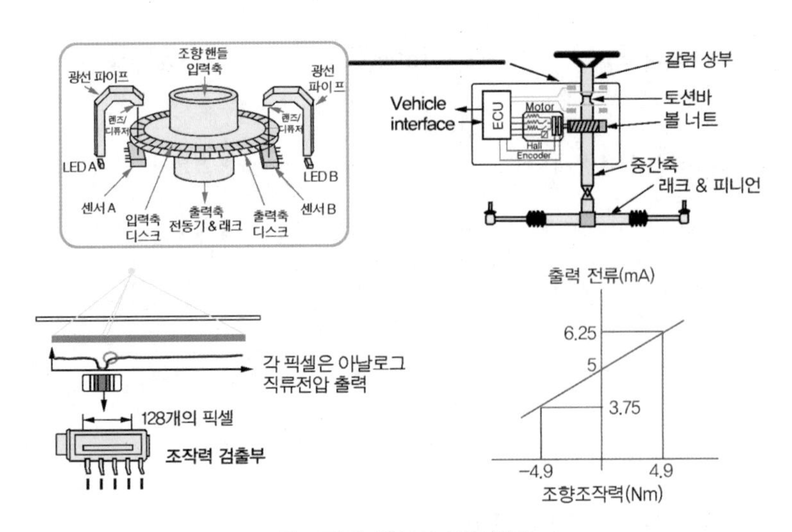

조향조작력 센서의 작동원리

① 조향조작력 센서의 구성

조향조작력 센서는 발광소자(Led) 및 수광 소자(linear array) 각 2개와 입·출력 디스크(wide 1개, narrow 1개), 그리고 조작력 연산부분 2개로 이루어져 있다.

② 조향조작력 센서의 원리

조향할 때 조작력이 입력디스크와 출력디스크 사이의 토션 바에 가해진다. 이때 토션 바가 비틀어짐에 따라 입·출력 디스크의 위상은 토션 바의 비틀림 양만큼 변화한다. 따라서 128개의 픽셀(pixel)로 이루어진 센서 A, B에는 발광소자로부터 가해지는 투과량이 변화하게 되고 센서는 투과량을 전류로 변환하여 컴퓨터로 보낸다.

(4) 전동기 회전각도 센서

전동기 회전각도 센서는 전동기 내에 설치되어 있으며, 전동기(motor)의 로터(rotor)위치를 검출한다. 이 신호에 의해서 컴퓨터가 전동기 출력의 위상을 결정한다.

3.5. 칼럼 구동 방식의 제어부분

컴퓨터는 조향조작력 센서의 신호에 의해 최적의 조향조작력을 제어하기 위해 설정된 제어논리(control logic)에 따라 출력부분의 전동기를 제어한다. 전동기의 구동력은 조향핸들을 조작하는 회전력에 비례하여 구동된다.

3.6. 칼럼 구동 방식의 출력부분

(1) 전동기 motor

전동기는 스테이터 쪽의 코일을 로터 쪽에 영구자석을 배치한 삼상 직류 브러시리스

(brushless)전동기와 로터 안쪽에 래크 축(rack shaft)과, 볼 너트(ball nut)를 설치하고, 너트의 회전(전동기의 회전)에 의해 래크 축과 일체로 된 볼 너트가 직선운동을 한다.

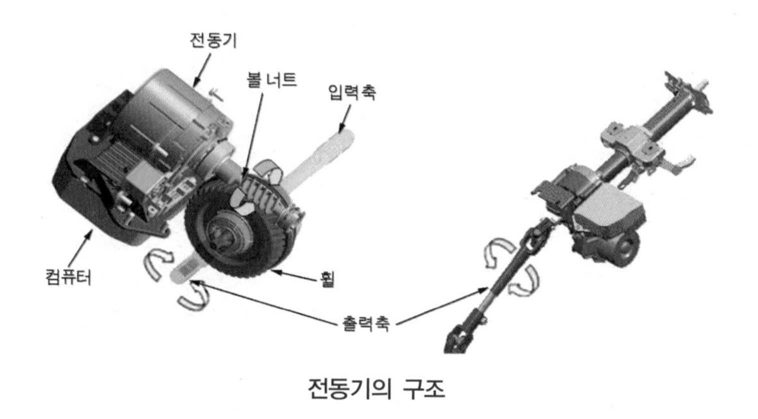

전동기의 구조

3.7. 전동방식 동력조향장치의 작동과정

운전자가 조향핸들을 조작하면 조향핸들(입력축)과 전동기의 래크(출력축)를 연결하는 토션 바(torsion bar)에 비틀림이 발생하고 컴퓨터는 토션 바의 비틀림 각도를 조향조작력 센서에 의해 투과량을 검출한다. 이때 컴퓨터는 조향조작력 센서 출력값으로 조향조작력 및 배력을 연산하고 전동기에 전류신호를 보낸다. 따라서 전동기는 연산값 만큼 회전하게 되고 웜과 웜기어에 의해 전동기의 회전을 20.5 : 1로 감속시킨다. 전동기는 출력축에 연결되어 있으므로 출력축이 회전하고 이 부분에 연결된 자재이음에 의해 조향기어의 피니언 축으로 전달되어 원하는 만큼 조향핸들이 회전한다.

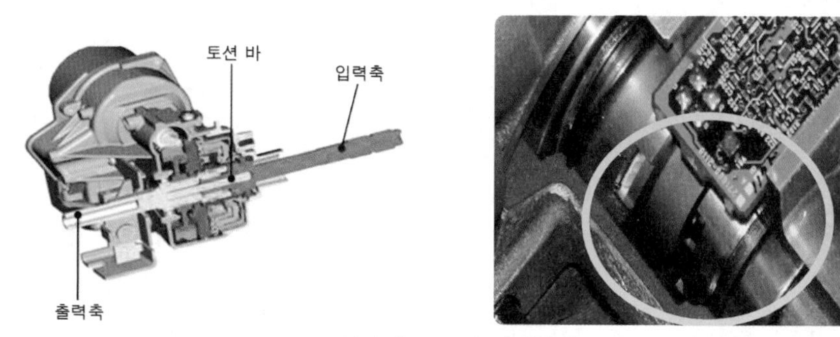

토션바의 구조와 설치위치

3.8. 전동방식 동력조향장치의 제어

컴퓨터는 각종 입력정보에 의해 전동기 제어, 경고등 제어, 아이들 업 제어, 자기진단 및 고장코드 출력기능을 수행한다.

(1) 주행속도에 따른 전동기 구동전류 제어

전동기에 가해지는 전류의 크기는 조향조작력에 의해 결정된다. 컴퓨터는 운전자가 조작하는 조향핸들의 크기를 조향조작력 센서를 통해 검출한다.

(2) 과부하보호 제어

컴퓨터는 내부에 서미스터를 설치하고 컴퓨터의 온도를 직접 측정한다. 전동기에 일정시간 동안 계속하여 작동을 하게 되면 일정시간 후에 전류를 제한하기 시작한다.

(4) 아이들 업 제어 (idle up control)

전동방식 동력조향장치는 전동기를 사용하므로 전동기가 작동할 때 소모전류가 매우 크다. 따라서 전동기가 공회전할 때 작동하면 발전기의 부하가 커져 기관 가동이 불안해질 우려가 있다. 컴퓨터는 전동기가 작동할 때 트랜지스터(TR)를 ON시켜 기관 컴퓨터로 작동신호를 보낸다. 이때 기관 컴퓨터는 기관 회전속도를 상승시켜 기관 회전속도의 저하 방지한다.

(5) 인터록 회로 기능 interlock circuit function

중・고속으로 주행할 때 장치의 고장(컴퓨터 고장 등)에 의한 예상하지 못한 급조향을 방지하기 위한 기능으로 전동기로의 전류공급을 제한하는 범위를 설정해 놓은 기능이다.

(6) 경고등 제어

전동방식 동력조향장치는 주행안정성과 밀접한 관계에 있는 장치이므로 고장이 발생하면 운전자에게 고장 상태를 알리기 위해 계기판에 경고등이 점등된다.

5 4바퀴 조향장치

1. 4바퀴 조향장치의 개요

4바퀴 조향장치(4WS, four wheel stering)는 4바퀴를 모두 조향하여 조향성능을 향상시키는 장치이다. 즉 4바퀴 조향장치는 운전자가 조향핸들을 조작함에 따라 앞바퀴에서 발생하는 코너링 포스(cornering force)에 대해 동시에 뒷차축에서도 해당 코너링 포스가 발생하도록 뒷바퀴 조향각도를 제어하여 차체 무게 중심에서의 측면 미끄럼 각도(side slip angle)를 감소시켜 안정되게 하는 조향장치이다.

2. 4바퀴 조향장치의 원리

2.1. 4바퀴 조향장치 자동차의 저속 선회

저속에서 선회할 때 주행 궤적을 보면 2바퀴 조향 자동차(앞바퀴 조향)의 경우, 뒷바퀴는 조향되지 않으므로 선회중심은 거의 뒷바퀴 연장선상에 있다. 4바퀴 조향장치의 경우, 뒷바퀴를 역위상 조향을 하면 선회중심은 자동차 앞쪽에 근접한 위치에 오게 된다. 저속에서 선회할 때 2바퀴 조향장치와 4바퀴 조향장치 자동차의 앞바퀴 조향각도가 같다면 4바퀴 조향장치 자동차 쪽이 선회 반지름이 작게 형성되므로 회전이 자유롭고 안쪽 바퀴의 차이도 작아진다. 승용자동차의 경우 뒷바퀴를 5° 역위상 조향하면 최소회전 반지름은 약 50cm, 안쪽 바퀴의 차이는 10cm정도 감소시킬 수 있다.

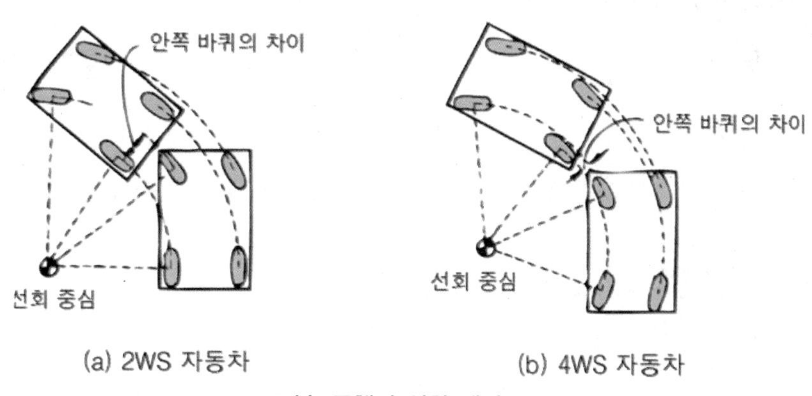

저속 주행시 선회 궤적

2.2. 4바퀴 조향장치 자동차의 중 · 고속 선회

직진하고 있는 자동차가 선회할 때 자동차의 중심점이 진행방향을 바꾸는 공전과 그 중심점 주위의 자동차 자전과의 2가지 운동이 합성되어 실행된다. 그림(a)는 고속선회에서의 자동차 움직임을 나타낸 것이다. 먼저, 앞바퀴 조향이 실행되면 앞바퀴에는 미끄럼 각도 α 가 발생하고 코너링 포스가 발생하여 차체가 자전을 시작한다. 이에 따라 차체가 편향되어 뒷바퀴에도 미끄럼 각도 β 가 발생하여 뒷바퀴에도 코너링 포스가 생기고, 4바퀴의 힘이 자전과 공전의 힘을 분담하여 균형을 이루면서 선회를 한다. 그러나 주행속도가 빨라지는 만큼 원심력이 증가하므로 코너링 포스도 증대되어야 한다. 이상적인 고속 선회운동은 차체의 방향과 자동차의 진행방향을 가능한 일치시켜 여분의 자체운동을 억제시켜, 앞 · 뒷바퀴에 충분한 코너링 포스를 발생시키는 것이다. 그림(b)와 같이 4바퀴 조향장치 자동차에서는 뒷바퀴를 동위상으로 조향함에 따라 뒷바퀴에도 미끄럼 각도 α 를 발생시켜 앞바퀴의 코너링 포스와 균형을 이루어 자전운동을 억제한다. 따라서 차체의 방향과 자동차의 진행방향을 일치시킨 안정된 선회를 기대할 수 있다.

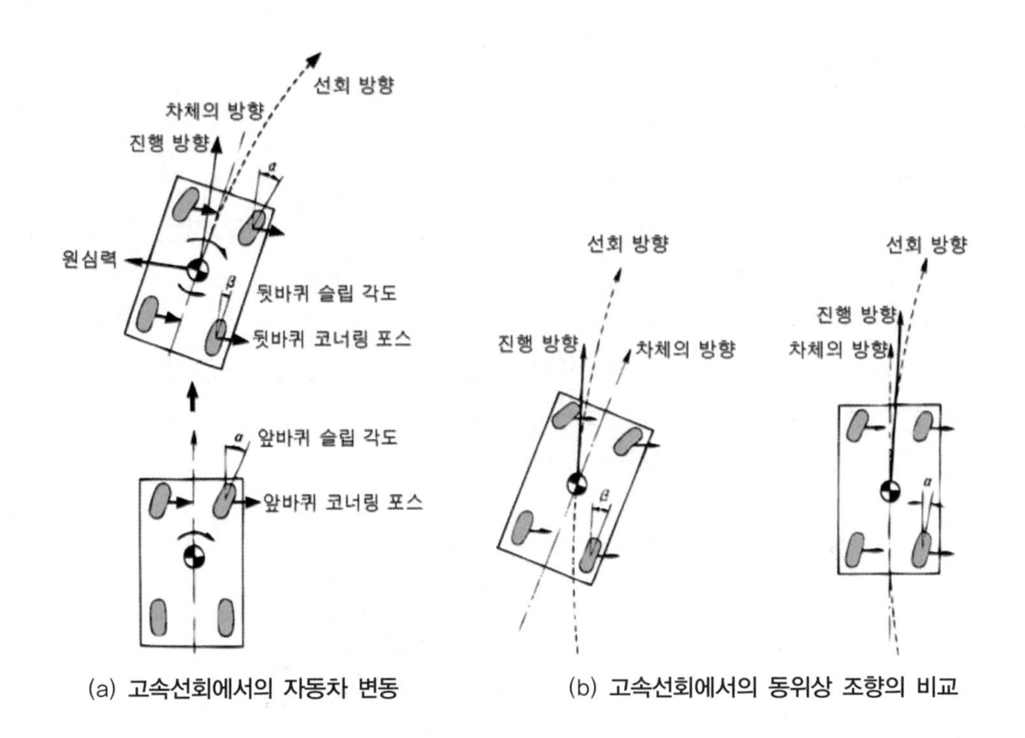

(a) 고속선회에서의 자동차 변동 (b) 고속선회에서의 동위상 조향의 비교

3. 4바퀴 조향장치의 효과

① 고속에서 직진성능이 향상된다.

직선도로를 고속으로 주행할 때 운전자는 황 방향 바람이나 도로면의 요철 때문에 조향핸들이 조금씩 계속 움직여 자동차의 궤적과 주행방향을 일치시키려고 노력한다. 4바퀴 조향장치는 이와 같은 작은 조향에서도 뒷바퀴를 앞바퀴와 같은 방향으로 조향시켜 부드럽고 안정된 주행이 가능하도록 한다.

② 차로변경이 용이하다.

차로를 변경하기 위해 앞바퀴를 작은 각도로 조향할때 뒷바퀴도 거의 동시에 같은 방향으로 조향되므로 안정된 차로 변경이 가능해진다.

③ 경쾌한 고속선회가 가능하다.

선회할 때 뒷바퀴도 앞바퀴와 같은 방향으로 조향되어 코너링 포스가 발생하므로 차체 뒷부분이 원심력에 의해 바깥쪽으로 쏠리는 스핀(spin)현상이 없이 안정된 선회를 할 수 있다.

④ 저속회전에서 최소회전 반지름이 감소한다.

교차로와 같이 90° 회전을 할 때, 또는 U턴을 할 때 뒷바퀴는 앞바퀴와 조향 방향이 반대로 되어 안쪽 바퀴와 바깥쪽 바퀴의 차이를 감소시킨다. 주차할 때 일렬 주차가 편리하다.

주차 시킬 때 저속으로 작은 곡률로 조향핸들을 돌리면 앞·뒷바퀴가 역방향으로 되어 2바퀴 조향장치보다 최소회전 반지름과 안쪽 바퀴의 차이가 작아져 조향의 반복을 감소시킬 수 있다. 또 일렬로 주차할 때에도 앞·뒷바퀴가 역방향으로 조향되므로 회전반지름의 감소로 주차가 쉬워진다.

⑤ 미끄러운 도로를 주행할 때 안정성이 향상된다.

빙판이나 눈길 또는 도로면이 미끄러운 도로에서 주행할 때 4바퀴 조향장치는 뒷바퀴의 조향에 의해 차체 뒷부분의 미끄럼을 줄일 수 있어 주행 안정성이 향상된다. 그러나 타이어가 도로면과 마찰력을 상실하면 2바퀴 조향장치나 4바퀴 조향장치나 모두 아무런 효과를 기대할 수 없다.

4. 4바퀴 조향장치의 작동

4.1. 4바퀴 조향장치의 원리

4바퀴 조향장치 컴퓨터는 차속 센서의 신호에 따라 적절한 신호를 뒷바퀴 조향제어 박스(rear steering control box)의 제어 전동기(control motor)로 보내 제어 요크(control yoke)를 회전시키고 앞바퀴 조향각도에 따라 뒷바퀴 조향축이 뒷바퀴 조향제어 박스 내의 베벨기어(bevel gear)를 회전시킨다.

4.2. 뒷바퀴 조향각도 설정방법

중속과 고속 운전영역에서 앞바퀴와 같은 방향으로 뒷바퀴를 조향하기 때문에 조향응답성과 조향안정성이 향상되며, 요 각속도 등의 정보로 뒷바퀴를 조향하여 도로면의 외란이나 가로방향의 바람에 의한 외란에 대한 안정성이 향상되고, 저속운전영역에서는 앞바퀴와 반대 방향으로 뒷바퀴를 조향하기 때문에 작은 회전 반지름으로 회전이 가능하며, 앞쪽 바퀴의 차이가 감소한다. 4바퀴 조향장치 제어방식의 종류는 다음과 같다.

① 앞바퀴 비례 조향각도 방식 : 뒷바퀴 조향각도를 앞바퀴 조향각도에 비례시켜 조향하는 방식이다.

② 조향조작력 피드백(feed back) 방식 : 조향조작력을 입력으로 하는 뒷바퀴 조향 방식으로 뒷바퀴 조향각도는 앞바퀴의 가로방향 작용력에 비례하여 조향된다고 생각하는 방식이다.

③ 요(yaw) 각도 피드백 방식 : 자동차 주행속도의 상태량인 요 각속도에 비례시켜서 뒷바퀴를 조향하는 방식이다.

④ 무게 중심 사이드슬립 각도 제로(zero) 제어방식 : 무게 중심점 사이드슬립 각도를 제

로(zero)에 근접시키는 것을 목표로 하는 제어 방식이다.

⑤ 모델 플로잉 방식 : 요 각속도와 가로방향 가속도의 조향응답성을 미리 설정한 가상 모델에 실제의 자동차를 충족시켜 일치시키는 방식이다.

5. 4바퀴 조향장치 제어방식의 종류

5.1. 미세 조향각도 제어

(1) 횡 가속도 차속감응 방식

앞바퀴의 동력조향장치에 뒷바퀴 전용밸브를 하나 더 추가하여 횡 가속도에 거의 비례하는 앞바퀴의 조향저항과 평행되는 유압을 발생시켜 그 유압을 뒷바퀴 액추에이터로 보낸다. 뒷바퀴 액추에이터는 장력이 큰 스프링이 들어있어 공급된 유압과 평형 되는 위치까지 출력 로드의 위치가 변화한다. 이 로드의 움직임에 의해 뒷바퀴가 전체가 조향된다. 주행속도와 뒷바퀴 전체 조향각도의 관계는 가로방향 가속도의 함수로 표시된다.

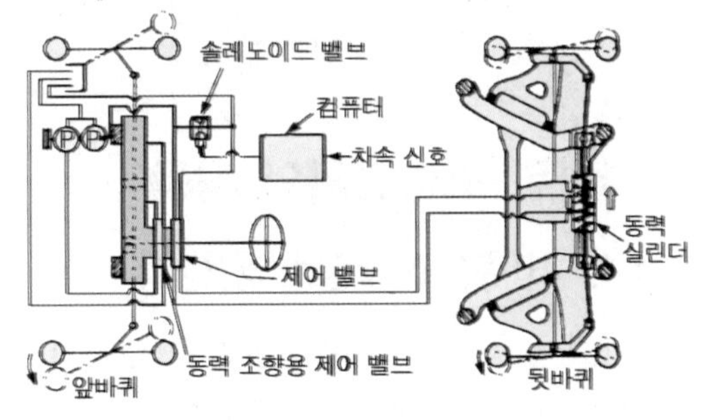

횡 가속도 감응형 4WS의 전체 구성도

(2) 앞바퀴 조향각도 차속감응 방식

오일펌프로 부터 토출되는 오일은 직접 솔레노이드 서보밸브(solenoid servo valve)로 들어가 컴퓨터의 지시에 의해 제어되어 뒷바퀴 액추에이터로 공급된다. 제어는 조향각도 센서의 신호로부터 조향각속도 및 가속도를 컴퓨터로 연산하여 실행된다. 이에 따라 중속 및 고속주행에서의 빠른 조향일 경우에는 순간 역위상으로 조향할 수 있어 자동차의 회전운동 시작을 빠르게 하여 조향에 대한 응답성을 향상시킨다.

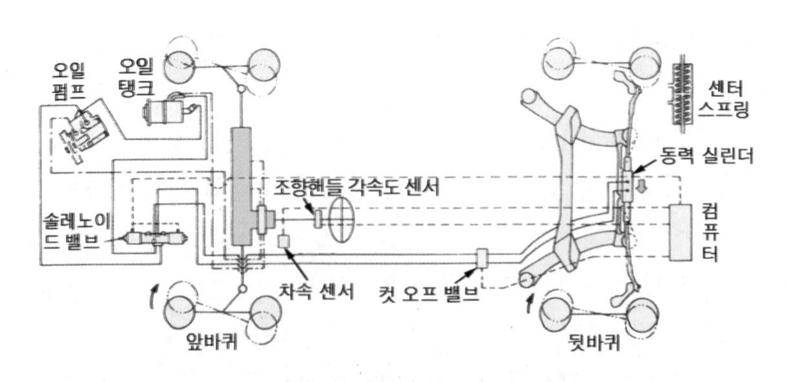

앞바퀴 조향각도 감응형 4WS의 전체구성도

5.2. 큰 조향각도 제어

큰 조향각도 제어는 고속주행에서의 주행 안정성과 동시에 저속 운전영역에서 작은 반지름의 회전성능도 달성하는 4바퀴 조향장치이다.

(1) 앞바퀴 조향각도 감응 방식

앞바퀴의 래크와 피니언 조향기어에 뒷바퀴에 앞바퀴의 조향각도를 전달하기 위해 뒷바퀴 조향용 피니언이 설치되어 있다. 그 각도변화는 센터 조향축(center steering shaft)을 거쳐 뒷바퀴 조향기어로 전달된다.

(2) 앞바퀴 조향각도 비례 차속감응 방식

조향각도 비례 제어란 조향핸들의 조향각도에 비례하여 저속 영역에서는 역위상으로, 고속 운전영역에서는 동위상으로 뒷바퀴 조향을 실행하는 제어이다. 중・고속 운전영역에서 조향할 때 앞・뒷바퀴의 균형이 안정되어 정상선회 상태가 되었을 때에는 자동차의 진행방향과 차체의 방향이 일치되어 안정된 선회성능을 얻을 수 있다.

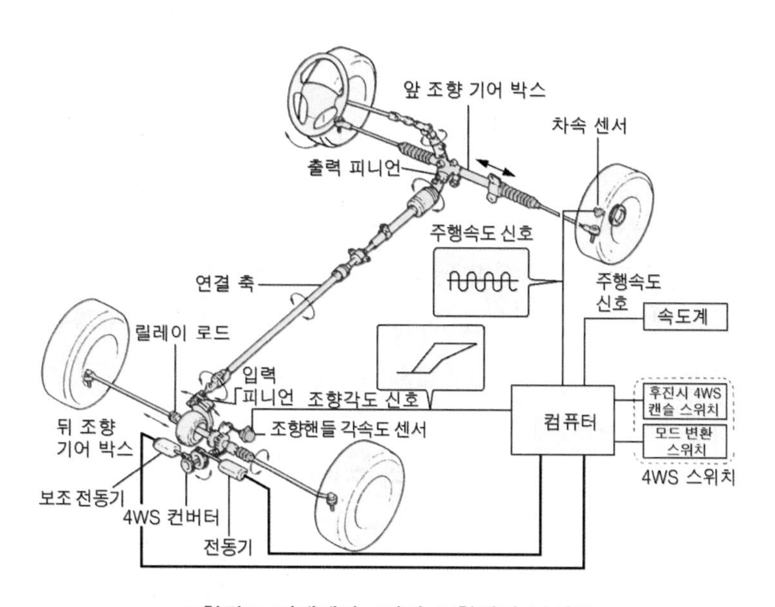

조향각도 비례제어 4바퀴 조향장치 구성도

CHAPTER 06

휠 얼라인먼트

1 휠 얼라인먼트의 개요 wheel alignment

자동차의 앞부분을 지지하는 앞바퀴는 어떤 기하학적인 관계를 두고 설치되어 있는데, 휠 얼라인먼트는 이와 같은 앞바퀴의 기하학적인 각도 관계를 말하며 캠버, 캐스터, 토인, 킹핀 경사각 등이 있다.

2 휠 얼라인먼트 요소와 역할

1. 캠버 camber

자동차를 앞에서 보면 그 앞바퀴가 수직선에 대해 어떤 각도를 두고 설치되어 있는데 이를 캠버라 하며 그 각도를 캠버 각이라 한다. 캠버 각은 일반적으로 +0.5 ~ +1.5° 정도이다. 그리고 바퀴의 윗부분이 바깥쪽으로 기울어진 상태를 정의 캠버(positive camber), 바퀴의 중심선이 수직일 때를 0의 캠버(zero camber) 그리고 바퀴의 윗부분이 안쪽으로 기울어진 상태를 부의 캠버(negative camber)라 한다. 캠버의 역할은 다음과 같다.

① 수직 방향 하중에 의한 앞 차축의 휨을 방지한다.
② 조향 핸들의 조작을 가볍게 한다.
③ 하중을 받았을 때 앞바퀴의 아래쪽(부의 캠버)이 벌어지는 것을 방지한다.

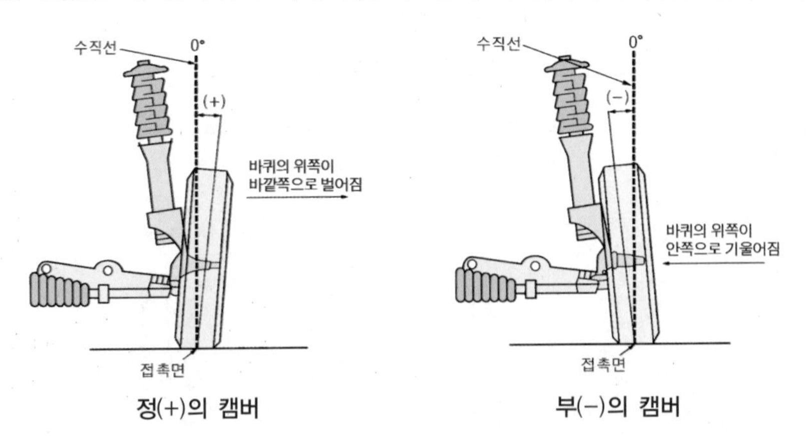

정(+)의 캠버　　부(−)의 캠버

(1) 정(+)의 캠버

정의 캠버는 바퀴의 위쪽이 바깥쪽으로 기울어진 상태를 말하며, 정의 캠버가 클수록 선회할 때 코너링포스가 감소한다.

(2) 부(-)의 캠버

부의 캠버는 바퀴의 위쪽이 안쪽으로 기울어진 상태를 말하며, 승용차에서는 뒷바퀴에 -0° 30′ ~ 2° 정도 두고 있다. 또한 고속 차량용 앞바퀴는 대부분 부의 캠버를 사용하며, 부의 캠버는 선회할 때 코너링 포스를 증가시키며, 바퀴의 트레드 안쪽의 마모를 촉진시킨다.

2. 캐스터 caster

자동차의 앞바퀴를 옆에서 보면 조향 너클과 앞 차축을 고정하는 킹핀(독립 차축 방식에서는 위·아래 볼이음을 연결하는 조향축)이 수직선과 어떤 각도를 두고 설치되는데 이를 캐스터라고 하며 그 각도를 캐스터 각이라 한다. 캐스터 각은 일반적으로 +1 ~ +3° 정도이다. 캐스터의 역할은 다음과 같다.

① 주행중 조향 바퀴에 방향성을 부여한다

조향 바퀴에서 방향성이 얻어지는 것은 조향 바퀴에 걸리는 하중은 스핀들의 중심선을 통하여 작용하지만 노면에서의 반발력은 그림의 P점에 작용하므로 이 점에 큰 마찰력이 발생하기 때문이다. 또 구동바퀴에서 발생된 추진력은 차체를 통하여 킹핀 방향으로 작용하므로 주행 중 O점이 P점을 잡아당기는 것과 같이 작용하므로 바퀴는 항상 전진 방향으로 안정된다.

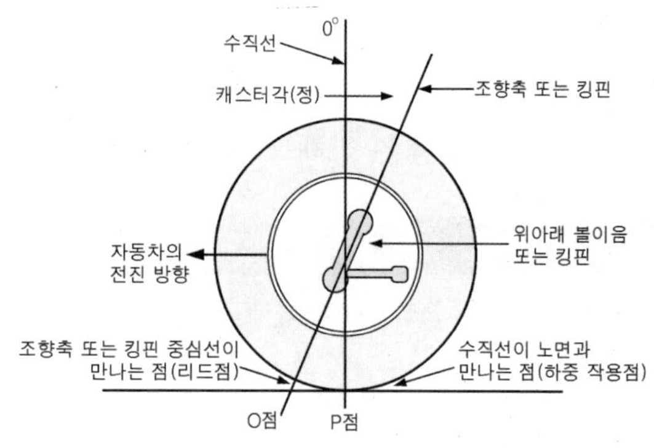

조향바퀴에 방향성 부여

② 조향하였을 때 직진 방향으로의 복원력을 준다

복원력은 조향너클과 스핀들의 관계에서 발생한다. 이 관계는 선회할 때 선회하는 쪽 바퀴의 스핀들은 낮아지고 반대쪽 바퀴의 스핀들은 높아진다. 따라서 스핀들의 높이가 낮아지면 현가장치를 통하여 차체가 위쪽으

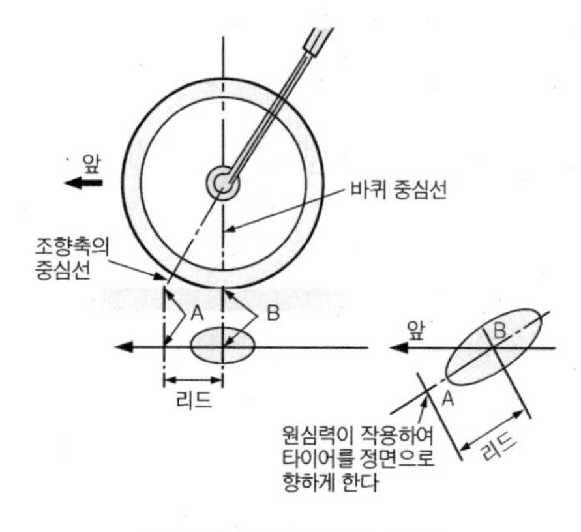

조향바퀴에 복원성 부여

로 올라가게 된다. 또 스핀들의 끝 부분이 높이가 높아지면 이와 반대로 차체가 아래쪽으로 내려가게 되므로 이와 같은 차체의 운동은 조향 핸들에 가해진 힘에 의해 형성된다. 이에 따라 조향 핸들에 가한 힘을 제거하면 차체가 원위치로 복귀하므로 조향바퀴도 직진 상태가 된다.

(1) 정(+)의 캐스터

정의 캐스터는 자동차를 옆에서 보았을 때 킹핀의 위쪽이 바퀴 중심선을 지나 노면과 수직인 직선의 뒤쪽으로 기울어져 있는 상태이다. 정의 캐스터는 주행할 때 바퀴를 앞쪽으로 잡아당기는 효과를 나타내므로 자동차는 전진 방향으로 안정되며, 시미(shimmy)현상을 감소시킨다.

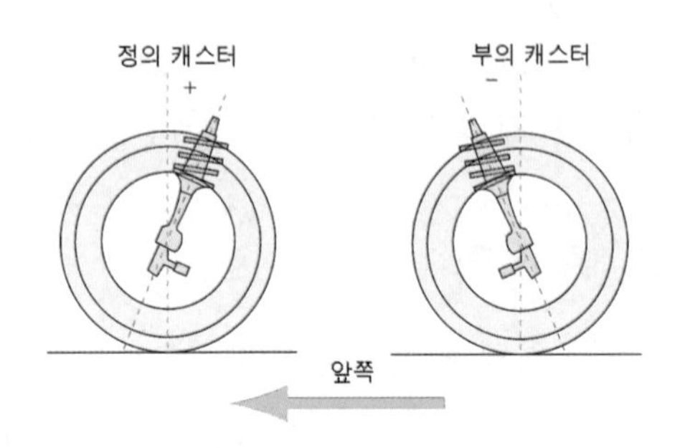

캐스터의 분류

(2) 부(−)의 캐스터

부의 캐스터는 자동차를 옆에서 보았을 때 킹핀의 위쪽이 바퀴 중심을 지나 노면과 수직인 직선의 앞쪽으로 기울어져 있는 상태이다. 앞 기관 앞바퀴 구동 방식(FF Car)자동차에서는 부의 캐스터를 주로 사용한다. 부의 캐스터를 사용하면 선회할 때 바퀴의 복원력이 감소하고 직진 성능은 방해를 받으나 사이드 포스(side force)에 대한 저항력은 증대된다.

알고갑시다 **캐스터 효과**

캐스터 효과는 정의 캐스터에서만 얻을 수 있으며 주행 중에 직진성능이 없는 차는 더욱 정의 캐스터로 수정해야 한다.

3. 토인 toe-in

자동차 앞바퀴를 위에서 내려다보면 바퀴 중심선 사이의 거리가 앞쪽이 뒤쪽보다 약간 작게 되어 있는데 이것을 토인이라고 하며 일반적으로 2 ~ 6mm정도이다. 뒷바퀴 구동 방식(FR Car)자동차에서 앞바퀴가 정(+)의 킹핀 오프셋이면 주행중 앞바퀴는 밖으로 벌어지려는 경향이 있으며, 또한 앞바퀴가 정의 캠버라면 캠버에 의해 밖으로 벌어지려고 한다. 조향 링키지 각 부분의 유격은 캠버와 킹핀 오프셋에 의한 작용을 증대시키는 역할을 하기 때문에 바퀴는 트레드 안쪽이 심하게 마멸된다. 이를 방지하기 위하여 정차 상태에서 어느 정도 토인으로 하여 직진 주행을 할 때 0이 되도록 한다. 직진 주행을 할 때 0이 되면 바퀴의 직진 성능이 증대되며 시미 현상이 감소한다. 토인의 역할은 다음과 같다.

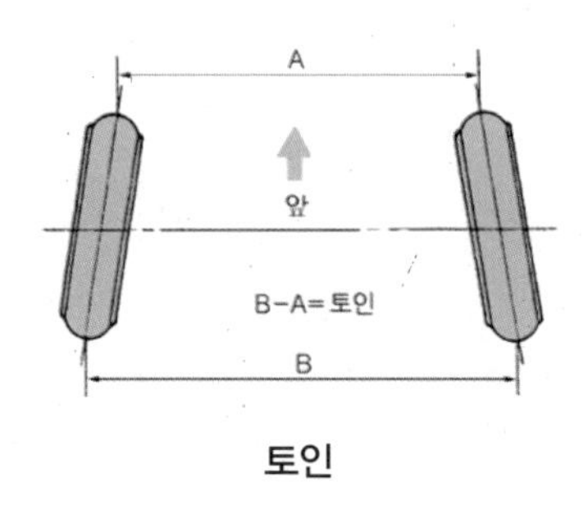

토인

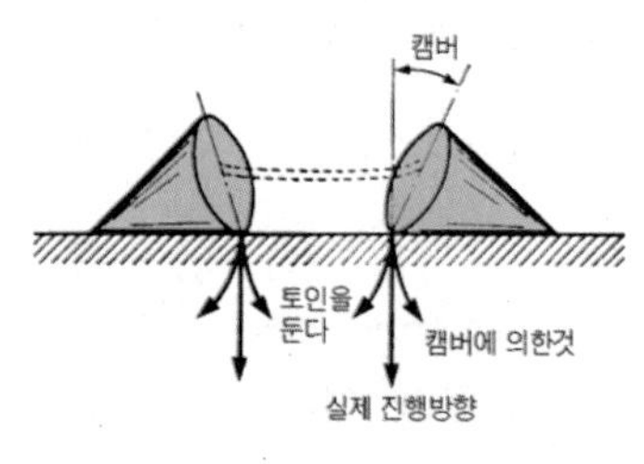

토인의 역할

① 앞바퀴를 평행하게 회전시킨다.
② 앞바퀴의 사이드 슬립과 타이어 마멸을 방지한다.
③ 조향 링키지 마멸에 따라 토 아웃(toe-out)이 되는 것을 방지한다.
④ 토인은 타이로드의 길이로 조정한다.

4. 킹핀 역사각(또는 조향축 경사각)

자동차를 앞에서 보면 독립 차축 방식에서는 위·아래 볼 이음(일체 차축 방식에서는 킹핀)의 중심선이 수직에 대하여 어떤 각도를 두고 설치되는데 이를 조향축 경사(또는 킹핀 경사각)라고 하며 이 각을 조향축 경사각이라고 한다. 조향축 경사각은 일반적으로 7 ~ 9° 정도 둔다. 조향축 경사각의 역할은 다음과 같다.

① 캠버와 함께 조향 핸들의 조작력을 가볍게 한다.
② 캐스터와 함께 앞바퀴에 복원성을 부여한다.
③ 앞바퀴가 시미(shimmy)현상을 일으키지 않도록 한다.

3 선회 성능

자동차가 선회할 때 극히 저속 운전영역에서는 코너링 포스(cornering force)가 없기 때문에 애커먼 장토 방식의 조향이론에 가까운 조향을 하지만 고속 운전영역에서는 원심력이 작용한다. 자동차가 선회할 수 있는 것은 원심력과 평형 되는 코너링 포스가 발생하기 때문이다. 코너링 포스는 도로면에 옆 방향 구배가 없는 경우는 대부분 바퀴의 사이드슬립(side slip)으로 발생한다.

1. 사이드슬립을 할 때 바퀴에 작용하는 힘

바퀴의 사이드슬립(side slip)은 도로면과 접촉하는 트레드(tread)의 중심 면과 진행 방향이 일치되지 않을 때 바퀴 옆쪽과 도로면의 접촉으로 미끄럼이 발생하는 현상이다. 사이드슬립이 발생하는 이유는 자동차가 선회할 때 차체는 원심력에 의하여 바깥쪽으로 밀리지만 바퀴는 도로면과의 마찰에 의해 접촉면이 이동하지 않으므로 차체의 진행방향과 바퀴의 회전방향이 서로 다르게 작용하기 때문이다. 사이드슬립이 발생하면 바퀴는 그림과 같이 접지부분에 직각으로 작용하는 사이드포스(side force) F가 발생한다. 사이드포스(F, 마찰력)는 진행방향과 직각인 분력과 평행인 분력의 합력이라 하며, 평행인 분력은 바퀴의 동력전달저항(선회저항)의 역할을 하고, 진행방향에 직각인 분력은 코너링 포스(선회력)의 역할을 한다. 복원토크는 타이어가 옆방향으로 미끄러짐을 할 때 타이어의 회전면에는 진행방향과 일치시키려는 토크나 모멘트를 말한다.

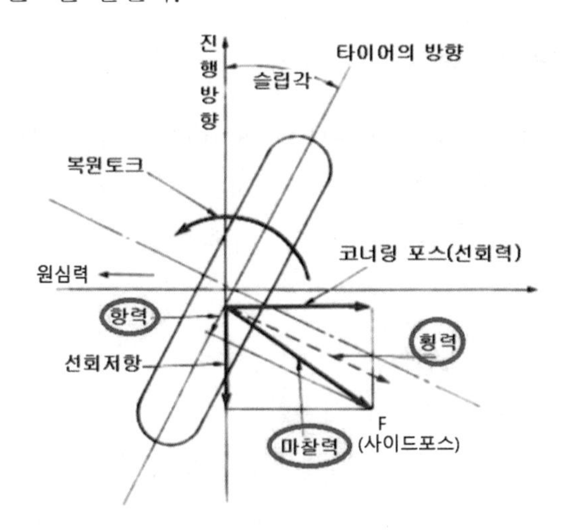

사이드슬립 시 바퀴에 작용하는 힘

〈출처 : 운전직공무원자료수정〉

2. 캠버 스러스트 camber thrust

자동차의 앞바퀴는 0.5 ~ 1.5°의 캠버각도가 있다. 그러나 독립현가 방식의 자동차는 선회할 때 원심력에 의해 롤링(rolling)이 발생하기 때문에 바깥쪽 바퀴의 캠버는 감소하고, 안쪽 바퀴의 캠버는 증대되어 자동차를 안쪽으로 기울이려는 힘이 발생한다. 따라서 바퀴는 캠버각도에 의해 원뿔이 도로면을 굴

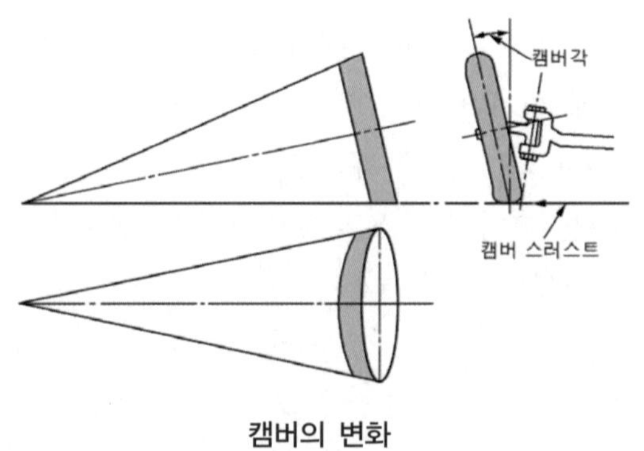

캠버의 변화

러가려는 것과 같은 성질이 있으므로 앞차축의 연장선과 원뿔의 교차점을 중심으로 원운동을 하려고 한다. 그러나 실제로는 차체에 의해 바퀴를 직선 운동하도록 구속되어 있기 때문에 바퀴는 진행 방향에 대하여 직각인 원뿔 운동의 안쪽으로 향하려는 힘이 작용하는데 이 힘을 캠버 스러스트라 한다.

3. 선회 특성

주행속도가 증가함에 따라 필요한 조향각도가 증가되는 현상을 언더스티어링(U.S ; under steering)이라 하고, 조향각도가 감소되는 현상을 오버스티어링(O.S ; over steering)이라 한다. 또 언더스티어링과 오버스티어링의 중간 정도의 조향각도 즉, 주행속도의 증가에 따라 처음에는 조향각도가 증가하고, 어느 주행속도에 도달하면 감소되는 리버스 스티어링(R.S ; reverse steering)이라 한다.

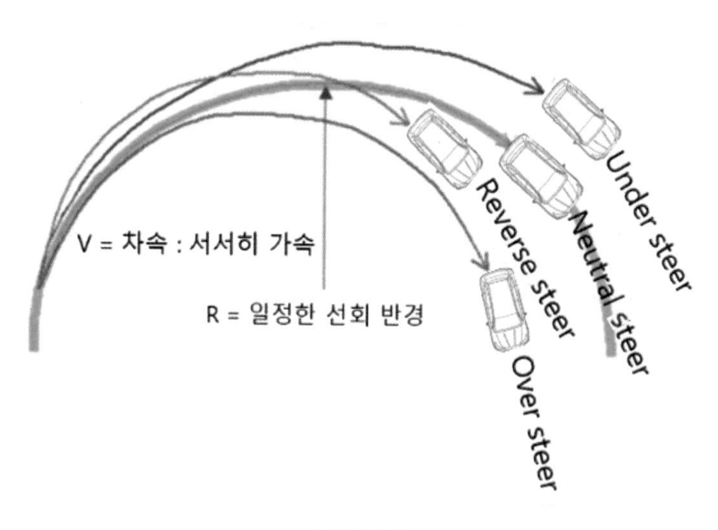

선회 특성

CHAPTER 07

제동 장치

제동장치(brake system)는 주행중인 자동차를 감속 또는 정지시키고, 또 주차 상태를 유지하기 위하여 사용되는 장치이다.

1 제동장치의 분류

제동장치는 조작방식에 따라 운전자의 발로 조작하는 풋 브레이크(foot brake)와 손으로 조작하는 핸드 브레이크(hand brake)가 있다. 작동기구에 따라 로드(rod)나 와이어(wire)를 사용하는 기계식과 오일튜브를 사용하는 유압식으로 분류되며, 기계식은 핸드 브레이크에, 유압식은 풋 브레이크로 사용된다. 또한, 제동력을 높이기 위한 배력 방식에는 흡입다기관의 진공을 이용하는 진공 배력식, 압축 공기 압력을 이용하는 공기 브레이크 등이 있으며, 풋 브레이크 혹사에 의한 과열을 방지하기 위하여 사용하는 배기브레이크(기관 브레이크), 와전류 리타더, 하이드롤릭 리타더 등의 감속 브레이크(제3 브레이크)가 있다.

2 유압 브레이크 hydraulic brake

유압 브레이크는 파스칼의 원리를 응용한 것이며, 유압을 발생시키는 마스터 실린더, 이 유압을 받아서 브레이크 슈(또는 패드)를 드럼 (또는 디스크)에 압착시켜 제동력을 발생시키는 휠 실린더(또는 캘리퍼) 및 유압 회로를 형성하는 파이프(pipe)나 플렉시블 호스(flexible hose) 등으로 구성되어 있다. 유압 브레이크의 특징은 다음과 같다.

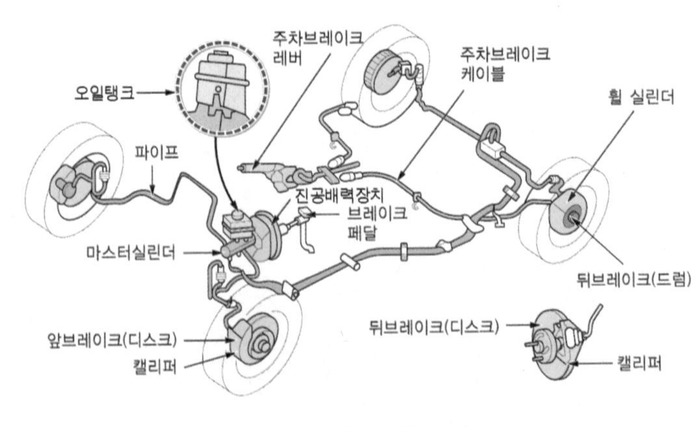

유압 브레이크의 구성

① 제동력이 모든 바퀴에 동일하게 작용한다.
② 마찰 손실이 적다.
③ 페달 조작력이 작아도 된다.
④ 유압 회로가 파손되어 오일이 누출되면 제동 기능을 상실한다.
⑤ 유압 회로 내에 공기가 침입하면 제동력이 감소한다.

4. 브레이크 오일

브레이크 오일은 피마자기름에 알코올 등의 용제를 혼합한 식물성 오일이며, 구비 조건은 다음과 같다.

① 점도가 알맞고 점도지수가 클 것
② 윤활성이 있을 것
③ 빙점이 낮고, 비등점이 높을 것
④ 화학적 안정성이 클 것
⑤ 고무 또는 금속 제품을 부식·연화 및 팽창시키지 않을 것
⑥ 침전물 발생이 없을 것

5. 유압 브레이크의 구조와 작용

브레이크 페달을 밟으면 마스터 실린더에서 유압이 발생하여 휠 실린더로 압송된다. 이 때 휠 실린더에서는 그 유압으로 피스톤이 좌우로 확장되므로 브레이크 슈가 드럼에 압착되어 제동 작동을 한다. 반대로 페달을 놓으면 마스터 실린더 내의 유압이 저하하며, 브레이크 슈는 리턴 스프링의 장력으로 제자리로 복귀되고 휠 실린더 내의 오일은 마스터 실린더의 오일 저장 탱크로 되돌아가 제동 작용이 해제된다.

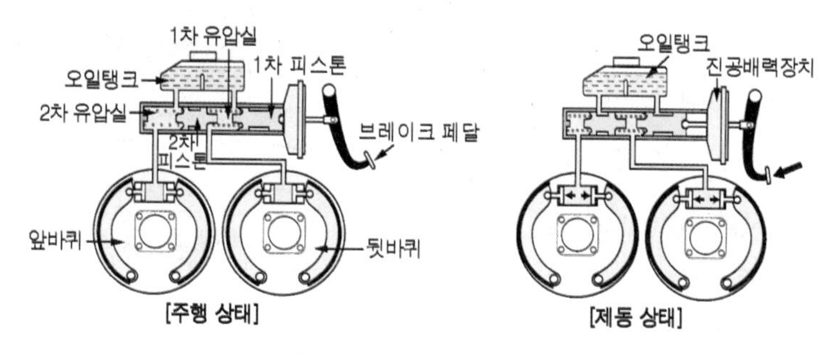

유압브레이크 작동도

5.1. 브레이크 페달 brake pedal

브레이크 페달은 조작력을 경감시키기 위해 지렛대 원리를 이용하며, 프레임이나 차체에 설치된다. 페달을 밟으면 푸시로드를 거쳐 마스터 실린더 내의 피스톤을 움직여 유압을 형성한다. 또 페달의 지렛대 비율을 알맞게 하여 밟는 힘을 증대시킬 수 있고 또 밟는 힘을 조절하여 제동력을 변화시킬 수 있다.

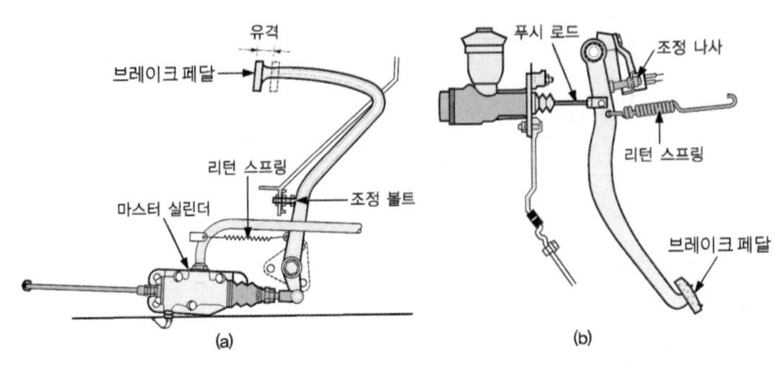

브레이크 페달

5.2. 마스터 실린더 master cylinder

마스터 실린더는 브레이크 페달을 밟는 것에 의하여 유압을 발생시키는 작용을 하며, 마스터 실린더의 형식에는 피스톤이 1개인 싱글 마스터 실린더(single master cylinder)와 피스톤이 2개인 탠덤 마스터 실린더(tandem master cylinder)가 있으며 현재는 탠덤 마스터 실린더를 사용하고 있다.

(1) 실린더 보디 cylinder body

실린더 보디의 위쪽에는 오일 저장 탱크가 설치되어 있고, 재질은 주철이나 알루미늄 합금을 사용한다.

(2) 피스톤 piston

피스톤은 실린더 내에 끼워지며, 페달을 밟는 것에 의해 푸시로드가 실린더 내를 미끄럼 운동시켜 유압을 발생시킨다.

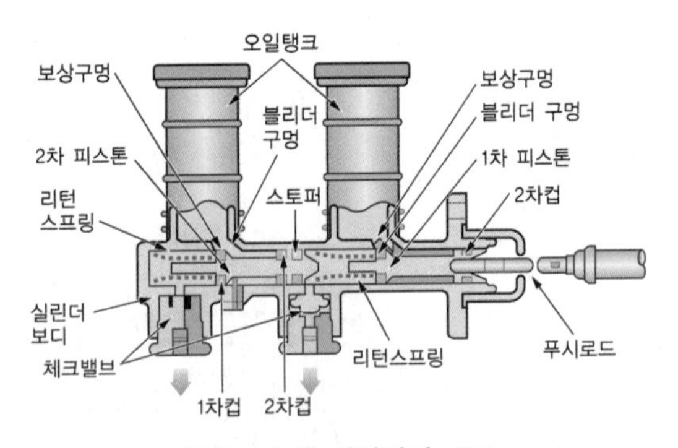

탠덤마스터 실린더의 구조

(3) 피스톤 컵 piston cup

피스톤 컵에는 1차 컵(primary cup)과 2차 컵(secondary cup)이 있으며, 1차 컵의 기능은 유압 발생이고, 2차 컵의 기능은 마스터 실린더 내의 오일이 밖으로 누출되는 것을 방지한다.

(4) 체크 밸브 check valve

이 밸브는 피스톤 반대쪽 실린더 끝에 시트 와셔를 사이에 두고 설치되며, 피스톤 리턴 스프링에 의해 시트에 밀착되어 있다. 작용은 브레이크 페달을 밟으면 오일이 마스터 실린더에서 휠 실린더로 나가게 하고, 페달을 놓으면 파이프 내의 유압과 피스톤 리턴 스프링을 장력이 평형이 될 때까지만 시트에서 떨어져 오일이 마스터 실린더 내로 복귀하도록 하여 회로 내에 잔압을 유지시켜 준다.

(5) 피스톤 리턴 스프링 piston return spring

이 스프링은 체크 밸브와 피스톤 1차 컵 사이에 설치되며 페달을 놓았을 때 피스톤이 제자리로 복귀하도록 도와주고 체크 밸브와 함께 잔압을 형성하는 작용을 한다.

알고갑시다 잔압과 베이퍼록

① 잔압(잔류 압력) : 피스톤 리턴 스프링은 항상 체크 밸브를 밀고 있기 때문에 이 스프링의 장력과 회로 내의 유압이 평형이 되면 체크 밸브가 시트에 밀착되어 어느 정도의 압력이 남게 되는데 이를 잔압이라고 하며, 0.6~0.8Kgf/cm2정도이다. 잔압을 두는 목적은 다음과 같다.
㉮ 브레이크 작동 지연을 방지한다.
㉯ 베이퍼록을 방지한다.
㉰ 회로 내에 공기가 침입하는 것을 방지한다.
㉱ 휠 실린더 내에서 오일이 누출되는 것을 방지한다.

② 베이퍼 록(vapor lock) : 브레이크 회로 내의 오일이 비등·기화하여 오일의 압력 전달 작용을 방해하는 현상이며 그 원인은 다음과 같다.
㉮ 긴 내리막길에서 과도하게 풋 브레이크를 사용할 때
㉯ 브레이크 드럼과 라이닝의 끌림에 의하여 과열되었을 때
㉰ 마스터 실린더, 브레이크 슈 리턴 스프링 손상·쇠약에 의한 잔압이 저하되었을 때
㉱ 브레이크 오일 변질에 의한 비등점의 저하 및 불량한 오일을 사용할 때

5.3. 파이프 pipe

브레이크 파이프는 강철 파이프(steel pipe)와 플렉시블 호스(flexible hose)를 사용한다. 파이프는 진동에 견디도록 클립으로 고정하고 연결부는 2중 플레어(double flare)로 하며, 호스는 차축이나 바퀴와 연결하는 부분에서 사용하고 연결부에는 금속제 피팅(fitting)이 설치되어 있다.

6. 드럼 브레이크 drum brake

6.1. 브레이크 드럼 brake drum

드럼은 휠 허브(wheel hub)에 볼트로 설치되어 바퀴와 함께 회전하며, 슈와의 마찰로 제동을 발생시키는 부분이다. 또 냉각 성능을 크게 하고 강성을 높이기 위해 원둘레 방향으로

핀(fin)이나 직각 방향으로 리브(rib)를 두고 있다. 그리고 제동할 때 발생한 열은 드럼을 통하여 방산 되므로 드럼의 면적은 마찰 면에서 발생한 냉각(열 방산) 능력에 따라 결정된다. 드럼이 갖추어야 할 조건은 다음과 같다.

① 가볍고 강도와 강성이 클 것
② 정적 · 동적 평형이 잡혀 있을 것
③ 냉각이 잘되어 과열하지 않을 것
④ 내마멸성이 클 것

6.2. 브레이크 슈 brake shoe

브레이크 슈는 휠 실린더의 피스톤에 의해 드럼과 접촉하여 제동력을 발생하는 부분이며, 라이닝이 리벳이나 접착제로 부착되어 있다. 그리고 슈에는 리턴 스프링(return spring)을 두어 마스터 실린더의 유압이 해제되었을 때 슈가 제자리로 복귀하도록 하며, 홀드 다운 스프링(hold down spring)에 의해 슈를 알맞은 위치에 유지시킨다. 라이닝의 종류에는 위빙 라이닝(weaving lining), 몰드 라이닝(mould lining), 세미 메탈릭 라이닝(semi metallic lining), 메탈릭 라이닝(metallic lining) 등이 사용되고 있다. 그리고 라이닝은 다음과 같은 구비조건을 갖추어야 한다.

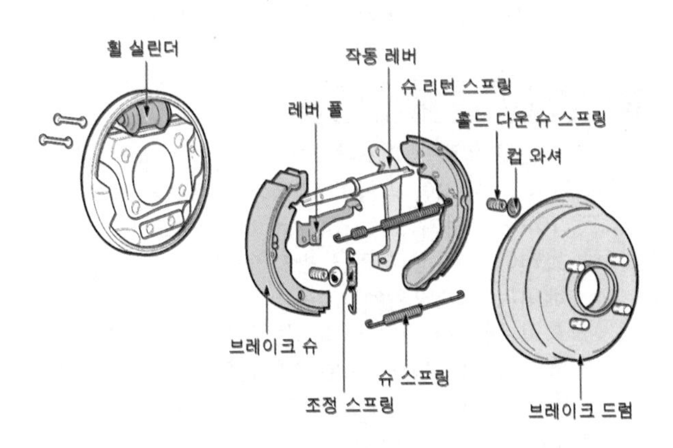

드럼 브레이크의 구조와 슈 설치상태

① 내열성이 크고, 페이드 현상이 없을 것
② 기계적 강도 및 내마멸성이 클 것
③ 온도의 변화, 물 등에 의한 마찰계수 변화가 적을 것

알고갑시다 페이드(fade) 현상

페이드(fade) 현상이란 브레이크 페달의 조작을 반복하면 드럼과 슈에 마찰열이 축적되어 제동력이 감소하는 현상이다. 원인은 드럼과 슈의 열팽창과 라이닝 마찰 계수 저하에 있으며 방지 방법은 다음과 같다.

㉮ 브레이크 드럼의 냉각성능을 크게 하고, 열팽창률이 적은 형상으로 한다.
㉯ 브레이크 드럼은 열팽창률이 적은 재질을 사용한다.
㉰ 온도상승에 따른 마찰 계수 변화가 적은 라이닝을 사용한다.

6.3. 휠 실린더 wheel cylinder

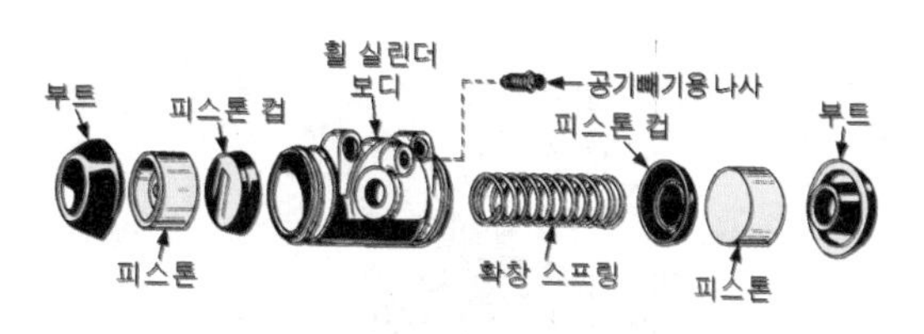

휠 실린더의 구조

휠 실린더는 마스터 실린더에서 압송된 유압에 의하여 브레이크 슈를 드럼에 압착시키는 작용 을 하며, 구조는 실린더 보디, 피스톤, 피스톤 컵 그리고 실린더 보디에는 파이프와 연결되는 오일 구멍과 회로 내에 침입한 공기를 제거하기 위한 공기빼기용 나사(bleeder screw)가 있고 실린더 내에는 확장 스프링이 들어 있어 피스톤 컵을 항상 밀어서 벌어져 있도록 한다.

6.4. 작동 상태에 따른 분류

(1) 넌 서보 브레이크 non-servo brake

이 형식은 브레이크가 작동될 때 자기작동 작용이 해당 슈에만 발생하는 것이며, 전진 방향에서 자기작동 작용을 하는 슈를 전진 슈, 후진 방향에서 자기작동 작용을 하는 슈를 후진 슈라 부른다.

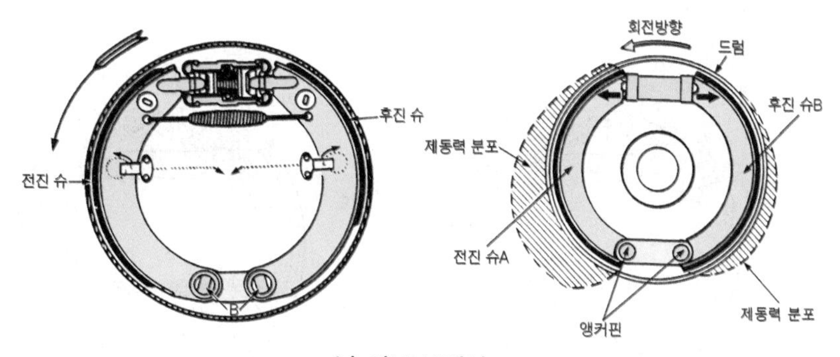

넌 서보 브레이크

(2) 서보 브레이크 servo brake

이 형식은 브레이크가 작동될 때 모든 슈에 자기작동 작용이 일어나는 것이며, 유니 서보 방식과 듀어서보 방식이 있다. 또 먼저 자기작동 작용이 일어나는 슈를 1차 슈, 나중에 자기작동 작용이 일어나는 슈를 2차 슈라 부른다.

① 유니 서보 형식 uni-servo type

전진에서는 휠 실린더 피스톤에 의하여 1차 슈가 밀려지면 2차 슈에도 자기작동 작용이 일어나 모든 슈가 리딩 슈가 되지만, 후진에서는 2개의 슈가 모두 트레일링 슈로 되어 제동력이 감소한다.

② 듀오서보 형식 duo-servo type

브레이크슈가 드럼에 압착되어 있을 때 드럼의 회전방향에 따라 고정 측이 바뀌어 전진 또는 후진에서 모두 자기작동 작용이 일어나 강력한 제동력이 발생한다.

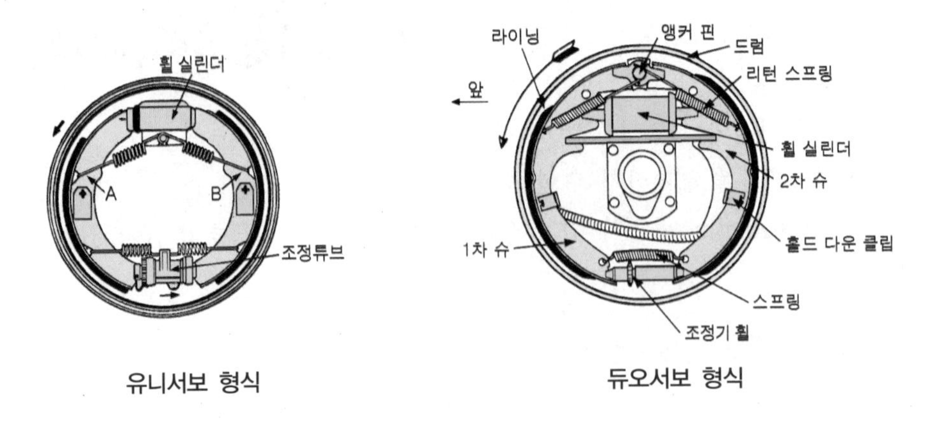

유니서보 형식　　　　듀오서보 형식

6.5. 자동조정 브레이크

브레이크 라이닝이 마멸되면 라이닝과 드럼의 간극이 커지므로 페달 밟는 양이 증가한다. 이에 따라 필요할 때마다 라이닝 간극을 조정하여야 한다. 이 형식은 라이닝 간극 조정이 필요할 때 후진에서 브레이크 페달을 밟으면 자동적으로 조정된다.

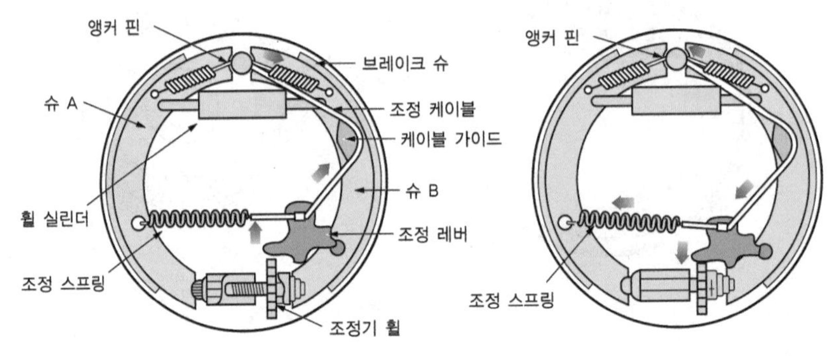

자동조정 브레이크

작동은 후진에서 브레이크 페달을 밟으면 슈가 드럼에 밀착됨과 동시에 회전방향으로 움직여 슈 B(2차 슈)가 앵커 핀으로부터 떨어진다. 이에 따라 조정케이블이 조정레버를 당겨 조정기 휠과 접촉하는 부분을 들어올린다. 슈와 드럼의 간극이 크면 이 움직임도 커지며 간극이 일정값에 도달하면 조정기휠의 다음 이에 조정레버가 물린다.

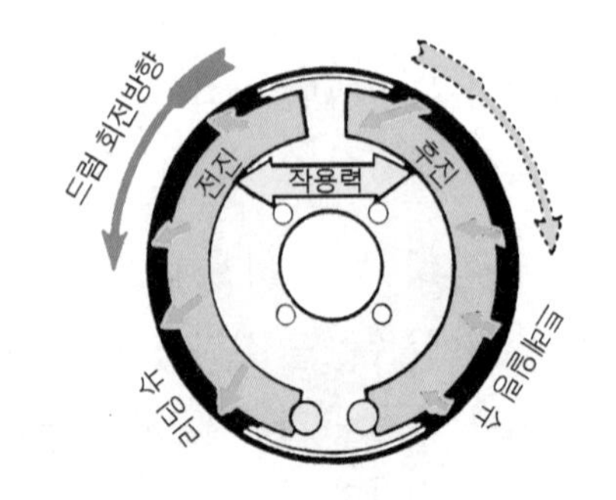

자기작동 작용

6.6. 자기작동 작용

자기작동 작용이란 회전 중인 브레이크 드럼에 제동을 걸면 슈는 마찰력에 의해 드럼과 함께 회전하려는 경향이 발생하여 확장력이 커지므로 마찰력이 증대되는 작용이다. 한편, 드럼의 회전 반대 방향 쪽의 슈는 드럼으로부터 떨어지려는 경향이 생겨 확장력이 감소된다. 이때 자기 작동 작용을 하는 슈를 리딩 슈(leading shoe), 자기작동 작용을 하지 못하는 슈를 트레일링 슈(trailing shoe)라 한다.

7. 디스크 브레이크 disc brake

7.1. 디스크 브레이크의 개요

디스크 브레이크는 마스터 실린더에서 발생한 유압을 캘리퍼(caliper)로 보내어 바퀴와 함께 회전하는 디스크를 양쪽에서 패드(pad ; 슈)로 압착시켜 제동시킨다. 디스크 브레이크는 디스크가 대기 중에 노출되어 회전하므로 페이드 현상이 작으며 자동조정 브레이크 형식이다.

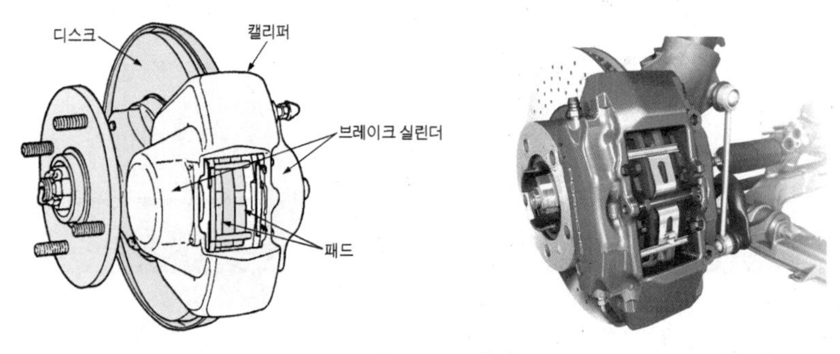

디스크 브레이크

(1) 디스크 브레이크의 장점

① 디스크가 대기 중에 노출되어 회전하므로 냉각성능이 커 제동성능이 안정된다.
② 자기작동 작용이 없어 고속에서 반복적으로 사용하여도 제동력 변화가 적다.
③ 부품의 평형이 좋고, 한쪽만 제동되는 일이 없다.
④ 디스크에 물이 묻어도 제동력의 회복이 크다.
⑤ 구조가 간단하고 부품 수가 적어 자동차의 무게가 경감되며 정비가 쉽다.

(2) 디스크 브레이크의 단점

① 마찰 면적이 적어 패드의 압착력이 커야 한다.
② 자기작동 작용이 없어 페달 조작력이 커야 한다.

③ 패드의 강도가 커야 하며, 패드의 마멸이 크다.
④ 디스크에 이물질이 쉽게 부착된다.

7.2. 디스크 브레이크의 분류

(1) 대향(對向) 피스톤형

이 형식은 브레이크 실린더 2개를 두고 디스크를 양쪽에서 패드로 압착시켜 제동을 하는 것이다. 또 이 형식에는 캘리퍼가 일체로 되어 있으며 연결 파이프를 거쳐 오일이 도입되는 캘리퍼 일체형과 캘리퍼가 중심에서 둘로 분할되고 각각에 실린더를 일체로 주조하고 오일 도입은 내부 홈을 통해 들어오도록 된 캘리퍼 분할형이 있다.

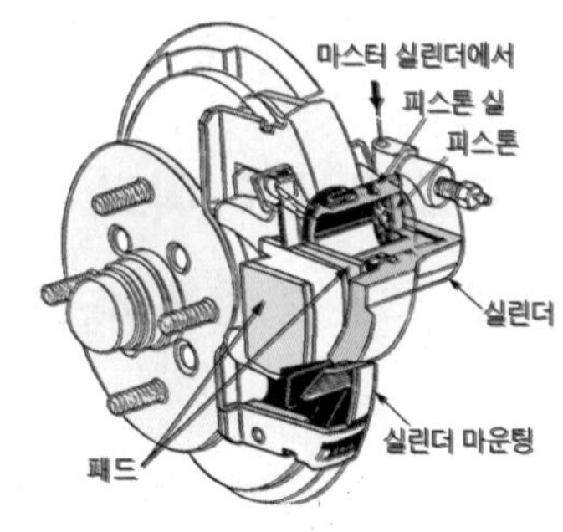

부동 캘리퍼형

(2) 부동(浮動) 캘리퍼형

이 형식은 캘리퍼 한쪽에만 1개의 브레이크 실린더를 두고 마스터 실린더에서 유압이 작동하면 피스톤이 패드를 디스크에 압착하고, 이때의 반발력으로 캘리퍼가 이동하여 반대쪽 패드도 디스크를 압착하여 제동을 하는 것이다.

3 배력 방식 브레이크 servo brake

배력 방식 브레이크는 유압 브레이크에서 제동력을 증대시키기 위해 기관의 흡입행정에서 발생하는 진공(부압)과 대기압력 차이를 이용하는 진공배력 방식(하이드로 백), 압축공기의 압력과 대기압력 차이를 이용하는 공기배력 방식(하이드로 에어 팩)이 있다.

1. 진공배력 방식의 원리

진공배력 방식은 흡기다기관 진공과 대기압력과의 차이를 이용한 것이므로 배력장치에 이상이 발생하여도 일반적인 유압 브레이크로 작동할 수 있도록 하고 있다. 원리는 흡기다기관에서 발생하는 진공이 50cmHg이며, 대기압력이 76cmHg이므로 이들 사이에는 $76cmHg - 50cmHg = 26cmHg = 0.34kg/cm^2$이다. 그러므로 대기압력 $1.0332kg/cm^2 - 0.34kg/cm^2 = 0.7kg/cm^2$이 된다. 이 압력차이가 진공배력 방식 브레이크를 작동시키는 힘이다.

2. 진공배력 방식의 종류

진공배력 방식의 종류에는 마스터 실린더와 배력장치를 일체로 한 직접조작형(마스터 백)과 마스터 실린더와 배력장치를 별도로 설치한 원격조작형(하이드로 백)이 있으며, 여기서는 현재 사용되고 있는 직접조작형에 대해 설명하도록 한다.

7.3. 직접조작형(마스터 백)의 작동

브레이크 페달을 밟으면 작동 로드가 포핏(poppet)과 밸브 플런저(valve plunger)를 밀어 포핏이 동력실린더 시트(power cylinder seat)에 밀착되어 진공밸브(vacuum valve)를 닫으므로 동력실린더(부스터) 양쪽(A와 B실)에 진공의 도입이 차단된다. 동시에 밸브 플런저는 포핏으로부터 떨어지고 공기밸브(air valve)가 열려 동력 실린더의 오른쪽으로 여과기를 거친 공기가 유입되어 동력 피스톤이 마스터 실린더의 푸시로드(push rod)를 밀어 배력작용을 한다. 그리고 브레이크 페달을 놓으면 밸브 플런저가 리턴 스프링의 장력에 의해 제자리로 복귀됨에 따라 공기밸브가 닫히고 진공 밸브를 열어 양쪽 동력 실린더의 압력이 같아지면 마스터 실린더의 반작용과 다이어프램(diaphragm) 리턴 스프링의 장력으로 동력 피스톤이 제자리로 복귀한다.

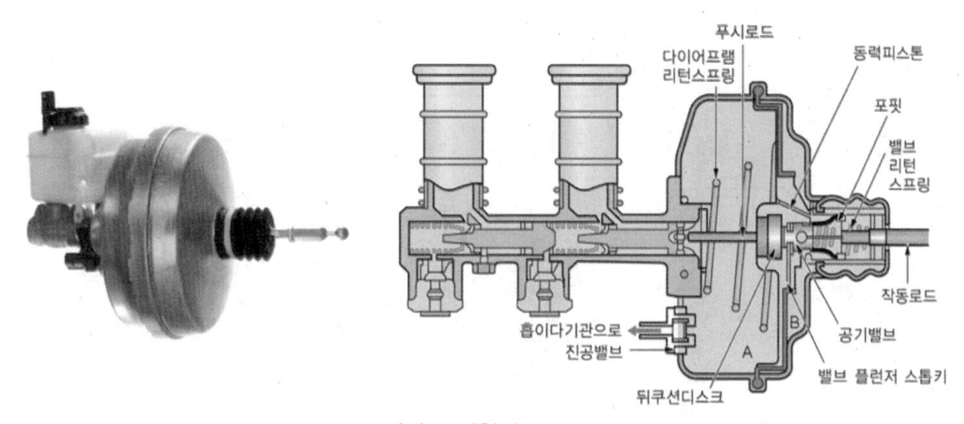

직접 조작형의 구조

직접조작형의 특징은 다음과 같다.

① 진공밸브와 공기밸브가 푸시로드에 의해 작동하므로 구조가 간단하고 무게가 가볍다.
② 배력장치에 고장이 발생하여도 페달조작력은 작동로드와 푸시로드를 거쳐 마스터 실린더에 작용하므로 유압 브레이크로 만으로 작동을 한다.
③ 페달과 마스터 실린더 사이에 배력장치를 설치하므로 설치 위치에 제한을 받는다.

4 공기 브레이크 air brake

공기 브레이크는 압축공기의 압력을 이용하여 모든 바퀴의 브레이크슈를 드럼에 압착시켜서 제동 작용을 하는 것으로 브레이크 페달로 밸브를 개폐시켜 공기량으로 제동력을 제어한다.

1. 공기 브레이크의 장·단점

1.1. 공기 브레이크의 장점

① 자동차 중량에 제한을 받지 않는다.

② 공기가 다소 누출되어도 제동 성능이 현저하게 저하되지 않는다.

③ 베이퍼록 발생 염려가 없다.

④ 페달 밟는 양에 따라 제동력이 제어된다 (유압방식은 페달 밟는 힘에 의해 제동력이 비례한다).

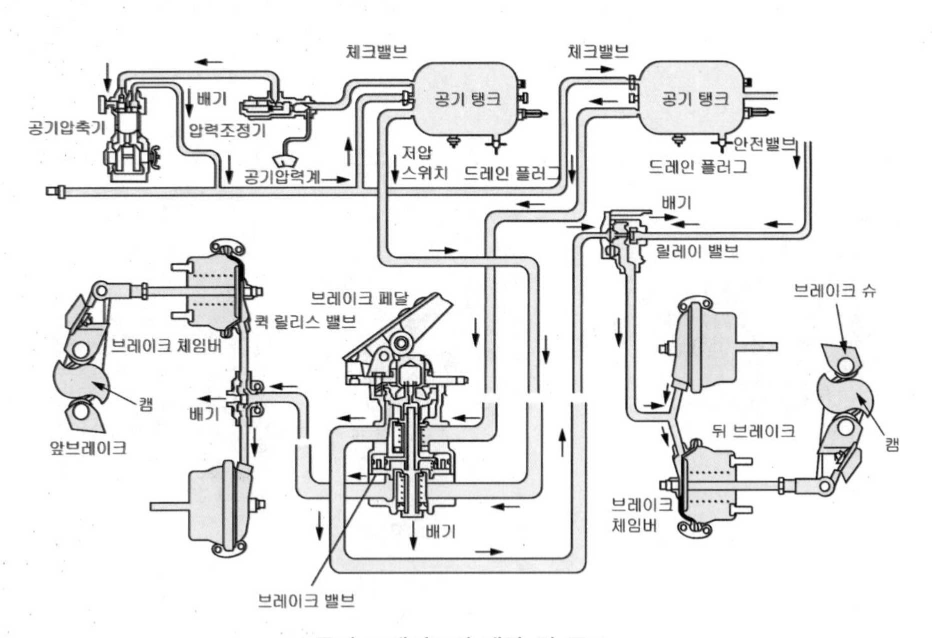

공기 브레이크의 배관 및 구조

1.2. 공기 브레이크의 단점

① 공기압축기 구동에 기관의 출력이 일부 소모된다.

② 구조가 복잡하고 값이 비싸다.

1.3. 공기브레이크의 구조

(1) 압축공기 계통

① 공기 압축기 air compressor

공기압축기는 기관의 크랭크축에 의해 V벨트로 구동되며, 압축공기를 생산한다. 공기입구 쪽에는 언로더 밸브가 설치되어 있어 압력조정기와 함께 공기압축기가 과다하게 작동하는 것을 방지하고, 공기탱크 내의 공기압력을 일정하게 조정한다.

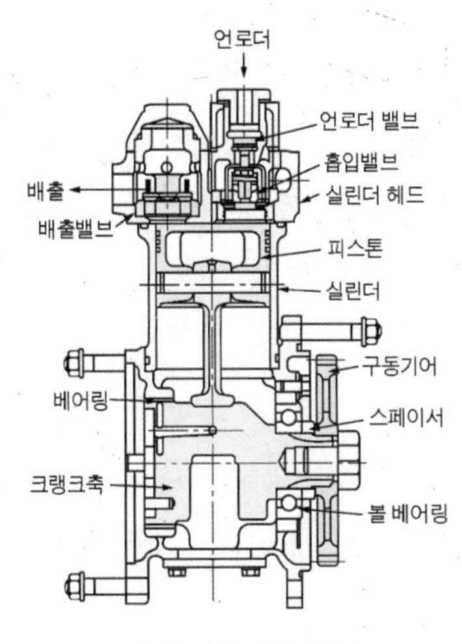

공기 압축기의 구조

② 압력 조정기와 언로더 밸브 air pressure regulator & unloader valve

압력조정기는 공기탱크 내의 압력이 5~7kgf/cm² 이상 되면 공기탱크에서 공기입구로 들어온 압축공기가 스프링 장력을 이기고 밸브를 밀어 올린다. 이에 따라 압축공기는 공기압축기의 언로더 밸브 위쪽에 작동하여 언로더 밸브를 내려 밀어 열기 때문에 흡입밸브가 열려 공기압축기 작동이 정지된다. 또 공기탱크 내의 압력이 규정값 이하가되면 언로더 밸브가 제자리로 복귀되어 공기압축 작용이 다시 시작된다.

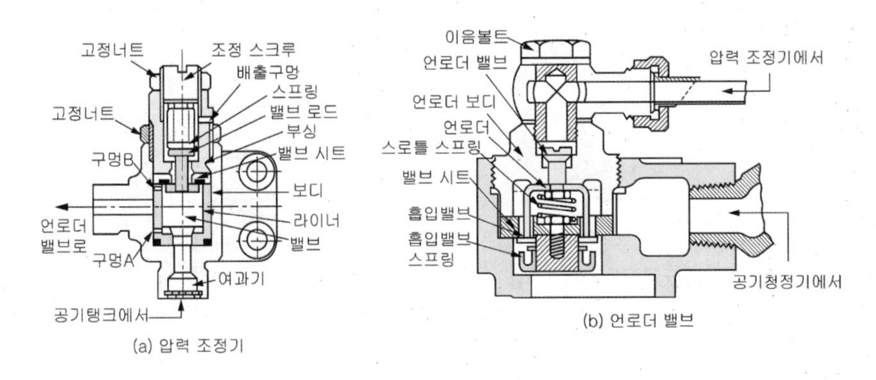

압력 조정기와 언로더 밸브

③ 공기 탱크 air reservoir

공기탱크는 공기압축기에서 보내 온 압축공기를 저장하며, 탱크 내의 공기압력이 규정값 이상이 되면 공기를 배출시키는 안전밸브와 공기압축기로 공기가 역류하는 것을 방지하는 체크밸브 및 탱크 내의 수분 등을 제거하기 위한 드레인 플러그(drain plug)가 있다.

(2) 제동 계통

① 브레이크 밸브 brake valve

페달을 밟으면 상부의 플런저가 메인 스프링을 누르고 배출밸브를 닫은 후 공급밸브를 연다. 이에 따라 공기탱크의 압축공기가 앞 브레이크의 퀵 릴리스 밸브 및 뒤 브레이크의 릴레이 밸브 그리고 각 브레이크체임버로 보내져 제동 작용을 한다. 그리고 페달을 놓으면 플런저가 제자리로 복귀하여 배출밸브가 열리며 제동 작용을 한 공기를 대기 중으로 배출시킨다.

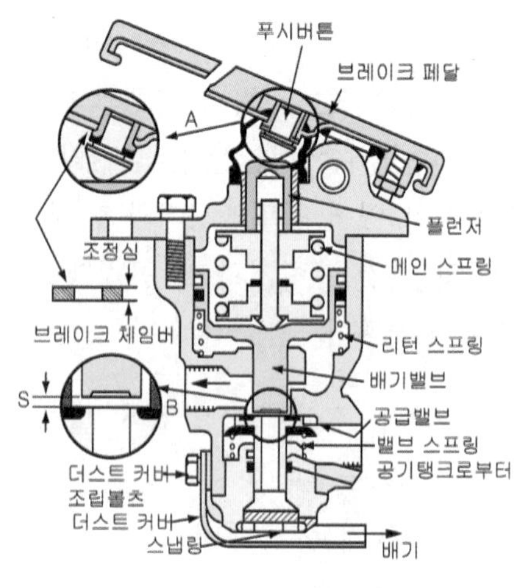

브레이크 밸브

② 퀵 릴리스 밸브 quick release valve

브레이크 페달을 밟아 브레이크 밸브로부터 압축공기가 입구를 통하여 작동되면 밸브가 열려 앞 브레이크 체임버로 통하는 양쪽 구멍을 연다. 이에 따라 브레이크 체임버에 압축 공기가 작동하여 제동된다. 또 페달을 놓으면 브레이크 밸브로부터 공기가 배출됨에 따라 입구 압력이 낮아진다. 이에 따라 밸브는 스프링 장력에 의해 제자리로 복귀하여 배출 구멍을 열고 앞 브레이크 체임버 내의 공기를 신속히 배출시켜 제동을 푼다.

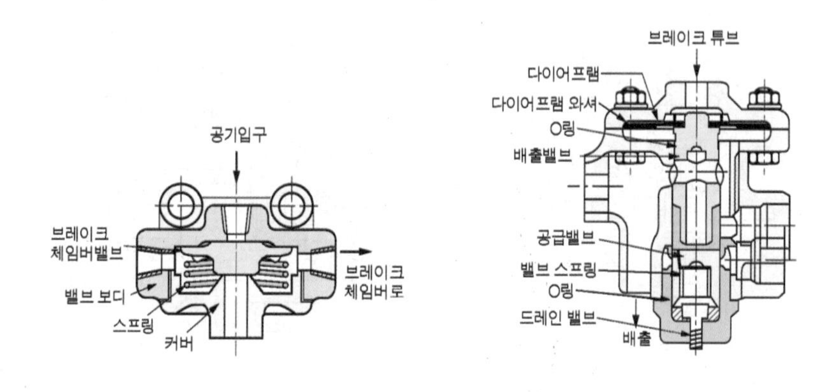

퀵 릴리스 밸브(좌)와 릴레이 밸브(우)

③ 릴레이 밸브 relay valve

브레이크 페달을 밟아 브레이크 밸브로부터 공기압력이 작동하면 다이어프램이 아래쪽으로 내려가 배출 밸브를 닫고 공급 밸브를 열어 공기탱크 내의 공기를 직접 뒤 브레이크 체임버로 보내어 제동시킨다. 또 페달을 놓아 다이어프램 위에 작동하던 브레이크 밸브로부터의 공기압력이 감소하면 브레이크 체임버 내의 압력이 다이어프램 위에 작동하던 압력보다 커지므로 다이어프램을 위로 밀어 올려 윗부분의 압력과 평행이 될 때까지 밸브를 열고 공기를 배출시켜 신속하게 제동을 푼다.

④ 브레이크 체임버 brake chamber

브레이크 체임버는 페달을 밟아 브레이크 밸브에서 제어된 압축공기가 체임버 내로 유입되면 다이어프램은 스프링을 누르고 이동한다. 이에 따라 푸시로드가 슬랙 조정기를 거쳐 캠을 회전시켜 브레이크슈가 확장하여 드럼에 압착되어 제동을 한다. 페달을 놓으면 다이어프램이 스프링 장력으로 제자리로 복귀하여 제동이 해제된다.

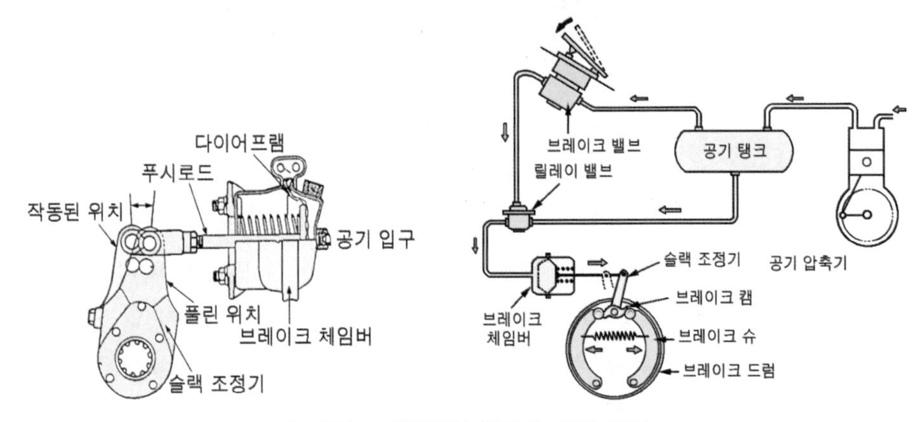

브레이크 체임버의 구조와 설치 위치

5 바퀴 미끄럼 방지 제동장치 (ABS)

1. ABS의 개요

과도한 제동에 의하여 바퀴와 도로면 사이의 미끄럼 비율(slip ratio)이 증가하면 자동차의 진행방향으로 작동하는 관성력 전달이 작아져 바퀴의 회전속도 감속이 급격하게 빨라진다. 이에 따라 바퀴와 도로면 사이의 미끄럼에 의하여 바퀴는 회전이 정지되고 자동차는 관성에 의해 주행하는 상태가 되는데 이 현상을 바퀴의 고착(locking)이라 한다. 이처럼 바퀴가 고착되는 상황에서는 조향핸들을 조작하여도 운전자의 의지대로 조향되지 않아 장애물을 피하거나 안정된 제동을 할 수 없는 위험한 상태가 된다. 이러한 현상을 방지하기 위하여 사용하는 장치가 바퀴 미끄럼 방지장치(ABS, anti-skid brake system 또는 anti-lock brake system)이다.

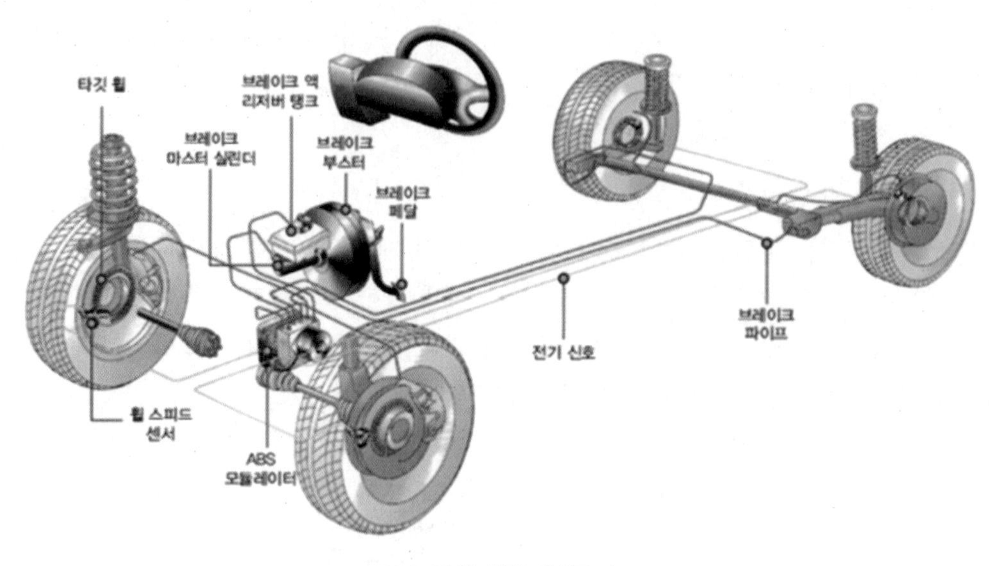

BAS 장착 차량 〈블로그〉

1.1. ABS의 사용 목적

바퀴 미끄럼 방지 제동장치는 바퀴의 회전속도를 검출하여 그 변화에 따라 제동력을 제어하는 방식으로 어떠한 주행 조건, 어느 자동차의 바퀴도 고착(lock)되지 않도록 유압을 제어하는 장치이다. 즉 도로면, 바퀴 등의 조건에 관계없이 항상 알맞은 마찰계수를 얻도록 하여 바퀴가 미끄러지지 않도록 하고, 방향안정성 확보, 조종안전성 유지, 제동거리의 최소화를 목적으로 하는 장치이다.

(1) 직진 주행 중에 제동할 때

자동차가 직진방향으로 주행 중 한쪽 바퀴는 도로면에서 미끄러지기 쉬운 상태에 있고 다른 한쪽 바퀴의 도로면이 정상인 상태에서 제동을 할 때 마찰 계수가 낮은 바퀴가 먼저 고착되어 바퀴 미끄럼 방지 제동장치를 장착하지 않은 자동차는 마찰 계수가 높은 방향으로 쏠려서 스핀을 일으킨다. 이와 반대로 바퀴 미끄럼 방지 제동장치를 장착한 자동차는 제동할 때 각 바퀴의 제동력이 독립적으로 제어되므로 직진 상태로 제동되는 것은 물론 제동거리 또한 단축된다.

(2) 선회 주행 중에 제동할 때

주행 중 미끄러운 도로면에서 선회 제동할 때 급제동을 하면바퀴 미끄럼 방지 제동장치를 장착하지 않은 자동차는 바퀴가 고착되어 선회곡선의 접선방향으로 미끄러진다. 그러나 바퀴 미끄럼 방지 제동장치를 장착한 자동차는 바퀴의 고착이 방지되어 선회곡선을 따라 운전자의 의지대로 주행할 수 있다. 즉, 제동을 제어할 때 도로면의 상태에 따라 제동력을 제어하여 제동 안정성을 보다 높게 확보할 수 있다.

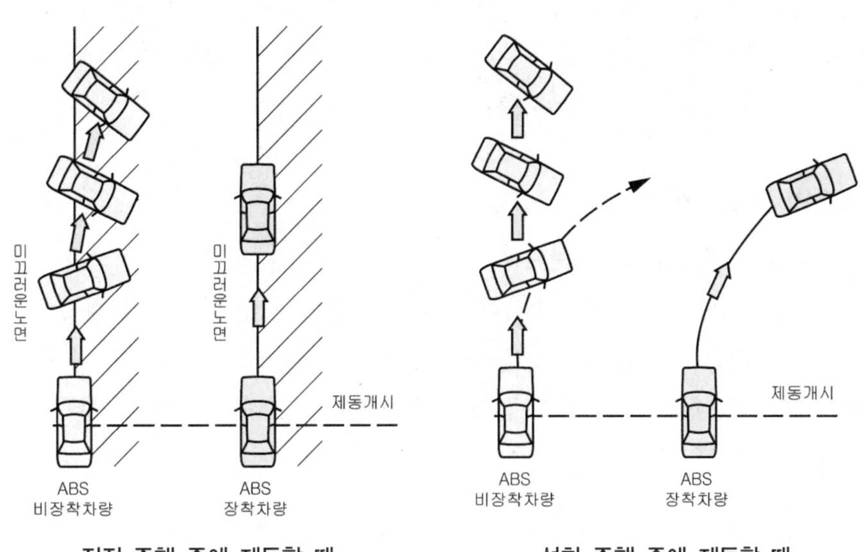

1.2. ABS의 기능

(1) 조향 성능 유지

자동차 주행 중 급제동을 할 때 바퀴 미끄럼 방지 제동장치가 설치되지 않은 자동차의 경우 대부분의 사고원인은 조향기능을 상실하기 때문이다. 그 이유는 바퀴가 유압에 의해서 고착되면서 도로면과의 마찰력 상실로 조향핸들을 조작하여도 운전자가 원하는 방향으로 진행되지 않는다. 따라서 바퀴와 도로면과의 적절한 마찰력이 요구되는데 이를 위해 바퀴가 고착되지 않도록 제어하여 원하는 마찰력을 얻는다. 이때는 운전자가 요구하는 대로 조향성능을 유지할 수 있다.

(2) 제동 및 조향 안정성 유지

바퀴에 공급되는 유압을 정밀하게 제어하여 각 바퀴의 제동될 때 회전속도가 일정하다면 이 상태가 가장 안정된 제동이 될 것이다. 불안정한 제동이란 제동할 때 각 바퀴의 회전속도 차이에 의해서 직진 방향으로의 제동이 안 되는 것을 말한다. 따라서 바퀴 미끄럼 방지 제동 장치용 컴퓨터는 각 바퀴의 회전속도를 검출하여 각 바퀴의 회전속도가 일치하도록 정확히 제어하므로 안정된 제동과 안정된 조향성능을 확보할 수 있다.

(3) 제동거리 최소화

자동차의 안정된 자세와 관계없이 단순하게 제동 후 거리만을 측정한다면 일반도로에서는 바퀴 미끄럼 방지 제동장치를 설치하지 않은 자동차가 더 짧을 수 있다. 이때 자동차의 안정된 자세는 기대하기 어렵다. 그러나 미끄러운 도로면이나 빗길의 경우에는 확실하게 바퀴 미끄럼 방지 제동장치를 설치한 자동차가 우수하다.

1.3. ABS의 기본 원리

(1) 미끄럼 비율과 도로면과의 관계

자동차의 주행속도와 바퀴의 회전속도에 차이가 발생하는 것을 미끄럼 현상이라 하며 그 미끄럼 양을 백분율(%)로 표시하는 것을 미끄럼 비율(%)이라 한다. 즉, 주행 중 제동할 때 바퀴는 고착되나 관성에 의해 차체가 진행하는 상태를 말한다. 미끄럼 비율은 주행속도가 빠를수록, 제동 회전력이 클수록 크다.

$$S = \frac{V - Vw}{V} \times 100$$

여기서, S : 미끄럼 비율 V : 차체 주행속도 Vw : 바퀴의 회전속도

(2) 제동력 및 코너링 포스의 특성 곡선

제동력 및 코너링포스의 특성곡선은 바퀴와 도로면 사이의 마찰 계수와 바퀴 미끄럼 비율의 관계를 보여주는 예이다. 그림에서 가로축은 바퀴의 미끄럼 비율을 표시하고 0%는 바퀴가 도로면에 대하여 원활하게 회전하는 상태를 나타내며, 100%는 바퀴가 고착된 상태를 보여준다. 제동특성에 따라 미끄럼 비율이 20% 전후에 최대의 마찰 계수가 얻어지지만 그 이후에는 감소한다. 선회의 특성에 따라 미끄럼 비율이 증가하면 마찰 계수가 감소되어 미끄럼 비율 100%에서는 마찰 계수가 0이 된다. (A : 노면 마찰계수가 높은 제동력 특성곡선, A' : 노면 마찰계수가 낮은 제동력 특성곡선, B : 노면 마찰계수가 높은 코너링포스 특성곡선, B' : 노면 마찰계수가 낮은 코너링포스 특성곡선)

바퀴 미끄럼 방지 제동장치는 이러한 원리를 기본으로 하여 바퀴가 고착되는 현상이 발생할 때 브레이크 유압을 제어하여 미끄럼 비율이 최적의 값인 그림의 빗금 친 부분에서 유지되도록 제동력을 최대한 발휘하여 사고를 미연에 방지한다.

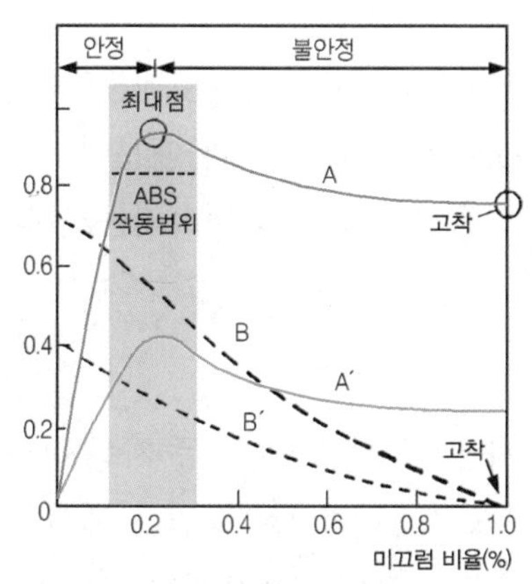

제동력 및 코너링포스의 특성곡선

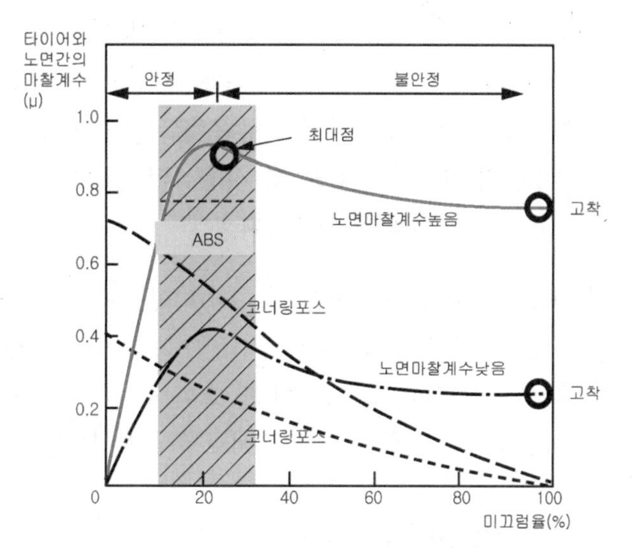

바퀴와 도로면 사이의 미끄럼

(3) 제동할 때 자동차의 운동

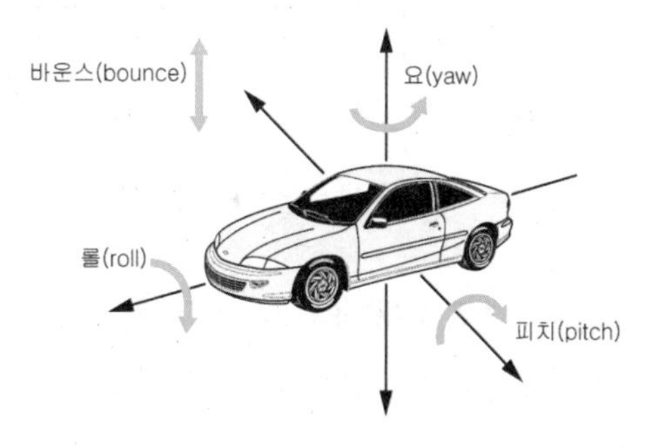

제동할 때 자동차의 운동

제동력에 관련되는 마찰 계수를 제동마찰 계수라 한다. 제동마찰 계수가 클수록 제동력은 커져 자동차는 빠르게 그리고 짧은 거리에서 정지한다. 그리고 4개의 바퀴에 작용하는 제동력의 합과 그 크기가 같고, 방향이 반대인 힘을 관성력이라 한다. 제동력은 좌우바퀴에 대칭적으로 발생한다면 자동차는 진행방향을 유지하면서 정지하지만 좌우대칭이 아닌 경우에는 자동차를 무게중심의 주위로 회전 시키려는 모멘트가 발생하는데 이를 요잉 모멘트(yawing moment)라 한다.

1.4. ABS 제어채널의 종류

ABS 제어는 각종 도로면에 있어서 최대마찰 계수를 주는 미끄럼 비율 부근에서, 바퀴 회전속도를 제어하는 것이다. 그 실현 방법으로는 바퀴가 고착될 때에는 바퀴 회전속도가 차체속도에 비해 급격하게 저하하는 성질을 이용한다.

(1) 4센서 4채널 형식

4개의 휠스피드 센서와 4개의 제어채널을 가지고 있으며, 각 바퀴를 개별적으로 제어한다. 즉 브레이크 유압을 각 바퀴에 독립적으로 작용시키기 때문에 조향성능과 제동거리는 가장 우수하지만 비대칭 도로면(양쪽 바퀴가 놓여 있는 도로면의 마찰 계수가 다른 경우)에서 방향안정성이 불량하다. 그 이유는 앞뒤 차축의 좌우바퀴에 작용하고 있는 제동력이 다르므로 차체를 선회시키는 것과 같은 요 모멘트(yaw moment)가 크게 되기 때문이다. 따라서 대부분의 자동차는 4채널을 사용하더라도 자동차의 안정성을 위하여 뒷바퀴는 실렉트 로우(select low) 방식을 채택한다.

(2) 4센서 3채널(4 sensor 3 channel) 형식

주로 앞·뒷바퀴 분배 배관방식(H형) 브레이크 라인을 사용하는 뒷바퀴 구동 자동차(FR)에서 사용된다. 앞바퀴는 각각의 휠 스피드 센서 정보를 기초로 독립적으로 유압을 제어하지만 뒷바퀴는 각각의 휠 스피드 센서로부터의 정보를 통합하여 공통의 유압회로로 제어한다.

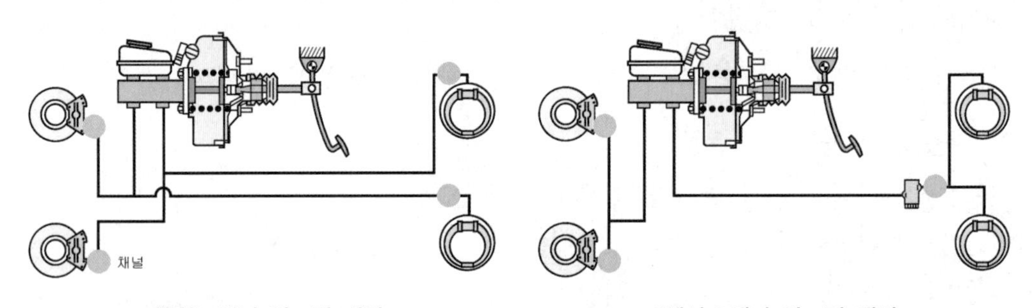

4센서 4채널 앞·뒤 배관　　4센서 3채널 앞·뒤 배관

(3) 4센서 2채널(4 sensor 2 channel) 형식

이 형식은 X자형 배관 자동차의 간이장치이다. 앞바퀴는 독립적으로 제어되지만 뒷바퀴에는 대각의 앞바퀴 브레이크 유압이 프로포셔닝 밸브(proportioning valve)로 일정비율로 감압된 유압이 전달된다. 비대칭 도로면에서 브레이크가 작동하면 높은 마찰 계수에 있는 바퀴에서 발생하는 유압은 낮은 마찰 계수에 있는 바퀴에 전달되므로 뒷바퀴가 고착된다. 3채널, 4채널에 비하면 일반적으로 뒷바퀴의 제동력이 낮아 제동거리가 다소 길어지는 경향이 있으나 뒷바퀴의 미끄럼이 적어 안정성이 좋다.

(4) 3센서 3채널(3 sensor 3 channel) 형식

이 형식은 주로 앞·뒷바퀴 분배 배관방식(H형) 브레이크 라인을 사용하는 뒷바퀴 구동 자동차(FR)에서 사용된다. 앞바퀴는 각각의 휠 스피드 센서 정보를 기초로 독립적으로 유압을 제어하지만 뒷바퀴는 1개의 센서(주로 종감속 링 기어 부위에 설치)에 정보를 통합하여 받아들이고, 1개의 공통 유압회로로 제어한다. 따라서 뒷바퀴는 실렉트 로우방식으로 제어된다.

알고갑시다 셀렉트 로 (select low) 제어

① 제동할 때 좌우 바퀴의 감속비를 비교하여 먼저 슬립 하는 바퀴에 맞추어 좌우 바퀴의 유압을 동시에 제어하는 방법을 말한다.

2. ABS 구성요소 구조 및 작동원리

2.1. 컴퓨터 (ECU)

컴퓨터는 휠 스피드 센서의 신호에 의해 바퀴의 회전속도를 검출하고 바퀴의 회전 상태와 함께 소정의 이론에 의해 바퀴의 상황을 예측하여 바퀴가 고착되지 않도록 하이드롤릭 유닛 내의 솔레노이드 밸브, 전동기 등으로 작동신호를 보낸다. 즉, 센서에 의해 4바퀴 각각의 회전속도 및 감·가속도를 연산하여 미끄럼 상태를 판단하며 이를 통하여 하이드롤릭 유닛의 밸브 및 전동기를 구동하여 압력증가, 압력감소, 압력을 유지시킨다.

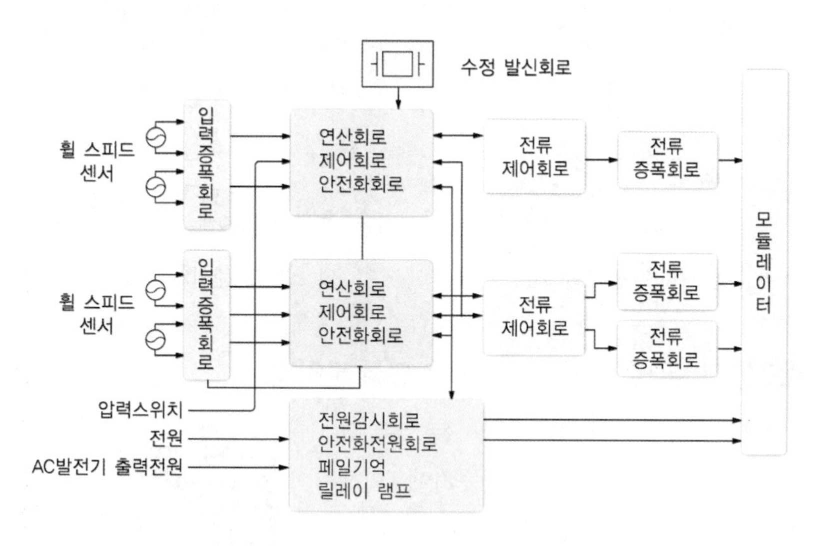

ECU **블록도**

2.2. 휠 스피드 센서 wheel speed sensor

휠 스피드 센서는 바퀴 각각의 회전속도 및 가·감속도를 연산할 수 있도록 톤 휠(tone wheel)의 회전에 의해 검출된 데이터를 항상 컴퓨터로 전달하여 속도 및 가·감속도를 검출한다.

(1) 마그네틱 픽업 코일 방식 휠 스피드 센서

이 방식은 패시브(passive) 센서 즉, 마그네틱 픽업코일 방식(magnetic pick up coil type)으로 자기유도작용을 이용한 것이다. 톤휠에 0.2~1.0mm 정도의 작은 간극으로 유지

되어 설치된다. 영구자석에서 발생하는 자속이 톤휠의 회전에 의해 코일에 교류전압이 발생한다. 교류전압은 톤휠의 회전속도에 비례하여 주파수가 변화하며 이 주파수에 의해 4바퀴 각각의 회전속도를 검출한다.

(2) 액티브 센서 방식 휠 스피드 센서

홀 IC를 이용한 액티브 휠 스피드 센서는 2선으로 구성되어 패시브 센서에 비해 센서가 소형이며, 바퀴 회전속도를 0Km/H까지도 검출이 가능하고 또 에어 갭(air gap) 변화에도 민감하지 않고 노이즈에 대한 내구성도 우수하다. 패시브 센서의 출력형태는 아날로그 파형이나 액티브 센서의 경우는 디지털 파형으로 출력된다.

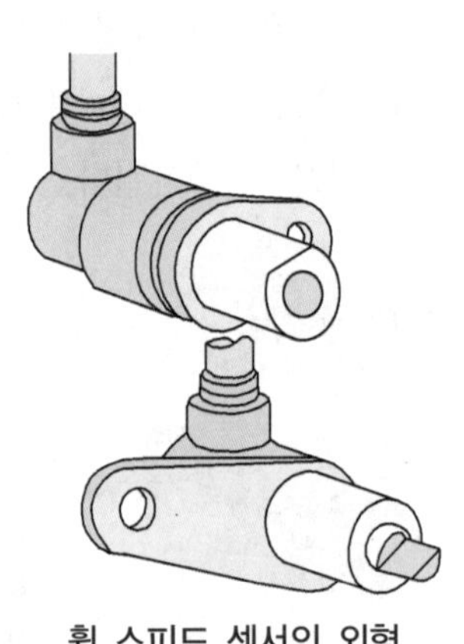

휠 스피드 센서의 외형

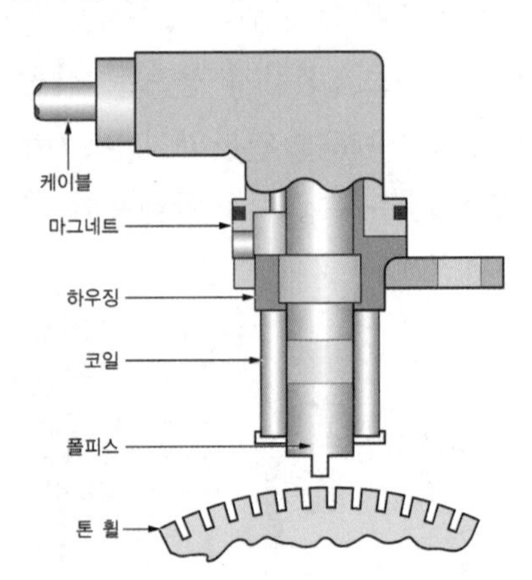

휠 스피드 센서의 내부구조

2.3. 하이드롤릭 유닛 hydraulic unic, 모듈레이터

하이드롤릭 유닛 내부는 동력을 공급하는 부분과 솔레노이드 밸브 등으로 구성되며, 전동기에 의해 작동되는 펌프에 의해 유압이 공급된다. 휠 스피드 센서로부터 전달된 신호에 의해 컴퓨터가 연산 작업을 실시하여 미끄럼 상태를 판단하고 ABS 작동여부가 결정되면 컴퓨터의 제어논리(logic)에 의하여 밸브와 전동기가 작동되면서 압력증가, 압력감소, 압력유지 모드 및 펌핑(pumping) 등이 제어된다.

하이드롤릭 유닛

(1) 하이드롤릭 유닛의 내부 구성

① 솔레노이드 밸브

㉮ 상시 열림 (NO, normal open) 솔레노이드 밸브

상시 열림 솔레노이드 밸브는 통전되기 전에는 밸브의 오일통로가 열려 있는 상태를 유지하는 밸브이며, 마스터 실린더와 캘리퍼 사이의 오일통로가 연결된 상태에서 통전이 되면 오일통로를 차단시키는 밸브이다.

㉯ 상시 닫힘 (NC, normal close) 솔레노이드 밸브

상시 닫힘 솔레노이드 밸브는 통전되기 전에는 밸브 오일통로가 닫혀 있는 상태를 유지하는 밸브이며, 캘리퍼와 저압 어큐뮬레이터(LPA) 사이의 오일통로가 차단된 상태에서 통전이 되면 오일통로를 연결시키는 밸브이다.

② 저압 어큐뮬레이터 (LPA, low pressure accumulator)

저압 어큐뮬레이터는 유압이 과다하여 압력을 낮추는 경우에 캘리퍼의 압력을 상시 닫힘(NC) 솔레노이드 밸브를 통하여 덤프(dump)된 유량을 저장한다.

③ 고압 어큐뮬레이터 (HPA, high pressure accumulator)

고압 어큐뮬레이터는 펌프 전동기에 의해 압송되는 오일의 노이즈(noise) 및 맥동을 감소시킴과 동시에 압력감소 모드일 때 발생하는 페달의 킥백(kick back) 을 방지한다.

④ 펌프 pump

펌프는 저압 어큐뮬레이터로 덤프(dump)되어 저장된 유량을 마스터 실린더 회로 쪽으로 순환시키는 작용을 한다.

⑤ 펌프 전동기 pump motor

펌프 전동기는 바퀴 미끄럼 방지 제동장치가 작동할 때 컴퓨터의 신호에 의해 작동되며, 축과 베어링에 의하여 회전운동을 직선 왕복운동으로 변화시켜 브레이크 오일을 순환시킨다.

(2) 하이드롤릭 유닛의 작동 모드

하이드롤릭 유닛은 일반 제동 모드(normal braking mode), 압력감소 모드(dump mode), 유지 모드(hold mode), 압력증가 모드(reapply mode) 4가지 작동 모드를 수행한다.

① 일반 제동 모드 - ABS 미작동

ABS가 설치된 자동차에서 바퀴의 고착현상이 발생하지 않을 정도로 브레이크 페달을 밟으면, 마스터 실린더에서 발생된 유압은 상시 열림(NO) 솔레노이드 밸브를 통해 각 바퀴의 캘리퍼로 전달되어 제동 작용을 한다. 더 이상 제동 작용이 필요하지 않아 운전자가 브레이크 페달의 밟는 힘을 감소시키면 각 바퀴의 캘리퍼로 공급되었던 브레이크 오일이 마스터 실린더로 복귀되면서 유압이 감소한다.

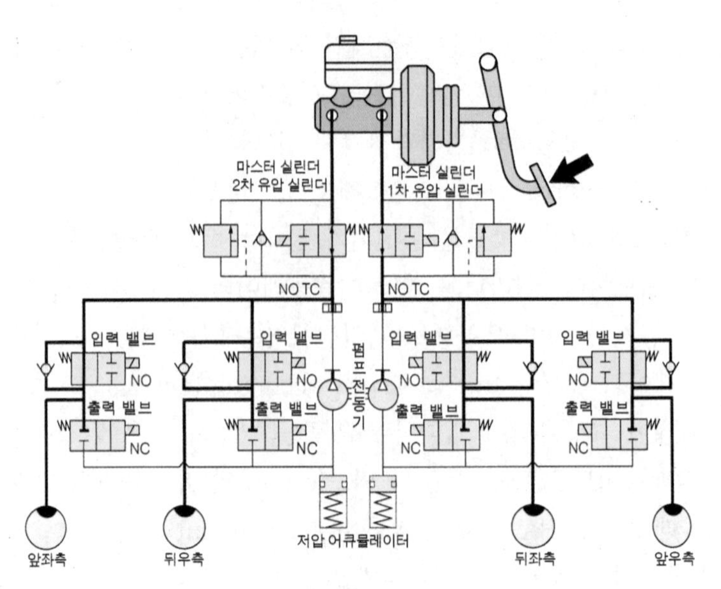

일반 제동 모드

② 하이드롤릭 유닛 압력감소 모드－ABS 작동

ABS가 설치된 자동차에서 브레이크 페달을 힘껏 밟으면, 바퀴의 회전속도는 자동차의 주행속도에 비해 급격하게 감소되므로 바퀴의 고착 현상이 발생하려고 한다. 이때 컴퓨터에서는 하이드롤릭 유닛으로 유압을 감소시키는 신호를 전달한다. 즉, 상시 열림(NO) 솔레노이드 밸브는 오일통로를 차단 시키고, 상시 닫힘(NC) 솔레노이드 밸브의 오일통로는 열어 캘리퍼의 유압을 낮춘다. 이때 캘리퍼에서 방출된 브레이크 오일은 저압 어큐뮬레이터(LPA)에 임시 저장된다. 저압 어큐뮬레이터에 저장된 브레이크 오일은 전동기가 회전함에 따라 작동되는 펌프(pump) 토출에 따라 마스터 실린더로 다시 복귀한다.

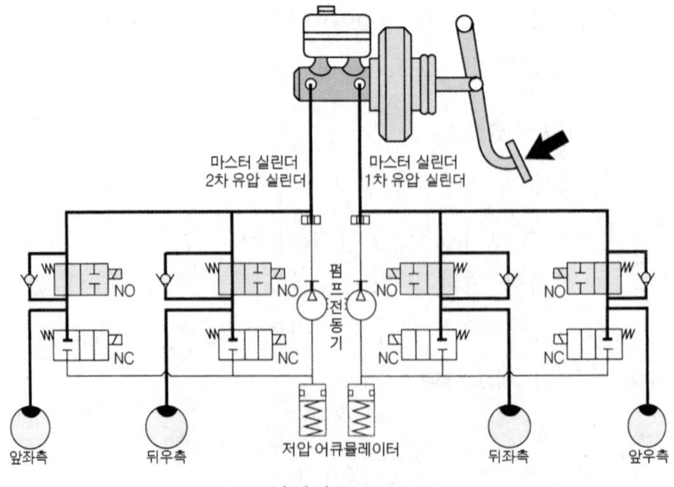

압력감소 모드

③ 하이드롤릭 유닛 압력유지 모드－ABS 작동

감압 및 증압을 통하여 캘리퍼의 적정 유압이 작용할 때에는 상시 열림(NO) 및 상시 닫힘(NC) 솔레노이드 밸브를 닫아 캘리퍼 내의 유압을 유지한다. 이때는 캘리퍼 내에는 유압이 그대로 유지되며, 마스터 실린더 유압이 차단되므로 유압은 더 이상 상승되지 않는다.

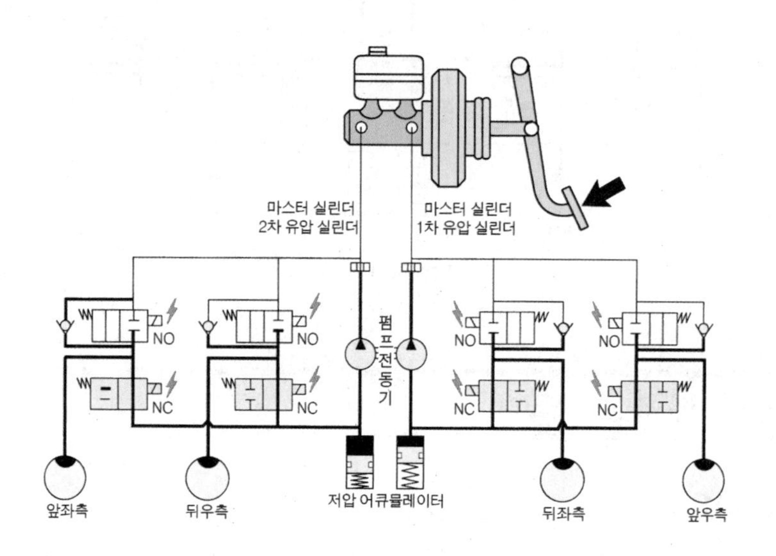

압력유지 모드

④ 하이드로릭 유닛 압력증가 모드－ ABS 작동

압력감소 작동을 실시했을 때 너무 많은 브레이크 오일을 복귀시키거나 바퀴와 도로면 사이의 마찰 계수가 증가하면 각 캘리퍼 내의 유압을 증가시켜야 한다. 이때 컴퓨터는 하이드롤릭 유닛으로 유압을 증가시키는 신호를 전달한다. 즉, 상시 열림(NO) 솔레노이드 밸브는 오일통로를 열고 상시 닫힘(NC) 솔레노이드 밸브는 오일통로를 닫아서 캘리퍼 내의 유압을 증가시킨다. 압력 감소작동에서 저압 어큐뮬레이터(LPA)에 저장되어 있던 브레이크 오일은 압력증가 상태에서 계속 전동기를 작동시켜 브레이크 오일을 공급하며 이때 브레이크 오일은 마스터 실린더 및 상시 열림(NO) 솔레노이드 밸브를 거쳐 캘리퍼로 공급한다.

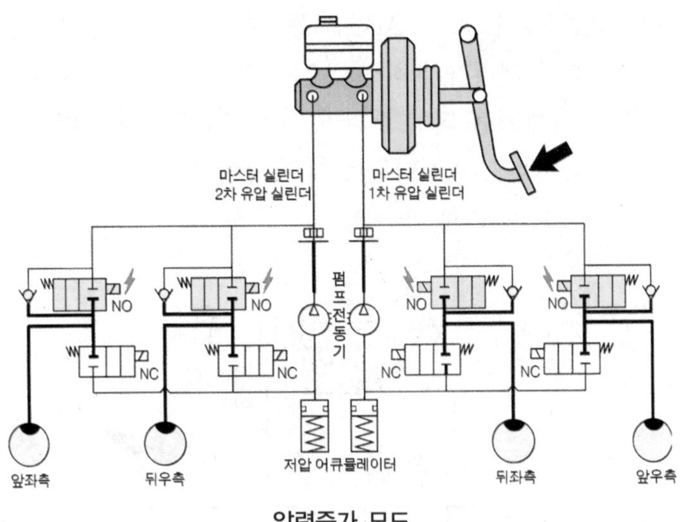

압력증가 모드

6 제동력 배력장치 (BAS)

1. BAS의 개요

제동력 배력장치 (BAS, brake assist system)는 비상 상태에서 급제동 작용을 보조해준다. 즉 운전자가 급제동을 하여야하는 상황에서 브레이크 페달을 약하게 밟는 경향이 많은 것에서 착안하여, 자동차의 상태가 비상 제동임을 파악하면 브레이크 진공부스터의 동력이 즉시 마스터 실린더에 가해질 수 있도록 한 것이다.

1.1. 제동력 배력장치의 장점

① 브레이크 페달 조작력이 일정값 이상되면 추가적인 배력이 발생한다.
② 브레이크 페달을 밟을 때 페달이 부드럽다.
③ 2단계 배력 비율이 발생한다.

1.2. 제동력 배력장치의 특징

① 제동력 배력장치는 바퀴 미끄럼 방지 제동장치를 설치한 자동차에만 사용된다.
② 일정한 페달 조작력까지는 기존과 동일하다.
③ 과도한 제동을 할 때 빈번한 바퀴 미끄럼 방지 제동장치의 작동이 나타날 수 있다.
④ 제동효과는 기존과 같거나 향상된다.

2. BAS의 종류

제동보조 장치는 기계방식과 전자방식으로 분류되며, 기계방식은 브레이크 부스터 내부에 설치되고, 전자방식은 차체자세 제어장치(ESP ; electronic stability program)에 소프트웨어를 추가하였다.

1.3. 기계방식 제동력 배력장치

기존의 부스터는 브레이크 페달을 밟기 전에는 진공막을 사이에 두고 양쪽이 진공 상태로 유지되다가 브레이크 페달을 밟으면 한쪽은 진공 상태이고, 다른 한쪽은 대기가 들어와 이들의 압력 차이에 의해 브레이크 배력 효과가 발생한다. 기계방식 제동력 배력장치의 경우는 1차 배력 후에 2차로 추가적인 배력 효과를 주는 것이며, 압력 차이를 크게 유도하기 위하여 별도의 진공라인을 추가설치하고 있다.

① 플런저(plunger) : 제동할 때 밀려 대기실과 진공실을 차단하는 포핏밸브를 밀어 포핏밸브에 의해 진공실과 대기실이 차단되는 것을 도와준다.

② 입력로드(input rod) : 브레이크 페달을 밟으면 푸시로드가 밀리고 이 푸시로드가 입력로드를 밀어 입력로드가 플런저를 밀도록 한다.

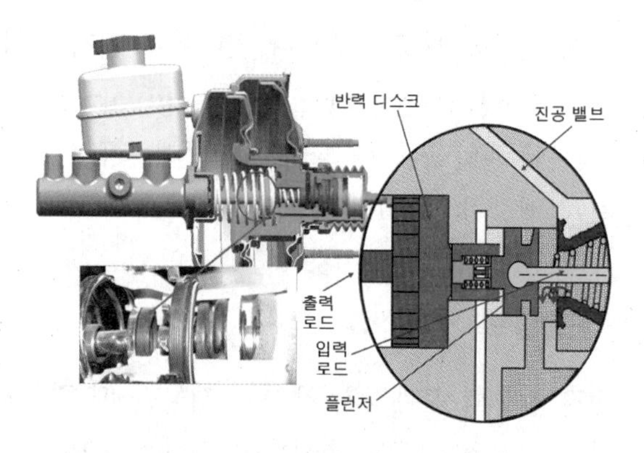

기계방식 제동력 배력장치의 내부구조

③ 출력로드(output rod) : 입력로드에 의해 밀린 푸시로드가 끝가지 밀리면 이때 마스터 실린더에서 유압을 발생시키는 것을 도와준다.

④ 반력 디스크(reaction disc) : 제동 후 브레이크 페달을 놓을 때 작용하여 복귀를 원활히 한다.

⑤ 진공밸브(vacuum valve) : 제동할 때 진공실에 진공이 유입되지 않도록 차단한다.

1.4. 전자방식제동력 배력장치

전자방식 제동력 배력장치는 HBA(hydraulic brake assist)라고도 부르며, 차체 자세 제어장치(ESP)를 설치한 자동차에서 사용된다. 즉, 기존의 차체자세 제어장치의 작용을 이용한 것으로 운행 중 긴박한 상황에서 차체자세 제어장치 스스로가 제동 유압을 형성하여 해당 바퀴에 제동을 가했었지만, 제동력 배력장치의 경우는 운전자가 급제동을 했는데 원하는 시간에 제동 유압이 검출되지 않으면 강제로 전동기를 구동시켜 제동 유압을 만든다. 그리고 유압 피드백은 압력 센서로부터 검출한다. 전자방식 제동력 배력장치의 효과는 다음과 같다.

① 제동거리를 단축시킨다.
② 운전자별 제동거리 오차를 줄일 수 있다.
③ 긴급한 제동에서 유압이 증가한다.
④소프트웨어만 추가하면 사용이 가능하다.

7 전자 제동력 분배장치 (EBD)

1. EBD의 개요

급제동을 할 때 앞바퀴보다 뒷바퀴가 먼저 고착되어 자동차가 스핀하는 것을 방지하기 위하여 프로포셔닝 밸브(proportioning valve)를 설치하는데 이 프로포셔닝 밸브로는 부족하기 때문에 유압을 전자 제어하여 급제동에서 스핀을 방지할 수 있도록 개발된 것이 전자 제동력 분배장치(EBD)이다.

2. EBD의 필요성

전자 제동력 분배장치 제어는 제동할 때 각 바퀴의 회전속도를 휠 스피드 센서로부터 입력받아 미끄럼 비율을 연산하여 뒷바퀴의 미끄럼 비율을 앞바퀴보다 항상 작거나 동일하게 뒷바퀴의 유압을 연속적으로 제어하여 스핀현상을 방지하고 제동성능을 향상시켜 제동거리를 단축한다.

2.1. 프로포셔닝 밸브 proportioning valve

프로포셔닝 밸브는 뒷바퀴로 향하는 파이프에 연결되어 있으며, 마스터 실린더 부근 또는 마스터 실린더에 접속되어 있다. 높은 유압이 발생할 때 앞바퀴의 유압상승 속도보다 뒷바퀴의 유압상승 속도를 느리게 하면 뒷바퀴의 고착이 앞바퀴보다 먼저 발생하는 것을 방지하여 미끄러질 때 자동차가 방향성을 상실하는 것을 방지한다.

2.2. 로드 센싱 프로포셔닝 밸브 (LSPV ; load sensing proportioning valve)

이 밸브는 변동적인 하중에 대해 뒷바퀴의 유압을 자동적으로 제어해주는 것이며, 무게에 의한 차체의 높이 변화를 검출하여 스프링으로 밸브를 조정한다. 즉, 하중이 가벼울 때에는 낮은 압력, 무거울 때에는 높은 압력의 유압을 뒷바퀴로 공급한다.

3. EBD의 작동원리

전자 제동력 분배장치는 바퀴 미끄럼 방지 제동장치용 컴퓨터에 논리를 추가하여 뒷바퀴의 유압을 요구유압 분배 곡선(이상 제동분배 곡선)에 근접시켜 제어하는 원리이다. 제동할 때 각각의 휠 스피드 센서로부터 미끄럼 비율을 연산하여 뒷바퀴 미끄럼 비율이 앞바퀴보다 항상 작거나 동일하게 유압을 제어한다. 따라서 뒷바퀴가 앞바퀴보다 먼저 고착되지 않으므로 프로포셔닝 밸브를 설치하였을 경우보다 전자 제동력 분배장치를 제어할 때 뒷바퀴에 대한 제동력 향상효과가 크다.

3.1. 유압 제어

① 뒷바퀴가 앞바퀴보다 먼저 고착되기 직전에 바퀴 미끄럼 방지 제동장치용 컴퓨터는 고착되려는 바퀴 쪽의 상시 열림(NO, Normal Open) 솔레노이드 밸브를 ON(닫음)으로 하여 고착되려는 바퀴의 유압을 유지시켜 고착을 방지한다(이를 유지모드라 함).

② 앞바퀴에 비하여 뒷바퀴의 제동력이 감소하여 바퀴가 회전하면 다시 상시 열림 솔레노이드 밸브를 OFF(열림)하여 마스터 실린더에서 가해진 유압을 다시 캘리퍼로 공급한다(이를 압력증가 모드라 함). 이때 펌프 전동기는 작동하지 않는다.

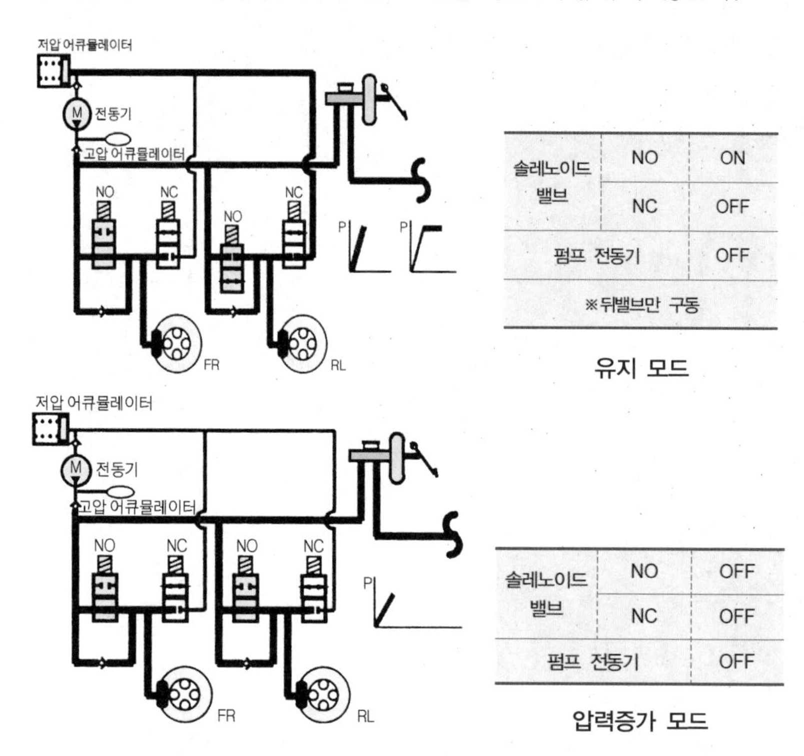

솔레노이드 밸브	NO	ON
	NC	OFF
펌프 전동기		OFF
※뒤밸브만 구동		

유지 모드

솔레노이드 밸브	NO	OFF
	NC	OFF
펌프 전동기		OFF

압력증가 모드

3.2. 전자 제동력 분배장치 제어의 효과

① 프로포셔닝 밸브보다 뒷바퀴의 제동력을 향상시키므로 제동거리가 단축된다.
② 뒷바퀴의 유압을 좌우 각각 독립적인 제어가 가능하므로 선회하면서 제동할 때 안전성이 확보된다.
③ 브레이크 페달을 밟는 힘이 감소된다.
④ 제동할 때 뒷바퀴의 제동 효과가 커지므로 앞바퀴 브레이크 패드의 마모 및 온도상승 등이 감소되어 안정된 제동효과를 얻을 수 있다.
⑤ 프로포셔닝 밸브를 사용하지 않아도 된다.

3.3. 전자 제동력 분배장치의 안전성

① 바퀴 미끄럼 방지 제동장치(ABS) 고장 원인 중 다음과 같은 사항에서도 전자 제동력 분배장치는 계속 제어되므로 바퀴 미끄럼 방지 제동장치의 고장률이 감소된다.
㉮ 휠 스피드 센서 1개 고장
㉯ 펌프 전동기의 고장
㉰ 낮은 전압으로 인한 고장
② 프로포셔닝 밸브는 운전자에게 알려주는 경고장치가 없어 운전자가 고장여부를 알 수 없으며, 만약 고장이 발생된 상태로 급제동을 하면 차체의 스핀이 발생할 수 있으나 전자 제동력 분배장치에서 고장이 발생하면 주차 브레이크 경고등을 점등하여 운전자에게 경고한다.

CHAPTER 08

구동력 제어 장치

1 구동력 제어장치(TCS)의 개요

눈길, 빙판길 등의 마찰 계수가 낮은 도로(도로면 또는 바퀴의 마찰 계수가 매우 적고 미끄러지기 쉬운 도로)를 주행할 때에는 운전자는 바퀴를 공회전 시키지 않도록 하기 위해 신중한 가속페달의 조작이 필요하다. 그러나 구동력 제어장치(TCS, traction control system)가 설치되어 있으면 마찰 계수가 낮은 도로에서 출발 또는 가속할 때 구동바퀴가 공회전을 하면 운전자가 미세한 가속페달을 조작하지 않아도 자동적으로 기관의 출력을 감소시키고 바퀴의 공회전을 가능한 억제하여 구동력을 도로면에 효율적으로 전달할 수 있다. 또 주행 빈도가 높은 일반도로에서 선회할 때 지나치게 빠른 주행속도로 선회를 하면 자동차의 뒷부분이 밖으로 밀려 나가는 테일 아웃(tail out) 현상이 발생하는데 이것을 제어하기 위해서는 고도의 운전기술이 필요하다. 이런 경우에도 구동력 제어장치는 운전자가 가속 페달을 밟아 스로틀 밸브를 완전히 열더라도 이와 관계없이 기관의 출력을 제어하여 운전자의 의지대로 안전한 선회가 가능하도록 한다.

2 TCS의 종류

1. 기관조정 TCS & 흡입공기량 제한형식

기관조정 구동력 제어장치(ETCS ; engine intervention traction control system)는 기관의 회전력을 감소시켜 구동력을 제한하는 것으로 국내에 처음 구동력 제어장치가 도입되었을 당시에 주로 사용하였다.

2. 브레이크 제어 TCS

브레이크 제어 구동력 제어장치(BTCS ; brake traction control system)는 구동력 제어장치를 제어할 때 브레이크 제어만을 수행한다. 즉 바퀴 미끄럼 방지 제동장치(ABS) 하이드롤릭 유닛 내부의 펌프에서 발생하는 유압으로 구동바퀴의 제동을 제어한다.

3. 통합제어 TCS

통합제어 구동력 제어장치(FTCS ; full traction control system)는 별도의 부품 없이 바퀴 미끄럼 방지 제동장치용 컴퓨터가 구동력 제어장치 제어를 함께 수행한다. 즉 바퀴 미끄럼 방지 제동장치용 컴퓨터가 앞바퀴(구동바퀴)와 뒷바퀴의 휠스피드 센서 신호를 비교하여 구동 바퀴의 미끄럼을 검출한다. 구동 바퀴의 미끄럼을 검출하면 구동력 제어장치의 제어를 실행하게 되는데 이때 브레이크 제어를 수행하며, 기관 컴퓨터와 자동변속기 컴퓨터(TCU)에 구동력 제어장치 제어를 위해 CAN 통신을 하는 BUS 라인에 미끄러지는 양에 따라 기관 회전력 감소요구 신호, 연료공급을 차단할 실린더 수 및 구동력 제어장치의 제어요구 신호를 전송한다. 이때 기관 컴퓨터는 바퀴 미끄럼 방지 제동장치용 컴퓨터가 요구한 실린더 수만큼 연료공급 차단을 실행하며, 또 기관 회전력 감소요구 신호에 따라 점화시기를 늦춘다. 자동변속기 컴퓨터는 구동력 제어장치 작동신호에 따라 변속위치(shift position)를 구동력 제어장치 제어 시간만큼 고정(hold) 시킨다. 이것은 킥다운(kick down)에 의한 저속변속으로 가속하는 힘이 증대되는 것을 방지하기 위함이다.

3 TCS 기능 및 제어

1. TCS 기능

① 미끄러운 도로면에서 출발 및 가속할 때 미세하게 가속 페달을 조작할 필요가 없기 때문에 주행성능을 향상시킨다. (미끄럼제어)

② 일반적인 도로에서 선회하면서 가속할 때 운전자의 의지대로 가속을 보다 안정되게 하여 주행성능을 향상시킨다. (추적(trace)제어)

③ 가속페달의 조작빈도를 감소시켜 선회능력을 향상시킨다. (추적제어)

④ 미끄러운 도로면에서 뒤 휠 스피드 센서로 구한 차체 주행속도와 앞 휠 스피드 센서로 구한 구동바퀴의 회전속도를 검출 비교하여 구동바퀴의 미끄럼 비율을 적절히 감소시켜 주행성능을 향상시킨다.

⑤ 구동력 제어장치 OFF 모드 선택으로 구동력 제어장치를 설치하지 않은 자동차와 동일하게 작동이 가능하므로 스포티(sporty)한 운전 및 다양한 운전영역을 제공한다.

2. TCS 작동원리

2.1. TCS 작동원리

(1) 미끄럼 제어 slip control

뒤 휠 스피드 센서에서 얻어지는 차체 주행속도와 앞 휠 스피드 센서에서 얻어지는 구동바퀴와의 비교에 의해 미끄럼 비율이 적절하도록 기관의 출력 및 구동바퀴의 유압을 제어한다. 일반적으로 자동차가 주행할 때 바퀴에는 가속으로 인한 구동력과 회전에 의한 가로방향 작용력이 발생하며, 미끄럼 비율과의 관계는 그림과 같다. 이러한 구동력과 가로방향 작용력이 최고 효율을 얻을 수 있도록 다음과 같이 제어한다.

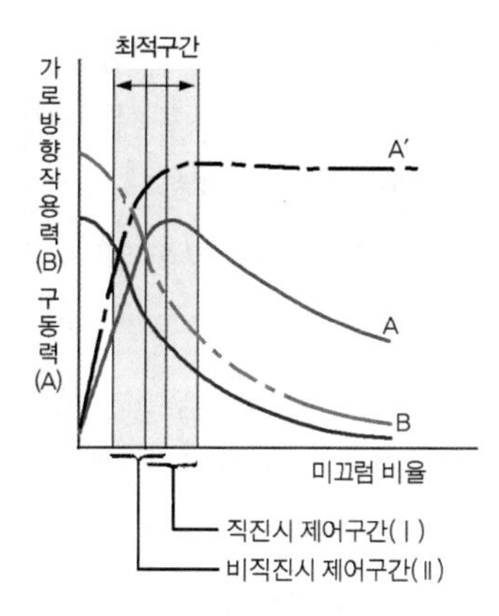

구동력 제어장치 제어선도

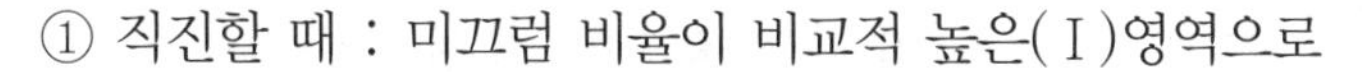

① 직진할 때 : 미끄럼 비율이 비교적 높은(Ⅰ)영역으로
② 선회할 때 : 미끄럼 비율이 비교적 적은(Ⅱ)영역으로

또 자갈길과 같은 험한 도로에서의 구동 특성은 A'와 같이 미끄럼 비율이 증가하여도 비교적 구동력을 큰 상태로 하므로 미끄러운 도로면에서도 가속성능이 우수하다.

(2) 추적제어 trace control

추적제어는 운전자가 조향핸들을 조작하는 양과 가속페달 밟는 양 및 이 때 구동되는 바퀴가 아닌 바퀴의 좌우 회전속도 차이를 검출하여 구동력을 제어하기 때문에 안정된 선회가 가능하도록 한다. 선회 중 가속하는 경우에는 원심력이 어느 한계 이상 되면 바퀴의 자국이 바깥쪽을 향하는 언더스티어링 증대한다. 구동력 제어장치는 이러한 상황에 도달하기 전에 운전자의 의지를 센서로부터 입력・연산 후 자동적으로 제어하기 때문에 안정된 선회를 위한 구동력 제어를 위해 기관 출력을 감소시킨다.

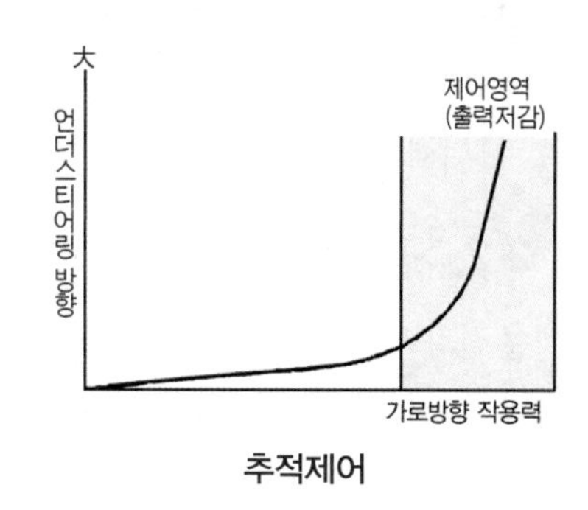

추적제어

(3) 컴퓨터(ECU) 제어

컴퓨터는 휠 스피드 센서, 조향핸들 각속도 센서, 스로틀 위치 센서, 자동변속기 컴퓨터(TCU) 등에서 각종 운전상황을 검출하여 소정의 이론에 기초한 기관 출력감소 신호 출력 및 경고등, 페일 세이프, 자기 진단 기능을 보유하고 있으며, 기관 컴퓨터 및 자동변속기 컴퓨터로 CAN 통신을 통한 필요한 정보를 교환한다.

4 통합제어 구동력 제어장치의 구성요소 및 작동원리

1. 통합제어 TCS 입·출력 계통

입력신호는 전원이 공급되고, 4바퀴로부터 휠 스피드 센서가 입력되어 미끄럼 비율은 연산하는 데이터로 쓰인다. 또 운전자가 구동력 제어장치 스위치 OFF 여부를 구동력 제어장치 OFF 스위치로부터 입력받고, 제동장치가 작동 상태인지 여부를 브레이크 스위치를 통해 입력받는다. 출력부분은 하이드롤릭 유닛 전동기와 구동력 제어장치 관련 솔레노이드밸브, 구동력 제어장치 관련 지시등, CAN 통신으로 구성된다.

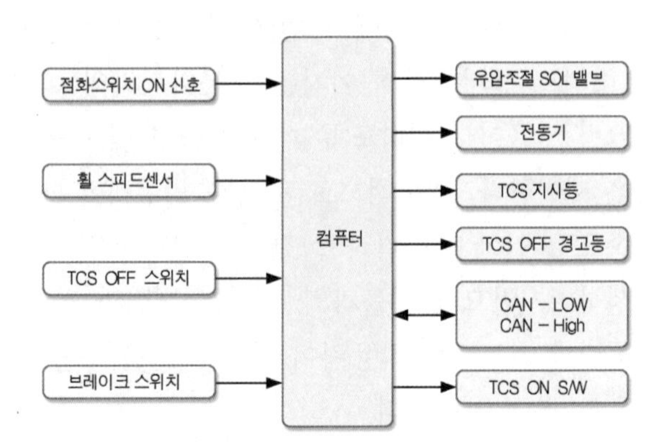

통합제어 구동력 제어장치 관련 입·출력계통

2. 통합제어 TCS 구성요소의 기능 및 작동원리

2.1. 휠 스피드 센서

휠 스피드 센서는 바퀴 미끄럼 방지 제동장치(ABS), 전자 제동력 분배장치(EBD), 구동력 제어장치(TCS) 제어의 핵심신호로 이용되는데 구동바퀴인 앞바퀴쪽과 피동바퀴인 뒷바퀴쪽의 회전속도를 정밀 연산하여 구동력 제어장치 기능을 수행한다.

2.2. 구동력 제어장치 스위치

운전자가 구동력 제어장치 기능을 선택할 수 있도록 하는 스위치이며, 스위치를 누를 때마다 ON과 OFF가 반복된다. 구동력 제어장치의 OFF를 선택한 경우에는 바퀴 미끄럼 방지 제동장치와 전자 제동력 분배장치(EBD)만 작동한다.

2.3. 하이드롤릭 유닛

(1) 하이드롤릭 유닛 내부 유압회로도

일반적인 바퀴 미끄럼 방지 제동장치와는 달리 구동력 제어(traction control)밸브가 설치되어 있으며, 구동력 제어밸브가 작동할 때 유압은 펌프에서 고압 어큐뮬레이터를 거쳐 바퀴로 공급된다.

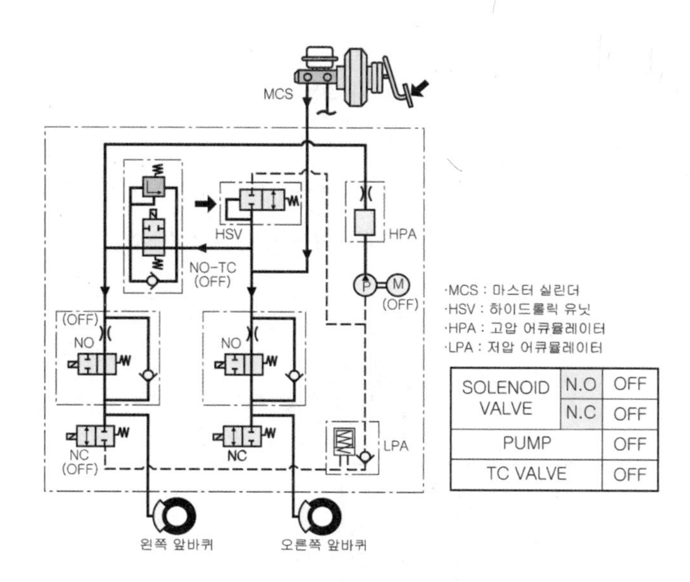

하이드롤릭 유닛 내부 유압회로도

(2) 압력증가 모드 유압회로도

구동바퀴에서 미끄럼 신호가 휠 스피드 센서로부터 입력되면 구동력 제어장치는 구동력 제어밸브(TC)밸브를 ON하고 구동바퀴 쪽에 상시 닫힘(NC)와 상시열림(NO) 솔레노이드 밸브를 OFF 제어한다. 이때 마스터 실린더의 유압은 전동기를 거쳐 고압 어큐뮬레이터에 저장된 후미끄러지는 바퀴로 전달된다. 이때는 유압이 증가되므로 미끄러지는 바퀴에 제동을 가할 수가 있다. 또 마스터 실린더에서 유압이 X자 형태로 공급되므로 피동바퀴인 뒷바퀴는 상시 열림 밸브를 ON으로 하여 차단한다.

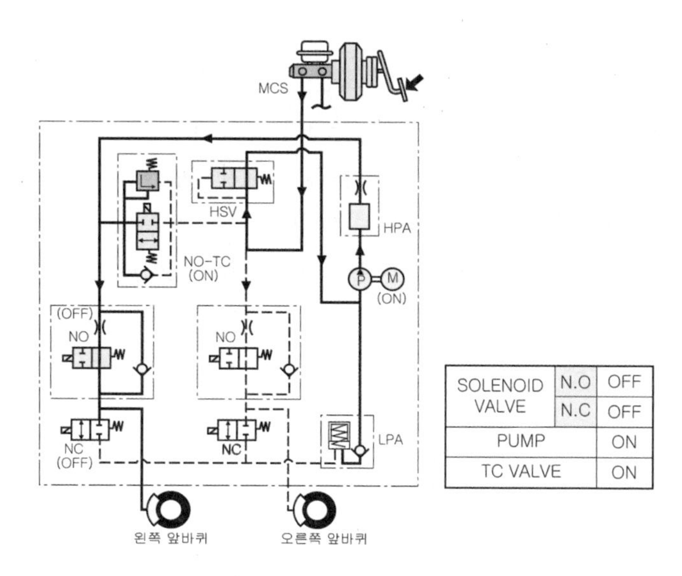

압력증가 모드 유압회로도

(3) 유지모드 유압회로도

구동력 제어장치가 판단할 때 미끄럼 정도가 완화되어 현재 공급되고 있는 유압으로 충분하게 구동력 제어장치 제어를 할 수 있다고 판단되면 유지모드로 진입한다. 이때 펌프와 구동력 제어밸브는 계속해서 ON하고 상시 열림 솔레노이드 밸브도 ON하여 고압 어큐뮬레이터로부터의 유압을 차단하고 상시 닫힘 솔레노이드밸브는 OFF하여 현재의 유압이 계속해서 해당 바퀴에 공급되도록 유도한다.

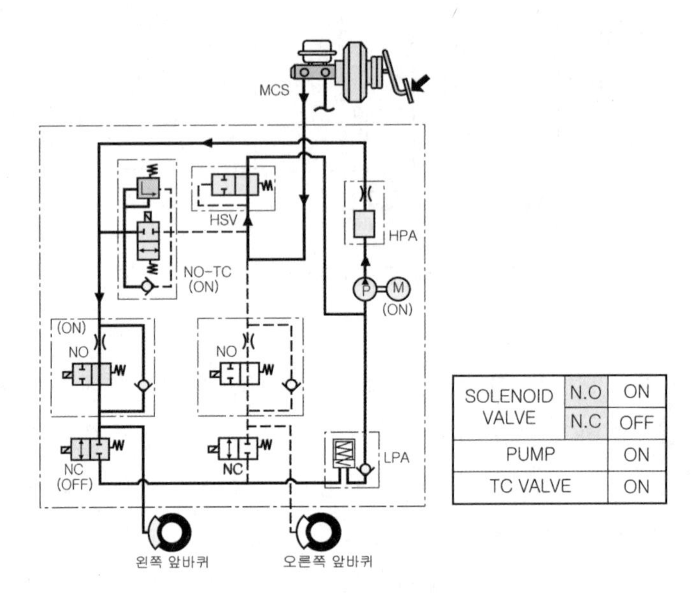

유지모드 유압회로도

(4) 압력감소 모드 유압회로도

구동력 제어장치가 판단할 때 바퀴 회전속도를 증가시켜야 한다고 판단하면 다시 유압을 감압하여 유압을 낮추어 준다. 이때 바퀴에 가해지는 유압을 해제하여 저압 어큐뮬레이터 쪽으로 순환시키기 때문에 바퀴에 가해지던 유압이 해제되면서 바퀴의 회전속도가 증가된다. 이때는 구동력 제어장치 해제모드라고 보면된다. 이때 펌프와 구동력 제어밸브는 각각 ON이 되어 오일을 순환시키는데 작용하고, 상시 닫힘 솔레노이드 밸브와 상시 열림 솔레노이드 밸브도 각각 ON이 되기때문에 바퀴로 유압을 공급하는 쪽과 해제하는 쪽의 두 곳으로부터 각각 분리되어 유압이 전혀 작용하지 못한다.

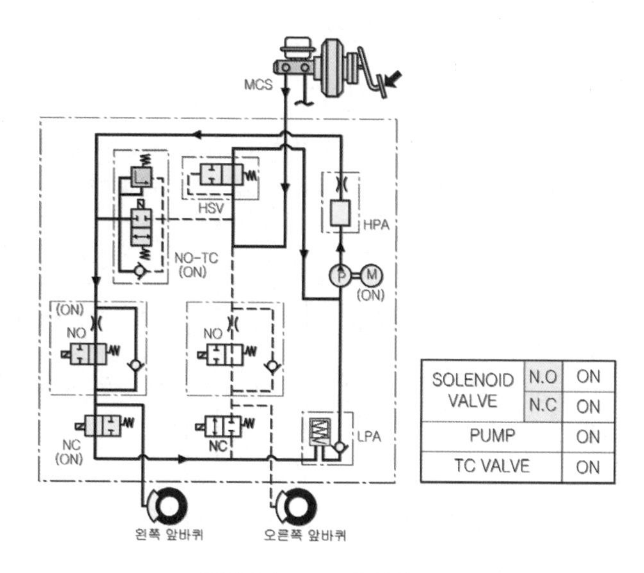

SOLENOID VALVE	N.O	ON
	N.C	ON
PUMP		ON
TC VALVE		ON

압력감소 모드 유압회로도

3. TCS 경고등 제어

3.1. 경고등 기능

구동력 제어장치 작동등과 구동력 제어장치 OFF등이 있는데 구동력 제어장치작동등은 구동력 제어장치가 작동할 때 점등되는 지시등이고, 구동력 제어장치OFF등은 운전자가 구동력 제어장치 OFF를 선택하거나 구동력 제어장치 계통에문제가 발생하면 운전자에게 경고하기위한 경고등으로서 점등한다.

3.2. 경고등 점등 조건

구동력 제어장치 경고등

① 구동력 제어장치를 제어할 때 때 3Hz로 점멸된다.
② 점화스위치를 ON 후 3초간 점등된다.
③ 구동력 제어장치에 고장이 발생하였을 때 점등된다.
④ 구동력 제어장치 스위치 OFF때 점등(구동력 제어장치는 스위치 OFF때 구동력 제어장치 OFF 경고등 점등)된다.
⑤ 위 사항 이외는 소등된다.

3.3. 구동력 제어장치 경고등 제어방법

그림 15－28은 컴퓨터 내부의 구동력 제어장치 경고등 점등회로이다. 스위치를ON하면 전압이 낮아져 제너다이오드를 구동할 수 없으므로 경고등은 소등된다.반대로 스위치를 OFF하면 전압이 높아져 제너다이오드를 작동시켜 구동력 제어장치 경고등을 점등시킨다.

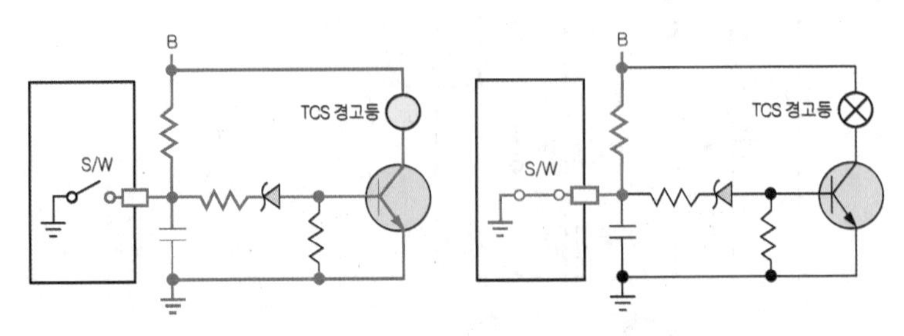

구동력 제어장치 경고등 제어방법

4. CAN 통신정보

CAN 정보는 기관 컴퓨터와 자동변속기 컴퓨터 그리고 구동력 제어장치 컴퓨터가 각각 수행한다. 구동력 제어장치 기능을 수행하기 위해서는 기관과 자동변속기가 서로 보조를 맞추어 실행하여야 한다. 기관 회전력 감소요구 신호는 구동력 제어장치가 기관 컴퓨터로 변속단계 고정요구 신호는 구동력 제어장치가 자동변속기 컴퓨터에게 요구한다. 반면 자동변속기 컴퓨터에서도 기관 컴퓨터에게 변속의 원활을 기하기 위해 회전력 감소요구신호를 보낸다.

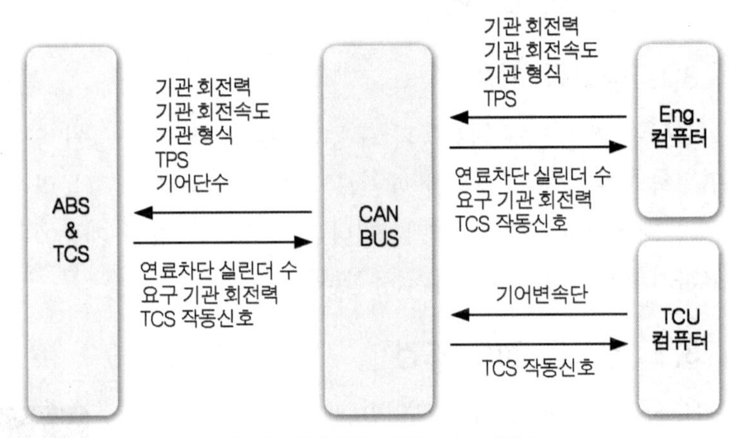

구동력 제어장치 관련 CAN 통신

CHAPTER 09

차체 자세 제어 장치

1 ESP의 개요

차체자세 제어장치(ESP ; electronic stability program)는 VDC(vehicle dynamic control)라고도 부르며, 이 장치가 설치된 경우에는 바퀴 미끄럼 방지 제동장치(ABS)와 구동력 제어장치(TCS) 제어 뿐만 아니라 전자 제동력 분배장치(EBD) 제어, 요 모멘트 제어(yaw moment control)와 자동감속 제어를 포함한 자동차 주행 중의 자세를 제어한다. 전자제어 현가장치(ECS)는 자동차의 롤링(rolling), 피칭(pitching) 및 바운싱(bouncing)제어를 통해 자동차 주행 중 발생되는 진동을 억제하여 안전을 확보하지만 선회할 때 발생하는 언더스티어링(under steering)과 오버스티어링(over steering)의 제어는 어렵다. 차체자세 제어장치는 요 모멘트를 제어하여 언더 및 오버스티어링를 제어함으로서 자동차의 한계 스핀(spin)을 억제하여 안정된 주행성능을 확보할 수 있다.

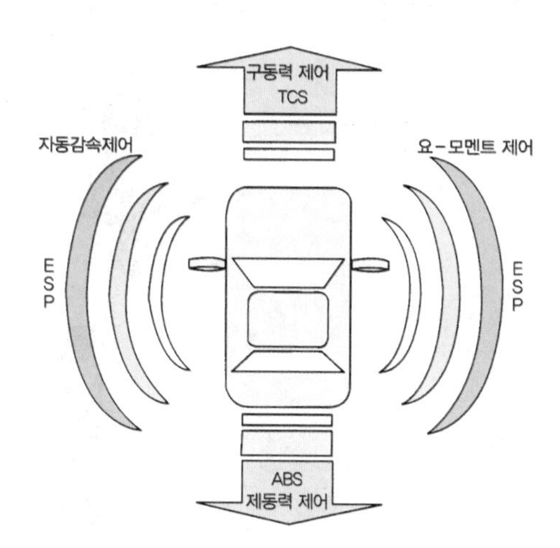

차체자세 제어장치의 구성도

2 ESP 제어이론

자동차가 주행할 때 발생되는 주요 진동에는 크게 롤링(rolling), 피칭(pitching), 바운싱(bouncing), 요잉(yawing) 등 4가지가 있다. 롤링, 피칭, 바운싱은 전자제어 현가장치(ECS)에서 제어하고 있으나 요잉은 제어하지 못한다. 차체자세 제어장치에서는 자동차의 중심을 기준으로 앞·뒷부분이 좌우로 이동되려는 요 모멘트를 제어한다.

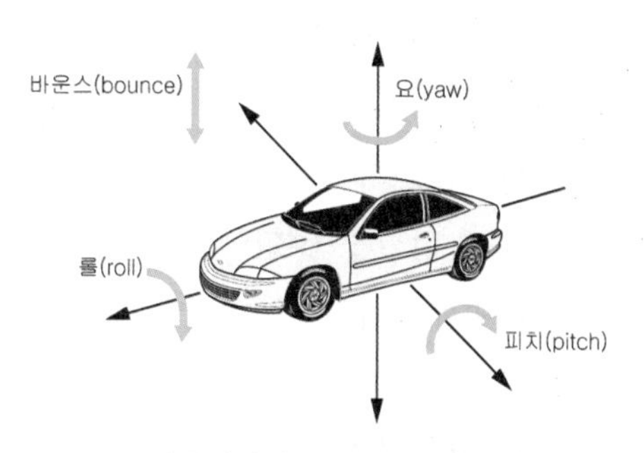

자동차에서 발생하는 운동

1. 요 모멘트 yaw moment

요 모멘트란 자동차가 선회할 때 안쪽 또는 바깥쪽 바퀴 쪽으로 이동하려는 힘을 말한다. 요 모멘트로 인하여 언더스티어링, 오버스티어링, 가로방향 작용력(drift out) 등이 발생한다. 이로 인하여 주행 및 선회할 때 자동차의 주행 안정성이 저하된다. 차체자세 제어장치는 주행 안정성을 저해하는 요 모멘트가 발생하면 브레이크를 제어하여 반대 방향에 요 모멘트를 발생시켜 서로 상쇄되도록 하여 자동차의 주행 및 선회안정성을 향상시킨다. 또 필요에 따라서 기관의 출력을 제어하여 선회안정성을 향상시키기도 한다.

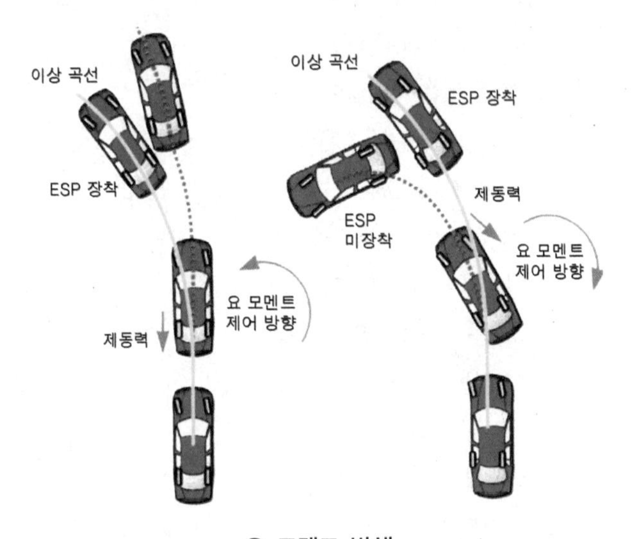

요 모멘트 발생

2. 언더 및 오버스티어링 under & over steering

① 오버스티어링은 자동차가 운전자가 의도한 목표 라인보다 안쪽으로 선회하는 것을 말한다.

② 언더스티어링은 자동차가 운전자가 의도한 목표 라인보다 바깥쪽으로 벗어나는 경향을 말한다. 언더스티어링이 심하면 커브를 돌지 못하고 도로 밖으로 튀어 나갈 수도 있다.

③ 뉴트럴스티어링(neutral steering)은 주행속도를 높여도 정확하게 원둘레 위를 주행하는 성질을 말한다.

④ 리버스스티어링(revers steering)은 처음에는 언더티어링이었던 것이 나중에 오버스티어링으로 바뀌거나 처음에는 오버스티어링이었던 것이 언더스티어링으로 바뀌는 것을 말한다.

3 ESP 구성 및 작동원리

현재 사용 중인 차체자세 제어장치의 분류에는 유압부스터를 사용하는 방식과 진공부스터를 사용하는 방식이 있다. 대부분의 자동차에는 진공부스터를 이용한 방식을 사용한다.

1. 유압 부스터 방식 ESP

브레이크 배력장치인 부스터를 유압모터를 이용한 배력장치를 사용한다. 기존의 진공 배력장치는 기관의 작동이 정지되면 작동할 수 없는 단점이 있었는데 유압부스터는 기관 작동 여부와 관계없이 축전지만 정상이면 항상 브레이크 배력이 가능한 장점이 있다. 반대로 축전지가 방전되면 배력작용이 일어나지 못하므로 위험을 초래하기도 한다. 이 방식은 기존의 바퀴 미끄럼 방지 제동장치(ABS)와 전자제동력 분배장치(EBD), 구동력 제어장치(TCS) 기능을 포함하여 차체자세 제어장치 기능까지 통합 제어한다.

1.1. 유압부스터 방식의 개요

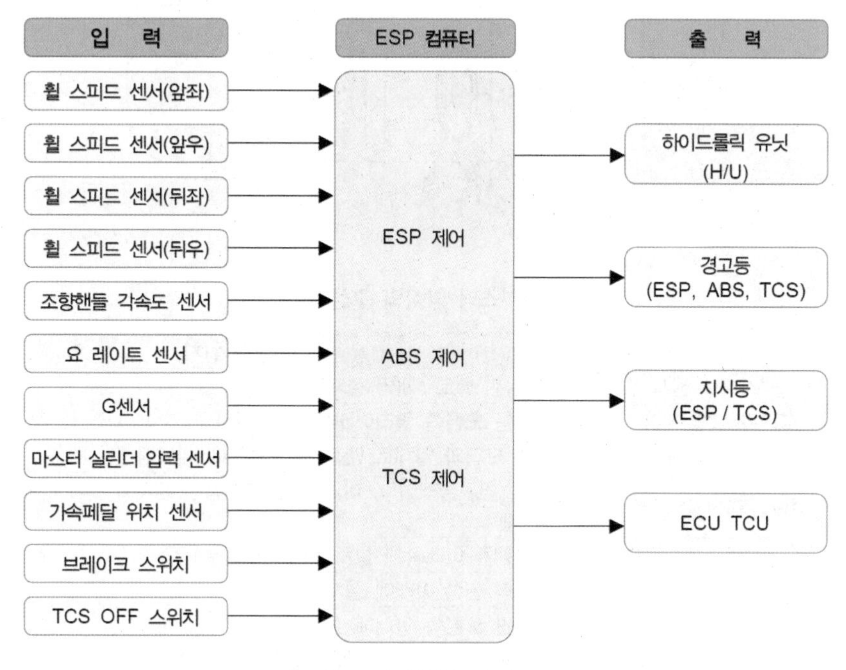

유압부스터 방식의 입·출력도

① 입력부분은 휠 스피드 센서, 조향핸들 각속도 센서의 신호(조향핸들 각속도 센서의 신호는 요 모멘트를 제어할 때 언더/오버스티어링을 판단하고자 할 때 사용), 자동차의

비틀림을 알기위해 요-레이트 센서의 신호, 자동차의 가로방향 작용력(drift out)을 검출하기 위한 G-센서의 신호가 입력된다. 또 마스터 실린더 압력 센서, 가속페달 위치 센서(APS, accelerator position sensor), 브레이크 스위치, 구동력 제어장치 OFF스위치 신호도 입력된다.

② 출력부분은 하이드롤릭 유닛(H/U, hydraulic booster)과 유압부스터(hydraulic booster)의 솔레노이드 밸브로 전압을 출력한다. 또 유압모터를 제어하기 위해 전압을 출력하며, 차체자세 제어장치 릴레이를 직접 제어한다. 구동력 제어장치 제어를 위해 기관 컴퓨터와 자동변속기 컴퓨터(TCU)가 서로 통신한다. 또 타이어 공기압력 경보(TPW, tire pressure warning) 기능도 포함된다.

1.2. 유압부스터 방식 구성 부품의 기능

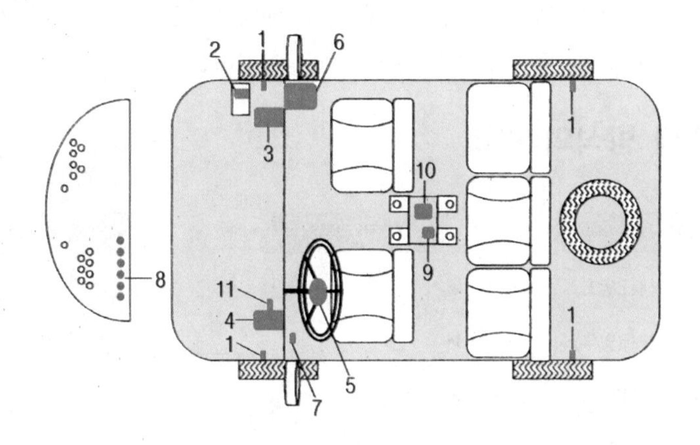

유압부스터 방식의 구성부품

번호	명 칭	설치 위치
1	휠 스피드 센서	각 바퀴 별로 1개씩 설치됨
2	ESP 밸브 릴레이	엔진룸 오른쪽 릴레이 박스에 설치됨
3	하이드롤릭 유닛(H/U)	ABS 모터와 일체로 엔진 룸 오른쪽에 설치됨
4	유압 부스터(H/U)	모터, 어큐뮬레이터, 마스터 실린더 압력 센서와 일체로 엔진룸 왼쪽에 설치됨
5	조향핸들 각속도	조향핸들 아래쪽에 설치됨(ECS와 공유)
6	ESP/ABS/TCS 컴퓨터	승객석 왼쪽 아래에 설치됨
7	ESP/TCS Off 스위치	계기판 오른쪽 아래에 설치됨
8	경고등	계기판에 설치(4개-ABS 경고등, VDC/TCS OFF 표시등, VDC/TCS 작동 표시등, TPW 경고등)됨
9	G-센서	센터 콘솔박스 아래쪽에 요-레이트 센서와 같은 위치에 설치됨
10	요-레이트 센서 센터	콘솔 박스 아래쪽에 G-센서와 같은 위치에 설치됨
11	마스터 실린더 압력 센서	엔진 룸 유압 부스터에 설치됨

(1) 조향핸들 각속도 센서

조향핸들 각속도 센서는 조향핸들의 조향각도와 조향방향 그리고 조향속도를 차체자세 제어장치 컴퓨터로 입력한다. 이 신호를 기준으로 언더/오버스티어링을 판단한다.

(2) 요-레이트 (Yaw-rate) 센서

요-레이트 센서는 자동차의 비틀림을 검출하는 것으로 자동차가 선회하거나 그 밖의 비틀림이 있을 경우 반응하여 신호를 보낸다. 언더스티어링의 경우에는 자동차의 비틀림이 적은 상태이므로 요-레이트 센서의 출력값의 변화가 적다. 반대로 오버스티어링인 경우는 자동차가 많이 비틀린 경우이므로 요-레이트 센서의 출력값이 높게 출력된다. 이 신호를 기준으로 차체자세 제어장치 컴퓨터는 요 모멘트 제어를 실행한다. 요-레이트 센서의 구조는 진동 빔에 회전이 가해지면 그 회전속도에 따라서 발생하는 가로방향 작용력을 검출하는 진동형 각속도 센서이다. 진동자는 사각 빔의 인접한 2면에 압전 소자를 부착하여 진동에 의해서 접점에서 발생하는 전압이 변화한다.

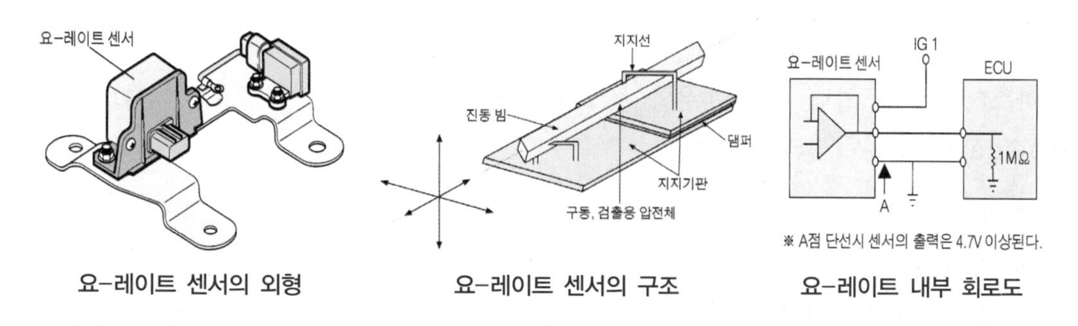

요-레이트 센서의 외형　　요-레이트 센서의 구조　　요-레이트 내부 회로도

(3) G-센서

G-센서는 자동차의 가로방향 작용력(drift out)을 판단하여 차체자세 제어장치 컴퓨터로 입력시킨다. G센서의 구조는 검출부분은 이동전극과 고정전극으로 되어 있으며, 가로방향 가속도가 가해지면 이동전극이 이동하여 고정전극과 이동전극 사이에서 전위차가 발생하여 두 전극의 용량차이가 발생한다. 이 차이의 크기로 가속도의 크기를 검출한다.

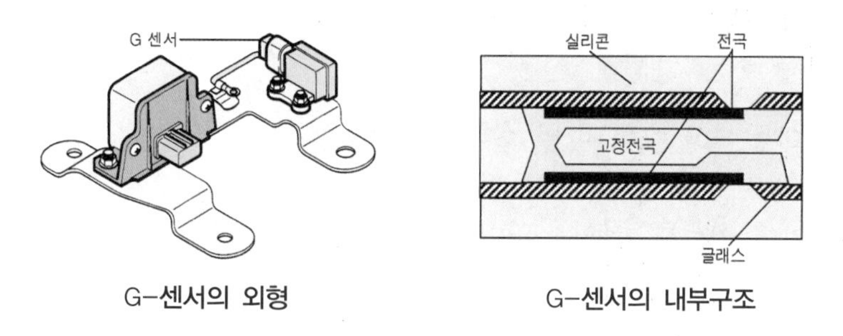

G-센서의 외형　　G-센서의 내부구조

(4) 하이드롤릭 유닛 (H/B UNIT)

하이드롤릭 유닛에는 유압을 발생시키는 유압모터와 펌프가 설치되어 있으며, 배력에 필요한 유압을 저장하는 어큐뮬레이터가 있다. 또 유압을 검출하는 마스터 실린더 압력 센서가 설치되며, 내부에는 고·저압 압력스위치도 설치되어 있다. 하이드로릭 유닛은 기관 룸에 설치되며 기존의 바퀴 미끄럼 방지 제동장치/구동력 제어장치와 거의 비슷하다. 다른 점은 어큐뮬레이터에서 공급되는 고압라인이 있는 것이며, 상시 닫힘 밸브(NC)와 상시 열림 밸브(NO) 솔레노이드 밸브도 마찬가지이고 원리도 비슷하다.

(5) 유압부스터

유압부스터는 흡기다기관 부압을 이용한 기존의 진공부스터 대신 유압모터를 이용한 것이며, 유압모터에서 발생된 유압을 어큐뮬레이터에 약 150bar의 압력으로 저장하여 배력작용을 할 때 마다 이용한다. 유압부스터는 액추에이터와 어큐뮬레이터에서 유압모터에 의하여 형성된 압력이 증가한 유압을 이용한다.

(6) 마스터 실린더 압력 센서

마스터 실린더 압력 센서는 유압 부스터에 설치되어 있으며, 강철제 다이어프램(steel diaphragm)으로 구성되어 있다.

(7) 제동등 스위치

제동등 스위치는 브레이크 작동여부를 컴퓨터로 전달하여 차체자세 제어장치, 바퀴 미끄럼 방지 제동장치 제어의 판단여부를 결정하는 역할을 하며, 바퀴 미끄럼 방지 제동장치 및 차체자세 제어장치 제어의 기본적인 신호로 사용된다.

(8) 가속페달 위치 센서

가속페달 위치 센서는 가속페달의 조작 상태를 검출하는 것이며, 차체자세 제어장치 및 구동력 제어장치의 제어기본 신호로 사용된다.

(9) 경고등 및 지시등

① 작동 표시등
② 타이어 공기압력(Tire Pressure) 경고등
③ 바퀴 미끄럼 방지 제동장치 경고등
④ 구동력 제어장치 경고등

(10) 컴퓨터 통신

차체자세 제어장치 컴퓨터는 기관 컴퓨터와 자동변속기 컴퓨터 사이를 서로통신을 한다.

이때 구동력 제어장치 관련 정보를 주고받는다. 기관에서는 점화시기 지각 및 전자제어 스로틀 밸브장치(ETS, electronic throttle valve system)전동기에 의한 흡입공기량 제한제어도 실시한다. 그리고 자동변속기 컴퓨터에게는 변속단계 고정요구를 출력한다.

2. 진공 부스터 방식 ESP

차체자세 제어장치 제어는 바퀴 미끄럼 방지 제동장치의 하이드롤릭 유닛에 차체자세 제어장치 관련부품을 업그레이드 하였으며, 또 마스터 실린더에 는 압력 센서를 설치하여 운전자가 현재 제동하고 있는 유압을 검출하여 각종제어나 제동력 배력장치(BAS)를 제어할 때 이용한다. 기존에 사용하였던 유압부스터 방식의 차체자세 제어장치는 이 방식에 비해 구조가 복잡하고 가격이 비싸기 때문에 간단하고 신뢰성이 우수한 진공부스터 방식을 주로 사용한다.

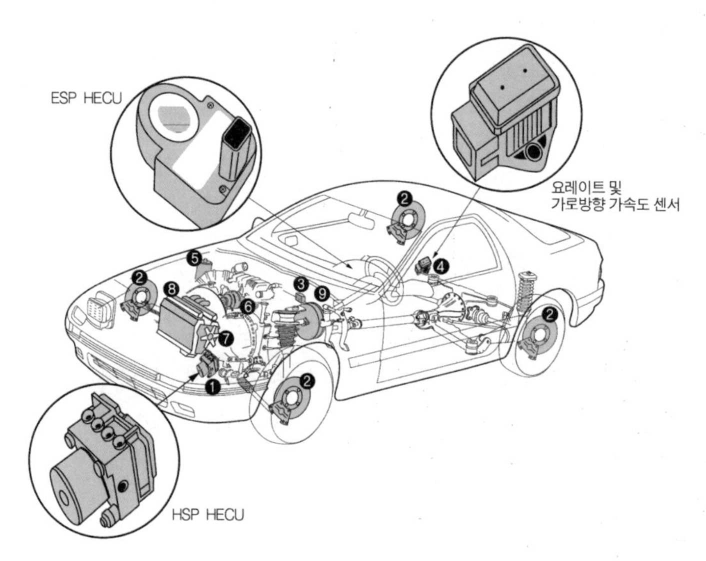

진공부스터 방식의 구성도

2.1. 진공부스터 방식의 개요

① 입력부분의 가장 기본적인 신호인 휠 스피드 센서 신호가 4개 입력되고, 조향핸들의 조향각도와 조향 정도 그리고 조향속도를 알려주는 조향핸들 각속도 센서 신호가 입력된다. 다음으로는 자동차의 비틀림을 판단하여 언더 · 오버스티어링을 제어할 때 핵심 신호로 이용되는 요-레이트 센서이다. 또 자동차의 가로방향 작용력을 검출하는 G센서가 입력된다. 다음은 마스터실린더의 압력을 검출하여 차체자세 제어장치 컴퓨터로 입력하는 마스터 실린더 압력센서 1,2가 입력된다. 마지막으로 브레이크 스위치와 차체자세 제어장치(구동력 제어장치) OFF 스위치 신호가 입력된다.

② 출력부분은 유압을 발생시키는 펌프 전동기가 있으며, 최고 150bar까지 형성할 수 있다. 또 하이드롤릭 유닛의 각종 솔레노이드 밸브로 출력이 나가고 각종 경고등 및 지시등으로도 출력이 나간다. 마지막으로 기관 컴퓨터와 자동변속기 컴퓨터와 CAN 통신을 통해 정보를 주고받는다.

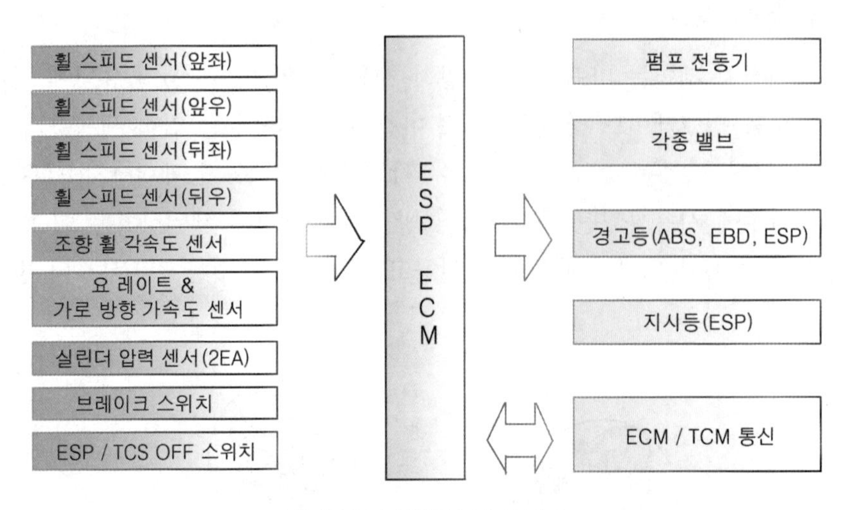

진공부스터 방식의 입·출력도

2.2. 차체자세 제어장치 구성부품의 기능

(1) 휠 스피드 센서

휠 스피드 센서는 액티브 방식의 홀 센서를 이용하며, 2개의 배선으로 되어있다. 1개의 배선은 전원공급 배선으로 12V가 공급되고 나머지 배선은 출력배선으로 0.5V와 1.0V로 각각 변화한다.

(2) 조향핸들 각속도 센서

조향핸들 각속도 센서는 비접촉 방식으로 AMR(anisotropy magneto resistive)을 사용하며, 조향핸들의 조작각도 및 작동속도를 측정한다. CAN 인터페이스(interface)를 통해 0점 조정이 가능하며, 지속적인 자기진단을 실시한다.

(3) 요-레이트 & G-센서

요-레이트 센서는 자동차의 비틀림을 검출하고, G센서는 자동차의 가로방향 작용력을 검출하는 센서이다. 이 2가지 신호를 이용하여 차체자세 제어장치 컴퓨터는 자동차의 언더/오버스티어링을 제어한다. 출력 특성은 아날로그 파형이 출력되며, 두 센서 모두 0~5V까지 변화하는 특성이 있다.

(4) 마스터 실린더 압력 센서

마스터 실린더 압력 센서는 차체자세 제어장치 작동 중에 운전자가 브레이크페달을 밟는 힘을 검출하며, 예비 브레이크 유압을 조절한다.

(5) 브레이크 스위치

브레이크 상태를 차체자세 제어장치 컴퓨터가 검출하여 신속하게 바퀴 미끄럼방지 제동장치 또는 차체자세 제어장치 제어를 하기위한 참조신호로 이용한다.

(6) 차체자세 제어장치 OFF 스위치

OFF 스위치는 차체자세 제어장치 기능을 OFF 하는 것이 아니라 구동력 제어장치 기능을 OFF 하는 스위치이다. 출발을 하거나 선회할 때 등 구동력 제어장치의 제어를 필요 없을 때 사용한다. 이 스위치는 OFF로 하여도 긴급한 상황에서는 차체자세 제어장치가 작동되어야 한다.

(7) 하이드롤릭 유닛

하이드롤릭 유닛에는 바퀴 미끄럼 방지 제동장치, 구동력 제어장치, 차체자세 제어장치의 기능을 수행하기위한 솔레노이드 밸브들이 설치되어 있다. 차체자세 제어장치는 각각의 솔레노이드 밸브를 작동시켜 각종 제어를 할 때 이용한다.

(8) 경고등 및 지시등 제어

차체자세 제어장치 컴퓨터는 운전자가 차체자세 제어장치 OFF스위치를 선택하면 경고등을 점등하고, 긴급한 상황에서 차체자세 제어장치를 작동할 때에는 지시등을 점등하여 지시한다.

(9) CAN 통신

차체자세 제어장치 컴퓨터는 기관 컴퓨터와 자동변속기 컴퓨터 사이에서 CAN 통신을 통해 서로의 정보를 교환한다. 차체자세 제어장치 쪽에서는 구동력 제어장치 제어나 차체자세 제어장치를 제어할 때 기관 회전력 감소를 요구하여 구동력 제어장치 및 차체자세 제어장치 효과를 극대화할 수 있도록 한다. 또 자동변속기에게는 현재 구동력 제어장치나 차체자세 제어장치 작동상황을 알려 현재 변속단계를 유지하도록 요구한다. 기관에서는 현재 기관에 데이터, 기관 회전력, 형식, 스로틀 위치 센서(TPS)값 등의 정보를 전달하여 차체자세 제어장치 제어를 극대화 할 수 있도록 한다.

4 ESP의 제어

1. 요 모멘트 제어 yaw moment control

차체자세 제어장치 컴퓨터에서는 요 모멘트와 선회방향을 각 센서들의 입력 값을 기초로 각 바퀴의 제동유압 제어모드(압력증가 또는 압력감소)를 연산하여 필요한 마스터 실린더 포트(차단, 압력증가, 유지)와 펌프 전동기 릴레이를 구동하여 발생한 요 모멘트에 대하여 역 방향의 모멘트를 발생시켜 스핀 또는 옆방향 쏠림 등의 위험한 상황을 회피한다.

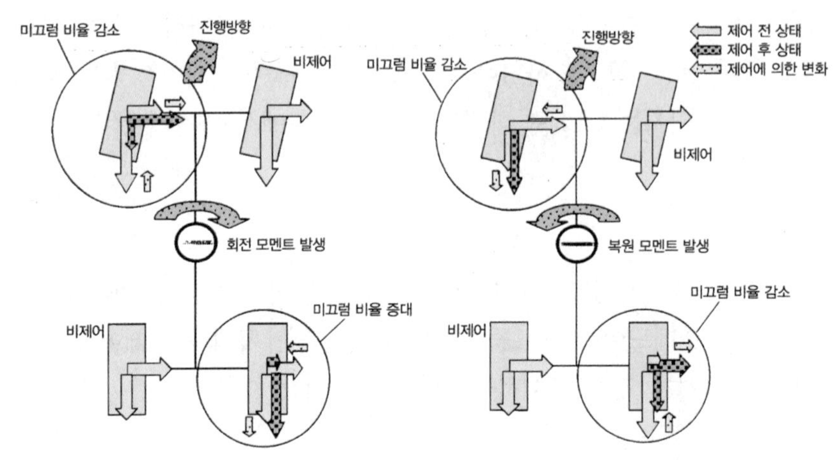

우회전할 때 제어의 예

2. ABS 관련 제어

2.1. ABS 관련 제어의 개요

바퀴 미끄럼 방지 제동장치(ABS) 관련 제어는 뒷바퀴의 제어의 경우 실렉터 로우(selector low) 제어에서 독립제어로 변경되었으며, 요 모멘트에 따라서 각 바퀴의 미끄럼 비율을 판단하여 제어한다. 또 언더스티어링이나 오버스티어링 제어 일 때에는 바퀴 미끄럼 방지 제동장치의 제어에 제동유압의 증가·감소를 추가하여 응답성을 향상시킨다.

2.2. ABS 관련 제어

바퀴 미끄럼 방지 제동장치 제어 중에 미끄럼 비율이 제동력 최대의 위치에 있으면 미끄럼 비율을 증대시키더라도 제동력은 증대되지 않는다. 따라서 일반적으로 복원 제어의 효과가 높은 앞 바깥쪽 바퀴에 제동을 가하더라도 미끄럼 비율 증대효과가 작아진다. 따라서 뒤 안쪽 바퀴에 제동유압을 가하여 뒤 바깥쪽 바퀴의 미끄럼 비율이 작아지도록 제어를 한다.

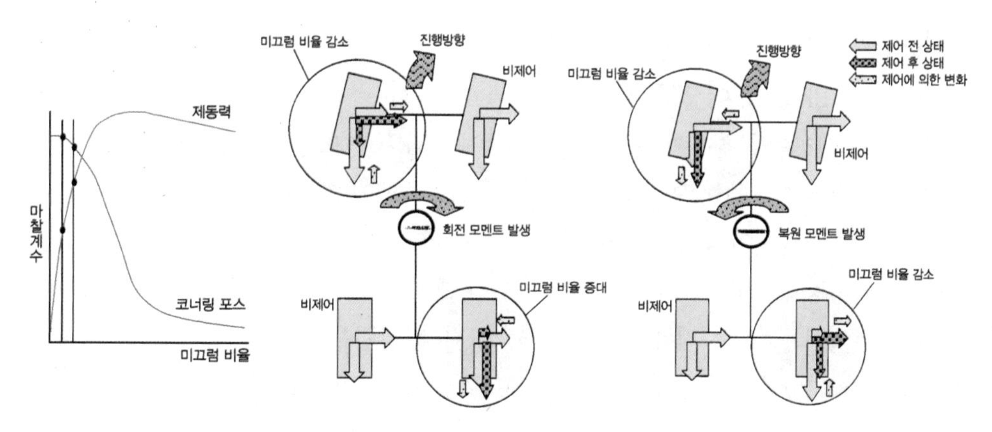

제동력과 코너링 포스의 특성(우회전 제어의 예)

2.3. ABS 제어의 해제조건

① 제동등 스위치 신호가 ON → OFF가 된 경우 해제된다.

② 주행속도가 3km/h 미만에서는 해제된다.

③ 다음의 조건에서는 뒷바퀴는 바퀴 미끄럼 방지 제동장치 제어를 하지 않는다.

㉮ 차체자세 제어장치가 제어 중일 때

㉯ 제동등 스위치 신호가 OFF일 때

3. 자동감속 제어(브레이크 제어)

3.1. 자동감속 제어의 개요

선회할 때 G값에 대하여 기관의 가속을 제한하는 제어를 실행함으로서 과속에서는 브레이크 제어를 포함하여 선회안정성을 향상시킨다. 목표 감속도와 실제 감속도의 차이가 발생하면 뒤 바깥쪽 바퀴를 제외한 3바퀴에 제동유압을 가하여 감속제어를 실행한다.

3.2. 구동력 제어장치 관련 제어

(1) 구동력 제어장치 관련 제어의 개요

미끄럼 제어(slip control)는 브레이크 제어에 의해 자동제한 차동장치(LSD ; limited slip differential) 기능으로 미끄러운 도로에서의 가속성능을 향상시키며, 추적(trace)제어는 운전상황에 대하여 기관의 출력을 감소시킨다. 또 자동감속 제어는 기관의 출력을 제어하며, 제어주기는 16mS이다.

(2) 구동력 제어장치 관련 제어의 조건

① 주행속도가 2km/h 이상일 것
② 후진 또는 제1속의 경우에는 차체의 G값이 0.5G를 초과하여야 한다.
③ 제2속 이상의 경우에는 차체의 G값이 0.7G를 초과하여야 한다.
④ 변속위치는 P, N 이외의 경우이어야 한다.
⑤ 구동력 제어장치 OFF 스위치는 ON이어야 한다.
⑥ 위의 조건에서는 기관 컴퓨터는 점화시기 지각 명령을 실행한다.
⑦ 주행속도가 5km/h 미만이고 G값이 0G 미만으로 떨어지면 해제된다.

(3) 구동력 제어장치 관련제어

① 기관 컴퓨터와의 통신으로 스로틀 밸브 구동과 점화시기 지각을 실행한다.
② 15km/h 이상일 때에는 자동변속기 컴퓨터와의 통신으로 현재의 변속패턴을 유지한다(킥 다운에 의한 가속력 증대 방지).
③ 4바퀴가 바퀴 미끄럼 방지 제동장치를 제어 중이며, 브레이크 페달을 밟고 있는 상태이면 운전자에 의한 제동은 마찰한계에 도달하였다고 판단하여 바퀴 미끄럼 방지 제동장치 제어만 실행한다.
④ 그 밖의 경우 브레이크 페달을 밟았을 때에는 제동이 우선되어야 하므로 제어는 바퀴 미끄럼 방지 제동장치 → 차체자세 제어장치 → 자동감속 제어 순서로 제어한다.
⑤ 밸브 릴레이가 OFF일 때에는 제어를 하지 않는다.
⑥ 실제 제동감속 제어는 추적(trace)제어만 된다.

(4) 타이어 공기압력 저하 경보

① 타이어 공기압력이 부족하면 타이어 지름이 작아진다.
② 차체자세 제어장치 컴퓨터는 휠 스피드 센서의 신호를 분석하여 타이어 지름의 변화를 검출한다.
③ 타이어 지름의 변화를 검출하면 TPW(Tire Pressure Warning) 경고등을 점등하여 운전자에게 경보한다.

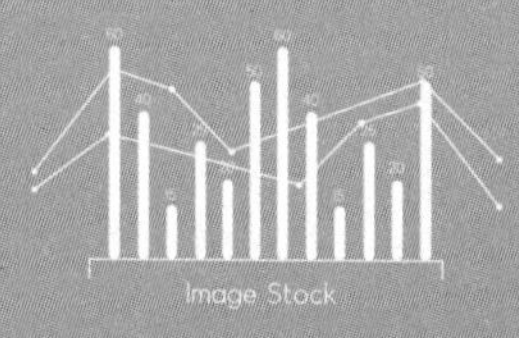

PART 04
자동차 전기

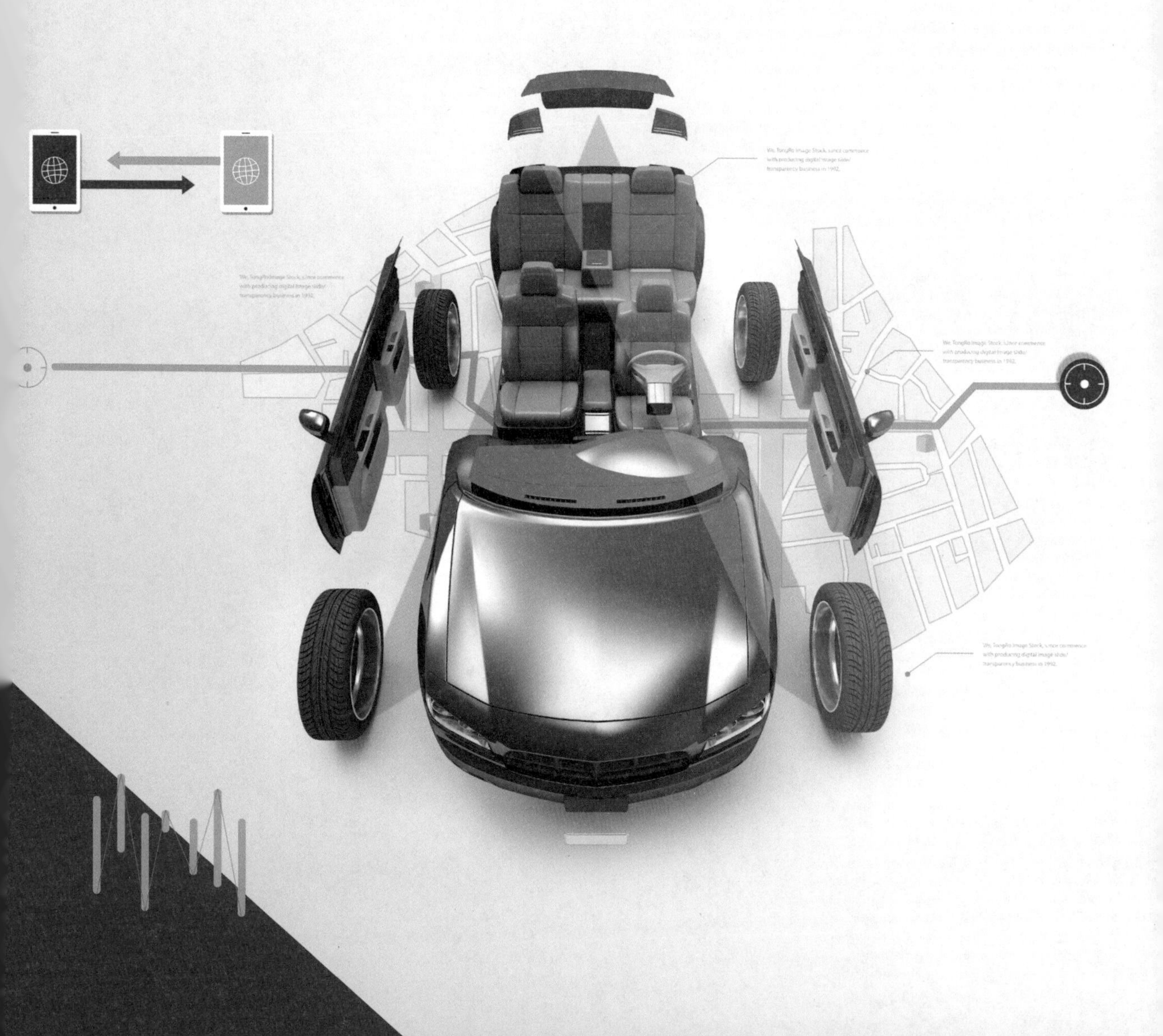

CHAPTER 01

전기 일반

1 자동차 전기장치

1. 자동차 전기장치의 구성

자동차에서 사용되는 전기장치는 축전지, 기동장치, 점화장치, 충전장치, 등화장치, 계기장치, 안전 및 부속장치로 구성된다.

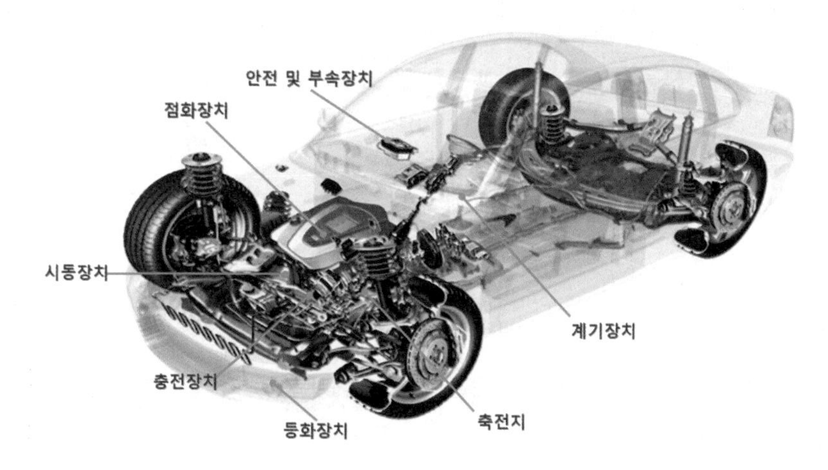

자동차 전기장치 〈출처 : 블로그 그림인용 및 명칭부여〉

1.1. 축전지 battery

축전지는 화학적 에너지를 이용하여 전기적 에너지를 발생하는 기구이다.

1.2. 시동장치 starting system

자동차의 기관은 자기구동 기능이 없으므로 외부의 힘으로 기동시키는데 필요한 장치를 말한다.

1.3. 점화장치 ignition system

가솔린 기관에만 사용되는 장치이며, 낮은 전압의 직류전원을 이용하여 높은 전압으로 유도하는 장치로서, 정확한 시기에 강한 불꽃을 일으켜 연소실 내에 압축된 혼합가스를 점화·폭발시키는 작용을 한다.

1.4. 충전장치 charging system

기관을 시동할 때 소모된 축전지를 충전하며, 운행 중 여러 가지 전장 부품에 전력을 공급하는 장치이다.

1.5. 등화장치 light system

야간에 자동차를 안전하게 주행하는데 필요한 등화장치와 신호용 등화장치로 구성되어 있다.

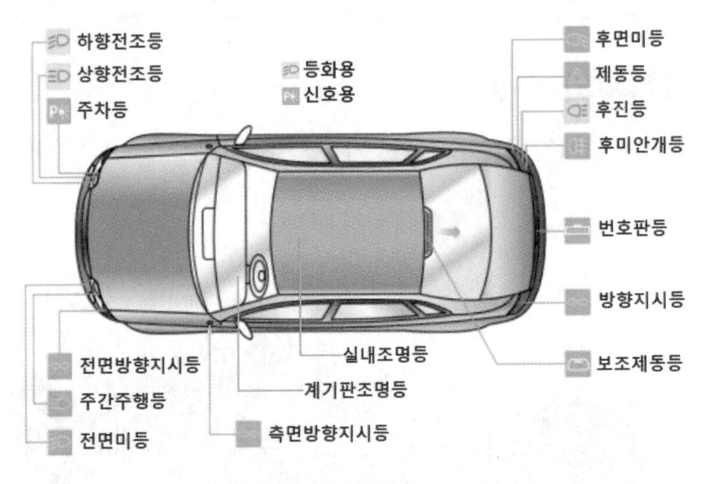

등화장치 〈출처 : 해외 블로그, 수정〉

1.6. 계기장치

자동차의 운행에 필요한 자동차의 상태를 운전자에게 제공하는 것이며, 운전석 앞쪽의 계기판에 종합적으로 설치되어 있다.

1.7. 안전 및 부속장치

안전장치에는 주행 시 필요한 장치로서 윈드 실드 와이퍼, 윈드 와셔, 경음기, 방향지시등, 제동등, 번호등, 미등 등이 있으며, 부속장치에는 운전자와 승객이 쾌적하게 느낄 수 있도록 하기 위한 장치로서 난방장치, 에어컨, 라디오, 스테레오, 내비게이션 등이 있다.

2. 전기의 개요

전기를 전자론에 의하여 설명하면 모든 물질은 분자로 구성되어 있고 이 분자는 원자의 집합체로 구성되어 있다. 또 원자는 양전기를 띤 원자핵과 음전기를 띤 전자로 구성되어 있으며, 원자핵은 다시 양성자와 중성자로 분류된다. 물질의 구성체인 원자는 중앙에 원자핵이 있으며, 그 주위를 전자가 빛의 1/10 정도의 속도로 회전을 하고 있다. 원자를 형성하고 있는 전자 중에서 가장 바깥쪽 궤도를 회전하고 있는 전자를 가전자라 부르며, 가전자는 원자핵으로부터 멀리 떨어져 있어 구속력이 약하기 때문에 궤도에서 쉽게 이탈할 수 있는데 이런 전자를 자유전자(free electron)라 한다. 전기에 있어서 여러 가지 현상은 이 자유전자가 외부 자극에 의하여 이동하여 발생하는 것으로서 자유전자의 이동을 전류라고 한다.

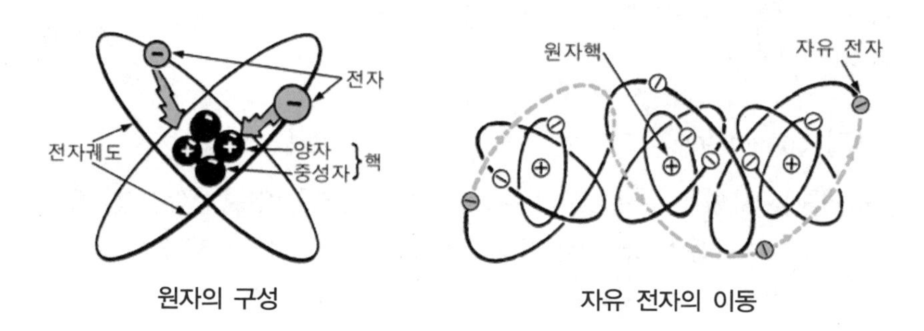

원자의 구성 자유 전자의 이동

1.1. 정전기

정전기(static electricity)란 전기가 물질에 정지한 상태를 말하며, 이 정전기는 방전할 때 순간 전류가 되므로 에너지원으로는 이용하지 못한다.

1.2. 마찰전기

건조한 플라스틱 막대와 명주(silk)를 마찰시키면 전하(electric charge)가 발생(대전 되었다고 함)하여 플라스틱 막대와 명주는 종잇조각 등의 물체를 잡아당기는 힘을 가진다. 이러한 마찰에 의하여 받은 에너지로 온도가 상승된 플라스틱 막대에서 명주로 이동하여 발생한 전기를 마찰전기라고 한다.

1.3. 마찰전기의 극성

명주로 마찰한 2개의 플라스틱 막대를 각각의 실로 수평으로 매달고 가까이하면 서로 밀어내지만, 플라스틱 막대와 명주를 가까이하면 서로 잡아당긴다. 이에 따라 플라스틱 막대의 전하를 양(+)전하라 하고, 명주의 전하를 음(−)전하라고 한다.

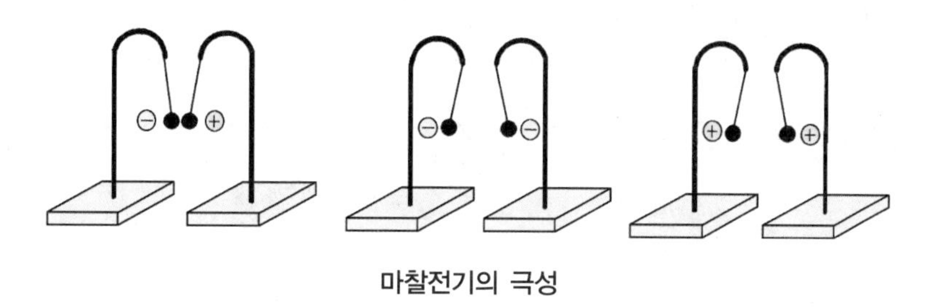
마찰전기의 극성

1.4. 정전유도

전기적으로 중성인 도체 A에 음전하를 지닌 대전물체 B를 근접시키면 도체 A내의 자유전자는 B의 음(−)전하에 반발하여 B에서 먼 곳에 모이고, B에서 가까운 곳에는 양(+)전하를 지닌다. 이와 같이 도체에 대전물체를 근접시켰을 때 대전물체의 가까운 곳에는 대전물체와 다른 전하를, 먼 곳에는 같은 전하를 발생시키는 현상을 정전유도라 한다.

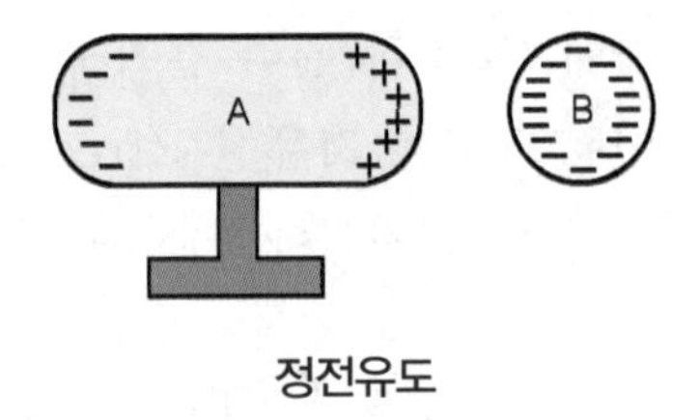

정전유도

1.5. 축전기 condenser

축전기란 절연지를 사이에 두고 2장의 주석 박판 A와 B를 매우 가깝게 한 후 각각에 (+), (−)전원을 연결하고 전압을 가하면 2장의 박판으로 (+), (−)의 전하가 이동하여 A판의 (+)전하와 B판의 (−)전하가 서로 흡인하므로 전기를 저장해 두는 기구를 축전기라 한다.

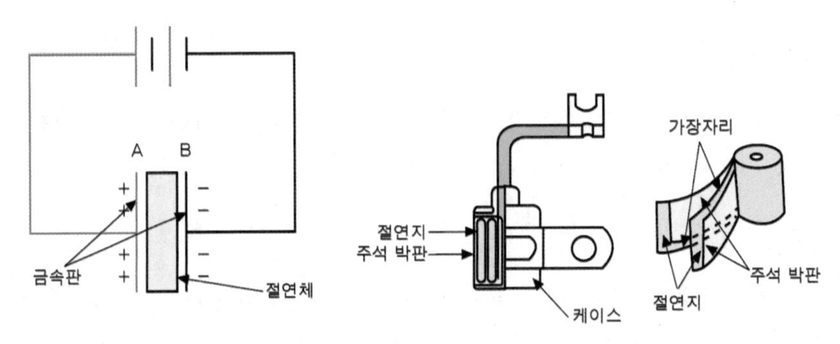

축전기의 원리도 및 구조

(1) 축전기의 정전용량

아래의 식은 축전기에 저장되는 전기량 Q(coulomb)는 가해지는 전압 E가 높을수록 많은 양의 전기를 저장할 수 있으다. 축전기에 저장되는 정전용량(Q)은 다음과 같다.

① 가해지는 전압에 정비례한다.
② 상대하는 금속판의 면적에 정비례한다.
③ 금속판 사이의 절연체의 절연도에 정비례한다.
④ 금속판 사이의 거리에 반비례한다.

$$Q = CE$$

여기서, Q : 축전기에 저장되는 전기량
C : 정전용량
E : 축전기에 가해지는 전압

(2) 축전기 용량의 단위

1V의 전압을 가하였을 때 1쿨롱(coulomb)의 전기가 저장되는 축전기 용량을 1패럿(farad)이라 하며, 단위는 다음과 같다.

$$1\text{밀리 패럿}(1mF) = 10^{-3}F \quad , \quad 1\text{마이크로 패럿}(1uF) = 10^{-6}F$$

(3) 축전기의 종류

축전기는 절연체의 종류에 따라 공기축전기, 종이축전기, 운모축전기, 세라믹축전기, 전해축전기 등이 있다.

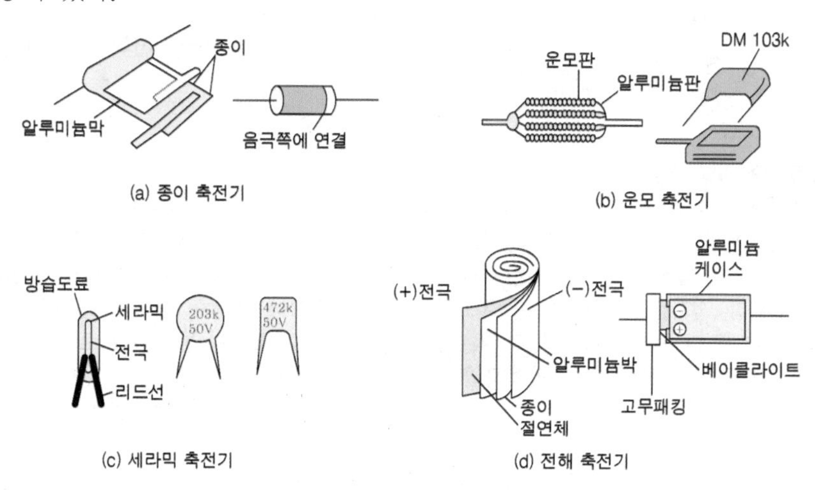

축전기의 종류

3. 동전기

동전기(dynamic electricity)란 전자가 물질 속을 이동하는 것이며, 동전기는 교류(AC)전기와 직류(DC)전기가 있으며 교류전기는 시간의 변화에 따라 전류량, 전류의 방향, 전압의 변화가 있으나, 직류전기는 시간의 변화에 따라 전류량, 전류의 방향, 전압의 변화가 일정값을 유지한다.

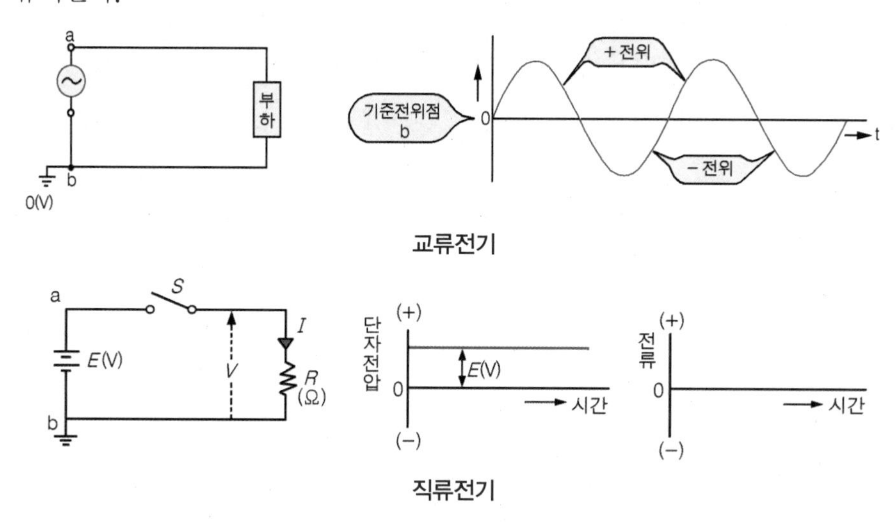

(1) 전류 current

B도체 속의 자유전자가 A도체의 (+)전하에 흡인되어 일제히 A도체 쪽으로 이동하면 B도체에는 자유전자가 부족하게 된다. 이와 같이 B도체 속의 전자이동은 A도체의 (+)전하와 결합하여 중성이 될 때까지 계속되며, 이 전자의 이동을 전류라고 한다.

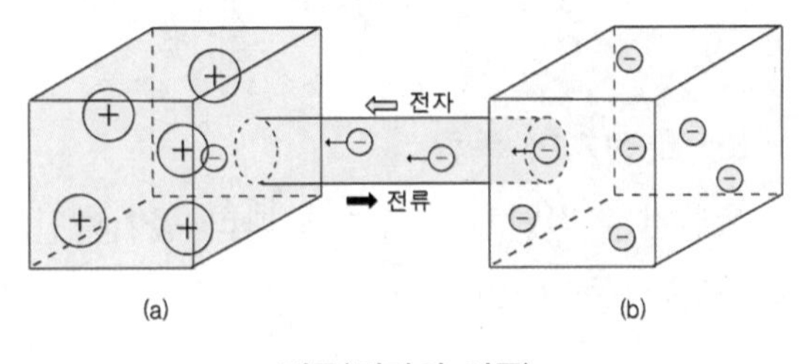

전류(전자의 이동)

알고갑시다 전류의 방향

지금까지 살펴본 전자는 (−)전하로 대전한 물체와 (+)전하로 대전한 물체를 도체로 연결하면 이동한다. 즉, (+)전하 대전체의 부족한 전자를 보충시켜주기 위해 (−)전하 대전체의 과잉전자가 이동하기 때문에 전기가 흐르게 된다. 전자는 (−)쪽에서 (+)쪽으로 이동하고 있으나 우리는 전류의 흐름을 (+)에서 (−)로 흐른다고 약속하고 있다. 이와 같이 전류가 흐르는 방향과 전자가 흐르는 방향은 서로 반대로 되어 있다. 이것은 전자가 발견되지 못한 때의 과학자들이 결정한 방향이다.

① 전류의 단위

도체를 흐르는 전류의 크기는 도체의 한 점을 1초 동안에 통과하는 전하의 양으로 표시하며 그 단위는 암페어(Ampere, 기호는 A)를 사용한다.

② 전류의 크기

1A는 도체 단면 임의의 한 점을 1초 동안에 1쿨롱(6.25×10^{18}개의 전자)의 전하가 이동하고 있을 때를 말한다.

③ 전류의 3대 작용

발전기나 축전지는 항상 전류를 흐르게 하려는 에너지를 지니고 있기 때문에 연속적으로 전류를 흐르게 할 수 있다. 전류는 발열작용, 화학작용, 자기작용의 3대 작용을 한다.

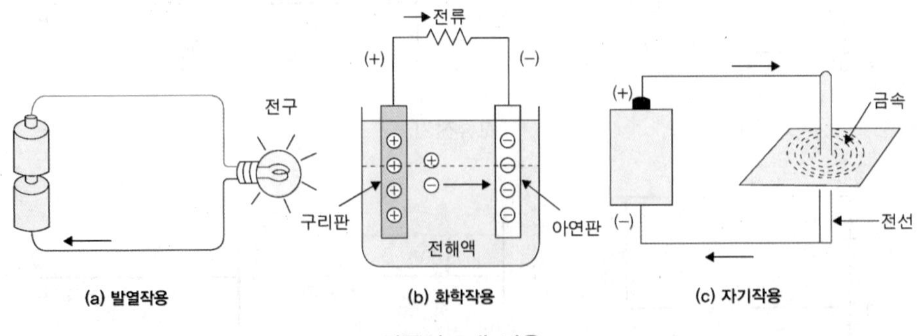

전류의 3대 작용

㉮ 발열작용 : 도체에 전류가 흐를 때 저항에 의하여 열이 발생한다. 자동차의 등화장치는 전기로 가열하면 빛을 발생하는 원리를 이용하고, 담배라이터, 예열플러그, 뒷유리 성애 제거용 열선, 수온계, 방향지시등의 플래셔 유닛 등은 전기에 의한 발열작용을 이용하는 기구이다.

㉯ 화학작용 : 전류가 도체 속을 흐를 때 화학 작용 및 전기분해 작용이 발생한다.

㉰ 자기작용 : 자기작용은 전기적 에너지를 기계적 에너지로 변환시키고, 또 반대로 기계적 에너지를 전기적 에너지로 전환시키는 작용을 한다. 자동차에서 자기작용을 이용한 것은 기동전동기, 발전기, 솔레노이드 기구, 각종 릴레이 등이다.

(2) 전압 (전위차) voltage

전압이란 물체에 전하를 많이 저장해 두면 같은 극성의 전하는 서로 반발하여 다른 전하가 있는 쪽으로 또는 전하가 부족한 쪽으로 이동하려는 압력을 말한다.

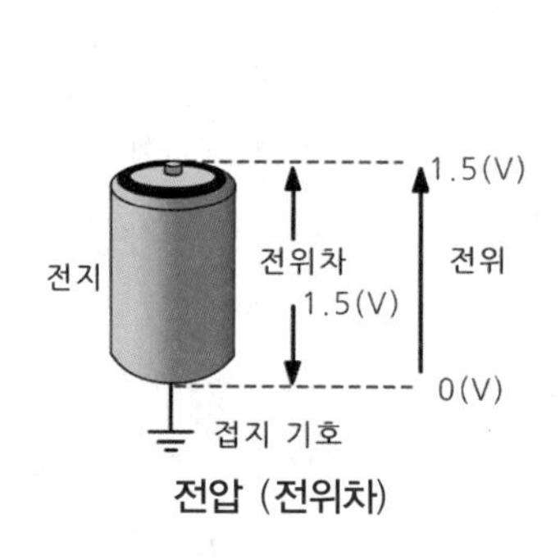

전압 (전위차)

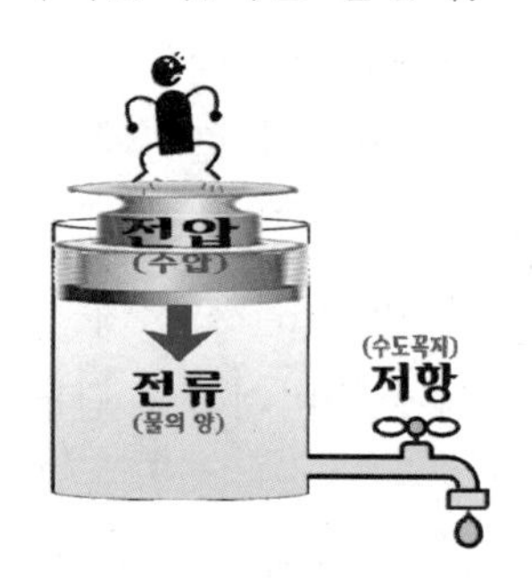

전기의 성질 〈출처 : 블로그〉

① 전압의 단위

전류의 흐름은 전압 차이가 클수록 커지며, 전압의 단위는 볼트(Volt ; 기호는 V)로 표기한다. 1V란 1옴(Ω)의 도체에 1암페어(A)의 전류를 흐르게 할 수 있는 전기적인 압력을 말한다.

② 기전력 electro motive force

도체에 전류를 계속 흐르게 하려면 전압을 발생시켜야 하는데, 이 전압을 만들어내는 힘을 기전력이라 한다. 기전력의 크기는 전압으로 표시되며, 단위도 볼트(V)이다.

③ 전원 electric source

발전기 및 축전지는 전류가 지속적으로 흐르도록 하는 작용을 하는데, 전기가 흐르도록 하는 원천이 되는 것으로 전원이라 한다. 단위는 전압과 마찬가지로 볼트(V)를 사용한다.

(3) 저항 resistance

전자가 도체 속을 이동할 때 원자와 충돌을 하여 저항을 받는다. 이 저항은 도체가 지니고 있는 자유전자의 수·원자핵의 구조 및 도체의 형상 또는 온도에 따라서 변화한다. 이와 같이 도체 속을 전류가 흐르기 쉬운가 또는 어려운가의 정도를 표시하는 것을 전기저항이라 한다.

① 저항의 단위

도체에 흐르는 전류는 전압이 같더라도 도체의 단면적이 작으면 잘 흐르지 못하고, 도체의 단면적이 크면 전류가 잘 흐르게 되는데 이것은 도체의 저항에 의해 발생되는 것이다. 저항의 단위는 옴(Ohm, 기호는 Ω)이다.

② 물질의 고유저항

물질의 저항은 재질·형상 및 온도에 따라서 변화하며 형상과 온도를 일정하게 하면 재질에 따라서 저항값이 변화한다. 즉, 길이 1m, 단면적 $1m^2$ 인 도체의 두면 사이의 저항값을 비교하여 이를 그 재료의 고유저항 또는 비저항이라 하며, 고유저항의 기호는 로(ρ)로 표시하며, 단위는 Ωm이다.

③ 도체의 형상에 의한 저항

도체의 저항은 단면적과 길이에 따라서 변화하며 같은 재질의 전선이라도 전류가 흐르는 방향과 수직되는 방향의 단면적이 커지면 저항이 감소하고, 전류가 흐르는 길이가 증가하면 그 만큼 원자 사이를 뚫고 나가야 하므로 저항이 증가한다. 즉, 도체의 저항은 그 길이에 정비례하고 단면적에 반비례한다.

④ 절연저항

절연체의 저항은 절연체를 사이에 두고 높은 전압을 가하면 절연체의 절연 저항정도에 따라 매우 적은 양이기는 하지만 화살표 방향으로 전류가 흐른다. 절연체의 전기저항은 도체의 저항에 비하여 대단히 크기 때문에 메거 옴(MΩ)을 사용하며, 절연저항이라 부른다.

⑤ 온도와 저항의 관계

도체의 저항은 온도에 따라서 변화하며 온도의 상승에 따라서 저항값이 증가하는 것과 반대로 감소하는 것이 있다. 일반적으로 금속은 온도의 상승에 따라 저항값이 증가하지만, 탄소·반도체 및 절연체 등은 감소한다. 금속의 저항값은 온도상승에 비례하여 직선적으로 증가한다. 온도가 1℃ 상승하였을 때 저항값이 어느 정도 크게 되었는가의 비율을 표시하는 것을 그 저항의 온도계수라 한다.

⑥ 접촉저항

접촉저항이란 도체와 도체를 연결할 때 접촉면에서 발생하는 저항을 말하며, 이 접촉저항을 감소시키는 방법은 다음과 같다.

㉮ 접촉면적과 접촉압력을 크게 한다.

㉯ 같은 굵기의 전선을 사용한다.
㉰ 전선을 연결할 경우 납땜을 한다.
㉱ 단자에 볼트・너트로 체결할 경우에는 조임을 확실히 한다.
㉲ 접점은 깨끗이 청소한다.

2 전기 회로

1. 옴의 법칙과 저항의 접속 방법

1.1. 옴의 법칙 Ohm' law

전기회로를 흐르는 전압・전류 및 저항 사이에는 일정한 관계가 있다. 즉, 도체를 흐르는 전류는 도체에 가해진 전압에 비례하고, 그 도체의 저항에 반비례한다. 이 관계는 1827년 독일의 물리학자 옴(Ohm)에 의해 발견된 것으로 이를 옴의 법칙이라 한다.

$$I = \frac{E}{R}, \quad R = \frac{E}{I}, \quad E = IR$$

여기서, I : 도체에 흐르는 전류 (A)
E : 도체에 가해진 전압 (V)
R : 도체의 저항 (Ω)

1.2. 저항의 접속 방법

몇 개의 저항을 접속하는 방법에는 직렬접속과 병렬접속이 있다. 어느 접속이든 전체의 저항(R)은 전압(E)을 전체전류(I)로 나눈 $R = \frac{E}{I}$가 되며, 회로의 저항 전체를 합성 저항이라 한다.

(1) 저항의 직렬접속

몇 개의 저항을 한 줄로 접속하는 것을 직렬접속이라 하며, 전압을 이용할 때 사용한다. 저항의 직렬접속은 다음과 같은 특징이 있다.

① 합성 저항은 각 저항의 합과 같다.
② 어느 저항에서나 동일한 전류가 흐른다.
③ 전압은 나뉘어 저항 속을 흐른다. (각 저항에 가해지는 전압의 합은 전원 전압과 같다.)
④ 큰 저항과 매우 작은 저항을 연결하면 매우 작은 저항은 무시된다.

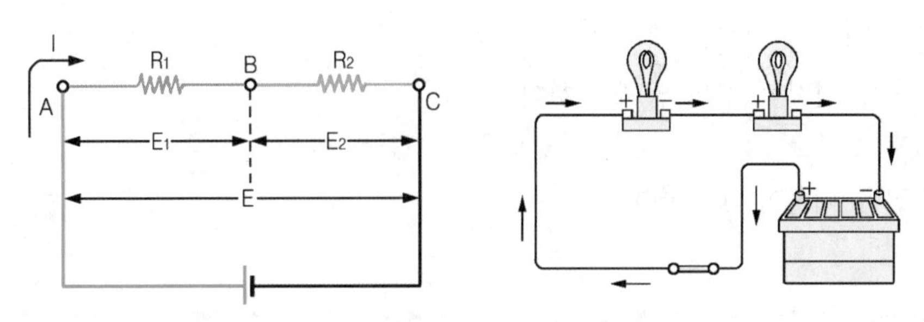

저항의 직렬접속

$E = E_1 + E_2 = I \times R_1 + I \times R_2 = I \times (R_1 + R_2)$가 되므로, A와 B 사이의 합성 저항을 R이라고 하면, $E = IR$이 되어 $IR = I(R_1 + R_2)$가 되므로 $R = R_1 + R_2$가 된다.

(2) 저항의 병렬접속

모든 저항을 두 단자에서 공통으로 연결하는 것으로 작은 저항을 얻고자 할 경우와 전류를 이용하고자 할 때 사용한다. 저항의 병렬접속의 다음과 같은 특징이 있다.

① 어느 저항에서나 똑같은 전압이 가해진다.
② 합성저항은 각 저항의 어느 것보다도 작다.
③ 병렬접속에서 저항이 감소하는 것은 전류가 나누어져 저항 속을 흐르기 때문이다.
④ 각 회로에 흐르는 전류는 다른 회로의 저항에 영향을 받지 않으므로 양 끝에 걸리는 전류는 상승한다.
⑤ 매우 큰 저항과 적은 저항을 연결하면 그 중에서 큰 저항은 무시된다.

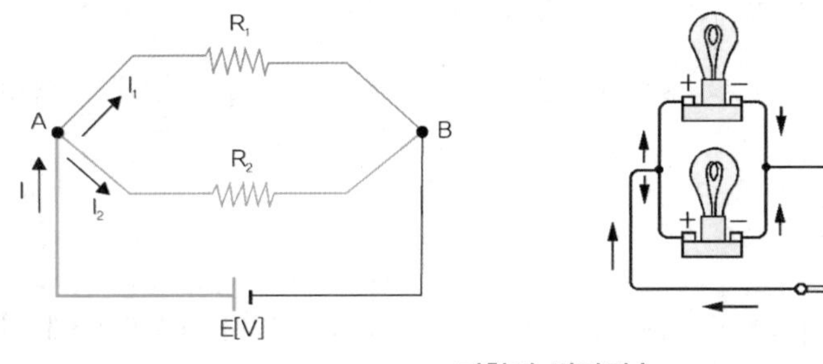

저항의 병렬접속

$I = I_1 + I_2 = \frac{E}{R_1} + \frac{E}{R_2} = E \times (\frac{1}{R_1} + \frac{1}{R_2})$가 되므로, A와 B 사이의 합성 저항을 R이라고 하면, $I = \frac{E}{R}$이 되어 $\frac{E}{R} = E \times (\frac{1}{R_1} + \frac{1}{R_2})$가 되므로 $\frac{1}{R} = \frac{1}{R_1} + \frac{1}{R_2}$가 된다. 결국 합성 저항(R)은 $R = \frac{1}{\frac{1}{R_1} + \frac{1}{R_2}} = \frac{R_1 \cdot R_2}{R_1 + R_2}$이 된다.

(3) 저항의 직 · 병렬접속

직 · 병렬접속이란 직렬접속과 병렬접속을 혼합한 접속 방식이며, 그 특징은 다음과 같다.

① 합성 저항은 직렬합성 저항과 병렬합성 저항을 더한 값이 된다.

② 회로에 흐르는 전류와 전압이 상승한다.

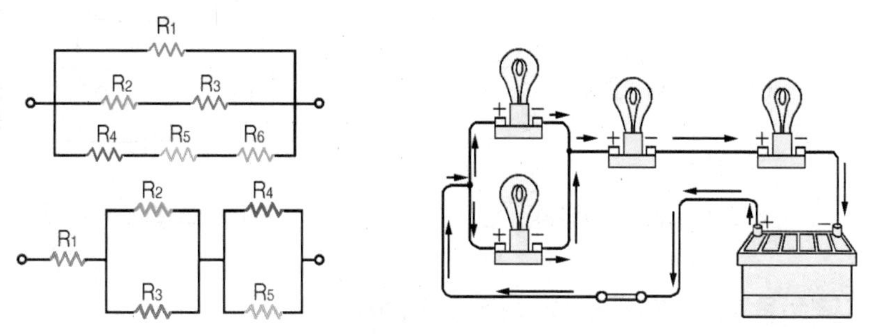

저항의 직· 병렬접속

직렬접속의 합성 저항식과 병렬접속의 합성 저항식을 더하면 혼합접속 방식의 합성 저항 (R)은 $R = R_1 + \dfrac{R_2 \cdot R_3}{R_2 + R_3}$이 된다.

1.3. 전압 강하 voltage drop

전기 에너지를 소모하는 부품에 전류가 흐를 때 도중의 전선저항(R) 때문에 $I \times R(V)$의 전압이 소비되며, 이 전압은 전원에서 나감에 따라 점점 낮아진다. 그림과 같이 단자 전압이 E(V), 저항이 R(Ω)인 전선을 통하여 전구에 전류 I(A)를 흐르게 하면 1개의 전선에서 $I \times R(V)$의 전압을 소비하며 (+), (−)의 왕복 2개의 전선에서는 $2 \times I \times R(V)$가 소모되어 전장 부품의 양끝 CD의 전압 E_L은 $E - 2 \times I \times R(V)$가 된다. 이와 같이 전기 회로에서 사용하고 있는 전선의 저항이나 회로 접속 부분의 접촉 저항 등에 소모되는 전압을 그 저항에 의한 전압 강하라 한다. 전압 강하가 커지면 전장 부품의 기능이 저하하므로 회로에 사용하는 전선은 알맞은 굵기이어야 한다.

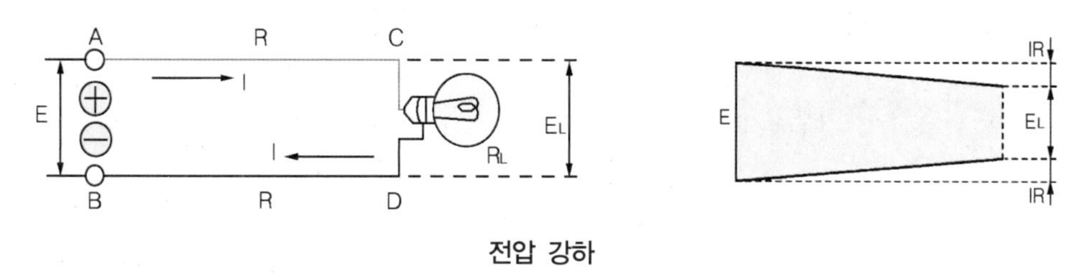

전압 강하

2. 키르히호프의 법칙

복잡한 회로의 전압 · 전류 및 저항을 다룰 경우에는 옴의 법칙을 발전시킨 키르히호프의 법칙을 사용한다. 즉, 전원이 2개 이상인 회로에서 합성전력 측정이나 복잡한 회로망의 각 부분의 전류분포 등을 구할 때 사용하며 제1 법칙과 제2 법칙이 있다.

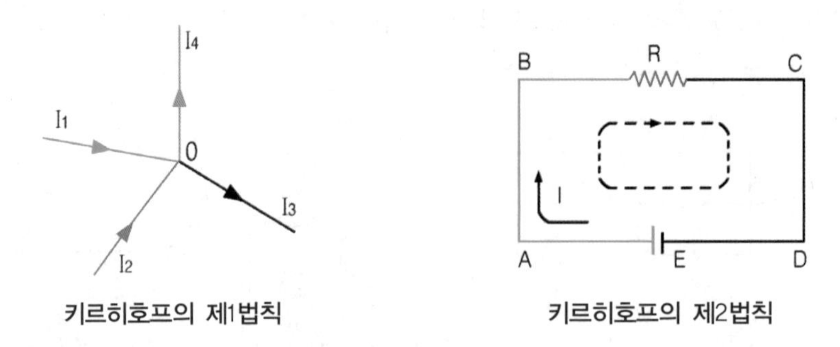

키르히호프의 제1법칙 키르히호프의 제2법칙

2.1. 키르히호프의 제1 법칙 (전류 법칙)

이 법칙은 전류에 관한 공식으로 직렬회로에서의 전체전류는 각 저항을 통하여 흐르나 병렬회로에서는 전체 회로가 2개소 이상의 회로에 나누어져 흐르며, 이 전류는 그 통로를 통하여 흐른 후 다시 합쳐져 흐른다. 또 직·병렬회로에서는 회로의 어떤 부분은 2개소 이상의 통로로 구성되어 있으며, 다른 어떤 부분은 1개소의 통로만으로 구성되어 있다. 그러나 회로의 연결과는 관계없이 "회로 내의 어떤 한 점에 유입된 전류의 총합과 유출한 전류의 총합은 같다."

$$I_1 + I_2 = I_3 + I_4 \quad , \quad (I_1 + I_2) - (I_3 + I_4) = 0$$

$$\sum 유입전류 = \sum 유출전류$$

2.2. 키르히호프의 제2 법칙 (전압 법칙)

이 법칙은 전압에 관한 공식이며, 그림에서 기전력 E(V)에 의해 R(Ω)의 저항에 I(A)의 전류가 흐르는 회로에서 옴의 법칙에 따라 E = I×R이 된다. 즉, "임의의 폐회로(하나의 접속점을 출발하여 전원·저항 등을 거쳐 본래의 출발점으로 되돌아오는 닫힌 회로)에 있어 기전력의 총합과 저항에 의한 전압강하의 총합은 같다."

$$V_1 + V_2 = IR_1 + IR_2 \quad , \quad \sum V = \sum RI$$

3. 전력과 전력량

3.1. 전력(電力)

전구나 전동기 등에 전압을 가하여 전류를 흐르게 하면 빛이나 열이 발생하고 또 기계적인 일을 한다. 이처럼 전기가 하는 일의 크기를 전력이라고 하며 전력은 전압과 전류가 클수록 커진다. E(V)의 전압을 가하여 I(A)의 전류를 흐르게 할 경우 전력 P(W)는 아래의 식으로 표시된다.

$$P = EI$$

$$P = EI = IR \times I = I^2R \quad \text{즉}, P = I^2R$$

$$P = EI = \frac{E}{R} \times E = \frac{E^3}{R}$$

3.2. 전력량(電力量)

전류가 어떤 시간 동안에 한 일의 총량을 전력량이라고 하며 전력과 그 전력을 사용한 시간과의 곱한 값으로 표시된다. P[W]의 전력을 t초(sec) 동안 사용하였을 때 전력량[W]은 W = Pt (와트 초 또는 줄(Joule, 기호 J), 그리고 I[A]의 전류가 R[Ω]의 저항 속을 t초 동안 흐르는 경우에는 $W = I^2Rt$의 전력량이 모두 열로 되어 소비되기 때문에 이때 발생하는 열량을 H 칼로리(cal)라 하면 $H \simeq 0.24I^2Rt$ (cal)의 관계 공식이 유도되며 이를 줄의 법칙(Joule' Law)이라 한다.

전선의 허용전류

전선에 전류가 흐르면 전류의 제곱에 비례하는 줄 열이 발생하며 이 열이 절연피복을 변질시키거나 손상되어 전기화재의 원인이 된다. 이에 따라 전선에는 안전한 상태로 사용할 수 있는 전류값이 정해져 있는데 이것을 허용전류라 한다.

3.3. 퓨즈 fuse

퓨즈는 단락으로 인하여 전선이 타거나 과대 전류가 부하로 흐르지 않도록 하는 것이며, 회로 중에 직렬로 접속되어 있다. 퓨즈는 용융점(melting point)이 약 70℃ 정도이며 납 + 주석 + 창연 + 카드뮴의 합금으로 되어 있다. 퓨즈는 전선의 온도가 상승하거나 부하에 과대전류가 흐를 때 녹아 끊어져 회로를 차단한다.

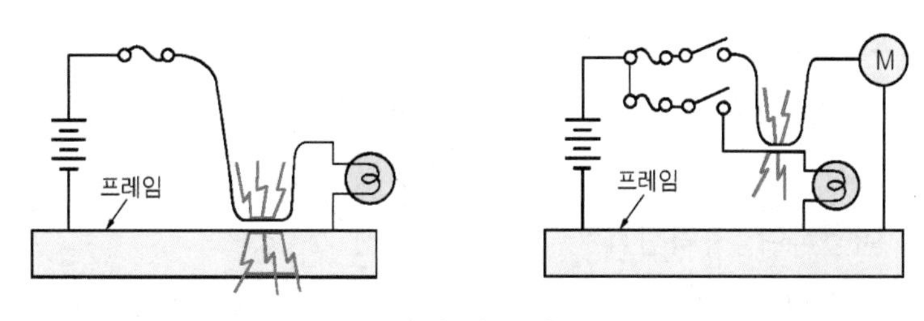

퓨즈가 있는 회로

4. 자기와 전기의 관계

4.1. 자기 magnetism

자철광은 철이나 니켈 등을 흡인하는 성질을 지니고 있는데 이 성질을 자성(磁性)이라 하며, 흡인하는 힘을 자기(磁氣)라 하고, 자성을 지니고 있는 물체를 자석이라 부른다. 직류발전기의 계자철심에서 사용되는 영구자석과 기동전동기의 솔레노이드 스위치에서와 같이 코일에 전류를 흐르게 하면 자석이 되는 인공자석(전자석) 등이 있다.

4.2. 쿨롱의 법칙 Coulomb's Law

자석의 자극세기는 그 부근에서 다른 자석을 놓았을 때 양쪽 자극 사이에 작용하는 흡인력 또는 반발력의 크기를 표시한다. 즉, 2개의 자극의 세기를 각각 M_1, M_2 라 하고 자극 사이의 거리를 r이라 하면 양쪽 자극 사이에 작용하는 힘 F는 다음의 관계 공식으로 표시된다.

$$F \propto \frac{M_1 \times M_2}{r^2}$$

이 공식에서 알 수 있듯이 자석의 흡입력 또는 반발력은 거리의 2승에 반비례하고, 자극의 세기의 상승 곱($M_1 \times M_2$)에 비례한다. 이것을 쿨롱의 법칙이라 한다.

4.3. 자계와 자력선

자석이 작용하는 범위를 자계(磁界) 또는 자장(磁場)이라 하고 자력이 작용하는 방향을 자력선(磁力線)이라 한다.

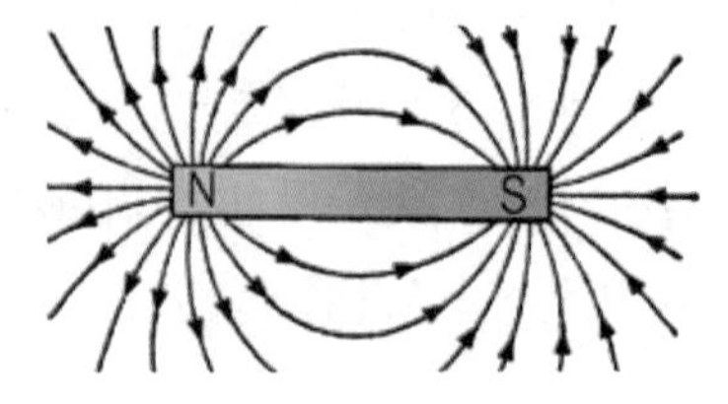

자력선

4.4. 자기유도 작용

자기를 지니지 않은 철이나 니켈 등에 자석을 접근시키면 잡아당기게 되는데 이것은 자석이 형성하는 자계에 의하여 철이나 니켈이 자기를 띠어 자석이 되기 때문이다. 즉, 철편을 자석에 가까이 접근시키면 철편은 자극에서 먼 쪽에 같은 종류의 자극을, 가까운 쪽에 다른 종류의 자극이 생겨 자극에 흡인되는 현상을 자기유도 작용이라 한다.

4.5. 자속과 자기회로

자속은 공기 중에서는 N극에서 S극으로 들어가고 자석 내부에서는 S극에서 N극으로 이동하며 자력선과 자속의 관계는 물질에 자력선이 통과

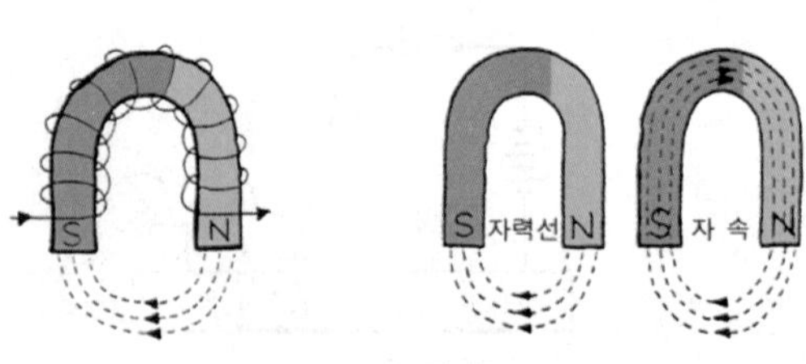

자속과 자기회로

하는 비율로 결정되므로 자력선이 증가하면 자속도 증가한다. 자속의 양을 표시하는 단위는 웨버(Wb)이며, 자속이 링(ring)모양으로 되어 통과하는 회로를 자기회로라 한다.

5. 전류가 형성되는 자계

두꺼운 종이에 구멍을 뚫고 전선을 통과시킨 후 전선에 전류를 흐르게 하고 종이 위에 쇳가루를 뿌리면 쇳가루는 전선을 중심으로 하여 여러 갈래의 링 모양을 형성하는데 이것은 전선에 전류가 흐르면 전선 주위에 맴돌이 자력선이 발생하기 때문이다.

5.1. 앙페르의 오른나사 법칙

전류의 방향을 오른나사의 진행 방향에 일치시키면 자력선의 방향은 오른나사가 회전하는 방향과 일치한다는 것을 앙페르의 오른나사 법칙이라 한다. 전류의 방향 표기는 그림과 같다.

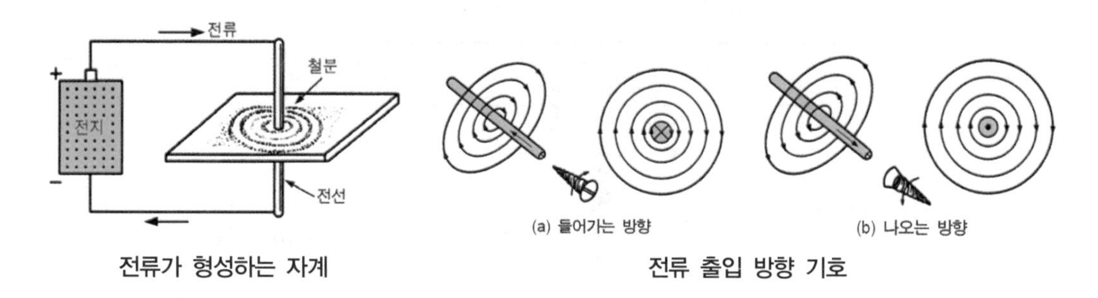

전류가 형성하는 자계   전류 출입 방향 기호

5.2. 코일이 형성하는 자계

전선을 코일모양으로 여러 번 감고 전류를 흐르게 하면 자력선의 세기는 각코일에서 발생하는 자력선의 합이 되며, 자력선이 나오는 쪽이 N극, 들어가는 쪽이 S극이며, 이때 자계는 코일의 바깥쪽과 안쪽에서 하나로 연결된다. 코일 주위의 자계는 전류가 많이 흐를수록, 코일의 권수(卷數)가 많을수록 크다.

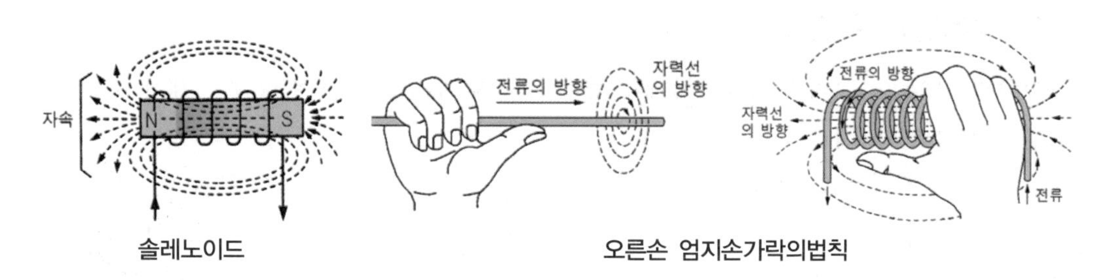

솔레노이드   오른손 엄지손가락의법칙

(1) 솔레노이드 solenoid

솔레노이드란 코일을 여러 번 감고 전류를 흐르게 하였을 때 자석이 되도록한 기구를 말한다.

(2) 오른손 엄지손가락의 법칙

코일에 발생하는 자력선을 보면 막대자석의 자력선과 비슷하며, 코일의 자력선의 방향을 알고자 할 때 앙페르의 오른손 엄지손가락의 법칙을 사용하면 된다.

6. 전자력

6.1. 전자력의 발생

전류가 흐르는 도체의 주위에는 자계가 발생하며, 근처에 있는 쇳조각 등에는 흡인력이 작용한다. 따라서 전류가 흐르고 있는 도체의 부근에 자극을 놓으면 그 자극에 힘이 작용한다. 이때 자극을 고정하고 도체를 자유롭게 움직일 수 있도록 하면 그 힘이 도체에 작용하여 도체가 움직이게 된다. 이 힘을 전자력(electromagnetic force)이라 한다.

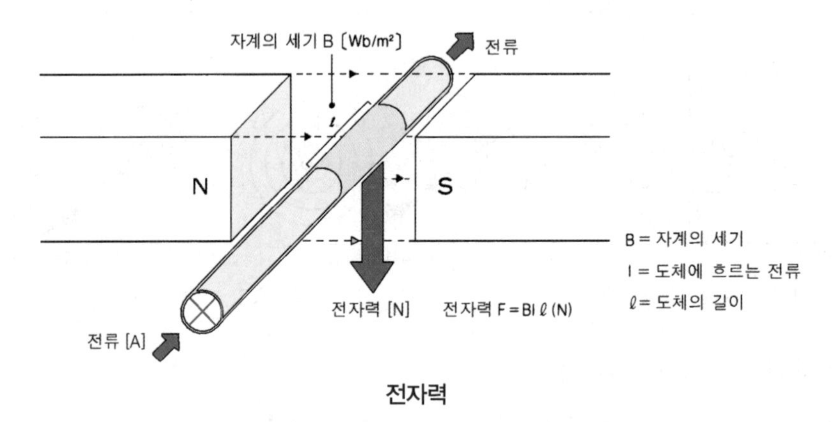

전자력

이 전자력의 크기는 자계의 방향과 전류의 방향이 직각일 때 가장 크며, 도체의 길이, 전류의 크기 및 자계의 세기 등에 비례해서 증가한다. 전자력을 받는 방향은 도체에 흐르는 전류의 방향과 주위의 자계 방향에 따라 결정된다.

6.2. 플레밍의 왼손법칙 Fleming's left hand rule

자력선의 방향, 전류의 방향 및 도체가 움직이는 힘의 방향에는 일정한 관계가 있다. "왼손의 엄지손가락, 인지 및 가운데 손가락을 서로 직각이 되게 펴고, 인지를 자력선의 방향에 가운데 손가락을 전류의 방향에 일치시키면 도체에는 엄지손가락 방향으로 전자력이 작용한다."는 법칙이다.

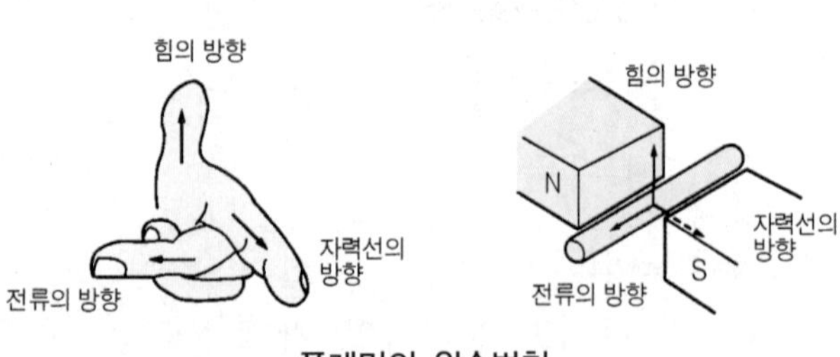

플레밍의 왼손법칙

7. 전자유도 작용

7.1. 전자유도를 발생시키는 방법

전자유도를 발생시키는 방법에는 도체와 자력선과의 상대운동에 의하는 방법과 도체에 영향하는 자력선을 변화시키는 방법이 있다.

(1) 도체와 자력선과의 상대 운동에 의하는 방법

자계 내에 자력선과 직각이 되도록 도체를 넣고 그 양 끝에 전류계를 접속한 후 도체를 자력선과 직각방향으로 움직이면 도체에 전류가 발생되어 전류계의 바늘이 움직이게 된다. 여기서 도체나 자석 중 어느 것을 움직여도 전류계 바늘이 움직이며, 움직이는 방향을 반대로 하면 전류계 바늘의 움직임도 반대방향이 된다. 또 도체를 움직이는 속도가 증가할수록 전류계 바늘의 움직임도 커지며, 정지하면 전류계 바늘의 움직임도 정지한다.

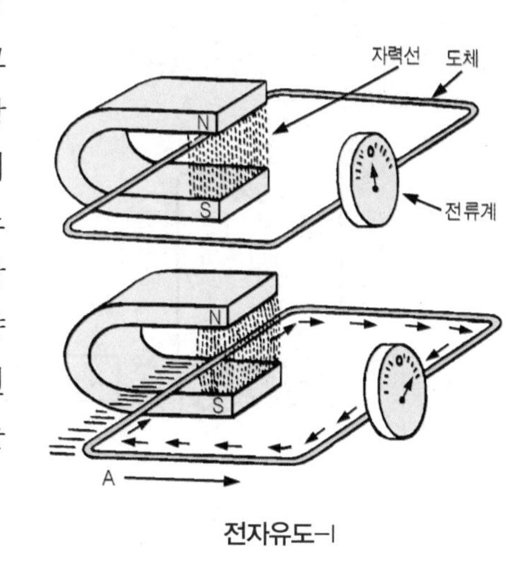

전자유도-I

(2) 도체에 영향하는 자력선을 변화시키는 방법

코일에 자석을 가까이 하였다가 멀리하던가, (b)와 같이 코일과 대립한 다른 코일의 전류를 증감시키든지, (c)와 같이 코일 자신의 전류를 증감하여 그 자속수를 증감시키면 코일에 기전력이 발생한다.

이것은 코일 내를 통과하는 자속수가 변화하면 변화된 양에 상당하는 자력선과 코일이 교차하게 되므로 이 변화가 계속되는 동안 그 코일에 기전력이 발생한다.

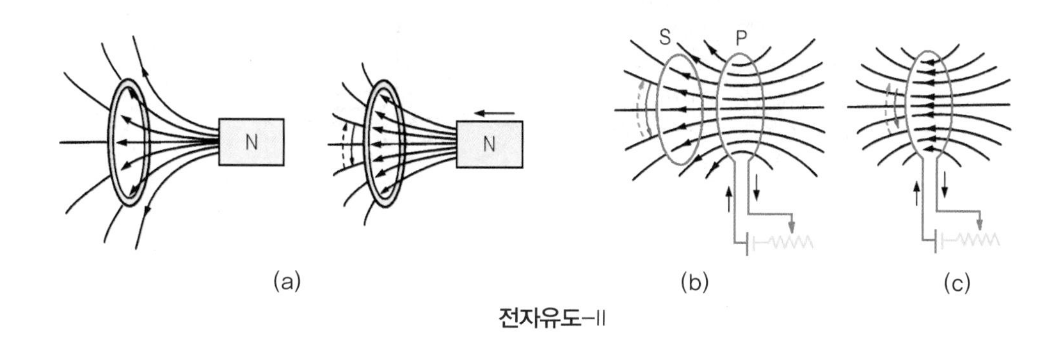

전자유도-II

7.2. 유도 기전력의 방향

(1) 렌츠의 법칙 Lenz' Law

"도체에 영향하는 자력선을 변화시켰을 때 유도 기전력은 코일 내의 자속의 변화를 방해하는 방향으로 생긴다." 이것을 렌츠의 법칙이라 한다. 즉, 자석을 코일에 접근시킬 경우에는 자석으로부터 가까운 쪽에 같은 종류의 극이 생기도록 코일에 기전력이 발생되어 자석의 접근을 방해한다. 또 자석을 코일에서 멀리할 경우에는 자석으로부터 가까운 쪽에 다른 종류의 극이 생기도록 기전력이 발생하여 자석이 멀리 가려는 것을 방해한다.

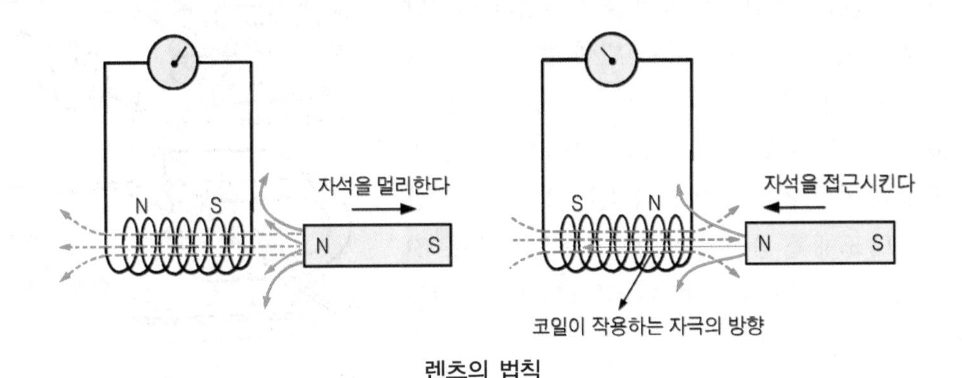

렌츠의 법칙

(2) 플레밍의 오른손 법칙 Fleming's right hand rule

"오른손 엄지 손가락, 인지, 가운데 손가락을 서로 직각이 되게 하고 인지를 자력선의 방향에, 엄지손가락을 운동의 방향에 일치시키면 가운데 손가락이 유도 기전력의 방향을 표시한다." 이것을 플레밍의 오른손 법칙이라 하며, 발전기의 원리로 사용된다.

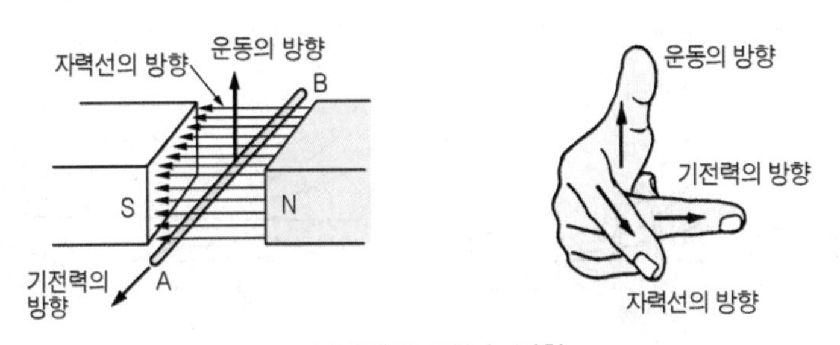

플레밍의 오른손 법칙

7.3. 맴돌이 전류 Eddy Current

도체 속을 자력선이 통과하고 있을 때 그림(a)와 같이 자력선이 변화하던가(이 경우에는 자력선이 증가된 상태임), (b)와 같이 도체와 자력선이 상대 운동을 하면 전자유도 작용에 의하여 도체 중에 기전력이 발생하며, 이 기전력으로 인하여 흐르는 유도전류는 그 도체 중에서 저항이 가장 적은 통로를 통하여 맴돌이(와류)를 형성하면서 흐른다. 이와 같은 전류를 맴돌이 전류라 한다.

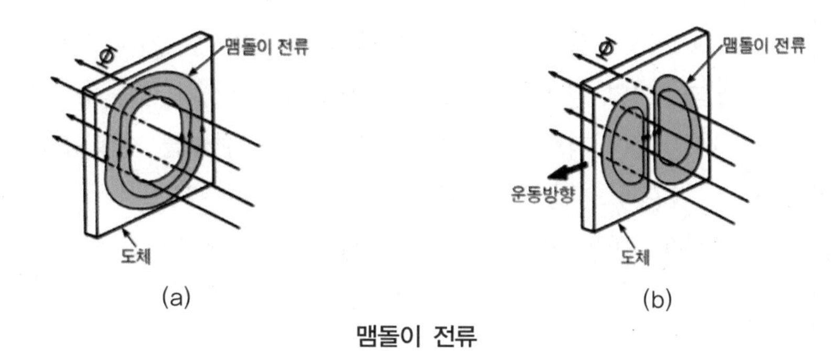

맴돌이 전류

8. 자기유도와 상호유도 작용

8.1. 자기유도 작용

코일(coil) 자신에 흐르는 전류를 변화시키면 코일과 교차하는 자력선도 변화하므로 그 변화를 방해하려는 방향으로 기전력이 발생한다. 이와 같은 전자유도 작용을 자기유도 작용(self induction)이라 한다. 자기유도 작용은 코일의 권수가 많을수록, 철심이 들어 있을수록 커진다. 즉, 그림에서 스위치를 닫으면(ON) 자기유도 작용에 의해 전류의 반대방향으로 흐르는 기전력이 코일내부에서 발생하며, 이로 인하여 전류는 비교적 천천히 증가하여 일정값을 유지한다. 이때는 자속의 변화속도가 작기 때문에 코일 내에 발생하는 기전력도 전원(축전지)전압보다 높아지지 않는다. 그러나 스위치를 열면 자력선이 급격히 감소하므로 큰 유도 기전력이 발생한다. 이에 따라 자기유도 작용도 그 만큼 크게 되어 전원 전압보다 훨씬 높은 전압이 발생하게 된다. 일반적으로 자기유도 작용에 의해 발생하는 기전력은 전류의 변화 속도에 비례한다.

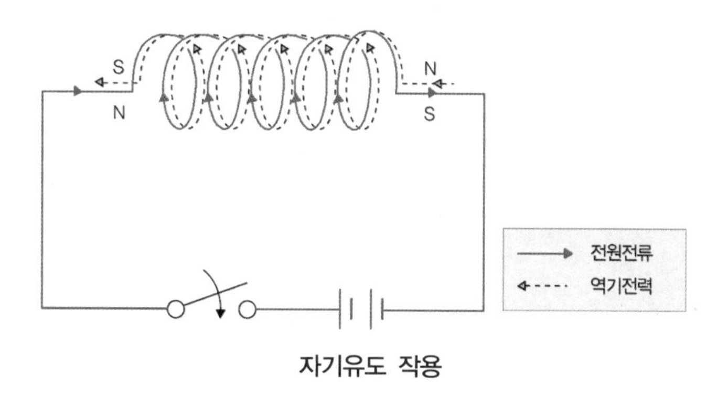

자기유도 작용

8.2. 상호유도 작용

A, B의 2개 코일을 가까이한 후 A코일에 흐르는 전류를 스위치로 열면 B코일에 기전력이 발생한다. 이것은 A코일의 전류에 의하여 발생한 자력이 스위치의 열림에 따라 전류와 함께 변화하기 때문이다. 이와 같이 하나의 전기회로에 자력선의 변화가 발생하였을 때 그 변화를 방해하려고 다른 전기회로에 기전력이 발생하는 현상을 상호유도 작용(mutual induction)이라 하며, 전원과 연결된 A코일을 1차 코일, B코일을 2차 코일이라 한다. 자동차에서는 점화코일의 2차 코일에서 상호유도 작용을 이용하여 약 25,000~30,000V의 높은 전압을 얻는다.

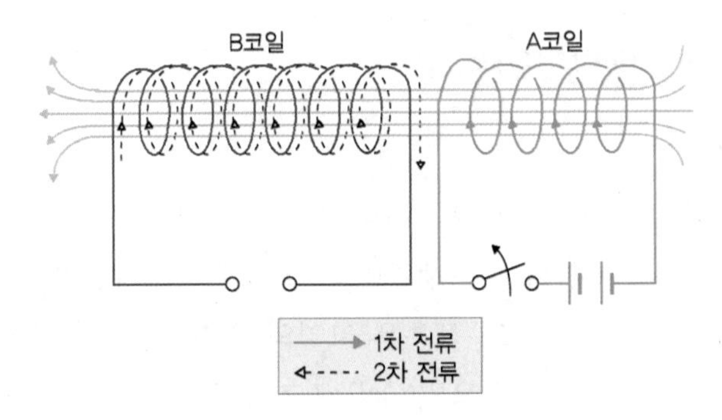

상호유도 작용

CHAPTER 02

반도체

1 반도체의 개요

반도체란 도체와 절연체 사이에 있으면서 어느 것에도 속하지 않는 물질로 고유저항을 10^{-3}~ $10^{6}\Omega$cm 정도 지니고 있으며, 실리콘(Si) · 게르마늄(Ge) 및 셀렌(Se) 등이 있다. 이들의 결정은 상온에서도 몇 개의 자유전자가 있기 때문에 열이나 빛 등의 에너지를 가하면 원자핵의 구속을 이기고 튀어나오는 전자의 수가 증가한다. 즉, 온도가 상승하면 고유저항이 낮아지는 성질을 나타내며, 특히 다음과 같은 성질을 지닌 것을 일반적으로 반도체(semi conductor)라 한다.

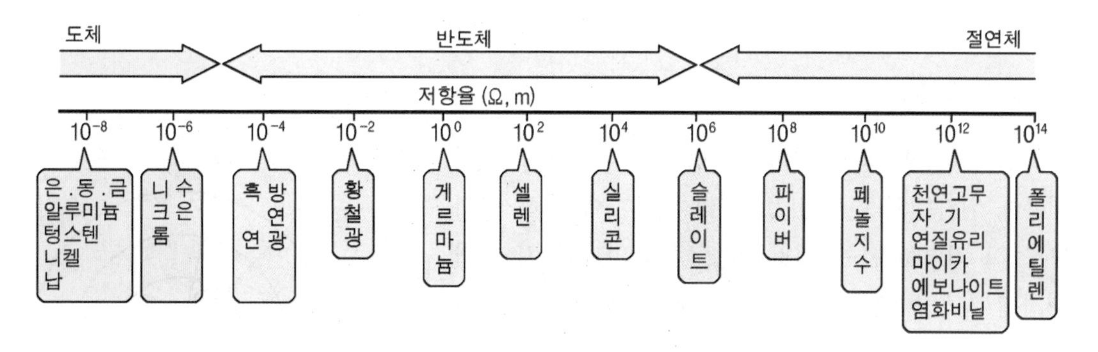

각 물질의 고유저항

① 전기저항의 온도계수가 부(−)이다. 즉, 온도가 상승하면 저항값이 감소한다.

② 다른 원자를 매우 작은 양이라도 혼합하면 전기저항이 크게 변화한다.

③ 빛을 비추면 전기저항이 변화한다.

④ 교류(AC) 전원에 접속하면 발광(發光)한다.

2 반도체의 기초사항

게르마늄이나 실리콘의 결정은 상온에서도 몇 개의 자유전자 있으며, 여기에 높은 전압이나 온도 등을 가하면 전기저항의 변화로 인하여 공유결합이 파괴되어 전자의 이동이 쉬워진다. 따라서 게르마늄과 실리콘에 매우 작은 양의 다른 원소를 첨가하여 전압이나 온도에 대하여 민감하게 반응하는 반도체 성질을 얻을 수 있다. 반도체의 성질은 다음과 같다.

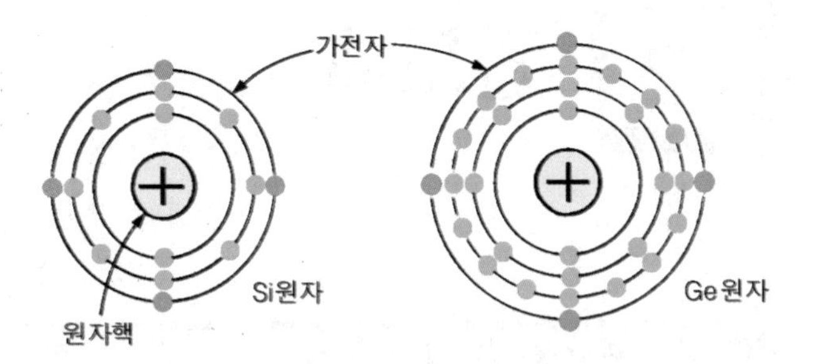

실리콘과 게르마늄 원자

① 다른 금속이나 반도체와 접속하면 정류작용(다이오드의 경우), 증폭작용 및 스위칭 작용(트랜지스터의 경우)을 한다.
② 빛을 받으면 고유저항이 변화한다(포토다이오드의 경우).
③ 열을 받으면 전기저항값이 변화하는 지백(zee back)효과를 나타낸다.
④ 압력을 받으면 전기가 발생한다(반도체 피에조 저항형의 경우).
⑤ 자력(磁力)을 받으면 도전도가 변화하는 홀(hall)효과를 나타낸다.
⑥ 전류가 흐르면 열을 흡수하는 펠티에(peltie)효과를 나타낸다.
⑦ 매우 적은 양의 다른 원소를 첨가하면 고유저항이 크게 변화한다.

1. 가전자의 작용

가전자는 원자핵으로부터 가장 멀리 떨어져 있기 때문에 원자핵의 인력(引力)이 다른 전자에 비해 약하므로 그 인력보다 큰 전압, 열, 빛 등의 에너지가 가해지면 가장 바깥쪽 궤도로부터 튀어나와 자유전자가 된다. 어떤 원자로부터 1개의 가전자가 튀어나온다고 가정하면, 그 원자는 1개 분량만큼 음(−)전하를 상실한 것이 되므로 그때까지의 전기적 평형이 무너져 원자는 양(+)전하를 지니게 된다. 또 1개라도 다른 것으로부터 전자를 받으면 1개 분량만큼 음(−)전하가 증가한 것이 되어 원자는 음(−)전하를 가지게 된다.

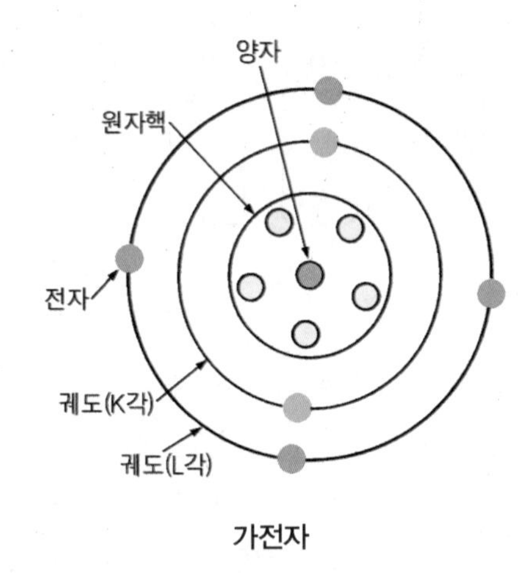

가전자

2. 반도체의 결합

1개의 실리콘 원자는 인접한 4개의 원자와 가전자를 공유하여 결합하여 있다. 또 실리콘 원자는 다이아몬드 구조라 부르는 공유결합이기는 하지만 다이아몬드 원자와는 다르게 그 결합은 비교적 약하다. 이 결합의 강약이 물질의 전도성과 관계가 있다. 실리콘과 같이 4개의 가전자를 가지고 공유하고 있는 물질에는 게르마늄, 납, 주석, 다이아몬드 등이 있다. 이 중에서 공유결합이 가장 강한 다이아몬드는 외부로부터 에너지를 가해도 결합이 깨지지 않으므로 절연체이나, 실리콘이나 게르마늄은 공유결합의 세기가 절연체와 도체의 중간에 있으므로 반도체라 부르며, 약간의 전도성이 있다.

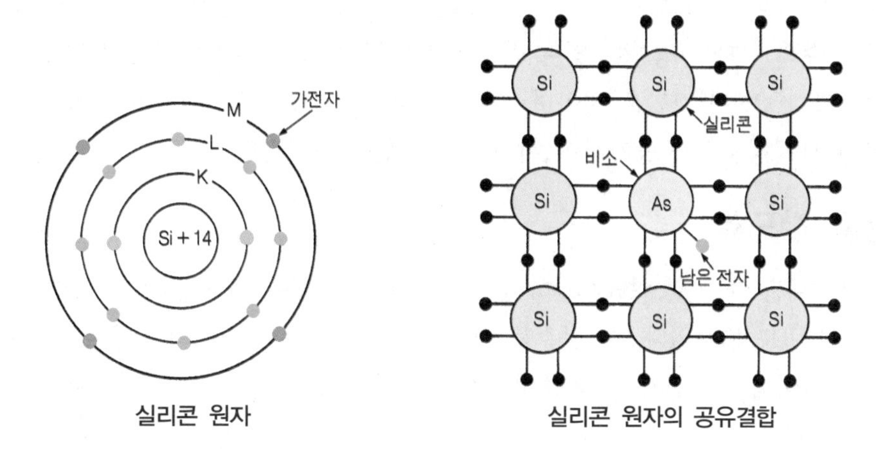

실리콘 원자   실리콘 원자의 공유결합

3. 반도체의 전류흐름

반도체에서 공유결합을 하고 있는 원자들의 결합이 절연체보다 약하다고 하는 것은 외부로부터 에너지가 가해지면 결합되어 있는 원자의 가전자가 떨어져 자유전자가 되기 때문이다. 예를 들어 실리콘에 전압을 가하면 가전자에는 전류의 흐름방향과 반대방향으로 힘이 작용되고 이 상태에서 전압을 서서히 높이면 어떤 점에서 전압에 의한 힘이 원자핵으로부터의 인력보다 크므로 가전자는 궤도에서 튀어나와 자유전자가 된다. 가전자가 자유전자로 되면 그때까지 가전자가 있었던 곳에 전자가 존재하지 않는 빈자리가 발생하게 되는데 이것을 정공(hole)이라 하며, 자유전자가 지니는 음(−)전하에 대해서 양(+)전하를 가지고 있는 것으로 된다. 이 정공은 가까이 돌고 있는 자유전자를 붙잡아 빈자리를 메우려고 한다. 이상으로부터 반도체의 양 끝에 전압을 가하면 음(−)전하의 자유전자를 가진 자유전자는 전극(+)방향 (전류흐름의 반대방향)으로 이동하고, 양(+)전하를 가진 정공은 전극(−)방향 (전류흐름과 같은 방향)으로 이동하게 되어 전류가 흐른다. 또 자유전자와 정공의 수는 반도체에 가해지는 전압이 높을수록 증가하므로, 반도체에 흐르는 전류도 정공에 따라 증가한다. 그리고 자유전자와 정공은 반도체의 전기전도를 관장하므로 캐리어(carrier ; 전기 운반자)라 부른다.

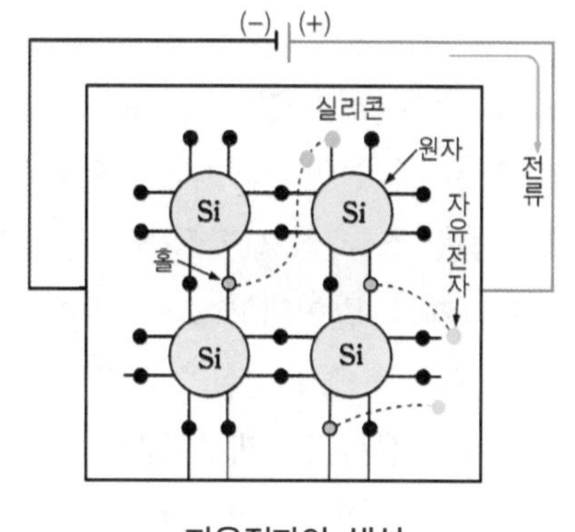

자유전자의 생성

3 반도체의 분류

1. 진성(순물질) 반도체

진성 반도체란 다이오드나 트랜지스터 등을 제작하는 게르마늄이나 실리콘이며, 이들은 결정이 같은 수의 전자와 정공이 있는 반도체를 말한다. 즉, 다른 원자가 거의 섞이지 않은 것으로 순도가 100%에 가까운 것이며, 여기에 외부로부터 전압, 열, 빛 등의 에너지를 가하면 자유전자나 정공수가 증가하여 서서히 전도성이 높아진다.

2. 불순물 반도체

불순물 반도체는 다른 원소를 혼합하여 전류 흐름이 쉽도록 제작한 것이며, 여기에는 P형 반도체와 N형 반도체가 있다. 이 불순물 반도체에 첨가하는 불순물의 작용은 2가지인데 하나는 반도체 사이의 자유전자 수를 증대시키는 일이며, 또 다른 하나는 반도체 내의 정공을 증가시키는 일이다.

2.1. N형 반도체 negative semi conductor

N형 반도체는 실리콘의 결정(가전자 4개)에 5가의 원소(가장 바깥쪽에 5개의 가전자가 있는 물질)인 비소(As), 안티몬(Sb), 인(P) 등을 조금 섞으면 5가의 원자가 실리콘 원자 1개를 밀어내고 그 자리에 들어가 실리콘 원자와 공유결합을 한다. 이때 5가의 원자에는 전자가 1개가 남게 되며, 이때 남은 전자를 과잉전자라 한다. 이 과잉전자는 원자에 구속되는 힘이 약하기 때문에 약간의 에너지로 반도체의 결정 속을 자유롭게 이동할 수 있는 자유전자가 된다. 이 자유전자가 전기의 캐리어(carrier)가 되며, 5가의 원자를 혼합한 반도체는 (−)로 대전한 자유전자의 수가 (+)로 대전한 정공보다 많아 N형 반도체라 한다. 이와 같이 인위적으로 자유전자를 만들기 위하여 혼합하는 5가의 전자를 도너(donor)라 부른다.

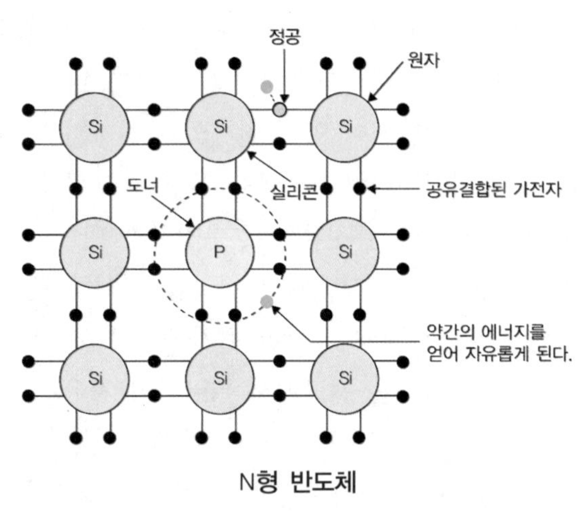

N형 반도체

2.2. P형 반도체 positive semi conductor

P형 반도체는 실리콘의 결정에 3가의 원소인 알루미늄(Al), 인듐(In), 붕소(B) 등의 원소를

첨가하면 실리콘 원자와 공유결합을 한다. 이때 3가의 원소에는 가전자가 3개이므로 전자가 부족하게 되고 전자가 부족하다는 것은 (+)전기를 지니는 정공이 발생하였다는 의미가 되며, 이 정공은 전기의 캐리어(carrier)가 된다. (+)라는 의미에서 P형 반도체라 하며, 이와 같이 인위적으로 정공을 만들기 위하여 혼합하는 3가의 원소를 억셉터(acceptor)라 한다.

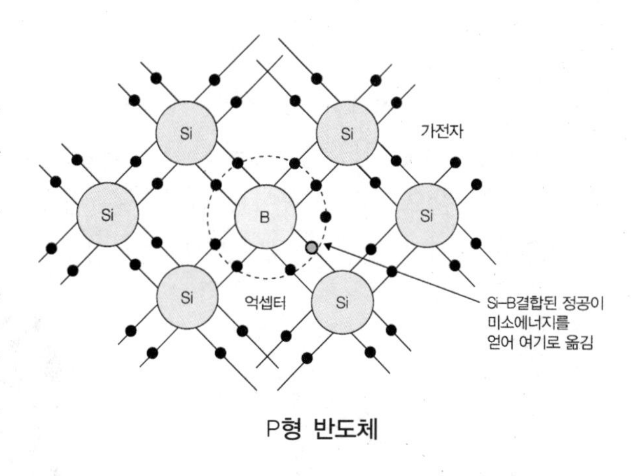

P형 반도체

3. 불순물 반도체의 전류흐름

불순물 반도체에 전압, 열, 빛 등의 에너지를 가하면 (+), (−)의 전기가 결합하여 중성의 상태에서 전자가 튀어나와 전기를 운반하는 작용을 한다. 이때 전자가 튀어 나간 자리에는 정공만 남게 된다. 정공이 발생한 상태는 전자가 부족한 상태이므로 이 정공은 가까이 있는 전자를 흡인하여 안정상태가 되려고 한다.

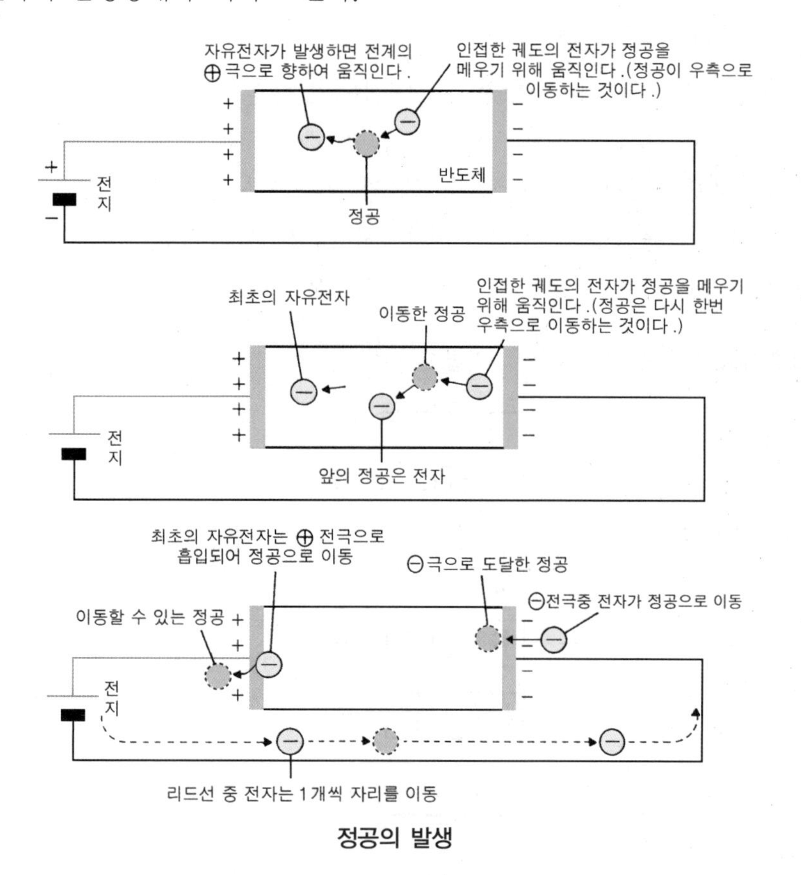

정공의 발생

(+)점을 정공이라 하면 가까이 있는 a점의 전자가 이동하여 메우고, a점의 전자가 이동하면 다시 b점의 전자가 이동하여 메우며, 이와 같은 작용을 하여 c점에 정공이 계속 발생하게 된다. 이것은 정공이 a → b → c로 움직인 것과 같다. 전자가 이동하는 것은 전류가 흐르는 것과 같으므로, 정공이 움직인 것은 전류가 흐른 것과 같다. 정공은 전지의 (−)쪽으로 흐르므로 그 방향은 전류의 방향과 같다.

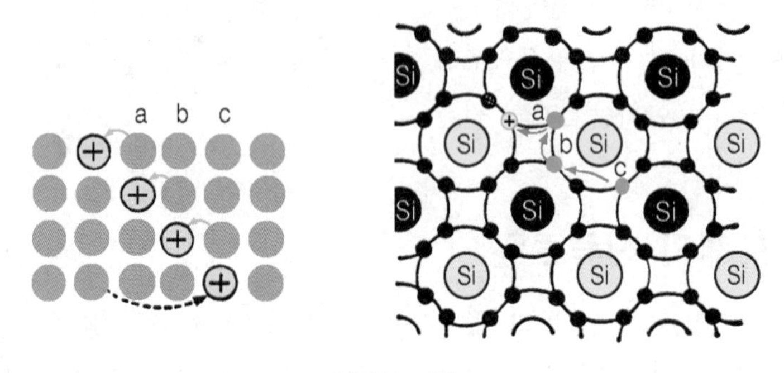

정공의 이동

4. PN 반도체의 접합

4.1. PN 반도체 접합의 종류

다이오드, 트랜지스터, 사이리스터 등은 PN접합을 기본으로 하여 제작한 반도체 소자이며, PN접합이라 하여 마치 P형 반도체와 N형 반도체를 접착제로 붙여서 만든 것 같지만 실제는 연속적으로 P층에서 N층으로 변화해 가는 구조를 형성하고 있다. 이와 같이하여 PN 접합면이 1개인 것을 단접합, 2개인 것은 2중 접합, 3개 이상은 다중 접합이라고 한다. 반도체 소자를 접합면 수에 따라 분류하면 아래 표와 같다.

접합의 내용	접합도	적 용
무접합	P N	서미스터, 광전도 셀(CdS)
단접합	PN	다이오드, 제너다이오드, 단일 접합 또는 단일 접점 트랜지스터
이중 접합	PNP NPN	PNP 트랜지스터, NPN 트랜지스터, 가변 용량 다이오드, 발광 다이오드, 트랜지스터
다중 접합	PNPN	사이리스터, 트랜지스터, 트라이악

4.2. PN 반도체 접합의 특징

게르마늄이나 실리콘의 결정을 만들 때 도너나 억셉터를 혼합하면 결정의 일부분을 P형과 N형의 영역으로 할 수 있는데 이와 같이 P형과 N형의 영역이 접합된 상태를 PN접합이라 한다. P형과 N형이 접합되면 접합면 부근의 영역에서 정공은 P형에서 N형으로, 자유전자는 N형에서 P형으로 확산되어 이동할 수 있는 캐리어(carrier)의 농도가 양쪽의 결정으로 평형을 유지하도록 되어 있다. 따라서 P형과 N형의 접합부에서는 정공과 자유전자가 부족한 결핍층이 생긴다. 이 결핍층은 정공과 자유전자의 이동을 방해하므로 P형 영역과 N형 영역의 캐리어는 평형을 이룬 상태가 된다. 그리고 전계(field)가 발생한 결핍층에서는 전위구배가 있어 캐리어가 결핍층을 통과하려면 이 전위구배를 올라가야 한다. 이에 따라 전위구배는 캐리어의 이동을 방해하게 되므로 PN접합에 전류를 흐르게 하려면 전위구배를 올라갈 수 있을 만큼의 에너지를 외부에서 가해야 한다. 이와 같이 PN접합을 사용하는 이유는 전위구배를 만들어 놓고 외부에서 가하는 에너지를 주입하여 캐리어 수를 조절하기 때문이다.

4.3. 반도체의 장·단점

(1) 반도체의 장점

① 매우 소형이고 경량이다.
② 내부 전력손실이 매우 적다.
③ 예열을 요구하지 않고 곧바로 작동한다.
④ 기계적으로 강하고 수명이 길다.

(2) 반도체의 단점

① 온도가 상승하면 특성이 매우 불량해 진다(게르마늄은 85℃, 실리콘은 150℃ 이상되면 파손되기 쉽다).
② 역내압(逆耐壓)이 낮다.
③ 정격값 이상 되면 파괴되기 쉽다.

4 반도체 소자의 종류

1. 다이오드 diode - 정류 다이오드

다이오드는 P형 반도체와 N형 반도체를 서로 마주 대고 접합한 것이며 PN정션(PN junction)이라고도 한다. 다이오드는 가하는 전압의 전극에 따라서 전류가 흐르거나 차단되는데 전류가 흐르는 상태를 순방향 전류, 흐르지 못하는 상태를 역방향 전류라 한다. 이와 같은 작용을 정류작용이라고 한다.

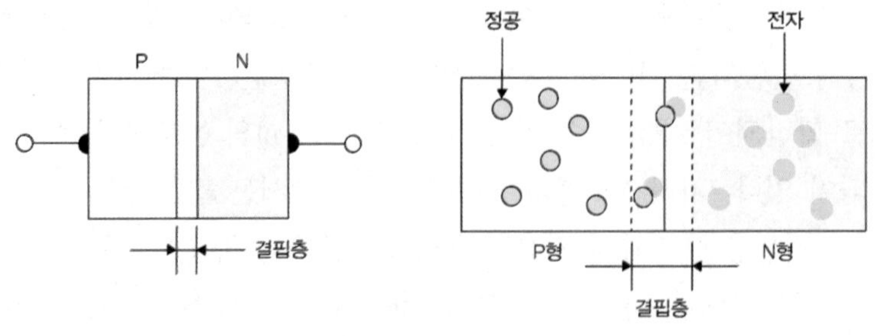

다이오드의 구조

1.1. 다이오드의 순방향 전류

P형 쪽에는 전원의 (+)를, N형 쪽에는 (−)를 연결하면 PN접합 부분의 전위장벽은 외부전압 손실에 따라 거의 없어진다. 전위장벽이 낮아지면 결핍층의 폭도 좁아져 정공과 자유전자가 이동한다. 여기서 중요한 사항은 가한 전압에 따라 정공은 접합면을 지나 P형에서 N형으로 들어가고, 자유전자는 N형에서 P형으로 들어가 전류가 흐르는 점이다. 이와 같이 전류가 흐르는 것을 순방향 전류라 한다. 즉, 정공은 전원의 (+)극에 반발하여 N형으로 흘러 들어가고, 전자는 (−)극에 반발하여 P형으로 흘러 들어가는 것을 말한다.

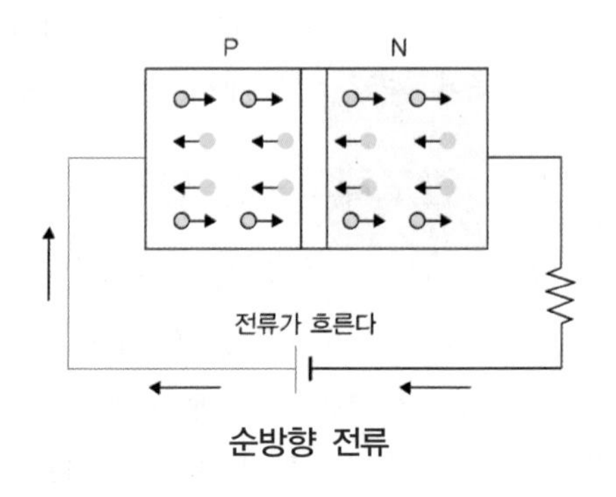

순방향 전류

1.2. 다이오드의 역방향 전류

P형 쪽에는 전원의 (−)를, N형 쪽에는 (+)를 연결하면 PN 접합부분의 전위장벽은 외부전압에 의해 더욱 높아져 결핍층의 폭이 넓어진다. 따라서 P형에서 N형으로, N형에서 P형으로 들어가는 캐리어가 매우 적어 극히 적은 전류밖에는 흐르지 못하므로 결핍층에서 전류가 소멸되어 흐르지 못하게 된다. 이와 같은 것을 역방향 전류라 한다. 즉, 다이오드에 역방향으로 전압을 가하면 전류가 흐르지 않는 것은 이 때문이다. 그러나 이 전압은 상한선이 정해져 있어 일정 전압을 넘으면 전류가 급격히 대량으로 흘러 다이오드가 파손된다.

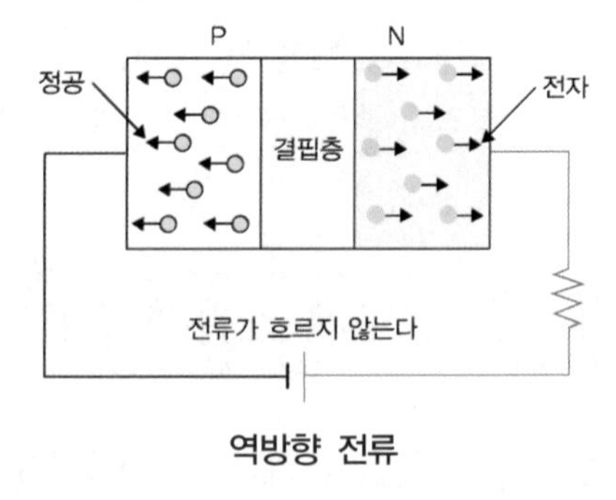

역방향 전류

1.3. 다이오드 정류 작용

다이오드가 한쪽으로만 전류가 흐르는 성질을 이용하여 교류(AC)를 정류하여 직류(DC)로 변환시킬 수 있는데 정류 방법에는 단상반파 정류, 단상전파 정류, 3상전파 정류가 있다. 3상 교류 전파 정류회로는 자동차의 교류발전기에서 사용된다. 그림은 1단계로 스테이터 코일 단자 BA에 최대전압이 걸렸을 때의 정류 과정을 보여준다. 이때 전류는 B에서 A로 흘러 다이오드를 통과하며, B와 A의 선간전압은 16을 표시하고 있다. 이것은 B의 전압은 0V이고 A의 전압은 16V임을 뜻한다. 같은 방법으로 하여 이 순간의 CB의 선간전압은 −8V가 된다. (이것은 C의 전압이 8V임을 의미한다. 그러나 C에서 B로, 또는 8V에서 0V로 흐르기 때문에 (−)로 표시된다.) 또 이때 AC의 선간전압도 −8V가 된다. 이 전압이 각각 다이오드에 걸려 정류 작용이 이루어진다. 오른쪽 다이오드 부분에 표시된 숫자는 각 다이오드에 가해지는 전압을 표시한다. (이 숫자는 전선의 전압강하는 무시하고, 다이오드를 통과할 때 1V의 전압강하가 생겼다고 가정한 것이다.) 따라서 전류를 통과시킬 수 있는 다이오드는 2개뿐이고 다른 것은 역방향이 되기 때문에 전류를 통과시키지 못한다. (예를 들면, 오른쪽 밑의 다이오드에는 7V의 역방향의 전압(15−8=7)이 걸리고, 오른쪽 중앙의 다이오드에는 15V의 역방향의 전압(15−0=15)이 걸린다. 따라서 전류가 흐르지 못한다.) 다음 2단계 정류 과정은 로터의 회전에 따라 스테이터 코일 단자 CA에 최대전압이 걸렸을 때의 A선에 연결된 다이오드가 정류 과정을 거친다. 이와같이 CB, AB, AC, BC 순으로 각 상에 유기된 전류가 다이오드를 거쳐 연속적으로 정류된다. 이러한 정류 방식에 의해 얻어지는 정류 전압 곡선은 완전한 직선상의 것은 되지 못한다. 그러나 실제에 있어서 직류발전기의 출력전압과 다름없이 사용할 수 있다. 그림은 정류 곡선을 나타낸 것으로 이것은 선간전압 곡선에서 얻어진 것이다.

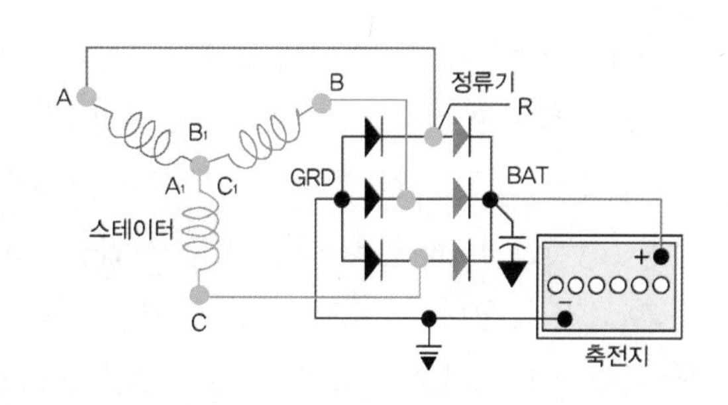

3상 교류의 전파 정류

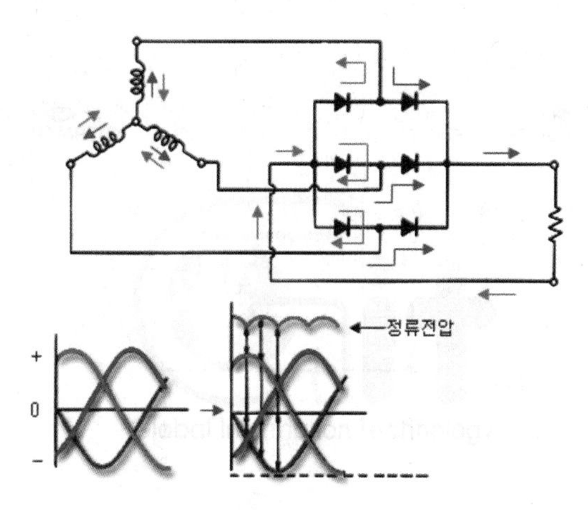

정류 곡선 〈출처 : GIT〉

1.4. 다이오드의 성질

정류용 다이오드는 전압의 한쪽 방향에 대해서는 낮은 저항으로 되어 전류를 흐르도록 하고, 반대 방향으로는 높은 저항으로 되어 전류의 흐름을 저지하는 성질을 이용한 것이다. 즉, 순방향(forward bias)전류특성은 정격 전류를 얻기 위한 전압은 약 1.0~2.5V 정도이나 역방향(reverse bias)전류 특성은 그 전압을 어떤 값까지 점차 상승시키더라도 적은 전류밖에는 흐르지 못한다. 그러나 어떤 값에 도달하면 전류의 흐름이 급격히 증가한다. 이 급격히 큰 전류가 흐르기 시작할 때를 항복전압(brake down voltage) 또는 역내압이라 한다. 다이오드를 사용할 때에는 순방향으로는 정격전류, 역방향으로는 역내압 등에 주의하여야 한다.

2. 제너 다이오드 zner diode – 정전압 다이오드

이 다이오드는 실리콘 다이오드의 일종이며, 다이오드의 역방향 특성을 이용하기 위하여 P형 반도체와 N형 반도체에 불순물의 양을 증가시켜 역방향의 전압이 어떤 값에 도달하면 역방향 전류가 급격히 증가하여 흐르게 된다. 이런 현상을 제너 현상이라 하며, 이때의 전압을 항복 전압(zener voltage or brake down voltage) 이라 한다. 역방향에 가해지는 전압이 점차 감소하여 제너전압 이하로 되면 역방향 전류가 흐르지 못한다.

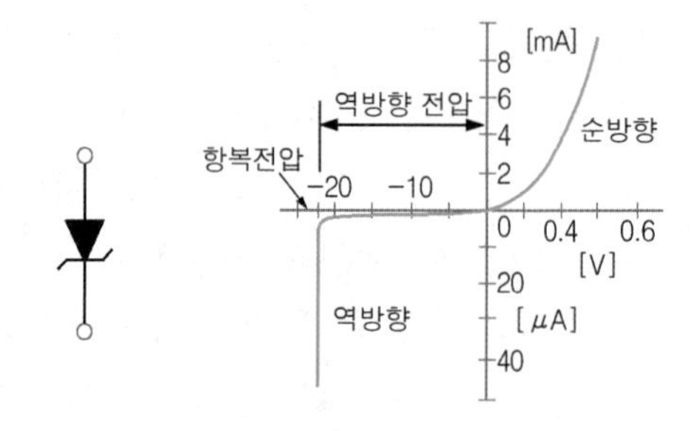

제너 다이오드의 기호와 특성

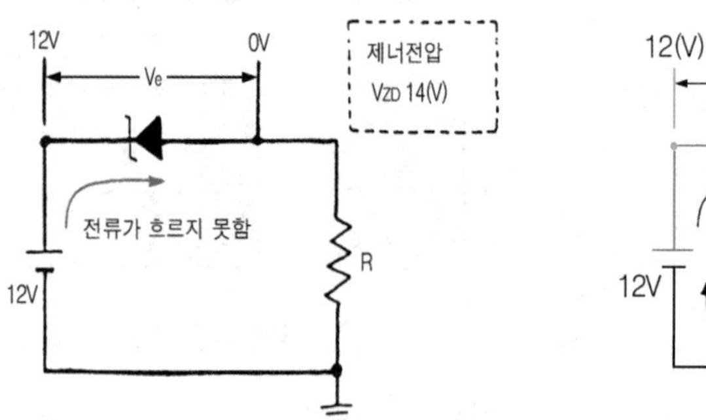

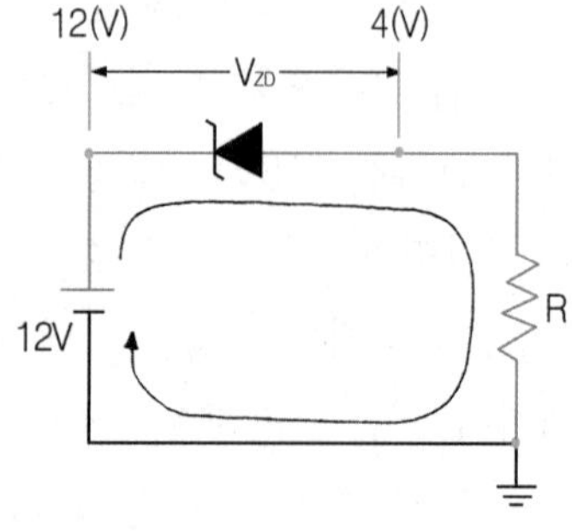

제너 다이오드의 특성

그림(좌)에서 제너 다이오드에 가하는 역방향 전압이 제너 전압보다 낮을 때는 전류가 흐르지 않는다. 그림 (우)에서는 제너 다이오드에 가하는 역방향 전압이 제너 전압보다 크므로 역방향 전류가 흐른다. 그러나 순방향의 경우와는 다르게 제너 다이오드의 양 끝에는 제너 전압이 발생한다. 이와 같이 역방향 전압이 제너 전압보다 클 때 제너 다이오드 양 끝의 전압 차이는 항상 일정한 값이 되므로 정전압 다이오드라 한다.

3. 포토 다이오드 photo diode

포토다이오드는 빛을 전기흐름으로 변환하는 것이며, 역방향으로 전압을 가한 상태에서 PN 접합면에 빛을 받으면 전류가 흐르게 되고, 빛의 양을 변환시키면 회로에 흐르는 전류는 빛의 양에 비례하여 변화한다. 즉, 입사광선을 접합부분에 쪼이면 빛에 의해 결핍층의 전자가 궤도를 이탈하여 전류가 흐른다.

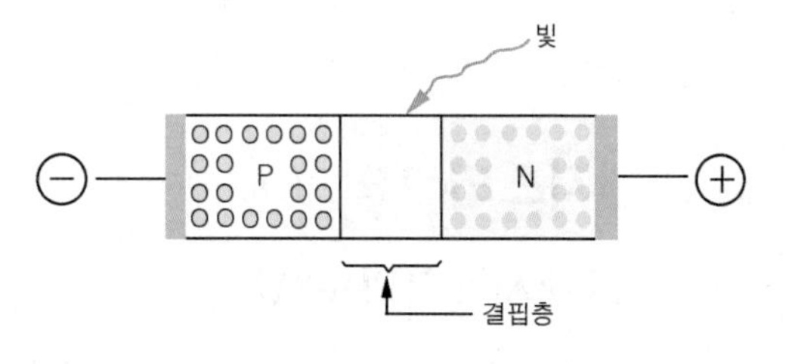

포토 다이오드의 기호와 구성

3.1. 빛을 받지 않았을 때

빛을 받지 않은 포토다이오드의 상태는 저항값이 크기 때문에 그림의 회로에서는 트랜지스터 TR_1의 베이스에 전류가 흐르지 못하므로 OFF상태가 된다. 따라서 트랜지스터 TR_2도 OFF되어 부하전류인 컬렉터 전류 IC_2가 흐르지 못한다.

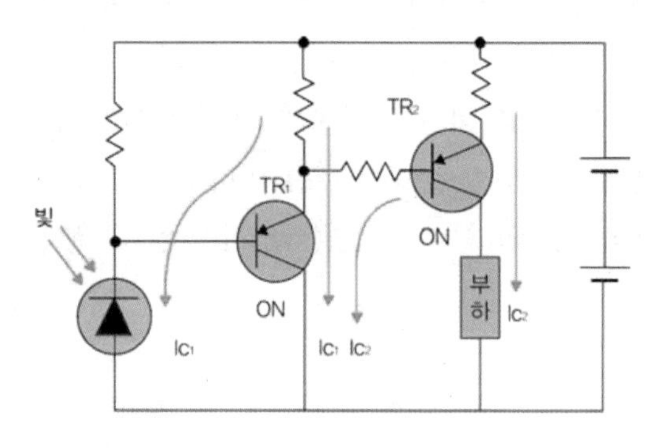

포토 다이오드의 응용회로

3.2. 빛을 받았을 때

포토다이오드에 빛이 가해지면 트랜지스터 TR_1 의 베이스에 전류가 흐르게 되므로 트랜지스터 TR_1이 ON이 되어 컬렉터 전류가 흐른다. 이때 트랜지스터 TR_2도 ON으로 되어 부하전류인 컬렉터 전류 IC_2가 흐르게 된다. 이러한 원리를 이용하여 자동차에서는 발광 다이오드와 함께 크랭크 각 센서, 상사점 센서, 조향핸들 각속도 센서, 에어컨의 일사 센서 등에서 사용된다.

4. 발광 다이오드 LED ; light emitting diode

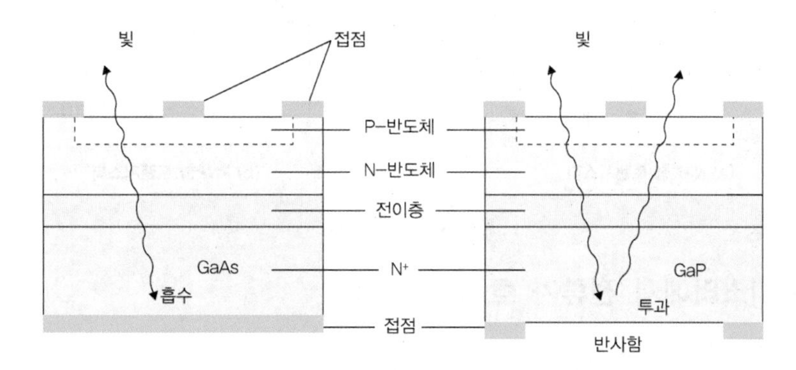

발광 다이오드의 기호와 구조

발광다이오드는 PN접합 다이오드에 순방향 전류를 흐르게 하면 빛을 발생한다. 빛은 가시광선으로부터 적외선까지 여러 가지 빛을 발생시킨다. 발광 다이오드는 전기적 에너지를 빛으로 변환시키는 것으로 특징은 다음과 같다.

5. 트랜지스터 TR ; transistor

5.1. 트랜지스터의 개요

PN형 다이오드의 N형 쪽에 또 하나의 P형을 접합시키거나(PNP형), P형 쪽에 또 하나의 N형을 접합한 것(NPN형)이 있다. 3개의 부분에는 각각 인출선이 부착되어 있으며, 중앙 부분을 베이스(base ; B), 트랜지스터의 형식과 관계없이 각각의 전극에서 끌어낸 리드선 단자를 이미터(emitter ; E), 그리고 나머지 단자를 컬렉터(collector ; C)라 한다. NPN형은 베이스에서 이미터로의 전류 흐름이 순방향 흐름이고, PNP형은 이미터에서 베이스로의 전류 흐름이 순방향 흐름이다. 그리고 트랜지스터는 작은 신호전류로 큰 전류를 단속(ON/OFF)하는 스위칭(switching) 작용과 증폭 작용 및 발진 작용을 한다.

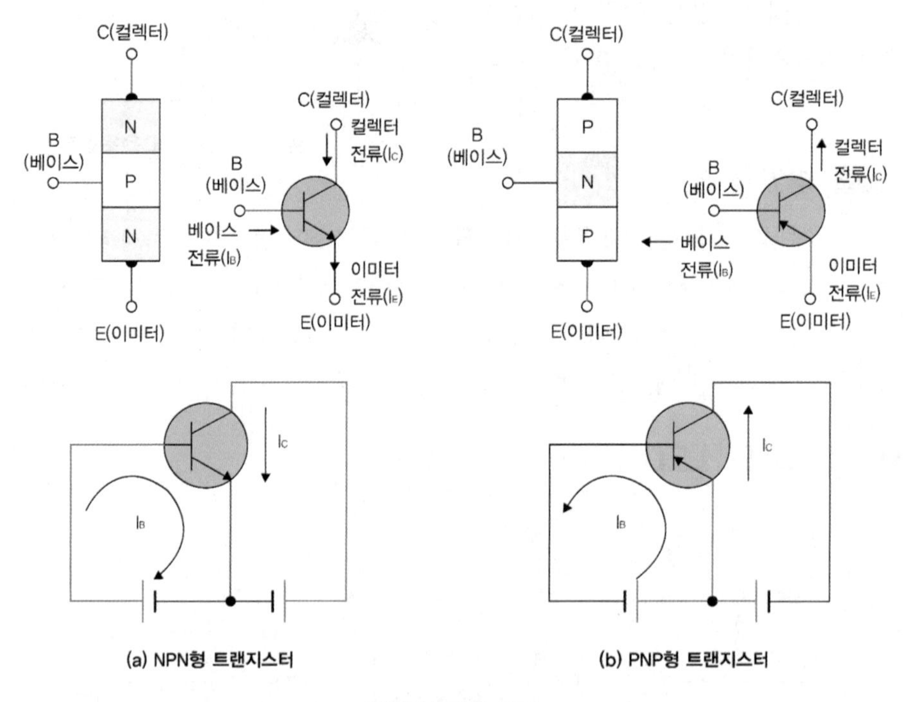

(a) NPN형 트랜지스터 (b) PNP형 트랜지스터

트랜지스터의 개요

5.2. 트랜지스터에서 전류가 흐르는 경우

(1) NPN형 트랜지스터의 경우

그림 (b)와 같이 베이스에 (−), 컬렉터에 (+)전원을 연결하면 베이스와 컬렉터 사이에는 역방향 전압이 가해져 있으므로 전위장벽이 높아 전류가 거의 흐르지 못한다. 그러나 그림 (a)와 같이 이미터에 (−), 베이스에 (+)전원을 연결하면 이미터와 베이스 사이에는 순방향 전압이 가해지므로 전류가 흐른다. 이때 이미터 N형 쪽에는 불순물의 농도를 증가시켰으므로 전자가 많이 발생하고, 베이스 P형 쪽은 두께가 매우 얇고 불순물의 농도를 낮추었으므로 정공의 발생이 적다. 또 그림 (c)와 같이 이미터에 (−), 베이스에 (+), 컬렉터에 (+)전원을 연결하면 이미터 내의 전자는 베이스 쪽으로 흘러 들어가서 그 일부분의 정공과 결합하여 소멸되며, 적은 수의 정공은 전원의 (+)극에 의해 계속 공급되므로 이것이 약간의 베이스 전류로 된다. 또 베이스 전류와 결합하지 못한 이미터의 전자는 컬렉터 쪽의 전압에 의해 컬렉터 쪽으로 이동하여 컬렉터 전류가 된다. 일반적으로 이미터 전류 중의 95~98%가 컬렉터 전류로 되고 나머지 2~5%는 베이스 전류가 된다.

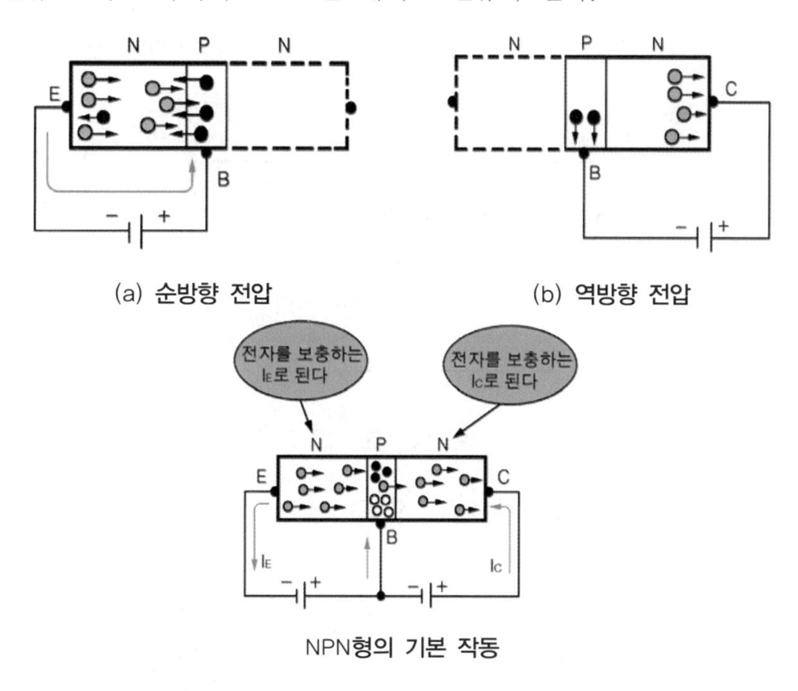

NPN형의 기본 작동

(2) PNP형 트랜지스터의 경우

PNP형에서 그림 (b)와 같이 베이스(B)에 (+)를, 컬렉터에 (−)전원을 연결하면 베이스와 컬렉터에는 역방향 전압이 가해져 있으므로 외부전원에 의한 흡인작용으로 전류가 흐르지 못한다. 그러나 그림 (a)와 같이 이미터(E)에 (+)를, 베이스에 (−)전원을 연결하면 이미터와 베이스 사이에는 순방향 전압이 가해져 있으므로 외부에서 공급되는 전원의 극성에 반발하여 전류가 흐른다. 이때 이미터의 P형 쪽에서는 불순물 농도를 증가시켰으므로 정공이 많이 발생하고, 베이스의 N형 쪽은 두께가 매우 얇기때문에 불순물의 농도는 더욱 희박해지므로 전자가 매우 적다. 이에 따라 이미터 내의 정공은 베이스로 흘러 들어가 그 일부분의 베이스 전자와 결합하여 소멸되므로 약간의 베이스 전류가 된다. 또 그림 (c)와 같이 이미터에 (+), 베이스에 (−), 컬렉터에 (−)전원을 각각 연결하면 이미터에서 나온 정공은 베이스의 전자와 결합하지 못한 정공이 컬렉터 전압에 의해 컬렉터 쪽으로 이동하여 컬렉터 전류로 되며 이미터의 정공은 전원의 (+)에서 점차 공급되어 이것이 이미터 전류로 된다. 따라서 이미터 전류의 대부분은 컬렉터 전류로 되며 베이스 전류는 매우 적다.

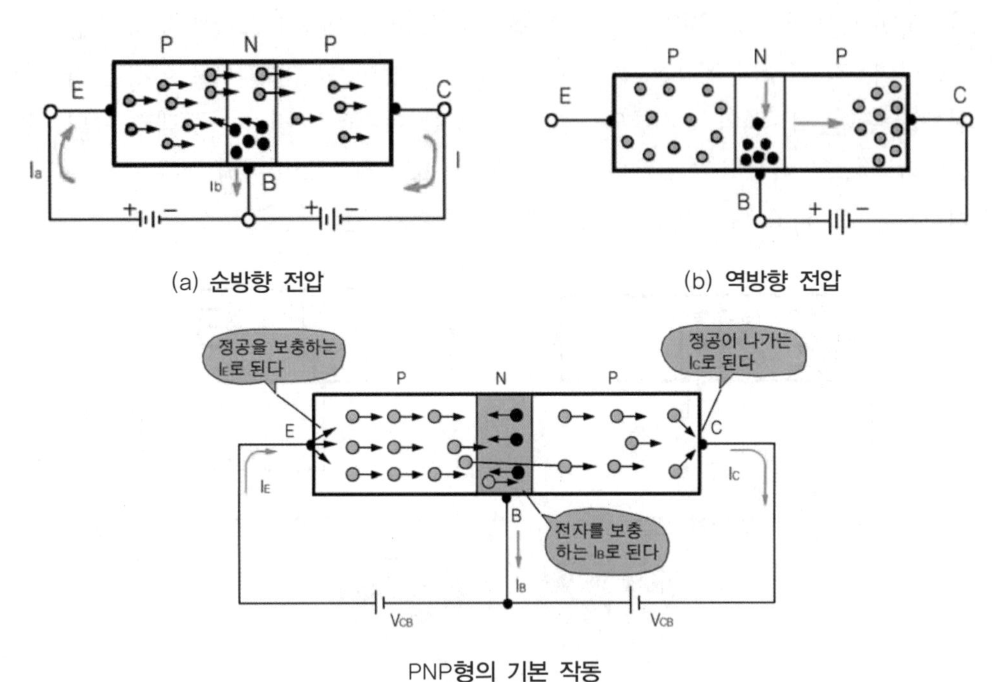

PNP형의 기본 작동

5.3. 트랜지스터에서 전류가 흐르지 않을 때

(1) NPN형 트랜지스터의 경우

그림과 같이 이미터에 (+), 베이스에 (−), 컬렉터에 (+)전원을 연결하면 이미터 쪽의 전자는 전원의 (+)극에 흡인되고, 베이스 내의 정공은 전원의 (−)극으로 흡인되어 경계 부분은 빈 공간(결핍층)으로 되어 베이스 전류가 흐르지 않아 컬렉터에서 이미터로 전류가 거의 흐르지 못한다. 이와같이 베이스 전류를 단속하면 컬렉터 전류를 제어할 수 있다.

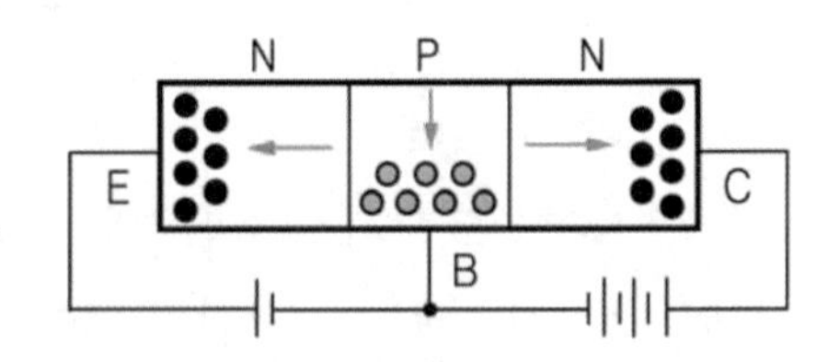

NPN형에서 전류가 흐르지 못할 때

(2) PNP형 트랜지스터의 경우

그림과 같이 이미터에 (−), 베이스에 (+), 컬렉터에 (−)전원을 연결하면 이미터 쪽의

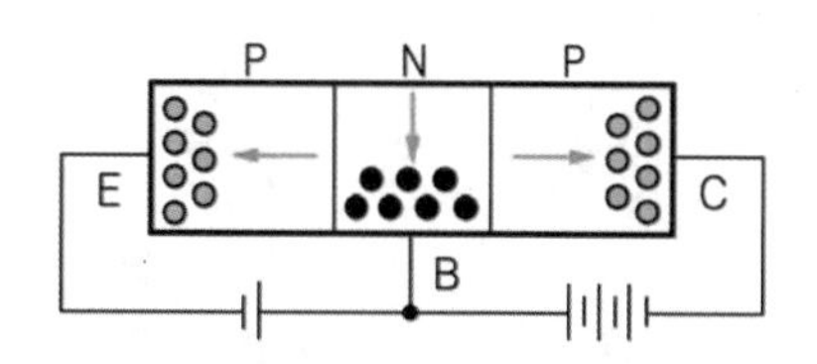

NPN형에서 전류가 흐르지 못할 때

정공은 전원의 (−)극에 의하여 흡인되고, 베이스 내의 전자는 전원의 (+)극에 흡인되어 경계 부분은 빈 공간(결핍층)이 되므로 베이스 전류는 거의 흐르지 못하게 되어 이미터에서 컬렉터로 전류가 흐르지 못하게 된다. 이와 같이 베이스 전류를 단속(ON−OFF)함에 따라 컬렉터 전류를 제어할 수 있다.

5.4. 트랜지스터의 작용

(1) 트랜지스터의 증폭작용

그림과 같이 베이스에 저항 Rb를 통하여 (+)전원을 접속하면 이미터의 전자는 베이스의 (+)전원에 의해 흡인되므로 베이스 전류가 흐른다. 그러나 베이스는 두께를 매우 얇게 만들었으므로 이미터의 전자는 컬렉터의 전자와 함께 컬렉터의 (+)전원으로 흡인되므로 이미터와 컬렉터 사이가 통전상태로 되어 컬렉터 전류가 된다. 또 베이스 두께가 매우 얇기 때문에 베이스 내에 존재하는 정공 수가 매우 작아 이미터 전자는 베이스의 정공 쪽으로 이동하는 양보다 컬렉터 (+)전원 쪽으로 이동하는 양이 압도적으로 많아진다. 즉, 베이스 전류보다 컬렉터의 전류가 약 10~200배 정도 많이 흐른다. 적은 양의 베이스 전류로 큰 컬렉터 전류를 얻을 수 있으며, 또 베이스 전류를 바꿈으로서 컬렉터 전류의 양을 증가시킬 수 있는데 이 작용을 트랜지스터의 증폭작용이라고 하며 전류의 증폭률은 식 「전류의 증폭률 = 컬렉터 전류 / 베이스 전류」과 같다.

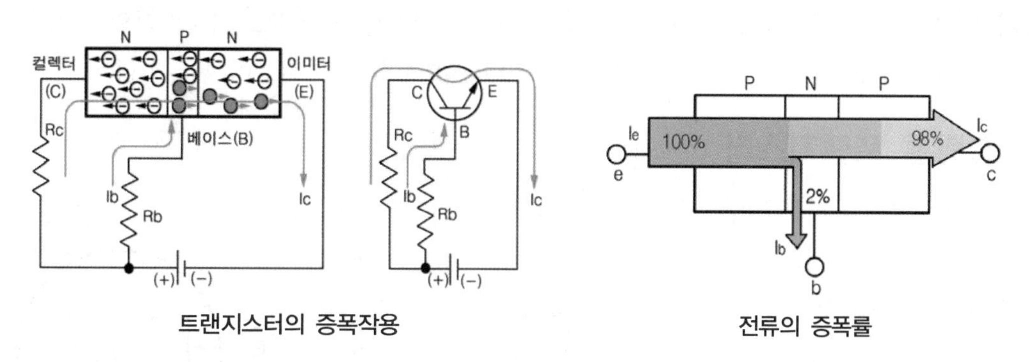

트랜지스터의 증폭작용

전류의 증폭률

(2) 트랜지스터의 스위칭(switching) 작용

증폭작용에서 트랜지스터의 이미터와 컬렉터 사이를 통전상태로 하려면 베이스에 전류가 흐르도록 하면 된다고 설명하였다. 이와는 반대로 베이스 전류를 단속하면 이미터와 컬렉터 사이를 단속할 수 있다. 이것을 트랜지스터의 스위칭 작용이라 하며, 이 트랜지스터의 스위칭 작용을 이용하면 릴레이와 같은 작용을 할 수 있다.

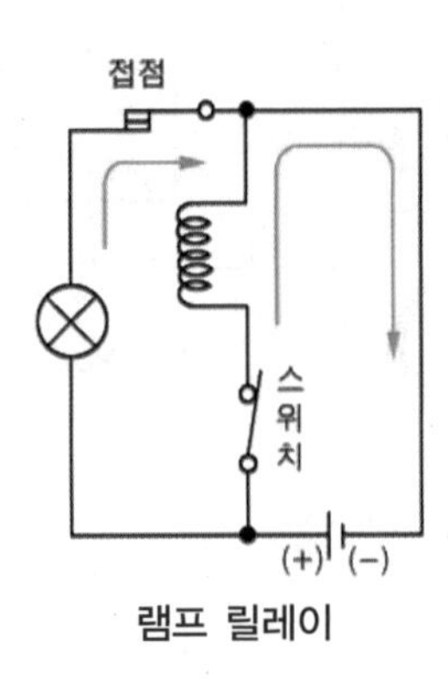

램프 릴레이

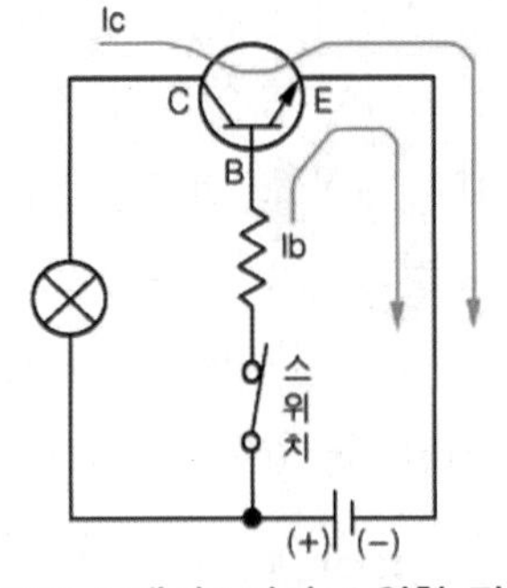

NPN 트랜지스터의 스위칭 작용

6. 포토 트랜지스터 photo TR

포토 트랜지스터는 PN접합 부분에 빛을 가하면 빛의 에너지에 의해 발생된 정공과 전자가 외부 회로에 흐르게 되며, 입사광선에 의해 정공과 전자가 발생하면 역방향 전류가 증가하여 입사광선에 대응하는 출력 전류가 얻어지는데 이를 광전류(光電流)라 한다. 이 트랜지스터는 베이스 전극은 끌어냈으나 빛이 베이스 전류의 대용이므로 전극이 없다. 주로 NPN접합의 3극 소자형이 사용되며 자동차에서는 조향핸들 각속도 센서, 차고센서 등에서 이용된다. 포토트랜지스터의 특징은 광출력 전류가 크고, 내구성 및 신호 성능이 풍부하며 소형이고 취급이 편리하다.

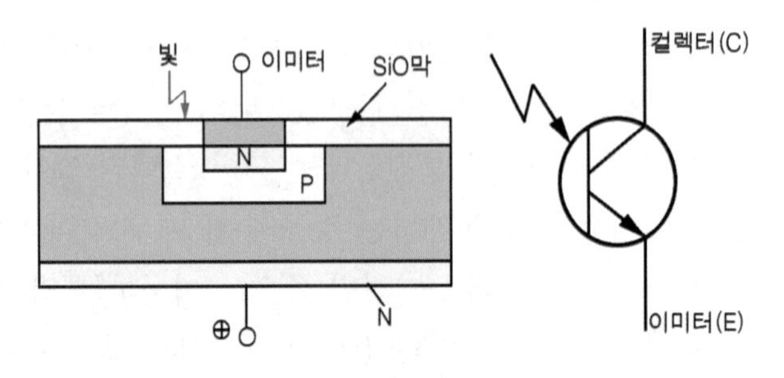

포토 트랜지스터의 구조

7. 다링톤 트랜지스터 darlington TR

다링톤 트랜지스터는 높은 컬렉터 전류를 얻기 위하여 2개의 트랜지스터를 1개의 반도체 결정에 집적하고 이것을 1개의 하우징에 밀봉한 것이다. 이 트랜지스터도 1개의 트랜지스터와 마찬가지로 이미터, 베이스, 컬렉터의 3개 단자를 가지고 있다. 자동차에서는 높은 출력 회로와 높은 전압에 대한 내구성이 요구되는 회로에서 사용된다. 다링톤 트랜지스터의 특징은 1개의 트랜지스터로 2개의 증폭 효과를 발휘할 수 있으므로 매우 적은 베이스 전류로 큰 전류를 제어할 수 있는 능력을 지니고 있다.

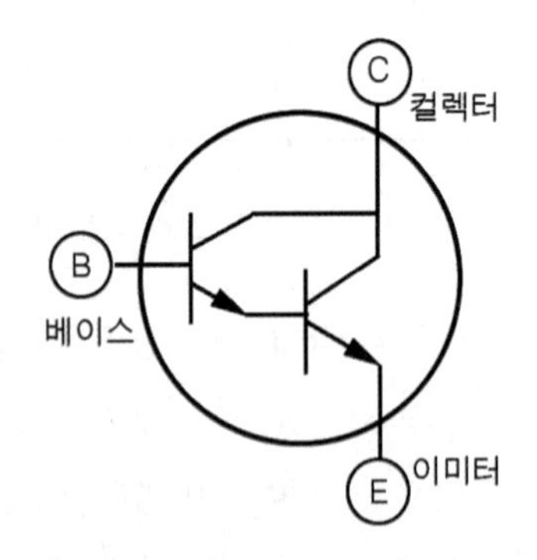

다링톤 트랜지스터의 구조

8. 사이리스터

8.1. 사이리스터의 개요

① 사이리스터는 SCR(silicon controlled rectifier)이라고도 부르며, PNPN 접합 또는 NPNP 접합의 4층 또는 그 이상의 여러 층 구조로 되어 있다.

② ON상태와 OFF상태의 2가지 형태를 지닌 스위칭 작용의 소자이다.

③ PN형 다이오드 2개를 합하여 P형이나 N형의 한쪽에 제어 단자인 게이트(gate ; G) 단자를 부착하고, (+)쪽을 애노드(anode ; A)단자, (−)쪽을 캐소드(cathode ; C)단자라 부른다. 그리고 게이트의 위치에 따라서 캐소드−게이트형과 애노드−게이트형의 2가지가 있다.

④ 애노드에 (−), 캐소드에 (+)전원을 가하였을 때 역방향의 특성은 일반 다이오드의 역방향 특성과 같다.

⑤ 애노드에 (+), 캐소드에 (−)전원의 순방향 전압을 가하여 점차 상승시키면 처음에는 역방향 특성과 마찬가지로 전류가 흐르지 못하지만, 일정값 이상의 전압으로 되면 전류가 급격히 흐르기 시작하여 통전이 된다. 사이리스터는 발전기의 여자장치, 조광장치, 통신용 전원 등의 각종 정류장치에서 사용되고 있다.

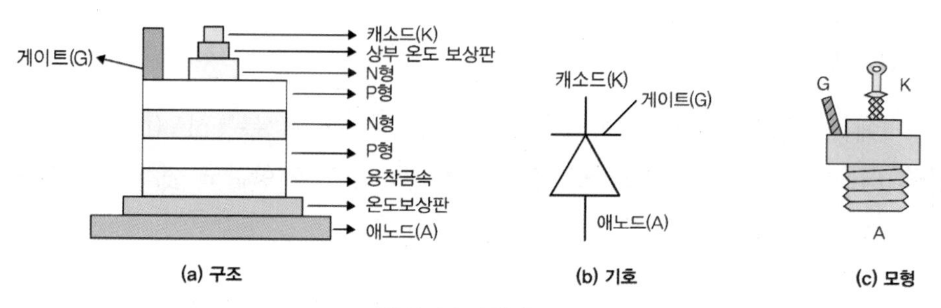

사이리스터의 구조

9. 전계효과 트랜지스터

① 전자 또는 정공의 한쪽 캐리어(scarrer)만이 전류의 흐름에 기여하는 단극성 트랜지스터(unipolar transistor)이다.

② 전계효과 트랜지스터에는 트랜지스터의 이미터, 베이스, 컬렉터에 해당하는 게이트(gate), 드레인(drain), 소스(source)의 3단자가 있다.

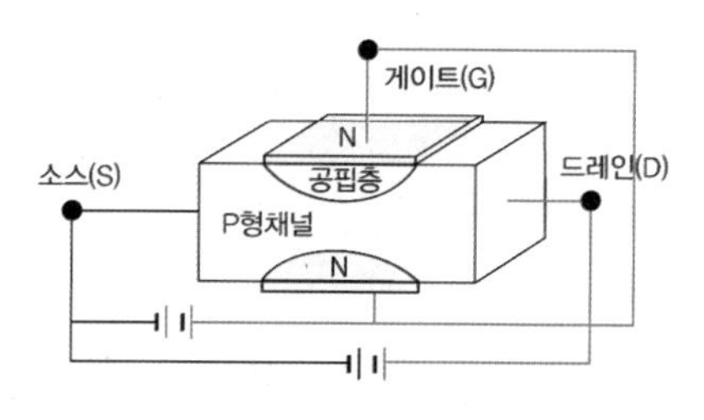

전개효과 트랜지스터의 구조

③ 드레인과 소스 사이에 흐르는 전류가 게이트와 소스 사이의 전압에 의해 형성되는 전

류와 직각방향의 전계(field)에 의하여 제어되므로 전계효과 트랜지스터라 한다.

④ 일반적인 트랜지스터는 베이스 쪽에 전류를 공급하여야만 컬렉터에서 이미터로 전류가 흐른다. 그러나 전계효과 트랜지스터는 게이트(gate) 전압에 의해 드레인 전류가 제어된다.

9.1. MOS 전계효과 트랜지스터를 이용한 스위칭 작용

그림은 스위칭 작용에 대한 한 예로서 자동차에서 12V－60W인 램프를 ON, OFF 하려고 할 때 회로에 흐르는 전류는 5A이다. 그러나 컴퓨터는 5A라는 큰 전류를 구동할 능력이 없기때문에 컴퓨터는 0V 또는 5V를 출력하여 램프를 ON, OFF 시킨다. 이와 같은 회로를 예전에는 릴레이를 사용하였으나 최근에는 MOS형 전계효과 트랜지스터를 사용한다. 게이트의 전압이 0V이면 드레인에 전류가 흐르지 않으므로 램프는 소등(OFF)되고, 게이트 전압이 5V이면 드레인으로 전류가 흘러 램프가 점등(ON)된다.

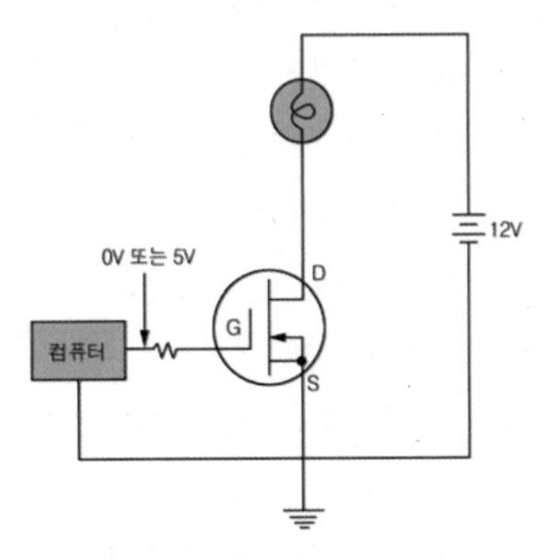

MOS형을 사용한 스위칭 회로

10. 서미스터 thermister

서미스터에는 온도가 상승하면 그 저항값이 감소하는 부특성 (NTC ; negative temperature coefficient) 서미스터와 온도가 상승하면 그 저항값도 증가하는 정특성 (PTC ; positive temperature coefficient) 서미스터가 있다.

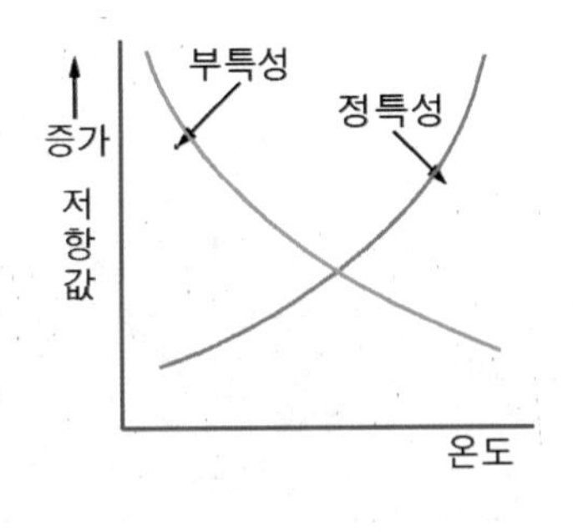

온도 특성

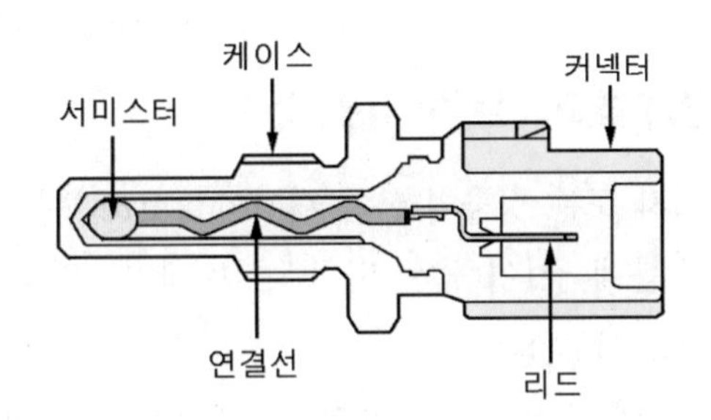

서미스터의 구조

10.1. 정특성 서미스터

정특성 서미스터는 바륨 티탄산($BrTiO_3$)에 금속 산화물을 혼합하여 소결·성형한 것이며, 온도가 상승하면 저항값이 증가하는 특성이 있다. 전류가 흐르면 전류에 의한 열 발생으로 인하여 온도가 상승하므로 저항값이 증가하여 전류 흐름이 급격히 감소한다. 즉, 온도가 상승함에 따라 처음에는 다른 반도체와 마찬가지로 자유전자 수가 증가하여 저항값이 감소하지만 특정 온도에서는 저항값이 급격히 1,000배 이상 증가하는 형식이다.

10.2. 부특성 서미스터

부특성 서미스터는 니켈(Ni), 구리(Cu), 아연(Zn), 마그네슘(Mg) 등의 금속 산화물을 적당히 혼합하여 1,300~1,500℃의 높은 온도에서 소결하여 만든 반도체 온도검출 소자이다. 이 서미스터는 부(−)의 온도계수를 지니며, 온도계수는 일반적으로 상온(20℃)에서의 값으로 주어진다. 전류가 흐르면 자기가열에 의해 저항값이 시간과 함께 변화하는 성질을 이용하여 전자회로의 온도보상과 증폭기의 정전압제어, 온도측정 회로, 기관의 **수온센서**, **연료보유량 센서**, 에어컨의 일사센서 등으로 사용된다.

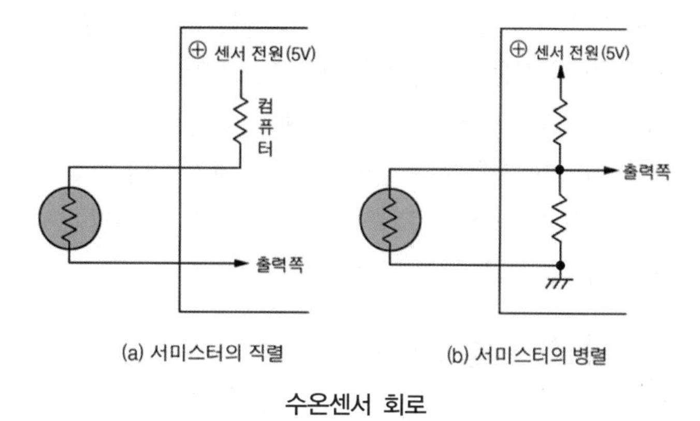

(a) 서미스터의 직렬　　(b) 서미스터의 병렬

수온센서 회로

10.3. 서미스터의 응용 회로

(1) 수온센서 WTS

그림은 기관의 수온센서에 사용되는 서미스터 회로를 나타낸다. 그림 (a)와 같이 회로를 직렬로 결선하면 서미스터의 온도가 상승하여도 컴퓨터 내부의 풀업(pull up)저항이 고정되어 있어 서미스터에 가해지는 출력전압은 온도와 관계없이 출력 전류만 작아질 뿐 항상 일정한 출력이 가해지므로 센서의 출력신호를 얻는 데는 부적합하다. 따라서 그림 (b)와 같이 병렬로 결선하면 서미스터의 온도에 따라 출력 전압값이 변화하므로 센서의 출력신호를 이용할 수 있다.

(2) 연료 보유량 경고등 회로

그림과 같이 점화스위치를 ON으로 하였을 때 서미스터가 연료 면보다 아래쪽에 있으면 연료에 의해 냉각되어 온도가 낮아지므로 서미스터의 저항값이 크기 때문에 경고등이 소등된다. 반대로 연료가 부족하면 서미스터가 공기 중에 노출되므로 서미스터의 발열로 온도가 상승하여 서미스터의 저항값이 작아져 회로에 전류가 흘러 경고등이 점등된다.

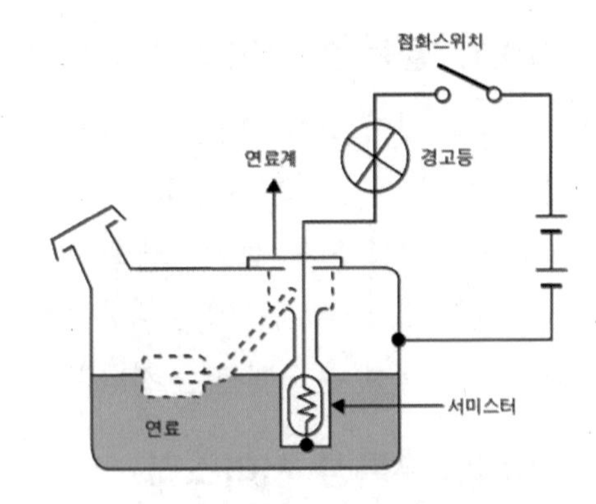

연료 보유량 경고등 회로

(3) 도어 로크 액추에이터 회로

그림은 도어로크(door lock)에서 사용하는 정특성 서미스터 회로이다. 점화스위치를 ON으로 한 후 도어로크 스위치를 ON으로 하면 전류는 퓨즈를 거쳐 액추에이터(전동기) 쪽으로 흐른다. 만약 센터로킹(center locking) 스위치를 계속 작동시켜 한계값 이상의 전류가 공급되면서미스터가 발열하여 급격히 저항값이 증가하여 액추에이터로 유입되는 전류를 제한한다.

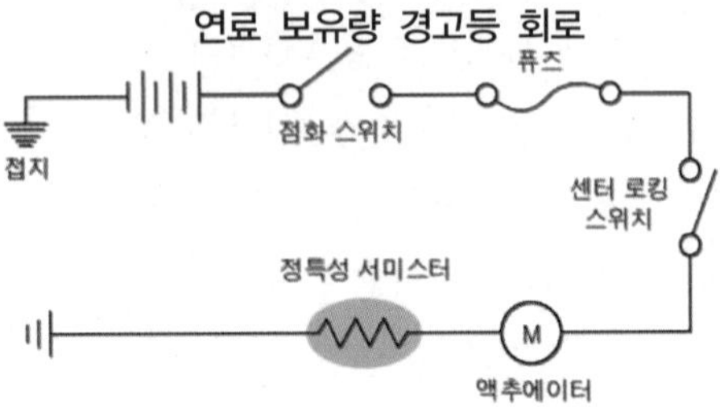

도어 로크 액추에이터 회로

11. 광전도 셀 CdS ; cadmium sulfide cell

조도센서라고 하는 이것은 황화카드뮴(CdS) 셀이 빛의 세기에 따라 그 양 끝의 저항값이 변화하며, 빛이 강할 때 저항값이 감소하고, 빛이 약할 때 저항값이 증가한다. 그리고 2전극 사이에 전압을 가하여 빛에 의한 저항의 변화를 전류의 변화로 바꾸어 외부 회로로 끌어내는 것이다. 조도센서는 자동차의 등화 장치에서 광량 제어 회로에 사용된다. 이 센서의 작동은 주위가 어두워지면 절연상태로 되어 트랜지스터가 ON이 되어 램프(lamp)가 점등되고, 주위가 밝아지면 저항이 감소되어 전류가 흐르므로 트랜지스터가 OFF되어 램프가 소등된다.

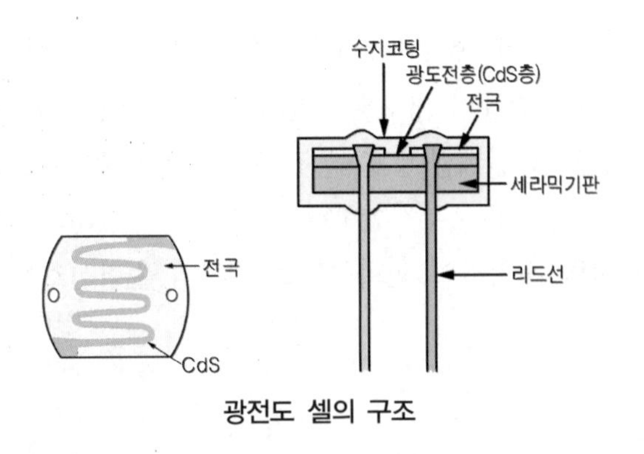

광전도 셀의 구조

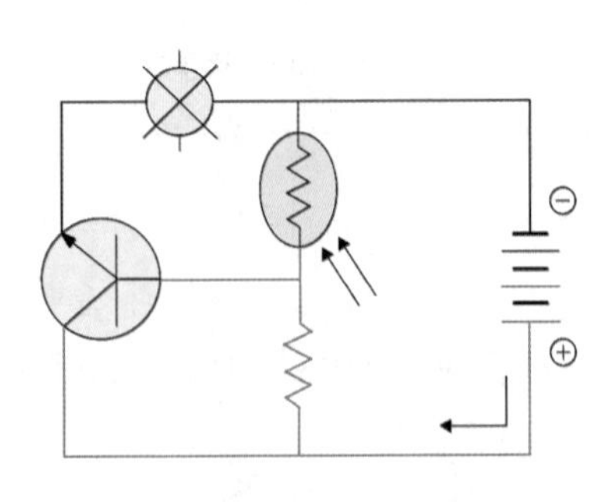

광전도 셀 적용 회로

5 집적회로 IC, integrated circuit

1. IC소자의 개요

IC란 많은 반도체 소자(저항, 축전기, 다이오드, 트랜지스터 등)가 1개의 세라믹 기판 또는 기판(PCB, printed circuit board) 내에 분리할 수 없는 상태로 결합하여 초 소형화되어 있는 소자를 말한다.

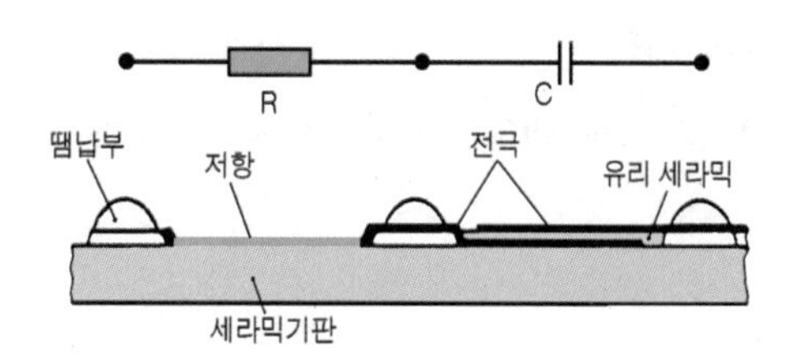

IC를 구성하는 부품

1.1. IC의 특징

(1) IC의 장점

① 소형・경량이다.
② 대량 생산이 가능하므로 가격이 저렴하다.
③ 특성을 골고루 지닌 트랜지스터가 된다.
④ 1개의 칩(chip) 위에 집적화한 모든 트랜지스터가 같은 공정에서 생산된다.
  ① ⑤ 납땜 부위가 적어 고장이 적다.
  ② ⑥ 진동에 강하고 소비전력이 매우 적다.

(2) IC의 단점

① 내열성이 30~800℃이므로 큰 전력을 사용하는 경우에는 IC에 방열기를 부착하거나 장치 전체에 송풍장치가 필요하다.
② 대용량의 축전기(condenser)는 IC화가 어렵다.
③ 코일의 경우에는 모노리틱형식(monolithic type) IC가 어렵다.

1.2. IC의 기능

디지털형식과 아날로그형식 비교

구분	신호	특성	기능
아날로그		출력전압 / 입력전압	아날로그 신호의 입력파형을 증폭시켜 출력으로 내보내는 기능을 지니고 있어 선형(linear) IC라 부른다. 아날로그 신호란 연속적으로 변화하는 신호이다.
디지털	t_2, V, t_1, t_3	출력전압 / 입력전압	디지털 형식은 Hi와 Low의 2가지 신호를 취급하여 이 사이를 스위칭 하는 기능을 가지고 있어 "전압이 발생한다 또는 발생하지 않는다"의 신호를 이용한다.

2. 자동차용 IC소자

2.1. 홀 소자 hall IC

(1) 홀 효과 hall effect

도체에 전류가 흐르는 상태에서 전류의 방향과 수직으로 자기장이 형성될 때, 전류가 흐르는 도체 내에서 전류와 수직 방향으로 전위차(전기장 형성)가 발생하는 현상을 말한다.

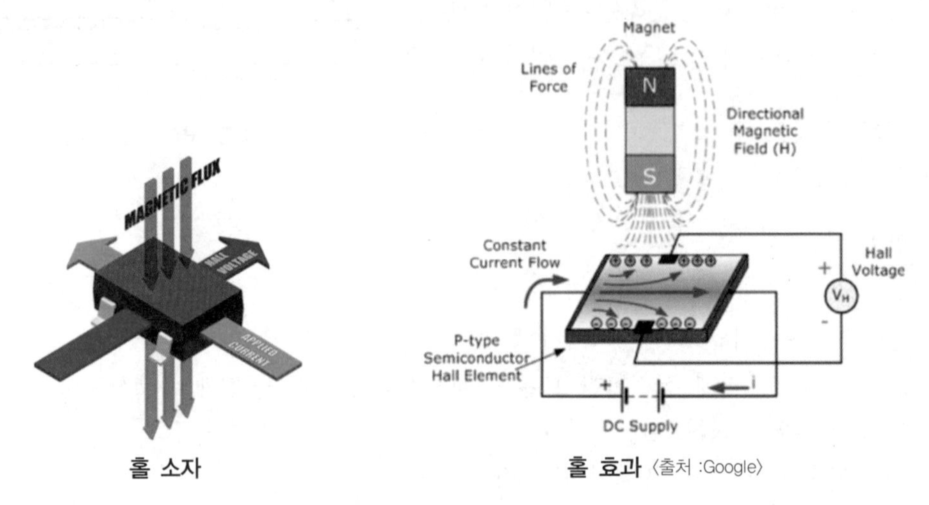

홀 소자 / 홀 효과 〈출처 :Google〉

크랭크각 센서, 차속 센서, 휠스피드 센서 등에 사용되는 홀 소자는 작고 얇게 편평한 판으로 만든 것이며, 전류가 외부 회로를 통하여 이 판에 흐를 때 전압이 자속과 전류 방향의 직각 부분으로 판 사이에서 발생한다.

2.2. 압전 소자 piezoelectric IC

(1) 압전 효과 piezoelectric effect

압전(壓電)이란 용어는 그리스의 '누른다'는 뜻을 가진 'Piezein'에서 유래한 말이다. 노크 센서, 대기압력 센서, MAP 센서 등에 사용되는 압전 소자는 티탄산, 바리움 등을 재료로 하며, 압력이 가해지면 전기가 발생하거나 반대로 전기를 변화시키면 진동을 발생하는 성질을 갖고 있다.

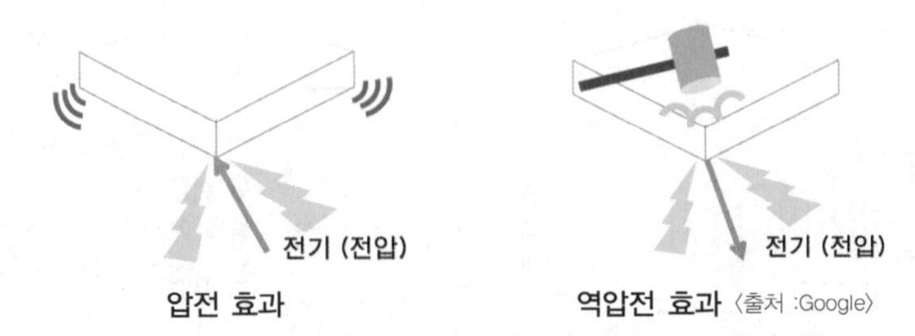

압전 효과 / 역압전 효과 〈출처 :Google〉

6 마이크로 컴퓨터

1. 마이크로 컴퓨터의 개요

마이크로컴퓨터는 중앙처리장치(CPU), 기억장치, 입력포트 및 출력포트 등의 4가지로 구성되어 산술연산, 논리연산을 하는 데이터 처리장치라고 정의된다.

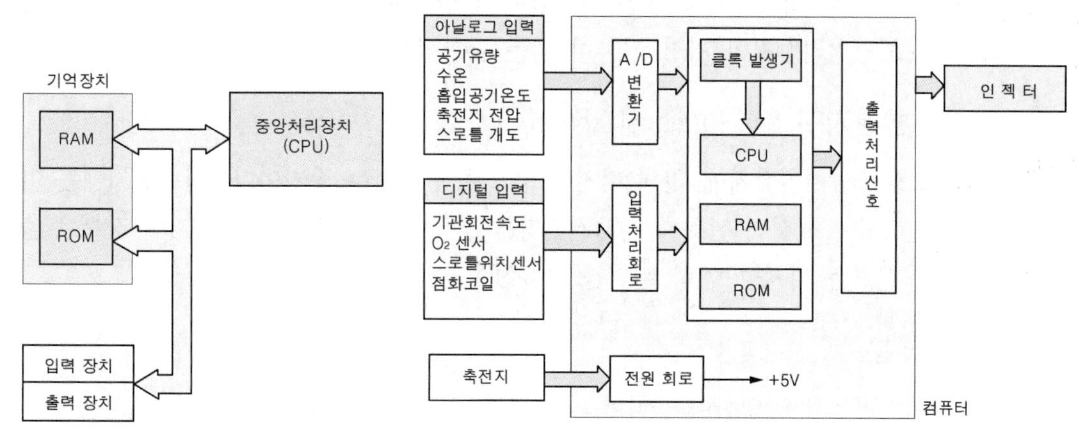

일반적인 컴퓨터 개요도　　　자동차용 전자제어 유닛(ECU) 개요도

2. 마이크로 컴퓨터의 구조

2.1. 중앙처리장치 CPU ; central processing unit

컴퓨터의 두뇌에 해당하는 부분이며, 미리 기억장치에 저장된 프로그램(작업순서를 일정한 순서에 따라서 컴퓨터 언어로 기입된 것)의 내용을 실행하는 것이다.

2.2. 입 · 출력장치 I/O ; In put/out put

중앙처리장치의 명령에 의해서 입력장치(센서)로부터 데이터를 받아 들이거나 출력장치(액추에이터)에 데이터를 출력하는 인터페이스 역할을 한다.

2.3. 기억장치 memory

(1) ROM read only memory

한번 기억하면 그대로 기억을 유지하므로 전원을 차단하더라도 데이터는 지워지지 않는다. 변경하지 않는 고정 데이터의 기억에 사용되는 것이며 컴퓨터의 작동 프로그램과 계산 결과의 참조 값을 저장해 두는데 사용한다.

(2) RAM random access memory

데이터의 변경을 자유롭게 할 수 있으나 전원을 차단하면 기억되었던 데이터가 지워진다. 데이터의 일시적인 기억과 시시각각으로 변화하는 리얼타임(real time) 데이터 값의 기억용으로 사용된다.

2.4. 클록 발생기 clock generator

중앙처리장치, RAM 및 ROM을 집결시켜 놓은 1개의 패키지(package)이며, 수정 발진기가 접속되어 중앙처리장치의 가장 기본이 되는 클록펄스가 만들어진다.

2.5. A/D 변환기구 analog/digital convertor

아날로그 양을 중앙처리장치에 의해 디지털 양으로 변화하는 장치이다. 입력장치에는 아날로그 값을 출력하는 센서의 신호를 A/D컨버터를 경유하여 접속되고 또 디지털 값으로 출력하는 센서의 신호는 디지털 입력 버퍼를 경유하여 접속된다.

2.6. 연산부분

중앙처리장치(CPU) 내에 연산이 중심이 되는 가장 중요한 부분이며, 컴퓨터의 연산은 출력은 하지 않고 오히려 그 출력이 되는 것을 다른 것과 비교하여 결론을 내리는 방식으로 스위치의 ON, OFF를 1 또는 0으로 나타내는 2진법과,0~9까지의 10진법으로 나타내어 계산한다.

3. 마이크로 컴퓨터의 논리회로

기 호	회로명	입 력		출 력
A, B, C	Logic AND (논리적)	0	0	0
		0	1	0
		1	0	0
		1	1	1
A, B, C	Logic OR (논리합)	0	0	0
		0	1	1
		1	0	1
		1	1	1
A, C	Logic NOT (논리 부정)	0		1
		1		0
A, B, C	Logic NAND (논리적 부정)	0	0	1
		0	1	1
		1	0	1
		1	1	0
A, B, C	Logic NOR (논리합 부정)	0	0	1
		0	1	0
		1	0	0
		1	1	0

3.1. 논리적 (AND)

이 회로는 회로 중에 2개의 A, B스위치를 직렬로 접속한 회로이며 램프(lamp)를 점등시키려면 입력 쪽의 스위치 A와 B를 동시에 ON시켜야 한다. 만약 1개만 OFF되어도 램프가 소등된다.

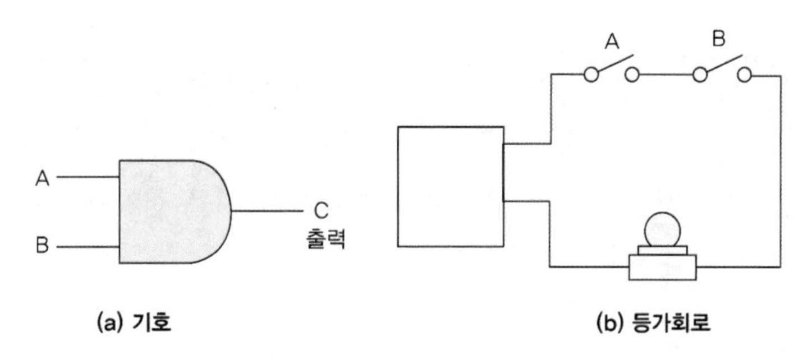

(a) 기호 (b) 등가회로

논리적 회로

3.2. 논리합 회로

이 회로는 회로 중에 A, B 스위치를 병렬로 접속한 회로이며, 램프를 점등시키기 위해서는 입력 쪽의 A 스위치나 B 스위치 중 1개만 ON 시키면 된다. 또 A나 B 스위치를 동시에 ON 시켜도 점등된다.

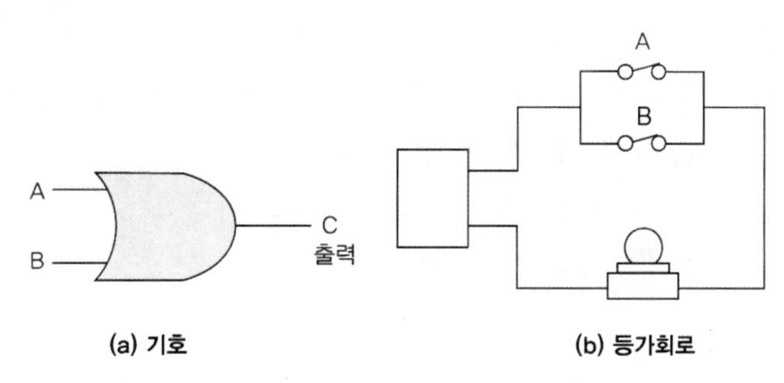

(a) 기호 (b) 등가회로

논리합 회로

CHAPTER 03

축전지

1 전지의 원리

전지는 전기의 화학적 작용을 하는 것이며, 화학적 에너지를 전기적 에너지로 사용할 수 있도록 한 것이다. 1차 전지와 2차 전지로 크게 구별된다.

1. 1차 전지 primary cell

묽은 황산에 구리판과 아연판을 넣으면 아연이 황산에 녹아서 양(⊕)전기를 띠고 있는 아연이온(Nn^{++})이 되기 때문에 아연판은 음(⊖)전하를 띤다. 또 황산 속의 수소이온(H^{+})은 아연이온에 반발되어 구리판 쪽으로 이동한다. 따라서 구리판에 양(⊕)전기를 주기 때문에 구리판은 양(⊕)전하를 띠게 된다. 이와 같이하여 아연판과 구리판 사이에는 전위차(전압)가 발생한다. 구리판과 아연판 사이의 외부에 저항을 접속하면 전류가 구리판에서 저항을 거쳐 아연판으로 흐른다. 이 장치에 의해 화학적 에너지가 전기적 에너지로 바뀐다. 그러나 1차 전지는 방전되면 재충전이 어렵다.

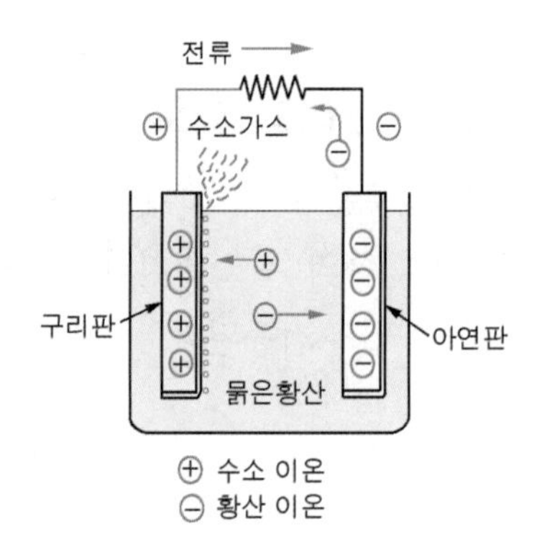

1차 전지의 원리

2. 2차 전지 secondary cell

2차 전지는 방전되었을 때 충전을 하면 다시 전지로서의 기능을 회복할 수 있어서 자동차용으로는 주로 2차 전지가 사용되며, 이를 축전지(battery)라 부른다. 전지 단자에 부하를 접속하면 전지 내의 극판과 전해액이 화학반응을 일으켜 전압을 발생한다. 현재 자동차 시동용으로 사용하는 축전지는 전해액으로 묽은 황산을 양(⊕)극판은 과산화납, 음(⊖)극판은 해면상납을 사용하는 납산축전지(lead-acid storage battery)이다.

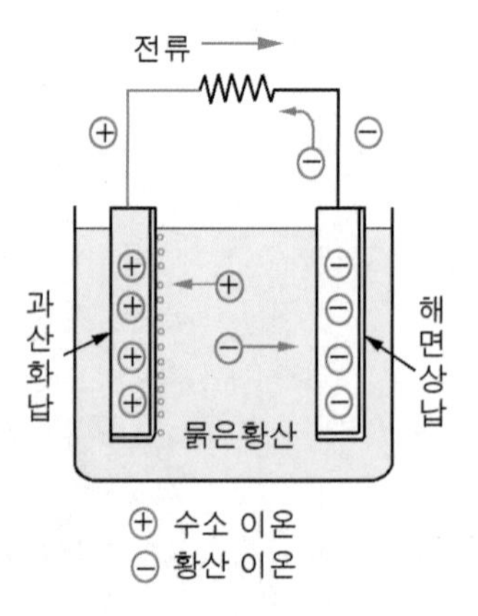

납산 축전지의 원리

2 축전지의 기능

축전지는 각 극판의 작용물질과 전해액이 지니는 화학적 에너지를 전기적 에너지로 꺼낼 수 있고(이를 방전이라 한다.) 또 전기적 에너지를 공급하여 주면 화학적 에너지로 저장 (이를 충전이라 한다.)할 수 있는 기구이며, 축전지의 기능은 다음과 같다.

① 기동 장치의 전기적 부하를 부담한다.(내연 기관용 축전지의 가장 중요한 기능이다.)
② 발전기가 고장일 때 주행을 확보하기 위한 전원으로 작동한다.
③ 주행 상태에 따른 발전기의 출력과 부하와의 불균형을 조정한다.

자동차의 각종 전기 · 전자장치를 작동시키는 전원은 축전지와 충전장치의 두 가지 계통이 있는데 기관이 작동되는 중에는 충전장치가 전장품에 전기 에너지를 공급하고, 기관이 정지되어 있거나 기관의 시동 중에는 축전지의 전기 에너지를 이용하게 된다. 축전지에는 납산 축전지, 알칼리 축전지 등이 있으며, 자동차에는 납산 축전지를 많이 사용하고 있다. 축전지의 구비 조건은 다음과 같다.

① 소형 · 경량이고 운반이 편리해야 한다.
② 용량이 크고, 수명이 길어야 한다.
③ 심한 진동에 견딜 수 있어야 하며, 다루기 쉬워야 한다.
④ 전해액의 누설 방지와 전기적 절연이 완전해야 한다.
⑤ 충전 또는 검사에 편리한 구조여야 한다.

3 축전지의 종류

1. 납산 축전지 Lead-Acid Battery

납산 축전지는 양(+)극판이 과산화납(PbO_2), 음(−)극판은 해면상납(Pb), 전해액은 묽은 황산(H_2SO_4)이다.

2. 알칼리 축전지 Ni-Cd Battery

알칼리 축전지는 니켈(Ni)−철(Fe) 축전지와 니켈(Ni)−카드뮴(Cd) 축전지가 있다. 니켈−철 축전지는 수산화 제2니켈[2NiO(OH)]과 철(Fe)이, 니켈−카드뮴 축전지는 양(+)극판이 수산화 제2니켈, 음(⊖)극판은 카드뮴, 전해액은 가성칼리(KOH)용액이 사용되며, 전해액은 전하를 이동시키는 작용만 하고 충·방전될 때 화학반응에는 관여를 하지 않아 비중 변화가 거의 없다. 그리고 케이스는 니켈이 도금된 강철판이나 플라스틱이다.

3. 연료 전지 fuel cell

연료전지는 반응물질을 지닌 화학적 에너지를 연소과정을 거치지 아니하고 직접 전기적 에너지로 변환시키는 장치이다. 이러한 에너지 형태의 변환이 전기-화학적 반응에서 이루어진다는 점에서는 축전지와 비슷하지만, 연료전지는 전지의 구성 요소 또는 전지 내에 비축된 재료는 일체 반응에 참여하지 않는 점에서는 단순한 에너지 변환장치일 뿐이다. 따라서 연료전지가 작동하기 위해서는 외부로부터 적당한 연료의 공급이 이루어져야 한다.

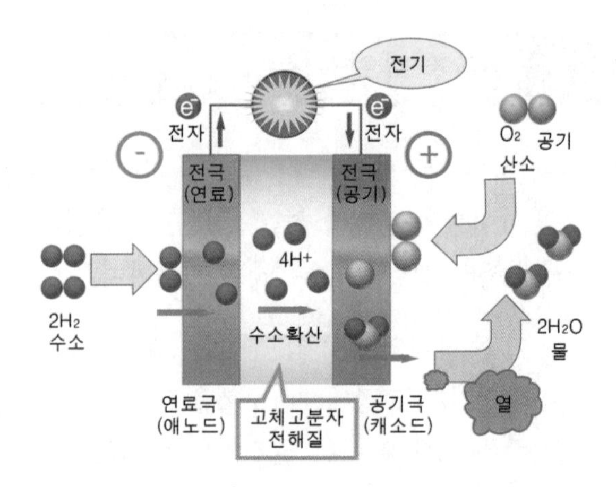

연료전지의 원리도

4 납산 축전지의 개요

1. 납산 축전지의 구조

납산 축전지의 기본 구성은 이온화 경향이 서로 다른 2종류의 금속을 전극(극판)으로 하여 케이스 내에 전해액과 함께 넣은 것이다. 이와 같이 하면 양(⊕)극과 음(⊖)극의 양쪽 전극 사이에 전위차가 발생된다. 여기에 전극 사이에 부하를 접속하면 전극과 전해액 사이에서 화학반응이 발생하여 전위가 높은 쪽(양극)에서 전위가 낮은 쪽(음극)으로 전류가 흐른다. 납산 축전지는 양(⊕)극판이 과산화납(PbO_2), 음(⊖)극판은 해면상납(Pb), 전해액으로는 묽은 황산(H_2SO_4)을 사용하며, 플라스틱 케이스 내에 넣은 것이다. 그러나 실제의 배터리에서는 작은 체적에서 가능한 큰 전기적 에너지를 인출하기 위해 화학반응을 일으키는 극판과 전해액의 접촉 면적을 크게 하여야 한다. 따라서 극

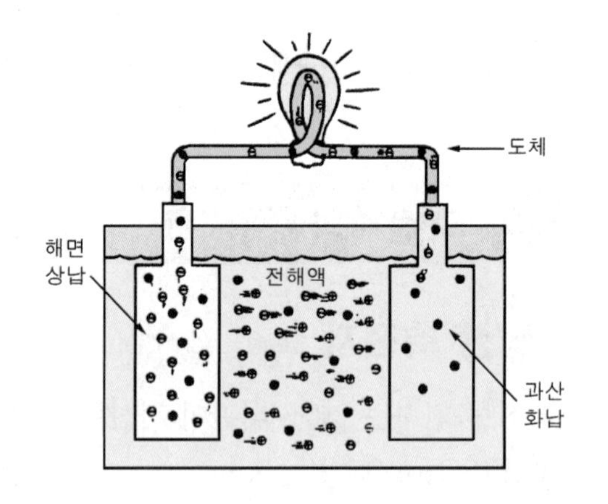

축전지의 기본 구성

판은 얇은 판으로 여러 장을 병렬로 접속 하여 극판군을 형성하여 양극판과 음극판의 극판 군을 서로 마주보도록 배치하고 있다.

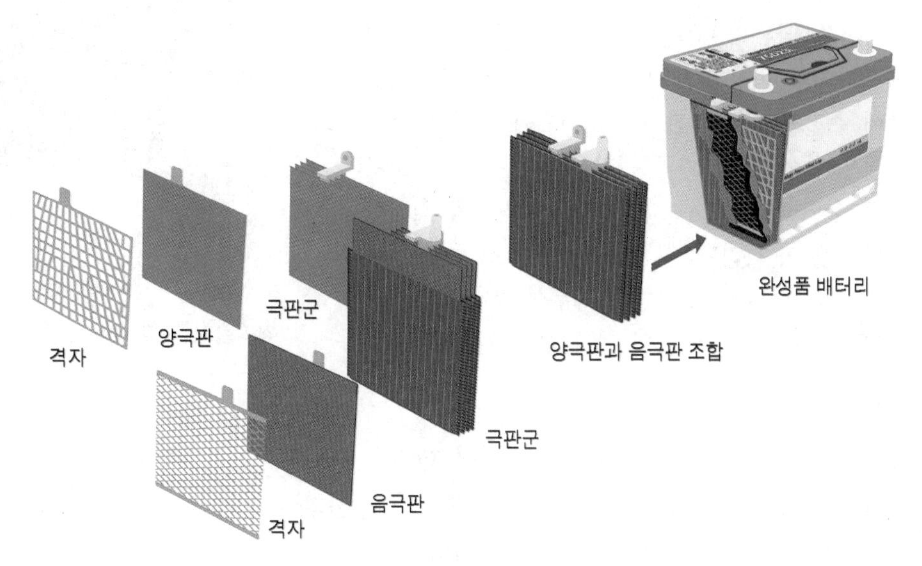

납산 축전지의 구조

1.1. 납산 축전지의 극판 plate

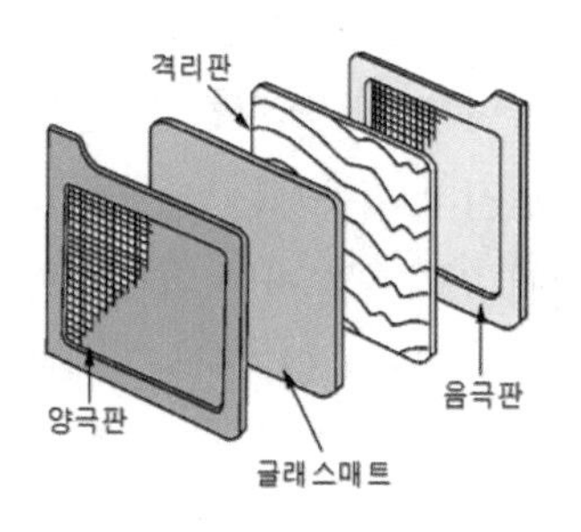

극판의 구성

극판에는 양극판과 음극판이 있으며, 모두 합금 격자(grid)에 납 가루나 산화납 가루를 묽은 황산으로 개어서 반죽(paste)하여 바른 후 건조, 화학적 조성 등의 공정을 거쳐서 양극판은 과산화납으로, 음극판은 해면상납으로 한 것이다. 그리고 양극판이 음극판보다 더 활성적이므로 양극판을 보호하고 용량을 증대시킬 목적으로 음극판을 1장 더 두고 있다. 격자는 극판의 뼈대로서 가공성이 양호하고 전기 전도성은 물론 기계적 강도가 크다. 또한 극판 작용물질과의 친화력 및 내산성이 커야 하며, 작용물질을 보호 및 지지하여 탈락을 방지하고 외부의 작용물질과의 전기 전도 작용을 한다. 그리고 극판은 여러 장을 1쌍으로 하여 격자의 한쪽이 스트랩으로 접속되어 있으며, 극판의 수를 증가시키면 배터리의 용량이 증가한다. 양극판은 과산화납으로 되어 있기 때문에 결합력이 약하므로 장기간 사용하면 격자에서 탈락되어 엘리먼트 레스트에 축척되어 극판이 단락되기 때문에 배터리의 성능이 저하된다. 음극판은 해면 모양의 다공성인 납으로 화학반응이 잘 되도록 되어 있으며, 결합력이 양극판보다 강하기 때문에 격자로부터 탈락되는 양은 적으나 충방전을 반복하면 점차 다공성이 상실되어 용량이 저하된다.

1.2. 납산 축전지의 격리판 separators

격리판은 서로 번갈아 가며 조립된 양극판과 음극판 사이에 끼워져 양쪽 극판의 단락을 방지하는 역할을 한다. 격리판이 파손되거나 변형되어 양쪽 극판이 서로 단락되면 배터리 내에 충전되어 있던 전기적 에너지가 소멸된다. 격리판의 재질은 합성수지로 가공한 강화 섬유 격리판, 고무를 주재료로 한 미공성 고무 격리판 및 플라스틱 격리판 등이 사용되고 있다. 격리판은 홈이 면이 양극판 쪽으로 향하도록 설치되어 과산화납에 의한 산화부식 방지와 전해액의 확산을 도모하며, 구비조건으로는 다음과 같다.

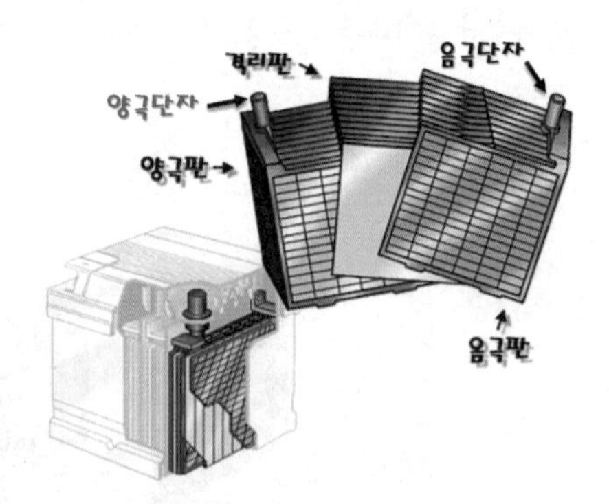

격리판의 구조 〈출처 : 블로그 수정〉

① 비전도성이어야 한다.
② 전해액의 확산이 잘되도록 다공성이어야 한다.
③ 기계적인 강도가 있고, 내진성과 내산성이 커야 한다.
④ 극판에서 좋지 않은 물질을 내뿜지 않아야 한다.

1.3. 납산 축전지의 극판군 plate group

극판군은 여러 장의 극판과 격리판을 조립하고 극판 접속편을 용접하여 양극판은 (⊕)단자와 음극판은 (⊖)단자를 연결한 것이다. 이처럼 제작한 1개의 극판군을 1셀(cell)이라 한다. 12V 축전지의 경우에는 케이스 속에 6개의 셀이 있으며, 이것을 접속편(connector)으로 직렬 접속되어 있다. 셀 마다 약 2.1~2.3V의 기전력을 발생시키며, 극판의 수를 늘리면 극판이 전해액과 대항하는 면적이 증가하므로 배터리의 용량이 증가하여 이용 전류가 많아진다.

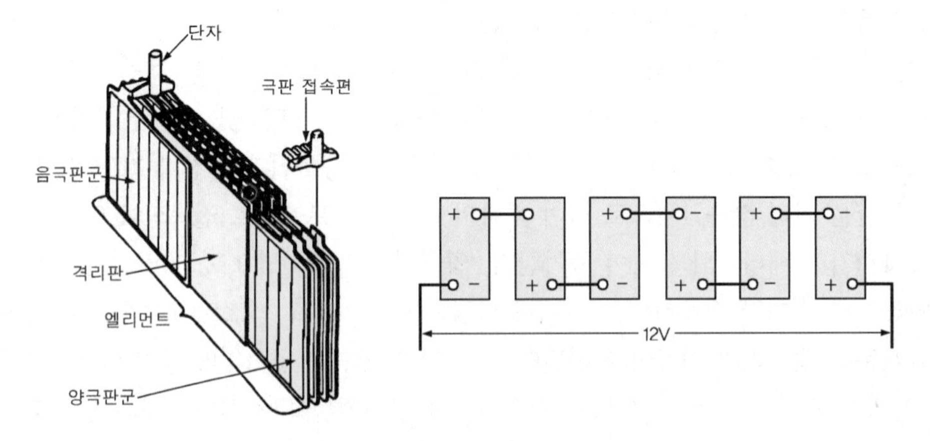

납산 축전지의 극판군

1.4. 납산 축전지의 케이스 case

케이스는 주로 플라스틱으로 제작하며, 12V 배터리용은 6칸으로 분리되어 있다. 각 셀의 밑 부분에는 극판의 작용 물질의 탈락이나 침전물의 축적으로 인한 단락을 방지하기 위하여 엘리먼트 레스트(element rest)가 마련되어 있다.

1.5. 납산 축전지의 커버 cover

커버도 플라스틱으로 제작하며, 케이스와는 접착제로 접착되어 있어 기밀(氣密)과 수밀(水密)을 유지하고 있다. 또 커버의 중앙에는 전해액이나 증류수를 주입하거나 비중계용 스포이드(spoid)나 온도계를 넣기 위한 구멍과 이 구멍을 막아두기 위한 벤트 플러그가 있다. 이 벤트 플러그의 중앙이나 옆에는 작은 구멍이 있어 배터리 내부에서 발생한 산소와 수소 가스를 방출한다.

1.6. 납산 축전지의 단자 terminal

단자는 납 합금이며, 외부 회로와 확실하게 접속되도록 하기 위하여 테이퍼(taper)되어 있다. 그리고 양극과 음극 단자에는 문자, 색깔 및 크기 등으로 표시하여 잘못 접속되는 것을 방지하고 있으며, 단자의 식별 방법은 다음과 같다.

① 양극은 ⊕, 음극은 ⊖의 부호로 표시 되어있다.
② 양극은 적색(red), 음극은 흑색(black)으로 표시하기도 한다.
③ 양극은 지름이 굵고, 음극은 가늘다.
④ 양극은 POS, 음극은 NEG의 문자로 표시하기도 한다.
⑤ 부식물이 많은 단자가 양극이다.

축전지 단자에서 케이블을 분리할 때는 반드시 접지 단자의 케이블을 먼저 분리하도록 하고, 설치할 때는 나중에 설치하여야 한다.

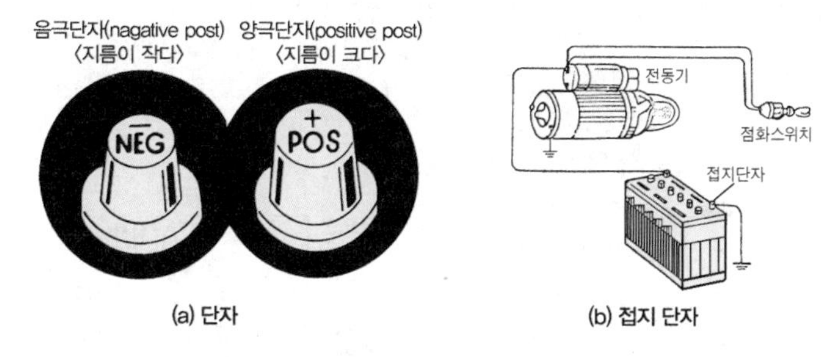

납산 축전지의 단자와 접지단자

1.7. 납산 축전지의 전해액 electrolyte

전해액은 증류수에 황산을 섞어 제조한 높은 순도의 묽은 황산을 사용한다. 전해액은 극판과 접촉하여 충전할 때는 전류를 저장하고, 방전될 때는 전류를 발생시켜 주며, 셀 내부에서 전류를 전도하는 작용도 한다. 전해액의 비중은 20℃ 완전 충전되었을 때 1.280이며, 이를 표준비중이라 한다.

2. 납산 축전지의 충·방전 작용

축전지의 ⊕, ⊖양 단자 사이에 부하를 접속하고 축전지로부터 전류를 흐르게 하는 것을 방전(discharge)이라고 하며, 반대로 충전기나 발전기 등의 직류 전원을 접속하여 축전지에 전류를 공급하는 것을 충전(charge)이라고 한다. 축전지를 충 · 방전시키면 축전지 내부에서는 양(+)극판과 음(−)극판이 전해액과 화학 반응을 일으킨다. 즉, 축전지의 충 · 방전 작용은 양극판의 작용물질인 과산화납과 음극판의 작용물질인 해면상납 및 전해액인 묽은 황산에 의하여 형성된다. 방전 또는 충전을 하면 축전지 내부에서는 양극판과 음극판, 전해액 사이에서 다음과 같은 화학반응이 일어난다.

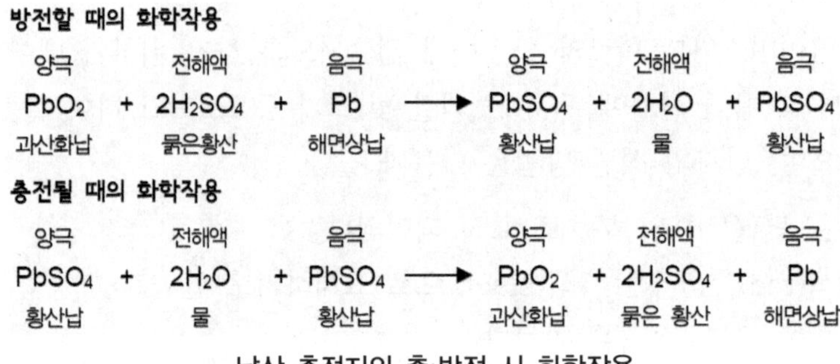

납산 축전지의 충·방전 시 화학작용

2.1. 납산 축전지의 방전

양극판의 과산화납은 방전이 되면 과산화납 중의 산소가 전해액의 황산 중의 수소와 결합하여 물이 생성된다. 과산화납 중의 납은 전해액의 황산과 결합하여 황산납이 된다. 한편, 음극판의 해면상납은 양극판과 마찬가지로 황산납이 된다.

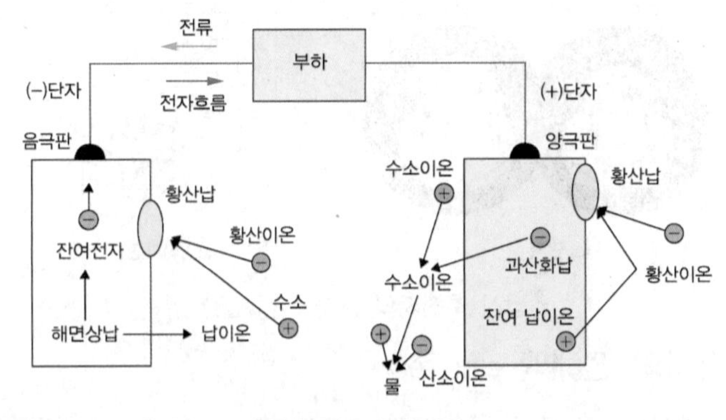

방전 중의 화학작용

2.2. 납산 축전지의 충전

방전된 축전지에 외부의 직류 전원(충전기 또는 발전기)으로부터 충전 전류를 공급하면 방전에 의하여 황산납으로 변화되었던 양극판과 음극판의 작용물질은 납과 황산기로 분해된다. 전해액 중의 증류수는 산소와 수소로 분해되며, 분해된 이들의 황산기는 수소와 결합하여 황산을 생성함과 동시에 전해액으로 환원된다.

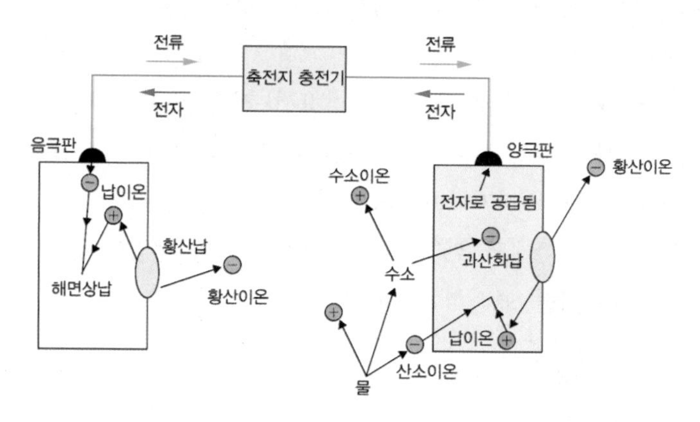

충전 중의 화학작용

3. 납산 축전지의 여러 가지 특성

3.1. 축전지의 기전력

축전지의 셀당 기전력은 2.1~2.3V이며, 이것은 전해액의 비중, 온도, 방전 정도에 따라서 조금씩 다르다. 기전력은 전해액 온도 저하에 따라 낮아지며, 이것은 전해액의 온도가 낮아지면 축전지 내부의 화학반응이 늦어지고, 전해액의 고유 저항이 증가하기 때문이다. 또 전해액의 비중이 낮거나 방전량이 많은 경우에도 조금씩 기전력이 낮아진다.

3.2. 축전지의 방전 종지 전압

방전 종지(끝) 전압이란 축전지를 어떤 한계 이하의 전압이 될 때까지 방전해서는 안 되는 전압을 말하며, 1셀 당 1.7~1.8V(1.75V), 12V용 축전지에서는 10.5V(1.75V × 6)이다. 방전 종지 전압 이하로 방전을 하면 극판이 손상되어 축전지의 기능을 상실한다.

3.3. 축전지의 용량

축전지의 용량이란 완전 충전된 축전지를 일정한 전류로 연속 방전하여 방전 중의 단자 전압이 규정의 방전 종지 전압이 될 때까지 방전시킬 수 있는 전기량이다. 축전지 용량의 단위는 암페어시 용량(AH ; amper hour rate)으로 표시하며 이것은 일정 방전 전류(A)× 방전 종지 전압까지의 연속 방전 시간(H)이다. 그리고 축전지 용량의 크기를 결정하는 요소에는 극판의 크기(또는 면적), 극판의 수, 전해액의 양 등이 있다.

(1) 방전율과 용량의 관계

축전지 용량을 표시하는 방법에는 20시간율, 25암페어율, 냉간율 등이 있다.

① **20시간율** : 일정 방전 전류로 연속 방전하여 셀당 방전 종지 전압이 1.75V될 때까지 20시간(10시간의 비율의 경우에는 10시간) 방전시킬 수 있는 전류의 총량이며, 일반적으로 사용하는 방전율이다.

② **25 암페어율** : 26.6℃(80℉)에서 일정한 방전 전류(25A)로 방전하여 1셀당 전압이 1.75V에 이를 때까지 방전하는 것을 측정하는 것으로 발전기가 고장일 경우에 부하에 전류를 공급하기 위한 축전지 능력을 표시하는 것이다.

③ **냉간율** : −17.7℃(0℉)에서 300A로 방전하여 1셀당 전압이 1V 강하하기까지 몇 분(min)정도 소요되는가를 표시하는 것이다.

(2) 전해액의 온도와 용량의 관계

축전지의 용량은 전해액의 온도에 따라서 크게 변화한다. 즉, 일정의 방전율, 방전 종지 전압하에서 방전을 하여도 온도가 높으면 용량이 증대되고, 온도가 낮으면 용량도 감소한다. 온도가 낮아졌을 때 축전지 용량이 감소되는 것은 화학반응이 천천히 진행되기 때문이다.

(3) 전해액의 비중과 용량의 관계

전해액 속에 들어 있는 황산의 양이 용량과 직접 관계되는 것은 이론상 명확하다. 또 용량은 전해액 속의 황상량 이외에 극판의 작용 물질의 양, 이용 비율의 크기, 극판의 면적 · 두께 · 장수 등에 따라서도 달라진다.

(4) 축전지 연결에 따른 용량과 전압의 변화

① 직렬연결의 경우

축전지의 직렬연결이란 같은 전압, 같은 용량의 축전지 2개 이상을 ⊕ 단자와 다른 축전지의 ⊖ 단자에 서로 연결하는 방식이며, 전압은 연결한 개수만큼 증가하지만 용량은 1개일 때와 같다.

② 병렬연결의 경우

축전지의 병렬연결이란 같은 전압, 같은 용량의 축전지 2개 이상을 ⊕ 단자는 다른 축전지의 ⊕ 단자에, ⊖ 단자는 ⊖ 단자에 접속하는 방식이며, 용량은 연결한 개수만큼 증가하지만, 전압은 1개일 때와 같다.

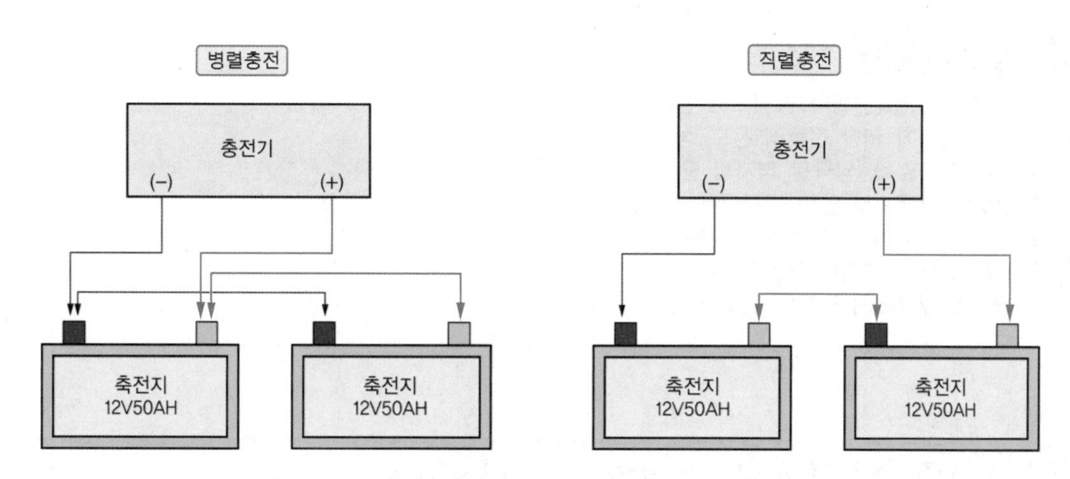

축전지 간 연결 방법

3.4. 납산 축전지의 자기방전

충전된 축전지를 사용하지 않고 방치해두면 조금씩 자연 방전하여 용량이 감소되는 현상을 자기 방전(또는 자연 방전)이라 한다.

(1) 자기 방전의 원인

① 음극판의 작용물질(해면상납)이 황산과의 화학작용으로 황산납이 되면서 자기 방전되며, 이때 수소가스를 발생시킨다.

② 전해액 중에 불순물(납(Pt), 니켈(Ni), 구리(Cu) 등)이 유입되어 음극판과의 사이에 국부전지가 형성되어 황산납이 되면서 자기 방전된다. 또 격자와 양극판의 작용물질(과산화납)과의 사이에도 국부전지가 형성되어 자기 방전되는 경우도 있다.

③ 탈락한 극판의 작용물질이 축전지 내부의 밑바닥이나 옆면에 퇴적되거나 또는 격리판이 파손되어 양쪽 극판이 단락되어 방전된다.

④ 축전지 커버 위에 부착된 전해액이나 먼지 등에 의한 누전으로 자기 방전된다.

(2) 자기 방전량에 관계되는 요소

① 자기 방전량은 전해액의 온도가 높고, 비중 및 용량이 클수록 크다.

② 자기 방전량은 날짜가 흐를수록 많아지나, 그 비율은 충전 후의 시간 경과에 따라서 점차로 낮아진다.

알고갑시다 납산 축전지의 수명을 단축 시키는 요인

① 충전 부족 또는 과다 방전으로 인한 극판의 영구 황산납화
② 과다 충전에 의한 전해액 온도 상승
③ 격리판의 열화, 양극판 격자의 균열 및 음극판의 열화
④ 전해액 부족으로 인한 극판의 노출
⑤ 전해액 비중이 너무 높거나 낮은 경우
⑥ 전해액 중의 불순물 유입
⑦ 케이스 내부에서 극판의 단락 및 탈락

5 MF 축전지 maintenance free battery

MF(무정비) 축전지는 자기 방전이나 화학반응을 할 때 발생하는 가스로 인한 전해액의 감소를 방지하고, 축전지 점검 · 정비를 줄이기 위해 개발된 것이며, 다음과 같은 특징이 있다.

① 증류수를 점검하거나 보충하지 않아도 된다.
② 자기 방전 비율이 매우 적다.
③ 장기간 보관이 가능하다.

MF 배터리가 일반 배터리와 다른 점은 격자의 재질과 제작 방법 및 모양이며 격자의 재질은 안티몬(Sb) 함량이 낮은 납-저 안티몬 합금이나 납-칼슘 합금이다. 일반 배터리의 격자로 사용되는 안티몬은 격자의 기계적 강도를 높이고, 주조성을 쉽게 하지만 축전지 사용 중에 극판 표면에서 서서히 석출하여 국부 전지를 구성해 자기 방전을 촉진하고, 충전 전압을 저하시키므로 자동차와 같이 정전압으로 충전을 실시하는 경우에는 점차 충전 전류가 증대되어 증류수의 전기 분해량을 증가시킨다. 이를 방지하기 위해 MF배터리는 안티몬 함유량을 감소시킨 저 안티몬 합금이나 납-칼슘 합금을 사용하면 전해액의 감소 및 자기 방전량을 감소시킬 수 있다. 그리고 격자의 제작 방법은 철망 모양의 격자를 펀칭(punching)방식 등 기계적인 가공법을 채택하여 품질과 생산성을 향상시키고 있다. 또 전해액의 증류수를 보충하지 않아도 되는 방법으로는 전기 분해될 때 발생하는 산소와 수소가스를 촉매(觸媒)를 사용하여 다시 증류수로 환원시키는 촉매 마개를 사용하고 있다.

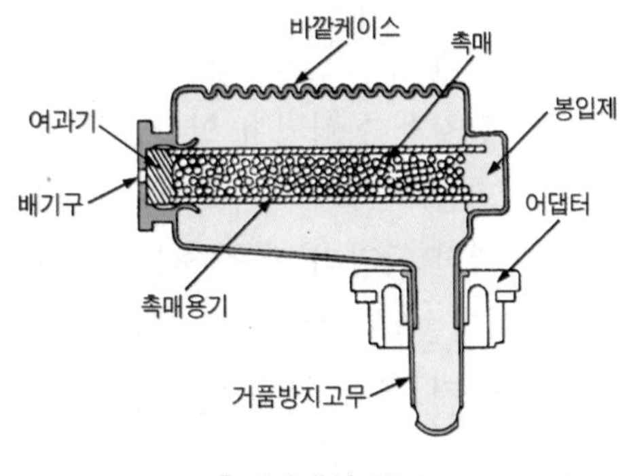

촉매마개의 구조

CHAPTER 04

시동 장치

자동차용 기관은 흡입, 압축, 폭발, 배기의 4행정으로 작동되고 있다. 그러나 이 행정 중 에너지의 발생은 폭발 행정뿐이며, 폭발 행정에서 발생한 에너지를 기관의 플라이 휠이 저장 한 다음 플라이 휠의 관성을 이용하여 연속적인 작동이 이루어진다. 그러나 기관을 시동하려고 할 때 최초의 흡입과 압축 행정에 필요한 힘을 외부에서 제공하여 크랭크축을 회전시켜야 한다. 이때 필요한 장치는 배터리, 기동 전동기, 점화 스위치, 배선 등이다. 그리고 자동차 기관 시동용으로 직류직권 전동기를 사용한다.

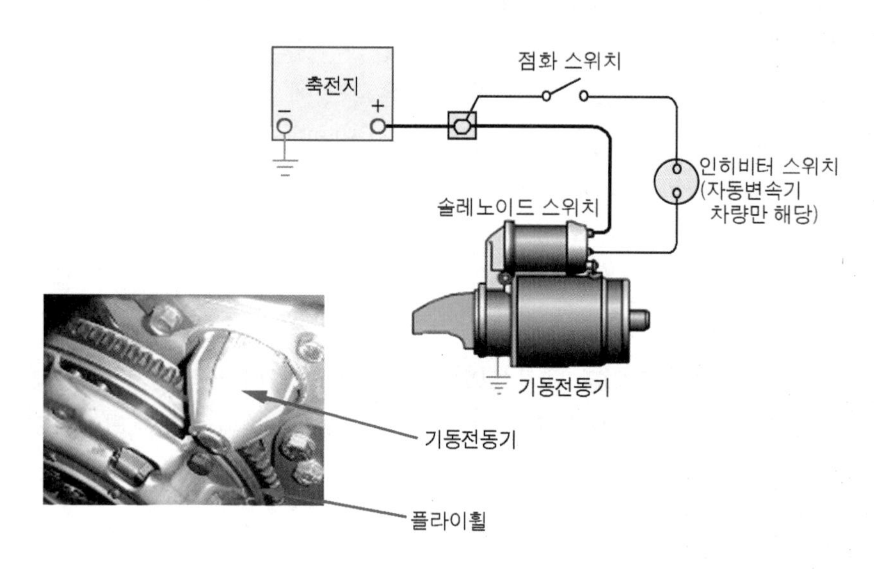

기동 장치의 구성도

1 직류 전동기의 원리와 종류

1. 직류 전동기의 원리

자계 내에서 자유롭게 회전할 수 있는 도체(전기자)를 설치하고 전류를 공급하기 위하여 정류자를 두고, 정류자와 항상 접촉하여 도체로 전류를 공급하는 브러시(brush)를 부착한 다음 전류를 공급하면 플레밍의 왼손 법칙에 따르는 방향의 힘을 받는다.

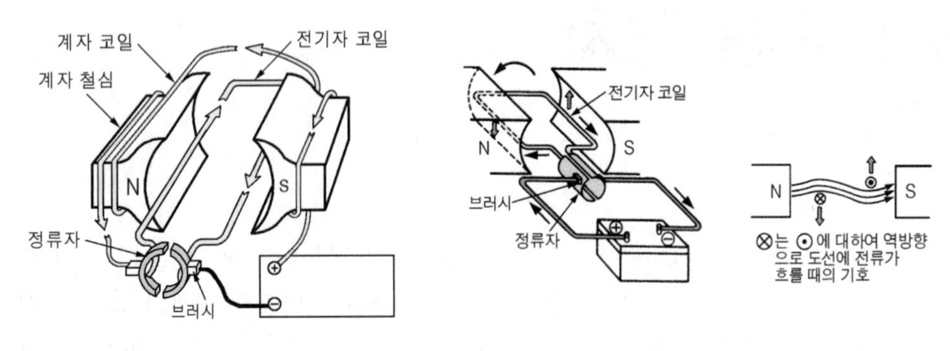

기동 전동기의 결선　　　　기동 전동기의 회전 원리

왼쪽 그림에 있어서 전류는 전기자 코일 A에서 B로 흐른다. 이에 따라 N극에 가까이 있는 전기자 코일 A는 아래쪽 방향으로 힘을 받고, S극 가까이 있는 전기자 코일 B는 위쪽 방향으로 힘을 받아서 왼쪽으로 회전을 하게 된다. 전기자 코일이 정류자 접합 지점(C지점)에 도달하면 전류는 흐르지 않으나 전기자 코일은 관성에 의하여 회전하게 된다.

전기자가 회전하여 전기자 코일 A부분과 B부분이 반대 위치로 되지만 브러시에서의 전류 공급 위치가 변화하지 않기 때문에 전기자 코일 A부분으로 전류가 들어가고 코일 B부분에서 나온다고 하더라도 전자력의 방향이 동일 하므로 전기자는 계속해서 왼쪽으로 회전하게 된다.

2. 직류 전동기의 종류

직류 전동기에는 전기자 코일과 계자 코일의 연결 방법에 따라 **직권식 전동기**, **분권식 전동기**, **복권식 전동기** 등이 있으며, 전기자 코일, 계자 코일, 정류자와 브러시 등의 부품으로 구성되어 있다.

2.1. 직권식 전동기

직권식 전동기는 전기자 코일과 계자 코일이 직렬로 연결된 것이며, 각 코일에 흐르는 전류는 일정하다. 직권식 전동기의 특징은 회전력이 크고 부하 변화에 따라 자동으로 회전속도가 증감하므로 고 부하에서는 과대 전류가 흐르지 않는다. 이러한 특성을 이용하여 기동 전동기에서 주로 사용한다. 무부하 상태에서는 회전속도가 빨라지므로 전동기가 파손될 우려가 있는 것이 단점이다.

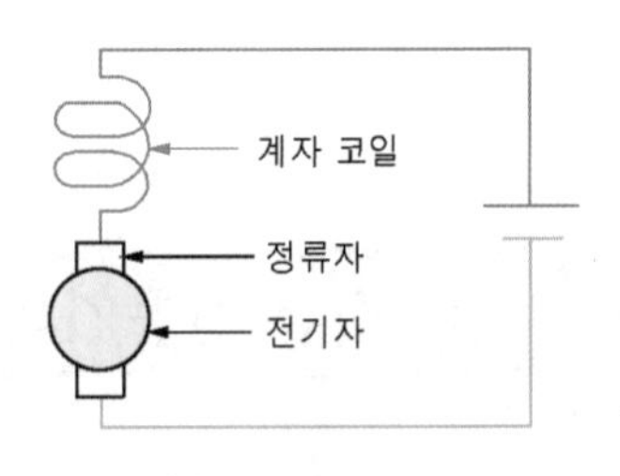

직권식 전동기

2.2. 분권식 전동기

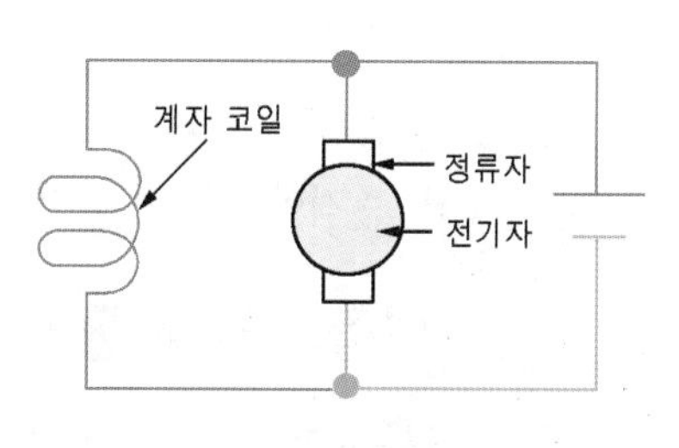

분권식 전동기

분권식 전동기는 전기자 코일과 계자 코일이 병렬로 연결된 것이며, 각 코일에는 전원 전압이 가해져 있다. 분권식 전동기는 부하 변화에 대하여 회전속도 변화가 적으나 계자 코일에 흐르는 전류를 변화시키면 회전속도를 넓은 범위로 쉽게 바꿀 수 있어 부하가 변화하더라도 회전속도가 변하지 않는 일정 속도 작동용 전동기 또는 계자 전류를 변화시켜 회전속도를 변환시키는 가감속용으로 이용된다. 분권식 전동기는 주로 직류발전기, 윈드 와셔용 전동기, 냉각 팬 전동기, 파워윈도(power window)전동기 등에서 사용된다.

2.3. 복권식 전동기

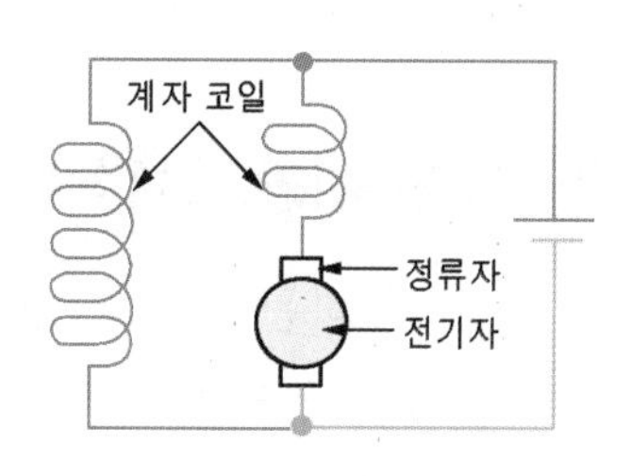

복권식 전동기

복권식 전동기는 전기자 코일과 계자 코일이 직렬과 병렬로 연결된 것이며, 계자 코일의 자극의 방향이 같으며, 직권과 분권의 중간적인 특성을 나타낸다. 즉, 시동할 때에 직권 전동기와 같이 회전력이 크고, 시동 후에는 분권 전동기와 같이 일정 속도 특성을 나타낸다. 직권식 전동기에 비해 그 구조가 약간 복합한 결점이 있다. 이 전동기는 윈드 실드 와이퍼 전동기(wind shield wiper motor)에서 사용된다.

2 기동 전동기의 성능 특성

자동차 기동 전동기는 기관 실린더의 압축 압력이나 각부의 마찰력을 이기고 시동 가능한 회전속도로 구동하여야 하므로 기동 회전력 커야 한다. 그러므로 부하가 걸렸을 때 회전속도는 낮으나 회전력이 크고, 부하가 작을 때 회전력은 감소하나 회전속도는 빨라지는 직권식 전동기를 사용한다. 기동 전동기의 구비조건은 다음과 같다.

1. 기동 전동기의 구비조건

기동 전동기는 짧은 시간 정격(약 15초 이내)으로 설계가 되어 있기 때문에 일반 전동기의 출력에 비해 소형이지만 무리한 연속 작동을 하면 안 된다.

① 기동 회전력이 클 것

② 소형 · 경량이고 출력이 클 것

③ 전원 용량이 적어도 될 것
④ 진동에 잘 견딜 것
⑤ 기계적 충격에 잘 견딜 것

2. 기동 전동기의 시동소요 회전력

기관을 시동하려고 할 때 회전 저항을 이겨내고 기동 전동기로 크랭크축을 회전시키는데 필요한 회전력을 시동 소요 회전력이라고 한다. 기동 전동기 소요 회전력은 기관 플라이 휠링 기어와 기동 전동기 피니언의 기어 비(약 10~15 : 1)를 크게 하여 증대시키며 다음의 식으로 산출한다.

$$\text{시동소요 회전력} = \frac{\text{기관의 회전저항} \times \text{기동 전동기 피니언의 잇수}}{\text{기관플라이휠링기어 잇수}}$$

3. 최소 시동 회전속도

기관 시동하는 크랭크축을 회전시킬 수 만 있으면 되는 것이 아니라 어느 정도 이상의 회전 속도가 필요하다. 회전속도가 낮으면 실린더와 피스톤 링 사이에서 압축가스가 누출되어 시동에 필요한 압축 압력을 얻지 못하게 된다. 또한 가솔린 기관에서는 점화 코일 공급전압의 저하 때문에 점화 불량의 원인이 된다. 디젤 기관의 경우에는 충분한 단열 압축이 이루어지지 않으면 연료의 착화에 필요한 온도를 얻지 못하여 시동이 되지 않는다. 기관 시동에 필요한 최저 한계의 회전속도를 최소 시동 회전속도라 한다. 이 회전속도는 가솔린 기관보다 디젤 기관 쪽이 높으며, 기온이 높을수록 높지만 이외에 실린더 수, 사이클 수, 연소실 형상, 점화 방식 등에 따라 달라진다. 최소 시동 회전속도는 −15℃에서 2행정 사이클 기관에서는 150~200rpm, 4행정 사이클 기관의 경우에는 가솔린 기관은 100rpm이상, 디젤 기관은 180rpm 이상이다.

4. 기관의 시동 성능

① 기동 전동기의 출력은 전원 공급원인 축전지의 용량이나 온도 차이에 따라 영향을 받아 크게 변화한다.
② 축전지 용량이 작으면 기관을 시동할 때 단자 전압의 저하가 심하고 회전속도도 낮아지기 때문에 출력이 감소한다.
③ 온도가 저하되면 윤활유 점도가 상승하기 때문에 기관의 회전저항이 증가하는 반면, 축전지의 용량 저하에 의해 기동 전동기의 구동 회전력이 감소한다.

3 기동 전동기의 구조와 기능

기동 전동기는 그 작동 상 회전력을 발생하는 부분인 전동기 부분, 회전력을 기관 플라이휠 링기어로 전달하는 부분인 **솔레노이드 스위치**와 피니언을 미끄럼 운동시켜 플라이휠 링기어에 물리게 하는 부분인 **오버러닝 클러치**의 3주요 부분으로 구분한다.

기동 전동기의 구조

1. 전동기 부분

전동기 부분은 **회전운동을 하는 부분(전기자, 정류자)**과 **고정된 부분(계철과 계자철심, 계자코일, 브러시와 브러시 홀더, 베어링)**으로 구성되어 있다.

1.1. 회전운동을 하는 부분

(1) 전기자 armature

전기자는 전기자축, 전기자 철심, 그리고 여기에 각각 절연되어 감겨져 있는 전기자 코일, 정류자 등으로 구성되어 있으며, 전기자축의 양 끝은 베어링으로 지지되어 계자 철심 내에서 회전한다. 전기자 축은 큰 힘을 받기 때문에 파손, 변형 및 휨 등이 일어나지 않도록 특수강을 사용한다. 또한 전기자축에는 피니언이 미끄럼 운동할 수 있도록 스플라인(spline)이 파져 있으며, 마멸을 방지하기 위해 담금질되어 있다. 전기자 철심은 자력선을 잘 통과시키고 동시에 맴돌이 전류를 감소시키기 위해 얇은 철판을 각각 절연하여 겹쳐서 제작하였으며, 재질은 투자율이 큰 철(Fe), 니켈(Ni), 코발트(Co) 등을 사용한다. 바깥 둘레에는 전기자 코일이 들어가는 홈(slot)이 파져 있고, 사용 중 전기자 철심이 발열하지 않도록 하고 있다. 또한 전기자 철심은 계자 철심에서 발생한 자계의 자기 회로가 되며, 계자 철심의 자력과 전기자 코일에서 발생한 자력과의 사이에서 발생한 전자력을 회전력으로 변환시키는 작용을 하므로 전기자 코일이 많을수록 회전력이 크다.

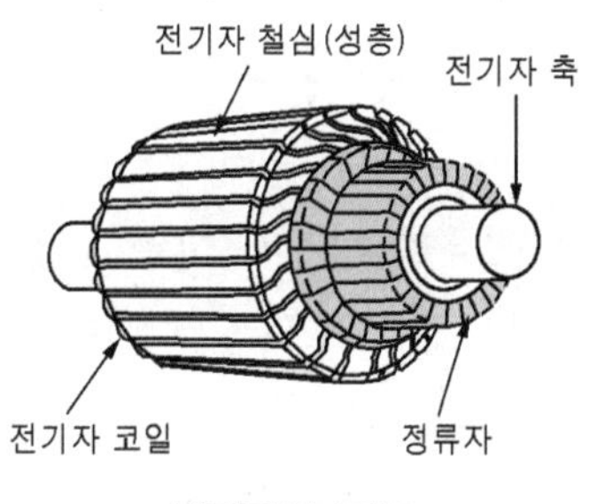

전기자의 구조

알고갑시다 | 맴돌이 전류 (와전류)

좌측그림과 같이 도체에 자속이 통과할 때 또는 우측그림과 같이 도체와 자속이 상대 운동을 할 때 그 도체 내에 전자 유도 작용에 의한 기전력이 유기된다. 이 기전력에 의해 도체에 흐르는 유도 전류는 도체 중에서 저항이 가장 적은 곳으로 회로를 형성하여 흐른다. 이와 같은 전류를 맴돌이 전류(eddycurrent)라고 한다. 맴돌이 전류는 도체의 저항에 의해 전력 손실이 발생되고 발열하여 도체의 온도를 상승시킨다. 이와 같은 전력의 손실을 맴돌이 전류손실이라고 한다. 이 손실을 감소시키기 위해 기동 전동기의 전기자 철심이나 AC발전기의 스테이터 철심은 서로 절연된 철심을 겹쳐서 성층 철심으로 하고 있다.

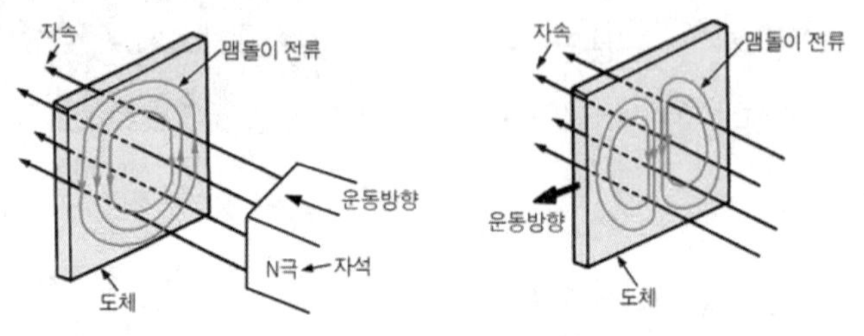

(2) 정류자 commutator

정류자는 경동으로 제작한 정류자 편을 절연체(운모)로 싸서 둥글게 제작한 것이며, 전기자 코일이 각각의 정류자 편에 납땜되어 있다. 정류자는 브러시에서 공급되는 전류를 전기자 코일에 일정한 방향으로만 흐르도록 한다. 정류자 편의 아래 부분은 얇고 윗부분은 두껍게 되어 있으며, 회전 중 원심력으로 이탈되지 않도록 V형 운모와 V형의 클램프 링으로 조여져 있다. 또 정류자 편 사이에는 약 1mm정도의 운모로 절연되어 있고, 정류자 면보다 0.5~0.8(한계 0.2)mm 낮게 파져 있는데 이것을 언더 컷(under cut)이라 한다. 이 언더컷은 브러시의 심한 진동에 따른 접촉 불량, 정류 불량, 브러시와 정류자가 손상되는 것을 방지하는 역할을 한다. 정류자 편은 회전 중 항상 브러시와 접촉하여 마찰을 일으키므로 브러시와의 사이에는 불꽃이나 큰 전류가 흐르기 때문에 고온이 된다. 따라서 손상 및 오손이 발생하기 쉬워 기동 전동기의 수명을 결정하는 중요한 부분이다.

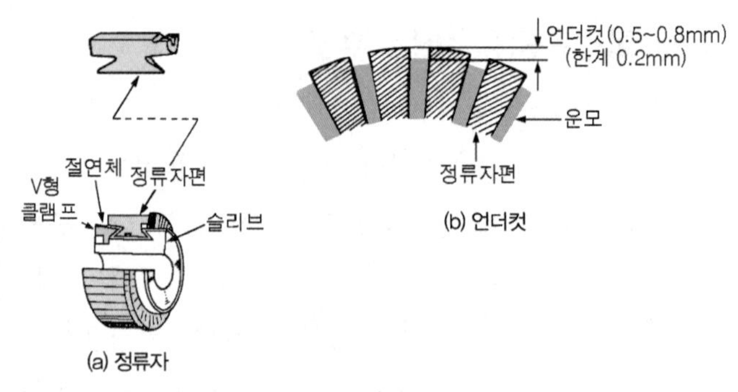

정류자와 언더컷

1.2. 고정된 부분

(1) 계철과 계자철심 yoke & pole core

계철은 자력선의 통로와 기동 전동기의 틀이 되는 부분으로 안쪽 면에는 계자 코일을 지지하여 자극이 되는 계자 철심이 스크류(screw)로 고정되어 있다. 계자 철심은 계자 코일이 감겨져 있어 전류가 흐르면 전자석이 되는데 계자 철심에 따라 전자석의 수가 결정이 되며, 4개이면 4극이라고 한다.

계자철심과 계자코일

(2) 계자 코일 field coil

계자 철심에 감겨져 자력을 발생시키는 코일이며, 큰 전류가 흐르므로 평각 구리선을 사용한다. 코일의 바깥쪽은 테이프를 감거나 합성수지 등에 담가 막을 만든다.

(3) 브러시와 브러시 홀더 brush & brush holder

브러시는 정류자를 통하여 전기자 코일에 전류를 출입시키는 역할을 하며, 일반적으로 4개가 설치되는데 2개는 절연된 홀더에 지지되어 정류자와 접속되고(이를 (+)브러시라 함), 다른 2개는 접지된 홀더에 지지되어 정류자와 접속(이를 (−)브러시라 함)되어 홀더 내에서 미끄럼 운동을 한다. 브러시 스프링 장력은 스프링 저울로 측정하며, 0.5~1.0kgf/cm^2 정도이며, 브러시는 표준 길이의 $\frac{1}{3}$이상 마멸되면 교환하여야 한다. 기동 전동기의 브러시는 큰 전류가 흐르므로 재질은 금속 흑연계열이다.

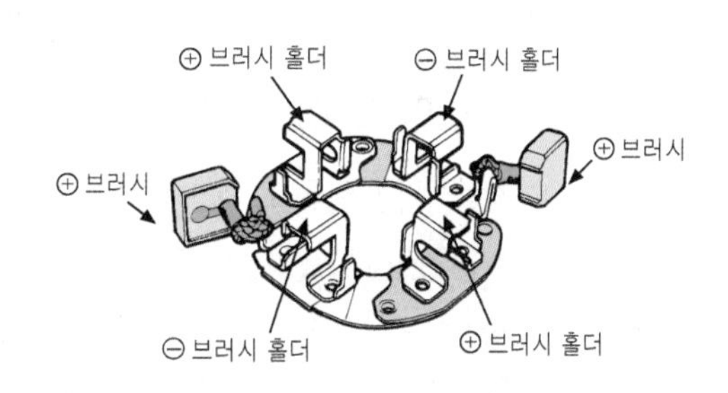

브러시와 브러시 홀더

(4) 베어링 bearing

기동 전동기는 하중이 크고 사용할 때 시간이 짧아서 주로 부싱(bushing)형의 베어링을 사용한다. 베어링에는 윤활이 잘되도록 홈이 파져 있으며 대부분 오일 리스(oilless ; 함유 베어링)베어링을 사용한다.

2. 솔레노이드 스위치 solenoid switch

2.1. 솔레노이드 스위치의 구조

솔레노이드 스위치는 마그넷 스위치(magnet switch)라고도 부르며, 전자력으로 작동하는 기동 전동기용 스위치이다. 구조는 가운데가 비어 있는 철심, 철심 위에 감겨져 있는 풀인 코일과 홀드인 코일, 플런저, 접촉판, 2개의 접점(B단자와 M단자)으로 되어 있다. 풀인 코일은 솔레노이드스위치 ST단자(시동 단자)에서 감기 시작하여 M단자(전동기 단자)에 접속되어 있고, 홀드인 코일은 ST단자에서 감기 시작하여 솔레노이드 스위치 몸체에 접지되어 있다. 풀인 코일은 축전지와 직렬로 접속되며, 홀드인 코일은 병렬로 연결되어 있다.

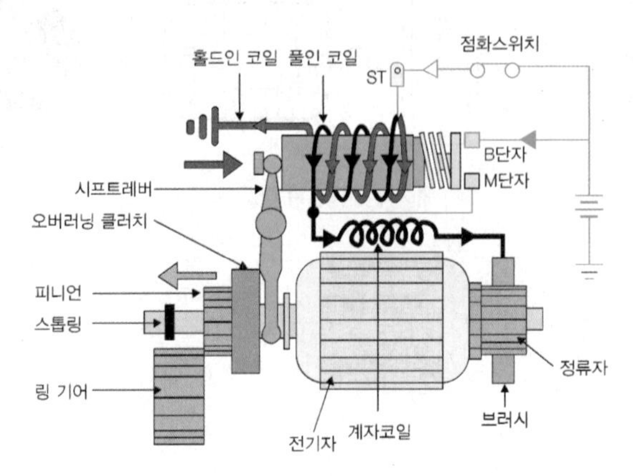

솔레노이드 스위치의 구조

2.2. 솔레노이드 스위치의 작동

점화스위치를 시동위치로 하면 솔레노이드 스위치의 풀인 코일(pull-in coil, 흡입 코일)과 홀드인 코일(hold-in coil, 유지 코일)이 축전지에서의 전류로 강력한 전자석이 되어 플런저(plunger)를 잡아당긴다. 플런저는 시프트 레버를 잡아당겨 피니언을 플라이휠 링기어에 물린다. 이 물림이 완료되는 순간부터 기동 전동기 스위치(솔레노이드 스위치의 B단자와 M단자를 연결하는 것임)가 닫혀 기동 전동기로 축전지 전류가 흘러 강력한 회전을 시작하여 기관을 크랭킹 시킨다.

3. 오버런닝 클러치 overrunning clutch

기동 전동기 피니언이 플라이휠을 회전시켜 기관을 시동하면 피니언과 플라이휠 링기어가 잠시 물려 있는 상태이므로 반대로 기동 전동기가 플라이휠에 의해 고속으로 구동되어 전기자, 베어링 및 정류자와 브러시 등이 손상될 수 있다. 이러한 손상을 방지하기 위하여 기관이 기동된 후 피니언이 공전하여 기동 전동기가 기관의 플라이휠에 의해 강제로 구동되는 것을 방지하는 기구를 오버러닝 클러치라 한다. 종류에는 롤러식, 스프래그식, 다판 클러치식 등이 있다.

3.1. 롤러식 오버런닝 클러치 roller type

이 형식은 전기자 축의 스플라인에 설치된 슬리브(스플라인 튜브)가 아우터 슬리브(outer

sleeve)와 일체로 되어 있으며, 아우터 슬리브에는 쐐기형의 홈이 파여있다. 아우터 슬리브 안쪽에는 이너 슬리브(inner sleeve)가 있으며, 이너 슬리브는 피니언과 일체로 되어 있다. 아우터 슬리브에 만들어진 쐐기형의 홈에는 롤러 및 스프링이 들어 있으며, 롤러는 스프링 장력에 의하여 항상 홈의 좁은 쪽으로 밀려져 있다.

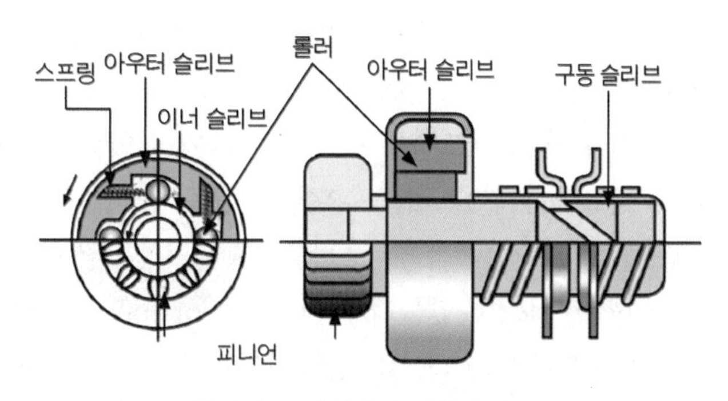

롤러식 오버런닝 클러치의 구조

롤러식의 작동은 전기자 축의 회전에 따라 아우터 슬리브는 그림에 나타낸 화살표 방향으로 회전하지만 이너 슬리브는 정지하고 있으므로 롤러는 이너 슬리브의 바깥둘레를 따라 회전하면서 이동을 한다. 이때 아우터 슬리브와 이너 슬리브의 회전속도 차이에 따라 롤러는 쐐기형의 좁은 쪽으로 밀려져 이너 슬리브와 아우터 슬리브는 고정되어 전기자 축의 회전력이 피니언으로 전달되어 기관을 크랭킹 한다. 기관이 시동되면 솔레노이드 스위치가 작동하고 있는 동안 피니언과 링기어는 맞물린 상태를 유지하므로 플라이휠에 의해 피니언이 회전하게 된다. 이때 아우터 슬리브 보다 이너 슬리브 회전수가 빠르므로 롤러의 회전은 역 방향으로 되어 쐐기형 홈의 넓은 쪽으로 나오게 되어 이너 슬리브와 아우터 슬리브 사이에 간극이 커지므로 서로 미끄럼이 발생하여 피니언으로 들어오는 플라이휠의 회전력을 차단한다.

롤러식은 4~5개 정도의 롤러를 사용하며, 소형 · 경량이고 양 기어가 서로 맞물릴 때 관성이 작으며, 피니언이나 링기어의 파손이 적은 장점이 있다. 그러나 동력을 전달할 때 롤러의 접촉 면적이 작아 부분적인 마멸이 발생하여 큰 회전력을 전달할 경우에는 미끄럼 등의 고장이 발생하기 쉬운 결점이 있다.

3.2. 다판 클러치식 오버런닝 클러치 multi-plate type

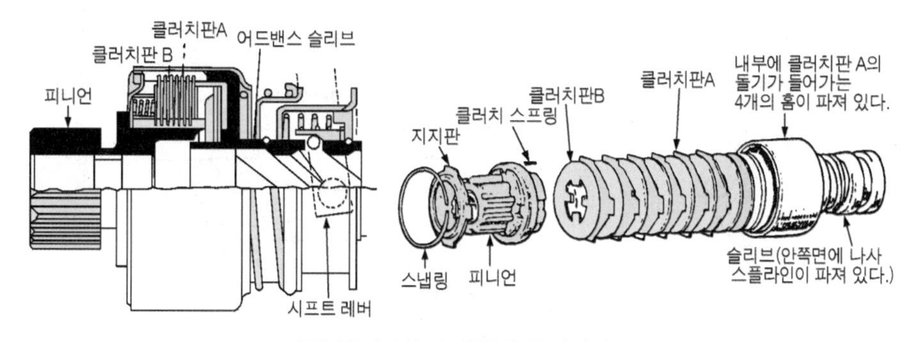

다판 클러치식 오버런닝 클러치의 구조

이 형식은 전기자 섭동식 기동 전동기에서 사용하며, 전기자 축에는 스플라인이 파여있고 어드밴스 슬리브(advance sleeve) 안쪽의 스플라인과 결합되어 미끄럼 운동을 한다. 구동 쪽 클러치 판은 어드밴스 슬리브의 홈에 결합되어 있다. 피니언은 바깥쪽 케이스와 일체로 되어 있고 이 케이스 안쪽 홈에 피동 쪽 클러치 판이 설치되어 있다.

다판 클러치식의 작동은 다음과 같다. 기동 전동기 피니언은 시프트 레버에 의해 밀려져 플라이휠 링기어에 맞물리게 된다. 이 상태로 피니언 쪽이 정지하고 있으면 전기자 축의 회전력은 어드밴스 슬리브로 전달되어 스플라인에 의해 어드밴스 슬리브가 피니언 쪽으로 밀리게 된다. 이때 밀어낸 힘은 어드밴스 슬리브에서 클러치판을 통하여 구동 스프링에도 전달되어 휨을 일으키게 된다. 이 구동 스프링의 휨은 미는 힘과 스플라인의 축 방향 추진력에 의해 양쪽 클러치 사이에 면압을 발생시키고 마찰력으로 회전력을 전달한다. 기관 시동 후에는 피니언에서의 회전력은 피니언 쪽이 전기자 축보다 회전속도가 빨라지므로 역으로 어드밴스 슬리브가 회전한다. 이에 따라 스플라인의 작용에 의해 어드밴스 슬리브는 피니언 쪽과는 반대의 축 방향으로 되돌려져 서로의 클러치판 사이에 미끄럼이 발생하여 기관의 회전력을 차단한다. 클러치판의 재질은 구동판 쪽은 강철판을 피동판 쪽에는 인청동을 사용하며, 구동력을 전달하는데 필요한 최대 회전력은 조정 판의 매수로 조정된다. 회전력의 조정은 일반적으로 기동 전동기가 정지된 상태일 때 회전력의 3~4배 정도로 하고 그 이상의 충격력이 가해져도 미끄럼이 발생하여 링기어나 피니언에 무리한 힘이 작동되지 않도록 하여 파손 등을 방지하도록 하고 있다.

3.3. 스프래그식 오버런닝 클러치 sprag type

이 형식은 주로 중량급 기관에 사용하며, 작동은 다음과 같다. 아우터 레이스는 기동 전동기에 의해 구동되며, 기관을 시동할 때 아웃 레이스와 이너 레이스는 고정되어 일체가 된다. 기관이 시동되어 플라이 휠이피니언을 구동하게 되면 이너 레이스가 아웃 레이스보다 빨리 회전하게 되어 아우터 레이스와 이너 레이스의 고정이 풀려 플라이휠이 기동 전동기를 구동하지 못하게 된다.

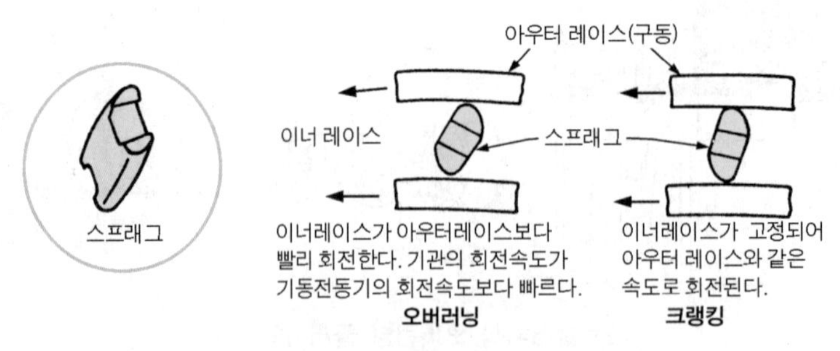

스프래그식 오버런닝 클러치의 구조

4 기동 전동기의 동력전달 기구

동력전달 기구는 기동 전동기에서 발생한 회전력을 피니언을 통해서 기관 플라이휠 링기어로 전달하여 크랭킹 시키는 부분이다. 플라이휠 링기어와 피니언의 감속비는 10~15:1정도이며, 피니언을 링 기어에 물리는 방식은 다음과 같다.

① 벤딕스식(Bendix type)
② 피니언 섭동식(sliding gear type)
③ 전기자 섭동식(armature shift type)
④ 감속 기어식(reduction gear type)

1. 벤딕스식 bendix type ; 관성 섭동식

이 방식은 기동 전동기 피니언의 관성과 전기자가 무부하에서 고속 회전을 하는 성질을 이용한 것이다. 전기자는 고속으로 회전하나 피니언은 관성에 의하여 전기자 축과 함께 회전하지 못하고 나사 슬리브를 타고 축 방향으로 이동하여 정지된 플라이휠 링기어와 맞물린다. 피니언이 나사 슬리브의 끝에 도달하여 링기어와 완전히 물리면 전기자의 회전력이 구동 스프링, 나사 슬리브를 거쳐 피니언으로 전달되며, 피니언은 큰 회전력으로 플라이휠 링기어를 구동한다. 기관이 시동되면 기동 전동기 피니언이 플라이휠 링기어에 의해 회전하므로 나사 슬리브를 타고 반대방향으로 미끄럼 운동을 하여 양 기어의 물림을 풀고 제자리로 복귀한다. 따라서 기관 시동 후 기동 전동기가 플라이휠 링기어에 의해 고속 회전하는 일이 없기 때문에 오버러닝 클러치를 두지 않아도 된다.

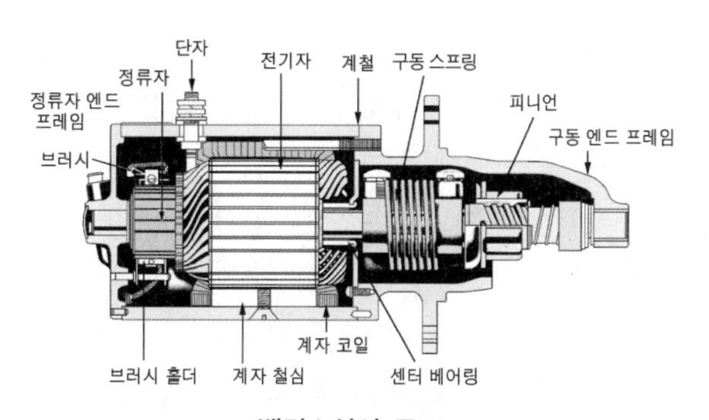

벤딕스식의 구조

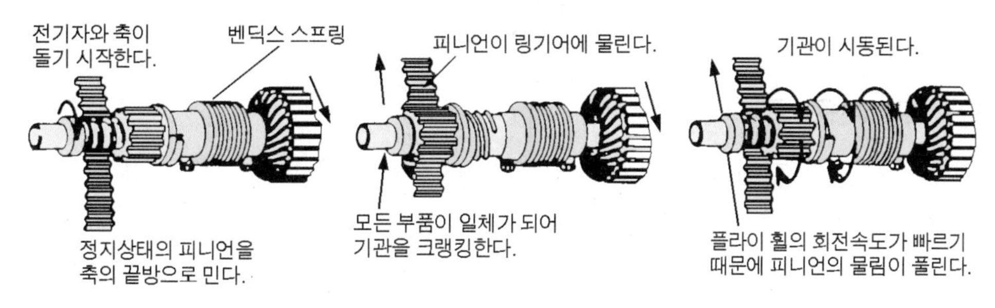

피니언과 링기어의 물림

2. 피니언 섭동식 sliding gear type

피니언의 미끄럼 운동과 기동 전동기 스위치의 개폐를 전자력으로 하는 솔레노이드 스위치(solenoid switch)를 둔 것으로 솔레노이드 스위치는 시프트 레버(shift lever)를 잡아당기는 전자석과 여자 코일로 구성되어 있으며, 여자 코일은 플런저를 잡아당기는 풀인 코일(pull-in coil)과 잡아당긴 상태를 유지해 주는 홀드인 코일(hold-in coil)로 되어 있다.

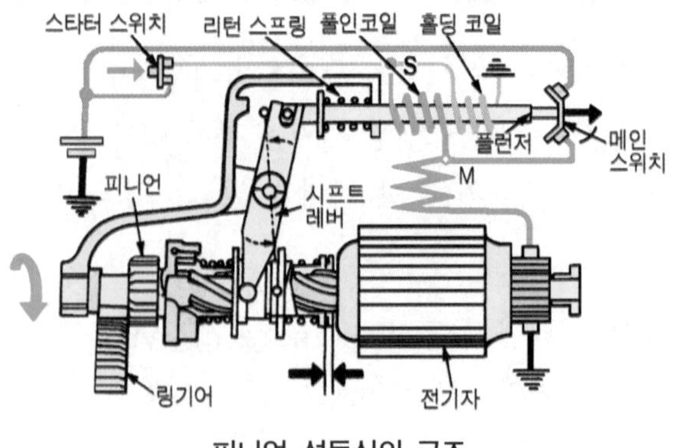

피니언 섭동식의 구조

2.1. 기동 전동기가 회전할 때

① 점화스위치를 시동(St) 위치로 하면 솔레노이드 스위치의 St 단자로부터 풀인코일과 홀드 인 코일에 전류가 공급된다.

② 풀인 코일에 흐르는 전류는 솔레노이드 스위치의 M 단자를 거쳐 계자코일, 브러시, 정류자, 전기자 코일로 공급되어 전기자가 천천히 회전하기 시작한다.

③ 이와 동시에 솔레노이드 스위치의 플런저는 흡인되어 시프트 레버를 잡아당기고, 시프트 레버에 의해 기동 전동기의 피니언이 밀려 나가 플라이휠 링기어에 물리고, 플런저의 흡인에 의해 솔레노이드 스위치의 접촉판이 2개의 접점에 접촉된다.

④ 이때 축전지에서 케이블을 통하여 계자코일과 전기자 코일로 흘러 기동 전동기는 강력한 회전을 시작하여 기관을 크랭킹 한다.

2.2. 기관을 크랭킹 할 때

① 기관을 크랭킹 할 때 풀인 코일에 흐르던 전류는 접촉판이 2개의 접점에 접촉하면 단락되어 플런저에 작용하는 자력이 감소한다.

② 이때 홀드인 코일의 자력이 기동 전동기 피니언이 본래의 위치로 복귀하지 못하도록 하여 피니언과 링 기어의 물림이 풀리는 것을 방지한다.

2.3. 기관 시동 후

① 기관이 시동된 후 점화스위치를 놓으면 기동 전동기 피니언이 플라이휠 링 기어에 의해 회전하면 오버러닝 클러치에 의해 전기자가 보호된다.

② 또 점화스위치를 놓는 순간 접촉판은 아직 접촉하고 있는 상태이므로 축전지에서 공급되는 전류는 솔레노이드 스위치 M 단자에서 풀인 코일에 역방향으로 흘러 홀드인 코

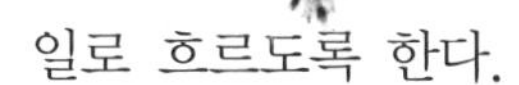

일로 흐르도록 한다.

③ 이때 풀인 코일의 자력은 역방향으로 되고, 홀드인 코일의 자력은 상쇄되어 흡입력은 감소한다.

④ 이에 따라 피니언과 플런저는 리턴 스프링의 장력에 의하여 복귀하여 링 기어로부터 이탈되고 접촉판이 열려 축전지에서 기동전동기로 흐르는 전류가 차단되므로 기동 전동기의 작동이 정지된다.

3. 전기자 섭동식 armature shift type

이 기동 전동기는 주로 디젤 기관에서 사용되었다. 전기자 앞 끝에 피니언이 설치되며, 전기자 철심의 중심과 계자 철심의 중심이 서로 오프셋(off-set ; 편심)되어 있다. 솔레노이드 스위치는 기동 전동기 몸체의 위쪽에 설치되어 기동 스위치와 전기자의 이동에 의해 작동한다. 계자 코일은 전기자를 이동시키기 위한 보조 계자 코일과 회전력을 발생시키는 주 계자 코일의 2개로 구성되어 있다.

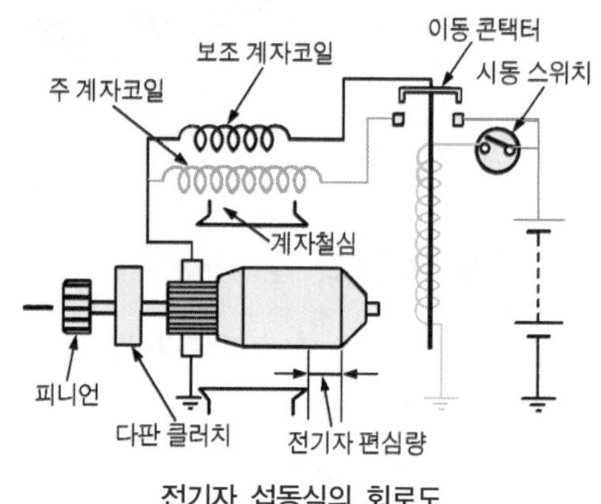

전기자 섭동식의 회로도

① 시동 스위치를 닫으면(ON) 솔레노이드 스위치가 작동하여 가동 접촉판의 상부 접점이 닫힌다.

② 상부 접점에서 보조 계자 코일에 전류가 흘러 계자 철심은 자화되므로 전기자 철심이 자력에 의해 계자철심의 중심으로 흡인된다.

③ 이때 전기자 코일에도 전류가 흐르므로 전기자는 천천히 회전하면서 이동하여 피니언과 링 기어가 맞물린다.

④ 전기자는 이동이 완료된 지점에서 솔레노이드 스위치의 하부 접점과 가동 접촉 판이 닫힌다.

⑤ 가동 접촉판에 의해 닫힌 회로에는 축전지에서 주 계자 코일과 전기자 코일로 흘러 기관을 크랭킹한다.

⑥ 기관이 시동되면 링기어에 의해 피니언이 회전되며, 이때 다판 클러치식 오버런닝 클러치에 의하여 기관의 회전력이 차단된다.

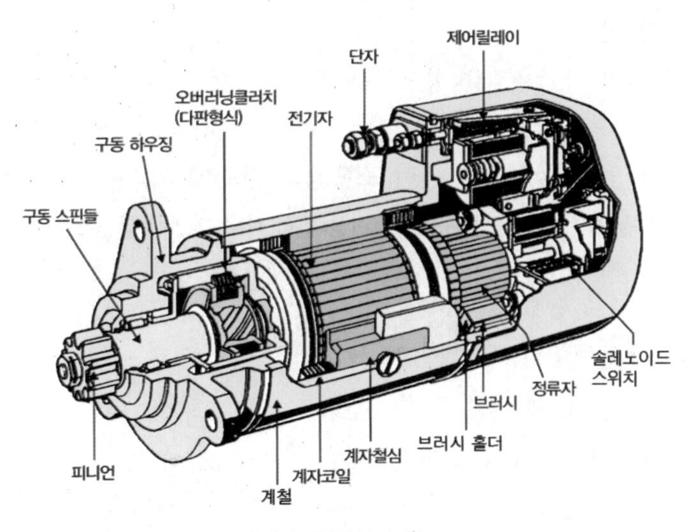

전기자 섭동식의 구조

4. 감속 기어식 reduction gear type

감속 기어식에는 고출력 · 경량화의 요구에 따라 개발된 전자 압입방식을 주로 사용되고 있다. 이 방식은 기존의 1kW 정도의 동일 출력의 기동 전동기와 비교하여 무게가 35%, 전체 길이가 약 30% 정도로 소형 · 경량화되었다. 고속 회전 및 저속 회전력의 전동기에 감속 기어를 설치하여 회전력을 증대시켰고, 전기자 코일 전체를 플라스틱으로 고정하여 기계적 강도를 증대시키고, 내열성이 좋은 재질 등을 사용하여 고속 회전에 견딜 수 있도록 하였다.

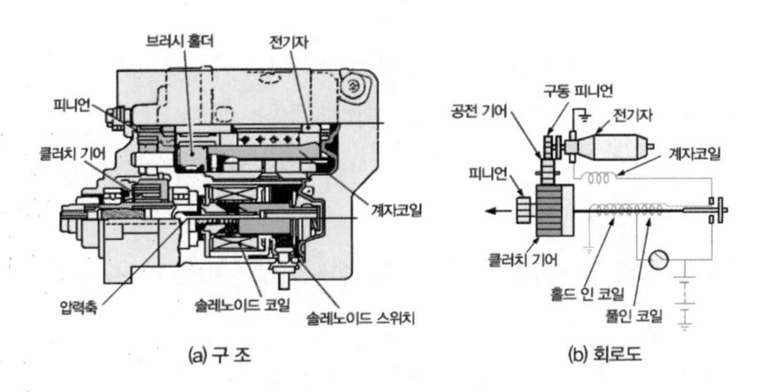

전자 압입 감속 기어식의 구조

전동기 부분은 피니언 섭동 방식과 같지만, 동력전달 기구는 감속기어와 피니언을 밀어내고 주 전류를 단속하기 위한 솔레노이드 스위치로 되어 있다. 전기자 축의 앞 끝에는 구동 피니언이 나사 슬리브에 설치되어 있어 구동 피니언과 공전기어, 공전기어와 클러치 기어는 항상 물려 있다. 이들의 기어에 의해 전기자 회전속도는 약 1/3로 감속되어 피니언으로 전달된다.

① 점화스위치를 시동위치로 하면 솔레노이드 스위치의 풀인 코일과 홀드 인 코일에 전류가 흘러 전기자가 천천히 회전을 시작함과 동시에 플런저가 흡인된다.
② 플런저의 작동에 의해 플런저 축이 밀리면 피니언이 밀려나가 링 기어와 맞물린다.
③ 이때 오버러닝 클러치는 클러치 기어와 일체로 되어 있어 피니언만이 피니언 축의 스플라인을 이동한다.
④ 피니언과 링기어가 물리면 솔레노이드 스위치의 접촉판이 닫히고 주 전류가 전동기로 흘러 강력한 회전을 하여 기관을 크랭킹 한다.
⑤ 솔레노이드 스위치의 접촉판이 닫히면 풀인 코일에는 전류가 단락되어 홀드인 코일의 자력으로 플런저가 유지된다.
⑥ 기관이 시동되면 피니언은 링기어에 의해 회전되지만 전기자로 들어오는 회전력은 오버러닝 클러치에 의해 차단된다.
⑦ 점화스위치를 놓았을 때에는 솔레노이드 스위치의 작동은 피니언 섭동방식과 같다.
⑧ 다만, 이 방식은 고속형 전동기이므로 작은 회전저항으로도 제동되므로 브러시와 정류자의 마찰 등으로 재동 효과를 얻을 수 있어 별도의 제동 기구를 두지 않아도 된다.

CHAPTER 05

점화 장치

1 점화 장치의 개요

가솔린 기관의 연소실 내에 압축된 혼합기에 높은 전압의 전기적 불꽃으로 점화하여 연소를 일으키는 장치이다. 컴퓨터 점화방식의 HEI(high energy ignition)이나 DLI(distributor less ignition) 등을 사용한다. 이 방식들은 점화코일의 1차 코일에 흐르는 전류를 파워 트랜지스터의 스위칭 작용으로 단속(ON/OFF)하여 2차 코일에 높은 전압을 유도 시켜 저속 운전영역에서도 전류의 단속작용이 확실하여 2차 코일에 안정된 높은 전압을 얻을 수 있는 것이 특징이다.

2 컴퓨터 제어방식의 점화 장치

1. 컴퓨터 제어 방식 점화 장치의 개요

기관의 작동상태(회전속도, 부하 및 온도 등)를 각종 센서로 검출하여 컴퓨터(ECU)에 입력시키면 컴퓨터는 점화시기를 연산하여 1차 전류의 차단 신호를 파워 트랜지스터로 보내어 점화 2차 코일에서 높은 전압을 유기하는 방식이며 다음과 같은 장점이 있다.

① 저속・고속 운전영역에서 매우 안정된 점화 불꽃을 얻을 수 있다.
② 노크가 발생할 때 점화시기를 자동으로 늦추어 노크 발생을 억제할 수 있다.
③ 기관의 작동상태를 각종 센서로 검출하여 최적의 점화시기를 제어할 수 있다.
④ 높은 출력의 점화코일을 사용하므로 완벽한 연소가 가능하다.
⑤ 내열성이 우수하며, 점화진각 작용은 컴퓨터가 제어할 수 있다.

2. HEI의 구조와 작동 high energy ignition ; 고강력 점화 방식

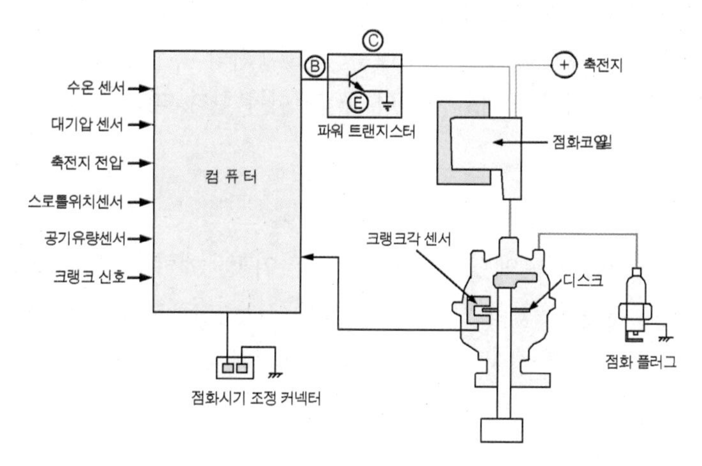

HEI의 구성도

2.1. 점화스위치

자동차에서 사용하는 점화스위치는 축전지로부터의 (+)전원을 여러 조건에 만족할 수 있도록 상황에 따라 전원을 분배하여 여러 전장부품들이 특별한 조건에서 작동될 수 있도록 하는 일을 한다.

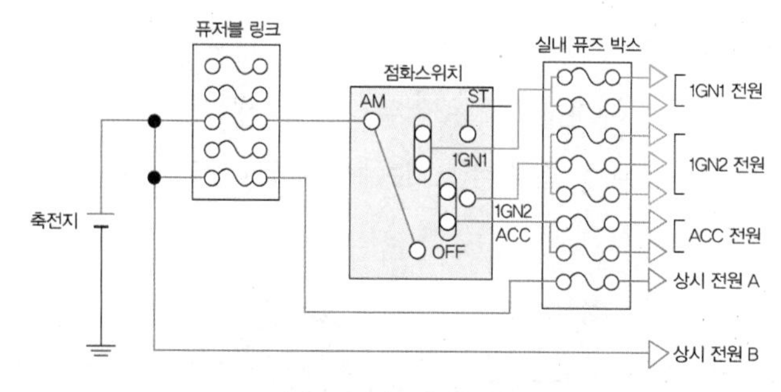

점화스위치 전원분배도

(1) AM(상시) 전원

AM 단자는 축전지 (+)전원과 연결되어 있으며, 점화스위치의 위치에 따라 전원을 분배하기 위한 상시 전원이다. 즉, 점화스위치 없어도 항상 작동되어야 할 비상등, 제동등, 실내등, 경음기, 도어 잠금 제어 릴레이 등의 부하 전원이다.

(2) ACC 전원

ACC 전원은 기본적으로는 자동차에 사용되는 액세서리 부품의 작동에 필요한 전원을 공급한다. 예로 라디오, 카세트, 담배 라이터 등을 들 수 있으며, 근래의 자동차에는 다양한 기능의 전장부품(오디오/비디오 장치, 내비게이션 등)이 사용되므로 ACC 전원 소모량이 증가하고 있다.

(3) IG_1 전원

IG_1 전원은 기관 컴퓨터, 연료펌프 릴레이, 점화코일 등 주로 기관 구동에 관계된다. 기관을 시동

할 때 대부분의 축전지 전류는 기동 전동기를 구동하는데 사용되어야만 원활한 시동이 가능하므로 기동 전동기 이외의 전장 부품에는 축전지 전류를 소비하지 않는 것이 좋다. 그러나 기관이 시동되기 위해서는 기동 전동기를 포함한 최소한의 부품과 또 장치의 특성상 크랭킹 중에도 작동되어야만 하는 부품에 대해서는 크랭킹 중에도 전원이 공급되어야 한다. 따라서 IG_1 전원은 이러한 장치들에 대한 작동전원을 공급한다.

(4) IG_2전원

IG_2 전원은 계기판, 전조등, 에어컨, 윈드실드 와이퍼, 에탁스(ETACS) 등 주로 자동차 주행에 관계된다. IG_2 전원은 점화스위치 ON상태에서는 AM 단자 전원과 연결되지만 크랭킹 상태에서는 차단되며, 일반적인 전장부품에 사용된다.

(5) ST(start) 전원

ST 전원은 기관을 크랭킹할 때 기동전동기를 작동시키기 위한 것이다.

2.2. 파워 트랜지스터 power transistor

파워 트랜지스터는 컴퓨터로부터 제어신호를 받아 점화코일에 흐르는 1차 전류를 단속하는 역할을 하며, 구조는 컴퓨터에 의해 제어되는 베이스(base), 점화코일 1차 코일의 (−)단자와 연결되는 컬렉터(collector), 그리고 접지되는 이미터(emitter)로 구성된 NPN형이다.

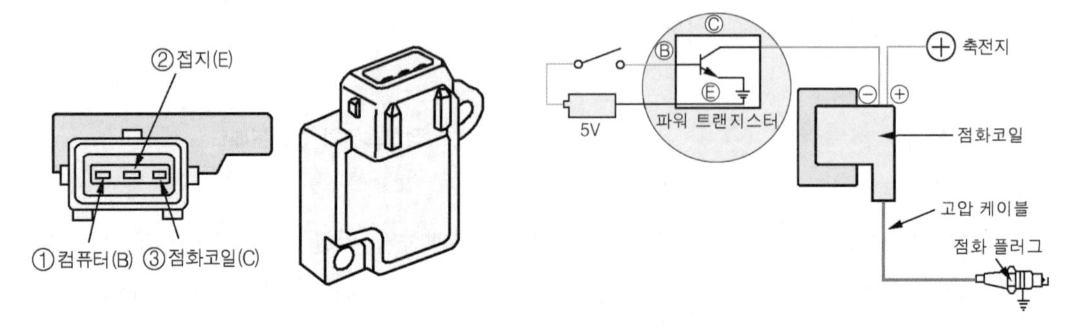

파워 트랜지스터의 외관과 배선도

파워 트랜지스터의 작용은 점화스위치를 ON으로 하면 축전지 전압이 점화 1차 코일에 흐른다. 이때 배전기 내의 디스크가 회전함에 따라 크랭크 각 센서의 점화신호를 단속시켜 점화 1차 코일에 흐르는 파워 트랜지스터를 통하여 단락과 접지를 반복한다. 그리고 점화시기는 컴퓨터가 연산하며, 파워 트랜지스터 베이스의 전류흐름이 차단되면 점화 1차 전류가 차단되며, 이 작동으로 점화코일의 2차 코일에 높은 전압이 유기되며, 이 높은 전압은 배전기 로터에 의해 점화플러그로 보내진다.

2.3. 몰드형 점화코일 mold type ignition coil

점화코일은 점화플러그에 불꽃 방전을 일으킬 수 있는 높은 전압(약 25,000~30,000V)의 전류를 발생시키는 승압 변압기이다.

(1) 점화코일의 원리

점화코일의 원리는 자기유도 작용과 상호유도 작용을 이용한 것이다. 철심에 감겨져 있는 2개의 코일에서 입력 쪽을 1차코일, 출력 쪽을 2차코일이라 부른다. 1차코일은 축전지로부터 낮은 전압의 전류가 공급되어 자화되지만 직류(DC)이므로 유도전압에 의한 전압이 발생하지 못한다. 그러나 파워 트랜지스터로 낮은 전압의 전류를 차단하면 자기유도 작용에 의해 1차 코일에 축전지 전압보다 높은전압 E_1 이 발생한다. 1차 쪽에 발생한 전압 E_1 은 1차 코일의 권선수, 전류의 크기, 전류의 변화속도 및 철심의 재질에 따라 달라진다. 또 2차 코일에는 상호유도 작용으로 거의 권선수비율에 비례하는 전압 E_2 가 발생한다.

$$E_2 = \frac{N_2}{N_1} \times E_1$$

여기서, N_1 : 1차코일 권선수
N_2 : 2차코일 권선수

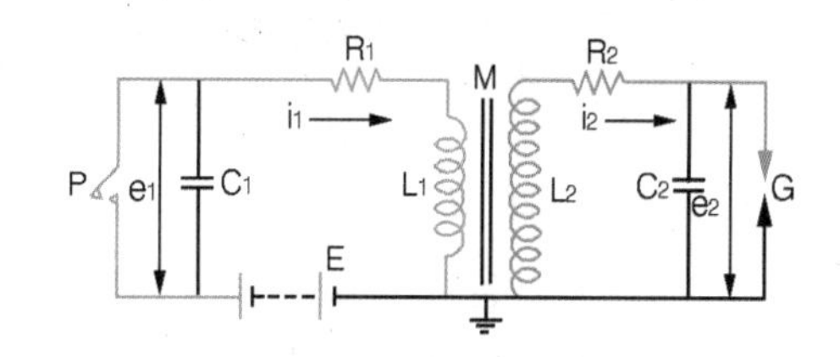

점화코일의 원리

(2) 점화코일의 구조

점화코일은 몰드형을 철심을 이용하여 자기유도 작용에 의하여 생성되는 자속이 외부로 방출되는 것을 방지하기 위해 철심을 통하여 자속이 흐르도록 하였으며, 1차 코일의 지름을 굵게 하여 저항을 감소시키고 큰 자속이 형성될 수 있도록 하여 높은 전압을 발생시킬 수 있다. 그리고 구조가 간단하고 내열성이 우수하므로 성능저하가 없다.

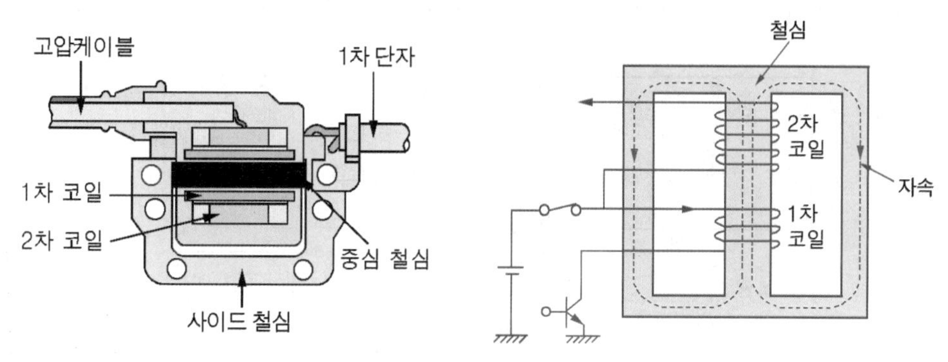

몰드형 점화코일의 구조

2.4. 크랭크 각 센서와 상사점 센서의 형식

(1) 옵티컬형 optical type

① 옵티컬형의 구조

옵티컬형은 크랭크 각 센서, 제1번 실린더 상사점 센서, 축과 함께 회전하는 디스크, 점화코일에서 유도된 높은 전압을 점화 순서에 따라 배분하는 로터(rotor) 등으로 구성되어 있다. 유닛 어셈블리에는 디스크에 설치한 2종류의 슬릿(slit)을 검출하기 위한 발광다이오드와 포토다이오드가 2개씩 들어 있으며, 펄스 신호로 컴퓨터에 입력시킨다.

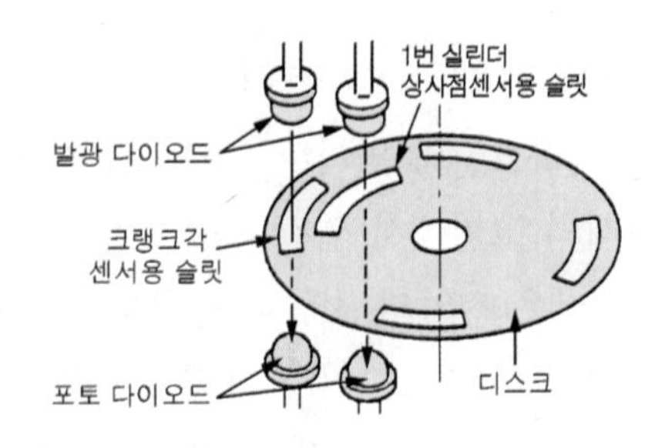

옵티컬형의 구조

크랭크 각 센서와 제1번 실린더 상사점 센서는 디스크와 유닛 어셈블리로 구성되어 있으며, 디스크에는 금속제 원판으로 주위에는 90° 간격으로 4개의 빛 통과용 크랭크 각 센서용 슬릿이 있고, 안쪽에는 1개의 제1번 실린더 상사점 센서용 슬릿이 있다.

② 옵티컬형의 작동

발광다이오드와 포토다이오드 사이에서 디스크가 회전하면 발광다이오드에서 방출된 빛은 디스크의 슬릿을 통하여 포토다이오드에 전달되거나 차단된다. 이때 포토다이오드가 빛을 받으면 역방향으로 통전이 되며, 이 전류는 비교기(comparator)에 약 5V의 전압이 들어가 검출되며, 그림의 ②번 단자에서 컴퓨터로 5V가 입력된다. 이 상태에서 디스크가 더 회전하여 포토다이오드로 들어가는 빛이 차단되면 ②번 단자에 인가되는 전압이 0V가 된다. 이 작용을 반복하여 유닛 어셈블리에서 펄스신호로 컴퓨터에 입력시킨다. 4개의 크랭크 각 센서용 슬릿에서 얻어지는 신호는 기관의 회전속도를 연산하는 기준 신호이며, 각 실린더의 피스톤이 압축 상사점의 정위치에 있는지를 검출하여 제1번 실린더 상사점 센서용 슬릿에서 얻어지는 신호에 의해 제1번 실린더에 대한 기초 신호를 식별하여 컴퓨터가 연료 분사 순서를 결정하는데 사용한다.

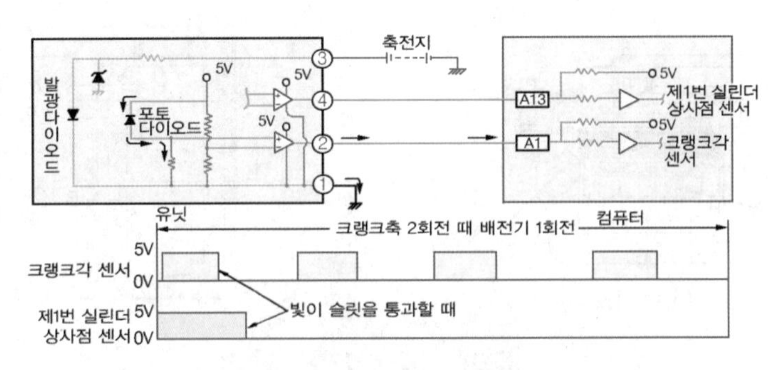

크랭크 각 센서와 제1번 실린더 상사점 센서의 작동

(2) 인덕션 방식 Induction type

인덕션 방식은 톤 휠(ton wheel)과 영구자석을 이용하는 것이다. 이 방식은 제1번 실린더 상사점 센서 및 크랭크 각 센서의 톤 휠을 크랭크축 풀리 뒤에 설치하고 크랭크축이 회전하면 기관 회전속도 및 제1번 실린더 상사점의 위치를 검출하여 컴퓨터로 입력시키면 컴퓨터는 제1번 실린더에 대한 기초 신호를 식별하여 연료 분사 순서를 결정한다. 제1번 실린더 및 크랭크 각 센서의 구조는 영구자석 주위에 코일을 감아 톤휠이 회전하면 에어 갭(air gap)의 변화에 따라서 유도된 펄스신호를 컴퓨터로 입력시키면 제1번 실린더 상사점과 기관의 회전속도를 검출한다.

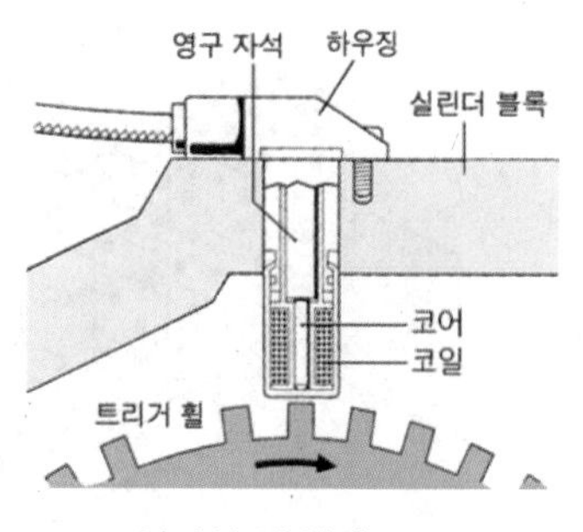

인덕션 방식의 구조

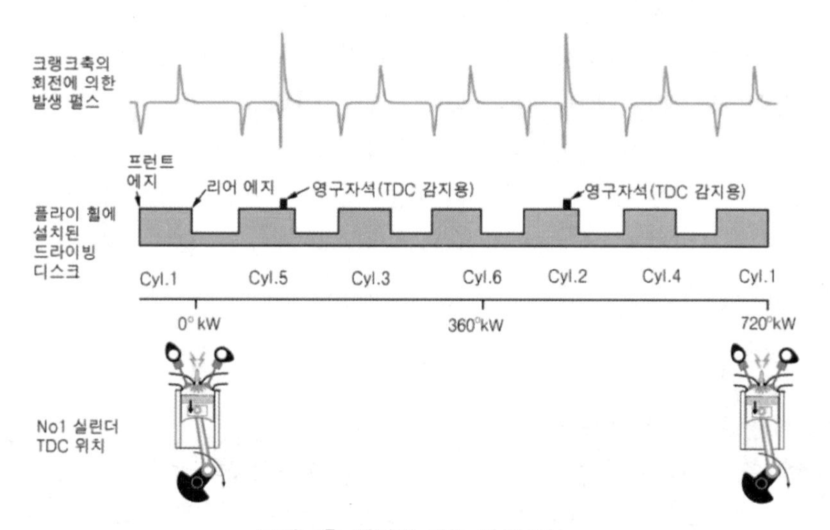

크랭크축 회전에 의한 발생 펄스

(3) 홀센서 방식 Hall sensor type

홀센서 방식은 홀효과에 의해 발생된 전압변동이 컴퓨터로 입력되고, 컴퓨터는 이 펄스신호를 아날로그·디지털(A/D) 변환기에 의해 디지털 파형으로 변화시켜 크랭크 각을 검출한다. 홀센서는 홀 소자인 게르마늄(Ge), 칼륨(K), 비소(As) 등을 사용하여 얇은 판 모양으로 만든 반도체 소자이다. 2개의 영구자석 사이에 홀 소자를 설치하고 전류(Iv)를 공급하면 홀 소자 내의 전자는 공급전류와 자속의 방향에 대하여 각각 직각방향으로 굴절이 된다. 이에 따라 단면 A_1 은 전자과잉 상태로 되고, 단면 A_2 에는 전자가 부족하여 A_1 과 A_2 사이에는 전위차가 생겨 전압(UH)이 발생한다. 전류(Iv)가 일정할 때 전압(UH)은 자속밀도에 비례하며, 출력전압이 매우 작으므로 OP AMP를 이용하여 증폭시켜 신호로 사용한다.

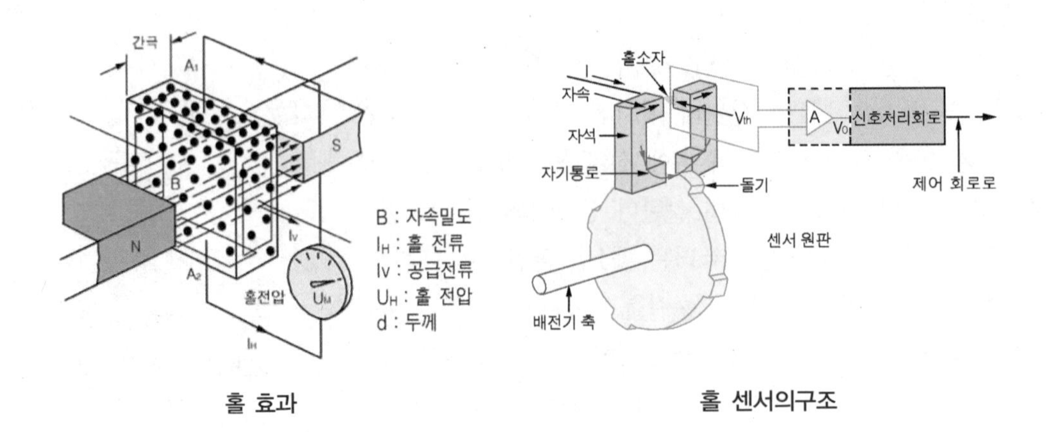

홀 효과 　　　　　　　　　　　　　　　홀 센서의구조

2.5. 고압 케이블 high tension cord

고압 케이블은 점화 코일의 2차 단자와 점화 플러그를 연결하는 절연 전선이다. 고압 케이블의 한쪽 끝은 황동제의 태그(tag)를 통하여 점화 플러그 단자에 끼워지고 다른 한쪽은 점화 코일 2차 단자에 끼워진 후 수분이 들어가지 못하도록 고무제의 캡(cap)이 씌워져 있다. 구조는 중심 부분의 도체를 고무로 절연하고 다시 그 표면을 비닐 등으로 보호하고 있다. 중심 도체에는 구리선을 몇 가닥 합친 것과 섬유에 탄소를 침투시켜 균일한 저항을 둔 것이 있는데, 이것을 TVRS (television radio suppression) 케이블이라 한다.

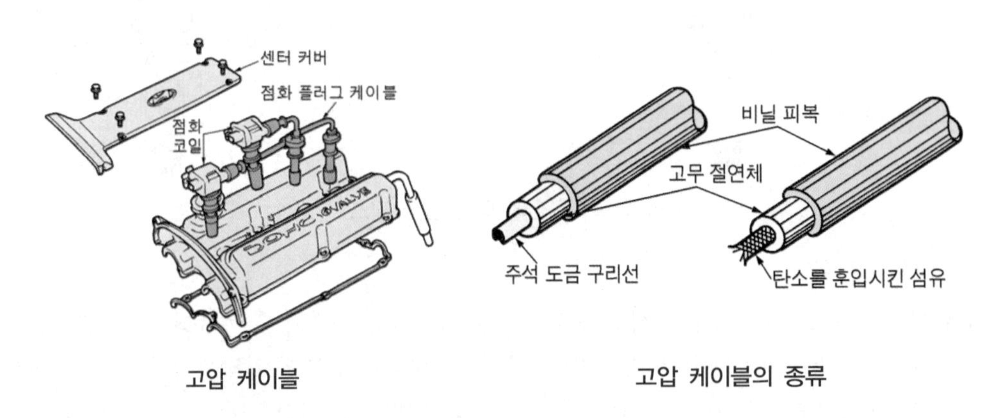

고압 케이블 　　　　　　　　　　　　　　　고압 케이블의 종류

2.6. 점화 플러그 spark plug

실린더 헤드의 연소실에 설치되어 점화 코일의 2차 코일에서 발생한 높은 전압에 의해 중심전극과 접지전극 사이에서 전기 불꽃을 발생시켜 실린더 내의 혼합기에 점화하는 일을 한다.

(1) 점화플러그의 구조

점화플러그는 전극부분(electrode), 절연체(insulator) 및 셀(shell)의 3주요부분으로 구성되어 있다.

① 전극부분

전극 부분은 중심 전극과 접지 전극으로 구성되어 있으며, 점화 코일에서 유도된 높은 전압이 중심축을 통하여 중심 전극에 도달하면 바깥쪽의 접지 전극과의 간극에서 불꽃이 발생한다. 이들 사이에 0.7~1.1mm의 간극이 있다.

② 절연체

절연체는 중심축 및 중심 전극을 둘러싸서 높은 전압의 누전을 방지하는 것이며, 점화플러그 성능을 좌우하는 중요한 부분이다. 절연체는 절연성이 높은 세라믹(ceramic)으로 되어 있고, 윗부분에는 고전류의 플래시 오버(flashover)를 방지하기 위한 리브(rib)가 있다.

③ 셀 shell

셀은 절연체를 에워싸고 있는 금속 부분이며, 실린더 헤드에 설치하기 위한 나사 부분이 있고, 나사의 끝 부분에 접지전극이 용접되어 있다. 나사의 지름은 10mm, 12mm, 14mm, 18mm의 4종류가 있으며, 나사부분의 길이(리치)는 나사의 지름에 따라 다르나 지름 14mm의 점화플러그는 9.5mm, 12.7mm, 19mm의 3종류가 있다.

(2) 점화플러그의 구비조건

점화플러그는 점화회로에서는 방전을 위한 전극을 마주보게 한 것뿐이나 사용되는 주위의 조건이 매우 가혹하여 다음과 같은 조건을 만족시키는 성능이 필요하다.

① 내열성능이 클 것
② 기계적 강도가 클 것
③ 내 부식성능이 클 것
④ 기밀유지 성능이 양호할 것
⑤ 자기청정 온도를 유지할 것
⑥ 전기적 절연성능이 양호할 것
⑦ 강력한 불꽃이 발생할 것
⑧ 점화성능이 좋을 것
⑨ 열전도 성능이 클 것

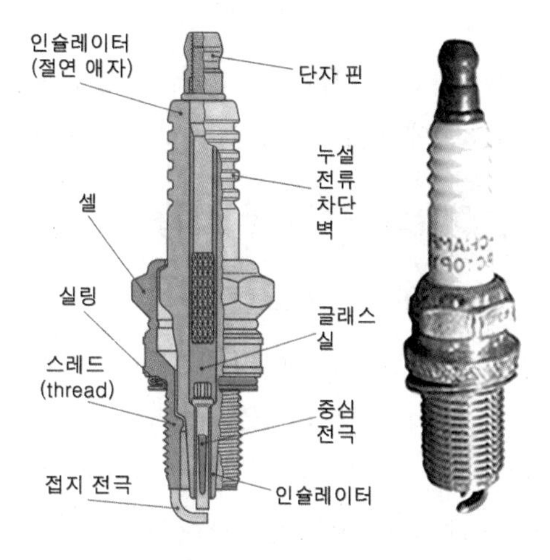

점화 플러그의 구조

(3) 점화플러그의 자기청정 온도와 열값

점화플러그 전극 부분의 작동온도가 400℃ 이하로 되면 연소에서 생성되는 카본이 부착되어 절연성능을 저하시켜 불꽃 방전이 약해져 실화(miss fire)를 일으키게 되며, 전극 부분의 온도가 800~950℃ 이상되면 조기 점화를 일으켜 기관의 출력이 저하된다. 이에 따라 기관이 작동되는 동안 전극 부분의 온도는 500~600℃를 유지하여야 한다. 이 온도를 점화플러그의 자기청정 온도(self cleaning temperature)라 한다.

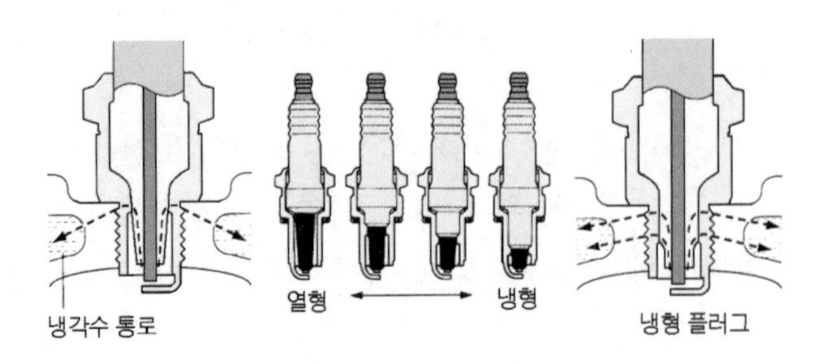

점화플러그의 열값

점화플러그의 열방산 정도를 수치로 나타낸 것을 열값(heat value)라 하며, 일반적으로 절연체 아랫부분의 끝에서부터 아래 실(lower seal)까지의 길이에 따라 정해진다. 점화플러그의 소요 열값은 재질이 같을 경우 연소가스에 노출되어 열을 받는 면적이 넓고 방열경로(절연체 각 부분의 길이)가 길수록 열방산이 나쁘며, 온도가 상승하기 쉽다. 이 형식을 열형(hot type)이라 하며, 오손에 대한 저항력은 매우 크나, 조기 점화에 대한 저항력이 낮으므로 저속・저부하 기관에 적합하다. 그리고 열방산 성능이 높고 온도 상승이 적은 형식을 냉형(cold type)이라 하며, 이 냉형 점화플러그의 특징은 조기 점화에 대한 저항력은 매우 크나 오손에 대한 저항력은 낮으므로 고속・고부하용 기관에 적합하다.

3. DLI의 구조와 작동 distributor less ignition ; 전자배전 점화 장치

3.1. DLI의 개요

트랜지스터 점화방식을 포함한 모든 점화방식에서는 1개의 점화코일에 의하여 높은 전압을 유도시켜 배전기 축에 설치한 로터와 고압케이블을 통하여 점화플러그로 공급한다. 그러나 이 높은 전압을 기계적으로 배분하기 때문에 전압강하와 누전이 발생한다. 또 배전기의 로터와 캡의 세그먼트 사이의 에어 갭(air gap ; 0.3~0.4mm 정도)을 뛰어 넘어야 하므로 에너지 손실이 발생하고 전파 잡음의 원인이 되기도 한다. 이와 같은 결점을 보완한 점화방식이 DLI이다.

(1) DLI의 종류와 특징

① DLI의 종류

DLI를 전자제어 방법에 따라 분류하면 **점화코일 분배방식**과 **다이오드 분배방식**이 있다. 점화코일 분배방식은 높은 전압을 점화코일에서 점화플러그로 직접 배전하는 방식이며,

그 종류에는 동시점화 방식과 독립점화 방식이 있다. 동시점화 방식이란 1개의 점화코일로 2개의 실린더에 동시에 배분해 주는 방식이다. 즉, 제1번과 제4번 실린더를 동시에 점화시킬 경우 제1번 실린더가 압축 상사점인 경우에는 점화되고, 제4번 실린더는 배기 중이므로 무효방전이 되도록한 것이다. 또 독립 점화 방식이란 각 실린더마다 1개의 점화코일과 1개의 점화플러그가 연결되어 직접 점화시키는 방식이다. 그리고 다이오드 분배방식은 높은 전압의 방향을 다이오드로 제어하는 동시점화 방식이다.

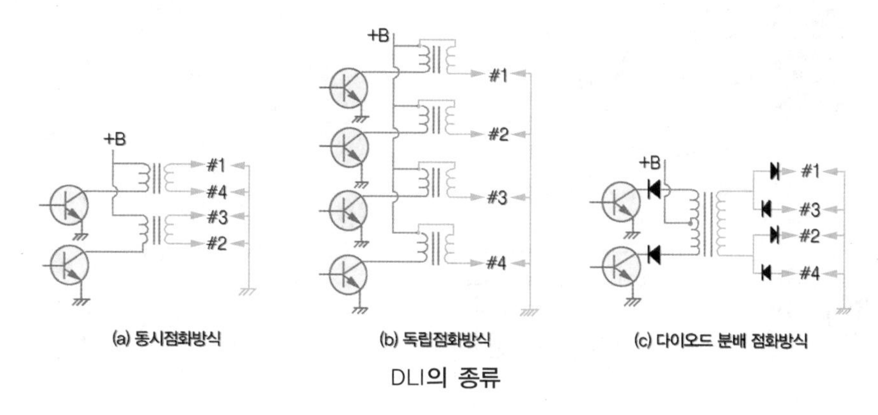

DLI의 종류

② DLI의 특징

㉮ 배전기에서 누전이 없다.

㉯ 배전기의 로터와 캡 사이의 높은 전압의 에너지 손실이 없다.

㉰ 배전기 캡에서 발생하는 전파 잡음이 없다.

㉱ 점화진각 폭에 제한이 없다.

㉲ 높은 전압의 출력이 감소되어도 방전 유효에너지 감소가 없다.

㉳ 내구성이 크다.

㉴ 전파 방해가 없어 다른 전자 제어장치에도 유리하다.

(2) DLI의 구성부품과 그 작동

DLI의 구성은 점화시기를 제어하는 컴퓨터(ECU)로부터의 신호에 의해 작동하는 파워 트랜지스터, 파워 트랜지스터의 단속 작용에 따라 높은 전압을 유도하는 점화코일, 고압케이블 등으로 되어있다.

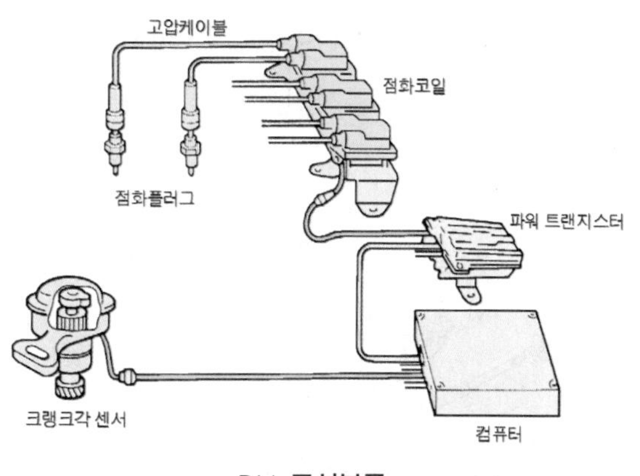

DLI 구성부품

① 점화코일과 파워 트랜지스터

점화코일은 2개의 몰드형을 1개로

결합하여 실린더 헤드에 부착하였으며, 이 점화코일은 1개의 점화코일에서 2개의 실린더로 높은 전압을 공급할 수 있도록 각각의 단자가 마련이 되어 있다. 점화코일의 1차 전류 제어는 파워 트랜지스터로 하며, 이 파워 트랜지스터는 컴퓨터의 신호에 의해 단속 작용을 한다.

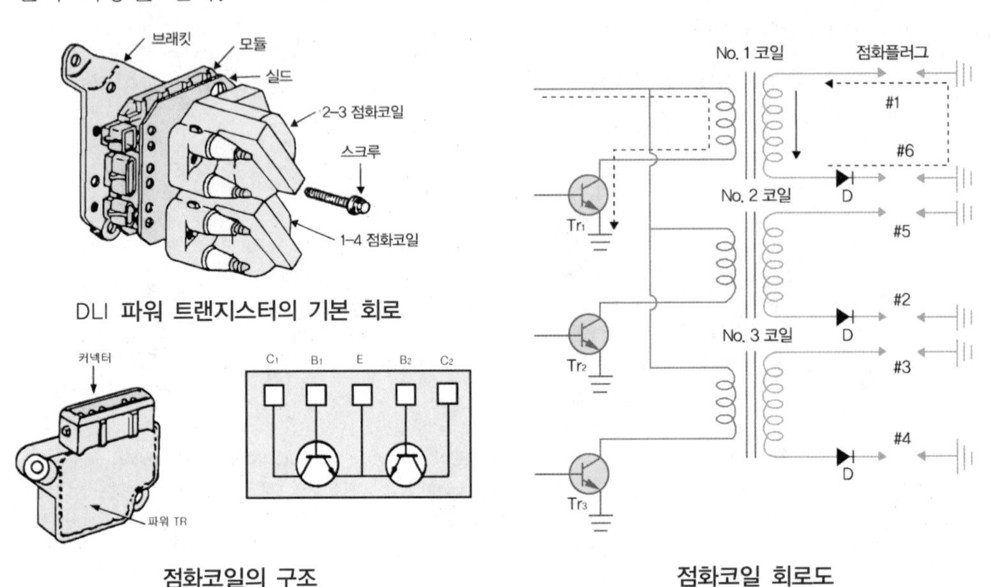

DLI 파워 트랜지스터의 기본 회로

점화코일의 구조

점화코일 회로도

② 크랭크 각 센서(CAS ; Crank Shift Angle Sensor)

크랭크 각 센서는 상사점 센서와 함께 센서의 본체에 내장되어 있으며, 실린더 헤드의 캠축으로 구동된다. 이 센서의 본체에는 유닛 어셈블리와 디스크로 구성되어 있으며, 크랭크 각 센서는 디스크 바깥쪽에 4개의 슬릿에 의해 각 실린더의 크랭크 각을 검출하여 그 신호를 컴퓨터로 보내면 컴퓨터는 이 신호를 이용하여 기관의 회전속도 및 1행정 당의 흡입공기량과 점화시기를 연산하여 점화코일의 1차 전류 단속신호를 파워 트랜지스터로 보낸다. 상사점 센서는 디스크 안쪽에 설치된 2개의 슬릿에 의하여 제1번과 제4번 실린더의 압축 상사점을 검출하여 컴퓨터로 보내며, 컴퓨터는 이 신호를 기초로 연료 분사신호와 점화시킬 실린더를 결정한다.

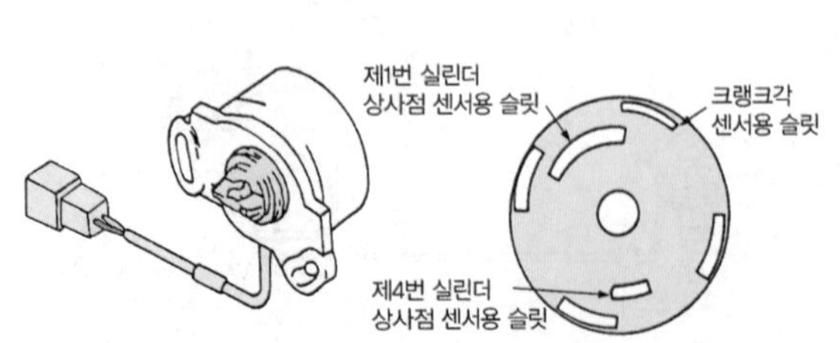

크랭크각 센서의 외관 및 디스크의 구조

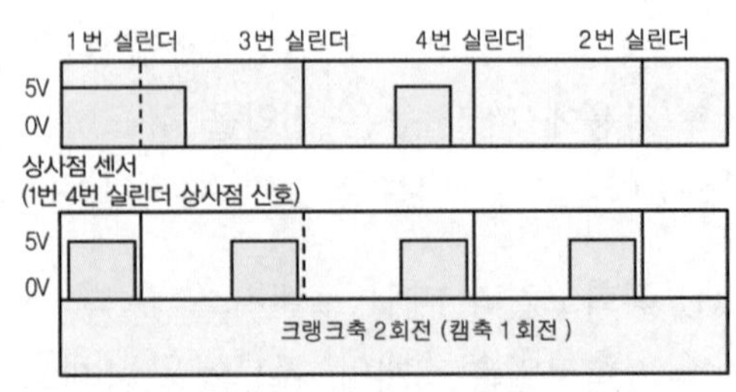

크랭크각 센서와 상사점 센서의 작동

(3) DLI의 점화시기 제어

DLI의 점화시기 제어는 기관의 작동상태를 검출하는 각종 센서로부터의 신호를 받은 컴퓨터는 컴퓨터 자체에 미리 설정된 데이터(data)와 비교한 후 최적의 점화진각 값을 연산하여 2개의 파워 트랜지스터로 보내준다. 파워 트랜지스터의 스위칭 작용에 따라 2개의 점화코일에 흐르는 1차 전류가 단속되며, 2차 코일에 유도된 높은 전압은 1(4)－3(2)－4(1)－2(3) 점화 순서로 배분되어 동시에 점화하게 된다. (괄호 속의 숫자는 동시에 점화되는 실린더 번호)

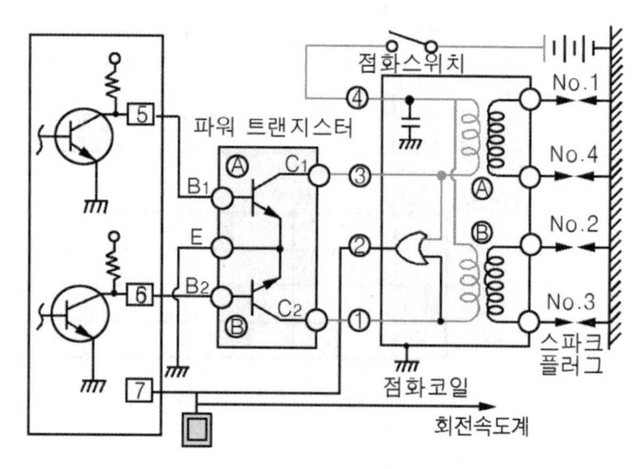

DLI 점화 회로도

컴퓨터의 신호에 따라 파워 트랜지스터 Ⓐ가 통전(ON)이 되면 점화코일 Ⓐ의 1차 코일에 전류가 흐르고, 파워 트랜지스터 Ⓐ에 전류 흐름이 차단되면 점화코일 Ⓐ의 2차 코일에서 (+)와 (－) 양극성의 높은 전압이 유기된다. 이때 점화코일에서 유기된 높은 전압은 2개의 단자를 통하여 제1번과 제4번 실린더로 보내지며, 제1번 실린더용에는 (－)극성의 높은 전압이, 제4번 실린더용에는 (+)극성의 높은 전압이 공급된다. 이에 따라 제1번 실린더가 압축행정을 하면 제4번 실린더는 배기행정을 하게되고, 반대로 제4번 실린더가 압축행정을 하면 제1번 실린더는 배기행정이므로 실질적인 점화는 2개의 실린더 중에서 1개 실린더의 압축행정에서만 형성된다.

① 점화배전 제어

컴퓨터는 상사점 센서(제1번과 제4번 실린더 상사점)의 신호를 기준으로 점화시킬 실린더를 결정하고, 크랭크 각 센서 신호를 기준으로 점화시기를 연산하여 점화코일의 1차 전류 단속신호를 파워 트랜지스터로 보낸다. 컴퓨터에 크랭크 각 센서의 High신호가 입력되고, 상사점 센서의 High(논리 1)신호가 입력되면, 컴퓨터는 제1번 실린더가 압축행정임을 판단하여 파워 트랜지스터 Ⓐ에 흐르는 전류를 차단시켜 제1번 실린더와 제4번 실린더로 높은 전압을 보낸다. 또 크랭크 각 센서의 High신호가 입력되고, 상사점 센서의 Low(논리 0)신호가 입력되면 제3번 실린더가 압축행정(이때 제2번 실린더는 배기행정)임을 판단하여 파워트랜지스터 Ⓑ의 전류를 차단시켜 제3번 실린더와 제2번 실린더로 높은 전압을 보낸다. 이와 같이 컴퓨터는 크랭크 각 센서와 상사점 센서의 신호에 따라서 파워 트랜지스터 Ⓐ와 Ⓑ를 번갈아 선택하면서 전류 흐름을 차단시켜 점화배전을 한다.

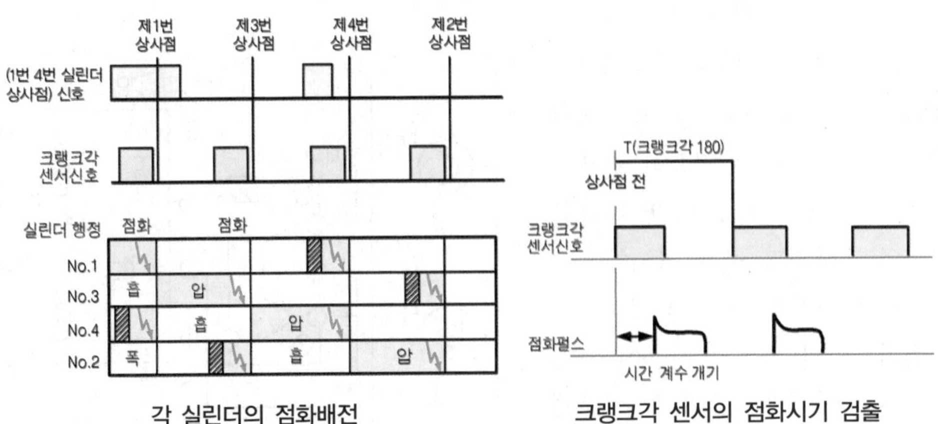

각 실린더의 점화배전　　　　크랭크각 센서의 점화시기 검출

② 점화시기 제어

기관 컴퓨터에 기억된 점화시기 데이터는 일반적으로 운전조건에 따라 시동할 때, 공전운전, 주행할 때 등으로 구분되며, 실제 점화 시기는 초기 점화시기에 각종 보정 요소가 추가되어 결정된다.

> 시동소요 회전력 = 초기 점화시기 + 기본점화 진각도 + 보정 진각도

③ 점화진각 제어

컴퓨터에는 1실린더 1사이클 당의 흡입공기량과 기관 회전속도에 대응한 최적의 기본 점화진각 값이 기업되어 있으며, 각 센서에서의 입력신호에 따라서 이 기본 점화진각 값은 추가로 보정이 이루어진다. 또 기관을 시동할 때 점화시기 제어는 이미 설정해 놓은 점화시기로 고정한다.

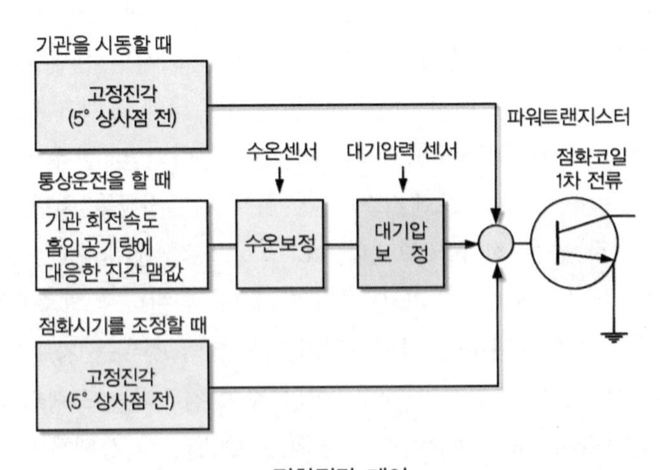

점화진각 제어

④ 통전시간 제어

통전시간의 제어는 파워 트랜지스터의 통전에 의한다. 점화 1차 코일에 흐르는 전류 시간의 제어는 점화코일에 1차 전류가 흐르면 전류의 변화를 방해하는 방향으로 역기전력이 발생하므로(인덕턴스가 발생함) 파워 트랜지스터가 통전이 되어도 곧바로 전류가 흐르지 않기 때문에 어느 정도의 시간을 두고 일정 전류까지 상승한다. 이에 따라 기관을 저속 운전영역으로 작동시킬 때에는 1차 전류 통전시간이 충분하지만, 고속 운전영역(약 6,000rpm)에서는 저속 운전영역 작동에 비하여 약 60% 정도의 전류가 저하되기 때문에 고속 운전영역에서는 안정된 2차 전압을 얻기 위해 트랜지스터의 통전시간을 제어해야 한다.

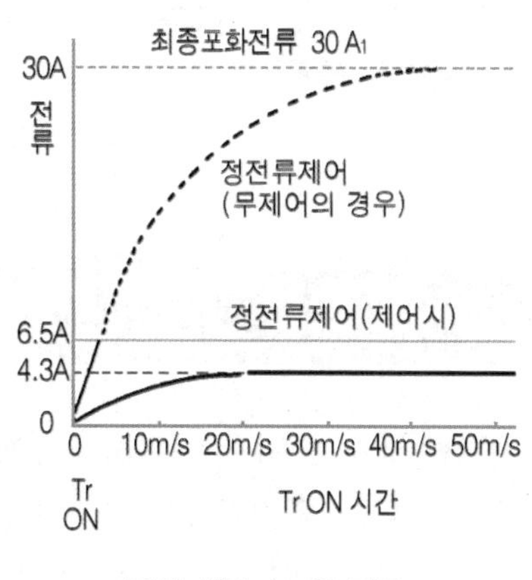

통전 시간과 1차 전류

CHAPTER 06

충전 장치

1 충전 장치의 개요

충전 장치는 기관의 크랭크축에 의하여 구동되는 발전기, 발생 전압을 규정된 상태로 조정하기 위한 발전기 조정기, 축전지의 충·방전상태를 표시하는 전류계(또는 충전경고등) 등으로 구성되어 있다. 자동차에 사용되는 발전기에는 직류(DC)발전기와 교류(AC)발전기의 2종류가 있으나 어느 방식을 사용하더라도 자동차용 충전 장치는 축전지를 충전하기 위하여 반드시 직류로 출력되어야 한다. 즉, 직류발전기는 전기자 코일에서 발생한 교류를 정류자와 브러시에 의하여 직류로 정류되어 출력을 얻는 방식이고, 교류발전기는 스테이터 코일에서 교류출력을 얻으며, 이 교류를 실리콘 다이오드에 의하여 정류시켜 직류로 출력하도록 한 것이다.

2 3상 교류

1. 3상 교류의 개요 three phase AC

자동차용 발전기는 처음에는 단상교류발전기(직류발전기)를 이용하여 정류자와 브러시로 직류로 정류하여 사용하였으나 최근에는 높은 성능의 실리콘 다이오드가 개발되어 3상 교류발전기를 사용하고 있다. 3상 교류발전기란 단상교류발전기를 3개 조합한 것이며, 이것은 단상교류발전기보다 저속회전에서도 발생전압이 높으므로 축전지를 확실하게 충전할 수 있고 또 고속 회전에서는 매우 안정된 성능을 발휘한다.

2. 3상 교류의 발생

A－A', B－B', C－C'로 된 권수가 같은 3조의 코일을 120° 간격으로 철심에 감은 후 자석 NS를 일정한 속도로 회전시키면 3상 교류전압이 발생한다. B코일에는 A코일보다 120° 늦게 전압변화가 발생하고, C코일에는 B코일보다 120° 늦은 전압변화가 발생한다. 이와 같이 A, B, C 3조의 코일에서 발생하는 교류파형을 3상 교류라 한다.

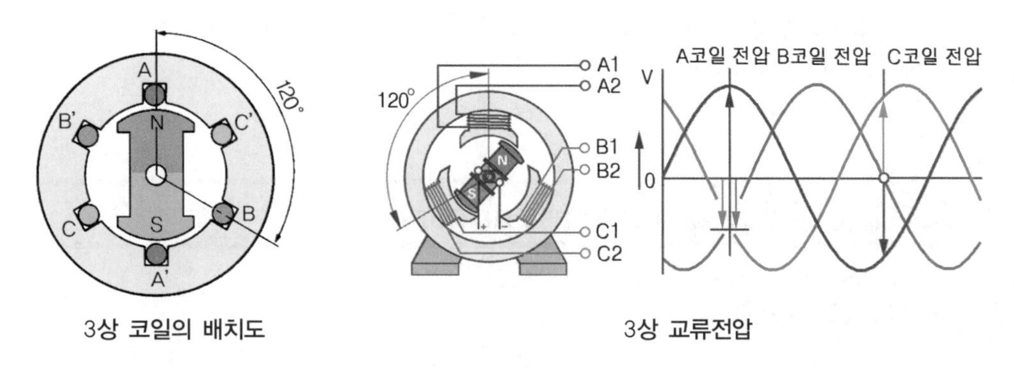

3상 코일의 배치도 3상 교류전압

3. 3상 코일의 결선 방법

실용화 되어있는 3상 교류 발전기는 3쌍의 코일을 이용하여 코일의 한쪽 끝 A, B, C를 각각 외부단자로 하고, 다른 한쪽 끝 A', B', C'를 한곳에 묶어 놓은 Y결선(또는 스타결선 ; star connection)방식과 코일의 각 끝과 시작점을 서로 묶어서 각각의 접속점을 외부단자로 한 삼각결선(또는 델타결선 ; delta connection) 방식으로 접속한다.

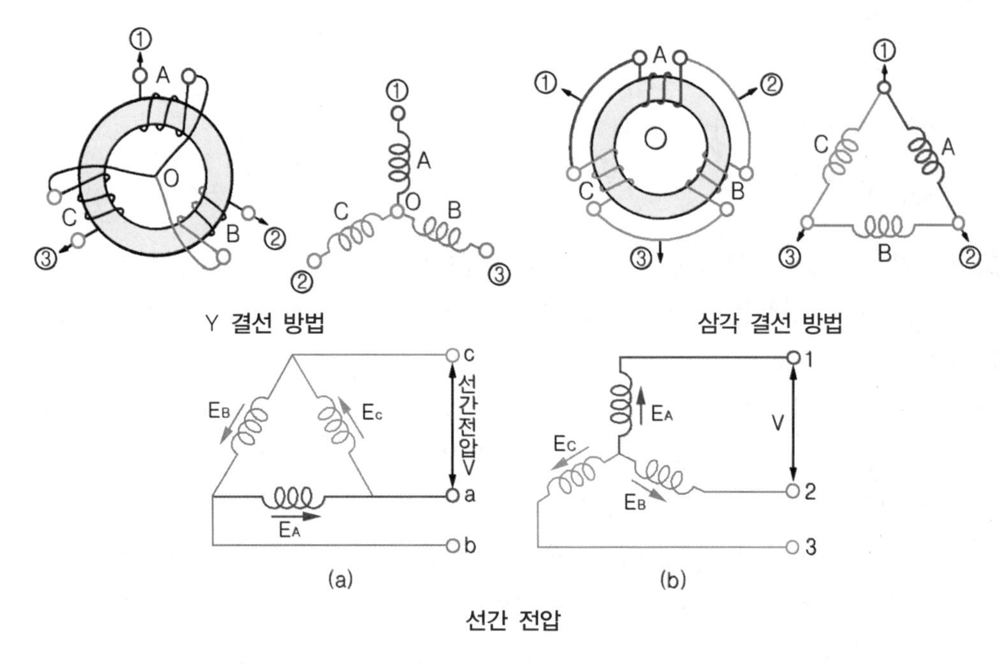

Y 결선 방법 삼각 결선 방법

(a) (b)

선간 전압

여기서, 각 코일에 발생하는 전압을 상전압, 전류를 상전류라 하며, 외부단자 사이의 전압을 선간전압, 외부단자에 흐르는 전류를 선간전류라 한다. Y결선의 경우 선간전압은 상전압의 $\sqrt{3}$ 배이고 삼각결선의 경우에는 선간전류는 상전류의 $\sqrt{3}$ 이다. 그러므로 같은 크기의 발전기에서 코일의 권수가 같으면 Y결선방식이 삼각결선 방식보다 높은 기전력을 얻을 수 있다. 따라서 자동차용 교류발전기는 저속에서 높은 전압을 얻을 수 있고, 중성점의 전압을 이용할 수 있는 Y결선을 많이 사용한다. 그러나 일부 큰 출력을 요구하는 경우에는 삼각결선 방식이 사용되기도 한다.

3 교류발전기 alternator current generator

1. 교류발전기의 개요

교류발전기는 3상 교류발전기이며 정류용의 실리콘 다이오드에 의해 직류출력을 얻는 방식이다. 고속 및 내구성이 우수하고 저속 충전성능이 양호하기 때문에 자동차용 충전장치로 널리 사용되고 있다. 이 발전기도 기관 크랭크축 풀리에서 구동벨트로 구동되며, 그 특징은 다음과 같다.

① 소형・경량이며, 저속에서도 충전이 가능한 출력전압이 발생된다.
② 회전 부분에 정류자를 두지 않으므로 허용 회전속도 한계가 높다.
③ 실리콘 다이오드로 정류하므로 전기적 용량이 크다.
④ 브러시 수명이 길다.
⑤ 전압조정기만이 필요하다.

2. 교류발전기 구조

교류발전기는 고정부분인 스테이터(stator), 회전하는 부분인 로터(rotor) 및 로터의 양 끝을 지지하는 엔드프레임(end flame) 등으로 구성되어 있다. 스테이터에 고정된 코일에서 발전기의 출력전류를 발생시킨다. 로터와 로터코일은 스테이터 내에서 회전하여 스테이터 코일에 기전력을 유기시킨다. 스테이터 코일에서 발생한 교류는 실리콘 다이오드(정류기)에 의해 직류로 정류된 다음 외부로 공급된다. 브러시는 출력전류를 꺼내기 위한 것이 아니라 축전지에서 로터코일로 전류를 공급하여 로터 코일을 여자하기 위한 것이다. 실리콘 다이오드는 스테이터 코일에서 발생된 교류전류를 정류할 뿐만 아니라 축전지에서 발전기로의 역류도 방지한다. 따라서 직류발전기에서와 같이 컷 아웃 릴레이를 필요로 하지 않는다. 또 축전지의 단자전압보다 발전기의 발생전압이 높아지면 자동적으로 축전지의 충전이 시작된다. 교류발전기는 회전속도에 대하여 최대 출력전류가 억제되도록 설계할 수 있으므로 전류제한기를 필요로 하지 않는다. 교류발전기는 직류발전기와 같이 계자철심의 잔류자기만으로는 발전이 어렵기 때문에 타려자를 하여야 한다. 그 이유는 실리콘 다이오드 사용에 있다. 즉, 실리콘 다이오드에 인가되는 전압이 매우 낮을 때에는 큰 저항비율을 나타내므로 발전기의 회전속도가 크지 않으면 전류가 흐르지 않기 때문이다.

교류발전기의 구조

2.1. 스테이터 stator

스테이터는 성층(成層)한 철심에 독립된 3개의 코일이 감겨져 있고 이 코일에서 3상 교류가 유기된다. 스테이터 철심은 철심주위에서 자속의 크기가 변화하는 경우가 많기 때문에 히스테리 손실과 맴돌이 전류손실이 발생하는 현상을 감소시키기 위하여 얇은 규소강판을 몇 장 겹쳐서 고정한 것으로 그 안쪽에 스테이터 코일을 설치하기 위해 몇 개의 슬릿이 절단되어 있으며, 작동 중에는 로터의 자극에서 나온 자속의 통로가 된다.

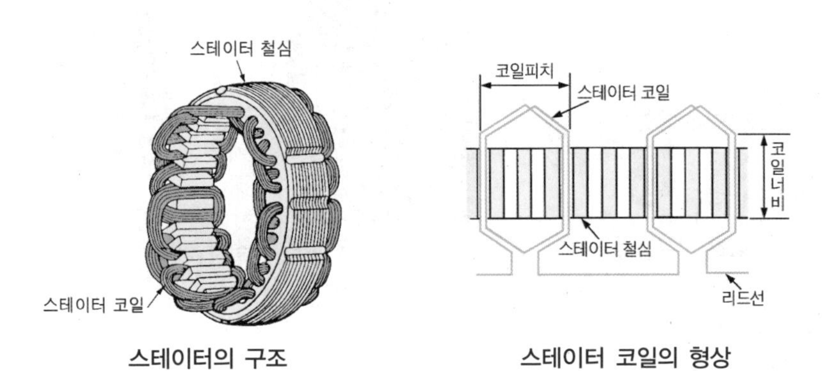

스테이터의 구조　　스테이터 코일의 형상

스테이터 코일은 절연 피복 구리선을 슬릿에 감아 넣고 이것을 차례차례로 접속한 것을 1조로 한다. 그리고 코일피치는 자극간극(폴 피치)으로 동일하게 되어 있다. 이와 같은 코일 군(群)을 서로 120° (자극 간격의 $\frac{2}{3}$)씩 겹쳐서 3조로 설치하여 3상 결선으로 한다. 코일 접속방법에는 Y결선과 삼각결선이 있으며 선간 전압이 높은 Y결선을 주로 사용한다.

2.2. 로터 rotor

로터는 교류발전기에서 자속을 만드는 부분이다. 구조는 로터철심, 로터코일, 축, 슬립 링(slip ring)으로 되어 있다. 로터의 구조는 축 위에 원통형의 로터코일 양쪽에서 끼우는 방법으로 4~6개의 철심을 조합한 것이다. 로터코일의 감기 시작과 끝은 각각 축 위에 절연하여 설치한 2개의 슬립 링(slip ring)에 접속되어 있다. 작동은 슬립 링에 접촉된 브러시를 통하여 로터코일에 전류가 흐르면 축 방향으로 자계가 형성되어 한쪽 철심에는 N극, 다른 한쪽 철심에는 S극으로 자화되기 때문에 서로 마주보고 결합된 각각 자극 편(pole piece)은 자극이 되어 N극과 S극이 서로 번갈아 배열되어 8~12극이 형성된다. 로터철심의 재질은 자계의 손실을 방지하기 위하여 저탄소강을 단조(鍛造) 또는 인발하여 사용하며 슬립 링은 통전성능이 좋은 스테인리스 또는 구리를 사용한다.

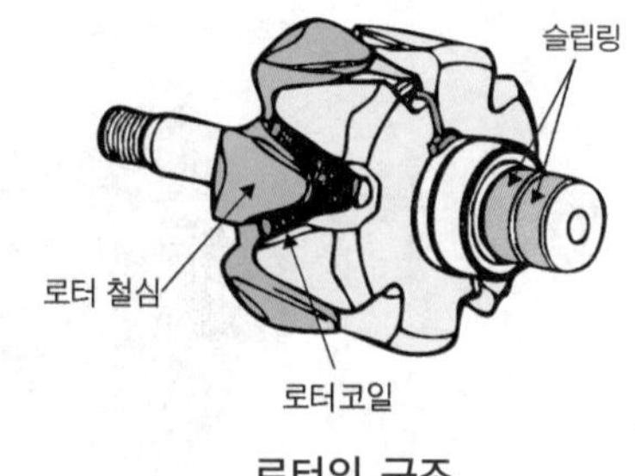

로터의 구조

2.3. 브러시 brush

2개의 브러시는 각각 브래킷에 고정된 브러시 홀더에 끼워져 브러시 스프링 장력에 의해 슬립 링에 접촉되어 있다. 1개의 브러시는 절연된 외부단자(F단자)에 접속되며, 또 다른 1개의 브러시는 브러시 홀더를 통하여 접지된다. 브러시는 로터가 회전을 하면 연속적으로 슬립 링과 미끄럼 접촉하기 때문에 접촉저항이 적고 내마멸성이 큰 금속 흑연계열을 사용한다.

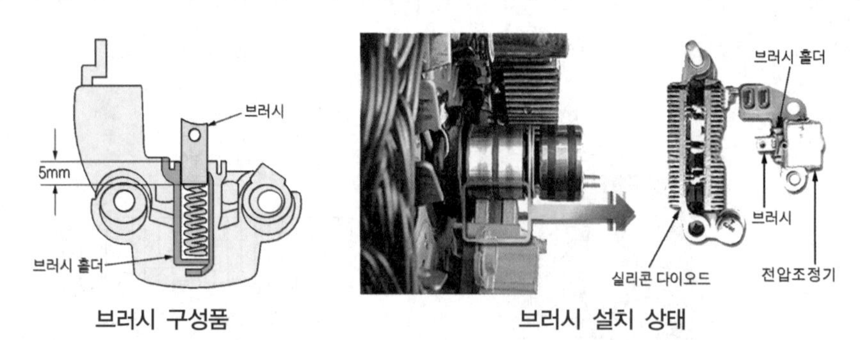

브러시 구성품　　브러시 설치 상태

2.4. 정류기 rectifier

교류발전기에서는 정류기로 실리콘 다이오드를 사용한다. 다이오드는 스테이터코일에서 발생한 3상 교류를 전파 정류하여 직류 전류로 변환하기 위하여 6개의 정류용 다이오드와 로터코일에 여자전류를 공급하기 위한 3개의 여자 다이오드가 있다.

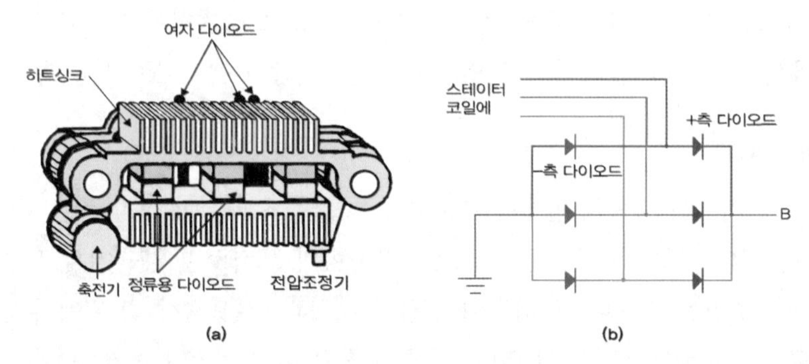

다이오드의 구조와 회로

현재 사용하고 있는 실리콘 다이오드는 히트싱크(heat sink, 방열판)에 압입을 하거나 납땜으로 고정하는 디스크리트(discrete) 방식과 히트싱크에 다이오드의 펠릿(pellet)을 직접 납땜하는 직접 방식이 있다. 디스크리트 방식에는 교류발전기가 개발된 초기부터 사용해온 캔형(can type)과 최근에 사용되는 몰드형(mold type)이 있다. 캔형은 강철판 또는 케이스 위에 실리콘 펠릿을 납땜으로 밀폐하여 펠릿을 보호하는 구조로 되어 있다. 몰드형은 캔형에 비해 부품 수가 적고 생산성이 우수하기 때문에 최근에 널리 사용하고 있다. 직접방식은 (+)쪽과 (−)쪽의 히트싱크 위에 각각 3개의 펠릿을 함께 납땜하여 제작하며, 캔형이나 몰드형에 비해 부품 수가 적고 납땜을 한 번만 하면 된다. 정류용 다이오드는 (+)와 (−)측에 각각 3개씩 두어 3상 교류를 전파 정류한다.

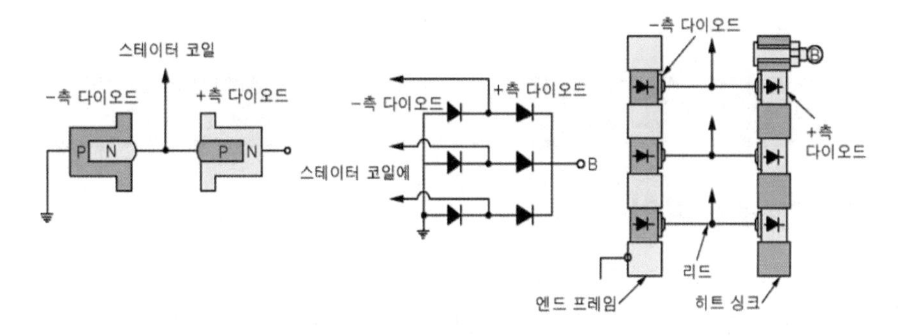

다이오드의 접속

3. 교류발전기의 작동

점화스위치를 ON으로 하면 전류는 축전지에서 전압 조정기를 통하여 F단자 → (+)브러시 → 슬립 링 → 로터 코일 → 슬립 링 → (−)브러시 → E단자(접지)의 경로로 약 2~3A 정도의 전류가 흐른다. 이 전류에 의하여 로터 코일은 자화되어 자속이 발생한다.

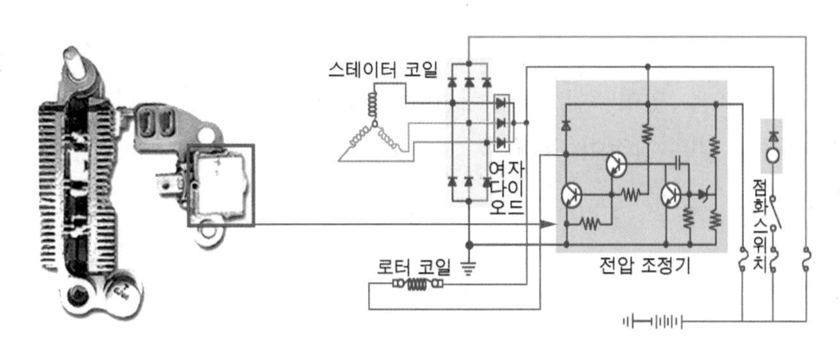

교류발전기의 작동회로

그리고 교류발전기는 처음에는 타려자식으로 작동한다. 기관이 가동되면 구동벨트에 의하여 구동되는 로터가 회전하고 스테이터는 로터의 자속을 끊기 때문에 스테이터 코일에는

3상 교류전압이 발생한다. 이 교류전압은 6개의 실리콘 다이오드에 의하여 정류되어 직류 전압이 B단자로 출력된다. 로터의 회전속도가 1,000rpm 정도 되면 이 교류전압은 축전지 단자전압보다 높아지며, 출력전류는 B단자에서 각 전장부품 및 축전지 충전전류로 공급된다. 또 B단자에서 나온 출력전류 일부가 로터코일에 공급된다. 직류발전기는 처음부터 자려자식으로 작동되나, 교류발전기는 실리콘 다이오드에 가해지는 전압이 약 0.5V 정도에 이르지 않으면 전류가 흐르지 않기 때문에 여자전류의 흐름 시작이 늦어져 처음부터 자려자식으로 작동시키면 출력전압으로 발생되는 시간이 지연되기 때문에 타려자식으로 작동된다. N단자에는 B단자 출력값의 1/2전압을 나타내지만 이 전압은 조정기를 작동시키기 위해 이용된다.

4 교류발전기 조정기

1. 교류발전기 조정기의 개요

교류발전기는 정류기로 실리콘 다이오드를 사용하므로 축전지로부터의 역류의 염려가 없고 발전기 자체의 전류제한 작용이 있어 출력전류도 과대하게 흐르지 않는다. 따라서 교류발전기 조정기는 직류발전기 조정기와 같이 컷 아웃 릴레이와 전류 제한기가 필요 없으며 전압조정기만 필요로 한다.

2. IC 전압조정기

2.1. IC 전압조정기의 개요

IC 전압조정기를 사용하는 충전회로는 반도체 회로에 의하여 로터코일의 전류를 단속하여 교류발전기의 발생전압을 일정하게 하는 것으로, 초소형으로 제작할 수 있기 때문에 발전기 속에 내장시킬 수 있어 외부와의 배선이 필요 없다. 따라서 충전회로를 간단하게 할 수 있으며, 다음과 같은 장점이 있다.

① 배선을 간소화 할 수 있다.
② 진동에 의한 전압변동이 없고, 내구성이 크다.
③ 조정전압 정밀도 향상이 크다.
④ 내열성이 크며, 출력을 증대시킬 수 있다.
⑤ 초 소형화가 가능하므로 발전기 내에 설치할 수 있다.
⑥ 축전지 충전성능이 향상되고, 각 전기부하에 적절한 전력공급이 가능하다.

2.2. IC 전압조정기의 작동

① 기관이 정지된 상태에서 점화스위치를 ON으로 하였을 때

점화스위치가 ON일 때 트랜지스터 Tr_2와 Tr_3가 ON(축전지 → 점화스위치 → R단자 → Tr_2ON → Tr_3ON)이 되므로 여자 전류는 축전지 → 점화스위치 → R단자 → R_6 → L단자 → 로터 코일의 F단자 → Tr_3 → 접지로 흐른다. 이 경우 R_6 에서 전압강하가 일어나 1~3[V] 정도 감소된 전압이 로터코일에 공급된다. 여기서, 체크 릴레이가 작동되어 충전경고등이 점등된다.

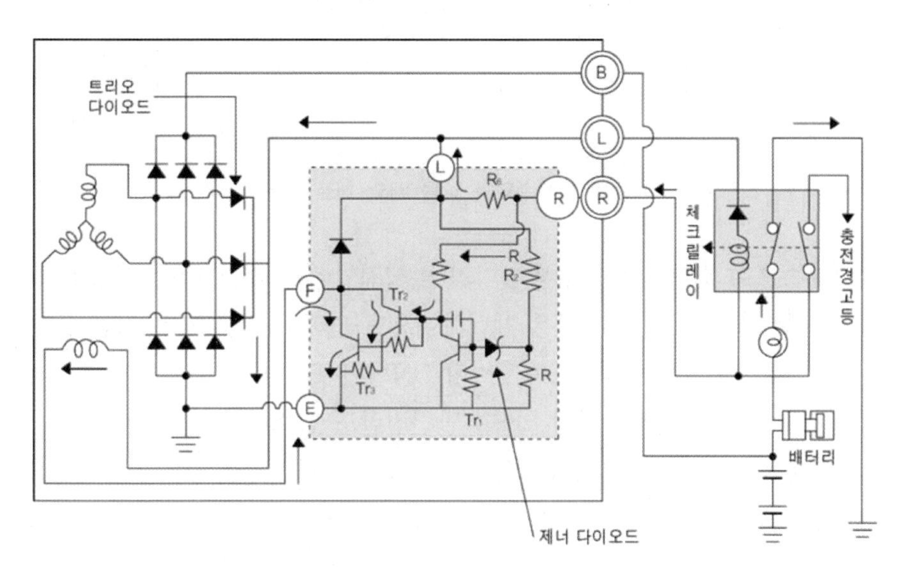

점화스위치를 ON으로 하였을 때의 회로 작동

① 기관이 가동되어 교류발전기가 발전을 시작할 때

기관이 가동되면 여자전류는 교류발전기 자체에서 공급한다. 전류는 트리오 다이오드에서 로터코일을 거쳐 F단자와 Tr_3를 거쳐 접지된다. 전압이 발전되면 초크(choke)와 체크 릴레이 코일은 동일한 전압이 되므로 충전경고등이 소등된다. 발전 전압이 낮을 때는 전류가 트리오 다이오드 L단자 → R_2 → Dz로 흐르지만 제너다이오드 Dz의 전압보다 낮기 때문에 Tr_1은 OFF상태가 된다.

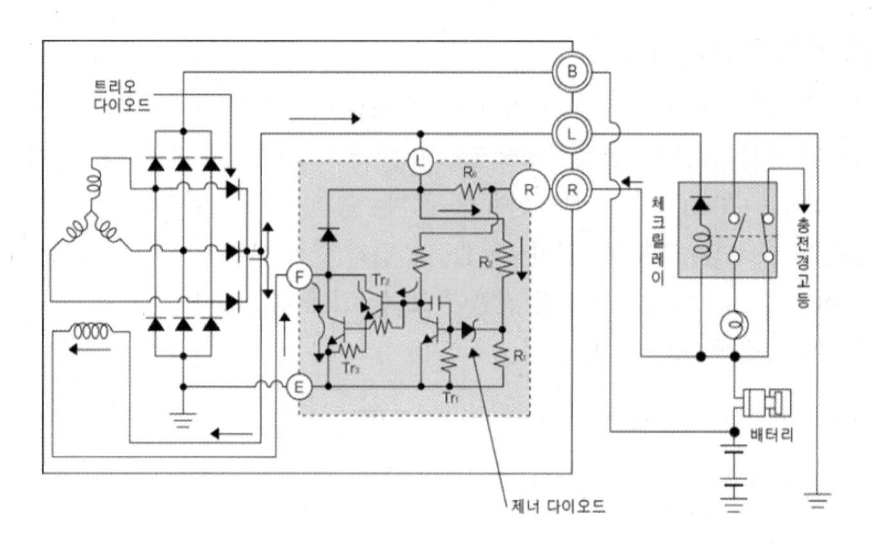

기관의 회전속도가 낮을 때의 회로 작동

② 기관이 고속으로 회전하여 교류발전기의 발생전압이 규정값 이상 되었을 때
기관 회전속도가 증가하면 전압은 제너다이오드 Dz를 통전시키는 전압까지 상승하여 전류는 제너다이오드 Dz를 통하여 Tr_1이 ON되면 Tr_2와 Tr_3은 OFF되고 여자전류는 급격히 감소한다. 여자전류가 감소하면 발전전압도 감소하여 제너다이오드 Dz에 가해지는 전압도 감소한다. 따라서 Tr_1은 OFF되고 Tr_2와 Tr_3은 ON되어 전압을 다시 상승시킨다. 이러한 작동을 반복하여 발전전압을 조정한다.

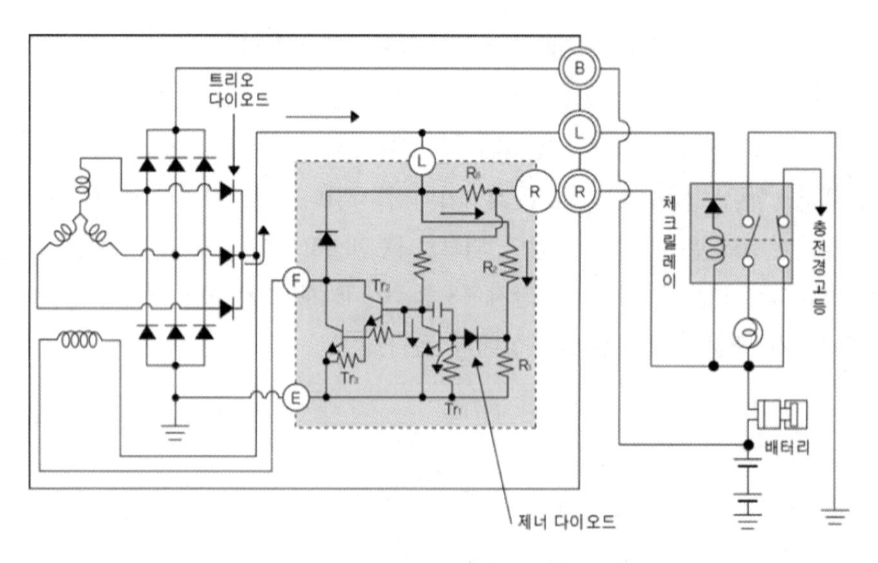

기관 회전속도가 증가할 때의 회로 작동

5 브러시 리스 교류발전기

브러시리스 교류발전기는 일반적인 교류발전기와 마찬가지로 바깥쪽에 스테이터가 고정되어 있고, 중앙부분에는 브래킷(bracket)에 고정된 계철(yoke)에 계자코일이 도넛모양으로 감겨있다. 그리고 스테이터 코일과 계자코일사이에는 일반적인 교류발전기용 로터철심과 같은 모양의 로터가 회전한다. 계자코일은 고정되어 있기 때문에 여자전류를 공급하는 브러시나 슬립링이 필요 없어 점검과 정비가 간단하다. 계자코일에 여자전류가 공급되어 발생한 자속이 로터의 회전에 따라 스테이터를 통하여 이동하기 때문에 스테이터 코일이 자속을 끊어 기전력이 유기된다. 그러나 자기회로에 보조간극이 있어 전기저항이 크므로 유효자속의 감소만큼 코일을 많이 감아야 하지만, 밀폐형으로 제작할 수 있어 먼지나 습기 등의 침입을 방지할 수 있고, 내구성을 높일 수 있으며, 소형화가 가능하다.

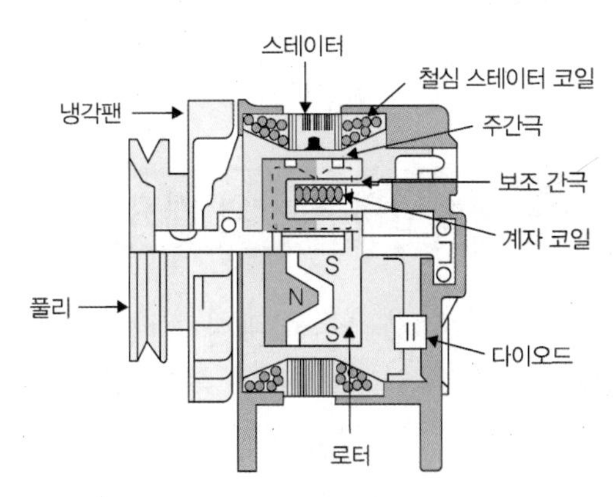

브러시 리스 교류발전기

냉·난방 장치

1 냉·난방 장치의 개요

온도, 습도 및 풍속을 쾌적 감각의 3요소라고 하며, 이 3요소를 제어하여 안전하고 쾌적한 자동차 운전을 확보하기 위해 설치한 장치를 냉 · 난방장치라고 한다. 그리고 자동차의 열 부하에는 환기 부하, 관류 부하, 복사 부하, 승원 부하 등이 있다.

① 환기 부하 : 자연 또는 강제의 양쪽 환기를 포함한다.
② 관류(貫流)부하 : 자동차 실내 벽, 바닥 또는 창면으로부터의 열 이동에 의한다.
③ 복사 부하 : 직사 일광, 하늘로부터의 복사에 의한다.
④ 승원 부하 : 승차인원의 열 발생(난방할 때는 열원)

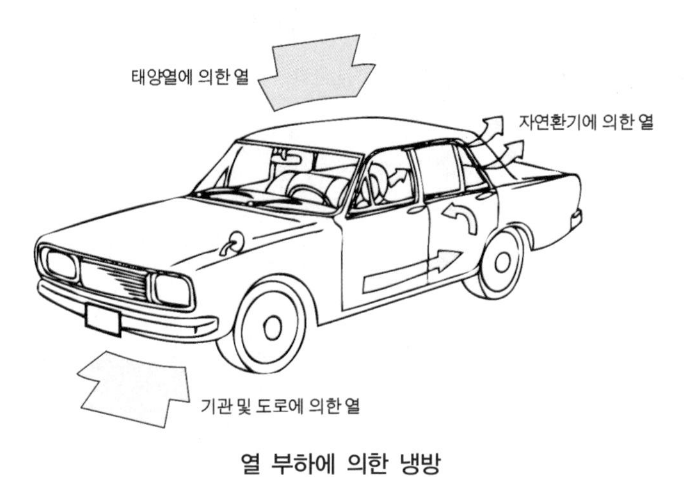

열 부하에 의한 냉방

2 난방 장치 heater

1. 난방 장치의 종류

난방장치를 열원별로 분류하면 온수를 이용하는 방식, 배기 열을 이용하는 방식, 연소 방식 등 3가지가 있으며, 구조나 용량으로 분류하면 승용차 및 소형화물차에서 사용하는 것과 대형차량에서 사용하는 것이 있다.

① 온수를 이용하는 방식 : 기관 냉각수의 열을 이용하는 것으로, 수냉식 기관 자동차에서 구조가 간단하므로 많이 사용된다.
② 배기 열을 이용하는 방식 : 배기가스의 열을 이용하는 것으로, 공냉식 기관 자동차에서 사용하며, 구조는 간단하나 열용량이 부족하기 쉽다.
③ 연소 방식 : 연료를 연소시켜 그 열을 이용하는 것으로, 대형차량에 사용하며, 구조는 약간 복잡하나 열용량이 커 한랭 지역용으로 적합하다.

1. 온수방식 난방 장치의 구조와 작동

온수 방식은 기관 냉각수의 일부를 히터유닛(heater unit)으로 흐르도록 하고, 냉각수가 배출하는 열량으로 유닛 내부의 공기를 데워서 이것을 송풍기로 자동차 실내로 보내어 난방하며, 동시에 바람의 일부를 앞 또는 옆 창유리에 불어 흐림을 방지하고, 또 성에가 생기는 것을 방지한다. 온수방식의 종류에는 히터유닛으로의 공기 도입방법에 따라 외기 도입 방식과 내기 순환 방식이 있다. 외기 도입 방식은 공기의 신선도는 높으나 열교환량이 큰 히터유닛을 필요로 한다. 그리고 내기 순환방식은 공기의 신선도는 약간 떨어지나 구조가 간단하고 자동차 실내를 더욱더 따뜻하게 할 수 있다.

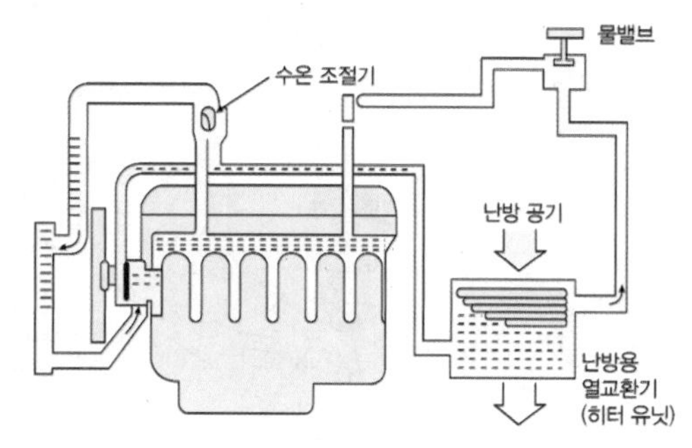

온수방식의 냉각수 유동 경로

2. 온수방식 난방 장치의 구조

2.1. 히터 유닛 heat unit

(1) 히터유닛의 개요

히터유닛은 계기판 안쪽의 자동차 중앙에 설치되어 있으며, 외관은 플라스틱 케이스로 되어 있다. 케이스 내에 기관 냉각수가 흐르는 히터코어(heat core)와 공기방향 조절용 모드 도어(mode door), 온도 조절용 에어믹스 도어(air mix door) 등으로 구성되어 있다. 또 도어 작동용 진공 액추에이터(vacuum actuator)나 전기 액추에이터(electronic actuator) 등이 부착되어 있으며, 히터코어를 흐르는 냉각수 온도 측정용 수온센서가 부착되기도 한다.

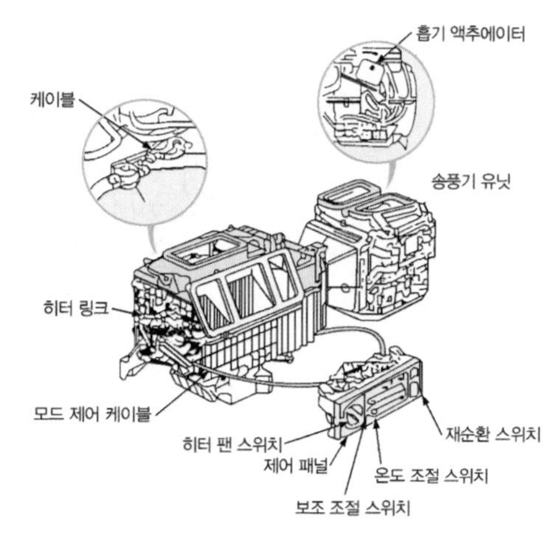

히터 유닛의 구성품

(2) 도어의 종류 door

도어는 히터 내부에 조립되어, 조화된 공기를 얻고자 하는 방향으로 보내기도 하고, 또 바람의 양을 조절하는 기능을 지니고 있다. 도어들의 작동은 조절 기구에 의해 이루어진다. 그리고 도어들을 작동하는 힘으로 분류하면 3가지가 있는데 조절레버를 이동시켜 여기에 연결된 케이블로 작동시키는 수동방식, 기관에서 발생하는 진공을 이용하는 방식과 전동기의 힘을 이용한 전기방식 등이 있다.

(3) 캠과 링크 cam & link

캠과 링크는 도어와 연결되어 각 도어의 작동을 제어한다. 도어의 개폐는 캠과 링크의 형상에 따라 조절된다.

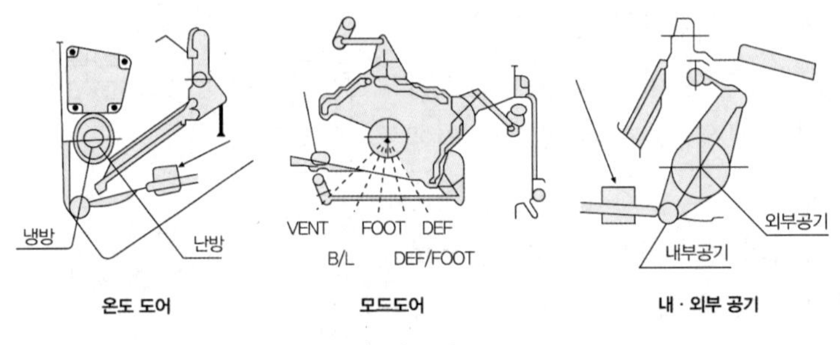

도어 링크의 구조

(4) 진공 액추에이터 vacuum actuator

진공 액추에이터는 기관에서 발생되는 진공의 흡입력과 진공 모터 내의 스프링 장력을 이용한 도어 개폐기구이다. 진공모터는 기능상으로 전기 액추에이터와 기능이 같다.

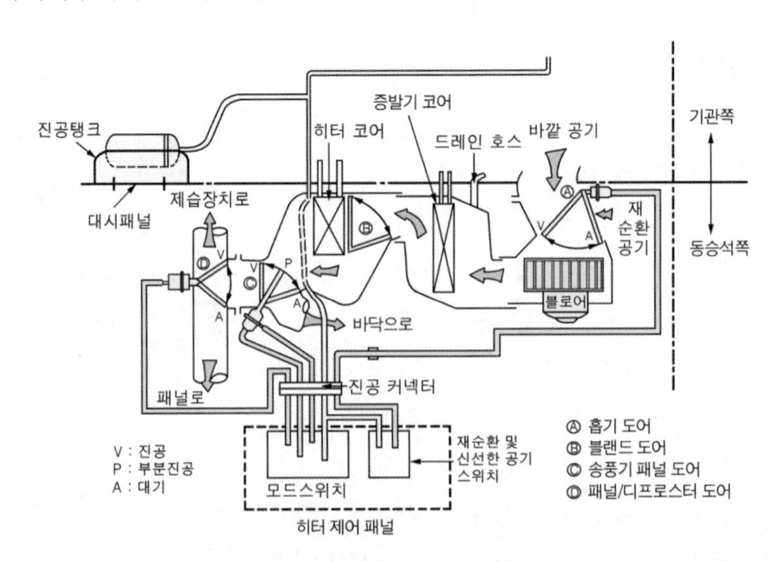

진공모터를 이용한 도어 작동원리

(5) 체크밸브 check valve

체크밸브는 진공 발생부분인 기관과 진공 사용부분인 진공탱크 및 진공모터의 진공호스 사이에 위치하여 진공의 역류를 방지하기 위한 개폐기구이다.

(6) 전기 액추에이터

전기 액추에이터는 전동기의 회전력을 이용한 것이며, 전동기의 회전을 웜 기어(worm gear)로 감속시키고, 래크(tack)기구로 1번 더 감속시킨 후 직선운동으로 변환시킨다. 이 래크가 연결 기구를 통하여 도어의 열림 정도를 조절한다.

2.2. 송풍용 전동기

송풍기에 사용되는 전동기는 직류 직권방식이며, 연속적으로 고속회전을 하므로 베어링에는 오일리스 베어링(oil less bearing)을 사용한다. 전기자 축의 한 끝에 는 팬(fan)이 부착되어 있어, 이 팬에 의해 히터유닛의 열을 강제로 방출시킨다.

2.3. 파이프 및 덕트 pipe & duct

냉각수가 순환하는 파이프에는 물의 양을 조절하거나 사용하기 위한 밸브가 설치되어 있다. 덕트는 외부 공기도입용, 디프로스터용, 실내로 공기 불어내기용 등이 있으며, 이들을 통과하는 공기량을 조절하거나 전환하기 위한 밸브가 설치되어 있다. 이 밸브의 조작은 운전석에서 하도록 되어 있다.

2.4. 전기 회로

송풍기의 회전은 대부분은 저속 및 고속으로 전환이 가능하도록 되어 있다. 회전속도 조정은 전동기에 직렬로 저항을 접속하면 저속이 되고, 저항을 통과하지 않으면 고속으로 된다. 이 저항은 히터 스위치나 송풍용 전동기 부근에 설치되어 있다.

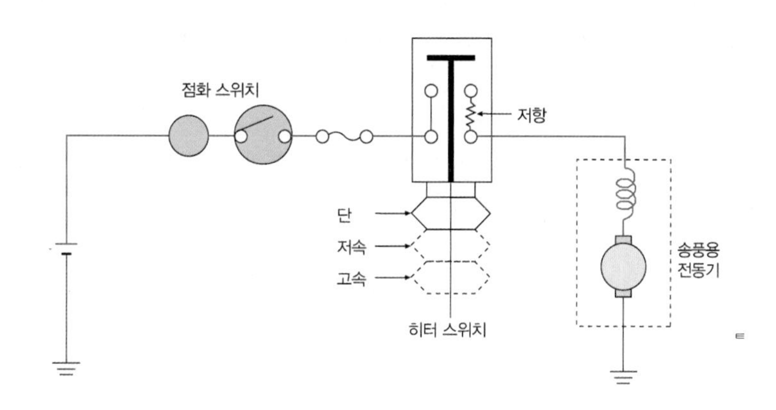

3 냉방 장치 air con

1. 에어컨의 작동 원리

에어컨은 에어컨디셔너(air conditioner)의 줄임 말이며, 공기조화장치(냉・난방 장치)를 의미한다. 에어컨의 냉동(또는 냉방)사이클은 냉매의 증발 → 압축 → 응축 → 팽창 4가지 작용을 순환 반복하면서 그 냉매가 열을 이동 작용을 하는 것을 말한다. 자동차용 에어컨은 이러한 원리를 이용하며, 공기의 냉각뿐만 아니라 습기 제거 작용도 한다.

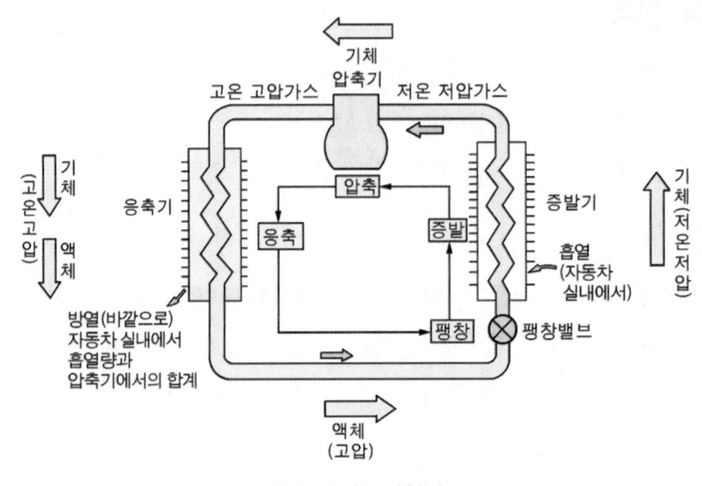

냉방 사이클의원리

1.1. 증발 evaporation

냉매는 증발기 내에서 액체가 기체로 변화한다. 이때 냉매는 증발잠열을 필요로 하므로 증발기의 냉각된 주위의 공기 즉, 자동차 실내의 공기로부터 열을 흡수한다. 이에 따라 자동차 실내의 공기를 팬(fan)으로 자동차 실내의 온도를 낮춘다.

1.2. 압축 compression

증발기 내의 냉매압력을 낮은 상태로 유지시키고, 냉매의 온도가 0℃가 되더라도 계속 증발하려는 성질이 있으며 상온에서도 쉽게 액화(液化)할 수 있는 압력까지 냉매를 흡입하여 압축시킨다.

1.3. 응축 condensation

냉매는 응축기 내에서 외부 공기에 의해 기체로부터 액체로 변화한다. 압축기에서 나온 고온・고압냉매는 외부 공기에 의해 냉각되어 액화하며 리시버드라이어(receiver dryer)로 공급된다. 이때 응축기를 거쳐 외부로 배출된 열을 응축열이라 한다.

1.4. 팽창 expansion

냉매는 팽창밸브에 의하여 증발하기 쉬운 상태까지 압력이 내려간다. 액화된 냉매를 증발기로 보내기 전에 증발하기 쉬운 상태로 압력을 낮추는 작용을 팽창이라 한다. 이 작용을 하는 팽창밸브는 감압작용과 동시에 냉매의 유량도 조절한다.

2. 자동차 에어컨의 구조와 작용

2.1. 에어컨 형식의 종류

자동차 에어컨 형식의 종류에는 TXV(thermal expansion valve) 형식과 CCOT(clutch cycling orifice tube) 형식이 있다. 압축기, 응축기(콘덴서), 리시버드라이어, 팽창밸브, 증발기 등이 주요 구성 부품이며, 이들 부품은 알루미늄 또는 구리파이프와 고무호스 등으로 연결되어 있다. 그리고 그 구성 부품 내에는 냉매라 부르는 열의 이동 작용을 하는 물질이 들어 있다. 이들 부품 사이를 냉매가 순환하면서 액체 → 기체 → 액체로 연속적으로 변화하여 냉방효과를 발생한다.

2.2. 에어컨의 작동

자동차 실내 공기를 저온으로 만들기 위해 냉매는 압축기 → 응축기 → 리시버드라이어 → 팽창밸브 → 증발기를 거쳐서 다시 압축기로 되돌아오는 순환을 반복한다. 이 동안에 냉매는 액체 → 기체 → 액체로 그 상태를 변화시켜 열을 이동시킨다.

① 냉매는 압축기에서 압축되어 약 70℃에서 15kgf/cm² 정도의 고온·고압 상태가 된다.
② 압축된 고온·고압의 냉매는 응축기로 압송된다.
③ 응축기에서는 냉매(약 70℃)와 외부온도(약 30~40℃)의 온도 차이로 인해 냉매는 약 50℃로 온도가 낮아진다. 냉매는 온도 상으로 약 20℃ 정도 밖에 냉각되지 않으나 기체에서 액체로 상태가 변화한다.
④ 액화된 냉매는 리시버드라이어에 의해 수분과 먼지 등이 제거된 후 팽창밸브로 이동을 한다.
⑤ 팽창밸브에서는 액화된 고압의 냉매가 급격히 팽창하여 약 −5℃에서 1.5kgf/cm² 정도의 저온·저압의 안개 모양으로 된다.
⑥ 팽창하여 저온·저압의 안개 모양으로 된 냉매는 증발기로 이동하여 증발기 주위의 온도가 높은 공기(자동차 실내의 공기)에서 열을 흡수하여 증발해 기체 상태의 냉매로 되어 다시 흡입·압축된다.

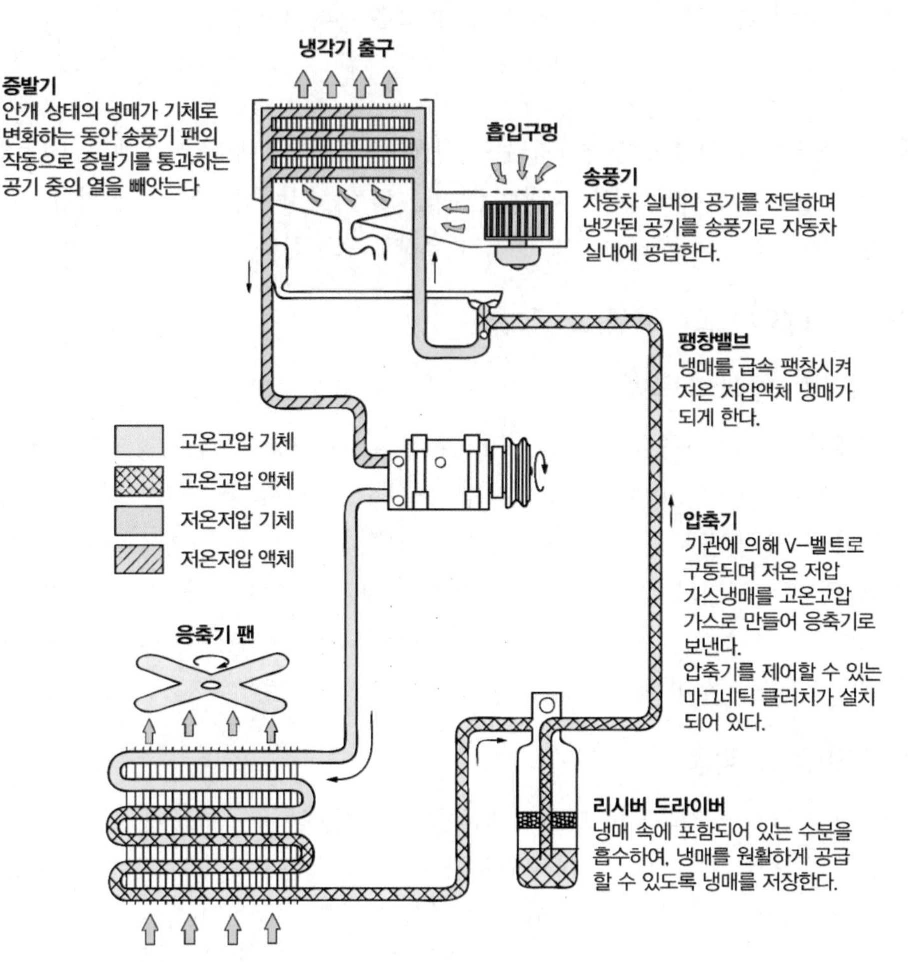
냉각기 출구
증발기
안개 상태의 냉매가 기체로 변화하는 동안 송풍기 팬의 작동으로 증발기를 통과하는 공기 중의 열을 빼앗는다
흡입구멍
송풍기
자동차 실내의 공기를 전달하며 냉각된 공기를 송풍기로 자동차 실내에 공급한다.
팽창밸브
냉매를 급속 팽창시켜 저온 저압액체 냉매가 되게 한다.
고온고압 기체
고온고압 액체
저온저압 기체
저온저압 액체
압축기
기관에 의해 V-벨트로 구동되며 저온 저압 가스냉매를 고온고압 가스로 만들어 응축기로 보낸다.
압축기를 제어할 수 있는 마그네틱 클러치가 설치되어 있다.
응축기 팬
리시버 드라이버
냉매 속에 포함되어 있는 수분을 흡수하여, 냉매를 원활하게 공급할 수 있도록 냉매를 저장한다.
응축기
라디에이터 앞에 설치되어 있으며 주행속도와 냉각팬에 의해 고온고압 기체 상태의 냉매를 응축시켜 고온고압 액상냉매로 만든다.

TVX형 에어컨의 구성

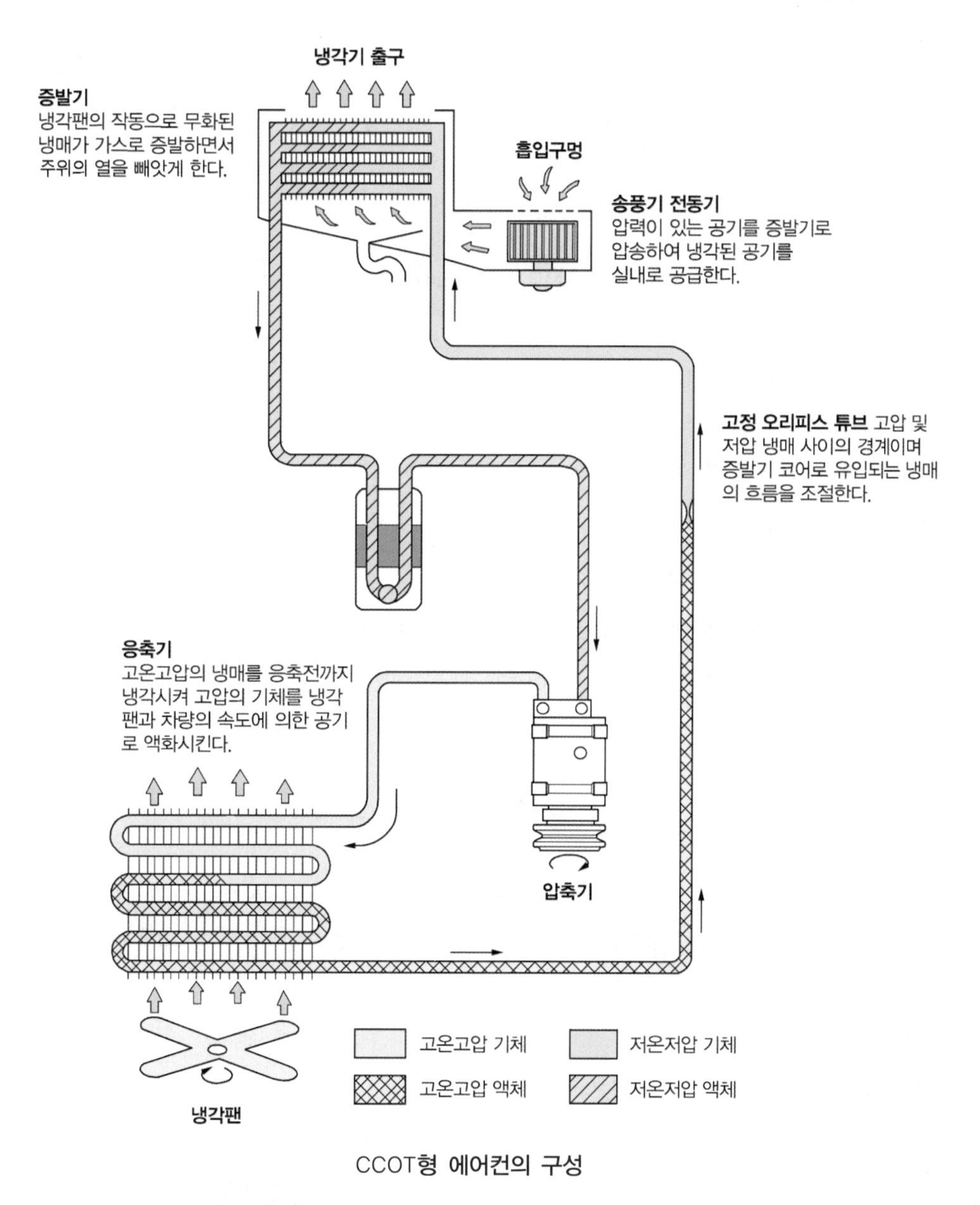

CCOT형 에어컨의 구성

2.3. 에어컨의 구성 부품

(1) 냉매 refrigerant

냉매란 냉동에서 냉동 효과를 얻기 위해 사용하는 물질이며, 저온 부분에서 열을 흡수하여 액체가 기체로 되고, 이것을 압축하면 고온 부분에서 열을 방출하여 다시 액체로 되는 것과 같이 냉매가 상태 변화를 일으켜 열을 흡수·방출하는 역할을 한다. 냉매는 R-134a를 사용하며, 냉매의 구비조건과 R-134a의 장점은 다음과 같다.

① 냉매의 구비조건

㉮ 비등점이 적당히 낮을 것
㉯ 냉매의 증발잠열이 클 것
㉰ 응축압력이 적당히 낮을 것
㉱ 증기의 비체적이 클 것
㉲ 압축기에서 배출되는 기체 냉매의 온도가 낮을 것
㉳ 임계온도가 충분히 높을 것
㉴ 부식성이 적을 것
㉵ 안정성이 높을 것
㉶ 전기 절연성능이 좋을 것

② R−134a의 장점

㉮ 오존을 파괴하는 염소(Cl)가 없다.
㉯ 다른 물질과 쉽게 반응하지 않은 안정된 분자구조로 되어 있다.
㉰ R−12와 비슷한 열역학적 성질을 지니고 있다.
㉱ 불연성이고 독성이 없으며, 오존을 파괴하지 않는 물질이다.

(2) 압축기 compressor

① 압축기의 역할

압축기는 증발기에서 증발한 기체 냉매가 응축되기 쉽도록 냉매를 압력하는 역할을 한다. 이러한 압축기의 작용에 의해 냉매는 응축과 증발 과정을 반복하면서 에어컨장치 내를 순환하며, 열을 차가운 곳에서 따뜻한 곳으로 운반한다.

② 압축기의 종류

에어컨용 압축기의 종류에는 크랭크형, **사판형**, **로터리형** 등이 있으며, 여기서는 현재 자동차에서 주로 사용되고 있는 사판형과 로터리형에 대해서만 설명하도록 한다.

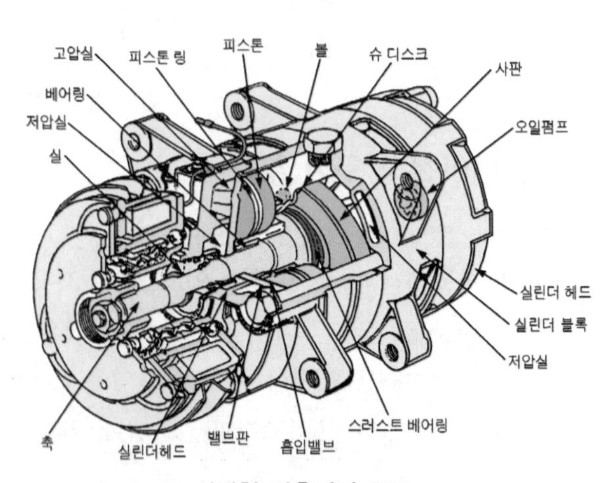

사판형 압축기의 구조

㉮ 사판형 압축기 swash plate type ; 사판형 압축기는 축(shaft)에 사판(swash plate)

을 설치하고, 축을 회전시켜 사판의 회전운동을 피스톤의 왕복운동으로 변화시켜 기체 냉매의 흡입 및 압축 작용을 한다. 피스톤의 양끝에는 기체 냉매의 흡입 및 배출을 실행하는 밸브판(valve plate), 축과 실린더헤드 사이에는 누출을 방지하기 위한 축 실(shaft seal)이 조립되어 있다.

㉯ 로터리형(rotary type) 압축기의 구조와 작용 ; 로터리형 압축기는 축에 조립된 로터(rotor)에 베인(vane)이 조립되어 축이 회전함에 따라 베인이 원심력으로 튀어나와 로터와 실린더사이의 체적을 변화시켜 기체냉매를 흡입 및 압축한다. 밸브는 충전밸브 및 밸브 스토퍼가 실린더블록에 조립되어 있고, 흡입밸브는 없으며, 축과 실린더 헤드사이에는 축 실(seal)이, 실린더블록에는 베인에 배압(背壓)을 가하는 트리거 밸브(trigger valve)가, 셀(shell)에는 기체냉매의 배출온도를 검출하는 센서가 각각 부착되어 있다. 압축기 오일은 셀 내에 규정량이 봉입되어 기체냉매의 배출압력으로 각 부분에 공급된다.

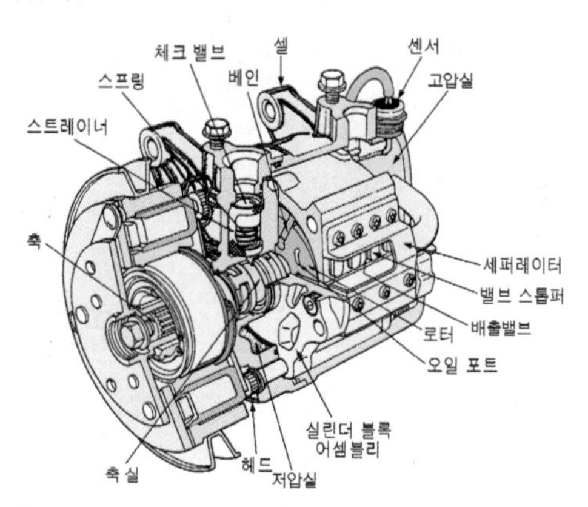

로터리형 압축기의 구조

③ 마그네틱 클러치의 구조 magnetic clutch

㉮ 풀리 : 기관 크랭크축으로부터 전달되는 동력이 구동 벨트로 연결되어 공전을 하다가 에어컨 스위치의 ON에 의해 압축기를 구동시킨다.

㉯ 계자코일 (field coil) : 축전지에서 공급되는 직류 12V 전원으로 자속이 형성 되고, 이 자속이 풀리의 벽을 타고 흘러서 자력을 발생시켜 디스크 허브의 디스크를 흡입한다.

㉰ 디스크 허브 disc hub : 풀리의 벽을 타고 흐르는 자속이 디스크로 전달되면 에어갭(air gab)으로 N극과 S극의 교번이 형성되면서 흡입 자력이 발생될 때 스프링 특성을 지니는 탄성부품이 일정거리를 변화하면서 디스크가 풀리의 마찰 면과 흡착된다.

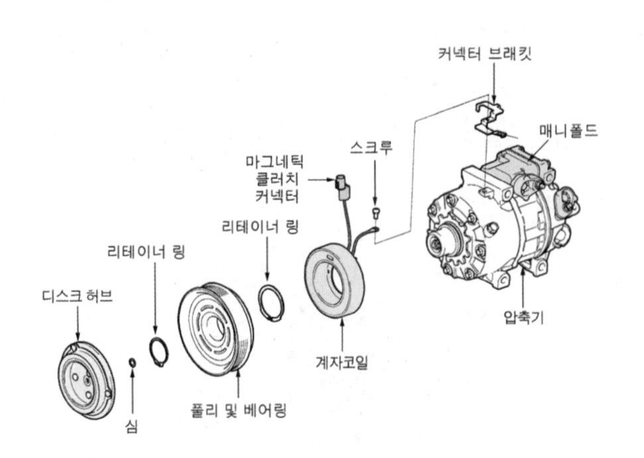

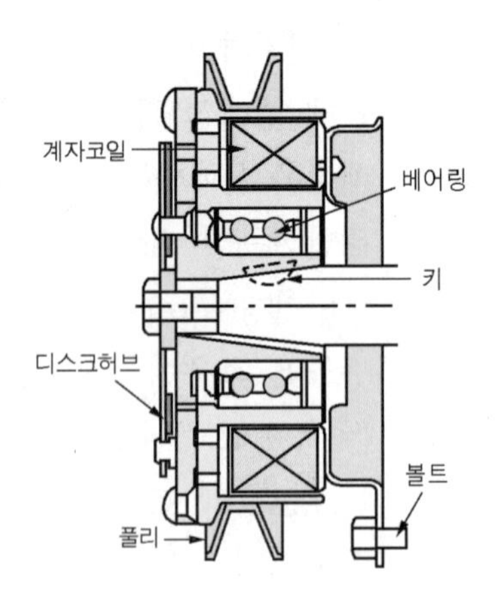

마그네틱 클러치의 구조

④ 고압안전밸브 PRV ; pressure relief valve

고압안전밸브는 에어컨 장치의 내부 막힘, 냉매의 과다한 충전으로 인한 냉매과다, 응축기 팬 작동불량으로 장치 내부의 압력이 상승하여 손상되는 것을 방지한다. 즉, 압축기 내부에 이상고압이 발생하였을 때 이 밸브를 통하여 냉매와 오일을 배출시켜 장치를 안정시키는 역할을 한다. 따라서 고압안전밸브가 작동한 후에는 에어컨 장치 내에 냉매의 재충전과 오일을 보충하여야 한다.

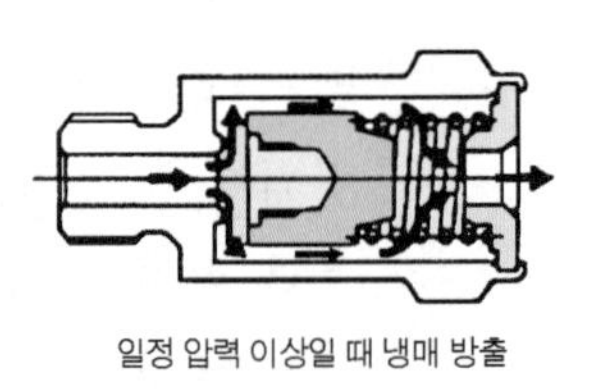

일정 압력 이상일 때 냉매 방출

고압안전밸브의 설치위치와 작용

⑤ 온도센서 thermal sensor

온도센서는 에어컨 장치의 냉매가 누출되어 흡입압력이 낮아져 운전 압력비율이 증가하고 배출온도가 상승할 경우 배출 쪽 냉매온도를 검출하여 규정온도를초과하면 압축기의 보호를 위하여 바이메탈형 자동 복귀방식에 의해 마그네틱 클러치 전원을 차단시킨다. 일반적으로 냉매온도가 155℃ 정도에서 압축기를 OFF시키고 냉매온도가 135℃ 정도에서 압축기를 ON시킨다.

⑥ 벨트고착(belt lock) 보호기능

현재 자동차의 기관을 개발할 때 동력손실을 줄이기 위하여 1－벨트 방식의 사용이 늘어나고 있다. 이 1－벨트에 연결된 에어컨 압축기가 내부 고착이나 마그네틱 클러치의 미끄러짐이 발생하면 벨트에 손상이 생겨 끊어지면 주행이 어려우므로 이에 대한 보호기능으로 벨트고착 제어기능이 추가되었다.

(3) 응축기 condenser

응축기는 압축기로부터 유입되는 고온·고압의 기체냉매를 냉각 팬(cooling fan)으로 강제 냉각시켜 냉매를 액화시키는 기능을 한다. 응축기의 냉각 양은 압축기의 냉각 양과 증발기의 냉각 양에 의해 결정되며, 응축상태가 불량하면 냉동사이클의 압력이 과다하게 높아져 냉방 성능을 저하시키므로 용량 결정 및 관리에 주의하여야 한다.

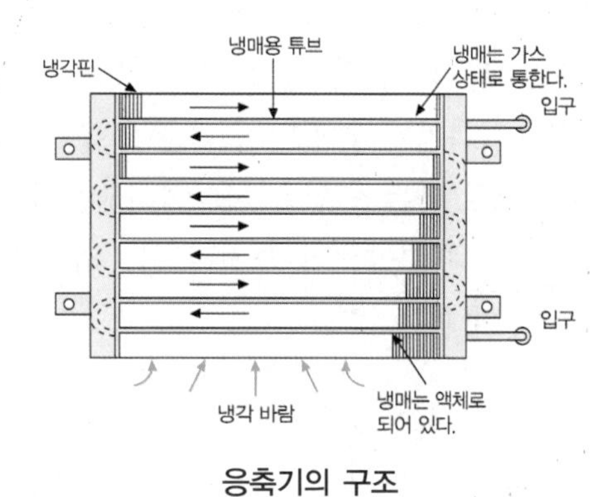

응축기의 구조

(4) 리시버드라이어 receiver drier ; 건조기

리시버드라이어는 냉동사이클의 부하 변화에 대응하여 냉매 순환량도 변동되어야 하므로 적절한 양의 냉매를 저장하는 **냉매 저장기능**, 응축기로부터 배출된 액체냉매가 기포를 포함하고 있을 경우 냉방성능의 저하를 초래하므로 기포와 액체를 분리하여 액체냉매만 팽창밸브로 보내는 **기포 분리기능**, 건조제와 필터를 사용하여 냉매 중의 수분 및 이물질을 제거하는 **수분 흡수기능**, 사이트 글라스(sight glass)를 통하여 냉매량의 적정여부 를 확인하는 **냉매량 관찰기능**을 한다.

리시버드라이어의 구조

리시버드라이어 탱크 내부에는 건조제와 필터가 들어 있으며, 냉매 속에 수분이 함유되어 있으면 부품을 부식시키거나 팽창밸브 내에서 빙결하여 냉매순환이 정지된다. 또 에어컨 사이클 내를 흐르는 냉매의 상태를 점검하기 위한 사이트 글라스가 부착되어 있다.

(5) 듀얼 압력스위치 dual pressure switch

듀얼 압력스위치는 리시버드라이어 위에 설치되어 있으며, 2개의 압력 설치값(저압 및 고압)을 지니고 1개의 스위치로 저압 보호기능과 고압 보호기능 2가지 기능을 수행한다. 작동은 송풍기 릴레이로부터 공급받은 전원을 서모스위치가 연결시켜주면 에어컨 릴레이 쪽으로 전원을 공급하는 역할을 한다. 듀얼 압력스위치는 안전장치이며 에어컨 사이클 내의 냉매압력에 의해 작동되며 만약, 냉매가 전혀 없는 상태에서 에어컨을 작동시켰을 경우 증발기는 냉각되지 않으므로 핀 서모스위치가 작동하지 않아 압축기는 계속 작동한다. 이렇게 되면 압축기가 과열되어 파손될 우려가 있으므로 이때 듀얼 압력스위치가 OFF되어 에어컨 릴레이로 가는 전원을 차단한다. 반대로 냉매가 과다하게 충전되었거나 에어컨 사이클이 막히면 냉매의 압력이 급격히 상승하여 압축기 및 에어컨 사이클이 파손되므로 서모스위치가 OFF 된다.

(6) 트리플 스위치 triple switch

트리플 스위치는 3개의 압력 설정값을 지니고 있으며, 듀얼 스위치 기능에 팬(fan) 회전속도 조정용 고압 스위치 기능을 추가시킨 것이다. 고압 쪽 냉매 압력을 검출하여 압력이 규정값 이상으로 올라가면 스위치 접점을 닫아(close) 냉각 팬을 고속용 릴레이로 전환시켜 팬이 고속으로 회전하도록 한다.

(7) 어큐뮬레이터 accumulator

① 어큐뮬레이터의 기능

어큐뮬레이터는 증발기와 압축기 사이에 설치되어 있으며, 증발기에서 증발된 기체냉매의 압력은 바깥온도나 실내온도 및 압축기의 회전속도에 의하여 변화가 매우 크다. 만약 증발기에서 증발된 냉매가 직접 압축기로 흡입되면 압축기의 부하가 매우 커지므로 기관에 큰 영향을 미친다. 어큐뮬레이터는 증발기에서 기체화된 냉매를 잠시 저장하여 수분과 이물질을 제거한 후 일정한 압력으로 압축기로 공급하는 일을 한다. 어큐뮬레이터에는 저압 스위치가 설치되어 증발기에서 증발된 냉매의 압력이 낮으면 실내는 냉각상태이므로 스위치가 OFF되어 압축기의 작동을 중지시키고, 압력이 규정값 이상으로 상승하면 다시 ON되어 압축기를 작동시킨다. 어큐뮬레이터의 주요기능은 리시버드라이어와 비슷하나 리시버드라이어는 TXV 형식에서 고압 쪽에 설치되는데 비해, 어큐뮬레이터는 CCOT 형식에서 저압 쪽에 위치하는 점이 다르다. 어큐뮬레이터의 기능은 다음과 같다.

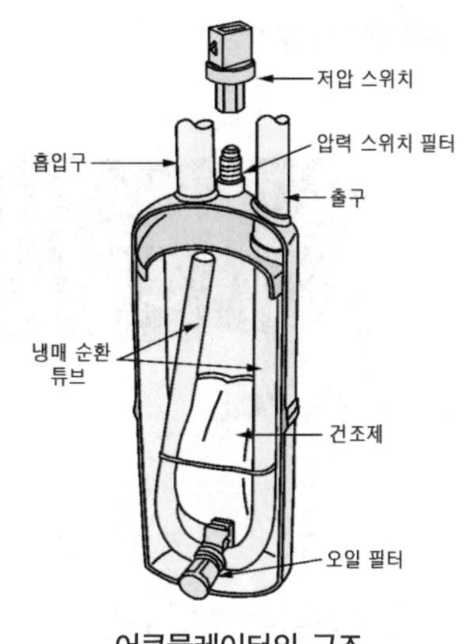

어큐뮬레이터의 구조

㉮ 냉매저장 및 2차 증발 기능
㉯ 액체분리 기능
㉰ 수분흡수 기능
㉱ 오일순환 기능
㉲ 증발기 빙결 방지 기능

② 어큐뮬레이터의 구조와 작동
철제 또는 알루미늄 합금 원통형 본체에 필터, 건조제, 파이프, 저압스위치 등으로 구성되어 있다. 입구 쪽 파이프로 유입된 냉매는 건조제를 통과하면서 수분이 제거되고 본체 위쪽에 있는 출구 쪽 파이프를 통하여 압축기로 배출된다. 또 출구용 파이프 아래쪽에 설치된 오일 순환용 필터를 통하여 압축기 오일을 회수하여 압축기로 순환시킨다. 본체 내에 잔류되는 액체냉매는 2차로 증발되어 다시 압축기로 보내진다.

(8) 저압 스위치 low pressure switch

저압 스위치(클러치 사이클링 스위치)는 CCOT형(clutch cycling orifice tube type)에서 사용하며, 어큐뮬레이터 위쪽에 설치되어 있다. 작동은 어큐뮬레이터의 흡입 압력에 의해 스위치 작동이 조정된다. 전기 접점은 흡입 압력이 1.47kgf/㎠ (144kPa)일 때 정상적으로 열리고 흡입 압력이 약 3.3kgf/㎠ (323kPa) 이상 상승하면 닫힌다.

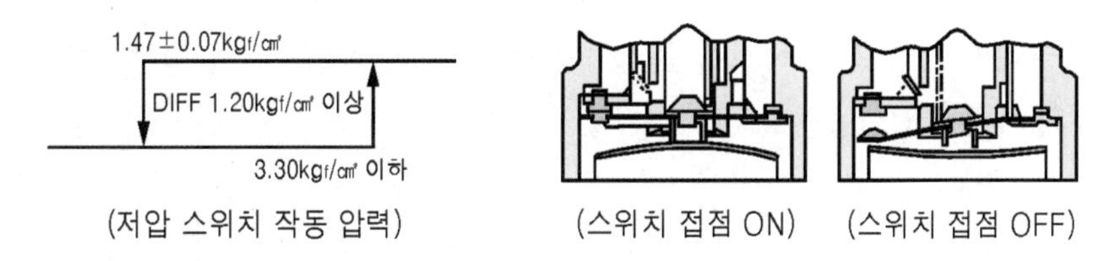

(저압 스위치 작동 압력) (스위치 접점 ON) (스위치 접점 OFF)

저압스위치의 작동 원리

이 스위치는 압축기 마그네틱 코일의 전기적 회로를 조정한다. 스위치가 ON일 때 마그네틱 클러치 코일이 작동하여 클러치가 압축기를 작동 시킨다. 스위치가 OFF일 경우 마그네틱 코일에 전류가 차단되어 클러치 작동을 중단시켜 압축기를 중지시킨다. 저압스위치의 기능은 증발기 냉각핀의 표면 온도가 빙점의 바로 위 온도를 유지할 수 있도록 증발기 코어의 압력을 조절하는 것이며 증발기의 빙결과 공기 흐름이 막히는 것을 방지한다.

(9) 팽창밸브 expansion valve

① 팽창밸브의 기능
팽창밸브는 증발기 입구에 설치되며, 리시버드라이어로부터 유입되는 중온(中溫)·고압의

액체냉매를 교축작용을 통하여 저온・저압의 습포화 증기상태로 변화시킨다. 그리고 팽창밸브를 사용하는 에어컨을 TXV(thermal expansion valve) 형식이라 부른다.

② 팽창밸브의 구조

팽창밸브는 몸체, 다이어프램(diaphragm), 볼밸브(ball valve), 스프링, 온도 검출통, 균일 압력관 등으로 구성되어 있다. 구성부품 중 온도 검출통은 증발기 출구 쪽의 냉매온도를 검출하여 이것을 압력으로 변환하여 다이어프램 위쪽으로 전달하며, 균일 압력관은 냉매의 압력을 검출하여 다이어프램 아래쪽으로 전달하여 이들 힘과 스프링장력의 평형관계에 의하여 냉매 통로의 열림 정도를 조절한다.

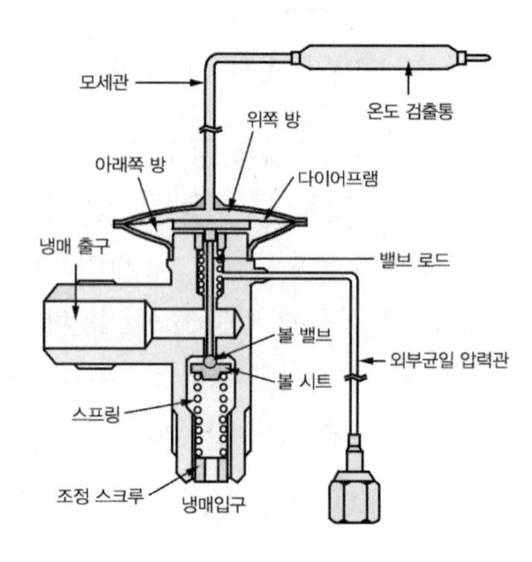

팽창밸브의 구조

③ 팽창밸브의 유량제어 기능

㉮ 증발기의 냉각부하에 대하여 팽창밸브(TXV ; thermo expansion valve)의 열림 정도가 적합할 때는 증발기로 들어간 액체냉매가 증발기 출구까지 완전하게 증발을 완료하여 압축기로 흡입된다.

㉯ 냉각부하가 감소되거나 팽창밸브의 열림 정도를 지나치게 크게 하면 액체냉매가 충분히 증발하지 못하고, 압축기에 흡입되는 냉매 중에 액체로 남아 있는 상태가 계속되면 액체의 되돌림(liquid back)이 일어나서 압축기의 밸브를 손상 시키고, 나아가 액체의 흡입량이 많아지거나, 배관 중에 고여 있는 액체가 일시에 압축기로 흡입되면 액체의 압축을 일으켜 압축기를 파손시킬 염려가 있다.

㉰ 반대로 냉각부하가 커지거나 밸브 열림 정도가 적어지면 증발기 출구에 도달하기 전에 냉매가 완전히 증발하고, 더욱더 열을 흡수하게 되므로

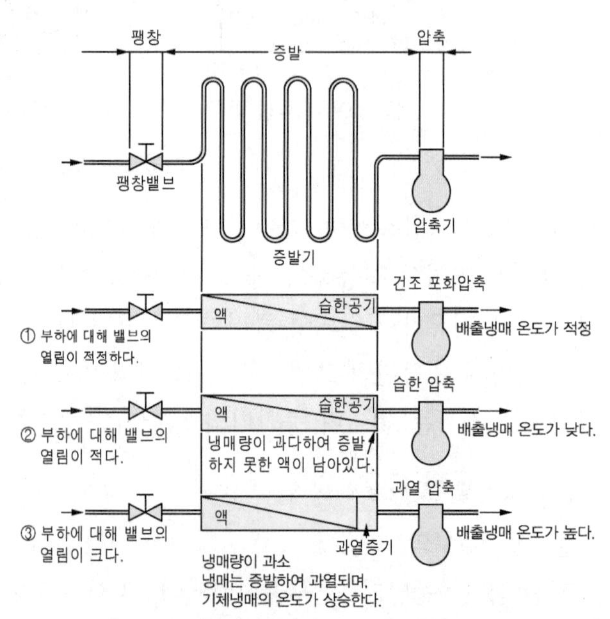

냉방부하에 따른 팽창밸브의 유량제어 기능

기체냉매는 증발 온도보다 온도가 상승한다. 이 과열도가 커지면 압축기의 배출온도가 현저하게 상승하여 실린더의 과열을 초래한다.

(10) 증발기 evaporator

① 증발기의 기능

증발기는 팽창과정을 거쳐 유입되는 습포화 증기상태의 저온·저압의 냉매를 자동차 실내·외의 공기와 열 교환시켜 기체(과열증기)로 변화시킨다. 열을 빼앗긴 공기는 저온(低溫)·저습(低濕) 상태로 변화하고 이 공기는 송풍기(blower)에 의해 실내로 들어가 환경을 쾌적하게 유지시킬 수 있다. 증발기 코어(core)도 응축기와 같은 특성이 요구되며, 그밖에 증발기 코어만의 독특한 특성이 있는데 이것은 증발기 코어의 배수(排水)성능이다. 냉각작용에 의해서 공기 중의 습기가 응축되어 수분으로 되면 증발기 코어의 바깥쪽 표면에 응축수가 남아 있어 공기가 통과할 수 있는 면적을 감소시키고, 또 표면이 얼어 바람의 양을 감소시킨다. 따라서 열 관성률의 값이 작아져 방열량이 감소하므로 배수성능을 고려하는 것이 중요하다.

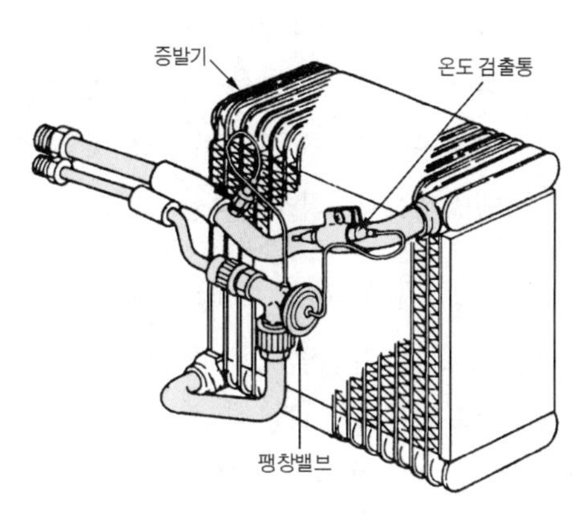

증발기의 구조

② 증발기 빙결 방지 기능

냉방부하가 감소되어도 압축기가 계속 가동되는 경우에는 증발기 표면이 빙결되어 공기 흐름량을 감소시켜 냉방성능 저하를 초래한다. 따라서 빙결방지 기능을 하는 서모스탯(thermostat), 서모 컨트롤러(thermo control) 등을 설치하며, 또 증발기센서는 증발기 표면온도(또는 공기온도)를 검출하여 냉동사이클의 작동을 일시 정지시켜 증발기의 빙결을 방지한다.

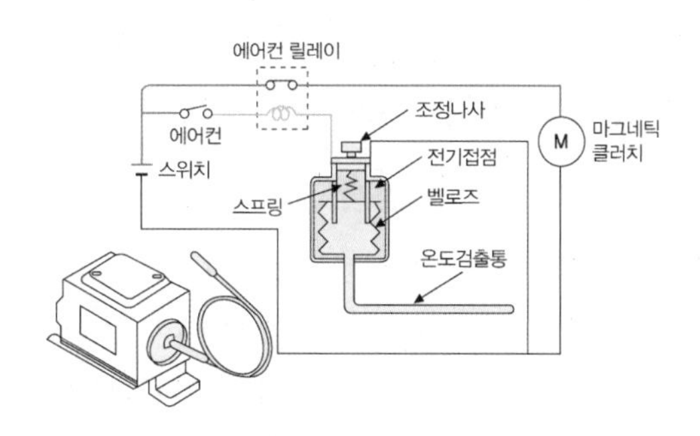

서모스탯의 구조

③ 증발기 센서

이 센서는 증발기 코어의 온도를 검출하여 증발기의 빙결을 방지하기 위한 자동 제어의 입력 신호로 사용한다.

④ 드레인 호스 drain hose

드레인 호스는 습한 공기가 증발기를 통과하면서 제거되는 수분을 밖으로 배출하기 위한 통로이다.

⑤ 공기 필터

공기 필터는 자동차 외부로부터 유입되는 먼지를 제거하는 파티클 필터(particle filter)와 냄새제거 기능을 지닌 복합필터(combination filter) 등 2가지가 있다. 필터를 교환하지 아니하고 장시간 사용하면 필터가 막혀 송풍기에서 바람이 제대로 배출되지 않아 냉방성능이 감소한다.

(11) 오리피스 튜브 orifice tube

팽창밸브는 가변밸브로 실내의 냉방 부하에 따라 적절히 대응할 수 있는 능력이 있으나 오리피스는 항상 일정한 통로를 개방한다. 팽창밸브 형식에서는 압축기와 팽창밸브 사이에 리시버드라이어를 설치하여 기체냉매와 액체냉매를 분리하여 액체냉매만을 팽창밸브로 공급해 준다. 그러나 오리피스 튜브 형식에서는 오리피스 튜브를 통과하는 냉매를 응축기에서 직접 공급되므로 응축기는 완벽하게 냉매를 액화시켜 오리피스 튜브로 공급하지 않으면 냉방성능이 저하하기 때문에 중온(中溫) 고압의 냉매를 저온・저압(−4℃, 1.5kgf/cm²)의 안개 상태(霧化)된 냉매를 분사하여 증발기로 보내는 일을 한다. 오리피스 튜브의 구조는 지름이 작은 고압 파이프에 지름이 큰 저압 파이프와 연결하고 그 속에 오리피스를 설치한 간단한 구조이다. 에어컨의 팽창과정에서 오리피스 튜브를 사용하는 형식을 CCOT(clutch cycling orifice Tube)라 부른다.

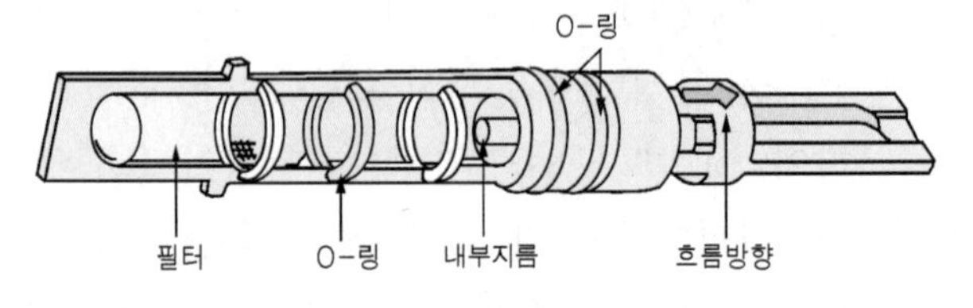

오리피스 튜브의 구조

(12) 파이프와 호스 pipe & hose

파이프와 호스는 냉방장치의 각 구성부품 들을 연결하여 냉매를 순환시키는 일을 한다. 파이프는 알루미늄 또는 철제이며 진동 부위나 좁은 공간 등에는 파이프 사이에 플렉시블 호스(flexible hose)를 추가하여 사용한다. 파이프와 호스는 각 차종별로 크기와 형상이 다르다. 저압용 파이프 및 호스의 지름은 상대적으로 큰 Φ16이나 Φ20을 사용하는데 이것은 순환 냉매가 가체상태로 비체적이 상대적으로 크기 때문이다. 고압용 파이프 및 호스는 반대로 지름이 작은 Φ8 또는 Φ12를 사용한다. 진동부분이나 치수 관리가 어려운 부분의 배관에서 사용하며, 냉매나 압축기 오일과 상용성이 있는 재질의 특수 합성고무가 사용된다. R−134a용 호스는 사용 냉매 특성상 투과율이 크기 때문에 호스 안쪽 면에 플라스틱 코팅 처리가된 전용호스 사용이 가능하다.

(13) 장력 풀리 tension pulley

장력 풀리는 공전 풀리(idle pulley)라고도 부르며, 압축기 구동벨트의 장력을 조정하는 일을 한다. 풀리는 설치용 브래킷에 조립되어 있는데 조정용 볼트에 의해 상하 운동을 하면서 벨트의 장력을 조정한다. 풀리의 홈 형상은 기관의 크랭크축 풀리의 형상에 따라 좌우되며, 일반적으로 홈의 수에 따라 V, 4PK, 5PK 등으로 부른다.

(14) V－벨트 V-belt

V－벨트는 기관의 구동력을 압축기 등 보조기구로 전달하는 동력전달 장치이며, 내온성 및 내구성을 위하여 특수고무로 만들어진다.

(15) 서비스 밸브 service valve

서비스 밸브는 냉매의 충전 및 배출을 위한 접속구멍이며, 고압용과 저압용으로 구분된다. 주요 재질은 철제 및 알루미늄이다. 서비스 밸브는 본체(valve stem), 코어(core), 마개(cap)로 구성된다. 밸브의 체결 부분은 R－134a용은 작용성능을 고려하여 원터치 방식으로 되어 있다.

(16) 송풍기 유닛 blower unit

① 송풍기 유닛의 기능

송풍기 유닛은 공기를 증발기의 냉각핀(cooling fin) 사이로 통과시켜 냉각한 후 자동차 실내로 불어내는 일을 한다.

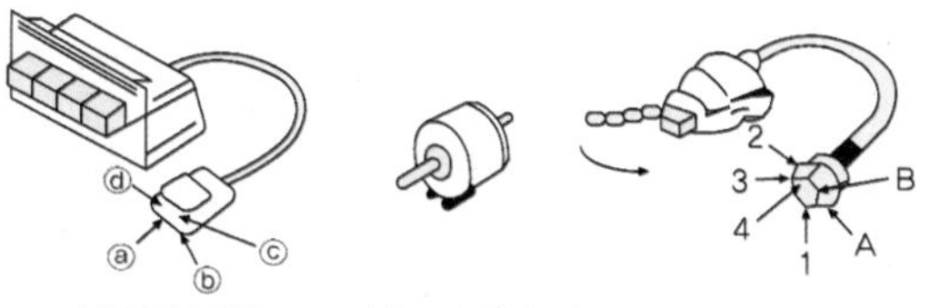

(a) 푸시스위치　(b) 로터리형(3단)　(c) 레버형

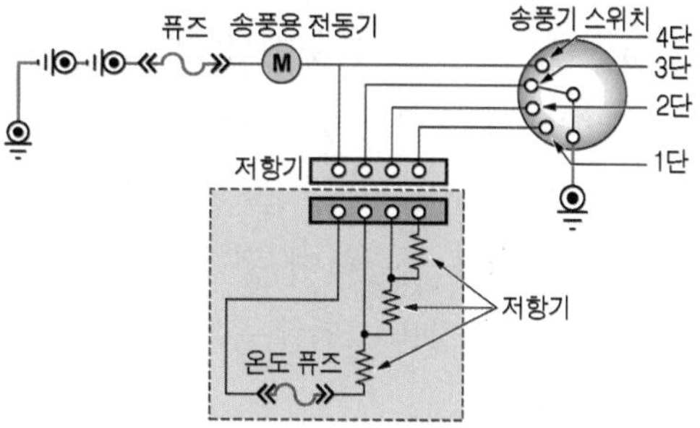

송풍기 스위치와 저항기 회로

② 저항기와 송풍기 스위치

송풍기 스위치와 저항기(resistor)를 조합하여 송풍용 전동기의 회로를 제어하고 바람의 양을 3단 또는 4단으로 변환할 수 있다.

㉮ 송풍기 스위치 : 로터리형(rotary type), 레버형(lever type), 푸시형(push type) 등이 있으나 기본적인 작동은 같다.

㉯ 저항기 resister : 저항기는 히터 또는 송풍기 유닛에 설치되어 송풍용 전동기의 회전속도를 조절하는데 사용한다. 저항기는 몇 개의 저항으로 회로를 구성하며, 각 저항을 적절히 조합하여 각 회전속도 단별 저항을 구성한다. 또 저항에 따른 발열에 대한 안전장치로 퓨즈(fuse) 기능을 포함하고 있다.

③ 파워 트랜지스터 power transistor

파워 트랜지스터는 N형 반도체와 P형 반도체를 접합시켜 이루어진 능동소자이다. 따라서 정해진 저항값에 따라 전류를 변화시켜 송풍용 전동기를 회전시키는 저항기와는 달리 FATC 컴퓨터의 작은 신호출력에 따라 입력되는 베이스(base) 전류로 송풍용 전동기에 흐르는 큰 전류를 제어하여 전동기의 회전속도를 조절하는 부품이다. 따라서 정해진 저항기의 회전속도 단수보다 세분화하여 회전속도 단수를 나눌 수 있다. 또 송풍용 전동기가 회전할 때 여러 가지 변수에 따라서 세팅된 회전속도와 다르게 회전하는 현상을 방지하기 위하여 컬렉터(collector) 전압을 FATC 컴퓨터로 읽어 들여 사용자가 세팅한 전압값과 적절히 연산하여 파워 트랜지스터의 베이스로 출력하여 일정한 회전속도를 유지할 수 있다.

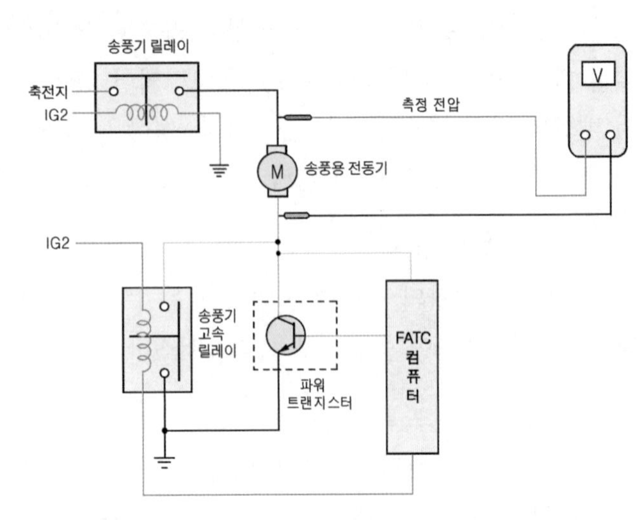

파워트랜지스터 관련 회로

(17) AQS 유닛 air quality system unit

① AQS 유닛의 개요

AQS는 배기가스를 비롯하여 대기 중에 함유되어 있는 유해 및 악취가스를 검출하여 이들 가스의 실내 유입을 차단하여 운전자와 탑승자의 건강을 고려한 공기정화 장치이다.

AQS의 작동 개요

② AQS의 기능

㉮ 운전 중 피로, 졸음, 두통, 무기력 등의 원인이 되는 유해 배기가스의 유입을 차단하여 탑승자의 건강을 보호한다.

㉯ 깨끗한 공기만을 유입시켜 자동차 실내 공간의 밀폐로 인한 산소결핍 현상 등을 방지한다.

㉰ 자동차 실내 공간 내의 공기청정도와 환기상태를 최적으로 유지한다.

알고갑시다 **외부 공기 유입 방지 장치 AQS, air quality system**

AQS는 유해 가스 감지용 반도체를 사용하여 배기가스를 비롯한 대기 중에 함유되어 있는 유해 가스를 감지하여 가스가 차량 실내로 유입되는 것을 자동적으로 차단하고 승차 공간의 밀폐로 인한 산소 결핍 등의 현상이 발생할 때 청정한 공기만 유입시켜 승차 공간 내의 공기 청정 정도와 환기 상태를 최적으로 유지하는 외부 공기 유입 제어 장치이다.

(18) BLC belt lock controller ; 벨트 록 컨트롤러

1-벨트 형식의 기관은 에어컨 압축기와 발전기가 같은 벨트로 구동되기 때문에 벨트가 끊어지거나 손상되면 발전기의 충전 기능도 중지된다. BLC는 에어컨 압축기가 내부 불량으로 고착되거나 과부가 걸려 벨트가 미끄러질 경우 압축기 릴레이를 OFF시켜 압축기의 마그네틱 클러치의 전원을 차단한다. 따라서 BLC는 압축기 고착으로 인한 벨트의 손상방지, 기관 과부하 방지 및 발전기의 충전성능을 확보하는 데 그 목적이 있다.

4 전자동 에어컨 FATC, full auto air con

1. 전자동 에어컨의 개요

전자동 에어컨 장치는 각종 센서에 의해 검출된 자동차 실내외의 냉·난방 부하량을 FATC 컴퓨터가 입력받아 자동차 실내의 온도를 운전자가 설정한 온도로 항상 일정하게 유지할 뿐만 아니라, 자동차 실내의 습도나 햇빛의 양(일사량) 증가에 따른 보정제어와 유해 가스 유입차단 제어를 통한 자동차 실내의 공기청정도까지도 각종 액추에이터를 이용하여 자동으로 조절해 항상 쾌적한 실내공간을 유지시켜준다.

2. 전자동 에어컨의 입력요소와 기능

입력부분	제어부분	출력부분
- 실내온도센서 - 외기온도센서 - 일사량센서 - 핀 서머 센서 - 수온센서 - 온도조절 액추에이터 위치센서 - AQS센서 - 스위치 입력 - 전원공급	FATC 컴퓨터	- 온도조절 액추에이터 - 풍향조절 액추에이터 - 내외기조절 액추에이터 - 파워 T/R - 고속 송풍기 릴레이 - 에어컨 출력 - 제어 패널 화면 Display - 센서 전원 - 자기진단 출력

전자동 에어컨의 입출력 구성도

2.1. 실내온도 센서 in car sensor

이 센서는 제어패널 상에 설치되어 있으며, 검출된 온도에 의하여 저항값의 변화가 발생하면 그 만큼의 전압강하가 발생하는 부특성(NTC) 서미스터를 이용하여 FATC 컴퓨터로 변화하는 전압 값을 전달하는 기능을 한다.

2.2. 외기 온도 센서 ambient sensor

이 센서는 앞 범퍼 뒤쪽 즉 응축기 앞쪽에 설치되어 있으며, 외부 공기온도를 검출하여 FATC 컴퓨터로 입력시킨다. FATC 컴퓨터는 실내온도 센서와 외기 온도센서 신호를 기준으로 냉・난방 자동제어를 실행한다.

2.3. 일사량 센서 photo sensor

이 센서는 실내 크래시 패드 정중앙에 설치어 있으며, 자동차 실내로 내리쬐는 햇빛의 양을 검출하여 FATC 컴퓨터로 입력시킨다. 광전도 특성을 가지는 반도체 소자를 재료로 이용하며 햇빛의 양에 비례하여 출력전압이 상승하는 특징이 있다. 그리고 일사량에 의해 자체 기전력이 발생하는 형식이므로 FATC 컴퓨터가 별도로 센서전원을 공급하지 않는다.

2.4. 핀 서모 센서 fin thermo sensor

이 센서는 증발기 코어의 평균 온도가 검출되는 부위에 설치되어 있으며, 증발기 코어 핀의 온도를 검출하여 FATC 컴퓨터로 입력시키는 일을 한다. 부특성 서미스터로 되어 있어 증발기의 온도가 낮아질수록 센서의 출력전압은 상승한다.

2.5. 수온 센서 water temperature sensor

이 센서는 실내 히터유닛 부위에 설치되어 있으며, 히터코어를 순환하는 냉각수 온도를 검출하여 FATC 컴퓨터로 입력시킨다. 부특성 서미스터를 이용한다.

2.6. 온도조절 액추에이터 위치 센서 temperature actuator feed back

이 센서는 실내 히터유닛에 설치된 온도조절 액추에이터 내부에 설치되어 있으며, 히터유닛 내부에서 히터 코어를 통과하는 따뜻한 바람과 히터 코어를 통과하지 아니한 찬바람을 적절히 혼합해주는 댐퍼 도어의 위치를 검출하여 FATC 컴퓨터로 피드백 시키는 일을 한다.

2.7. 습도 센서 humidity sensor

이 센서는 뒤 선반 위쪽에 설치되어 있으며, 자동차 실내의 상대 습도를 검출하여 FATC 컴퓨터로 입력시키는 일을 한다. FATC 컴퓨터는 이 신호를 기준으로 AUTO 모드로 작동 중 에어컨 압축기를 자동으로 ON/OFF시켜 실내 습도를 제어한다.

3. 전자동 에어컨의 출력요소와 기능

3.1. 온도조절 액추에이터 TEMP actuator

(1) 온도조절 액추에이터 기능 및 특징

온도조절 액추에이터는 실내 히터유닛 아래쪽에 설치되며, 소형 직류전동기로서 FATC 컴퓨터의 전원 및 접지 출력을 통하여 정방향과 역방향으로 회전이 가능하다.

(2) 배출온도 제어방식

FATC 컴퓨터는 온도조절 액추에이터를 이용하여 송풍용 전동기로부터 송출된 바람을 히터코어를 통과하는 따뜻한 바람과 히터 코어를 통과하지 않는 찬바람을 적절히 혼합하여 실내로 배출되는 바람의 온도를 제어한다. 액추에이터 내부에는 위치센서가 설치되어 있으며, FATC 컴퓨터는 이 값을 피드 백 받아 현재 자동차 실내로 배출되는 바람의 온도를 판단하고 운전자가 설정한 온도의 바람이 송출될 수 있도록 지속 제어한다.

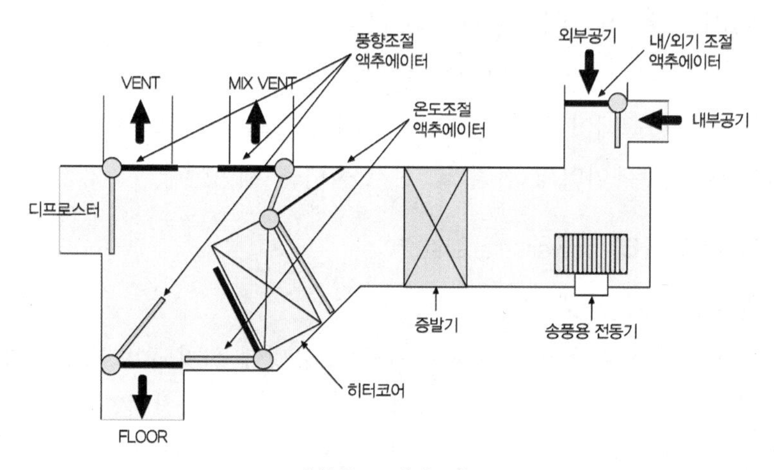

배출온도 제어 기능

3.2. 풍향조절 액추에이터 mode actuator

(1) 풍향조절 액추에이터의 기능 및 특징

풍향(바람의 방향)조절 액추에이터도 소형 직류전동기이며, FATC 컴퓨터의 전원 및 접지 출력을 통하여 작동되며, 온도조절 액추에이터에 의해 적절히 혼합된 바람을 운전자가 원하는 배출구멍으로 송출하는 역할을 한다.

(2) 배출풍향 제어방식

FATC 컴퓨터는 운전자의 풍향조절(모드) 선택스위치 신호가 입력되면 풍향조절 액추에이터를 정해진 위치까지 회전시킨다. 이때 액추에이터와 연결된 래크(rack) 기구에 의해 각각의 배출구멍을 열고닫는 댐퍼가 일정 각도만큼 개폐되고 운전자가 선택한 배출모드마다 정해진 비율로 각각의 배출구멍으로 바람이 송출된다.

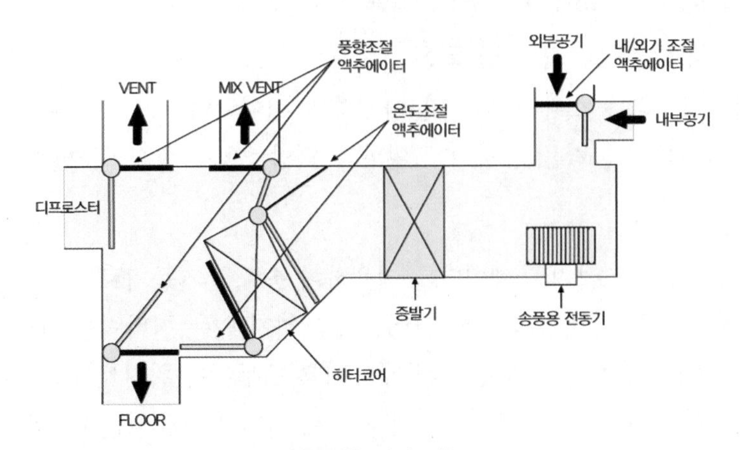

배출풍향 제어 기능

3.3. 내 · 외기 액추에이터 intake actuator

내 · 외기 액추에이터는 송풍기 유닛에 설치되어 있으며, 운전자의 내 · 외기 선택스위치 신호가 입력되거나 AQS 제어 중 AQS 센서가 검출한 외부공기의 오염정도 신호를 FATC 컴퓨터가 입력받아 액추에이터의 전원 및 접지 출력을 제어한다.

3.4. 파워트랜지스터 power transistor

(1) 파워트랜지스터 기능 및 특징

파워트랜지스터는 실내 송풍기 유닛 또는 증발기 유닛에 설치되어 있으며, 전자동 에어컨 장치 작동 중 송풍용 전동기의 전류량을 가변시켜 배출 풍량(바람의양)을 제어하는 일을 한다. 파워트랜지스터는 전자동 에어컨 장치 작동 중 트랜지스터 내부를 흐르는 전류 때문에 열이 발생하므로 송풍기 유닛 내부로 노출시켜 송풍용 전동기가 송출하는 바람에 의해 냉각되도록 설치되어 있다.

(2) 파워 트랜지스터 작동

FATC 컴퓨터는 운전자의 송풍기 속도선택 스위치 신호를 입력받아 파워 트랜지스터의 베이스 전류를 제어하고, 베이스에서 이미터로 흐르는 전류량의 변화는 컬렉터에서 이미터로 흐르는 컬렉터 전류량의 변화를 가져온다. 파워 트랜지스터 컬렉터 전류는 송풍용 전동기의 작동 전류가 되기 때문에 송풍용 전동기의 회전속도는 FATC 컴퓨터가 제어하는 베이스 전류량에 의해 결정된다.

3.5. 고속 송풍기 릴레이 high blower relay

고속 송풍기 릴레이는 송풍용 전동기 케이스 아래쪽에 설치되어 있으며, 송풍용 전동기 회전속도를 최대로 하였을 때 송풍용 전동기 작동전류를 제어한다. FATC 컴퓨터는 송풍기 스위치의 최대 선택신호가 입력되면 고속 송풍기 릴레이를 내부 접지시킨다. 고속 송풍기 릴레이가 작동되면 송풍용 전동기 작동 전류는 파워 트랜지스터를 통하지 아니하고 고속 송풍기 릴레이 접점을 통해 차체로 직접 접지되기 때문에 허용 최대전류가 흐르고 전동기의 회전속도도 최대가 된다.

3.6. 에어컨(압축기 구동 신호) 출력

FATC 컴퓨터는 에어컨 스위치 ON 신호가 입력되거나, AUTO 모드로 작동 중 각종 입력센서들의 정보를 기초로 압축기의 작동 여부를 판단한다. 압축기 작동 조건으로 판단되면 FATC 컴퓨터는 12V 전원을 출력한다. FATC 컴퓨터에서 출력된 12V 전원은 리시버 드라이어에 설치된 트리플 스위치 내부의 듀얼 스위치 접점을 거쳐 기관컴퓨터로 최종 입력되고, 기관 컴퓨터는 이 신호가 입력되면 압축기 릴레이와 냉각 팬 릴레이를 작동시킨다.

4. 전자동 에어컨의 제어기능

4.1. 배출온도 제어기능 temperature control

배출온도 제어는 히터유닛에 설치된 온도조절 액추에이터를 FATC 컴퓨터가 작동시켜 제어한다. FATC 컴퓨터는 액추에이터 위치에 상응하는 배출온도 맵핑(mapping) 값을 지니고 있기 때문에 액추에이터 위치센서의 변화 값을 피드백 받으면서 액추에이터 구동 출력을 제어한다. 운전자가 설정한 온도가 17℃일 경우 히터코어 쪽 통로를 완전히 닫는 방향으로 액추에이터를 고정시키고, 32℃를 설정할 경우 히터 코어 쪽 통로를 완전히 개방하는 위치로 고정시킨다. 17.5℃에서 31.5℃ 사이의 온도를 설정하면 실내온도 센서 입력값을 피드백 받으면서 자동차 실내의 온도가 운전자가 설정한 온도에 도달할 때까지 액추에이터를 단계적으로 제어한다.

4.2. 배출모드 제어기능 mode control

배출모드는 FATC 컴퓨터가 풍향조절 액추에이터를 작동시켜 제어한다. 운전자의 모드선택 스위치 신호 입력에 따라 VENT(벤트) → BI/LEVEL(바이 레벨) → FLOOR(플로어) → MIX(믹스) → DEFROST(디프로스트) 순서로 순차적으로 제어한다. 배출 모드는 AUTO 모드로 작동 중 운전자가 설정한 온도에 따라 자동으로 제어되기도 하는데, AUTO 모드에서 최대 냉방 온도인 17℃를 선택하면 VENT 모드로 고정되고, 최대 난방 온도인 32℃를 선택하면 FLOOR 모드로 고정된다. 설정 온도가 17.5℃에서 31.5℃ 사이이면 VENT ↔ BI/LEVEL ↔ FLOOR 순서로 골고루 순환하면서 바람을 배출한다.

4.3. 배출 풍량 제어기능 blower speed control

배출 풍량(風量)은 수동으로 제어하면 7~12단계로 제어되고, AUTO 모드로 작동 중에는 무단제어가 이루어지는데 FATC 컴퓨터는 파워 트랜지스터 베이스 전류를 단계적으로 가변시켜 목표 회전속도가 되도록 송풍용 전동기의 전류를 자동으로 제어한다. 즉, 운전자가 설정한 온도와 현재 자동차 실내의 온도를 비교하여 최대한 신속하게 실내의 온도를 운전자가 설정한 온도에 도달하도록 단계적으로 배출 풍량을 제어한다.

4.4. 난방시동 제어기능 CELO ; cold engine lock out

난방시동 제어는 AUTO 모드로 작동 중 기관 냉각수 온도가 낮은 상태(29℃ 이하)에서 난방모드를 선택할 경우 찬바람이 운전자 쪽으로 강하게 배출되는 현상을 최소화해주기 위한 제어기능이다. 난방시동 제어가 작동하기 위한 조건은 다음과 같다.

① AUTO 모드로 작동 중일 때
② 히터코어를 순환하는 기관 냉각수 온도가 29℃ 이하일 때
③ 운전자가 설정한 온도가 실내온도 센서가 검출한 현재 자동차 실내의 온도보다 3℃ 이상 높을 때

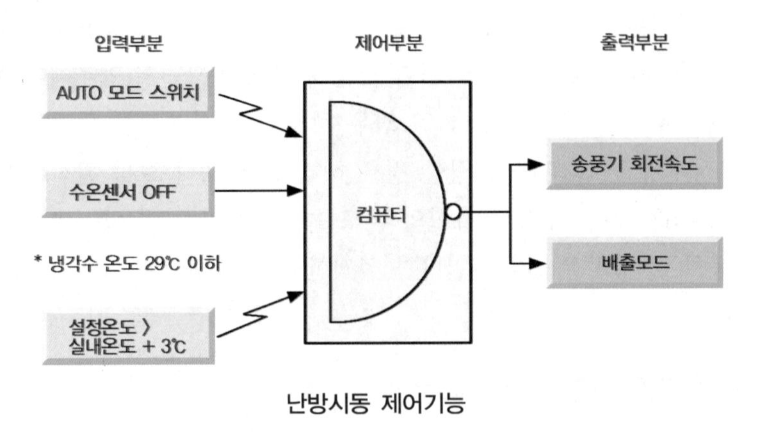

난방시동 제어기능

4.5. 냉방시동 제어기능

냉방시동 제어는 앞에서 설명한 난방시동 제어와 반대되는 제어형태를 볼 수 있는데, 증발기의 온도가 높은(30℃ 이상) 상태에서 에어컨을 작동시켰을 때 미처 냉각되지 않은 뜨거운 바람이 운전자 쪽으로 강하게 배출되는 현상을 방지하는 제어기능이다. 냉방시동 제어작동 조건은 다음과 같다.

① AUTO 모드로 작동 중 일 때
② 핀 서모 센서에 의해 검출된 증발기 코어 핀의 온도가 30℃이상일 때
③ 에어컨이 ON 상태일 때
④ 배출모드는 벤트(vent)모드 일 때

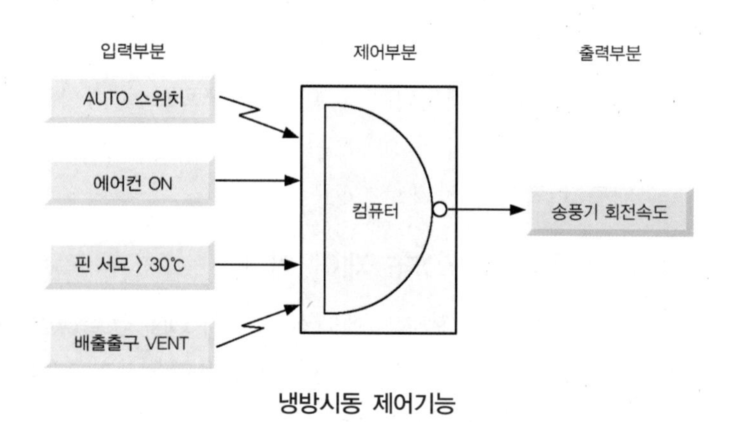

냉방시동 제어기능

위와 같은 조건이 만족되면 FATC 컴퓨터는 냉방시동 제어를 실행하게 되는데, FATC 컴퓨터는 송풍용 전동기의 회전속도를 1단(low)으로 약 10초 동안 고정시 킨 후 10초가 지난 후 정상 AUTO 모드로 복귀시킨다.

4.6. 일사량 보정 제어기능

자동차 실내에서 운전자가 느끼는 체감온도는 실내로 내리쬐는 햇빛에 의한 복사열에 많은 영향을 받는다. 일사량 보정제어는 자동차 실내로 내리쬐는 햇빛의 양이 증가됨에 따라 운전자의 체감온도가 동반 상승되는 것을 방지해주는 FATC 컴퓨터의 보정제어 기능이다. FATC 컴퓨터는 일사량 센서에 의해 검출된 햇빛의 양이 증가하면 송풍용 전동기의 회전속도를 단계적으로 상승시켜 운전자 신체의 열 방출을 도와주므로 서 운전자 체감온도 상승을 최소화시킨다.

4.7. 최대 냉·난방 제어 기능

최대 냉·난방 제어기능은 운전자가 설정온도를 17℃ 또는 32℃를 선택하였을 때 FATC 컴퓨터가 배출 온도, 배출 풍량(모드), 배출 풍량(송풍용 전동기 회전속도) 및 내·외기 모드 등을 특정모드로 고정 제어하는 기능이다.

(1) 설정온도를 17℃로 선택할 경우

① 배출 풍량(모드)을 벤트 모드로 고정한다.
② 온도조절 액추에이터는 히터코어 쪽 통로를 완전히 막는 위치로 고정시킨다.
③ 내·외기 액추에이터는 내기 순환모드로 고정시킨다.
④ 송풍용 전동기의 회전속도는 최대 단으로 고정시킨다(고속 송풍기 릴레이 ON).

(2) 설정온도를 32℃로 선택할 경우

① 배출 풍량(모드)을 플로어(FLOOR) 모드로 고정시킨다.

② 온도 조절 액추에이터는 히터코어 쪽 통로를 완전히 개방하는 위치로 고정시킨다.
③ 내·외기 액추에이터는 외기 유입 모드로 고정시킨다.
④ 송풍용 전동기의 회전속도는 AUTO 고속(HI)단으로 고정시킨다.
⑤ 압축기 작동을 강제로 OFF 시킨다.

4.8. 압축기 ON/OFF 제어 기능

FATC 컴퓨터는 운전자의 에어컨 스위치 ON 신호가 입력되거나 AUTO 모드로 작동 중 각종 센서의 입력 정보를 연산하여 압축기 구동신호를 ON/OFF 한다. 압축기 구동신호는 트리플 스위치 내부의 듀얼압력 스위치 접점을 지나 기관 컴퓨터로 입력되고 기관 컴퓨터는 이 신호를 기준으로 압축기 릴레이의 ON/OFF를 제어한다.

CHAPTER 08

등화 장치

1 자동차용 전선과 조명용어

자동차 전기 회로에서 사용하는 전선은 피복선과 비피복선이 있으며, 비피복선은 접지용으로 일부 사용되며, 대부분 무명(cotton), 명주(silk), 비닐 등의 절연물로 피복 된 피복선을 사용한다. 특히 점화장치에서 사용하는 고압케이블은 내 절연성이 매우 큰 물질로 피복되어 있다.

1. 전선 wiring

1.1. 전선의 피복 색깔 표시

전선을 구분하기 위한 전선의 색깔은 전선 피복의 바탕색, 보조 줄무늬 색깔의 순서로 표시한다.

0.5 : 전선 단면적($0.5mm^2$)
G : 바탕색(녹색)
R : 줄무늬 색(빨간색)

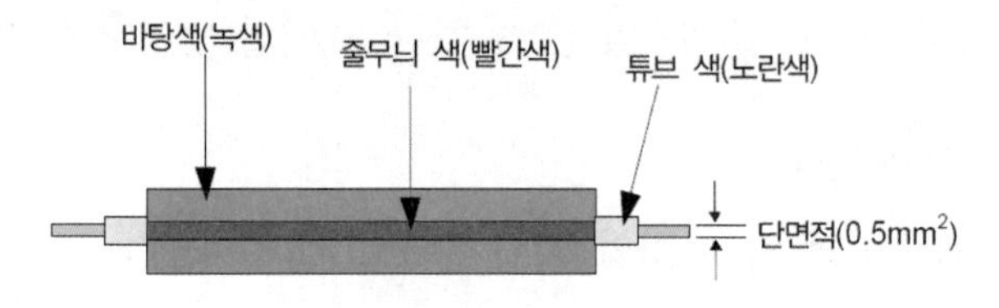

0.5GR의 경우 표기

전선의 피복 색깔 표시

기호	영문	색	기호	영문	색
B	BLACK	검정색	O	ORANGE	오렌지색
Be	BEIGE	베이지색	P	PINK	분홍색
Br	BROWN	갈색	Pp	RURPLE	자주색
G	GREEN	녹색	R	RED	빨강색
Gr	GRAY	회색	T	TAWNINESS	황갈색
L	BLUE	청색	W	WHITE	흰색
Lg	LIGHT GREEN	연두색	Y	YELLOW	노랑색
Ll	LIGHT BLUE	연청색			

1.2. 하니스의 구분 harness

전선을 배선할 때 한선씩 처리하는 경우도 있지만 대부분 같은 방향으로 설치될 전선을 다발로 묶어 처리하는 경우가 많다. 이런 전선 묶음을 전선 하니스(wiring harness) 또는 간단히 하니스라 한다. 하니스로 배선을 하면 전선이 간단해지고 작업이 쉬워진다.

1.3. 전선의 배선방식

배선방법에는 단선방식과 복선방식이 있으며, 단선방식은 부하의 한끝을 자동차 차체에 접지하는 것이며, 접지 쪽에서 접촉 불량이 생기거나 큰 전류가 흐르면 전압강하가 발생하므로 작은 전류가 흐르는 부분에서 사용한다. 복선방식은 접지 쪽에도 전선을 사용하는 것으로 주로 전조등과 같이 큰 전류가 흐르는 회로에서 사용된다.

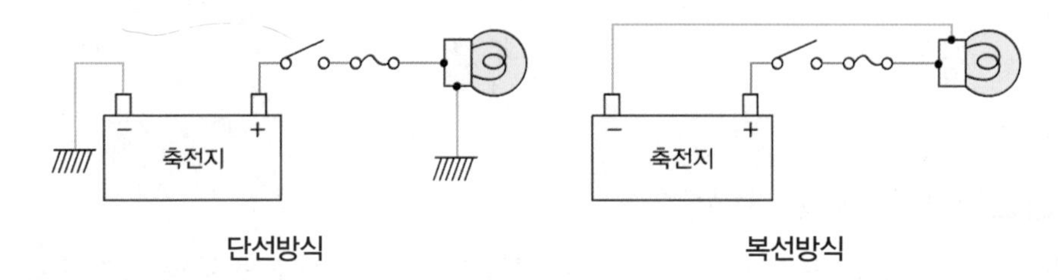

단선방식 복선방식

2. 조명용어

2.1. 광속 Luminous Flux

광속이란 광원(光源)에서 나오는 빛의 총량을 말하며, 단위는 루멘(lumen, 기호는 lm)이다. 1lm은 1m 거리에서 느낄 수 있는 초 하나의 빛의 양(1cd)이다.

2.2. 조도 Illumination

대상면에 입사하는 빛의 양은 빛의 밝기 정도를 말하며, 단위는 룩스(lux, 기호는 Lx)이다. 빛을 받는 면의 조도는 광원의 광도에 비례하고, 광원의 거리의 2승에 반비례한다.

$$조도\ (Lx) = \frac{광도\ (lm)}{(거리\ (m))^2}$$

2.3. 광도 Luminous intensity

광원에서 특정한 방향으로 나오는 빛의 세기를 말하며, 단위는 칸델라(기호는 cd)이다. 1칸델라는 광원에서 1m 떨어진 1m^2 의 면에 1m의 광속이 통과하였을 때의 빛의 세기이다.

2.4. 휘도 Luminance

대상면에서 반사되는 빛의 양은 대상면의 눈부심 저도를 나타낸다. 단위는 니트(기호는 nt)이다.

$$휘도\ (nt) = \frac{광도\ (cd)}{(거리\ (m))^2}$$

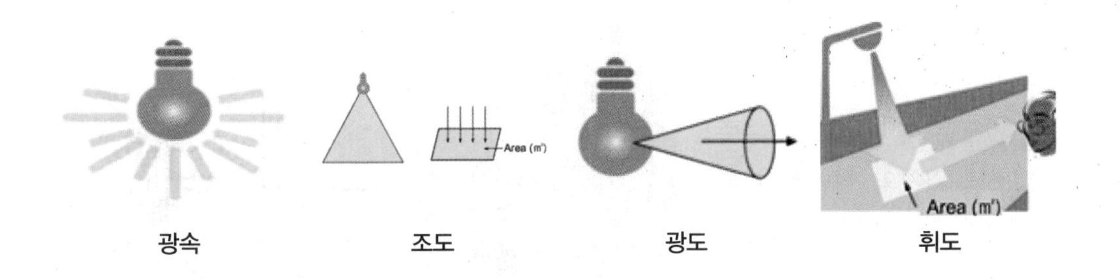

2 전조등의 형식과 회로

1. 전조등의 형식

전조등에는 실드빔 방식(sealed beam type)과 세미 실드빔 방식(semi sealed beam type)이 있다. 전구(lamp) 안에는 2개의 필라멘트가 있으며, 1개는 먼 곳을 비추는 상향 빔(high beam)의 역할을 하고, 다른 하나는 시내 주행할 때나 교행(郊行)할 때 맞은편에서 오는 자동차나 사람이 현혹되지 않도록 광도를 약하게 하고, 동시에 빔을 낮추는 하향 빔(low beam)이 있다.

1.1. 실드빔 방식 sealed beam type

이 방식은 반사경에 필라멘트를 붙이고 여기에 렌즈를 녹여 붙인 후 내부에 불활성 가스를 넣어 그 자체가 1개의 전구가 되도록 한 것이다. 이 방식의 특징은 다음과 같다.

① 대기조건에 따라 반사경이 흐려지지 않는다.
② 사용에 따르는 광도의 변화가 적다.
③ 필라멘트가 끊어지면 렌즈나 반사경에 이상이 없어도 전조등 전체를 교환하여야 한다.

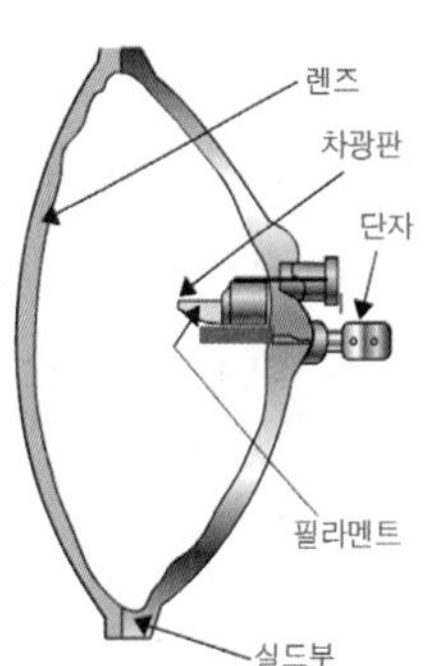

실드빔 방식

1.2. 세미 실드빔 방식 semi sealed beam type

이 방식은 렌즈와 반사경은 녹여 붙였으나 전구는 별개로 설치한 것이다. 필라멘트가 끊어지면 전구만 교환하면 된다. 그러나 전구 설치 부분으로 공기유동이 있어 반사경이 흐려지기 쉽다.

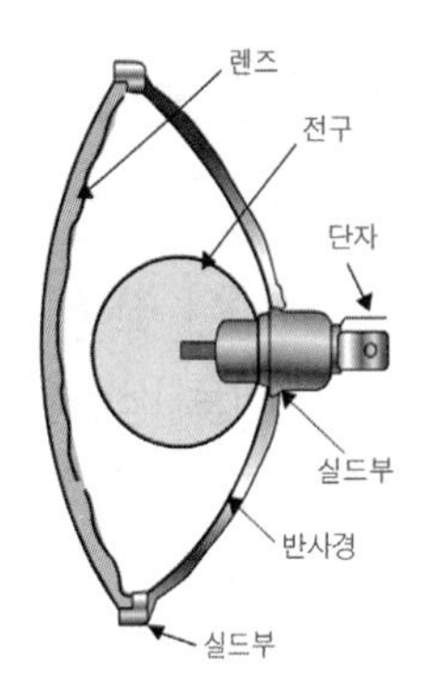

세미 실드빔 방식

1.3. 할로겐 전조등

이 방식은 할로겐전구를 사용한 세미 실드빔이며, 할로겐전구란 전구에 봉입하는 불활성 가스와 함께 작은 양의 할로겐족(族)원소를 혼합한 것으로 필라멘트에서 증발한 텅스텐 원자와 휘발성의 할로겐 원자가 결합하여 휘발성의 할로겐 화 텅스텐을 형성한다. 이 할로겐 화 텅스텐은 전구 벽(유리)이 일정 온도 이상일 경우 전구 벽에 부착하지 않고, 전구 안을 이동하다가 필라멘트 부근의 고온 영역 내에 들어오면 다시 텅스텐 원자와 할로겐 원자로 해리(解離)한다. 해리된 텅스텐 원자는 필라멘트 또는 그 부근에 부착하고, 할로겐 유리로 된 전구 벽을 향하여 확산하는 반응을 반복한다. 할로겐전구는 예전의 백열전구에 비하여 다음과 같은 우수한 특징이 있다.

할로겐 전조등의 구조

① 할로겐 사이클로 흑화(黑化) 현상(필라멘트로 사용되고 있는 텅스텐이 증발하여 전구 내부에 부착하는 것)이 없어 수명을 다할 때까지 밝기가 변하지 않는다.
② 색 온도가 높아 밝은 백색 빛을 얻을 수 있다.
③ 교행용의 필라멘트 아래에 차광판이 있어서 자동차 방향으로 반사하는 빛을 없애는 구조로 되어 있어 눈부심이 적다.
④ 전구의 효율이 높아 밝기가 크다.

또 할로겐 전조등과 일반 전조등과의 배광특성을 비교하면 다음과 같다.
① 좌우로의 확산 각도가 크기 때문에 갓길 위의 장애와 도로표지 등을 보기 쉽다.
② 최고 광도 부근의 빛이 점(spot)으로 되지 않기 때문에 도로 면의 조도가 균일하다.
③ 위 방향으로의 빛이 차단되므로 명암 경계가 명료하여 대향 자동차에 눈부심이 적다.

2. 전조등 회로

전조등 회로는 퓨즈, 라이트스위치, 디머스위치(dimmer switch) 등으로 구성되어 있으며, 양쪽의 전조등은 상향 빔(high beam)과 하향 빔(low beam)별로 병렬로 접속되어 있다. 라이트 스위치는 2단으로 작동하며 스위치를 움직이면 내부의 접점이 미끄럼 운동하여 전원과 접속 하도록 되어 있다. 디머스위치는 전조등의 빔을 상향 빔과 하향 빔으로 바꾸는 스위치이다.

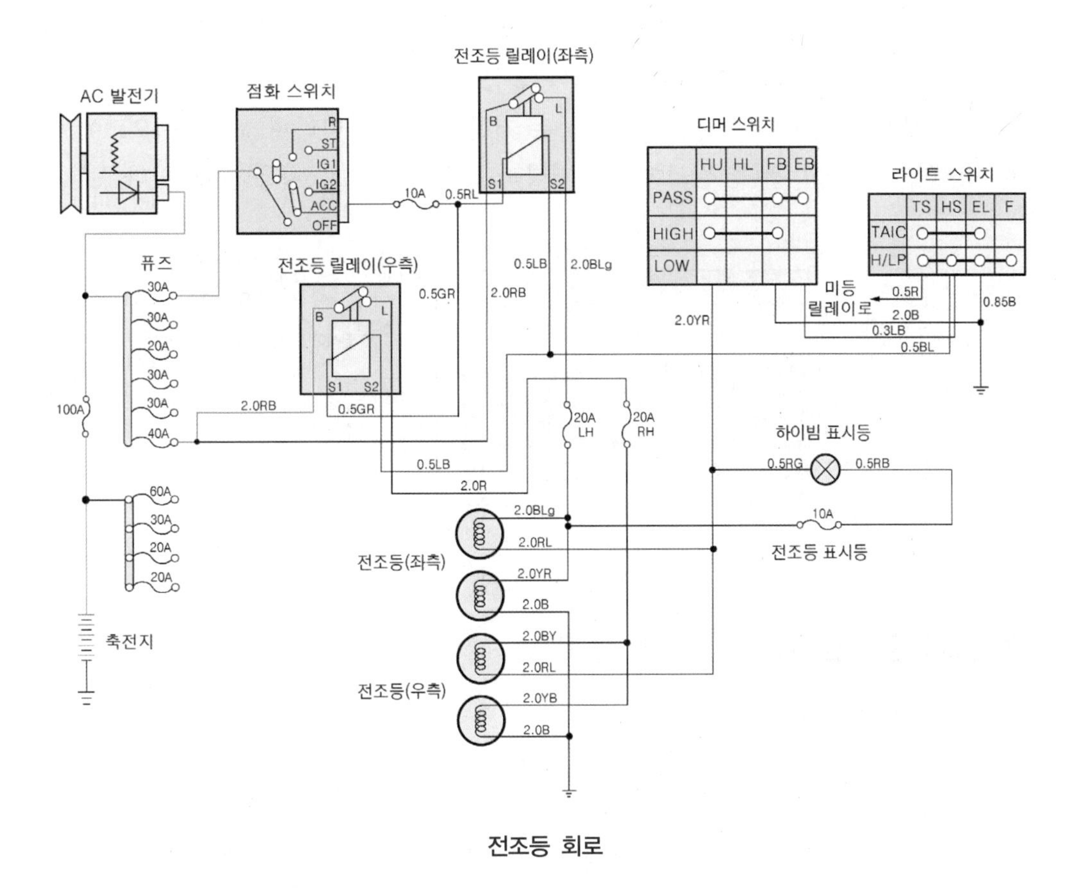

전조등 회로

3 오토 라이트 장치 auto light system

1. 오토 라이트 장치의 개요

오토라이트 장치는 조도센서를 이용하여 주위 조도변화에 따라 운전자가 라이트 스위치를 조작하지 않아도 오토모드(auto mode)에서 자동으로 미등 및 전조등을 점등 또는 소등시켜주는 장치이며, 주행 중 터널을 진·출입할 때, 비·눈 및 안개 등으로 주위의 조도가 변화하면 작동된다. 오토라이트 장치는 크래시 패드 상단(조수석)에 설치한 조도센서와 컴퓨터에서 주위의 조도변화를 검출한다.

2. 조도검출 원리

오토라이트 내부에 설치된 광전도 셀을 이용하여 빛의 밝기를 검출한다. 광전도 셀은 광전변환소자의 대표적인 것으로, 광전도 셀이 빛의 강약에 따라 그 양 끝의 저항값이 변화하며 빛이 강할 경우에는 저항값이 감소하고, 빛이 약할 경우에는 저항값이 증가하는 특성이 있다. 특히, 광전도 셀(photo conductive cells)은 황화카드뮴(cds)을 주성분으로 한 광전도 소자이며, 조사되는 빛에 따라서 내부저항이 변화하는 저항기구이다. 따라서 포토다이오드에 비해 회로로 사용하기가 쉽고 광(光)센서이므로 저항과 같은 감각으로 사용할 수 있다.

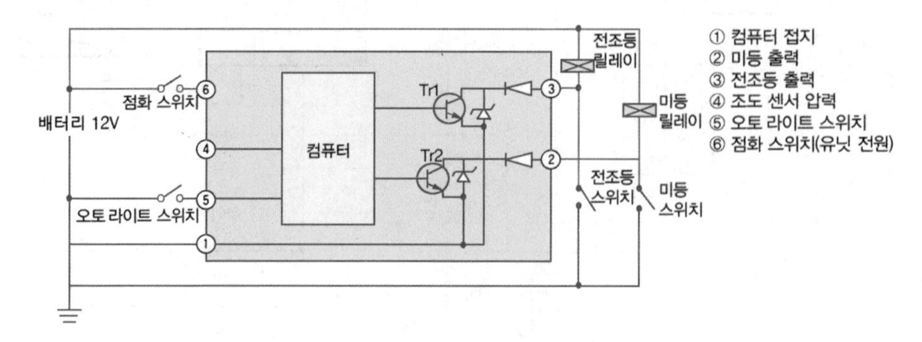

전기 다이어그램

3. 오토라이트 스위치 기능별 작동

① 점화스위치(IG Key)를 ON으로 한 후 다기능 스위치 OFF, 미등(TAIL), 전조등(HEAD), 오토(AUTO) 스위치 순서로 작동을 한다.

② 미등, 전조등 스위치를 ON, OFF한다.

③ 오토 스위치를 ON으로 한다. 이때는 조도센서에 의한 빛을 밝기에 따라 오토라이트 컴퓨터 내부의 포토다이오드에 조사된 빛의 조도에 의해 CPU 내부에 소프트웨어(soft ware)로 이미 설정된 전압과 같은 경우 미등과 전조등을 자동으로 점등과 소등을 한다.

④ 다시 미등 및 전조등 스위치를 수동으로 조작하면 센서에 의한 빛의 밝기에 따라 점등·소등을 하지 않고 스위치 조작에 의해 점등·소등된다.

4. 전조등 조사각도 제어장치

전조등 조사각도 제어장치는 오토라이트 수평장치(auto light leveling system)라고도 부르며, 자동차의 주행환경과 적재상태에 따라 전조등의 조사방향을 자동으로 조절하여 운전자의 가시거리를 확보하고, 상대방 운전자의 눈부심을 방지하여 운행할 때 안전성 향상을 목적으로 한다. 앞좌석에 사람이 탈 경우(운전자와 승객)에는 작동하지 않으나, 뒷좌석에 사람이 모두 승차하였을 경우 및 여러 가지 조건에서 작동을 한다. 이 제어장치는 자동차 앞쪽보다 뒤쪽에 하중이 많이 가해졌을 때 자동차의 앞쪽이 들리면서 전조등의 눈부심이 발생하기 때문에 자동으로 전조등 조사각도를 하향으로 제어하여 정상상태로 한다. 자동차 뒤 현가장치 부분에 오토라이트 수평장치를 설치하여 자동차의 정상적인 자세변화에 따른 신호에 대해 전조등에 부착된 액추에이터를 일정한 신호로 구동하여 차체의 변화에 대해 보상이 이루어진다. HID(high intensity discharge) 전조등을 설치한 자동차에는 필수적으로 사용되고 있다. 오토라이트의 작동 조건은 다음과 같다.

① 점화스위치 ON
② 전조등 하향 빔 스위치 ON
③ 정차 중에는 센서레버가 2° 이상 변화하고, 최대 1.5초 후 전조등을 보정한다.
④ 주행 중에는 주행속도가 4km/h 이상이고 주행속도 변화가 초당 0.8~1.6km/h 이상 속도의 변화가 없고 도로조건에 변화가 있을 때 보정한다.

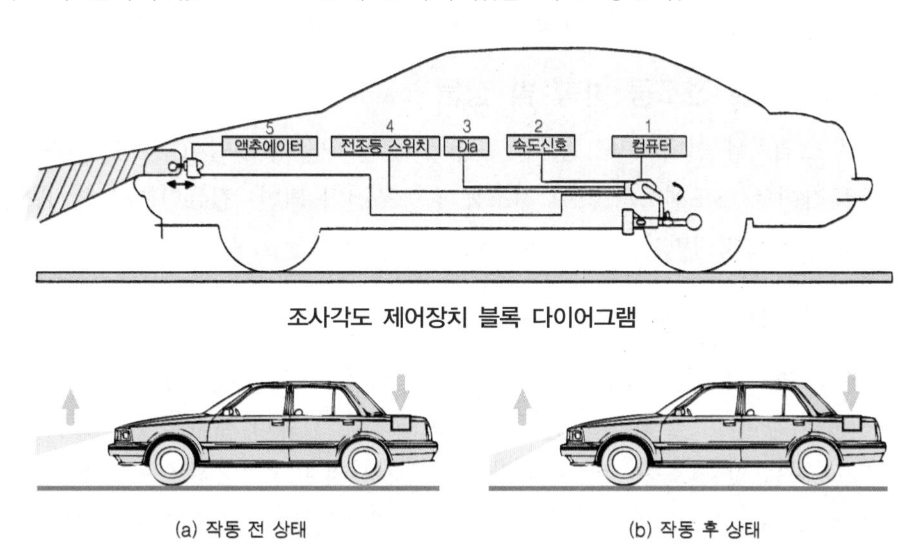

조사각도 제어장치 블록 다이어그램

(a) 작동 전 상태

(b) 작동 후 상태

조사각도 제어장치의 작동

5. 오토라이트 장치의 작동 및 제어

5.1. 조도에 따른 미등 점등 tail light

오토라이트 스위치를 선택하면 [1]번 배선의 전압이 5V에서 0V로 변화한다. 이때 오토라이트 조도센서의 값이 미등 점등조건이 되면, 컴퓨터 내부의 Tr1을 작동시켜 전자제어 시간경보 장치(ETACS) 쪽으로 가는 [2]번 배선에 공급된 5V의 풀업(pull up)전압을 0V로 강하시키면 에탁스의 [3]번 배선이 접지되면서 미등 릴레이가 작동하여 미등이 점등된다.

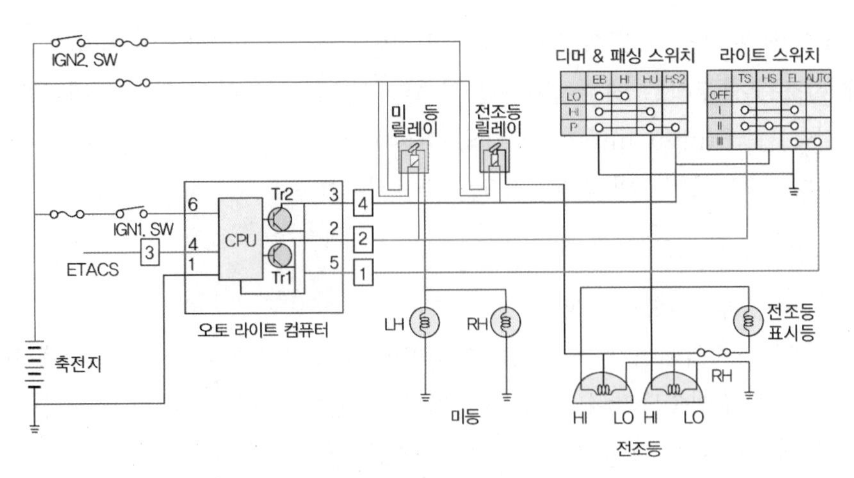

오토라이트 장치의 작동 회로도

5.2. 조도에 따른 전조등 하향 빔 점등 low beam

오토라이트 스위치를 선택하면 그림 10－15의 [1]번 배선의 전압이 5V에서 0V로 변화한다. 이때 오토라이트 조도센서의 값이 전조등 점등조건이 되면, 컴퓨터 내부의 Tr2를 작동시켜 [4]번 배선이 접지되면서 전조등 릴레이가 작동하여 전조 등이 점등된다.

5.3. 조도에 따른 미등 및 전조등 소등

오토라이트 스위치를 선택하면 [1]번 배선의 전압이 5V에서 0V로 변화한다. 이때 오토라이트 조도센서의 값이 미등 및 전조등 소등조건이 되면, 컴퓨터 내부의 Tr1 또는 Tr2의 작동이 해제되고 미등 및 전조등 릴레이의 작동을 중지시켜 미등 및 전조등을 소등한다. 그리고 조도센서에 의해 미등 및 전조등의 점등·소등 기준전압에 도달하면 즉시 점등 및 소등되지 아니하고 약 0.5초의 지연시간을 두어 점등이나 소등이 된다. 그 이유는 히스테리시스 구간으로 점등 및 소등이 반복되는 것을 방지하기 위함이다.

4 고휘도 방전 전조등 HID, high intensity discharge

1. 고휘도 방전 전조등의 개요

고휘도 방전 전조등은 할로겐전구보다 적은 전력으로 2배 이상의 밝기와 태양광선에 가까운 색깔의 빛을 발사하며, 수명 또한 2배 이상 향상되었다. 또 야간운행을 할 때 운전자의 시인(是認)성능을 높여 피로감을 줄여준다. 고휘도 방전(HID) 전조등의 장점은 다음과 같다.

① 광도 및 조사거리가 향상된다.

② 전구의 수명이 2배 이상 향상된다.
③ 점등이 빠르다.
④ 전력소비가 적다.

2. 고휘도 방전 전조등의 구조

고휘도 방전 전조등은 필라멘트가 없으며, 형광등과 같은 구조로 되어있다. 얇은 캡슐형태의 방전관 내에 크세논 가스, 수은가스, 금속 할로겐성분 등이 들어 있다. 전원이 공급되면 방전관 양쪽 끝에 설치된 몰리브덴 전극에서 플라즈마(plasma)방전이 발생하면서 에너지화되어 빛을 방출한다.

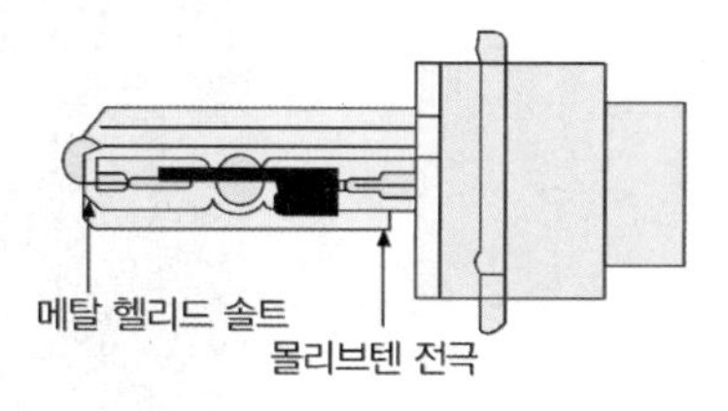

고휘도 방전 전조등의 구조

3. 고휘도 방전 전조등의 작동

고휘도 방전 전조등의 작동은 전조등 제어용 컴퓨터가 축전지로부터 12V를 받아 승압시켜 텅스텐 전극사이에 순간적으로 약 20,000V 이상의 펄스를 발생시키면 먼저 크세논 가스가 활성화되면서 청백색의 빛을 발생시킨다. 이 상태에서 전구 내의 온도가 더욱더 상승하면 수은이 증발하여 아크방전이 일어나며, 더욱 온도가 상승하면 금속 할로겐성분이 증발하면서 플라즈마가 발생하는데, 이 플라즈마가 금속원자와 충돌하면서 높은 밝기의 빛을 발생시킨다.

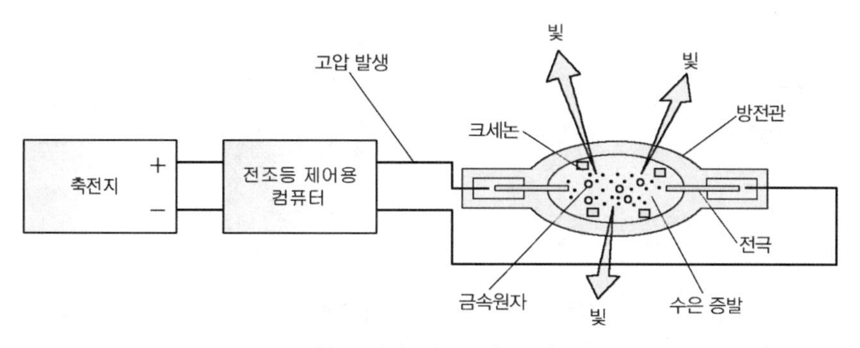

고휘도 방전 전조등의 구성도

5 스마트 전조등 smart headlamp

1. 적응형 전조등 시스템 AFLS, adaptive front lighting system

① AFLS는 야간 주행 시 전방에 설치된 카메라가 맞은편에서 접근하는 자동차 또는 선행하는 자동차의 위치를 감지하면 차량의 주행 환경(차량 속도, 조향 핸들 각도, 차량

기울기, 도로 상황 등)에 따라 하이빔의 밝기, 조사 각도 등을 조절해 운전자 시야를 효율적으로 확보하면서 동시에 마주 오는 차의 눈부심을 감소시키는 기능을 한다.

AFLS와 일반 해드램프 비교

② AFLS는 차량에 부착된 각각의 센서인 차량의 속도, 조향 핸들 각도, 차고센서 및 변속레버 등으로부터 얻은 데이터는 차량이 현재 어느 정도의 속도로, 어느 정도 각도의 코너에 진입하였는지를 AFLS 컴퓨터(ECU)가 계산하여 헤드램프에 설치된 LDM(전원), 스위블 스텝핑 모터, 레벨렝 스텝핑 모터, 액추에이터를 조절하여 램프의 각도와 밝기를 조절하여 운전자의 시인성을 확보한다.

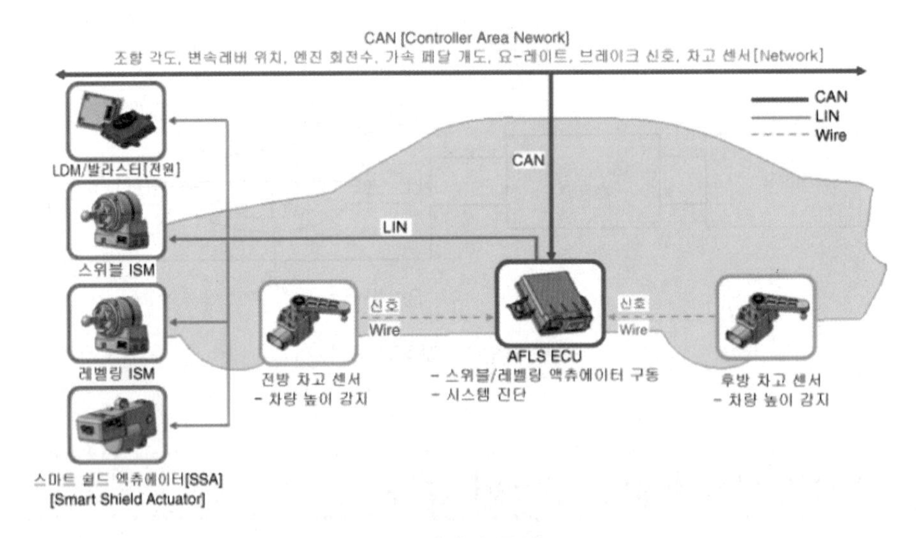

AFLS 제어의 구성도

③ AFLS의 또 다른 기능은 차체 변화에 따라 일정한 조사각 및 조사영역을 확보하기 위한 헤드램프의 오토레벨링(auto leveling) 기능이다. 차량에 탑승한 사람 및 적재물에 의해 발생하는 차량 전 · 후의 높이차를 감지해 헤드램프의 상 · 하 각도를 조절한다.

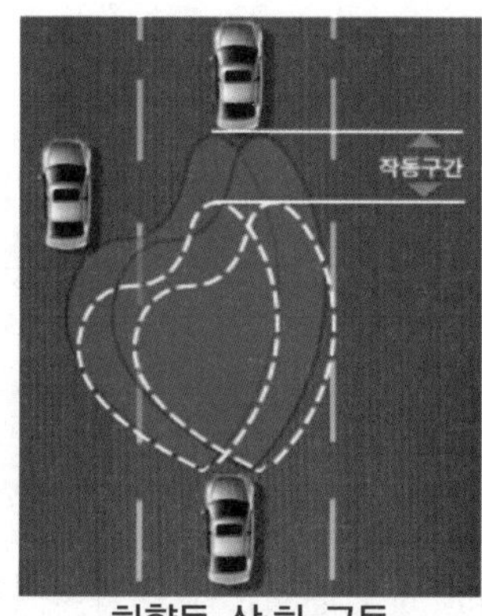

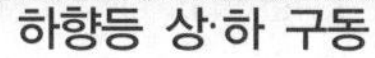
하향등 상·하 구동

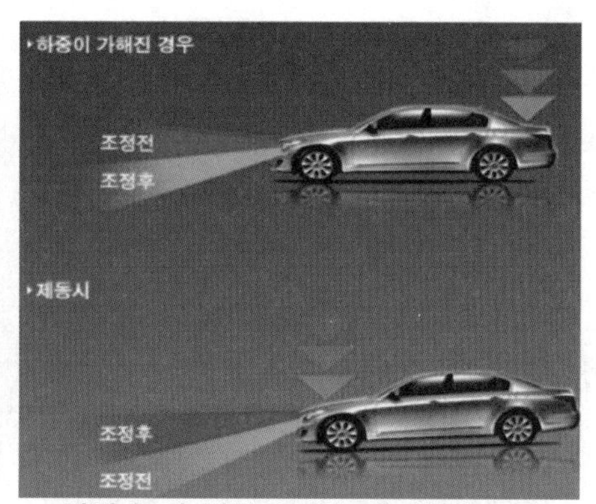

차체 높이 변화 시 전조등 상·하 구동

④ AFLS는 기관 RPM과 기어 위치 등을 통해 도심 주행임을 판단할 수 있으며, 이때는 넓은 범위로 빔 패턴을 변화시켜 주위에 사람이나 동물 또는 장애물 등을 볼 수 있게 시야를 넓혀준다. 또한 고속으로 주행하는 경우 운전자가 더 먼 곳을 볼 수 있도록 빔 패턴을 변화시키고, 차량의 빗물 센서 등을 통해 악천후 시 추가적인 램프를 비춰 차선이 잘 보이게 하는 등 운전자의 안전성을 더욱 향상 시킨다.

2. 스마트 하이빔 어시스트 SHBA, smart high beam assist

어두운 도로 주행 시 하이빔을 사용하는 것은 해당 차량의 운전자에게는 이득이 되겠지만 마주 오는 차량의 운전자에게는 위협이 될 수 있다. SHBA는 전방에 설치된 카메라가 주변의 조명상황과 다른 차량의 램프 밝기를 자동으로 인식해 전조등의 상향등 · 하향등 작동을 자동으로 적절하게 조절하는 시스템이다. 스마트 하이빔 어시스트 작동 중 전조등이 상향 상태에서 하향 상태로 자동 전환되는 상황은 다음과 같다.

① 다가오는 차량의 전조등을 감지할 때
② 앞서가는 차량의 미등을 감지할 때
③ 전조등을 상향하지 않아도 될 만큼 주위가 밝을 때
④ 전방에 가로등이나 기타 조명이 있을 때
⑤ 조명 스위치가 AUTO(자동점등) 위치가 아닐 때
⑥ 스마트 하이빔 어시스트 기능이 꺼졌을 때
⑦ 차속이 35km/h 이하로 감속되었을 때

SHBA (OFF)

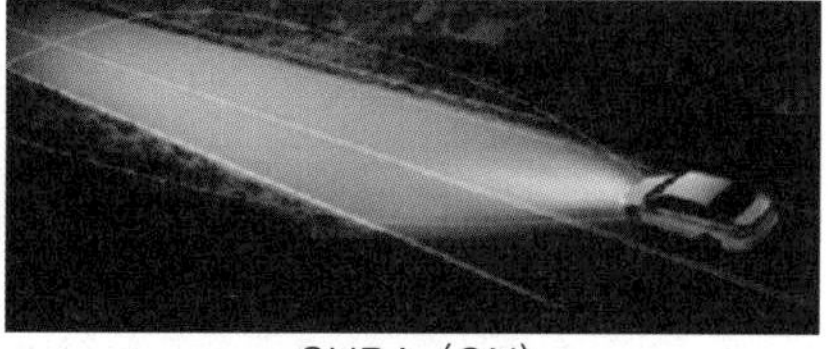
SHBA (ON)

CHAPTER 09

안전 장치

1 안전장치의 개요

안전장치는 자동차가 주행할 때 필요한 장치이며, 자동차 안전기준에 적합하여야 한다. 안전장치에는 방향지시등, 제동등, 번호등, 후퇴등, 윈드 실드와이퍼, 윈드와셔, 경음기 등이 있다.

1. 방향지시등 turn signal lamp

1.1. 방향지시등의 개요

방향지시등은 자동차의 진행방향을 바꿀 때 사용하는 것이며, 플래셔 유닛(flasher unit)을 사용하여 전구에 흐르는 전류를 일정한 주기(자동차 안전 기준상 매분 당 60회 이상 120회 이하)로 단속하여 점멸시키거나 광도를 증감시킨다. 플래셔 유닛의 종류에는 **전자 열선방식**, 축전기방식, 수은방식, 스냅 열선방식, 바이메탈 방식, 열선방식 등이 있다.

1.2. 전자 열선방식 플래셔유닛의 작동

전자 열선방식 플래셔 유닛은 열에 의한 열선(heat coil)의 신축(伸縮)작용을 이용한 것이며, 중앙에 있는 전자석과 이 전자석에 의해 끌어당겨지는 2조의 가동접점으로 구성되어 있다. 방향지시기 스위치를 좌우 어느 방향으로 넣으면 접점 P_1 은 열선의 장력에 의해 열려지는 힘을 받는다. 따라서 열선이 가열되어 늘어나면 닫히고, 냉각되면 다시 열리며 이에 따라 방향지시등(FL)이 점멸하게 되고 접점 P_2는 파일럿 등(PL)을 점멸시킨다.

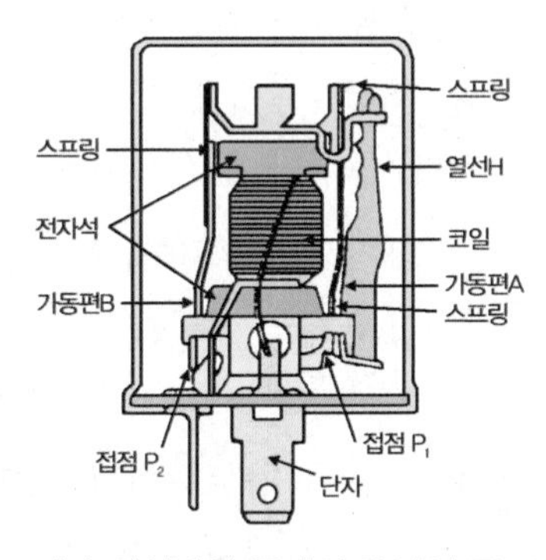

전자 열선방식 플래셔 유닛의 구조

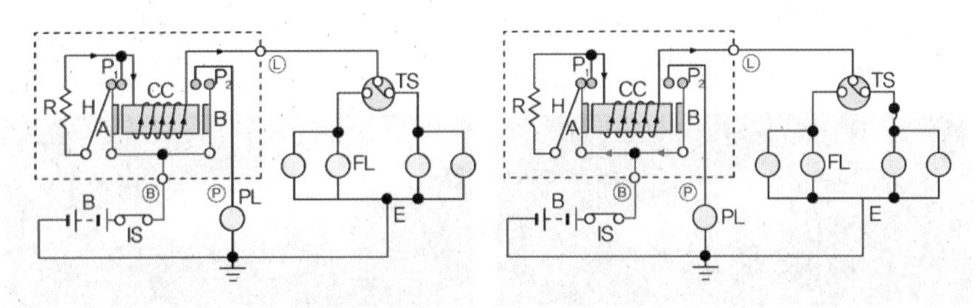

전자 열선방식 플래셔 유닛의 작동도

2. 제동등 stop lamp

제동등은 브레이크 페달을 밟았을 때 자동차 뒤쪽에 적색으로 점등되는 등(lamp)이며, 미등(tail lamp)의 일부에 조립한 겸용방식과 별도로 조립한 단독방식이 있으며 전구는 15~30W 정도를 많이 사용한다. 미등과 겸용방식인 경우에는 중심의 광도가 미등의 3배 이상 되어야 한다.

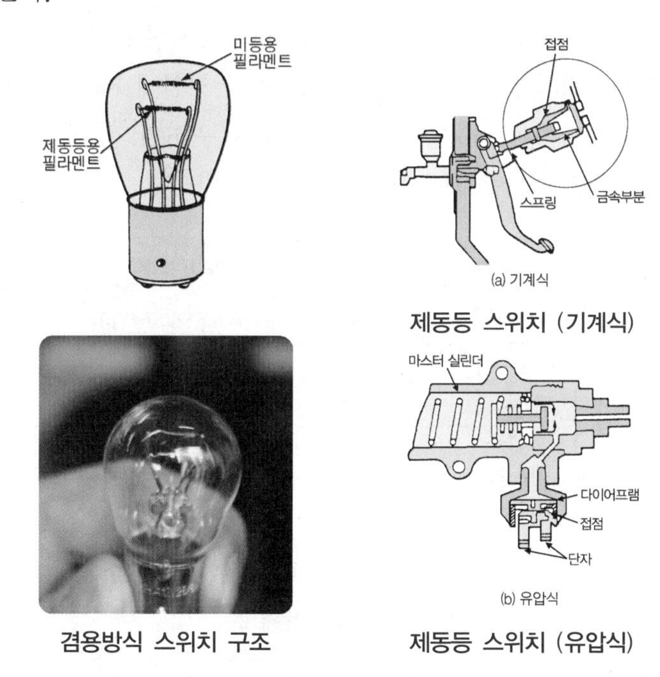

제동등 스위치 (기계식)

겸용방식 스위치 구조

제동등 스위치 (유압식)

그림과 같이 겸용방식 제동등은 미등과 겸용한 구조이며, 1개의 전구 속에 2개의 필라멘트가 있으며, 미등은 5~8W, 제동등은 25W 정도이다. 등화의 색은 적색이어야 한다. 제동등스위치의 작동방식에는 기계방식과 유압방식이 있다. 기계방식은 브레이크 페달을 밟으면 스위치 접점이 접속되어 점등되며, 유압방식은 페달을 밟으면 마스터 실린더 내의 유압이 스위치의 다이어프램을 밀어서 접점이 접속되어 점등된다.

3. 후진등 back-up lamp

후진등은 자동차가 후진할 때 뒤쪽에 장애물의 확인과 후방에 대해 자동차가 후진하고 있음을 알리는 등이다. 후퇴등은 변속기에 설치되어 있고 변속레버를 후진 위치로 넣으면 점등되는 구조로 되어 있다. 전구의 용량은 5~27W 정도이며 등화의 색은 백색이다.

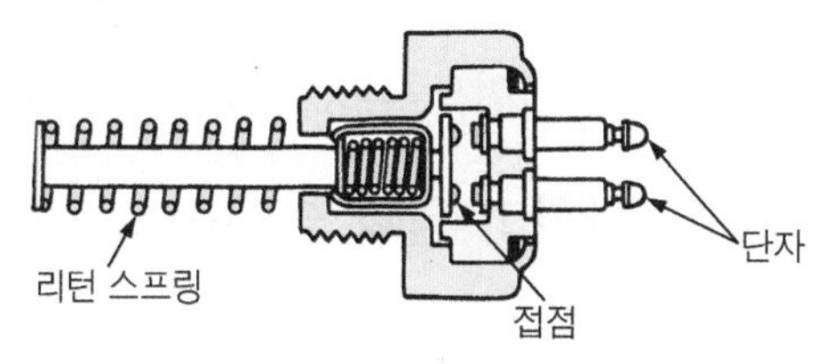

후진등 스위치의 구조

4. 경음기 horn

경음기의 종류에는 전자석에 의해 진동판을 진동시키는 전기방식과 압축공기에 의하여 진동판을 진동시키는 공기방식이 있다. 전기방식 경음기는 다이어프램, 접점 및 조정너트, 진동판 등으로 구성되어 있다. 경음기 스위치를 ON으로 하면 코일 L_1의 자력에 의해 경음기 릴레이 접점 P_1이 닫히고 전류는 축전지로부터 H단자를 거쳐 경음기로 흐른다. 경음기 코일 L_2에 전류가 흐르면 코일에 발생한 자력에 의하여 가동철심이 흡인된다. 이에 따라 가동철심의 한쪽 끝으로부터 접점 P_2의 경음기 회로가 열려 코일에 자력이 없어지기 때문에, 진동판과 스프링의 탄성에 의하여 가동철심은 제자리로 복귀하며, 접점 P_2는 다시 닫힌다. 이러한 작동을 200~600회/초의 주기로 진동판을 진동시킨다.

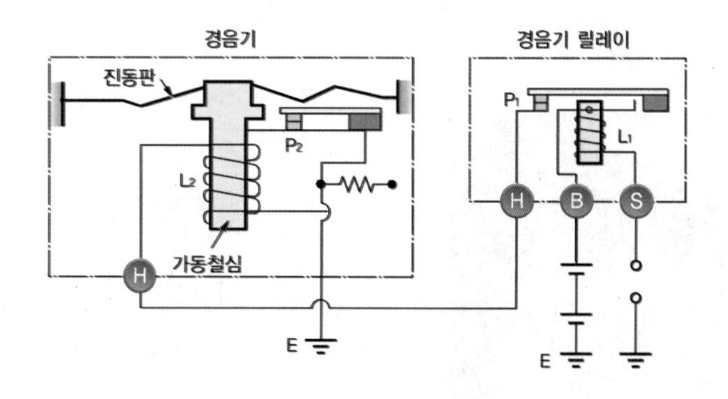

전기방식 경음기의 작동회로

5. 윈드 실드와이퍼 wind shield wiper

비나 눈이 올 때 운전자의 시야가 방해되는 것을 방지하기 위해 앞 창유리를 닦아내는 작용을 한다.

5.1. 와이퍼 전동기 wiper motor

와이퍼 전동기의 구조는 직류복권 전동기(전기자 코일과 계자코일이 직·병렬 연결된 것)를 사용하며, 전기자 축의 회전을 약 1/90~1/100의 회전속도로 감속하는 기어와 블레이드가 항상 창유리 아래쪽으로 내려갔을 때 정지되도록 하기 위한 자동 정위치 정지장치 등과 저속에서 블레이드 작동속도를 조절하는 타이머 등이 함께 조립되어 있다.

5.2. 와이퍼 암과 블레이드

(1) 와이퍼 암 wiper arm

와이퍼 암은 그 한쪽 끝에 지지되는 블레이드를 창유리 면에 접촉시키고, 프로텍션 상자(protection box)를 통해 링크나 전동기 구동축에 결합하는 일도 한다.

(2) 블레이드 blade

블레이드는 고무제품이며, 창유리를 닦는 부분이다.

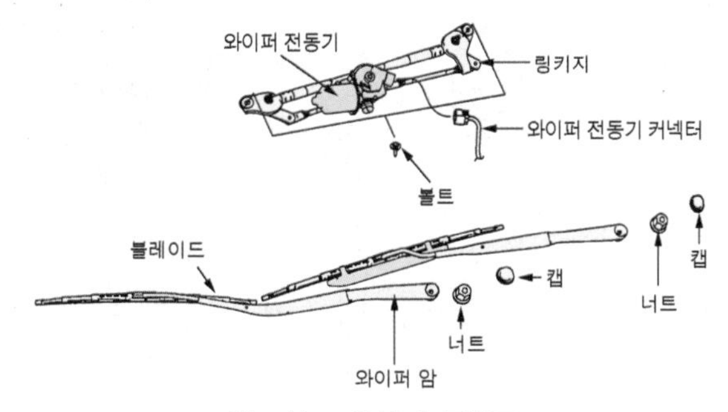

윈드실드 와이퍼 구성도

와이퍼 전동기 설치 위치

5.3. 윈드 실드와이퍼의 작동

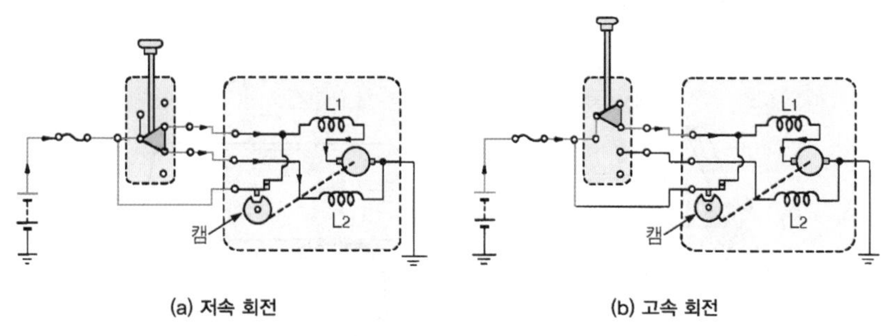

와이퍼 전동기의 작동

(1) 저속에서의 작동

저속으로 작동할 때에는 그림 (a)와 같이 스위치를 넣으면 직권코일(series coil) L_1 과 분권코일(shut coil) L_2에 전류가 흘러 복권전동기로 작동한다. 이에 따라 전동기는 복권이 되어 회전력은 크고 속도는 일정하게 된다. 따라서 비나 눈이 적게 내리는 경우 느린 속도로 작용할 때 알맞은 상태로 된다.

(2) 고속에서의 작동

고속으로 작동할 때에는 그림 (b)와 같이 스위치를 넣으면 직권코일 L_1에 전류가 공급되어 전동기는 직권전동기가 된다. 이때 분권코일 L_2는 자속이 감소되어 회전속도는 빨라지고, 회전력은 부하에 알맞은 상태로 된다.

6. 윈드 실드 와셔 wind shield washer

앞 창유리에 먼지나 이물질이 묻었을 때 그대로 와이퍼로 닦으면 블레이드와 창유리가 손상된다. 이를방지하기 위해 윈드 실드 와셔를 부착하고, 와이퍼가 작동하기 전에 세정액을 창유리에 분사하는 일을 한다. 구조는 물탱크, 전동기, 펌프, 파이프, 노즐 등으로 구성되어 있다.

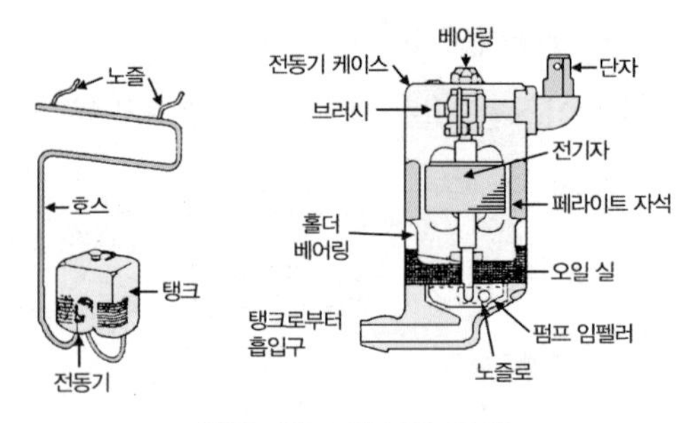

윈드 실드 와셔의 구성

7. 레인센서 rain sensor

7.1. 레인센서의 개요

강우량에 따라 운전자가 와이퍼 전동기의 구동시간을 조절하여야 하는 번거로움을 없애기 위하여 레인센서를 사용한다. 레인센서 와이퍼 제어장치는 와이퍼 전동기 구동시간을 전자제어 시간경보 장치가 앞 창유리의 상단 안쪽 부분에 설치된 레인센서와 컴퓨터에서 강우량을 검출하여 운전자가 와이퍼 스위치를 조작하지 않아도 와이퍼 전동기의 작동시간 및 저속/고속을 자동적으로 제어하는 방식이다.

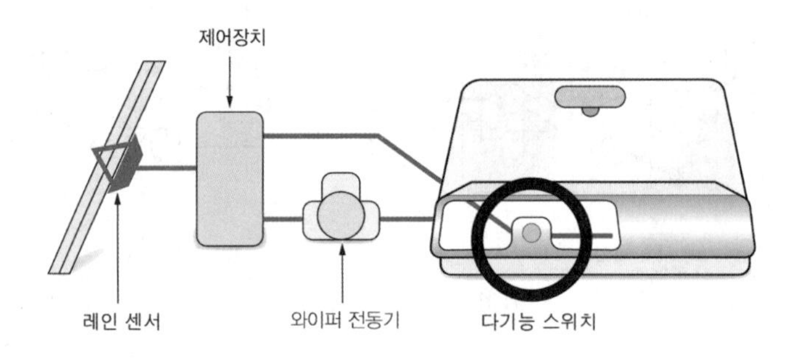

레인센서 와이퍼 제어장치의 구성도

7.2. 레인센서의 작동원리

레인센서는 발광 다이오드(LED)와 포토다이오드에 의해 비의 양을 검출한다. 즉, 발광 다이오드로부터 적외선이 방출되면 유리 표면의 빗물에 의해 반사되어 돌아오는 적외선을 포토다이오드가 검출하여 비의 양을 검출한다. 레인센서는 유리 투과율을 스스로 보정하는 서보(servo)회로가 설치되어 있어 앞 창유리의 투과율에 관계없이 일정하게 빗물을 검출하는 기능이 있으며, 앞 창 유리의 투과율은 발광 다이오드와 포토다이오드와의 중앙점 바로 위에 있는 유리영역에서 결정된다.

8. 파워윈도 power window

파워윈도는 전동기를 사용하여 윈도를 상승·하강시키도록 고안된 장치이다. 전동기는 윈드 실드와이퍼 전동기와 그 작동이 매우 비슷하다. 윈도가 상승 또는 하강하여야 하므로 전동기의 방향전환이 필요하며, 여기에는 전동기의 브러시 극성을 전환시키는 방법과 브러시를 3개 사용하여 (+)쪽 브러시만을 전환하는 방법 등 2가지 방법이 있다.

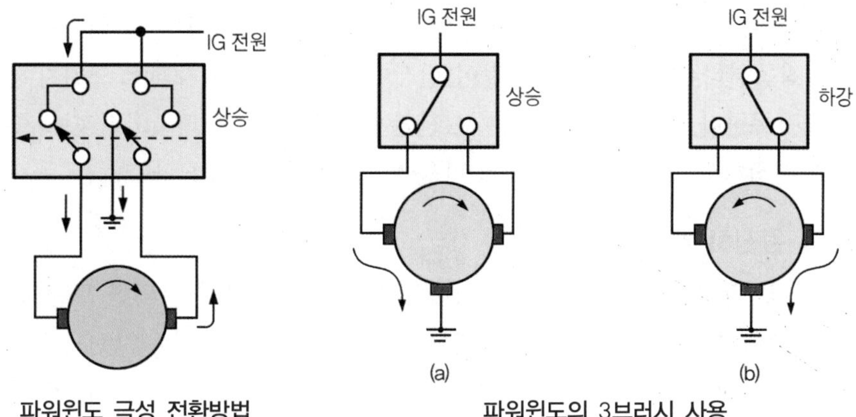

파워윈도 극성 전환방법   파워윈도의 3브러시 사용

8.1. 스위치 조작에 따라 작동하는 방식

이 방식은 2단으로 작동하는 스위치이며, 1번 누를 때마다 윈도가 스위치를 누른 만큼 상승·하강하게 되어 있다. 또 스위치를 세게 누르면 윈도가 완전히 닫히거나 열린 후 스위치는 자동으로 본래의 위치로 복귀한다.

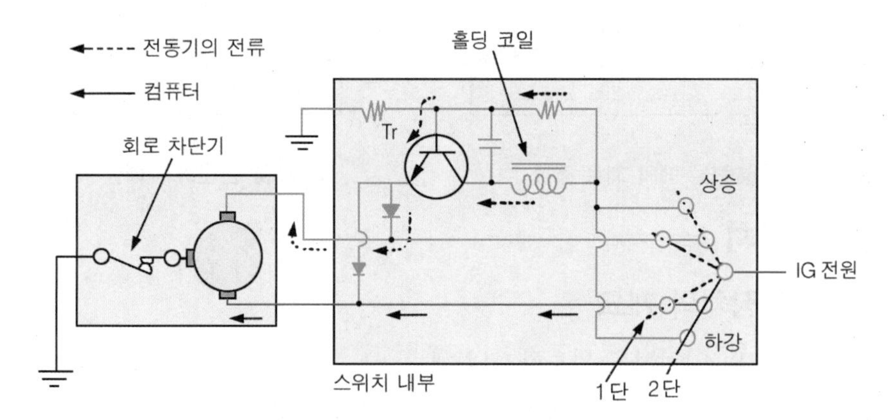

스위치 조작에 따라 작동할 때

만일 2단 상승 스위치가 작동하게 되면 트랜지스터 TR의 베이스에 전류가 흐르게 되어 TR이 통전상태로 되고 홀딩 코일에 전류가 흐르므로 스위치는 그 상태를 유지하게 된다. 윈도가 완전히 열리면 전동기는 접점을 닫으면서 작동을 정지하고 A 브러시를 통하여 스위치로 직접 12V 전압이 인가된다. 이때 트랜지스터 TR에 전류의 흐름이 차단되고, 스위치는 본래의 위치로 복귀한다.

8.2. 연속적으로 작동하는 방식

(1) 스위치를 한번 눌렀을 때

이 때 스위치는 본래의 위치로 복귀하더라도 전동기는 윈도가 완전히 열리거나 닫힐 때까지 연속으로 작동한다. 이때는 그림과 같이 릴레이 코일 L_1이 여자되어 스위치 ①이 통전되면 전동기가 작동한다. 전동기의 전류는 IG전원에서 스위치 ① 및 ② 접지로 흐른다. 전동기가 작동을 시작하고 통전(ON) 신호가 나올 때 트랜지스터 Tr_1과 Tr_2는 통전된다.

(2) 윈도를 완전히 개폐할 때

이때는 그림과 같이 전동기의 작동이 정지하고 통전 신호가 차단되면 트랜지스터 Tr_1과 Tr_2에 전류 흐름이 차단되고 여자전류는 코일 L_1에 흐르지 않는다. 스위치 ①은 본래의 위치로 복귀되고 1단 스위치는 상승 또는 하강의 위치에서 다음 작동 때까지 머물러 있게 된다.

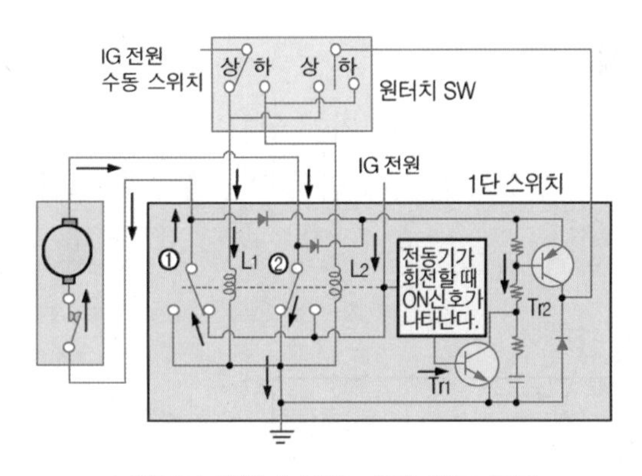

스위치를 한번 눌렀을 때의 회로 작동

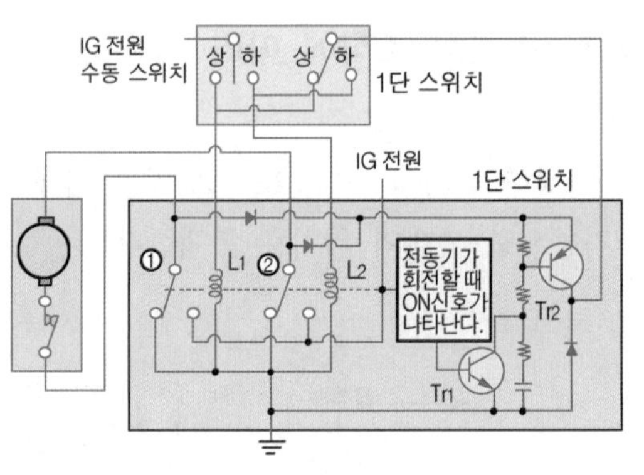

윈도를 완전히 개폐할 때

9. 후진경고 장치 back warning system

9.1. 후진경고 장치의 개요

후진할 때 편의성 및 안전성을 확보하기 위해 운전자가 변속레버를 후진으로 선택하면 후진경고 장치가 작동하여 장애물이 있다면 초음파 센서에서 초음파를 발사하여 장애물에 부딪쳐 되돌아오는 초음파를 받아서 컴퓨터에서 자동차와 장애물과의 거리를 계산하여 버저(buzzer)의 경고음(장애물과의 거리에 따라 1차, 2차, 3차 경보를 차례로 울림)으로 운전자에게 알려주는 장치이다.

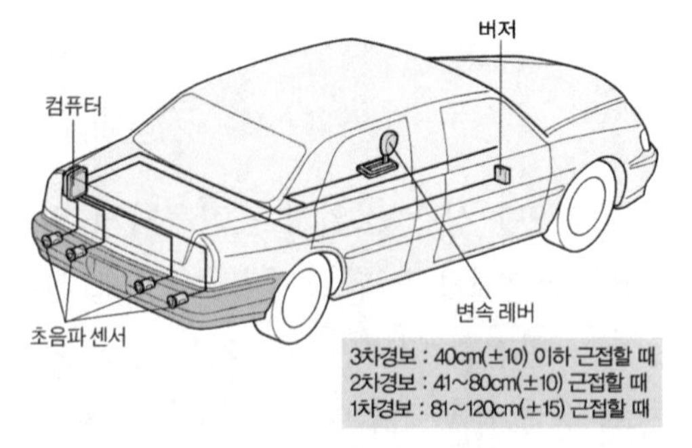

후진경고 장치의 구성품

9.2. 후진경고 장치 구성부품의 작동

후진경고 장치는 컴퓨터를 비롯하여 초음파센서, 버저(buzzer) 등으로 구성되어 있다.

(1) 컴퓨터 back warning control unit

컴퓨터는 트렁크 룸 내에 설치되어 있으며, 초음파의 송신, 수신시기 제어, 물체유무 판정 및 회로의 단선을 검출하는 역할을 한다.

(2) 초음파 센서 ultrasonic wave sensor

초음파 센서는 초음파를 발산하여 물체에서 부딪쳐 되돌아올 때까지의 시간을 측정하여 물체까지의 거리를 구한다. 초음파 센서는 검출효율을 향상시키기 위해 직접검출 방식과 간접검출 방식을 혼합하여 사용한다. 직접검출 방식은 1개의 센서로 송신하고 수신하여 거리를 측정하며, 간접검출 방식은 2개의 센서를 사용하며, 1개의 센서로는 송신을 하고, 다른 1개의 센서에서는 수신하여 거리를 측정한다.

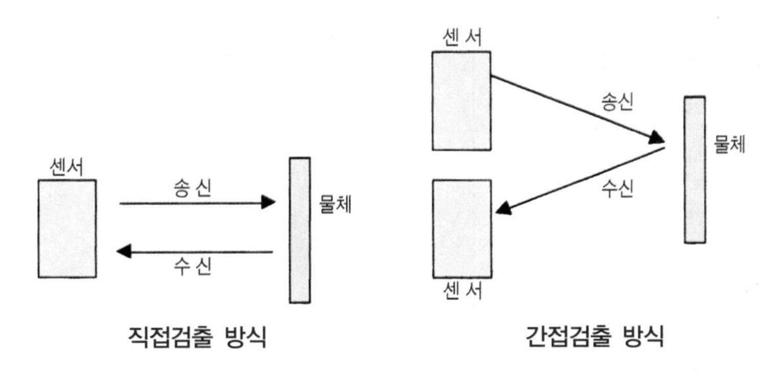

2 전자제어 시간경보 장치

1. 전자제어 시간경보 장치의 개요

1.1. 전자제어 시간경보 장치의 구성

전자제어 시간경보 장치(ETACS ; electronic, time, alarm, control, system)는 자동차 전기장치 중 시간에 의하여 작동되는 장치와 경보를 발생시켜 운전자에게 알려주는 장치 등을 종합한 장치이다. ETACS 도입 이전의 자동차에는 새로운 장치를 추가할 때마다 배선 및 컴퓨터 등을 추가해야 하는 결점이 있었다.

전자제어 시간경보 장치의 구성

이러한 결점을 보완하기 위해 전기장치를 중앙에서제어하는 것이 필요하였기 때문에 전자제어 시간경보 장치가 개발되었다.

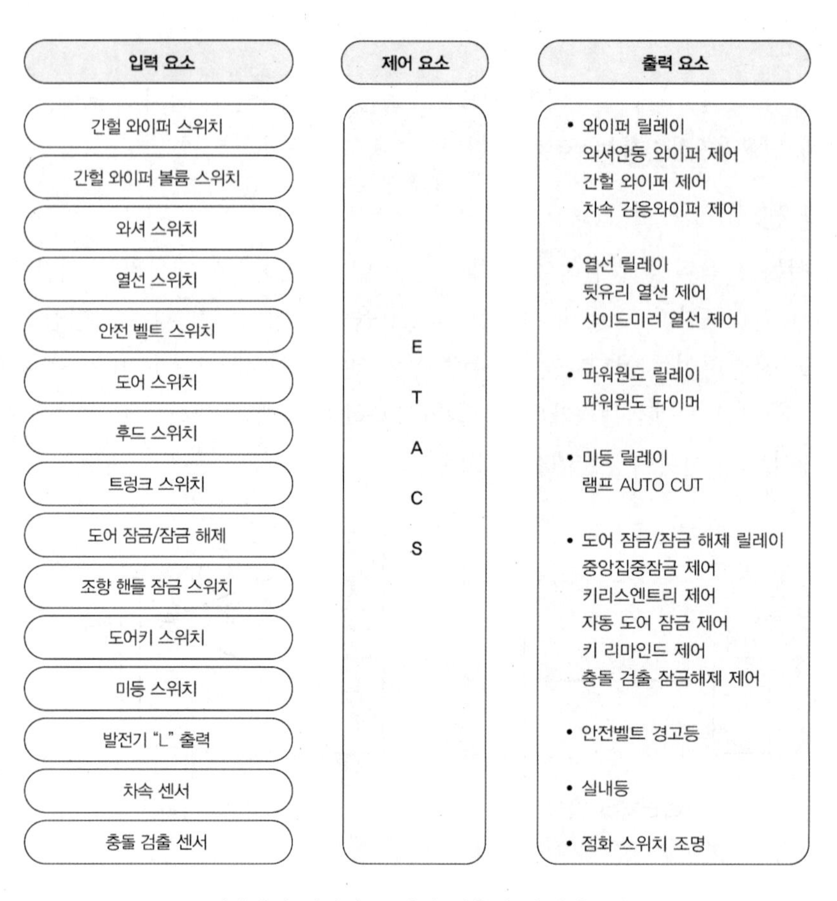

전자제어 시간경보 장치 입출력 다이어그램

2. 전자제어 시간경보 장치의 제어원리

그림은 전자제어 시간경보 장치에서 사용하는 가장 기본적인 회로도이며, 입력 쪽의 입력정보가 특정 조건에 부합하면 출력 쪽에서는 특정 기능을 수행하기 위해 출력하는 원리이다. 예를 들면, 회로에서 램프가 특정 조건에서 점등되도록 하려면 전자제어 시간경보 장치의 컴퓨터에는 입력 A, B가 어떤 조건에서 C를

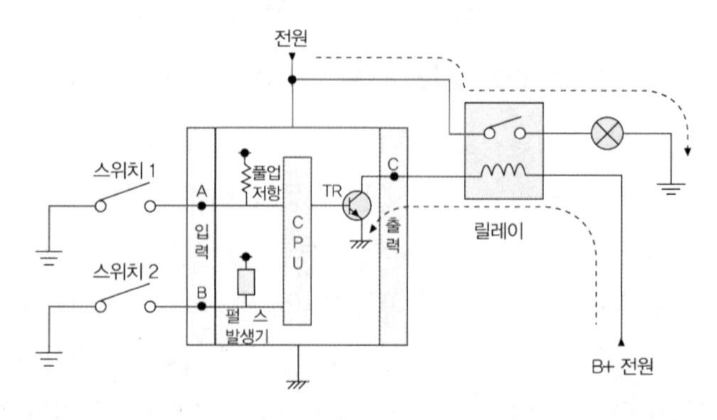

전자제어 시간경보 장치의 기본회로

출력하도록 논리(logic)가 입력되어 있다. 만약, 스위치 1과 2 모두 ON일 때 릴레이를 작동하는 논리라면 컴퓨터는 스위치 1과 2가 작동할 때 전압의 변화로 ON, OFF를 판정하여 두 스위치의 전압이 0V이면 ON으로 판정하여 출력 쪽 트랜지스터가 ON이 되어 릴레이가 작동하여 램프가 점등된다.

2.1. 스위치 판단방법

전자제어 시간경보 장치가 스위치 정보를 판단하는 방법에는 **정전압 방식**(constant voltage type)과 **스트로브 방식**(strobe type)이 있다. 전자제어 시간경보 장치는 스위치 판단 방법과는 관계없이 입력신호의 전압크기를 이용하여 스위치의 ON, OFF를 판정한다. 따라서 컴퓨터는 몇 V가 입력되면 ON이고, 몇 V가 되면 OFF인지를 판정할 수 있는 판정 기준이 있어야 하며, 이 판정 기준을 ON, OFF 판정 수준 논리라 한다.

(1) 정전압 방식

정전압 방식은 풀업저항 방식과 풀다운 전압방식이 있다.

① 풀업 저항방식 pull up resistance type

회로에서 ETACS의 입력단은 스위치가 OFF이 일 때 항상 5V가 입력되다가 스위치가 ON되면 풀업 전압이 접지로 흘러 0V로 떨어져 입력되고, 파형은 5V에서 0V로 변화되는 모양을 보인다. ETACS는 이 전압의 변화를 이용하여 스위치 ON, OFF를 판단한다. ETACS로 입력되는 대부분의 스위치는 풀업저항 방식을 사용한다.

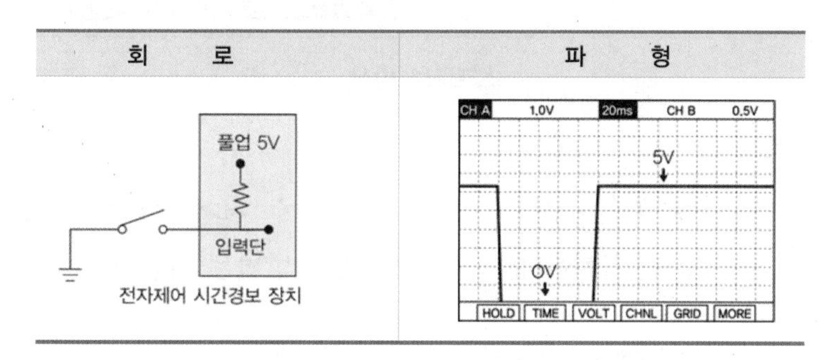

풀업 저항 방식

② 풀다운 저항방식 pull down resistance type

풀업 저항방식에 반대되는 개념으로 스위치 OFF일 때는 ETACS 입력단에 항상 0V가 입력되다가 스위치 ON되면 12V 전압이 입력되고, 파형은 0V에서 12V로 변화되는 모양을 보인다.

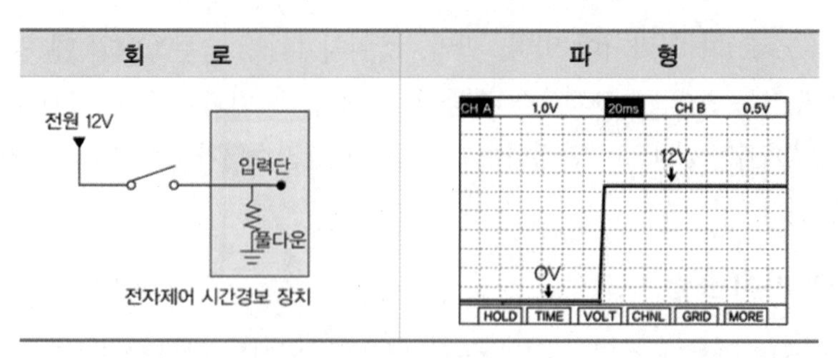

풀다운 저항 방식

(2) 스트로브 방식

ETACS의 펄스(pulse) 발생 기구에는 0~5V 펄스가 10ms 간격으로 항상 출력된다. 따라서 스위치가 OFF일 때 입력 쪽에는 그림과 같은 형태의 펄스가 입력되고, 스위치가 ON일 때에는 풀업전압이 접지로 흘러 0V가 입력된다. 전자제어 시간경보 장치는 입력 쪽의 신호가 약 40ms 동안 0V로 입력되면 스위치가 ON되었다고 인식한다.

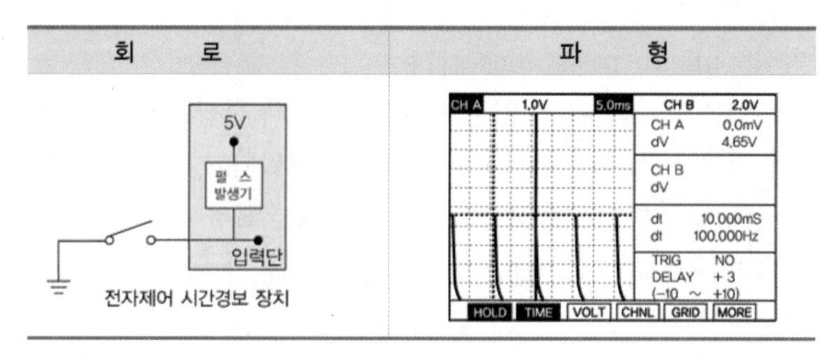

스트로브 방식

2.2. 타임차트 waveform

타임차트란 시간을 그래프(graph)화 시킨 것을 말하며, 전자제어 시간경보 장치를 이해하는 데 매우 중요한 부분을 차지한다. 타임차트 분석 방법은 다음과 같다.

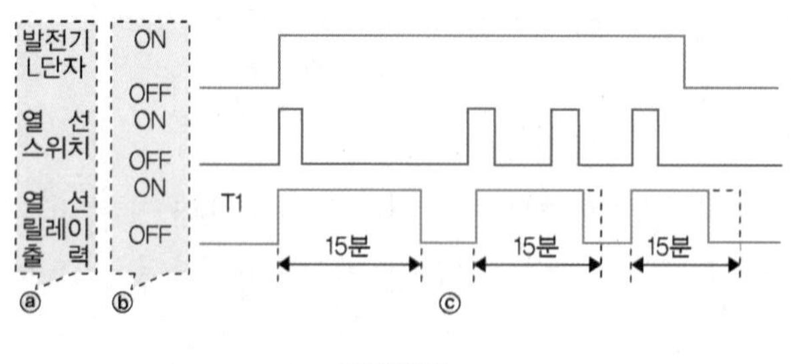

타임차트

① 가로축은 시간의 흐름에 따른 입력(스위치) 요소와 출력(액추에이터)의 작동상태를 나

타내며, 일반적으로 위쪽은 입력, 아래쪽은 출력 요소를 배열한다.

② 타임차트 A항목의 경우 출력 요소인 열선 릴레이를 제어할 때 입력 요소가 발전기 L 단자와 열선 스위치라는 것을 알 수 있다.

③ 타임차트 B항목은 입력과 출력 요소의 상태를 나타낸다. 즉, 발전기 L단자가 OFF라 함은 기관의 작동이 정지된 상태, ON은 기관이 가동되는 상태이며, 열선 릴레이 ON은 릴레이 작동상태, OFF는 릴레이가 작동하지 않는 상태이다.

④ 파형 1번은 발전기 L단자와 열선 스위치가 ON 될 때 열선 릴레이 출력이 작동상태임을 나타낸다.

⑤ 파형 2번은 열선 릴레이가 ETACS로 부터 15분 타이머가 작동하여 강제로 열선 릴레이 출력이 작동 정지된 상태임을 나타낸다.

⑥ 파형 3번은 열선 릴레이가 작동 중 ETACS가 카운트하는 15분이 도달하기 전에 열선 스위치를 다시 한 번 눌렀을 때 열선 릴레이가 작동 중지됨을 나타낸다.

⑦ 파형 4번은 열선 릴레이가 작동 중 ETACS가 카운트하는 15분이 도달하기 전에 발전기 L단지 신호가 OFF 되었을 때 열선 릴레이가 작동 중지됨을 나타낸다.

3. 전자제어 시간경보 장치의 기능

3.1. 간헐와이퍼 제어

간헐적인 비 또는 눈에 의한 와이퍼 제어를 운전자 의지에 알맞은 속도로 설정하기 위한 기능이다. 와이퍼 스위치를 작동시키면 간헐볼륨에 설정된 속도에 따라 와이퍼가 작동한다. 점화스위치가 ON일 때 간헐(INT) 스위치를 작동시키면 T1 후에 와이퍼 릴레이 출력을 ON으로 하여야 한다. 간헐와이퍼 작동 중 와이퍼가 다시 작동하는 주기는 간헐볼륨에 따라 T2 시간만큼 차이가 발생한다. 제어시간은 T1이 최대 0.3초이며, T2는 0.5~11±1초이다. 간헐볼륨의 저항은 저속에서는 약 50kΩ, 고속에서는 0kΩ이다.

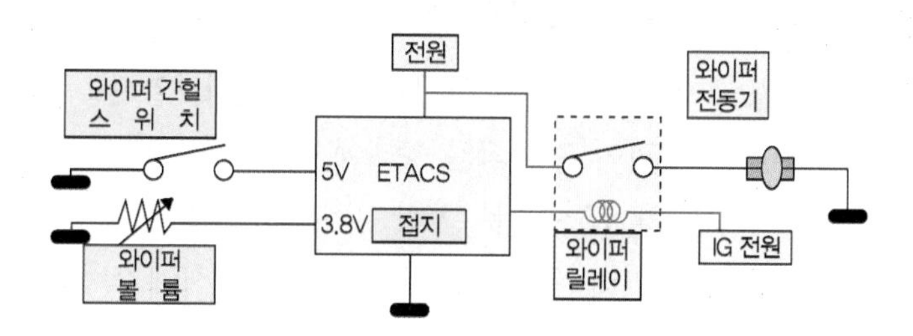

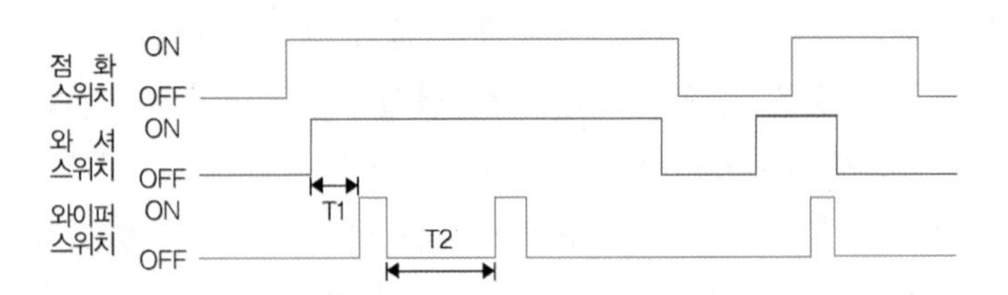

3.2. 와셔연동 와이퍼 제어

성에를 제거하거나 앞유리의 먼지를 제거할 때 와셔 액을 분출시키면 와이퍼 전동기가 자동으로 앞유리를 세척한다. 와셔스위치를 작동시키면 와셔스위치를 작동시킨 시간에 따라 와이퍼 전동기를 구동한다. 점화스위치를 ON으로 하고 와셔스위치를 작동시키면 T1후에 와이퍼 릴레이 출력을 ON으로 하여야 한다. 와셔스위치 OFF 후 2.5~3.0초 후에 와이퍼 릴레이 출력을 정지시켜야 한다. 제어시간은 T1이 0.6±0.1초이고, T2는 2.5~3.0초이다.

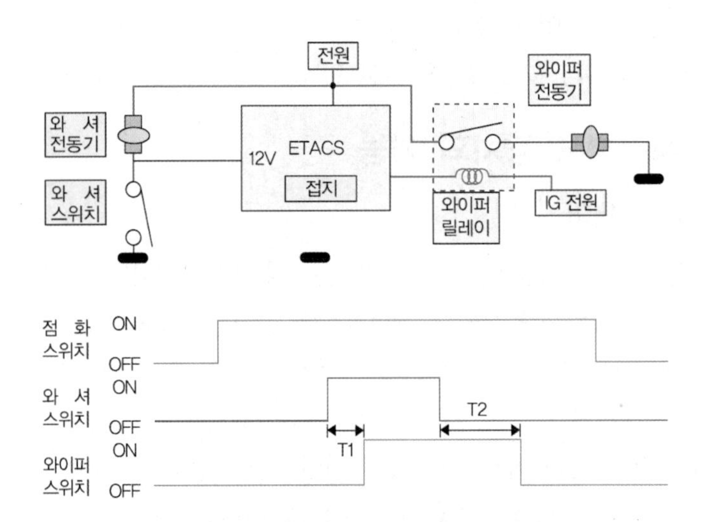

3.3. 뒤유리 열선 타이머(사이드미러 열선 포함) 제어

뒤유리의 성에나 빙결을 제거하기 위하여 열선을 작동시킨다. 열선을 작동할 때에는 축전지의 방전을 방지하기 위하여 기관이 가동되는 상태에서만 작동된다. 기관이 가동하는 상태에서 열선스위치를 작동시키면 약 15~20분 동안 열선릴레이를 작동시켜 뒤유리의 빙결을 제거한다. 뒤유리 열선과 사이드미러(side mirror) 열선은 동시에 작동한다. 발전기 L단자에서 12V가 출력될 때 열선스위치를 누르면 열선을 15분 동안 출력시켜야 한다. 열선 작동 중 다시 열선스위치를 누르면 출력이 중지되어야 한다. 또 열선 출력 중 발전기 L단자에서 출력이 없는 경우(기관의 가동정지 상태)에도 열선의 출력을 중지시켜야 한다. 그리고 사이드미러 열선은 뒤유리 열선과 병렬로 연결되어 작동한다. 제어시간 T1은 20±1분이다.

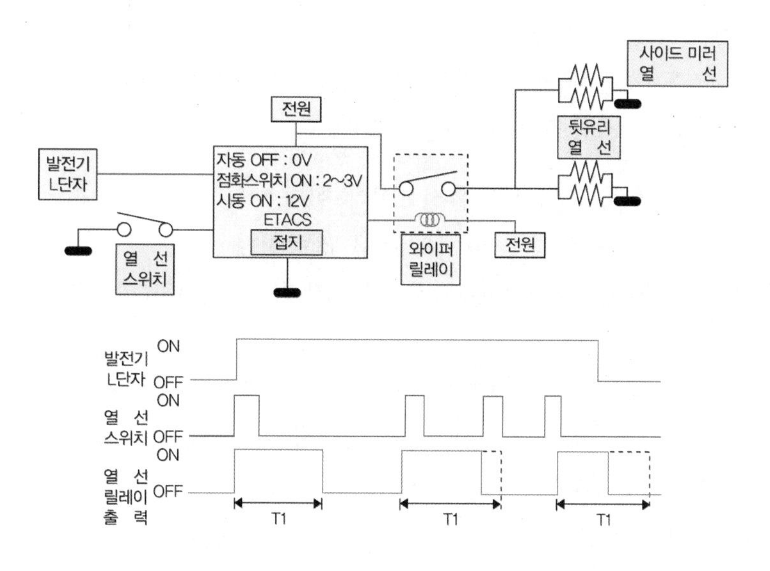

3.4. 안전벨트 경고 타이머제어

점화스위치를 ON으로 하였을 때 운전자에게 안전벨트 착용을 알리는 안전벨트 경고등이 점멸한다. 안전벨트 착용과는 상관없이 최초 IG_1 신호를 입력받아 1회만 작동한다. 안전벨트를 풀면 작동하지 않는다. 점화스위치를 ON으로 하였을 때 안전벨트 경고등은 주기 0.6초, 듀티 50%로 6초 동안 점멸한다. 점화스위치를 ON으로 한 후 6초 이내에 안전벨트를 착용할 때 경고등은 잔여시간 동안 계속 점멸한다. 경고등이 소등된 후 안전벨트를 풀어도 경고등은 다시 점멸하지 않는다. 제어시간 T1은 6±1초이고, T2는 0.3±0.1초이다.

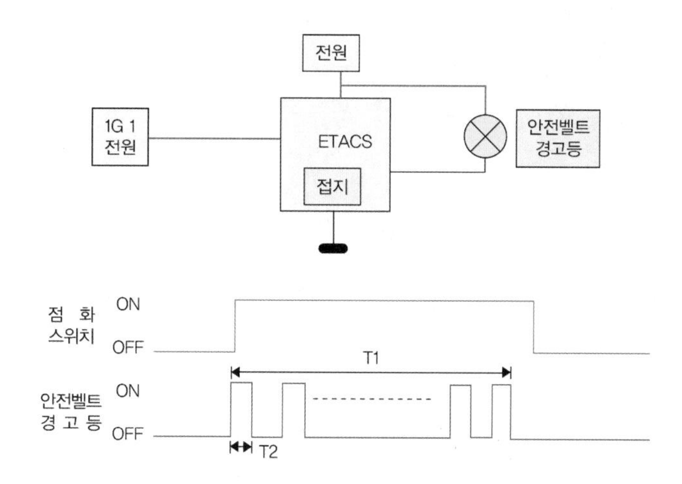

3.5. 감광방식 실내등 제어

자동차의 도어(door)를 열었을 때 실내등이 점등되어 승차나 하차를 할 때 도움을 준다. 이때 도어를 닫더라도 기관시동 및 출발준비를 할 수 있도록 실내등을 수초 동안 점등시켜 준다. 실내등의 점등 및 소등조건은 다음과 같다.

① 실내등을 도어위치로 스위치를 설정하여야 한다.
② 도어가 열릴 때(도어스위치 ON) 실내등을 점등한다.
③ 도어가 닫히면(도어스위치 OFF) 즉시 75% 감광 후 천천히 감광하여 5~6초 후에 소등되어야 한다.
④ 도어스위치 ON시간이 0.1초 이하인 경우에는 감광작동을 하지 않아야 하며, 감광작동 중 점화스위치를 ON으로 하면 즉시 감광작동을 멈추어야 한다.
⑤ 제어시간 T1은 5.5±0.5초이다.
⑥ 스위치 하나라도 닫히지 않으면 회로가 작동하지 않아야 한다.

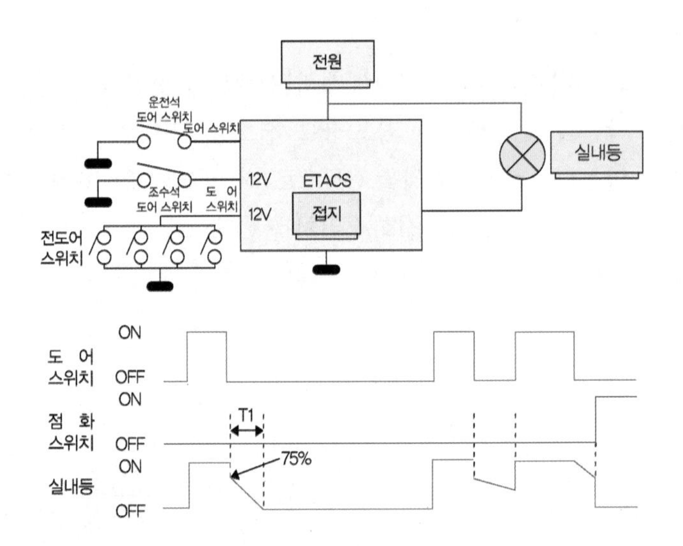

3.6. 점화스위치 키 구멍 조명제어

점화스위치를 OFF로 한 상태에서 운전석 도어를 열었을 때 점화스위치 키 구멍의 조명을 점등시켜야 한다. 점화스위치 키 구멍 조명이 점등된 상태로 운전석 도어를 닫았을 경우 10초 동안 키 구멍의 조명을 ON상태로 지연시킨 후 소등되어야 한다. 위의 제어 중에 점화스위치 ON 신로를 입력 받으면 키 구멍의 조명을 즉시 OFF시켜야 한다. 제어시간 T1은 10±1초이고, T2는 0±10초이다.

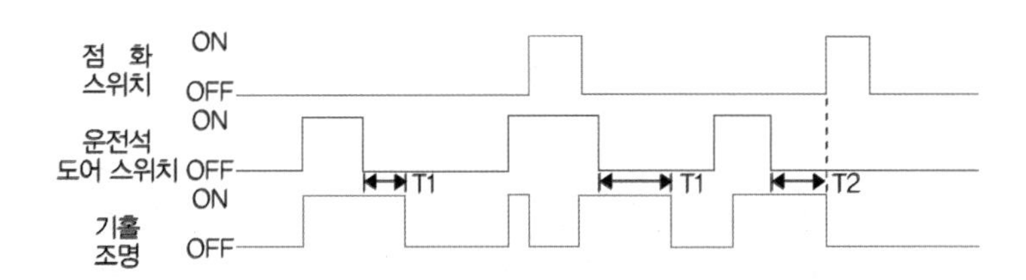

3.7. 파워윈도 제어 power window control

자동차에서 하차를 할 때 점화스위치를 OFF로 한 다음 윈도(창문)를 올려야 할 경우가 있다. 파워윈도 타이머 기능은 이때 파워윈도가 작동할 수 있도록 제어한다. 점화스위치가 ON되면 전자제어 시간경보 장치는 파워윈도 릴레이를 작동시켜 파워윈도 메인스위치로 전원을 공급한다. 점화스위치를 OFF로 한 후 30초 동안 출력을 유지하여 윈도의 작동을 가능하도록 한다. 30초 제어 중 운전석 도어는 조수석 도어가 열리면 출력을 즉시 OFF하여야 한다. 제어시간 T1은 30±3초이다.

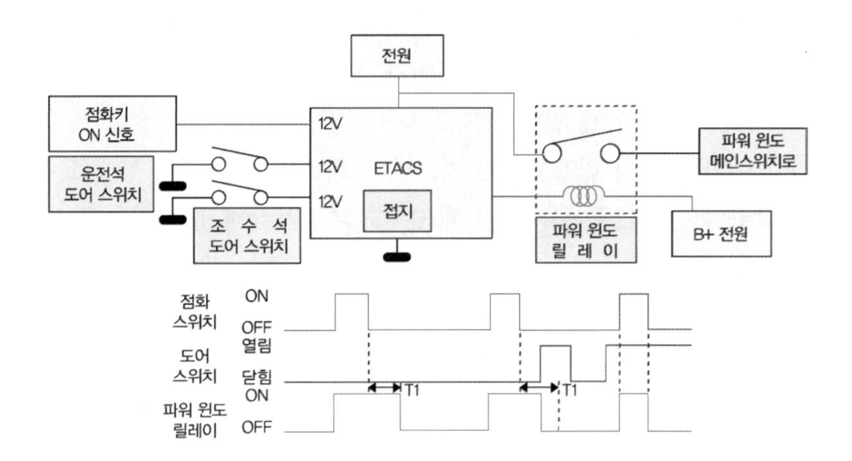

3.8. 축전지 세이버(saver) 기능

미등을 점등시킨 상태로 장시간 주차를 하면 축전지 방전으로 기관 시동이 곤란하게 된다. 전자제어 시간경보 장치가 미등 릴레이를 제어하여 축전지 방전을 예방한다. 점화스위치가 OFF 상태(점화스위치를 뺌)에서 미등이 점등되어 있고 운전석 도어가 열리면 전자제어 시간경보 장치가 미등 릴레이를 OFF시켜 축전지 방전을 예방한다. 점화스위치를 ON으로 한 후 미등스위치를 ON으로 한 경우에 점화스위치를 OFF로 하고 운전석 도어를 열었을 때 미등을 자동으로 소등한다. 점화스위치 ON상태에서 운전석 도어를 연 다음에 점화스위치를 OFF로 한 경우에도 미등을 자동으로 소등하고, 다시 미등스위치를 ON으로 한 경우 미등을 점등시킨다.

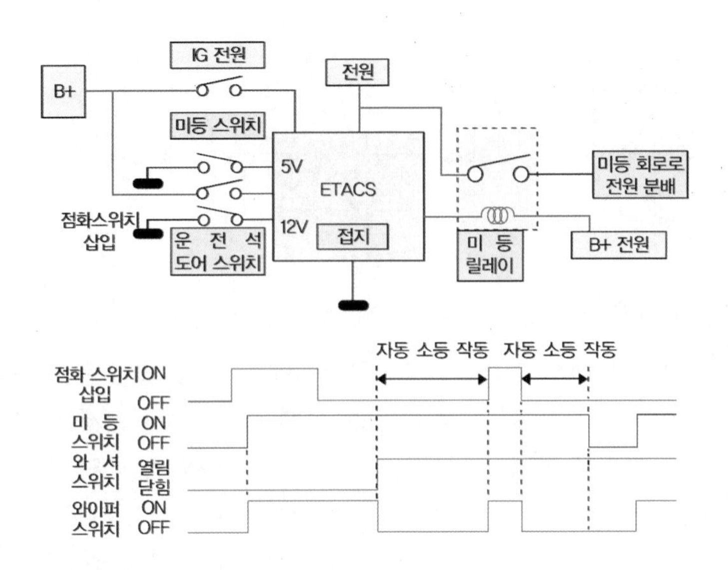

3.9. 점화스위치 회수기능

키 박스(key box)에 점화스위치가 꽂혀 있으면 도어 잠금(door lock)기능을 실행하지 않기 때문에 점화스위치를 꽂아둔 상태에서 도어가 잠기는 것을 방지한다. 키 박스에 점화스위치가 꽂혀 있고 운전석 도어가 열린 상태로 도어를 잠그면 곧바로 잠금 해제(un lock) 출력을 발생시켜 도어가 잠기지 않으며, 키 박스에 점화스위치가 꽂힌 상태로 운전석 도어를 열고 도어 잠금 노브를 눌러 도어를 잠글 때 0.5초 후 잠금 해제 출력을 발생시켜 도어 잠금을 불가능하게 한다.

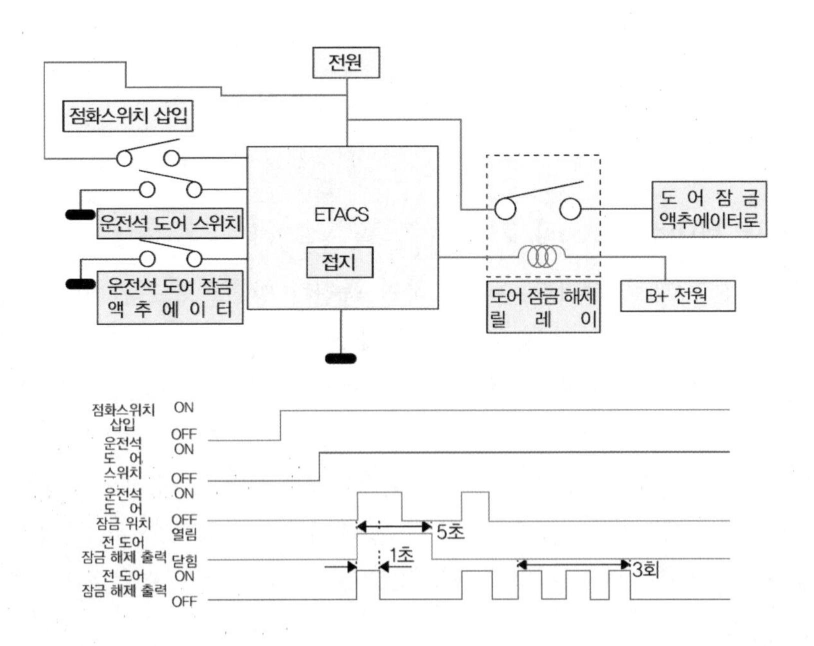

3.10. 자동 도어 잠김 제어

운전석이나 조수석에서 노브를 눌러 도어를 잠글 경우 전체 도어가 잠기고, 잠긴 노브를 해제하면 전체 도어의 잠김이 모두 해제된다. 그리고 도난경보기 리모컨 신호에 의해 잠금, 잠금 해제를 제어한다. 주행속도가 40km/h일 때 전체 도어의 잠금 작동이 일어난다. 제어 후 도어의 잠금 작동이 되지 않았을 경우에는 다시 잠금 작동을 수행한다. 제어시간 T1은 2~3초이다.

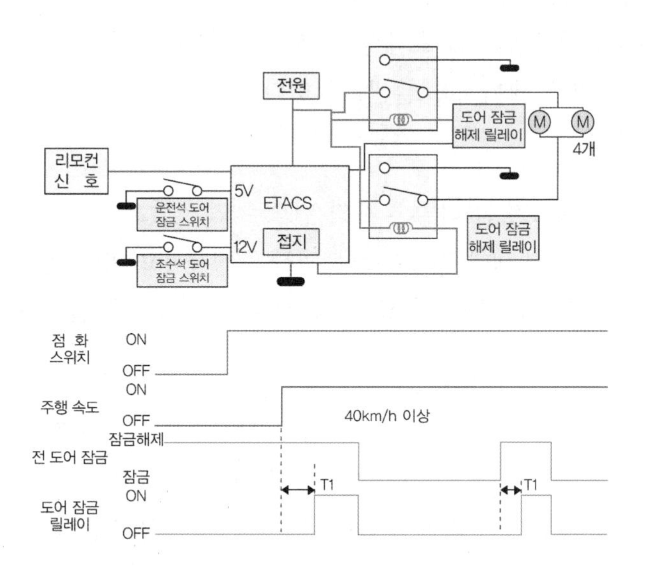

3 에어백

1. 에어백의 개요 air bag

에어백은 운전자 및 승객을 보호하기 위한 안전 장치로 운전자와 조향핸들 사이 또는 승객과 계기판 사이에 설치된 에어백을 순간적으로 부풀게 하여 운전자 및 승객의 부상을 최소화하는 장치이다. 에어백의 구성은 다음과 같다. **에어백 모듈, 클럭 스프링, 안전벨트 프리 텐셔너, 에어백 컴퓨터, 충격검출 센서, 안전 센서, 승객유무검출 센서, 인터페이스 유닛** 등으로 되어 있으며, 에어백 컴퓨터에 내장된 충격센서에 의해 충격신호를 받았을 때 작동한다.

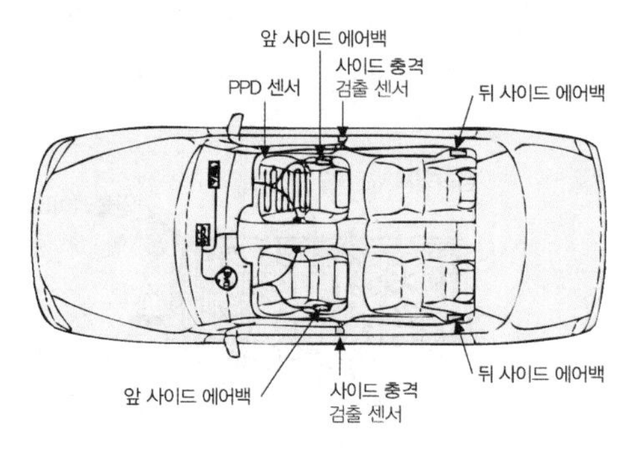

에어백 구성품의 설치위치

2. 에어백의 구성요소

2.1. 에어백 모듈 air bag module

에어백 모듈은 에어백을 비롯하여 패트 커버(pat cover), 인플레이터(inflater)와 에어백 모듈 고정용 부품으로 이루어져 있으며, 운전석 에어백은 조향핸들 중앙에 설치되고 조수석 에어백은 글러브 박스(glove box) 위쪽에 설치된다. 또 에어백 모듈은 분해하는 부품이 아니므로 분해 및 저항측정을 해서는 안 된다. 만약, 에어백 모듈의 저항을 측정할 때 뜻하지 않은 에어백의 전개(全開)로 위험을 초래할 수 있다. 에어백 모듈은 운전석 에어백 모듈, 조수석 에어백 모듈, 사이드 에어백 모듈 등이 있다.

(1) 에어백 air bag

에어백은 안쪽에 고무로 코팅한 나일론 제의 면으로 되어 있으며, 인플레이터와 함께 설치된다. 에어백은 점화회로에서 발생한 질소가스에 의하여 팽창하고, 팽창 후 짧은 시간 후 백(bag) 배출구멍으로 질소가스를 배출하여 충돌 후 운전자가 에어백에 눌리는 것을 방지한다.

(2) 패트 커버 pat cover – 에어백 모듈 커버

패트 커버는 에어백이 펼쳐질 때 입구가 갈라져 고정부분을 지점으로 전개하며, 에어백이 밖으로 튕겨 나와 팽창하는 구조로 되어 있다. 또 패트 커버에는 그물망이 형성되어 있어 에어백이 펼쳐질 때의 파편이 승객에게 피해를 주는 것을 방지한다.

(3) 인플레이터 inflater – 화약점화 방식

인플레이터에는 화약, 점화재료, 가스 발생기, 디퓨저 스크린(diffuser screen) 등을 알루미늄 용기에 넣은 것으로 에어백 모듈 하우징에 설치된다. 인플레이터 내에는 점화전류가 흐르는 전기접속 부분이 있어 화약에 전류가 흐르면 화약이 연소하여 점화재료가 연소하면 그 열에 의하여 가스 발생제가 연소한다. 연소에 의해 급격히 발생한 질소가스가 디퓨저 스크린을 통과하여 에어백 안으로 들어온다. 디퓨저 스크린은 연소가스의 이물질을 제거하는 여과작용 이외에도 가스의 냉각, 가스소음을 감소시키는 작용을 한다.

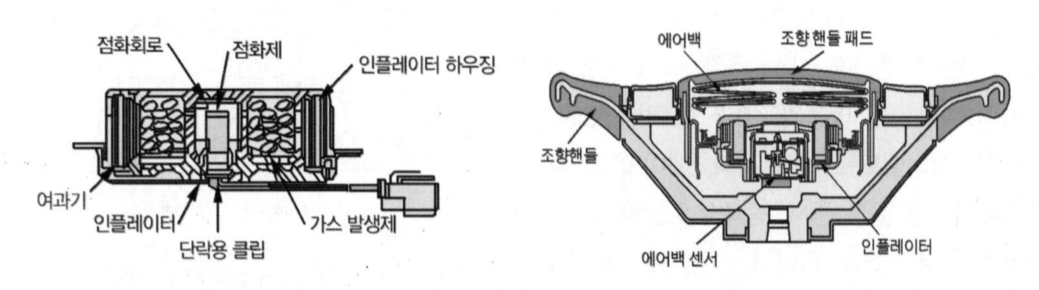

인플레이터의 구조

(4) 인플레이터 inflater – 하이브리드 방식(동승석 용)

하이브리드 방식과 화약점화 방식의 가장 큰 차이점은 에어백을 펼치는 방법이다. 하이브리드 방식은 에어백 모듈에 일정량의 가스를 보관해 둔 상태에서 자동차가 충돌할 때 가스와 에어백을 연결하는 통로를 화약에 의하여 폭발 후 연결시키면 보관해 두었던 가스에 의하여 에어백이 팽창하는 구조로 되어 있다. 하이브리드 방식의 가장 큰 문제점은 오랫동안 모듈 안에 가스를 보관 해 두어야 하는 점이다. 만약, 가스가 누출되어 에어백이 작동할 때 백이 부풀어 오르지 않아 안전을 확보하지 못하게 된다. 이러한 단점을 보완하기 위하여 모듈의 재질을 강화하여 가스가 누출되는 것을 방지하고 있다. 또 저압스위치를 모듈 안에 설치하여 가스의 압력을 항상 검출하였으나 최근에는 기술의 발달로 가스누출을 최소화하여 저압스위치를 설치하지 않는다.

2.2. 클럭 스프링 clock spring

클럭 스프링은 조향핸들과 조향칼럼 사이에 설치되며, 에어백 컴퓨터와 에어백 모듈을 접속하는 것이다. 이 스프링은 좌우로 조향핸들을 돌릴 때 배선이 꼬여 단선되는 것을 방지하기 위하여 종이 모양의 배선으로 설치하여 조향핸들의 회전 각도에 대처할 수 있게 되어 있다. 또 클럭 스프링은 조향핸들과 함께 회전하기 때문에 반드시 중심위치를 맞추어야 하며, 만약 중심위치가 맞지 않으면 클럭 스프링 내부의 종이모양의 배선이 단선되거나 저항값이 증가하여 경고등이 점등된다.

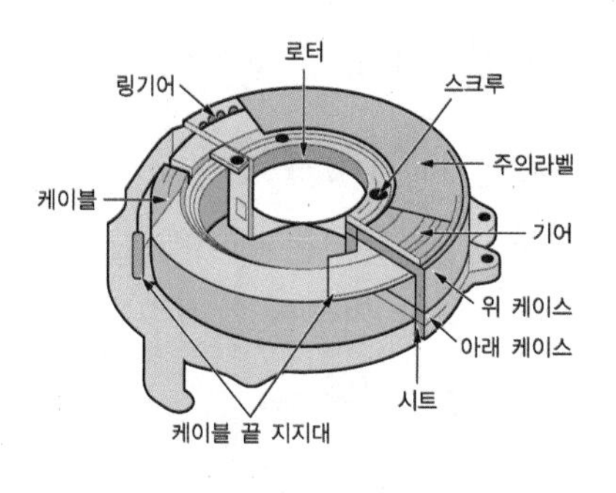

클럭스프링의 구조

2.3. 안전벨트 프리 텐셔너 belt pre tensioner

(1) 안전벨트 프리 텐셔너의 역할

자동차가 충돌할 때 에어백이 작동하기 전에 안전벨트 프리 텐셔너를 작동시켜 안전벨트의 느슨한 부분을 사전에(pre) 되감아 충돌로 인하여 움직임이 심해질 승객을 확실하게 시트에 고정시켜 크러시 패드(crush pad)나 앞 창유리에 부딪히는 것을 방지하며, 에어백이 펼쳐질 때 올바른 자세를 가질 수 있도록 한다. 또 충격이 크지 않을 때는 에어백은 펼쳐지지 않고 안전벨트 프리 텐셔너만 작동하기도 한다.

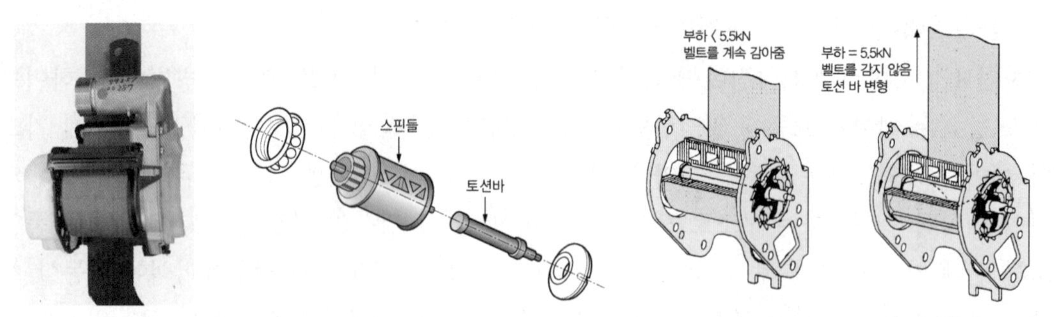

벨트 프리텐셔너의 구조 벨트 프리텐셔너의 작동

(2) 안전벨트 프리 텐셔너의 작동

안전벨트 프리 텐셔너 내부에는 화약에 의한 점화회로와 안전벨트를 되감는 피스톤이 들어 있기 때문에 컴퓨터에서 점화시키면 화약의 폭발력으로 피스톤을 밀어 벨트를 되감을 수 있다. 작동된 프리 텐셔너는 반드시 교환하여야 하지만 에어백 컴퓨터는 6번까지 프리 텐셔너를 작동시킬 수 있으므로 재사용이 가능하다.

2.4. 에어백 컴퓨터

에어백 컴퓨터는 에어백 장치를 중앙에서 제어하며, 고장이 나면 경고등을 점등시켜 운전자에게 고장 여부를 알려주고, 에어백 취급 시 안전을 위하여 에어백 컴퓨터 회로의 안전장치가 갖춰져 있다.

(1) 단락 바 short bar

에어백 컴퓨터를 떼어내면 경고등이 점등되어야 한다. 또 컴퓨터를 떼어낼 때 각종 에어백 회로가 전원과 접지되어 에어백이 펼쳐질 수 있다. 단락 바는 이러한 사고를 미연에 방지하기 위해 에어백 컴퓨터를 떼어낼 때 경고등과 접지를 연결시켜 에어백 경고등을 점등시키며, 에어백 점화라인 중 고압 배선과 저압 배선을 서로 단락(short)시켜 에어백 점화 회로가 구성되지 않도록 하는 부품이다.

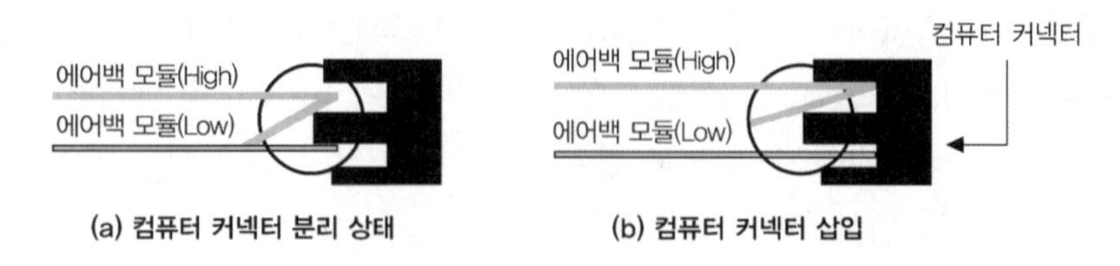

(a) 컴퓨터 커넥터 분리 상태 (b) 컴퓨터 커넥터 삽입

단락 바의 구조

(2) 2차 잠금장치 second lock system

에어백 장치에서 커넥터 접촉 불량 및 이탈은 장치에 큰 영향을 주며, 승객의 안전을 확

실히 보장할 수 없다. 따라서 에어백에서 사용하는 각종 배선들은 어떤 악조건에서도 커넥터의 이탈을 방지하기 위하여 커넥터를 끼울 때 1차로 잠금이 되며, 커넥터 위쪽의 레버를 누르거나 당기면 2차로 잠금이 되어 접촉 불량 및 커넥터의 이탈을 방지하고 있다.

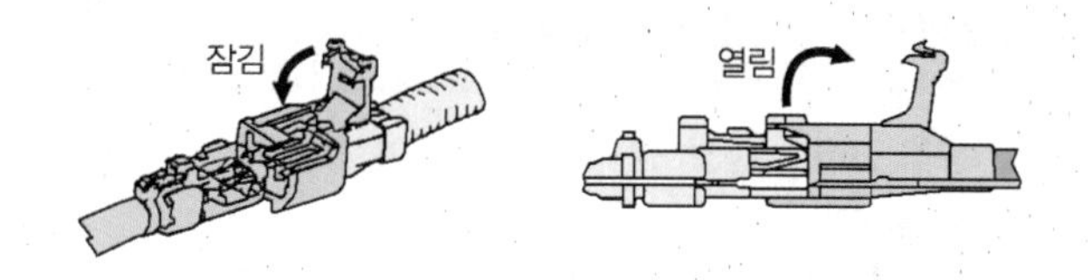

2차 잠금장치의 구조

(3) 에너지 저장기능

자동차가 충돌할 때 뜻하지 않은 전원 차단으로 인하여 에어백에 점화가 불가능할 때 원활한 에어백 점화를 위하여 에어백 컴퓨터는 전원이 차단되더라도 일정시간(약150ms)동안 에너지를 컴퓨터 내부의 축전기(condenser)에 저장한다. 이는 점화스위치를 ON에서 OFF로 할 경우에도 동일하다.

3. 에어백 전개(펼침) 제어

자동차가 주행 중 충돌이 발생하였을 때 가속도 값(G값)이 충격 한계 이상이면 에어백을 전개시켜 운전자를 보호한다.

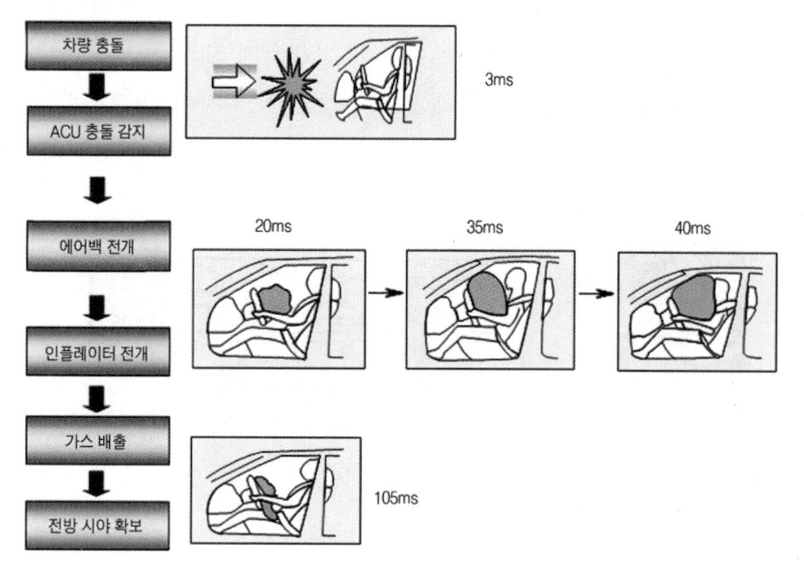

에어백의 전개 과정

알고갑시다 SRS (supplemental restraint system) 에어백 작동 원리

① **충격 감지 :** 충돌 센서가 감지하여 ACU에 신호를 전달한다.
충돌 발생 → 충격 감지
② **에어백 전개 :** ACU는 에어백 모듈에 에어백을 팽창시키기 위한 신호를 전달한다. 가스발생장치 착화 및 화약연소 → 에어백 내로 가스분출 · 팽창 → 커버 뚫고 에어백 전개 개시 → 에어백 완전 팽창 → 승객보호
③ **에어백 수축 :** 에어백 모듈 가스 발생. 순간적으로 팽창 후 수축한다.
가스배출 → 수축 → 전방 시야확보

3.1. 충격검출 센서 impact sensor

충격검출 센서는 자동차의 충돌상태 즉 가 · 감속값(G값)을 산출하는 것이며, 평상적으로 주행할 때와 급가속 또는 급 감속할 때를 명확하게 구분하여 에어백 컴퓨터로 출력값을 입력시키면 에어백 컴퓨터는 입력된 신호를 바탕으로 최적의 에어백 점화시기를 결정하여 운전자의 안전을 확보한다. 이 센서는 전자센서이므로 전자파에 의한 오판을 방지하기 위하여 기계방식으로 작동하는 안전센서를 두어 에어백 점화를 최종적으로 결정한다. 충격검출 센서는 에어백 컴퓨터 안에 설치되어 있다.

3.2. 안전 센서 safety sensor

안전센서는 충돌할 때 기계적으로 작동한다. 센서 한쪽은 전원과 연결되어 있고 다른 한쪽은 에어백 모듈과 연결되어 있어 주행 중 충돌이 발생하면 센서 내부에 설치된 자석이 관성에 의하여 스프링 장력을 이기고 자동차 진행방향으로 움직여 리드스위치를 ON시키면 에어백 전개에 필요한 전원이 안전센서를 통과하여 에어백 모듈로 전달된다.

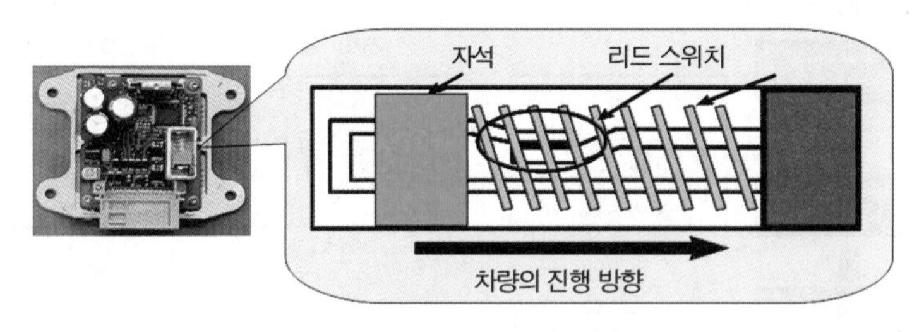

안전 센서의 구조

4. 승객유무 검출 센서 PPD, passenger presence detect sensor

4.1. PPD 센서의 역할

이 센서는 조수석에 탑승한 승객 유무를 검출하여 승객이 탑승하였으면 정상적으로 에어백을 전개하고, 승객이 없으면 조수석 및 사이드 에어백을 전개하지 않는다.

4.2. PPD 센서의 작동 원리

인터페이스 모듈의 2개의 커넥터 중 녹색 커넥터가 승객유무 검출센서 커넥터이다. 커넥터는 2개의 핀(pin)으로 이루어져 있으며, 각각 다른 2개의 배선 사이에서 하중에 따라 저항값이 변화하는 압전소자를 설치하여 승객의 하중에 따라 변화하는 저항값으로 승객 존재 유무를 판단한다.

승객유무 검출센서의 구성

4.3. 인터페이스 유닛 interface unit

승객유무 검출센서에서 출력되는 저항값은 아날로그 신호이므로 에어백 컴퓨터는 승객유무 검출센서의 값을 인식하지 못한다. 그러나 저항값으로 출력되는 승객유무 검출센서의 값을 인터페이스 유닛이 디지털 신호로 변환하여 컴퓨터로 입력시킨다. 인터페이스 유닛에서 컴퓨터로 일방향 통신을 하며, 조수석 시트 아래쪽에 설치된다. 이 장치는 다음의 3가지 신호를 보낸다.

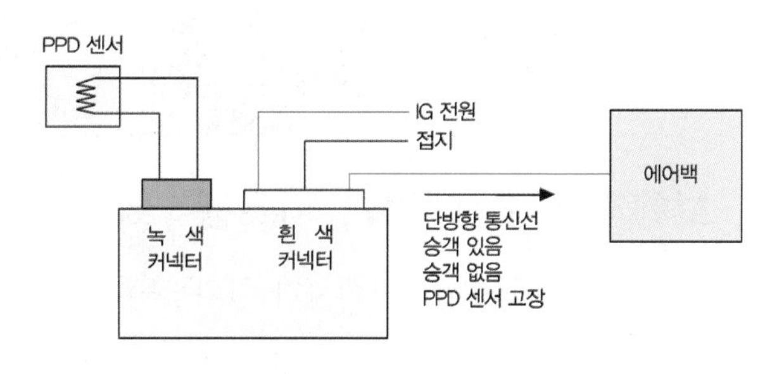

PPD 인터페이스 유닛 구성회로도

① 승객 있음
② 승객 없음
③ 승객유무 검출센서 고장

5. 측면 에어백 side air bag

측면 에어백은 자동차 측면에서 충돌이 발생하였을 때 운전자 및 승객의 머리와 어깨를 보호하는 장치로서 시트 안에 들어 있다. 측면 충돌 감지 센서로는 자동차 좌·우측에 들어있는 측면 충돌 감지 센서와 에어백 컴퓨터 내부의 측면 충돌 감지 센서에 의하여 작동하며, 2가지의 센서가 모두 작동하여야 에어백이 작동한다.

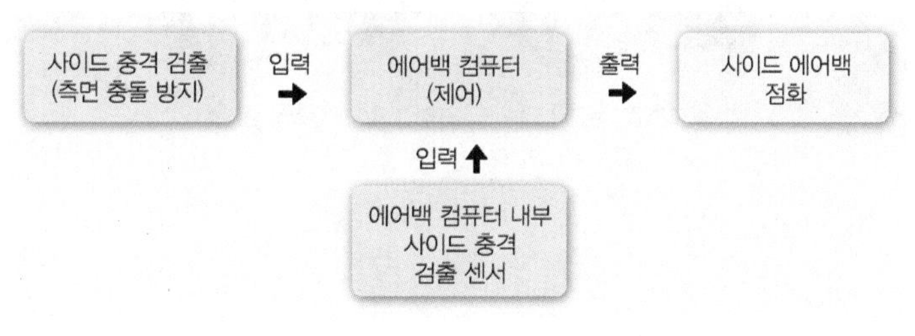

사이드 에어백의 작동원리

4 보행자 보호 시스템

차량이 보행자와 충돌을 회피하거나 혹은 충돌 시 충격을 감소시켜 보행자를 보호함은 물론 운전자를 보호하는 시스템을 말한다.

1. 보행자 보호 에어백 시스템 pedestrian air bag system

보행자 보호 에어백은 보행자가 차와 충돌할 때 보닛과 전면 유리 사이에 있는 에어백이 부풀어 오르며 튀어나와 보행자의 부상 정도를 줄여주는 기능을 한다. 보행자 사고의 대부분은 차량 보닛 하부의 기관과 전면 유리 하단, 강성이 강한 A필러에 부딪혀 발생한다는 점을 착안해 개발된 에어백이다. 부딪히는 대상이 사물인지 사람인지는 라디에이터 그릴과 앞 범퍼에 달린 다수의 센서가 확인하여 자동차와 충돌한 대상이 사람으로 감지되면 제어장치로 신호를 전달한다. 신호를 전달받은 제어장치는 먼저, 보닛 위쪽의 핀을 풀어 보닛을 약 10cm 들어 올리는데 이는 보행자의 머리가 보닛 아래에 있는 기관에 닿지 않도록 하기 위함으로 보행자 에어백은 전면 유리 하단부의 3분의 1과 양쪽 A필러를 감싼 U자 형태의 에어백이 수천분의 1초(약 0.03초) 만에 가스로 채워지며 부풀어 오르는데 보행자의 머리가 여기에 직접 닿지 않도록 충격을 완화해 준다.

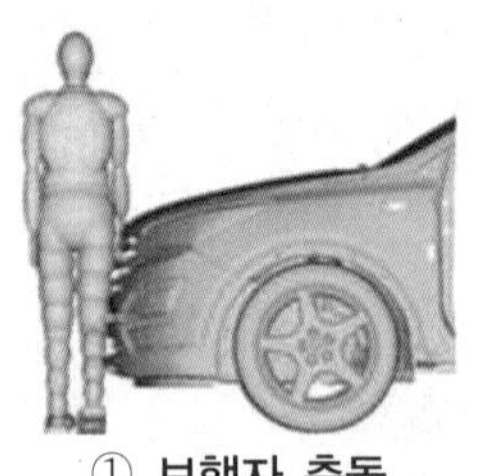

① 보행자 충돌

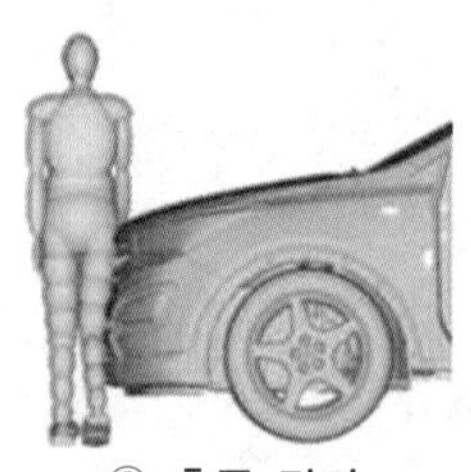

② 충돌 감지

③ 후드 상승

④ 상해 축소

2. 능동적 후드 시스템 active hood lifting system

보행차가 차에 부딪혀 차량 본닛 위로 떨어질 때 그 충격을 감소시키기 위해 범퍼에 20km/h 이상의 충돌이 감지되면 보닛을 들어 올려서 충돌 흡수공간을 확보하는 것이다. 두 개의 구동기가 보닛의 뒷부분을 약 100mm 들어 올린다. 다리와 보닛 사이의 충돌이 발생한 후 60~70msec 이내에 구동기는 보닛을 들어올려야 한다. 들어 올려진 보닛은 상체가 충돌할 때까지는 유지되다가, 머리가 보닛의 상부에 충돌할 때 충격을 흡수하면서 원위치 된다.

능동적 후드 시스템 작동 순서

3. 능동적 범퍼 시스템 active bumper system

능동적 범퍼 시스템은 충돌을 예상하고 차량 전면에서 구조물을 확장하여 충돌이 발생하는 길이를 늘이는 개념이다. 늘어난 길이는 더 긴 시간에 걸쳐 사고의 에너지를 소멸시키고 차량 탑승자에게 전달되는 힘을 줄여 심각한 부상 위험을 낮춘다. 이러한 디자인의 주요 구성요소는 감지 시스템과 충돌 전에 자동차 전면에서 확장되는 접을 수 있는 구조물이다.

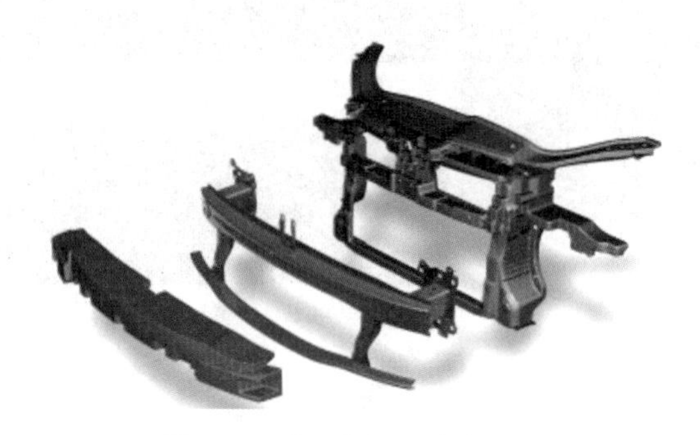

보행자 보호용 멀티플 레이어 범퍼

CHAPTER 10

편의 장치

1 계기 장치

1. 계기의 개요

자동차를 쾌적하게 운전할 수 있고, 또 안전운전을 위해 운전 중의 자동차의 상황을 쉽게 알 수 있도록 각종 계기들을 운전석의 계기판(instrumental panel)에 부착하고 있다. 주요 계기는 속도계, 충전경고등, 유압경고등, 연료계, 온도계 등이며, 그밖에 자동차 종류에 따라서는 기관 회전속도계, 운행기록계 등이 있다. 자동차용 계기에는 다음과 같은 구비조건이 필요하다.

① 구조가 간단하고 내구성・내진성이 있을 것
② 소형・경량일 것
③ 지시가 안정되어 있고, 확실할 것
④ 읽기가 쉬울 것
⑤ 장식적인 면도 고려되어 있을 것
⑥ 가격이 쌀 것

계기 장치

2. 유압 경고등

유압계를 통하여 기관 윤활계통의 유압을 측정하며, 이 윤활계통에 이상이 있으면 유압 경고등을 점등한다. 작동은 유압이 규정 값에 도달하였을 때 유압이 다이어프램을 밀어 올려 접점을 열어서 소등하고, 유압이 규정 값 이하가 되면 스프링의 장력으로 접점이 닫혀 경고등을 점등한다.

3. 연료계

연료계는 연료탱크 내의 연료 보유량을 표시하는 계기이며, 일반적으로 전기방식을 사용한다. 연료계에는 계기방식인 평형코일 방식, 서모스탯 바이메탈 방식, 바이메탈 저항방식과 연료면 표시기 방식이 있다. 여기서는 현재 사용하고 있는 평형코일 방식과 연료면 표시기 방식에 관해서만 설명하도록 한다.

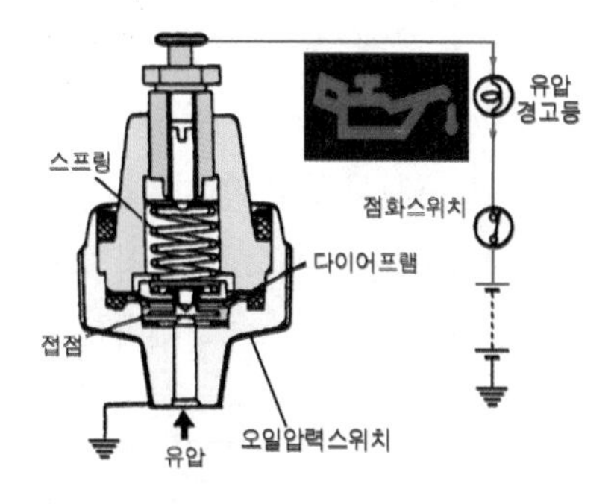

유압경고등 회로

3.1. 평형코일 방식 balancing coil type

이 방식은 계기부분과 탱크 유닛(tank unit)부분으로 되어 있으며, 탱크 유닛부분에는 뜨개(float)의 상하에 따라 이동하는 이동 암에 의해 저항이 변화하는 가변저항이 들어 있다. 작동은 연료 보유량이 작을 때에는 저항값이 커서 코일 L_2의 흡입력보다도 코일 L_1 의 흡입력이 크기 때문에 바늘이 E(empty)쪽에 있게 된다. 연료 보유량이 많을 때는 저항값이 작아지며 이에 따라 코일 L_2의 흡입력이 증가한다. 따라서 바늘이 F(full)쪽으로 이동하여 머물게 된다.

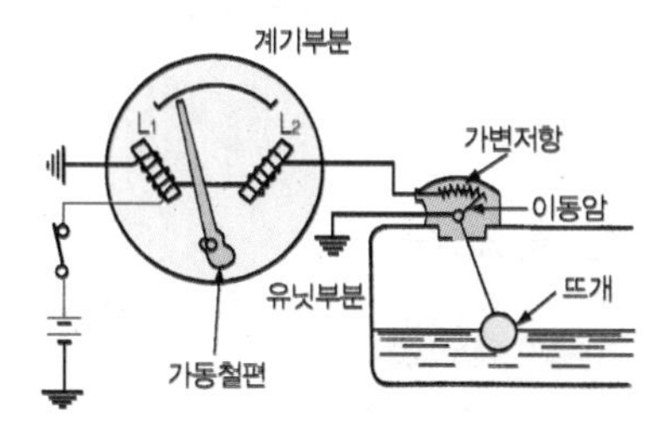

평형코일 방식 연료계

3.2. 연료면 표시기 방식

이 방식은 연료탱크 내의 연료 보유량이 일정 이하가 되면 램프(lamp)를 점등하여 운전자에게 경고하는 경보기이다. 작동은 연료가 조금 남아 접점 P_2가 닫히면 바이메탈 릴레이의 열선(heat coil)에 전류가 흐르며, 발열(發熱)로 바이메탈이 구부러져 10~30초 사이에 접점 P_1을 닫아 램프를 점등시킨다. 또 바이메탈 열선에 10~30초간 전류가 흐르지 않으면 접점 P_1이 닫히지 않기 때문에 자동차의 진동으로 순간적으로 접점이 닫혀도 램프가 점등되지 않는다.

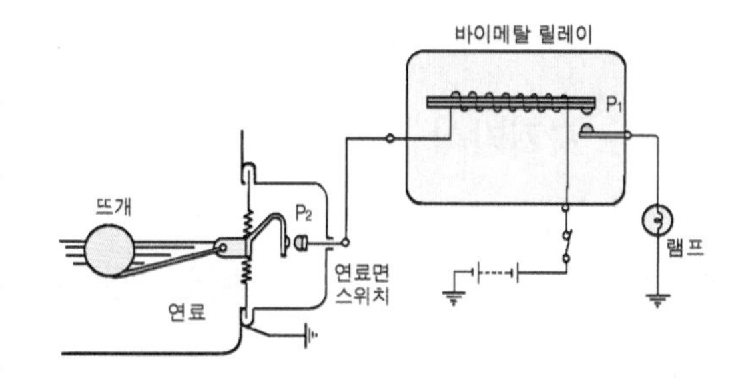

연료면 표시기

4. 냉각수 온도계

온도계는 실린더 헤드 물재킷 내의 냉각수 온도를 표시하는 것이며, 온도계의 종류에는 부든튜브 방식, 평형코일 방식, 서모스탯 바이메탈 방식, 바이메탈 저항 방식 등이 있으나 여기서는 현재 사용하고 있는 평형코일 방식에 대해서만 설명하도록 한다. 평형코일 방식(balancing coil type)은 계기부분과 기관 유닛부분으로 구성되어 있으며, 기관 유닛부분에는 서미스터를 두고 있다. 작동은 기관 냉각수 온도가 낮을 때에는 코일 L_2의 흡입력이 약하다. 이에 따라 온도계의 지침이 C(Cool)쪽에 머문다. 냉각수의 온도가 상승하면 코일 L_2의 흡입력이 커지므로 지침이 H(High)쪽으로 움직여 머물게 된다.

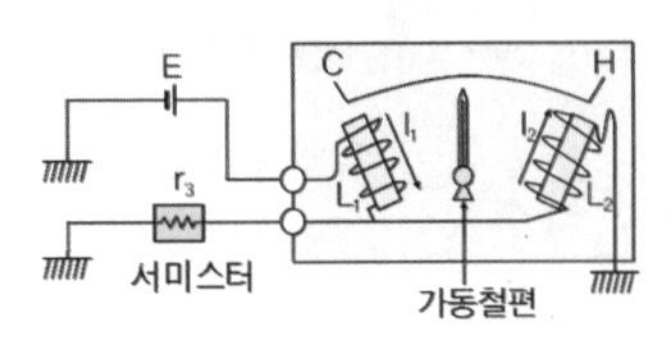

(a) 평형코일 방식 온도계의 회로

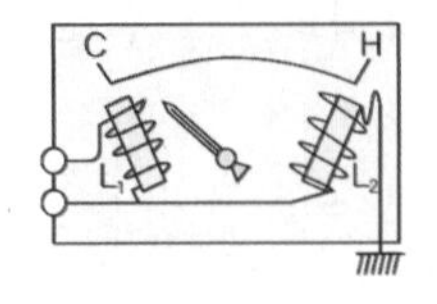

(b) L_2코일의 자력이 강함(온도가 낮을 때)

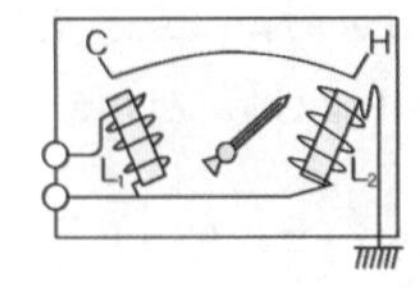

(c) L_1코일의 자력이 강함(온도가 높을 때)

평형코일 방식 온도계

5. 속도계

속도계에는 자동차의 주행속도를 1시간당의 주행거리(km/h)로 나타내는 속도 지시계와 전체 주행거리를 표시하는 적산계의 2부분으로 되어 있으며, 다시 수시로 0으로 되돌릴 수 있는 구간거리계를 설치한 것도 있다. 그리고 속도계는 변속기 출력축에서 속도계 구동 케이블을 통하여 구동된다. 종류에는 원심력 방식과 자기(磁氣)방식이 있으며, 현재는 자기방식을 사용한다. 자기식의 구조와 작동은 다음과 같다.

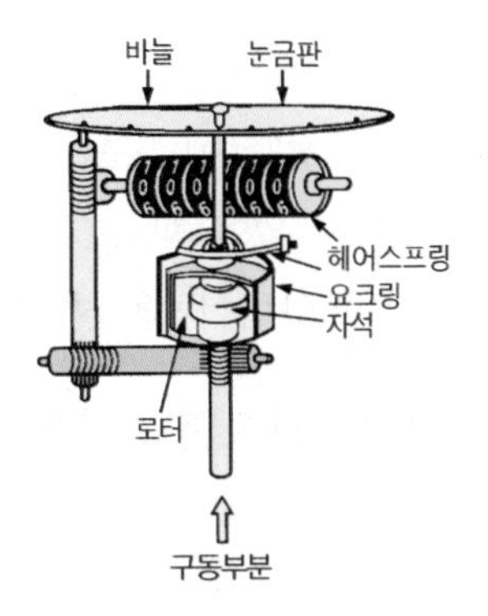

자기방식 속도계의 구조

5.1. 자기방식 속도계의 구조

자기방식은 회전축에 붙은 영구자석, 지시 바늘이 붙은 로터, 회전력을 조정하는 헤어 스프링, 눈금판, 적산계 및 적산계를 구동하는 특수기어 등으로 구성되어 있다.

5.2. 자기방식 속도계의 작동

영구자석이 회전하면 로터에는 전자유도 작용에 의해 맴돌이 전류가 발생하며, 이 맴돌이 전류와 영구자석의 자속과의 상호작용으로 로터에는 영구자석의 회전과 같은 방향으로 회전력이 발생한다. 따라서 로터는 헤어 스프링(hair spring)의 장력과 평형 되는 점까지 회전하며, 이 회전각도 만큼 바늘이 움직여 주행속도를 표시한다. 로터에 발생하는 회전력의 크기는 자석의 세기와 그 때의 회전속도에 비례하므로 주행속도가 증가되어 속도계 구동 케이블의 회전속도가 증대되면 그만큼 로터의 회전속도도 커지게 된다.

6. 적산계

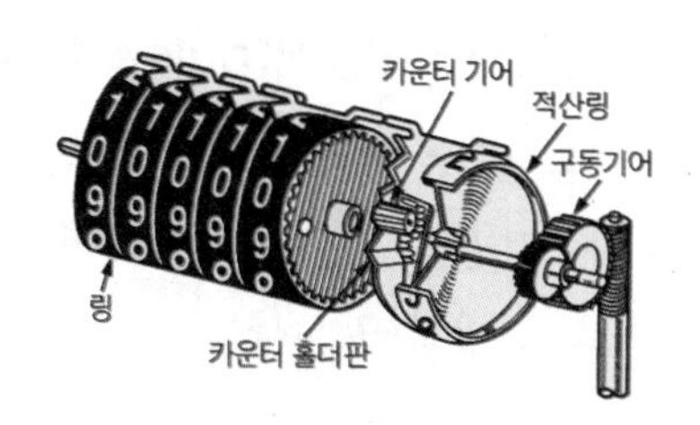

적산계의 구조

속도계의 회전축은 자석을 구동하는 일 외에 웜(worm) 기구를 사이에 두고 주행거리를 기록하는 적산계를 구동한다.

7. 구간거리계

구간거리계는 자릿수가 2자리 적은 것 이외에 적산계와 같은 구조이며, 구동 방법도 적산계와 마찬가지로 속도계의 회전축으로부터 웜(worm) 기구를 사이에 두고 구동된다. 구간 거리계에 적산되는 주행 거리 수는 적산계와 같으나 임의로 손잡이를 돌려 적산된 주행 거리 수를 0으로 되돌릴 수 있다.

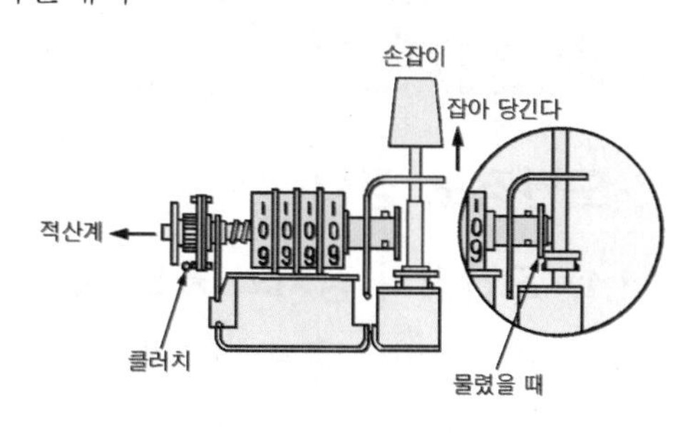

구간 거리계

8. 기관의 회전속도계

이 계기는 기관 크랭크축의 회전속도를 측정하는 계기이며, 자석방식, 발전기방식, 펄스방식 등이 있다.

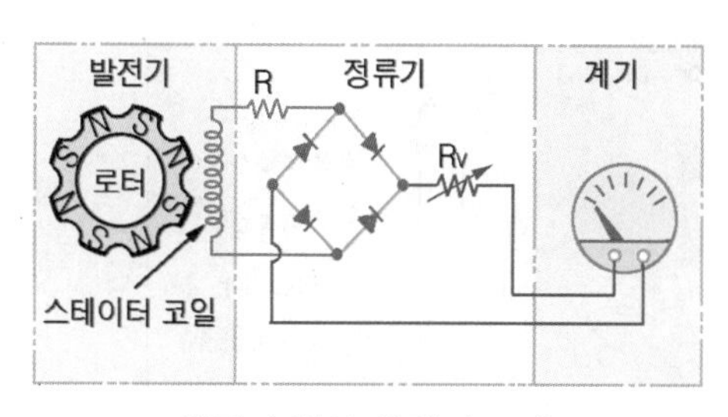

발전기 방식 회전 속도계

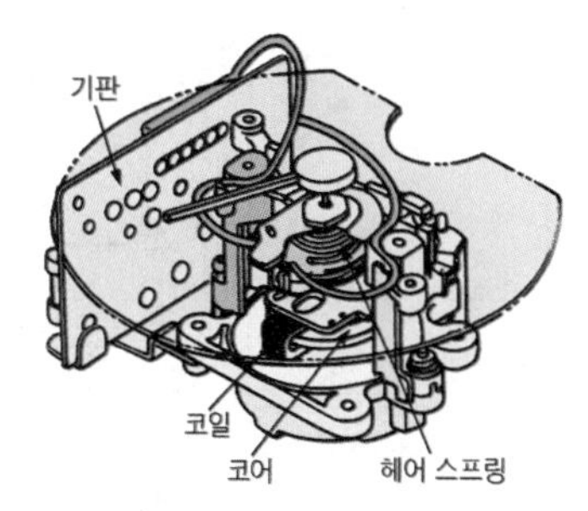

펄스 방식 회전 속도계

8.1. 발전기 방식 회전 속도계

이 방식은 계기(gauge)부분과 발전기 부분으로 구성되어 있으며, 계기부분은 가동 코일형 전압부분과 다이오드를 이용한 정류회로가 있다. 발전기 부분은 교류발전기와 같은 구조이며, 영구자석인 로터가 기관에 의하여 회전속도에 비례하는 전압이 스테이터 코일에서 발생한다. 기관이 가동되면 발전기 로터가 회전하여 스테이터 코일에 교류가 발생하고 이것을 4개의 다이오드로 전파 정류하여 가동 코일형의 지시부분으로 보내져 지시바늘이 움직인다.

8.2. 펄스방식(pulse type) 회전 속도계

이 방식은 가동 코일형 전류계와 펄스방식 회전속도 기판으로 구성되어 있다. 펄스방식에서는 기관의 회전속도를 배전기 신호에 의해 검출하고 있으므로 구동 케이블 등의 부속품을 필요로 하지 않는다.

2 도난방지 장치

1. 도난경보 장치

1.1. 도난방지 장치의 개요 및 구성

도난경보장치는 대부분 종합경보 장치의 일부 기능이며, 자동차의 도난상황이 발생하였을 때 사이렌을 통하여 경보한다. 또 시동회로를 차단하여 기관이 시동되지 않도록 한다. 도난경보장치는 자동차에 등록된 리모컨에 의해 작동되며 차종에 따라 기능과 작동이 다를 수 있다.

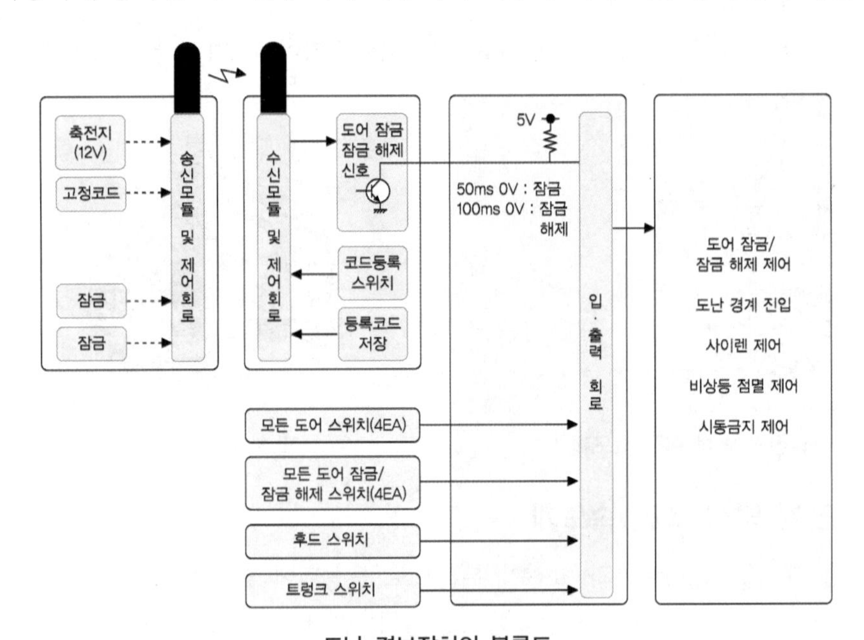

도난 경보장치의 블록도

① 리모컨 : 도어의 잠금(lock)/풀림(unlock) 스위치 정보를 무선으로 수신기로 송출한다.

② 수신기 : 리모컨으로부터 입력받은 신호가 사전에 등록된 코드와 일치하는지를 비교하여 일치하면 잠금에서는 5ms 동안 트랜지스터를 ON으로 하고, 풀림에서는 100ms 동안 ON으로 한다.

③ ECU : 수신기 트랜지스터의 ON/OFF에 따른 전압 및 시간의 변화 및 각종 입력정보를 종합적으로 판단하여 도어의 잠금 및 도난경계 진입 또는 잠금 풀림 및 도난경계 모드 해제를 실행한다.

④ 출력 : 도난경계 상태로 진입, 경보, 해제를 할 때 작동되는 요소들이다.

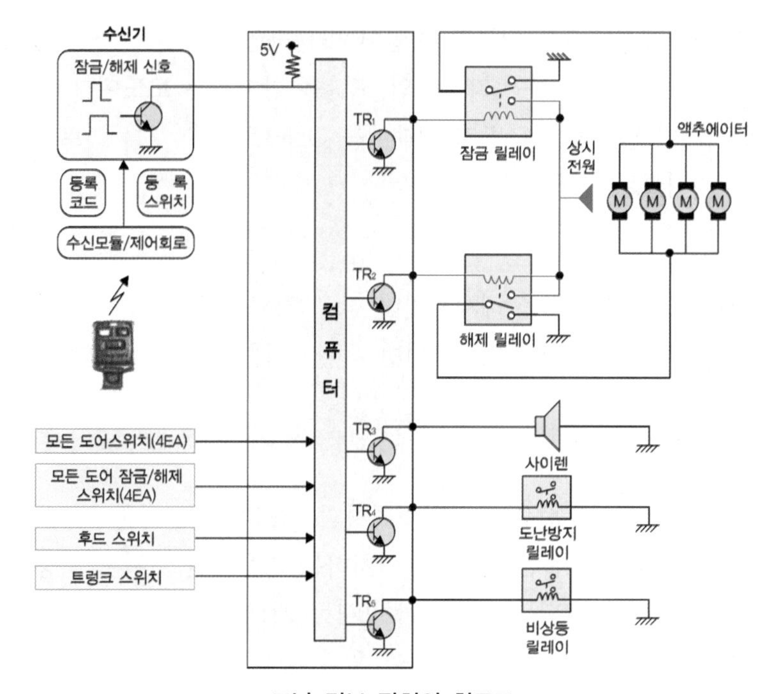

도난 경보 장치의 회로도

1.2. 도난방지 장치의 주요제어

(1) 도난경계 모드 진입

도난경계 모드는 도난상황이 발생하였을 때 도난경보 모드로 진입하기 위한 앞 단계이다. 컴퓨터(ECU)는 수신기로부터 도어 잠금 신호(50ms 동안 트랜지스터를 ON)가 입력되면 각종 입력 정보들을 확인하고, 다음의 조건이 만족되면 경계 상태로 진입한다. 조건 중 하나라도 만족하지 않으면 도난 경계 상태로 진입하지 않는다.

① 후드스위치(hood switch)가 닫혀있을 것

② 트렁크스위치가 닫혀있을 것

③ 각 도어스위치가 모드 닫혀있을 것

④ 각 도어 잠금 스위치가 잠겨있을 것

(2) 도난경계 모드 해제

도난경계 모드상태에서 리모컨에 의한 도어의 잠금 해제신호가 입력되면 경계상태를 해제한다.

(3) 도난경보 모드

도난경보 모드는 경계상태에서 외부의 침입이 발생하였을 때 사이렌을 작동시킴과 동시에 기관의 시동이 되지 않도록 하여 자동차의 도난을 방지하는 모드이다. 경계상태에서 각종 도어 중 1개 이상이 열리면 도난방지 릴레이를 ON으로 하여 시동회로를 차단하고 비상등과 사이렌을 주기적으로 작동한다.

(4) 경보모드 해제

경보 중 리모컨으로 도어 잠금을 해제시키면 잠금 해제출력을 0.5초 동안 ON으로 하고, 비상등 점멸 및 사이렌 구동을 정지하고 도난방지 릴레이를 OFF시켜 경계 해제상태로 된다.

2. 이모빌라이저

이모빌라이저 장치는 무선통신으로 점화스위치의 기계적인 일치뿐만 아니라 점화스위치와 자동차가 무선으로 통신하여 암호코드가 일치하는 경우에만 기관이 시동되도록 한 도난방지장치이다. 이 장치에 사용되는 점화스위치(시동 키) 손잡이(트랜스폰더)에는 자동차와 무선으로 통신할 수 있는 특수 반도체가 들어 있다.

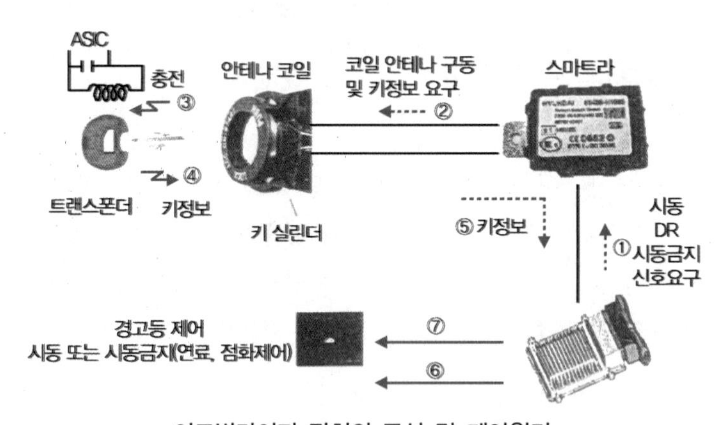

이모빌라이저 장치의 구성 및 제어원리

2.1. 이모빌라이저 장치의 구성

점화스위치를 키 실린더에 꽂고 ON으로 하면 기관 컴퓨터는 스마트라에게 점화스위치 정보와 암호를 요구한다. 이때 스마트라는 안테나 코일을 구동(전류공급)함과 동시에 안테나 코일을 통해 트랜스폰더에게 점화스위치 정보와 암호를 요구한다. 따라서 트랜스폰더는 안테나 코일에 흐르는 전류에 의해 무선으로 에너지를 공급받음과 동시에 점화스위치 정보와 암호를 무선으로 송신한다. 트랜스폰더에서 송신된 점화스위치 정보는 무선으로 안테나 코일에 전달되고 스마트라를 거쳐 기관 컴퓨터로 전달된다. 기관 컴퓨터는 점화스위치 정보가 수신 되면 이미 등록된 정보와 비교 분석하여 일치하는 경우에는 기관을 시동하고, 일치하지 않는 경우에는 시동금지 기능을 실행하는데 시동을 금지할 경우에는 점화와 연료분사를 하지 않는다.

2.2. 트랜스폰더의 충·방전 원리

전류가 흐르고 있는 안테나 코일에 트랜스폰더가 가까이 접근하면 트랜스폰더에 들어 있는 코일에 전자유도 작용이 일어난다. 이때 축전기(condenser)가 충전된다. 따라서 트랜스폰더는 점화스위치를 ON으로 한 직후 작동할 수 있는 에너지를 얻게 됨과 동시에 스마트라로부터 점화스위치 정보와 암호를 요구하는 신호를 수신 받는다.

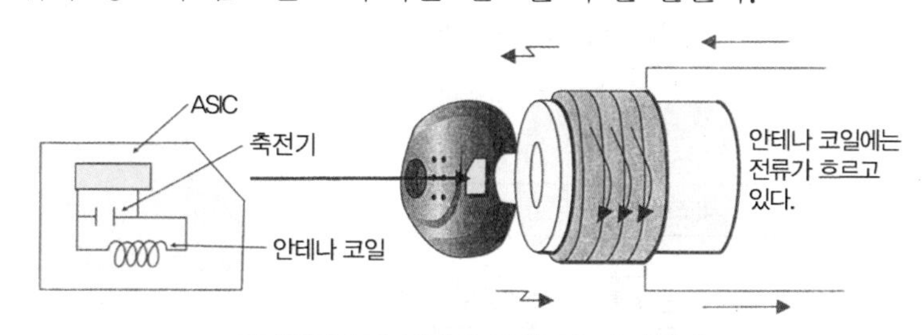

이모빌라이저 장치의 구성 및 에어원리

2.3. 이모빌라이저 구성부품의 기능

(1) 기관 컴퓨터

기관 컴퓨터는 점화스위치를 ON으로 하였을 때 스마트라를 통하여 점화스위치 정보를 수신 받고, 수신된 점화스위치 정보를 이미 등록된 점화스위치 정보와 비교 분석하여 기관의 시동 여부를 판단한다.

(2) 스마트라

스마트라는 기관 컴퓨터와 트랜스폰더가 통신을 할 때 중간에서 통신매체의 역할을 한다. 그리고 어떠한 정보도 저장되지 않는다.

(3) 트랜스폰더

점화스위치 손잡이에는 그림과 같은 회로가 들어 있는데 이 부분이 트랜스폰더이다. 트랜스폰더에는 전지가 들어 있지 않기 때문에 반영구적으로 사용할 수 있다. 그러나 작동할 때에는 무선으로 에너지를 공급받아 축전기의 충전과 방전을 통하여 작동한다. 트랜스폰더는 스마트라로부터 무선으로 점화스 위치 정보 요구 신호를 받으면 자신이 가지고 있는 신호를 무선으로 보내주는 역할을 한다. 따라서 이모빌라이저 장치에서 사용되는 점화스위치는 일반적으로 사용되는 것과는 다르다. 안테나 코일은 점화스위치 키 실린더에 구리선을 감아 일체형으로 한 것이며, 이 코일은 스마트라로부터 전원을 공급받아 트랜스폰더에 무선으로 에너지를 공급하여 충전시키는 작용을 한다. 그리고 스마트라와 트랜스폰더 사이의 정보를 전달하는 신호전달 매체로 작용을 한다.

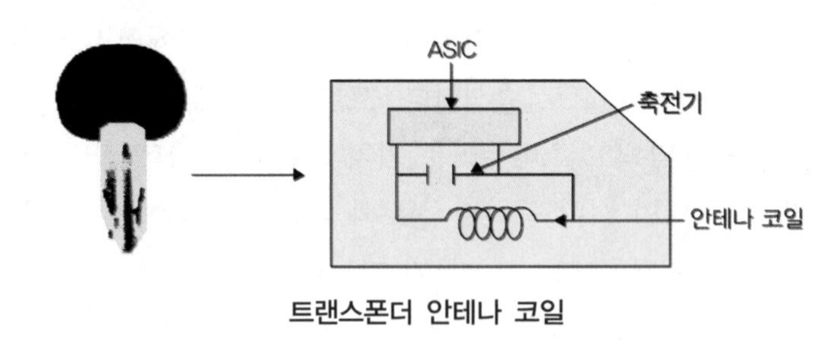

트랜스폰더 안테나 코일

(4) 트랜스폰더 등록

이모빌라이저 장치는 이미 등록된 점화스위치에 의해서만 기관 시동이 가능하기 때문에 트랜스폰더는 일정한 절차에 의해 등록하여야만 사용할 수 있다. 그림은 트랜스폰더 등록방법의 예를 나타낸 것이다.

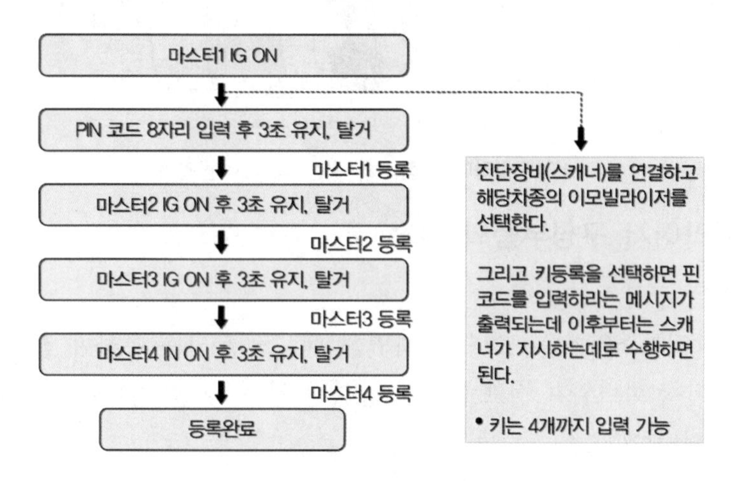

트랜스폰더 등록절차

3 스마트키

1. 스마트키의 개요

PIC(personal IC card) 장치는 점화스위치나 리모컨을 이용하여 자동차에 탑승하거나 기관을 시동하는 것이 아니다. 즉, 스마트키(PIC용 리모컨)를 소지한 운전자는 어떠한 행동

(점화스위치 또는 리모컨을 이용하여 도어 잠금 및 잠금 해제)도 하지 않은 상태에서 자동차에 탑승할 수 있는 장치이다. 또 PIC 장치는 운전자가 스마트키로 어떤 행동(점화스위치를 키 실린더에 끼운 후 각 위치로의 조작)도 하지 않은 상태에서 MSL(Mechatronic Steering Lock)을 구동하여 점화스위치의 조작이 가능하도록 하여 기관의 시동과 시동을 금지할 수 있도록 되어 있다. PIC는 기존 자동차 입·출입 및 시동방법과 비교할 때 다음과 같이 구분된다.

기존 시동키와 PIC 장치의 비교

항목	기존 방식	PIC 장치
도어 열림	• 점화스위치를 키 실린더에 끼운 후 잠금 해제 방향으로 회전 • 리모컨의 잠금 해제(unlock)버튼 조작	• 스마트키를 소지한 상태에서 도어 손잡이를 터치한다.
도어 잠금	• 점화스위치를 키 실린더에 끼운 후 잠금 방향으로 회전 • 리모컨의 잠금(lock) 버튼 조작	• 스마트키를 소지한 상태에서 도어 손잡이의 잠금 버튼을 누른다.
트렁크 열림	• 리모컨으로 트렁크 열림(open)버튼 조작	• 스마트키를 소지한 상태에서 트렁크의 리드 핸들을 당긴다.
기관 시동	• 점화스위치를 키 실린더에 끼운 후 시동위치로 조작하여 시동한다.	• 푸시버튼을 누른 상태에서 로터리 노브를 회전시킨다.

PIC 장치의 기능

No.	기 능	세부 내용
1	• 키리스 엔트리 기능	• 일반적인 리모컨 기능과 같이 도어 잠금 및 잠금 해제, 트렁크 잠금 해제 제어 기능(도어를 잠금으로 하였을 때 도난경계 진입)
2	• 스마트키 인증에 의한 도어 잠금 해제	• 스마트키를 소지하였을 때 도어핸들의 터치센서를 만지는 것만으로도 도어의 잠금이 해제되는 기능
3	• 스마트키 인증에 의한 도어 잠금	• 스마트키를 소지하였을 때 도어핸들의 잠금 버튼을 누르는 것만으로도 도어가 잠기는 기능(도어를 잠금으로 하였을 때 도난경계 진입)
4	• 스마트키 인증에 의한 트렁크 잠금 해제	• 스마트키를 소지하였을 때 트렁크를 별도의 조작 없이 열 수 있는 기능
5	• 스마트키 인증에 의한 MSL 해제	• 스마트키를 소지하였을 때 무선 인증에 의해 MSL 잠금을 해제하고 기관 시동이 가능한 가능
6	• 스마트키 인증에 의한 기관 시동	• 스마트키를 소지하였을 때 무선 인증에 의해 기관 시동이 가능한 가능
7	• 림프 홈 시동(트랜스폰더에 의한 시동)	• 스마트키에 고장이 발생하였을 때 이모빌라이저 기능과 동일하게 스마트키를 MSL 노브에 끼웠을 때 트랜스폰더를 인증하여 MSL 해제 및 기관시동이 가능하도록 하는 기능
8	• 경고등 제어	• 계기판의 PIC 램프를 통하여 장치의 상태를 운전자에게 알려주는 기능

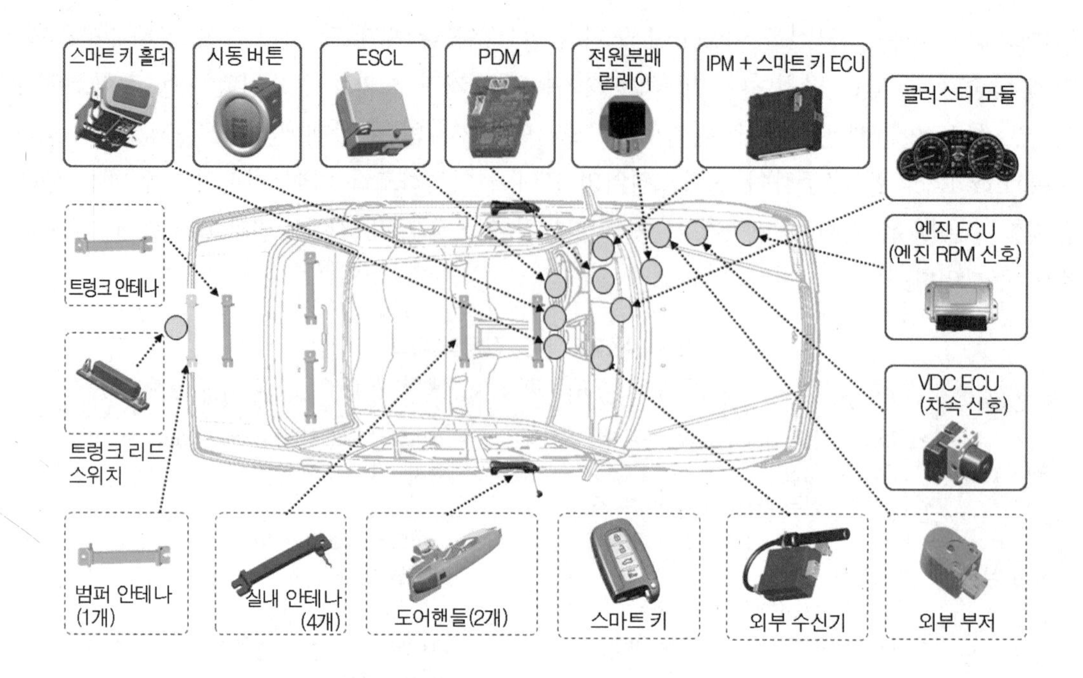

2. 스마트키의 구성요소

2.1. PIC 컴퓨터

PIC 컴퓨터는 패시브 액세스(passive access), 패시브 잠금 해제(passive unlocking), 그리고 패시브 인증 등 모든 기능을 관리한다. PIC 컴퓨터는 커패시티브(capacitive)센서, 잠금 버튼, 브레이크 페달 신호, key in contact 등의 신호를 입력받고, 내・외부 안테나를 같이 출력제어를 하며, 자동차의 다른 부품들과 CAN 통신을 한다. 스마트키와의 통신에서는 PIC 컴퓨터 내부에 변조된 스마트키 확인요구(challenge)신호를 보내고 스마트키로부터의 응답(response)신호를 받는 수신기로부터 스마트키 확인신호를 받는다.

2.2. PIC 스마트키

PIC 장치의 스마트키는 2개이며, 기능은 다음과 같다.

① 수동 작동 : 스마트키 확인(challenge) 요구 신호를 PIC 컴퓨터로부터 받아 자동적으로 응답(response)신호를 보낸다.
② 잠금, 잠금 해제, 트렁크 등 3가지를 작동시키는 푸시버튼으로 되어 있다.
③ 비상상태에서 도어 개폐를 기계적으로 작동시킬 수 있는 키가 있다.
④ 축전지 불량이나 통신에 장애가 있을 때 사용하는 자동 응답 장치가 있다.

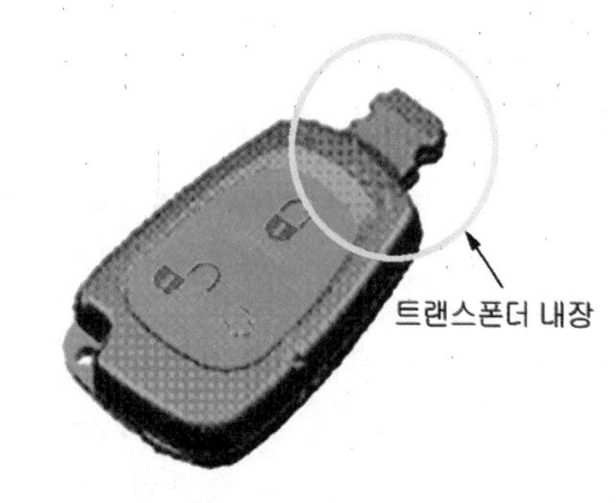

스마트키

2.3. 안테나 antennas

(1) 내부 및 외부 안테나

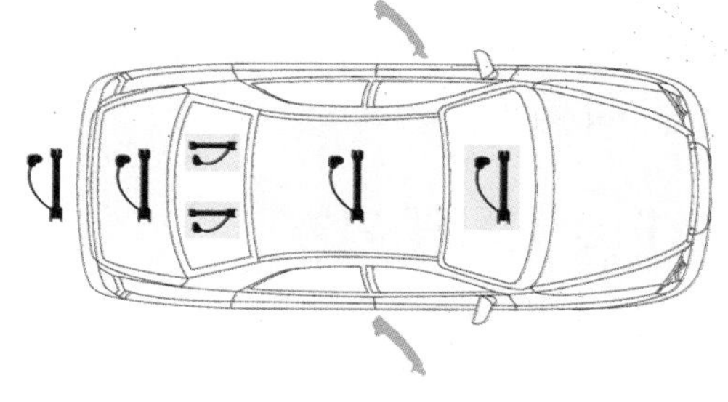

안테나 설치 위치

자동차 실내 및 외부에 감응(inductive) 안테나가 설치되어 있다. 안테나는 PIC 컴퓨터의 안테나 구동전류를 자기장의 변화로 변형시켜 PIC의 확인요구 신호를 받는다. 자동차 외부에는 3개의 안테나가 설치되어 있고, 이 중 도어 손잡이(운전석과 조수석)의 2개 안테나는 앞 도어 주위 2곳을 담당하며, 뒤 범퍼에 설치된 안테나는 트렁크 주위를 담당한다. 자동차 실내와 트렁크 부분에는 5개의 실내 안테나가 있으며, 2개의 안테나는 승객(passenger), 다른 2개의 안테나 중 한 개는 hat shelf(승용차 뒷유리 설치부분의 스피커를 설치하는 공간으로 모자 등을 올려놓을 수 있는 부분)를 나머지 한 개는 트렁크 부분을 담당한다.

(2) 이모빌라이저 백업 안테나(림프 홈[limp home]용)

비상 상태일 때 트랜스폰더(transponder)를 확인하기 위해 자성의 확인 요구 신호를 출력 및 받는다.

(3) 외부 수신기

스마트키의 확인신호를 PIC 컴퓨터 외부에 설치된 수신기에서 받고, 이것은 시리얼 통신을 통하여 PIC 컴퓨터로 전달한다.

2.4. 도어 손잡이

앞 도어의 도어 손잡이(운전석과 조수석)는 주파수 신호를 출력할 수 있도록 페라이트 안테나를 사용하며, 커패시티브 센서와 잠금 기능을 실행하기 위한 버튼이 설치되어 있다.

2.5. MSL mechatronic steering lock

MSL은 자동차의 허가 받지 않은 사용을 금지할 때 조향핸들을 블로킹(blocking) 하기 위한 장치이다. 그리고 기관을 시동할 때 페일 세이프(fail safe) 기능은 트랜스폰더가 설치된 스마트키로 할 수 있다. 스마트키를 MSL에 끼웠을 때 BCM(body control module)이 스마트키가 적합한 것으로 인증을 하면 MSL의 잠금을 해제한다. 그러나 PIC의 경우 점화 스위치를 끼운 후 돌리지 않고 패시브 시동(passive start)기능을 실행하여야 해서 무선통신에 의한 사용자 확인 및 이모빌라이저 기능이 필수이다.

2.6. IFU (Inter Face Unit)

IFU는 PIC 인증 데이터로 기관 시동명령을 실행하며, 통신에 의한 기관 시동이 불가능할 때 스마트키를 끼운 후 트랜스폰더의 인증으로 MSL 해제 및 기관시동 인증이 가능하도록 한다. 또 리모컨에 의한 도어 잠금, 잠금 해제, 트렁크 열림 작동에서 받은 데이터를 번역, 중계하여 BCM으로 전달한다.

3. PIC 장치의 기능

3.1. 도어 잠금 해제(passive access or entry) 기능

(1) 도어 잠금 해제의 작동범위

스마트키는 자유공간의 외부 안테나로부터 최소 0.7에서 최대 1m 범위 안에서 도어 손잡이 부착된 외부 안테나를 통해 자동차로부터 보내온 스마트키 요구 신호를 받아들여 이를 해석한다.

(2) 도어 잠금 해제의 작동 다이어그램

커패시티브 센서(capacitive sensor)가 부착된 도어 손잡이에 운전자가 접근하는 것은 운전자가 자동차 실내로 들어가기 위한 의도를 나타내는 것으로 이때 장치 트리거(system trigger) 신호로 인식한다. 즉, 스마트키를 지닌 운전자가 자동차에 접근하여 도어 손잡이를 터치하면 도어 손잡이 내에 있는 안테나는 유선으로 PIC 컴퓨터로 신호를 보낸다. 신호를 받은 PIC 컴퓨터는 다시 도어 손잡이의 안테나를 통하여 스마트키 확인 요구 신호를 무선으로 보내고, 스마트키는 응답신호를 무선으로 외부 수신기로 데이터를 보낸다. 데이터를 받은 외부 수신기는 유선(시리얼 통신)으로 PIC 컴퓨터로 데이터를 보내고, PIC 컴퓨터는 자동차에 맞는 스마트키라고 인증을 한다. 그리고 PIC 컴퓨터는 CAN 통신을 통해 도어 잠금 해제(unlock)신호를 운전석 도어모듈과 BCM으로 보낸다. 이에 따라 운전석 도어모듈이 잠금 해제 릴레이를 작동시키고, BCM은 방향지시등 릴레이(비상등)를 0.5초 동안 2회 작동시켜 도난경계를 해제시킨다.

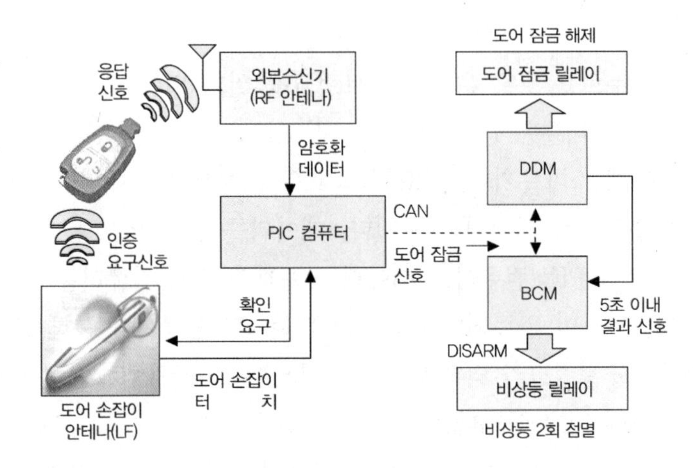

도어 잠금 해제 작동도

3.2. 도어 잠금 기능 passive locking, exit

잠금 버튼을 누르는 것은 운전자가 도어를 잠그기 위한 의도이며, 이때 장치 트리거 신호로 인식한다. 즉, 전체 도어가 닫힌 상태에서 도어 손잡이에 있는 잠금 버튼을 누르면 도어 손잡이는 PIC 컴퓨터로 신호를 보낸다. 신호를 받은 PIC 컴퓨터는 다시 도어 손잡이의 안테나를 통해 스마트키 확인 요구 신호를 무선으로 보내며, 스마트키는 응답 신호를 외부 수신기로 보낸다. 신호를 받은 외부 수신기는 유선(시리얼 통신)으로 PIC 컴퓨터로 데이터를 보내고, PIC 컴퓨터는 자동차에 맞는 스마트키라고 인증을 한다. 이때 운전석 도어모듈은 잠금 릴레이를 작동시키고, BCM은 방향지시등 릴레이(비상등)를 1초 동안 1회 작동시키고 도난경계 상태로 진입한다. 만약, 자동차 실내에 스마트키가 있으면 PIC 컴퓨터는 내부의 스마트키가 잠금 신호를 수신하는 것을 방지하기 위하여 내부 안테나로 작동중지 신호를 보낸다.

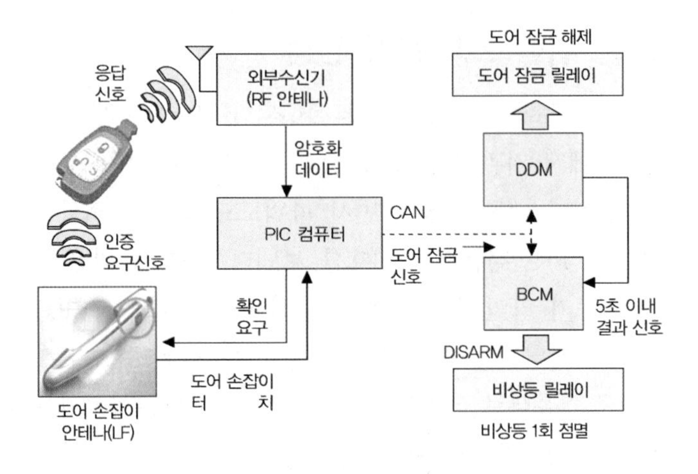

도어 잠금 작동도

3.3. 트렁크 열림 기능 passive access trunk

트렁크 리드 버튼을 누르는 것은 운전자가 트렁크를 열기 위한 의도이며, 이때 즉 트렁크 리드 버튼을 누르면 리드 버튼은 PIC 컴퓨터로 신호를 보낸다. 신호를 받은 PIC 컴퓨터는 다시 범퍼 안테나를 통해 스마트키 확인 요구 신호를 무선으로 보내며, 스마트키는 응답 신호를 무선으로 외부 수신기로 데이터를 보낸다. 데이터를 받은 외부 수신기는 응답이 맞으면 유선(시리얼 통신)으로 PIC 컴퓨터로 데이터를 보내고 PIC 컴퓨터는 자동 차에 맞는 스마트키라고 인증한다. 인증이 완료되면 PIC 컴퓨터는 CAN 통신을 통해 트렁크 열림 신호를 BCM으로 보낸다. 또 트렁크가 닫히면 PIC 컴퓨터는 스마트키로 인해 트렁크가 다시 열리는 것을 방지하기 위해 범퍼 안테나로 작동중지 신호를 보낸다. 그리고 PIC 컴퓨터는 트렁크 내부에 스마트키가 있는지 확인한다. 만약 사용하는 스마트키라면 PIC 컴퓨터는 BCM으로 트렁크 리드 릴레이를 구동하기 위한 열림 신호를 보낸다.

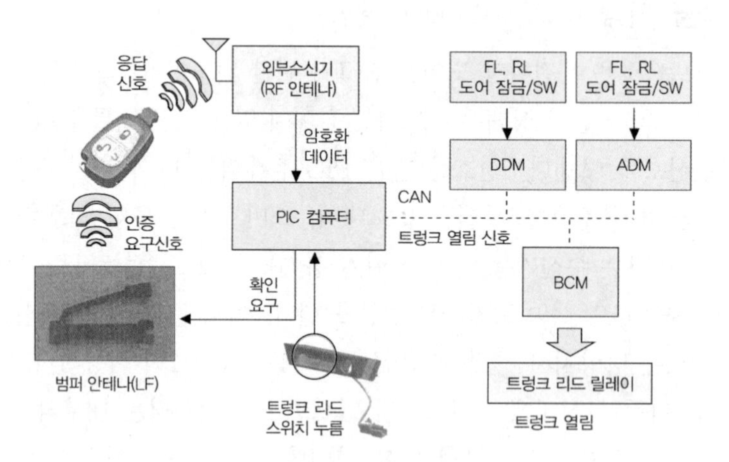

트렁크 열림 기능 작동도

4. 파워모드 인증을 위한 스마트키 인증 ignition, stop

파워모드 스위치 작동은 점화스위치를 통해 실행된다. PIC 장치는 PIC 컴퓨터에 의해 MSL이 해제된 후 운전자에게 기관 시동(크랭킹)과 가동정지 뿐만 아니라 파워모드의 조작(OFF, ACC, IG)을 허용한다. 작동과정은 먼저 파워모드 인증을 위하여 브레이크 페달을 밟으면 브레이크 스위치는 PIC 컴퓨터로 신호를 보낸다. 신호를 받은 PIC 컴퓨터는 다시 실내 안테나를 통해 스마트키 확인 요구 신호를 무선으로 보내고, 스마트키는 응답 신호를 무선으로 외부 수신기로 데이터를 보낸다. 데이터를 받은 외부 수신기는 응답이 맞으면 유선(시리얼 통신)으로 PIC 컴퓨터로 데이터를 보내며, PIC 컴퓨터는 자동차에 맞는 스마트키라고 인증한다. 인증이 되면 PIC 컴퓨터는 유선을 통해 MSL로 해제 신호를 보낸다. 신호를 받은 MSL은 점화스위치의 키실린더 잠금을 해제하고 파워모드의 조작을 허용한다.

파워모드의 조작을 허용하고 난 후 약 10초 이내에 점화스위치를 조작하지 않으면 MSL은 다시 잠긴다. 이를 해제하기 위해서는 브레이크 페달을 밟아 인증을 다시 받아야 한다.

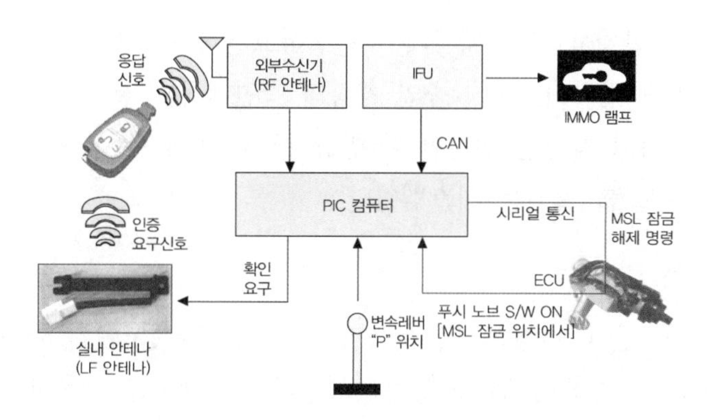

파워모드 작동을 위한 스마트키 인증 작동도

4 운전자 상태감시 장치

1. 운전자 상태 감시 시스템 (DSM, driver state monitoring system)

DSM은 운전자가 졸음운전을 하지 않도록 유도하는 장치로서 운전자가 조작하는 조향 핸들의 압력을 체크하고 압력 저하가 발생하면 운전자에게 경고음, 에어컨 가동 또는 시트의 진동을 발생하는 방식이 있다. 또한 운전자의 안면인식 카메라(CCD)로 운전자의 눈을 실시간으로 추적하여 운전자의 홍채 크기 변화와 눈과 얼굴의 움직임을 감지하여 졸음운전을 하지 않도록 유도하는 방식이 있다. 운전자의 졸음운전은 사고를 유발하는 원인 중의 하나이기 때문에 가능하면 사고를 예방하거나 피해를 최소화할 수 있도록 I/P(instrument panel) 클러스터, 에어컨 ECU, 좌석벨트, 좌석 진동, 차선유지시스템 등 다른 기기들과 연계 한다.

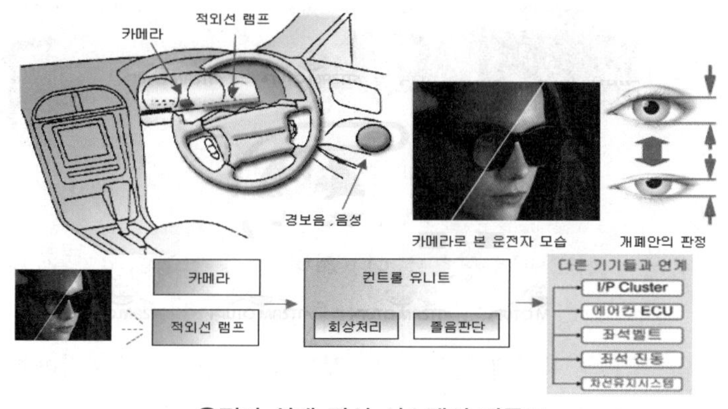

운전자 상태 감시 시스템의 작동도

2. 사각지대 경고 장치 (BSW, blind spot warning system)

BSW 또는 BSD(blind spot detecting system)라고하는 사각지대 경고 장치는 운전자에게서 사각지대에 있는 장애물 또는 자동차가 근접하고 있음을 알려주고 충돌을 회피할 수 있도록 도와주는 장치를 말하며, 주행 중인 차량의 측면에 붙어서 뒤따라오는 상대 차량을 운전자가 확인하지 못하고 차선을 변경할 때(방향지시등 동작 유무) 경고음이나 표시등 등을 통해 운전자에게 경고를 알리는 시스템이다.

2.1. BSW의 구조

물체를 감지하는 기술은 레이저 센서, 초음파센서, 카메라 등 여러 가지 기술이 있지만, 야간이나 우천 시에도 제 성능을 낼 수 있는 것은 레이더 센서를 사용하는 것이 가장 유리하다. 원래 레이더는 군사용 기술이지만 근래에는 자동차용으로 개발되어 상용화되었는데, 바로 이 사각지대 경고 장치가 대표적인 예다. 일반적으로 BSW는 24GHz 기반의 레이더를 채용하고 있다.

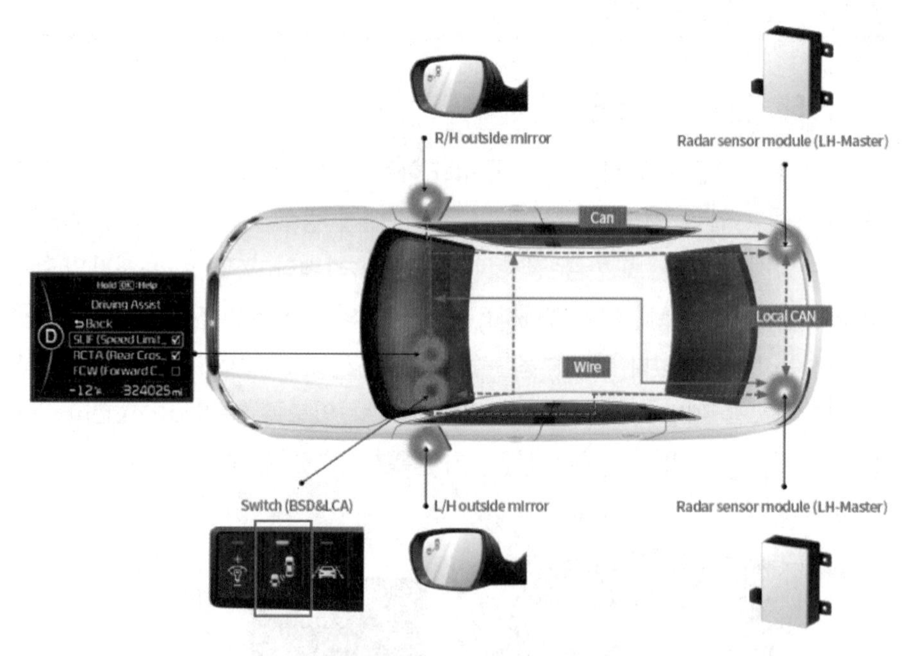

사각지대 경고 시스템의 구성요소

레이더 센서를 이용하여 입력되는 신호를 이용하여 차량 컴퓨터는 운전자에게 경보를 내리는 논리로서 차속 정보, 차량의 회전 정보, 기어 정보, 방향 지시 정보 등을 통해 차량의 주행 상태와 운전자의 의도를 파악한다. 이러한 정보를 기반으로 운전자에게 경보를 내려야 하는지 판단하고 작동하게 되는데 주행 중에는 30km 이상에서 작동하는 것이 일반적이다.

3. 어라운드 뷰 모니터링 시스템 (around view monitoring system)

자동차의 앞뒤좌우 아웃 사이드미러 하단에 각 1대씩 총 4대의 카메라를 설치하여 차량 밖 상황을 하나의 화면으로 감시할 수 있게 하는 기능을 어라운드 뷰 기능이라한다. 차량 주변을 위에서 내려다보듯 영상을 제공하여 주차선과 차량의 간격을 쉽게 확인할 수 있으며, 비나 눈이 오는 날 창문을 열고 내다보지 않아도 정확하게 주차할 수 있다. 특히 운전석에서 보이지 않는 전후 측방 사각지대의 장애물 등을 한눈에 볼 수 있어 각종 안전사고를 예방하는 데 도움이 된다.

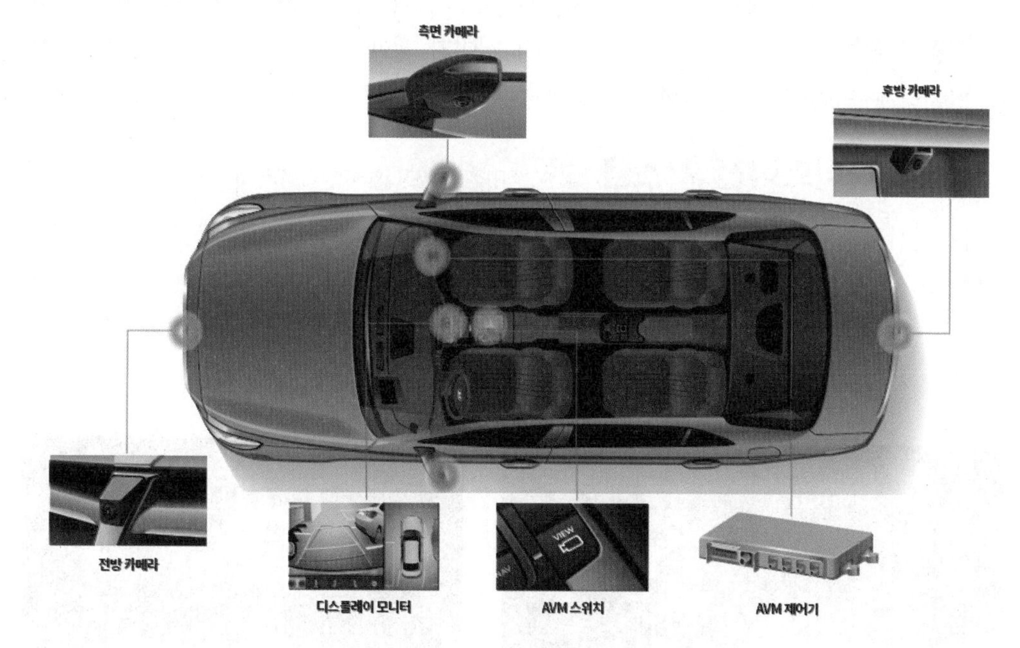

어라운드 뷰 시스템의 구성요소

3.1. AVM 시스템의 원리

AVM 시스템은 초광각 렌즈(180° 이상)가 적용된 카메라를 사용하며 일반 초광각 카메라의 영상은 넓은 영역의 영상이 보이는 대신 왜곡이 심해 주차선이 심하게 휘어져 보인다. 이 영상을 주차선이 직선으로 보이도록 왜곡을 보정하고 위에서 내려다보는 시점으로 변환한 후 4대의 카메라 영상을 위치에 맞게 하나로 조합하면 어라운드 뷰가 합성되는 원리다.

① 180° 이상 투영할 수 있는 카메라를 통해서 4개의 영상을 AVM 제어기에 전송한다.
② AVM은 카메라로부터 전송받은 4개의 영상을 굴곡 현상이 없도록 보정 작업을 한다.
③ 보정된 4개의 영상을 합성하여 차량 모니터를 통해 운전자에게 전달한다.

AVM 시스템은 어라운드 뷰 외에도 운전자가 직접 눈으로 확인하기 어려운 차량의 전방 또는 후방이나 차량의 좌우 측면의 영상을 다양한 뷰 모드를 통하여 제공한다. 또 모든 뷰 모드는 디스플레이 모니터의 버튼을 통해 조작할 수 있다. AVM 시스템은 차량의 예상 궤적을 핸들 각도와 연동하여 실시간 표시하는 기능도 제공되고 있고, 주행 중 차량 후방 영상을 거리 지시선과 함께 보여주는 주행 중 후방 영상 디스플레이(DRM : driving rear view monitoring) 기능도 제공한다.

3.2. AVM 시스템의 특징

① 후방 카메라 화면에는 차량의 예상 궤적을 노란색, 빨간색 선으로 표시할 수 있다.
② 주행 중 후방 표시 뷰 화면 뒷유리에 의해 시야가 제한되는 룸미러보다 넓게 볼 수 있다.
③ 뒷유리에 의해 시야가 제한되는 룸미러보다 넓게 볼 수 있다.

4. 지능형 나이트비전 시스템 (SNV, smart night vision system)

나이트비전시스템은 야간주행 시 운전자에게 확보된 전방 시야를 제공해 주기 위하여 근 · 원적외선(IR, infra red) 센서를 이용한다. 여기에 지능형 나이트 비전시스템은 확보된 시야를 기반으로 전방의 동물 및 보행자를 감지하여 차량의 디스플레이에 표출함과 동시에 충돌 예상 시 후속 조치가 가능한 신호를 차량에 보내주는 기능을 한다.

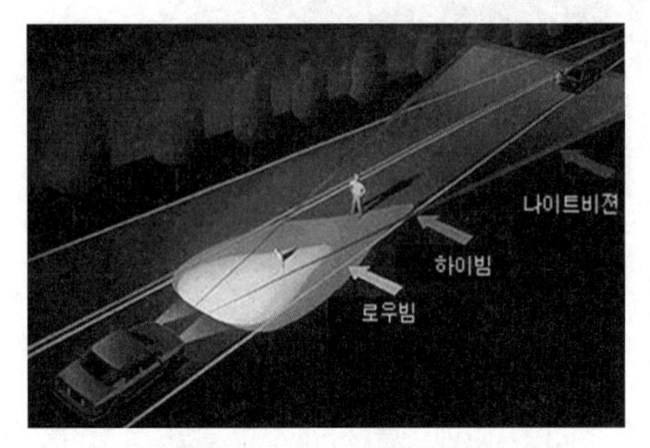

전조등에 비해 3~5배 가시거리

HUD 디스플레이

4.1. 나이트비전 시스템의 장점

① 일반 라이트가 보이는 거리에 비해 3~5배 가시거리를 확보할 수 있다.
② 어둠 속에서 미리 장애물을 보고 사고를 피할 수 있다.
③ 야간에 마주오는 차 사이에 사람이나 동물이 오버랩(overlap)될 때 감지할 수 있다.
④ 해질무렵 라이트의 효과를 충분히 발휘하지 못할 때 앞의 장애물을 검지할 수 있다.

4.2. 나이트비전 시스템의 구성요소

야간 운전에서 안전 확보 방법은 열적외선 센서, 적외선 광을 전방에 조사해 물체로부터 반사해 온 빛을 적외선 센서를 통하여 수신하는 방법이 있다.

(1) 근적외선 방식 (NIR, near infrared ray)

가시광선 중에서 적색 바깥쪽을 잇는 빛을 적외선이라 한다. 적외선은 가시광선보다 파장이 긴데, 그 중에서 파장이 가장 짧은 0.75~3.0㎛인 것을 근적외선이라 한다. 근적외선 방식은 적외선 방사기(IR generator)를 통하여 방사된 적외선이 물체에 도달한 후 반사된 근적외선을 카메라를 통하여 감지하고 이를 LCD나 HUD 장치를 통하여 운전자에게 표시하는 방법을 말한다.

(2) 원적외선 방식 (FIR, far infrared ray)

원적외선 방식은 파장이 15㎛~1,000㎛인 적외선이다. 가시광선보다 파장이 길어서 눈에 보이지 않고 열작용이 크며 침투력이 강하다. 물체가 발산하는 열(파장 : 1,000㎛ 이상)을 원적외선 카메라를 이용하여 감지하고 이를 LCD나 HUD 장치를 통하여 운전자에게 표시하는 방법을 말한다.

(3) HUD (head up display)

HUD는 전방표시장치로서 차량 주행에 필요한 정보인 차량 현재 속도, 연료 잔량, 내비게이션 정보 등을 운전자 바로 앞 유리창 부분에 그래픽 이미지로 투영해주는 장치로 고속으로 운전할 때 운전자가 시선을 돌리지 않아도 되어 안전을 확보할 수 있다. HUD 장치는 애플리케이션 프로세서(AP)와 프로젝터용 레이저 구동 칩, 화면 확대용 디스플레이로 구성되며 운전석 계기판 뒤에 설치된다.

5. 원격 자동주차 지원 시스템 (RAPAS, remote automatic parking assist system)

원격 자동주차 지원 시스템은 카메라, 초음파, 레이더, 레이저, 영상센서 등의 다양한 센서를 통하여 주차지역 내의 장애물과 주차 가능 공간을 인식하고 조향과 제동 액추에이터로 주차를 자동으로 수행하여 운전자의 주차 조작을 보조할 수 있는 시스템이다. 스마트키를 이용한 원격조작이 가능하고 직각 · 평행 주차 및 출차를 지원한다. 이에 따른 기능은 다음과 같다.

① 주차공간 탐색 : 저속 주행시 초음파 센서로 주차공간 탐색
② 경로 생성 : 최적의 주차경로 생성(직각/평행 주차)
③ 주차 제어 : 전자동 차량제어(구동/제동/조향/변속)

④ 원격 시동 및 출차 제어 : 스마트 키를 통한 원격시동 및 차량 출차, 근접 장애물에 대한 긴급제동

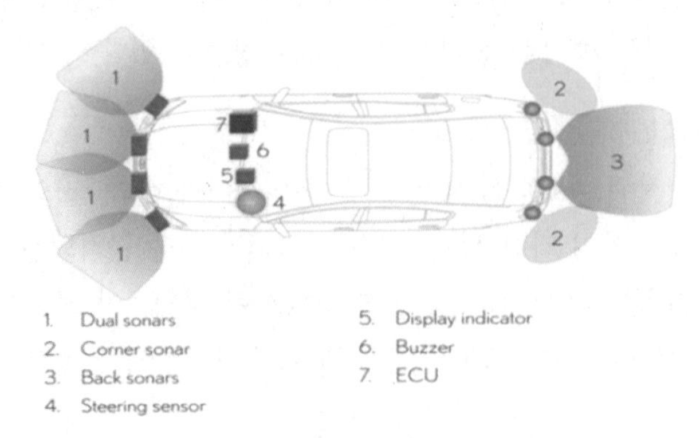

주차 보조 센서

5.1. 시스템 구성

전후방 주차 보조시스템은 전·후방 센서를 통해 물체를 감지하고 그 결과를 거리 별로 1차, 2차, 3차 경보로 나누어 LIN통신을 통해 IPM(BCM)으로 전달한다. IPM(BCM)은 센서에서 받은 통신 메시지를 판단하여 경보단계를 판단하고 각 차종별 시스템 구성에 따라 버저를 구동하거나 디스플레이를 위한 데이터를 전송한다.

CHAPTER 11

네트워크 통신 장치

1 CAN 통신

자동차용 유선 통신으로는 CAN 통신, LIN 통신, FlexRay 통신, LAN 통신 등이 사용되고, 무선통신으로는 WAVE 통신 등이 사용된다.

1. CAN 통신의 기능 controller area network

CAN 통신은 컴퓨터들 사이에 신속한 정보교환 및 전달을 목적으로 한다. 즉, 기관 컴퓨터(ECU), 자동변속기 컴퓨터(TCU) 및 구동력 제어장치(TCS) 사이에서 CAN 버스라인(CAN High와 CAN Low)을 통하여 데이터를 다중통신을 한다. 예를 들면 구동력 제어장치에서 구동력을 제어할 때 기관 컴퓨터로 바퀴의 미끄러짐을 감소시키기 위하여 기관 회전력 감소를 요구하면, 기관 컴퓨터는 회전력을 감소시키며, 감소시킨 양을 구동력 제어장치로 다시 송신하여 구동력 제어를 지원한다. 또 각 제어기구(controller)는 상호 필요한 모든 정보를 주고받을 수 있으며, 어떤 제어기구가 추가정보를 필요로 할 때 하드웨어의 변경 없이 소프트웨어만 변경하여 대응이 가능하다. 데이터의 통신 속도는 500kbps(kilo bit per second)이며, 각 제어기구 사이의 인터페이스 스텝(interface step)은 IS 011898을 따른다.

1.1. 비트 정보 인식

ΔV(High 라인과 Low 라인의 전압차이)의 값에 비트 정보 "0" 또는 "1"을 인식한다.

- bit "1" -> ΔV = Vcan_H – Vcan_ L) = 2.5V–2.5V = 0V (열세[Recessive] bit)
- bit "0" -> ΔV = Vcan_H – Vcan_ L) = 3.5V–1.5V = 2V (우세[Dominant] bit)

bit "1"과 bit "0"과 CAN 라인에서 충돌할 때에는 bit "0"이 Dominant(survival ; 생존) bit이므로 "0"이 전송된다. 또 데이터의 충돌을 방지하기 위해 각 메시지(massage)마다 우선순위(priority)를 다음과 같이 정한다.

priority -> 구동력 제어장치 massage > 엔진 컴퓨터 massage > 자동변속기 컴퓨터 massage

2 LAN 통신

1. LAN 통신 장치의 개요

자동차의 성능을 더욱더 높이고, 안전성을 향상시키기 위하여 전자제어 장치가 증가하는 추세이다. 또 자동차 제어의 고도화 및 높은 부가가치에 따른 차체 전장부품 사용 급증으로 배선이 증가하고 복잡해지는 원인이 되어 고장진단을 하는데 어려움이 발생한다. 이러한 문제점을 해결하기 위해 LAN(local area network) 장치를 사용하는데 LAN 장치는 데이터를 처리하는 네트워크 방식으로 이해할 수 있다.

2. LAN 통신 장치의 필요성 및 특징

2.1. LAN 통신 장치의 필요성

자동차 전장부품 제어가 첨단화되고, 높은 부가가치를 추구하면서 다음과 같은 문제점이 대두되기 시작한다.

① 전장부품의 급격한 증가
② 스위치 및 액추에이터(actuator)의 수량 증가
③ 배선의 증가 및 복잡화
④ 배선무게 및 부피 증가
⑤ 전장부품의 설치 공간 및 장소 제한
⑥ 작업성 악화
⑦ 고장진단의 어려움

2.2. LAN 통신 장치의 특징

① 배선의 경량화가 가능하다 : 각 컴퓨터 사이에 LAN 통신선 사용한다.
② 전장부품 설치장소 확보가 쉽다 : 가까운 컴퓨터에서 입력 및 출력을 제어한다.
③ 장치의 신뢰성을 확보한다 : 사용 커넥터 및 접속점이 감소된다.
④ 설계변경의 대응이 쉽다 : 기능 업그레이드를 소프트웨어로 처리한다.
⑤ 정비성능이 향상된다 : 진단 장비를 이용하여 자기진단, 센서 출력값 분석, 액추에이터 구동 및 점검을 할 수 있다.

3. LAN 통신 장치의 구성

LAN 장치의 사양에 따라 인패널(in-panel) 컴퓨터(ECU), 전자제어 시간경보 장치(ETACS), 운전석 도어모듈(DDM), 조수석 도어모듈(ADM) 등의 메인모듈(main module)과 각각의 메인모듈이 연결되는 10개의 보조모듈로 구성되어 있다.

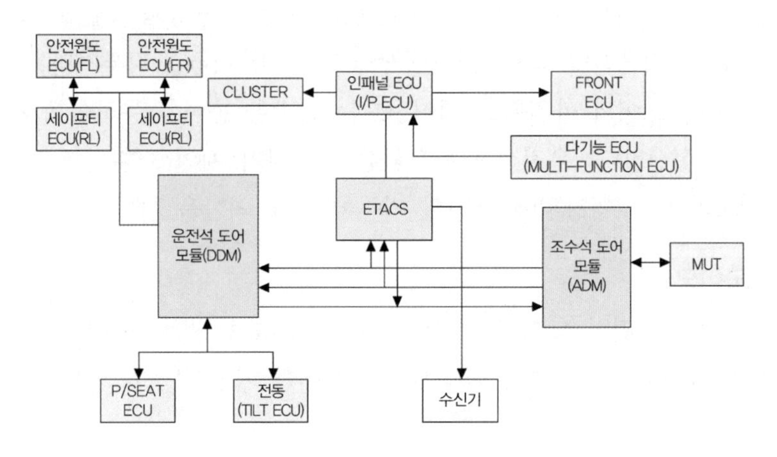

LAN 통신 장치의 구성도

3.1. 메인모듈(main module)의 구성

메인통신은 인패널, 전자제어 시간경보 장치, 운전석 도어모듈, 조수석 도어모듈은 BUS-A와 BUS-B 통신라인이 병렬로 연결되어 CAN 통신을 통해 정보를 공유한다.

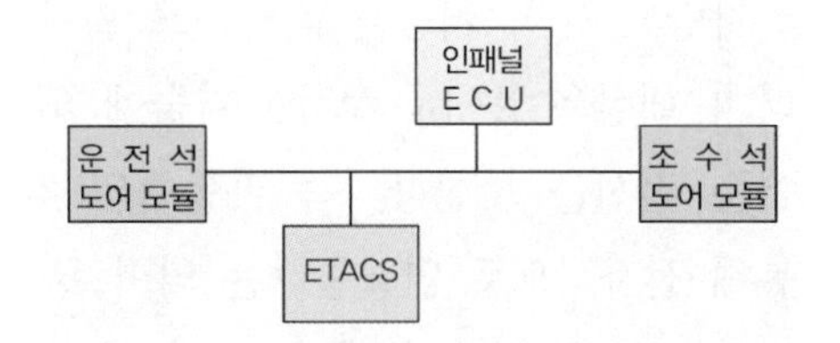

LAN 장치 메인모듈의 구성

(1) 전자제어 시간경보 장치 기능 ETACS

비상등, 열선, 도어, 트렁크, 조향핸들 잠김 등의 신호 및 원격조작에 의한 도어 잠금(lock)/열림(un lock), 파워윈도, 아웃사이드 미러 및 원격시동 제어신호를 받아 각종 램프, 경보, 알람, 도어 잠금/열림, 파워윈도 등을 제어한다. 그리고 통신상에서 운전석 및 조수석 도어모듈에 필요한 도어나 트렁크 스위치 신호와 방향지시, 주차 브레이크, 주행속도 및 기관 점검사항 등을 주고받는다.

(2) 인패널 컴퓨터 기능 in panel

다기능스위치의 신호를 받아 계기판의 지시등 및 경고등을 제어하고, 전조등, 미등, 안개등 및 관련 제어를 하는 프론트 컴퓨터(front ECU)로 신호를 준다. 인패널 컴퓨터는 네트워크로 구성된 컴퓨터로 방향을 지시를 할 때, 주행속도, 주차 브레이크, 기관 점검 및 진단을 위한 신호 등을 통신상에 올려놓고, 통신상의 신호 중 각종 도어의 열림/닫힘, 조향핸들 잠김 및 장치제어의 관련신호를 받는다.

(3) 운전석 도어모듈

운전석 도어모듈은 LAN구성의 일부분으로 통신 프로토콜(protocol, 컴퓨터 상호간의 대화에 필요한 통신 규약)로 조수석 도어모듈, 전자제어 시간경보 장치, 인패널 컴퓨터와 통신을 하며, 통합 운전석 기억장치(IMS, integrated memory system)제어와 관련하여 파워시트(power seat) 컴퓨터와 각도(tilt)/텔레스코프(telescope) 컴퓨터와는 3선 동기방식 양방향 통신을 하며, 도어의 파워윈도 제어신호는 단방향 통신을 통하여 안전 윈도(safety window)컴퓨터로 송신한다. 운전석 도어모듈은 운전자가 메인 스위치를 조작하여 파워윈도 및 아웃사이드거울, 기억장치에 관련된 기능에 주요 역할을 한다.

(4) 조수석 도어모듈

조수석 도어모듈은 운전석 도어모듈, 전자제어 시간경보 장치, 인패널 컴퓨터와 통신하며, LAN 장치의 컴퓨터 및 스위치, 액추에이터에 대한 이상 유무를 양방향 통신을 통하여 송・수신한다.

4. 드라이브 바이 와이어 (DBW, drive-by-wire)

차량의 동적 거동을 직접적으로 제어하는 액추에이터의 핵심은 X-by-Wire 기술에 있다. 여기서 와이어는 전선을 뜻한다. 즉 자동차의 각 부품을 전선을 통해 전자식으로 연결한다는 의미로 종전의 기계식 연결보다 많은 장점이 생긴다. 각 부분을 연결하는 유압펌프나 벨트, 샤프트 같은 기계적인 부품이 사라져 능동 섀시 시스템을 가능하게 한다. 유압과 케이블을 대체하는 네트워크-모터 연동 시스템은 운전자의 조작이 없어도 차량 운전에 필요한 모든 조작을 제어기가 스스로 판단하여 수행할 수 있게 된다. 자동차에 적용될 대표적인 by-Wire 시스템들은 다음과 같다.

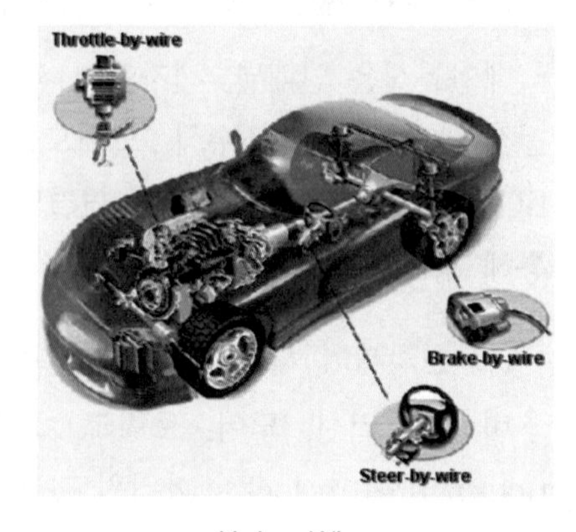

X-by-Wire

① Steer-by-Wire : 이 시스템을 이용하면 스티어링 휠은 더 이상 스티어링 랙에 직접 연결될 필요가 없을 것이며, 따라서 강력한 브래킷이나 연결 공간 또는 현재 사용하고 있는 충격 보호시스템 등이 필요 없게 된다.

② Brake-by-Wire : 이 시스템은 전동식 주차 브레이크장치이다. 특히 하이브리드 자동차 및 전기 자동차에 완전한 BBW시스템이 적용된다.

③ Throttle-by-Wire : 이 시스템은 스로틀 각도, 점화 및 연료 사이의 조화를 만들어 기관이 더 많은 토크와 출력을 내도록 한다. 또한 적절한 양의 공기를 연료와 혼합하여 가변 밸브 타이밍 및 직접 분사를 더 잘 활용할 수 있도록 한다.

④ Shift-by-Wire : 변속기와 변속레버를 기계적인 연결을 없애서 충격과 진동이 없고, 모양의 제약이 없다는게 장점이다. 또한, 고급스러운 이미지를 부여하며 레버의 위치를 바꿔도 다시 중앙으로 돌아오기 때문에 공간적 활용이 용이하다.

■ 저자(Author)

이 승 호 경기과학기술대학교 자동차과 교수
김 인 태 가천대학교 · 호원대학교 미래자동차학과 겸임교수
김 창 용 송담대학교 자동차과 겸임교수

최신 자동차공학

초 판 발 행 | 2021년 7월 14일
제1판5쇄발행 | 2025년 1월 10일

지 은 이 | 이승호 · 김인태 · 김창용
발 행 인 | 김 길 현
발 행 처 | (주) 골든벨
등 록 | 제1987-000018호
I S B N | 979-11-5806-359-7
가 격 | **25,000원**

이 책을 만든 사람들

본 문 디 자 인 | 이혜은
제 작 진 행 | 최병석
오 프 마 케 팅 | 우병춘, 이대권, 이강연
회 계 관 리 | 김경아
편 집 및 디 자 인 | 조경미, 박은경, 권정숙
웹 매 니 지 먼 트 | 안재명, 양대모, 김경희
공 급 관 리 | 오민석, 정복순, 김봉식

㉾04316 서울특별시 용산구 원효로 245(원효로1가 53-1) 골든벨 빌딩 5~6F
• TEL : 도서 주문 및 발송 02-713-4135 / 회계 경리 02-713-4137
편집 • 디자인 070-8854-3656 / 해외 오퍼 및 광고 02-713-7453
• FAX : 02-718-5510 • http : // www.gbbook.co.kr • E-mail : 7134135@ naver.com